Marek / Nitsche
Praxis der Wärmeübertragung

Steter Tropfen höhlt den Stein!

Lösungsmethodik von Wärmeübertragungsvorgängen

Die folgende systematische Vorgehensweise hat sich bei der Lösung von Fragestellungen der Wärmeübertragung bewährt:

1. Lesen Sie die Fragestellung sorgfältig durch und formulieren Sie das Problem in eigenen Worten unter Benutzung der zentralen Begriffe, Fachausdrücke und Größen. Dies setzt voraus, dass Sie die grundlegenden Begrifflichkeiten kennen und diese auch sprachlich zielgerichtet verwenden können. Die Problemformulierung mit eigenem Wortlaut (Verbalisierung) bietet den immensen Vorteil, dass Verständnisdefizite frühzeitig entdeckt werden.
2. Erkennen Sie dabei bekannte Größen und Umstände und identifizieren Sie die gesuchten Größen. Erfassen Sie dabei auch Größen, die jeweils konstant bleiben.
3. Fertigen Sie eine möglichst realitätsnahe Skizze der vorliegenden Problemstellung mit allen relevanten Informationen an. Bezeichnen Sie den an der Systemgrenze auftretenden Energie- und Massenfluss unter Wahl einer geeigneten Vorzeichenkonvention (vgl. Randspalte) mit beschrifteten Pfeilen und tragen Sie auch Speicher- und Quellterme in die Skizze ein. Kennzeichnen Sie bekannte und unbekannte Größen mit verschiedenen Farben. Wählen Sie für unterschiedliche Zeiten bei instationären Vorgängen sowie für unterschiedliche Orte bei stationären Problemen eine geeignete Nomenklatur.
4. Stellen Sie die zur Problemvereinfachung getroffenen Annahmen zusammen und plausibilisieren Sie diese entsprechend. Nutzen Sie ggf. ingenieurmäßige Annahmen oder Erfahrungswerte für unbekannte Größen.
5. Stellen Sie die benötigten Stoffwerte unter Angabe der verwendeten Quellen zusammen. Beachten Sie dabei eventuelle Druck- und Temperaturabhängigkeiten. Vielfach ist eine lineare Interpolation von Tabellenwerten in der Praxis ausreichend. Eine erste grobe Lösung lässt sich meist mit konstanten Stoffwerten gewinnen.
6. Formulieren Sie alle relevanten physikalischen Gesetze und Prinzipien. Vereinfachen Sie diese unter Beachtung der getroffenen Annahmen und der bekannten Größen. Konkrete Hinweise dazu enthalten die Arbeitshilfen im Anhang. Prüfen Sie, ob die Anzahl der verfügbaren Berechnungsgleichungen der Anzahl der Unbekannten entspricht und das Problem prinzipiell lösbar ist.
7. Berechnen Sie die Unbekannten durch Einsetzen der bekannten Größen bzw. Lösung der auftretenden Gleichungen und Differenzialgleichungen. Formen Sie die jeweiligen Beziehungen so weit wie möglich symbolisch um und setzen Sie Zahlenwerte erst ganz am Schluss ein.
8. Stellen Sie das Ergebnis mit einer angemessenen Genauigkeit dar und überprüfen Sie die Dimensionen der berechneten Größen.
9. Überprüfen Sie die Ergebnisse auf Plausibilität und Sinnhaftigkeit. Sondern Sie unmögliche Ergebnisse aus und nutzen Sie dies als Ausgangspunkt zur Fehlersuche.
10. Diskutieren Sie die Ergebnisse bezüglich der daraus ableitbaren Folgerungen. Überprüfen Sie kritisch die getroffenen Annahmen. Übertragen Sie die Ergebnisse auf Ihnen bekannte ähnliche Situationen. Prüfen Sie die Sensitivität der Ergebnisse auf bestimmte Eingangsparameter mittels EDV-Unterstützung.

kennen ≠ können

Ähnlich, aber nicht gleich: Ein kleiner Buchstabe macht einen großen Unterschied!

Formale Regel zur Vorzeichenbestimmung von Wärmeflüssen und Temperaturdifferenzen:

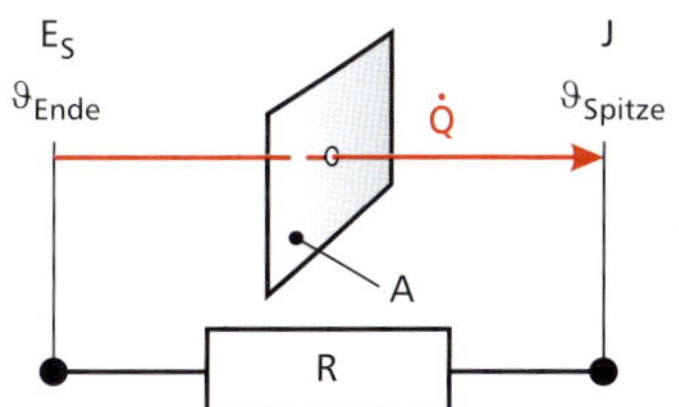

In Analogie zum Fourier'schen Wärmeleitungsansatz

$$\dot{Q}_\lambda = -\lambda \cdot A \cdot \frac{\vartheta_{\text{Spitze}} - \vartheta_{\text{Ende}}}{|\Delta a|}$$

wird **Anfängern** als formale Regel für Wärmeströme infolge von Konvektion

$$\dot{Q}_\alpha = -\alpha \cdot A \cdot \left(\vartheta_{\text{Spitze}} - \vartheta_{\text{Ende}}\right)$$

bzw. infolge von Strahlung

$$\dot{Q}_\epsilon = -\sigma_{1\,2} \cdot A_1 \cdot \left(T^4_{\text{Spitze}} - T^4_{\text{Ende}}\right)$$

bzw. bei Oberflächenwiderständen für Strahlung

$$\dot{Q} = -\frac{1}{R} \cdot (J - E_{\text{S}})$$

empfohlen. Ist dann eine entsprechende Sicherheit in der Anwendung der grundlegenden Wärmetransportgleichungen vorhanden, können die Wärmeflüsse und Temperaturdifferenzen auch **vorzeichenrichtig** angesetzt werden, was physikalisch anschaulicher ist.

Ein negativer Wärmestrom im Ergebnis bedeutet eine Wärmestromrichtung entgegen des Ansatzes bzw. einen Wärmefluss entgegen der eingetragenen Richtung.

Rudi Marek
Klaus Nitsche

Praxis der Wärmeübertragung

Grundlagen – Anwendungen – Übungsaufgaben

5., überarbeitete Auflage

Mit 778 Abbildungen, 62 Tabellen, 50 vollständig durchgerechneten Beispielen sowie 168 Übungsaufgaben mit über 300 Seiten ausführlicher Lösungen zum Download

HANSER

Autoren:

Prof. Dr.-Ing. Rudi Marek
Prof. Dr.-Ing. Klaus Nitsche, M. Sc.
Technische Hochschule Deggendorf
Fakultät Bauingenieurwesen und Umwelttechnik
Fakultät Maschinenbau und Mechatronik

Bibliografische Information der Deutschen Nationalbibliothek:
Die Deutsche Nationalbibliothek verzeichnet diese Publikation in der Deutschen Nationalbibliografie; detaillierte bibliografische Daten sind im Internet über http://dnb.d-nb.de abrufbar.

Internet: www.hanser-fachbuch.de

Lektorat: Dipl.-Ing. Natalia Silakova
Herstellung: Anne Kurth
Einbandgestaltung: Max Kostopoulos
Titelbild: © istockphoto.com/Marccophoto
Coverkonzept: Marc Müller-Bremer, www.rebranding.de, München
Satz: Prof. Dr.-Ing. Rudi Marek
Druck und Bindung: Firmengruppe Appl, aprinta druck Wemding
Printed in Germany

MIX
Papier aus verantwortungsvollen Quellen
FSC www.fsc.org
FSC® C004592

ISBN 978-3-446-46124-6
E-Book-ISBN 978-3-446-46125-3

Vorwort

»Longum iter est per praecepta,
breve et efficax per exempla.«

»Lang ist der Weg durch Lehren,
kurz und erfolgreich durch Beispiele.«

(L.A. Seneca, Epistulae morales ad Lucilium, 6)

Die Wärmeübertragung gehört traditionell zu den eher als schwierig empfundenen Fächern im Studium des Maschinenbaus und der Verfahrenstechnik. Zum einen verlangt sie wie die Thermodynamik eine analytische und abstrakte Denkweise in Systemen, Systemgrenzen, Systemvariablen und Bilanzen, die den Studierenden zunächst schwer fällt. Die einzelnen Mechanismen der Wärmeübertragung sind zudem meist miteinander gekoppelt und teilweise nichtlinear. Zum anderen setzt die Lösung wärmetechnischer Fragestellungen die sichere und zielgerichtete Anwendung mathematischer Methoden voraus. Auch der heute weit verbreitete Einsatz von Computern und Programmen zur numerischen Berechnung und Simulation von Wärmetransportvorgängen verlangt fundierte Grundkenntnisse und den Einsatz analytischer Methoden zur Verifikation und Plausibilitätsprüfung der Ergebnisse.

Ein vertieftes Verständnis der Wärmeübertragung erfordert ein intensives Studium der Grundlagen und der Wärmeübertragungsmechanismen. Wie gut diese theoretischen Kenntnisse wirklich verstanden wurden, zeigt die erfolgreiche und zielorientierte Lösung praktischer Anwendungen und Aufgabenstellungen. Auf diesem teilweise beschwerlichen Weg will das reichlich illustrierte Werk aus den umfangreichen Lehrerfahrungen der Autoren an der Technischen Hochschule Deggendorf (THD) die Studierenden unterstützen und leiten. Die Leser finden zum Einstieg 50 ausführlich vorgerechnete Beispiele sowie 168 Übungsaufgaben mit mehr als 300 Seiten Lösungen zur Vertiefung, Prüfungsvorbereitung und Nachbereitung von Lehrveranstaltungen. Gleichzeitig liefern sie auch Anregungen, Informationen und wertvolle Hinweise für in der Praxis tätige Ingenieure, Physiker und Techniker. Zahlreiche umfassende und leicht erweiterbare MS Excel®-Programme ermöglichen eigene Berechnungen und Parametervariationen für Sensitivitätsanalysen.

Die mit der 4. Auflage begonnenen Präzisierungen und Ergänzungen wurden fortgesetzt (Wärmedurchgang in Teilgeometrien, Wärmestrom bei Rippen und Nadeln, Dreieck-Stern-Transformation im Helligkeitsverfahren, Periodische Randbedingungen beim HUK, RB 2. Art bei NGZ etc.). Die bewährten Arbeitshilfen wurden um drei neue Abschnitte mit den Schwerpunkten Instationäre Wärmeleitung, Mathematische Grundlagen und Methoden sowie Wirtschaftlichkeit von Wärmedämmmaßnahmen erweitert. 32 neue Aufgaben konnten aufgenommen und die MS Excel®-Programme erweitert werden. Die umfangreichen Lösungen und die Programmcodes stehen auf der Homepage des Verlags zum Download bereit.

Dem Carl Hanser Verlag, besonders Frau Dipl-Ing. *Natalia Silakova* und ihrer Assistentin *Christina Kubiak* sowie Herrn *Frank Katzenmayer* danken wir für die gute Zusammenarbeit und das offene Ohr für unsere Wünsche. Bei zahlreichen Lesern aus der Praxis sowie von anderen Hochschulen und Ausbildungseinrichtungen bedanken wir uns für das erhaltene positive Feedback und die zahlreichen Hinweise und Anregungen. Die Studierenden der Technischen Hochschule Deggendorf lieferten abermals mit ihren Ideen, Fragen und fruchtbaren Diskussionen in unseren Lehrveranstaltungen und den Kursforen wertvolle Beiträge. Herr cand. bac. *Tobias Bürde* hat uns mit seiner Korrekturlesung gewinnbringend unterstützt. Großer Dank gebührt auch wieder unseren Familien für den Verzicht zugunsten des „MaNi".

Möge auch die 5. Auflage den Leserinnen und Lesern viele Erkenntnisgewinne und positive Aha-Erlebnisse bescheren. Für Fehlermeldungen, konstruktive Anregungen sowie Verbesserungsvorschläge sind wir stets dankbar.

Deggendorf, August 2019

Rudi Marek
Klaus Nitsche

Inhaltsverzeichnis

Formelzeichen und Abkürzungen

Lateinische Buchstaben

Symbol	Dimension	Bedeutung
$\overset{!}{=}$	–	muss gleich sein (Forderung)
$\overline{(\ldots)}$	problembezogen	Mittelwert einer Größe
$(\ldots)^{\mathrm{T}}$	problembezogen	transponierter Vektor (Zeilenvektor)
a	–	Absorptionskoeffizient (Absorptionsgrad)
a	$\mathrm{m^2/s}$	Temperaturleitfähigkeit
$\mathbf{A}$	–	Koeffizienten-Matrix (Helligkeitsverfahren)
A	$\mathrm{m^2}$	(wärmeübertragende) Fläche
$\widehat{A}$	K	Temperaturamplitude (HUK mit periodischer RB)
a_2, a_4	–	Koeffizienten des Temperaturprofils (EIGB)
a_{sol}	–	solarer Absorptionskoeffizient
$A_{\perp}$	$\mathrm{m^2}$	Querschnittsfläche bei der freien Konvektion in Kanälen
A_{O}	$\mathrm{m^2}$	Oberfläche
A_{U}	$\mathrm{m^2}$	Umfangsfläche eines Rohres oder Kanals
b	m	Breite
$\vec{b}$	$\mathrm{W/m^2}$	Vektor der rechten Seite (Helligkeitsverfahren)
B	m	Breite
Bi	–	Biot-Zahl
Bi^{*}	–	modifizierte Biot-Zahl (NGZ)
Bi_{δ}	–	modifizierte Biot-Zahl (HUK)
$\widetilde{Bi}$	–	mit $\widetilde{L}$ gebildete Biot-Zahl
c	J/(kg K)	spezifische Wärmekapazität
c	m/s	Schallgeschwindigkeit
c	m/s	Wellenausbreitungsgeschwindigkeit
C	problembezogen	Konstante
c_{p}	J/(kg K)	spezifische isobare Wärmekapazität
c_{v}	J/(kg K)	spezifische isochore Wärmekapazität
$C_{1\,2}$	$\mathrm{W/(m^2\,K^4)}$	Strahlungsaustauschkoeffizient zwischen den Oberflächen 1 und 2
C_{m}	–	Konstante für die Zentrumstemperatur (NGZ)
C_{q}	–	Konstante für die kalorische Mitteltemperatur (NGZ)
C_{w}	–	Konstante für die Wandtemperatur (NGZ)
d	m	Dicke, Tiefe
d	–	gewöhnlicher Differenzialoperator
$\mathrm{d}\omega$	sr	differenzieller Raumwinkel
D	m	Durchmesser
D_{H}	m	hydraulischer Durchmesser
$\mathbf{div}$	1/m	Divergenz
e	m	Exzentrizität
E	$\mathrm{W/m^2}$	Emission
E	J	Gesamtenergie
E	–	Quadrat des ersten Eigenwerts (NGZ)
$\dot{e}_{\mathrm{q}}$	$\mathrm{W/m^3}$	volumenbezogene Dichte innerer Wärmequellen
$\mathrm{erf}(x)$	–	(Gauß'sche) Fehlerfunktion (error function)
$\mathrm{erfc}(x)$	–	komplementäre Fehlerfunktion
$\exp(x)$	–	Exponentialfunktion
$\dot{E}_{\mathrm{q}}$	W	Leistung innerer Wärmequellen
E_{S}	$\mathrm{W/m^2}$	Emission des schwarzen Körpers
$E_{\mathrm{S},\lambda}$	$\mathrm{W/(m^2\,\mu m)}$	spektrale Emission des schwarzen Körpers
f	Hz	Frequenz
F	–	Korrekturfaktor bei Wärmeübertragern
f_{λ}	–	Strahlungsfunktion des schwarzen Körpers
f_{j}	–	Flächenanteil der Fläche j
$f(x)$	–	(beliebige) Funktion
Fo	–	Fourier-Zahl
$\widetilde{Fo}$	–	mit $\widetilde{L}$ gebildete Fourier-Zahl
Fo^{*}	–	Grenzwert der Fourier-Zahl für große Zeiten (NGZ)
$\widehat{Fo}$	–	Grenzwert der Fourier-Zahl für sehr kurze Zeiten (HUK)
$\widehat{\widehat{Fo}}$	–	Grenzwert der Fourier-Zahl für kurze Zeiten (EIGB)
g	$\mathrm{m/s^2}$	Schwerebeschleunigung ($g = 9{,}81\ \mathrm{m/s^2}$)

Symbol	Dimension	Bedeutung
G	W/m^2	auftreffende Strahlung
G_{el}	S	elektrischer Leitwert
G_{th}	W/K	thermischer Leitwert
Gr	–	Grashof-Zahl
Gr_{s}	–	mit der Spaltweite s gebildete Grashof-Zahl
$\mathbf{grad}$	1/m	Gradient
Gz	–	Graetz-Zahl
h	J/kg	spezifische Enthalpie
H	J	Enthalpie
H	m	Höhe
$\dot{H}$	W	Enthalpiestrom
h_{fg}	J/kg	spezifische Verdampfungswärme
I	A	elektrischer Strom
I	W/m^2	Intensität (Strahlung)
$\vec{I}$	(kg m)/s	Impuls
$\mathrm{I}_0(x)$	–	modifizierte Bessel-Funktion 1. Art 0. Ordnung
$\mathrm{I}_1(x)$	–	modifizierte Bessel-Funktion 1. Art 1. Ordnung
$\mathrm{I}_{-\frac{1}{3}}(x)$	–	modifizierte Bessel-Funktion 1. Art gebrochener Ordnung
$\mathrm{I}_{\frac{2}{3}}(x)$	–	modifizierte Bessel-Funktion 1. Art gebrochener Ordnung
iBi	–	inverse Biot-Zahl
I_{e}	W/m^2	Intensität der emittierten Strahlung
I_{i}	W/m^2	Intensität der auftreffenden Strahlung
J	W/m^2	Helligkeit
J	J	Streuenergie
$\dot{J}$	W	Streuleistung
$\vec{J}$	W/m^2	Helligkeitsvektor
$\mathbf{J}(\vec{x})$	problembezogen	Jacobi-Matrix (Funktionalmatrix)
$\mathrm{J}_0(x)$	–	Bessel-Funktion 1. Art 0. Ordnung
$\mathrm{J}_1(x)$	–	Bessel-Funktion 1. Art 1. Ordnung
k	W/(m^2 K)	Wärmedurchgangskoeffizient
k^*	W/(m K)	längenbezogener Wärmedurchgangskoeffizient
K	W/K	Übertragungsfähigkeit (Wärmeübertrager)
$\mathrm{K}_0(x)$	–	modifizierte Bessel-Funktion 2. Art 0. Ordnung
$\mathrm{K}_1(x)$	–	modifizierte Bessel-Funktion 2. Art 1. Ordnung
K_{L}	–	Korrekturwert für die Einlauflänge
K_{T}	–	Korrekturwert für temperaturabhängige Stoffwerte
L	m	Anströmlänge bei der freien Konvektion
L	m	(charakteristische) Länge
L	m	Überströmlänge bei der erzwungenen Konvektion
$\widetilde{L}$	m	Verhältnis Körpervolumen zu wärmeübertragender Oberfläche
$\widehat{L}$	m	Diffusionslänge
L_{hyd}	m	hydrodynamische Einlauflänge
L_{th}	m	thermische Einlauflänge
L_{th}	W/K	thermischer Leitwert
m	kg	Masse
$\dot{m}$	kg/s	Massenstrom
$\mathcal{M}$	–	dimensionsloser Rippenparameter
Ma	–	Mach-Zahl
$\max[a,b]$	problembezogen	Maximum zweier Größen a und b
n	–	Geometriekennzahl der Wärmeleitung (Platte, Zylinder, Kugel)
n	m	Normalenrichtung
N	–	Anzahl der Oberflächen in einem Mehrkörpersystem
N	problembezogen	Nenner eines Bruchs
NTU	–	Anzahl der Übertragungseinheiten
Nu	–	Nußelt-Zahl
Nu_0	–	Grundwert der Nußelt-Zahl
Nu_∞	–	Nußelt-Zahl der vollausgebildeten Strömung´
Nu_{i}	–	„innere" Nußelt-Zahl (EIGB)
Nu_{ges}	–	„resultierende" Nußelt-Zahl (EIGB)
Nu_{s}	–	mit der Spaltweite s gebildete Nußelt-Zahl
p	N/m^2	Druck
P_1, P_2	–	Betriebscharakteristiken der Fluide 1 und 2 (Wärmeübertrager)

Symbol	Dimension	Bedeutung
P_t	W	technische Leistung
Pe	–	Péclet-Zahl
Pr	–	Prandtl-Zahl
q^*	J/m^2	flächenbezogene Wärme
$\dot{q}$	W/m^2	Wärmestromdichte
Q	J = W s	Wärme(menge)
$\dot{Q}$	W	Wärmestrom
$\dot{Q}_L$	W/m	längenbezogener Wärmestrom
r	m	Radialkoordinate
R	m	Radius
R	$(m^2 K)/W$	Wärmedurchlasswiderstand (spezifischer Wärmeleitwiderstand)
R	$J/(kg\ K)$	(spezielle) Gaskonstante
r_S	J/kg	spezifische Schmelzwärme
r_V	J/kg	spezifische Verdampfungswärme
R_1, R_2	–	Wärmekapazitätsstromverhältnisse der Fluide 1 und 2 (Wärmeübertrager)
R_α	$(m^2 K)/W$	(spezifischer) Wärmeübergangswiderstand
R_λ	$(m^2 K)/W$	Wärmedurchlasswiderstand (spezifischer Wärmeleitwiderstand)
R_{el}	Ω	elektrischer Widerstand
R_f	$(m^2 K)/W$	spezifischer Verschmutzungswiderstand (Wärmeübertrager)
R_i	$1/m^2$	Oberflächenwiderstand für Strahlung der Fläche i
$R_{i,j}$	$1/m^2$	Raumwiderstand für Strahlung zwischen den Flächen i und j
R_T	$(m^2 K)/W$	(spezifischer) Wärmedurchgangswiderstand
R_{th}	K/W	thermischer Widerstand
R^*_{th}	$(m^2 K)/W$	spezifischer thermischer Widerstand
$R^*_{th,C}$	$(m^2 K)/W$	spezifischer Kontaktwiderstand
Ra	–	Rayleigh-Zahl
Ra_s	–	mit der Spaltweite s gebildete Rayleigh-Zahl
Ra^*_s	–	modifizierte Rayleigh-Zahl bei parallelen Platten
Re	–	Reynolds-Zahl
Re_D	–	mit dem Durchmesser D gebildete Reynolds-Zahl
Re_L	–	mit der Länge L gebildete Reynolds-Zahl
s	m	charakteristische Spaltweite bei Fluidschichten
s	m	Dicke, Tiefe
s	m	Wandstärke bei Rohren und Kanälen
S	m	Formfaktor der Wärmeleitung
S_ℓ	–	längenbezogener Formfaktor der Wärmeleitung
t	s	Zeit
t_A	a	Amortisationsdauer
$t_{1/2}$	s	Halbwertszeit
T	K	absolute Temperatur
T_0	K	Temperatur des Gefrierpunkts von Wasser ($T_0 = 273{,}15$ K)
T_B	K	absolute Bezugstemperatur für die Stoffwerte
u	J/kg	spezifische innere Energie
U	V	elektrische Spannung
U	J	innere Energie
U	m	Umfang
U	$W/(m^2 K)$	Wärmedurchgangskoeffizient (Bauphysik)
$\dot{U}$	W	innerer Energiestrom
v	m^3/kg	spezifisches Volumen
V	m^3	Volumen
$\dot{V}$	m^3/s	Volumenstrom
w	m/s	Geschwindigkeit
W	J	Arbeit
W_R	J	(innere) Reibungsarbeit
$\dot{W}$	W/K	Wärmekapazitätsstrom
w_∞	m/s	Freistrom- bzw. Anströmgeschwindigkeit
x	m	Ortskoordinate
$\vec{x} = (x,y,z)^T$	m	Ortsvektor
y	m	Ortskoordinate
z	m	Ortskoordinate
Z	problembezogen	Zähler eines Bruchs

Griechische Buchstaben

Symbol	Dimension	Bedeutung
α	W/(m² K)	Wärmeübergangskoeffizient
α_i	W/(m² K)	„innerer“ Wärmeübergangskoeffizient (EIGB)
α_K	W/(m² K)	konvektiver Wärmeübergangskoeffizient
α_S	W/(m² K)	Wärmeübergangskoeffizient für Strahlung (radiativer WÜK)
α_x	W/(m² K)	lokaler Wärmeübergangskoeffizient
β_p	1/K	isobarer Ausdehnungskoeffizient
β_v	1/K	isochorer Spannungskoeffizient
γ	°	Neigungswinkel bei der freien Konvektion an geneigten Fluidschichten (gegen die Horizontale)
γ	°	Neigungswinkel bei der freien Konvektion an geneigten Platten und Kanälen sowie bei der Mischkonvektion (gegen die Vertikale)
Δ	1/m²	Delta-Operator
Δ	z. B. K	Differenz
δ	m	periodische Eindringtiefe
δ_1	–	erster Eigenwert bei der Näherungslösung für große Zeiten (NGZ)
$\Delta\vartheta_{\log}$	K	logarithmisch gemittelte Temperaturdifferenz
ε	–	Emissionsgrad (Emissionsverhältnis)
ϵ	–	Genauigkeitsschranke
ϵ	–	Wärmekapazitätsverhältnis
ϵ	–	Wärmewirkungsgrad (Austauschgrad) eines Wärmeübertragers
ϵ_R, ϵ_R^*	–	Leistungsziffer einer Einzelrippe bzw. der Gesamtanordnung
ζ	–	dimensionslose Ortskoordinate
ζ	–	Widerstandsbeiwert (z. B. bei der turbulenten Rohrströmung)
η	–	dimensionslose Ortskoordinate
η	N s/m² = Pa s	dynamische Viskosität
η	–	Wirkungsgrad
η_R	–	Rippenwirkungsgrad
θ	K	Übertemperatur (z. B. einer Rippe)
θ_0	K	Übertemperatur am Rippenfuß
ϑ	°C	Celsius-Temperatur
ϑ_0	°C	Anfangstemperatur
ϑ_1'	°C	Eintrittstemperatur von Fluid 1 (Wärmeübertrager)
ϑ_1''	°C	Austrittstemperatur von Fluid 1 (Wärmeübertrager)
ϑ_2'	°C	Eintrittstemperatur von Fluid 2 (Wärmeübertrager)
ϑ_2''	°C	Austrittstemperatur von Fluid 2 (Wärmeübertrager)
ϑ_∞	°C	Umgebungstemperatur bzw. Temperatur nach unendlich langer Zeit
ϑ_B	°C	Bezugstemperatur für die Stoffwerte
ϑ_W	°C	Wandtemperatur
Θ	°C	Differenztemperatur
Θ	–	dimensionslose mittlere Temperaturdifferenz (Wärmeübertrager)
Θ	–	normierte Temperatur (dimensionslose Temperaturdifferenz)
Θ^*	–	normierte Temperatur (dimensionslose Temperaturdifferenz)
$\overline{\Theta}$	–	normierte kalorische Mitteltemperatur
$\tilde{\Theta}$	–	quasistationäre Endtemperatur (NGZ mit RB 2. Art)
Θ_m	—	normierte Zentrumstemperatur (EIGB, ELF, NGZ)
Θ_w	—	normierte Wandtemperatur
κ	1/m	spezifische Anzahl der Übertragungseinheiten
κ	–	Isentropenexponent
λ	W/(m K)	Wärmeleitfähigkeit
λ	m	Wellenlänge
λ	–	Rohrreibungszahl
Λ	W/(m² K)	Wärmedurchlasskoeffizient
λ_s	W/(m K)	scheinbare Wärmeleitfähigkeit
μ	–	Ähnlichkeitsvariable beim halbunendlichen Körper (HUK)
μ	1/m	Rippenparameter
ν	m²/s	kinematische Viskosität
ξ	–	dimensionslose Ortskoordinate
ϱ	kg/m³	Dichte (Massendichte)
ϱ	–	Reflexionsgrad (Reflexionskoeffizient)
σ	m/Ω	spezifische elektrische Leitfähigkeit
σ	W/(m² K⁴)	Stefan-Boltzmann-Konstante ($\sigma = 5{,}67 \cdot 10^{-8}$ W/(m² K⁴))
σ_{12}	W/(m² K⁴)	Strahlungskonstante der Anordnung

Symbol	Dimension	Bedeutung
τ	–	dimensionslose Kenngröße beim halbunendlichen Körper (HUK)
τ	–	dimensionslose Zeit
τ	N/m^2	Schubspannung
τ	–	Transmissionsgrad (Transmissionskoeffizient)
τ_0	s	Zeitkonstante
φ	–	Azimutwinkel
φ	rad	Phasenverschiebung (HUK mit periodischer RB)
$\mathbf{\Phi}$	–	Einstrahlzahlen-Matrix
Φ	–	Rückwärmzahl
φ_{ij}	–	Einstrahlzahl zwischen den Oberflächen i und j
$\varphi_{i\to j}$	–	Einstrahlzahl zwischen den Oberflächen i und j
φ_{ii}	–	Eigeneinstrahlzahl der Oberfläche i
ψ	–	Zenitwinkel
Ψ	°C	Summentemperatur
χ_T	1/Pa	isotherme Kompressibilität

Indizes

Index	Bedeutung	Index	Bedeutung
$+$	Serienschaltung	lam	laminar
$\|$	Parallelschaltung	li	links
∞	Umgebung	m	mittel, Mitte
α	Konvektion, konvektiv	max	maximal
ϵ	Strahlung	min	minimal, Mindest-
λ	spektral (wellenlängenabhängig)	Misch	Mischkonvektion
λ	Wärmeleitung	opt	optimal
ϑ	Temperatur	p	partikulär
a	außen	P	Platte
abs	absorbiert	pot	potenziell
B, Bezug	Bezugswert	re	rechts
dif	diffus	ref	reflektiert
dir	direkt	S	schwarzer Körper
e	außen (external)	se	Oberfläche außen (surface external)
e	emittiert (emitted)	si	Oberfläche innen (surface internal)
el	elektrisch	sol	solar
erf	erforderlich	Str	Strahlung
erzw	erzwungene Konvektion	TP	Taupunkt
frei	freie Konvektion	trans	transmittiert
ges	gesamt, resultierend	turb	turbulent
hom	homogen	w	Geschwindigkeit
i	auftreffend (incident)	w	Wand
i	innen	W	Wasser
inh	inhomogen	WD	Wärmedämmung
K	Konvektion	x	in x-Richtung
K	Kugel	y	in y-Richtung
kin	kinetisch	z	in z-Richtung
krit	kritisch	Z	Zylinder
L	Luft	zul	zulässig

Abkürzungen

Abkürzung	Bedeutung	Abkürzung	Bedeutung
AB(n)	Anfangsbedingung(en)	NGZ	Näherungslösung für große Zeiten
AH	Arbeitshilfen	oH	oberer Halbraum
Dgl(n).	Differenzialgleichung(en)	RB(n)	Randbedingung(en)
EIGB	erweiterter ideal gerührter Behälter	Tab(n).	Tabelle(n)
		WD	Wärmedurchgang
ELF	exakte Lösung mit Fourier-Reihe	WDK	Wärmedurchgangskoeffizient
Gl(n).	Gleichung(en)	WDW	Wärmedurchgangswiderstand
GS	Gleichstrom	WL	Wärmeleitung
GG	Gegenstrom	WRG	Wärmerückgewinnung
HUK	halbunendlicher Körper	WÜ	Wärmeübergang
IGB	ideal gerührter Behälter	WÜK	Wärmeübergangskoeffizient
IWL	instationäre Wärmeleitung	WÜW	Wärmeübergangswiderstand

1 Grundlagen der Wärmeübertragung

1.1 Praktische Bedeutung

»Die Temperaturunterschiede streben dem Ausgleich zu.« [13]

Dies ist nicht nur eine wissenschaftliche Erkenntnis, sondern beschreibt auch bekannte „thermische" Alltagserfahrungen, z. B.:

- Die Abkühlung einer heißen Kartoffel lässt sich durch kräftiges Anpusten beschleunigen.
- Beim Öffnen eines Fensters strömt im Winter kalte Außenluft ein und warme Raumluft aus.
- Jeder Automotor benötigt eine Warmlaufphase, bis er seine Betriebstemperatur erreicht.
- In klaren Nächten kann auch bei Temperaturen über $0\,^{\circ}\mathrm{C}$ Bodenfrost auftreten.
- Eine Kirche mit dicken Steinmauern bietet im Sommer bei hohen Außentemperaturen ein angenehmes Raumklima.

Auch wenn uns diese Vorgänge selbstverständlich und vertraut erscheinen, handelt es sich dabei doch um teilweise komplexe Vorgänge der Wärmeübertragung. Zur erfolgreichen Analyse, Berechnung und Optimierung von Wärmetransportvorgängen sowie zur Entwicklung neuer Verfahren und Technologien sind solide und umfassende Kenntnisse der Wärmeübertragung unerlässlich.

Die Wärmeübertragung ist keineswegs auf die klassischen Bereiche der Technik, wie

- Energietechnik (z. B. Kraftwerke, Turbinen, Fernwärmesysteme)
- Fahrzeugtechnik (z. B. Motorkühlung, Fahrzeugklimatisierung)
- Luft- und Raumfahrttechnik (z. B. Hitzeschilde für Wiedereintritt)
- Gebäudetechnik (z. B. Solarkollektoren, Heizkörper),

beschränkt, sondern gewinnt zunehmend auch in angrenzenden Fachgebieten an Bedeutung:

- Elektrotechnik (z. B. energiesparende Kühl- und Gefriergeräte)
- Informationstechnologie (z. B. Hochleistungs-CPUs)
- Produktionstechnik (z. B. Wärmebehandlung von Werkstoffen)
- Messtechnik (z. B. Temperatursensoren, Wärmebildkameras)
- Mechatronik und Nanotechnologie (z. B. Nanoröhren, Nanobots)
- Umwelttechnik (z. B. regenerative Energien, Brennstoffzellen)
- Recycling und Entsorgungstechnik (z. B. thermische Trennverfahren)
- Bio- und Medizintechnik (z. B. Biosensoren, Thermografie zur Lokalisation von Entzündungen, Hyperthermie)
- Lebensmitteltechnologie (z. B. Kühlung von Lebensmitteln, Pasteurisierung, Transportbehälter)
- Meteorologie und Klimatologie (z. B. Treibhauseffekt, globale Erderwärmung)

Eine enge Beziehung der Wärmeübertragung besteht auch zur Stoffübertragung, die hier aber nicht behandelt wird.

Bild 1.1: *Rückkühlwerk einer Klimaanlage.*

Bild 1.2: *Thermogramm einer Fassade.*

Bild 1.3: *Glaskuppel des Reichstags Berlin.*

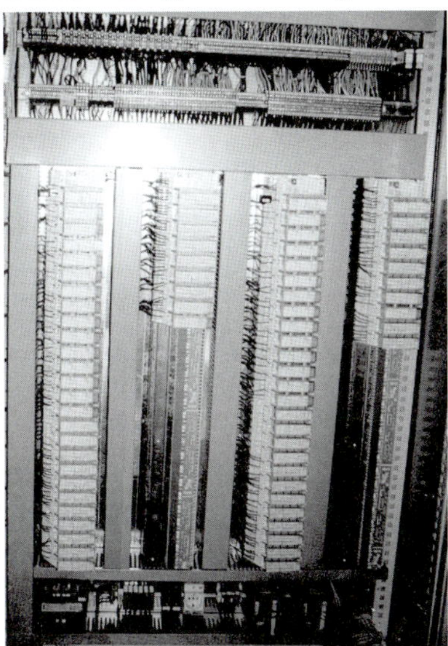

Bild 1.4: *Elektrischer Schaltschrank.*

Im Folgenden bezeichnet ϑ die Celsius-Temperatur, T die absolute Temperatur, t die Zeit, $\dot{Q}$ den Wärmestrom und $\dot{q}$ die Wärmestromdichte.

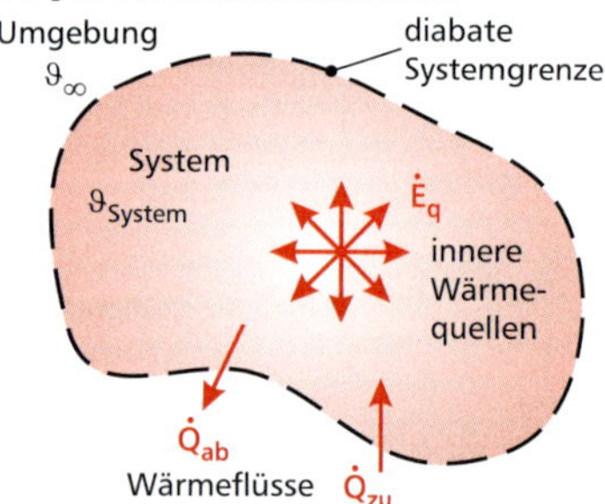

Bild 1.5: *Wärmeübertragung durch Wärmeflüsse über eine diatherme Systemgrenze.*

Ströme (z. B. Massen-, Volumen-, Wärme-, Enthalpieströme) werden **mit** einem über das betreffende Symbol gesetzten **Punkt** gekennzeichnet, also $\dot{m}, \dot{V}, \dot{Q}, \dot{H}$, während die vom jeweiligen Strom geänderten Quantitäten m, V, Q, H ohne Punkt notiert werden.

Die Aussage „Das System enthält 10 MJ Wärme." ist eigentlich unzutreffend. Besser ist die Sprechweise: „Dem System wurden 10 MJ Wärme zugeführt, wodurch sich die innere Energie um 10 MJ erhöhte."

Die Begriffe „Temperaturaufnahme" und „Temperaturabgabe" entspringen der Fehlvorstellung eines „Temperaturflusses". Tatsächlich führt ein Wärmefluss bzw. ein Wärmestrom zu Temperaturänderungen (Anstieg/Abnahme).

Thermodynamisch ist die Wärme wie die Arbeit keine Zustands-, sondern eine Prozessgröße. **Zustandsgrößen** (z. B. Temperatur T, innere Energie U) kennzeichnen als wegunabhängige Systemeigenschaften einen bestimmten Zustand eines thermodynamischen Systems. Demgegenüber beschreiben **Prozessgrößen** (z. B. Wärme Q, Arbeit W) die Form der Energieübertragung und hängen vom gewählten thermodynamischen Weg ab.

Intensive Zustandsgrößen hängen im Unterschied zu **extensiven** Zustandsgrößen nicht von der Masse bzw. der Stoffmenge des Systems ab. Bei Teilung eines Systems in zwei gleich große Teile besitzen beide Teile dieselben Werte der intensiven Zustandsgrößen wie das Ausgangssystem, während sie nur die halben Werte der extensiven Zustandsgrößen aufweisen.

Es wird davon ausgegangen, dass der (die) Leser(in) im Wesentlichen mit den Grundlagen der Wärmeübertragung vertraut ist. Die umfangreiche Literatur [1]–[23] bedient sich teilweise unterschiedlicher Bezeichnungen und Symbole, wobei sich das vorliegende Buch auf die gängige Nomenklatur stützt und diese bei Bedarf sinnvoll ergänzt.

1.2 Wärme, Wärmestrom, Wärmestromdichte

Wärme ist Energie, die an der diathermen (wärmedurchlässigen) Grenze zwischen Systemen verschiedener Temperatur auftritt und allein aufgrund des Temperaturunterschiedes ohne Arbeitsleistung zwischen den Systemen übertragen wird (Bild 1.5). Die **Thermodynamik** beschäftigt sich mit der Wärme Q in J (Joule) $=$ W · s, die bei verschiedenen **Gleichgewichtszuständen** eines Systems auftritt. Der gelegentlich verwendete Begriff Wärmemenge entstammt der unzutreffenden Vorstellung, Wärme bestünde aus einem Stoff, dem man eine gewisse Stoffmenge zuweisen könne. Die Wärme Q wird dadurch übertragen, dass in der Zeit $t = t_1 - t_0$ ein **Wärmestrom** $\dot{Q}$ in W (Watt) $= 1$ J/s fließt:

$$Q = \int_{t_0}^{t_1} \dot{Q}(t)\,\mathrm{d}t; \qquad \text{bzw.} \qquad Q = \dot{Q}\cdot(t_1 - t_0)\,, \quad \text{falls } \dot{Q} = \text{const.} \tag{1.1}$$

Häufig wird mit der **Wärmestromdichte** $\dot{q}$ der auf die Fläche A bezogene Wärmestrom zur Beschreibung von Systemen verwendet:

$$\dot{q} = \frac{\dot{Q}}{A} \qquad \text{und} \qquad \dot{Q} = \dot{q}\cdot A \qquad [\dot{q}] = \frac{\text{W}}{\text{m}^2} \tag{1.2}$$

Wärme fließt nach dem 2. Hauptsatz der Thermodynamik selbsttätig entlang eines Temperaturgefälles stets von höherer zu niedrigerer Temperatur. Besitzen zwei Systeme in Abwesenheit thermoelektrischer Effekte (z. B. Peltier-Effekt) dieselbe Temperatur (thermisches Gleichgewicht nach dem 0. Hauptsatz), kommt der Wärmefluss zum Erliegen. Die Energieform Wärme tritt damit nur bei der Überschreitung der Systemgrenze in Erscheinung. Im System selbst ist die Wärme nicht feststellbar, sondern sie trägt zur Änderung der inneren Energie U des Systems bei. Die Erfassung der Änderung der inneren Energie ΔU (bei Festkörpern und Flüssigkeiten näherungsweise auch der Enthalpie ΔH) erfolgt indirekt über die Temperaturmessung.

Der Systembegriff der Thermodynamik ist auch in der Wärmeübertragung von zentraler Bedeutung. Das **thermodynamische System** ist ein durch eine **Systemgrenze** festgelegtes Gebiet, das zum Zweck der Analyse von seiner **Umgebung** gedanklich abgegrenzt wird (Bild 1.5). In Bezug auf das gesteckte Untersuchungsziel sollte die Systemgrenze so gewählt werden, dass eine möglichst einfache Lösung erreicht wird. Die Grenzen eines Systems können fest oder variabel, materiell oder imaginär, durchlässig oder undurchlässig sein. Thermodynamische Systeme lassen sich nach ihren Wechselwirkungen hinsichtlich des Energie- und Stofftransports mit der Umgebung einteilen.

Geschlossene Systeme sind massedicht und ermöglichen keinen Stofftransport über die Systemgrenze. Bei **offenen Systemen** treten Massenströme (ggf. an verschiedenen Stellen) über die Systemgrenze. Bei halboffenen Systemen erfolgt der Massentransport nur in eine Richtung über die Systemgrenze (z. B. Ausströmen aus einem Behälter).

Hinsichtlich des Wärmetransports ist zwischen **adiabaten** (wärmedichten) und **diathermen** (wärmedurchlässigen) Systemen zu unterscheiden. Da eine thermisch ideale Wärmedämmung nicht möglich ist, stellt der Begriff „adiabat" eine Idealisierung dar und wird in der Praxis für Systeme verwendet, bei denen der Wärmefluss über die Systemgrenze vernachlässigbar klein ist, wie z. B. bei sehr gut gedämmten Rohrleitungen (Bild 1.7).

Die Begriffe **„Isolation"** bzw. **„isolieren"** kennzeichnen Schutzmaßnahmen gegen den elektrischen Strom. Im Zusammenhang mit wärmetechnischen Maßnahmen spricht man besser von **„Wärmedämmung"** bzw. **„dämmen"**, auch wenn der Begriff „Isoliertechnik" in der Praxis eingeführt ist.

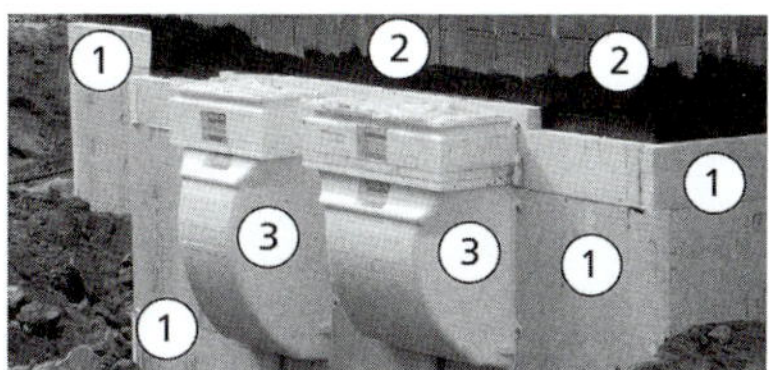

Bild 1.6: *Beispiel für eine Wärmedämmung: Perimeterdämmung ① aus extrudiertem Polystyrol (XPS) an einer betonierten Kellerwand mit darüber liegender ungedämmter Ziegelwand ② sowie Aussparungen im Bereich der Lichtschächte ③. Oberhalb der Wärmedämmung ist eine Feuchtesperre in Form einer Bitumendickbeschichtung (schwarz) erkennbar, die ebenfalls keine „Isolierung" darstellt.*

Bild 1.7: *Gedämmte Rohrleitungen.*

1.3 Temperatur und Temperaturfelder

Im thermodynamischen Sinne ist die **Temperatur** eine intensive Zustandsgröße, die als Grundgröße nicht auf andere Größen zurückgeführt werden kann, sondern eindeutig definiert werden muss. Dies gelingt mithilfe des thermischen Gleichgewichts thermodynamischer Systeme (0. Hauptsatz). Danach haben zwei Systeme im thermischen Gleichgewicht immer dieselbe Temperatur, während Systeme, die nicht im thermischen Gleichgewicht miteinander stehen, stets unterschiedliche Temperaturen aufweisen.

Die Temperatur charakterisiert damit den **thermischen Zustand eines Systems**. Durch den Wärmesinn besitzt der Mensch mit „heiß", „warm" und „kalt" qualitative und relative Vorstellungen über den thermischen Zustand von Systemen. Eine Quantifizierung dieser Empfindungen war jedoch erst mit der Einführung des Temperaturbegriffs und der Erfindung funktionierender Thermometer mit geeigneten Skalen möglich.

Temperaturen können entweder als **Celsius-Temperaturen** ϑ oder als **absolute (thermodynamische) Temperaturen** T notiert werden:

$$T = \frac{\vartheta}{°\mathrm{C}} \cdot \mathrm{K} + \mathrm{T_0}; \qquad [T] = \mathrm{K} \qquad \text{mit} \qquad T_0 = 273{,}15\ \mathrm{K} \tag{1.3}$$

$$\vartheta = \frac{T - T_0}{\mathrm{K}} \cdot °\mathrm{C}; \qquad [\vartheta] = °\mathrm{C} \tag{1.4}$$

Im Folgenden werden Temperaturen bis auf die Wärmestrahlung als Celsius-Temperaturen angegeben und mit dem Symbol ϑ notiert. Da sich beide Temperaturen nur um die additive Konstante T_0 unterscheiden, ist es unerheblich, ob **Temperaturdifferenzen** zwischen Celsius- oder Kelvin-Temperaturen berechnet werden.

$$\Delta T = T_1 - T_2 \tag{1.5}$$

$$\Delta\vartheta = \vartheta_1 - \vartheta_2 \tag{1.6}$$

$$\Delta T = T_1 - T_2 = (\vartheta_1 + T_0) - (\vartheta_2 + T_0) = \vartheta_1 - \vartheta_2 = \Delta\vartheta \tag{1.7}$$

Es ist allerdings zu beachten, dass **Temperaturdifferenzen generell in K** angegeben werden, unabhängig davon, auf welcher Temperaturskala sie berechnet wurden. Der scheinbare Widerspruch, dass die Gln. (1.3) und (1.4) mit K und °C zwei unterschiedliche Einheiten verknüpfen, lässt sich dadurch auflösen, dass jede Celsius-Temperatur als Temperaturunterschied zum Nullpunkt der Celsius-Skala interpretiert und damit in K angegeben werden kann. In der Praxis sind daher auch Schreibweisen etabliert, die K und °C direkt verknüpfen, z. B. :

$20\ °\mathrm{C} + 273{,}15\ \mathrm{K} = 293{,}15\ \mathrm{K}$ oder $300\ \mathrm{K} - 273{,}15\ \mathrm{K} = 26{,}85\ °\mathrm{C}$

Im Unterschied zum Winkelmaß ° (Grad) wird die Dimension °C mit einem Leerzeichen an die Maßzahl gesetzt, also $45°$, aber $45\ °\mathrm{C}$. Die Einheit ° ist für Celsius-Temperaturen ebenso unzutreffend wie C.

► **Beispiel:** ◄

Zwischen der Temperatur im Wohnzimmer von Frieda Frostig von $25\ °\mathrm{C}$ und der Außenlufttemperatur von $-5\ °\mathrm{C}$ besteht eine Differenz von $\Delta\vartheta = \vartheta_{\text{innen}} - \vartheta_{\text{außen}} = 25\ °\mathrm{C} - (-5\ °\mathrm{C}) = 30\ \mathrm{K}$ (30 Kelvin).

Die Angabe °K für eine Temperaturdifferenz ist falsch, richtig ist K.

Das große griechische Δ wird sowohl als Vorsatz für Differenzen als auch für den Laplace-Operator verwendet.

► **Beispiel:** ◄

Bei einer im siedenden Wasser gekochten Kartoffel weist zunächst jeder Volumenpunkt eine einheitliche Temperatur von $100\ ^\circ\mathrm{C}$ auf. Auf einem Teller kühlt sie vom Rand her ab. An der Außenseite herrschen niedrigere Temperaturen als im Zentrum. Jeder Punkt hat eine eigene Temperatur, die sich mit der Zeit ändert. Es liegt ein instationäres dreidimensionales Temperaturfeld $\vartheta(x{,}y{,}z{,}t)$ vor.

Bild 1.8: *Tauwasser und mehrdimensionales Temperaturfeld an einer Verglasung.*

Da ein Wärmestrom gemäß dem 2. Hauptsatz der Thermodynamik selbsttätig stets in einem Temperaturgefälle (von warm nach kalt) fließt, gibt der Temperaturgradient die **negative** Richtung des Wärmestroms an.

Bei eindimensionaler Geometrie lautet der Temperaturgradient $\mathrm{d}\vartheta/\mathrm{d}x$. Die hier gewählte allgemeinere Schreibweise $\partial\vartheta/\partial x$ gewährleistet die leichtere Übertragbarkeit der Ergebnisse auf den mehrdimensionalen Fall.

Tabelle 1.1: *Analogie zwischen dem Transport von Wärme und Wasser.*

Wärme ...	Wasser ...
... benötigt zum Fließen ...	
ein Temperaturgefälle.	ein natürliches Gefälle.
... fließt ...	
von warm nach kalt.	vom Berg ins Tal.
... kann nur durch Arbeit ...	
von kalt nach warm	vom Tal bergauf
... transportiert werden.	

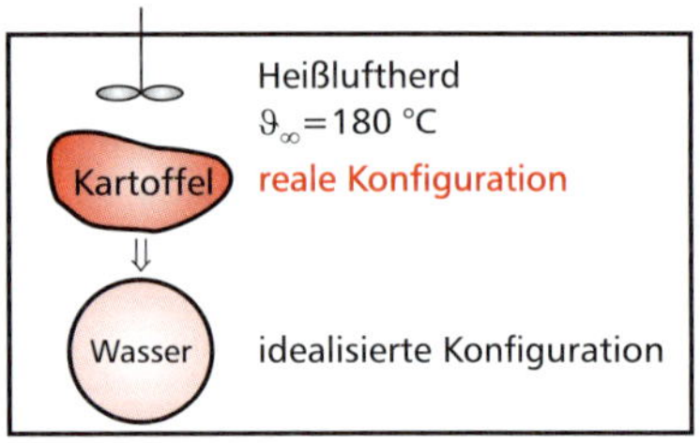

Heißluftherd
$\vartheta_\infty = 180\ ^\circ\mathrm{C}$
Kartoffel — reale Konfiguration
⇓
Wasser — idealisierte Konfiguration

Bild 1.9: *Modellierung einer Kartoffel als Kugel mit den Eigenschaften von Wasser.*

Die Temperatur ist eine **skalare** Größe, d. h. sie besitzt keine Richtung. Hängt die Temperatur vom Ort ab, spricht man von einem **Temperaturfeld** (skalares Feld):

- eindimensionales Temperaturfeld $\vartheta = \vartheta(x)$
- zweidimensionales Temperaturfeld $\vartheta = \vartheta(x{,}y)$
- dreidimensionales Temperaturfeld $\vartheta = \vartheta(x{,}y{,}z)$

Hängt die Temperatur nur vom Ort und nicht von der Zeit ab, spricht man von einem **stationären** Temperaturfeld, anderenfalls von einem **instationären** (zeitabhängigen) Temperaturfeld:

- stationäres Temperaturfeld $\vartheta = \vartheta(\vec{x})$
- instationäres Temperaturfeld $\vartheta = \vartheta(\vec{x}{,}t)$

Im Allgemeinen sind Temperaturfelder zeit- und ortsabhängig. Allerdings werden in der Praxis vielfach stationäre Zustände betrachtet, insbesondere wenn Gleichgewichtszustände interessieren (z. B. stationäre Betriebstemperatur in einem Verbrennungsmotor).

Der **Temperaturgradient** ist ein Vektor, der die Richtung des größten Temperatur**anstiegs** in einem Temperaturfeld angibt. Er berechnet sich aus den partiellen Ableitungen des Temperaturfeldes nach den Ortskoordinaten, z. B. gilt in kartesischen Koordinaten:

$$\mathbf{grad}\,\vartheta = \left(\frac{\partial\vartheta}{\partial x}, \frac{\partial\vartheta}{\partial y}, \frac{\partial\vartheta}{\partial z}\right)^{\mathrm{T}} = \frac{\partial\vartheta}{\partial x}\cdot\vec{e}_{\mathrm{x}} + \frac{\partial\vartheta}{\partial y}\cdot\vec{e}_{\mathrm{y}} + \frac{\partial\vartheta}{\partial z}\cdot\vec{e}_{\mathrm{z}} \tag{1.8}$$

Der Nabla-Operator erlaubt eine **koordinatenunabhängige** Notation:

$$\mathbf{grad}\,\vartheta = \nabla\vartheta \tag{1.9}$$

1.4 Wärmetransportmechanismen

Um eine bessere Vorstellung des in der Regel nicht sichtbaren Wärmeflusses zu erhalten, verwendet man in der Praxis **Analogien** (vgl. Tabellen 1.1 und 1.2), die auf bekannte bzw. einfachere Vorgänge zurückgreifen. Eine bekannte Modellvorstellung ist der Vergleich zwischen Wärme- und Wasserstrom (Tabelle 1.1). Wärmeübertragungsvorgänge spielen in vielen alltäglichen, aber auch in zahlreichen technischen Prozessen eine überaus wichtige Rolle. Das qualitative Verständnis der zugrunde liegenden Mechanismen und die Fähigkeit, auch quantitative Aussagen in Form ingenieurmäßiger Berechnungen vornehmen zu können, sind wichtige Voraussetzungen zur Dimensionierung und Optimierung technischer Systeme.

Zur Analyse von Wärmetransportvorgängen werden in der Praxis Modelle eingesetzt, die je nach Genauigkeitsanforderungen und vertretbarem Aufwand mehr oder weniger genaue Abbilder der komplexen realen Systeme darstellen. Teils sind entsprechende Modelle bereits verfügbar (z. B. in der Literatur), teils müssen sie im Rahmen von Forschungs- und Entwicklungsarbeiten erst an den jeweiligen technischen Systemen erstellt werden. Um die Komplexität der Modelle sinnvoll zu begrenzen, werden geeignete Vereinfachungen und Vernachlässigungen durchgeführt (z. B. wie in Bild 1.9), wozu vertiefte Kenntnisse der Grundlagen der Wärmeübertragung notwendig sind.

Die mathematische Behandlung physikalischer Probleme führt auf Ausdrücke, die Unterschiede der maßgeblichen Variablen zueinander beinhalten (z. B. $\frac{\partial^2\vartheta}{\partial x^2} \approx \frac{\Delta\vartheta}{\Delta x^2}$, $\frac{\partial\vartheta}{\partial t} \approx \frac{\Delta\vartheta}{\Delta t}$). Je kleiner die Inkremente (z. B. Δx, Δt) gewählt werden, desto genauer ist die jeweilige Beschreibung.

Im Grenzfall infinitesimaler und differenzieller Änderungen erhält man Differenzialgleichungen, die eine exakte Formulierung der zugrunde liegenden physikalischen Gesetzmäßigkeiten darstellen, wobei die jeweiligen Änderungsraten als Differenziale erscheinen. Daher werden zahlreiche Probleme im Ingenieurbereich durch **Differenzialgleichungen** beschrieben, zu deren Lösung die Mathematik die Grundlagen und Hilfsmittel (z. B. Trennung der Variablen, e-Funktionsansatz, Substitution, Potenzreihenansatz, Finite Differenzen, Finite Elemente etc.) bereitstellt. Jedoch sind zahlreiche praktische Probleme der Wärmeübertragung auch ohne Differenzialgleichungen lösbar.

☞ Wärmetransportvorgänge werden prinzipiell **in 3 Schritten** analysiert:

1. Identifikation aller maßgeblichen Variablen (z. B. instationäres 3dimensionales Temperaturfeld $\vartheta = \vartheta(x,y,z,t)$), Festlegung zutreffender Annahmen und Näherungen (z. B. Symmetrie in y und z), Anwendung relevanter physikalischer Gesetze und Prinzipien (z. B. Energiebilanz) zur mathematischen Problemformulierung.
2. Problemlösung mit geeigneten mathematischen Methoden (z. B. analytische oder numerische Lösung einer Dgl.). Als Lösung bezeichnet man
   (a) eine Funktion $\vartheta(x,y,z,t)$, mit der die Berechnung der Temperatur in jedem Punkt (x,y,z) eines Körpers und zu jeder Zeit möglich ist (analytische Lösung).
   (b) eine endliche Anzahl von Temperaturwerten, die bestimmten Punkten des Körpervolumens zugeordnet sind und entweder gemessen oder mit Computerprogrammen errechnet wurden (numerische Lösung).
3. physikalische Interpretation und Prüfung der Ergebnisse auf Plausibilität (z. B. Entfall nicht plausibler Lösungen bei quadratischen Gleichungen)

Der in der Praxis für **Wärmetransport** gängige, physikalisch unzutreffende Begriff **„Wärmeaustausch"** impliziert im Widerspruch zum 2. Hauptsatz einen gleichzeitigen Fluss in zwei Richtungen.

1.4.1 Arten des Wärmetransports

Generell ist zwischen **stoffgebundenem** (Leitung und Konvektion) und **nichtstoffgebundenem** Wärmetransport (Strahlung)zu unterscheiden, so dass drei Transportmechanismen auftreten können:

- **Wärmeleitung** (in Festkörpern, untergeordnet in Flüssigkeiten und Gasen; z. B. Wärmetransport durch die Wandung eines Heizkörpers oder eine Zylinderbuchse in einem Verbrennungsmotor, winterliche Wärmeverluste durch eine Gebäudeaußenwand, s. a. Bild 1.10)
- **Konvektion** (Wärmemitführung durch Strömung, in Flüssigkeiten und Gasen; z. B. Wärmetransport durch Warmwasser vom Heizkessel zu den Heizkörpern, Umwälzung der Raumluft durch thermischen Auftrieb, Kühlwasser im Kühler eines Autos, s. a. Bild 1.12)
- **Wärmestrahlung** (zwischen zwei Körpern; z. B. Infrarotstrahler in einem Festzelt, Sonne, Glühlampe, Kachelofen, s. a. Bild 1.13)

Da sich die drei Wärmetransportmechanismen überlagern, ist die exakte Behandlung schwierig, und es sind in der Praxis meist Vereinfachungen notwendig (Modellbildung).

Die **Transportgesetze** der einzelnen Wärmeübertragungsarten lassen sich universell als Verknüpfung zwischen Wirkung (Strom bzw. Fluss) und Ursache (treibendes Gefälle) formulieren:

$$\textit{Strom der Transportgröße} = \textit{Transportkoeffizient} \times \textit{Gefälle} \tag{1.10}$$

Tabelle 1.2: *Analogie zwischen Wärmetransport und dem Transport von Wasser beim Löschen eines Feuers.*

Wärmetransport	Wassertransport
Wärmeleitung	Eimerkette
Konvektion	mit Eimer laufende Person
Wärmestrahlung	Feuerwehrschlauch

1.4.2 Wärmeleitung

Wärmeleitung stellt einen Energietransport infolge atomarer und molekularer Wechselwirkung unter dem Einfluss ungleichförmiger Temperaturverteilung dar. Sie ist vor allem in Festkörpern von Bedeutung (Bild 1.10), tritt aber auch in Flüssigkeiten und Gasen auf.

Der empirische **Fourier'sche Wärmeleitungsansatz** (1.11) (*J.B. Biot*, 1804, 1816; *J.B.J. Fourier*, 1822) verknüpft den **Wärmestrom** $\vec{\dot{Q}}(\vec{x})$ in W bzw. die **Wärmestromdichte** $\vec{\dot{q}}(\vec{x})$ (flächenbezogener Wärmestrom)

Herdplatte → Topf → Hand

Bild 1.10: *Wärmetransport durch Leitung.*

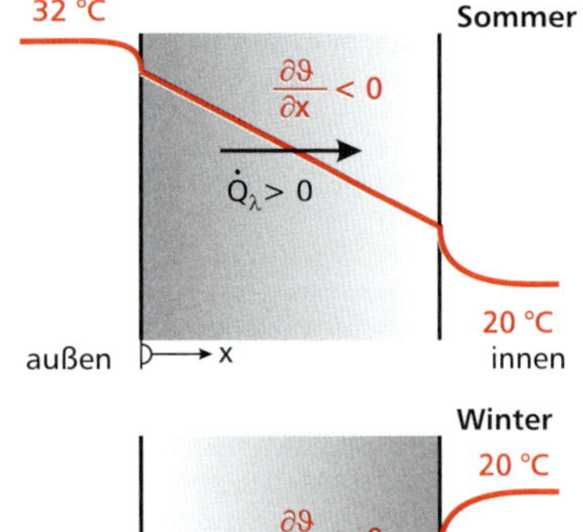

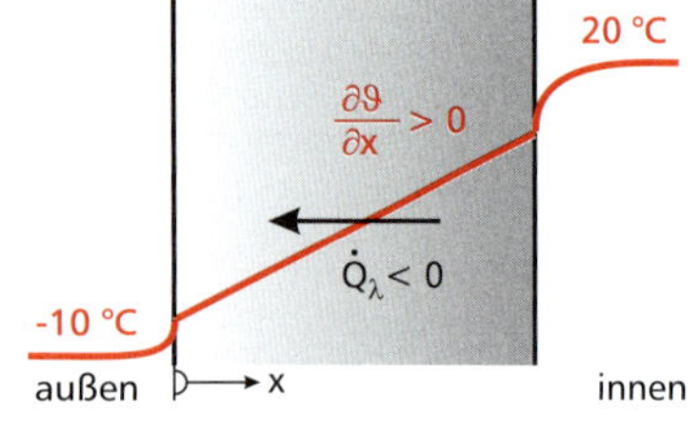

Bild 1.11: *Stationäre Wärmeleitung in einer Außenwand mit beidseitigem Wärmeübergang (oben: im Sommer; unten: im Winter).*

☞ Das **negative Vorzeichen** in den Gln. (1.11) und (1.12) bedeutet, dass ein **positiver Wärmestrom** (in Richtung der positiven x-Achse, vgl. Bild 1.11) stets in Richtung **abnehmender Temperatur** (d. h. in Richtung eines negativen Temperaturgradienten von warm nach kalt) fließt. Im eindimensionalen Fall entspricht der Temperaturgradient $\partial\vartheta/\partial x = \mathrm{d}\vartheta/\mathrm{d}x$ der Steigung der Temperaturkurve (Tangente, Steigungsdreieck) in einem bestimmten Punkt.

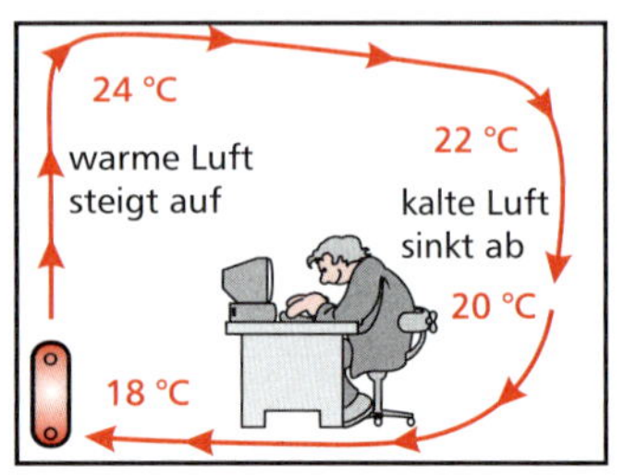

Bild 1.12: *Wärmetransport in einem Raum durch freie Konvektion.*

☞ Analog zum **Wärmeübergang** gemäß Gl. (1.13) gilt beim **Stoffübergang** mit dem Stoffübergangskoeffizienten β (in m/s) für den Massenstrom $\dot{m}$ bzw. die Massenstromdichte $\dot{m}^*$ als Funktion der Partialdichtedifferenz $(\varrho_\mathrm{w} - \varrho_\infty)$:

$$\dot{m} = \beta \cdot A \cdot (\varrho_\mathrm{w} - \varrho_\infty) \quad \text{bzw.} \tag{1.14}$$

$$\dot{m}^* = \beta \cdot (\varrho_\mathrm{w} - \varrho_\infty) \tag{1.15}$$

in W/m^2 infolge Wärmeleitung mit dem zum Temperaturunterschied proportionalen Temperaturgradienten $\mathbf{grad}\,\vartheta$ in K/m und der durchströmten Fläche $A(\vec{x})$ in m^2, wobei die jeweiligen Größen im allgemeinen Fall ortsabhängig sein können:

$$\vec{\dot{Q}}_\lambda(\vec{x}) = -\lambda(\vec{x}) \cdot A(\vec{x}) \cdot \mathbf{grad}\,\vartheta \quad \text{bzw.} \quad \vec{\dot{q}}_\lambda(\vec{x}) = -\lambda(\vec{x}) \cdot \mathbf{grad}\,\vartheta \tag{1.11}$$

Im **eindimensionalen Fall** (Ortskoordinate x) vereinfacht sich Gl. (1.11):

$$\dot{Q}_\lambda(x) = -\lambda(x) \cdot A(x) \cdot \frac{\partial\vartheta}{\partial x} \quad \text{bzw.} \quad \dot{q}_\lambda(x) = -\lambda(x) \cdot \frac{\partial\vartheta}{\partial x} \tag{1.12}$$

Weitere Vereinfachungen von Gl. (1.12) sind bei konstanter Wärmeleitfähigkeit λ bzw. konstanter Fläche A möglich.

Die **Wärmeleitfähigkeit** λ in W/(m K) ist eine Proportionalitätskonstante, die den maßgeblichen Transportkoeffizienten der stationären Wärmeleitung darstellt. λ ist als Stoffeigenschaft im Allgemeinen temperaturabhängig, allerdings ist dies in der Praxis aufgrund begrenzter Temperaturunterschiede häufig vernachlässigbar. In isotropen Stoffen ist λ zudem richtungsunabhängig. Holz besitzt als anisotroper Stoff quer zur Faser eine andere Wärmeleitfähigkeit als längs zur Faser.

1.4.3 Konvektion

Konvektion (Wärmemitführung) bezeichnet einen massegebundenen Energietransport in einem strömenden Fluid (Flüssigkeit, Gas) durch makroskopische Teilchenbewegung, der stets auch von Wärmeleitung (meist untergeordnet) begleitet wird. Je nach Antriebskraft ist zwischen **freier Konvektion** (natürlicher Konvektion) und **erzwungener Konvektion** (Zwangskonvektion) zu unterscheiden. Bei **Mischkonvektion** überlagern sich beide Konvektionsformen.

Der Wärmefluss zwischen einem Festkörper und einem bewegten Fluid wird als **konvektiver Wärmeübergang** bezeichnet. Bei einem Wärmetransport zwischen zwei durch einen Festkörper getrennten Fluiden (z. B. Wasser und Luft in einem Kühler) liegt ein **Wärmedurchgang (Wärmetransmission**, vgl. Bild 1.11) vor.

Bei der freien Konvektion (Bild 1.12) sind Strömungs- und Temperaturfeld über den thermischen Auftrieb gekoppelt, was die numerische Berechnung erschwert. Bei der erzwungenen Konvektion sind beide Felder voneinander entkoppelt, da der Antrieb durch einen äußeren Druckgradienten erfolgt.

Gemäß dem **Newton'schen Abkühlungsgesetz** (1.13) (*I. Newton*, 1701) ist der konvektiv übertragene Wärmestrom proportional zur wärmeübertragenden Fläche A und zum Temperaturunterschied zwischen Wand und Fluid $(\vartheta_\mathrm{w} - \vartheta_\infty)$:

$$\dot{Q}_\alpha = \alpha_\mathrm{K} \cdot A \cdot (\vartheta_\mathrm{w} - \vartheta_\infty) \quad \text{bzw.} \quad \dot{q}_\alpha = \alpha_\mathrm{K} \cdot (\vartheta_\mathrm{w} - \vartheta_\infty) \tag{1.13}$$

Die Wärmestromrichtung ergibt sich aus dem Vorzeichen der wirksamen Temperaturdifferenz, wobei auch hier der 2. Hauptsatz der Thermodynamik (Wärmefluss von warm nach kalt) zu beachten ist.

Die Proportionalitätskonstante α_K in W/(m² K) heißt **konvektiver Wärmeübergangskoeffizient** (Wärmeübergangszahl). Er hängt von einer Vielzahl von Parametern ab und ist somit nur mit großem Aufwand bzw. entsprechender Unsicherheit berechenbar. In der Praxis werden daher überwiegend experimentelle Daten in Korrelationen mit **dimensionslosen Kennzahlen** (Nußelt-, Rayleigh-, Grashof-, Reynolds-, Péclet-, Graetz-, Prandtl-Zahl) im Rahmen einer **Ähnlichkeitstheorie** für die Berechnung des Wärmeübergangs herangezogen (vgl. Abschnitt 6.1.2).

$$Nu = \frac{\alpha \cdot L}{\lambda_{\text{Fluid}}} \quad \text{bzw.} \quad \alpha = \frac{Nu \cdot \lambda_{\text{Fluid}}}{L} \tag{1.16}$$

Die Bezugslänge L in der Nußelt-Zahl Nu (dimensionsloser Wärmeübergangskoeffizient) ist problembezogen sinnvoll zu wählen. Meist stellt sie eine, den jeweiligen Konvektionsvorgang charakterisierende, geometrische Länge (charakteristische Länge, s. Abschnitt 6.1) dar (z. B. Heizkörperhöhe).

Tabelle 1.3 gibt Größenordnungen von Wärmeübergangskoeffizienten an. Der VDI-Wärmeatlas [24] enthält eine umfassende und aktuelle Zusammenstellung abgesicherter Korrelationen für den Wärmeübergang, wobei die jeweiligen Gültigkeitsbereiche zu beachten sind.

Tabelle 1.3: *Typische Größenordnungen von Wärmeübergangskoeffizienten.*

Medium	α_K in W/(m² K)
freie Konvektion	
Gase	$3 \div 20$
Wasser	$100 \div 600$
erzwungene Konvektion	
Gase	$10 \div 100$
Wasser	$500 \div 10\,000$
Phasenübergang	
siedendes Wasser	$2\,000 \div 25\,000$
kondensierender Wasserdampf	$5\,000 \div 100\,000$

Analog zur Nußelt-Zahl verwendet man beim Stoffübergang die Sherwood-Zahl Sh (Diffusionskoeffizient $\mathcal{D}$):

$$Sh = \frac{\beta \cdot L}{\mathcal{D}} \tag{1.17}$$

Die bei der Nußelt-Zahl auftretende Wärmeleitfähigkeit des Fluids λ_{Fluid} darf nicht mit der Wärmeleitfähigkeit der festen Wand λ_{Wand} verwechselt werden. In der Biot-Zahl $Bi = \frac{\alpha \cdot L}{\lambda_{\text{Wand}}}$ wird hingegen die Wärmeleitfähigkeit des Festkörpers verwendet.

1.4.4 Wärmestrahlung

Wärmestrahlung (Thermische Strahlung) kennzeichnet einen nichtstoffgebundenen Energietransport durch elektromagnetische Schwingungen (Wellen, vgl. Bild 1.13), der auch im Vakuum (z. B. im Weltall) möglich ist. Kennzeichnend ist die Wellenlänge λ der elektromagnetischen Strahlung (Tabelle 1.4). Wärmestrahlung ist langwellig und damit für das menschliche Auge unsichtbar. Sie kann aber mit speziellen Detektoren (Thermografie, vgl. Bild 1.2) sichtbar gemacht werden.

Thermische Strahlung findet zwischen zwei (oder ggf. mehr) Körperoberflächen statt, wobei die einzelnen Körper nach dem **Sender-Empfänger-Prinzip** Strahlung sowohl aussenden (emittieren) als auch einen Teil der auftreffenden Strahlung aufnehmen (absorbieren).

Der zwischen zwei Körpern 1 und 2 fließende (Netto-)Strahlungswärmestrom beträgt nach dem **Stefan-Boltzmann'schen Strahlungsgesetz** (1.18) (*J. Stefan*, 1879; *L. Boltzmann*, 1884):

$$\dot{Q}_{\varepsilon 12} = \sigma_{12} \cdot A_1 \cdot \left(T_1^4 - T_2^4\right) \quad \text{bzw.} \quad \dot{q}_{\varepsilon 12} = \sigma_{12} \cdot \left(T_1^4 - T_2^4\right) \tag{1.18}$$

Die **Strahlungskonstante der Anordnung** σ_{12} in W/(m² K⁴) ist ein Proportionalitätsfaktor für die Geometrie und Oberflächeneigenschaften der betreffenden Körper. Sie hängt von der Stefan-Boltzmann-Konstante $\sigma = 5{,}67 \cdot 10^{-8}$ W/(m² K⁴) ab.

Im Unterschied zum Fourier'schen Wärmeleitungsansatz (1.11) und zum Newton'schen Abkühlungsgesetz (1.13) gehen die Temperaturen beim Stefan-Boltzmann'schen Gesetz (1.18) in der 4. Potenz ein, wodurch eine **nichtlineare Abhängigkeit** des Wärmestroms $\dot{Q}_{\varepsilon 12}$ von den Temperaturen bzw. Temperaturdifferenzen resultiert. Weiterhin sind **absolute Temperaturen** einzusetzen (K statt °C!). Daher ist Strahlung bei höheren Temperaturen wirksamer als bei niedrigeren.

Tabelle 1.4: *Relevante Wellenlängenbereiche der elektromagnetischen Strahlung.*

Strahlungsart	λ in nm
Ultraviolett (UV)	$280 \div 380$
sichtbares Licht (VIS)	$380 \div 780$
Infrarot (IR)	> 780

Für die Wellenlänge wird dasselbe Symbol λ verwendet wie für die Wärmeleitfähigkeit.

Bild 1.13: *Wärmetransport durch Strahlung.*

Der in Gl. (1.20) definierte Wärmeübergangskoeffizient für Strahlung hängt von den Temperaturen der beteiligten Körper ab: $\alpha_{\mathrm{Str}} = \alpha_{\mathrm{Str}}(T_1, T_2)$

Bild 1.14: *Begehbare doppelschalige Fassade als Beispiel für das simultane Auftreten der Wärmeübertragungsmechanismen.*

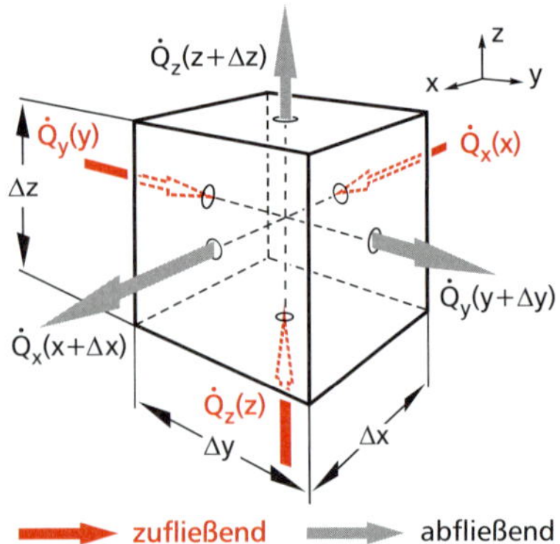

Bild 1.15: *Zu- und abfließende Wärmeströme am infinitesimalen Kontrollvolumen.*

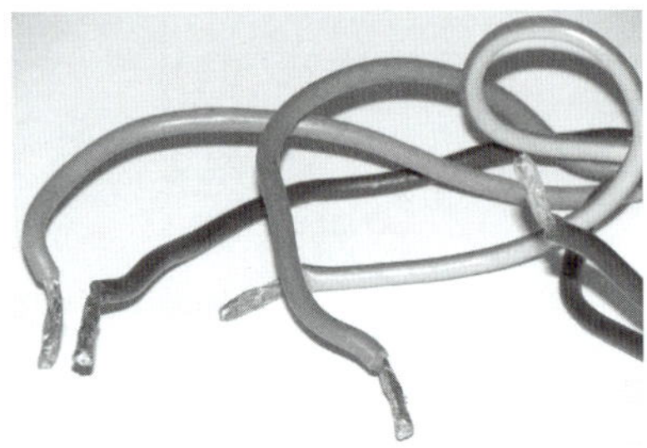

Bild 1.16: *Stromkabel als Beispiel für Wärmeleitung mit inneren Wärmequellen.*

Aus der Temperaturdifferenz $T_1^4 - T_2^4$ kann mit binomischer Formel ein linearer Faktor abgespalten werden:

$$\dot{q}_{\varepsilon 12} = \sigma_{1\,2} \cdot (T_1 + T_2) \cdot \left(T_1^2 + T_2^2\right) \cdot (T_1 - T_2) \tag{1.19}$$

Durch die formale Definition des **Wärmeübergangskoeffizienten für Strahlung** (radiativer Wärmeübergangskoeffizient)

$$\alpha_{\mathrm{Str}} := \sigma_{1\,2} \cdot (T_1 + T_2) \cdot \left(T_1^2 + T_2^2\right) \tag{1.20}$$

folgt eine zur Konvektion analoge lineare Beziehung für die Strahlungswärmestromdichte $\dot{q}_{\varepsilon 12}$:

$$\dot{q}_{\varepsilon 12} = \alpha_{\mathrm{Str}} \cdot (T_1 - T_2) \tag{1.21}$$

Vielfach sind der zwischen zwei Flächen 1 und 2 übertragene Netto-Strahlungswärmestrom $\dot{Q}_{\varepsilon 12}$ und der konvektive Wärmestrom $\dot{Q}_\alpha$ an die Umgebungsluft (Temperatur ϑ_∞) parallel gerichtet und addieren sich daher ($A = A_1$):

$$\dot{Q}_{\mathrm{ges}} = \dot{Q}_{\varepsilon 12} + \dot{Q}_\alpha = \alpha_{\mathrm{Str}} \cdot A_1 \cdot (\vartheta_1 - \vartheta_2) + \alpha_{\mathrm{K}} \cdot A_1 \cdot (\vartheta_1 - \vartheta_\infty) \tag{1.22}$$

Für geringe Unterschiede zwischen der Oberflächentemperatur der zweiten Fläche A_2 und der Umgebungstemperatur $\vartheta_2 \approx \vartheta_\infty$ lässt sich diese Gleichung vereinfachen:

$$\begin{aligned} \dot{Q}_{\mathrm{ges}} &\approx \alpha_{\mathrm{Str}} \cdot A_1 \cdot (\vartheta_1 - \vartheta_\infty) + \alpha_{\mathrm{K}} \cdot A_1 \cdot (\vartheta_1 - \vartheta_\infty) \\ &= (\alpha_{\mathrm{Str}} + \alpha_{\mathrm{K}}) \cdot A_1 \cdot (\vartheta_1 - \vartheta_\infty) \end{aligned} \tag{1.23}$$

Dann ist die Einführung des **Gesamtwärmeübergangskoeffizienten** α_{ges} zweckmäßig:

$$\alpha_{\mathrm{ges}} = \alpha_{\mathrm{Str}} + \alpha_{\mathrm{K}} \tag{1.24}$$

1.5 Fourier'sche Wärmeleitungsgleichung

1.5.1 Mehrdimensionale instationäre Wärmeleitung mit inneren Wärmequellen

Im allgemeinen Fall liegt ein mehrdimensionales und zeitabhängiges Temperaturfeld $\vartheta(\vec{x}, t)$ vor. Aus einer Energiebilanz am differenziellen Kontrollvolumen (Bild 1.15) lässt sich die allgemeine Fourier'sche Wärmeleitungsdifferenzialgleichung herleiten, die den instationären Wärmetransport in einem homogenen Festkörper mit inneren Wärmequellen beschreibt. Sie lautet für konstante Stoffwerte $\lambda, \varrho, c_{\mathrm{p}}$ in kartesischen Koordinaten (x, y, z):

$$\frac{\partial \vartheta}{\partial t} = a \cdot \left(\frac{\partial^2 \vartheta}{\partial x^2} + \frac{\partial^2 \vartheta}{\partial y^2} + \frac{\partial^2 \vartheta}{\partial z^2} \right) + \frac{\dot{e}_{\mathrm{q}}}{\varrho \cdot c_{\mathrm{p}}} \tag{1.25}$$

$$a := \frac{\lambda}{\varrho \cdot c_{\mathrm{p}}} \tag{1.26}$$

Die **Temperaturleitfähigkeit** a in m^2/s stellt den Transportkoeffizienten der instationären Wärmeleitung dar. ϱ ist die Massendichte (Dichte) in kg/m^3, c_{p} die spezifische isobare Wärmekapazität in J/(kg K) und $\dot{e}_{\mathrm{q}}$ die **volumenbezogene Dichte der inneren Wärmequellen** (Wärmequellendichte) in W/m^3 (z. B. Ohm'sche Verluste in einem elektrischen Leiter, vgl. Bild 1.16).

1.5.2 Koordinatenunabhängige Schreibweise

Der Nabla-Operator ∇ und der Delta-Operator $\Delta = \nabla^2$ gestatten eine koordinatenunabhängige Darstellung von Gl. (1.25):

$$\frac{\partial \vartheta}{\partial t} = a \cdot \Delta\vartheta + \frac{\dot{e}_\text{q}}{\varrho \cdot c_\text{p}} = a \cdot \nabla^2\vartheta + \frac{\dot{e}_\text{q}}{\varrho \cdot c_\text{p}} \tag{1.27}$$

Der **Laplace-Operator** (Delta-Operator) lautet für

- **kartesische Koordinaten** (x,y,z) gemäß Bild 1.17: $\vartheta = \vartheta(x,y,z)$

$$\Delta\vartheta = \frac{\partial^2\vartheta}{\partial x^2} + \frac{\partial^2\vartheta}{\partial y^2} + \frac{\partial^2\vartheta}{\partial z^2} \tag{1.28}$$

- **Zylinderkoordinaten** (r,φ,z) gemäß Bild 1.18: $\vartheta = \vartheta(r,\varphi,z)$

$$\Delta\vartheta = \frac{\partial^2\vartheta}{\partial r^2} + \frac{1}{r}\cdot\frac{\partial\vartheta}{\partial r} + \frac{1}{r^2}\cdot\frac{\partial^2\vartheta}{\partial\varphi^2} + \frac{\partial^2\vartheta}{\partial z^2} = \frac{1}{r}\cdot\frac{\partial}{\partial r}\left(r\cdot\frac{\partial\vartheta}{\partial r}\right) + \frac{1}{r^2}\cdot\frac{\partial^2\vartheta}{\partial\varphi^2} + \frac{\partial^2\vartheta}{\partial z^2} \tag{1.29}$$

- **Kugelkoordinaten** (r,φ,ψ) gemäß Bild 1.19: $\vartheta = \vartheta(r,\varphi,\psi)$

$$\Delta\vartheta = \frac{\partial^2\vartheta}{\partial r^2} + \frac{2}{r}\cdot\frac{\partial\vartheta}{\partial r} + \frac{1}{r^2}\cdot\frac{\partial^2\vartheta}{\partial\psi^2} + \frac{\cot\psi}{r^2}\cdot\frac{\partial\vartheta}{\partial\psi} + \frac{1}{r^2\cdot\sin^2\psi}\cdot\frac{\partial^2\vartheta}{\partial\varphi^2}$$

$$= \frac{1}{r^2}\cdot\left\{\frac{\partial}{\partial r}\left(r^2\cdot\frac{\partial\vartheta}{\partial r}\right) + \frac{1}{\sin\psi}\cdot\frac{\partial}{\partial\psi}\left(\sin\psi\cdot\frac{\partial\vartheta}{\partial\psi}\right) + \frac{1}{\sin^2\psi}\cdot\frac{\partial^2\vartheta}{\partial\varphi^2}\right\} \tag{1.30}$$

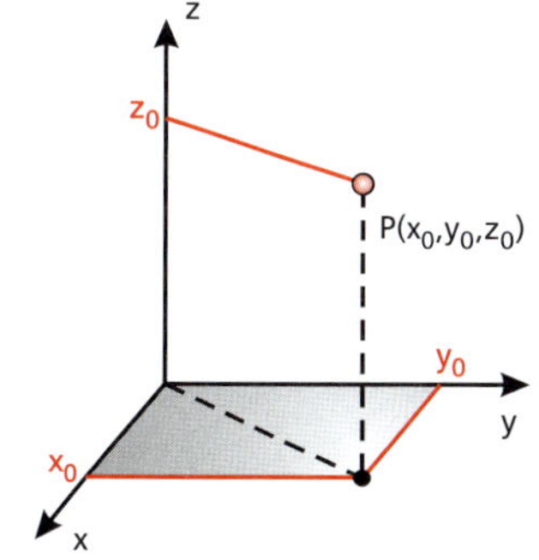

Bild 1.17: *Kartesische Koordinaten x,y,z.*

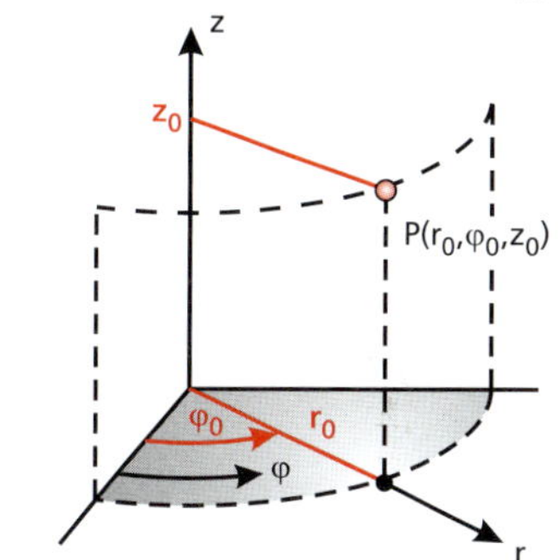

Bild 1.18: *Zylinderkoordinaten r,φ,z (Radius r, Azimutwinkel φ, Axialkoordinate z).*

1.5.3 Eindimensionale instationäre Wärmeleitung

Eindimensionale zeitabhängige Temperaturfelder $\vartheta = \vartheta(r,t)$, die nur von einer Ortskoordinate r abhängen, lassen sich mit der **verallgemeinerten Gleichung** (1.31) mittels Geometrieparameter n beschreiben:

$$\frac{\partial\vartheta}{\partial t} = a\cdot\left(\frac{\partial^2\vartheta}{\partial r^2} + \frac{n}{r}\cdot\frac{\partial\vartheta}{\partial r}\right) \qquad \begin{array}{ll} n=0 & \text{(ebene Platte)} \\ n=1 & \text{(Zylinder)} \\ n=2 & \text{(Kugel)} \end{array} \tag{1.31}$$

1.5.4 Stationäre Wärmeleitung mit Wärmequellen

Die **Poisson'sche Differenzialgleichung** (1.32) gilt für stationäre Temperaturfelder $\left(\frac{\partial\vartheta}{\partial t} = 0\right)$ mit Wärmequellen:

$$a\cdot\nabla^2\vartheta + \frac{\dot{e}_\text{q}}{\varrho\cdot c_\text{p}} = a\cdot\Delta\vartheta + \frac{\dot{e}_\text{q}}{\varrho\cdot c_\text{p}} = 0 \tag{1.32}$$

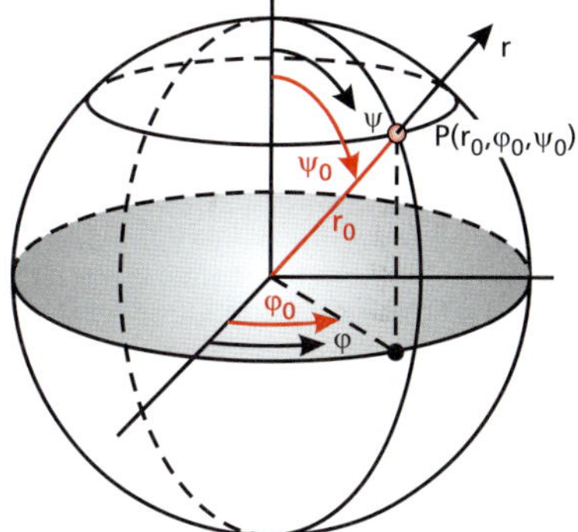

Bild 1.19: *Kugelkoordinaten r,φ,ψ (Radius r, Azimutwinkel φ, Zenitwinkel ψ).*

1.5.5 Stationäre Wärmeleitung ohne Wärmequellen

Bei stationärer Wärmeleitung $\left(\frac{\partial\vartheta}{\partial t} = 0\right)$ ohne Wärmequellen $(\dot{e}_\text{q} = 0)$ gilt die **Laplace'sche Differenzialgleichung** (Potenzialgleichung):

$$\nabla^2\vartheta = \Delta\vartheta = 0 \tag{1.33}$$

In einer **homogenen ebenen Platte ohne Wärmequellen** liegt im stationären eindimensionalen Fall ein lineares Temperaturprofil und ein konstanter Temperaturgradient vor:

$$\frac{\mathrm{d}^2\vartheta}{\mathrm{d}x^2} = 0 \quad\Rightarrow\quad \frac{\mathrm{d}\vartheta}{\mathrm{d}x} = C_1 \quad\Rightarrow\quad \vartheta(x) = C_1\cdot x + C_2 \tag{1.34}$$

Die Konstanten C_1 und C_2 (Integrationskonstanten) sind aus 2 Randbedingungen zu bestimmen.

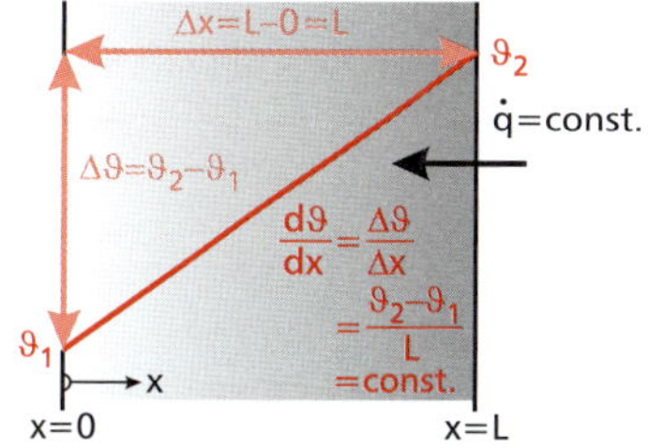

Bild 1.20: *Lineares Temperaturprofil einer homogenen Wand ohne Wärmequellen.*

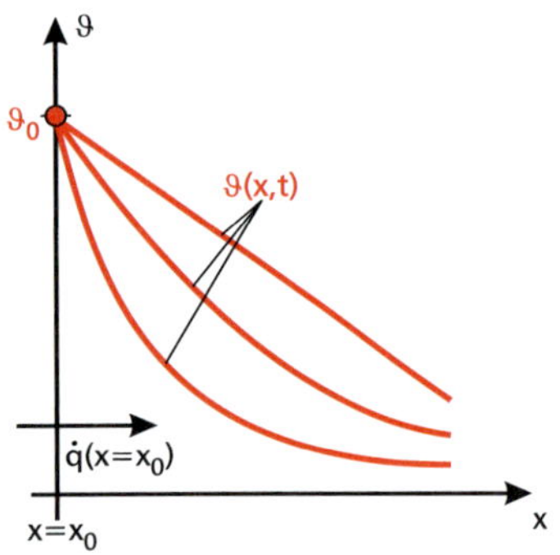

Bild 1.21: *Eindimensionaler oberflächennaher Temperaturverlauf bei RB 1. Art.*

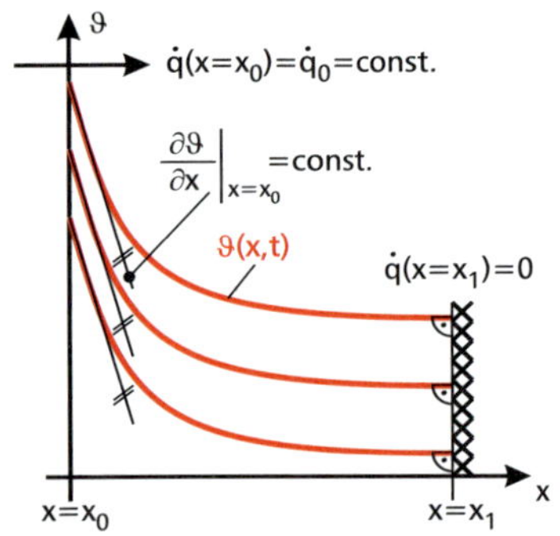

Bild 1.22: *Eindimensionaler oberflächennaher Temperaturverlauf bei RB 2. Art.*

Gl. (1.38) gilt auch in der Mitte ($x_0 = 0$) eines symmetrischen Körpers (s. a. Bild 5.9), da ein Wärmefluss über die Körpermitte nur bei einem entsprechenden Gradienten möglich wäre, was allerdings die Symmetriebedingung verletzen würde.

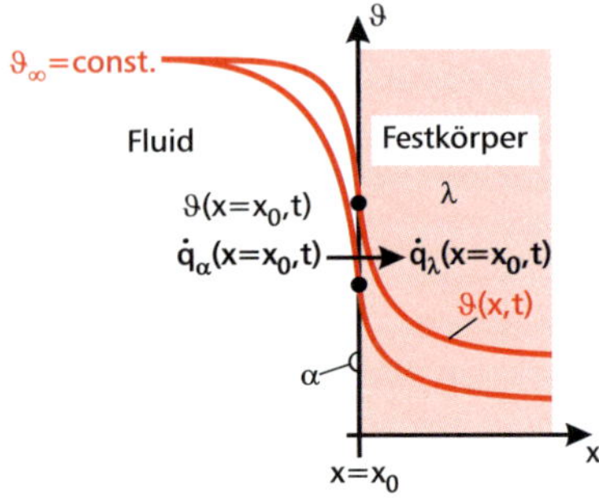

Bild 1.23: *Eindimensionaler oberflächennaher Temperaturverlauf bei RB 3. Art.*

Die Koppelung von zwei Fluiden über einen Wärmedurchgangskoeffizienten k stellt eine **verallgemeinerte RB 3. Art** dar (vgl. Abschnitt 1.7.3).

1.6 Anfangs- und Randbedingungen

1.6.1 Anfangsbedingungen

Die **Anfangsbedingung** (AB) ist stets eine **zeitliche Bedingung**, die nur bei instationären Wärmetransportvorgängen auftritt. Sie beschreibt die Temperaturverteilung an allen Körperpunkten (x,y,z) zur Zeit t_0 (meist ist $t_0 = 0$):

$$\vartheta(x,y,z,t=t_0) = \vartheta_0(x,y,z) \quad \text{oder}$$

$$\vartheta(x,y,z,t=t_0) = \vartheta_0 = \text{const.} \tag{1.35}$$

1.6.2 Randbedingungen

Demgegenüber sind **Randbedingungen** (RBn) **örtliche Bedingungen,** die sowohl bei instationären als auch bei stationären Wärmetransportvorgängen auftreten. Bei der Lösung instationärer mehrdimensionaler Wärmetransportprobleme können bis zu 7 Bedingungen gestellt werden (je 2 RBn pro Koordinatenrichtung und 1 AB in der Zeit). Bei stationären Wärmetransportvorgängen sind maximal 6 Randbedingungen (je 2 pro Koordinate) möglich. Bei entsprechender Unabhängigkeit des Temperaturfelds bezüglich einer Koordinatenrichtung entfallen jeweils 2 RBn. So sind für die instationäre eindimensionale Wärmeleitung 2 RBn und 1 AB notwendig.

Die **Randbedingung 1. Art** (Dirichlet'sche Randbedingung) beinhaltet gemäß Bild 1.21 die **Temperaturvorgabe** am jeweiligen Rand (Vorgabe des Funktionswertes):

$$\vartheta(x=x_0,y,z,t) = \vartheta_0(y,z,t) \tag{1.36}$$

Die **Randbedingung 2. Art** (Neumann'sche Randbedingung) beinhaltet gemäß Bild 1.22 die **Vorgabe der Wärmestromdichte und damit des Temperaturgradienten** am jeweiligen Rand (eindimensional: Vorgabe der Kurvensteigung bzw. Tangente der Temperaturfunktion):

$$\dot{q}(x=x_0,y,z,t) = -\lambda \cdot \left.\frac{\partial\vartheta(x,y,z,t)}{\partial x}\right|_{x=x_0} \tag{1.37}$$

Ein besonderer Fall der RB 2. Art ist die **adiabate Oberfläche**:

$$\dot{q}(x=x_0) = 0 \iff \left.\frac{\partial\vartheta}{\partial x}\right|_{x=x_0} = 0 \tag{1.38}$$

Die **Randbedingung 3. Art** (Newton'sche oder Robin'sche Randbedingung) kennzeichnet den **Wärmeübergang von einer festen Oberfläche an ein Fluid** der Temperatur ϑ_∞ mit dem Wärmeübergangskoeffizienten α (Bild 1.23). Sie koppelt damit Funktionswert (Oberflächentemperatur) und Steigung (Temperaturgradient an der Oberfläche):

$$\dot{q}_\alpha(x=x_0,t) = \dot{q}_\lambda(x=x_0,t) \iff$$

$$\alpha \cdot \left[\vartheta_\infty - \vartheta(x=x_0,t)\right] = -\lambda \cdot \left.\frac{\partial\vartheta(x,t)}{\partial x}\right|_{x=x_0} \tag{1.39}$$

Die Randbedingung 1. Art lässt sich für den Grenzübergang $\alpha \to \infty$ aus der Randbedingung 3. Art ableiten:

$$\lim_{\alpha\to\infty} (\text{RB 3. Art}) = \text{RB 1. Art} \qquad \alpha \to \infty \iff \vartheta(x=x_0,t) \to \vartheta_\infty \tag{1.40}$$

Die **Randbedingung 4. Art** (Stefan'sche Randbedingung) kennzeichnet die Gleichheit der Wärmeströme infolge Wärmeleitung und Wärmestrahlung an einer Oberfläche (Bild 1.24):

$$\dot{q}_\varepsilon(x=x_0,t)=\dot{q}_\lambda(x=x_0,t) \iff$$

$$\sigma_{12}\cdot\left[\left(\vartheta_1(x=x_0,t)+T_0\right)^4-T_2^4\right]=-\lambda\cdot\left.\frac{\partial\vartheta_1(x,t)}{\partial x}\right|_{x=x_0} \tag{1.41}$$

Im Unterschied zu den übrigen Randbedingungen handelt es sich bei der Randbedingung 4. Art um eine **nichtlineare** Randbedingung.

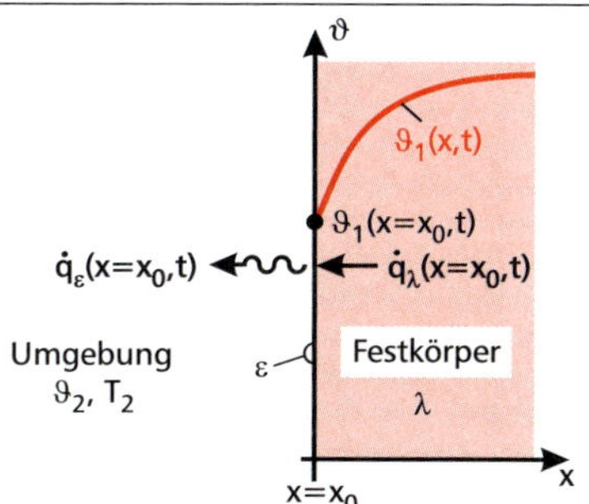

Bild 1.24: *Strahlung als RB 4. Art.*

1.6.3 Koppelbedingungen

Bei der Wärmeleitung in mehrschichtigen Körpern treten **Koppelbedingungen** auf (Bild 1.25). Bei idealem Wärmeübergang (Kontaktwiderstand $R_{\text{th, C}}=0$) liegt an der Grenzfläche x_G **dieselbe Temperatur** und **dieselbe Wärmestromdichte** in beiden Schichten A und B vor, d. h. die Koppelung beinhaltet 2 Randbedingungen:

$$\vartheta_\text{A}(x=x_\text{G},t) = \vartheta_\text{B}(x=x_\text{G},t) \tag{1.42}$$

$$\dot{q}_{\lambda,\text{A}}(x=x_\text{G},t) = \dot{q}_{\lambda,\text{B}}(x=x_\text{G},t) \iff$$

$$-\lambda_\text{A}\cdot\left.\frac{\partial\vartheta_\text{A}(x,t)}{\partial x}\right|_{x=x_\text{G}} = -\lambda_\text{B}\cdot\left.\frac{\partial\vartheta_\text{B}(x,t)}{\partial x}\right|_{x=x_\text{G}} \tag{1.43}$$

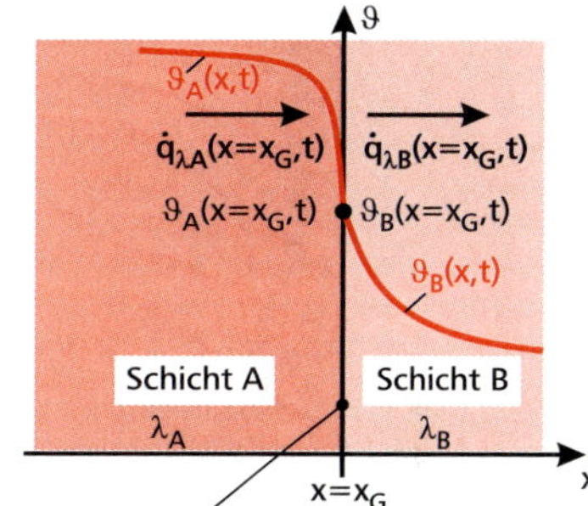

Grenzfläche (idealer thermischer Kontakt)

Bild 1.25: *Koppelbedingungen an der Kontaktfläche zweier Festkörperschichten.*

1.7 Elektrische Analogie

Wärmetransportvorgänge können durch die auf dem Ohm'schen Gesetz basierende elektrische Analogie **wesentlich** vereinfacht werden. Unabhängig vom Wärmetransportmechanismus kann einem infolge einer Temperaturdifferenz $\vartheta_1-\vartheta_2$ fließenden Wärmestrom $\dot{Q}$ ein **thermischer Widerstand** R_th zugeordnet werden. Dieser ist begrifflich und symbolmäßig vom **spezifischen thermischen Widerstand** R^*_th streng zu unterscheiden (vgl. Abschnitt 1.7.2 sowie AH II, S. 347).

☞ Für die Temperaturdifferenz gilt bei positivem Wärmestrom $+\dot{Q}$ die Vorzeichenregel „$\vartheta_\text{Pfeilfuß}-\vartheta_\text{Pfeilspitze}$" bzw. die Notation mit $-\dot{Q}$ nach Gl. (1.12) (vgl. Tab. 1.5).

Tabelle 1.5: *Analogie zwischen elektrischer Stromleitung und Wärmeleitung mithilfe des Ohm'schen Gesetzes.*

Art	elektrisch	thermisch
Strom (Wirkung)	elektrischer Strom I	**Wärmestrom** $\dot{Q}$
treibendes Gefälle (Ursache)	Potenzialdifferenz U_1-U_2 (Spannungsdifferenz)	**Temperaturdifferenz** $\vartheta_1-\vartheta_2$
Widerstand (Koppelung)	Ohm'scher Widerstand R_el U_1 —[R_el]— U_2, I → $R_\text{el}=\dfrac{U_2-U_1}{-I}=\dfrac{U_1-U_2}{I}$; $[R_\text{el}]=\dfrac{\text{V}}{\text{A}}=\Omega$	**thermischer Widerstand** R_th ϑ_1 —[R_th]— ϑ_2, $\dot{Q}$ → $R_\text{th}=\dfrac{\vartheta_2-\vartheta_1}{-\dot{Q}}=\dfrac{\vartheta_1-\vartheta_2}{\dot{Q}}$; $[R_\text{th}]=\dfrac{\text{K}}{\text{W}}$
Leitwert	elektrischer Leitwert $G_\text{el}=\dfrac{I}{U_1-U_2}=\dfrac{1}{R_\text{el}}$; $[G_\text{el}]=\dfrac{\text{A}}{\text{V}}=\text{S}=\mho$	**thermischer Leitwert** $G_\text{th}=L_\text{th}=\dfrac{\dot{Q}}{\vartheta_1-\vartheta_2}=\dfrac{1}{R_\text{th}}$; $[G_\text{th}]=\dfrac{\text{W}}{\text{K}}$
Zusammenhänge	$R_\text{el}=\dfrac{L}{\sigma\cdot A}$ σ: spezifische elektrische Leitfähigkeit A: Leiterquerschnitt (senkrecht zu I) L: Leiterlänge	$R_\text{th}=\dfrac{\vartheta_1-\vartheta_2}{\vartheta_1-\vartheta_2}\cdot\dfrac{L}{\lambda\cdot A}=\dfrac{L}{\lambda\cdot A}$ (für ebene Schicht) λ: Wärmeleitfähigkeit A: Schichtquerschnitt (senkrecht zu $\dot{Q}$) L: Schichtdicke

Zunächst werden **ebene Schichten** betrachtet, zylindrische und kugelförmige Geometrien folgen in den Abschnitten 3.1.3 und 3.1.4.

Um Verwechslungen von thermischen Widerständen und Leitwerten mit anderen Symbolen zu vermeiden, werden thermische Widerstände und Leitwerte mit dem Zusatz „th" indiziert.

Bild 1.26: *Erhöhung des thermischen Widerstandes einer Wand durch Dämmplatten.*

In der Bauphysik bezeichnet R_{si} den spezifischen inneren Wärmeübergangswiderstand $R_{\alpha\,i}$ (surface internal) und R_{se} den spezifischen äußeren Wärmeübergangswiderstand $R_{\alpha\,e}$ (surface external).

In der Literatur und auch in verschiedenen Normen werden thermische Widerstände und spezifische thermische Widerstände nicht exakt unterschieden, was zu Missverständnissen führen kann. Zur Unterscheidung werden im Folgenden allgemeine flächenbezogene Widerstände und Leitwerte mit einem **Stern** indiziert („Sternwerte"). Bei den in der Praxis für spezifische Widerstände eingeführten Symbolen R, R_{si}, R_{se} und R_T wird auf einen zusätzlichen Stern verzichtet. Thermische Widerstände und Leitwerte werden demgegenüber mit „th" ohne Stern indiziert.

Allgemein wird der Begriff „Wärmedurchlass" nicht nur bei der Wärmeleitung auch bei konvektivem und radiativem Wärmefluss durch Zwischenräume (z. B. Verglasungen) verwendet.

Wegen der konstanten Fläche A sind **spezifische thermische Widerstände** („kleines Paket", s. S. 350) bei ebener Geometrie vorteilhaft.

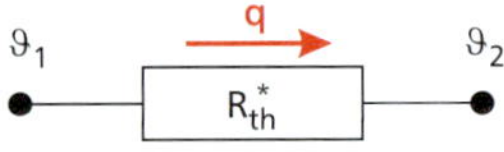

Bild 1.27: *Koppelung spezifischer thermischer Widerstand und Wärmestromdichte.*

Insbesondere ist es möglich, in Serie oder parallel liegende thermische Widerstände zusammenzufassen. Tabelle 1.5 zeigt die grundlegenden Zusammenhänge der elektrischen Analogie.

1.7.1 Thermische Widerstände und Leitwerte

Der **thermische Widerstand für Wärmeleitung** (Wärmeleitwiderstand, Index λ) beträgt für eine ebene Schicht der Dicke L:

$$R_{\mathrm{th},\lambda} = \frac{\Delta\vartheta}{\dot{Q}_\lambda} = \frac{L}{\lambda \cdot A}; \qquad [R_{\mathrm{th},\lambda}] = \frac{\mathrm{K}}{\mathrm{W}} \tag{1.44}$$

Der inverse thermische Widerstand $R_{\mathrm{th},\lambda}$ stellt in Analogie zur Elektrotechnik einen thermischen Leitwert $L_{\mathrm{th},\lambda}$ dar:

$$L_{\mathrm{th},\lambda} = \frac{1}{R_{\mathrm{th},\lambda}} = \frac{\lambda \cdot A}{L}; \qquad [L_{\mathrm{th},\lambda}] = \frac{\mathrm{W}}{\mathrm{K}} \tag{1.45}$$

Der **thermische Widerstand für den konvektiven Wärmeübergang** (Index α) beträgt:

$$R_{\mathrm{th},\alpha} = \frac{\Delta\vartheta}{\dot{Q}_\alpha} = \frac{1}{\alpha \cdot A}; \qquad [R_{\mathrm{th},\alpha}] = \frac{\mathrm{K}}{\mathrm{W}} \tag{1.46}$$

1.7.2 Spezifische thermische Widerstände und Leitwerte

Der Bezug thermischer Widerstände R_{th} und thermischer Leitwerte L_{th} auf die wärmedurchflossene Fläche A ergibt **spezifische thermische Widerstände** (Sternwiderstände) und **spezifische thermische Leitwerte** (Koeffizienten), die Wärmestromdichte und Temperaturdifferenz koppeln (Bild 1.27):

$$L_{\mathrm{th}} = \frac{1}{R_{\mathrm{th}}} = \frac{\dot{Q}}{\Delta\vartheta} \quad \text{bzw.} \quad L^*_{\mathrm{th}} = \frac{1}{R^*_{\mathrm{th}}} = \frac{\dot{q}}{\Delta\vartheta} = \frac{\dot{Q}}{A \cdot \Delta\vartheta} \tag{1.47}$$

Zwischen thermischen und spezifischen thermischen Widerständen bzw. thermischen und spezifischen thermischen Leitwerten bestehen die Zusammenhänge:

$$R_{\mathrm{th}} = \frac{R^*_{\mathrm{th}}}{A} \quad \text{bzw.} \quad R^*_{\mathrm{th}} = R_{\mathrm{th}} \cdot A \qquad [R^*_{\mathrm{th}}] = \frac{\mathrm{m^2\,K}}{\mathrm{W}} \tag{1.48}$$

$$L_{\mathrm{th}} = L^*_{\mathrm{th}} \cdot A \quad \text{bzw.} \quad L^*_{\mathrm{th}} = \frac{L_{\mathrm{th}}}{A} \qquad [L^*_{\mathrm{th}}] = \frac{\mathrm{W}}{\mathrm{m^2\,K}} \tag{1.49}$$

Von besonderer Relevanz sind der (spezifische) **Wärmedurchlasswiderstand** (Wärmeleitwiderstand) $R = R_\lambda$, der **Wärmedurchlasskoeffizient** $\Lambda = L_\lambda$ und der (spezifische) Wärmeübergangswiderstand R_α:

$$R = R_\lambda = R^*_{\mathrm{th},\lambda} = R_{\mathrm{th},\lambda} \cdot A = \frac{L}{\lambda}; \qquad [R] = \frac{\mathrm{m^2\,K}}{\mathrm{W}} \tag{1.50}$$

$$\Lambda = L_\lambda = L^*_{\mathrm{th},\lambda} = \frac{1}{R} = \frac{1}{R^*_{\mathrm{th},\lambda}} = \frac{\lambda}{L}; \qquad [\Lambda] = \frac{\mathrm{W}}{\mathrm{m^2\,K}} \tag{1.51}$$

$$R_\alpha = R^*_{\mathrm{th},\alpha} = R_{\mathrm{th},\alpha} \cdot A = \frac{1}{\alpha}; \qquad [R_\alpha] = \frac{\mathrm{m^2\,K}}{\mathrm{W}} \tag{1.52}$$

Als spezifische thermische Widerstände geben der Wärmedurchlasswiderstand R in Gl. (1.50), der Wärmeübergangswiderstand R_α in Gl. (1.52) und der Wärmedurchgangswiderstand R_T in Gl. (1.55) das Verhältnis von Temperaturdifferenz und Wärmestromdichte wieder.

1.7.3 Wärmedurchgangskoeffizient und Wärmedurchgangswiderstand

Die Kombination von Wärmeübergang und Wärmeleitung wird als **Wärmedurchgang** (Wärmetransmission) bezeichnet. Der Wärmestrom infolge Wärmedurchgangs von Fluid 1 (Temperatur $\vartheta_{\infty 1}$) an Fluid 2 (Temperatur $\vartheta_{\infty 2}$) durch eine einschichtige ebene Wand lässt sich mit dem **Wärmedurchgangskoeffizienten** k (k-Wert) schreiben als:

$$\dot{Q} = -k \cdot A \cdot (\vartheta_{\infty 2} - \vartheta_{\infty 1}) = k \cdot A \cdot (\vartheta_{\infty 1} - \vartheta_{\infty 2}) = \frac{A \cdot (\vartheta_{\infty 1} - \vartheta_{\infty 2})}{R_\mathrm{T}} \quad (1.53)$$

$$k = \frac{1}{R_\mathrm{T}} = \frac{1}{\dfrac{1}{\alpha_1} + \dfrac{L}{\lambda} + \dfrac{1}{\alpha_2}} \quad (1.54)$$

$$R_\mathrm{T} = \frac{1}{k} = \frac{1}{\alpha_1} + \frac{L}{\lambda} + \frac{1}{\alpha_2} = R_{\alpha 1} + R_\lambda + R_{\alpha 2} \left(= R^*_{\mathrm{th},\alpha 1} + R^*_{\mathrm{th},\lambda} + R^*_{\mathrm{th},\alpha 2}\right) \quad (1.55)$$

Der **Wärmedurchgangswiderstand** R_T in $(\mathrm{m^2\,K})/\mathrm{W}$ (spezifischer Widerstand) ist der Kehrwert des Wärmedurchgangskoeffizienten. Bei mehrschichtigen Wänden ist $R_\lambda = R$ in Gl. (1.55) sinngemäß durch die Summe der einzelnen Wärmeleitwiderstände zu ersetzen.

Bild 1.28 zeigt den Wärmedurchgang durch eine Ofenwand vom Rauchgas zur Raumluft. Bei nichtspeichernder Ofenwand (z. B. dünnes Blech) bzw. im stationären Fall besteht über den Wärmedurchgangswiderstand R_T bzw. den Wärmedurchgangskoeffizienten k eine direkte Koppelung zwischen Rauchgas und Raumluft, d. h. eine Erhöhung der Gastemperatur bewirkt einen unmittelbaren Anstieg der Lufttemperatur. Bei speichernder Wand (z. B. Schamottekacheln) erfolgt die Temperaturerhöhung zeitversetzt, da neben der Luft auch die Wand aufzuheizen ist. Die thermische Koppelung zwischen den beiden Fluiden ist über den Wärmedurchgangswiderstand R_T beschreibbar. Gemäß Gl. (1.55) addieren sich dabei der innere Wärmeübergangswiderstand zwischen Rauchgas und Wand $R_{\alpha\,\mathrm{i}}$, der Wärmeleitwiderstand der Wand R_λ und der äußere Wärmeübergangswiderstand zwischen Wand und Raumluft $R_{\alpha\,\mathrm{e}}$, wobei der größte thermische Widerstand den Wärmedurchgang dominiert. Die thermische Koppelung über einen Wärmedurchgangskoeffizienten k kann als **verallgemeinerte Randbedingung 3. Art** interpretiert werden.

1.7.4 Reihenschaltung thermischer Widerstände

Bei der **Serienschaltung** fließt durch alle thermischen Widerstände $R_{\mathrm{th,\,j}}$ ($j = 1 \ldots n$) gemäß Bild 1.29 derselbe Wärmestrom $\dot{Q}$:

$$\dot{Q} = \frac{\vartheta_1 - \vartheta_2}{R_{\mathrm{th},\,1}} = \frac{\vartheta_2 - \vartheta_3}{R_{\mathrm{th},\,2}} = \frac{\vartheta_\mathrm{k} - \vartheta_\mathrm{k+1}}{R_{\mathrm{th},\,\mathrm{k}}} = \frac{\vartheta_\mathrm{n} - \vartheta_\mathrm{n+1}}{R_{\mathrm{th},\,\mathrm{n}}} = \frac{\vartheta_1 - \vartheta_\mathrm{n+1}}{R_{\mathrm{th,\,ges}}} \quad (1.56)$$

Der thermische Gesamtwiderstand (Ersatzwiderstand) folgt durch Addition der einzelnen thermischen Widerstände:

$$R_{\mathrm{th,\,ges}} = \sum_{\mathrm{j=1}}^{\mathrm{n}} R_{\mathrm{th,\,j}} = R_{\mathrm{th},\,1} + R_{\mathrm{th},\,2} + \ldots + R_{\mathrm{th},\,\mathrm{k}} + \ldots + R_{\mathrm{th},\,\mathrm{n}} \quad (1.57)$$

Für die Reihenschaltung spezifischer Widerstände ebener Geometrien gilt Gl. (1.57) analog, bei gekrümmten Geometrien müssen dabei alle Widerstände dieselbe Bezugsfläche haben (vgl. Arbeitshilfen II S. 347).

☞ Insbesondere in der Bauphysik ist seit einigen Jahren das international verwendete Symbol U für den Wärmedurchgangskoeffizienten (U-Wert) üblich, das sich aber in der Wärmeübertragung bisher nicht durchgesetzt hat.

Durch Einführen des Wärmedurchgangskoeffizienten k kann das Newton'sche Abkühlungsgesetz (1.13) vorteilhaft auch für den Wärmedurchgang herangezogen werden, womit den kombinierten Wärmeübertragungsmechanismen Konvektion und Wärmeleitung Rechnung getragen wird. Innerhalb eines Bauteils können weitere Wärmeübertragungsmechanismen auftreten (z. B. Konvektion und Strahlung im Zwischenraum einer Verglasung).

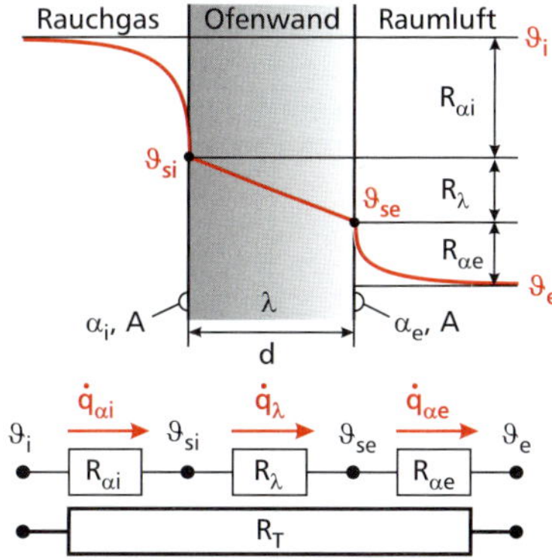

Bild 1.28: *Wärmedurchgang durch eine Ofenwand.*

☞ Bei hohem Wärmeübergang zum Rauchgas und dünner metallener Ofenwand tritt nur ein geringer Temperaturabfall zwischen Rauchgastemperatur ϑ_i und ofenseitiger Wandtemperatur ϑ_si auf. Da dann der raumseitige Wärmeübergangswiderstand $R_{\alpha\,\mathrm{e}}$ den Wärmedurchgang bestimmt, gilt $k \approx \alpha_\mathrm{e}$. Bei ähnlicher Größenordnung der einzelnen thermischen Widerstände ist der Wärmedurchgangskoeffizient kleiner als jeder einzelne Leitwert.

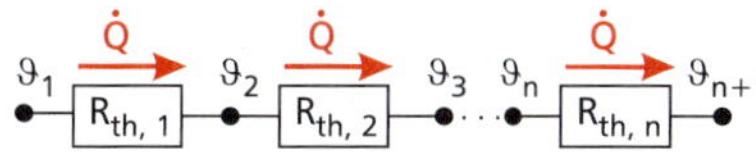

resultierender Gesamtwiderstand:

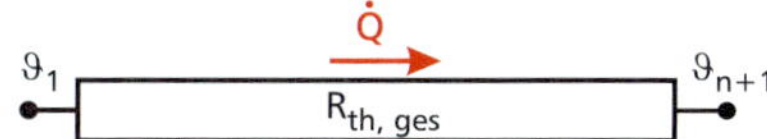

Bild 1.29: *Resultierender thermischer Gesamtwiderstand bei einer Serienschaltung.*

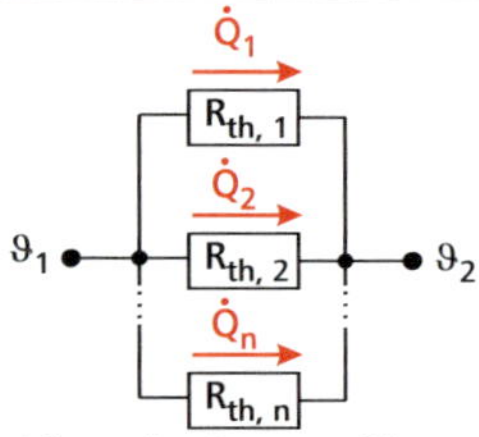

resultierender Gesamtwiderstand:

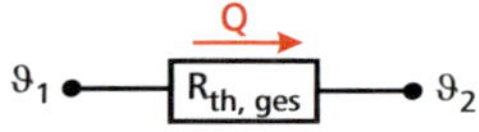

Bild 1.30: *Resultierender thermischer Gesamtwiderstand bei einer Parallelschaltung.*

☞ **Der Ersatzwiderstand $R^*_{\text{th,ges}}$ der Parallelschaltung spezifischer thermischer Widerstände $R^*_{\text{th, j}}$ mit Flächenanteilen f_j beträgt mit $\sum\limits_{j=1}^{n} f_j = 1$:**

$$\frac{1}{R^*_{\text{th,ges}}} = \sum_{j=1}^{n} \frac{f_j}{R^*_{\text{th, j}}} \tag{1.62}$$

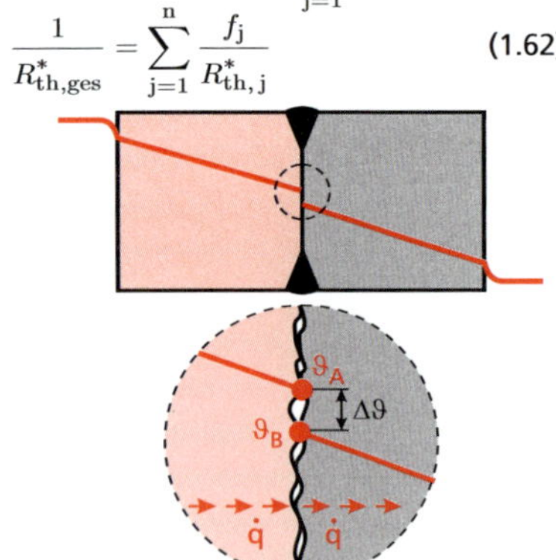

Bild 1.31: *Kontaktwiderstand infolge Oberflächenrauigkeit einer Schweißverbindung.*

Bild 1.32: *Thermischer Kontaktwiderstand an den in die Rohdecke einzubetonierenden Rohren eines Aktivspeichersystems.*

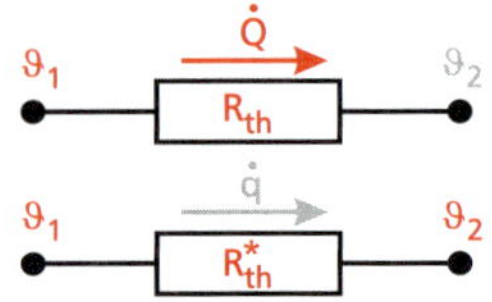

Bild 1.33: *Berechnung einer unbekannten Größe (grau) aus 3 bekannten Größen (rot).*

1.7.5 Parallelschaltung thermischer Widerstände

In Analogie zur Elektrotechnik addieren sich bei der **Parallelschaltung** die thermischen Leitwerte, die Kehrwerte der jeweiligen thermischen Widerstände darstellen.

$$L_{\text{th, ges}} = \sum_{j=1}^{n} L_{\text{th, j}} = L_{\text{th, 1}} + L_{\text{th, 2}} + \ldots + L_{\text{th, k}} + \ldots + L_{\text{th, n}} \tag{1.58}$$

$$\frac{1}{R_{\text{th, ges}}} = \sum_{j=1}^{n} \frac{1}{R_{\text{th, j}}} = \frac{1}{R_{\text{th, 1}}} + \frac{1}{R_{\text{th, 2}}} + \ldots + \frac{1}{R_{\text{th, k}}} + \ldots + \frac{1}{R_{\text{th, n}}} \tag{1.59}$$

An jedem Widerstand tritt derselbe Temperaturabfall $\Delta\vartheta = \vartheta_1 - \vartheta_2$ auf:

$$\Delta\vartheta = \dot{Q}_1 \cdot R_{\text{th, 1}} = \dot{Q}_2 \cdot R_{\text{th, 2}} = \dot{Q}_{\text{k}} \cdot R_{\text{th, k}} = \dot{Q}_{\text{n}} \cdot R_{\text{th, n}} = \dot{Q} \cdot R_{\text{th, ges}} \tag{1.60}$$

Die durch jeden Widerstand $R_{\text{th, j}}$ fließenden Wärmeströme $\dot{Q}_{\text{j}}$ addieren sich zum Gesamtwärmestrom $\dot{Q}$ (Bild 1.30):

$$\dot{Q} = \sum_{j=1}^{n} \dot{Q}_{\text{j}} = \dot{Q}_1 + \dot{Q}_2 + \ldots + \dot{Q}_{\text{k}} + \ldots + \dot{Q}_{\text{n}} = \frac{\vartheta_1 - \vartheta_2}{R_{\text{th, ges}}} \tag{1.61}$$

1.7.6 Thermischer Kontaktwiderstand

Aneinandergrenzende Bauteilschichten (z. B. zwei geschweißte Stahlplatten) sind meist nicht thermisch ideal verbunden. Kleine Luftzwischenräume infolge der Oberflächenrauigkeit behindern den Wärmeübergang. Der an der Berührstelle auftretende Temperaturabfall $\Delta\vartheta = \vartheta_{\text{A}} - \vartheta_{\text{B}}$ (Bild 1.31) kann durch den **spezifischen thermischen Kontaktwiderstand** $R^*_{\text{th, C}}$ (C = „contact") bzw. den thermischen Kontaktwiderstand $R_{\text{th, C}}$ beschrieben werden:

$$R^*_{\text{th, C}} = \frac{\vartheta_{\text{A}} - \vartheta_{\text{B}}}{\dot{q}} \qquad \text{bzw.} \qquad R_{\text{th, C}} = \frac{\vartheta_{\text{A}} - \vartheta_{\text{B}}}{\dot{Q}} \tag{1.63}$$

Der thermische Kontaktwiderstand hängt von der Oberflächengüte (Oberflächenrauigkeit), der Werkstoffpaarung, dem Spaltmedium (Wasser, Luft, Wärmeleitpaste etc.) sowie dem Anpressdruck ab. In der Praxis treten spezifische thermische Kontaktwiderstände zwischen $0{,}02 \cdot 10^{-4}$ und $20 \cdot 10^{-4}$ (m² K)/W auf.

$$R^*_{\text{th, C}} = R_{\text{th, C}} \cdot A; \qquad [R^*_{\text{th, C}}] = \frac{\text{m}^2\,\text{K}}{\text{W}}; \qquad [R_{\text{th, C}}] = \frac{\text{K}}{\text{W}} \tag{1.64}$$

Der Kehrwert des spezifischen thermischen Kontaktwiderstands stellt den Wärmeübergangskoeffizienten α_{C} des thermischen Kontakts dar:

$$\alpha_{\text{C}} = \frac{1}{R^*_{\text{th, C}}}; \qquad [\alpha_{\text{C}}] = \frac{\text{W}}{\text{m}^2\,\text{K}} \tag{1.65}$$

Neben Wärmeleitpasten (meist auf Silikonbasis) werden in der Praxis auch Zwischenschichten aus weichen Metallen (In, Pb, Sn, Ag) oder entsprechende metallische Übergänge zur Reduktion des Kontaktwiderstands eingesetzt. So wird Wärmeleitpaste zur Kontaktverbesserung bei Kühlkörpern für Halbleiterbausteine verwendet.

1.7.7 3/4-Regel

Die „¾-Regel" (Bild 1.33) nutzt geschickt aus, dass bei drei an einem (spezifischen) thermischen Widerstand bekannten Größen die unbekannte vierte mittels elektrischer Analogie berechnet werden kann.

1.8 Beispiele

► Beispiel 1.1: Ex

Das Ferienhaus von Hansi Hintersäger besitzt ein Fenster mit einer 5 mm starken Einfachverglasung (vgl. Bild 1.34) mit einer Fläche von $A = 1{,}2$ m². Das Haus wird im Winter bei einer Außentemperatur $\vartheta_\mathrm{e} = -10$ °C auf eine Innenlufttemperatur von $\vartheta_\mathrm{i} = 20$ °C beheizt. An der Außenseite der Scheibe herrscht bei stationären Verhältnissen die Oberflächentemperatur $\vartheta_\mathrm{se} = -3{,}14$ °C. Der äußere Wärmeübergangskoeffizient beträgt $\alpha_\mathrm{e} = 25$ W/(m² K), der innere Wärmeübergangskoeffizient $\alpha_\mathrm{i} = 7{,}69$ W/(m² K).

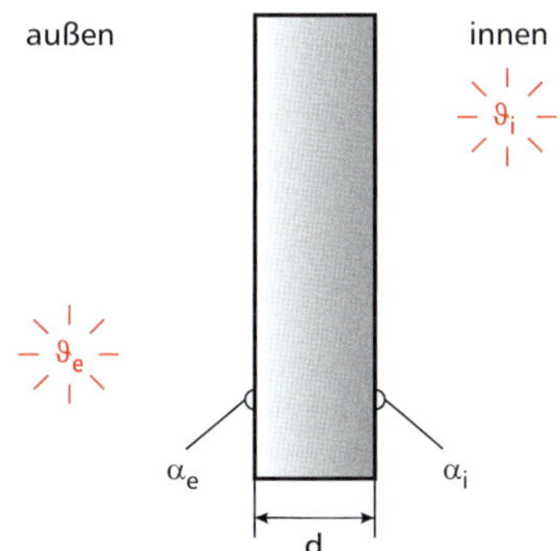

***Bild 1.34:** Einfachverglasung mit beidseitigem Wärmeübergang.*

Bekannte Größen:

▷ Fensterscheibe:

Fläche:	$A = 1{,}2$ m²
Dicke:	$d = 5 \cdot 10^{-3}$ m
Temperaturen:	$\vartheta_\mathrm{i} = 20$ °C
	$\vartheta_\mathrm{e} = -10$ °C
	$\vartheta_\mathrm{se} = -3{,}14$ °C
Wärmeübergangskoeffizienten:	
	$\alpha_\mathrm{i} = 7{,}69$ W/(m² K)
	$\alpha_\mathrm{e} = 25$ W/(m² K)

Gesuchte Größen:

Wärmestromdichte:	$\dot{q}$
Wärmestrom:	$\dot{Q}$
innere Oberflächentemperatur:	ϑ_si
Wärmeleitfähigkeit Glas:	λ

(a) Welche Wärmestromdichte $\dot{q}$ fließt durch die Fensterscheibe nach außen?

(b) Wie groß ist der Transmissionswärmeverlust $\dot{Q}$ durch die Scheibe?

(c) Welche Oberflächentemperatur ϑ_si weist die Fensterscheibe an der Innenseite auf?

(d) Wachsen bei dieser Oberflächentemperatur ϑ_si Eisblumen an der Scheibe?

(e) Welche Wärmeleitfähigkeit λ weist die Glasscheibe auf?

(f) Auf welche Innentemperatur ϑ_i^* muss das Ferienhaus mindestens beheizt werden, um eine Eisbildung auf der Scheibeninnenseite dauerhaft zu vermeiden?

Hinweis: Aus der im stationären Fall konstanten Wärmestromdichte $\dot{q}$ lässt sich eine Beziehung zwischen der Raumlufttemperatur ϑ_i^* und der Außentemperatur ϑ_e ableiten.

(g) Um wie viel nimmt der Wärmeverlust durch die Scheibe durch die gesteigerte Beheizung zu?

Lösung:

(a) Wärmestromdichte durch die Scheibe:

Aus dem thermischen Ersatzschaltbild (Bild 1.35) folgt, dass 3 spezifische thermische Widerstände in Serie liegen:

- (spezifischer) innerer Wärmeübergangswiderstand $R_{\alpha\mathrm{i}} = R^*_{\mathrm{th},\alpha,\mathrm{i}}$ zwischen Raumluft und Scheibe (vgl. Randspalte S. 26)
- (spezifischer) Wärmeleitwiderstand $R = R_\lambda = R^*_{\mathrm{th},\lambda,\mathrm{i}}$ in der Scheibe (vgl. Randspalte S. 26)
- (spezifischer) äußerer Wärmeübergangswiderstand $R_{\alpha\mathrm{e}} = R^*_{\mathrm{th},\alpha,\mathrm{e}}$ zwischen Scheibe und Außenluft (vgl. Randspalte S. 26)

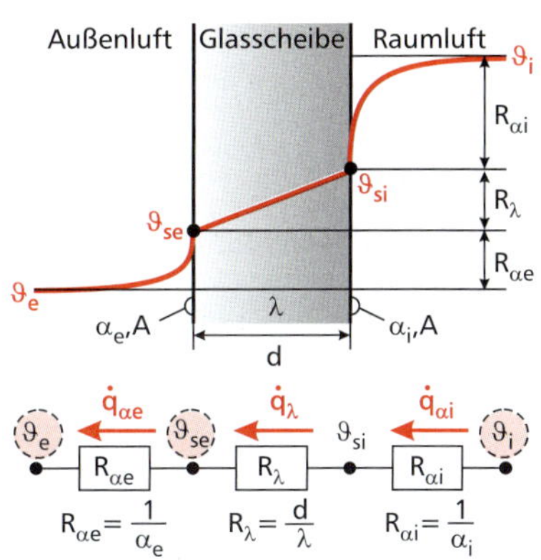

***Bild 1.35:** Temperaturverlauf und thermisches Ersatzschaltbild der Fensterscheibe.*

Entsprechend der elektrischen Analogie (Bild 1.29) fließt bei einer Serienschaltung durch jeden Widerstand derselbe Wärmestrom:

$$\dot{Q} = \dot{Q}_{\alpha\,\mathrm{i}} = \dot{Q}_\lambda = \dot{Q}_{\alpha\,\mathrm{e}} \tag{1.66}$$

Da sich die Fläche A beim Durchgang durch die Scheibe nicht ändert, gilt Gl. (1.66) auch für die Wärmestromdichten, die flächenbezogene Wärmeströme darstellen:

1. Bei der Berechnung des Wärmeflusses in ebenen Bauteilen sind wegen $A = \text{const.}$ spezifische thermische Widerstände günstiger als thermische Widerstände, die grundsätzlich auch anwendbar sind.
2. In Verbindung mit dem Wärmestrom $\dot{Q}$ wären thermische Widerstände R_{th} heranzuziehen.
3. Bei negativen Temperaturwerten, wie z. B. in Gl. (1.71), ist die Vorzeichenumkehr bei der Differenzbildung zu beachten.
4. In Bild 1.35 sind die Wärmeströme **vorzeichenrichtig** eingetragen. Sie fließen aufgrund des Temperaturgefälles vom Raum nach außen. Die gewählte Fließrichtung ist auch bei der Temperaturdifferenz in Gl. (1.69) zu beachten. Im Sinne einer positiven Differenz ist die niedrigere Temperatur von der höheren abzuziehen.
5. Die Wärmeflussrichtung ist wie die Kraftrichtung in der Mechanik frei wählbar. Die vorzeichenrichtige Wahl ist anschaulich und vorteilhaft, da sie der thermischen Realität entspricht.
6. Als sichere Merkregel für die Bildung von Temperaturdifferenzen bei Wärmeströmen kann nach Eintragen eines Wärmestrompfeils gelten:
   $\dot{q} \sim -\left(\vartheta_{\text{Pfeilspitze}} - \vartheta_{\text{Pfeilende}}\right)$

   Gemäß Bild 1.35 gilt:
   $\dot{q}_{\alpha\,\text{i}} = -\alpha_\text{i}\cdot(\vartheta_\text{si} - \vartheta_\text{i}) = \alpha_\text{i}\cdot(\vartheta_\text{i} - \vartheta_\text{si})$
   $\dot{q}_\lambda = -\dfrac{\lambda}{d}\cdot(\vartheta_\text{se} - \vartheta_\text{si}) = \dfrac{\lambda}{d}\cdot(\vartheta_\text{si} - \vartheta_\text{se})$
   $\dot{q}_{\alpha\,\text{e}} = -\alpha_\text{e}\cdot(\vartheta_\text{e} - \vartheta_\text{se}) = \alpha_\text{e}\cdot(\vartheta_\text{se} - \vartheta_\text{e})$
7. Bei gegenläufiger Eintragung der Wärmeströme (Index $**$) in Bild 1.36 sind auch die Temperaturdifferenzen umzukehren, was zu negativen Vorzeichen bei den Wärmestromdichten führt. Der Wärmestrom fließt dann entgegen der angenommenen Pfeilrichtung:
   $\dot{q}^{**}_{\alpha\,\text{i}} = -\alpha_\text{i}\cdot(\vartheta_\text{i} - \vartheta_\text{si}) = \alpha_\text{i}\cdot(\vartheta_\text{si} - \vartheta_\text{i})$
   $\dot{q}^{**}_\lambda = -\dfrac{\lambda}{d}\cdot(\vartheta_\text{si} - \vartheta_\text{se}) = \dfrac{\lambda}{d}\cdot(\vartheta_\text{se} - \vartheta_\text{si})$
   $\dot{q}^{**}_{\alpha\,\text{e}} = -\alpha_\text{e}\cdot(\vartheta_\text{se} - \vartheta_\text{e}) = \alpha_\text{e}\cdot(\vartheta_\text{e} - \vartheta_\text{se})$
   $\Rightarrow\ \dot{q}^{**}_{\alpha\,\text{i}} = -\dot{q}_{\alpha,i} = -171{,}50\ \text{W/m}^2$
   $\Rightarrow\ \dot{q}^{**}_\lambda = -\dot{q}_\lambda = -171{,}50\ \text{W/m}^2$
   $\Rightarrow\ \dot{q}^{**}_{\alpha\,\text{e}} = -\dot{q}_{\alpha,e} = -171{,}50\ \text{W/m}^2$

$$\dot{q} = \frac{\dot{Q}}{A} = \dot{q}_{\alpha\,\text{i}} = \dot{q}_\lambda = \dot{q}_{\alpha\,\text{e}} \tag{1.67}$$

Weiterhin ergibt sich gemäß Tabelle 1.5 aus der elektrischen Analogie ein Wärmestrom als Quotient des jeweiligen Temperaturunterschiedes und des zugehörigen Widerstands. Die Temperaturdifferenzen und die thermischen Widerstände können aus dem thermischen Schaltbild (Bild 1.35) abgelesen werden.

$$\dot{q} = \frac{\vartheta_\text{i} - \vartheta_\text{si}}{R_{\alpha\,\text{i}}} = \frac{\vartheta_\text{si} - \vartheta_\text{se}}{R_\lambda} = \frac{\vartheta_\text{se} - \vartheta_\text{e}}{R_{\alpha\,\text{e}}} \tag{1.68}$$

Da Gl. (1.68) für die Wärmestromdichte $\dot{q}$ angeschrieben ist, sind **spezifische thermische Widerstände** R^*_{th} zu verwenden, die sich gemäß Gl. (1.48) als Produkt des jeweiligen thermischen Widerstands und der zugehörigen Bauteilfläche ergeben. Auf eine zusätzliche Indizierung der Widerstände $R_{\alpha\,\text{i}}$, R_λ und $R_{\alpha\,\text{e}}$ mit einem Stern wird gemäß Abschnitt 1.7.2 (vgl. Randspalte S. 26) allerdings verzichtet.

In den Bildern 1.35 und 1.36 sind die bekannten Temperaturen eingekreist. Da ϑ_si unbekannt ist, können die beiden ersten Widerstandsbeziehungen in Gl. (1.68) nicht zur Berechnung von $\dot{q}$ verwendet werden. Allerdings ist die dritte Beziehung geeignet:

$$\dot{q} = \frac{\vartheta_\text{se} - \vartheta_\text{e}}{R_{\alpha\,\text{e}}} \tag{1.69}$$

Der spezifische thermische Widerstand für den äußeren Wärmeübergang (äußerer Wärmeübergangswiderstand) beträgt:

$$R_{\alpha\,\text{e}} = \frac{1}{\alpha_\text{e}\cdot A}\cdot A = \frac{1}{\alpha_\text{e}} = \frac{1}{25\ \text{W/(m}^2\,\text{K)}} = 0{,}04\ (\text{m}^2\,\text{K})/\text{W} \tag{1.70}$$

Damit folgt die gesuchte Wärmestromdichte durch die Scheibe:

$$\dot{q} = \frac{-3{,}14\ {}^\circ\text{C} - (-10\ {}^\circ\text{C})}{0{,}04\ (\text{m}^2\,\text{K})/\text{W}} = \frac{-3{,}14\ {}^\circ\text{C} + 10\ {}^\circ\text{C}}{0{,}04\ (\text{m}^2\,\text{K})/\text{W}} = 171{,}50\ \text{W/m}^2 \tag{1.71}$$

(b) Transmissionswärmeverlust:

Gemäß Gl. (1.2) ergibt sich der Wärmestrom als Produkt von Wärmestromdichte und Fläche:

$$\dot{Q} = \dot{q}\cdot A = 171{,}50\ \text{W/m}^2 \cdot 1{,}2\ \text{m}^2 = 205{,}80\ \text{W} \tag{1.72}$$

(c) raumseitige Oberflächentemperatur:

Die raumseitige Oberflächentemperatur ϑ_si lässt sich aus Gl. (1.68) unter Beachtung von Gl. (1.52) bestimmen, da nun die Wärmestromdichte $\dot{q}$ bekannt ist:

$$\dot{q} = \frac{\vartheta_\text{i} - \vartheta_\text{si}}{R_{\alpha\,\text{i}}} \quad\Rightarrow\quad \vartheta_\text{si} = \vartheta_\text{i} - \dot{q}\cdot R_{\alpha\,\text{i}} = \vartheta_\text{i} - \frac{\dot{q}}{\alpha_\text{i}} \tag{1.73}$$

$$\vartheta_\text{si} = 20\ {}^\circ\text{C} - \frac{171{,}50\ \text{W/m}^2}{7{,}69\ \text{W/(m}^2\,\text{K)}} = -2{,}30\ {}^\circ\text{C} < 0\ {}^\circ\text{C}$$

(d) Wachstum von Eisblumen:

Auf der Innenseite der Scheibe wachsen Eisblumen, da die in der Raumluft enthaltene Feuchtigkeit wegen der Unterschreitung der Gefriertemperatur von $0\ {}^\circ\text{C}$ ausfriert.

(e) Wärmeleitfähigkeit der Glasscheibe:

Die gesuchte Wärmeleitfähigkeit λ der Glasscheibe geht in den Wärmeleitwiderstand R_λ der Scheibe ein, der mithilfe von Gl. (1.68) berechnet werden kann:

$$\dot{q} = \frac{\vartheta_{\text{si}} - \vartheta_{\text{se}}}{R_\lambda} \quad \Rightarrow \quad R_\lambda = \frac{\vartheta_{\text{si}} - \vartheta_{\text{se}}}{\dot{q}} \tag{1.74}$$

$$R_\lambda = \frac{-2{,}30\ °\text{C} - (-3{,}14\ °\text{C})}{171{,}50\ \text{W/m}^2} = 4{,}90 \cdot 10^{-3}\ (\text{m}^2\,\text{K})/\text{W}$$

Der spezifische thermische Widerstand (Wärmedurchlasswiderstand) beträgt gemäß Gl. (1.50):

$$R_\lambda = \frac{d}{\lambda} \quad \Rightarrow \quad \lambda = \frac{d}{R_\lambda} = \frac{5 \cdot 10^{-3}\ \text{m}}{4{,}90 \cdot 10^{-3}\ (\text{m}^2\,\text{K})/\text{W}} = 1{,}02\ \text{W/(m K)} \tag{1.75}$$

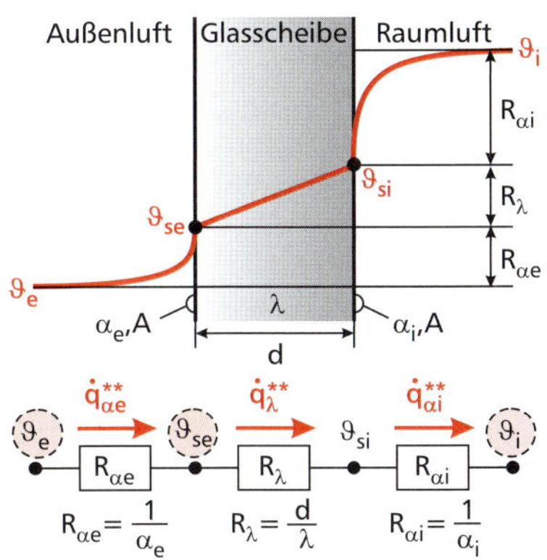

Bild 1.36: *Temperaturverlauf und thermisches Ersatzschaltbild der Fensterscheibe mit gegenläufig eingezeichneter Wärmestromrichtung.*

(f) erforderliche Raumlufttemperatur zur Vermeidung der Eisbildung:

Zur Vermeidung der Eisbildung muss die raumseitige Oberflächentemperatur ϑ^*_{si} der Fensterscheibe über der Gefriertemperatur von $0\ °\text{C}$ liegen. Im Grenzfall ist $\vartheta^*_{\text{si}} = 0\ °\text{C}$. Mit Erhöhung der Raumlufttemperatur steigt auch die raumseitige Scheibentemperatur ϑ^*_{si}. Allerdings nimmt dann auch die Wärmestromdichte $\dot{q}^*$ zu, so dass neben der gesuchten Raumlufttemperatur ϑ_{i} eine weitere Unbekannte hinzukommt.

Nach Gl. (1.57) addieren sich bei einer Serienschaltung die einzelnen Widerstände zum Gesamtwiderstand (vgl. Bild 1.37). Die beiden Wärmeübergangswiderstände $R_{\alpha\,\text{i}}$ und $R_{\alpha\,\text{e}}$ und der Wärmedurchlasswiderstand R_λ ergeben gemäß Gl. (1.55) den Wärmedurchgangswiderstand R_{T}:

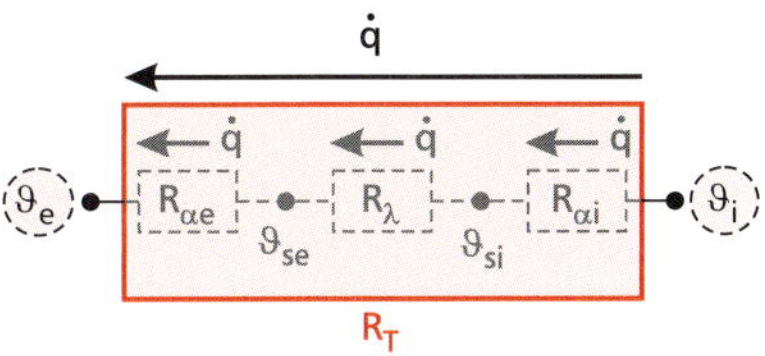

Bild 1.37: *(Spezifischer) Wärmedurchgangswiderstand R_{T} als thermischer Ersatzwiderstand für die Wärmeübergangswiderstände $R_{\alpha\,\text{i}}$ und $R_{\alpha\,\text{e}}$ und den dazwischen liegenden Wärmedurchlasswiderstand R_λ.*

Gemäß Bild 1.37 kann man sich den Wärmedurchgangswiderstand R_{T} als einen Widerstand vorstellen, der geschickt über die zwischen den bekannten Temperaturen ϑ_{i} und ϑ_{e} verlaufende Widerstandskette „gestülpt" wird, um die Berechnung des spezifischen Wärmeflusses $\dot{q}$ zu vereinfachen. Da es sich um eine Serienschaltung handelt, fließt die Wärmestromdichte $\dot{q}$ sowohl durch die einzelnen Widerstände als auch durch den Ersatzwiderstand.

$$R_{\text{T}} = R^*_{\text{th,T}} = R_{\alpha\,\text{i}} + R_\lambda + R_{\alpha\,\text{e}} = \frac{1}{\alpha_{\text{i}}} + \frac{d}{\lambda} + \frac{1}{\alpha_{\text{e}}} \tag{1.76}$$

$$R_{\text{T}} = \frac{1}{7{,}69\ \text{W/(m}^2\,\text{K)}} + \frac{5 \cdot 10^{-3}\ \text{m}}{1{,}02\ \text{W/(m K)}} + \frac{1}{25\ \text{W/(m}^2\,\text{K)}} = 0{,}175\ (\text{m}^2\,\text{K})/\text{W}$$

Damit kann für die Wärmestromdichte $\dot{q}^*$ folgende Gleichung angeschrieben werden:

$$\dot{q}^* = \frac{\vartheta^*_{\text{i}} - \vartheta_{\text{e}}}{R_{\text{T}}} = \frac{\vartheta^*_{\text{i}} - \vartheta^*_{\text{si}}}{R_{\alpha\,\text{i}}} \quad \Rightarrow$$

$$\frac{\vartheta^*_{\text{i}}}{R_{\text{T}}} - \frac{\vartheta^*_{\text{i}}}{R_{\alpha\,\text{i}}} = \frac{\vartheta_{\text{e}}}{R_{\text{T}}} - \frac{\vartheta^*_{\text{si}}}{R_{\alpha\,\text{i}}} \quad \Big| \cdot (R_{\text{T}} \cdot R_{\alpha\,\text{i}}) \quad \Rightarrow$$

$$\vartheta^*_{\text{i}} \cdot (R_{\alpha\,\text{i}} - R_{\text{T}}) = \vartheta_{\text{e}} \cdot R_{\alpha\,\text{i}} - \vartheta^*_{\text{si}} \cdot R_{\text{T}} \quad \Big| : (R_{\alpha\,\text{i}} - R_{\text{T}}) \quad \Rightarrow$$

$$\vartheta^*_{\text{i}} = \frac{\vartheta_{\text{e}} \cdot R_{\alpha\,\text{i}} - \vartheta^*_{\text{si}} \cdot R_{\text{T}}}{R_{\alpha\,\text{i}} - R_{\text{T}}} = \frac{\vartheta^*_{\text{si}} \cdot R_{\text{T}} - \vartheta_{\text{e}} \cdot R_{\alpha\,\text{i}}}{R_{\text{T}} - R_{\alpha\,\text{i}}} \quad \Rightarrow \tag{1.77}$$

$$\vartheta^*_{\text{i}} = \frac{0\ °\text{C} \cdot 0{,}175\ (\text{m}^2\,\text{K})/\text{W} - \left[-10\ °\text{C} \cdot 0{,}13\ (\text{m}^2\,\text{K})/\text{W}\right]}{0{,}175\ (\text{m}^2\,\text{K})/W - 0{,}13\ (\text{m}^2\,\text{K})/\text{W}} = 28{,}89\ °\text{C}$$

Teilaufgabe (f) kann **alternativ** auch mithilfe der 3 Beziehungen aus Gl. (1.68) gelöst werden. Allerdings treten dann auch 3 Unbekannte $\dot{q}^*$, ϑ^*_{i} und ϑ^*_{se} auf.

Zusammenfassung und Ausblick:

- Der Wärmedurchgang durch ein- oder mehrschichtige Bauteile lässt sich effizient mithilfe der elektrischen Analogie berechnen.
- Bei ebenen Bauteilen lässt sich der Wärmefluss aufgrund des konstanten Querschnitts mithilfe der Wärmestromdichte und spezifischen thermischen Widerständen erfassen.
- Bei der Serienschaltung addieren sich die Einzelwiderstände zum Gesamtwiderstand, der beim Wärmedurchgang als Wärmedurchgangswiderstand bezeichnet wird.
- Thermische Ersatzschaltbilder tragen wesentlich zum Verständnis der jeweiligen Wärmeflüsse bei. Dabei sind an den einzelnen thermischen Widerständen die anliegenden Temperaturen und die sich einstellenden Wärmeströme anzuschreiben.
- Sind an einem thermischen Widerstand **drei** Kenngrößen (z. B. beide Temperaturen und der Widerstandswert) bekannt, lässt sich die **vierte** Größe (z. B. Wärmestromdichte) berechnen (**„3/4-Regel"**). An Widerständen mit zwei unbekannten Größen kann zunächst keine Berechnung durchgeführt werden. Es ist vorteilhaft, die bekannten Größen im thermischen Schaltbild besonders hervorzuheben (z. B. farbig).
- Anstelle von thermischen Widerständen kann auch mit den jeweiligen Koeffizienten gearbeitet werden. So beträgt der Wärmedurchgangskoeffizient (k-Wert) in Beispiel 1.1 $k = \frac{1}{R_\mathrm{T}} = 5{,}72$ W/(m² K). Damit folgt ebenfalls eine Wärmestromdichte von $\dot{q} = 171{,}50$ W/m².

$$\dot{q}^* = \frac{\vartheta_\mathrm{i}^* - \vartheta_\mathrm{si}^*}{R_{\alpha\,\mathrm{i}}} = \frac{\vartheta_\mathrm{si}^* - \vartheta_\mathrm{se}^*}{R_\lambda} = \frac{\vartheta_\mathrm{se}^* - \vartheta_\mathrm{e}}{R_{\alpha\,\mathrm{e}}} \tag{1.78}$$

Aus den beiden letzten Beziehungen in Gl. (1.78) kann die außenseitige Scheibentemperatur ϑ_se^* eliminiert werden:

$$\frac{\vartheta_\mathrm{si}^* - \vartheta_\mathrm{se}^*}{R_\lambda} = \frac{\vartheta_\mathrm{se}^* - \vartheta_\mathrm{e}}{R_{\alpha\,\mathrm{e}}} \quad \Big| \cdot (R_\lambda \cdot R_{\alpha\,\mathrm{e}}) \Rightarrow$$

$$(\vartheta_\mathrm{si}^* - \vartheta_\mathrm{se}^*) \cdot R_{\alpha\,\mathrm{e}} = (\vartheta_\mathrm{se}^* - \vartheta_\mathrm{e}) \cdot R_\lambda \quad \Rightarrow$$

$$\vartheta_\mathrm{se}^* \cdot (R_\lambda + R_{\alpha\,\mathrm{e}}) = \vartheta_\mathrm{si}^* \cdot R_{\alpha\,\mathrm{e}} + \vartheta_\mathrm{e} \cdot R_\lambda \quad \Rightarrow$$

$$\vartheta_\mathrm{se}^* = \frac{\vartheta_\mathrm{si}^* \cdot R_{\alpha\,\mathrm{e}} + \vartheta_\mathrm{e} \cdot R_\lambda}{R_\lambda + R_{\alpha\,\mathrm{e}}} \tag{1.79}$$

Mit Gl. (1.78) berechnet sich die Wärmestromdichte $\dot{q}^*$ zu:

$$\dot{q}^* = \frac{\vartheta_\mathrm{se}^* - \vartheta_\mathrm{e}}{R_{\alpha\,\mathrm{e}}} = \frac{\frac{\vartheta_\mathrm{si}^* \cdot R_{\alpha\,\mathrm{e}} + \vartheta_\mathrm{e} \cdot R_\lambda}{R_\lambda + R_{\alpha\,\mathrm{e}}} - \vartheta_\mathrm{e}}{R_{\alpha\,\mathrm{e}}} = \frac{\frac{\vartheta_\mathrm{si}^* \cdot R_{\alpha\,\mathrm{e}} + \cancel{\vartheta_\mathrm{e} \cdot R_\lambda} - \cancel{\vartheta_\mathrm{e} \cdot R_\lambda} - \vartheta_\mathrm{e} \cdot R_{\alpha\,\mathrm{e}}}{R_\lambda + R_{\alpha\,\mathrm{e}}}}{R_{\alpha\,\mathrm{e}}}$$

$$= \frac{(\vartheta_\mathrm{si}^* - \vartheta_\mathrm{e}) \cdot \cancel{R_{\alpha\,\mathrm{e}}}}{(R_\lambda + R_{\alpha\,\mathrm{e}}) \cdot \cancel{R_{\alpha\,\mathrm{e}}}} = \frac{\vartheta_\mathrm{si}^* - \vartheta_\mathrm{e}}{R_\lambda + R_{\alpha\,\mathrm{e}}} \tag{1.80}$$

Aus der ersten Beziehung von Gl. (1.78) folgt weiter:

$$\vartheta_\mathrm{i}^* = \vartheta_\mathrm{si}^* + \dot{q}^* \cdot R_{\alpha\,\mathrm{i}} = \vartheta_\mathrm{si}^* + \frac{\vartheta_\mathrm{si}^* - \vartheta_\mathrm{e}}{R_\lambda + R_{\alpha\,\mathrm{e}}} \cdot R_{\alpha\mathrm{i}}$$

$$= \frac{\vartheta_\mathrm{si}^* \cdot (R_{\alpha\,\mathrm{i}} + R_\lambda + R_{\alpha\,\mathrm{e}}) - \vartheta_\mathrm{e} \cdot R_{\alpha\,\mathrm{i}}}{R_\lambda + R_{\alpha\,\mathrm{e}}} \tag{1.81}$$

Unter Berücksichtigung des Wärmedurchgangswiderstands R_T aus Gl. (1.76) erhält man eine zu Gl. (1.77) identische Beziehung:

$$R_\mathrm{T} = R_{\alpha\,\mathrm{i}} + R_\lambda + R_{\alpha\mathrm{e}} \quad \Rightarrow \quad R_\lambda + R_{\alpha\mathrm{e}} = R_\mathrm{T} - R_{\alpha\,\mathrm{i}}$$

$$\vartheta_\mathrm{i}^* = \frac{\vartheta_\mathrm{si}^* \cdot R_\mathrm{T} - \vartheta_\mathrm{e} \cdot R_{\alpha\,\mathrm{i}}}{R_\mathrm{T} - R_{\alpha\,\mathrm{i}}} \tag{1.82}$$

Anstelle des Einsetzens von ϑ_se^* und $\dot{q}^*$ hätten diese Größen auch sukzessive als Zwischenwerte berechnet werden können, um damit die gesuchte Temperatur aus Gl. (1.81) zu ermitteln. Aufgrund von unvermeidbaren Rundungsfehlern ergibt sich gegenüber dem Zahlenwert von $28{,}89$ °C aus Gl. (1.77) dann eine Temperatur von $28{,}95$ °C.

(g) Zunahme des Wärmeverlustes:

Mithilfe des Wärmedurchgangswiderstands R_T und der veränderten Raumlufttemperatur ϑ_i^* lässt sich die erhöhte Wärmestromdichte $\dot{q}^*$ durch die Fensterscheibe berechnen:

$$\dot{q}^* = \frac{\vartheta_\mathrm{i}^* - \vartheta_\mathrm{e}}{R_\mathrm{T}} = \frac{28{,}89\ ^\circ\mathrm{C} - (-10\ ^\circ\mathrm{C})}{0{,}175\ (\mathrm{m^2\,K})/\mathrm{W}} = 222{,}23\ \mathrm{W/m^2} \tag{1.83}$$

Die prozentuale Änderung der Wärmestromdichte beträgt:

$$\Delta\dot{q}_\mathrm{proz} = \frac{\Delta\dot{q}}{\dot{q}} = \frac{\dot{q}^* - \dot{q}}{\dot{q}} = \frac{222{,}23\ \mathrm{W/m^2} - 171{,}50\ \mathrm{W/m^2}}{171{,}50\ \mathrm{W/m^2}} = 29{,}58\ \% \tag{1.84}$$

◄

▸ Beispiel 1.2:

Susi Sorglos hat aus der mehrdimensionalen partiellen Fourier'schen Wärmeleitungsdifferenzialgleichung $\frac{\partial \vartheta}{\partial t} = a \cdot \left(\frac{\partial^2 \vartheta}{\partial x^2} + \frac{\partial^2 \vartheta}{\partial y^2} + \frac{\partial^2 \vartheta}{\partial z^2}\right)$ für die eindimensionale stationäre Wärmeleitung in einer homogenen Wand (vgl. Bild 1.38) mit $\frac{\partial \vartheta}{\partial t} = 0$ (stationär) und $\frac{\partial^2 \vartheta}{\partial y^2} = \frac{\partial^2 \vartheta}{\partial z^2} = 0$ (eindimensional) eine gewöhnliche Differenzialgleichung abgeleitet:

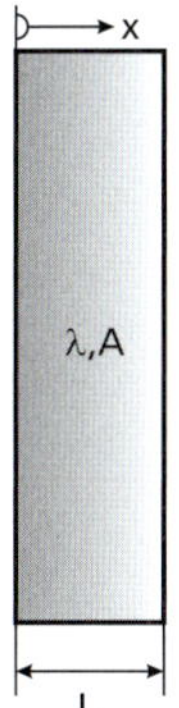

Bild 1.38: *Skizze der homogenen Wand.*

$$\frac{\partial^2 \vartheta}{\partial x^2} = \frac{\mathrm{d}^2 \vartheta}{\mathrm{d}x^2} = \vartheta''(x) = 0 \tag{1}$$

(a) Bestimmen Sie die allgemeine Lösung des Temperaturfeldes $\vartheta(x)$.

(b) Bestimmen Sie die spezielle Lösung von (1) für eine Wand mit bekannter Oberflächentemperatur (Randbedingung 1. Art) mit:

$$\vartheta(x=0) = \vartheta_1 \tag{2}$$

$$\vartheta(x=L) = \vartheta_2 \tag{3}$$

(c) Ermitteln Sie das Temperaturprofil in einer besonnten Wand mit einer Randbedingung 2. Art und einer Randbedingung 1. Art:

$$\dot{Q}(x=0) = \dot{Q}_0 \tag{4}$$

$$\vartheta(x=L) = \vartheta_2 \tag{5}$$

$\dot{Q}_0$ ist dabei der Netto-Wärmestrom aus absorbierter solarer Einstrahlung minus Wärmeabgabe dieser Oberfläche an die Umgebung.

(d) Bestimmen Sie den Temperaturverlauf in der Wand bei beidseitigem Wärmeübergang (Randbedingung 3. Art):

$$\dot{Q}(x=0) = -\lambda \cdot A \cdot \left.\frac{d\vartheta}{dx}\right|_{x=0} = \alpha_{\mathrm{a}} \cdot A \cdot \left[\vartheta_\infty - \vartheta(x=0)\right] \tag{6}$$

$$\dot{Q}(x=L) = -\lambda \cdot A \cdot \left.\frac{d\vartheta}{dx}\right|_{x=L} = \alpha_{\mathrm{i}} \cdot A \cdot \left[\vartheta(x=L) - \vartheta_{\mathrm{R}}\right] \tag{7}$$

(e) Stellen Sie die Temperaturverläufe aus (b)–(d) grafisch dar für:

$\vartheta_1 = 10\,°\mathrm{C}$; $\vartheta_2 = 20\,°\mathrm{C}$; $\vartheta_\infty = 12\,°\mathrm{C}$; $\vartheta_{\mathrm{R}} = 20\,°\mathrm{C}$; $L = 36{,}5$ cm; $A = 1\ \mathrm{m}^2$; $\lambda = 0{,}21\ \frac{\mathrm{W}}{\mathrm{m\,K}}$; $\alpha_{\mathrm{i}} = 8\ \frac{\mathrm{W}}{\mathrm{m}^2\,\mathrm{K}}$; $\alpha_{\mathrm{a}} = 25\ \frac{\mathrm{W}}{\mathrm{m}^2\,\mathrm{K}}$; $\dot{Q}_0 = 5$ W.

Bekannte Größen:

2. Ableitung (Krümmung) des Temperaturprofils in ebener Wand
Randbedingungen 1., 2. und 3. Art

Gesuchte Größen:

Spezielle Temperaturprofile in der Wand

Lösung:

(a) allgemeine Lösung des Temperaturfeldes:

Gl. (1) ist direkt integrierbar. Durch zweifache unbestimmte Integration folgt die allgemeine Lösung des Temperaturfeldes:

$$\vartheta'(x) = \int \vartheta''(x)\,\mathrm{d}x = \int 0\,\mathrm{d}x = C_1 \tag{1.85}$$

$$\vartheta(x) = \int \vartheta'(x)\,\mathrm{d}x = \int C_1\,\mathrm{d}x = C_1 \cdot x + C_2 \tag{1.86}$$

☞

1. Gl. (1.86) stellt ein **lineares Temperaturprofil** dar.
2. Dies ist auch plausibel, da gemäß Gl. (1) die Krümmung (2. Ableitung) des Temperaturprofils verschwinden muss. Diese Bedingung wird von einer Geraden erfüllt.
3. Durch die zweimalige Integration treten zwei Integrationskonstanten auf, die aus 2 Randbedingungen zu bestimmen sind.
4. An jedem Rand kann dabei eine RB 1., 2., 3. oder 4. Art auftreten.

(b) spezielle Lösung des Temperaturfeldes bei RB 1. Art:

Für die Bestimmung der in Gl. (1.86) enthaltenen Konstanten C_1 und C_2 werden entsprechend ihrer Anzahl 2 Gleichungen benötigt, die mit den Gln. (2) und (3) zur Verfügung stehen:

$$\vartheta(x=0) \overset{!}{=} \vartheta_1 = C_1 \cdot 0 + C_2$$

$$\Rightarrow \quad C_2 = \vartheta_1 \tag{1.87}$$

$$\vartheta(x=L) \overset{!}{=} \vartheta_2 = C_1 \cdot L + C_2$$

$$\Rightarrow \quad C_1 = \frac{\vartheta_2 - \vartheta_1}{L} \tag{1.88}$$

Damit lautet das spezielle Temperaturprofil:

$$\vartheta(x) = (\vartheta_2 - \vartheta_1) \cdot \frac{x}{L} + \vartheta_1 \tag{1.89}$$

(c) spezielle Lösung des Temperaturfeldes bei RB 2. und RB 1. Art:

Der Wärmestrom $\dot{Q}$ folgt aus dem Fourier'schen Wärmeleitungsansatz (1.11):

$$\dot{Q} = -\lambda \cdot A \cdot \frac{\partial \vartheta}{\partial x} = -\lambda \cdot A \cdot \frac{\mathrm{d}\vartheta}{\mathrm{d}x} = -\lambda \cdot A \cdot \frac{\mathrm{d}}{\mathrm{d}x}(C_1 \cdot x + C_2) = -\lambda \cdot A \cdot C_1 \tag{1.90}$$

Es ergeben sich folgende Gleichungen zur Bestimmung der Integrationskonstanten:

$$\dot{Q}(x=0) \overset{!}{=} \dot{Q}_0 = -\lambda \cdot A \cdot C_1$$

$$\Rightarrow \quad C_1 = -\frac{\dot{Q}_0}{\lambda \cdot A} \tag{1.91}$$

$$\vartheta(x=L) \overset{!}{=} \vartheta_2 = C_1 \cdot L + C_2$$

$$\Rightarrow \quad C_2 = \vartheta_2 + \frac{\dot{Q}_0 \cdot L}{\lambda \cdot A} \tag{1.92}$$

Damit lautet das spezielle Temperaturprofil:

$$\vartheta(x) = \frac{\dot{Q}_0}{\lambda \cdot A} \cdot (L - x) + \vartheta_2 \tag{1.93}$$

1. Als Plausibilitätstest ergibt sich der Wärmestrom $\dot{Q}(x)$ aus der Ableitung von Gl. (1.93):
$$\begin{aligned}\dot{Q}(x) &= -\lambda \cdot A \cdot \frac{\mathrm{d}\vartheta}{\mathrm{d}x} \\ &= -\lambda \cdot A \cdot \left(-\frac{\dot{Q}_0}{\lambda \cdot A}\right) = \dot{Q}_0\end{aligned}$$
2. Der Wärmestrom $\dot{Q}(x)$ ist von x unabhängig, d. h. über die ganze Wanddicke L konstant. Es kommt also zu keiner instationären Energiespeicherung in der Wand.
3. Insbesondere ist der eintretende Wärmestrom $\dot{Q}(x=0) = \dot{Q}_0$ genauso groß wie der austretende Wärmestrom $\dot{Q}(x=L) = \dot{Q}_0$.

(d) spezielle Lösung des Temperaturfeldes bei RB 3. Art:

Aus den Gln. (6) und (7) ergeben sich durch Einsetzen der Gln. (1.86) und (1.90) als Bestimmungsgleichungen für C_1 und C_2:

$$-\lambda \cdot A \cdot C_1 = \alpha_\mathrm{a} \cdot A \cdot \left[\vartheta_\infty - (C_1 \cdot 0 + C_2)\right] \tag{1.94}$$

$$-\lambda \cdot A \cdot C_1 = \alpha_\mathrm{i} \cdot A \cdot \left[(C_1 \cdot L + C_2) - \vartheta_\mathrm{R}\right] \tag{1.95}$$

Aus Gl. (1.94) kann C_1 einfacher als aus Gl. (1.95) eliminiert und anschließend in Gl. (1.95) einsetzt werden:

$$\Rightarrow \quad C_1 = -\frac{\alpha_\mathrm{a}}{\lambda} \cdot (\vartheta_\infty - C_2) \tag{1.96}$$

$$\Rightarrow \; -\lambda \cdot A \cdot \left[-\frac{\alpha_\mathrm{a}}{\lambda} \cdot (\vartheta_\infty - C_2)\right] = \alpha_\mathrm{i} \cdot A \cdot \left\{\left[-\frac{\alpha_\mathrm{a}}{\lambda} \cdot (\vartheta_\infty - C_2)\right] \cdot L + C_2 - \vartheta_\mathrm{R}\right\} \quad \Big| : A$$

$$\Rightarrow \; \alpha_\mathrm{a} \cdot \vartheta_\infty - \alpha_\mathrm{a} \cdot C_2 = -\frac{\alpha_\mathrm{i} \cdot \alpha_\mathrm{a} \cdot L}{\lambda} \cdot \vartheta_\infty + \frac{\alpha_\mathrm{i} \cdot \alpha_\mathrm{a} \cdot L}{\lambda} \cdot C_2 + \alpha_\mathrm{i} \cdot C_2 - \alpha_\mathrm{i} \cdot \vartheta_\mathrm{R} \quad \Big| \cdot (-\lambda)$$

$$\Rightarrow \; (\alpha_\mathrm{a} \cdot \lambda + \alpha_\mathrm{i} \cdot \alpha_\mathrm{a} \cdot L + \alpha_\mathrm{i} \cdot \lambda) \cdot C_2 = \alpha_\mathrm{a} \cdot \lambda \cdot \vartheta_\infty + \alpha_\mathrm{i} \cdot \alpha_\mathrm{a} \cdot L \cdot \vartheta_\infty + \alpha_\mathrm{i} \cdot \lambda \cdot \vartheta_\mathrm{R}$$

$$\Rightarrow \quad C_2 = \frac{\alpha_a \cdot \lambda \cdot \vartheta_\infty + \alpha_i \cdot \alpha_a \cdot L \cdot \vartheta_\infty + \alpha_i \cdot \lambda \cdot \vartheta_R}{\alpha_a \cdot \lambda + \alpha_i \cdot \alpha_a \cdot L + \alpha_i \cdot \lambda} \tag{1.97}$$

$$\Rightarrow \ C_1 = -\frac{\alpha_a \cdot \vartheta_\infty}{\lambda} + \frac{\alpha_a}{\lambda} \cdot \frac{\alpha_a \cdot \lambda \cdot \vartheta_\infty + \alpha_i \cdot \alpha_a \cdot L \cdot \vartheta_\infty + \alpha_i \cdot \lambda \cdot \vartheta_R}{\alpha_a \cdot \lambda + \alpha_i \cdot \alpha_a \cdot L + \alpha_i \cdot \lambda}$$

$$\Rightarrow \ C_1 = \frac{\alpha_a}{\lambda} \cdot \frac{\alpha_a \cdot \lambda \cdot \vartheta_\infty + \alpha_i \cdot \alpha_a \cdot L \cdot \vartheta_\infty + \alpha_i \cdot \lambda \cdot \vartheta_R - \vartheta_\infty \cdot (\alpha_a \cdot \lambda + \alpha_i \cdot \alpha_a \cdot L + \alpha_i \cdot \lambda)}{\alpha_a \cdot \lambda + \alpha_i \cdot \alpha_a \cdot L + \alpha_i \cdot \lambda}$$

$$\Rightarrow \ C_1 = \frac{\alpha_a}{\lambda} \cdot \frac{\cancel{\alpha_a \cdot \lambda \cdot \vartheta_\infty} + \cancel{\alpha_i \cdot \alpha_a \cdot L \cdot \vartheta_\infty} + \alpha_i \cdot \lambda \cdot \vartheta_R - \cancel{\alpha_a \cdot \lambda \cdot \vartheta_\infty} - \cancel{\alpha_i \cdot \alpha_a \cdot L \cdot \vartheta_\infty}}{\alpha_a \cdot \lambda + \alpha_i \cdot \alpha_a \cdot L + \alpha_i \cdot \lambda}$$

$$- \frac{\alpha_a}{\lambda} \cdot \frac{\alpha_i \cdot \lambda \cdot \vartheta_\infty}{\alpha_a \cdot \lambda + \alpha_i \cdot \alpha_a \cdot L + \alpha_i \cdot \lambda}$$

$$\Rightarrow \ C_1 = \frac{\alpha_a}{\cancel{\lambda}} \cdot \frac{\alpha_i \cdot \cancel{\lambda} \cdot \vartheta_R - \alpha_i \cdot \cancel{\lambda} \cdot \vartheta_\infty}{\alpha_a \cdot \lambda + \alpha_i \cdot \alpha_a \cdot L + \alpha_i \cdot \lambda}$$

$$\Rightarrow \quad C_1 = \frac{\alpha_i \cdot \alpha_a \cdot (\vartheta_R - \vartheta_\infty)}{\alpha_a \cdot \lambda + \alpha_i \cdot \alpha_a \cdot L + \alpha_i \cdot \lambda} \tag{1.98}$$

Damit lautet das spezielle Temperaturprofil:

$$\vartheta(x) = \frac{\alpha_i \cdot \alpha_a \cdot (\vartheta_R - \vartheta_\infty) \cdot x}{\alpha_a \cdot (\lambda + \alpha_i \cdot L) + \alpha_i \cdot \lambda} + \frac{\alpha_a \cdot \vartheta_\infty \cdot (\lambda + \alpha_i \cdot L) + \alpha_i \cdot \lambda \cdot \vartheta_R}{\alpha_a \cdot (\lambda + \alpha_i \cdot L) + \alpha_i \cdot \lambda} \tag{1.99}$$

(e) grafische Darstellung der Temperaturprofile:

Die Temperaturprofile sind in allen 3 Fällen linear (Bild 1.39). Allerdings ergeben sich je nach Randbedingungen unterschiedliche Konstanten (Steigung C_1 und Achsenabschnitt C_2).

Die Zahlenwerte betragen im einzelnen:

(b) $C_1 = 27{,}40$ K/m; $C_2 = 10{,}00$ °C;

(c) $C_1 = -23{,}81$ K/m; $C_2 = 28{,}69$ °C;

(d) $C_1 = 20{,}02$ K/m; $C_2 = 12{,}17$ °C; ◄

Zusammenfassung und Ausblick:

- Das stationäre Temperaturprofil in einer ebenen Wand folgt durch zweifache Integration aus der Wärmeleitungsdifferenzialgleichung.
- Das stationäre Temperaturprofil in einer ebenen Wand ist linear.
- Bei mehrschichtigen ebenen Körpern resultieren stückweise lineare Temperaturprofile (Polygonzüge).
- Für die Bestimmung der Integrationskonstanten sind 2 Randbedingungen erforderlich.
- Je nach Art der Randbedingungen resultiert ein unterschiedlicher Rechenaufwand.
- Je nach Art der Randbedingungen ergeben sich unterschiedliche Werte für die Integrationskonstanten.

Teilaufgabe	Art der Randbedingung Rand 1	Rand 2
(b)	1. Art	1. Art
(c)	2. Art	1. Art
(d)	3. Art	3. Art

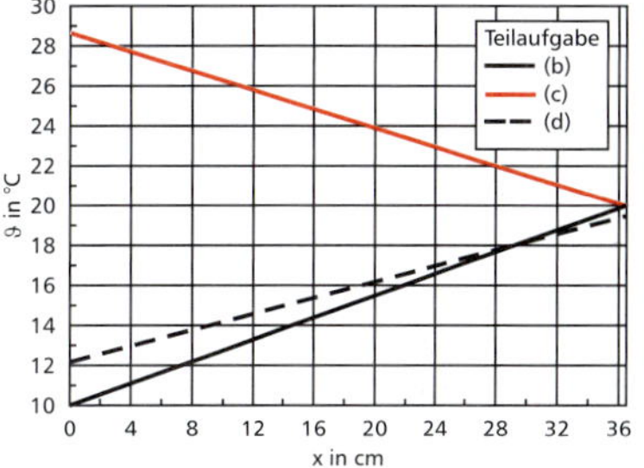

Bild 1.39: *Stationäre Temperaturprofile in der Wand von Beispiel 1.2.*

► Beispiel 1.3:

In einem Materialvolumen der Wärmeleitfähigkeit $\lambda = 1{,}73$ W/(m K) herrscht das instationäre Temperaturfeld

$$\vartheta(\vec{x},t) = \vartheta_0 + A \cdot x^2 \cdot z + B \cdot y \cdot z \cdot t^2 \tag{1}$$

mit $\vartheta_0 = 20$ °C; $A = 1$ m^{-3} K; $B = 0{,}001$ m^{-2} s^{-2} K vor. Berechnen Sie für die Zeiten $t_0 = 0$; $t_1 = 30$ s; $t_2 = 60$ s und $t_3 = 300$ s in den Volumenpunkten N: $\vec{x}_N = (0; 0; 1\text{ m})^T$; Q: $\vec{x}_Q = (2\text{ m}; 3\text{ m}; 1\text{ m})^T$ und V: $\vec{x}_V = (0; 3\text{ m}; 2\text{ m})^T$

(a) die Temperaturen;

(b) die zeitlichen Temperaturänderungen;

(c) die Temperaturgradienten;

(d) die Divergenz des Gradientenfeldes;

(e) die Divergenz des Feldes der Wärmestromdichte $\vec{q} = -\lambda \cdot \mathbf{grad}\,\vartheta$.

Bekannte Größen:

Temperaturfeld:	$\vartheta(\vec{x},t) = \vartheta(x,y,z,t) = \vartheta_0 + A\,x^2 \cdot z + B\,y \cdot z \cdot t^2$
Wärmeleitfähigkeit:	$\lambda = 1{,}73$ W/(m K)
Konstanten:	$\vartheta_0 = 20$ °C; $A = 1$ K/m^3; $B = 0{,}001$ K/(m^2 s^2)
Punkte:	$N\,(0; 0; 1\text{ m})$ $Q\,(2\text{ m}; 3\text{ m}; 1\text{ m})$ $V\,(0; 3\text{ m}; 2\text{ m})$
Zeiten:	$t_0 = 0$ s; $t_1 = 30$ s; $t_2 = 60$ s; $t_3 = 300$ s

Gesuchte Größen:

Temperaturen	ϑ
zeitliche Temperaturänderungen	$\partial\vartheta/\partial t$
Temperaturgradienten	$\mathbf{grad}\,\vartheta$
Divergenz des Gradientenfeldes	$\mathbf{div}(\mathbf{grad}\,\vartheta)$
Divergenz der Wärmestromdichte	$\mathbf{div}\left(\vec{q}\right)$

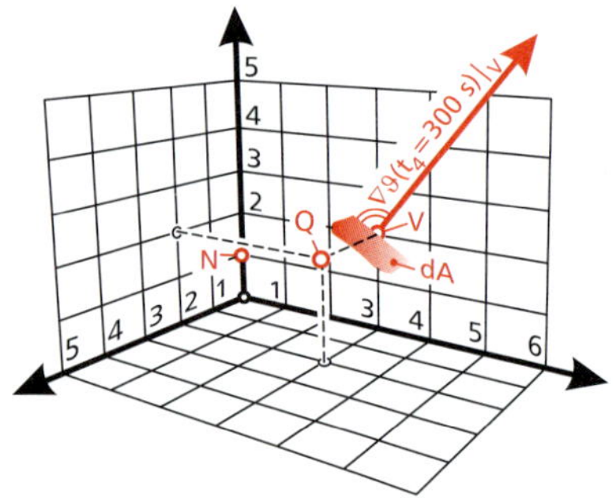

Bild 1.40: *Koordinatensystem für das instationäre Temperaturfeld $\vartheta(x, y, z, t)$ mit den Punkten N, Q und V. Die Richtung des Gradienten $\nabla\vartheta(t_4 = 300\ \mathrm{s})_\mathrm{V}$ zum Zeitpunkt 300 s ist für den Punkt V samt isothermem Flächenelement $\mathrm{d}A \perp \nabla\vartheta$ eingezeichnet.*

Lösung:

(a) Temperaturen an den Punkten N, Q und V:

Die gesuchten Temperaturen ergeben sich durch Einsetzen der Punktkoordinaten in das Temperaturfeld aus Gl. (1):

Punkte	x in m	y in m	z in m	$\vartheta\,(\vec{x},t)$ in ° C			
				Zeit $t_1 = 0$ s	$t_2 = 30$ s	$t_3 = 60$ s	$t_4 = 300$ s
N	0	0	1	20	20,0	20,0	20
Q	2	3	1	24	26,7	34,8	294
V	0	3	2	20	25,4	41,6	560

(b) zeitliche Temperaturänderungen an den Punkten N, Q und V:

Die zeitliche Temperaturänderung $\dot{\vartheta}$ ergibt sich als partielle Ableitung des Temperaturfeldes nach der Zeit:

$$\dot{\vartheta} = \frac{\partial\vartheta(x,y,z,t)}{\partial t} = \frac{\partial}{\partial t}\left(\vartheta_0 + A\,x^2\cdot z + B\,y\cdot z\cdot t^2\right) = 2\,B\,y\cdot z\cdot t \tag{1.100}$$

Punkte	x in m	y in m	z in m	$\dot{\vartheta}\,(\vec{x},t)$ in K/s			
				Zeit $t_1 = 0$ s	$t_2 = 30$ s	$t_3 = 60$ s	$t_4 = 300$ s
N	0	0	1	0	0,00	0,00	0,0
Q	2	3	1	0	0,18	0,36	1,8
V	0	3	2	0	0,36	0,72	3,6

(c) Temperaturgradienten an den Punkten N, Q und V:

Der Temperaturgradient ist der Vektor der partiellen Ableitungen des Temperaturfeldes ϑ nach den Ortskoordinaten x, y und z:

1. Der Temperaturgradient ist ein **Vektor**, der senkrecht auf den Isothermenflächen (Flächen gleicher Temperatur) steht.
2. Der Temperaturgradient hängt im vorliegenden Fall vom Ort und von der Zeit ab.

$$\mathbf{grad}\,\vartheta = \nabla\vartheta = \begin{pmatrix} \dfrac{\partial\vartheta}{\partial x} \\ \dfrac{\partial\vartheta}{\partial y} \\ \dfrac{\partial\vartheta}{\partial z} \end{pmatrix} = \begin{pmatrix} 2\,A\,x\cdot z \\ B\,z\cdot t^2 \\ A\,x^2 + B\,y\cdot t^2 \end{pmatrix} \tag{1.101}$$

Punkte	$\mathbf{grad}\,\vartheta\,(\vec{x},t)$ in K/m											
	$t_1 = 0$ s			$t_2 = 30$ s			$t_3 = 60$ s			$t_4 = 300$ s		
	$\frac{\partial\vartheta}{\partial x}$	$\frac{\partial\vartheta}{\partial y}$	$\frac{\partial\vartheta}{\partial z}$	$\frac{\partial\vartheta}{\partial x}$	$\frac{\partial\vartheta}{\partial y}$	$\frac{\partial\vartheta}{\partial z}$	$\frac{\partial\vartheta}{\partial x}$	$\frac{\partial\vartheta}{\partial y}$	$\frac{\partial\vartheta}{\partial z}$	$\frac{\partial\vartheta}{\partial x}$	$\frac{\partial\vartheta}{\partial y}$	$\frac{\partial\vartheta}{\partial z}$
N	0	0	0	0	0,9	0,0	0	3,6	0,0	0	90	0
Q	4	0	4	4	0,9	6,7	4	3,6	14,8	4	90	274
V	0	0	0	0	1,8	2,7	0	7,2	10,8	0	180	270

Die Divergenz eines Vektorfeldes $\vec{a}$ ist definiert als das Skalarprodukt des Nabla-Vektors mit dem Vektor $\vec{a}$:

$$\mathbf{div}\,\vec{a} = \nabla\cdot\vec{a} = \nabla\cdot\begin{pmatrix} a_\mathrm{x} \\ a_\mathrm{y} \\ a_\mathrm{z} \end{pmatrix} = \begin{pmatrix} \dfrac{\partial}{\partial x} \\ \dfrac{\partial}{\partial y} \\ \dfrac{\partial}{\partial z} \end{pmatrix}\cdot\begin{pmatrix} a_\mathrm{x} \\ a_\mathrm{y} \\ a_\mathrm{z} \end{pmatrix} = \frac{\partial a_\mathrm{x}}{\partial x} + \frac{\partial a_\mathrm{y}}{\partial y} + \frac{\partial a_\mathrm{z}}{\partial z}$$

(d) Divergenz des Temperaturgradienten an den Punkten N, Q und V:

Wendet man den Divergenz-Operator auf den Temperaturgradienten an, folgt:

$$\begin{aligned} \mathbf{div}\,(\mathbf{grad}\,\vartheta) &= \nabla\cdot(\nabla\vartheta) = \frac{\partial}{\partial x}\left(\frac{\partial\vartheta}{\partial x}\right) + \frac{\partial}{\partial y}\left(\frac{\partial\vartheta}{\partial y}\right) + \frac{\partial}{\partial z}\left(\frac{\partial\vartheta}{\partial z}\right) \\ &= \frac{\partial^2\vartheta}{\partial x^2} + \frac{\partial^2\vartheta}{\partial y^2} + \frac{\partial^2\vartheta}{\partial z^2} = \nabla^2\vartheta = \Delta\vartheta \end{aligned} \tag{1.102}$$

Unter Berücksichtigung von Gl. (1) erhält man (unabhängig von der Zeit t, also für alle Zeiten):

$$\nabla^2\vartheta = 2\,A\,z + 0 + 0 = 2\,A\,z \qquad (1.103)$$

Punkte	$\mathbf{div}\,(\mathbf{grad}\,\vartheta)$ in K/m²
N	2
Q	2
V	4

(e) Divergenz der Wärmestromdichte an den Punkten N, Q und V:

Gemäß Gl. (1.11) gilt für den Vektor der Wärmestromdichte:

$$\vec{\dot{q}} = -\lambda \cdot \nabla\vartheta \qquad (1.104)$$

Damit folgt für die Divergenz der Wärmestromdichte:

$$\mathbf{div}\left(\vec{\dot{q}}\right) = \nabla\left(-\lambda \cdot \nabla\vartheta\right) = -\lambda \cdot \nabla^2\vartheta = -\lambda \cdot \Delta\vartheta = -\lambda \cdot 2\,A\,z \qquad (1.105)$$

Punkte	$\mathbf{div}\left(\mathbf{grad}\,\vec{\dot{q}}\right)$ in W/m³
N	$-3{,}46$
Q	$-3{,}46$
V	$-6{,}92$

◄

Anschaulich gibt die Divergenz eines Vektorfeldes $\vec{a}$ an, ob im Feld Bereiche mit Quellen oder Senken vorhanden sind:

$\mathbf{div}\,\vec{a} < 0$ Senken (Abfluss überwiegt)
$\mathbf{div}\,\vec{a} > 0$ Quellen (Zufluss überwiegt)
$\mathbf{div}\,\vec{a} = 0$ quellenfreies Feld (Zufluss = Abfluss)

Zusammenfassung und Ausblick:

- Ein Temperaturfeld gibt die Temperatur in einem Körper in Abhängigkeit des Orts und ggf. der Zeit an.
- Die zeitliche Temperaturänderung ist die partielle Ableitung des Temperaturfelds nach der Zeit.
- Der Temperaturgradient $\nabla\vartheta$ kann von Ort und Zeit abhängen.
- Die Divergenz kennzeichnet die Quellfreiheit eines Vektorfeldes.
- Die Divergenz des Temperaturgradienten ist gleich dem Laplace-Operator des Temperaturfelds.

► Beispiel 1.4:

Zwei parallele Platten in der Versuchsapparatur von Isidor Ideenreich mit $A_1 = A_2 = 1$ m² sind auf jeweils konstanter Temperatur (zeitlich und flächig), weisen aber zueinander die Temperaturdifferenz $\Delta\vartheta = \Delta T = 100$ K auf. Die Strahlungskonstante der Anordnung beträgt $\sigma_{1\,2} = 5{,}67 \cdot 10^{-8}$ W/(m² K⁴) ($\varepsilon_1 = \varepsilon_2 = 1$, schwarze Strahler). Randeffekte sind vernachlässigbar.

(a) Berechnen Sie den zwischen den Platten übertragenen Wärmestrom, wenn das Temperaturniveau ϑ_m (Mittelwert zwischen ϑ_1 und ϑ_2) bei 100; 200; 500; 1 000 und 1 200 °C liegt.

(b) Skizzieren Sie den Wärmestrom $\dot{Q}$ über der Mitteltemperatur ϑ_m.

(c) Es soll ein Wärmestrom von $\dot{Q}^* = 1\,200$ W durch Strahlung übertragen werden. Wie groß ist die dafür jeweils erforderliche Temperaturdifferenz $\Delta T(\vartheta_\mathrm{m})$ für die genannten Temperaturniveaus?

Hinweis: Formulieren Sie das Nullstellenproblem für die iterative Lösung.

Bekannte Größen:

Flächen:	$A_1 = A_2 = 1$ m²
Temperaturdifferenz:	$\Delta T = 100$ K
Strahlungskonstante:	$\sigma_{1\,2} = 5{,}67 \cdot 10^{-8}$ W/(m² K⁴)
Temperaturniveau:	$\vartheta_\mathrm{m} =$ 100 °C, 200 °C, 500 °C, 1 000 °C, 1 200 °C

Gesuchte Größen:

übertragener Wärmestrom:	$\dot{Q}$
Verlauf des Wärmestroms	$\dot{Q}\,(\vartheta_\mathrm{m})$
erforderliche Temperaturdifferenz:	$\Delta T\,(\vartheta_\mathrm{m})$

Lösung:

(a) übertragener Wärmestrom $\dot{Q}$:

Nach Gl. (1.18) gilt für den Strahlungswärmestrom:

$$\dot{Q} = \sigma_{1\,2} \cdot A_1 \cdot \left(T_1^4 - T_2^4\right) \qquad (1.106)$$

Ohne Beschränkung der Allgemeinheit kann $\vartheta_1 > \vartheta_2$ vorausgesetzt werden. Die Temperaturdifferenz zwischen den Platten beträgt:

$$\Delta\vartheta = \vartheta_1 - \vartheta_2 = \Delta T = T_1 - T_2 \qquad (1.107)$$

Für die Mitteltemperatur ϑ_m erhält man mit geschickter algebraischer Umformung:

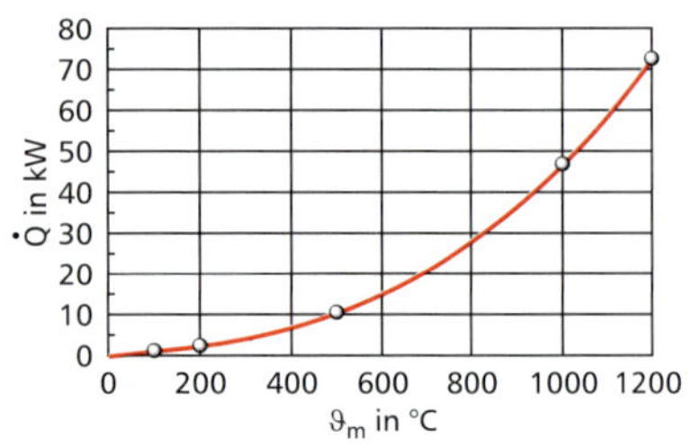

Bild 1.41: *Verlauf des Wärmestroms über der mittleren Plattentemperatur.*

1. Das **Newton-Verfahren** ist ein Verfahren zur Lösung der nichtlinearen Gleichung $f(x) \stackrel{!}{=} 0$ (Nullstellenproblem, vgl. Arbeitshilfen VI, S. 351).
2. Benötigt wird ein geeigneter Startwert x_0 und die Ableitung $f'(x)$ der Funktion $f(x)$.
3. Ausgehend vom Startwert x_0 wird ein verbesserter Näherungswert x_1 der Nullstelle berechnet, der wieder als Startwert für eine weitere Iteration genutzt wird. Für den n-ten Iterationsschritt gilt der Algorithmus:
   $$x_n = x_{n-1} - \frac{f(x_{n-1})}{f'(x_{n-1})} \quad n=1,2,3\ldots$$
4. Ein Abbruch der Iteration erfolgt, wenn eine gewünschte Genauigkeit erreicht wird (Genauigkeitsschranke ϵ):
   $|x_n - x_{n-1}| < \epsilon$ oder $\left|\frac{x_n - x_{n-1}}{x_{n-1}}\right| < \epsilon_{proz}$
5. Das folgende Konvergenzkriterium für die Wahl des Startwerts x_0 ist hinreichend:
   $$\left|\frac{f(x_0)\cdot f''(x_0)}{[f'(x_0)]^2}\right| < 1$$
6. Ein Schnittpunktproblem der Form $f(x) \stackrel{!}{=} g(x)$ ist in ein äquivalentes Nullstellenproblem $f(x) - g(x) \stackrel{!}{=} 0$ überzuführen.

$$\vartheta_m = \frac{\vartheta_1+\vartheta_2}{2} = \frac{\vartheta_1+\vartheta_1-\vartheta_1+\vartheta_2}{2} = \frac{2\,\vartheta_1-(\vartheta_1-\vartheta_2)}{2} = \frac{2\,\vartheta_1-\Delta T}{2}$$
$$= \frac{\vartheta_1-\vartheta_2+\vartheta_2+\vartheta_2}{2} = \frac{(\vartheta_1-\vartheta_2)+2\,\vartheta_2}{2} = \frac{\Delta T+2\,\vartheta_2}{2} \qquad (1.108)$$

Daraus folgt für die Plattentemperaturen ϑ_1 und ϑ_2:

$$2\,\vartheta_m = 2\,\vartheta_1 - \Delta T \quad\Rightarrow\quad \vartheta_1 = \frac{2\,\vartheta_m + \Delta T}{2} = \vartheta_m + \frac{\Delta T}{2} \qquad (1.109)$$

$$2\,\vartheta_m = \Delta T + 2\,\vartheta_2 \quad\Rightarrow\quad \vartheta_2 = \frac{2\,\vartheta_m - \Delta T}{2} = \vartheta_m - \frac{\Delta T}{2} \qquad (1.110)$$

Die in Gl. (1.106) benötigten absoluten Plattentemperaturen ergeben sich durch Addition von $T_0 = 273{,}15$ K:

$$T_1 = \vartheta_1 + T_0 \qquad (1.111)$$

$$T_2 = \vartheta_2 + T_0 \qquad (1.112)$$

Unter Berücksichtigung von Gl. (1.106) erhält man damit folgende Temperaturen und Wärmeströme:

ϑ_m in °C	ϑ_1 in °C	ϑ_2 in °C	T_1 in K	T_2 in K	$\dot{Q}$ in W
100	150	50	423,15	323,15	1 200
200	250	150	523,15	423,15	2 430
500	550	450	823,15	723,15	10 526
1 000	1 050	950	1 323,15	1 223,15	46 876
1 200	1 250	1 150	1 523,15	1 423,15	72 591

(b) Skizze des übertragenen Wärmestroms $\dot{Q}\,(\vartheta_m)$:

Der Wärmestrom $\dot{Q}$ steigt mit ϑ_m trotz gleich bleibender Temperaturdifferenz ΔT stark nichtlinear an, wie Bild 1.41 zeigt.

(c) erforderliche Temperaturdifferenz $\Delta T\,(\vartheta_m)$:

Für die absoluten Plattentemperaturen gilt mit den obigen Gln.:

$$T_1 = \vartheta_m + \frac{\Delta T}{2} + T_0 \qquad (1.113)$$

$$T_2 = \vartheta_m - \frac{\Delta T}{2} + T_0 \qquad (1.114)$$

Durch Einsetzen in Gl. (1.106) folgt damit:

$$\dot{Q}^* = \sigma_{1\,2}\cdot A_1\cdot\left[\left(\vartheta_m+\frac{\Delta T}{2}+T_0\right)^4-\left(\vartheta_m-\frac{\Delta T}{2}+T_0\right)^4\right] \qquad (1.115)$$

Bei Gl. (1.115) handelt es sich um eine nichtlineare Gleichung, die nicht analytisch nach der gesuchten Variablen ΔT aufgelöst werden kann. Eine numerische Lösung von Gl. (1.115) ist mit entsprechenden Nullstellenverfahren (z. B. Newton-Verfahren, Bisektion, Regula falsi, Pegasus-Verfahren etc.) möglich. Bei diesen Verfahren wird ein geeigneter Startwert iterativ solange verbessert, bis eine gewünschte Genauigkeit erreicht ist.

Dazu ist Gl. (1.115) in ein Nullstellenproblem $f(\Delta T) \overset{!}{=} 0$ umzuformen, indem $\dot{Q}^*$ auf die rechte Seite der Gleichung gebracht wird:

$$0 \overset{!}{=} f(\Delta T) = \sigma_{12} \cdot A_1 \cdot \left[\left(\vartheta_\mathrm{m} + \frac{\Delta T}{2} + T_0 \right)^4 - \left(\vartheta_\mathrm{m} - \frac{\Delta T}{2} + T_0 \right)^4 \right] - \dot{Q}^* \quad (1.116)$$

Die Tabelle fasst die Lösungen von Gl. (1.116) mit dem Newton-Verfahren zusammen. Zur Kontrolle wurde auch der Wärmestrom $\dot{Q}^*$ berechnet. Gleichzeitig sind auch der verwendete Startwert ΔT_0, die Anzahl n der Iterationen und die erreichte Genauigkeit angegeben.

ϑ_m in °C	ΔT_0 in K	n –	ΔT in K	$\dot{Q}^*$ in W	$f(\Delta T)$ in W
100	100	1	100,04	1 200	$7{,}99 \cdot 10^{-6}$
200	50	1	49,81	1 200	$1{,}41 \cdot 10^{-4}$
500	10	2	11,45	1 200	$1{,}46 \cdot 10^{-11}$
1 000	5	2	2,56	1 200	$-3{,}73 \cdot 10^{-11}$
1 200	3	2	1,65	1 200	$-1{,}48 \cdot 10^{-10}$

Die erreichbare Genauigkeit hängt u. a. vom Startwert und der Anzahl der durchgeführten Iterationen ab, worauf hier aber nicht näher eingegangen werden soll.

Wie Bild 1.42 ausweist, genügt bei hohen Temperaturen ein kleiner Temperaturunterschied ΔT, um einen bestimmten Wärmestrom zu übertragen, während bei niedrigen Temperaturen deutlich höhere Temperaturunterschiede erforderlich sind. ◄

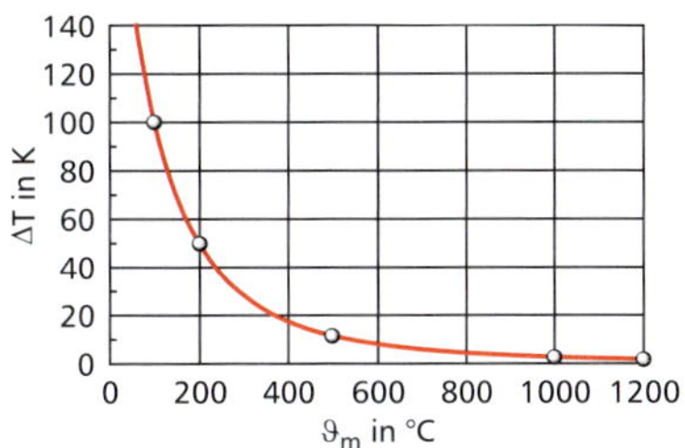

Bild 1.42: *Verlauf der erforderlichen Temperaturdifferenz über der mittleren Plattentemperatur.*

Zusammenfassung und Ausblick:

- Für die Berechnung des Strahlungswärmestroms sind absolute Temperaturen zu verwenden.
- Der zwischen zwei Körpern übertragene Strahlungswärmestrom ist nichtlinear vom Temperaturunterschied der beiden Körper abhängig, wobei bei hohen Temperaturen eine überproportionale Zunahme auftritt.
- Die vorhandenen Nichtlinearitäten können bei Problemen der Wärmestrahlung numerische Lösungen erfordern.
- Nichtlineare Gleichungen kommen in der Praxis oft vor und sind meist unproblematisch zu lösen.
- Das Newton-Verfahren oder andere Algorithmen zur Nullstellensuche sind in Tabellenkalkulationsprogrammen meist leicht aktivierbar.
- Bei hohen Temperaturen ist ein geringer Temperaturunterschied ausreichend, um einen bestimmten Wärmestrom zu übertragen.
- Die praktizierte Linearisierung der Wärmestrahlung ist nur bei moderaten Temperaturunterschieden der beteiligten Körper zulässig.

► Beispiel 1.5:

Die stationäre Temperatur der in Bild 1.43 skizzierten rechteckigen Kesselblechtafel ($2\,L \times 2\,B$) verteilt sich nach der Funktion

$$\vartheta(x,y) = C \cdot \left[1 - \left(\frac{x}{L} \right)^2 \right] \cdot \left[1 - \left(\frac{y}{B} \right)^2 \right] + \vartheta_0 \quad (1.117)$$

Die Funktion $\vartheta(x,y)$ ist über dem zweidimensionalen Gebiet $\Omega \subset \mathbb{R}^2$ mit $-L \leq x \leq +L$ und $-B \leq y \leq +B$ mit Rand $\partial\Omega$ definiert. Temperaturen $\vartheta(\vec{x})$ in Punkten außerhalb des Definitionsbereiches Ω könnten zwar formal berechnet werden, ergeben aber keinen Sinn, da sie nicht mehr zum Blech gehören.
Die Blechstärke beträgt $s = 10$ mm, die halbe Länge $L = 2$ m, die halbe Breite $B = 1$ m, die Konstante $C = 50$ K, die Temperatur $\vartheta_0 = 0$ °C und die Wärmeleitfähigkeit $\lambda = 52{,}3$ W/(m K).

(a) Berechnen Sie die Temperatur in den Ecken und in der Mitte.

(b) Geben Sie den Verlauf der Temperatur als Funktion an
- für den unteren Blechrand;
- für den rechten Blechrand;
- entlang der beiden Symmetrieachsen;
- entlang der beiden Diagonalen.

Plausibilisieren Sie Ihre Funktionen anhand der berechneten Temperaturwerte.

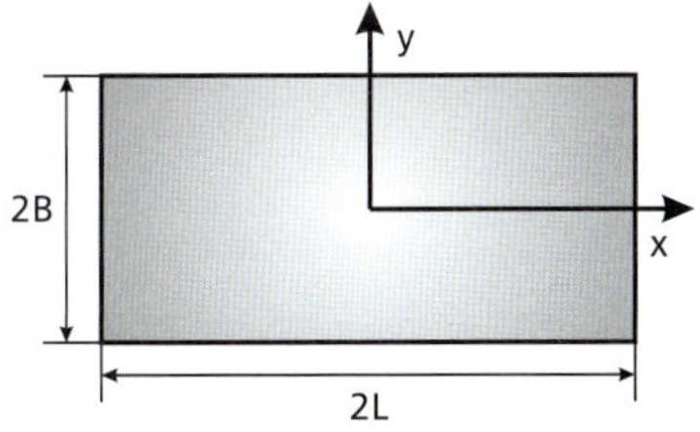

Bild 1.43: *Geometrie der Kesselblechtafel.*

Bekannte Größen:

halbe Länge:	$L = 2$ m
halbe Breite:	$B = 1$ m
Dicke:	$s = 0{,}01$ m
Konstanten:	$C = 50$ K
	$\vartheta_0 = 0$ °C
Wärmeleitfähigkeit:	$\lambda = 52{,}3$ W/(m K)

Gesuchte Größen:

Temperatur an ausgewählten Stellen:	ϑ
Skizze der Temperaturverteilung	
Wärmestromdichte:	$\vec{q}$
Wärmequellendichte:	$\dot{e}_q(x,y)$
Rotation der Wärmestromdichte:	$\mathbf{rot}\,\vec{q}$
Wärmequellenstärke:	$\dot{E}_q$

Tabelle 1.6: *Temperaturen an verschiedenen Punkten der Platte.*

Punkt P	x_P in m	y_P in m	$\vartheta(x_P,y_P)$ in °C
Ecke links unten	$-L$	$-B$	0
Ecke rechts unten	L	$-B$	0
Ecke rechts oben	L	B	0
Ecke links oben	$-L$	B	0
Mitte	0	0	50

☞ Einsetzen der Eckpunkte ergibt in allen Gleichungen jeweils $\vartheta = \vartheta_0 = 0$ °C ✓. Ebenso liefert der Mittelpunkt $\vartheta(0,0) = C + \vartheta_0 = 50$ °C für alle Schnittkurven des „Temperaturhügels" ✓.

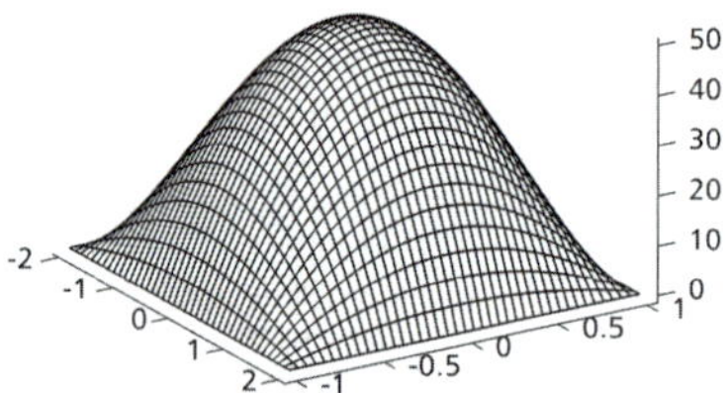

Bild 1.44: *Dreidimensionales „Temperaturgebirge" über der Platte.*

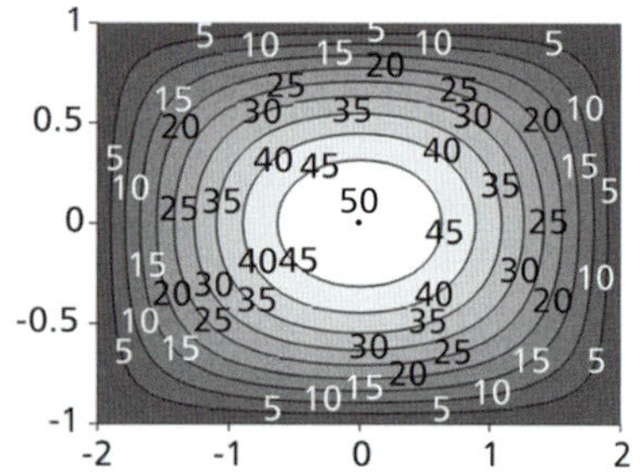

Bild 1.45: *Isothermen des dreidimensionalen „Temperaturgebirges" (in °C) über der Kesselblechtafel.*

(c) Skizzieren Sie räumlich die Temperaturverteilung $\vartheta(x,y)$ über dem Gebiet Ω des Blechs. Gehen Sie dabei von den Profilen $\vartheta(0,y)$ und $\vartheta(x,0)$ aus.

(d) Bestimmen Sie das Feld der Wärmestromdichte $\vec{q}(x,y)$ allgemein sowie mit Werten in den Ecken und in der Mitte. Berechnen Sie die Funktionen der Wärmestromdichte unter den in Teilaufgabe (b) genannten Bedingungen und berechnen Sie die Werte dort, wo die Achsen den Rand treffen.

(e) Berechnen Sie mithilfe der Fourier'schen Wärmeleitungsdifferenzialgleichung das Feld des Quellterms $\dot{e}_q(x,y)$ allgemein sowie die Werte für die Ecken und die Mitte.

(f) Berechnen Sie die Rotation des Feldes der Wärmestromdichte $\mathbf{rot}\,\vec{q}$ und interpretieren Sie das Ergebnis geeignet.

(g) Berechnen Sie die Wärmequellenstärke im Blech $\dot{E}_q$.

Lösung:

(a) Temperatur in den Ecken und in der Mitte:

Die gesuchten Temperaturen erhält man durch Einsetzen der Punktkoordinaten in das Temperaturfeld $\vartheta(x,y)$ aus Gl. (1.117). Die Ergebnisse sind in Tabelle 1.6 zusammengestellt.

(b) Temperatur an besonderen Linien:

Die gesuchten Temperaturverläufe ergeben sich durch Einsetzen der Koordinaten der jeweiligen Linien in das Temperaturfeld (1.117):

Schnittkurve k	x_k in m	y_k in m	$\vartheta(x_k,y_k)$ in °C
unterer Rand	x	$-B$	$\vartheta(x,-B) = \vartheta_0$
rechter Rand	$+L$	y	$\vartheta(+L,y) = \vartheta_0$
horizontale Achse	x	0	$\vartheta(x,0) = C\cdot\left[1-\left(\frac{x}{L}\right)^2\right]+\vartheta_0$
vertikale Achse	0	y	$\vartheta(0,y) = C\cdot\left[1-\left(\frac{y}{B}\right)^2\right]+\vartheta_0$
Diagonale von links unten nach rechts oben	x	$\frac{B}{L}\cdot x$	$\vartheta\left(x,\frac{B}{L}\cdot x\right) = C\cdot\left[1-\left(\frac{x}{L}\right)^2\right]^2+\vartheta_0$
Diagonale von links oben nach rechts unten	x	$-\frac{B}{L}\cdot x$	$\vartheta\left(x,-\frac{B}{L}\cdot x\right) = C\cdot\left[1-\left(\frac{x}{L}\right)^2\right]^2+\vartheta_0$

(c) Skizze des Temperaturverlaufs:

Trägt man über jedem Punkt $P(x,y) \in \Omega$ den zugehörigen Temperaturwert ϑ_P auf, erhält man ein „Temperaturgebirge", wie in Bild 1.44 dargestellt. Während in der Mitte mit 50 °C die höchste Temperatur vorliegt, fällt die Temperatur am Rand $\partial\Omega$ und an den Eckpunkten auf 0 °C ab. Die Höhenlinien des „Temperaturgebirges" stellen **Isothermen** (Linien gleicher Temperatur) dar (Bild 1.45).

(d) Feld der Wärmestromdichte:

Für die Wärmestromdichte gilt gemäß Gl. (1.11):

$$\vec{q}\,(x,y) = -\lambda \cdot \mathbf{grad}\,\vartheta \tag{1.118}$$

Der Temperaturgradient $\mathbf{grad}\,\vartheta$ beträgt:

$$\mathbf{grad}\,\vartheta = \begin{pmatrix} \dfrac{\partial\vartheta(x,y)}{\partial x} \\ \dfrac{\partial\vartheta(x,y)}{\partial y} \end{pmatrix} = \begin{pmatrix} -2\,C\cdot\dfrac{x}{L^2}\cdot\left[1-\left(\dfrac{y}{B}\right)^2\right] \\ -2\,C\cdot\dfrac{y}{B^2}\cdot\left[1-\left(\dfrac{x}{L}\right)^2\right] \end{pmatrix} \tag{1.119}$$

Für den Vektor der Wärmestromdichte folgt damit:

$$\vec{q}\,(x,y) = 2\,\lambda\cdot C\cdot \begin{pmatrix} \dfrac{x}{L^2}\cdot\left[1-\left(\dfrac{y}{B}\right)^2\right] \\ \dfrac{y}{B^2}\cdot\left[1-\left(\dfrac{x}{L}\right)^2\right] \end{pmatrix} \tag{1.120}$$

Wie eine Dimensionsanalyse von Gl. (1.120) zeigt, besitzt der Vektor der Wärmestromdichte tatsächlich die Dimension W/m^2:

$$[\,\vec{q}\,] = \frac{\text{W}}{\text{m}\,\text{K}}\cdot\text{K}\cdot\frac{1}{\text{m}} = \frac{\text{W}}{\text{m}^2}$$

An den Eckpunkten und in der Mitte des Blechs ist die Wärmestromdichte gleich null, wie Tabelle 1.7 ausweist. Demgegenüber resultieren auf den Schnittkurven die folgenden Vektoren der Wärmestromdichte:

Schnittkurve k	x_k in m	y_k in m	$\vec{q}$ in W/m^2
unterer Rand	x	$-B$	$-\lambda\cdot C\cdot\frac{2}{B}\cdot\left[1-\left(\frac{x}{L}\right)^2\right]\cdot(0{,}1)^{\mathrm{T}}$
rechter Rand	$+L$	y	$\lambda\cdot C\cdot\frac{2}{L}\cdot\left[1-\left(\frac{y}{B}\right)^2\right]\cdot(0{,}1)^{\mathrm{T}}$
horizontale Achse	x	0	$\lambda\cdot C\cdot\frac{2\,x}{L^2}\cdot(1{,}0)^{\mathrm{T}}$
vertikale Achse	0	y	$\lambda\cdot C\cdot\frac{2\,y}{B^2}\cdot(0{,}1)^{\mathrm{T}}$
Diagonale von links unten nach rechts oben	x	$\frac{B}{L}\cdot x$	$\lambda\cdot C\cdot\frac{2\,x}{B^2\cdot L}\cdot(B{,}L)^{\mathrm{T}}$
Diagonale von links oben nach rechts unten	$-\frac{L}{B}\cdot y$	y	$\lambda\cdot C\cdot\frac{2\,x}{L^2\cdot B}\cdot(B{,}-L)^{\mathrm{T}}$

Wie anhand des negativen Vorzeichens zu erkennen ist, zeigt der Vektor der Wärmestromdichte am unteren Rand in negative y-Richtung. Am rechten Rand zeigt der Vektor der Wärmestromdichte in positive x-Richtung. An den Punkten, wo die Symmetrieachsen die Ränder treffen, ergeben sich die in Tabelle 1.8 dargestellten Vektoren der Wärmestromdichte. Die Schnittpunkte der Diagonalen mit den Rändern fallen mit den Eckpunkten zusammen und wurden bereits oben behandelt.

Tabelle 1.7: *Wärmestromdichte an verschiedenen Punkten der Platte.*

Punkt P	x_P in m	y_P in m	$\vec{q}$ in W/m^2
Ecke links unten	$-L$	$-B$	$(0{,}0)^{\mathrm{T}}$
Ecke rechts unten	L	$-B$	$(0{,}0)^{\mathrm{T}}$
Ecke rechts oben	L	B	$(0{,}0)^{\mathrm{T}}$
Ecke links oben	$-L$	B	$(0{,}0)^{\mathrm{T}}$
Mitte	0	0	$(0{,}0)^{\mathrm{T}}$

Tabelle 1.8: *Wärmestromdichte an den Rändern der Platte.*

Punkt P	x_P in m	y_P in m	$\vec{q}$ in W/m^2
linke Seite	$-L$	0	$-2\,615\cdot(1{,}0)^{\mathrm{T}}$
rechte Seite	L	0	$2\,615\cdot(1{,}0)^{\mathrm{T}}$
untere Seite	0	$-B$	$-5\,230\cdot(0{,}1)^{\mathrm{T}}$
obere Seite	0	B	$5\,230\cdot(0{,}1)^{\mathrm{T}}$

(e) Feld der Wärmequellendichte:

Die Fourier'sche Differenzialgleichung (1.25) für die mehrdimensionale Wärmeleitung mit inneren Wärmequellen vereinfacht sich mit $\partial/\partial t = 0$ (stationär) und $\partial/\partial z = 0$ (zweidimensional) wie folgt:

$$\frac{\partial\vartheta}{\partial t} = a\cdot\left(\frac{\partial^2\vartheta}{\partial x^2}+\frac{\partial^2\vartheta}{\partial y^2}+\frac{\partial^2\vartheta}{\partial z^2}\right)+\frac{\dot{e}_q}{\varrho\cdot c_p} \Rightarrow 0=\frac{\lambda}{\cancel{\varrho\cdot c_p}}\cdot\left(\frac{\partial^2\vartheta}{\partial x^2}+\frac{\partial^2\vartheta}{\partial y^2}\right)+\frac{\dot{e}_q}{\cancel{\varrho\cdot c_p}} \Rightarrow$$

$$\dot{e}_q = -\lambda\cdot\left(\frac{\partial^2\vartheta}{\partial x^2}+\frac{\partial^2\vartheta}{\partial y^2}\right) \tag{1.121}$$

Für die zweiten Ableitungen des Temperaturfeldes erhält man:

$$\frac{\partial^2\vartheta}{\partial x^2}=\frac{\partial}{\partial x}\left(\frac{\partial\vartheta}{\partial x}\right)=-C\cdot\frac{2}{L^2}\cdot\left[1-\left(\frac{y}{B}\right)^2\right] \tag{1.122}$$

$$\frac{\partial^2\vartheta}{\partial y^2}=\frac{\partial}{\partial y}\left(\frac{\partial\vartheta}{\partial y}\right)=-C\cdot\frac{2}{B^2}\cdot\left[1-\left(\frac{x}{L}\right)^2\right] \tag{1.123}$$

Damit beträgt das Feld der Wärmequellendichte:

$$\dot{e}_q(x,y)=\lambda\cdot C\cdot\left\{\frac{2}{L^2}\cdot\left[1-\left(\frac{y}{B}\right)^2\right]+\frac{2}{B^2}\cdot\left[1-\left(\frac{x}{L}\right)^2\right]\right\} \tag{1.124}$$

Gl. (1.124) liefert für die Ecken und die Mitte des Blechs die in Tabelle 1.9 zusammengefassten Werte.

Tabelle 1.9: *Wärmequellendichte an verschiedenen Punkten der Platte.*

Punkt P	x_P in m	y_P in m	$\dot{e}_q$ in W/m³
Ecke links unten	$-L$	$-B$	0
Ecke rechts unten	L	$-B$	0
Ecke rechts oben	L	B	0
Ecke links oben	$-L$	B	0
Mitte	0	0	6 537,5

(f) Rotation des Vektors der Wärmestromdichte:

Die Rotation eines Vektorfeldes kann als Vektorprodukt (Kreuzprodukt) des Nabla-Operators mit dem Vektorfeld aufgefasst werden:

$$\mathbf{rot}\,\vec{G} = \nabla\times\vec{G} \tag{1.125}$$

Das Vektorprodukt zweier Vektoren $\vec{a}$ und $\vec{b}$ beträgt:

$$\vec{a}\times\vec{b}=\begin{pmatrix}a_x\\a_y\\a_z\end{pmatrix}\times\begin{pmatrix}b_x\\b_y\\b_z\end{pmatrix}=\begin{pmatrix}a_y\cdot b_z-a_z\cdot b_y\\a_z\cdot b_x-a_x\cdot b_z\\a_x\cdot b_y-a_y\cdot b_x\end{pmatrix} \tag{1.126}$$

Aus Gl. (1.126) folgt mit $\vec{\dot{q}}=(\dot{q}_x,\dot{q}_y,0)^T$ und $\nabla=\left(\frac{\partial}{\partial x},\frac{\partial}{\partial y},\frac{\partial}{\partial z}\right)^T$:

$$\nabla\times\vec{\dot{q}}=\begin{pmatrix}\frac{\partial 0}{\partial y}-\frac{\partial\dot{q}_y}{\partial z}\\\frac{\partial\dot{q}_x}{\partial z}-\frac{\partial 0}{\partial x}\\\frac{\partial\dot{q}_y}{\partial x}-\frac{\partial\dot{q}_x}{\partial y}\end{pmatrix}=\begin{pmatrix}0\\0\\\frac{\partial\dot{q}_y}{\partial x}-\frac{\partial\dot{q}_x}{\partial y}\end{pmatrix} \tag{1.127}$$

Da der Vektor der Wärmestromdichte in der x,y-Ebene liegt, weist seine Rotation in z-Richtung. Für die Ableitungen erhält man mit Gl. (1.120):

$$\frac{\partial\dot{q}_y}{\partial x}=\frac{\partial}{\partial x}\left(2\,C\cdot\frac{y}{B^2}\cdot\left[1-\left(\frac{x}{L}\right)^2\right]\right)=-4\,C\cdot\frac{x\cdot y}{B^2\cdot L^2} \tag{1.128}$$

$$\frac{\partial\dot{q}_x}{\partial y}=\frac{\partial}{\partial y}\left(2\,C\cdot\frac{x}{L^2}\cdot\left[1-\left(\frac{y}{B}\right)^2\right]\right)-4\,C\cdot\frac{x\cdot y}{B^2\cdot L^2} \tag{1.129}$$

Wegen der Gleichheit von (1.128) und (1.129) verschwindet auch die z-Komponente in der Rotation des Vektors der Wärmestromdichte:

$$\mathbf{rot}\,\vec{\dot{q}}=\vec{0} \tag{1.130}$$

Das Ergebnis von Gl. (1.130), dass die Rotation des Vektorfeldes der Wärmestromdichte null ist, ist auch anschaulich klar, da die Wärmestromdichte ein Gradientenfeld ist.

(g) Wärmequellenstärke:

Die Wärmequellenstärke $\dot{E}_q$ folgt durch Integration der Wärmequellendichte $\dot{e}_q$ über das Volumen $dV = s \cdot dx \cdot dy$ des Bleches (Bild 1.46), wobei die vorhandene Symmetrie geschickt ausgenutzt werden kann:

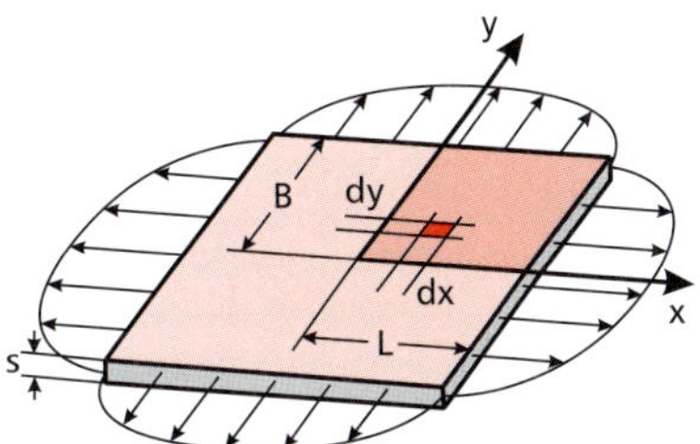

Bild 1.46: *Integrale Bilanz am infinitesimalen Volumenelement* $dV = s \cdot dx \cdot dy$.

$$\dot{E}_q = \int\limits_{y=-B}^{y=+B} \int\limits_{x=-L}^{x=+L} \dot{e}_q \cdot s \cdot dx \cdot dy = 4 \int\limits_{y=0}^{y=B} \int\limits_{x=0}^{x=L} \dot{e}_q \cdot s \cdot dx \cdot dy$$

$$= 4 \int\limits_0^B \int\limits_0^L \lambda \cdot C \left\{ \frac{2}{L^2} \cdot \left[1 - \left(\frac{y}{B}\right)^2\right] + \frac{2}{B^2} \cdot \left[1 - \left(\frac{x}{L}\right)^2\right] \right\} \cdot s \cdot dx \cdot dy$$

$$= 8\,\lambda \cdot C \cdot s \int\limits_0^B \int\limits_0^L \left\{ \frac{1}{L^2} \cdot \left[1 - \left(\frac{y}{B}\right)^2\right] + \frac{1}{B^2} \cdot \left[1 - \left(\frac{x}{L}\right)^2\right] \right\} \cdot dx \cdot dy$$

$$= 8\,\lambda \cdot C \cdot s \int\limits_0^B \left[\frac{x}{L^2} \cdot \left[1 - \left(\frac{y}{B}\right)^2\right] + \frac{x}{B^2} - \frac{x^3}{3\,L^2 \cdot B^2} \right]_0^L \cdot dy$$

$$= 8\,\lambda \cdot C \cdot s \int\limits_0^B \left\{ \frac{L}{L^2} \cdot \left[1 - \left(\frac{y}{B}\right)^2\right] + \frac{L}{B^2} - \frac{L^3}{3\,L^2 \cdot B^2} \right\} \cdot dy$$

$$= 8\,\lambda \cdot C \cdot s \int\limits_0^B \left\{ \frac{1}{L} \cdot \left[1 - \left(\frac{y}{B}\right)^2\right] + \frac{2\,L}{3\,B^2} \right\} \cdot dy$$

$$= 8\,\lambda \cdot C \cdot s \cdot \left[\frac{y}{L} - \frac{y^3}{3\,B^2 \cdot L} + \frac{2\,L \cdot y}{3\,B^2} \right]_0^B = 8\,\lambda \cdot C \cdot s \cdot \left(\frac{B}{L} - \frac{B^3}{3\,B^2 \cdot L} + \frac{2\,L \cdot B}{3\,B^2} \right)$$

$$= 8\,\lambda \cdot C \cdot s \cdot \left(\frac{2\,B}{3\,L} + \frac{2\,L}{3\,B} \right) = \frac{16}{3}\,\lambda \cdot C \cdot s \cdot \left(\frac{B^2 + L^2}{L \cdot B} \right) = 348{,}67\ \mathrm{W} \qquad (1.131)$$

☞ Da ein stationäres Problem vorliegt, muss die im Inneren des Bleches erzeugte Wärme vollständig über die Ränder abfließen. Daher lässt sich $\dot{E}_q$ auch als Summe der Wärmeströme über die 4 Ränder der Platte berechnen.

Alternativ erfolgt nun die Berechnung von $\dot{E}_q$ mithilfe der Wärmeströme über die Ränder. Aus Symmetriegründen wird wieder nur das rechte obere Viertel betrachtet. Zum Wärmestrom $\dot{Q}_x$ am rechten Rand trägt nur die x-Komponente der Wärmestromdichte bei, während für den Wärmestrom $\dot{Q}_y$ am oberen Rand nur die y-Komponente der Wärmestromdichte maßgeblich ist:

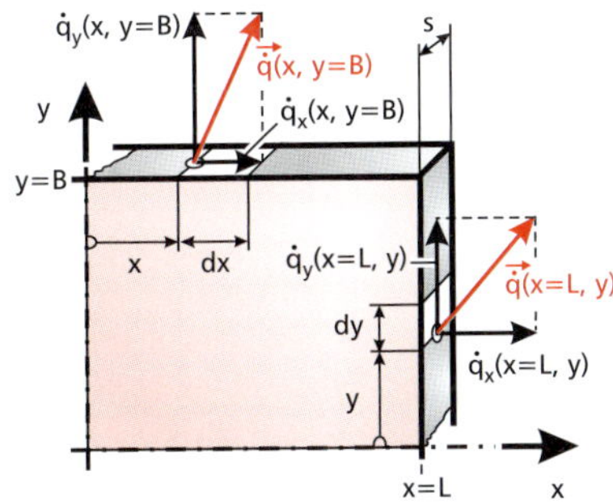

Bild 1.47: *Exemplarische Zerlegung der ortsabhängigen, lokalen Wärmestromdichten $\dot{q}$ in Normal- und in Tangentialanteile an den Rändern des Materialvolumens aus Beispiel 1.3 (vgl. S. 35). Nur die Normalanteile am Rand liefern einen Beitrag zur Energiebilanz.*

$$\dot{Q}_x\,(x = L, 0 \le y \le B) = \int\limits_{y=0}^{y=B} \dot{q}_x \cdot s \cdot dy = \frac{2\,\lambda \cdot C \cdot s}{L} \cdot \int\limits_{y=0}^{y=B} \left[1 - \left(\frac{y}{B}\right)^2 \right] \cdot dy$$

$$= \frac{2\,\lambda \cdot C \cdot s}{L} \cdot \left[y - \frac{y^3}{3\,B^2} \right]_0^B = \frac{2\,\lambda \cdot C \cdot s}{L} \cdot \left(B - \frac{B^3}{3\,B^2} \right) = \frac{4}{3}\,\lambda \cdot C \cdot s \cdot \frac{B}{L} \qquad (1.132)$$

$$\dot{Q}_y\,(0 \le x \le L, y = B) = \int\limits_{x=0}^{x=L} \dot{q}_y \cdot s \cdot dx = \frac{2\,\lambda \cdot C \cdot s}{B} \cdot \int\limits_{x=0}^{x=L} \left[1 - \left(\frac{x}{L}\right)^2 \right] \cdot dx$$

$$= \frac{2\,\lambda \cdot C \cdot s}{B} \cdot \left[x - \frac{x^3}{3\,L^2} \right]_0^L = \frac{2\,\lambda \cdot C \cdot s}{B} \cdot \left(L - \frac{L^3}{3\,L^2} \right) = \frac{4}{3}\,\lambda \cdot C \cdot s \cdot \frac{L}{B} \qquad (1.133)$$

Zusammenfassung und Ausblick:

- Zweidimensionale Temperaturfelder sind anschaulich als „Temperaturgebirge“ darstellbar.
- Im allgemeinen Fall ist die Wärmestromdichte eine Feldgröße.
- Die Rotation der Wärmestromdichte ist null, da es sich um ein Gradientenfeld handelt.
- Im stationären Fall fließt die im Inneren eines Gebietes erzeugte Wärme über dessen Berandung ab. Entsprechend dem Integralsatz von Gauß-Green kann der Wärmefluss einerseits als Volumenintegral über die Wärmequellendichte und andererseits als Oberflächenintegral über die Wärmeströme an den Rändern berechnet werden.

Der gesamte Wärmestrom beträgt unter Ausnutzung der Symmetrie:

$$\dot{Q}=4\cdot\left(\dot{Q}_{\mathrm{x}}+\dot{Q}_{\mathrm{y}}\right)=\frac{16}{3}\cdot\lambda\cdot C\cdot s\cdot\left(\frac{B}{L}+\frac{L}{B}\right)=\frac{16}{3}\cdot\lambda\cdot C\cdot s\cdot\left(\frac{B^2+L^2}{L\cdot B}\right) \quad (1.134)$$

Damit folgt dasselbe Ergebnis wie in Gl. (1.131). ◄

► Beispiel 1.6:

(a) Student Willi Warmduscher bevorzugt täglich ein Duschbad mit einem Wasserdurchfluss von $\dot{V}=10\ \ell/\mathrm{min}$ von $t=8$ min Dauer und einer Zapftemperatur von $\vartheta_{\mathrm{Z}}=55\ °\mathrm{C}$. Welche Energie Q_{d} ist täglich, welche Energie Q_{w} ist wöchentlich notwendig, um das Duschwasser von der Kaltwassertemperatur $\vartheta_{\mathrm{K}}=10\ °\mathrm{C}$ auf die gewünschte Wassertemperatur ϑ_{Z} aufzuheizen, wenn die spezifische Wärmekapazität des Wassers $c_{\mathrm{p}}=4{,}177$ kJ/(kg K) und die Wasserdichte $\varrho=994{,}9$ kg/m^3 betragen?

(b) Welche Leistung P_{D} benötigt ein Durchlauferhitzer (Wirkungsgrad $\eta=0{,}97$), um den Wassermassenstrom während des Duschens auf die Zapftemperatur ϑ_{Z} zu erwärmen?

(c) Welche Heizleistung P_{S} ist für einen an einen Heizkessel angeschlossenen Warmwasserspeicher erforderlich, wenn der Speicherinhalt $V_{\mathrm{S}}=130\ \ell$ in $t_{\mathrm{S}}=45$ min auf die Zapftemperatur ϑ_{Z} gebracht werden soll und in der Warmwasserzuleitung eine Temperaturabnahme von $\Delta\vartheta=2$ K auftritt?

Bekannte Größen:

▷ Wasser:

Durchfluss:	$\dot{V}=0{,}6$ m^3/h
Zapftemperatur:	$\vartheta_{\mathrm{Z}}=55\ °\mathrm{C}$
Kaltwassertemperatur:	$\vartheta_{\mathrm{K}}=10\ °\mathrm{C}$
Dichte:	$\varrho=994{,}9$ kg/m^3
spezifische Wärmekapazität:	$c_{\mathrm{p}}=4\,177$ J/(kg K)
Zapfdauer:	$t=480$ s

▷ Durchlauferhitzer:

Wirkungsgrad:	$\eta=0{,}97$

▷ Warmwasserspeicher:

Volumen:	$V_{\mathrm{S}}=130$ m^3
Aufheizdauer:	$t_{\mathrm{S}}=2\,700$ s
Temperaturabnahme:	$\Delta\vartheta=2$ K

Gesuchte Größen:

Heizenergie:	$Q_{\mathrm{d}}, Q_{\mathrm{w}}$
Leistung Durchlauferhitzer:	P_{D}
Leistung Warmwasserspeicher:	P_{S}

☞ Energien werden vielfach auch in kWh (Kilowattstunden) angegeben:
1 kJ $=0{,}000278$ kWh bzw. 1 kWh $=3\,600$ kJ

Lösung:

(a) tägliche und wöchentliche Heizenergie:

Der notwendige Heizwärmestrom $\dot{Q}$ ergibt sich aus einer stationären Energiebilanz am Wasser:

$$\dot{Q}=\dot{m}\cdot c_{\mathrm{p}}\cdot(\vartheta_{\mathrm{Z}}-\vartheta_{\mathrm{K}})=\varrho\cdot\dot{V}\cdot c_{\mathrm{p}}\cdot(\vartheta_{\mathrm{Z}}-\vartheta_{\mathrm{K}})=31{,}17\ \mathrm{kW} \quad (1.135)$$

Da der Wärmestrom $\dot{Q}$ konstant fließen muss, folgt die tägliche Heizenergie durch Multiplikation mit der Zapfdauer t:

$$Q_{\mathrm{d}}=\dot{Q}\cdot t=4\,155{,}70\ \mathrm{Wh}=14\,960{,}51\ \mathrm{kJ}=14{,}96\ \mathrm{MJ} \quad (1.136)$$

Die wöchentlich benötigte Energie erhält man durch Berücksichtigung der Anzahl der Wochentage $n=7$:

$$Q_{\mathrm{w}}=n\cdot Q_{\mathrm{d}}=104{,}72\ \mathrm{MJ} \quad (1.137)$$

(b) Leistung des Durchlauferhitzers:

Die Leistung P_{D} des Durchlauferhitzers muss wegen der Verluste höher sein als der benötigte Wärmestrom. Daher ist dieser durch den Wirkungsgrad η zu dividieren:

$$P_{\mathrm{D}}=\frac{\dot{Q}}{\eta}=32{,}13\ \mathrm{kW} \quad (1.138)$$

(c) Leistung des Warmwasserspeichers:

Für die erforderliche Heizleistung eines Warmwasserspeichers gilt unter Berücksichtigung der Strangverluste:

$$P_{\mathrm{S}}=\frac{Q_{\mathrm{S}}}{t_{\mathrm{S}}}=\frac{\varrho\cdot c_{\mathrm{p}}\cdot V_{\mathrm{S}}\cdot\left[(\vartheta_{\mathrm{Z}}+\Delta\vartheta)-\vartheta_{\mathrm{K}}\right]}{t_{\mathrm{S}}}=9{,}40\ \mathrm{kW} \quad (1.139)$$

◄

Zusammenfassung und Ausblick:

- Die Wärme ergibt sich gemäß Gl. (1.1) allgemein als zeitliches Integral des Wärmestroms bzw. bei konstantem Wärmestrom aus dem Produkt von Wärmestrom und Zeit.
- In einem durchströmten System ergibt sich die erforderliche Heizleistung als Differenz zwischen austretendem und eintretendem Enthalpiestrom.

1.9 Aufgaben zum Selbststudium

► Aufgabe 1.1:

Die Temperaturen an der Innen- und Außenseite einer Einfachglasscheibe (Wärmeleitfähigkeit $\lambda = 1{,}0$ W/(m K), Höhe $H = 50$ cm, Breite $B = 100$ cm, Dicke $d = 0{,}5$ cm) im Haus von H. B. Nichts betragen $\vartheta_{si} = 3$ °C und $\vartheta_{se} = 2$ °C. Der äußere Wärmeübergangskoeffizient $\alpha_e = 25$ W/(m² K) und der innere Wärmeübergangskoeffizient $\alpha_i = 7{,}69$ W/(m² K) sind bekannt.

(a) Wie groß ist der Wärmestrom $\dot{Q}$ durch die Scheibe?

(b) Welcher Wärmeverlust Q tritt in einem Zeitraum von $t = 24$ h auf?

(c) Wie groß ist die innen- und außenseitige Lufttemperatur ϑ_i und ϑ_e?

► Aufgabe 1.2: Ex

Im Punkt $P(x = 4$ cm, $y = 4$ cm) einer kreisförmigen Herdplatte mit Radius $R = 10$ cm, deren Temperaturverteilung durch $\vartheta(x, y) = 80$ °C$- 0{,}25$ °C/cm²$\cdot(x^2 + y^2)$ beschrieben wird, sitzt Marienkäfer Peter Pünktchen.

(a) Wie hoch sind die Temperaturen ϑ_0 und ϑ_R in Plattenmitte und am Rand?

(b) Berechnen Sie den Temperaturgradienten $\mathbf{grad}\,\vartheta$ gemäß Gl. (1.8) an jedem Ort (x, y) des Feldes.

(c) Bestimmen Sie den Ort, an dem die Wärmestromdichte $\vec{q} = -\lambda \cdot \mathbf{grad}\,\vartheta$ null ist.

(d) Peter wird es zu warm. In welche Richtung soll er am besten davonkrabbeln?

Bild 1.48: *Kreisförmige Herdplatte.*

► Aufgabe 1.3:

Schornsteinfeger Sebastian Schwarzfinger hat Weißwürste mit dem Durchmesser $D = 2$ cm in einem Kessel auf die einheitliche Temperatur $\vartheta_{WW} = 75$ °C gebracht und lässt sie anschließend in einem Raum mit der Umgebungstemperatur $\vartheta_\infty = 25$ °C abkühlen. Der wirksame Wärmeübergangskoeffizient zur Raumluft beträgt $\alpha_L = 8$ W/(m² K). Die Weißwürste können als Zylinder mit adiabaten Stirnflächen idealisiert werden.

(a) Welche Wärmestromdichte $\dot{q}_L$ geben die Würste an die Raumluft ab?

(b) Wie groß ist der spezifische Wärmestrom $\dot{Q}_\ell = \dot{Q}/L$ bezogen auf die Länge L der Würste?

(c) Wie ändern sich die Verhältnisse, wenn die Weißwürste in einem Wasserbad der Temperatur $\vartheta_W = 15$ °C bei $\alpha_W = 500$ W/(m² K) abkühlen?

Bild 1.49: *Approximation der Weißwürste als Zylinder.*

► Aufgabe 1.4:

Die $d = 36{,}5$ cm dicke Ziegelwand der Wärmeleitfähigkeit $\lambda = 0{,}81$ W/(m K) in der alten Schreinerei von Kurt Zundklein (Oberfläche $A = 12$ m²) besitzt an einer Stelle ohne Außenputz zur Außenluft den Wärmeübergangskoeffizienten $\alpha_e = 25$ W/(m² K). Der Wärmeübergangswiderstand zwischen Raumluft und unverputzter Wand beträgt $R_{si} = 0{,}13$ (m² K)/W.

(a) Wie groß ist der Wärmeverlust $\dot{Q}$ bei $\vartheta_i = 20$ °C und $\vartheta_e = -2$ °C?

(b) Wie ändert sich $\dot{Q}$, wenn die Wand aus Porenbeton ($\lambda = 0{,}24$ W/(m K), $d = 0{,}24$ m) besteht?

Bild 1.50: *Ziegelsteine in einer Außenwand.*

Bild 1.51: *Sprossenfenster mit Isolierglasscheiben.*

▶ Aufgabe 1.5:

Die luftgefüllte Isolierverglasung im Wohnzimmer von Sepp Tember besitzt einen Wärmedurchgangskoeffizienten von $k = 3{,}0$ W/(m² K). Der raumseitige Wärmeübergangskoeffizient beträgt $\alpha_i = 7{,}69$ W/(m² K), der außenseitige Wärmeübergangswiderstand $R_{se} = 0{,}04$ (m² K/W). Die den Isolierglasverbund bildenden Glasscheiben weisen eine Dicke von $d_1 = d_2 = 4$ mm und eine Wärmeleitfähigkeit von $\lambda_1 = \lambda_2 = 1$ W/(m K) auf. Die Temperatur im Wohnzimmer beträgt $\vartheta_i = 20$ °C, die Außenlufttemperatur $\vartheta_e = -10$ °C.

Im hermetisch abgeschlossenen Scheibenzwischenraum erfolgt der Wärmetransport durch Konvektion und Strahlung. Der Emissionsgrad der Scheiben beträgt $\varepsilon_1 = \varepsilon_2 = 0{,}9$. Für die Strahlungskonstante der Anordnung der parallelen Scheiben gilt:

$$\sigma_{12} = \frac{\sigma}{\frac{1}{\varepsilon_1} + \frac{1}{\varepsilon_2} - 1} \tag{1}$$

(a) Skizzieren Sie das vollständige thermische Schaltbild der Verglasung.

Hinweis: Strahlung und Konvektion im Scheibenzwischenraum können durch die thermischen Widerstände R_{Str} und R_K beschrieben werden.

(b) Welcher spezifische Wärmestrom $\dot{q}$ fließt vom Wohnzimmer durch die Verglasung an die Außenumgebung?

(c) Bestimmen Sie die Oberflächentemperaturen ϑ_1 und ϑ_2 der Glasscheiben im Scheibenzwischenraum.

(d) Welchen Prozentsatz am Gesamtwärmeverlust macht die Strahlung, welchen die Konvektion im Scheibenzwischenraum der Verglasung aus?

(e) Zur Reduktion der Wärmeverluste wird die Isolierverglasung (IV) durch eine Wärmeschutzisolierverglasung (WSIV) ausgetauscht, bei der die dem Scheibenzwischenraum zugewandte Seite der Innenscheibe mit einer Beschichtung mit geringem Emissionsvermögen (low-e coating) versehen ist ($\varepsilon_2 = 0{,}04$). Welche Wärmestromdichte $\dot{q}^*_{Str}$ würde sich bei unveränderter Konvektion im Scheibenzwischenraum und unveränderten Scheibentemperaturen einstellen?

(f) Welcher spezifische Gesamtwärmestrom $\dot{q}^*$ würde sich ergeben?

(g) Welchen Wärmedurchgangskoeffizienten k^* besitzt die WSIV?

▶ Aufgabe 1.6:

Bild 1.52: *Gewindestange als Beispiel für einen dünnen Metallstab.*

Die instationäre axiale Temperaturverteilung in einem dünnen Metallstab ($\lambda = 50$ W/(m K), Länge $L = 0{,}5$ m) von Polly Amid wird durch

$$\vartheta(x,t) = \vartheta_0 \cdot e^{-k \cdot t} \cdot \sin\left(\frac{\pi \cdot x}{2\,L} + \frac{\pi}{4}\right) \tag{1}$$

beschrieben. Bestimmen Sie für $\vartheta_0 = 100$ °C und $k = 0{,}1$ h^{-1}

(a) die Temperatur an den Stellen $x = 0$, $x = L$ sowie $x = L/2$ nach $t_1 = 10$ h;

(b) den Temperaturgradienten an den Stellen $x = 0$, $x = L$ sowie $x = L/2$ nach $t_1 = 10$ h;

(c) den flächenbezogenen Wärmestrom (Wärmestromdichte) $\dot{q}$ an den Stellen $x = 0$, $x = L$ sowie $x = L/2$ nach $t_1 = 10$ h;

(d) die zeitliche Temperaturänderung an den Stellen $x = 0$, $x = L$ und $x = L/2$ zu den Zeitpunkten $t_0 = 0$ und $t_1 = 10$ h;

(e) Skizzieren Sie das Temperaturfeld $\vartheta(x,t)$ in einem geeigneten Diagramm und darunter die Wärmestromdichte $\dot{q}(x,t)$ für $t_0 = 0$ und $t_1 = 10$ h.

► Aufgabe 1.7:

In einem Fluid im Labor von Klara Fall beträgt das stationäre Geschwindigkeitsfeld:

$\vec{w}\,(\vec{x}) = \left(A\cdot x^2\cdot y;\; B\cdot(x+y);\; C\cdot y\cdot z\right)^{\mathrm{T}}$ mit $A = 1\ \mathrm{m^{-2}\,s^{-1}};\, B = 1\ \mathrm{s^{-1}};\, C = 1\ \mathrm{m^{-1}\,s^{-1}}$

Bestimmen Sie $\vec{w}$ und $\mathbf{div}\,\vec{w}$ in den Punkten $P_1\ (1;2;3)^{\mathrm{T}}$ m und $P_2\ (1;2;0)^{\mathrm{T}}$ m.

Bild 1.53: *Beispiel für ein zweidimensionales Geschwindigkeitsfeld in einem Fluid.*

► Aufgabe 1.8:

Eine beheizte Kreisscheibe mit Mittelpunkt $(0{,}0)$ besitzt das Temperaturfeld:

$$\vartheta(\mathrm{x,y}) = \frac{64\ {}^\circ\mathrm{C}\cdot\mathrm{cm}^2}{x^2 + y^2 + 2\ \mathrm{cm}^2}$$

Wie ändert sich ϑ, wenn man sich vom Punkt $P(x = 1\ \mathrm{cm},\ y = 2\ \mathrm{cm})$ gegenüber der x-Achse in die $60°$-Richtung nach außen bewegt?

► Aufgabe 1.9:

Katja Strophe hat für die freie Konvektion an einer senkrechten beheizten Platte folgenden Ansatz für die vertikale Geschwindigkeitskomponente $w_{\mathrm{x}}(x{,}y)$ (x entlang, y normal zur Platte) aufgestellt:

$$w_{\mathrm{x}}(x{,}y) = A\cdot(x/L)^D\cdot(y/\delta)^B\cdot e^{-\dfrac{y}{x\cdot C}}$$

mit $A = 20$ m/s; $B = 1$; $C = 0{,}005$; $D = 2$; $L = 4$ m und $\delta = 0{,}4$ m;

Bild 1.54: *Plattenheizkörper als Beispiel für eine senkrechte beheizte Platte.*

(a) Skizzieren Sie das Geschwindigkeitsprofil $w_{\mathrm{x}}(x = \mathrm{const.}, y)$ für die Schnitte $x = 0$; 1 m; 2 m; 3 m und 4 m.

(b) Bestimmen Sie den Ort $y^*(x)$ und die zugehörigen Geschwindigkeitsmaxima $w_{\mathrm{x,max}}(x, y^*(x))$ zu jedem Geschwindigkeitsprofil $w_{\mathrm{x}}(x = \mathrm{const.}, y)$.

(c) Bestimmen Sie die Grenzschichtdicke $y_\delta(x)$ für die obigen Geschwindigkeitsprofile, wenn gefordert wird, dass am freien Rand der Grenzschicht y_δ die Geschwindigkeit gerade $1\ \%$ des Geschwindigkeitsmaximums betragen soll, also $w_{\mathrm{x}}(x{,}y = y_\delta) = 0{,}01\cdot w_{\mathrm{x,max}}$.

Hinweis: Formulieren Sie das Nullstellenproblem für y_δ.

► Aufgabe 1.10:

(a) Welche flächenbezogene Wärme q ist notwendig, um auf der Zufahrt zum Grundstück von Ben Ebelt bei einer konstanten Außenlufttemperatur von $\vartheta_\infty = -10\ {}^\circ\mathrm{C}$ eine 1 cm dicke Eisschicht (spezifische Wärmekapazität $c_{\mathrm{pE}} = 1{,}93$ kJ/(kg K), spezifische Schmelzwärme $r_{\mathrm{S}} = 333{,}4$ kJ/kg, Dichte $\varrho_{\mathrm{E}} = 916{,}8\ \mathrm{kg/m^3}$) aufzuschmelzen, wenn Wärmeverluste an die Luft und den Straßenbelag unberücksichtigt bleiben?

Hinweis: Das Eis muss zunächst von der Anfangstemperatur $\vartheta_{\mathrm{e}} = \vartheta_\infty$ auf die Schmelztemperatur $\vartheta_{\mathrm{S}} = 0\ {}^\circ\mathrm{C}$ gebracht werden.

(b) Wie lange müsste die Sonne mit $\dot{q}_{\mathrm{S}} = 800\ \mathrm{W/m^2}$ auf das Eis scheinen, um dieses zu schmelzen, wenn dabei $f_{\mathrm{V}} = 30\ \%$ der absorbierten Strahlung verloren gehen und der solare Absorptionsgrad $a_{\mathrm{sol}} = 40\ \%$ beträgt?

(c) Welche spezifische Heizleistung $\dot{q}_{\mathrm{H}}$ wäre im Belag einer Rollbahn für Flugzeuge zu installieren, um die Eisschicht in 30 Minuten abzuschmelzen, wenn $30\ \%$ der wirksamen Heizleistung an die Umgebung fließen?

Bild 1.55: *Auftauen der vereisten Zufahrt zum Grundstück von Ben Ebelt.*

► Aufgabe 1.11:

Student Udo Unsicher hat in einer Berechnung für einen Wärmedurchgangskoeffizienten die Einheit $\mathrm{kg/(s^3K)}$ erhalten. Kann dies stimmen?

Bild 1.56: *Modellierung eines Wasserkochers als adiabates System.*

Bild 1.57: *Brennwert als Energieinhalt von Nahrungsmitteln.*

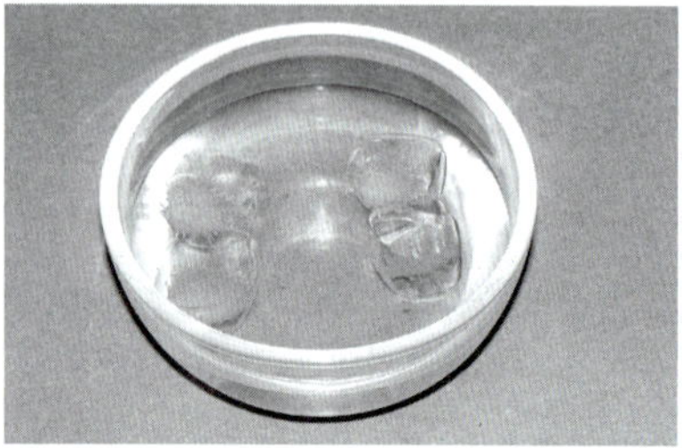

Bild 1.58: *Offene Schale mit Eiswürfeln.*

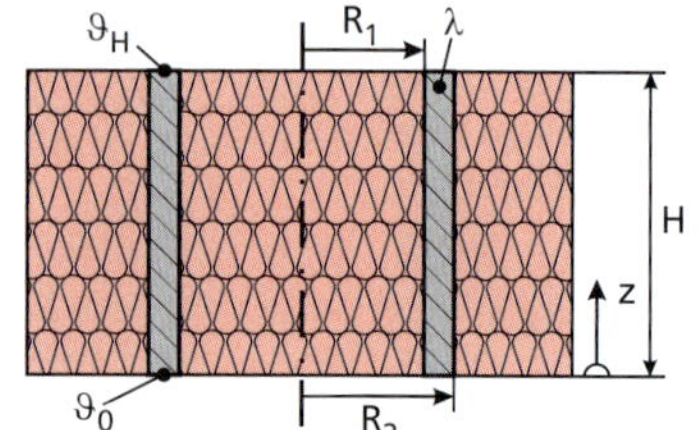

Bild 1.59: *Aufbau zur Messung der Wärmeleitfähigkeit.*

▶ Aufgabe 1.12:

Der ideal wärmegedämmte Behälter von Berta Berwurtz ist mit Wasser ($V = 5\ \ell$, spezifische Wärmekapazität $c_{\mathrm{pW}} = 4{,}19$ kJ/(kg K), Dichte $\varrho_{\mathrm{W}} = 1\,000$ kg/m^3) der Anfangstemperatur $\vartheta_0 = 10$ °C gefüllt.

(a) Welche Temperatur ϑ_{e1} erreicht das Wasser, wenn ihm die konstante Heizleistung $\dot{Q}_{\mathrm{el}} = 5$ kW für $t_1 = 1$ min mit $\eta = 97\ \%$ zugeführt wird?

(b) Welche Endtemperatur ϑ_{e2} erreicht das Wasser, wenn die Heizung noch weitere 5 min in Betrieb ist?

(c) Nach welcher Zeitspanne t_{K} fängt das Wasser zu kochen an?

▶ Aufgabe 1.13:

(a) Studentin Susi Sorglos nimmt entsprechend ihrer Masse $m = 56$ kg täglich $1\,680$ kcal zu sich. Wie viele kJ und kWh sind das? Welcher mittleren Dauerwärmeleistung entspricht dies (1 kcal $= 4{,}1868$ kJ)?

(b) Susi besitzt den körperlichen Wirkungsgrad $\eta = 33\ \%$ (in Arbeit umwandelbarer Anteil der gespeicherten Energie). Wie viele Höhenmeter H kann sie mit der Tagesration von $1\,680$ kcal erklimmen? Reicht dies für die Besteigung der Zugspitze (Höhenunterschied zum Tal $\Delta H = 2\,209$ m) aus?

(c) Susi Sorglos isst gerne Pasta. Welchen Wärmestrom $\dot{Q}$ muss sie dem Kochtopf zuführen, wenn die Nudeln in 10 min gar sein sollen und dabei 125 g Wasser (spezifische Verdampfungswärme $h_{\mathrm{fg}} = 2\,257{,}6$ kJ/kg) verdampfen? Die Erwärmung des Wassers und der Nudeln auf Siedetemperatur kann vernachlässigt werden.

▶ Aufgabe 1.14:

In einem offenen Gefäß befinden sich bei der Gemischtemperatur $\vartheta_{\mathrm{m}} = 0$ °C und Umgebungsdruck $V_{\mathrm{W}} = 4\ \ell$ Wasser (Dichte $\varrho_{\mathrm{W}} = 999{,}8$ kg/m^3, spezifische Verdampfungswärme $r_{\mathrm{V}} = 2\,257{,}9$ kJ/kg) und 2 kg Eis (Dichte $\varrho_{\mathrm{E}} = 916{,}8$ kg/m^3, spezifische Schmelzwärme $r_{\mathrm{S}} = 333{,}4$ kJ/kg). Mit einer Heizplatte wird dem adiabaten Gefäß solange Wärme zugeführt, bis $2\ \ell$ Wasser verdampft sind. Die Heizplatte gibt pro Sekunde eine Wärme von 900 J an das Gemisch ab.

(a) Um wie viel Prozent nimmt das Eisvolumen beim Schmelzen ab? Um wie viel Prozent sinkt das Gemischvolumen, wenn alles Eis geschmolzen ist?

(b) Welche Wassermasse m_{W2} wird dem System entzogen, wenn $2\ \ell$ Wasser verdampfen und die Dichte $\varrho_{\mathrm{W}}(\vartheta = 100$ °C$) = 958{,}7$ kg/m^3 beträgt?

(c) Welche Wärme Q_{S} ist notwendig, um das Eis zu schmelzen?

(d) Welche Wärme Q_{W} ist notwendig, um das gesamte Wasser von der Eistemperatur $\vartheta_{\mathrm{E}} = 0$ °C bei einer mittleren spezifischen Wärmekapazität $\bar{c}_{\mathrm{pW}} = 4{,}18$ kJ/(kg K) auf die Siedetemperatur $\vartheta_{\mathrm{V}} = 100$ °C zu bringen?

(e) Welche Wärme Q_{V} ist zur Verdampfung der Wassermasse m_{W2} nötig?

(f) Bestimmen Sie die insgesamt erforderliche Wärme Q und ihre Anteile.

(g) Welche Zeitspanne t vergeht vom Schmelzen des Eises m_{E} bis zum vollständigen Verdampfen der Wassermasse m_{W2}?

▶ Aufgabe 1.15:

Ein am Innenradius ($R_1 = 48$ mm) und am Außenradius ($R_2 = 50$ mm) sehr gut wärmegedämmtes Rohr (Höhe $H = 200$ mm) wird unten ($z = 0$) auf der Temperatur $\vartheta_0 = 20$ °C gehalten und oben ($z = H$) auf $\vartheta_{\mathrm{H}} = 40$ °C beheizt. Berechnen Sie die Wärmeleitfähigkeit λ des Materials, wenn Versuchsingenieurin Vera Vergeßlich den Wärmestrom $\dot{Q}_{\mathrm{H}} = -0{,}9$ W misst.

2 Massen- und Energiebilanzen

2.1 Grundlagen

2.1.1 System

Die klassische Thermodynamik beschreibt Zustandsänderungen, ohne näher auf die dafür benötigte Zeit einzugehen. Auch werden innerhalb eines Systems oder eines Kontrollvolumens (Bezeichnung der Strömungsmechanik) die Zustandsgrößen (Definition s. Abschnitt 1.2) meist als konstant angenommen. Ziel der Wärmeübertragung ist es, das zeitliche Verhalten von Zustandsgrößen zu berechnen. Insbesondere die zeitliche Änderung der Temperatur und deren Feldverteilung $\vartheta(x,y,z,t)$ (vgl. Abschnitt 1.3) innerhalb des Systems sind Gegenstand der Untersuchung.

Dazu wird das thermodynamische System im Sinne der Kontinuumstheorie in differenzielle Volumenelemente (Bilder 2.1–2.4) aufgeteilt, an denen dann die bekannten differenziellen Bilanzgleichungen für die extensiven Zustandsgrößen Masse m (skalar), Impuls $\vec{I} = m \cdot \vec{w}$ (vektoriell) und Energie E (skalar) aufgestellt werden (z. B. [1], [4]). Die Wahl der Koordinaten (kartesisch, Zylinder-, Kugel- oder allgemeine angepasste Koordinaten) richtet sich nach der Form des Systems, um die anschließende Integration zu vereinfachen. Bei Strömungsproblemen sind umfangreichere numerische Analysen meist unverzichtbar. Festkörpervolumen oder stillstehende Fluide mit beliebig geformten Systemgrenzen, die z. B. mit der Berandung von Maschinenteilen zusammenfallen, sind zunächst geometrisch auf die Elementarkörper Quader, Zylinder und Kugel zu vereinfachen und können dann mit den hier beschriebenen Methoden gelöst werden. Erscheint eine Vereinfachung unzweckmäßig, so sind, wie bei Strömungsproblemen, aufwändigere Computer-Programme nach den Methoden der Finiten Differenzen (FDM), Finiten Volumen (FVM) oder Finiten Elemente (FEM) heranzuziehen.

Gelegentlich ist mehr der zeitliche Verlauf gemittelter Zustandsgrößen, z. B. Temperatur und Dichte eines klimatisierten Raumes, von Interesse (Modell des ideal gerührten Behälters). Unter Vernachlässigung örtlicher Unterschiede, die als klein erachtet werden, werden die Bilanzgleichungen am Gesamtsystem aufgestellt. Die folgenden Abschnitte schlagen diesen Weg ein.

Bild 2.1: *Granitstein und Würfelzucker als Beispiele für Systeme mit Volumenelementen* $\mathrm{d}V = \mathrm{d}x \cdot \mathrm{d}y \cdot \mathrm{d}z$ *in kartesischen Koordinaten* ($V = \int_V \mathrm{d}V \approx \sum_j \Delta V_j$).

Bild 2.2: *Ananasstücke als Volumenelemente* $\mathrm{d}V = r\,\mathrm{d}r \cdot \mathrm{d}\varphi \cdot \mathrm{d}z$ *in Zylinderkoordinaten* ($V = \int_V \mathrm{d}V \approx \sum_j \Delta V_j$).

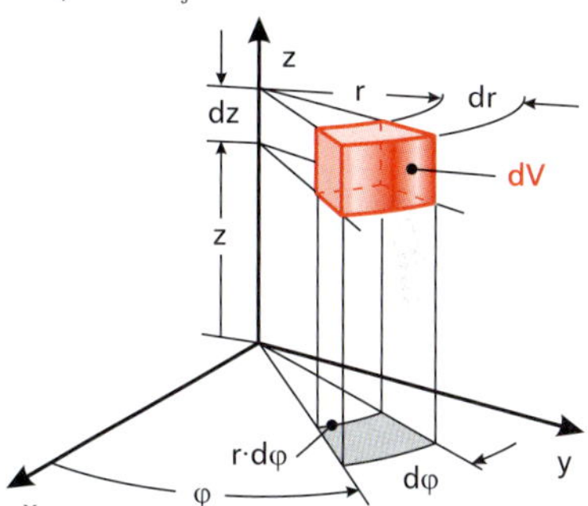

Bild 2.3: *Differenzielles Volumenelement* $\mathrm{d}V = r\,\mathrm{d}r \cdot \mathrm{d}\varphi \cdot \mathrm{d}z$ *in Zylinderkoordinaten, dessen Integration* $V = \int_V \mathrm{d}V$ *ergibt.*

Die vollständigen differenziellen und integralen Erhaltungssätze sind in vielen Lehrbüchern (z. B. [4]) ausführlich beschrieben. Eine Umsetzung in computergerechte Gleichungssysteme findet man oft in Handbüchern kommerzieller Software-Pakete. Ihre Wiedergabe würde den Rahmen dieses Buches sprengen. Für schnelle Programmentwicklungen in der Wärmeleitung können [25] und [26] hilfreich sein.

2.1.2 Kontinuitätsgleichung

Aus einer Massenbilanz an einem kartesischen **infinitesimalen Volumenelement** mit Massenströmen über die Begrenzungsflächen lässt sich folgende allgemeine Kontinuitätsgleichung ableiten:

$$\frac{\partial \varrho}{\partial t} = -\left(\frac{\partial(\varrho\, w_x)}{\partial x} + \frac{\partial(\varrho\, w_y)}{\partial y} + \frac{\partial(\varrho\, w_z)}{\partial z}\right) = -\,\mathbf{div}\,(\varrho\,\vec{w}) = -\nabla\,(\varrho\,\vec{w}) \quad (2.1)$$

Dabei stellt die „Divergenz" bzw. der Nabla-Operator der rechten Seite lediglich eine verkürzte Schreibweise des dreigliedrigen Differenzialausdrucks $\partial(\varrho\, w_i)/\partial x_i$ dar, der sich mit Bild 2.5 anschaulich interpretieren lässt:

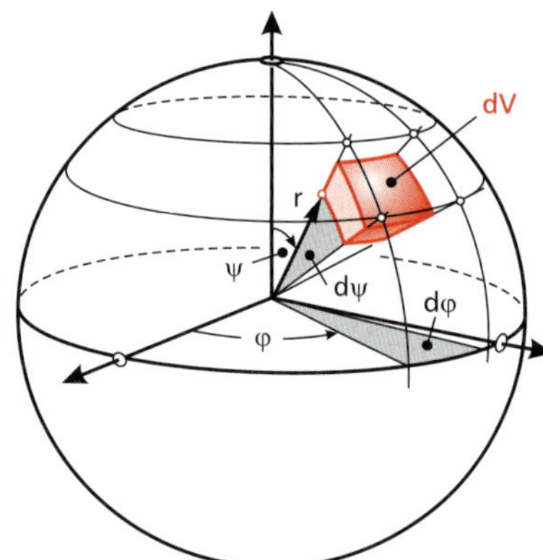

Bild 2.4: *Differenzielles Volumenelement* $dV = r^2\,dr\cdot\sin\psi\,d\psi\cdot d\varphi$ *in Kugelkoordinaten, dessen Integration* $V = \int_V dV$ *ergibt.*

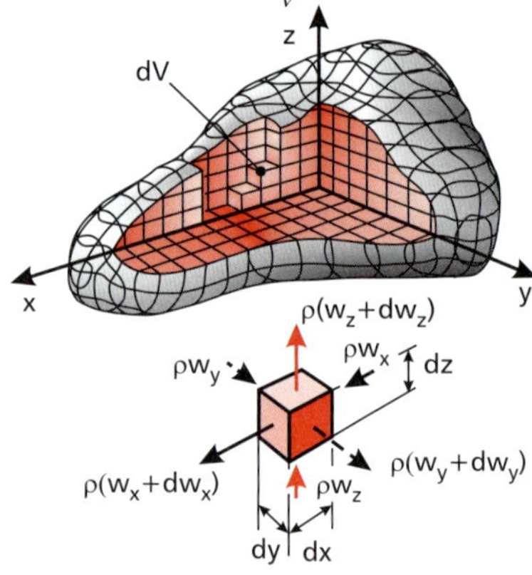

Bild 2.5: *Zerlegung eines beliebig berandeten Systems in „unendlich viele" differenzielle Volumenelemente* $dV = dx\cdot dy\cdot dz$ *bzw.* ΔV *mit exemplarischer Durchströmung an einem Element.*

☞ Für die substanzielle Ableitung wird gelegentlich der Differenzialoperator D verwendet:

$$\frac{\mathrm{D}\,\varrho}{\partial t} = \frac{\partial\varrho}{\partial t} + w_x\frac{\partial\varrho}{\partial x} + w_y\frac{\partial\varrho}{\partial y} + w_z\frac{\partial\varrho}{\partial z} \tag{2.2}$$

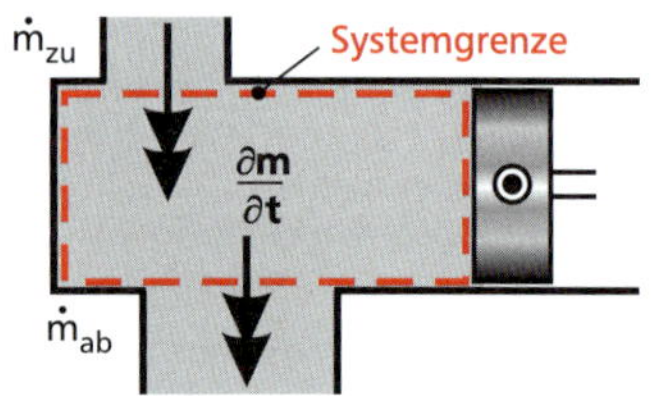

Bild 2.6: *Globale (integrale) Massenbilanz an einem makroskopischen System (Kontrollvolumen).*

Der Zuwachs an Massenstromdichte $\frac{\partial\dot m_x^*}{\partial x} = \frac{\partial(\dot m_x/\mathrm{d}A)}{\partial x} = \frac{\partial(\varrho\cdot w_x)}{\partial x} > 0$ in x-Richtung (es strömt aus dem Element mehr ab als zu) plus die entsprechenden Zuwächse in y- und z-Richtung führen zur Dichteänderung $\partial\varrho/\partial t$.

Unter Beachtung der Kettenregel folgt aus Gl. (2.1):

$$\frac{\partial\varrho}{\partial t} + w_x\frac{\partial\varrho}{\partial x} + w_y\frac{\partial\varrho}{\partial y} + w_z\frac{\partial\varrho}{\partial z} = -\varrho\left(\frac{\partial w_x}{\partial x} + \frac{\partial w_y}{\partial y} + \frac{\partial w_z}{\partial z}\right) = -\varrho\,\mathbf{div}\,\vec w \tag{2.3}$$

Die linke Seite von Gl. (2.3) stellt die substanzielle Ableitung der Dichte dar. Sie gibt die Änderung der Dichte an, wie sie von einem mit der Strömung mitbewegten Beobachter gesehen wird.

Für **inkompressible Fluide** ($\varrho = \text{const.}$) verschwindet die linke Seite von Gl. (2.3), d. h. die Divergenz des Geschwindigkeitsvektors ist null.

$$0 = \frac{\partial w_x}{\partial x} + \frac{\partial w_y}{\partial y} + \frac{\partial w_z}{\partial z} = \mathbf{div}\,\vec w = \nabla\vec w \tag{2.4}$$

Durch meist numerische Integration der Dgl. (2.3) erhält man als Lösung das Dichtefeld $\varrho(x,y,z,t)$. Voraussetzungen dafür sind, dass die Geschwindigkeiten $\vec w(\vec x,t)$ und die Dichteverteilung stetig differenzierbar, also ohne Sprünge im System verteilt sind, was bei „normalen" Strömungsfeldproblemen (z. B. ohne Verdichtungsstoß) der Fall ist. Davon kann man jedoch bei durchströmten Maschinen mit bewegten Teilen häufig nicht ausgehen. Oft interessiert aber auch gar nicht die Dichteverteilung in den durchströmten Kanälen, und man setzt eine **globale (integrale) Massenbilanz am Gesamtsystem** (Bild 2.6) an:

$$\frac{\partial m}{\partial t} = \dot m_{zu} - \dot m_{ab} \tag{2.5}$$

$$\frac{\partial(\varrho\cdot V)}{\partial t} = \left(\varrho\cdot\dot V\right)_{zu} - \left(\varrho\cdot\dot V\right)_{ab} = (\varrho\cdot w\cdot A)_{zu} - (\varrho\cdot w\cdot A)_{ab} \tag{2.6}$$

Anschaulich ist demnach die zeitliche Änderung der Systemmasse also gleich dem Netto-Massenstrom in das System oder kurz: „Speicherung ist Zufluss minus Abfluss."

Im **stationären Fall** ($\partial/\partial t = 0$) gilt „Zufluss ist gleich Abfluss":

$$0 = \dot m_{zu} - \dot m_{ab} \quad\Leftrightarrow\quad \dot m_{zu} = \dot m_{ab} \tag{2.7}$$

Für **dichtebeständige Fluide** ($\varrho_{zu} = \varrho_{ab} = \varrho = \text{const.}$) erhält man:

$$0 = \dot V_{zu} - \dot V_{ab} \quad\Leftrightarrow\quad 0 = (w\cdot A)_{zu} - (w\cdot A)_{ab} \tag{2.8}$$

$$\dot V_{zu} = \dot V_{ab} \quad\Leftrightarrow\quad (w\cdot A)_{zu} = (w\cdot A)_{ab} \tag{2.9}$$

2.1.3 Erster Hauptsatz der Thermodynamik

Die **Energie** thermodynamischer Systeme kann bei Zustandsänderungen und in Prozessen weder erzeugt noch vernichtet, sondern nur von einer Form in eine andere übergeführt werden. Der Transport der Bilanzgrößen (z. B. Masse, Energie) in thermodynamische Systeme pro Zeiteinheit wird durch entsprechende **Ströme (Flüsse)** beschrieben. Bezieht man den Fluss auf die Einheit der senkrecht durchströmten

Fläche, spricht man von **Stromdichten (spezifischen Flüssen)**. Als Ursache bewirkt ein treibendes Gefälle (z. B. Spannung, Druck, Temperatur, Konzentration) stets einen Strom einer Bilanzgröße (z. B. elektrischer Strom, Massenstrom, Energiestrom, Stoffstrom).

Im Folgenden wird der 1. Hauptsatz der Thermodynamik als instationäre Energiebilanz in allgemeiner Form für offene Systeme mit veränderlichem Volumen aufgestellt, so dass in der Praxis häufig vorkommende Spezialfälle (z. B. geschlossene Systeme, stationäre Systeme) leicht daraus ableitbar sind. Neben stoffgebundenen Energieströmen $\dot{E}$ können generell auch Wärmeströme $\dot{Q}$ (z. B. infolge Wärmeleitung) und Energieströme in Form von Arbeitsleistung über die Systemgrenze treten (Bild 2.7). Der 1. Hauptsatz besagt, dass der massegebundene Netto-Gesamtenergiefluss $\Delta\dot{E}$ in ein System, die Netto-Wärmeströme $\Delta\dot{Q}$ und die am System in der Zeiteinheit verrichtete Netto-Arbeit $\Delta\dot{W}$ unter Berücksichtigung von Energiequellen bzw. -senken $\dot{E}_q$ gleich der zeitlichen Änderung der Gesamtenergie des Systems E sind:

$$\frac{\partial E}{\partial t} = \Delta\dot{E} + \Delta\dot{Q} + \Delta\dot{W} + \dot{E}_q \tag{2.10}$$

Das Ein- und Ausströmen von Masse erfordert in der betrachteten Zeiteinheit die Verschiebeleistung $p\cdot\dot{V}$, die Änderung des Systemvolumens die Volumenänderungsleistung $\dot{W}_V = -p\cdot\frac{\partial V}{\partial t}$. Ferner kann dem System durch Maschinen (z. B. Verdichter, Turbine) die technische Leistung P_t zu- oder abgeführt werden, so dass sich $\Delta\dot{W}$ im Allgemeinen wie folgt zusammensetzt:

$$\Delta\dot{W} = \Delta\left(p\cdot\dot{V}\right) - p\cdot\frac{\partial V}{\partial t} + P_t \tag{2.11}$$

Damit erhält man aus Gl. (2.10):

$$\frac{\partial E}{\partial t} = \dot{E}_{zu} - \dot{E}_{ab} + \dot{Q}_{zu} - \dot{Q}_{ab} + \left(p\cdot\dot{V}\right)_{zu} - \left(p\cdot\dot{V}\right)_{ab} - p\cdot\frac{\partial V}{\partial t} + P_t + \dot{E}_q \tag{2.12}$$

Die Gesamtenergie E umfasst neben der inneren Energie $U = m\cdot u$ auch die mechanischen Energien E_{pot} und E_{kin}. $E_{pot} = m\cdot\vec{g}\cdot\vec{x}$ ist die potenzielle Energie (Lageenergie), $E_{kin} = m\cdot w^2/2$ die kinetische Energie (Geschwindigkeitsenergie):

$$E = U + E_{pot} + E_{kin} = m\cdot e = m\cdot\left(u + \vec{g}\cdot\vec{x} + \frac{w^2}{2}\right) \tag{2.13}$$

$$\dot{E} = \dot{U} + \dot{E}_{pot} + \dot{E}_{kin} = \dot{m}\cdot e = \dot{m}\cdot\left(u + \vec{g}\cdot\vec{x} + \frac{w^2}{2}\right) \tag{2.14}$$

Der 1. Hauptsatz (2.12) bilanziert allgemein die Gesamtenergie und ist immer dann komplett anzusetzen, wenn in kompressiblen Strömungen die einzelnen Terme von gleicher Größenordnung sind. Wie groß der Anteil an mechanischer (kinetischer) Energie ist und wie viel davon durch Dissipation (innere Fluidreibung) in thermische (innere) Energie umgewandelt wird, lässt sich nur in den differenziellen Ansätzen in Verbindung mit einer Impulsbilanz genau bestimmen.

Bei globalen (starren) Systemen und inkompressiblen Strömungen (ϱ = const.) mit nicht zu hohen Geschwindigkeiten liefert die aus

☞ Generell ist es sinnvoll, zeitliche Änderungen einer Bilanzgröße als partielle Ableitungen zu schreiben, da im allgemeinen Fall auch örtliche Unterschiede auftreten können. Vielfach besteht allerdings nur eine zeitliche Abhängigkeit der Bilanzgröße, die somit als Mittelwert aufgefasst werden kann (z. B. mittlere Raumlufttemperatur). Es kann dann auf gewöhnliche Differenziale übergegangen werden:

Bilanzgröße	zeitl. Änderung
$E = E(x,y,z,t)$	$\frac{\partial E}{\partial t}$
$E = E(t) = \int_V \varrho\cdot e(t,\vec{x})\,\mathrm{d}V$	$\frac{\partial E}{\partial t} = \frac{\mathrm{d}E}{\mathrm{d}t}$

☞ Bei egozentrischer Betrachtungsweise gelten folgende Vorzeichen, d. h. die Pfeile positiver Flüsse zeigen in das System:

$P_t > 0$	zugeführte Leistung (z. B. Verdichter)
$P_t < 0$	abgeführte Leistung (z. B. Turbine)
$p\cdot\frac{\partial V}{\partial t} > 0$	Volumenvergrößerung
$p\cdot\frac{\partial V}{\partial t} < 0$	Volumenverkleinerung

☞ Als Energiequellen $\dot{E}_q$ im System bezeichnet man die aus der Umwandlung von chemischer oder Wellenenergie entstehende Wärme (z. B. Reaktionswärme bei Beton, Mikrowellenofen).

☞ Das Minuszeichen bei $-p\cdot\frac{\partial V}{\partial t}$ berücksichtigt, dass das Systemvolumen bei Arbeitszufuhr kleiner wird, ∂V also negativ ist. Damit wird der Ausdruck wieder insgesamt positiv.

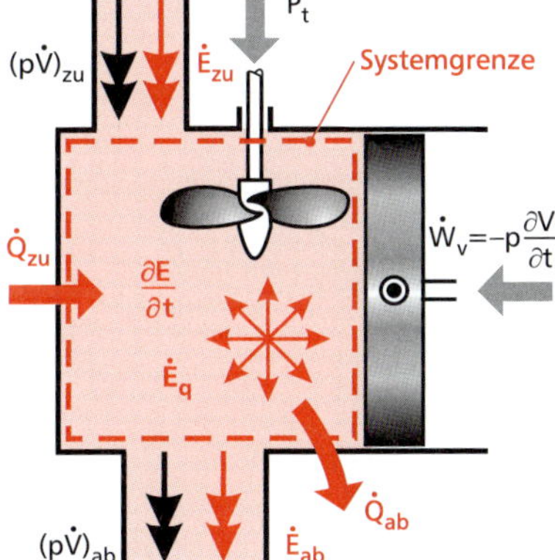

Bild 2.7: *Globale (integrale) Energiebilanz an einem makroskopischen System.*

Gl. (2.15) ist mit gemittelten Geschwindigkeiten $w = \overline{w} = \frac{\dot{V}}{A}$ notiert. Radial stark ausgeprägte Geschwindigkeitsprofile (bei laminarer Strömung parabelförmig, vgl. Bild 2.32) lassen sich über **Energiebeiwerte** (Geschwindigkeitsausgleichswerte, Geschwindigkeitsformfaktoren) berücksichtigen, indem man $\frac{w^2}{2}$ durch $\alpha \cdot \frac{w^2}{2}$ ersetzt ($\alpha_{\mathrm{lam}} = 2$). Meist treten in der Technik turbulente Rohrströmungen auf, für die mit guter Näherung $\alpha_{\mathrm{turb}} = 1{,}0584 \approx 1$ gilt. Daher entfallen in der Praxis meistens die α-Beiwerte.

Auch Gasströmungen bis zu einer Mach-Zahl von $Ma = \frac{w}{c} \leq 0{,}3$ können näherungsweise als inkompressibel betrachtet werden. Dabei bezeichnet $c = \sqrt{\kappa \cdot R \cdot T}$ die Schallgeschwindigkeit, R die Gaskonstante und κ den Isentropenexponenten des jeweiligen Gases.

In Gl. (2.15) beschreibt der instationäre Term $\frac{\partial w}{\partial t}\,\mathrm{d}s$ die lokale Beschleunigung des Fluids im System.

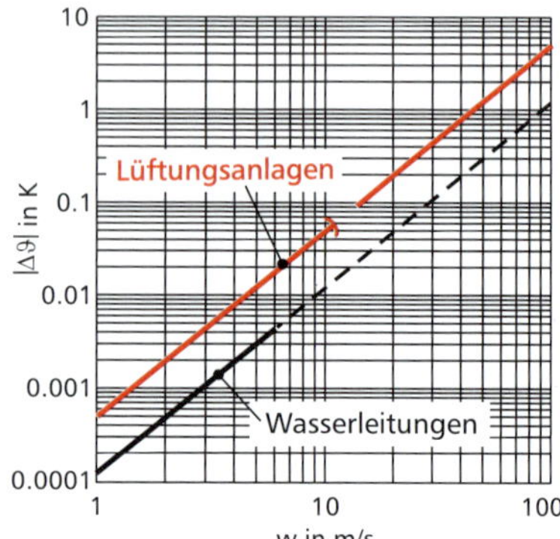

Bild 2.8: *Äquivalente Temperaturänderung $|\Delta\vartheta| = w^2/(2\,c_\mathrm{p})$ von Rohr- und Kanalströmungen als Funktion der Fließgeschwindigkeit w von Luft und Wasser mit technisch relevanten Bereichen.*

der Impulsbilanz am Stromfaden abgeleitete **Bernoulli-Gleichung** eine praxisgerechte Vereinfachung für die mechanische Energie:

$$\frac{w_{\mathrm{zu}}^2}{2} + \frac{p_{\mathrm{zu}}}{\varrho} + g \cdot z_{\mathrm{zu}} + w_\mathrm{t} = \frac{w_{\mathrm{ab}}^2}{2} + \frac{p_{\mathrm{ab}}}{\varrho} + g \cdot z_{\mathrm{ab}} + \frac{\Delta p_\mathrm{v}}{\varrho} + \int\limits_{s_{\mathrm{zu}}}^{s_{\mathrm{ab}}} \frac{\partial w}{\partial t}\,\mathrm{d}s \tag{2.15}$$

Dem Fluidmassenstrom $\dot{m}$ wird auf dem Weg durch das System (Maschine) von ⓩⓤ nach ⓐⓑ die spezifische technische Arbeit $w_\mathrm{t} = \frac{\eta_{\mathrm{is}} \cdot P_\mathrm{t}}{\dot{m}}$ (Pumpe) zugeführt bzw. $w_\mathrm{t} = -\frac{P_\mathrm{t}}{\eta_{\mathrm{is}} \cdot \dot{m}}$ (Turbine) entzogen. Bei einem isentropen Wirkungsgrad einer Pumpe von beispielsweise $\eta_{\mathrm{is}} = 0{,}8$ erhöhen 20% der Wellenleistung als **innere Reibungsleistung** $\dot{W}_\mathrm{R}$ bzw. **Streuleistung** $\dot{J}$ die innere Energie $U = \dot{m} \cdot u$ des Systems und somit dessen Temperatur oder verlieren sich in Gehäuse und Umgebung. Auch der Verlust an mechanischer Energie durch den **Druckverlust infolge von Strömungswiderständen** (Widerstandsbeiwerte ζ_j) **und Rohrreibung** (Rohrreibungszahl λ_k, Länge L_k, Durchmesser D_k)

$$\frac{\Delta p_\mathrm{v}}{\varrho} = \sum_\mathrm{j} \frac{w_\mathrm{j}^2}{2} \cdot \zeta_\mathrm{j} + \sum_\mathrm{k} \frac{w_\mathrm{k}^2}{2} \cdot \lambda_\mathrm{k} \cdot \frac{L_\mathrm{k}}{D_\mathrm{k}} \tag{2.16}$$

wird in Streuenergie bzw. Reibungsarbeit umgewandelt.

Berücksichtigt man hingegen Wärmeströme im 1. Hauptsatz, so wird die mechanische Energie in der Praxis zur Ermittlung von Geschwindigkeiten und Drücken nach Bernoulli separat bilanziert und im 1. Hauptsatz vernachlässigt. Dies ist näherungsweise richtig, da die kinetische Energie oft klein ist im Vergleich zur thermischen Energie, wie Bild 2.8 ausweist. Demnach entspricht einer Luftgeschwindigkeit $w = 10$ m/s, wie sie u.a. in raumlufttechnischen Anlagen vorkommt, eine Temperaturabsenkung von $\Delta\vartheta = -w^2/(2\,c_\mathrm{p}) = 0{,}05$ K. Bei den üblichen typischen Fließgeschwindigkeiten von Wasser in Rohren von 1 m/s beträgt rechnerisch die äquivalente Temperaturabsenkung gerade einmal $\Delta\vartheta = -10^{-4}$ K (vgl. Bild 2.8).

Unzulässig ist die Vernachlässigung der kinetischen Energie bei hohen Strömungsgeschwindigkeiten, wie sie in Gas- und Dampfturbinen vorkommen, sowie in der Gasdynamik (kompressible Strömungen). Auch kann dann die temperaturabhängige Dichte nicht mehr als konstant betrachtet werden.

Bei großen Höhenunterschieden (Dampferzeuger können 100 m Höhe überschreiten) ist die potenzielle Energie zu berücksichtigen. Meist ist sie aber in der Praxis gegenüber dem Wärmeumsatz genauso zu vernachlässigen wie die kinetische Energie.

Unter diesen Voraussetzungen erhält man:

$$\frac{\partial E_{\mathrm{pot}}}{\partial t} \approx 0; \quad \frac{\partial E_{\mathrm{kin}}}{\partial t} \approx 0; \quad \Rightarrow \quad \frac{\partial E}{\partial t} \approx \frac{\partial U}{\partial t} \tag{2.17}$$

$$\Delta\dot{E}_{\mathrm{pot}} \approx 0; \quad \Delta\dot{E}_{\mathrm{kin}} \approx 0; \quad \Rightarrow \quad \Delta\dot{E} \approx \Delta\dot{U} = \dot{U}_{\mathrm{zu}} - \dot{U}_{\mathrm{ab}} \tag{2.18}$$

Mit (2.17) und (2.18) vereinfacht sich der 1. Hauptsatz (2.12) damit zu:

$$\frac{\partial U}{\partial t} = \dot{U}_{\mathrm{zu}} - \dot{U}_{\mathrm{ab}} + \dot{Q}_{\mathrm{zu}} - \dot{Q}_{\mathrm{ab}} + \left(p \cdot \dot{V}\right)_{\mathrm{zu}} - \left(p \cdot \dot{V}\right)_{\mathrm{ab}} - p \cdot \frac{\partial V}{\partial t} + P_\mathrm{t} + \dot{E}_\mathrm{q} \tag{2.19}$$

Die massegebundenen Energieströme $\dot{U}$ und die zugehörigen Verschiebeleistungen $p \cdot \dot{V}$ können zu Enthalpieströmen

$$\dot{H} = \dot{U} + p{\cdot}\dot{V} = \dot{m}{\cdot}u + p{\cdot}\dot{V} = \dot{m} \cdot (u + p \cdot v) \tag{2.20}$$

zusammengefasst werden, wodurch sich der 1. Hauptsatz als **Energiegleichung** schreiben lässt:

$$\frac{\partial U}{\partial t} = \dot{H}_{\mathrm{zu}} - \dot{H}_{\mathrm{ab}} + \dot{Q}_{\mathrm{zu}} - \dot{Q}_{\mathrm{ab}} - p{\cdot}\frac{\partial V}{\partial t} + P_{\mathrm{t}} + \dot{E}_{\mathrm{q}} \tag{2.21}$$

Mit dem aus der Thermodynamik bekannten Zusammenhang

$$h = u + p \cdot v \quad \text{bzw.} \quad H = U + p{\cdot}V \tag{2.22}$$

und der Produktregel der Differenzialrechnung folgt für die zeitliche Änderung der Enthalpie:

$$\frac{\partial H}{\partial t} = \frac{\partial\,(U + p{\cdot}V)}{\partial t} = \frac{\partial U}{\partial t} + p{\cdot}\frac{\partial V}{\partial t} + V \cdot \frac{\partial p}{\partial t} \tag{2.23}$$

Damit lässt sich eine zweite, zu Gl. (2.21) gleichwertige Formulierung des 1. Hauptsatzes als **Enthalpiegleichung** gewinnen:

$$\frac{\partial H}{\partial t} = \dot{H}_{\mathrm{zu}} - \dot{H}_{\mathrm{ab}} + \dot{Q}_{\mathrm{zu}} - \dot{Q}_{\mathrm{ab}} + V{\cdot}\frac{\partial p}{\partial t} + P_{\mathrm{t}} + \dot{E}_{\mathrm{q}} \tag{2.24}$$

Der 1. Hauptsatz beschreibt die **Energieerhaltung in einem System**. Er kann wahlweise als

- Energiegleichung (2.21)
- Enthalpiegleichung (2.24)

formuliert werden. Für die praktische Anwendung ist die jeweils günstigere Formulierung zu verwenden.

In der Praxis treten häufig Systeme auf, in denen entweder das **Volumen** ($V = \text{const.}$, $\partial V/\partial t = 0$) oder der **Druck** ($p = \text{const.}$, $\partial p/\partial t = 0$) **konstant** bleiben (Bilder 2.9, 2.10), wodurch weitere Vereinfachungen in den beiden Formulierungen des 1. Hauptsatzes möglich sind:

$$\frac{\partial U}{\partial t} = \dot{H}_{\mathrm{zu}} - \dot{H}_{\mathrm{ab}} + \dot{Q}_{\mathrm{zu}} - \dot{Q}_{\mathrm{ab}} + P_{\mathrm{t}} + \dot{E}_{\mathrm{q}} \quad (V = \text{const.}, p \text{ variabel}) \tag{2.25}$$

$$\frac{\partial H}{\partial t} = \dot{H}_{\mathrm{zu}} - \dot{H}_{\mathrm{ab}} + \dot{Q}_{\mathrm{zu}} - \dot{Q}_{\mathrm{ab}} + P_{\mathrm{t}} + \dot{E}_{\mathrm{q}} \quad (p = \text{const.}, V \text{ variabel}) \tag{2.26}$$

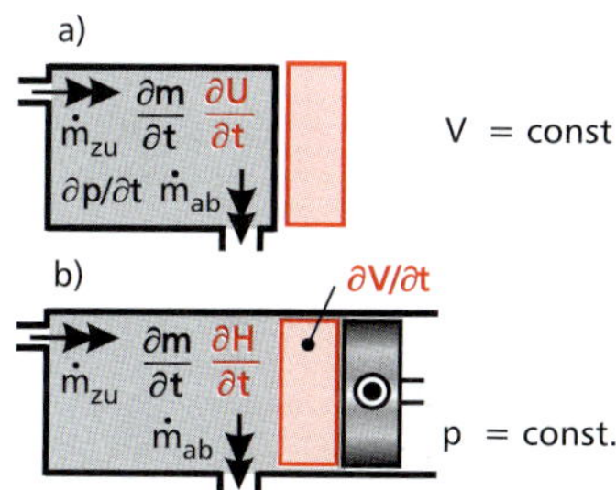

Bild 2.9: *Veränderliche Zustandsgrößen in einem offenen System unter den Bedingungen a) $V = \text{const.}$ und b) $p = \text{const.}$*

Für die Differenziale der linken Seite gilt dann:

$$\frac{\partial U}{\partial t} = \frac{\partial\,(u \cdot m)}{\partial t} = m(t) \cdot \frac{\partial u}{\partial t} + u(t) \cdot \frac{\partial m}{\partial t} \tag{2.27}$$

$$\frac{\partial H}{\partial t} = \frac{\partial\,(h \cdot m)}{\partial t} = m(t) \cdot \frac{\partial h}{\partial t} + h(t) \cdot \frac{\partial m}{\partial t} \tag{2.28}$$

In jedem Fall ist zur Lösung der Gln. (2.25) und (2.26) als zusätzliche Bedingung die Massenbilanz (2.5)

$$\frac{\partial m}{\partial t} = \dot{m}_{\mathrm{zu}} - \dot{m}_{\mathrm{ab}} \tag{2.29}$$

heranzuziehen bzw. deren Integral

$$m(t) = \int_{t_0}^{t} \frac{\partial m}{\partial t}\,\mathrm{d}t = \int_{t_0}^{t} (\dot{m}_{\mathrm{zu}} - \dot{m}_{\mathrm{ab}})\,\mathrm{d}t\,, \tag{2.30}$$

das bekannt sein muss, um damit den aktuellen Füllstand $m(t)$ als Funktion der Zeit in (2.27) und (2.28) verwenden zu können.

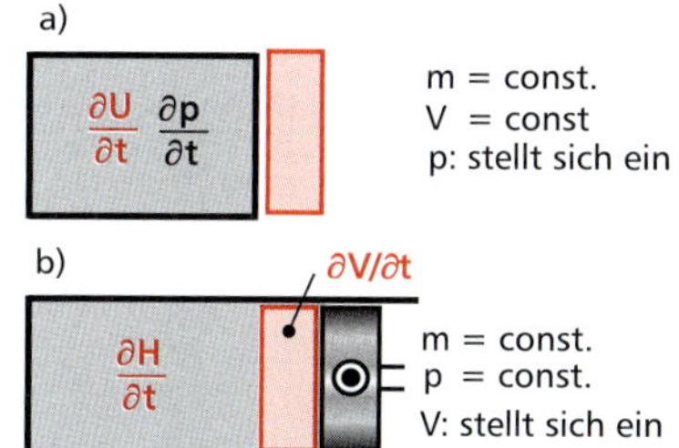

Bild 2.10: *Veränderliche Zustandsgrößen in einem geschlossenen System unter den Bedingungen a) $V = \text{const.}$ und b) $p = \text{const.}$*

In **geschlossenen Systemen** entfallen wegen der Massedichtheit zusätzlich die Enthalpieströme, und die Masse m bleibt konstant:

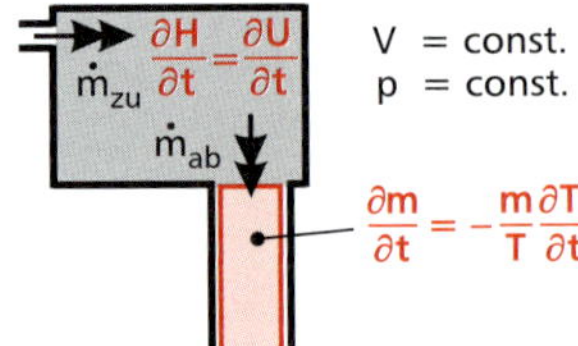

Bild 2.11: *Veränderliche Zustandsgrößen in einem atmenden offenen System mit konstantem Volumen* $V=$ const. *und konstantem Druck* $p=$const. *Durch isobare Ausdehnung wird mehr Masse aus dem System abgegeben als zugeführt.*

Aus der Thermodynamik ist der Zusammenhang der intensiven Größen Dichte ϱ, Druck p und Temperatur T als thermische Zustandsgleichung in impliziter Form $f(\varrho,p,T)=0$ oder in expliziter Notation $\varrho=\varrho(p,T)$, $p=p(\varrho,T)$ bzw. $T=T(\varrho,p)$ bekannt. Die Gleichungen werden für viele Stoffe empirisch aus Messdaten abgeleitet und besitzen einen mehr oder weniger komplexen Aufbau.

Besonders bequem und daher häufig verwendet ist die **Zustandsgleichung des idealen Gases**:

$$f(\varrho,p,T)=\varrho\cdot R\cdot T-p=0 \quad \text{implizit} \tag{2.33}$$

$$\varrho=\varrho(p,T)=\frac{p}{R\cdot T} \tag{2.34}$$

$$p=p(\varrho,T)=\varrho\cdot R\cdot T \quad \text{explizit} \tag{2.35}$$

$$T=T(\varrho,p)=\frac{p}{\varrho\cdot R} \tag{2.36}$$

In der Thermodynamik wird das thermische Stoffverhalten u. a. durch die folgenden drei Koeffizienten beschrieben, die in Tabellen [24] oder Datenbanken für zahlreiche Gase verfügbar sind.

- isobarer Ausdehnungskoeffizient:

$$\beta_\mathrm{p}=\frac{1}{v}\cdot\left(\frac{\partial v}{\partial T}\right)\Big|_\mathrm{p}=-\frac{1}{\varrho}\cdot\left(\frac{\partial \varrho}{\partial T}\right)\Big|_\mathrm{p} \tag{2.37}$$

- isotherme Kompressibilität:

$$\chi_\mathrm{T}=-\frac{1}{v}\cdot\left(\frac{\partial v}{\partial p}\right)\Big|_\mathrm{T}=\frac{1}{\varrho}\cdot\left(\frac{\partial \varrho}{\partial p}\right)\Big|_\mathrm{T} \tag{2.38}$$

- isochorer Spannungskoeffizient:

$$\beta_\mathrm{v}=\frac{1}{p}\cdot\left(\frac{\partial p}{\partial T}\right)\Big|_\mathrm{v} \tag{2.39}$$

Für das **Stoffmodell des idealen Gases** gilt:

$$\beta_\mathrm{p}=\frac{1}{T};\quad \chi_\mathrm{T}=\frac{1}{p};\quad \beta_\mathrm{v}=\frac{1}{T} \tag{2.40}$$

$$\frac{\partial U}{\partial t}=\dot{Q}_\mathrm{zu}-\dot{Q}_\mathrm{ab}+P_\mathrm{t}+\dot{E}_\mathrm{q} \quad (V=\text{const.}, p \text{ variabel}) \tag{2.31}$$

$$\frac{\partial H}{\partial t}=\dot{Q}_\mathrm{zu}-\dot{Q}_\mathrm{ab}+P_\mathrm{t}+\dot{E}_\mathrm{q} \quad (p=\text{const.}, V \text{ variabel}) \tag{2.32}$$

Statt der zugeführten technischen Leistung ist der Term P_t als Rühr- oder Streuleistung $\dot{J}$ zu interpretieren, die komplett dissipiert wird ($P_\mathrm{t}=\dot{J}$) und die innere Energie bzw. die Systementhalpie erhöht.

Im **stationären Fall** gilt wegen $\partial/\partial t=0$ folgende Formulierung:

$$0=\dot{H}_\mathrm{zu}-\dot{H}_\mathrm{ab}+\dot{Q}_\mathrm{zu}-\dot{Q}_\mathrm{ab}+P_\mathrm{t}+\dot{E}_\mathrm{q} \tag{2.41}$$

Noch wesentlich drastischer wirken sich die genannten Einschränkungen beim **Modell des „atmenden" Systems** (Bild 2.11) aus. Innerhalb des konstanten Volumens V eines klimatisierten Raums (z. B. Hörsaal) gleicht sich der Druck p aufgrund an der Raumoberfläche vorhandener Undichtigkeiten in der Regel auf den Wert des Umgebungsdrucks aus, so dass auch p konstant bleibt.

Die Änderung der Raumtemperatur T infolge Heizens oder Kühlens gegenüber ihrem Anfangswert T_0 würde gemäß Gl. (2.42) einerseits eine Veränderung des Systemvolumens $\mathrm{d}V$ bewirken, die wegen $V=$ const. jedoch nicht möglich ist, sowie andererseits eine Veränderung der Systemdichte $\mathrm{d}\varrho$. Letztere würde zu einer Änderung der im Raum eingeschlossenen Masse m im Vergleich zum Anfangswert m_0 durch isobare Ausdehnung bzw. Kontraktion führen:

$$\mathrm{d}m=\mathrm{d}\,(\varrho\cdot V)=\varrho\cdot \overset{0}{\cancel{\mathrm{d}V}}+V\cdot\mathrm{d}\varrho \tag{2.42}$$

Im konstanten Raumvolumen ($\mathrm{d}V=0$) ändert sich die Dichte bei konstantem Druck ($\mathrm{d}p=0$) nur durch Temperaturänderung $\mathrm{d}T$ zu:

$$\mathrm{d}\,\varrho(p,T)=\frac{\partial\varrho}{\partial p}\Big|_\mathrm{T}\cdot\overset{0}{\cancel{\mathrm{d}p}}+\frac{\partial\varrho}{\partial T}\Big|_\mathrm{p}\cdot\mathrm{d}T=-\varrho\cdot\beta_\mathrm{p}\cdot\mathrm{d}T$$

Dabei führt eine Temperaturerhöhung $\mathrm{d}T>0$ zur Abnahme der Dichte $\mathrm{d}\varrho<0$ und eine Temperaturabsenkung $\mathrm{d}T<0$ zum Anstieg der Dichte $\mathrm{d}\varrho>0$. Mit dem isobaren Ausdehnungskoeffizienten β_p folgt aus Gl. (2.42) für $\mathrm{d}V=0$ und $\mathrm{d}p=0$ für die Änderung der Systemmasse:

$$\mathrm{d}m=-\varrho\cdot V\cdot\beta_\mathrm{p}\cdot\mathrm{d}T=-m\cdot\beta_\mathrm{p}\cdot\mathrm{d}T \tag{2.43}$$

Die Systemmasse nimmt also bei Temperaturerhöhung ab, indem Masse aus dem System verdrängt wird. Umgekehrt wird die im System auftretende Kontraktion bei Temperaturerniedrigung durch einen Massenzustrom von außen ausgeglichen. Speziell für ideale Gase ($\beta_\mathrm{p}=1/T$) lässt sich die aktuelle Masse m im Zustand 1, ausgehend vom Ausgangszustand 0, einfach durch Integration von Gl. (2.43) gewinnen:

$$\frac{\mathrm{d}m}{m}=-\frac{\mathrm{d}T}{T}\;\Big|\int_0^1 \;\Rightarrow\; \ln(m)-\ln(m_0)=-\Big[\ln(T)-\ln(T_0)\Big]=\ln(T_0)-\ln(T)\;\Rightarrow$$

$$\ln\left(\frac{m}{m_0}\right)=\ln\left(\frac{T_0}{T}\right)\;\Big|\exp(\ldots)\;\Rightarrow$$

$$m=m_0\cdot\frac{T_0}{T} \tag{2.44}$$

Dieses Ergebnis lässt sich natürlich sofort auch aus der Gleichung des idealen Gases ableiten:

$$p \cdot V = m \cdot R \cdot T = p_0 \cdot V_0 = m_0 \cdot R \cdot T_0 = \text{const.} \tag{2.45}$$

Aufgelöst erhält man daraus Gl. (2.44). Mit dem Temperaturunterschied $\Delta T = T - T_0 = \vartheta - \vartheta_0 = \Delta\vartheta$ folgt mit endlichen bzw. differenziellen Änderungen notiert:

$$\frac{m - m_0}{m_0} = -\frac{\Delta\vartheta}{T_0 + \Delta\vartheta} \quad \text{bzw.} \quad \mathrm{d}m = -\frac{m}{T} \cdot \mathrm{d}T \tag{2.46}$$

Gl. (2.46) ist in Bild 2.12 grafisch ausgewertet. Bei einer Ausgangstemperatur von $\vartheta_0 = 20$ °C ($T_0 = 293{,}15$ K) und einem bei praktischen Fragestellungen erwartbaren maximalen Temperaturanstieg von $\Delta\vartheta = 20$ K liegt die Abnahme der Systemmasse (Raumluft) bei rund $-6{,}5$ %.

Bei stationär durchströmten offenen Systemen, die den Grenzzustand des instationären Zeitverhaltens darstellen, ist der Massenstrom konstant. Nur während der instationären Aufheiz- oder Abkühlphase unterscheiden sich Zu- und Abstrom aufgrund der isobaren Ausdehnung oder Abnahme der Systemmasse. Die relative Massenänderung ist direkt proportional zur Temperaturrampe $\frac{\mathrm{d}T}{\mathrm{d}t}$:

$$\dot{m}_{\mathrm{zu}} - \dot{m}_{\mathrm{ab}} = \frac{\mathrm{d}m}{\mathrm{d}t} = \frac{\mathrm{d}m}{\mathrm{d}T} \cdot \frac{\mathrm{d}T}{\mathrm{d}t} = -\frac{m}{T} \cdot \frac{\mathrm{d}T}{\mathrm{d}t} \tag{2.47}$$

Dieser Effekt wird in der Praxis zu Recht vernachlässigt, wie die folgende Abschätzung für ideales Gas $\left(\frac{\varrho}{\varrho_0} = \frac{T_0}{T}\right)$ unter Verwendung der **Luftwechselzahl** $n = \frac{\dot{V}_{\mathrm{zu}}}{V}$ und der Dichte der Zuluft $\varrho_{\mathrm{zu}} = \varrho_0$ zeigt:

$$\frac{\dot{m}_{\mathrm{zu}} - \dot{m}_{\mathrm{ab}}}{\dot{m}_{\mathrm{zu}}} = -\frac{m}{\dot{m}_{\mathrm{zu}} \cdot T} \cdot \frac{\mathrm{d}T}{\mathrm{d}t} = -\frac{\varrho \cdot V}{\varrho_0 \cdot \dot{V}_{\mathrm{zu}} \cdot T} \cdot \frac{\mathrm{d}T}{\mathrm{d}t} = -\frac{V}{\dot{V}_{\mathrm{zu}}} \cdot \frac{T_0}{T^2} \cdot \frac{\mathrm{d}T}{\mathrm{d}t} \quad \Rightarrow$$

$$\frac{\dot{m}_{\mathrm{zu}} - \dot{m}_{\mathrm{ab}}}{\dot{m}_{\mathrm{zu}}} = -\frac{1}{n} \cdot \frac{T_0}{T^2} \cdot \frac{\mathrm{d}T}{\mathrm{d}t} \tag{2.48}$$

Mit typischen Zahlenwerten aus der Praxis (s. Randspalte) ergeben sich während der instationären Aufheizphase erwartbare Unterschiede zwischen Zu- und Abströmung im Bereich von $-1{,}5$ bis $-6{,}2$ % (ungünstigste Bedingungen). In den folgenden Beispielen und Aufgaben zum Thema Energiebilanzen in atmenden Systemen wird daher, wenn nicht ausdrücklich anders vermerkt, von der **praxisüblichen Vereinfachung des konstanten Massenstroms** Gebrauch gemacht, da die Systemparameter in Größenordnungen der Abschätzung liegen.

Die Energiegleichung für offene Systeme in den beiden äquivalenten Fassungen (Schreibweise mit U in Gl. (2.21) und Schreibweise mit H in Gl. (2.24)) vereinfacht sich in dem hier vorliegenden Fall eines **atmenden Systems** konstanten Drucks $\mathrm{d}p = 0$ und konstanten Volumens $\mathrm{d}V = 0$ (vgl. Bild 2.11) in die Form (2.25) bzw. (2.26) mit der zusätzlichen Einschränkung, dass die linken Seiten der Gleichungen identisch sind:

$$\frac{\partial H}{\partial t} = \frac{\partial U}{\partial t} + p \cdot \underbrace{\mathrm{d}V}_{0} + V \cdot \underbrace{\mathrm{d}p}_{0} \tag{2.49}$$

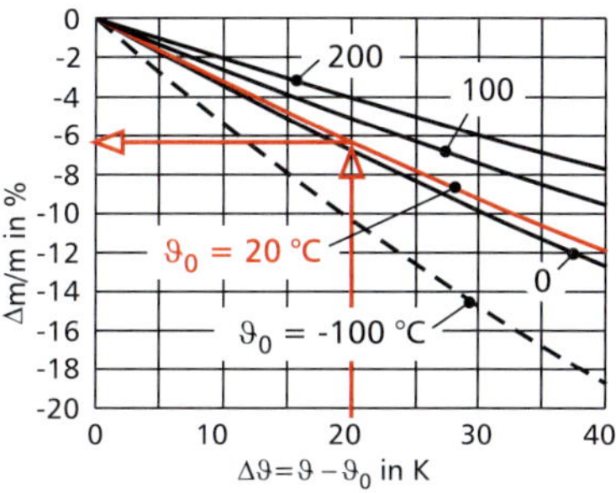

Bild 2.12: *Relative Abnahme der Masse eines idealen Gases in einem atmenden System bei konstantem Volumen $\mathrm{d}V = 0$ und konstantem Druck $\mathrm{d}p = 0$ infolge einer Temperaturerhöhung $\Delta\vartheta$ ausgehend von der Anfangstemperatur ϑ_0.*

Die Luftwechselzahl bzw. der Luftwechsel n ist eine in der Lüftungs- und Klimatechnik und der Bauphysik gängige Kenngröße. Sie gibt an, wie oft das Raumluftvolumen stündlich durch Zuluft ausgetauscht wird. Ein einfacher Luftwechsel bedeutet, dass die Raumluft in einer Stunde vollständig ausgetauscht wird. In klimatisierten Räumen (z. B. Großraumbüros, Hörsälen, Kinos und Theatern, Versammlungsräumen etc.) liegen die in der Praxis realisierten Luftwechsel typischerweise zwischen 3 und 8 h^{-1}.

Die in der Praxis erwartbaren relativen Massenstromänderungen der Luft lassen sich anhand von zwei Szenarien abschätzen:

- **Szenario 1:**

$\vartheta_0 = 20$ °C; $T_0 = 293{,}15$ K; $\Delta\vartheta = 20$ K während $t = 30$ min, d. h. $\frac{\mathrm{d}T}{\mathrm{d}t} = \frac{20\ \mathrm{K}}{30\ \mathrm{min}} = 40$ K/h;

$$n = 8\ \mathrm{h}^{-1} \quad \Rightarrow \quad \frac{\dot{m}_{\mathrm{zu}} - \dot{m}_{\mathrm{ab}}}{\dot{m}_{\mathrm{zu}}} = -1{,}49\ \%$$

- **Szenario 2 (worst case):**

$\vartheta_0 = 30$ °C; $T_0 = 303{,}15$ K; $\Delta\vartheta = 10$ K während $t = 10$ min, d. h. $\frac{\mathrm{d}T}{\mathrm{d}t} = \frac{10\ \mathrm{K}}{10\ \mathrm{min}} = 60$ K/h;

$$n = 3\ \mathrm{h}^{-1} \quad \Rightarrow \quad \frac{\dot{m}_{\mathrm{zu}} - \dot{m}_{\mathrm{ab}}}{\dot{m}_{\mathrm{zu}}} = -6{,}2\ \%$$

Die extensiven Änderungen von Enthalpie und innerer Energie im System sind also gleich groß. Unter Beachtung der Gln. (2.27) und (2.28) sowie der umgestellten Kontinuitätsgleichung (2.5) (Massenbilanz)

$$\dot{m}_{\text{ab}} = \dot{m}_{\text{zu}} - \frac{\partial m}{\partial t} \tag{2.50}$$

ergibt sich bei Verwendung spezifischer Größen:

$$u \cdot \frac{\partial m}{\partial t} + m \cdot \frac{\partial u}{\partial t} = \dot{m}_{\text{zu}} \cdot h_{\text{zu}} - \dot{m}_{\text{zu}} \cdot h_{\text{ab}} + \frac{\partial m}{\partial t} \cdot h_{\text{ab}} + \dot{Q}_{\text{zu}} - \dot{Q}_{\text{ab}} + P_{\text{t}} + \dot{E}_{\text{q}} \tag{2.51}$$

$$\cancel{h \cdot \frac{\partial m}{\partial t}} + m \cdot \frac{\partial h}{\partial t} = \dot{m}_{\text{zu}} \cdot h_{\text{zu}} - \dot{m}_{\text{zu}} \cdot h_{\text{ab}} + \cancel{\frac{\partial m}{\partial t} \cdot h_{\text{ab}}} + \dot{Q}_{\text{zu}} - \dot{Q}_{\text{ab}} + P_{\text{t}} + \dot{E}_{\text{q}} \tag{2.52}$$

Da das Fluid gerade mit der aktuellen Systemtemperatur ϑ abfließt, sind auch die spezifischen Enthalpien gleich:

$$h_{\text{ab}} = c_{\text{p}} \cdot \vartheta_{\text{ab}} = c_{\text{p}} \cdot \vartheta = h \tag{2.53}$$

Es gelten also die Zusammenhänge:

$$(u - h) \cdot \frac{\partial m}{\partial t} + m \cdot \frac{\partial u}{\partial t} = \dot{m}_{\text{zu}} \cdot (h_{\text{zu}} - h_{\text{ab}}) + \dot{Q}_{\text{zu}} - \dot{Q}_{\text{ab}} + P_{\text{t}} + \dot{E}_{\text{q}} \tag{2.54}$$

$$m \cdot \frac{\partial h}{\partial t} = \dot{m}_{\text{zu}} \cdot (h_{\text{zu}} - h_{\text{ab}}) + \dot{Q}_{\text{zu}} - \dot{Q}_{\text{ab}} + P_{\text{t}} + \dot{E}_{\text{q}} \tag{2.55}$$

Nach der Umwandlung $(u - h) \cdot \frac{\partial m}{\partial t} = -p \cdot v \cdot \frac{\partial m}{\partial t} = -p \cdot \frac{V}{m} \cdot \frac{\partial m}{\partial t}$ gemäß Gl. (2.69) in die extensiven Größen V und m folgt die Temperaturgleichung in c_{v}- und c_{p}-Schreibweise:

$$-p \cdot v \cdot \frac{\partial m}{\partial t} + m \cdot c_{\text{v}} \cdot \frac{\partial \vartheta}{\partial t} = \dot{m}_{\text{zu}} \cdot c_{\text{p}} \cdot (\vartheta_{\text{zu}} - \vartheta_{\text{ab}}) + \dot{Q}_{\text{zu}} - \dot{Q}_{\text{ab}} + P_{\text{t}} + \dot{E}_{\text{q}} \tag{2.56}$$

$$m \cdot c_{\text{p}} \cdot \frac{\partial \vartheta}{\partial t} = \dot{m}_{\text{zu}} \cdot c_{\text{p}} \cdot (\vartheta_{\text{zu}} - \vartheta_{\text{ab}}) + \dot{Q}_{\text{zu}} - \dot{Q}_{\text{ab}} + P_{\text{t}} + \dot{E}_{\text{q}} \tag{2.57}$$

Die linken Seiten sind, wie bereits oben gezeigt, identisch. Dies erkennt man auch aus dem Modell des idealen Gases $p \cdot V = m \cdot R \cdot T$ und den Bedingungen $\text{d}p = 0$, $\text{d}V = 0 \;\Rightarrow\; \text{d}\,(p \cdot V) = 0 = \text{d}\,(m \cdot R \cdot T)$:

$$-p \cdot \frac{V}{m} \cdot \frac{\partial m}{\partial t} + m \cdot (c_{\text{p}} - R) \cdot \frac{\partial \vartheta}{\partial t} = -\left(R \cdot T \cdot \frac{\partial m}{\partial t} + m \cdot R \frac{\partial T}{\partial t}\right) + m \cdot c_{\text{p}} \cdot \frac{\partial \vartheta}{\partial t} =$$

$$-\text{d}\,(m \cdot R \cdot T) + m \cdot c_{\text{p}} \cdot \frac{\partial \vartheta}{\partial t} = \cancelto{0}{-\text{d}\,(p \cdot V)} + m \cdot c_{\text{p}} \cdot \frac{\partial \vartheta}{\partial t} \tag{2.58}$$

Aus der üblichen Fassung (2.57) folgt mit dem temperaturabhängigen Massenfüllstand aus Gl. (2.44) $m = m_0 \cdot \frac{T_0}{T}$ und $\text{d}\vartheta = \text{d}T$ eine nichtlineare Differenzialgleichung für die Systemtemperatur:

$$m_0 \cdot c_{\text{p}} \cdot \frac{T_0}{T} \cdot \frac{\partial T}{\partial t} = \dot{m}_{\text{zu}} \cdot c_{\text{p}} \cdot (\vartheta_{\text{zu}} - \vartheta_{\text{ab}}) + \dot{Q}_{\text{zu}} - \dot{Q}_{\text{ab}} + P_{\text{t}} + \dot{E}_{\text{q}} \tag{2.59}$$

Wegen der jedoch bei üblichen Temperaturen geringen Schwankung der Systemmasse gemäß Gl. (2.48) wird in der Praxis häufig Gl. (2.57) mit konstanter Systemmasse bevorzugt, wie es auch bei den folgenden Aufgaben und Beispielen gehandhabt wird.

2.1.4 Hinweise zur Aufstellung von Energiebilanzen

Energiebilanzen an Kontrollvolumen (KV) bzw., in der thermodynamischen Diktion, an Systemen gestatten die quantitative Erfassung von Energieflüssen über die Systemgrenze und der Änderung der im System gespeicherten Energie E_{Sys}, woraus sich der Verlauf der Systemtemperatur ϑ_{Sys} ermitteln lässt. Es ist generell zwischen **globalen (integralen) Bilanzen** am gesamten System (vgl. Bilder 2.6 und 2.7) und **differenziellen Bilanzen** (vgl. Bild 2.13) an einem infinitesimalen Teil des Systems zu unterscheiden.

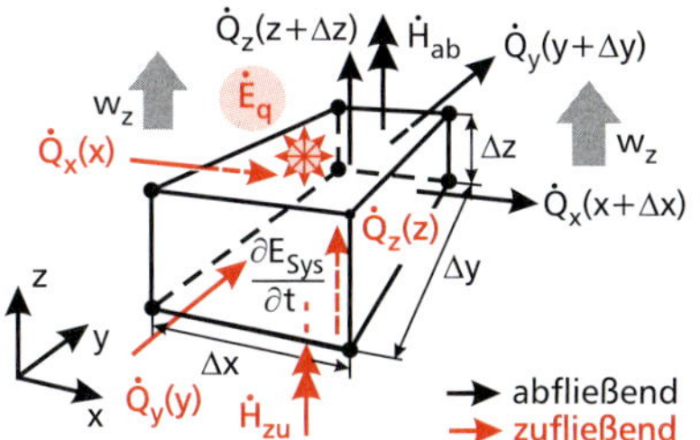

Bild 2.13: *Infinitesimales Kontrollelement mit dreidimensionaler Wärmeleitung, inneren Wärmequellen sowie Enthalpieflüssen.*

Die **globale** (integrale) Bilanz an einem endlichen Kontrollvolumen (z. B. Luftvolumen einer Halle) führt auf eine Differenzialgleichung für die mittlere Systemtemperatur (z. B. mittlere Raumlufttemperatur). Hieraus lässt sich beginnend von einer bekannten Anfangstemperatur $\vartheta_{\text{Sys}}(t=0)=\vartheta_0$ unter Berücksichtigung der Wärme- und Enthalpieeinträge in das System und der Wärme- und Enthalpieabflüsse in die Umgebung der zeitliche Temperaturverlauf $\vartheta_{\text{Sys}}(t)$ ermitteln. Für den Fall, dass im System (z. B. massive Innenwände) oder entlang der Systemgrenze wärmespeichernde Materialen eingebaut sind, ist auch deren Temperaturverhalten $\vartheta_{\text{Speicher}}(t)$ von Bedeutung. Man erhält dann anstelle einer einzigen Differenzialgleichung für die Systemtemperatur ϑ_{Sys} ein Differenzialgleichungssystem für die miteinander gekoppelten Temperaturen ϑ_{Sys} und $\vartheta_{\text{Speicher}}$.

Zur Aufstellung einer **differenziellen Bilanz** wird das Systemvolumen (z. B. Luftvolumen einer Halle) zunächst in infinitesimale Volumenelemente ΔV (infinitesimale Kontrollvolumen, vgl. Bilder 2.1–2.5 sowie 2.13) eingeteilt. Der differenzielle Charakter ist an dem Zusatz Δ bei den Abmessungen zu erkennen. Die Bilanz der differenziellen Energieströme liefert wie bei der Bilanz am Gesamtsystem eine Gleichung für die zeitliche Temperaturänderung im Volumenelement, die allerdings ggf. auch örtliche Temperaturänderungen berücksichtigt. Im Falle der instationären dreidimensionalen Wärmeleitung ist das Temperaturfeld im Volumenelement eine Funktion von t, x, y und z, was bilanzmäßig über die zeitliche Änderung der inneren Energie sowie die Wärmeflüsse infolge von Wärmeleitung in die jeweiligen Koordinatenrichtungen erfasst wird. Im Falle eines Fluidelements kommen noch Enthalpieströme (konvektive Flüsse) und Arbeitsterme der Spannungen hinzu. Die Integration über die Raumrichtungen und die Zeitachse liefert wieder die Temperatur, in diesem Falle jedoch das Temperaturfeld $\vartheta(t,x,y,z)$. Bei dreidimensionalen Strömungen wird die differenzielle Energiebilanz sehr kompliziert und ist meist nur numerisch lösbar.

Bei eindimensionalen inkompressiblen Strömungen und bei Festkörpern umfasst die **einheitliche thermische Energiebilanzgleichung** sowohl bei endlichen Kontrollvolumen V als auch bei infinitesimalen Elementen $\Delta V=\Delta x\cdot\Delta y\cdot\Delta z$ im Allgemeinen folgende Terme:

1. ge- bzw. entspeicherte Energie $\quad \dfrac{\partial E_{\text{Sys}}}{\partial t}$
2. zu- bzw. abströmende Netto-Enthalpie $\quad \Delta\dot{H}=\dot{H}_{\text{zu}}-\dot{H}_{\text{ab}}$
3. zu- bzw. abströmende Netto-Wärme $\quad \Delta\dot{Q}=\dot{Q}_{\text{zu}}-\dot{Q}_{\text{ab}}$
4. Energiequellen bzw. -senken $\quad \dot{E}_{\text{q}}$
5. technische Leistung $\quad P_{\text{t}}$

☞ Für das instationäre Aufheizverhalten eines Raumes sind die darin befindlichen Speichermassen sehr wohl von Bedeutung. Zu Recht spricht man bei Räumen mit geringer Speichermasse (z. B. Räume in Leichtbauweise) aufgrund der rasch erfolgenden Temperaturänderungen von einem **Barackenklima** sowie bei Räumen mit hoher Speichermasse und langsamen Temperaturänderungen (z. B. Schlösser, Kirchen) von einem **Kathedralenklima**.

☞ Man findet in der Literatur statt $\Delta V=\Delta x\cdot\Delta y\cdot\Delta z$ auch $\mathrm{d}V=\mathrm{d}x\cdot\mathrm{d}y\cdot\mathrm{d}z$.

☞ Verbal lässt sich das **Prinzip einer Bilanzgleichung** wie folgt formulieren:

Speicherung = Zufluss – Abfluss + Quellen

Dabei besteht eine anschauliche **Analogie** zu einer Badewanne („Badewannengleichung") oder einem Bankkonto („Kontogleichung"):

Term	Badewanne	Konto
Zufluss	einlaufendes Wasser	Einzahlung
Abfluss	auslaufendes Wasser	Auszahlung
Quelle	Badesalz	Zinsen
Speicherung	Wasserstand	Kapital

Eine Bilanz am infinitesimalen Element muss unabhängig von der Größe des Kontrollvolumens erfüllt sein. Das Volumenelement ΔV muss sich daher aus der Bilanzgleichung herauskürzen. Dies sollte stets als **Kontrollmöglichkeit** genutzt werden.

☞ Bei konstantem Systemvolumen ist die innere Energie als Systemenergie E_{Sys} einzusetzen, bei konstantem Systemdruck die Enthalpie:

$$E_{\text{Sys}}=U \quad (V=\text{const.}) \tag{2.60}$$

$$E_{\text{Sys}}=H \quad (p=\text{const.}) \tag{2.61}$$

In der Regel stellt eine Energiebilanzgleichung eine Differenzialgleichung dar, die analytisch oder ggf. auch numerisch zu lösen ist.

Bei differenziellen Bilanzen sind die Abflüsse $\dot{H}_{ab}$ und $\dot{Q}_{ab}$ durch **Taylor-Reihen** (Potenzreihenentwicklung) in Abhängigkeit der Zuflüsse $\dot{H}_{zu}$ und $\dot{Q}_{zu}$ anzusetzen.

Folgende **Schritte zum Aufstellen einer Energiebilanz** sind zielführend:

1. Anfertigen einer Systemskizze mit Pfeilen für die angenommene Energieflussrichtung. Bei infinitesimalen Volumenelementen ist es günstiger, die Pfeilrichtungen in positive Koordinatenrichtungen egozentrisch einzutragen.
2. Klären, ob ein instationärer (zeitabhängiger) oder ein stationärer Vorgang vorliegt.
3. Feststellen der beteiligten Energieflüsse anhand der jeweiligen Wärmetransportmechanismen.
4. Identifizieren von im Kontrollvolumen eventuell vorhandener Wärmequellen/-senken und technischer Leistungen.
5. Ersetzen der auftretenden Energieflüsse durch Transportgesetze, in denen die Systemtemperatur vorkommt (vgl. Klappentext).
6. Umformen der Energiebilanz in eine Gleichung für die Systemtemperatur.

Vielfach folgen die inneren Wärmequellen/-senken je nach Art der Bilanz mit der spezifischen (volumenbezogenen Wärmequellendichte) $\dot{e}_q$ aus:

$$\dot{E}_q = \dot{e}_q \cdot V \quad \text{(integral)} \tag{2.62}$$

$$\Delta\dot{E}_q = \dot{e}_q \cdot \Delta V \quad \text{(differenziell)} \tag{2.63}$$

Gl. (2.65) unterscheidet sich von der Fourier'schen Wärmeleitungsdifferenzialgleichung mit Quellterm (1.25) nur durch den zusätzlichen Advektionsterm $w_z \cdot \frac{\partial\vartheta}{\partial z}$.

Der **Quellterm** $\dot{E}_q$ berücksichtigt u.a. Energieeinträge infolge chemischer Reaktionen, elektrischen Stroms, nuklearen Zerfalls bzw. Dissipation. Energiesenken können dabei als negative Quellen ($\dot{E}_q < 0$) interpretiert werden. Die Zufuhr der **technischen Leistung** P_t erfolgt unstetig und erscheint deshalb nicht in der differenziellen Bilanz. Die dem Kontrollvolumen über die Systemoberfläche zu- und abfließenden **Wärme- und Enthalpieströme** sind entsprechend den vorherrschenden Wärmetransportmechanismen (Leitung, Konvektion, Strahlung) anzusetzen. In Festkörpern treten lediglich Wärmeströme infolge von Wärmeleitung auf, während Enthalpieströme fehlen, da keine Masse über die Systemgrenze fließt. Demgegenüber ist in von Fluid durchströmten Systemen die Wärmeleitung im Fluid (Längswärmeleitung) meist vernachlässigbar, während als Folge der Durchströmung aber Enthalpieströme auftreten. Ein Wärmezufluss kann auch durch unmittelbare Beheizung des Kontrollvolumens an der Systemgrenze (z. B. mit aufgeklebter Heizfolie) erfolgen. Bei Kontakt des Kontrollvolumens zur Umgebung sind Wärmeströme infolge eines Wärmedurchgangs (Wärmetransmission mit Wärmedurchgangskoeffizient k) oder eines Wärmeübergangs (Wärmeübergangskoeffizient α_K infolge von Konvektion bzw. α_{Str} infolge von Strahlung) vorstellbar.

Die **Vorgehensweise bei der Aufstellung von Energiebilanzen** wird abschließend für das differenzielle Kontrollvolumen aus Bild 2.13 mit eindimensionaler reibungsfreier Strömung in z-Richtung und Wärmeleitung in x-, y- und z-Richtung illustriert. Mit einer Taylor-Reihenentwicklung bis zur 1. Ordnung, dem Fourier'schen Wärmeleitungsansatz (1.12) $\dot{Q}_x = -\lambda \cdot \Delta A_x \cdot \frac{\partial\vartheta}{\partial x}$, $\dot{Q}_y = -\lambda \cdot \Delta A_y \cdot \frac{\partial\vartheta}{\partial y}$, $\dot{Q}_z = -\lambda \cdot \Delta A_z \cdot \frac{\partial\vartheta}{\partial z}$, den Seitenflächen $\Delta A_x = \Delta y \cdot \Delta z$, $\Delta A_y = \Delta x \cdot \Delta z$, $\Delta A_z = \Delta x \cdot \Delta y$, dem Volumenelement $\Delta V = \Delta x \cdot \Delta y \cdot \Delta z$ und dem Enthalpiestrom $\dot{H}_{zu} = \dot{H}_z = \dot{m}_z \cdot h = \varrho \cdot w_z \cdot \Delta A_z \cdot c_p \cdot \vartheta$ erhält man für die einzelnen Terme in der Energiebilanz:

$$\dot{Q}_x - \dot{Q}_{x+\Delta x} \approx \dot{Q}_x - \left(\dot{Q}_x + \frac{\partial\dot{Q}_x}{\partial x}\cdot\Delta x\right) = -\frac{\partial\dot{Q}_x}{\partial x}\cdot\Delta x = \lambda\cdot\frac{\partial^2\vartheta}{\partial x^2}\cdot\Delta x\Delta y\Delta z \tag{2.64}$$

$$\dot{Q}_y - \dot{Q}_{y+\Delta y} \approx \dot{Q}_y - \left(\dot{Q}_y + \frac{\partial\dot{Q}_y}{\partial y}\cdot\Delta y\right) = -\frac{\partial\dot{Q}_y}{\partial y}\cdot\Delta y = \lambda\cdot\frac{\partial^2\vartheta}{\partial y^2}\cdot\Delta y\Delta x\Delta z$$

$$\dot{Q}_z - \dot{Q}_{z+\Delta z} \approx \dot{Q}_z - \left(\dot{Q}_z + \frac{\partial\dot{Q}_z}{\partial z}\cdot\Delta z\right) = -\frac{\partial\dot{Q}_z}{\partial z}\cdot\Delta z = \lambda\cdot\frac{\partial^2\vartheta}{\partial z^2}\cdot\Delta z\Delta x\Delta y$$

$$\dot{H}_z - \dot{H}_{z+\Delta z} \approx \dot{H}_z - \left(\dot{H}_z + \frac{\partial\dot{H}_z}{\partial z}\cdot\Delta z\right) = -\frac{\partial\dot{H}_z}{\partial z}\cdot\Delta z = -\varrho\cdot w_z\cdot c_p\cdot\frac{\partial\vartheta}{\partial z}\cdot\Delta z\Delta x\Delta y$$

Das Kontrollvolumen ΔV kürzt sich heraus, und es bleibt unter Beachtung der Gln. (1.26) und (2.63) eine partielle Differenzialgleichung 1. Ordnung in der Zeit und 2. Ordnung in den Koordinatenrichtungen:

$$\frac{\partial\Delta H}{\partial t} = \varrho\cdot c_p\cdot\cancel{\Delta V}\cdot\frac{\partial\vartheta}{\partial t} = \left(\lambda\cdot\frac{\partial^2\vartheta}{\partial x^2} + \lambda\cdot\frac{\partial^2\vartheta}{\partial y^2} + \lambda\cdot\frac{\partial^2\vartheta}{\partial z^2} - \varrho\cdot w_z\cdot c_p\cdot\frac{\partial\vartheta}{\partial z} + \dot{e}_q\right)\cdot\cancel{\Delta V}$$

$$\frac{\partial\vartheta}{\partial t} = a\cdot\left(\frac{\partial^2\vartheta}{\partial x^2} + \frac{\partial^2\vartheta}{\partial y^2} + \frac{\partial^2\vartheta}{\partial z^2}\right) - w_z\cdot\frac{\partial\vartheta}{\partial z} + \frac{\dot{e}_q}{\varrho\cdot c_p} \tag{2.65}$$

2.1.5 Innere Energie und Enthalpie

Die **spezifische innere Energie** u in J/kg ist bei Flüssigkeiten, Feststoffen und idealen Gasen nur von der Temperatur abhängig und folgt durch Integration der spezifischen isochoren Wärmekapazität:

$$u=u(T)=\int_{T_0}^{T} c_\mathrm{v}(T)\,\mathrm{d}T+u_0=\left[c_\mathrm{v}\right]_{T_0}^{T}\cdot(T-T_0)+u_0=\left[c_\mathrm{v}\right]_{\vartheta_0}^{\vartheta}\cdot(\vartheta-\vartheta_0)+u_0 \quad (2.66)$$

Da in der Regel nur Differenzen der spezifischen inneren Energie betrachtet werden, ist der Wert der Integrationskonstanten u_0 von sekundärer Bedeutung. Sie kann daher zweckmäßig gewählt werden.

Für die **spezifische Enthalpie** h in J/kg gilt der Zusammenhang:

$$h=u+p\cdot v \quad (2.69)$$

Für **inkompressible Stoffe** gilt unter Berücksichtigung der Gleichheit der spezifischen Wärmekapazitäten:

$$\mathrm{d}h=\mathrm{d}\left(u+p\cdot v\right)=c_\mathrm{v}\,\mathrm{d}\vartheta+v\,\mathrm{d}p=c_\mathrm{p}\,\mathrm{d}\vartheta+v\,\mathrm{d}p \quad (2.73)$$

Bei vernachlässigbaren Druckunterschieden $\mathrm{d}p\approx 0$ folgt aus Gl. (2.73):

$$\mathrm{d}h=c_\mathrm{p}(T)\,\mathrm{d}T \quad (2.74)$$

Durch Integration findet man:

$$h=h(T)=\int_{T_0}^{T} c_\mathrm{p}(T)\,\mathrm{d}T+h_0=\left[c_\mathrm{p}\right]_{T_0}^{T}\cdot(T-T_0)+h_0=\left[c_\mathrm{p}\right]_{\vartheta_0}^{\vartheta}\cdot(\vartheta-\vartheta_0)+h_0 \quad (2.75)$$

Für h_0 gilt Analoges wie für u_0. In der Thermodynamik wird üblicherweise $h(T_0)=h_0=0$ gesetzt. Die zweckmäßige Wahl des Referenzniveaus $h(T_0=273{,}15\ \mathrm{K} \mathrel{\widehat{=}} 0\ ^\circ\mathrm{C})=0$ erlaubt die Berechnung der spezifischen Enthalpie $h=c_\mathrm{p}\cdot\vartheta$ direkt mit der Celsius-Temperatur. Dabei kann ϑ als Abkürzung für die Temperaturdifferenz $\vartheta=T-T_0=T-273{,}15$ K betrachtet werden, so dass es im Produkt $[h]=[c_\mathrm{p}\cdot\vartheta]=\frac{\mathrm{kJ}}{\mathrm{kg}\cdot\cancel{\mathrm{K}}}\cdot\cancel{^\circ\mathrm{C}}$ zu keinem Einheitenkonflikt zwischen K und °C kommt.

In **Festkörpern und Flüssigkeiten** gilt über weite Temperaturbereiche:

$$u=c_\mathrm{v}\cdot\vartheta\approx h=c_\mathrm{p}\cdot\vartheta=c\cdot\vartheta \quad (2.76)$$

$$U=m\cdot c_\mathrm{v}\cdot\vartheta\approx m\cdot c_\mathrm{p}\cdot\vartheta=m\cdot c\cdot\vartheta \quad (2.77)$$

2.1.6 Enthalpieströme

In strömenden Fluiden (Flüssigkeiten, Gasen) wird in einem **Enthalpiestrom** $\dot{H}$ (in W) nicht nur Masse bewegt, sondern auch Energie transportiert (Bild 2.14). Für die zeitliche Änderung der Enthalpie $\frac{\mathrm{d}H}{\mathrm{d}t}$ eines offenen Systems, z. B. eines Rohrabschnitts ohne weitere Zufuhr von mechanischer Leistung und von Wärmeströmen, gilt nach dem 1. Hauptsatz (2.26) bei konstantem Druck ($\mathrm{d}p=0$):

$$\frac{\mathrm{d}H}{\mathrm{d}t}=\frac{\partial H}{\partial t}-\left(\dot{H}_\mathrm{zu}-\dot{H}_\mathrm{ab}\right)=0 \quad (2.78)$$

Das bedeutet, die lokale Änderung bzw. die Änderung des Speicherterms $\frac{\partial H}{\partial t}$ und der Netto-Enthalpietransport $\dot{H}_\mathrm{zu}-\dot{H}_\mathrm{ab}$ heben sich gerade dauerhaft auf. Eine lokale Anreicherung unter konstantem Druck

Als Zustandsgröße ist die spezifische innere Energie u als Funktion zweier anderer Zustandsgrößen (zweckmäßigerweise Temperatur T, spezifisches Volumen v) darstellbar. Es gilt die kalorische Zustandsgleichung $u=u(T{,}v)$. Die Änderung $\mathrm{d}u$ der spezifischen inneren Energie ist mit einem totalen Differenzial beschreibbar, das üblicherweise mit der spezifischen isochoren Wärmekapazität $c_\mathrm{v}=\left(\frac{\partial u}{\partial T}\right)_\mathrm{v}$ notiert wird:

$$\mathrm{d}u=c_\mathrm{v}\,\mathrm{d}T+\left(\frac{\partial u}{\partial v}\right)_\mathrm{T}\mathrm{d}v \quad (2.67)$$

Flüssigkeiten und Feststoffe gelten als inkompressibel, d. h. $\mathrm{d}v=\mathrm{d}\varrho=0$. Bei **idealen Gasen** ist die spezifische innere Energie eine reine Temperaturfunktion und $\left(\frac{\partial u}{\partial v}\right)_\mathrm{T}=0$. In beiden Fällen gilt:

$$\mathrm{d}u=c_\mathrm{v}\,\mathrm{d}T \quad (2.68)$$

Anstatt das Integral in Gl. (2.66) mit der wahren, temperaturabhängigen Wärmekapazität c_v zu lösen, rechnet man in der Praxis mit der im Temperaturintervall ϑ_0 bis ϑ gemittelten spezifischen Wärmekapazität $\left[c_\mathrm{v}\right]_{\vartheta_0}^{\vartheta}$. Die Tabellenwerte (z. B. [27]) werden meist zwischen $\vartheta_0=0$ °C und ϑ angegeben. Analoges gilt für $\left[c_\mathrm{p}\right]_{\vartheta_0}^{\vartheta}$.

Auch für die spezifische Enthalpie h lässt sich eine kalorische Zustandsgleichung $h=h(p{,}T)$ und ein vollständiges Differenzial $\mathrm{d}h$ angeben:

$$\mathrm{d}h=\left(\frac{\partial h}{\partial T}\right)_\mathrm{p}\mathrm{d}T+\left(\frac{\partial h}{\partial p}\right)_\mathrm{T}\mathrm{d}p$$

$$=c_\mathrm{p}\,\mathrm{d}T+\left(\frac{\partial h}{\partial p}\right)_\mathrm{T}\mathrm{d}p \quad (2.70)$$

Bei **inkompressiblen Stoffen** ($\varrho=1/v=$ const.), wie sie Festkörper und Flüssigkeiten näherungsweise darstellen, sind die spezifischen Wärmekapazitäten ungefähr **gleich**:

$$c_\mathrm{p}\approx c_\mathrm{v}:=c \quad (2.71)$$

Für **ideale Gase** besteht der Zusammenhang mit der Gaskonstante R:

$$c_\mathrm{p}=c_\mathrm{v}+R \quad (2.72)$$

In der Praxis und auch in der Literatur wird bei Festkörpern und Flüssigkeiten vielfach die Schreibweise der inneren Energie mit c_p verwendet, die die Gleichheit der spezifischen Wärmekapazitäten implizit beinhaltet.

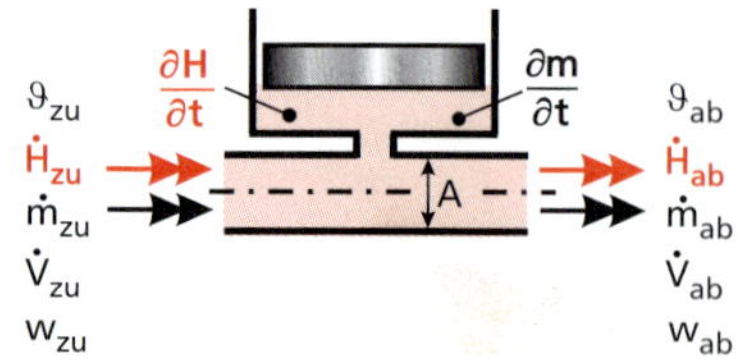

Bild 2.14: *1. Hauptsatz für eine Rohr- oder Kanalströmung mit isobarem Speicher.*

☞ In den Energiegleichungen (2.21), (2.24)–(2.26) sind bei Betrachtung der Fluidenthalpie die mechanischen Druckverluste aus Gl. (2.16) und die Geschwindigkeitsterme $w^2/2$ nur untergeordnet und bleiben daher unberücksichtigt.

☞ Die Masse m (in kg) stellt das Produkt aus der Dichte ϱ (in kg/m^3) und dem Volumen V (in m^3) dar:

$$m = \varrho \cdot V \tag{2.79}$$

Analog ist der Massenstrom $\dot{m}$ (in kg/s) das Produkt aus der Dichte ϱ (in kg/m^3) und dem Volumenstrom $\dot{V}$ (in m^3/s):

$$\dot{m} = \varrho \cdot \dot{V} \tag{2.80}$$

Der Volumenstrom $\dot{V}$ (in m^3/s) folgt aus der Geschwindigkeit w (in m/s) und der senkrecht durchströmten Fläche A (in m^2):

$$\dot{V} = w \cdot A \tag{2.81}$$

Die Enthalpie H (in J) ist das Produkt der Masse m (in kg) und der spezifischen Enthalpie h (in J/kg):

$$H = m \cdot h \tag{2.82}$$

Die durch den Massenstrom $\dot{m}$ (in kg/s) transportierte spezifische Enthalpie h (in J/kg) stellt den **konvektiv (advektiv) transportierten Enthalpiestrom** $\dot{H}$ (in J/s=W) dar:

$$\dot{H} = \dot{m} \cdot h \tag{2.83}$$

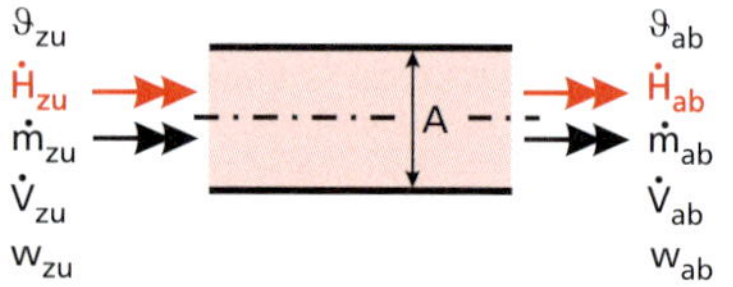

Bild 2.15: *1. Hauptsatz für eine Rohr- oder Kanalströmung ohne Energiezufuhr.*

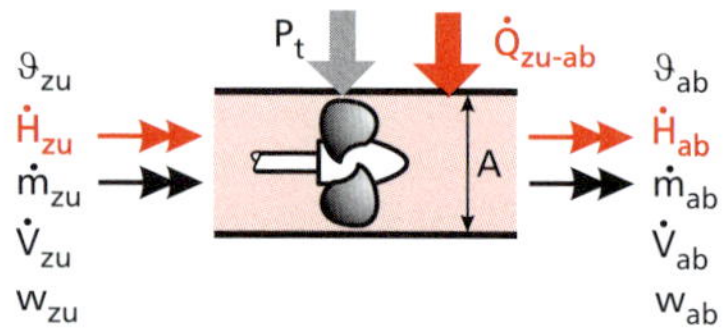

Bild 2.16: *1. Hauptsatz für eine Rohr- oder Kanalströmung mit Zufuhr an mechanischer Leistung und an Wärme.*

ist durch Volumenvergrößerung denkbar, wie in Bild 2.14 dargestellt. Praktisch treten diese Speichereffekte in flexiblen Schläuchen auf, z. B. in den Adern des Blutkreislaufs.

Gl. (2.78) lässt sich mithilfe der Gln. (2.28) und (2.82) unter Beachtung der Produktregel noch weiterentwickeln:

$$\frac{\partial}{\partial t}(m \cdot h) = \frac{\partial m}{\partial t} \cdot h + m \cdot \frac{\partial h}{\partial t} = \dot{m}_{\mathrm{zu}} \cdot h_{\mathrm{zu}} - \dot{m}_{\mathrm{ab}} \cdot h_{\mathrm{ab}} \tag{2.84}$$

Sie ist aber ohne Kenntnis der Massenbilanz

$$\frac{\partial m}{\partial t} = \dot{m}_{\mathrm{zu}} - \dot{m}_{\mathrm{ab}} \tag{2.85}$$

für sich alleine nicht auswertbar. Mit der kalorischen Zustandsgleichung (2.70) bzw. (2.75) ergibt sich:

$$\frac{\partial}{\partial t}(m \cdot c_{\mathrm{p}} \cdot \vartheta) = (\varrho \cdot w \cdot A \cdot c_{\mathrm{p}})_{\mathrm{zu}} \cdot \vartheta_{\mathrm{zu}} - (\varrho \cdot w \cdot A \cdot c_{\mathrm{p}})_{\mathrm{ab}} \cdot \vartheta_{\mathrm{ab}} \tag{2.86}$$

Die Enthalpieströme lassen sich dabei je nach den vorhandenen Angaben ausdrücken als:

$$\dot{H} = \dot{m} \cdot h = \varrho \cdot \dot{V} \cdot h = \varrho \cdot w \cdot A \cdot h = \varrho \cdot w \cdot A \cdot c_{\mathrm{p}} \cdot \vartheta \tag{2.87}$$

Im stationären Fall $\frac{\partial H}{\partial t} = 0$ (Bild 2.15) sind die zu- und abströmenden Enthalpieströme sowie die zugehörigen Massenströme gleich groß:

$$\dot{H}_{\mathrm{zu}} = \dot{H}_{\mathrm{ab}} = \dot{H} \quad \text{und} \quad \dot{m}_{\mathrm{zu}} = \dot{m}_{\mathrm{ab}} = \dot{m} \tag{2.88}$$

Es gilt daher:

$$\dot{m} \cdot c_{\mathrm{p,zu}} \cdot \vartheta_{\mathrm{zu}} = \dot{m} \cdot c_{\mathrm{p,ab}} \cdot \vartheta_{\mathrm{ab}} \tag{2.89}$$

Die Temperaturen $\vartheta_{\mathrm{zu}} = \vartheta_{\mathrm{ab}}$ und damit auch die spezifischen Wärmekapazitäten $c_{\mathrm{p,zu}} = c_{\mathrm{p,ab}}$ bleiben gleich. Gemäß den Voraussetzungen der Gln. (2.21) und (2.26) wurden aber die Geschwindigkeiten als klein vernachlässigt.

Wird nun auf dem Weg von ⓩⓤ nach ⓐⓑ dem Fluid mechanische Leistung P_{t} und Wärme $\dot{Q}_{\mathrm{zu-ab}}$ in einer Maschine zugeführt (Bild 2.16), so steigt der Druck (Pumpe), oder er fällt (Turbine). In Gl. (2.78) sind dann die Terme P_{t} und $\dot{Q}_{\mathrm{zu-ab}}$ hinzuzufügen. Man erhält in diesem Falle wieder die Enthalpiegleichung (2.24) für die instationäre Anfahrphase (Start) oder das Abstellen.

Im stationären Betrieb $\frac{\partial H}{\partial t} = 0$ ergibt sich die aus der Thermodynamik bekannte Form des 1. Hauptsatzes für offene Systeme:

$$\dot{H}_{\mathrm{ab}} - \dot{H}_{\mathrm{zu}} = P_{\mathrm{t}} + \dot{Q}_{12} \tag{2.90}$$

Dabei entspricht zu dem in der Thermodynamik gebräuchlicheren Index 1, und ab dem Index 2. Die in der Maschine zwangsläufig entstehenden Temperaturunterschiede in Strömungsrichtung (hier: x-Richtung) werden stets von der in oder gegen die Strömungsrichtung (z. B. x-Koordinate) verlaufenden Wärmeleitung (Längswärmeleitung) begleitet. In Relation zum advektiven Enthalpiestrom aus Gl. (2.83) ist dieser **diffusive** Fluss in Fluiden vielfach vernachlässigbar:

$$\dot{Q}_x = -\lambda \cdot A \cdot \frac{\mathrm{d}\vartheta}{\mathrm{d}x} \approx 0 \tag{2.91}$$

2.2 Beispiele

► Beispiel 2.1: Ex

In die Blechbadewanne von Rosi Rostig ($V = 400\ \ell$) strömen aus der Einlaufarmatur $\dot{V}_{zu,1} = 30\ \ell/\text{min}$ und aus der Kopfbrause $\dot{V}_{zu,2} = 0{,}1\ \ell/\text{s}$ Wasser ein (Bild 2.17). Der Wannenauslauf mit einem maximalen Abfluss von $\dot{V}_{ab,max} = 90\ \ell/\text{min}$ ist zu $p = 80\ \%$ durch den lose aufliegenden Stöpsel verdeckt. Durch n kleine Rostlöcher am Wannenumfang entweichen jeweils $\dot{V}_L = 0{,}25\ \ell/\text{min}$. Die ausfließenden Volumenströme können vereinfachend als unabhängig vom Pegelstand, d. h. als konstant, betrachtet werden. Weiterhin ist von der konstanten Wasserdichte $\varrho_W = 1\,000\ \text{kg/m}^3$ auszugehen.

(a) Skizzieren Sie das System Badewanne mit allen Massenströmen.

(b) Wie verändert sich die Wassermasse mit der Zeit bei nur einem Rostloch?

(c) Welches Wasservolumen V^* ist in der Wanne?

(d) Wie lange dauert die Befüllung der leeren Wanne (ohne Wasserverdrängung durch Badende)?

(e) Auf welchen Durchfluss muss der Überlauf ausgelegt sein?

(f) Wie viele Rostlöcher sind zulässig, damit der Füllstand der Wanne nicht fällt?

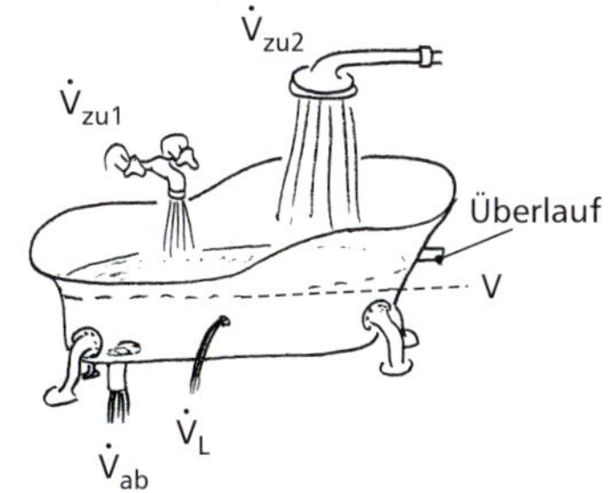

Bild 2.17: *Skizze der Badewanne mit Zu- und Abflüssen.*

Bekannte Größen:

Wannenvolumen:	$V = 400\ \ell$
Zufluss Einlaufarmatur:	$\dot{V}_{zu1} = 0{,}5\ \ell/\text{s}$
Zufluss Kopfbrause:	$\dot{V}_{zu2} = 0{,}1\ \ell/\text{s}$
maximaler Abfluss:	$\dot{V}_{ab,max} = 1{,}5\ \ell/\text{s}$
Verdeckung Abfluss:	$p = 80\ \%$
Abfluss je Rostloch:	$\dot{V}_L = 4{,}17 \cdot 10^{-3}\ \ell/\text{s}$
Wasserdichte:	$\varrho_W = 1\ \text{kg}/\ell$

Gesuchte Größen:

zeitliche Massenänderung:	$\frac{\partial m}{\partial t}$
Wasservolumen in der Wanne:	V^*
Befülldauer:	t_F
Durchfluss Überlauf:	$\dot{V}_Ü$
zulässige Anzahl der Rostlöcher:	n_{zul}

Lösung:

(a) Skizze des Systems:

Zuflüsse sind in das System gerichtet, Abflüsse aus dem System heraus. Die vorzeichenrichtige Eintragung in die Systemskizze (Bild 2.18) bietet den Vorteil, dass die jeweiligen Flüsse in der Bilanzgleichung einfacher zu berücksichtigen sind und in den Ergebnissen später keine negativen Vorzeichen bei den jeweiligen Strömen auftreten.

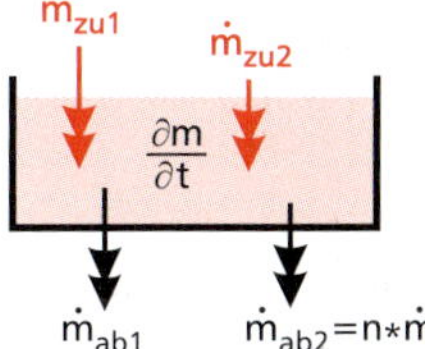

Bild 2.18: *Massenbilanz an der Badewanne.*

(b) zeitliche Änderung der Systemmasse:

Die zu- und abfließenden Massenströme bewirken eine zeitliche Änderung der Masse im System. Aus den Gln. (2.5) und (2.80) folgt in Verbindung mit Bild 2.18:

$$\frac{\partial m}{\partial t} = \dot{m}_{zu} - \dot{m}_{ab} = \dot{m}_{zu1} + \dot{m}_{zu2} - \dot{m}_{ab1} - \dot{m}_{ab2}$$

$$= \varrho_W \cdot \left(\dot{V}_{zu1} + \dot{V}_{zu2} - \dot{V}_{ab1} - \dot{V}_{ab2}\right) \tag{2.92}$$

Mit $n = 1$ Rostloch erhält man:

$$\dot{V}_{ab2} = n \cdot \dot{V}_L = \dot{V}_L = 4{,}17 \cdot 10^-3\ \frac{\ell}{\text{s}} \tag{2.93}$$

Für den durch den Auslauf abfließenden Volumenstrom $\dot{V}_{ab1}$ folgt mit der Verdeckung p:

$$\dot{V}_{ab1} = (1 - p) \cdot \dot{V}_{ab,max} = (1 - 0{,}8) \cdot 1{,}5\ \frac{\ell}{\text{s}} = 0{,}30\ \frac{\ell}{\text{s}} \tag{2.94}$$

Damit beträgt die zeitliche Änderung der Wassermasse:

$$\frac{\partial m}{\partial t} = 1{,}0\ \frac{\text{kg}}{\ell} \cdot \left(0{,}5\ \frac{\ell}{\text{s}} + 0{,}1\ \frac{\ell}{\text{s}} - 0{,}3\ \frac{\ell}{\text{s}} - 4{,}17 \cdot 10^-3\ \frac{\ell}{\text{s}}\right) = 0{,}296\ \frac{\text{kg}}{\text{s}} \tag{2.95}$$

Bei strenger egozentrischer Betrachtung sind generell alle Flüsse über die Systemgrenze in das System hinein einzutragen, was den Vorteil bietet, dass das Vorzeichen bei der Erstellung der Skizze noch unerheblich ist und erst später im Verlauf der Bilanzierung berücksichtigt wird. Im vorliegenden Fall wären dann die abfließenden Massenströme mit negativem Vorzeichen in die Bilanzgleichung einzutragen. Diese Betrachtungsweise ist aber weniger anschaulicher als die gewählte Vorgehensweise, die Flüsse über die Systemgrenze gleich mit der bekannten Fließrichtung einzutragen. Ist die Richtung a priori (von vornherein) unbekannt, ist sie praktisch frei wählbar. In jedem Falle stellt die eingezeichnete Pfeilrichtung die positive Richtung dar, d. h. ein positives Vorzeichen bestätigt die Richtung.

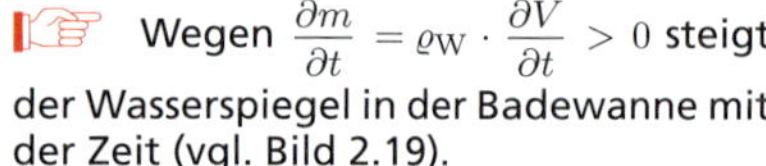

Wegen $\frac{\partial m}{\partial t} = \varrho_W \cdot \frac{\partial V}{\partial t} > 0$ steigt der Wasserspiegel in der Badewanne mit der Zeit (vgl. Bild 2.19).

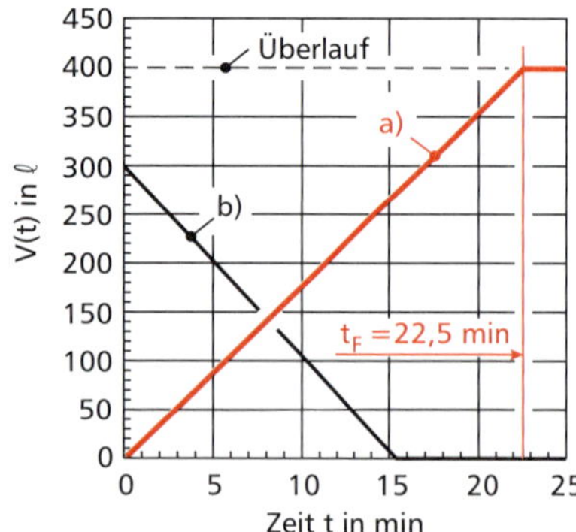

Bild 2.19: *Zeitlicher Verlauf des Wasservolumens $V(t)$ (Füllstand) in der Badewanne*
(a) laut Angabe von der leeren Wanne bei $t = 0$ bis zum Überlaufen bei $V = 400$ ℓ ab $t_F = 22{,}5$ min.
(b) anfangs zu 75 % volle Wanne mit 150 (!) Rostlöchern und sonst gleichen Parametern (Füllstandsabnahme).

Zusammenfassung und Ausblick:

- Zeitliche Änderungen der Systemmasse werden über eine am System aufgestellte Massenbilanz erfasst, bei der alle Zu- und Abflüsse sowie eventuell vorhandene Quellterme berücksichtigt werden.
- Im Falle konstanter Systemdichte sind die Volumenströme den Massenströmen proportional. Die Massenbilanz kann dann formal durch eine Volumenbilanz ersetzt werden. Aus $\dot{m}_{zu} = \dot{m}_{ab}$ im stationären Fall folgt bei dichtebeständigen Fluiden $\dot{V}_{zu} = \dot{V}_{ab}$.
- Bei veränderlicher Systemdichte, z. B. infolge von Temperaturänderungen, gelten diese Zusammenhänge nicht.
- Im stationären Zustand ist die zeitliche Änderung der Systemmasse und des Systemvolumens null.
- Systemvolumen und Systemmasse ergeben sich durch Integration der zeitlichen Änderung des Systemvolumens bzw. der Systemmasse über die Zeit.

(c) Wasservolumen in der Badewanne:

Die Frage nach dem momentanen Wasserstand V^* in der Badewanne kann so nicht beantwortet werden, da $\frac{\partial m}{\partial t} > 0$ nur die Änderung der Masse, nicht aber die Masse selbst angibt. Zur Klärung der Frage wären also noch weitere Informationen notwendig, z. B. über den Anfangszustand.

(d) Befülldauer:

Der momentane Füllstand $V(t)$ ergibt sich als zeitliches Integral der zeitlichen Änderung des Wasservolumens:

$$V(t) = \int_0^t \frac{\partial V}{\partial t}\,\mathrm{d}t \tag{2.96}$$

Die zeitliche Änderung des Systemvolumens ergibt sich mithilfe der Gln. (2.79) und (2.95) zu:

$$\frac{\partial V}{\partial t} = \frac{1}{\varrho_W} \cdot \frac{\partial m}{\partial t} = 0{,}296\,\frac{\ell}{\mathrm{s}}$$

Sie ist konstant und kann daher vor das Integral in Gl. (2.96) gezogen werden. Berücksichtigt man ferner, dass bei der gesuchten Befülldauer t_F genau das Badewannenvolumen V erreicht wird, dann folgt:

$$V = \frac{\partial V}{\partial t} \cdot \int_0^{t_F} \mathrm{d}t = \frac{\partial V}{\partial t} \cdot \Big[t\Big]_0^{t_F} = \frac{\partial V}{\partial t} \cdot (t_F - 0) \quad \Rightarrow$$

$$t_F = \frac{V}{\frac{\partial V}{\partial t}} = \frac{400\,\ell}{0{,}296\,\ell/\mathrm{s}} = 1\,352\ \mathrm{s} = 22{,}5\ \mathrm{min} \tag{2.97}$$

(e) erforderlicher Durchfluss des Überlaufs:

Da der Überlauf verhindern soll, dass die Wanne bei maximalem Zulauf überläuft, muss hier gerade ein stationärer Zustand erreicht werden und die Änderung der Systemmasse null sein:

$$\frac{\partial m}{\partial t} = \cancel{\varrho_W} \cdot \left(\dot{V}_{zu1} + \dot{V}_{zu2} - \dot{V}_{Ü}\right) \stackrel{!}{=} 0 \quad \Rightarrow$$

$$\dot{V}_{Ü} = \dot{V}_{zu1} + \dot{V}_{zu2} = 0{,}6\,\frac{\ell}{\mathrm{s}} \tag{2.98}$$

(f) zulässige Anzahl der Löcher:

Der Füllstand bleibt gleich, wenn die zeitliche Änderung der Wassermasse in der Wanne null ist:

$$\frac{\partial m}{\partial t} = \cancel{\varrho_W} \cdot \left(\dot{V}_{zu1} + \dot{V}_{zu2} - \dot{V}_{ab1} - n_{zul} \cdot \dot{V}_L\right) \stackrel{!}{=} 0 \quad \Rightarrow$$

$$n_{zul} = \frac{\dot{V}_{zu1} + \dot{V}_{zu2} - \dot{V}_{ab1}}{\dot{V}_L} = 72 \tag{2.99}$$

◀

► Beispiel 2.2: Ex

In der zylindrischen Regentonne (Durchmesser $D = 1$ m) von Kleingartenbesitzer Hansi Harke steht der Wasserspiegel anfangs bei $z(t=0) = z_0 = 1$ m. Am Boden der Tonne wird plötzlich eine kreisrunde Klappe vom Durchmesser $d = 5$ cm geöffnet, wodurch gemäß der Ausflussformel von Torricelli Wasser mit der füllstandsabhängigen Geschwindigkeit $w_{\mathrm{ab}}(z) = \sqrt{2\,g \cdot z}$ nach unten austritt. Gleichzeitig mit dem Öffnen der Bodenklappe fließt der Wasserstrom $\dot{V}_{\mathrm{zu}} \geq 0$ in die Regentonne. Reibungs- und Beschleunigungseffekte seien ebenso vernachlässigbar wie Wirbel infolge der Absenkung der Wasseroberfläche.

Bekannte Größen:

Tonnendurchmesser:	$D = 1$ m
anfänglicher Wasserstand:	$z_0 = 1$ m
Klappendurchmesser:	$d = 0{,}05$ m
Zuflüsse:	$\dot{V}_{\mathrm{zu1}} = 11{,}67$ ℓ/s
	$\dot{V}_{\mathrm{zu2}} = 3{,}89$ ℓ/s

Gesuchte Größen:

Systemskizze, Differenzialgleichung für den Füllstand, Verifikation der impliziten Lösung;	
Dauer der Entleerung:	$\hat{t}$
Füllstandsdiagramm, stationäre Zustände bei Zufluss;	
stationäre Füllstände:	z_1, z_2
Zufluss für konstanten Füllstand:	$\dot{V}_{\mathrm{zu,II}}$
Zeit zum Erreichen stationärer Füllstände:	t^*

(a) Fertigen Sie eine Systemskizze mit den wesentlichen Informationen an.

(b) Leiten Sie aus der Massenbilanz am System eine Differenzialgleichung für die Füllstandshöhe $z(t)$ her.

Zunächst wird der Fall der reinen Abflusses betrachtet, d. h. $\dot{V}_{\mathrm{zu}} = 0$.

(c) Vereinfachen Sie die Differenzialgleichung für die Füllstandshöhe $z(t)$ geeignet und zeigen Sie, dass die (auch für $\dot{V}_{\mathrm{zu}} \neq 0$ gültige) implizite Funktion

$$t(z) = \frac{2\,A}{\sqrt{2\,g}\,A_{\mathrm{ab}}} \cdot \left(\sqrt{z_0} - \sqrt{z}\right) + \frac{\dot{V}_{\mathrm{zu}} \cdot A}{g \cdot A_{\mathrm{ab}}^2} \cdot \ln\left(\frac{\sqrt{z_0} - \dfrac{\dot{V}_{\mathrm{zu}}}{\sqrt{2\,g}\,A_{\mathrm{ab}}}}{\sqrt{z} - \dfrac{\dot{V}_{\mathrm{zu}}}{\sqrt{2\,g}\,A_{\mathrm{ab}}}}\right) \tag{2.100}$$

eine Lösung für $\dot{V}_{\mathrm{zu}} = 0$ ist.

(d) Berechnen Sie die Dauer $\hat{t}$ der Entleerung.

(e) Skizzieren Sie den Füllstand $z(t)$ über der Zeit.

Im Folgenden wird nun der Fall betrachtet, dass mit dem Öffnen der Bodenklappe ein simultaner Zufluss $\dot{V}_{\mathrm{zu}} \neq 0$ auftritt.

(f) Welche stationären Zustände sind nun generell möglich, wenn davon ausgegangen wird, dass die Regentonne so hoch ist, dass sie nicht überläuft? Diskutieren Sie die Fälle anschaulich unter Berücksichtigung der Differenzialgleichung.

(g) Ermitteln Sie die stationären Füllstände z_1 und z_2 für die Zuflüsse $\dot{V}_{\mathrm{zu1}} = 700{,}11$ ℓ/min und $\dot{V}_{\mathrm{zu2}} = 233{,}37$ ℓ/min.

(h) Welche Bedingung muss für einen konstanten Füllstand $z(t) = z_0$ erfüllt sein? Was gilt in diesem Fall für die Systemmasse m?

(i) Nach welcher Zeit t^* wird bei den in Teilaufgabe (g) genannten Zuflüssen $\dot{V}_{\mathrm{zu1}}$ und $\dot{V}_{\mathrm{zu2}}$ der stationäre Zustand jeweils erreicht?

(j) Ergänzen Sie das Füllstandsdiagramm mit den Verläufen für die beiden Fälle aus Teilaufgabe (g).

Lösung:

(a) Skizze des Systems:

Die Differenz aus dem zuströmenden Volumenstrom $\dot{V}_{\mathrm{zu}}$ und dem abströmenden Volumenstrom $\dot{V}_{\mathrm{ab}}$ führt zu einer zeitlichen Änderung der Systemmasse $\dfrac{\partial m}{\partial t}$ (Bild 2.20).

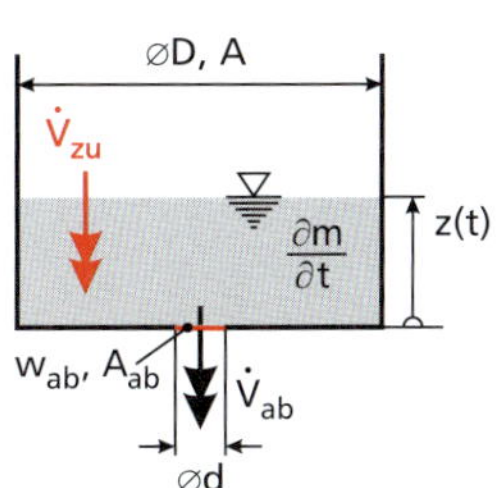

Bild 2.20: *Skizze der Regentonne.*

(b) Massenbilanz:

Aus Gl. (2.5) erhält man unter Berücksichtigung von Gl. (2.80):

$$\frac{\partial m}{\partial t} = \dot{m}_{\text{zu}} - \dot{m}_{\text{ab}} = \varrho \cdot \left(\dot{V}_{\text{zu}} - \dot{V}_{\text{ab}}\right) \qquad (2.101)$$

Das Systemvolumen erhält man mit der konstanten Querschnittsfläche $A = \frac{D^2 \cdot \pi}{4} = 0{,}785\ \text{m}^2$ der Tonne und der Füllstandshöhe z zu:

$$V = A \cdot z = \frac{D^2 \cdot \pi}{4} \cdot z \qquad (2.102)$$

Für den abfließenden Massenstrom folgt mit den Gln. (2.80) und (2.81) sowie der Klappenfläche $A_{\text{ab}} = \frac{d^2 \cdot \pi}{4} = 1{,}963 \cdot 10^{-3}\ \text{m}^2$:

$$\begin{aligned}\dot{m}_{\text{ab}} &= \varrho \cdot \dot{V}_{\text{ab}} = \varrho \cdot w_{\text{ab}}(z) \cdot A_{\text{ab}} = \varrho \cdot w_{\text{ab}}(z) \cdot \frac{d^2 \cdot \pi}{4} \\ &= \varrho \cdot \sqrt{2\, g \cdot z} \cdot \frac{d^2 \cdot \pi}{4}\end{aligned} \qquad (2.103)$$

Einsetzen in die Massenbilanz (2.101) liefert nach Einführen gewöhnlicher Differenziale $\frac{\partial}{\partial t} = \frac{\text{d}}{\text{d}t}$ wegen der alleinigen Zeitabhängigkeit:

$$\frac{\text{d}\,(\varrho \cdot A \cdot z)}{\text{d}t} = \varrho \cdot \dot{V}_{\text{zu}} - \varrho \cdot \sqrt{2\, g \cdot z} \cdot A_{\text{ab}} \qquad (2.104)$$

Die konstanten Terme ϱ und A können vor das Differenzial gezogen werden. Gleichzeitig kann die Dichte gekürzt werden.

Bei Gl. (2.106) handelt es sich wegen des Terms $\sqrt{z}$ um eine nichtlineare gewöhnliche Differenzialgleichung, die nicht mit den bei linearen Differenzialgleichungen bewährten Verfahren (Trennung der Variablen, Exponentialfunktionsansatz) gelöst werden kann. Wie durch Einsetzen gezeigt werden kann, ist Gl. (2.100) eine Lösung von Gl. (2.106).

$$\cancel{\varrho} \cdot A \cdot \frac{\text{d}z}{\text{d}t} = \cancel{\varrho} \cdot \dot{V}_{\text{zu}} - \cancel{\varrho} \cdot \sqrt{2\, g \cdot z} \cdot A_{\text{ab}} \qquad (2.105)$$

Division von Gl. (2.105) durch die Querschnittsfläche A der Tonne liefert schließlich die gesuchte Differenzialgleichung für die Füllstandshöhe $z(t)$:

$$\frac{\text{d}z}{\text{d}t} + \frac{A_{\text{ab}}}{A} \cdot \sqrt{2\, g} \cdot \sqrt{z} - \frac{\dot{V}_{\text{zu}}}{A} = 0 \qquad (2.106)$$

(c) Verifikation der Lösung:

Für verschwindenden Zufluss $\dot{V}_{\text{zu}} = 0$ vereinfacht sich die Dgl. (2.106) zu:

$$\frac{\text{d}z}{\text{d}t} + \frac{A_{\text{ab}}}{A} \cdot \sqrt{2\, g} \cdot \sqrt{z} = 0 \qquad (2.107)$$

Für die Lösung (2.100) folgt dann:

$$t(z) = \frac{2\, A}{\sqrt{2\, g}\, A_{\text{ab}}} \cdot \left(\sqrt{z_0} - \sqrt{z}\right) \qquad (2.108)$$

Differenziation von Gl. (2.108) nach der Füllstandshöhe z liefert:

$$\frac{\text{d}t}{\text{d}z} = \frac{2\, A}{\sqrt{2\, g}\, A_{\text{ab}}} \cdot \left(-\frac{1}{2\sqrt{z}}\right) = -\frac{A}{\sqrt{2\, g}\, A_{\text{ab}}} \cdot \frac{1}{\sqrt{z}} \qquad (2.109)$$

Unter Berücksichtigung des Zusammenhangs

$$\frac{\mathrm{d}z}{\mathrm{d}t} = \frac{1}{\frac{\mathrm{d}t}{\mathrm{d}z}} \tag{2.110}$$

erhält man für die Ableitung der Füllstandshöhe nach der Zeit:

$$\frac{\mathrm{d}z}{\mathrm{d}t} = -\frac{A_{\mathrm{ab}}}{A} \cdot \sqrt{2\,g} \cdot \sqrt{z} \tag{2.111}$$

Setzt man diese in die vereinfachte Dgl. (2.107) ein, gelingt die Verifikation:

$$-\frac{A_{\mathrm{ab}}}{A} \cdot \sqrt{2\,g} \cdot \sqrt{z} + \frac{A_{\mathrm{ab}}}{A} \cdot \sqrt{2\,g} \cdot \sqrt{z} = 0 \quad \Rightarrow \quad 0 = 0 \tag{2.112}$$

(d) Entleerdauer:

Bei der Entleerdauer $\hat{t}$ ist der Füllstand auf $z=0$ abgesunken:

$$\hat{t} = t(z=0) = \frac{2\,A}{\sqrt{2\,g}\,A_{\mathrm{ab}}} \cdot \left(\sqrt{z_0} - \sqrt{0}\right) = 180{,}6\ \mathrm{s} = 3\ \mathrm{min} \tag{2.113}$$

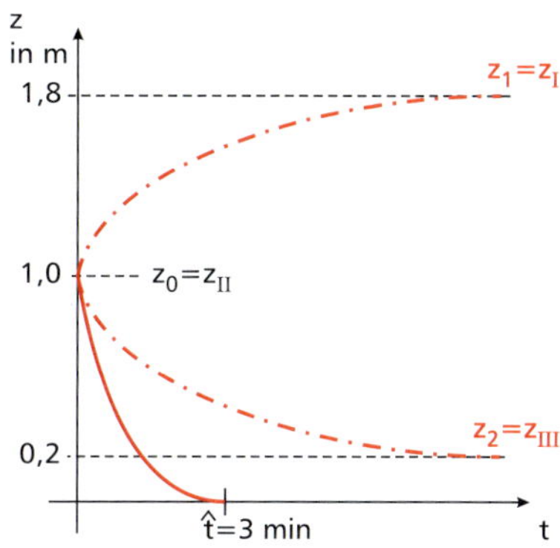

Bild 2.21: *Zeitlicher Verlauf des Füllstands.*

(e) Skizze des Füllstands (Bild 2.21):

Gl. (2.108) lässt sich explizit nach der Füllstandshöhe $z(t)$ auflösen. Nach entsprechender algebraischer Umformung erhält man:

$$z(t) = \left(\sqrt{z_0} - \frac{\sqrt{2\,g}\,A_{\mathrm{ab}} \cdot t}{2\,A}\right)^2 \tag{2.114}$$

(f) stationäre Füllzustände:

Stationär bedeutet, dass sich keine Änderungen mehr mit der Zeit ergeben, d. h. die jeweiligen Ableitungen nach der Zeit verschwinden. Für den Füllstand z bedeutet dies:

$$\frac{\mathrm{d}z}{\mathrm{d}t} = 0 \tag{2.115}$$

Es sind drei verschiedene Endzustände I–III denkbar (Bild 2.22):

I. Das Wasser steigt bis zum Füllstand z_{I}, der über der Anfangshöhe z_0 liegt. Durch den höheren Füllstand steigt auch die Ausflussgeschwindigkeit $w_{\mathrm{ab,I}} = \sqrt{2\,g} \cdot \sqrt{z_{\mathrm{I}}}$. Wegen $\dot{V}_{\mathrm{ab,I}} = w_{\mathrm{ab,I}} \cdot A_{\mathrm{ab}} = \sqrt{2\,g} \cdot \sqrt{z_{\mathrm{I}}} \cdot A_{\mathrm{ab}} \dot{V}_{\mathrm{zu,I}}$ ist $\frac{\mathrm{d}m}{\mathrm{d}t} = 0$, so dass sich ein stationärer Füllstand einstellt.

II. Zum Zeitpunkt $t=0$ ist der Zufluss $\dot{V}_{\mathrm{zu,II}}$ gerade so groß eingestellt, wie Wasser am Boden abfließt, d. h. z_0 ist bereits die stationäre Füllstandshöhe. Wegen $\dot{V}_{\mathrm{ab,II}} = w_{\mathrm{ab,II}} \cdot A_{\mathrm{ab}} = \sqrt{2\,g} \cdot \sqrt{z_{\mathrm{II}}} \cdot A_{\mathrm{ab}} = \dot{V}_{\mathrm{zu,II}}$ bleibt die Systemmasse unverändert, so dass $\frac{\mathrm{d}m}{\mathrm{d}t} = 0$ gilt. Zustand II ist mit dem Anfangszustand identisch.

III. Es fließt anfangs mehr ab, als zufließt, wodurch der Wasserspiegel z und die Ausflussgeschwindigkeit $w_{\mathrm{ab,III}} = \sqrt{2\,g} \cdot \sqrt{z_{\mathrm{III}}}$ absinken. Bei $z = z_{\mathrm{III}}$ stellt sich ein neues Gleichgewicht ein, bei dem $\dot{V}_{\mathrm{ab,III}} = w_{\mathrm{ab,III}} \cdot A_{\mathrm{ab}} = \sqrt{2\,g} \cdot \sqrt{z_{\mathrm{III}}} \cdot A_{\mathrm{ab}} = \dot{V}_{\mathrm{zu,III}}$ und $\frac{\mathrm{d}m}{\mathrm{d}t} = 0$ gilt.

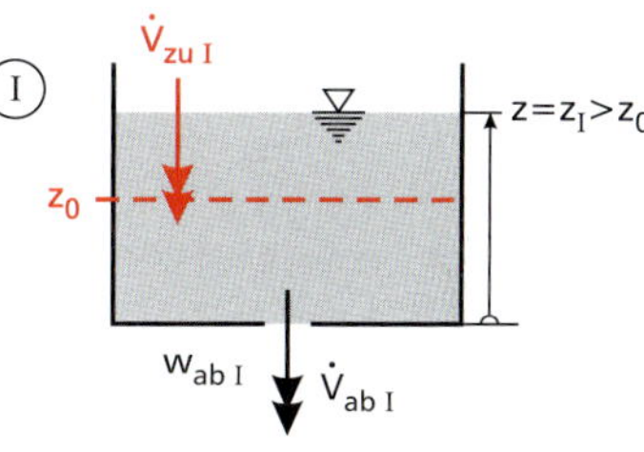

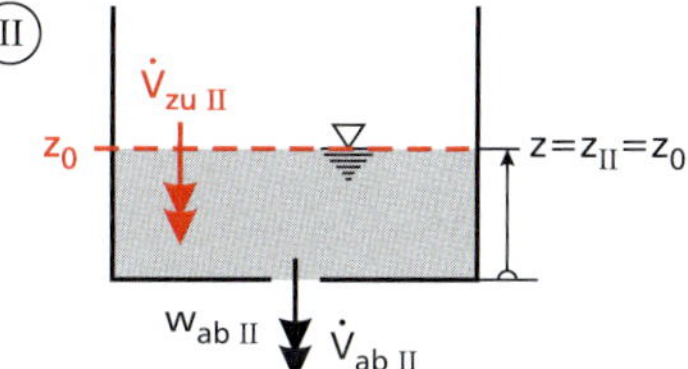

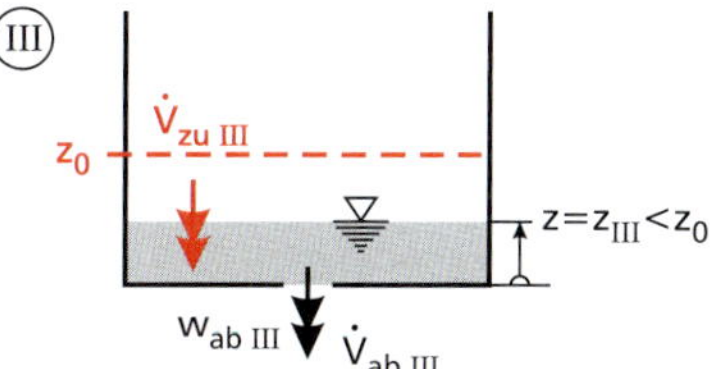

Bild 2.22: *Stationäre Füllstände I–III.*

Einsetzen von Gl. (2.115) in die Dgl. (2.106) liefert eine Beziehung, aus der sich der zur Erreichung eines stationären Füllstands notwendige Zufluss bzw. die stationäre Füllhöhe berechnen lässt:

$$\underbrace{\frac{\mathrm{d}z}{\mathrm{d}t}}_{0}+\frac{A_{\mathrm{ab}}}{A}\cdot\sqrt{2\,g}\cdot\sqrt{z}-\frac{\dot{V}_{\mathrm{zu}}}{A}=0 \tag{2.116}$$

$$\dot{V}_{\mathrm{zu}}=A_{\mathrm{ab}}\cdot\sqrt{2\,g}\cdot\sqrt{z} \tag{2.117}$$

$$z=\left(\frac{\dot{V}_{\mathrm{zu}}}{A_{\mathrm{ab}}\cdot\sqrt{2\,g}}\right)^{2} \tag{2.118}$$

Für die Füllstandshöhen $z_{\mathrm{I}} > z_0$, $z_{\mathrm{II}} = z_0$ und $z_{\mathrm{III}} < z_0$ erhält man aus Gl. (2.117) die entsprechenden Zuflüsse:

$$\dot{V}_{\mathrm{zuI}}=A_{\mathrm{ab}}\cdot\sqrt{2\,g}\cdot\sqrt{z_{\mathrm{I}}} \tag{2.119}$$

$$\dot{V}_{\mathrm{zuII}}=A_{\mathrm{ab}}\cdot\sqrt{2\,g}\cdot\sqrt{z_{\mathrm{II}}} \tag{2.120}$$

$$\dot{V}_{\mathrm{zuIII}}=A_{\mathrm{ab}}\cdot\sqrt{2\,g}\cdot\sqrt{z_{\mathrm{III}}} \tag{2.121}$$

Es gelten die bekannten Zusammenhänge:

$1\ \ell = 1\ \mathrm{dm}^3 = 1\cdot 10^{-3}\ \mathrm{m}^3$

$1\ \ell/\mathrm{s} = 1\cdot 10^{-3}\ \mathrm{m}^3/\mathrm{s}$

$1\ \ell/\mathrm{s} = 60\ \ell/\mathrm{min} = 3{,}6\ \mathrm{m}^3/\mathrm{h}$

(g) stationäre Füllstandshöhen:

Aus Gl. (2.118) lassen sich die zu $\dot{V}_{\mathrm{zu1}}$ und $\dot{V}_{\mathrm{zu2}}$ gehörigen Füllstandshöhen unter Beachtung der Einheiten ermitteln zu:

$$z_1=\left(\frac{\dot{V}_{\mathrm{zu1}}}{A_{\mathrm{ab}}\cdot\sqrt{2\,g}}\right)^{2}=1{,}8\ \mathrm{m} \tag{2.122}$$

$$z_2=\left(\frac{\dot{V}_{\mathrm{zu2}}}{A_{\mathrm{ab}}\cdot\sqrt{2\,g}}\right)^{2}=0{,}2\ \mathrm{m} \tag{2.123}$$

(h) Bedingung für konstanten Füllstand:

Wie bereits oben dargelegt, muss der Zufluss gleich dem zu $z_{\mathrm{II}} = z_0$ gehörigen Abfluss entsprechen:

$$\dot{V}_{\mathrm{zuII}}=A_{\mathrm{ab}}\cdot\sqrt{2\,g}\cdot\sqrt{z_0}=8{,}70\ \ell/\mathrm{s}=521{,}82\ \ell/\mathrm{min} \tag{2.124}$$

Die Systemmasse m bleibt konstant, da sich wegen $\frac{\mathrm{d}z}{\mathrm{d}t}=0$ der Füllstand nicht ändert und daher $\frac{\mathrm{d}\,(\varrho\cdot A\cdot z)}{\mathrm{d}t}=\frac{\mathrm{d}m}{\mathrm{d}t}=0$ ist. Die Dgl. (2.106) liefert allerdings nur eine Aussage über die zeitliche Änderung der Systemmasse (hier gleich null), nicht aber über deren Größe.

(i) Zeit für Erreichen des stationären Füllstands:

Im stationären Zustand gilt:

$$\sqrt{z}=\frac{\dot{V}_{\mathrm{zu}}}{A_{\mathrm{ab}}\cdot\sqrt{2\,g}} \tag{2.125}$$

Damit wird der Nenner des natürlichen Logarithmus in Gl. (2.100) null, so dass dieser nach Unendlich strebt. Die stationäre Füllstandshöhe wird also erst nach unendlich langer Zeit $t^*\to\infty$ als asymptotische Näherung erreicht.

(j) Ergänzung des Füllstandsdiagramms:

Die zusätzlichen Informationen sind bereits in Bild 2.21 eingetragen.

◄

Zusammenfassung und Ausblick:

- Die Berücksichtigung des von der Füllstandshöhe abhängigen Ausflusses nach Torricelli führt auf eine nichtlineare Differenzialgleichung für die Füllstandshöhe, die bei konstantem Zufluss eine implizite Lösung in der Form $t=t(z)$ besitzt.
- Bei fehlendem Zufluss kann der Füllstand $z(t)$ in Abhängigkeit der Zeit explizit angegeben werden.
- Nach unendlich langer Zeit wird bei unterschiedlich großem Zu- und Abfluss wieder eine konstante Füllhöhe asymptotisch erreicht.
- Im stationären Zustand ist die zeitliche Änderung des Füllstands und der Systemmasse null.

▶ Beispiel 2.3:

Rumpelstilzchen hat sich in seinem halbkugelförmigen Kupferkessel ($R = 25$ cm) frische Erbsensuppe ($\varrho = 975$ kg/m^3, $c_p = 4200$ J/(kg K) gekocht. An der Oberfläche der Suppe und an der Kesselaußenseite tritt der Gesamtwärmeübergangskoeffizient $\alpha = 25$ W/(m^2 K) zur Umgebung ($\vartheta_\infty = 20$ °C) auf. Zur Beschleunigung der Abkühlung von der Anfangstemperatur $\vartheta_0 = 90$ °C auf die gewünschte Genusstemperatur von $\vartheta_G = 50$ °C rührt Rumpelstilzchen die Suppe mit einem großen Löffel um, wodurch örtliche Temperaturunterschiede in der Suppe ebenso vernachlässigt werden können wie Volumenänderungen der Suppe.

(a) Skizzieren Sie die maßgeblichen Wärmetransportvorgänge mit den entsprechenden Wärmeströmen und Temperaturen.

(b) Leiten Sie aus einer Energiebilanz an der Suppe eine Gleichung für die zeitliche Änderung der Suppentemperatur ϑ_S ab.

(c) Wie lange muss Rumpelstilzchen rühren, bevor er die Suppe genießen kann?

Bekannte Größen:

Radius Kessel:	$R = 25$ cm
Dichte Suppe:	$\varrho = 975$ kg/m^3
spezifische Wärmekapazität Suppe:	$c_p = 4200$ J/(kg K)
Wärmeübergangskoeffizient:	$\alpha = 25$ W/(m^2 K)
Anfangstemperatur:	$\vartheta_0 = 90$ °C
Umgebungstemperatur:	$\vartheta_\infty = 20$ °C
Genusstemperatur:	$\vartheta_G = 50$ °C

Gesuchte Größen:

zeitlicher Verlauf der Suppentemperatur:	$\vartheta_S(t)$
Abkühldauer:	t_V

Lösung:

(a) Skizze des Systems (Bild 2.23):

Die Energiebilanz ist am System Suppe aufzustellen. Durch die Abkühlung sinkt die innere Energie der Suppe mit der Zeit, was im Term $\mathrm{d}U/\mathrm{d}t$ zum Ausdruck kommt. Die Abkühlung erfolgt einerseits durch Wärmeübergang an die Umgebung über die freie Suppenoberfläche A_S an der Oberseite des Kessels (Wärmestrom $\dot{Q}_S$). Andererseits tritt ein Wärmedurchgang durch die Oberfläche A_K der Kesselwand auf (Wärmestrom $\dot{Q}_K$). Aufgrund der hohen Wärmeleitfähigkeit des Kesselmaterials ($R_\lambda \to 0$) und der Rührbewegung ($R_{\alpha\,i} \to 0$) kann der Wärmedurchgang vereinfacht als Wärmeübergang mit dem Wärmeübergangskoeffizienten α modelliert werden. Beide Wärmeströme fließen von der heißen Suppe (Temperatur $\vartheta_S(t)$) zur kühleren Umgebung (Temperatur ϑ_∞), was in der Pfeilrichtung Berücksichtigung findet.

Bild 2.23: *Systemskizze des Kessels.*

Da das System eine Flüssigkeit ist, ist die spezifische isochore Wärmekapazität c_v praktisch gleich der spezifischen isobaren Wärmekapazität c_p.

Das untersuchte System ist als **„Modell des ideal gerührten Behälters"** bekannt (vgl. Abschnitt 5.1.5). Die Bezeichnung umfasst alle Systeme, die verschwindend geringe Temperaturunterschiede im Inneren aufweisen, wie z. B. in einem intensiv durchmischten Rührkessel. Das betrachtete System selbst muss jedoch kein Behälter sein. Wie in Abschnitt 5.1.4 noch gezeigt wird, ist der ideal gerührte Behälter auch ein wichtiges Modell zur Analyse der instationären Wärmeleitung. Kennzeichnend ist, dass die **Temperatur des ideal gerührten Behälters** eine **reine Zeitfunktion** ist.

Es ist zu beachten, dass beim Modell des ideal gerührten Behälters neben den in Gl. (2.126) aufgetretenen Wärmeströmen auch noch weitere Terme (z. B. innere Wärmequellen) vorkommen können. Das Modell ist für Aufheiz- und Abkühlvorgänge gleichermaßen einsetzbar.

(b) Energiebilanz am System Suppe:

Die Änderung der inneren Energie im Kontrollvolumen ergibt sich allgemein als Differenz der zu- und abfließenden Wärme- und Enthalpieströme und der Differenz der Energiequellen und -senken im Kontrollvolumen. Zufließende Wärmeströme, Enthalpieströme und Wärmequellen bzw. -senken treten am vorliegenden System nicht auf. Es liegen nur die beiden abfließenden Wärmeströme $\dot{Q}_S$ und $\dot{Q}_K$ vor:

$$\frac{\mathrm{d}U}{\mathrm{d}t} = -\dot{Q}_S - \dot{Q}_K \qquad (2.126)$$

Die innere Energie folgt aus Gl. (2.77):

$$U = m \cdot u = \varrho \cdot c_p \cdot V \cdot \vartheta_S \qquad (2.127)$$

In der Änderung der inneren Energie können die konstanten Terme ϱ, c_p und V vor das Differenzial gezogen werden:

$$\frac{\mathrm{d}U}{\mathrm{d}t} = \frac{\mathrm{d}}{\mathrm{d}t}\Big(\varrho \cdot c_p \cdot V \cdot \vartheta_S\Big) = \varrho \cdot c_p \cdot V \cdot \frac{\mathrm{d}\vartheta_S}{\mathrm{d}t} \qquad (2.128)$$

Die Wärmeströme $\dot{Q}_S$ und $\dot{Q}_K$ ergeben sich mithilfe des Newton'schen Abkühlungsgesetzes (1.13):

$$\dot{Q}_S = \alpha \cdot A_S \cdot (\vartheta_S - \vartheta_\infty) \tag{2.129}$$

$$\dot{Q}_K = \alpha \cdot A_K \cdot (\vartheta_S - \vartheta_\infty) \tag{2.130}$$

Für die Flächen A_S (Großkreisfläche einer Kugel mit Radius R) und A_S (halbe Oberfläche einer Kugel mit Radius R) erhält man:

$$A_S = \pi \cdot R^2 \tag{2.131}$$

$$A_K = \frac{1}{2} \cdot 4\pi \cdot R^2 = 2\pi \cdot R^2 \tag{2.132}$$

Einsetzen der Gln. (2.128)–(2.132) in die Energiebilanz (2.126) liefert:

$$\begin{aligned} \varrho \cdot c_p \cdot V \cdot \frac{d\vartheta_S}{dt} &= -\alpha \cdot \pi \cdot R^2 \cdot (\vartheta_S - \vartheta_\infty) - \alpha \cdot 2\pi \cdot R^2 \cdot (\vartheta_S - \vartheta_\infty) \\ &= -3\pi \cdot R^2 \cdot \alpha \cdot (\vartheta_S - \vartheta_\infty) \end{aligned} \tag{2.133}$$

Mit dem Volumen des Kessels (Halbkugel mit dem Radius R) vereinfacht sich Gl. (2.133) weiter:

$$V = \frac{1}{2} \cdot \frac{4}{3}\pi \cdot R^3 = \frac{2}{3}\pi \cdot R^3 \tag{2.134}$$

$$\varrho \cdot c_p \cdot \frac{2}{3}\pi \cdot R^3 \cdot \frac{d\vartheta_S}{dt} = -3\pi \cdot R^2 \cdot \alpha \cdot (\vartheta_S - \vartheta_\infty) \quad \Big| : \left(\varrho \cdot c_p \cdot \frac{2}{3}\pi \cdot R^3\right)$$

$$\Rightarrow \frac{d\vartheta_S}{dt} = -\frac{9\alpha}{2\varrho \cdot c_p \cdot R} \cdot (\vartheta_S - \vartheta_\infty) \tag{2.135}$$

Der konstante Vorfaktor in Gl. (2.135) besitzt die Dimension einer inversen Zeit, wie eine Dimensionsanalyse zeigt:

$$\left[-\frac{9\alpha}{2\varrho \cdot c_p \cdot R}\right] = \frac{\frac{\mathrm{W}}{\mathrm{m^2\,K}}}{\frac{\mathrm{kg}}{\mathrm{m^3}} \cdot \frac{\mathrm{J}}{\mathrm{kg\,K}} \cdot \mathrm{m}} = \frac{\mathrm{W}}{\mathrm{J}} = \frac{\mathrm{W}}{\mathrm{W\,s}} = \frac{1}{\mathrm{s}} \tag{2.136}$$

Zur Einsparung von Schreibarbeit und zur besseren Übersichtlichkeit ist es sinnvoll, für den Vorfaktor in Gl. (2.135) eine Abkürzung einzuführen. In Bezug auf die Dimensionsanalyse in Gl. (2.136) wird der Kehrwert des negativen Vorfaktors als **Zeitkonstante** τ_0 (s. auch Gl. (5.26), Bild 5.11) definiert:

$$\tau_0 := \frac{2\varrho \cdot c_p \cdot R}{9\alpha} \tag{2.137}$$

Damit folgt aus der umgeformten Energiebilanz eine gewöhnliche Differenzialgleichung 1. Ordnung für die gesuchte Temperatur ϑ_S, in der als höchste Ableitung die 1. Ableitung vorkommt:

$$\frac{d\vartheta_S}{dt} = -\frac{1}{\tau_0} \cdot (\vartheta_S - \vartheta_\infty)$$

Sie ist zudem inhomogen, da die rechte Seite ungleich null ist:

$$\frac{d\vartheta_S}{dt} + \frac{1}{\tau_0} \cdot \vartheta_S = \frac{1}{\tau_0} \cdot \vartheta_\infty \tag{2.138}$$

(c) Abkühldauer t_V:

Die gesuchte Abkühldauer t_V ist die Zeit, bei der die Suppe die gewünschte Genusstemperatur ϑ_G aufweist:

Mit der Bezeichnung ′ als Ableitung nach der Zeit lässt sich Gl. (2.138) alternativ auch schreiben als:

$$\vartheta_S' + \frac{1}{\tau_0} \cdot \vartheta_S = \frac{1}{\tau_0} \cdot \vartheta_\infty \tag{2.139}$$

Für die Methode der Trennung der Variablen erscheint allerdings die Differenzialschreibweise nach Leibniz günstiger.

Eine inhomogene Differenzialgleichung ist durch eine Störfunktion gekennzeichnet, die nicht identisch null ist. Zur Entscheidung, ob eine Inhomogenität vorliegt, bringt man alle Terme der gesuchten Variablen sowie ihre Ableitungen auf eine Gleichungsseite.

$$\frac{d\vartheta_S}{dt} + \frac{1}{\tau_0} \cdot \vartheta_S - \frac{1}{\tau_0} \cdot \vartheta_\infty = 0 \tag{2.140}$$

ist trotz der verschwindenden rechten Seite eine inhomogene Differenzialgleichung, da auf der linken Seite mit $\frac{1}{\tau_0} \cdot \vartheta_\infty$ ein von ϑ_S freier Term (Konstante) vorkommt, der auf die rechte Seite gehört.

Gl. (2.138) kann z. B. durch **Trennung der Variablen** (TdV) gelöst werden, wobei zunächst die Lösung $\vartheta_{S,hom}$ der homogenen Differenzialgleichung und dann eine partikuläre Lösung $\vartheta_{S,p}$ der inhomogenen Differenzialgleichung bestimmt wird:

$$\vartheta_{S,inh} = \vartheta_{S,hom} + \vartheta_{S,p} \tag{2.141}$$

Alternativ zur Trennung der Variablen wäre auch ein Exponentialfunktionsansatz möglich.

Die zu Gl. (2.138) gehörige homogene Differenzialgleichung erhält man durch Nullsetzen der rechten Seite:

$$\frac{d\vartheta_S}{dt} + \frac{1}{\tau_0} \cdot \vartheta_S = 0 \tag{2.142}$$

$$\vartheta_S(t_V) = \vartheta_G \tag{2.143}$$

Insofern ist zunächst der zeitliche Verlauf der Suppentemperatur $\vartheta_S(t)$ durch Lösung der Differenzialgleichung (2.138) zu bestimmen. Dazu werden in der homogenen Differenzialgleichung die von den Variablen ϑ_S und t abhängigen Terme jeweils auf eine Gleichungsseite gebracht. Beide Seiten der Gleichung werden dann nach ϑ_S und t getrennt unbestimmt integriert, wodurch eine Integrationskonstante C_1 auftritt:

$$\frac{d\vartheta_S}{dt} = -\frac{1}{\tau_0}\cdot\vartheta_S \qquad \Big|\cdot\frac{dt}{\vartheta_S}$$

$$\frac{d\vartheta_S}{\vartheta_S} = -\frac{1}{\tau_0}\cdot dt \qquad \Big|\int$$

$$\ln[\vartheta_S(t)] = -\frac{1}{\tau_0}\cdot t + C_1 \qquad \Big|\exp(\ldots)$$

$$\vartheta_{S,hom}(t) = \exp\left[-\frac{t}{\tau_0}+C_1\right] = \exp\left[-\frac{t}{\tau_0}\right]\cdot\exp[C_1] = C_1^*\cdot\exp\left[-\frac{t}{\tau_0}\right] \tag{2.144}$$

$\vartheta_{S,hom}(t)$ ist die allgemeine Lösung der homogenen Differenzialgleichung. Die Konstante C_1^* ist aus der Anfangsbedingung zu bestimmen. Die partikuläre Lösung von (2.138) kann durch Störansatz ermittelt werden. Der Störterm $\frac{1}{\tau_0}\cdot\vartheta_\infty$ ist konstant, daher wird für $\vartheta_{S,p}(t)$ auch eine Konstante C_2 angesetzt:

$$\vartheta_{S,p}(t) \overset{!}{=} C_2 \Rightarrow \quad \frac{d\vartheta_{S,p}}{dt} = 0 \tag{2.145}$$

Durch Einsetzen von Gl. (2.145) in Gl. (2.138) folgt:

$$0 + \frac{1}{\tau_0}\cdot C_2 = \frac{1}{\tau_0}\cdot\vartheta_\infty$$

$$C_2 = \vartheta_{S,p}(t) = \vartheta_\infty = \text{const.} \tag{2.146}$$

Die partikuläre Lösung $\vartheta_{S,p}(t)$ besitzt hier anschaulich die Bedeutung der stationären Lösung, d. h. der Temperatur, die sich nach unendlich langer Zeit im Kessel einstellt.
Damit erhält man die allgemeine Lösung der inhomogenen Differenzialgleichung $\vartheta_{S,inh}$:

$$\vartheta_{S,inh}(t) = \vartheta_{S,hom}(t) + \vartheta_{S,p}(t) = C_1^*\cdot\exp\left[-\frac{t}{\tau_0}\right] + \vartheta_\infty \tag{2.147}$$

Die Konstante C_1^* ist aus der Anfangsbedingung (2.148) zu bestimmen. Sie gibt die bekannte Temperatur der Suppe zur Zeit $t=0$ an:

$$\vartheta_S(t=0) = \vartheta_0 \tag{2.148}$$

$$\vartheta_{S,inh}(t=0) = C_1^*\cdot\exp\left[-\frac{0}{\tau_0}\right] + \vartheta_\infty = C_1^* + \vartheta_\infty = \vartheta_0$$

$$C_1^* = \vartheta_0 - \vartheta_\infty \tag{2.149}$$

Damit erhält man den gesuchten Temperaturverlauf (vgl. Bild 2.24):

$$\vartheta_S(t) = (\vartheta_0 - \vartheta_\infty)\cdot\exp\left[-\frac{t}{\tau_0}\right] + \vartheta_\infty \tag{2.150}$$

Durch Einführen der **Übertemperatur** $\theta := \vartheta_S - \vartheta_\infty$ als neue Variable ist eine einfachere Lösung erzielbar. Die Übertemperatur ist die Temperaturdifferenz zwischen System und Umgebung. Da die Ableitung einer Konstanten (hier: ϑ_∞) stets null ist, lässt sich das Differenzial der gesuchten Temperatur umformen:

$$\frac{d\vartheta_S}{dt} = \frac{d\vartheta_S - d\vartheta_\infty}{dt} = \frac{d(\vartheta_S - \vartheta_\infty)}{dt}$$

$$\frac{d(\vartheta_S - d\vartheta_\infty)}{dt} = -\frac{1}{\tau_0}\cdot(\vartheta_S - \vartheta_\infty)$$

$$\frac{d\theta}{dt} = -\frac{1}{\tau_0}\cdot\theta \Rightarrow \frac{d\theta}{dt} + \frac{1}{\tau_0}\cdot\theta = 0 \tag{2.151}$$

Die homogene Dgl. (2.151) ist durch Trennung der Variablen lösbar:

$$\frac{d\theta}{dt} = -\frac{1}{\tau_0}\cdot\theta \qquad \Big|\cdot\frac{dt}{\theta}$$

$$\frac{d\theta}{\theta} = -\frac{1}{\tau_0}\cdot dt \qquad \Big|\int$$

$$\ln[\theta(t)] = -\frac{1}{\tau_0}\cdot t + C_1 \qquad \Big|\exp(\ldots)$$

$$\theta(t) = \exp\left[-\frac{t}{\tau_0}+C_1\right] = \exp\left[-\frac{t}{\tau_0}\right]\cdot\exp[C_1]$$

$$\theta(t) = C_1^*\cdot\exp\left[-\frac{t}{\tau_0}\right] \tag{2.152}$$

$$\vartheta_S(t) - \vartheta_\infty = C_1^*\cdot\exp\left[-\frac{t}{\tau_0}\right]$$

$$\vartheta_S(t) = C_1^*\cdot\exp\left[-\frac{t}{\tau_0}\right] + \vartheta_\infty \tag{2.153}$$

Damit erhält man eine zu Gl. (2.147) äquivalente Beziehung, ohne die inhomogene Differenzialgleichung (2.138) lösen zu müssen.

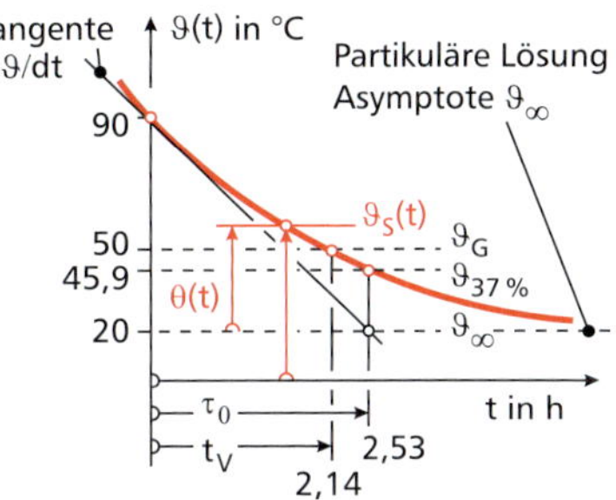

Bild 2.24: *Exponentiell abklingender Verlauf („Temperaturgang") der Suppentemperatur $\vartheta_S(t)$ und der Suppenübertemperatur $\theta(t) = \vartheta_S(t) - \vartheta_\infty$ mit Zeitkonstante τ_0.*

Zusammenfassung und Ausblick:

- Die globale Energiebilanz an der Suppe führt unter Berücksichtigung der Energieflüsse über die Systemgrenze auf eine Gleichung für die zeitliche Änderung der Systemtemperatur.
- Die gewöhnliche Differenzialgleichung 1. Ordnung für die Systemtemperatur ist durch Trennung der Variablen integrierbar.
- Mit der Übertemperatur θ lässt sich die inhomogene Differenzialgleichung (2.138) in die einfacher lösbare homogene Differenzialgleichung (2.151) überführen.
- Die bei der Lösung des zeitlichen Problems auftretende Konstante folgt aus der Anfangsbedingung.

Mit Gl. (2.143) folgt eine Beziehung, aus der die gesuchte Abkühlzeit berechnet werden kann:

$$\vartheta_G = (\vartheta_0 - \vartheta_\infty) \cdot \exp\left[-\frac{t_V}{\tau_0}\right] + \vartheta_\infty \quad \Big| - \vartheta_\infty \quad \Big| : (\vartheta_0 - \vartheta_\infty)$$

$$\exp\left[-\frac{t_V}{\tau_0}\right] = \frac{\vartheta_G - \vartheta_\infty}{\vartheta_0 - \vartheta_\infty} \quad \Big| \ln(\ldots) \quad \Big| \cdot (-\tau_0)$$

$$t_V = -\tau_0 \cdot \ln\left(\frac{\vartheta_G - \vartheta_\infty}{\vartheta_0 - \vartheta_\infty}\right) \tag{2.154}$$

$$\tau_0 = \frac{2\,\varrho \cdot c_p \cdot R}{9\,\alpha} = \frac{2 \cdot 975 \text{ kg/m}^3 \cdot 4\,200 \text{ J/(kg K)} \cdot 0{,}25 \text{ m}}{9 \cdot 25 \text{ W/(m}^2\text{ K)}} = 9\,100 \text{ s} = 2{,}53 \text{ h}$$

$$t_V = -9\,100 \text{ s} \cdot \ln\left(\frac{50\ ^\circ\text{C} - 20\ ^\circ\text{C}}{90\ ^\circ\text{C} - 20\ ^\circ\text{C}}\right) = 7\,710 \text{ s} = 2{,}14 \text{ h}$$

◄

► Beispiel 2.4: Ex

Susi Sorglos hat ihrem Freund Stefan Schlecker zum Geburtstag eine Sahnetorte gebacken, die keinen Temperaturen über $\vartheta_G = 28$ °C ausgesetzt werden darf. Sie hat ihr Auto in der prallen Sonne geparkt, wodurch die Lufttemperatur im Inneren auf $\vartheta_0 = 50$ °C gestiegen ist. Zur Abkühlung des Innenraums schaltet sie das Gebläse ein. Der Ventilator fördert einen Volumenstrom von $\dot{V} = 25$ m^3/h mit einer Zulufttemperatur $\vartheta_\infty = 25$ °C in das Auto. Der mittlere Wärmedurchgangskoeffizient von der Luft im Innenraum des Autos (Temperatur ϑ_i) über die Oberfläche des Autos $A = 4$ m^2 an die Außenluft (Temperatur $\vartheta_\infty = 25$ °C) beträgt $k = 1$ W/(m^2 K). Das Auto besitzt ein Luftvolumen von $V = 3$ m^3. Die konstanten Stoffwerte der Luft $\varrho_L = 1{,}2$ kg/m^3 und $c_{pL} = 1\,006$ J/(kg K) sind bekannt. Aufgrund des Gebläses weist die Luft im Auto keine örtlichen Temperaturunterschiede auf. Da das Auto infolge der Sonnenwanderung mittlerweile im Schatten steht, sind weitere solare Wärmeeinträge ebenso vernachlässigbar wie Speichereffekte und Druckunterschiede im Innenraum des Autos.

(a) Stellen Sie die maßgeblichen Wärmetransportvorgänge mit den entsprechenden Wärme- und Massenströmen und den jeweiligen Temperaturen in einer Skizze dar.

(b) Leiten Sie aus einer Energiebilanz am System Auto eine Gleichung für die zeitliche Änderung der Innrenraumlufttemperatur ϑ_i ab.

(c) Berechnen Sie den zeitlichen Verlauf der Lufttemperatur im Innenraum $\vartheta_i(t)$.

(d) Welche Grenztemperatur $\vartheta_{i,\infty}$ erreicht die Luft im Auto nach sehr langer Zeit?

(e) Welche Zeitspanne t_1 muss Susi mindestens abwarten, bevor sie mit der Torte zu Stefan fahren kann?

(f) Welche Zeitspanne t_2 ergibt sich für den Fall, dass das Gebläse nicht funktioniert?

(g) Skizzieren Sie für beide Fälle qualitativ den zeitlichen Verlauf der Lufttemperaturen $\vartheta_{i1}(t)$ und $\vartheta_{i2}(t)$ im Innenraum.

Bild 2.25: *Die Lufttemperatur im Auto stellt eine Obergrenze für die Temperatur der Torte dar.*

Bekannte Größen:

Anfangstemperatur:	$\vartheta_0 = 50$ °C
Umgebungstemperatur:	$\vartheta_\infty = 25$ °C
Grenztemperatur:	$\vartheta_G = 28$ °C
▷ Luft:	
Dichte:	$\varrho_L = 1{,}2$ kg/m^3
isobare spezifische Wärmekapazität:	$c_{pL} = 1\,006$ J/(kg K)
Volumenstrom:	$\dot{V} = 25$ m^3/h
▷ Auto:	
Wärmedurchgangskoeffizient:	$k = 1$ W/(m^2 K)
Oberfläche:	$A = 4$ m^2
Luftvolumen:	$V = 3$ m^3

Gesuchte Größen:

zeitlicher Verlauf der Temperatur im Innenraum:	$\vartheta_i(t)$
Abkühldauern:	t_1, t_2

Lösung:

(a) Skizze des Systems (Bild 2.26):

Die zu- und abströmende Luft bewirkt einen Enthalpiestrom $\dot{H}_{\mathrm{ein}}$ in das Auto und ein Enthalpiestrom $\dot{H}_{\mathrm{aus}}$ aus dem Auto. Infolge des Wärmedurchgangs über die Oberfläche des Autos fließt ein Wärmestrom $\dot{Q}_{\mathrm{k}}$ von der Luft im Auto zur Umgebung. Die Enthalpie- und Wärmeströme führen zu einer zeitlichen Änderung der Enthalpie $\mathrm{d}H_{\mathrm{i}}/\mathrm{d}t$ und damit der Temperatur ϑ_{i} der Luft im Auto. Die Enthalpie- und Wärmeströme werden vorzeichenrichtig in die Skizze eingetragen.

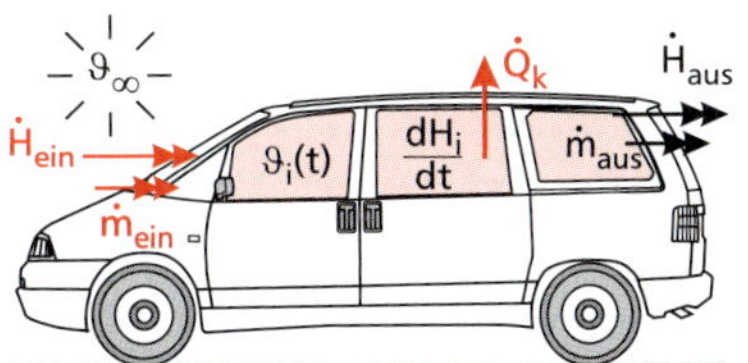

Bild 2.26: *Energieströme am System Auto.*

Die getroffene Beschränkung auf eine konstante Luftdichte, aus der konstante Volumenströme folgen, ist als Näherung in der Praxis durchaus üblich. Mit dem auftretenden maximalen Dichteunterschied $\varrho_{\mathrm{aus}} \cdot T_{\mathrm{aus}} = \varrho_{\mathrm{ein}} \cdot T_{\mathrm{ein}}$ bzw. $\frac{\varrho_{\mathrm{aus}} - \varrho_{\mathrm{ein}}}{\varrho_{\mathrm{ein}}} = \frac{T_{\mathrm{ein}}}{T_{\mathrm{aus}}} - 1 = \frac{323{,}15}{298{,}15} - 1 = 8\ \%$ könnten später ggf. die Luftgeschwindigkeiten korrigiert werden. Mit konstanter Dichte sind auch Speichereffekte in der Systemmasse während der Abkühlphase (atmendes System gemäß Abschnitt 2.1.3) vernachlässigbar. Aus $0 = \frac{\partial m}{\partial t} = \dot{m}_{\mathrm{zu}} - \dot{m}_{\mathrm{ab}}$ folgt ein konstanter Massenstrom $\dot{m} = \mathrm{const.}$

(b) Energiebilanz am System Auto:

Der 1. Hauptsatz wird gemäß Gl. (2.26) für konstanten Systemdruck als Enthalpiegleichung angeschrieben. Die Änderung der Enthalpie im Kontrollvolumen ergibt sich allgemein als Differenz der zu- und abfließenden Wärme- und Enthalpieströme und der Differenz der Energiequellen und -senken im Kontrollvolumen:

$$\frac{\mathrm{d}H_{\mathrm{i}}}{\mathrm{d}t} = \dot{H}_{\mathrm{ein}} - \dot{H}_{\mathrm{aus}} - \dot{Q}_{\mathrm{k}} \tag{2.155}$$

Für die Enthalpieströme gilt:

$$\dot{H}_{\mathrm{ein}} = \dot{m} \cdot c_{\mathrm{pL}} \cdot \vartheta_\infty = \varrho_{\mathrm{L}} \cdot \dot{V} \cdot c_{\mathrm{pL}} \cdot \vartheta_\infty \tag{2.156}$$

$$\dot{H}_{\mathrm{aus}} = \dot{m} \cdot c_{\mathrm{pL}} \cdot \vartheta_{\mathrm{i}} = \varrho_{\mathrm{L}} \cdot \dot{V} \cdot c_{\mathrm{pL}} \cdot \vartheta_{\mathrm{i}} \tag{2.157}$$

Der Transmissionswärmestrom über die Systemgrenze Auto beträgt:

$$\dot{Q}_{\mathrm{k}} = k \cdot A \cdot (\vartheta_{\mathrm{i}} - \vartheta_\infty) \tag{2.158}$$

Für die Enthalpie der Luft im Innenraum gilt:

$$H_{\mathrm{i}} = m \cdot h_{\mathrm{i}} = \varrho_{\mathrm{L}} \cdot V \cdot c_{\mathrm{pL}} \cdot \vartheta_{\mathrm{i}} \tag{2.159}$$

Die zeitliche Änderung der Enthalpie entspricht der ersten Ableitung der Enthalpie nach der Zeit. Die Konstanten können dabei vor das Differenzial gezogen werden:

$$\frac{\mathrm{d}H_{\mathrm{i}}}{\mathrm{d}t} = \frac{\mathrm{d}}{\mathrm{d}t}\Big(\varrho_{\mathrm{L}} \cdot V \cdot c_{\mathrm{pL}} \cdot \vartheta_{\mathrm{i}}\Big) = \varrho_{\mathrm{L}} \cdot V \cdot c_{\mathrm{pL}} \cdot \frac{\mathrm{d}\vartheta_{\mathrm{i}}}{\mathrm{d}t} \tag{2.160}$$

Durch Einsetzen in die Energiebilanz (2.155) erhält man:

$$\begin{aligned} \varrho_{\mathrm{L}} \cdot V \cdot c_{\mathrm{pL}} \cdot \frac{\mathrm{d}\vartheta_{\mathrm{i}}}{\mathrm{d}t} &= \varrho_{\mathrm{L}} \cdot \dot{V} \cdot c_{\mathrm{pL}} \cdot \vartheta_\infty - \varrho_{\mathrm{L}} \cdot \dot{V} \cdot c_{\mathrm{pL}} \cdot \vartheta_{\mathrm{i}} - k \cdot A \cdot (\vartheta_{\mathrm{i}} - \vartheta_\infty) \\ &= -\Big(\varrho_{\mathrm{L}} \cdot \dot{V} \cdot c_{\mathrm{pL}} + k \cdot A\Big) \cdot (\vartheta_{\mathrm{i}} - \vartheta_\infty) \qquad \Big|\, : (\varrho_{\mathrm{L}} \cdot V \cdot c_{\mathrm{pL}}) \end{aligned}$$

Der Transmissionswärmestrom $\dot{Q}_{\mathrm{k}}$ wird in Bild 2.26 mit einem Pfeil eingetragen, wobei die Pfeilrichtung grundsätzlich beliebig gewählt werden kann. Im vorliegenden Fall ist das Innere des Autos wärmer als die Umgebung, weshalb der Transmissionswärmestrom $\dot{Q}_{\mathrm{k}}$ aus dem System Auto abfließt. Der Wärmestrom kann auf zwei Arten formuliert werden:

1. Physikalischer Ansatz:
   Damit der Wärmestrom wie gezeichnet fließen kann, muss das Autoinnere wärmer sein als die Umgebung. Die positive Temperaturdifferenz, die diesen Wärmefluss hervorruft, ist $\vartheta_{\mathrm{i}} - \vartheta_\infty$. Folglich wird in Gl. (2.158) $\dot{Q}_{\mathrm{k}} = k \cdot A \cdot (\vartheta_{\mathrm{i}} - \vartheta_\infty)$ angesetzt. Die Differenzbildung entspricht dabei „Ende minus Spitze".
2. Analogie zum Fourier'schen Wärmeleitungsansatz:
   Hier wird die Temperaturdifferenz nach der Regel „Spitze minus Ende" bezüglich des Wärmestrompfeils angesetzt und ein Minuszeichen analog zum Fourier'schen Wärmeleitungsansatz (1.11) vor den Term des Wärmestroms geschrieben. Damit könnte Gl. (2.158) auch als $\dot{Q}_{\mathrm{k}} = -k \cdot A \cdot (\vartheta_\infty - \vartheta_{\mathrm{i}})$ notiert werden.

☞

Gl. (2.161) ermöglicht folgende wesentliche Aussagen:

- Die zeitliche Änderung der Lufttemperatur im Auto ist proportional zur Temperaturdifferenz gegenüber der Umgebung. Da die einströmende Luft kühler als die Luft im Auto und der Summenterm in der Klammer positiv ist, ist die zeitliche Temperaturänderung der Innenluft negativ. Die Temperatur im Auto nimmt daher ab, wie physikalisch erwartbar, wenn kühlere Außenluft einströmt.
- Die Lufttemperatur im Auto ist daher nicht konstant, wodurch sich auch die anfängliche Temperaturdifferenz $(\vartheta_\mathrm{i}-\vartheta_\infty)|_{t=0} = (\vartheta_0-\vartheta_\infty)$ mit der Zeit ändert.
- Die Lufttemperatur im Innenraum ändert sich anfangs am stärksten, da hier der größte Temperaturunterschied $(\vartheta_\mathrm{i}-\vartheta_\infty)$ vorliegt.
- Hat die Innenlufttemperatur die Außentemperatur erreicht, verschwindet die Temperaturdifferenz und auch die zeitliche Änderung der Lufttemperatur in Gl. (2.161).
- Eine direkte algebraische Berechnung der Lufttemperatur im Innenraum ϑ_i ist aus der **Differenzialgleichung** (2.161) nicht möglich, da sie die gesuchte Funktion $\vartheta_\mathrm{i}(t)$ mit ihrer ersten Ableitung $\mathrm{d}\vartheta_\mathrm{i}/\mathrm{d}t$ verknüpft.

$$\frac{\mathrm{d}\vartheta_\mathrm{i}}{\mathrm{d}t} = -\left(\frac{\dot{V}}{V} + \frac{k\cdot A}{\varrho_\mathrm{L}\cdot V\cdot c_\mathrm{pL}}\right)\cdot(\vartheta_\mathrm{i}-\vartheta_\infty) \tag{2.161}$$

Der Summenterm in der Klammer hängt nicht von der Zeit ab, so dass zur Abkürzung für ihn eine Konstante eingeführt werden kann:

$$\beta := \frac{\dot{V}}{V} + \frac{k\cdot A}{\varrho_\mathrm{L}\cdot V\cdot c_\mathrm{pL}} \tag{2.162}$$

$$\frac{\mathrm{d}\vartheta_\mathrm{i}}{\mathrm{d}t} = -\beta\cdot(\vartheta_\mathrm{i}-\vartheta_\infty) \tag{2.163}$$

(c) zeitlicher Verlauf der Innentemperatur im Auto:

Aus Gl (2.163) folgt eine inhomogene gewöhnliche Differenzialgleichung 1. Ordnung:

$$\frac{\mathrm{d}\vartheta_\mathrm{i}}{\mathrm{d}t} + \beta\cdot\vartheta_\mathrm{i} = \beta\cdot\vartheta_\infty \tag{2.164}$$

Gl. (2.164) ist z. B. durch Trennung der Variablen lösbar, wobei zunächst die Lösung $\vartheta_\mathrm{i,hom}$ der homogenen Differenzialgleichung und dann eine partikuläre Lösung $\vartheta_\mathrm{i,p}$ der inhomogenen Differenzialgleichung bestimmt wird. Die homogene Differenzialgleichung erhält man durch Nullsetzen der rechten Seite in (2.164):

$$\frac{\mathrm{d}\vartheta_\mathrm{i}}{\mathrm{d}t} + \beta\cdot\vartheta_\mathrm{i} = 0$$

Die von den Variablen ϑ_i und t abhängigen Terme werden auf verschiedene Seiten der Gleichung gebracht. Beide Seiten der Gleichung werden dann nach ϑ_i und t getrennt unbestimmt integriert, wodurch in der Lösung $\vartheta_\mathrm{i,hom}(t)$ die Integrationskonstante C_1^* auftritt:

$$\frac{\mathrm{d}\vartheta_\mathrm{i}}{\mathrm{d}t} = -\beta\cdot\vartheta_\mathrm{i} \qquad \Big|\cdot\frac{\mathrm{d}t}{\vartheta_\mathrm{i}}$$

$$\frac{\mathrm{d}\vartheta_\mathrm{i}}{\vartheta_\mathrm{i}} = -\beta\cdot dt \qquad \Big|\int$$

$$\ln\left[\vartheta_\mathrm{i}(t)\right] = -\beta\cdot t + C_1 \qquad \Big|\exp(\ldots)$$

$$\vartheta_\mathrm{i,hom}(t) = \exp\left[-\beta\cdot t + C_1\right] = \exp\left[-\beta\cdot t\right]\cdot\exp\left[C_1\right] = C_1^*\cdot\exp\left[-\beta\cdot t\right] \tag{2.165}$$

Die partikuläre Lösung von (2.164) ist durch Störansatz ermittelbar. Da der Störterm $\beta\cdot\vartheta_\infty$ konstant ist, wird für $\vartheta_\mathrm{i,p}(t)$ auch eine Konstante C_2 angesetzt:

$$\vartheta_\mathrm{i,p}(t) \overset{!}{=} C_2 \Rightarrow \frac{\mathrm{d}\vartheta_\mathrm{i,p}}{\mathrm{d}t} = 0$$

Einsetzen in die inhomogene Differenzialgleichung (2.164) liefert:

$$0 + \beta\cdot C_2 = \beta\cdot\vartheta_\infty \Rightarrow C_2 = \vartheta_\mathrm{i,p}(t) = \vartheta_\infty \tag{2.166}$$

Die partikuläre Lösung $\vartheta_\mathrm{i,p}(t)$ besitzt hier anschaulich die Bedeutung der stationären Lösung, d. h. der Temperatur, die sich nach unendlich langer Zeit im Auto einstellt.

Die allgemeine Lösung der inhomogenen Differenzialgleichung $\vartheta_{\mathrm{i,inh}}$ ergibt sich als Summe der allgemeinen Lösung $\vartheta_{\mathrm{i,hom}}$ der homogenen Differenzialgleichung und einer partikulären Lösung $\vartheta_{\mathrm{i,p}}$ der inhomogenen Differenzialgleichung:

$$\vartheta_{\mathrm{i,inh}}(t) = \vartheta_{\mathrm{i,hom}}(t) + \vartheta_{\mathrm{i,p}}(t) = C_1^* \cdot \exp\left[-\beta \cdot t\right] + \vartheta_\infty \tag{2.167}$$

Die Konstante C_1^* ist aus der Anfangsbedingung (2.168) zu bestimmen. Sie gibt die bekannte Lufttemperatur im Auto zur Zeit $t=0$ an:

$$\vartheta_{\mathrm{i}}(t=0) = \vartheta_0 \tag{2.168}$$

$$\vartheta_{\mathrm{i,inh}}(t=0) = C_1^* \cdot \exp\left[-\beta \cdot 0\right] + \vartheta_\infty = C_1^* + \vartheta_\infty = \vartheta_0$$

$$C_1^* = \vartheta_0 - \vartheta_\infty \tag{2.169}$$

Damit folgt der gesuchte zeitliche Verlauf der Lufttemperatur im Auto zu:

$$\vartheta_{\mathrm{i}}(t) = (\vartheta_0 - \vartheta_\infty) \cdot \exp\left[-\beta \cdot t\right] + \vartheta_\infty \tag{2.170}$$

Wesentliche Aussagen von Gl. (2.170) sind:

- Die Lufttemperatur nimmt exponentiell mit der Zeit ab.
- Erst im stationären Zustand, d. h. für $t \to \infty$, wird die Umgebungstemperatur ϑ_∞ erreicht.

(d) Grenztemperatur nach langer Zeit:

Formal ergibt sich die gesuchte Grenztemperatur $\vartheta_{\mathrm{i},\infty}$ als Grenzwert für $t \to \infty$:

$$\vartheta_{\mathrm{i},\infty} = \lim_{t\to\infty} \vartheta_{\mathrm{i}}(t) = \lim_{t\to\infty} (\vartheta_0 - \vartheta_\infty) \cdot \exp\left[-\beta \cdot t\right] + \vartheta_\infty$$

$$= (\vartheta_0 - \vartheta_\infty) \cdot \underbrace{\exp\left[-\beta \cdot \infty\right]}_{\to 0} + \vartheta_\infty = (\vartheta_0 - \vartheta_\infty) \cdot 0 + \vartheta_\infty = \vartheta_\infty \tag{2.171}$$

Sie ist allerdings bereits aus obigen Überlegungen anschaulich klar.

(e) Wartezeit t_1:

Nach der erforderlichen Wartezeit t_1 hat die Lufttemperatur im Auto gerade den Grenzwert ϑ_{G} erreicht:

$$\vartheta_{\mathrm{i}}(t_1) = \vartheta_{\mathrm{G}} = (\vartheta_0 - \vartheta_\infty) \cdot \exp\left[-\beta \cdot t_1\right] + \vartheta_\infty \qquad \Big| - \vartheta_\infty; \quad \Big| : (\vartheta_0 - \vartheta_\infty)$$

$$\exp\left[-\beta \cdot t_1\right] = \frac{\vartheta_{\mathrm{G}} - \vartheta_\infty}{\vartheta_0 - \vartheta_\infty} \qquad \Big| \ln(\ldots); \quad \Big| : (-\beta)$$

$$t_1 = -\frac{1}{\beta} \cdot \ln\left(\frac{\vartheta_{\mathrm{G}} - \vartheta_\infty}{\vartheta_0 - \vartheta_\infty}\right) \tag{2.172}$$

Es ergibt sich trotz des negativen Vorzeichens eine positive Zeit, da das Argument des Logarithmus kleiner als 1 ist ($\vartheta_{\mathrm{G}} < \vartheta_0$) und dieser damit negativ wird.
Für die Konstante β folgt mit den bekannten Größen:

$$\beta = \frac{\dot{V}}{V} + \frac{k \cdot A}{\varrho_{\mathrm{L}} \cdot V \cdot c_{\mathrm{pL}}}$$

$$= \frac{25\ \mathrm{m}^3/(3\,600\ \mathrm{s})}{3\ \mathrm{m}^3} + \frac{1\ \mathrm{W}/(\mathrm{m}^2\,\mathrm{K}) \cdot 4\ \mathrm{m}^2}{1{,}2\ \mathrm{kg/m}^3 \cdot 3\ \mathrm{m}^3 \cdot 1\,006\ \mathrm{J}/(\mathrm{kg\,K})}$$

$$= \frac{25}{3 \cdot 3\,600\ \mathrm{s}} + \frac{4\ \mathrm{W/K}}{1{,}2 \cdot 3 \cdot 1\,006\ \mathrm{Ws/K}} = \frac{25}{3 \cdot 3\,600\ \mathrm{s}} + \frac{4}{1{,}2 \cdot 3 \cdot 1\,006\ \mathrm{s}}$$

$$= 3{,}42 \cdot 10^{-3}\ \frac{1}{\mathrm{s}}$$

Zusammenfassung und Ausblick:

- Die Energiebilanz am System Auto führt unter Berücksichtigung der Energieflüsse über die Systemgrenze auf eine Gleichung für die zeitliche Änderung der Systemtemperatur.
- Die Gleichung für die Lufttemperatur des Systems ist eine inhomogene gewöhnliche Differenzialgleichung 1. Ordnung, die durch Trennung der Variablen integrierbar ist. Alternativ ist auch ein Exponentialfunktionsansatz möglich.
- Die inhomogene Dgl. (2.164) lässt sich mithilfe der Übertemperatur $\theta := \vartheta_\mathrm{i} - \vartheta_\infty$ in eine homogene Dgl. überführen (Homogenisierung), die einfacher lösbar ist:

$$\theta := \vartheta_\mathrm{i} - \vartheta_\infty \Rightarrow \vartheta_\mathrm{i} = \theta - \vartheta_\infty \Rightarrow$$

$$\frac{\mathrm{d}\vartheta_\mathrm{i}}{\mathrm{d}t} = \frac{\mathrm{d}\,(\theta - \vartheta_\infty)}{\mathrm{d}t} = \frac{\mathrm{d}\theta}{\mathrm{d}t} - \frac{\mathrm{d}\vartheta_\infty}{\mathrm{d}t}$$

$$= \frac{\mathrm{d}\theta}{\mathrm{d}t} - 0 = \frac{\mathrm{d}\theta}{\mathrm{d}t} \Rightarrow$$

$$\frac{\mathrm{d}\theta}{\mathrm{d}t} + \beta \cdot \theta = 0 \qquad (2.173)$$

- Die in der Lösung vorkommende Konstante ist aus der Anfangsbedingung zu bestimmen, da ein zeitliches Problem vorliegt.
- Die Berücksichtigung des Wärmeflusses aus den Bauteilen im Innenraum würde wegen der Kopplung mit den Speichermassen auf ein System zweier gewöhnlicher Differenzialgleichungen 1. Ordnung für die Luft- und die Speichermassentemperatur führen.

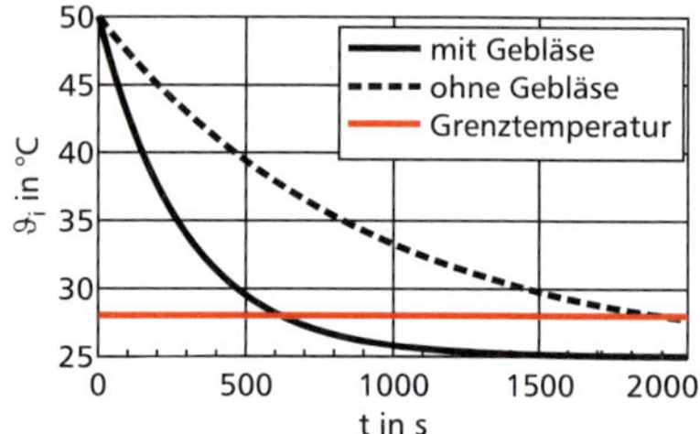

Bild 2.27: *Temperaturverlauf mit und ohne Gebläse sowie Grenztemperaturen.*

β stellt eine inverse Zeit dar, d. h. ihr Kehrwert ist eine für den Abkühlvorgang charakteristische **Zeitkonstante** τ_0:

$$\tau_0 = \frac{1}{\beta} = 292{,}48\ \mathrm{s}$$

Die Wartezeit t_1 beträgt damit:

$$\begin{aligned} t_1 &= -\tau_0 \cdot \ln\left(\frac{\vartheta_\mathrm{G} - \vartheta_\infty}{\vartheta_0 - \vartheta_\infty}\right) \\ &= -292{,}48\ \mathrm{s} \cdot \ln\left(\frac{28\ ^\circ\mathrm{C} - 25\ ^\circ\mathrm{C}}{50\ ^\circ\mathrm{C} - 25\ ^\circ\mathrm{C}}\right) \\ &= -292{,}48\ \mathrm{s} \cdot \ln 0{,}12 \\ &= 620{,}13\ \mathrm{s} = 10{,}33\ \mathrm{min} \end{aligned}$$

(f) Wartezeit t_2 ohne Gebläse:

Ohne Gebläse ist $\dot{V} = 0$, wodurch sich für die Konstante β der Wert β_2 ergibt:

$$\begin{aligned} \beta_2 &= \frac{k \cdot A}{\varrho_\mathrm{L} \cdot V \cdot c_{p\mathrm{L}}} \\ &= \frac{4}{1{,}2\ \cdot 3 \cdot 1\,006\ \mathrm{s}} \\ &= 1{,}10 \cdot 10^{-3}\ \frac{1}{\mathrm{s}} \end{aligned}$$

Für die Wartezeit t_2 folgt dann:

$$\begin{aligned} t_2 &= -\frac{1}{\beta_2} \cdot \ln\left(\frac{\vartheta_\mathrm{G} - \vartheta_\infty}{\vartheta_0 - \vartheta_\infty}\right) \\ &= -\frac{1}{1{,}10 \cdot 10^{-3}\ \mathrm{s}^{-1}} \cdot \ln 0{,}12 \\ &= 1\,919{,}69\ \mathrm{s} = 31{,}99\ \mathrm{min} \end{aligned}$$

Ohne Unterstützung durch das Gebläse verlängert sich die Wartezeit auf mehr als das 3fache.

(g) Skizze des Temperaturverlaufs (Bild 2.27):

Die Verhältnisse hinsichtlich der Änderung der Systemtemperatur werden auch aus der Skizze des Temperaturverlaufs deutlich. Die Abkühlkurve mit Gebläse (durchgezogen) weist bereits am Beginn einen steileren Verlauf auf als die Abkühlkurve ohne Gebläse (gestrichelt). Daher wird die gewünschte Grenztemperatur ϑ_G bei Benutzung des Gebläses früher erreicht.

Aus dem Diagramm in Bild 2.27 wird auch deutlich, dass sich die Temperaturkurven nicht asymptotisch der Grenztemperatur ϑ_G nähern, wie dies für einen Grenzwert zu erwarten wäre. Vielmehr schneiden die Temperaturkurven die Linie $\vartheta_\mathrm{G} = 28\ ^\circ\mathrm{C}$ unter einem bestimmten Winkel, während sie sich für sehr große Zeiten allmählich an den Grenzwert $\vartheta_{\mathrm{i},\infty} = \vartheta_\infty = 25\ ^\circ\mathrm{C}$ anschmiegen. Insofern sind die Grenztemperaturen ϑ_G und $\vartheta_{\mathrm{i},\infty}$ klar auseinander zu halten. ◄

► Beispiel 2.5:

Ein zylindrisches Stromkabel (Wärmeleitfähigkeit $\lambda_K = 390$ W/(m K), Länge L, Radius $R_i = 2{,}5$ cm) der Firma Dieter Drahtig & Co. ist mit einem Kunststoffmantel (Wärmeleitfähigkeit $\lambda_M = 0{,}2$ W/(m K), Radius $R_a = 3$ cm) isoliert (Bild 2.28). Der elektrische Strom I erzeugt im Leiter die konstante Wärmequellendichte $\dot{e}_q = 50$ kW/m^3. Der Gesamtwärmeübergangskoeffizient zwischen dem Kunststoffmantel und der Umgebung der Temperatur $\vartheta_\infty = 32$ °C beträgt $\alpha = 15$ W/(m^2 K).

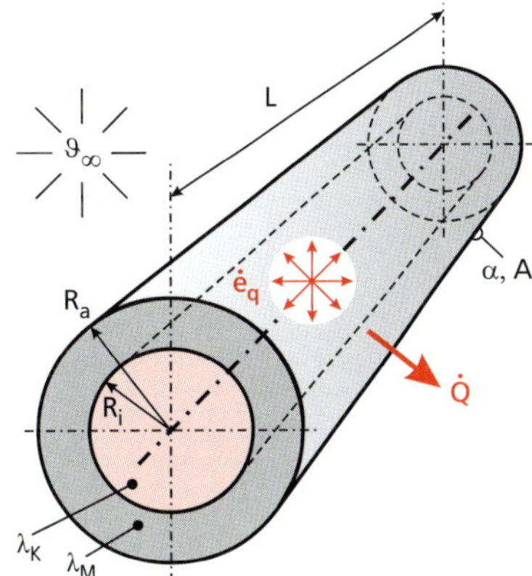

Bild 2.28: *Stromkabel mit inneren Wärmequellen und Wärmefluss in die Umgebung.*

(a) Zeichnen Sie das thermische Ersatzschaltbild mit allen maßgeblichen Wärmeströmen, Temperaturen und Widerständen.

(b) Bestimmen Sie mithilfe einer Energiebilanz den im stationären Fall fließenden Wärmestrom $\dot{Q}$.

(c) Wie groß ist die Temperatur ϑ_a an der Außenseite des Kunststoffmantels?

(d) Welche Temperatur ϑ_i herrscht an der Innenseite des Kunststoffmantels?

Hinweis: Die Ummantelung des Kabels besitzt, wie in Abschnitt 3.1.3 noch näher gezeigt wird, den Wärmeleitwiderstand

$$R_{\text{th},\lambda,\text{M}} = \frac{1}{2\pi \cdot \lambda \cdot L} \cdot \ln\left(\frac{R_a}{R_i}\right).$$

(e) Stellen Sie ausgehend von einer geeigneten Energiebilanz eine Differenzialgleichung für die Temperatur $\vartheta_K(r)$ im Kabel auf.

(f) Berechnen Sie die Temperatur ϑ_{K0} in der Kabelmitte.

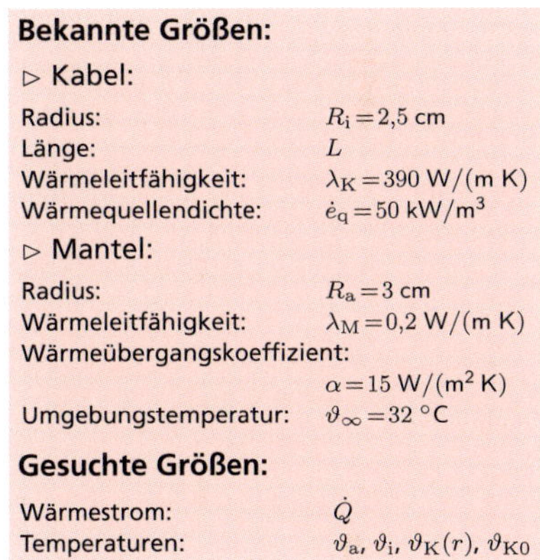

Bekannte Größen:

▷ Kabel:

Radius:	$R_i = 2{,}5$ cm
Länge:	L
Wärmeleitfähigkeit:	$\lambda_K = 390$ W/(m K)
Wärmequellendichte:	$\dot{e}_q = 50$ kW/m^3

▷ Mantel:

Radius:	$R_a = 3$ cm
Wärmeleitfähigkeit:	$\lambda_M = 0{,}2$ W/(m K)
Wärmeübergangskoeffizient:	$\alpha = 15$ W/(m^2 K)
Umgebungstemperatur:	$\vartheta_\infty = 32$ °C

Gesuchte Größen:

Wärmestrom:	$\dot{Q}$
Temperaturen:	ϑ_a, ϑ_i, $\vartheta_K(r)$, ϑ_{K0}

Lösung:

(a) thermisches Ersatzschaltbild (Bild 2.29):

Die innere Wärmequellendichte $\dot{e}_q$ stellt den Antrieb für den Wärmefluss durch den Kabelmantel nach außen dar. Sie entspricht im elektrischen Stromkreis einer Stromquelle (Batterie). Am Wärmeleitwiderstand $R_{\text{th},\lambda,\text{M}}$ der Ummantelung fällt die Temperatur von ϑ_i auf ϑ_a ab. Der Wärmeübergang zur Umgebung erfolgt durch den Gesamtwärmeübergangswiderstand $R_{\text{th},\alpha}$. Beide Widerstände liegen in Serie und werden von demselben Wärmestrom $\dot{Q}$ durchflossen. Sie können zu einem resultierenden Gesamtwiderstand $R_{\text{th,ges}}$ zusammengefasst werden:

$$R_{\text{th,ges}} = R_{\text{th},\lambda,\text{M}} + R_{\text{th},\alpha} \tag{2.174}$$

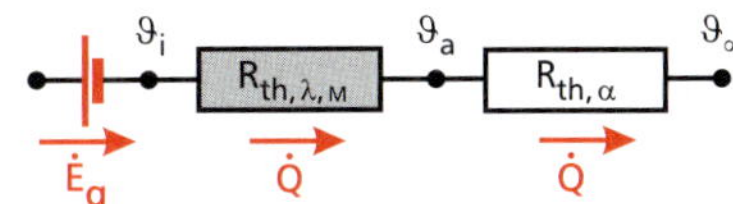

Bild 2.29: *Thermisches Ersatzschaltbild des Stromkabels.*

☞ Der Wärmeleitwiderstand des Kabels $R_{\text{th},\lambda,\text{K}}$ (in Bild 2.29 nicht dargestellt) entspricht in der elektrischen Analogie dem Innenwiderstand der Stromquelle.

(b) Wärmestrom $\dot{Q}$:

Die **globale Energiebilanz** am System Kabel lautet gemäß der Hinweise aus Abschnitt 2.1.4:

$$\frac{\partial E_{\text{Sys}}}{\partial t} = \dot{Q}_{\text{zu}} - \dot{Q}_{\text{ab}} + \dot{H}_{\text{zu}} - \dot{H}_{\text{ab}} + \dot{E}_q \tag{2.175}$$

Da sich zeitlich konstante Größen nicht ändern (stationärer Zustand), verschwindet die Ableitung nach der Zeit:

$$\frac{\partial E_{\text{Sys}}}{\partial t} = 0 \tag{2.176}$$

Ferner fließt Wärme nur ab, nicht zu:

$$\dot{Q}_{\mathrm{zu}} = 0 \tag{2.177}$$

Der abfließende Wärmestrom entspricht dem gesuchten Wärmestrom:

$$\dot{Q}_{\mathrm{ab}} = \dot{Q} \tag{2.178}$$

Da es sich bei dem Kabel um einen Festkörper handelt, treten keine Enthalpieströme auf:

$$\dot{H}_{\mathrm{zu}} = \dot{H}_{\mathrm{ab}} = 0 \tag{2.179}$$

Die Wärmequellendichte $\dot{E}_{\mathrm{q}}$ beträgt:

$$\dot{E}_{\mathrm{q}} = \dot{e}_{\mathrm{q}} \cdot V = \dot{e}_{\mathrm{q}} \cdot A_{\mathrm{K}} \cdot L \tag{2.180}$$

Der Kabelquerschnitt $A_{\mathrm{K}} = R_{\mathrm{i}}^2 \cdot \pi$ (Leiterquerschnitt) ist ein Kreisquerschnitt. Einsetzen der Gln. (2.176)–(2.180) in die Energiebilanz (2.175) liefert:

$$\dot{Q} = \dot{E}_{\mathrm{q}} = \dot{e}_{\mathrm{q}} \cdot A_{\mathrm{K}} \cdot L = \dot{e}_{\mathrm{q}} \cdot R_{\mathrm{i}}^2 \cdot \pi \cdot L \tag{2.181}$$

Zu einem analogen Ergebnis des längenbezogenen Wärmestroms (pro Meter Länge) kommt man durch Verwendung der Einheitslänge $L_0 = 1$ m:

$$\dot{Q}_0 = \dot{e}_{\mathrm{q}} \cdot R_{\mathrm{i}}^2 \cdot \pi \cdot L_0 \equiv \dot{Q}_\ell \tag{2.183}$$

Da die Länge L des Kabels nicht bekannt ist, kann nur der längenbezogene Wärmestrom $\dot{Q}_\ell$ zahlenmäßig berechnet werden:

$$\dot{Q}_\ell = \frac{\dot{Q}}{L} = \dot{e}_{\mathrm{q}} \cdot R_{\mathrm{i}}^2 \cdot \pi = 50 \cdot 10^3\ \frac{\mathrm{W}}{\mathrm{m}^3} \cdot \left(2{,}5 \cdot 10^{-2}\right)^2 \mathrm{m}^2 \cdot \pi = 98{,}17\ \frac{\mathrm{W}}{\mathrm{m}} \tag{2.182}$$

(c) Temperatur ϑ_{a} an der Außenseite des Kabelmantels:

Gemäß der in Tabelle 1.5 beschriebenen elektrischen Analogie gilt für den Wärmefluss $\dot{Q}$ durch den Kabelmantel:

$$\dot{Q} = \frac{\vartheta_{\mathrm{i}} - \vartheta_\infty}{R_{\mathrm{th,ges}}} \tag{2.184}$$

Da der Wärmestrom bei einer Serienschaltung durch jeden Widerstand fließt, gilt gemäß Gl. (1.56):

$$\dot{Q} = \frac{\vartheta_{\mathrm{i}} - \vartheta_{\mathrm{a}}}{R_{\mathrm{th},\lambda,\mathrm{M}}} = \frac{\vartheta_{\mathrm{a}} - \vartheta_\infty}{R_{\mathrm{th},\alpha}} \tag{2.185}$$

Für den thermischen Widerstand infolge Wärmeübergangs an der Außenseite des Kabelmantels gilt gemäß Gl. (1.52) unter Berücksichtigung der Manteloberfläche $A_{\mathrm{M}} = 2\pi \cdot R_{\mathrm{a}} \cdot L$:

$$R_{\mathrm{th},\alpha} = \frac{1}{\alpha \cdot A_{\mathrm{M}}} = \frac{1}{\alpha \cdot 2\pi \cdot R_{\mathrm{a}} \cdot L} \tag{2.186}$$

Aus den Gln. (2.185) und (2.186) folgt die Oberflächentemperatur an der Außenseite des Kunststoffmantels:

Zur Bestimmung der gesuchten Temperatur ϑ_{a} ist nur die zweite Hälfte von Gl. (2.185) geeignet, da in der anderen die (noch) unbekannte Temperatur ϑ_{i} vorkommt.

$$\vartheta_{\mathrm{a}} = \vartheta_\infty + \dot{Q} \cdot R_{\mathrm{th},\alpha} = \vartheta_\infty + \frac{\dot{e}_{\mathrm{q}} \cdot R_{\mathrm{i}}^2 \cdot \cancel{\pi} \cdot \cancel{L}}{\alpha \cdot 2\cancel{\pi} \cdot R_{\mathrm{a}} \cdot \cancel{L}} = \vartheta_\infty + \frac{\dot{e}_{\mathrm{q}} \cdot R_{\mathrm{i}}^2}{2\alpha \cdot R_{\mathrm{a}}}$$

$$= 32\ ^\circ\mathrm{C} + \frac{50 \cdot 10^3\ \mathrm{W/m^3} \cdot \left(2{,}5 \cdot 10^{-2}\right)^2\ \mathrm{m}^2}{2 \cdot 15\ \mathrm{W/(m^2\,K)} \cdot 3{,}0 \cdot 10^{-2}\ \mathrm{m}} = 66{,}72\ ^\circ\mathrm{C} \tag{2.187}$$

(d) Temperatur ϑ_{i} an der Innenseite des Kabelmantels:

Durch Einsetzen des thermischen Widerstandes $R_{\mathrm{th},\lambda,\mathrm{M}}$ des Kabelmantels aus der Angabe lässt sich Gl. (2.185) nach der gesuchten innenseitigen Oberflächentemperatur auflösen:

$$\vartheta_\mathrm{i} = \vartheta_\mathrm{a} + \dot{Q}\cdot R_{\mathrm{th},\lambda,\mathrm{M}} = \vartheta_\mathrm{a} + \frac{\dot{e}_\mathrm{q}\cdot R_\mathrm{i}^2\cdot\pi\cdot L}{2\pi\cdot\lambda_\mathrm{M}\cdot L}\cdot\ln\left(\frac{R_\mathrm{a}}{R_\mathrm{i}}\right) = \vartheta_\mathrm{a} + \frac{\dot{e}_\mathrm{q}\cdot R_\mathrm{i}^2}{2\,\lambda_\mathrm{M}}\cdot\ln\left(\frac{R_\mathrm{a}}{R_\mathrm{i}}\right)$$

$$= 66{,}72\ °\mathrm{C} + \frac{50\cdot10^3\ \mathrm{W/m^3}\cdot(2{,}5\cdot10^{-2})\ \mathrm{m}^2}{2\cdot0{,}2\ \mathrm{W/m\,K}}\cdot\ln\left(\frac{3{,}0\cdot10^{-2}\ \mathrm{m}}{2{,}5\cdot10^{-2}\ \mathrm{m}}\right)$$

$$= 80{,}96\ °\mathrm{C} \tag{2.188}$$

Ist nur die Temperatur ϑ_i an der Innenseite des Kabelmantels von Interesse, kann auch Gl. (2.184) herangezogen werden, wobei der resultierende thermische Widerstand nach Gl. (1.57) zu ermitteln ist. Auf diese Weise erspart man sich die Berechnung der außenseitigen Kabeloberflächentemperatur ϑ_a.

(e) Temperaturverlauf $\vartheta_\mathrm{K}(r)$ im Kabel:

Zur Ermittlung des Temperaturverlaufs im Stromkabel bedient man sich einer **differenziellen Energiebilanz** (vgl. Abschnitt 2.1.4). Dazu wird das in Bild 2.30 skizzierte, zylinderschalenförmige infinitesimale Element (grau) mit den Radien r und $r+\Delta r$ und der Länge ΔL aus dem Kabel herausgeschnitten.

Wie bei der globalen Energiebilanz (2.175) fehlen auch hier die Enthalpieströme. Sinngemäß lautet die thermische Energiebilanzgleichung für das betrachtete infinitesimale Kontrollvolumen:

$$\frac{\partial\Delta E_\mathrm{Sys}}{\partial t} = \dot{Q}_\mathrm{r} - \dot{Q}_{\mathrm{r}+\Delta\mathrm{r}} + \Delta\dot{E}_\mathrm{q} = 0 \tag{2.189}$$

Aufgrund des stationären Zustands ist die zeitliche Änderung der Systemenergie analog zu Gl. (2.176) wieder null.

Gemäß dem Fourier'schen Wärmeleitungsansatz (1.11) gilt für den am Radius r in das Element eintretenden Wärmestrom $\dot{Q}_\mathrm{r}$:

$$\dot{Q}_\mathrm{r} = -\lambda_\mathrm{K}\cdot A_\mathrm{r}\cdot\frac{\partial\vartheta_\mathrm{K}}{\partial r} \tag{2.190}$$

Gl. (2.190) gilt sinngemäß auch für den Radius $r+\Delta r$. Ihre unmittelbare Anwendung ist aber im Folgenden nicht vorteilhaft, so dass ein anderer Weg beschritten wird.

Der aus dem infinitesimalen Element ΔV austretende Wärmestrom $\dot{Q}_{\mathrm{r}+\Delta\mathrm{r}}$ ist nicht unabhängig von dem in das infinitesimale Element eintretenden Wärmestrom $\dot{Q}_\mathrm{r}$, sondern er ergibt sich aus dem eintretenden Wärmestrom unter Berücksichtigung der im Kontrollvolumen erfolgten Änderung. Mathematisch führt dies auf eine Taylor-Reihe:

$$\dot{Q}_{\mathrm{r}+\Delta\mathrm{r}} = \dot{Q}_\mathrm{r} + \frac{\partial\dot{Q}_\mathrm{r}}{\partial r}\cdot\Delta r \wr\!\wr + \frac{1}{2!}\,\frac{\partial^2\dot{Q}_\mathrm{r}}{\partial r^2}\cdot(\Delta r)^2 + \ldots \tag{2.191}$$

Die Elementdicke Δr ist als infinitesimale Größe von erster Ordnung klein, während das Quadrat der Elementdicke $(\Delta r)^2$ von zweiter Ordnung klein und daher wie alle Terme höherer Ordnung vernachlässigbar ist. Damit erhält man für den austretenden Wärmestrom:

$$\dot{Q}_{\mathrm{r}+\Delta\mathrm{r}} \approx \dot{Q}_\mathrm{r} + \frac{\partial\dot{Q}_\mathrm{r}}{\partial r}\cdot\Delta r \tag{2.192}$$

Damit folgt für die in der Energiebilanz (2.189) am differenziellen Element auftretende Differenz der Wärmeströme:

$$\dot{Q}_\mathrm{r} - \dot{Q}_{\mathrm{r}+\Delta\mathrm{r}} \approx -\frac{\partial\dot{Q}_\mathrm{r}}{\partial r}\cdot\Delta r = -\frac{\partial}{\partial r}\left(-\lambda_\mathrm{K}\cdot A_\mathrm{r}\cdot\frac{\partial\vartheta_\mathrm{K}}{\partial r}\right)\cdot\Delta r$$

$$= \lambda_\mathrm{K}\cdot\frac{\partial}{\partial r}\left(A_\mathrm{r}\cdot\frac{\partial\vartheta_\mathrm{K}}{\partial r}\right)\cdot\Delta r \tag{2.193}$$

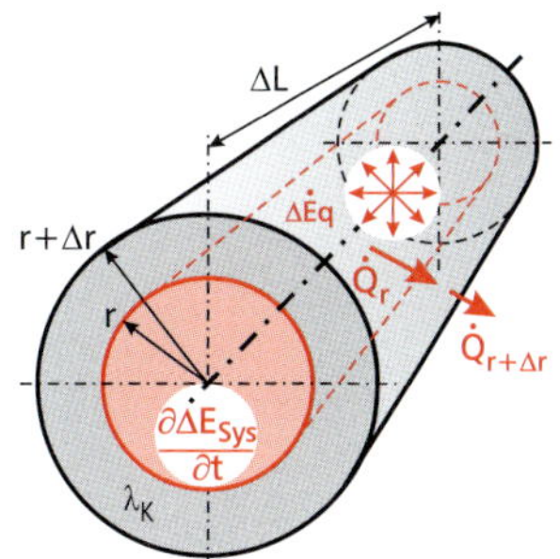

Bild 2.30: *Energiebilanz am differenziellen Element.*

Da die gesuchte Temperatur $\vartheta_\mathrm{K}(r)$ nur eine Funktion des Radius r ist, wäre es auch möglich, ein Element der Länge L oder der Einheitslänge $L_0 = 1$ m zu betrachten.

Um darauf hinzuweisen, dass es sich um eine Bilanz an einem infinitesimalen Element handelt, werden die vom Volumen und den Flächen des Elements abhängigen Größen mit Δ gekennzeichnet, z. B. ΔV statt V.

Eine **Taylor-Reihe** gestattet es, den Wert einer Funktion an der benachbarten Stelle $x_0+\Delta x$ aus dem an der Stelle x_0 bekannten Funktionswert $f(x_0)$ und den dort bekannten Ableitungen $f'(x_0)$, $f''(x_0)$, … $f^{(n)}(x_0)$ zu berechnen:

$$f(x_0+\Delta x) = f(x_0) + \frac{1}{1!}\,f'(x_0)\cdot\Delta x + \frac{1}{2!}f''(x_0)\cdot(\Delta x)^2 + \ldots + \frac{1}{n!}f^{(n)}(x_0)\cdot(\Delta x)^n + \ldots$$

Anschaulich bedeutet die Vernachlässigung der Terme zweiter und höherer Ordnung eine Linearisierung der betreffenden Funktion, bei der eine Extrapolation des Funktionswertes $f(x_0+\Delta x)$ auf der Tangente erfolgt.

► **Beispiel:** ◄

Das folgende Beispiel verdeutlicht die „Kleinheit" der Terme zweiter und höherer Ordnung sehr anschaulich:
Bei einer Elementdicke von $\Delta r = 1$ mm $= 10^{-3}$ m ist das Quadrat der Elementdicke $(\Delta r)^2 = 1\ \mathrm{mm}^2 = 10^{-6}\ \mathrm{m}^2$ von deutlich geringerer Größenordnung als die Ausgangsgröße selbst. $(\Delta r)^3$ hätte dann den Wert $1\ \mathrm{mm}^3 = 10^{-9}\ \mathrm{m}^3$.

Der Wärmestrom $\dot{Q}_\mathrm{r}$ tritt durch die Mantelfläche A_r des infinitesimalen Elements hindurch:

$$A_\mathrm{r} = 2\,\pi \cdot r \cdot \Delta L \tag{2.194}$$

Einsetzen von Gl. (2.194) in Gl. (2.193) liefert:

$$\dot{Q}_\mathrm{r} - \dot{Q}_{\mathrm{r}+\Delta\mathrm{r}} \approx = 2\,\pi \cdot \lambda_\mathrm{K} \cdot \Delta L \cdot \frac{\partial}{\partial r}\left(r \cdot \frac{\partial \vartheta_\mathrm{K}}{\partial r}\right) \cdot \Delta r \tag{2.195}$$

Für die Stärke der inneren Wärmequellen $\Delta \dot{E}_\mathrm{q}$ gilt:

$$\Delta \dot{E}_\mathrm{q} = \dot{e}_\mathrm{q} \cdot \Delta V \tag{2.196}$$

Ebenso wie bei den Wärmeströmen sind auch bei der Berechnung des Elementvolumens ΔV Terme zweiter Ordnung (hier: $(\Delta r)^2$) vernachlässigbar:

$$\Delta V = \left[(r + \Delta r)^2 - r^2\right] \cdot \pi \cdot \Delta L = \left[r^2 + 2\,r \cdot \Delta r + (\Delta r)^2 - r^2\right] \cdot \pi \cdot \Delta L$$

$$= \left[2\,r \cdot \Delta r + (\Delta r)^2\right] \cdot \pi \cdot \Delta L \approx 2\,r \cdot \Delta r \cdot \pi \cdot \Delta L \tag{2.198}$$

Durch Einsetzen der Gln. (2.195)–(2.197) in die Energiebilanz (2.189) folgt schließlich:

$$2\,\pi \cdot \lambda_\mathrm{K} \cdot \Delta L \cdot \frac{\partial}{\partial r}\left(r \cdot \frac{\partial \vartheta_\mathrm{K}}{\partial r}\right) \cdot \Delta r + \dot{e}_\mathrm{q} \cdot 2\,r \cdot \Delta r \cdot \pi \cdot \Delta L = 0 \tag{2.199}$$

Nach Kürzen durch $2\,\pi \cdot \Delta r \cdot \Delta L$ erhält man unter Einführung gewöhnlicher Differenziale wegen $\vartheta_\mathrm{K} = \vartheta_\mathrm{K}(r)$ eine Differenzialgleichung für die Temperatur im Kabel:

$$\lambda_\mathrm{K} \cdot \frac{\mathrm{d}}{\mathrm{d}r}\left(r \cdot \frac{\mathrm{d}\vartheta_\mathrm{K}}{\mathrm{d}r}\right) + \dot{e}_\mathrm{q} \cdot r = 0 \quad \Rightarrow$$

$$\frac{\mathrm{d}}{\mathrm{d}r}\left(r \cdot \frac{\mathrm{d}\vartheta_\mathrm{K}}{\mathrm{d}r}\right) = -\frac{\dot{e}_\mathrm{q}}{\lambda_\mathrm{K}} \cdot r \tag{2.200}$$

Für die Lösung der Dgl. (2.200) ist es vorteilhaft, das äußere Differenzial nicht aufzulösen, da die resultierenden Terme dann nicht direkt integriert werden können.

$$\frac{\mathrm{d}}{\mathrm{d}r}\left(r \cdot \frac{\mathrm{d}\vartheta_\mathrm{K}}{\mathrm{d}r}\right) = \frac{\mathrm{d}\vartheta_\mathrm{K}}{\mathrm{d}r} + r \cdot \frac{\mathrm{d}^2\vartheta_\mathrm{K}}{\mathrm{d}r^2} \tag{2.201}$$

Gl. (2.200) kann durch zweimalige Integration gelöst werden:

$$\int \frac{\mathrm{d}}{\mathrm{d}r}\left(r \cdot \frac{\mathrm{d}\vartheta_\mathrm{K}}{\mathrm{d}r}\right) \mathrm{d}r = \int -\frac{\dot{e}_\mathrm{q}}{\lambda_\mathrm{K}} \cdot r \,\mathrm{d}r = -\frac{\dot{e}_\mathrm{q}}{\lambda_\mathrm{K}} \int r \,\mathrm{d}r \quad \Rightarrow$$

$$r \cdot \frac{\mathrm{d}\vartheta_\mathrm{K}}{\mathrm{d}r} = -\frac{\dot{e}_\mathrm{q}}{\lambda_\mathrm{K}} \cdot \frac{r^2}{2} + C_1 \quad \Big| \; : r \quad \Rightarrow$$

$$\frac{\mathrm{d}\vartheta_\mathrm{K}}{\mathrm{d}r} = -\frac{\dot{e}_\mathrm{q}}{\lambda_\mathrm{K}} \cdot \frac{r}{2} + \frac{C_1}{r} \quad \Big| \int \mathrm{d}r \quad \Rightarrow \tag{2.202}$$

$$\vartheta_\mathrm{K}(r) = -\frac{\dot{e}_\mathrm{q}}{\lambda_\mathrm{K}} \cdot \frac{r^2}{4} + C_1 \cdot \ln(r) + C_2 \tag{2.203}$$

Während bei symmetrischen ebenen und zylindrischen Geometrien Symmetrieachsen vorliegen, stellt der Kugelmittelpunkt bei symmetrischen sphärischen Problemen einen Symmetriepunkt dar. In allen 3 Fällen verschwindet der Temperaturgradient an den Symmetrieorten.

Die Integrationskonstanten C_1 und C_2 sind aus 2 geeigneten Randbedingungen zu bestimmen. Zum einen kann über die Achse des Kabels aus Symmetriegründen keine Wärme fließen. Zum anderen ist die Temperatur an der Oberfläche des Kabels bekannt:

$$\left.\frac{\mathrm{d}\vartheta_\mathrm{K}}{\mathrm{d}r}\right|_{r=0} = 0 \tag{2.204}$$

$$\vartheta_\mathrm{K}(r = R_\mathrm{i}) = \vartheta_\mathrm{i} \tag{2.205}$$

Die Integrationskonstante C_1 folgt durch Einsetzen der Randbedingung (2.204) in den Temperaturgradienten (2.202):

$$\left.\frac{\mathrm{d}\vartheta_\mathrm{K}}{\mathrm{d}r}\right|_{r=0} = 0 = -\frac{\dot{e}_\mathrm{q}}{\lambda_\mathrm{K}} \cdot \frac{0}{2} + \frac{C_1}{0} \tag{2.206}$$

Um einen (endlichen) Temperaturgradienten von null in der Kabelmitte zu gewährleisten, ist Gl. (2.206) nur erfüllbar, wenn C_1 verschwindet:

$$C_1 = 0 \tag{2.207}$$

C_2 kann durch Einsetzen der Randbedingung (2.205) in das allgemeine Temperaturprofil (2.203) unter Beachtung des Wertes für C_1 bestimmt werden:

$$\vartheta_\mathrm{K}(r = R_\mathrm{i}) = \vartheta_\mathrm{i} = -\frac{\dot{e}_\mathrm{q}}{\lambda_\mathrm{K}} \cdot \frac{R_\mathrm{i}^2}{4} + 0 \cdot \ln(R_\mathrm{i}) + C_2 \quad \Rightarrow$$

$$C_2 = \vartheta_\mathrm{i} + \frac{\dot{e}_\mathrm{q}}{4\,\lambda_\mathrm{K}} \cdot R_\mathrm{i}^2 \tag{2.208}$$

Damit folgt der spezielle Temperaturverlauf im Kabel:

$$\vartheta_\mathrm{K}(r) = \vartheta_\mathrm{i} + \frac{\dot{e}_\mathrm{q}}{4\,\lambda_\mathrm{K}} \cdot \left(R_\mathrm{i}^2 - r^2\right) \tag{2.209}$$

(f) Temperatur $\vartheta_{\mathrm{K}0}$ in Kabelmitte:

Die gesuchte Temperatur folgt durch Einsetzen von $r=0$ in Gl. (2.209):

$$\vartheta_{\mathrm{K}0} = \vartheta_\mathrm{K}(r=0) = \vartheta_\mathrm{i} + \frac{\dot{e}_\mathrm{q}}{4\,\lambda_\mathrm{K}} \cdot \left(R_\mathrm{i}^2 - 0^2\right) = \vartheta_\mathrm{i} + \frac{\dot{e}_\mathrm{q}}{4\,\lambda_\mathrm{K}} \cdot R_\mathrm{i}^2$$

$$= 80{,}96\ {}^\circ\mathrm{C} + \frac{50\cdot 10^3\ \mathrm{W/m^3}}{4\cdot 390\ \mathrm{W/m\,K}} \cdot \left(2{,}5\cdot 10^{-2}\right)^2\ \mathrm{m^2} = 80{,}98\ {}^\circ\mathrm{C} \tag{2.210}$$

Über den Kabelquerschnitt liegt praktisch eine einheitliche Temperatur vor. Die verschwindend geringen Temperaturunterschiede sind primär durch die hohe Wärmeleitfähigkeit von Kupfer bedingt. ◀

Zusammenfassung und Ausblick:

- Im stationären Zustand fehlen die zeitlichen Änderungen der jeweiligen Erhaltungsgrößen, was deren Bilanzierung erheblich vereinfacht. Insofern werden in der Praxis häufig stationäre Zustände betrachtet. Sie haben zudem für die Auslegung von Maschinen und Apparaten eine zentrale Bedeutung.
- Globale Energiebilanzen sind hilfreich, wenn Wärme- und Energieströme in Systemen zu berechnen sind.
- Zur Ermittlung der Temperaturverläufe in Systemen empfehlen sich Energiebilanzen an geeigneten infinitesimalen Elementen. Aus ihnen können Differenzialgleichungen für die gesuchten Temperaturen abgeleitet werden.
- Die in der Lösung der Differenzialgleichungen auftretenden Konstanten sind im stationären Fall aus entsprechenden Randbedingungen zu bestimmen. Im instationären Fall sind meist zusätzlich noch Anfangsbedingungen nötig.

▶ Beispiel 2.6:

Aus einer Kräftebilanz am infinitesimalen Fluidelement nach Bild 2.31 erhält man bei ausgebildeter laminarer Rohrströmung (dynamische Viskosität η, Druckgradient $\mathrm{d}p/\mathrm{d}x$) mit dem Newton'schen Schubspannungsansatz $\tau = -\eta \cdot \frac{\mathrm{d}w}{\mathrm{d}r}$ die Differenzialgleichung für den radialen Geschwindigkeitsverlauf $w(r)$:

$$\frac{1}{r} \cdot \frac{\mathrm{d}}{\mathrm{d}r}\left(r \cdot \frac{\mathrm{d}w}{\mathrm{d}r}\right) - \frac{1}{\eta} \cdot \frac{\mathrm{d}p}{\mathrm{d}x} = 0 \tag{2.211}$$

Bestimmen Sie die allgemeine und die spezielle Lösung $w(r)$ von Gl. (2.211) sowie die mittlere Geschwindigkeit $\overline{w}$ unter der Beachtung, dass an der Rohrwand ($r=R$) die Haftbedingung und in der Rohrmitte ($r=0$) die maximale Geschwindigkeit auftritt:

$$w(r=R) = 0 \tag{2.213}$$

$$w(r=0) = w_\mathrm{max} \tag{2.214}$$

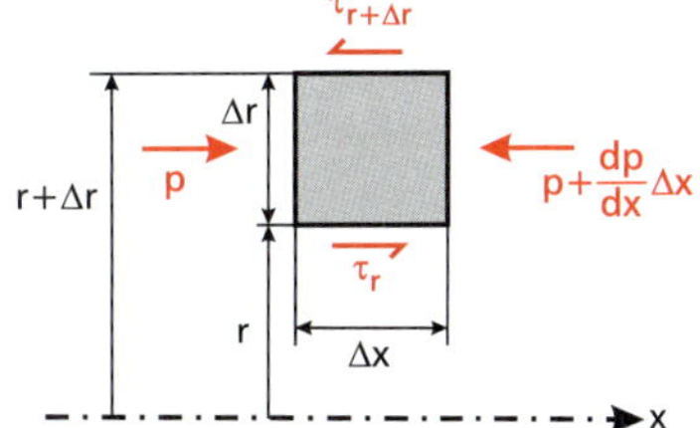

Bild 2.31: *Kräftebilanz am infinitesimalen Fluidelement der laminaren Rohrströmung.*

Bekannte Größen:

Differenzialgleichung:	Gl. (2.211)
Randbedingungen:	$w(r=R)=0$
	$w(r=0)=w_\mathrm{max}$

Gesuchte Größen:

Geschwindigkeitsprofil:	$w(r)$
mittlere Geschwindigkeit:	$\overline{w}$

Lösung:

Die Differenzialgleichung (2.211) kann direkt integriert werden, da der Term $\frac{1}{\eta}\cdot\frac{\mathrm{d}p}{\mathrm{d}x}$ in Bezug auf den Radius r konstant ist:

$$\frac{1}{r}\cdot\frac{\mathrm{d}}{\mathrm{d}r}\left(r\cdot\frac{\mathrm{d}w}{\mathrm{d}r}\right)-\frac{1}{\eta}\cdot\frac{\mathrm{d}p}{\mathrm{d}x}=0 \quad\Rightarrow$$

$$\frac{1}{r}\cdot\frac{\mathrm{d}}{\mathrm{d}r}\left(r\cdot\frac{\mathrm{d}w}{\mathrm{d}r}\right)=\frac{1}{\eta}\cdot\frac{\mathrm{d}p}{\mathrm{d}x} \quad\Big|\cdot r \quad\Rightarrow$$

$$\frac{\mathrm{d}}{\mathrm{d}r}\left(r\cdot\frac{\mathrm{d}w}{\mathrm{d}r}\right)=\frac{1}{\eta}\cdot\frac{\mathrm{d}p}{\mathrm{d}x}\cdot r \quad\Big|\int \quad\Rightarrow$$

$$r\cdot\frac{\mathrm{d}w}{\mathrm{d}r}=\frac{1}{\eta}\cdot\frac{\mathrm{d}p}{\mathrm{d}x}\cdot\frac{r^2}{2}+C_1 \quad\Big|:r \quad\Rightarrow$$

$$\frac{\mathrm{d}w}{\mathrm{d}r}=\frac{1}{\eta}\cdot\frac{\mathrm{d}p}{\mathrm{d}x}\cdot\frac{r}{2}+\frac{C_1}{r} \quad\Big|\int \quad\Rightarrow$$

$$w(r)=\frac{1}{\eta}\cdot\frac{\mathrm{d}p}{\mathrm{d}x}\cdot\frac{r^2}{4}+C_1\cdot\ln(r)+C_2 \tag{2.215}$$

☞ Durch die zweimalige Integration sind zwei Integrationskonstanten C_1 und C_2 entstanden, die aus den Randbedingungen (2.213) und (2.214) zu bestimmen sind.

Gl. (2.215) stellt die **allgemeine Lösung** des Geschwindigkeitsprofils im Rohr dar.

Aus den. Gln. (2.215) und (2.214) folgt:

$$w(r=0)=w_{\max}=\frac{1}{\eta}\cdot\frac{\mathrm{d}p}{\mathrm{d}x}\cdot\frac{0}{4}+C_1\cdot\ln(0)+C_2$$

Wegen $\ln(0)\to-\infty$ muss C_1 verschwinden, damit die Geschwindigkeit endlich bleibt. Damit betragen die gesuchten Konstanten:

$$C_1=0 \tag{2.216}$$

$$C_2=w_{\max} \tag{2.217}$$

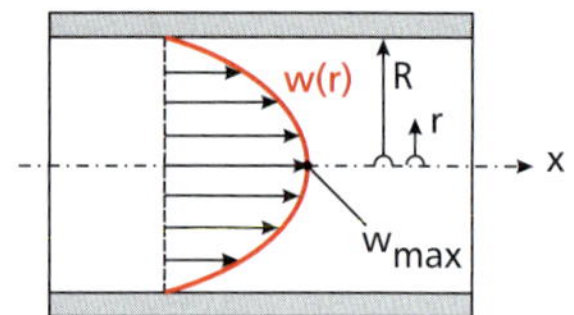

Bild 2.32: *Parabolisches Geschwindigkeitsprofil der laminaren Rohrströmung.*

In Verbindung mit Gl. (2.213) lässt sich die maximale Geschwindigkeit in Rohrmitte bestimmen:

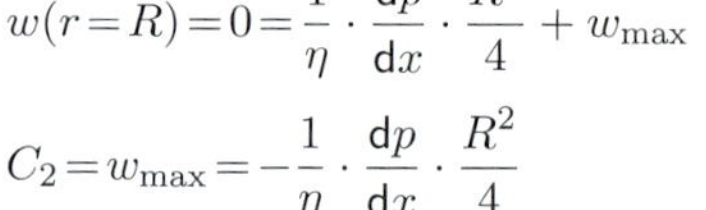

$$w(r=R)=0=\frac{1}{\eta}\cdot\frac{\mathrm{d}p}{\mathrm{d}x}\cdot\frac{R^2}{4}+w_{\max} \quad\Rightarrow$$

$$C_2=w_{\max}=-\frac{1}{\eta}\cdot\frac{\mathrm{d}p}{\mathrm{d}x}\cdot\frac{R^2}{4}$$

☞ Aufgrund des Druckabfalls in Strömungsrichtung ist $\frac{\mathrm{d}p}{\mathrm{d}x}<0$. Damit resultiert in Übereinstimmung mit der Anschauung eine positive Maximalgeschwindigkeit $w_{\max}$.

Damit lautet das **spezielle Geschwindigkeitsprofil** $w(r)$:

$$w(r)=\frac{1}{\eta}\cdot\frac{\mathrm{d}p}{\mathrm{d}x}\cdot\frac{r^2}{4}-\frac{1}{\eta}\cdot\frac{\mathrm{d}p}{\mathrm{d}x}\cdot\frac{R^2}{4}=\frac{1}{4\eta}\cdot\frac{\mathrm{d}p}{\mathrm{d}x}\cdot\left(r^2-R^2\right)$$

$$w(r)=\frac{1}{4\eta}\cdot\frac{\mathrm{d}p}{\mathrm{d}x}\cdot R^2\cdot\left[\left(\frac{r}{R}\right)^2-1\right] \tag{2.218}$$

Gl. (2.218) stellt das **Hagen-Poiseuille'sche Gesetz** für die laminare Rohrströmung dar. Die mittlere Geschwindigkeit erhält man durch Integration von $w(r)$ über den Rohrquerschnitt zu:

$$\overline{w}=\frac{1}{A}\cdot\int\limits_{(A)}w(r)\,\mathrm{d}A=\frac{1}{\pi\cdot R^2}\cdot\int\limits_{r=0}^{r=R}w(r)\cdot 2\,\pi\cdot r\,\mathrm{d}r=-\frac{1}{8\,\eta}\cdot\frac{\mathrm{d}p}{\mathrm{d}x}\cdot R^2 \tag{2.219}$$

◄

Zusammenfassung und Ausblick:

- In einem laminar durchströmten Rohr bildet sich ein parabolisches Geschwindigkeitsprofil (Bild 2.32) aus.
- Die Geschwindigkeit $w_{\max}$ auf der Rohrachse hat den doppelten Wert der mittleren Strömungsgeschwindigkeit $\overline{w}$.

► Beispiel 2.7: Ex

Susi Sorglos hat das Patent von Brauereibesitzer Bartholomäus Bierdimpfl für dessen „niederbayerische Weißbierkühlung" zu prüfen:

> »Die warmen Bierflaschen werden in Drahtbügelhalter in ein sehr gut wärmegedämmtes Wasserbad gestellt. Die eingebauten Kühlelemente kühlen das Bier bis auf die Wassertemperatur ab, die durch den eingebauten Rührer überall im Wasser auftritt.«

Das Wasserbad mit der spezifischen Wärmekapazität $c_\mathrm{W} = 4\,200$ J/(kg K) und der Masse $m_\mathrm{W} = 50$ kg weist die örtlich einheitliche Temperatur ϑ_W auf. Das Weißbier (spezifische Wärmekapazität $c_\mathrm{B} = 4\,200$ J/(kg K), Masse von 20 Flaschen $m_\mathrm{B} = 10$ kg) besitzt die örtlich konstante Temperatur ϑ_B. Speichereffekte von Glasflaschen und Wasserbehälter sind zu vernachlässigen. Die Temperaturen von Weißbier $\vartheta_\mathrm{B}(t)$ und Wasser $\vartheta_\mathrm{W}(t)$ ändern sich mit der Zeit. Die Bierflaschen besitzen die Gesamtoberfläche $A_\mathrm{B} = 0{,}887$ m^2 und den Wärmedurchgangskoeffizienten $k_\mathrm{B} = 20$ W/(m^2 K) zum Wasser. Die Anfangstemperatur des Wasserbads beträgt $\vartheta_\mathrm{W0} = 25$ °C, die des Weißbiers $\vartheta_\mathrm{B0} = 30$ °C. Das Weißbier soll auf eine gewünschte Trinktemperatur von $\vartheta_\mathrm{T} = 12$ °C abgekühlt werden. Die Kühlelemente führen den konstanten Wärmestrom $\dot{Q}_\mathrm{K} = 1\,000$ W ab.

Bild 2.33: *Dunkles Hefeweizenbier wird nicht zu kühl getrunken (10–12 °C).*

(a) Skizzieren Sie die maßgeblichen Wärmetransportvorgänge mit den entsprechenden Wärmeströmen und Temperaturen.

(b) Leiten Sie aus geeigneten Energiebilanzen jeweils eine Gleichung für die zeitliche Änderung der Biertemperatur $\vartheta_\mathrm{B}(t)$ und der Wassertemperatur $\vartheta_\mathrm{W}(t)$ ab.

(c) Stellen Sie diese Gleichungen mithilfe der Variablen

normierte Biertemperatur	$\Theta_\mathrm{B} := \dfrac{\vartheta_\mathrm{B} - \vartheta_\mathrm{B0}}{\Delta\vartheta_\mathrm{Bezug}}$
normierte Wassertemperatur	$\Theta_\mathrm{W} := \dfrac{\vartheta_\mathrm{W} - \vartheta_\mathrm{B0}}{\Delta\vartheta_\mathrm{Bezug}}$
dimensionslose Zeit	$\tau := \dfrac{t}{t_\mathrm{Bezug}}$
Verhältnis der Wärmekapazitäten	$\epsilon := \dfrac{m_\mathrm{B} \cdot c_\mathrm{B}}{m_\mathrm{W} \cdot c_\mathrm{W}}$

und einer geeigneten Temperaturdifferenz $\Delta\vartheta_\mathrm{Bezug}$ dimensionslos dar.

(d) Entwickeln Sie mithilfe der Gleichungen aus Teilaufgabe (c) eine Gleichung für die normierte Temperaturdifferenz $\Theta_\mathrm{B} - \Theta_\mathrm{W}$ und berechnen Sie diese daraus.

(e) Treffen Sie anhand der Ergebnisse aus Teilaufgabe (d) eine Aussage, ob das Bier, wie im Patentantrag angegeben, die Temperatur des Wassers annehmen kann.

(f) Berechnen Sie den zeitlichen Verlauf der normierten Biertemperatur $\Theta_\mathrm{B}(\tau)$ sowie der normierten Wassertemperatur $\Theta_\mathrm{W}(\tau)$.

(g) Aus einer Iteration folgt, dass die gewünschte Trinktemperatur des Weißbiers ϑ_T nach $\tau_1 = 2{,}28$ erreicht wird. Welcher Zeit t_1 entspricht dies? Welche Temperatur ϑ_W1 hat das Wasserbad zu dieser Zeit angenommen?

Bekannte Größen:

▷ Wasserbad:

Masse: $m_w = 50$ kg

spezifische Wärmekapazität: $c_W = 4\,200$ J/(kg K)

Anfangstemperatur: $\vartheta_{W0} = 25$ °C

▷ Weißbier:

Masse: $m_B = 10$ kg

spezifische Wärmekapazität: $c_B = 4\,200$ J/(kg K)

Anfangstemperatur: $\vartheta_{B0} = 30$ °C

Trinktemperatur: $\vartheta_T = 12$ °C

Oberfläche: $A_B = 0{,}887$ m²

Wärmedurchgangskoeffizient: $k_B = 20$ W/(m² K)

Kühlwärmestrom: $\dot{Q}_K = 1\,000$ W

Gesuchte Größen:

zeitlicher Verlauf der Temperaturen von Wasser und Weißbier: $\vartheta_W(t)$, $\vartheta_B(t)$

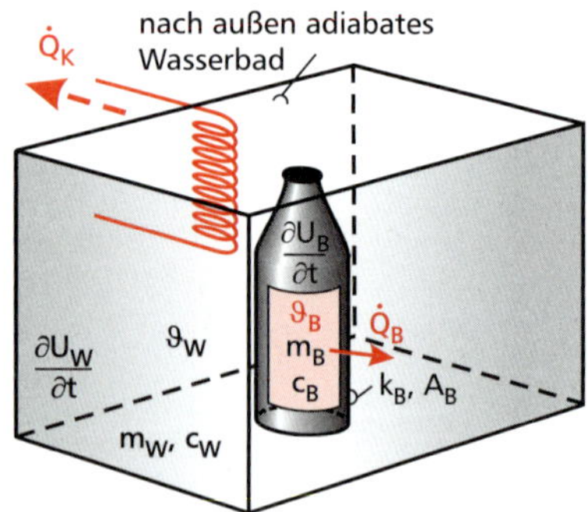

Bild 2.34: *Systemskizze der Weißbierkühlung.*

Die Gln. (2.223) und (2.226) können nicht für sich alleine gelöst werden, da infolge der thermischen Koppelung der beiden Teilsysteme jeweils auch die unbekannte Temperatur des anderen Teilsystems in der betreffenden Differenzialgleichung vorkommt. So tritt die unbekannte Wasserbadtemperatur ϑ_W in der Gleichung (2.223) für die Weißbiertemperatur ϑ_B auf und umgekehrt. Mathematisch handelt es sich um ein System von 2 gewöhnlichen Differenzialgleichungen 1. Ordnung. Hierfür stehen verschiedene Lösungsmethoden zur Verfügung, die von einer strengen Theorie bis zu empirischen Ansätzen reichen.

Lösung:

(a) Systemskizze (Bild 2.34):

Das System „Weißbierkühlung" besteht aus den Teilsystemen „Weißbier" und „Wasserbad". Das Gesamtsystem ist nach außen hin adiabat. Der Kühlwärmestrom $\dot{Q}_K$ wird dem Wasserbad entzogen. Über die Oberfläche der Bierflaschen und den zugehörigen Wärmedurchgangskoeffizienten besteht eine thermische Koppelung zwischen den beiden Teilsystemen. Der vom Weißbier abgegebene Wärmestrom $\dot{Q}_B$ fließt an das Wasserbad. Es treten zeitliche Änderungen der inneren Energie $\partial U_B/\partial t$ und $\partial U_W/\partial t$ im Bier und im Wasserbad auf.

(b) Energiebilanzen an den Teilsystemen:

Entsprechend den Hinweisen aus Abschnitt 2.1.4 lässt sich die Energiebilanz am Weißbier formulieren, wobei wegen des geschlossenen Systems keine Enthalpieströme auftreten:

$$\frac{\partial U_B}{\partial t} = -\dot{Q}_B \tag{2.220}$$

Die Temperatur des Weißbiers hängt nur von der Zeit ab, so dass gewöhnliche Differenziale geschrieben werden können. Für die zeitliche Änderung der inneren Energie des Weißbiers erhält man damit:

$$\frac{\partial U_B}{\partial t} = \frac{\partial}{\partial t}\left(m_B \cdot c_B \cdot \vartheta_B\right) = m_B \cdot c_B \cdot \frac{\mathrm{d}\vartheta_B}{\mathrm{d}t} \tag{2.221}$$

Der vom Weißbier an das Wasserbad abgegebene Wärmestrom beträgt entsprechend dem Newton'schen Abkühlungsgesetz (1.13):

$$\dot{Q}_B = k_B \cdot A_B \cdot (\vartheta_B - \vartheta_W) \tag{2.222}$$

Einsetzen der Gln. (2.221) und (2.222) in die Energiebilanz (2.220) liefert eine Differenzialgleichung für die Weißbiertemperatur:

$$m_B \cdot c_B \cdot \frac{\mathrm{d}\vartheta_B}{\mathrm{d}t} = -k_B \cdot A_B \cdot (\vartheta_B - \vartheta_W) \tag{2.223}$$

Die Energiebilanz am Teilsystem Wasserbad lautet:

$$\frac{\partial U_W}{\partial t} = \dot{Q}_B - \dot{Q}_K \tag{2.224}$$

Wegen der fehlenden Ortsabhängigkeit der Wasserbadtemperatur können auch hier gewöhnliche Differenziale geschrieben werden:

$$\frac{\partial U_W}{\partial t} = \frac{\partial}{\partial t}\left(m_W \cdot c_W \cdot \vartheta_W\right) = m_W \cdot c_W \cdot \frac{\mathrm{d}\vartheta_W}{\mathrm{d}t} \tag{2.225}$$

Mit den Gln. (2.222), (2.224) und (2.225) erhält man die folgende gewöhnliche Differenzialgleichung für die Temperatur des Wasserbads:

$$m_W \cdot c_W \cdot \frac{\mathrm{d}\vartheta_W}{\mathrm{d}t} = k_B \cdot A_B \cdot (\vartheta_B - \vartheta_W) - \dot{Q}_K \tag{2.226}$$

(c) dimensionslose Gleichungen:

Die in (2.223) und (2.226) auftretenden Terme sind dimensionsbehaftet. Als Energiebilanzen besitzen beide Gleichungen die Dimension W. Zur weiteren Vereinfachung wird das dimensionsbehaftete Gleichungssystem mithilfe der angegebenen Variablen zunächst in ein System dimensionsloser Gleichungen übergeführt.

Gemäß Angabe sollen die folgenden dimensionslosen Variablen verwendet werden:

normierte Biertemperatur $$\Theta_\mathrm{B} := \frac{\vartheta_\mathrm{B} - \vartheta_\mathrm{B0}}{\Delta\vartheta_\mathrm{Bezug}} \tag{2.227}$$

normierte Wassertemperatur $$\Theta_\mathrm{W} := \frac{\vartheta_\mathrm{W} - \vartheta_\mathrm{B0}}{\Delta\vartheta_\mathrm{Bezug}} \tag{2.228}$$

dimensionslose Zeit $$\tau := \frac{t}{t_\mathrm{Bezug}} \tag{2.229}$$

Verhältnis der Wärmekapazitäten $$\epsilon := \frac{m_\mathrm{B} \cdot c_\mathrm{B}}{m_\mathrm{W} \cdot c_\mathrm{W}} \tag{2.230}$$

Die Normierung der Temperaturen gemäß Gl. (2.227) und (2.228) ist naheliegend. Die Temperaturdifferenz $\vartheta_\mathrm{B/W} - \vartheta_\mathrm{B0}$ beschreibt in beiden Teilsystemen die Temperaturänderung gegenüber der anfänglichen Biertemperatur. Diese Differenz wird durch Bezug auf einen zunächst noch unbekannten Bezugstemperaturunterschied $\Delta\vartheta_\mathrm{Bezug}$ entdimensioniert. Die Bezugstemperaturdifferenz ist generell beliebig wählbar, z. B. $\Delta\vartheta_\mathrm{Bezug} = 1$ K.

Die Definition der normierten Zeit τ ist ebenfalls eingängig. Die dimensionsbehaftete Zeit t wird durch Division mit der später festzulegenden Bezugszeit t_Bezug in Gl. (2.229) in eine dimensionslose Variable übergeführt. Die Notwendigkeit der Definition des sich später als zweckmässig herausstellenden Verhältnisses der Wärmekapazitäten ϵ gemäß Gl. (2.230) ist a priori nicht erkennbar.

Die Entdimensionierung dimensionsbehafteter Differenzialgleichungen erfolgt üblicherweise in 4 Schritten, wie in der nebenstehenden Zusammenfassung angegeben:

Schritt 1:

$$\begin{aligned} \vartheta_\mathrm{B} &= \vartheta_\mathrm{B0} + \Delta\vartheta_\mathrm{Bezug} \cdot \Theta_\mathrm{B} \\ \vartheta_\mathrm{W} &= \vartheta_\mathrm{B0} + \Delta\vartheta_\mathrm{Bezug} \cdot \Theta_\mathrm{W} \\ t &= t_\mathrm{Bezug} \cdot \tau \end{aligned} \tag{2.231}$$

Für die in den Gln. (2.223) und (2.226) vorkommende Temperaturdifferenz $\vartheta_\mathrm{B} - \vartheta_\mathrm{W}$ folgt:

$$\begin{aligned} \vartheta_\mathrm{B} - \vartheta_\mathrm{W} &= \left(\cancel{\vartheta_\mathrm{B0}} + \Delta\vartheta_\mathrm{Bezug} \cdot \Theta_\mathrm{B}\right) - \left(\cancel{\vartheta_\mathrm{B0}} + \Delta\vartheta_\mathrm{Bezug} \cdot \Theta_\mathrm{W}\right) \\ &= \Delta\vartheta_\mathrm{Bezug} \cdot \left(\Theta_\mathrm{B} - \Theta_\mathrm{W}\right) \end{aligned} \tag{2.232}$$

Schritt 2:

$$\frac{\mathrm{d}\vartheta_\mathrm{B}}{\mathrm{d}t} = \frac{\mathrm{d}\left(\vartheta_\mathrm{B0} + \Delta\vartheta_\mathrm{Bezug} \cdot \Theta_\mathrm{B}\right)}{d\left(t_\mathrm{Bezug} \cdot \tau\right)} = \frac{\Delta\vartheta_\mathrm{Bezug}}{t_\mathrm{Bezug}} \cdot \frac{\mathrm{d}\Theta_\mathrm{B}}{\mathrm{d}\tau} \tag{2.233}$$

$$\frac{\mathrm{d}\vartheta_\mathrm{W}}{\mathrm{d}t} = \frac{\mathrm{d}\left(\vartheta_\mathrm{B0} + \Delta\vartheta_\mathrm{Bezug} \cdot \Theta_\mathrm{W}\right)}{d\left(t_\mathrm{Bezug} \cdot \tau\right)} = \frac{\Delta\vartheta_\mathrm{Bezug}}{t_\mathrm{Bezug}} \cdot \frac{\mathrm{d}\Theta_\mathrm{W}}{\mathrm{d}\tau} \tag{2.234}$$

Schritt 3:
Einsetzen der Gln. (2.232) und (2.233) in die Differenzialgleichung für die Weißbiertemperatur (2.223) liefert:

Mathematisch entspricht die Entdimensionierung einer Gleichung oder Differenzialgleichung einer Koordinaten- bzw. Variablentransformation.

Für die Bildung der normierten Wassertemperatur kann prinzipiell auch die Differenz zur anfänglichen Wassertemperatur $\vartheta_\mathrm{W} - \vartheta_\mathrm{W0}$ verwendet werden. Allerdings erhalten die resultierenden Gleichungen und Ergebnisse dadurch ein anderes Aussehen. Sie beschreiben aber dieselbe dimensionsbehaftete Wassertemperatur ϑ_W.

Im Sinne einer möglichst hohen Übersichtlichkeit sollten frei wählbare Terme in dimensionslosen Größen **günstig gewählt** werden. Dies erreicht man in der Praxis dadurch, dass in den Definitionen der normierten Größen zunächst allgemeine Terme eingeführt werden, z.B. $\Delta\vartheta_\mathrm{Bezug}$, die dann im weiteren Verlauf der Analyse geschickt gewählt werden.

Schritte zur Normierung von Differenzialgleichungen:

1. Auflösen der Definitionsgleichungen der dimensionslosen Variablen nach den jeweiligen dimensionsbehafteten Größen
2. Darstellung der dimensionsbehafteten Differenziale durch die entsprechenden dimensionslosen Differenziale
3. Substitution der dimensionsbehafteten Variablen und ihrer Differenziale in den zu entdimensionierenden Gleichungen
4. geeignete Wahl noch nicht definierter Bezugsgrößen

Bei der Differenziation der auftretenden Terme ist zu beachten, dass additive Konstanten wegfallen und multiplikative Konstanten vor die Differenziale gezogen werden können.

Beispielsweise gilt:

$$\begin{aligned} &d\left(\vartheta_\mathrm{B0} + \Delta\vartheta_\mathrm{Bezug} \cdot \Theta_\mathrm{B}\right) \\ &= \underbrace{\mathrm{d}\vartheta_\mathrm{B0}}_{0} + \mathrm{d}\left(\Delta\vartheta_\mathrm{Bezug} \cdot \Theta_\mathrm{B}\right) = \Delta\vartheta_\mathrm{Bezug} \cdot \mathrm{d}\Theta_\mathrm{B} \end{aligned}$$

$$\frac{m_\mathrm{B}\cdot c_\mathrm{B}\cdot\Delta\vartheta_\mathrm{Bezug}}{t_\mathrm{Bezug}}\cdot\frac{\mathrm{d}\Theta_\mathrm{B}}{\mathrm{d}\tau}=-k_\mathrm{B}\cdot A_\mathrm{B}\cdot\Delta\vartheta_\mathrm{Bezug}\cdot\left(\Theta_\mathrm{B}-\Theta_\mathrm{W}\right)\quad\Rightarrow$$

$$\frac{\mathrm{d}\Theta_\mathrm{B}}{\mathrm{d}\tau}=-\frac{k_\mathrm{B}\cdot A_\mathrm{B}\cdot t_\mathrm{Bezug}}{m_\mathrm{B}\cdot c_\mathrm{B}}\cdot\left(\Theta_\mathrm{B}-\Theta_\mathrm{W}\right)\tag{2.235}$$

Durch Einsetzen von Gl. (2.232) und Gl. (2.234) in die Differenzialgleichung für die Wasserbadtemperatur (2.226) folgt:

$$\frac{m_\mathrm{W}\cdot c_\mathrm{W}\cdot\Delta\vartheta_\mathrm{Bezug}}{t_\mathrm{Bezug}}\cdot\frac{\mathrm{d}\Theta_\mathrm{W}}{\mathrm{d}\tau}=k_\mathrm{B}\cdot A_\mathrm{B}\cdot\Delta\vartheta_\mathrm{Bezug}\cdot\left(\Theta_\mathrm{B}-\Theta_\mathrm{W}\right)-\dot{Q}_\mathrm{K}\quad\Rightarrow$$

$$\frac{\mathrm{d}\Theta_\mathrm{W}}{\mathrm{d}\tau}=\frac{k_\mathrm{B}\cdot A_\mathrm{B}\cdot t_\mathrm{Bezug}\cdot\left(\Theta_\mathrm{B}-\Theta_\mathrm{W}\right)}{m_\mathrm{W}\cdot c_\mathrm{W}}-\frac{\dot{Q}_\mathrm{K}\cdot t_\mathrm{Bezug}}{m_\mathrm{W}\cdot c_\mathrm{W}\cdot\Delta\vartheta_\mathrm{Bezug}}\quad\Rightarrow$$

$$\frac{\mathrm{d}\Theta_\mathrm{W}}{\mathrm{d}\tau}=\frac{m_\mathrm{B}\cdot c_\mathrm{B}}{m_\mathrm{W}\cdot c_\mathrm{W}}\cdot\frac{k_\mathrm{B}\cdot A_\mathrm{B}\cdot t_\mathrm{Bezug}\cdot\left(\Theta_\mathrm{B}-\Theta_\mathrm{W}\right)}{m_\mathrm{B}\cdot c_\mathrm{B}}-\frac{\dot{Q}_\mathrm{K}\cdot t_\mathrm{Bezug}}{m_\mathrm{W}\cdot c_\mathrm{W}\cdot\Delta\vartheta_\mathrm{Bezug}}\tag{2.236}$$

Schritt 4:

Die linke Seite von Gl. (2.235) ist dimensionslos, womit auch die rechte Seite die Dimension 1 besitzen muss. Die normierte Temperaturdifferenz $\Theta_\mathrm{B}-\Theta_\mathrm{W}$ ist per definitionem (definitionsgemäß) dimensionslos. Daher muss auch der zugehörige Vorfaktor dimensionslos sein, wie leicht gezeigt werden kann:

$$\left[\frac{k_\mathrm{B}\cdot A_\mathrm{B}\cdot t_\mathrm{Bezug}}{m_\mathrm{B}\cdot c_\mathrm{B}}\right]=\frac{\frac{\mathrm{W}}{\cancel{\mathrm{m}^2}\cdot\cancel{\mathrm{K}}}\cdot\cancel{\mathrm{m}^2}}{\cancel{\mathrm{kg}}\cdot\frac{\mathrm{J}}{\cancel{\mathrm{kg}}\cdot\cancel{\mathrm{K}}}}\cdot\mathrm{s}=\frac{\mathrm{W}\cdot\mathrm{s}}{\mathrm{J}}=\frac{\mathrm{J}}{\mathrm{J}}=1$$

Wie die nebenstehende Dimensionsanalyse zeigt, besitzt $\frac{k_\mathrm{B}\cdot A_\mathrm{B}}{m_\mathrm{B}\cdot c_\mathrm{B}}$ die Dimension einer Zeit. Eine zweckmäßige Wahl der Bezugszeit t_Bezug besteht nun darin, den Vorfaktor der normierten Temperaturdifferenz in Gl. (2.235) möglichst einfach zu wählen. Dies ist dann der Fall, wenn dieser Vorfaktor den Wert -1 annimmt. Damit folgt eine Definitionsgleichung für die **positive** Bezugszeit t_Bezug:

$$-\frac{k_\mathrm{B}\cdot A_\mathrm{B}\cdot t_\mathrm{Bezug}}{m_\mathrm{B}\cdot c_\mathrm{B}}\overset{!}{=}-1\quad\Rightarrow\quad t_\mathrm{Bezug}:=\frac{m_\mathrm{B}\cdot c_\mathrm{B}}{k_\mathrm{B}\cdot A_\mathrm{B}}\tag{2.237}$$

Somit vereinfacht sich die normierte Differenzialgleichung für die Biertemperatur:

$$\frac{\mathrm{d}\Theta_\mathrm{B}}{\mathrm{d}\tau}=-\left(\Theta_\mathrm{B}-\Theta_\mathrm{W}\right)\tag{2.238}$$

Bei Berücksichtigung der Definition der Bezugszeit gemäß Gl. (2.237) und des Verhältnisses der Wärmekapazitäten gemäß Gl.(2.230) sind weitere Vereinfachungen von Gl. (2.236) möglich:

$$\frac{\mathrm{d}\Theta_\mathrm{W}}{\mathrm{d}\tau}=\epsilon\cdot\left(\Theta_\mathrm{B}-\Theta_\mathrm{W}\right)-\frac{\dot{Q}_\mathrm{K}\cdot m_\mathrm{B}\cdot c_\mathrm{B}}{m_\mathrm{W}\cdot c_\mathrm{W}\cdot\Delta\vartheta_\mathrm{Bezug}\cdot k_\mathrm{B}\cdot A_\mathrm{B}}\quad\Rightarrow$$

$$\frac{\mathrm{d}\Theta_\mathrm{W}}{\mathrm{d}\tau}=\epsilon\cdot\left(\Theta_\mathrm{B}-\Theta_\mathrm{W}\right)-\frac{\dot{Q}_\mathrm{K}\cdot\epsilon}{\Delta\vartheta_\mathrm{Bezug}\cdot k_\mathrm{B}\cdot A_\mathrm{B}}\tag{2.239}$$

Die linke Seite und der erste Term auf der rechten Seite von Gl. (2.239) sind dimensionslos. Dies gilt auch für den zweiten Term auf der rechten Seite, wie leicht gezeigt werden kann:

$$\left[\frac{\dot{Q}_\mathrm{K}\cdot\epsilon}{\Delta\vartheta_\mathrm{Bezug}\cdot k_\mathrm{B}\cdot A_\mathrm{B}}\right]=\frac{\cancel{\mathrm{W}}\cdot 1}{\cancel{\mathrm{K}}\cdot\frac{\cancel{\mathrm{W}}}{\cancel{\mathrm{m}^2}\cdot\cancel{\mathrm{K}}}\cdot\cancel{\mathrm{m}^2}}=1$$

Der nebenstehenden Dimensionsanalyse zufolge ist der Subtrahend in Gl. (2.239) dimensionslos. Durch geschickte Wahl der Bezugstemperaturdifferenz $\Delta\vartheta_\mathrm{Bezug}$ ist eine nochmalige Vereinfachung erzielbar:

$$\frac{\dot{Q}_\mathrm{K}\cdot\epsilon}{\Delta\vartheta_\mathrm{Bezug}\cdot k_\mathrm{B}\cdot A_\mathrm{B}}\overset{!}{=}1\quad\Rightarrow\quad\Delta\vartheta_\mathrm{Bezug}:=\frac{\dot{Q}_\mathrm{K}\cdot\epsilon}{k_\mathrm{B}\cdot A_\mathrm{B}}\tag{2.240}$$

Damit folgt für Gl. (2.239) schließlich:

$$\frac{\mathrm{d}\Theta_\mathrm{W}}{\mathrm{d}\tau}=\epsilon\cdot\left(\Theta_\mathrm{B}-\Theta_\mathrm{W}\right)-1\tag{2.241}$$

Auch bei der Entdimensionierung der Differenzialgleichungen (2.223) und (2.226) bleibt die Koppelung erhalten. Statt der dimensionsbehafteten Temperaturdifferenz zwischen Weißbier und Wasserbad $\vartheta_\mathrm{B}-\vartheta_\mathrm{W}$ tritt in den Gln. (2.238) und (2.241) nun die normierte Temperaturdifferenz $\Theta_\mathrm{B}-\Theta_\mathrm{W}$ auf.

(d) normierte Temperaturdifferenz:

Die normierte Temperaturdifferenz

$$\Delta\Theta := \Theta_B - \Theta_W \tag{2.242}$$

koppelt die Differenzialgleichungen (2.238) und (2.241) und charakterisiert das Verhalten der beiden Teilsysteme ebenfalls. Die Differenzialgleichung für die neue Variable $\Delta\Theta$ folgt durch Subtraktion der Gln. (2.238) und (2.241):

$$\frac{d\Theta_B}{d\tau} - \frac{d\Theta_W}{d\tau} + (\Theta_B - \Theta_W) + \epsilon \cdot (\Theta_B - \Theta_W) = 1 \quad \Rightarrow$$

$$\frac{d(\Theta_B - \Theta_W)}{d\tau} + (1+\epsilon) \cdot (\Theta_B - \Theta_W) = 1 \quad \Rightarrow$$

$$\frac{d\,(\Delta\Theta)}{d\tau} + (1+\epsilon) \cdot \Delta\Theta = 1 \tag{2.243}$$

Die zugehörige homogene Differenzialgleichung folgt durch Nullsetzen der rechten Seite in Gl. (2.243). Der Ansatz $\Delta\Theta(\tau) = \exp(k \cdot \tau)$ führt mit $\frac{d\,(\Delta\Theta)}{d\tau} = k \cdot \exp(k \cdot \tau)$ in der homogenen Differenzialgleichung auf:

$$k \cdot \exp(k \cdot \tau) + (1+\epsilon) \cdot \exp(k \cdot \tau) = 0 \quad \Big| : \exp(k \cdot \tau) \neq 0 \quad \Rightarrow$$

$$\Big[k + (1+\epsilon)\Big] = 0 \Rightarrow \quad k = -(1+\epsilon) \tag{2.245}$$

Die allgemeine Lösung der homogenen Differenzialgleichung lautet:

$$\Delta\Theta_{\mathrm{hom}} = C_1 \cdot \exp\Big[-(1+\epsilon) \cdot \tau\Big] \tag{2.246}$$

$$\Delta\Theta_p = C_2 \quad \Rightarrow \quad \frac{d\Delta\Theta_p}{d\tau} = 0 \tag{2.247}$$

C_2 folgt durch Einsetzen des Störansatzes (2.247) in die inhomogene Differenzialgleichung (2.243):

$$0 + (1+\epsilon) \cdot C_2 = 1 \quad \Rightarrow \quad C_2 = \frac{1}{1+\epsilon} \tag{2.248}$$

Damit lautet die partikuläre Lösung:

$$\Delta\Theta_p = \frac{1}{1+\epsilon} \tag{2.249}$$

Die inhomogene Differenzialgleichung für die normierte Temperaturdifferenz $\Delta\Theta$ besitzt damit die allgemeine Lösung:

$$\Delta\Theta_{\mathrm{inh}} = \Delta\Theta_{\mathrm{hom}} + \Delta\Theta_p = C_1 \cdot \exp\Big[-(1+\epsilon) \cdot \tau\Big] + \frac{1}{1+\epsilon} \tag{2.250}$$

Die Konstante C_1 ist aus einer geeigneten Anfangsbedingung zu bestimmen:

$$\Theta_B(\tau = 0) \;= \frac{\vartheta_{B0} - \vartheta_{B0}}{\Delta\vartheta_{\mathrm{Bezug}}} = 0 \tag{2.251}$$

$$\Theta_W(\tau = 0) = \frac{\vartheta_{W0} - \vartheta_{B0}}{\Delta\vartheta_{\mathrm{Bezug}}} \neq 0 \tag{2.252}$$

Vielfach ist die Lösung eines linearen Differenzialgleichungssystems 1. Ordnung dadurch möglich, dass die Differenz der beiden Variablen als neue Variable eingeführt wird. Der Vorteil, nur noch eine Dgl. statt eines Systems von Dgln. lösen zu müssen, wird erkauft durch „Verlust" an Information:
Im Weiteren wird zunächst der Temperaturunterschied zwischen Weißbier und Wasser berechnet und nicht mehr die Temperaturen selbst.

Differenzialoperatoren sind additiv, so dass Differenzialquotienten geeignet zusammengefasst werden können:

$$\frac{d\Theta_B - d\Theta_W}{d\tau} = \frac{d(\Theta_B - \Theta_W)}{d\tau} = \frac{d\,(\Delta\Theta)}{d\tau} \tag{2.244}$$

(2.243) ist eine inhomogene gewöhnliche Differenzialgleichung 1. Ordnung, die durch Trennung der Variablen oder Exponentialfunktionsansatz gelöst werden kann. Zunächst ist die allgemeine Lösung der homogenen Differenzialgleichung zu bestimmen, dann eine partikuläre Lösung der inhomogenen Differenzialgleichung.

Eine partikuläre Lösung der inhomogenen Dgl. (2.243) erhält man durch Störansatz vom Typ der rechten Seite. Da der Störterm 1 eine Konstante ist, wird für die partikuläre Lösung ebenfalls eine Konstante angesetzt.

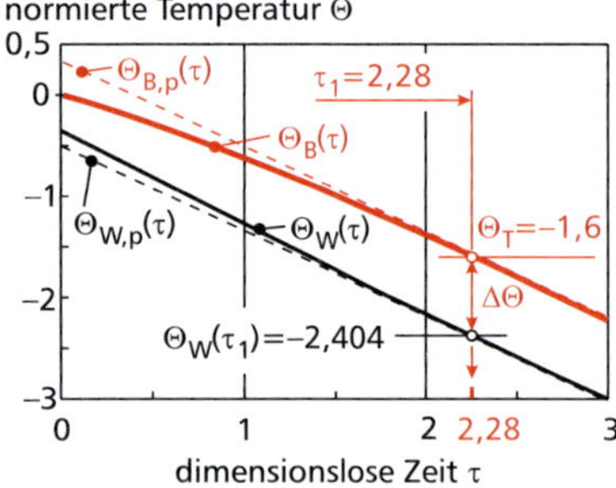

Bild 2.35: *Dimensionslose Temperaturen entsprechend Bild 2.36. Für große Zeiten t wird die Differenz $\Delta\Theta(\tau)$ konstant.*

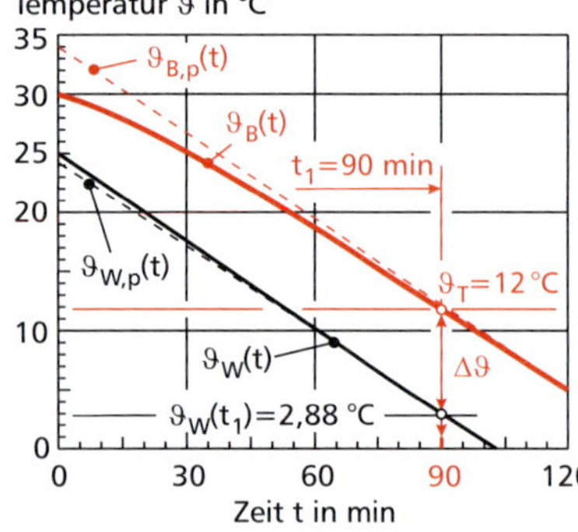

Bild 2.36: *Verlauf der Temperaturen von Weißbier $\vartheta_\mathrm{B}(t)$ und Wasser $\vartheta_\mathrm{W}(t)$ jeweils mit partikulärer Lösung $\vartheta_\mathrm{B,p}(t)$ und $\vartheta_\mathrm{W,p}(t)$ für große Zeiten t. Das Bier erreicht die Trinktemperatur $\vartheta_\mathrm{T} = 12\ ^\circ\mathrm{C}$ nach $t_1 = 90$ min bei der Wassertemperatur $\vartheta_\mathrm{W}(t_1) = 2{,}88\ ^\circ\mathrm{C}$.*

Könnte das Weißbier auf die Wasserbadtemperatur abgekühlt werden, müsste die normierte Temperaturdifferenz nach langer Zeit verschwinden, d. h. $\lim\limits_{\tau\to\infty} \Delta\Theta(\tau) \overset{!}{=} 0$.

Nur im Grenzfall $\epsilon \to \infty$ würde die Temperaturdifferenz verschwinden. Im vorliegenden Fall ist aber $\epsilon = 0{,}2$.
Dieses Verhalten ist anschaulich klar: Dem Wasser wird unentwegt der Wärmestrom $\dot{Q}_\mathrm{K} = 1\,000$ W entzogen. Im quasistationären Zustand, d. h. nach dem sogenannten Einschwingvorgang, sinkt die Wassertemperatur $\vartheta_\mathrm{W}(t)$ linear mit der Zeit. Die Biertemperatur $\vartheta_\mathrm{B}(t)$ folgt mit dem konstanten Temperaturabstand $\Delta\vartheta = \vartheta_\mathrm{B}(t) - \vartheta_\mathrm{W}(t)$, der durch die thermische Kopplung bestimmt ist. Unter diesen Bedingungen kann die Biertemperatur die Wassertemperatur nie erreichen.

$$\Delta\Theta(\tau=0) = \Theta_\mathrm{B}(\tau=0) - \Theta_\mathrm{W}(\tau=0) = 0 - \frac{\vartheta_\mathrm{W0} - \vartheta_\mathrm{B0}}{\Delta\vartheta_\mathrm{Bezug}}$$

$$= \frac{\vartheta_\mathrm{B0} - \vartheta_\mathrm{W0}}{\Delta\vartheta_\mathrm{Bezug}} := \Delta\Theta_0 \tag{2.253}$$

Einsetzen von Gl. (2.253) in Gl. (2.250) liefert für C_1:

$$\Delta\Theta_0 = \Delta\Theta(\tau=0) = C_1 \cdot \underbrace{\exp\left[-(1+\epsilon)\cdot 0\right]}_{1} + \frac{1}{1+\epsilon} \quad \Rightarrow$$

$$C_1 = \Delta\Theta_0 - \frac{1}{1+\epsilon} \tag{2.254}$$

Damit beträgt die normierte Temperaturdifferenz $\Delta\Theta$:

$$\Delta\Theta(\tau) = \left(\Delta\Theta_0 - \frac{1}{1+\epsilon}\right) \cdot \exp\left[-(1+\epsilon)\cdot\tau\right] + \frac{1}{1+\epsilon} \tag{2.255}$$

(e) Temperaturdifferenz nach langer Zeit (Bilder 2.35 und 2.36):

$$\lim_{\tau\to\infty} \Delta\Theta(\tau) = \lim_{\tau\to\infty} \left(\Delta\Theta_0 - \frac{1}{1+\epsilon}\right) \cdot \underbrace{\exp\left[-(1+\epsilon)\cdot\tau\right]}_{0} + \frac{1}{1+\epsilon}$$

$$= \frac{1}{1+\epsilon} \neq 0 \tag{2.256}$$

Da eine endliche Temperaturdifferenz verbleibt, kann die Weißbierkühlung nicht wie im Patentantrag beschrieben funktionieren.

(f) normierte Temperaturen von Weißbier und Wasserbad:

Mithilfe der normierten Temperaturdifferenz $\Delta\Theta$ aus Gl. (2.255) können nun die normierten Temperaturen Θ_B und Θ_W von Weißbier und Wasserbad berechnet werden. Einsetzen von Gl. (2.255) in die Differenzialgleichung (2.238) liefert:

$$\frac{\mathrm{d}\Theta_\mathrm{B}}{\mathrm{d}\tau} = -(\Theta_\mathrm{B} - \Theta_\mathrm{W}) = -\Delta\Theta = -\left(\Delta\Theta_0 - \frac{1}{1+\epsilon}\right)\cdot\exp\left[-(1+\epsilon)\cdot\tau\right] - \frac{1}{1+\epsilon} \quad \Rightarrow$$

$$\mathrm{d}\Theta_\mathrm{B} = \left\{-\left(\Delta\Theta_0 - \frac{1}{1+\epsilon}\right)\cdot\exp\left[-(1+\epsilon)\cdot\tau\right] - \frac{1}{1+\epsilon}\right\}\mathrm{d}\tau \quad \Big| \int \quad \Rightarrow$$

$$\Theta_\mathrm{B}(\tau) = -\left(\Delta\Theta_0 - \frac{1}{1+\epsilon}\right)\cdot\frac{\exp\left[-(1+\epsilon)\cdot\tau\right]}{-(1+\epsilon)} - \frac{\tau}{1+\epsilon} + C_3 \quad \Rightarrow$$

$$\Theta_\mathrm{B}(\tau) = \left(\frac{\Delta\Theta_0}{1+\epsilon} - \frac{1}{(1+\epsilon)^2}\right)\cdot\exp\left[-(1+\epsilon)\cdot\tau\right] - \frac{\tau}{1+\epsilon} + C_3 \tag{2.257}$$

Die Bestimmung der Integrationskonstanten C_3 erfolgt anhand von Gl. (2.251):

$$0 = \left(\frac{\Delta\Theta_0}{1+\epsilon} - \frac{1}{(1+\epsilon)^2}\right)\cdot\underbrace{\exp\left[-(1+\epsilon)\cdot 0\right]}_{1} - \frac{0}{1+\epsilon} + C_3 \quad \Rightarrow$$

$$C_3 = -\left(\frac{\Delta\Theta_0}{1+\epsilon} - \frac{1}{(1+\epsilon)^2}\right) \tag{2.258}$$

Damit beträgt die normierte Biertemperatur:

$$\Theta_\mathrm{B}(\tau) = \left(\frac{\Delta\Theta_0}{1+\epsilon} - \frac{1}{(1+\epsilon)^2}\right)\cdot\left\{\exp\left[-(1+\epsilon)\cdot\tau\right] - 1\right\} - \frac{\tau}{1+\epsilon} \tag{2.260}$$

Die normierte Wasserbadtemperatur lässt sich am einfachsten anhand von Gl. (2.242) berechnen:

$$\Delta\Theta = \Theta_\mathrm{B} - \Theta_\mathrm{W} \quad\Rightarrow\quad \Theta_\mathrm{W} = \Theta_\mathrm{B} - \Delta\Theta \tag{2.261}$$

Mit den Gln. (2.255) und (2.259) folgt nach längerer Umformung:

$$\Theta_\mathrm{W}(\tau) = \frac{\epsilon}{1+\epsilon}\cdot\left(\frac{1}{1+\epsilon} - \Delta\Theta_0\right)\cdot\exp\left[-(1+\epsilon)\cdot\tau\right] - \frac{\epsilon}{(1+\epsilon)^2} - \frac{\tau+\Delta\Theta_0}{1+\epsilon} \tag{2.262}$$

(g) Wasserbadtemperatur zur Zeit τ_1:

Aus der normierten Zeit $\tau_1 = 2{,}28$ lässt sich mithilfe der Gln. (2.231) und (2.237) die dimensionsbehaftete Zeit t_1 ermitteln:

$$t_1 = \tau_1\cdot t_\mathrm{Bezug} = \frac{m_\mathrm{B}\cdot c_\mathrm{B}}{k_\mathrm{B}\cdot A_\mathrm{B}}\cdot\tau_1 = \frac{10\,\cancel{\mathrm{kg}}\cdot 4\,200\,\frac{\mathrm{J}}{\cancel{\mathrm{kg}}\,\cancel{\mathrm{K}}}}{20\,\frac{\mathrm{W}}{\cancel{\mathrm{m^2}}\,\cancel{\mathrm{K}}}\cdot 0{,}887\,\cancel{\mathrm{m^2}}}\cdot 2{,}28 = \frac{10\cdot 4\,200\,\cancel{\mathrm{W}}\cdot\mathrm{s}}{20\cdot 0{,}887\,\cancel{\mathrm{W}}}$$

$$= 5\,397{,}97\ \mathrm{s} = 90\ \mathrm{min} = 1{,}50\ \mathrm{h} \tag{2.263}$$

Das Verhältnis der Wärmekapazitäten folgt aus Gl. (2.230) unter Berücksichtigung der Gleichheit der spezifischen Wärmekapazitäten $c_\mathrm{B} = c_\mathrm{W}$:

$$\epsilon = \frac{m_\mathrm{B}\cdot c_\mathrm{B}}{m_\mathrm{W}\cdot c_\mathrm{W}} = \frac{m_\mathrm{B}}{m_\mathrm{W}} = \frac{10\,\cancel{\mathrm{kg}}}{50\,\cancel{\mathrm{kg}}} = 0{,}2 \tag{2.264}$$

Die Bezugstemperaturdifferenz $\Delta\vartheta_\mathrm{Bezug}$ beträgt gemäß Gl. (2.240):

$$\Delta\vartheta_\mathrm{Bezug} = \frac{\dot{Q}_\mathrm{K}\cdot\epsilon}{k_\mathrm{B}\cdot A_\mathrm{B}} = \frac{1\,000\,\cancel{\mathrm{W}}\cdot 0{,}2}{20\,\frac{\cancel{\mathrm{W}}}{\cancel{\mathrm{m^2}}\,\mathrm{K}}\cdot 0{,}887\,\cancel{\mathrm{m^2}}} = 11{,}28\ \mathrm{K} \tag{2.265}$$

Die normierte Anfangstemperaturdifferenz beträgt gemäß Gl. (2.253):

$$\Delta\Theta_0 = \frac{\vartheta_\mathrm{B0} - \vartheta_\mathrm{W0}}{\Delta\vartheta_\mathrm{Bezug}} = \frac{30\ ^\circ\mathrm{C} - 25\ ^\circ\mathrm{C}}{11{,}28\ \mathrm{K}} = \frac{5\,\cancel{\mathrm{K}}}{11{,}28\,\cancel{\mathrm{K}}} = 0{,}443 \tag{2.266}$$

Mit den berechneten Zahlenwerten folgt aus Gl. (2.262):

$$\Theta_\mathrm{W1} = \frac{\epsilon}{1+\epsilon}\cdot\left(\frac{1}{1+\epsilon} - \Delta\Theta_0\right)\cdot\exp\left[-(1+\epsilon)\cdot\tau_1\right] - \frac{\epsilon}{(1+\epsilon)^2} - \frac{\tau_1+\Delta\Theta_0}{1+\epsilon}$$

$$= \frac{0{,}2}{1+0{,}2}\cdot\left(\frac{1}{1+0{,}2} - 0{,}443\right)\cdot\exp\left[-(1+0{,}2)\cdot 2{,}28\right] - \frac{0{,}2}{(1+0{,}2)^2}$$

$$- \frac{2{,}28+0{,}443}{1+0{,}2} = -2{,}404 \tag{2.267}$$

Damit folgt die gesuchte Temperatur des Wasserbads:

$$\vartheta_\mathrm{W1} = \vartheta_\mathrm{B0} + \Theta_\mathrm{W1}\cdot\Delta\vartheta_\mathrm{Bezug} = 30\ ^\circ\mathrm{C} - 2{,}404\cdot 11{,}28\ \mathrm{K} = 2{,}88\ ^\circ\mathrm{C} \tag{2.268}$$

Zusammenfassung und Ausblick:

- Bei thermisch gekoppelten Systemen führt die Energiebilanz auf ein System von Differenzialgleichungen für die Temperaturen der jeweiligen Teilsysteme.
- Die beiden Differenzialgleichungen können wegen der vorhandenen Koppelung nicht unabhängig voneinander gelöst werden.
- Durch Normierung der Differenzialgleichungen kann eine Vereinfachung der Gleichungen und ihrer Lösung erreicht werden.
- Häufig ist es möglich, ein System aus 2 gewöhnlichen Differenzialgleichungen auf eine einzige Differenzialgleichung für die **Differenz der beiden Variablen** zurückzuführen.
- Vielfach ist es auch möglich, aus einem System von 2 gewöhnlichen Differenzialgleichungen eine einzige Differenzialgleichung für die **Summe der beiden Variablen** zu erhalten.
- Alternativ kann ein System zweier gewöhnlicher Differenzialgleichungen 1. Ordnung auch auf eine einzige gewöhnliche Differenzialgleichung 2. Ordnung zurückgeführt werden.
  Im vorliegenden Beispiel löst man Gl. (2.238) nach Θ_W auf und differenziert beide Seiten nach τ:

  $$\Theta_\mathrm{W} = \frac{\mathrm{d}\Theta_\mathrm{B}}{\mathrm{d}\tau} + \Theta_\mathrm{B} \;\Big|\; \frac{\mathrm{d}}{\mathrm{d}\tau} \quad\Rightarrow$$

  $$\frac{\mathrm{d}\Theta_\mathrm{W}}{\mathrm{d}\tau} = \frac{\mathrm{d}^2\Theta_\mathrm{B}}{\mathrm{d}\tau^2} + \frac{\mathrm{d}\Theta_\mathrm{B}}{\mathrm{d}\tau}$$

  Durch Einsetzen beider Ausdrücke in Gl. (2.241) erhält man:

  $$\frac{\mathrm{d}^2\Theta_\mathrm{B}}{\mathrm{d}\tau^2} + \frac{\mathrm{d}\Theta_\mathrm{B}}{\mathrm{d}\tau} = \epsilon\cdot\left(\cancel{\Theta_\mathrm{B}} - \frac{\mathrm{d}\Theta_\mathrm{B}}{\mathrm{d}\tau} - \cancel{\Theta_\mathrm{B}}\right) - 1 \quad\Rightarrow$$

  $$\frac{\mathrm{d}^2\Theta_\mathrm{B}}{\mathrm{d}\tau^2} + (1+\epsilon)\cdot\frac{\mathrm{d}\Theta_\mathrm{B}}{\mathrm{d}\tau} = -1$$

  Diese inhomogene gewöhnliche Differenzialgleichung 2. Ordnung kann durch Exponentialfunktionsansatz gelöst werden.

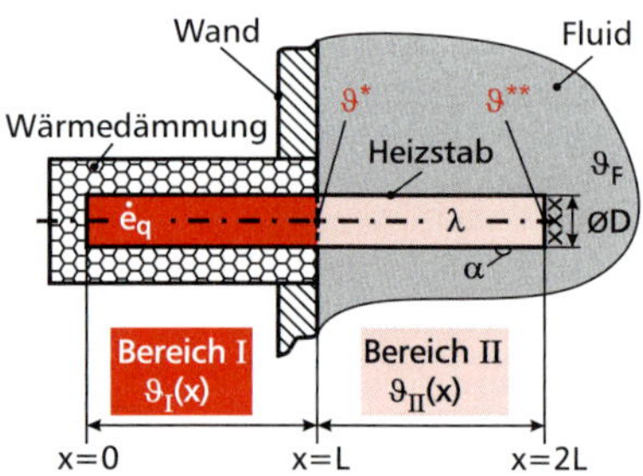

Bild 2.37: *Skizze der Heizvorrichtung.*

Bekannte Größen:

▷ Heizstab:

Bereich I:	$0 \leq x \leq L$
Bereich II:	$L < x \leq 2\,L$
Durchmesser:	$D = 4$ cm
Länge:	$2\,L = 20$ cm
Wärmeleitfähigkeit:	$\lambda = 25$ W/(m K)
Wärmequellendichte:	$\dot{e}_\mathrm{q} = 0{,}5$ MW/m^3

▷ Fluid:

Temperatur:	$\vartheta_\mathrm{F} = 20$ °C
Wärmeübergangskoeffizient:	$\alpha = 100$ W/(m^2 K)

Gesuchte Größen:

Temperaturverläufe:	$\vartheta_\mathrm{I}(x), \vartheta_\mathrm{II}(x)$
Wärmestrom:	$\dot{Q}^*$
maximale Temperatur in Bereich I:	$\vartheta_\mathrm{I,max}$
Temperatur am Stabende:	ϑ^{**}
kalorische Mitteltemperatur in Bereich II:	$\overline{\vartheta_\mathrm{II}}$

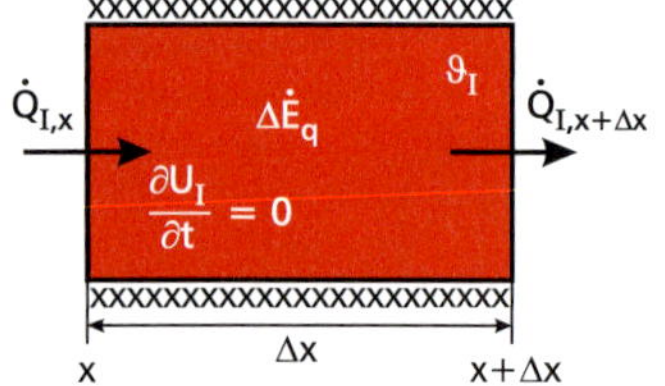

Bild 2.38: *Energiebilanz an einem Kontrollvolumen in Bereich* I.

▶ Beispiel 2.8:

Die Ingenieure Susi Sorglos und Bernie Bastscho haben eine Vorrichtung zur Temperierung von Fluiden in Behältern konstruiert (vgl. Bild 2.37). Dazu wird ein Heizstab (Wärmeleitfähigkeit $\lambda = 25$ W/(m K), Durchmesser $D = 4$ cm, Länge $2\,L = 20$ cm) hälftig ($0 \leq x \leq L$, Bereich I) in einer idealen Wärmedämmung außerhalb des Behälters (einheitliche Fluidtemperatur $\vartheta_\mathrm{F} = 20$ °C) eingebaut (vgl. Bild 2.37). In Bereich I wird infolge elektrischer Beheizung die spezifische Wärmeleistung $\dot{e}_\mathrm{q} = 0{,}5$ MW/m^3 freigesetzt. Der Wärmeübergangskoeffizient zwischen der freien Mantelfläche des Stabes ($L < x \leq 2\,L$, Bereich II) und dem Fluid beträgt $\alpha = 100$ W/(m^2 K). In der Stabmitte $x = L$ herrscht die (zunächst unbekannte) Temperatur $\vartheta_\mathrm{I}\,(x = L) = \vartheta^*$.

(a) Stellen Sie aus einer Energiebilanz eine Gleichung für die Stabtemperatur $\vartheta_\mathrm{I}(x)$ in Bereich I auf. Notieren Sie für deren Lösung notwendige Bedingungen, bestimmen Sie auftretende Konstanten in Abhängigkeit von ϑ^* und geben Sie den Verlauf von $\vartheta_\mathrm{I}(x)$ an.

(b) Leiten Sie aus einer Energiebilanz eine Gleichung für die Stabtemperatur $\vartheta_\mathrm{II}(x)$ in Bereich II ab. Ermitteln Sie die allgemeine Lösung für $\vartheta_\mathrm{II}(x)$ und bestimmen Sie darin vorkommende Konstanten durch geeignete Bedingungen in Abhängigkeit von ϑ^*.

(c) Berechnen Sie den Wärmestrom $\dot{Q}^* = \dot{Q}(x = L)$ und daraus die noch unbekannte Stabtemperatur ϑ^*.

(d) Prüfen Sie, ob in Bereich I die in Bezug auf die Stabilität des Dämmstoffes maximal zulässige Temperatur $\vartheta_\mathrm{zul} = 225$ °C überschritten wird und geben Sie den Ort der maximalen Stabtemperatur ϑ_max an.

(e) Welche Temperatur ϑ^{**} herrscht am rechten Ende des Heizstabs?

(f) Skizzieren Sie den Temperaturverlauf im Stab in einem geeigneten Diagramm.

(g) Bestimmen Sie die kalorische Mitteltemperatur des Heizstabs $\overline{\vartheta_\mathrm{II}}$ in Bereich II.

Lösung:

(a) Energiebilanz Bereich I:

Die Stabtemperatur $\vartheta_\mathrm{I}(x)$ ist laut Angabe nur eine Funktion der Ortskoordinate und damit nicht von der Zeit abhängig. Aufgrund des stationären Problems können gewöhnliche Differenziale geschrieben werden. Die Energiebilanz am infinitesimalen Volumenelement im Bereich I lautet gemäß Bild 2.38 (vgl. Abschnitt 2.1.4):

$$\frac{\partial U_\mathrm{I}}{\partial t} = \frac{\mathrm{d}U_\mathrm{I}}{\mathrm{d}t} = 0 = \dot{Q}_\mathrm{I,x} - \dot{Q}_\mathrm{I,x+\Delta x} + \Delta \dot{E}_\mathrm{q} \tag{2.269}$$

Aufgrund des Fourier'schen Wärmeleitungsansatzes (1.11) gilt für den in das Kontrollvolumen eintretenden Wärmestrom:

$$\dot{Q}_\mathrm{I,x} = -\lambda \cdot A \cdot \frac{\mathrm{d}\vartheta_\mathrm{I}}{\mathrm{d}x} \tag{2.270}$$

Der aus dem Kontrollvolumen austretende Wärmestrom folgt wie im vorigen Beispiel aus einer linearisierten Taylor-Reihe:

$$\dot{Q}_{\mathrm{I,x+\Delta x}} \approx \dot{Q}_{\mathrm{I,x}} + \frac{\mathrm{d}\dot{Q}_{\mathrm{I,x}}}{\mathrm{d}x} \cdot \Delta x = \dot{Q}_{\mathrm{I,x}} + \frac{\mathrm{d}\left(-\lambda \cdot A \cdot \frac{\mathrm{d}\vartheta_{\mathrm{I}}}{\mathrm{d}x}\right)}{\mathrm{d}x} \cdot \Delta x$$

$$= \dot{Q}_{\mathrm{I,x}} - \lambda \cdot A \cdot \frac{\mathrm{d}^2\vartheta_{\mathrm{I}}}{\mathrm{d}x^2} \cdot \Delta x \qquad (2.271)$$

Da die wärmedurchflossene Fläche A nicht von x abhängt ($A \neq A(x)$) und auch die Wärmeleitfähigkeit λ konstant ist, können beide Größen nach der Faktorenregel in Gl. (2.271) vor das Differenzial gezogen werden.

Die Ergiebigkeit der Wärmequelle $\Delta\dot{E}_{\mathrm{q}}$ beträgt:

$$\Delta\dot{E}_{\mathrm{q}} = \dot{e}_{\mathrm{q}} \cdot \Delta V = \dot{e}_{\mathrm{q}} \cdot A \cdot \Delta x \qquad (2.272)$$

Durch Einsetzen der Gln. (2.270)–(2.272) in die Energiebilanz (2.269) folgt:

$$0 = \cancel{\dot{Q}_{\mathrm{I,x}}} - \cancel{\dot{Q}_{\mathrm{I,x}}} + \lambda \cdot A \cdot \frac{\mathrm{d}^2\vartheta_{\mathrm{I}}}{\mathrm{d}x^2} \cdot \Delta x + \dot{e}_{\mathrm{q}} \cdot A \cdot \Delta x \quad \Big| : (\lambda \cdot A \cdot \Delta x)$$

$$0 = \frac{\mathrm{d}^2\vartheta_{\mathrm{I}}}{\mathrm{d}x^2} + \frac{\dot{e}_{\mathrm{q}}}{\lambda} \qquad (2.273)$$

Gl. (2.273) ist eine gewöhnliche Differenzialgleichung 2. Ordnung, die durch zweimalige Integration lösbar ist:

$$\frac{\mathrm{d}^2\vartheta_{\mathrm{I}}}{\mathrm{d}x^2} = -\frac{\dot{e}_{\mathrm{q}}}{\lambda} \quad \Big| \int \quad \Rightarrow \qquad (2.274)$$

$$\frac{\mathrm{d}\vartheta_{\mathrm{I}}}{\mathrm{d}x} = -\frac{\dot{e}_{\mathrm{q}}}{\lambda} \cdot x + C_1 \quad \Big| \int \quad \Rightarrow \qquad (2.275)$$

$$\vartheta_{\mathrm{I}}(x) = -\frac{\dot{e}_{\mathrm{q}}}{\lambda} \cdot \frac{x^2}{2} + C_1 \cdot x + C_2 \qquad (2.276)$$

Zur Bestimmung der in der allgemeinen Lösung (2.276) auftretenden 2 Integrationskonstanten sind 2 Randbedingungen notwendig. Zum einen ist der linke Stabrand $x = 0$ adiabat, so dass der Temperaturgradient an dieser Stelle verschwindet. Zum anderen herrscht am rechten Rand $x = L$ die (noch unbekannte) Temperatur ϑ^*:

Aus Gl. (2.276) ist zu erkennen, dass das Temperaturprofil in Bereich I eine nach unten geöffnete Parabel ist. Aus Gl. (2.274) wird bereits klar, dass das Temperaturprofil parabolisch ist, da es eine konstante Krümmung besitzt.

$$\left.\frac{\mathrm{d}\vartheta_{\mathrm{I}}}{\mathrm{d}x}\right|_{x=0} = 0 \qquad (2.277)$$

$$\vartheta_{\mathrm{I}}(x = L) = \vartheta^* \qquad (2.278)$$

C_1 ergibt sich durch Einsetzen von Gl. (2.277) in Gl. (2.275):

$$\left.\frac{\mathrm{d}\vartheta_{\mathrm{I}}}{\mathrm{d}x}\right|_{x=0} = -\frac{\dot{e}_{\mathrm{q}}}{\lambda} \cdot 0 + C_1 \stackrel{!}{=} 0 \quad \Rightarrow \quad C_1 = 0 \qquad (2.279)$$

Die Konstante C_2 folgt mithilfe der Gln. (2.276) und (2.278):

$$\vartheta_{\mathrm{I}}(x = L) = -\frac{\dot{e}_{\mathrm{q}}}{\lambda} \cdot \frac{L^2}{2} + 0 \cdot x + C_2 \stackrel{!}{=} \vartheta^* \quad \Rightarrow \quad C_2 = \vartheta^* + \frac{\dot{e}_{\mathrm{q}} \cdot L^2}{2\,\lambda} \qquad (2.280)$$

Damit lautet das Temperaturprofil in Bereich I:

$$\vartheta_{\mathrm{I}}(x) = \frac{\dot{e}_{\mathrm{q}}}{2\,\lambda} \cdot \left(L^2 - x^2\right) + \vartheta^* \qquad (2.281)$$

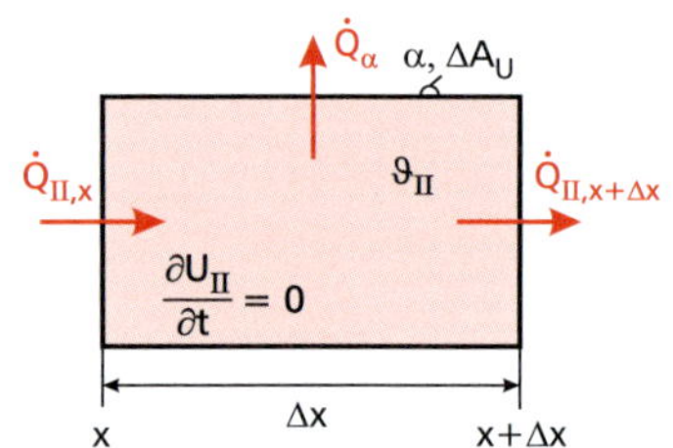

Bild 2.39: *Energiebilanz an einem Kontrollvolumen in Bereich* II.

(b) Energiebilanz Bereich II**:**

Gegenüber Bereich I fehlen in Bereich II die inneren Wärmequellen. Dafür tritt ein konvektiver Wärmestrom an der Staboberfläche auf. Die Energiebilanz lautet daher gemäß Bild 2.39:

$$\frac{\partial U_{\mathrm{II}}}{\partial t} = \frac{\mathrm{d}U_{\mathrm{II}}}{\mathrm{d}t} = 0 = \dot{Q}_{\mathrm{II,x}} - \dot{Q}_{\mathrm{II,x+\Delta x}} - \dot{Q}_\alpha \tag{2.282}$$

Die Wärmeströme infolge Wärmeleitung ergeben sich wieder aus dem Fourier'schen Wärmeleitungsansatz (1.11) sowie einer Taylor-Reihenentwicklung:

$$\dot{Q}_{\mathrm{II,x}} = -\lambda \cdot A \cdot \frac{\mathrm{d}\vartheta_{\mathrm{II}}}{\mathrm{d}x} \tag{2.283}$$

$$\dot{Q}_{\mathrm{II,x+\Delta x}} \approx \dot{Q}_{\mathrm{II,x}} + \frac{\mathrm{d}\dot{Q}_{\mathrm{II,x}}}{\mathrm{d}x} \cdot \Delta x = \dot{Q}_{\mathrm{II,x}} - \lambda \cdot A \cdot \frac{\mathrm{d}^2\vartheta_{\mathrm{II}}}{\mathrm{d}x^2} \cdot \Delta x \tag{2.284}$$

Der konvektiv übertragene Wärmestrom gehorcht dem Newton'schen Abkühlungsgesetz (1.13):

$$\dot{Q}_\alpha = \alpha \cdot \Delta A_{\mathrm{U}} \cdot \left(\vartheta_{\mathrm{II}} - \vartheta_{\mathrm{F}}\right)$$

Dabei bezeichnet ΔA_{U} die Umfangsfläche des Stabes und A den Stabquerschnitt:

$$A_{\mathrm{U}} = U \cdot \Delta x = D \cdot \pi \cdot \Delta x \tag{2.285}$$

$$A = \frac{D^2 \cdot \pi}{4} \tag{2.286}$$

Einsetzen der Gln. (2.283)–(2.286) in die Energiebilanz (2.282) liefert eine gewöhnliche Differenzialgleichung 2. Ordnung für die Stabtemperatur $\vartheta_{\mathrm{II}}(x)$ in Bereich II:

☞ Gl. (2.287) entspricht der „Rippendifferenzialgleichung", wie sie in Abschnitt 4 noch im Detail vorgestellt wird.

$$0 = \cancel{\dot{Q}_{\mathrm{II,x}}} - \cancel{\dot{Q}_{\mathrm{II,x}}} + \lambda \cdot A \cdot \frac{\mathrm{d}^2\vartheta_{\mathrm{II}}}{\mathrm{d}x^2} \cdot \Delta x - \alpha \cdot U \cdot \Delta x \cdot \left(\vartheta_{\mathrm{II}} - \vartheta_{\mathrm{F}}\right) \quad \Big| : (\lambda \cdot A \cdot \Delta x)$$

$$0 = \frac{\mathrm{d}^2\vartheta_{\mathrm{II}}}{\mathrm{d}x^2} - \frac{\alpha \cdot U}{\lambda \cdot A} \cdot \left(\vartheta_{\mathrm{II}} - \vartheta_{\mathrm{F}}\right) \tag{2.287}$$

Zur Lösung von Gl. (2.287) wird der Parameter μ („Rippenparameter") eingeführt:

$$\mu := \sqrt{\frac{\alpha \cdot U}{\lambda \cdot A}} = \sqrt{\frac{\alpha \cdot D \cdot \pi}{\lambda \cdot \frac{D^2 \cdot \pi}{4}}} = \sqrt{\frac{4\,\alpha}{\lambda \cdot D}} \tag{2.288}$$

Damit lautet die Differenzialgleichung für die Stabtemperatur in Bereich II:

$$0 = \frac{\mathrm{d}^2\vartheta_{\mathrm{II}}}{\mathrm{d}x^2} - \mu^2 \cdot \left(\vartheta_{\mathrm{II}} - \vartheta_{\mathrm{F}}\right) \quad \Rightarrow$$

$$\frac{\mathrm{d}^2\vartheta_{\mathrm{II}}}{\mathrm{d}x^2} - \mu^2 \cdot \vartheta_{\mathrm{II}} = -\mu^2 \cdot \vartheta_{\mathrm{F}} \tag{2.289}$$

Die inhomogene gewöhnliche Differenzialgleichung (2.289) kann wegen der Konstanz von ϑ_{F} mithilfe der Übertemperatur $\theta_{\mathrm{II}} := \vartheta_{\mathrm{II}} - \vartheta_{\mathrm{F}}$ in eine homogene Differenzialgleichung umgeformt werden.

$$\frac{\mathrm{d}^2\vartheta_{\mathrm{II}}}{\mathrm{d}x^2} = \frac{\mathrm{d}^2\left(\vartheta_{\mathrm{II}} - \vartheta_{\mathrm{F}}\right)}{\mathrm{d}x^2}$$

$$\frac{\mathrm{d}^2\left(\vartheta_{\mathrm{II}} - \vartheta_{\mathrm{F}}\right)}{\mathrm{d}x^2} - \mu^2 \cdot \left(\vartheta_{\mathrm{II}} - \vartheta_{\mathrm{F}}\right) = 0 \quad \Rightarrow \quad \frac{\mathrm{d}^2\theta_{\mathrm{II}}}{\mathrm{d}x^2} - \mu^2 \cdot \theta_{\mathrm{II}} = 0 \qquad (2.290)$$

Der bekannte Ansatz einer Exponentialfunktion für die Übertemperatur $\theta_{\mathrm{II}}(x) = \exp(k \cdot x)$ führt mit $\frac{\mathrm{d}^2\theta_{\mathrm{II}}(x)}{\mathrm{d}x^2} = k^2 \cdot \exp(k \cdot x)$ auf die charakteristische Gleichung:

$$k^2 \cdot \exp(k \cdot x) - \mu^2 \cdot \exp(k \cdot x) = 0 \quad \Rightarrow \quad k^2 - \mu^2 = 0 \quad \Rightarrow$$

$$k_{1,2} = \pm \mu \qquad (2.291)$$

Für die Übertemperatur in Bereich II ergibt sich damit die allgemeine Form:

$$\theta_{\mathrm{II}}(x) = C_3 \cdot \exp(-\mu \cdot x) + C_4 \cdot \exp(\mu \cdot x) \qquad (2.292)$$

bzw.

$$\theta_{\mathrm{II}}(x) = C_5 \cdot \sinh(\mu \cdot x) + C_6 \cdot \cosh(\mu \cdot x) \qquad (2.293)$$

Aufgrund ihrer Vorteilhaftigkeit wird im Folgenden die Darstellung mit Hyperbelfunktionen (2.293) verwendet. Für den Temperaturgradienten gilt damit die Beziehung:

$$\frac{\mathrm{d}\theta_{\mathrm{II}}(x)}{\mathrm{d}x} = \mu \cdot C_5 \cdot \cosh(\mu \cdot x) + \mu \cdot C_6 \cdot \sinh(\mu \cdot x) \qquad (2.299)$$

Die Konstanten C_5 und C_6 sind aus zwei Randbedingungen zu bestimmen. Zum einen besteht die Koppelbedingung mit Bereich I bei $x = L$. Zum anderen ist das rechte Stabende $x = 2\,L$ adiabat, so dass der Temperaturgradient an dieser Stelle null ist.

$$\vartheta_{\mathrm{II}}(x = L) = \vartheta^* \quad \text{bzw.} \quad \theta_{\mathrm{II}}(x = L) = \vartheta^* - \vartheta_{\mathrm{F}} \qquad (2.300)$$

$$\left.\frac{\mathrm{d}\vartheta_{\mathrm{II}}}{\mathrm{d}x}\right|_{x=2\,L} = 0 \quad \text{bzw.} \quad \left.\frac{\mathrm{d}\theta_{\mathrm{II}}}{\mathrm{d}x}\right|_{x=2\,L} = 0 \qquad (2.302)$$

Durch Einsetzen von Gl. (2.300) in das allgemeine Temperaturfeld (2.293) und von Gl. (2.301) in den allgemeinen Temperaturgradienten (2.299) erhält man:

$$\theta_{\mathrm{II}}(x = L) = C_5 \cdot \sinh(\mu \cdot L) + C_6 \cdot \cosh(\mu \cdot L) = \vartheta^* - \vartheta_{\mathrm{F}} \qquad (2.303)$$

$$\left.\frac{\mathrm{d}\theta_{\mathrm{II}}}{\mathrm{d}x}\right|_{x=2\,L} = 0 = \mu \cdot \left[C_5 \cdot \cosh(\mu \cdot 2\,L) + C_6 \cdot \sinh(\mu \cdot 2\,L)\right] \qquad (2.304)$$

Aus Gl. (2.304) folgt unter Verwendung des hyperbolischen Tangens:

$$C_5 = -C_6 \cdot \tanh(2\,\mu \cdot L) \qquad (2.306)$$

Durch Einsetzen in Gl. (2.303) erhält man:

$$C_6 = \frac{\vartheta^* - \vartheta_{\mathrm{F}}}{\cosh(\mu \cdot L) - \sinh(\mu \cdot L) \cdot \tanh(2\,\mu \cdot L)} \qquad (2.307)$$

Mit den Hyperbelfunktionen aus Bild 2.40

$$\sinh(x) := \frac{\exp(x) - \exp(-x)}{2} \qquad (2.294)$$

$$\cosh(x) := \frac{\exp(x) + \exp(-x)}{2} \qquad (2.295)$$

lässt sich eine zu Gl. (2.292) gleichwertige Darstellung gewinnen:

$$\begin{aligned}\theta_{\mathrm{II}}(x) &= C_5 \cdot \sinh(\mu \cdot x) + C_6 \cdot \cosh(\mu \cdot x) \\ &= C_5 \cdot \frac{\exp(\mu \cdot x) - \exp(-\mu \cdot x)}{2} \\ &\quad + C_6 \cdot \frac{\exp(\mu \cdot x) + \exp(-\mu \cdot x)}{2} \\ &= \frac{C_5 + C_6}{2} \cdot \exp(\mu \cdot x) \\ &\quad + \frac{C_5 - C_6}{2} \cdot \exp(-\mu \cdot x)\end{aligned} \qquad (2.296)$$

Definiert man die auftretenden Konstanten geschickt um, folgt die Äquivalenz zu Gl. (2.292):

$$\frac{C_5 + C_6}{2} := C_3 \quad \text{und} \quad \frac{C_5 - C_6}{2} := C_4$$

Die Ableitungen der Hyperbelfunktionen lauten:

$$\frac{\mathrm{d}\sinh(x)}{\mathrm{d}x} = \cosh(x) \qquad (2.297)$$

$$\frac{\mathrm{d}\cosh(x)}{\mathrm{d}x} = \sinh(x) \qquad (2.298)$$

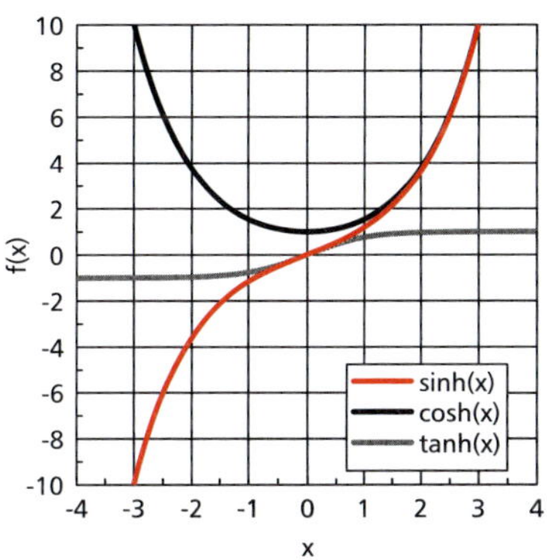

Bild 2.40: *Verlauf des hyperbolischen Sinus, Kosinus und Tangens.*

Der hyperbolische Tangens ist analog zum trigonometrischen Tangens definiert (vgl. Bild 2.40):

$$\tanh(x) := \frac{\sinh(x)}{\cosh(x)} \qquad (2.305)$$

Damit erhält man für den Temperaturverlauf in Bereich II:

$$\theta_{\mathrm{II}}(x) = \frac{\vartheta^* - \vartheta_{\mathrm{F}}}{\cosh(\mu\cdot L) - \sinh(\mu\cdot L)\cdot\tanh(2\,\mu\cdot L)} \cdot \left[\cosh(\mu\cdot x) - \tanh(2\,\mu\cdot L)\cdot\sinh(\mu\cdot x)\right] \qquad (2.308)$$

(c) Wärmestrom $\dot{Q}^*$:

Laut Fourier'schem Wärmeleitungsansatz (1.11) und Gl. (2.275) gilt:

$$\dot{Q}^* = \dot{Q}(x{=}L) = -\lambda\cdot A\cdot \left.\frac{\mathrm{d}\vartheta_{\mathrm{I}}}{\mathrm{d}x}\right|_{x=L} = -\lambda\cdot A\cdot\left(\frac{-\dot{e}_{\mathrm{q}}}{\lambda}\cdot L\right) = \dot{e}_{\mathrm{q}}\cdot A\cdot L$$

$$= 0{,}5\cdot 10^6\,\frac{\mathrm{W}}{\mathrm{m}^3}\cdot\frac{(4\cdot 10^{-2}\ \mathrm{m})^2\cdot\pi}{4}\cdot 10\cdot 10^{-2}\ \mathrm{m} = 62{,}83\ \mathrm{W} \qquad (2.309)$$

Wegen der Koppelbedingung an der Stelle $x = L$ folgt der Wärmestrom $\dot{Q}^*$ auch aus der Beziehung:

$$\dot{Q}^* = \dot{Q}(x{=}L) = -\lambda\cdot A\cdot\left.\frac{\mathrm{d}\vartheta_{\mathrm{II}}}{\mathrm{d}x}\right|_{x=L}$$

$$= -\lambda\cdot A\cdot\mu\cdot\left[C_5\cdot\cosh(\mu\cdot L) + C_6\cdot\sinh(\mu\cdot L)\right]$$

$$= \lambda\cdot A\cdot\mu\cdot C_6\cdot\left[\tanh(2\,\mu\cdot L)\cdot\cosh(\mu\cdot L) - \sinh(\mu\cdot L)\right]$$

$$= \lambda\cdot A\cdot\mu\cdot\frac{\left(\vartheta^* - \vartheta_{\mathrm{F}}\right)\cdot\left[\tanh(2\,\mu\cdot L)\cdot\cosh(\mu\cdot L) - \sinh(\mu\cdot L)\right]}{\cosh(\mu\cdot L) - \sinh(\mu\cdot L)\cdot\tanh(2\,\mu\cdot L)} \quad\Rightarrow$$

$$\vartheta^* = \vartheta_{\mathrm{F}} + \frac{\dot{Q}^*}{\lambda\cdot A\cdot\mu}\cdot\frac{\cosh(\mu\cdot L) - \sinh(\mu\cdot L)\cdot\tanh(2\,\mu\cdot L)}{\tanh(2\,\mu\cdot L)\cdot\cosh(\mu\cdot L) - \sinh(\mu\cdot L)} \quad\Rightarrow$$

$$\vartheta^* = \vartheta_{\mathrm{F}} + \frac{\dot{Q}^*}{\lambda\cdot A\cdot\mu}\cdot\frac{1 - \tanh(\mu\cdot L)\cdot\tanh(2\,\mu\cdot L)}{\tanh(2\,\mu\cdot L) - \tanh(\mu\cdot L)} \qquad (2.311)$$

Mit $\mu = \sqrt{\frac{4\,\alpha}{\lambda\cdot D}} = \sqrt{\frac{4\cdot 100\ \mathrm{W/(m^2\,K)}}{25\ \mathrm{W/m\,K}\cdot 4\cdot 10^{-2}\mathrm{m}}} = 20\cdot\frac{1}{\mathrm{m}}$ und $\mu\cdot L = 20\,\frac{1}{\mathrm{m}}\cdot 0{,}1\ \mathrm{m} = 2$ und $A = \frac{D^2\cdot\pi}{4} = \frac{\left(4\cdot 10^{-2}\ \mathrm{m}\right)^2\cdot\pi}{4} = 1{,}26\cdot 10^{-3}\ \mathrm{m}^2$ folgt:

$$\vartheta^* = 20\ ^\circ\mathrm{C} + \frac{62{,}83\ \mathrm{W}}{25\ \mathrm{W/(m\,K)}\cdot 1{,}26\cdot 10^{-3}\ \mathrm{m}^2\cdot 20\ 1/\mathrm{m}}\cdot\frac{\cosh(2) - \sinh(2)\cdot\tanh(4)}{\cosh(2)\cdot\tanh(4) - \sinh(2)}$$

$$= 123{,}73\ ^\circ\mathrm{C} \qquad (2.314)$$

(d) maximale Stabtemperatur und zulässige Dämmstofftemperatur:

$$\frac{\mathrm{d}\vartheta_{\mathrm{I}}}{\mathrm{d}x} \stackrel{!}{=} 0 = -\frac{\dot{e}_{\mathrm{q}}}{\lambda}\cdot x \quad\Rightarrow\quad x = 0 \qquad (2.315)$$

Die maximale Temperatur $\vartheta_{\max}$ wird am linken Stabende erreicht:

$$\vartheta_{\max} = \vartheta_{\mathrm{I}}(x{=}0) = C_2 = \vartheta^* + \frac{\dot{e}_{\mathrm{q}}\cdot L^2}{2\,\lambda}$$

$$= 123{,}73\ ^\circ\mathrm{C} + \frac{0{,}5\cdot 10^6\ \mathrm{W/m^3}\cdot\left(10^{-2}\ \mathrm{m}\right)^2}{2\cdot 25\ \mathrm{W/m\,K}} = 223{,}71\ ^\circ\mathrm{C} < \vartheta_{\mathrm{zul}} = 225\ ^\circ\mathrm{C} \qquad (2.316)$$

☞ Alternativ liefert eine globale Energiebilanz an Bereich I dasselbe Ergebnis:

$$\frac{\mathrm{d}U_{\mathrm{I}}}{\mathrm{d}t} = 0 = \dot{E}_{\mathrm{q}} - \dot{Q}^*$$

$$\Rightarrow\quad \dot{Q}^* = \dot{E}_{\mathrm{q}} = \dot{e}_{\mathrm{q}}\cdot V = \dot{e}_{\mathrm{q}}\cdot A\cdot L \qquad (2.310)$$

☞ Unter Berücksichtigung des Additionstheorems für den hyperbolischen Tangens

$$\tanh(x-y) = \frac{\tanh x - \tanh y}{1 - \tanh x\cdot\tanh y} \qquad (2.312)$$

folgt aus Gl. (2.311):

$$\vartheta^* = \vartheta_{\mathrm{F}} + \frac{\dot{Q}^*}{\lambda\cdot A\cdot\mu\cdot\tanh(2\,\mu\cdot L - \mu\cdot L)}$$

$$= \vartheta_{\mathrm{F}} + \frac{\dot{Q}^*}{\lambda\cdot A\cdot\mu\cdot\tanh(\mu\cdot L)} \qquad (2.313)$$

☞ Die Frage nach der maximalen Temperatur $\vartheta_{\max}$ in Bereich I zielt auf eine Extremwertbestimmung ab. Bei einem parabolischen Temperaturprofil liegt der Extremwert im Parabelscheitel vor.

(e) Temperatur am Stabende $\vartheta^{**} = \vartheta_{\mathrm{II}}(x=2\,L)$:

Die Temperatur am rechten Stabende $x=2\,L$ folgt aus Gl. (2.293):

$$\vartheta_{\mathrm{II}}(x=2\,L) = \theta_{\mathrm{II}}(x=2\,L) + \vartheta_{\mathrm{F}} = C_5 \cdot \sinh(2\,\mu \cdot L) + C_6 \cdot \cosh(2\,\mu \cdot L) + \vartheta_{\mathrm{F}} \tag{2.317}$$

Die Konstanten C_5 und C_6 betragen:

$$C_6 = \frac{123{,}73\ °\mathrm{C} - 20\ °\mathrm{C}}{\cosh(2) - \sinh(2) \cdot \tanh(4)} = 752{,}94\ °\mathrm{C} \tag{2.318}$$

$$C_5 = -752{,}94\ °\mathrm{C} \cdot \tanh(4) = -752{,}43\ °\mathrm{C} \tag{2.319}$$

$$\vartheta_{\mathrm{II}}(x=2\,L) = -752{,}43\ °\mathrm{C} \cdot \sinh(4) + 752{,}94\ °\mathrm{C} \cdot \cosh(4) + 20\ °\mathrm{C} = 47{,}71\ °\mathrm{C} \tag{2.320}$$

(f) Skizze des Temperaturverlaufs (Bild 2.41):

Wegen der adiabaten Ränder besitzen die beiden Temperaturprofile bei $x=0$ und $x=2\,L$ waagrechte Tangenten, wie auch aus Bild 2.41 zu erkennen ist. An der Koppelstelle $x = L$ münden die Temperaturkurven ohne Knick ineinander, da links und rechts dieselbe Wärmeleitfähigkeit λ herrscht.

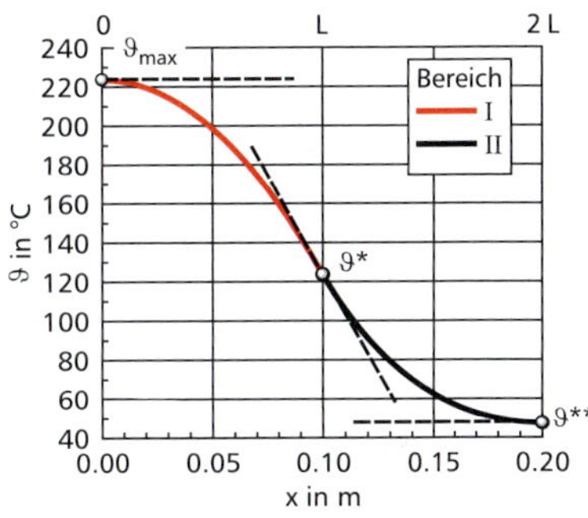

Bild 2.41: *Temperaturverlauf in den beiden Bereichen des Stabs.*

(g) kalorische Mitteltemperatur $\overline{\vartheta_{\mathrm{II}}}$:

Die kalorische Mitteltemperatur ergibt sich als integraler Mittelwert der Temperatur in Bereich II:

$$\overline{\vartheta_{\mathrm{II}}} = \frac{1}{L} \cdot \int_{L}^{2L} \vartheta_{\mathrm{II}}(x)\,\mathrm{d}x = \frac{1}{L} \cdot \int_{L}^{2L} \Big[C_5 \cdot \sinh(\mu \cdot x) + C_6 \cdot \cosh(\mu \cdot x) + \vartheta_{\mathrm{F}}\Big]\,\mathrm{d}x$$

$$= \frac{1}{L} \cdot \left[\frac{1}{\mu} \cdot C_5 \cdot \cosh(\mu \cdot x) + \frac{1}{\mu} \cdot C_6 \cdot \sinh(\mu \cdot x) + \vartheta_{\mathrm{F}} \cdot x\right]_{L}^{2\,L}$$

$$= \frac{1}{\mu \cdot L} \cdot \Big\{C_5 \cdot \Big[\cosh(\mu \cdot 2\,L) - \cosh(\mu \cdot L)\Big] + C_6 \cdot \Big[\sinh(\mu \cdot 2\,L) - \sinh(\mu \cdot L)\Big]\Big\}$$

$$+ \frac{1}{L} \cdot \vartheta_{\mathrm{F}} \cdot (2\,L - L)$$

$$= \frac{1}{2} \cdot \Big\{-752{,}43\ °\mathrm{C} \cdot \Big[\cosh(4) - \cosh(2)\Big] + 752{,}94\ °\mathrm{C} \cdot \Big[\sinh(4) - \sinh(2)\Big]\Big\}$$

$$+ \frac{1}{10 \cdot 10^{-2}\ \mathrm{m}} \cdot 20\ °\mathrm{C} \cdot 10 \cdot 10^{-2}\ \mathrm{m} = 70{,}0\ °\mathrm{C} \tag{2.321}$$

◄

Zusammenfassung und Ausblick:

- Im Unterschied zu Beispiel 2.7 sind beide Bereiche nur an einer Stelle und nicht über die gesamte Systemoberfläche thermisch gekoppelt, was eine getrennte Lösung der Energiebilanzen ermöglicht.
- Bei idealem thermischem Kontakt sind an der Koppelstelle die Temperaturen und die Wärmeströme gleich.
- Im stationären Fall werden die Temperaturverläufe von gewöhnlichen Differenzialgleichungen 2. Ordnung beschrieben, die durch Exponentialfunktionsansatz lösbar sind.
- Bei der Lösung der Rippendifferenzialgleichung treten Hyperbelfunktionen auf, die ihrerseits wieder auf Exponentialfunktionen zurückführbar sind.
- Es wäre möglich, in beiden Bereichen unterschiedliche Längenkoordinaten einzuführen ($0 \leq x_{\mathrm{I}} \leq L$ und $0 \leq x_{\mathrm{II}} \leq L$).

2.3 Aufgaben zum Selbststudium

▶ Aufgabe 2.1:

Am Haus von Frieda Frostig kragt eine rechteckige Balkonplatte aus Beton ($\lambda = 2{,}0$ W/(m K), Höhe $H = 0{,}2$ m, Breite normal zur Wand $B = 2{,}0$ m, Länge parallel zur Wand $L = 4{,}0$ m) senkrecht aus (Bild 2.42). Der Wärmeübergang zur Umgebung der Temperatur $\vartheta_\infty = -10$ °C erfolgt an der Ober- und Unterseite der Platte mit dem konstanten Gesamtwärmeübergangskoeffizienten $\alpha = 20$ W/(m^2 K). Der Wärmetransport über die drei Seitenflächen des Balkons ist vernachlässigbar. Am Übergang zur Außenwand herrscht die Temperatur $\vartheta_F = 0$ °C. Temperaturunterschiede in der Höhe und Länge der Platte bleiben unberücksichtigt.

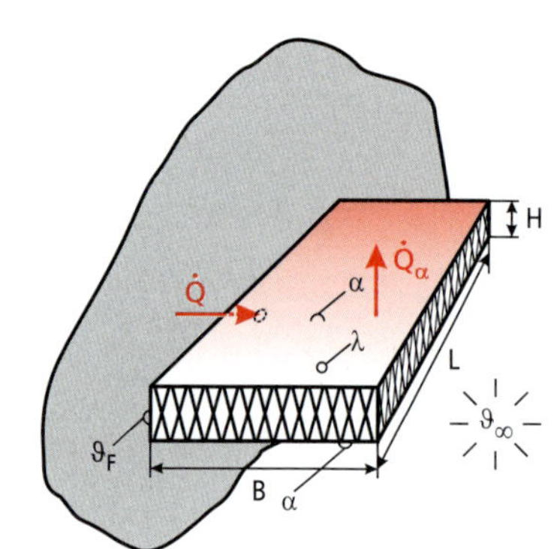

Bild 2.42: *Skizze der auskragenden Balkonplatte.*

(a) Formulieren Sie die Energiebilanz an einem infinitesimalen Kontrollvolumen der Balkonplatte und spezifizieren Sie die darin vorkommenden Energien und Energieflüsse.

(b) Leiten Sie daraus eine Differenzialgleichung für die Temperatur $\vartheta(x)$ der Balkonplatte ab.

(c) Berechnen Sie den allgemeinen und den speziellen Temperaturverlauf in der Balkonplatte und skizzieren Sie letzteren in einem Diagramm.

(d) Welcher Wärmestrom $\dot{Q}$ fließt durch die Balkonplatte an die Umgebung ab?

▶ Aufgabe 2.2:

Der große Fischteich von Fischers Fritze mit konstantem Wasservolumen V_W wird von einer Quelle der Temperatur ϑ_{zu} mit dem Frischwasserzufluss $\dot{m}_{zu}$ gespeist. Das Teichwasser (konstante Wasserdichte ϱ_W, spezifische Wärmekapazität c_{pW}, Temperatur ϑ_W) steht über die Teichoberfläche A und den Gesamtwärmeübergangskoeffizienten α mit der Umgebung der konstanten Temperatur ϑ_∞ im thermischen Kontakt. Durch Absorption der auf die Teichoberfläche A (solarer Absorptionskoeffizient a_{sol}) auftreffenden konstanten solaren Strahlungsdichte $\dot{q}_{sol}$ erfolgt ein weiterer Wärmefluss. Der Wärmetransport über die erdberührende Bodenfläche des Teiches kann vernachlässigt werden. Aufgrund der Durchmischung durch das zuströmende Frischwasser weist das Teichwasser keine örtlichen Temperaturunterschiede auf. Zu Beginn des Betrachtungszeitraums ($t = 0$) besitzt das Teichwasser die bekannte Temperatur ϑ_{W0}.

(a) Skizzieren Sie das System Fischteich mit den jeweiligen Wärme- und Massenströmen in geeigneter Notation.

(b) Stellen Sie anhand einer Massenbilanz einen Zusammenhang zwischen dem Volumenstrom des zu- und abströmenden Wassers her.

(c) Wie groß ist die vom Teichwasser aufgenommene solare Strahlung $\dot{Q}_{abs}$?

(d) Stellen Sie die Energiebilanz am System Fischteich auf.

(e) Leiten Sie aus der Energiebilanz eine Gleichung für die zeitliche Änderung der Wassertemperatur $\vartheta_W(t)$ ab.

(f) Berechnen Sie den zeitlichen Verlauf der Wassertemperatur $\vartheta_W(t)$.

(g) Welche Grenztemperatur $\vartheta_{W\infty}$ nimmt das Teichwasser nach sehr langer Zeit an?

(h) Skizzieren Sie qualitativ den Verlauf der Teichwassertemperatur $\vartheta_W(t)$.

► Aufgabe 2.3:

Ingenieur Isidor Ideenreich soll die Kühlung des in Bild 2.43 skizzierten zylindrischen Reaktorbrennstabs (Länge L, Radius $R = 1$ cm, $\lambda = 10$ W/(m K), äußere Oberflächentemperatur ϑ_R) überprüfen. Die im Inneren des Brennelements infolge von radioaktivem Zerfall erzeugte Wärmequellendichte ($e_0 = 0{,}8 \cdot 10^8$ W/m³) beträgt:

$$\dot{e}_\mathrm{q}(r) = e_0 \cdot \left(1 - \frac{r}{R}\right)^2$$

(a) Stellen Sie ausgehend von einer Energiebilanz am differenziellen Element eine Gleichung für die Temperatur $\vartheta_\mathrm{B}(r)$ des Brennstabs auf. Geben Sie die zugehörigen Randbedingungen an.

(b) Berechnen Sie allgemein den Temperaturverlauf $\vartheta_\mathrm{B}(r)$ im Brennstab.

(c) Wie groß ist der Temperaturabfall $\Delta\vartheta = \vartheta_\mathrm{B}(r=0) - \vartheta_\mathrm{B}(r=R)$ zwischen Kern und Rand des Brennstabs?

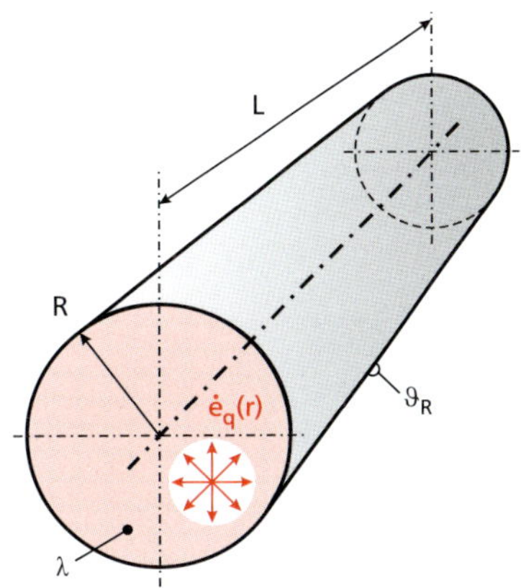

Bild 2.43: *Zylindrischer Reaktorbrennstab mit inneren Wärmequellen.*

► Aufgabe 2.4:

Das Kino „Gleis 9¾" wird dadurch klimatisiert, dass der Außenluftvolumenstrom $\dot{V}$ mit der Umgebungstemperatur ϑ_∞ vor dem Einblasen in das Kino auf die Temperatur ϑ_zu in einem Kühlregister abgekühlt wird. An einer anderen Stelle des Raumes wird ein gleich großer Volumenstrom abgesaugt. Dichteänderungen sowie lokale Temperaturunterschiede der Luft bleiben außer Acht. Die Zuschauer (Anzahl n_p, Wärmeabgabe $\dot{q}_\mathrm{p}$) geben den Wärmestrom $\dot{Q}_\mathrm{p}$ an die Raumluft ab. Gleichzeitig liegt über die Raumumschließungsflächen A (Wärmedurchgangskoeffizient k) eine thermische Koppelung $\dot{Q}_\infty$ mit der Umgebung vor.

Sollwert der Raumlufttemperatur	$\vartheta_\mathrm{iS} = 26$ °C
Umgebungslufttemperatur	$\vartheta_\infty = 32$ °C
Luftvolumenstrom	$\dot{V} = 3\,000$ m³/h
Dichte der Luft	$\varrho_\mathrm{L} = 1{,}2$ kg/m³
spezifische Wärmekapazität der Luft	$c_\mathrm{pL} = 1\,006$ J/kgK
Personenanzahl	$n_\mathrm{p} = 100$ Personen
spezifische Wärmeabgabe	$\dot{q}_\mathrm{p} = 80$ W/Person
Raumvolumen	$V = 375$ m³
Raumumschließungsflächen	$A = 400$ m²
Wärmedurchgangskoeffizient	$k = 0{,}5$ W/(m² K)

(a) Stellen Sie die maßgeblichen Wärmetransportvorgänge am Kühlregister und im Kino mit den jeweiligen Wärme- und Enthalpieströmen sowie den Temperaturen in einer Skizze dar.

(b) Leiten Sie aus einer geeigneten Bilanz eine Beziehung für die zeitliche Änderung der Lufttemperatur im Kino ϑ_i ab. Bestimmen Sie ausgehend von der Art der Gleichung deren Lösung.

(c) Welche Zulufttemperatur ϑ_zu ist erforderlich, um die Lufttemperatur im Kino konstant auf dem Sollwert ϑ_iS zu halten?

(d) Welche Kühlleistung $\dot{Q}_\mathrm{K}$ ist dazu im Kühlregister der Klimaanlage nötig?

Infolge eines technischen Defekts fällt 30 Minuten nach Beginn des Films „Larry Otter und der Ärger mit den Schnecken" die Wasserzufuhr zum Kühlregister aus, so dass die Luft nun mit Außenlufttemperatur ϑ_∞ in das Kino eingeblasen wird.

(e) Berechnen Sie allgemein den zeitlichen Verlauf der Lufttemperatur im Innenraum $\vartheta_\mathrm{i}^*(t)$, wenn die Raumlufttemperatur zu Beginn des technischen Defekts (Zeit $t = 0$) den Sollwert ϑ_iS besaß.

(f) Welche Raumlufttemperatur $\vartheta_{\mathrm{i}}^{*}$ tritt im Kino zur Zeit $t_1 = 15$ min nach Ausfall der Kühlung auf?

(g) Welchen Grenzwert $\vartheta_{\mathrm{i}\infty}^{*}$ erreicht die Luft im Kino nach sehr langer Zeit?

(h) Skizzieren Sie den Verlauf der Raumlufttemperatur im Kino vom Beginn des Films (intakte Anlage) bis zum Ende des Films (lange Zeit nach Ausfall der Anlage).

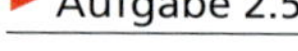

Bild 2.44: *Obere und untere Kekshälfte mit dazwischen liegender Schokoladenschicht.*

► Aufgabe 2.5:

Keksfabrikant Konrad Krümelbeisser will mit dem „Doppelbrösler" (Bild 2.45) eine neue Kekssorte auf den Markt bringen. Dabei sollen zwei kreisförmige Kekshälften (Radius R, Dicke d, Dichte ϱ, spezifische Wärmekapazität c_{p}, Anfangstemperatur ϑ_0) durch eine dünne Schicht aus Schokolade miteinander fest verbunden werden. Die untere Kekshälfte (Index 2) wird mit einer darüber liegenden erstarrten Schokoladenscheibe in eine adiabate Form eingelegt. Die darauf aufgebrachte obere Kekshälfte (Index 1) wird mit Infrarotstrahlung bestrahlt. Durch die an der Keksoberfläche absorbierte Strahlungsdichte $\dot{q}_{\mathrm{M}}$ erwärmt sich der Keks, und die Schokolade beginnt schließlich zu schmelzen. Die Schokoladenschicht weist den spezifischen thermischen Leitwert (Wärmedurchlasskoeffizient) Λ auf. Die Kekshälften befinden sich stets auf den einheitlichen Temperaturen ϑ_1 und ϑ_2. Speichereffekte und Effekte des Phasenübergangs in der dünnen Schokoladenschicht sind zu vernachlässigen. Am oberen Keks tritt ein Wärmeübergang mit dem Gesamtwärmeübergangskoeffizienten α an die Umgebung der konstanten Temperatur ϑ_∞ auf.

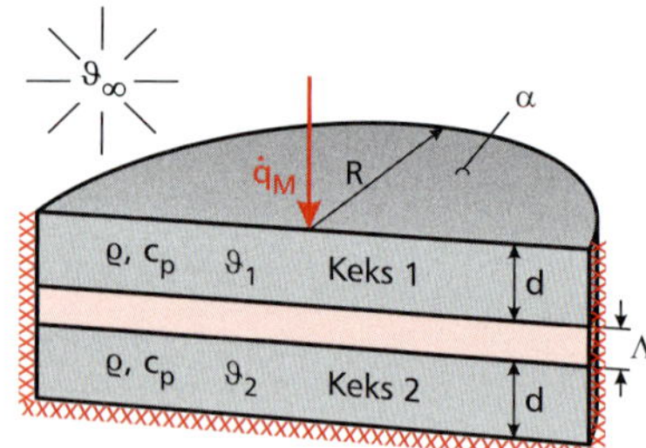

Bild 2.45: *„Doppelbrösler" im Schnitt.*

(a) Leiten Sie aus einer Energiebilanz an Keks 1 und Keks 2 jeweils eine Gleichung für die zeitlichen Änderungen der Kekstemperaturen ϑ_1 und ϑ_2 ab.

(b) Vereinfachen Sie diese Gleichungen mithilfe folgender Variablen:

$$\beta := \frac{\alpha + \Lambda}{\varrho \cdot c_{\mathrm{p}} \cdot d}; \qquad \gamma := \frac{\Lambda}{\varrho \cdot c_{\mathrm{p}} \cdot d}; \qquad \delta := \frac{\alpha \cdot \vartheta_\infty + \dot{q}_{\mathrm{M}}}{\varrho \cdot c_{\mathrm{p}} \cdot d}$$

(c) Berechnen Sie aus den vereinfachten Gleichungen die allgemeinen zeitlichen Verläufe der Kekstemperaturen $\vartheta_1(t)$ und $\vartheta_2(t)$.

Hinweis: Eventuell auftretende Lösungen quadratischer Gleichungen können nicht weiter vereinfacht werden.

(d) Geben Sie die Bedingungen an, die zur Berechnung der aufgetretenen Konstanten benötigt werden.

(e) Berechnen Sie die auftretenden Konstanten.

► Aufgabe 2.6:

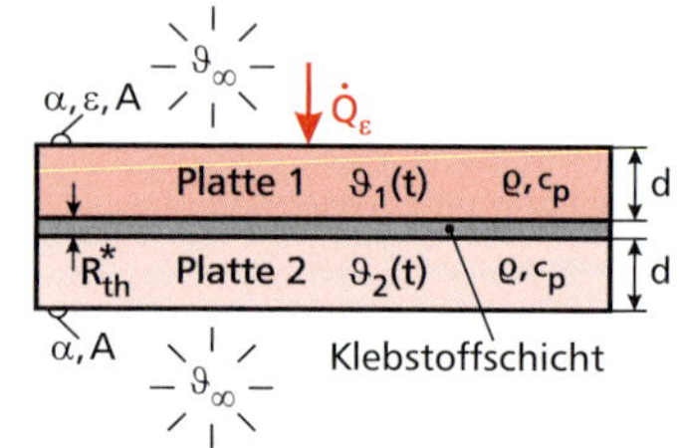

Bild 2.46: *Skizze der Stahlplatten mit dazwischen liegender Klebstoffschicht.*

Entwicklungsingenieur Edi Eisenherz hat ein neuartiges Klebeverfahren zum Verbinden quadratischer Edelstahlplatten ($\varrho = 7\,880$ kg/m^3; $c_{\mathrm{p}} = 500$ J/(kg K); Fläche $A_1 = A_2 = A$) entwickelt. Je zwei Platten sollen durch eine dünne Klebstoffschicht ($R_{\mathrm{th}}^{*} = 2 \cdot 10^{-4}$ (m^2 K)/W) verbunden werden, indem Platte 1 (grauer Strahler mit $\varepsilon = 0{,}6$) an der Oberseite vom einem Infrarotstrahler (Leistungsdichte $\dot{q}_\varepsilon = 10$ kW/m^2) gleichmäßig bestrahlt wird (Bild 2.46). An der Ober- und Unterseite der Platten wirkt der Gesamtwärmeübergangskoeffizient $\alpha = 12{,}5$ W/(m^2 K) zur Umgebung der Temperatur $\vartheta_\infty = 20$ °C. In den Platten stellen sich die Temperaturen $\vartheta_1(t)$ und $\vartheta_2(t)$ ein. Durch die geringe Dicke der Platten ($d = 2$ mm) und die hohe Wärmeleitfähigkeit sind lokale Temperaturunterschiede in den Platten ebenso vernachlässigbar wie Wärmespeichereffekte und Schmelzeffekte im Klebstoff. Die Anfangstemperatur beider Platten beträgt $\vartheta_0 = 20$ °C.

(a) Berechnen Sie den thermischen Leitwert L_{th}^* der Klebstoffschicht.

(b) Leiten Sie aus einer Energiebilanz an Platte 1 und Platte 2 zwei Gleichungen für die zeitlichen Änderungen der Plattentemperaturen ϑ_1 und ϑ_2 ab.

(c) Vereinfachen Sie diese Gleichungen mithilfe der Variablen:

$$\beta := \frac{\varepsilon \cdot \dot{q}_\varepsilon}{\varrho \cdot c_{\mathrm{p}} \cdot d}\,; \qquad \gamma := \frac{\alpha}{\varrho \cdot c_{\mathrm{p}} \cdot d}\,; \qquad \delta := \frac{L_{\mathrm{th}}^*}{\varrho \cdot c_{\mathrm{p}} \cdot d}$$

(d) Leiten Sie aus den vereinfachten Gleichungen eine Beziehung für die Differenztemperatur $\theta(t) := \vartheta_1(t) - \vartheta_2(t)$ ab und berechnen Sie diese.

(e) Leiten Sie aus den vereinfachten Gleichungen eine Beziehung für die Summentemperatur $\Psi(t) := \vartheta_1(t) + \vartheta_2(t)$ ab und berechnen Sie diese.

(f) Geben Sie mithilfe der Gleichungen aus (d) und (e) eine Beziehung für die Temperatur $\vartheta_2(t)$ in der unteren Platte an.

(g) Wo muss die Abbindetemperatur des Klebstoffes $\vartheta_{\mathrm{K}} = 120\ ^\circ\mathrm{C}$ erreicht werden, um eine feste Klebeverbindung zu erreichen?

(h) Nach welcher Zeit t^* bindet der Klebstoff ab ?

Hinweis: Die resultierende nichtlineare Gleichung für t^* kann in eine analytisch lösbare Gleichung übergeführt werden, da der Ausdruck $\exp\left[-(\gamma + 2\,\delta) \cdot t\right]$ für hinreichend große Zeiten nach null strebt.

► Aufgabe 2.7:

Hobbybastler Heini Heizer will eine Flüssigkeit (Index F, Masse m_{F}, spezifische Wärmekapazität c_{F}) in einem ideal wärmegedämmten und ideal gerührten Kessel von der Anfangstemperatur ϑ_{F0} auf die Solltemperatur ϑ_{FS} durch eine eingebaute Heizwendel (Wärmezufuhr $\dot{Q}_{\mathrm{H}}$) erhitzen. Die Fluidtemperatur wird mit einem Sensor (Index S, Masse m_{S}, spezifische Wärmekapazität c_{S}, Oberfläche A_{S}, Anfangstemperatur ϑ_{S0}) in der Flüssigkeit gemessen. Zwischen Sensor und Fluid tritt der konstante Wärmeübergangskoeffizient α auf. Flüssigkeit und Sensor besitzen anfangs die einheitliche Temperatur $\vartheta_{\mathrm{F0}} = \vartheta_{\mathrm{S0}} = \vartheta_0$. Örtliche Temperaturunterschiede treten weder in der Flüssigkeit noch im Sensor auf.

(a) Skizzieren Sie die maßgeblichen Wärmetransportvorgänge mit den entsprechenden Wärmeströmen und den jeweiligen Temperaturen.

(b) Leiten Sie aus einer Energiebilanz an Sensor und Fluid jeweils eine Gleichung für die zeitliche Änderung der Sensortemperatur ϑ_{S} und der Fluidtemperatur ϑ_{F} ab.

(c) Stellen Sie diese Gleichungen mithilfe der dimensionslosen Variablen

normierte Temperatur $$\Theta := \frac{\vartheta - \vartheta_0}{\Delta\vartheta_{\mathrm{Bezug}}}$$

dimensionslose Zeit $$\tau := \frac{\alpha \cdot A_{\mathrm{S}}}{m_{\mathrm{S}} \cdot c_{\mathrm{S}}} \cdot t$$

Verhältnis der Wärmekapazitäten $$\epsilon := \frac{m_{\mathrm{S}} \cdot c_{\mathrm{S}}}{m_{\mathrm{F}} \cdot c_{\mathrm{F}}}$$

unter geeigneter Wahl der Temperaturdifferenz $\Delta\vartheta_{\mathrm{Bezug}}$ dimensionslos dar.

(d) Entwickeln Sie mithilfe der Gleichungen aus Teilaufgabe (c) eine Gleichung für die normierte Temperaturdifferenz $\Theta_{\mathrm{F}} - \Theta_{\mathrm{S}}$ und berechnen Sie diese.

(e) Berechnen Sie den zeitlichen Verlauf der normierten Fluidtemperatur $\Theta_{\mathrm{F}}(\tau)$ sowie der normierten Sensortemperatur $\Theta_{\mathrm{S}}(\tau)$.

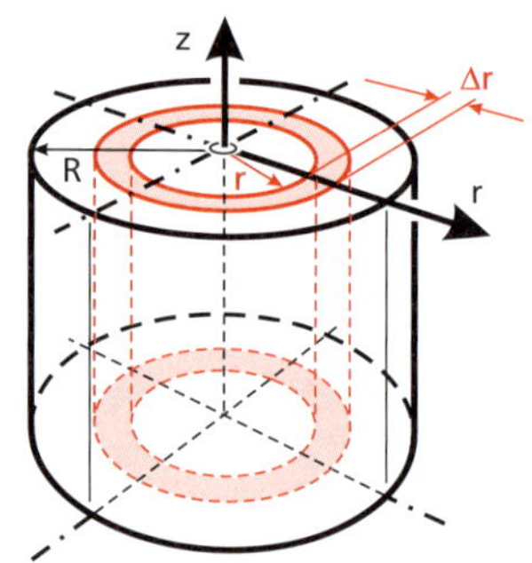

Bild 2.47: *Kreisringelement zu Aufgabe 2.9.*

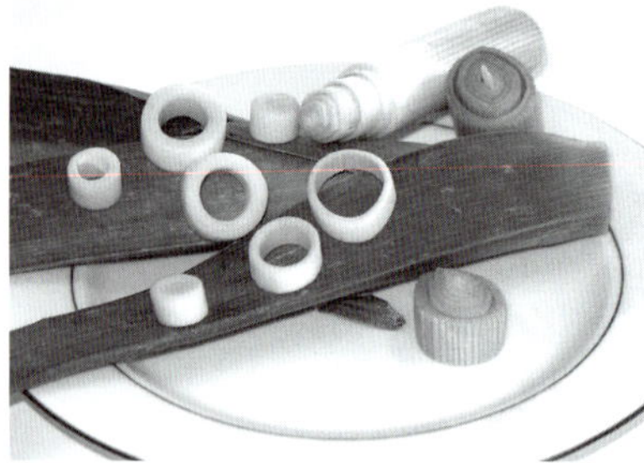

Bild 2.48: *Veranschaulichung von Kreisringelementen am Beispiel der zylinderschalenartigen Schichten von Lauch (Porree).*

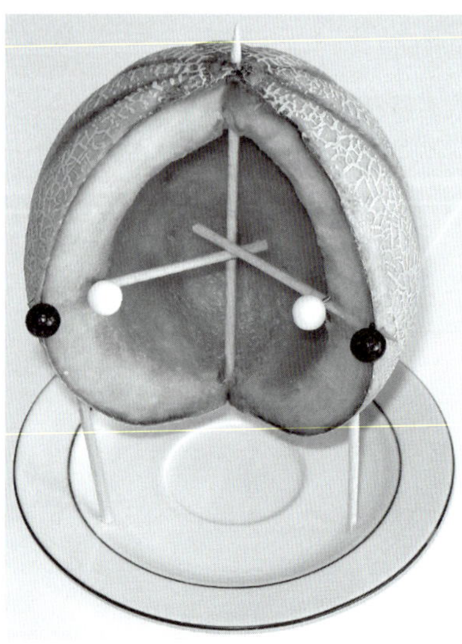

Bild 2.49: *Veranschaulichung einer Kugelschale an einer ausgehöhlten Melone.*

► Aufgabe 2.8:

Ein Draht (Durchmesser D, Länge L, elektrischer Widerstand R_{el}, konstante Stoffwerte) im Labor von Manni Pulier steht mit der Laborluft und den Umschließungsflächen ($\vartheta_{\mathrm{D}} = \vartheta_{\infty} = \vartheta_{\mathrm{W}}$) im thermischen Gleichgewicht. Durch die zur Zeit $t = 0$ angelegte Spannung U fließt der Strom I.

(a) Berechnen Sie den zeitlichen Verlauf der Drahttemperatur $\vartheta_{\mathrm{D}}(t)$, wenn keine Wärme vom Draht an die Umgebung fließt.

(b) Geben Sie eine Gleichung für die Drahttemperatur an, wenn der Draht Wärme an die Umgebung ($\vartheta_{\infty} = \vartheta_{\mathrm{W}}$) mit dem konstanten Gesamtwärmeübergangskoeffizienten α abgibt und berechnen Sie $\vartheta_{\mathrm{D}}(t)$.

(c) Durch Personen steigt die Temperatur der Laborluft ϑ_{∞} über die der Umschließungsflächen ϑ_{W} an, so dass die Wärmeabgabe des Drahtes nicht mehr über einen Gesamtwärmeübergangskoeffizienten berücksichtigt werden kann. Stellen Sie für $A_{\mathrm{W}} \gg A_{\mathrm{D}}$ eine Gleichung für die Drahttemperatur $\vartheta_{\mathrm{D}}(t)$ auf. Wie kann diese gelöst werden?

► Aufgabe 2.9:

(a) Leiten Sie aus einer Bilanz eine Gleichung für das stationäre radiale Temperaturfeld $\vartheta(r)$ in einer sehr langen Zylinderschale (Radien $R_1 \ll L; R_2 \ll L$; Wärmeleitfähigkeit λ) ab.

(b) Berechnen Sie daraus das allgemeine Temperaturfeld $\vartheta_{\mathrm{allg}}(r)$.

(c) Bestimmen Sie den speziellen Temperaturverlauf $\vartheta(r)$ für:

$$\vartheta(r = R_1) = \vartheta_1 \tag{2.322}$$

$$\vartheta(r = R_2) = \vartheta_2 \tag{2.323}$$

(d) Formulieren Sie die Bilanz für den Fall, dass im betrachteten Volumen eine konstante spezifische Wärmeproduktion $\dot{e}_{\mathrm{q}} = \mathrm{const.}$ (in W/m^3) erfolgt. Berechnen Sie das allgemeine Temperaturfeld $\vartheta^*_{\mathrm{allg}}(r)$ sowie das spezielle Temperaturfeld $\vartheta^*(r)$ für die Bedingungen aus (c).

► Aufgabe 2.10:

(a) Leiten Sie aus einer Bilanz eine Gleichung für das stationäre radiale Temperaturfeld $\vartheta(r)$ in einer Kugel (Radius R; Wärmeleitfähigkeit λ) ab.

(b) Berechnen Sie daraus das allgemeine Temperaturfeld $\vartheta_{\mathrm{allg}}(r)$.

(c) Bestimmen Sie den speziellen Temperaturverlauf $\vartheta(r)$ für:

$$\vartheta(r = R_1) = \vartheta_1 \tag{2.324}$$

$$\vartheta(r = R_2) = \vartheta_2 \tag{2.325}$$

(d) Modifizieren Sie die Bilanz für ein Volumen mit spezifischer Wärmefreisetzung $\dot{e}_{\mathrm{q}} = \mathrm{const.}$ (in W/m^3). Berechnen Sie das allgemeine Temperaturfeld $\vartheta^*_{\mathrm{allg}}(r)$ und das spezielle Temperaturfeld $\vartheta^*(r)$ für die Bedingungen aus (c). Welcher Zusammenhang besteht mit $\vartheta_{\mathrm{allg}}(r)$ aus (b)?

► Aufgabe 2.11: Ex

Dem geschlossenen Rührkessel (Rührgutvolumen V, volumetrische Wärmekapazität $\varrho \cdot c_{\mathrm{p}}$, Anfangstemperatur $\vartheta_0 = \mathrm{const.}$) von Mandy Mixer mit thermischem Leitwert $L_{\mathrm{th}} = k \cdot A$ infolge Wärmedurchgangs zur Umgebung der Temperatur $\vartheta_{\infty}(t) = \vartheta_{\infty,0} + \Delta\vartheta_{\infty} \cdot \sin(\omega t)$ wird die Heizleistung $\dot{Q}_{\mathrm{H}}(t) = \dot{Q}_0 \cdot \exp(-\beta t)$ zugeführt. Durch das eingebaute Rührwerk (Dissipationsleistung P_{Diss}) sind lokale Temperaturunterschiede im Kessel vernachlässigbar.

(a) Fertigen Sie eine Systemskizze an und leiten Sie eine Gleichung für die zeitliche Temperaturänderung des Rührguts ab.

(b) Ermitteln Sie den zeitlichen Verlauf der Temperatur im Rührkessel.

3 Stationäre Wärmeleitung

3.1 Grundlagen

3.1.1 Péclet-Gleichungen für mehrschichtige Bauteile

Die nach J. C. E. Péclet benannten Gleichungen ermöglichen bei Serienschaltungen thermischer Widerstände eine Berechnung des sich stationär einstellenden Wärmestroms $\dot{Q}$ mithilfe der an der Konfiguration anliegenden Temperaturdifferenz $\Delta\vartheta = \vartheta_\mathrm{i} - \vartheta_\mathrm{e}$:

$$\dot{Q} = \frac{\Delta\vartheta}{R_\mathrm{th,\,ges}} = \frac{\vartheta_\mathrm{i} - \vartheta_\mathrm{e}}{R_\mathrm{th,\,ges}} = \text{const.} \neq \dot{Q}(r) \tag{3.1}$$

Bei ebener Geometrie $A = \text{const.} \neq A(r)$ ist die Wärmestromdichte $\dot{q}$ (in $\mathrm{W/m^2}$) konstant. Bei gekrümmter Geometrie (Zylinder, Kugel) ändert sich die wärmeübertragende Fläche $A = A(r) \neq \text{const.}$ mit dem Radius, so dass auch die Wärmestromdichte $\dot{q} = \dot{q}(r) \neq \text{const.}$ variiert (Bild 3.1).

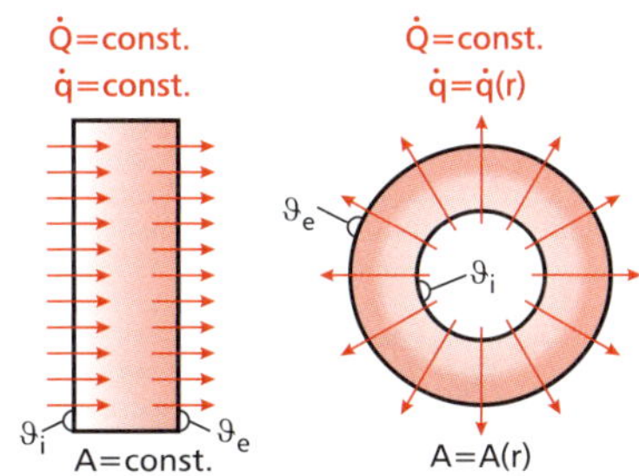

Bild 3.1: *Wärmestromdichte $\dot{q}$ bei ebener (links) und gekrümmter Geometrie (rechts).*

☞ Die Wärmestromdichte $\dot{q}$ kann anschaulich als Abstand der Wärmestrompfeillinien interpretiert werden. Enge Abstände zeigen hohe, weite Abstände niedrige Wärmestromdichten an.

3.1.2 Mehrschichtige ebene Platte

Beim Wärmedurchgang durch eine mehrschichtige ebene Platte mit beidseitigem Wärmeübergang (α_i innen, α_a außen) liegt in den Festkörperschichten ein stückweise **lineares Temperaturprofil** (Bild 3.2) vor.

$$\dot{Q} = \frac{\Delta\vartheta}{R_\mathrm{th,\,ges}} = \frac{\vartheta_\mathrm{i} - \vartheta_\mathrm{e}}{\sum\limits_{\mathrm{j=1}}^{\mathrm{n}} R_\mathrm{th,\,j}} = \frac{\vartheta_\mathrm{i} - \vartheta_\mathrm{e}}{\frac{1}{A}\cdot\left(R_{\alpha\,\mathrm{i}} + \sum\limits_{\mathrm{j=1}}^{\mathrm{n}} R_{\lambda,\,\mathrm{j}} + R_{\alpha\,\mathrm{e}}\right)} = \frac{\vartheta_\mathrm{i} - \vartheta_\mathrm{e}}{\frac{1}{A}\cdot\left(\frac{1}{\alpha_\mathrm{i}} + \sum\limits_{\mathrm{j=1}}^{\mathrm{n}} \frac{d_\mathrm{j}}{\lambda_\mathrm{j}} + \frac{1}{\alpha_\mathrm{e}}\right)}$$

$$= \frac{A\cdot(\vartheta_\mathrm{i} - \vartheta_\mathrm{e})}{\frac{1}{\alpha_\mathrm{i}} + \sum\limits_{\mathrm{j=1}}^{\mathrm{n}} \frac{d_\mathrm{j}}{\lambda_\mathrm{j}} + \frac{1}{\alpha_\mathrm{e}}} = k\cdot A\cdot(\vartheta_\mathrm{i} - \vartheta_\mathrm{e}) \tag{3.2}$$

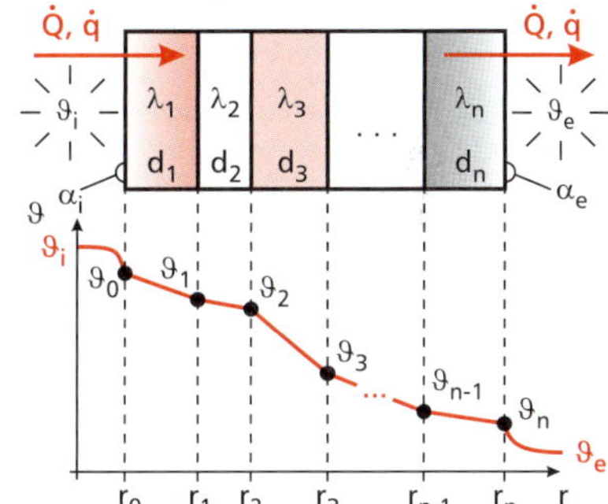

Bild 3.2: *Wärmedurchgang durch ein mehrschichtiges ebenes Bauteil.*

3.1.3 Zylinderschalen

In Zylinderschalen liegt im stationären Fall ein **logarithmischer Temperaturverlauf** vor (Bilder 3.3 und 3.4), wobei die Konstanten C_1 und C_2 aus den jeweiligen Randbedingungen zu bestimmen sind:

$$\vartheta(r) = C_1 \cdot \ln r + C_2 \tag{3.3}$$

Für den durch eine Zylinderschale der Wärmeleitfähigkeit λ und der Länge L übertragenen Wärmestrom gilt bei bekannten Temperaturen $\vartheta(r = r_1) = \vartheta_1$ und $\vartheta(r = r_2) = \vartheta_2$ die **Péclet-Gleichung** für reine Wärmeleitung (ohne konvektiven Wärmeübergang):

$$\dot{Q} = \frac{2\pi\cdot L\cdot\lambda\cdot(\vartheta_1 - \vartheta_2)}{\ln\left(\frac{r_2}{r_1}\right)} = \text{const.} \tag{3.4}$$

Der **Wärmeleitwiderstand einer Zylinderschale** beträgt damit:

$$R_{\mathrm{th},\lambda} = \frac{\ln\left(\frac{r_2}{r_1}\right)}{2\pi\cdot L\cdot\lambda} \tag{3.5}$$

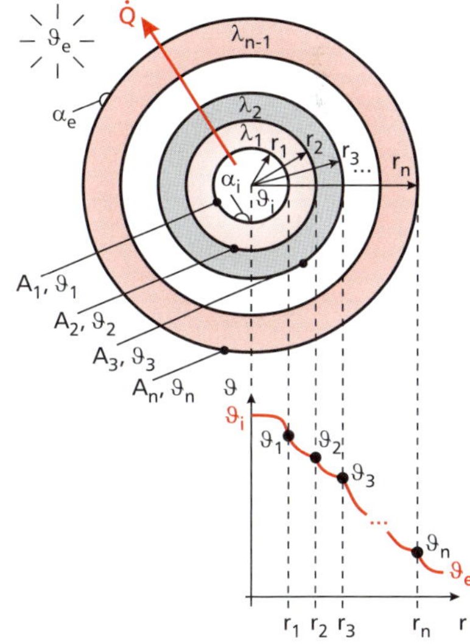

Bild 3.3: *Mehrschalige zylindrische Geometrie mit beidseitigem Wärmeübergang und Wärmestrom von innen nach außen.*

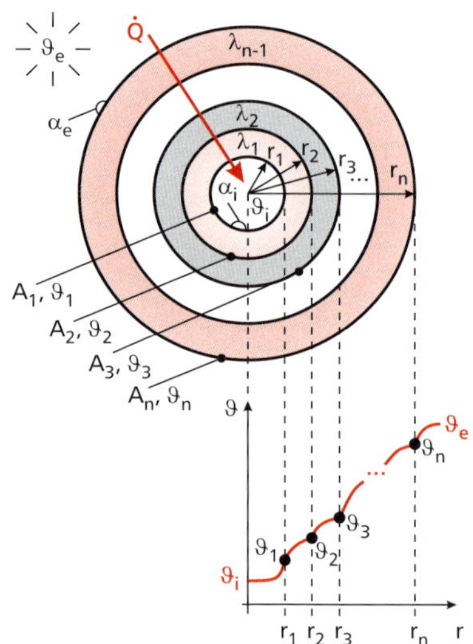

Bild 3.4: *Mehrschalige zylindrische Geometrie mit beidseitigem Wärmeübergang und Wärmestrom von außen nach innen.*

☞ Der konstante radiale Wärmestrom $\dot{Q}$ durchdringt eine vom Radius r abhängige Fläche $A(r)$. Dies führt bei Wärmefluss von innen nach außen zur Abnahme der Wärmestromdichte $\dot{q}(r)$ und „durchhängenden" Temperaturprofilen in den Schichten (Bild 3.3) bzw. von außen gesehen zur Zunahme der Wärmestromdichte $\dot{q}(r)$ und „bauchigen" Temperaturprofilen (Bild 3.4) bei umgekehrtem Wärmefluss.

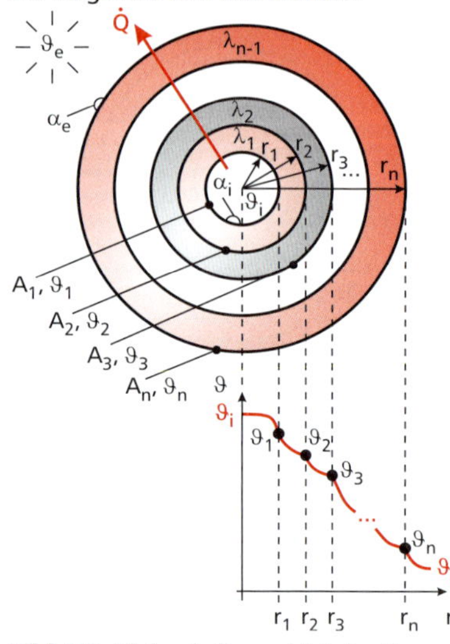

Bild 3.5: *Mehrschalige sphärische Geometrie mit beidseitigem Wärmeübergang und Wärmestrom von innen nach außen.*

Mit dem thermischen Widerstand bei Konvektion $R_{\mathrm{th},\alpha} = 1/(\alpha \cdot A) = 1/(2\pi \cdot r \cdot L \cdot \alpha)$ folgt bei mehreren Zylinderschalen mit beidseitigem Wärmeübergang (Bilder 3.3, 3.4 und 3.6, z. B. durchströmtes Rohr mit Wärmedämmung):

$$\dot{Q} = \frac{\vartheta_\mathrm{i} - \vartheta_\mathrm{e}}{\dfrac{1}{2\pi \cdot L \cdot r_1 \cdot \alpha_\mathrm{i}} + \sum\limits_{\mathrm{j}=1}^{\mathrm{n}-1} \dfrac{\ln(r_{\mathrm{j}+1}/r_\mathrm{j})}{2\pi \cdot L \cdot \lambda_\mathrm{j}} + \dfrac{1}{2\pi \cdot L \cdot r_\mathrm{n} \cdot \alpha_\mathrm{e}}} \tag{3.6}$$

Die Zylindermantelflächen $A_1, A_2, \ldots, A_\mathrm{n}$ wachsen nach außen an, so dass die wärmeübertragende Fläche im Vergleich zur ebenen Geometrie nicht konstant ist. Die Berechnung des Wärmedurchgangskoeffizienten k erfordert daher eine (beliebig wählbare) **Bezugsfläche** $A_\mathrm{Bezug} = 2\pi \cdot r_\mathrm{Bezug} \cdot L$ bzw. einen (beliebig wählbaren) **Bezugsradius** r_Bezug:

$$\dot{Q} = k \cdot A_\mathrm{Bezug} \cdot (\vartheta_\mathrm{i} - \vartheta_\mathrm{e}) = \mathrm{const.} \tag{3.7}$$

$$k \cdot A_\mathrm{Bezug} = \frac{1}{\dfrac{1}{2\pi \cdot L} \cdot \left(\dfrac{1}{r_1 \cdot \alpha_\mathrm{i}} + \sum\limits_{\mathrm{j}=1}^{\mathrm{n}-1} \dfrac{\ln(r_{\mathrm{j}+1}/r_\mathrm{j})}{\lambda_\mathrm{j}} + \dfrac{1}{r_\mathrm{n} \cdot \alpha_\mathrm{e}}\right)} \tag{3.8}$$

Das Produkt $k \cdot A_\mathrm{Bezug}$ stellt wegen Gl. (3.7) eine Konstante dar:

$$k \cdot A_\mathrm{Bezug} = k_1 \cdot A_1 = k_2 \cdot A_2 = \ldots = k_\mathrm{n} \cdot A_\mathrm{n} = \mathrm{const.} \tag{3.9}$$

Für den auf die Innenfläche $A_\mathrm{Bezug} = A_1 = 2\pi \cdot r_1 \cdot L$ bezogenen Wärmedurchgangskoeffizienten k_1 gilt damit:

$$k_1 = \frac{1}{r_1 \cdot \left(\dfrac{1}{r_1 \cdot \alpha_\mathrm{i}} + \sum\limits_{\mathrm{j}=1}^{\mathrm{n}-1} \dfrac{\ln(r_{\mathrm{j}+1}/r_\mathrm{j})}{\lambda_\mathrm{j}} + \dfrac{1}{r_\mathrm{n} \cdot \alpha_\mathrm{e}}\right)} \tag{3.10}$$

Ebenso ist ein Bezug auf die Außenfläche $A_\mathrm{n} = 2\pi \cdot r_\mathrm{n} \cdot L$ oder eine andere Referenzfläche möglich.

3.1.4 Kugelschalen

In Kugelschalen liegt im stationären Fall ein **hyperbolischer Temperaturverlauf** vor, wobei auch hier die Konstanten C_1 und C_2 aus den jeweiligen Randbedingungen zu bestimmen sind:

$$\vartheta(r) = C_1 + \frac{C_2}{r} \tag{3.11}$$

Für den Wärmestrom $\dot{Q}$ durch eine Kugelschale der Wärmeleitfähigkeit λ gilt bei bekannten Temperaturen $\vartheta(r = r_1) = \vartheta_1$ und $\vartheta(r = r_2) = \vartheta_2$ die **Péclet-Gleichung** für reine Wärmeleitung (ohne Wärmeübergang):

$$\dot{Q} = \frac{4\pi \cdot \lambda \cdot (\vartheta_1 - \vartheta_2)}{\dfrac{1}{r_1} - \dfrac{1}{r_2}} = \mathrm{const.} \tag{3.12}$$

Für den **Wärmeleitwiderstand einer Kugelschale** gilt damit:

$$R_{\mathrm{th},\lambda} = \frac{1}{4\pi \cdot \lambda} \cdot \left(\frac{1}{r_1} - \frac{1}{r_2}\right) \tag{3.13}$$

Bei mehreren Kugelschalen mit beidseitigem Wärmeübergang (Bild 3.5, z. B. gedämmter kugelförmiger Tank) gilt mit dem thermischen Widerstand infolge von Konvektion $R_{\mathrm{th},\alpha} = 1/(\alpha \cdot A) = 1/\left(4\,\pi \cdot r^2 \cdot \alpha\right)$ gilt für den Wärmestrom $\dot{Q}$ und den auf den Radius r_{Bezug} bezogenen Wärmedurchgangskoeffizienten k_{Bezug}:

$$\dot{Q} = \frac{\vartheta_{\mathrm{i}} - \vartheta_{\mathrm{e}}}{\frac{1}{4\,\pi} \cdot \left(\frac{1}{r_1^2 \cdot \alpha_{\mathrm{i}}} + \sum_{\mathrm{j}=1}^{\mathrm{n}-1} \frac{1}{\lambda_j} \cdot \left(\frac{1}{r_{\mathrm{j}}} - \frac{1}{r_{\mathrm{j}+1}} \right) + \frac{1}{r_{\mathrm{n}}^2 \cdot \alpha_{\mathrm{e}}} \right)} \tag{3.14}$$

$$k_{\mathrm{Bezug}} = \frac{1}{r_{\mathrm{Bezug}}^2 \cdot \left(\frac{1}{r_1^2 \cdot \alpha_{\mathrm{i}}} + \sum_{\mathrm{j}=1}^{\mathrm{n}-1} \frac{1}{\lambda_j} \cdot \left(\frac{1}{r_{\mathrm{j}}} - \frac{1}{r_{\mathrm{j}+1}} \right) + \frac{1}{r_{\mathrm{n}}^2 \cdot \alpha_{\mathrm{e}}} \right)} \tag{3.15}$$

☞ Ähnlich wie bei Zylinderschalen ist auch bei Kugelschalen zur Ermittlung des Wärmedurchgangskoeffizienten k die Angabe einer Bezugsfläche A_{Bezug} bzw. eines Bezugsradius r_{Bezug} notwendig, wie in Gl. (3.15) dargestellt.

Bild 3.6: *Zylindrische Dämmschalen.*

3.1.5 Oberflächen- und Schichttemperaturen

Aus der Konstanz der Wärmestromdichte bei der ebenen Platte bzw. des Wärmestroms bei gekrümmten Geometrien lassen sich mit der elektrischen Analogie Oberflächen- und Schichttemperaturen in mehrschichtigen Bauteilen bei auf beiden Seiten bekannten Fluidtemperaturen ermitteln. Die Berechnung kann ausgehend von $\dot{q}$ bzw. $\dot{Q}$ sukzessive von innen nach außen oder von außen nach innen erfolgen.

3.1.6 Stationäre eindimensionale Wärmeleitung mit inneren Wärmequellen

Für die stationäre eindimensionale Wärmeleitung mit der konstanten Wärmequellendichte $\dot{e}_{\mathrm{q}}$ gilt mit der allgemeinen Ortskoordinate r:

$$0 = \lambda \cdot \left(\frac{\mathrm{d}^2\vartheta}{\mathrm{d}r^2} + \frac{n}{r} \cdot \frac{\mathrm{d}\vartheta}{\mathrm{d}r} \right) + \dot{e}_{\mathrm{q}} \qquad \begin{array}{ll} n = 0 & \text{(ebene Platte)} \\ n = 1 & \text{(Zylinder)} \\ n = 2 & \text{(Kugel)} \end{array} \tag{3.16}$$

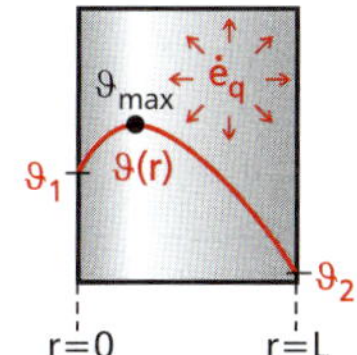

Bild 3.7: *Ebene Platte mit Wärmequellen.*

3.1.7 Ebene Platte mit Wärmequellen

Bei konstanter Wärmefreisetzung pro Volumen $\dot{e}_{\mathrm{q}} = \text{const.} \neq \dot{e}_{\mathrm{q}}(r,t)$ herrscht in einer ebenen Platte ein linearer Temperaturgradient und ein quadratisches Temperaturprofil. Integration von Gl. (3.16) liefert:

$$\vartheta(r) = -\frac{\dot{e}_{\mathrm{q}}}{2\,\lambda} \cdot r^2 + C_1 \cdot r + C_2 \tag{3.17}$$

Die Konstanten C_1 und C_2 sind aus den Bedingungen (1., 2. oder 3. Art) z. B. an den Rändern $r=0$ und $r=L$ gemäß Bild 3.7 zu bestimmen.

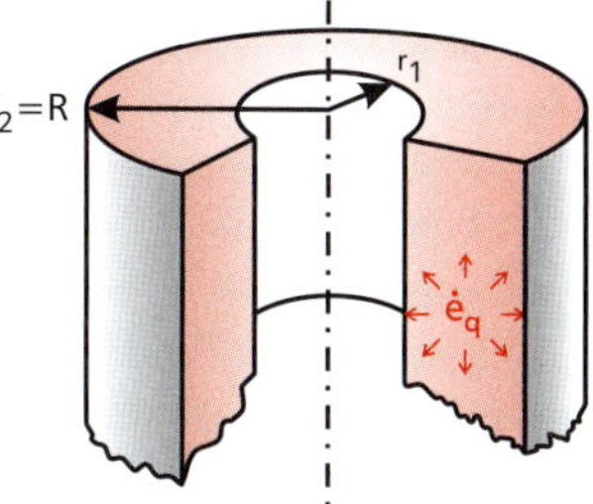

Bild 3.8: *Zylinderschale mit Wärmequellen.*

3.1.8 Vollzylinder und Zylinderschale mit Wärmequellen

Bei konstanter Wärmequellendichte $\dot{e}_{\mathrm{q}} = \text{const.} \neq \dot{e}_{\mathrm{q}}(r,t)$ herrscht in einer Zylinderschale (vgl. Bild 3.8) das Temperaturprofil:

$$\vartheta(r) = -\frac{\dot{e}_{\mathrm{q}}}{4\,\lambda} \cdot r^2 + C_1 \cdot \ln r + C_2 \tag{3.18}$$

Die Konstanten C_1 und C_2 folgen aus geeigneten Randbedingungen, z. B. $\vartheta(r=R)=\vartheta_2$ und $\left.\frac{\mathrm{d}\vartheta}{\mathrm{d}r}\right|_{r=0}=0$ für den Vollzylinder in Bild 3.9.

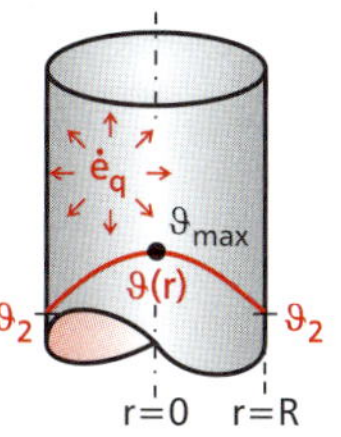

Bild 3.9: *Vollzylinder mit Wärmequellen.*

Bild 3.10: *Kabelbaum in einem Installationsschacht als Beispiel für eine zylindrische Geometrie mit inneren Wärmequellen.*

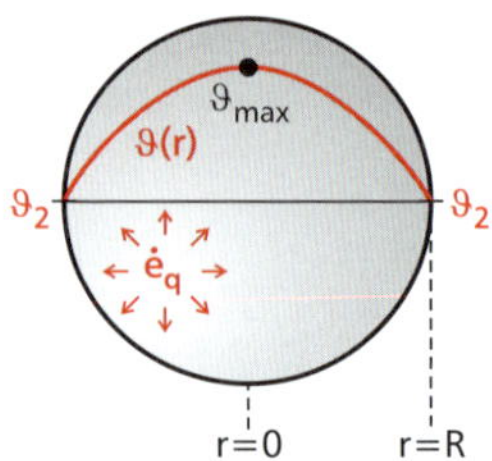

Bild 3.11: *Vollkugel mit Wärmequellen.*

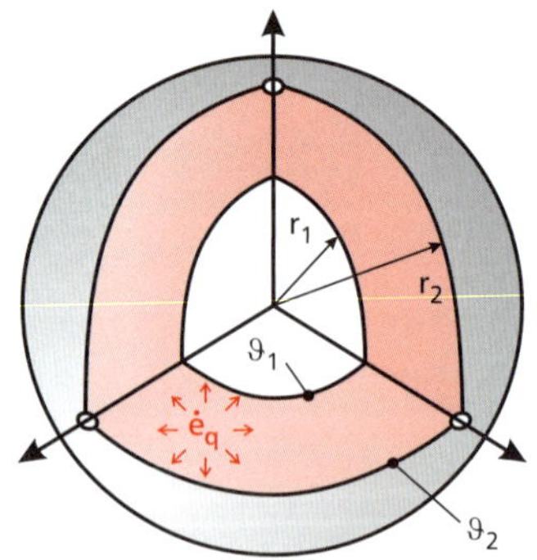

Bild 3.12: *Kugelschale mit Wärmequellen.*

Aus Gl. (3.23) bzw. Gl. (3.26) und der Definitionsgleichung des thermischen Widerstandes gemäß Tabelle 1.5 lässt sich mit dem Formfaktor S bzw. dem dimensionslosen Formfaktor S_ℓ ein thermischer Widerstand infolge zweidimensionaler Wärmeleitung ableiten:

$$R_{\mathrm{th},\lambda 2\mathrm{D}} = \frac{1}{\lambda \cdot S} = \frac{1}{\lambda \cdot S_\ell \cdot L} \tag{3.24}$$

Damit kann auch ein mehrdimensionaler Wärmefluss im Rahmen der elektrischen Analogie berücksichtigt werden.

3.1.9 Vollkugel und Kugelschale mit Wärmequellen

Bei konstanter Wärmequellendichte $\dot{e}_\mathrm{q} = \mathrm{const.} \neq \dot{e}_\mathrm{q}(r,t)$ herrscht in einer Kugelschale folgendes Temperaturprofil:

$$\vartheta(r) = -\frac{\dot{e}_\mathrm{q}}{6\,\lambda} \cdot r^2 + C_1 + \frac{C_2}{r} \tag{3.19}$$

Auch hier folgen die Konstanten C_1 und C_2 aus entsprechenden Bedingungen an den Rändern $r = r_1$ und $r = r_2$ (vgl. Bilder 3.11, 3.12).

3.1.10 Stationäre zweidimensionale Wärmeleitung ohne innere Wärmequellen

Die stationäre zweidimensionale Wärmeleitung ohne innere Wärmequellen gehorcht der Laplace-Gleichung:

$$\Delta\vartheta = 0 \tag{3.20}$$

In kartesischen Koordinaten (x,y) lautet sie:

$$\frac{\partial^2\vartheta}{\partial x^2} + \frac{\partial^2\vartheta}{\partial y^2} = 0 \tag{3.21}$$

Ihre Lösung sind Systeme isothermer Flächen mit dazu senkrechten adiabaten Flächen, die in einer Schnittzeichnung als Isothermen und orthogonal dazu verlaufenden Wärmeflusslinien dargestellt werden können. Für den Wärmestrom zwischen zwei isothermen Flächen A_1 und A_2 mit den Temperaturen ϑ_1 und ϑ_2 gilt mit der ins Innere des Gebietes weisenden Normalenrichtung n:

$$\dot{Q} = -\lambda \iint_{A_1} \frac{\partial\vartheta}{\partial n}\,\mathrm{d}A_1 = \lambda \iint_{A_2} \frac{\partial\vartheta}{\partial n}\,\mathrm{d}A_2 \tag{3.22}$$

Der gesamte (integrierte) Wärmestrom $\dot{Q}$ lässt sich mithilfe des **Formfaktors** S beschreiben:

$$\dot{Q} = \lambda \cdot S \cdot \Delta\vartheta = \lambda \cdot S \cdot (\vartheta_1 - \vartheta_2) \tag{3.23}$$

Dabei beschreibt $\dot{Q}$ den Wärmestrom zwischen den jeweils isothermen Rändern mit ϑ_1 und ϑ_2. Der Formfaktor S ist eine reine Geometriegröße mit der Dimension einer Länge. Er ist unabhängig von der Wärmeleitfähigkeit λ und der anliegenden Temperaturdifferenz $\vartheta_1 - \vartheta_2$.

Für die elementaren Geometrien ebene Platte, Zylinder und Kugel lassen sich die Formfaktoren aus den Péclet-Gleichungen ableiten:

Tabelle 3.1: *Formfaktor S der Wärmeleitung für die elementaren Geometrien.*

Körper	Formfaktor	Wärmestrom
ebene Platte (Dicke L)	$S_\mathrm{Platte} = \frac{A}{L}$	$\dot{Q} = \lambda \cdot \frac{A}{L} \cdot (\vartheta_1 - \vartheta_2)$
Zylinderschale (Radien r_1, r_2)	$S_\mathrm{Zylinder} = \frac{2\pi \cdot L}{\ln\left(\frac{r_2}{r_1}\right)}$	$\dot{Q} = \lambda \cdot \frac{2\pi \cdot L}{\ln\left(\frac{r_2}{r_1}\right)} \cdot (\vartheta_1 - \vartheta_2)$
Kugelschale (Radien r_1, r_2)	$S_\mathrm{Kugel} = \frac{4\pi}{\frac{1}{r_1} - \frac{1}{r_2}}$	$\dot{Q} = \lambda \cdot \frac{4\pi}{\frac{1}{r_1} - \frac{1}{r_2}} \cdot (\vartheta_1 - \vartheta_2)$

Bei der **Parallelschaltung** von Wärmeströmen addieren sich auch die jeweiligen Formfaktoren. Beispielsweise besitzt die Hälfte eines Zylinders einen Formfaktor von $S = \dfrac{\pi \cdot L}{\ln\left(\dfrac{r_2}{r_1}\right)}$, da die beiden parallel liegenden Hälften den in Tabelle 3.1 angegebenen Wert besitzen.

Bei einer **Serienschaltung** von Wärmeströmen addieren sich die Kehrwerte der Formfaktoren, die als **Formwiderstände** interpretiert werden können. Beispielsweise würde eine weitere Zylinderschale mit den Radien r_2 und r_3 auf einer vorhandenen Zylinderschale mit den Radien r_1 und r_2 zu folgendem Formfaktor führen:

$$\frac{1}{S_{1-3}} = \frac{1}{S_{1-2}} + \frac{1}{S_{2-3}} = \frac{\ln\left(\dfrac{r_2}{r_1}\right)}{2\pi \cdot L} + \frac{\ln\left(\dfrac{r_3}{r_2}\right)}{2\pi \cdot L} = \frac{\ln\left(\dfrac{\cancel{r_2}}{r_1} \cdot \dfrac{r_3}{\cancel{r_2}}\right)}{2\pi \cdot L} = \frac{\ln\left(\dfrac{r_3}{r_1}\right)}{2\pi \cdot L} \quad \Rightarrow$$

$$S_{1-3} = \frac{2\pi \cdot L}{\ln\left(\dfrac{r_3}{r_1}\right)} \tag{3.25}$$

Neben dem Formfaktor S ($[S] = \text{m}$) wird gelegentlich auch der auf eine charakteristische Länge L (z. B. Rohrlänge) bezogene **dimensionslose Formfaktor** S_ℓ ($[S_\ell] = 1$) verwendet:

$$S_\ell = \frac{S}{L} \tag{3.26}$$

Für **konzentrische Rohre** (Bild 3.13) gilt der in Tabelle 3.1 angegebene Formfaktor des Zylinders. Bei **exzentrischen Rohren** (Bild 3.14) erhält man beispielsweise:

$$S_\ell = \frac{2\pi}{\operatorname{arcosh}\left(\dfrac{r_1^2 + r_2^2 - e^2}{2\, r_1 \cdot r_2}\right)} \tag{3.27}$$

Für ein **Rohr in einem einseitig unendlich ausgedehnten Medium** (z. B. Erdreich, Bild 3.15) gilt:

$$S_\ell = \frac{2\pi}{\operatorname{arcosh}\left(\dfrac{d}{r_1}\right)} \tag{3.28}$$

Für zwei **parallele Rohre in einem unendlich ausgedehnten Medium** (Bild 3.16) gilt:

$$S_\ell = \frac{2\pi}{\operatorname{arcosh}\left(\dfrac{d^2 - r_1^2 - r_2^2}{2\, r_1 \cdot r_2}\right)} \tag{3.29}$$

Wie die Bilder 3.13–3.16 zeigen, bilden Wärmeflusslinien und Isothermen ein System orthogonaler Trajektorien. Eine Berechnung ist mithilfe konformer Abbildungen möglich. Eine umfangreiche Sammlung von Formfaktoren enthält der VDI-Wärmeatlas [24].

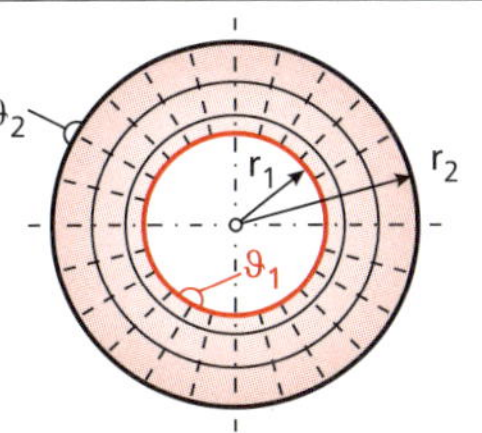

Bild 3.13: *Konzentrische Rohre der Länge L mit Netz aus Wärmeflusslinien (gestrichelt) und Isothermen (durchgezogen).*

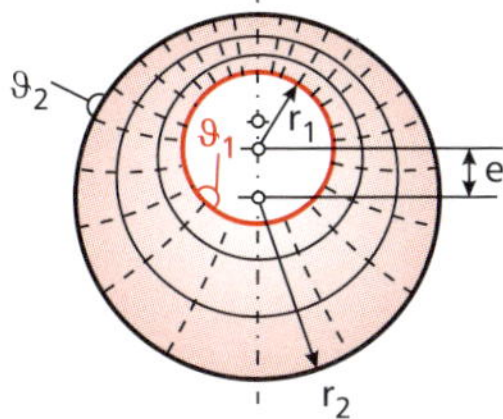

Bild 3.14: *Exzentrische Rohre der Länge L mit Netz aus Wärmeflusslinien (gestrichelt) und Isothermen (durchgezogen).*

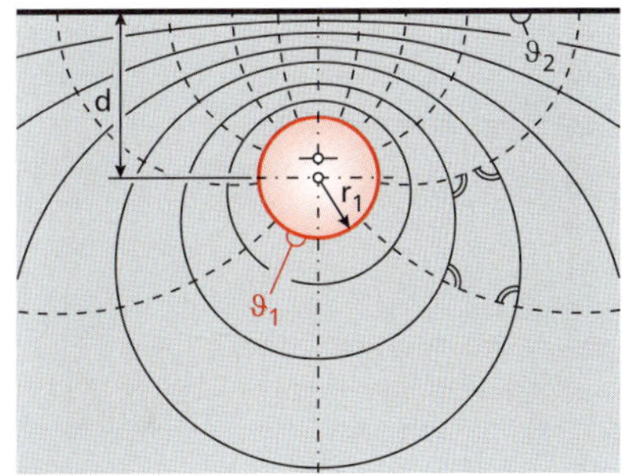

Bild 3.15: *Zylinder der Länge L im einseitig ausgedehnten Medium (z. B. Erdreich) mit orthogonalem Netz aus Wärmeflusslinien (gestrichelt) und Isothermen (durchgezogen); Excel-Programm zum Download.*

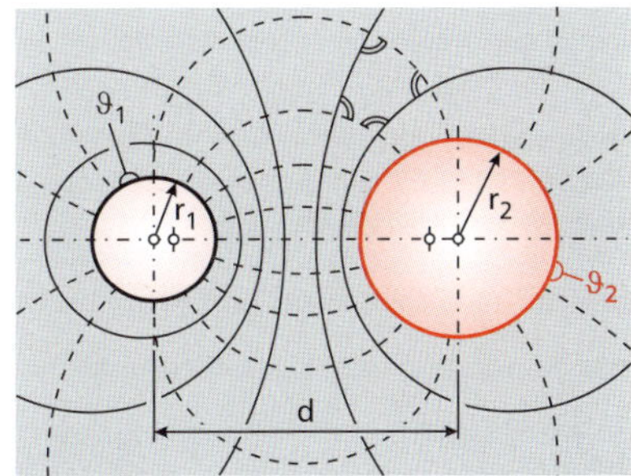

Bild 3.16: *Parallele Zylinder der Länge L im ausgedehnten Medium mit orthogonalem Netz aus Wärmeflusslinien (gestrichelt) und Isothermen (durchgezogen).*

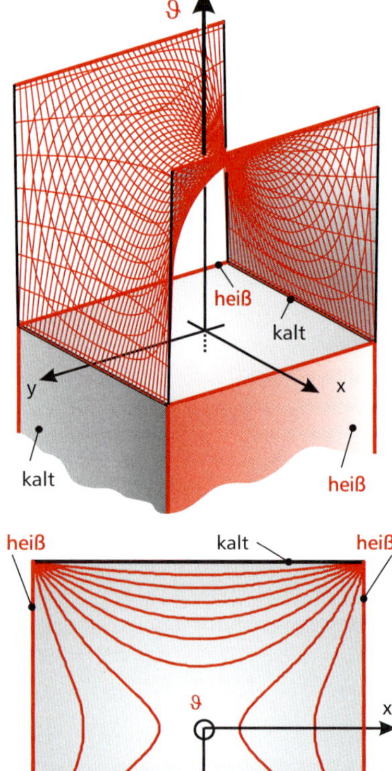

Bild 3.17: *Zweidimensionale stationäre Temperaturverteilung* $\vartheta(x,y)$ *in einem unendlich langen Balken mit „heißen" und „kalten" Oberflächen. Die Temperaturen lassen sich übersichtlich als „Temperaturgebirge" in der dritten Dimension (oben) oder als Höhenliniendiagramm ähnlich einer Landkarte (unten) darstellen. Wirklich räumliche Temperaturfelder (vgl. Bilder 5.39 und 5.41) sind häufig farbkodiert.*

☞ $\frac{\partial^2 \vartheta}{\partial x^2}$ kann dabei als Krümmung des Temperaturfeldes in x-Richtung und $\frac{\partial^2 \vartheta}{\partial y^2}$ als Krümmung in y-Richtung interpretiert werden. Anschaulich bedeutet die Laplace-Gleichung, dass die beiden Krümmungen entgegengesetzt gleich sind und in Summe null ergeben.

Bild 3.17 zeigt die zweidimensionale stationäre Temperaturverteilung $\vartheta(x,y)$ in einem unendlich langen Balken mit rechteckigem Querschnitt mit jeweils zwei „heißen" und zwei „kalten" Seitenflächen. Das Temperaturfeld genügt der Laplace-Gleichung (1.33):

$$\Delta\vartheta = \frac{\partial^2 \vartheta}{\partial x^2} + \frac{\partial^2 \vartheta}{\partial y^2} = 0 \tag{3.30}$$

Für einfache homogene Geometrien und die klassischen Randbedingungen existieren für die Laplace-Gleichung (1.33) analytische Lösungen in Form von Fourier-Reihen. In der Praxis treten allerdings auch inhomogene Bauteilaufbauten, krummlinig berandete Gebiete und/oder komplexe Randbedingungen auf, so dass dann numerische Lösungen der Wärmeleitungsdifferenzialgleichung mit Finiten Differenzen [25] oder Finiten Elemente [26] zum Einsatz kommen. Diese sind nicht Gegenstand dieses Buches, es werden im Folgenden jedoch kurz grundsätzliche Hinweise zu diesen Methoden gegeben.

Auch wenn heute sehr leistungsfähige und interaktiv zu bedienende Computerprogramme zur numerischen Lösung von Wärmeleitungsproblemen zur Verfügung stehen, sollten diese in der Praxis nicht unkritisch und ohne Plausibilitätsprüfung der Eingabedaten und der Ergebnisse angewandt werden. Insbesondere sollten der Aufwand für die Erzeugung eines realitätsnahen, ausreichend genauen, aber nicht unnötig komplexen Modells sowie die Bereitstellung und Eingabe der Inputdaten nicht unterschätzt werden. Gerade bei komplexen Programmsystemen sollten zunächst einfachere Testbeispiele (benchmarks) berechnet werden, für die analytische Lösungen existieren, die einen Vergleich mit der numerisch berechneten Lösung ermöglichen.

Im Unterschied zu einer analytischen Lösung $\vartheta(x,y)$, die an allen Punkten (x,y) eines zweidimensionalen Rechengebiets zur Verfügung steht, wird eine numerische Lösung $\vartheta_{\mathrm{i,j}}$ nur an ausgewählten (diskreten) Punkten $(x_{\mathrm{i}},y_{\mathrm{j}}, i = 1 \ldots M; j = 1 \ldots N)$, den **Knoten** oder **Gitterpunkten**, mithilfe von Energiebilanzen (Bild 3.20) berechnet. Die Erzeugung des Rechengitters, die heute meist automatisch von Gittergeneratoren im Rahmen des Preprocessings erledigt wird, nennt man **Diskretisierung**. Zwischenwerte müssen aus den Knotenpunktstemperaturen durch geeignete Interpolation gewonnen werden. Bei den Finiten Differenzen wird beispielsweise die partielle Wärmeleitungsdifferenzialgleichung in ein System linearer Gleichungen für die Knotenpunktstemperaturen übergeführt, die mit geeigneten Solvern (z. B. Gauß'scher Algorithmus, SOR-Verfahren) gelöst werden können. Vielfach wird die Lösung ausgehend von geeigneten Startwerten iterativ berechnet.

Die numerische Lösung ist eine Näherung der exakten Lösung. Je feiner das Rechengitter gewählt wird, desto höher ist auch die Genauigkeit der berechneten Lösung. Im Grenzübergang würde ein unendlich feines Rechengitter die exakte Lösung liefern. Allerdings steigen mit einer Gitterverfeinerung auch der numerische Aufwand, der Speicherplatzbedarf und die Rechenzeit. In der Praxis kann ein Rechengitter als hinreichend fein betrachtet werden, wenn eine weitere Verfeinerung im Rahmen der angestrebten Genauigkeit keine Veränderungen mehr in der Lösung hervorruft (gitterunabhängige Lösung).

Bild 3.18 zeigt die prinzipielle Vorgehensweise der Diskretisierung für die Berechnung des Temperaturfeldes in einer Turbinenschaufel mit innenliegendem Kühlkanal. Zur Verminderung des Modellierungs- und Rechenaufwands ist es zielführend, vorhandene Symmetrien geschickt auszunutzen. Es wird daher nicht die gesamte Schaufel berechnet, sondern nur der schraffierte L-förmige Bereich.

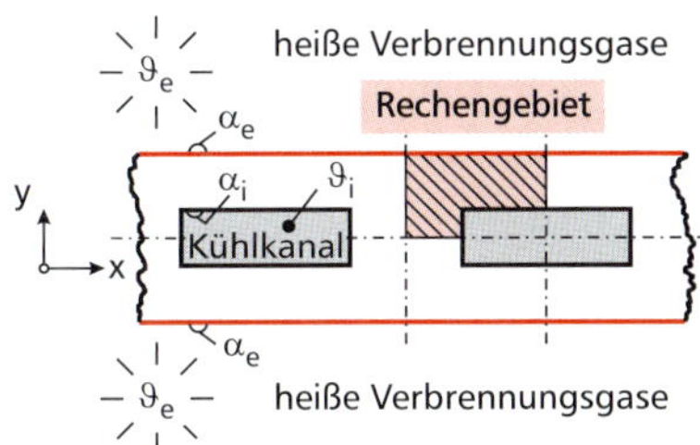

Bild 3.18: *Ausschnitt aus einer Turbinenschaufel mit innenliegendem Kühlkanal. An der Kanaloberfläche und äußeren Schaufeloberfläche liegt jeweils eine Randbedingung 3. Art vor. Die Symmetrielinien stellen adiabate Ränder dar. Die Randbedingungen sind bei der Bilanzierung der Wärmeströme entsprechend zu beachten.*

Generell besteht die Möglichkeit, äquidistante (gleichabständige) Gitter (vgl. Bild 3.19) zu verwenden. Diese bedeutet aber, dass auch Bereiche mit geringen Gradienten sehr fein aufgelöst werden. Die verfügbaren Rechenprogramme führen daher vielfach iterativ eine adaptive Gitterverfeinerung durch. Zunächst wird eine erste Lösung auf einem groben Rechengitter erzeugt, das dann an Stellen mit starken Gradienten automatisch verfeinert wird. Damit wird sichergestellt, dass wärmetechnisch relevante Bereiche hinreichend genau aufgelöst werden, während der Rechenaufwand in Gebieten mit nur geringem Wärmefluss deutlich begrenzt wird. Häufig ist allerdings auch nutzerseits eine Geometrievereinfachung notwendig. Beispielsweise können kleine Radien und Fasen an einem Gussteil zu einem lokal unnötig feinen Gitter führen, so dass diese Stellen vorher „begradigt" werden sollten.

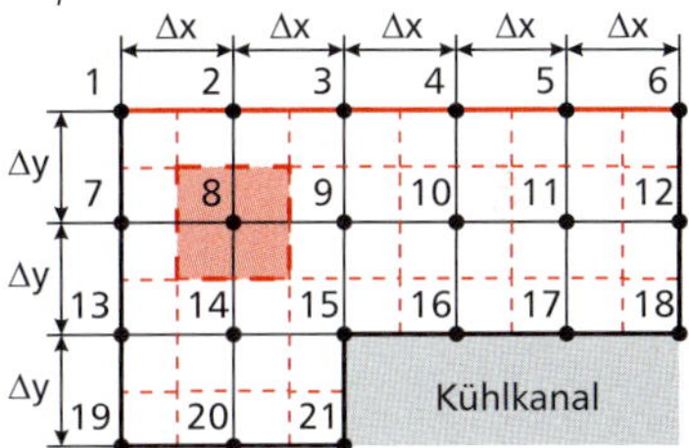

Bild 3.19: *Mit grobem, äquidistantem Gitter ($\Delta x = \Delta y$) diskretisierte Schaufelgeometrie mit 21 Gitterpunkten. Der Wärmefluss findet nur zwischen den Knoten statt und wird an den rot umrandeten Kontrollvolumen bilanziert, woraus entsprechende Gleichungen für die Knotenpunkttemperaturen abgeleitet werden, die auf ein lineares Gleichungssystem führen.*

Es sollte in der Praxis nicht übersehen werden, dass die Ergebnisse einer numerischen Berechnung zwar mit einer erhöhten Stellenzahl angezeigt und ausgegeben werden können, sie aber dennoch nur die Genauigkeit der Eingabedaten wiedergeben können. Beispielsweise hängt die Genauigkeit der numerisch berechneten Temperaturen des Schaufelkanals in Bild 3.18 sehr stark von der Genauigkeit der ermittelten Wärmeübergangskoeffizienten ab. Sind diese mit einer in der Praxis durchaus üblichen Genauigkeit von 10–20 % bekannt, ist es wenig zielführend, die berechneten Temperaturen auf sechs Nachkommastellen auszuweisen, da damit eine nicht vorhandene Genauigkeit vorgetäuscht würde. Weiterhin müssen die beteiligten Wärmetransportmechanismen adäquat modelliert werden. Spielt beispielsweise die Wärmestrahlung bei einem höheren Temperaturniveau in einem Hohlraum eine Rolle, ist nicht zu erwarten, dass der auftretende Wärmefluss mit einem konvektiven Wärmeübergangskoeffizienten alleine hinreichend genau beschreiben wird.

Neben Isothermendarstellungen kommen in der Praxis auch Farbkodierungen des Temperaturfeldes mit Falschfarben zum Einsatz, die auch einem Laien einen sehr anschaulichen Eindruck der tatsächlichen komplexen Verhältnisse vermitteln. Allerdings gestattet die naheliegende Kodierung, kalte Stellen blau und warme Stellen rot darzustellen, nur qualitative Aussagen. Über die tatsächliche Höhe der Temperaturen gibt erst eine Farbskala Aufschluss. Beispielsweise kann durch geschicktes Aufspreizen einer Farbskala der Eindruck erweckt werden, dass große Temperaturunterschiede vorliegen, was tatsächlich gar nicht der Fall ist. Die gewählte Ergebnisdarstellung sollte sich immer an dem jeweiligen Einsatzzweck und den Erfordernissen der Praxis orientieren. So ist eine Isothermendarstellung für einen Laien schwieriger zu verstehen als ein farbkodiertes Temperaturfeld, während letzteres für einen Fachkundigen meist weniger Informationen bietet.

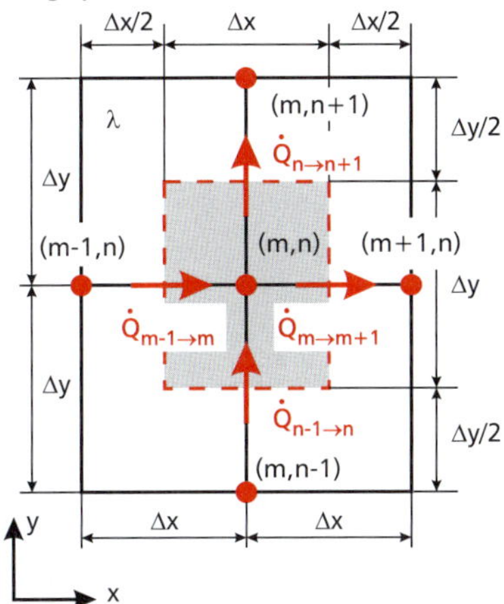

Bild 3.20: *Energiebilanz an einem Zentralknoten mit 4 umliegenden Nachbarknoten.*

3.2 Beispiele

▶ Beispiel 3.1:

Bekannte Größen:

▷ Board:

Wärmeleitfähigkeit:	$\lambda_\mathrm{B} = 18$ W/(m K)
Dicke:	$d_\mathrm{B} = 4 \cdot 10^{-3}$ m
Länge:	$L_\mathrm{B} = 0{,}2$ m
Breite:	$B_\mathrm{B} = 0{,}2$ m
Wärmeentwicklung:	$\dot{Q} = 25$ W

▷ Epoxidharz:

Wärmeleitfähigkeit:	$\lambda_\mathrm{E} = 10$ W/(m K)
Dicke:	$d_\mathrm{E} = 0{,}5 \cdot 10^{-3}$ m

▷ Aluminium:

Wärmeleitfähigkeit:	$\lambda_\mathrm{A} = 235$ W/(m K)
Dicke:	$d_\mathrm{A} = 4 \cdot 10^{-3}$ m

▷ Umgebung:

Wärmeübergangskoeffizient:	$\alpha = 40$ W/(m² K)
Temperatur:	$\vartheta_\infty = 25$ °C

Gesuchte Größen:

thermisches Schaltbild

Temperaturen: ϑ_1, $\vartheta_\mathrm{B}(x)$, ϑ_2

Ludwig Lötnase soll auf einem PC-Board ($\lambda_\mathrm{B} = 18$ W/(m K), $d_\mathrm{B} = 4$ mm, $L_\mathrm{B} = 20$ cm, $B_\mathrm{B} = 20$ cm) SMD-Bauteile (surface mounted devices) anbringen (Bild 3.21). An der Unterseite ist das Board mit Epoxidharzkleber ($\lambda_\mathrm{E} = 10$ W/(m K), $d_\mathrm{E} = 0{,}5$ mm) auf eine Aluminiumplatte ($\lambda_\mathrm{A} = 235$ W/(m K), $d_\mathrm{A} = 4$ mm) aufgeklebt. Die Aluminiumplatte besitzt den konstanten Wärmeübergangskoeffizienten $\alpha = 40$ W/(m² K) zur Umgebungsluft der Temperatur $\vartheta_\infty = 25$°C.

Zwischen SMD-Bauteilen und PC-Board tritt bei idealem thermischen Kontakt die konstante Wärmeentwicklung $\dot{Q} = 25$ W auf. Vereinfacht kann davon ausgegangen werden, dass der Wärmefluss nach oben durch die eng beieinander liegenden SMD-Bauteile vernachlässigbar gering ist und die Wärme nur durch das Board nach unten an die Umgebung abfließt.

(a) Zeichnen Sie das thermische Schaltbild der Konfiguration mit den maßgeblichen Wärmeströmen, Temperaturen und Widerständen.

(b) Berechnen Sie die Temperatur ϑ_1 zwischen PC-Board und SMD-Bauteilen im Beharrungszustand.

(c) Stellen Sie die Differenzialgleichung für die stationäre Temperaturverteilung im PC-Board mit den zugehörigen Randbedingungen auf.

(d) Berechnen Sie das Temperaturfeld $\vartheta_\mathrm{B}(x)$.

(e) Welche Temperatur ϑ_2 herrscht an der Unterseite des Boards?

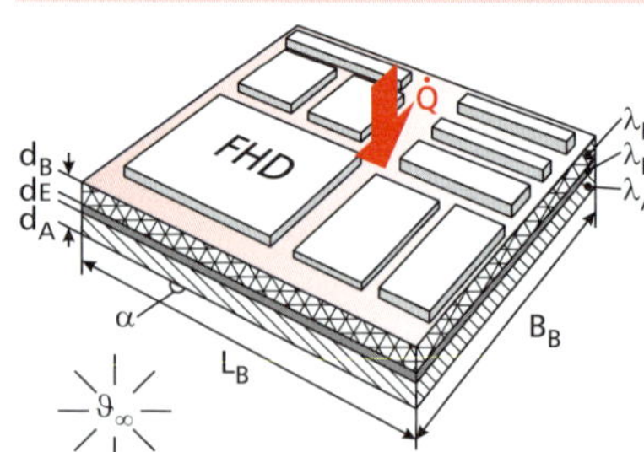

Bild 3.21: *Modellierung des PC-Boards mit über die Fläche $A_\mathrm{B} = L_\mathrm{B} \cdot B_\mathrm{B}$ gleichmäßig verteiltem Wärmestrom $\dot{Q}$.*

Lösung:

(a) thermisches Schaltbild (Bild 3.22):

Wegen der ebenen Geometrie mit konstanter wärmedurchflossener Fläche sind spezifische Widerstände vorteilhaft. Neben den Wärmeleitwiderständen im Board, im Epoxidharzkleber und in der Aluminiumplatte $R_{\lambda,\mathrm{B}}$, $R_{\lambda,\mathrm{E}}$ und $R_{\lambda,\mathrm{A}}$ tritt der Wärmeübergangswiderstand R_α zur Umgebung auf. Da alle Widerstände in Serie liegen, fließt durch jeden Widerstand dieselbe Wärmestromdichte $\dot{q}$ (Bild 3.22).

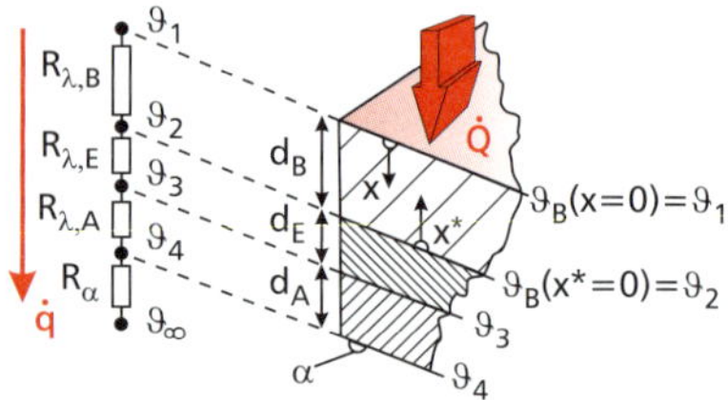

Bild 3.22: *Schichtaufbau des Boards mit Ersatzschaltbild, Koordinatenrichtung x und alternativer Koordinatenrichtung x^*.*

☞ Alternativ zur Laplace'schen Differenzialgleichung (1.33) kann auch die Fourier'sche Wärmeleitungsdifferenzialgleichung (1.25) verwendet werden.

(b) Temperatur ϑ_1 zwischen Board und Bauteilen:

Der resultierende Gesamtwiderstand $R_\mathrm{th,ges}$ beträgt unter Beachtung der Gln. (1.48), (1.50), (1.52) und (1.57):

$$R_\mathrm{th,ges} = \frac{1}{A} \cdot (R_{\lambda,\mathrm{B}} + R_{\lambda,\mathrm{E}} + R_{\lambda,\mathrm{A}} + R_\alpha) = \frac{1}{A} \cdot \left(\frac{d_\mathrm{B}}{\lambda_\mathrm{B}} + \frac{d_\mathrm{E}}{\lambda_\mathrm{E}} + \frac{d_\mathrm{A}}{\lambda_\mathrm{A}} + \frac{1}{\alpha}\right)$$
$$= \frac{1}{L_\mathrm{B} \cdot B_\mathrm{B}} \cdot \left(\frac{d_\mathrm{B}}{\lambda_\mathrm{B}} + \frac{d_\mathrm{E}}{\lambda_\mathrm{E}} + \frac{d_\mathrm{A}}{\lambda_\mathrm{A}} + \frac{1}{\alpha}\right) = 0{,}63 \text{ K/W} \tag{3.31}$$

Entsprechend der elektrischen Analogie aus Tab. 1.5 gilt:

$$\dot{Q} = \frac{\vartheta_1 - \vartheta_\infty}{R_\mathrm{th,ges}} \quad \Rightarrow \quad \vartheta_1 = \vartheta_\infty + \dot{Q} \cdot R_\mathrm{th,ges} = 40{,}75 \text{ °C} \tag{3.32}$$

(c) Differenzialgleichung für die Temperatur des Boards:

Im Board liegt stationäre Wärmeleitung ohne Wärmequellen vor. Für die Board-Temperatur ϑ_B gilt die Laplace'sche Differenzialgleichung (1.33):

$$\Delta\vartheta_B = 0 \quad\Rightarrow\quad \frac{\partial^2\vartheta_B}{\partial x^2} + \underbrace{\frac{\partial^2\vartheta_B}{\partial y^2}}_{0} + \underbrace{\frac{\partial^2\vartheta_B}{\partial z^2}}_{0} = 0 \quad\Rightarrow\quad \frac{d^2\vartheta_B}{dx^2} = 0 \tag{3.33}$$

Die Randbedingungen lauten an der Boardoberfläche $x=0$:

$$\vartheta_B(x=0) = \vartheta_1 \tag{3.34}$$

$$\dot{Q} = -\lambda_B \cdot A \cdot \left.\frac{d\vartheta_B}{dx}\right|_{x=0} \tag{3.35}$$

(d) Temperaturfeld $\vartheta_B(x)$:

Durch zweimalige Integration von Dgl. (3.33) folgt ein lineares Temperaturprofil:

$$\vartheta_B(x) = C_1 \cdot x + C_2 \tag{3.43}$$

Aus Gl. (3.34) folgt:

$$\vartheta_1 \stackrel{!}{=} C_1 \cdot 0 + C_2 \quad\Rightarrow\quad C_2 = \vartheta_1 \tag{3.44}$$

Die Differenziation des Temperaturfeldes liefert:

$$\frac{d\vartheta_B}{dx} = C_1 \tag{3.45}$$

Mit Gl. (3.35) ergibt sich:

$$\dot{Q} = -\lambda_B \cdot A \cdot \left.\frac{d\vartheta_B}{dx}\right|_{x=0} = -\lambda_B \cdot A \cdot C_1 \quad\Rightarrow\quad C_1 = -\frac{\dot{Q}}{\lambda_B \cdot L_B \cdot B_B} \tag{3.46}$$

Damit lautet die Gleichung des Temperaturfeldes:

$$\vartheta_B(x) = -\frac{\dot{Q}}{\lambda_B \cdot L_B \cdot B_B} \cdot x + \vartheta_1 \tag{3.47}$$

(e) Temperatur ϑ_2 an der Unterseite des Boards:

Die Temperatur an der Unterseite des Boards folgt durch Einsetzen von $x=d_B$ in Gl. (3.47):

$$\vartheta_2 = \vartheta_B(x=d_B) = -\frac{\dot{Q}}{\lambda_B \cdot L_B \cdot B_B} \cdot d_B + \vartheta_1 = 40{,}61\ °\mathrm{C} \tag{3.48}$$

◄

► Beispiel 3.2:

Bestimmen Sie das Temperaturfeld $\vartheta(r)$ in einer Zylinderschale für die Randbedingungen $\vartheta(r=r_1)=\vartheta_1$ und $\vartheta(r=r_2)=\vartheta_2$ aus der Dgl.:

$$a \cdot \left(\frac{d^2\vartheta}{dr^2} + \frac{1}{r} \cdot \frac{d\vartheta}{dr}\right) = 0 \tag{3.50}$$

Lösung:

Division von Gl. (3.50) durch die Temperaturleitfähigkeit a liefert:

$$\frac{d^2\vartheta}{dr^2} + \frac{1}{r} \cdot \frac{d\vartheta}{dr} = 0 \tag{3.51}$$

Da die Differenzialgleichung (3.51) nicht direkt integriert werden kann, ist eine Umformung sinnvoll.

☞ Die aus Gl. (3.32) bekannte Temperatur ϑ_1 kann in Gl. (3.34) als zweite RB zum bekannten Wärmestrom $\dot{Q}$ eingeführt werden. Neben der Temperatur (RB 1. Art) liegt damit gemäß Gl. (3.35) der Temperaturgradient (RB 2. Art) an der Boardoberfläche fest.

☞ Bei anderer Wahl der x-Koordinate folgt auch ein anderes Temperaturfeld. In Bild 3.22 zählt die Koordinate x^* von der Boardunterseite aus:

$$x^* = d_B - x \tag{3.36}$$

Auch in diesem Fall liegt ein lineares Temperaturprofil vor:

$$\vartheta_B(x^*) = C_1^* \cdot x^* + C_2^* \tag{3.37}$$

Die zugehörigen Randbedingungen

$$\vartheta_B(x^* = d_B) = \vartheta_1 \tag{3.38}$$

$$\dot{Q} = -\lambda_B \cdot A \cdot \left.\frac{d\vartheta_B}{dx^*}\right|_{x^*=d_B} \tag{3.39}$$

führen auf die Konstanten:

$$C_1^* = -\frac{\dot{Q}}{\lambda_B \cdot L_B \cdot B_B} \tag{3.40}$$

$$C_2^* = \vartheta_1 + \frac{\dot{Q}}{\lambda_B \cdot L_B \cdot B_B} \cdot d_B \tag{3.41}$$

Daraus folgt das Temperaturprofil:

$$\vartheta_B(x^*) = -\frac{\dot{Q} \cdot (x^* - d_B)}{\lambda_B \cdot L_B \cdot B_B} + \vartheta_1 \tag{3.42}$$

Gl. (3.42) erhält man auch direkt durch Einsetzen von Gl. (3.36) in Gl. (3.47).

☞ ϑ_2 ist auch direkt mit der elektrischen Analogie berechenbar:

$$\dot{Q} = \frac{\vartheta_1 - \vartheta_2}{R_{th,\lambda,B}} = \frac{\vartheta_1 - \vartheta_2}{R_{\lambda,B}} \cdot A$$

$$\Rightarrow \vartheta_2 = \vartheta_1 - \frac{\dot{Q} \cdot R_{\lambda,B}}{L_B \cdot B_B} = 40{,}61\ °\mathrm{C} \tag{3.49}$$

Zusammenfassung und Ausblick:

- Im stationären eindimensionalen ebenen Fall resultiert ein lineares Temperaturprofil.

Bekannte Größen:

Differenzialgleichung 2. Ordnung (3.50) für Zylinderschale $(n=1)$

2 Randbedingungen (1. Art): $\vartheta(r=r_1)=\vartheta_1$, $\vartheta(r=r_2)=\vartheta_2$

Gesuchte Größen:

Temperaturfeld (eindimensional): $\vartheta(r)$

Differenziert man $\left(r \cdot \frac{\mathrm{d}\vartheta}{\mathrm{d}r}\right)$ nach r, erhält man mithilfe der Produktregel:

$$\frac{\mathrm{d}}{\mathrm{d}r}\left(r \cdot \frac{\mathrm{d}\vartheta}{\mathrm{d}r}\right) = r \cdot \frac{\mathrm{d}^2\vartheta}{\mathrm{d}r^2} + \frac{\mathrm{d}\vartheta}{\mathrm{d}r} \tag{3.52}$$

Division von Gl. (3.52) durch r liefert das gesuchte Differenzial:

$$\frac{1}{r} \cdot \frac{\mathrm{d}}{\mathrm{d}r}\left(r \cdot \frac{\mathrm{d}\vartheta}{\mathrm{d}r}\right) = \frac{\mathrm{d}^2\vartheta}{\mathrm{d}r^2} + \frac{1}{r} \cdot \frac{\mathrm{d}\vartheta}{\mathrm{d}r} \tag{3.53}$$

In **Zylinderkoordinaten** kann damit der folgende Zusammenhang häufig vorteilhaft verwendet werden:

$$\frac{\mathrm{d}^2\vartheta}{\mathrm{d}r^2} + \frac{1}{r} \cdot \frac{\mathrm{d}\vartheta}{\mathrm{d}r} = \frac{1}{r} \cdot \frac{\mathrm{d}}{\mathrm{d}r}\left(r \cdot \frac{\mathrm{d}\vartheta}{\mathrm{d}r}\right) \tag{3.54}$$

Unter Beachtung von Gl. (3.51) und Multiplikation mit r ergibt sich:

$$\frac{\mathrm{d}}{\mathrm{d}r}\left(r \cdot \frac{\mathrm{d}\vartheta}{\mathrm{d}r}\right) = 0 \tag{3.55}$$

Integriert man Gl. (3.55) nach r, dann folgt:

$$\int \frac{\mathrm{d}}{\mathrm{d}r}\left(r \cdot \frac{\mathrm{d}\vartheta}{\mathrm{d}r}\right) \mathrm{d}r = \int 0 \, \mathrm{d}r \quad \Rightarrow \quad r \cdot \frac{\mathrm{d}\vartheta}{\mathrm{d}r} = C_1 \quad \Rightarrow \quad \frac{\mathrm{d}\vartheta}{\mathrm{d}r} = \frac{C_1}{r} \tag{3.56}$$

Nochmalige Integration liefert schließlich das gesuchte Temperaturfeld:

$$\int \frac{\mathrm{d}\vartheta}{\mathrm{d}r} \mathrm{d}r = \int \frac{C_1}{r} \mathrm{d}r \quad \Rightarrow \quad \vartheta(r) = C_1 \cdot \ln r + C_2 \tag{3.57}$$

Einsetzen der beiden Randbedingungen 1. Art in das Temperaturfeld (3.57) liefert 2 Gleichungen für die Konstanten C_1 und C_2:

$$\vartheta_1 = C_1 \cdot \ln r_1 + C_2 \tag{3.58}$$

$$\vartheta_2 = C_1 \cdot \ln r_2 + C_2 \tag{3.59}$$

Durch Subtraktion der Gln. (3.59) und (3.58) folgt:

$$\vartheta_2 - \vartheta_1 = C_1 \cdot (\ln r_2 - \ln r_1) = C_1 \cdot \ln\left(\frac{r_2}{r_1}\right) \quad \Rightarrow \quad C_1 = \frac{\vartheta_2 - \vartheta_1}{\ln(r_2/r_1)} \tag{3.60}$$

Mit Gl. (3.58) erhält man:

$$\vartheta_1 = \frac{\vartheta_2 - \vartheta_1}{\ln(r_2/r_1)} \cdot \ln r_1 + C_2 \quad \Rightarrow \quad C_2 = \vartheta_1 - \frac{\vartheta_2 - \vartheta_1}{\ln(r_2/r_1)} \cdot \ln r_1 \tag{3.61}$$

Damit folgt unter Zusammenfassung der Logarithmen schließlich für das gesuchte Temperaturfeld $\vartheta(r)$:

$$\vartheta(r) = \frac{\vartheta_2 - \vartheta_1}{\ln(r_2/r_1)} \cdot \ln r + \vartheta_1 - \frac{\vartheta_2 - \vartheta_1}{\ln(r_2/r_1)} \cdot \ln r_1$$

$$= \vartheta_1 + (\vartheta_2 - \vartheta_1) \cdot \frac{\ln(r/r_1)}{\ln(r_2/r_1)} \tag{3.62}$$

◄

Das Temperaturfeld aus Gl. (3.62) lässt sich auch schreiben als:

$$\vartheta(r) = \vartheta_2 + (\vartheta_2 - \vartheta_1) \cdot \frac{\ln(r/r_2)}{\ln(r_2/r_1)} \tag{3.63}$$

Mithilfe der Rechenregeln für Logarithmen gilt nämlich:

$$\vartheta(r) = \vartheta_1 + (\vartheta_2 - \vartheta_1) \cdot \frac{\ln(r/r_1 \cdot r_2/r_2)}{\ln(r_2/r_1)}$$

$$= \vartheta_1 + (\vartheta_2 - \vartheta_1) \cdot \frac{\ln(r/r_2) + \ln(r_2/r_1)}{\ln(r_2/r_1)}$$

$$= \vartheta_1 + (\vartheta_2 - \vartheta_1) \cdot \frac{\ln(r/r_2)}{\ln(r_2/r_1)} + (\vartheta_2 - \vartheta_1)$$

$$= \vartheta_2 + (\vartheta_2 - \vartheta_1) \cdot \frac{\ln(r/r_2)}{\ln(r_2/r_1)} \tag{3.64}$$

Zusammenfassung und Ausblick:

- Im stationären eindimensionalen Fall einer Zylinderschale resultiert ein logarithmisches Temperaturprofil.

► Beispiel 3.3:

Ein sphärisches Reaktorbrennelement ($\lambda = 20$ W/(m K), $R = 0{,}05$ m) ist mit einem dünnen Metallmantel mit vernachlässigbarem Wärmeleitwiderstand umhüllt. Der radioaktive Zerfall im Element kann durch die konstante Wärmequellendichte $\dot{e}_\mathrm{q} = 5 \cdot 10^7$ W/m³ beschrieben werden. Der Wärmeübergangskoeffizient zur umgebenden Kühlflüssigkeit der Temperatur $\vartheta_\infty = 40$ °C beträgt $\alpha = 4\,000$ W/(m² K).

(a) Geben Sie eine Differenzialgleichung zur Berechnung des Temperaturfeldes $\vartheta(r)$ sowie die zugehörigen Randbedingungen an.
(b) Berechnen Sie das Temperaturfeld $\vartheta(r)$ im Brennelement.
(c) Welche Temperatur ϑ_1 herrscht an der Oberfläche des Brennelements?
(d) Welche Temperatur ϑ_2 herrscht in der Mitte des Brennelements?
(e) Wie groß ist die mittlere Temperatur $\overline{\vartheta}$ im Brennelement?
(f) Wie groß ist die Wärmestromdichte $\dot{q}_\mathrm{w}$ an der Oberfläche des Brennelements?

Bekannte Größen:

▷ Brennelement:

Radius:	$R = 0{,}05$ m
Wärmeleitfähigkeit:	$\lambda = 20$ W/(m K)
Wärmequellendichte:	$\dot{e}_\mathrm{q} = 5 \cdot 10^7$ W/m³

▷ Kühlflüssigkeit:

Temperatur:	$\vartheta_\infty = 40$ °C
Wärmeübergangskoeffizient:	$\alpha = 4\,000$ W/(m² K)

Gesuchte Größen:

Differenzialgleichung und RBn

Temperaturen: $\vartheta(r)$, ϑ_1, ϑ_2

Lösung:

(a) Differenzialgleichung und Randbedingungen:

Die Differenzialgleichung für das Temperaturfeld folgt für $n = 2$ aus Gl. (3.16):

$$\lambda \cdot \left(\frac{\mathrm{d}^2\vartheta}{\mathrm{d}r^2} + \frac{2}{r} \cdot \frac{\mathrm{d}\vartheta}{\mathrm{d}r}\right) + \dot{e}_\mathrm{q} = 0 \;\Rightarrow\; \left(\frac{\mathrm{d}^2\vartheta}{\mathrm{d}r^2} + \frac{2}{r} \cdot \frac{\mathrm{d}\vartheta}{\mathrm{d}r}\right) = -\frac{\dot{e}_\mathrm{q}}{\lambda} \tag{3.65}$$

Der Mittelpunkt des Brennelements stellt einen Symmetriepunkt dar, über den keine Wärme fließen kann. Es liegt damit eine Randbedingung 2. Art gemäß Gl. (1.38) vor:

$$\dot{q}(r = 0) = 0 \;\Rightarrow\; \left.\frac{\mathrm{d}\vartheta}{\mathrm{d}r}\right|_{r=0} = 0 \tag{3.66}$$

An der Oberfläche des Brennelements herrscht mit dem beschriebenen Wärmeübergang eine Randbedingung 3. Art gemäß Gl. (1.39) vor:

$$-\lambda \cdot \left.\frac{\mathrm{d}\vartheta}{\mathrm{d}r}\right|_{r=R} = \alpha \cdot \left[\vartheta(r = R) - \vartheta_\infty\right] \tag{3.67}$$

(b) Temperaturfeld $\vartheta(r)$:

Zur Berechnung des Temperaturfelds $\vartheta(r)$ ist Gl. (3.65) zu integrieren, wozu eine geschickte Umformung der linken Seite hilfreich ist:

$$\frac{1}{r} \cdot \frac{\mathrm{d}^2}{\mathrm{d}r^2}\left(r \cdot \vartheta\right) = \frac{\mathrm{d}^2\vartheta}{\mathrm{d}r^2} + \frac{2}{r} \cdot \frac{\mathrm{d}\vartheta}{\mathrm{d}r} \tag{3.68}$$

☞ Es gilt unter Beachtung der Produktregel für den zweiten Term:

$$\frac{1}{r} \cdot \frac{\mathrm{d}^2}{\mathrm{d}r^2}\left(r \cdot \vartheta\right) = \frac{1}{r} \cdot \frac{\mathrm{d}}{\mathrm{d}r}\left(\vartheta + r \cdot \frac{\mathrm{d}\vartheta}{\mathrm{d}r}\right)$$
$$= \frac{1}{r} \cdot \left(\frac{\mathrm{d}\vartheta}{\mathrm{d}r} + \frac{\mathrm{d}\vartheta}{\mathrm{d}r} + r \cdot \frac{\mathrm{d}^2\vartheta}{\mathrm{d}r^2}\right)$$
$$= \frac{1}{r} \cdot \left(2\,\frac{\mathrm{d}\vartheta}{\mathrm{d}r} + r \cdot \frac{\mathrm{d}^2\vartheta}{\mathrm{d}r^2}\right)$$
$$= \frac{\mathrm{d}^2\vartheta}{\mathrm{d}r^2} + \frac{2}{r} \cdot \frac{\mathrm{d}\vartheta}{\mathrm{d}r} \tag{3.69}$$

Mithilfe von Gl. (3.68) folgt aus Gl. (3.65):

$$\frac{1}{r} \cdot \frac{\mathrm{d}^2}{\mathrm{d}r^2}\left(r \cdot \vartheta\right) = -\frac{\dot{e}_\mathrm{q}}{\lambda} \;\Rightarrow\; \frac{\mathrm{d}^2}{\mathrm{d}r^2}\left(r \cdot \vartheta\right) = -\frac{\dot{e}_\mathrm{q}}{\lambda} \cdot r \quad \Big| \int \mathrm{d}r \;\Rightarrow$$

$$\frac{\mathrm{d}}{\mathrm{d}r}\left(r \cdot \vartheta\right) = -\frac{\dot{e}_\mathrm{q}}{\lambda} \cdot \frac{r^2}{2} + C_1 \quad \Big| \int \mathrm{d}r \;\Rightarrow$$

$$r \cdot \vartheta = -\frac{\dot{e}_\mathrm{q}}{\lambda} \cdot \frac{r^3}{6} + C_1 \cdot r + C_2 \;\Rightarrow$$

$$\vartheta = \vartheta(r) = -\frac{\dot{e}_\mathrm{q}}{\lambda} \cdot \frac{r^2}{6} + C_1 + \frac{C_2}{r} \tag{3.71}$$

In **Kugelkoordinaten** kann damit der folgende Zusammenhang häufig vorteilhaft verwendet werden:

$$\frac{\mathrm{d}^2\vartheta}{\mathrm{d}r^2} + \frac{2}{r} \cdot \frac{\mathrm{d}\vartheta}{\mathrm{d}r} = \frac{1}{r} \cdot \frac{\mathrm{d}^2}{\mathrm{d}r^2}\left(r \cdot \vartheta\right) \tag{3.70}$$

Für den Temperaturgradienten erhält man damit:

$$\frac{\mathrm{d}\vartheta(r)}{\mathrm{d}r} = -\frac{\dot{e}_\mathrm{q}}{\lambda} \cdot \frac{r}{3} - \frac{C_2}{r^2} \tag{3.72}$$

Einsetzen der Randbedingung (3.66) in den Temperaturgradienten (3.72) liefert:

$$0 = -\frac{\dot{e}_\mathrm{q}}{\lambda} \cdot \frac{0}{3} - \frac{C_2}{0^2} \tag{3.73}$$

Diese Bedingung ist nur erfüllbar, wenn C_2 verschwindet:

$$C_2 = 0 \tag{3.74}$$

Aus der Randbedingung (3.67) erhält man:

$$-\lambda \cdot \left(-\frac{\dot{e}_\mathrm{q}}{\lambda} \cdot \frac{R}{3}\right) = \alpha \cdot \left[-\frac{\dot{e}_\mathrm{q}}{\lambda} \cdot \frac{R^2}{6} + C_1 - \vartheta_\infty\right]$$

$$\Rightarrow \quad C_1 = \frac{\dot{e}_\mathrm{q} \cdot R}{3\,\alpha} \cdot \left(1 + \frac{\alpha \cdot R}{2\,\lambda}\right) + \vartheta_\infty \tag{3.75}$$

Damit folgt für das Temperaturprofil im Brennelement:

$$\vartheta(r) = -\frac{\dot{e}_\mathrm{q}}{\lambda} \cdot \frac{r^2}{6} + \frac{\dot{e}_\mathrm{q} \cdot R}{3\,\alpha} \cdot \left(1 + \frac{\alpha \cdot R}{2\,\lambda}\right) + \vartheta_\infty$$

$$= \frac{\dot{e}_\mathrm{q}}{6\,\lambda} \cdot \left(\frac{2\,R \cdot \lambda}{\alpha} + R^2 - r^2\right) + \vartheta_\infty \tag{3.76}$$

(c) Temperatur ϑ_1 an der Oberfläche des Brennelements:

$$\vartheta_1 = \vartheta(r = R) = \frac{\dot{e}_\mathrm{q}}{6\,\lambda} \cdot \frac{2\,R \cdot \lambda}{\alpha} + \vartheta_\infty = \frac{\dot{e}_\mathrm{q} \cdot R}{3\,\alpha} + \vartheta_\infty = 248{,}33\ ^\circ\mathrm{C} \tag{3.77}$$

(d) Temperatur ϑ_2 in der Mitte des Brennelements:

$$\vartheta_2 = \vartheta(r = 0) = \frac{\dot{e}_\mathrm{q}}{6\,\lambda} \cdot \left(\frac{2\,R \cdot \lambda}{\alpha} + R^2\right) + \vartheta_\infty = 1\,290\ ^\circ\mathrm{C} \tag{3.78}$$

(e) mittlere Temperatur $\overline{\vartheta}$ im Brennelement:
Die mittlere Temperatur $\overline{\vartheta}$ (kalorische Mitteltemperatur) stellt den integralen Mittelwert der Brennelementtemperatur dar (vgl. Bild 3.23):

$$\overline{\vartheta} = \frac{1}{R} \cdot \int\limits_{r=0}^{r=R} \vartheta(r)\,\mathrm{d}r = \frac{1}{R} \cdot \int\limits_{r=0}^{r=R} \left[\frac{\dot{e}_\mathrm{q}}{6\,\lambda} \cdot \left(\frac{2\,R \cdot \lambda}{\alpha} + R^2 - r^2\right) + \vartheta_\infty\right] \mathrm{d}r$$

$$= \frac{1}{R} \cdot \left[\frac{\dot{e}_\mathrm{q}}{6\,\lambda} \cdot \left(\frac{2\,R \cdot \lambda}{\alpha} \cdot r + R^2 \cdot r - \frac{r^3}{3}\right) + \vartheta_\infty \cdot r\right]_0^R$$

$$= \frac{1}{R} \cdot \left[\frac{\dot{e}_\mathrm{q}}{6\,\lambda} \cdot \left(\frac{2\,R \cdot \lambda}{\alpha} \cdot R + R^3 - \frac{R^3}{3}\right) + \vartheta_\infty \cdot R\right]$$

$$= \frac{\dot{e}_\mathrm{q} \cdot R}{3\,\lambda} \cdot \left(\frac{\lambda}{\alpha} + \frac{R}{3}\right) + \vartheta_\infty = 942{,}78\ ^\circ\mathrm{C} \tag{3.79}$$

(f) Wärmestromdichte an der Oberfläche des Brennelements:
Mit dem Fourier'schen Wärmeleitungsansatz (1.11) und Gl. (3.72) gilt:

$$\dot{q}_\mathrm{w} = -\lambda \cdot \left.\frac{\mathrm{d}\vartheta}{\mathrm{d}r}\right|_{r=R} = -\lambda \cdot \left.\left(-\frac{\dot{e}_\mathrm{q}}{3\,\lambda} \cdot r\right)\right|_{r=R} = \frac{\dot{e}_\mathrm{q} \cdot R}{3} = 8{,}33 \cdot 10^5\ \mathrm{W/m^2} \tag{3.80}$$

◄

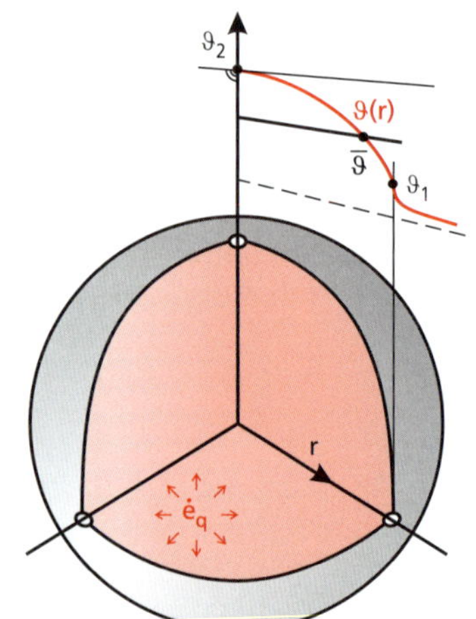

Bild 3.23: *Temperaturverlauf $\vartheta(r)$ und mittlere Temperatur $\overline{\vartheta}$ in dem kugelförmigen Brennelement.*

☞ Alternativ kann $\dot{q}_\mathrm{w}$ auch mithilfe des Newton'schen Abkühlungsgesetzes (1.13) berechnet werden:

$$\dot{q}_\mathrm{w} = \alpha \cdot (\vartheta_1 - \vartheta_\infty) = 8{,}33 \cdot 10^5\ \mathrm{W/m^2} \tag{3.81}$$

Zusammenfassung und Ausblick:

- Im stationären eindimensionalen Fall einer Kugelschale mit inneren Wärmequellen resultiert ein parabelförmiges Temperaturprofil mit Scheitel im Kugelzentrum.

▶ Beispiel 3.4: Ex

Kurt Sichtig soll eine Warmwasserleitung ($D_1 = 60$ mm, $L = 2$ m) konzentrisch in einem zylindrischen Betonmantel (Wärmeleitfähigkeit $\lambda = 1{,}20$ W/(m K), Außendurchmesser $D_2 = 440$ mm) einbauen. Die Wasserleitung weist die Temperatur $\vartheta_1 = 90$ °C auf. An der Außenseite des Betonmantels herrscht einheitlich die Temperatur $\vartheta_2 = 15$ °C.

(a) Bestimmen Sie den auf die Rohrlänge L bezogenen Formfaktor S_ℓ und den längenbezogenen Wärmeverlust $\dot{Q}_\ell$ sowie den gesamten Wärmeverlust $\dot{Q}$ der Leitung gemäß Bild 3.24.

(b) Durch Ungenauigkeiten beim Einbetonieren wird die Wasserleitung exzentrisch im Beton verschoben, so dass die Exzentrizität zwischen Rohrachse und der Mittelachse des zylindrischen Betonmantels $e = 15$ cm beträgt (vgl. Bild 3.25).

Bestimmen Sie den auf die Rohrlänge L bezogenen Formfaktor S_ℓ^* und den längenbezogenen Wärmeverlust $\dot{Q}_\ell^*$ sowie den gesamten Wärmeverlust $\dot{Q}^*$ der Leitung.

(c) Um wie viel Prozent verändert sich der Wärmeverlust durch den außermittigen Einbau?

Bekannte Größen:

▷ Wasserleitung:

Durchmesser:	$D_1 = 0{,}06$ m
Länge:	$L = 2$ m
Temperatur:	$\vartheta_1 = 90$ °C

▷ Betonmantel:

Durchmesser:	$D_2 = 0{,}44$ m
Wärmeleitfähigkeit:	$\lambda = 1{,}20$ W/(m K)
Temperatur:	$\vartheta_2 = 15$ °C
Exzentrizität:	$e = 0{,}15$ m

Gesuchte Größen:

Formfaktor:	S_ℓ, S_ℓ^*
Wärmeverlust:	$\dot{Q}_\ell$, $\dot{Q}$
prozentuale Änderung	

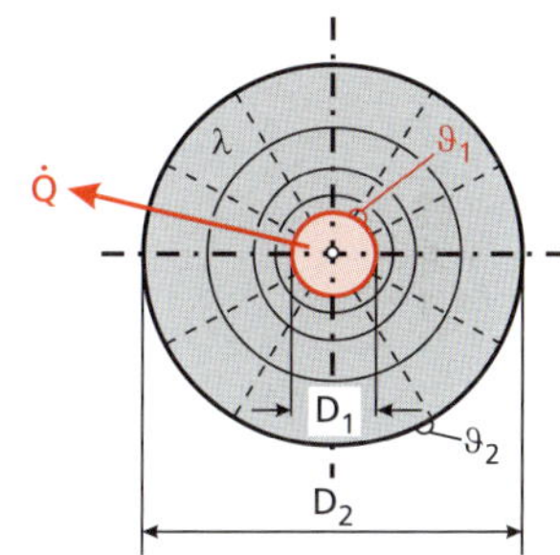

Bild 3.24: *System bei mittigem Einbau.*

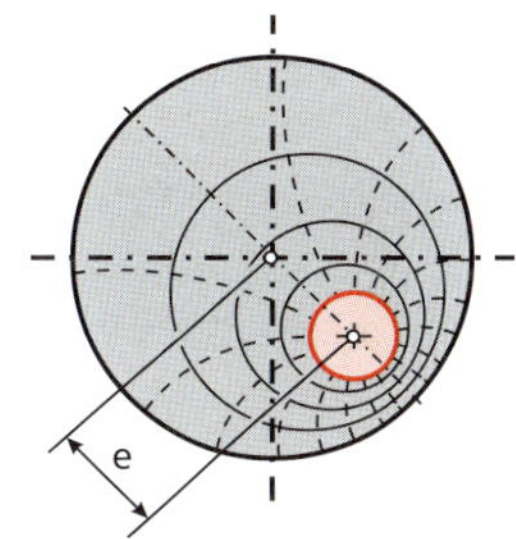

Bild 3.25: *System bei außermittigem Einbau.*

Lösung:

(a) längenbezogener Formfaktor und Wärmeverlust bei mittigem Einbau:

Der Formfaktor zweier konzentrischer Rohre ergibt sich aus Tabelle 3.1 auf S. 102 unten für eine Zylinderschale mit den Radien r_1 und r_2:

$$S = \frac{2\pi \cdot L}{\ln\left(\frac{r_2}{r_1}\right)} = \frac{2\pi \cdot L}{\ln\left(\frac{D_2}{D_1}\right)} \tag{3.82}$$

Der längenbezogene Formfaktor S_ℓ folgt gemäß Gl. (3.26) durch Division mit der Länge L:

$$S_\ell = \frac{S}{L} = \frac{2\pi}{\ln\left(\frac{D_2}{D_1}\right)} = 3{,}15 \tag{3.83}$$

Der längenbezogene Wärmeverlust $\dot{Q}_\ell$ ergibt sich sinngemäß aus Gl. (3.23):

$$\dot{Q}_\ell = \lambda \cdot S_\ell \cdot (\vartheta_1 - \vartheta_2) = 283{,}5 \text{ W/m} \tag{3.84}$$

Der gesamte Wärmeverlust $\dot{Q}$ der Rohrleitung folgt aus der Multiplikation des spezifischen Wärmeverlustes $\dot{Q}_\ell$ mit der Rohrlänge L:

$$\dot{Q} = \dot{Q}_\ell \cdot L = 567{,}0 \text{ W} \tag{3.85}$$

(b) längenbezogener Formfaktor und Wärmeverlust bei außermittigem Einbau:

Den längenbezogenen Formfaktor zweier exzentrischer Rohre erhält man aus Gl. (3.27):

$$S_\ell^* = \frac{2\pi}{\operatorname{arcosh}\left(\frac{R_1^2 + R_2^2 - e^2}{2\,R_1 \cdot R_2}\right)} = \frac{2\pi}{\operatorname{arcosh}\left(\frac{D_1^2 + D_2^2 - 4\,e^2}{2\,D_1 \cdot D_2}\right)} = 4{,}71 \tag{3.86}$$

Damit folgen der längenbezogene und der gesamte Wärmeverlust zu:

$$\dot{Q}_\ell^* = \lambda \cdot S_\ell^* \cdot (\vartheta_1 - \vartheta_2) = 423{,}9\ \text{W/m} \tag{3.87}$$

$$\dot{Q}^* = \dot{Q}_\ell^* \cdot L = 847{,}8\ \text{W} \tag{3.88}$$

(c) prozentuale Änderung des Wärmeverlustes:

Die prozentuale Zunahme des Wärmeverlustes durch den außermittigen Einbau beträgt:

$$\frac{\dot{Q}_{\text{exzentrisch}} - \dot{Q}_{\text{konzentrisch}}}{\dot{Q}_{\text{konzentrisch}}} = \frac{847{,}8\ \text{W} - 567{,}0\ \text{W}}{567{,}0\ \text{W}} = 49{,}5\ \% \tag{3.89}$$

◄

Zusammenfassung und Ausblick:

- Durch den außermittigen Einbau des Rohres entsteht eine nennenswerte Zunahme des Wärmeverlustes.

► Beispiel 3.5: Ex

Eine ungedämmte Heizungsleitung (Bild 3.26, Stahlrohr DN 15, Wärmeleitfähigkeit $\lambda_\text{R} = 50$ W/(m K), Außendurchmesser $D_\text{a} = 21{,}3$ mm, Innendurchmesser $D_\text{i} = 16{,}0$ mm) verläuft auf einer Länge von $L = 5$ m durch den unbeheizten Keller (Temperatur $\vartheta_\text{K} = 15$ °C) von Erna Eisig. Die mittlere Wassertemperatur im Rohr beträgt $\vartheta_\text{W} = 70$ °C.

(a) Berechnen Sie den Wärmeverlust $\dot{Q}_\text{u}$ der ungedämmten Rohrleitung, wenn der Wärmeübergangswiderstand an der Rohrinnenseite vernachlässigbar ist ($R_\text{si} \to 0$) und der Wärmeübergangskoeffizient an der Außenseite $\alpha_\text{e} = 12{,}5$ W/(m² K) beträgt.

(b) Um welchen Betrag $\Delta\vartheta$ kühlt sich das Wasser ($c_\text{pW} = 4{,}19$ kJ/(kg K), $\varrho_\text{W} = 1\,000$ kg/m³) im Rohr bei einer Strömungsgeschwindigkeit von $w = 0{,}5$ m/s ab?

(c) Auf welchen Wert $\dot{Q}_{\text{d}\,1}$ kann der Wärmeverlust der Rohrleitung mit einer Dämmschale der Dicke $s_{\text{WD}\,1} = 20$ mm und der Wärmeleitfähigkeit $\lambda_\text{WD} = 0{,}035$ W/(m K) vermindert werden? Wie groß ist die relative Wärmeeinsparung $\Delta\dot{Q}_1$? Welche Temperaturabsenkung $\Delta\vartheta_{\text{d}\,1}$ ergibt sich nun?

(d) Welche relative Verbesserung $\Delta\dot{Q}_2$ würde die Verdoppelung der Dämmstärke auf $s_{\text{WD}\,2} = 40$ mm bringen?

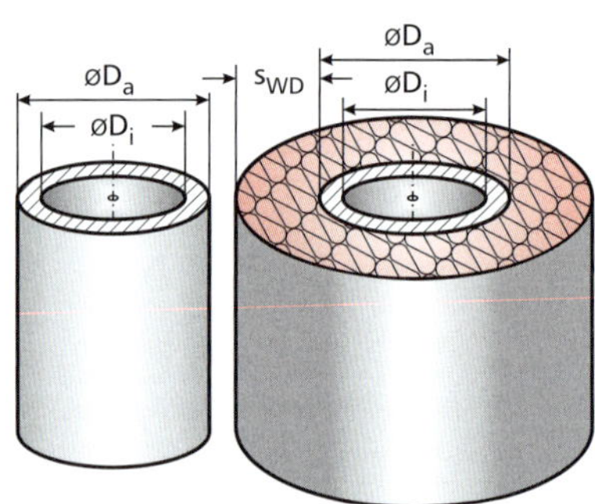

Bild 3.26: *Ungedämmte (links) und gedämmte Rohrleitung (rechts).*

Bekannte Größen:

▷ Wasserleitung:

Wärmeleitfähigkeit:	$\lambda_\text{R} = 50$ W/(m K)
Außendurchmesser:	$D_\text{a} = 0{,}0213$ m
Innendurchmesser:	$D_\text{i} = 0{,}0160$ m
Länge:	$L = 5$ m
Wärmeübergangswiderstand innen:	$R_\text{si} \to 0$ (m² K)/W

▷ Wärmedämmung:

Stärke:	$s_{\text{WD}\,1} = 0{,}020$ m
	$s_{\text{WD}\,2} = 0{,}040$ m
Wärmeleitfähigkeit:	$\lambda_\text{WD} = 0{,}035$ W/(m K)

▷ Wasser:

Temperatur:	$\vartheta_\text{W} = 70$ °C
spezifische Wärmekapazität:	$c_\text{pW} = 4\,190$ J/(kg K)
Dichte:	$\varrho_\text{W} = 1\,000$ kg/m³
Geschwindigkeit:	$w = 0{,}5$ m/s

▷ Keller:

Temperatur:	$\vartheta_\text{K} = 15$ °C
Wärmeübergangskoeffizient außen:	$\alpha_\text{e} = 12{,}5$ W/(m² K)

Gesuchte Größen:

Wärmeverluste:	$\dot{Q}_\text{u}$, $\dot{Q}_{\text{d}\,1}$
relative Einsparungen:	$\Delta\dot{Q}_1$, $\Delta\dot{Q}_2$
Temperaturabsenkungen:	$\Delta\vartheta$, $\Delta\vartheta_{\text{d}\,1}$

Lösung:

(a) Wärmeverlust der ungedämmten Rohrleitung:

Der Wärmeverlust des ungedämmten Rohres beträgt gemäß Gl. (1.53):

$$\dot{Q}_\text{u} = k_\text{i} \cdot A_\text{i} \cdot (\vartheta_\text{W} - \vartheta_\text{K}) = k_\text{a} \cdot A_\text{a} \cdot (\vartheta_\text{W} - \vartheta_\text{K}) \tag{3.90}$$

Der Wärmedurchgangskoeffizient kann als k_i auf die Innenfläche des Rohres $A_\text{i} = \pi \cdot L \cdot D_\text{i} = 0{,}2513$ m² oder als k_a auf dessen Außenfläche $A_\text{a} = \pi \cdot L \cdot D_\text{a} = 0{,}3346$ m² bezogen werden. Für den Wärmedurchgangswiderstand R_T ist neben dem Wärmeübergangswiderstand auf der Innenseite des Rohres R_si und dem Wärmeleitwiderstand R_R des Rohres auch der Wärmeübergangswiderstand auf der Außenseite des Rohres R_se maßgeblich (Serienschaltung). Der spezifische Wärmeübergangswiderstand auf der Rohraußenseite ergibt sich dabei als Kehrwert des außenseitigen Wärmeübergangskoeffizienten α_se:

$$R_\text{se} = \frac{1}{\alpha_\text{se}} = 0{,}08\ (\text{m}^2\,\text{K})/\text{W} \tag{3.91}$$

Mit Gl. (3.10) gilt für den Wärmedurchgangskoeffizienten:

$$k_i = \frac{1}{\cancel{R_{si}}^{0} + R_R + R_{se} \cdot \frac{A_i}{A_a}} = \frac{1}{\frac{D_i \cdot \ln\left(\frac{D_a}{D_i}\right)}{2\,\lambda_R} + R_{se} \cdot \frac{D_i}{D_a}} = 16{,}63\ \mathrm{W/(m^2\,K)} \quad (3.92)$$

Damit beträgt der Wärmeverlust der ungedämmten Rohrleitung:

$$\begin{aligned}\dot{Q}_u &= k_i \cdot A_i \cdot (\vartheta_W - \vartheta_K) \\ &= 16{,}63\ \mathrm{W/(m^2\,K)} \cdot 0{,}2513\ \mathrm{m^2} \cdot (70 - 15)\ \mathrm{K} = 229{,}85\ \mathrm{W}\end{aligned} \quad (3.96)$$

(b) Temperaturabfall in der Rohrleitung:

Der Temperaturabfall $\Delta\vartheta$ kann mithilfe einer stationären Energiebilanz am Rohr berechnet werden:

$$\dot{H}_{ein} - \dot{H}_{aus} - \dot{Q}_u = 0 \;\Rightarrow\; \dot{m}_W \cdot c_{pW} \cdot \vartheta_{ein} - \dot{m}_W \cdot c_{pW} \cdot \vartheta_{aus} - \dot{Q}_u = 0 \;\Rightarrow$$

$$\dot{m}_W \cdot c_{pW} \cdot \Delta\vartheta - \dot{Q}_u = 0 \;\Rightarrow\; \Delta\vartheta = \frac{\dot{Q}_u}{\dot{m}_W \cdot c_{pW}} \quad (3.98)$$

Der Massenstrom $\dot{m}_W$ ergibt sich gemäß Gl. (2.80) aus der Dichte ϱ_W und dem Volumenstrom $\dot{V}_W$ und dieser gemäß Gl. (2.81) aus Strömungsgeschwindigkeit w und durchströmtem Querschnitt A:

$$\dot{m}_W = \varrho_W \cdot \dot{V}_W = \varrho_W \cdot w \cdot A = \varrho_W \cdot w \cdot \frac{D_i^2 \cdot \pi}{4} = 0{,}10\ \mathrm{kg/s} \quad (3.99)$$

Damit beträgt der Temperaturabfall im Rohr:

$$\Delta\vartheta = \frac{\dot{Q}_u}{\dot{m}_W \cdot c_{pW}} = \frac{229{,}85\ \mathrm{W}}{0{,}10\ \mathrm{kg/s} \cdot 4\,190\ \mathrm{J/(kg\,K)}} = 0{,}55\ \mathrm{K} \quad (3.100)$$

(c) gedämmte Rohrleitung:

Bei der gedämmten Rohrleitung tritt der zusätzliche Wärmeleitwiderstand R_{WD} der Dämmschicht auf. Für den auf die innere Rohroberfläche A_i bezogenen Wärmedurchgangskoeffizienten k_i gilt gemäß Gl. (3.8) mit dem Durchmesser der gedämmten Rohrleitung $D_{d\,1} = D_a + 2\,s_{WD\,1} = 61{,}3$ mm:

$$\begin{aligned}k_{i,d\,1} &= \frac{1}{R_R + R_{WD} \cdot \frac{A_i}{A_{d\,1}} + R_{se} \cdot \frac{A_i}{A_{d\,1}}} \\ &= \frac{1}{\frac{D_i \cdot \ln\left(\frac{D_a}{D_i}\right)}{2\,\lambda_R} + \frac{\cancel{D_{d\,1}} \cdot \ln\left(\frac{D_{d\,1}}{D_a}\right)}{2\,\lambda_{WD}} \cdot \frac{D_i}{\cancel{D_{d\,1}}} + R_{se} \cdot \frac{D_i}{D_{d\,1}}} \\ &= 3{,}81\ \mathrm{W/(m^2\,K)}\end{aligned} \quad (3.101)$$

Damit ergibt sich der Wärmeverlust des gedämmten Rohres zu:

$$\begin{aligned}\dot{Q}_{d\,1} &= k_{i,d\,1} \cdot A_i \cdot (\vartheta_W - \vartheta_K) \\ &= 3{,}81\ \mathrm{W/(m^2\,K)} \cdot 0{,}2513\ \mathrm{m^2} \cdot (70 - 15)\ \mathrm{K} = 52{,}66\ \mathrm{W}\end{aligned} \quad (3.102)$$

Die relative Wärmeeinsparung beläuft sich auf:

$$\Delta\dot{Q}_1 = \frac{\dot{Q}_{d\,1} - \dot{Q}_u}{\dot{Q}_u} = -77{,}09\ \% \quad (3.103)$$

Anstelle des Verhältnisses der Oberflächen kann auch das Verhältnis der Radien bzw. Durchmesser eingesetzt werden:

$$\frac{A_i}{A_a} = \frac{2\,\pi \cdot L \cdot r_i}{2\,\pi \cdot L \cdot r_a} = \frac{r_i}{r_a} = \frac{D_i}{D_a} \quad (3.93)$$

Der auf die Außenfläche bezogene Wärmedurchgangskoeffizient k_a ist demgegenüber kleiner, da er auf eine größere Fläche bezogen ist und das Produkt aus Wärmedurchgangskoeffizient und Fläche gemäß Gl. (3.9) konstant ist:

$$\begin{aligned}k_a &= \frac{1}{\frac{A_a}{A_i} \cdot \cancel{R_{si}}^{0} + \frac{A_a}{A_i} \cdot R_R + R_{se}} \\ &= \frac{1}{\frac{D_a}{\cancel{D_i}} \cdot \frac{\cancel{D_i} \cdot \ln\left(\frac{D_a}{D_i}\right)}{2\,\lambda_R} + R_{se}} \\ &= \frac{1}{\frac{D_a \cdot \ln\left(\frac{D_a}{D_i}\right)}{2\,\lambda_R} + R_{se}} \\ &= 12{,}49\ \mathrm{W/(m^2\,K)}\end{aligned} \quad (3.94)$$

Alternativ gilt:

$$k_a = k_i \cdot \frac{A_i}{A_a} = k_i \cdot \frac{D_i}{D_a} \quad (3.95)$$

Der Wärmeverlust beträgt auch:

$$\begin{aligned}\dot{Q}_u &= k_a \cdot A_a \cdot (\vartheta_W - \vartheta_K) \\ &= 12{,}49\ \mathrm{W/(m^2\,K)} \cdot 0{,}3346\ \mathrm{m^2} \cdot 55\ \mathrm{K} \\ &= 229{,}85\ \mathrm{W}\end{aligned} \quad (3.97)$$

Der Rohrquerschnitt A ist nicht mit der Rohroberfläche A_i bzw. A_a zu verwechseln.

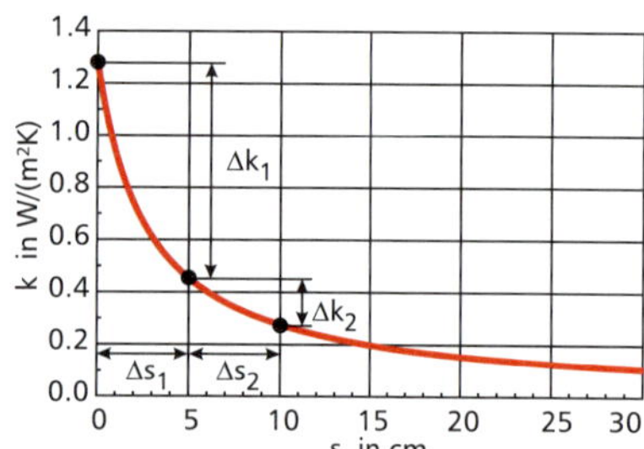

Bild 3.27: *Wärmedurchgangskoeffizient k einer verputzten Außenwand als Funktion der Dämmstärke s.*

Zusammenfassung und Ausblick:

- Bei gekrümmten Geometrien (Zylinder, Kugel) ist die Definition eines Wärmedurchgangskoeffizienten nur in Verbindung mit einer Bezugsfläche sinnvoll.
- Das Produkt aus Wärmedurchgangskoeffizient und Bezugsfläche (thermischer Leitwert) ist eine Konstante.
- Die Wärmeverluste infolge Transmission hängen bei allen Geometrien nichtlinear von der Dämmstärke ab. Bedingt durch den anfangs steilen Kurvenverlauf resultiert beim Anbringen einer Wärmedämmschicht zunächst eine relativ hohe Energieeinsparung. Mit zunehmender Dämmstärke nimmt das Einsparpotenzial aufgrund des abflachenden Kurvenverlaufs allerdings stark ab, während die Investitionskosten praktisch linear mit der Dämmstärke anwachsen.
- In der Praxis sind insbesondere hohe Dämmstärken auf ihre Wirtschaftlichkeit zu prüfen.

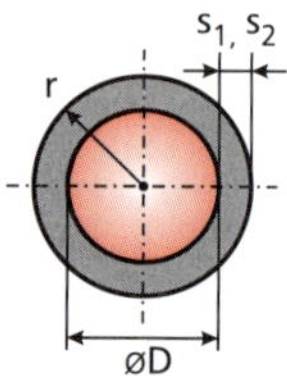

Bild 3.28: *Stromdurchflossener Leiter mit Isolierung.*

In der gedämmten Rohrleitung tritt der verminderte Temperaturabfall $\Delta\vartheta_{\mathrm{d\,1}}$ auf:

$$\Delta\vartheta_{\mathrm{d\,1}} = \frac{\dot{Q}_{\mathrm{d\,1}}}{\dot{m}_{\mathrm{W}} \cdot c_{\mathrm{pW}}} = \frac{52{,}66\ \mathrm{W}}{0{,}10\ \mathrm{kg/s} \cdot 4\,190\ \mathrm{J/(kg\ K)}} = 0{,}13\ \mathrm{K} \qquad (3.104)$$

(d) stärker gedämmte Rohrleitung:

Mit der Verdoppelung der Dämmschichtdicke ergibt sich der Durchmesser der gedämmten Rohrleitung zu $D_{\mathrm{d\,2}} = D_{\mathrm{a}} + 2\,s_{\mathrm{WD\,2}} = 101{,}3$ mm. Der Wärmedurchgangskoeffizient $k_{\mathrm{i,d\,2}}$ beträgt nun:

$$k_{\mathrm{i,d\,2}} = \frac{1}{\dfrac{D_{\mathrm{i}} \cdot \ln\left(\dfrac{D_{\mathrm{a}}}{D_{\mathrm{i}}}\right)}{2\,\lambda_{\mathrm{R}}} + \dfrac{D_{\mathrm{i}} \cdot \ln\left(\dfrac{D_{\mathrm{d\,2}}}{D_{\mathrm{a}}}\right)}{2\,\lambda_{\mathrm{WD}}} + R_{\mathrm{se}} \cdot \dfrac{D_{\mathrm{i}}}{D_{\mathrm{d\,2}}}} = 2{,}71\ \mathrm{W/(m^2\,K)} \qquad (3.105)$$

Damit reduziert sich der Wärmeverlust des Rohres auf:

$$\begin{aligned}\dot{Q}_{\mathrm{d\,2}} &= k_{\mathrm{i,d\,2}} \cdot A_{\mathrm{i}} \cdot (\vartheta_{\mathrm{W}} - \vartheta_{\mathrm{K}}) \\ &= 2{,}71\ \mathrm{W/(m^2\,K)} \cdot 0{,}2513\ \mathrm{m^2} \cdot 55\ \mathrm{K} = 37{,}46\ \mathrm{W}\end{aligned} \qquad (3.106)$$

Die relative Wärmeeinsparung gegenüber dem ungedämmten Rohr beträgt:

$$\Delta\dot{Q}_2 = \frac{\dot{Q}_{\mathrm{d\,2}} - \dot{Q}_{\mathrm{u}}}{\dot{Q}_{\mathrm{u}}} = -83{,}70\ \% \qquad (3.107)$$

Insgesamt ergibt sich durch die Verdoppelung der Dämmstärke nur eine Veränderung des Wärmeverlustes um $77{,}09\ \% - 83{,}70\ \% = -6{,}61\ \%$. Die **Verdoppelung** der Dämmschichtdicke führt also nicht zur **Halbierung** der Wärmeverluste. Dieser Effekt ist darauf zurückzuführen, dass die Dämmstärke nicht linear in den Wärmedurchgangskoeffizienten eingeht. Die so genannte **k-Wert-Hyperbel** ist in Bild 3.27 exemplarisch für eine ebene Geometrie dargestellt. Die relative Reduzierung des Wärmeverlustes zwischen dem gedämmten und dem stärker gedämmten Rohr fällt mit

$$\Delta\dot{Q}_{\mathrm{rel}} = \frac{\dot{Q}_{\mathrm{d\,2}} - \dot{Q}_{\mathrm{d\,1}}}{\dot{Q}_{\mathrm{d\,1}}} = 28{,}86\ \% \qquad (3.108)$$

höher aus als die absolute Reduktion. Für die erzielbare Wärmeeinsparung ist allerdings die absolute Verringerung des Wärmestroms maßgeblich.

◄

► Beispiel 3.6:

Bill Iger behauptet, dass Dämmschichten nicht immer zu einer Reduktion des Wärmestroms führen, sondern auch den entgegengesetzten Effekt bewirken können. Als Beispiel wird ein Stromkabel (Durchmesser $D = 8$ mm, Länge $L = 5$ m, Bild 3.28) betrachtet, in dem bei einer Stromstärke von $I = 12$ A ein Spannungsabfall von 5 V auftritt. Der Wärmeübergangskoeffizient zur Raumluft der Temperatur $\vartheta_{\mathrm{e}} = 20$ °C beträgt $\alpha_{\mathrm{e}} = 12{,}5$ W/(m² K). Das Kabel ist mit einer PVC-Isolierung der Wärmeleitfähigkeit $\lambda_{\mathrm{PVC}} = 0{,}2$ W/(m K) und der Dicke s umgeben, wodurch der Außenradius r resultiert. Der Kontaktwiderstand zwischen Leiter und Ummantelung ist verschwindend gering.

(a) Stellen Sie den vom Kabel an die Umgebung abgegebenen Wärmestrom $\dot{Q}(r)$ als Funktion des Außenradius r dar.

(b) Bei welchem Radius r_{krit} bzw. bei welcher Isolierstärke s_{krit} wird der Wärmestrom maximal?

(c) Welche Temperatur $\vartheta_{\mathrm{si},0}$ würde sich an der Oberfläche des unisolierten Leiters einstellen?

(d) Welche Temperatur $\vartheta_{\mathrm{si},1}$ stellt sich an der Oberfläche des Leiters ein, wenn die PVC-Isolierung eine Stärke von $s_1 = 2$ mm aufweist?

(e) Welche Temperatur $\vartheta_{\mathrm{si},2}$ tritt an der Oberfläche des Leiters bei einer Isolierstärke von $s_2 = 4$ mm auf?

Bekannte Größen:

▷ Stromkabel:

Durchmesser:	$D = 0{,}008$ m
Länge:	$L = 5$ m
Stromstärke:	$I = 12$ A
Spannungsabfall:	$U = 5$ V

▷ PVC-Isolierung:

Stärke:	$s_1 = 2 \cdot 10^{-3}$ m
	$s_2 = 4 \cdot 10^{-3}$ m
Wärmeleitfähigkeit:	$\lambda_{\mathrm{PVC}} = 0{,}2$ W/(m K)

▷ Raumluft:

Temperatur:	$\vartheta_{\mathrm{e}} = 20$ °C
Wärmeübergangskoeffizient:	$\alpha_{\mathrm{e}} = 12{,}5$ W/(m^2 K)

Gesuchte Größen:

Wärmestrom:	$\dot{Q}(r)$
Radius bzw. Isolierstärke für maximalen Wärmestrom:	r_{krit}, s_{krit}
Oberflächentemperaturen:	$\vartheta_{\mathrm{si},0}$, $\vartheta_{\mathrm{si},1}$, $\vartheta_{\mathrm{si},2}$

Lösung:

(a) abgegebener Wärmestrom:

Der abgegebene Wärmestrom $\dot{Q}(r)$ lässt sich über die elektrische Analogie bestimmen. Neben dem Wärmeübergangswiderstand an der Kabelaußenseite $R_{\mathrm{th},\alpha}$ tritt der Wärmeleitwiderstand $R_{\mathrm{th},\lambda}$ in der PVC-Isolierung auf. Beide addieren sich zum maßgeblichen thermischen Gesamtwiderstand $R_{\mathrm{th,ges}}$:

$$\dot{Q}(r) = \frac{\vartheta_{\mathrm{si}} - \vartheta_{\mathrm{e}}}{R_{\mathrm{th,ges}}} = \frac{\vartheta_{\mathrm{si}} - \vartheta_{\mathrm{e}}}{R_{\mathrm{th},\lambda} + R_{\mathrm{th},\alpha}} \tag{3.109}$$

Der Wärmeleitwiderstand des Kabelmantels beträgt nach Gl. (3.5):

$$R_{\mathrm{th},\lambda} = \frac{\ln\left(\frac{r}{R}\right)}{2\pi \cdot L \cdot \lambda} \tag{3.110}$$

Für den äußeren Wärmeübergangswiderstand gilt gemäß Gl. (1.46):

$$R_{\mathrm{th},\alpha} = \frac{1}{\alpha_{\mathrm{e}} \cdot A} = \frac{1}{\alpha_{\mathrm{e}} \cdot 2\pi \cdot r \cdot L} \tag{3.111}$$

Damit erhält man für den Wärmestrom $\dot{Q}(r)$ mit $R = \dfrac{D}{2} = 4$ mm:

$$\dot{Q}(r) = \frac{\vartheta_{\mathrm{si}} - \vartheta_{\mathrm{e}}}{\dfrac{\ln\left(\frac{r}{R}\right)}{2\pi \cdot L \cdot \lambda} + \dfrac{1}{\alpha_{\mathrm{e}} \cdot 2\pi \cdot r \cdot L}} = \frac{2\pi \cdot L \cdot (\vartheta_{\mathrm{si}} - \vartheta_{\mathrm{e}})}{\dfrac{\ln\left(\frac{r}{R}\right)}{\lambda} + \dfrac{1}{\alpha_{\mathrm{e}} \cdot r}} = \frac{Z}{N(r)} \tag{3.112}$$

Der Zähler Z in Gl. (3.112) ist konstant. Der Wärmestrom $\dot{Q}(r)$ ist daher maximal, wenn der Nenner $N(r)$ minimal ist, d. h. die Extremwertsuche kann somit auf den Nenner beschränkt werden, der einfacher zu differenzieren ist als der gesamte Quotient.

(b) kritischer Dämmradius bzw. kritische Dämmstärke:

Für den Extremwert des Nenners gilt:

$$N'(r) \stackrel{!}{=} 0 \quad \Longleftrightarrow \quad \frac{\mathrm{d}}{\mathrm{d}r}\left(\frac{\ln\left(\frac{r}{R}\right)}{\lambda} + \frac{1}{\alpha_{\mathrm{e}} \cdot r}\right) \stackrel{!}{=} 0 \quad \Rightarrow$$

$$\frac{1}{\frac{r}{\cancel{R}} \cdot \lambda} \cdot \frac{1}{\cancel{R}} + \frac{1}{\alpha_{\mathrm{e}}} \cdot \left(-\frac{1}{r^2}\right) = 0 \quad \Rightarrow \quad \frac{1}{r \cdot \lambda} - \frac{1}{\alpha_{\mathrm{e}} \cdot r^2} = 0 \quad \Big| \cdot r^2 \quad \Rightarrow$$

$$\frac{r}{\lambda} - \frac{1}{\alpha_{\mathrm{e}}} = 0 \quad \Rightarrow \quad r_{\mathrm{krit}} = \frac{\lambda}{\alpha_{\mathrm{e}}} = 16 \text{ mm} \tag{3.113}$$

Bei zylindrischen und sphärischen Geometrien führt eine Erhöhung der Dämmstärke zu einem Anstieg des Wärmeleitwiderstandes, während gleichzeitig der äußere Wärmeübergangswiderstand aufgrund des zunehmenden Radius abnimmt. Der Wärmestrom kann daher durch die zusätzliche Dämmung steigen oder sinken, je nachdem, welcher Effekt überwiegt (vgl. Bild 3.29). Bei Dämmstärken unterhalb der kritischen Dämmstärke tritt eine Erhöhung der Wärmeabgabe auf. Erst überkritische Dämmstärken führen zu einer Reduktion des Wärmestroms.

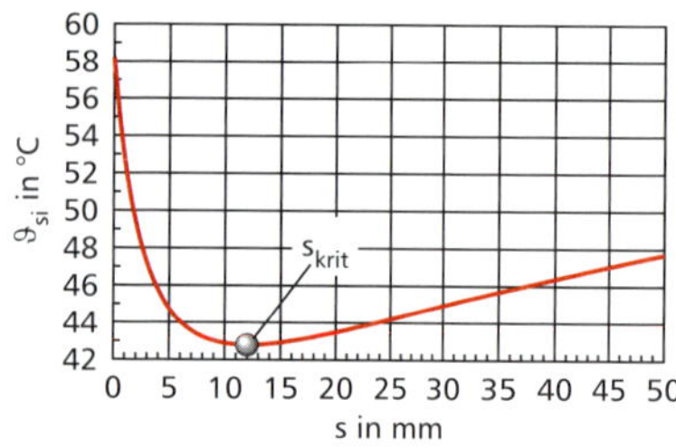

Bild 3.29: *Abhängigkeit der Oberflächentemperatur ϑ_{si} von der Dämmstärke s.*

Zusammenfassung und Ausblick:

- Bei gekrümmten Geometrien (Zylinder, Kugel) existiert ein kritischer Dämmradius r_{krit} bzw. eine kritische Dämmstärke s_{krit}, unterhalb derer das Anbringen einer Dämmschicht zu einem Anstieg des Wärmestroms führt.
- Eine Reduktion des Wärmestroms erfolgt erst oberhalb des kritischen Dämmradius r_{krit} bzw. der kritischen Dämmstärke s_{krit}.

Die kritische Dämmstärke ergibt sich aus:

$$s_{krit} = r_{krit} - \frac{D}{2} = 16\text{ mm} - \frac{8\text{ mm}}{2} = 12\text{ mm} \tag{3.114}$$

(c) Oberflächentemperatur des unisolierten Leiters:

Im vorliegenden Fall ist nicht die innenseitige Oberflächentemperatur ϑ_{si} konstant, sondern der Wärmestrom $\dot{Q}$, der sich aus der elektrischen Verlustleistung ergibt:

$$\dot{Q} = P_{el} = U \cdot I = 5\text{ V} \cdot 12\text{ A} = 60\text{ W} \tag{3.115}$$

Die elektrische Analogie führt am unisolierten Leiter auf die Beziehung:

$$\dot{Q} = \frac{\vartheta_{si,0} - \vartheta_e}{R_{th,\alpha,0}} = \frac{\vartheta_{si,0} - \vartheta_e}{\dfrac{1}{\alpha_e \cdot \pi \cdot D \cdot L}} \Rightarrow \vartheta_{si,0} = \vartheta_e + \frac{\dot{Q}}{\alpha_e \cdot \pi \cdot D \cdot L} = 58{,}20\text{ °C} \tag{3.116}$$

(d) Oberflächentemperatur des Leiters mit 2 mm PVC-Mantel:

Auch hier ist die Anwendung der elektrischen Analogie zielführend:

$$\dot{Q} = \frac{\vartheta_{si,1} - \vartheta_e}{R_{th,\lambda,1} + R_{th,\alpha,1}} = \frac{\vartheta_{si,1} - \vartheta_e}{\dfrac{\ln\left(\dfrac{R+s_1}{R}\right)}{2\pi \cdot L \cdot \lambda} + \dfrac{1}{\alpha_e \cdot 2\pi \cdot (R+s_1) \cdot L}} \Rightarrow$$

$$\vartheta_{si,1} = \vartheta_e + \frac{\dot{Q}}{2\pi \cdot L} \cdot \left[\frac{1}{\lambda} \cdot \ln\left(\frac{R+s_1}{R}\right) + \frac{1}{\alpha_e \cdot (R+s_1)}\right] = 49{,}34\text{ °C} \tag{3.117}$$

Gegenüber dem unisolierten Kabel sinkt die Oberflächentemperatur deutlich ab, da der Wärmeabfluss durch die Isolierung verbessert wird.

(e) Oberflächentemperatur des Leiters mit 4 mm PVC-Mantel:

Analog zu oben erhält man:

$$\dot{Q} = \frac{\vartheta_{si,2} - \vartheta_e}{R_{th,\lambda,2} + R_{th,\alpha,2}} = \frac{\vartheta_{si,2} - \vartheta_e}{\dfrac{\ln\left(\dfrac{R+s_2}{R}\right)}{2\pi \cdot L \cdot \lambda} + \dfrac{1}{\alpha_e \cdot 2\pi \cdot (R+s_2) \cdot L}} \Rightarrow$$

$$\vartheta_{si,2} = \vartheta_e + \frac{\dot{Q}}{2\pi \cdot L} \cdot \left[\frac{1}{\lambda} \cdot \ln\left(\frac{R+s_2}{R}\right) + \frac{1}{\alpha_e \cdot (R+s_2)}\right] = 45{,}72\text{ °C} \tag{3.118}$$

◄

3.3 Aufgaben zum Selbststudium

► Aufgabe 3.1:

Bauphysikerin Lara Lautlos fordert für einen „optimalen Wärmeschutz", dass die Temperatur der Innenoberfläche der raumumschließenden Bauteile höchstens 3 K unter der jeweiligen Raumlufttemperatur liegen soll. Der äußere Wärmeübergangskoeffizient beträgt $\alpha_e = 25$ W/(m² K), der innere Wärmeübergangskoeffizient $\alpha_i = 7{,}69$ W/(m² K).

(a) Welche Wärmeleitfähigkeit λ muss eine unverputzte Mauer der Stärke $d = 36{,}5$ cm besitzen, um diese Anforderung bei einer Außentemperatur von $\vartheta_e = -10$ °C und einer Raumlufttemperatur von $\vartheta_i = 20$ °C gerade noch zu erfüllen?

(b) Welche Oberflächentemperatur ϑ_{si}^* stellt sich an dieser Wand bei einer Außenlufttemperatur von $\vartheta_e^* = -25$ °C und einer Raumlufttemperatur von $\vartheta_i = 20$ °C ein?

(c) Wird dabei der Taupunkt „üblicher Wohnraumluft" von $\vartheta_{TP} = 9{,}3$ °C oder die Grenztemperatur für ein erhöhtes Schimmelbefallsrisiko (vgl. Bild 3.30) von $\vartheta_{SP} = 12{,}6$ °C unterschritten?

Bild 3.30: *Intensiver Schimmelpilzbefall („Champignon muralis") an einer Außenwand hinter einer Einbauküche.*

► Aufgabe 3.2:

Bestimmen Sie das Temperaturfeld $\vartheta(r)$ in einer Kugelschale für $\vartheta(r = r_1) = \vartheta_1$ und $\vartheta(r = r_2) = \vartheta_2$ aus der Differenzialgleichung:

$$a \cdot \left(\frac{d^2\vartheta}{dr^2} + \frac{2}{r} \cdot \frac{d\vartheta}{dr} \right) = 0 \tag{3.119}$$

► Aufgabe 3.3:

Der dünne Silizium-Chip und das 8 mm dicke Aluminiumsubstrat der Wärmeleitfähigkeit $\lambda = 235$ W/(m K) der CPU von Evi Zient sind durch eine $0{,}02$ mm dicke Epoxidscheibe getrennt. Chip und Substrat sind quadratisch (Kantenlänge 10 mm, adiabate Seitenränder). Ihre luftberührten Oberflächen werden von einem Lüfter gekühlt (Wärmeübergangskoeffizient 100 W/(m² K), Lufttemperatur 25 °C). Im stationären Betrieb besitzt der Chip eine Dissipationsleistung von 10 kW/m². Die dünne Epoxidscheibe weist einen thermischen Widerstand von $0{,}9 \cdot 10^{-4}$ (m² K)/W auf.

(a) Stellen Sie den Wärmefluss vom Chip zur Umgebung in einem thermischen Schaltbild dar.

(b) Bestimmen Sie die Temperatur des Chips und prüfen Sie, ob die maximal zulässige Betriebstemperatur von 85 °C eingehalten wird.

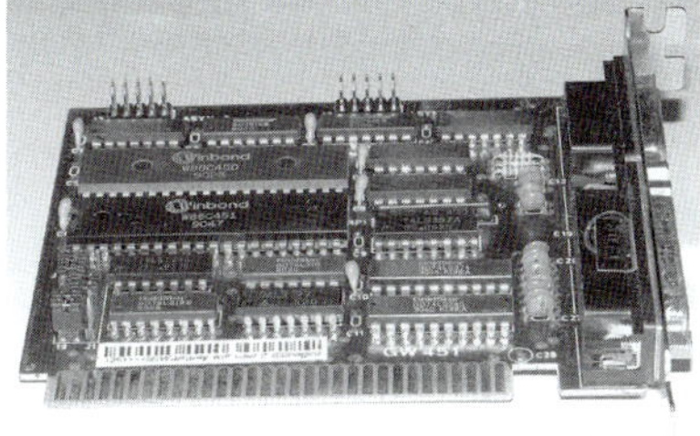

Bild 3.31: *Schnittstelleneinsteckkarte für einen PC.*

► Aufgabe 3.4:

Eine Sandwichwand im Haus von Izmir Übel besteht aus $9{,}5$ cm Stahlbeton, 12 cm Wärmedämmung (Wärmeleitfähigkeitsgruppe 040) und 15 cm Stahlbeton. Die Wärmeleitfähigkeit des Stahlbetons beträgt $\lambda_{StB} = 2$ W/(m K), die der Dämmschicht $\lambda_{WD} = 0{,}040$ W/(m K). Die Wärmeübergangswiderstände $R_{si} = 0{,}13$ (m² K)/W und $R_{se} = 0{,}04$ (m² K)/W sind bekannt (Bild 3.32).

(a) Welchen Wärmedurchgangskoeffizienten k besitzt die Wand?

(b) Welche Dämmstärke d_{WD}^* wäre erforderlich, um einen Wärmedurchgangskoeffizienten der Wand von $k^* = 0{,}25$ W/(m² K) zu erreichen?

(c) Wie dick müsste die Dämmschicht zur Erreichung von $k^* = 0{,}25$ W/(m² K) sein, wenn ein Dämmstoff der Wärmeleitfähigkeitsgruppe (WLG) 030 mit $\lambda_{WD}^{**} = 0{,}030$ W/(m K) zum Einsatz käme?

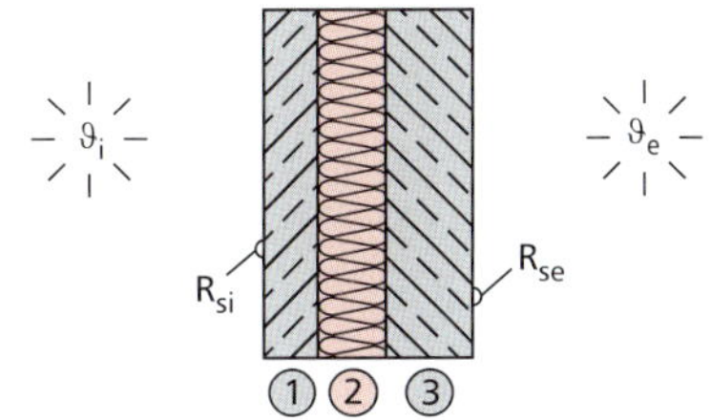

Bild 3.32: *Aufbau der Sandwichwand von innen nach außen.*

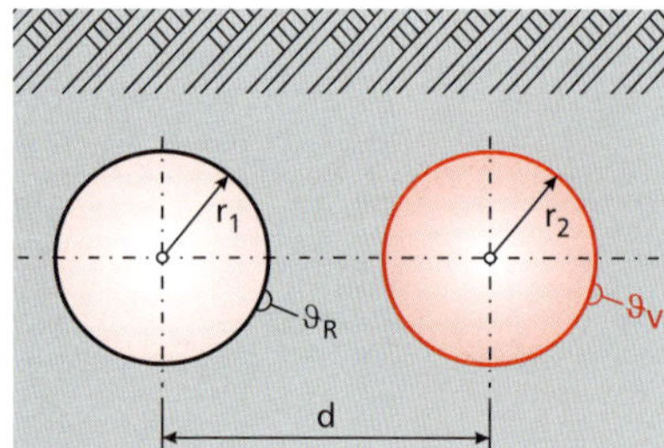

Bild 3.33: *Geometrie der Fernwärmeleitungen.*

► Aufgabe 3.5: Ex

Ein Fernwärmeversorgungssystem besteht aus 2 im Abstand von $d = 30$ cm in größerer Tiefe im Erdreich verlegten parallelen Rohren DN 100 (Außendurchmesser ungefähr 10 cm, Bild 3.33). In der Vorlaufleitung strömt Nassdampf mit der konstanten Temperatur $\vartheta_{\mathrm{V}} = 160$ °C, in der Rücklaufleitung Wasser mit der Temperatur $\vartheta_{\mathrm{R}} = 60$ °C. Die Wärmeleitfähigkeit des Erdreichs beträgt $\lambda = 2$ W/(m K).

(a) Bestimmen Sie den Wärmefluss $\dot{Q}^*_{\mathrm{VR}}$ zwischen beiden Rohren pro laufendem Meter Länge, wenn der Wärmeleitwiderstand der Rohre und der Wärmeübergangswiderstand infolge von Konvektion vernachlässigbar sind.

(b) Wie weit kann der Wärmeverlust $\dot{Q}^*_{\mathrm{VR,WD}}$ verringert werden, wenn beide Rohre mit je $d_{\mathrm{WD}} = 2$ cm Dämmstoff mit der Wärmeleitfähigkeit $\lambda_{\mathrm{WD}} = 0{,}05$ W/(m K) (WLG 050) gedämmt werden?

► Aufgabe 3.6:

Bild 3.34: *Mehrfamilien-Wohnhaus in Niedrigenergiebauweise mit Wärmedämmverbundsystem.*

An der Außenwand des Wohnhauses von Sabine Sparsam liegt das folgende Wärmedämmverbundsystem (Schichtaufbau von innen nach außen) vor:

j	Schicht	d_{j} in cm	λ_{j} in W/(m K)
1	Kalkgipsputz	1,5	0,70
2	Hochlochziegel	30,0	0,68
3	Wärmedämmung (expandiertes Polystyrol)	10,0	0,035
4	Kunstharzputz	0,8	0,70

Im Raum herrscht eine Temperatur von $\vartheta_{\mathrm{i}} = 20$ °C, die Außenlufttemperatur beträgt $\vartheta_{\mathrm{e}} = -15$ °C. Der raumseitige Wärmeübergangswiderstand ist mit $R_{\alpha\,\mathrm{i}} = 0{,}13$ (m² K)/W anzusetzen. Der außenseitige Wärmeübergangskoeffizient α_{e} weist infolge Winds einen Wert von 25 W/(m² K) auf.

(a) Stellen Sie das thermische Ersatzschaltbild der Wandkonstruktion dar.

(b) Berechnen Sie die Wärmeleitwiderstände (Wärmedurchlasswiderstände) R_{j} und die Wärmedurchlasskoeffizienten Λ_{j} der einzelnen Schichten.

(c) Bestimmen Sie den Wärmedurchgangswiderstand R_{T} und den Wärmedurchgangskoeffizient k der Konstruktion.

(d) Wie groß ist der spezifische Transmissionswärmeverlust $\dot{q}_{\mathrm{T}}$ je m² Wand?

(e) Ermitteln Sie die Oberflächentemperaturen ϑ_{si} und ϑ_{se} an der Innen- und Außenseite der Wand.

(f) Welche Temperaturen $\vartheta_{\mathrm{j,k}}$ herrschen an den Grenzflächen zwischen den Schichten j $(j = 1 \ldots 3)$ und k $(k = 2 \ldots 4)$?

(g) Ermitteln Sie die Stelle x_0, an der die Frostgrenze ($\vartheta_{\mathrm{F}} = 0$ °C) liegt.

(h) Skizzieren Sie den Temperaturverlauf in der mehrschichtigen Wandkonstruktion.

► Aufgabe 3.7:

Leiten Sie eine Gleichung her für den kritischen Dämmradius r_{krit} einer Kugel mit Radius R, Oberflächentemperatur ϑ_{si}, Wärmeleitfähigkeit der Dämmschicht λ und äußerem Wärmeübergangskoeffizienten α_{e} zur Umgebungstemperatur ϑ_{e} und vergleichen Sie das Ergebnis mit dem des Zylinders aus Beispiel 3.6.

► Aufgabe 3.8:

Die Innenseite der Schamottewand des Trockenofens von Anna Nass weist die Oberflächentemperatur $\vartheta_{si} = 200\ °C$ auf. An der Außenseite der Wand tritt Konvektion zur Raumluft der Temperatur $\vartheta_\infty = 20\ °C$ und Strahlung zu den Raumumschließungsflächen derselben Temperatur auf. Die Wand besitzt die Dicke $d = 5$ cm und die Wärmeleitfähigkeit $\lambda = 1{,}5$ W/(m K).

(a) Wie groß muss der Gesamtwärmeübergangskoeffizient α zur Raumseite mindestens sein, wenn eine äußere Oberflächentemperatur $\vartheta_{se} = 100\ °C$ aus Sicherheitsgründen nicht überschritten werden darf?

(b) Welche äußere Oberflächentemperatur ϑ_{se2} stellt sich bei Verdopplung der Wandstärke auf $d_2 = 2\,d$ und einem veränderten Gesamtwärmeübergangskoeffizienten $\alpha_2 = 15$ W/(m² K) ein?

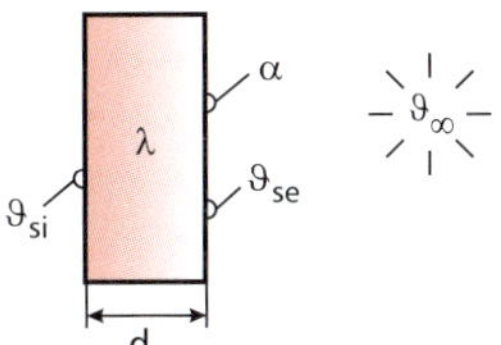

Bild 3.35: *Schnitt durch die Wand des Trockenofens.*

► Aufgabe 3.9:

Für die stationäre Temperaturverteilung $\vartheta(x) = a + b \cdot x^2$ in einer ebenen homogenen Wand der Wärmeleitfähigkeit $\lambda = 100$ W/(m K) und der Dicke $L = 0{,}5$ m gelten die Koeffizienten $a = 150\ °C$ und $b = -400\ °C/m^2$.

(a) Bestimmen Sie die Wärmestromdichte $\dot{q}$ an den Rändern $x = 0$ und $x = L$.

(b) Wie hoch ist die spezifische Wärmeproduktion $\dot{e}^*_q = \dfrac{\dot{E}_q}{A}$ in der Platte?

► Aufgabe 3.10:

Zeigen Sie, dass der Wärmestrom $\dot{Q}$ durch eine Zylinderschale mit den Radien r_1 (Temperatur ϑ_1) und r_2 (Temperatur ϑ_2) mit der Péclet-Gleichung für die ebene Platte

$$\dot{Q} = \frac{\lambda}{\Delta r} \cdot A_m \cdot (\vartheta_1 - \vartheta_2) \tag{3.120}$$

angeschrieben werden kann, wenn die mittlere Fläche A_m

$$A_m = \frac{A_2 - A_1}{\ln\left(\dfrac{A_2}{A_1}\right)} \tag{3.121}$$

und die Differenz der Radien $\Delta r = r_2 - r_1$ verwendet wird.

Bild 3.36: *Beispiel für konzentrische Zylinderschalen unterschiedlicher Temperatur.*

► Aufgabe 3.11:

Bestimmen Sie die mittlere Oberfläche A_m der in Bild 3.37 skizzierten Kugelschale mit den Radien r_1 und r_2

$$\frac{1}{A_m} = \frac{1}{r_2 - r_1} \cdot \int_{r_1}^{r_2} \frac{dr}{A(r)} \tag{3.122}$$

und geben Sie damit den zwischen den Temperaturen ϑ_1 und ϑ_2 in der Schale fließenden Wärmestrom $\dot{Q}$ mithilfe der universellen Péclet-Gl. (3.120) an.

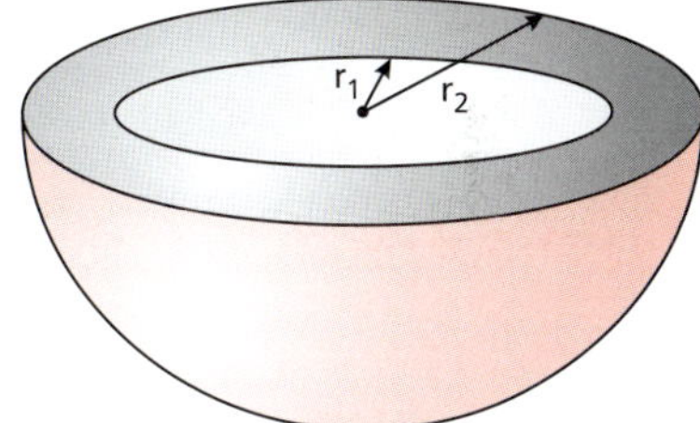

Bild 3.37: *Halbschnitt der Kugelschale.*

► Aufgabe 3.12:

Berechnen Sie die Temperaturverteilung $\vartheta(x)$ in einer Platte mit den Oberflächentemperaturen $\vartheta(x=0) = \vartheta_1$ und $\vartheta(x=L) = \vartheta_2$ und temperaturabhängiger Wärmeleitfähigkeit $\lambda(\vartheta) = \lambda_0 \cdot (1 + \beta \cdot \vartheta)$ mit $\lambda_0 =$ const. und $\beta =$ const..

► Aufgabe 3.13:

Im großen Nah-Meer steht der zylindrische Leuchtturm von Sebastian Schleiffer. Die 45°-Sektoren sind unterschiedlich aufgebaut (Wärmeleitfähigkeiten $\lambda_1 = 0{,}87$ W/(m K), $\lambda_2 = 0{,}50$ W/(m K), $\lambda_3 = 0{,}52$ W/(m K), $\lambda_4 = 0{,}12$ W/(m K), $\lambda_5 = 0{,}70$ W/(m K); Dicken $s_1 = s_2 = 3$ cm; $s_3 = s_4 = 49$ cm, $s_5 = 4{,}5$ cm; Radius $R_1 = 5$ m). Berechnen Sie den Wärmedurchgangskoeffizienten k_e für $\alpha_i = 8$ W/(m² K) und $R_{se} = 0{,}04$ m² K/W bei idealem radialen Wärmefluss.

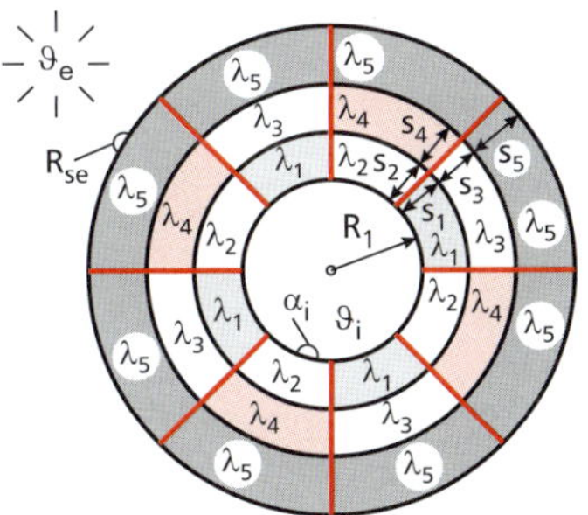

Bild 3.38: *Querschnitt des Leuchtturms.*

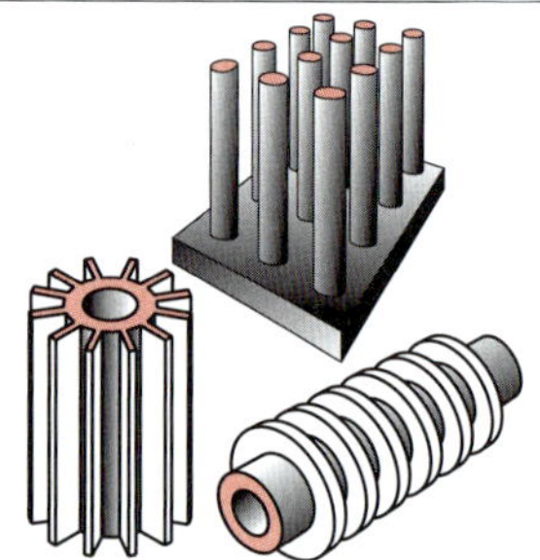

Bild 4.1: *Zylindrische Nadeln (oben), gerade Rippen (links) und Ringrippen (rechts).*

Rippen und Nadeln sind Systeme, in derem Inneren Wärmeleitung und an deren Oberfläche ein Wärmeübergang stattfindet. Die Wärmeleitung erfolgt durch den Rippenquerschnitt A, der Wärmeübergang am Rippenumfang U durch die Oberfläche A_O. Bei adiabatem Rippenumfang würde ein eindimensionaler Wärmefluss in der Rippe resultieren. Der Einfachheit halber wird der Begriff „Rippe" im Folgenden als Oberbegriff auch für Nadeln verwendet, wenn grundsätzliche Aspekte vorliegen.

Rippen können als Modelle realer Systeme unter folgenden Annahmen über lineare gewöhnliche Differenzialgleichungen 2. Ordnung mit analytischen Lösungen beschrieben werden:

1. Die Rippe wird im stationären Zustand betrachtet.
2. Die Rippe ist so dünn, dass das Temperaturfeld $\vartheta(x)$ nur von der Koordinate vom Rippenfuß zur Rippenspitze abhängt, d. h. die Temperatur ist über den Rippenquerschnitt A konstant.
3. Das Rippenmaterial besitzt die konstante Wärmeleitfähigkeit λ.
4. Der Wärmeübergang an der Rippenoberfläche wird durch den konstanten Wärmeübergangskoeffizienten α beschrieben.
5. Die Temperatur des die Rippe umgebenden Fluids ϑ_∞ ist konstant.
6. Am Rippenfuß herrscht die einheitliche Temperatur ϑ_0.
7. Die Rippe besitzt keine inneren Wärmequellen $\dot{e}_q$.
8. Am Rippenfuß liegt ein idealer thermischer Kontakt vor.

Gl. (4.6) gestattet eine sehr vorteilhafte Berechnung des Rippenwärmestroms, da bei Benutzung von Gl. (4.7) entweder das Temperaturprofil $\vartheta(x)$ zu differenzieren oder zu integrieren ist.

4 Rippen und Nadeln

4.1 Grundlagen

Rippen (flächig ausgedehnt) und Nadeln (stabförmig) dienen der Erhöhung des Wärmeflusses durch Oberflächenvergrößerung. Rippen können als gerade Rippen in Längsrichtung oder als Ringrippen in Umfangsrichtung angeordnet sein (Bild 4.1). Die Rippentemperatur $\vartheta(x)$ und der Wärmestrom $\dot{Q}(x)$ in der Rippe nehmen durch fortwährende Wärmeabgabe $\dot{Q}_\alpha$ über den Rippenumfang vom Rippenfuß zum Rippenende hin ab. Modellmäßig wird senkrecht zur Rippenlängsachse ein konstantes Temperaturprofil ($\mathrm{d}\vartheta(x)/\mathrm{d}y = 0$) zugrunde gelegt. Tatsächlich ist jedoch zur Abfuhr von $\dot{Q}_\alpha$ ein vertikaler Temperaturgradient notwendig. Der insgesamt übertragene Wärmestrom $\dot{Q}$ ist im stationären Fall gleich dem Wärmezufluss $\dot{Q}_0$ am Rippenfuß.

4.1.1 Kenngrößen von Rippen

Anstelle der Rippentemperatur $\vartheta(x)$ wird vielfach auch die **Übertemperatur** $\theta(x)$ der Rippe zur Umgebungstemperatur ϑ_∞ verwendet:

$$\theta(x) := \vartheta(x) - \vartheta_\infty \tag{4.1}$$

Die Übertemperatur am Rippenfuß ($x = 0$) beträgt (vgl. Bild 4.6):

$$\theta_0 = \vartheta(x=0) - \vartheta_\infty = \vartheta_0 - \vartheta_\infty \tag{4.2}$$

Für die Wärmeabgabe einer Rippe sind u. a. der **Rippenparameter** μ und der dimensionslose Rippenparameter $\mathcal{M}$ von Bedeutung:

$$\mu := \sqrt{\frac{\alpha \cdot U}{\lambda \cdot A}}; \qquad [\mu] = \frac{1}{\mathrm{m}} \text{ (inverse Länge)} \tag{4.3}$$

$$\mathcal{M} := \mu \cdot L; \qquad [\mathcal{M}] = 1 \tag{4.4}$$

U ist der wärmeabgebende Umfang (Schmalseiten oft vernachlässigt), A der Rippenquerschnitt (falls variabel: am Rippenfuß; nicht mit der Rippenoberfläche A_O zu verwechseln) und L die Rippenlänge.

Eine ideale Rippe würde aufgrund eines verschwindenden thermischen Widerstands ($R_{\mathrm{th}} \to 0$) bzw. einer unendlichen Wärmeleitfähigkeit ($\lambda \to \infty$) an jeder Stelle die Rippenfußtemperatur ϑ_0 besitzen. Der **Rippenwirkungsgrad** η_R beschreibt das Verhältnis des real durch die Rippe übertragenen Wärmestroms $\dot{Q}_0$ zum maximalen Wärmestrom $\dot{Q}_{\mathrm{ideal}} = \alpha \cdot A_O \cdot (\vartheta_0 - \vartheta_\infty)$ dieser idealen Rippe:

$$\eta_R := \frac{\dot{Q}_0}{\dot{Q}_{\mathrm{ideal}}} = \frac{\dot{Q}_0}{\alpha \cdot A_O \cdot (\vartheta_0 - \vartheta_\infty)} \leq 1 \tag{4.5}$$

Der nach Tabelle 4.1 zu berechnende Rippenwirkungsgrad η_R hängt von der Temperaturverteilung in der Rippe und somit von den Randbedingungen und der Rippengeometrie ab. Mit der **Rippen-Hauptgleichung** (4.6) lässt sich der von der Rippe über die Rippenoberfläche A_O übertragene Wärmestrom $\dot{Q}_0$ leicht berechnen:

$$\dot{Q}_0 = \eta_R \cdot \dot{Q}_{\mathrm{ideal}} = \eta_R \cdot \alpha \cdot A_O \cdot (\vartheta_0 - \vartheta_\infty) \tag{4.6}$$

Alternativ folgt $\dot{Q}_0$ mit dem Temperaturgradienten am Rippenfuß aus dem Fourier'schen Wärmeleitungsansatz oder mit der mittleren Rippentemperatur $\overline{\vartheta}$ aus dem Newton'schen Abkühlungsgesetz:

$$\dot{Q}_0 = -\lambda \cdot A \cdot \frac{\mathrm{d}\vartheta}{\mathrm{d}x}\bigg|_{x=0} = \alpha \cdot A_\mathrm{O} \cdot (\overline{\vartheta} - \vartheta_\infty) \tag{4.7}$$

Die mittlere Temperatur der Rippe $\overline{\vartheta}$ ergibt sich als integraler Mittelwert über die lokale Rippentemperatur:

$$\overline{\vartheta} = \frac{1}{L} \cdot \int_0^L \vartheta(x)\,\mathrm{d}x = \vartheta_\infty + \eta_\mathrm{R} \cdot (\vartheta_0 - \vartheta_\infty) \tag{4.8}$$

In der Praxis wird vielfach auch die **Leistungsziffer** ϵ_R als Kriterium für die Steigerung der Wärmeübertragung durch Rippen herangezogen. Dabei wird der Wärmestrom am Rippenfuß $\dot{Q}_0$ auf den Wärmestrom $\dot{Q}_\mathrm{min}$ ohne Rippe bezogen:

$$\epsilon_\mathrm{R} = \frac{\dot{Q}_0}{\dot{Q}_\mathrm{min}} = \frac{\dot{Q}_0}{\alpha \cdot A \cdot (\vartheta_0 - \vartheta_\infty)} = \frac{\eta_\mathrm{R} \cdot \cancel{\alpha} \cdot A_\mathrm{O} \cdot \cancel{(\vartheta_0 - \vartheta_\infty)}}{\cancel{\alpha} \cdot A \cdot \cancel{(\vartheta_0 - \vartheta_\infty)}} = \frac{\eta_\mathrm{R} \cdot A_\mathrm{O}}{A} \geq 1 \tag{4.9}$$

Neben der Leistungsziffer der Einzelrippe kann auch eine Leistungsziffer ϵ_R^* der Gesamtanordnung unter Betrachtung der gesamten Oberfläche A^* des zu kühlenden Körpers (berippter und unberippter Bereich) definiert werden, in welche Form, Länge und Anzahl der Rippen eingehen. In der Praxis werden Leistungsziffern > 2 angestrebt.

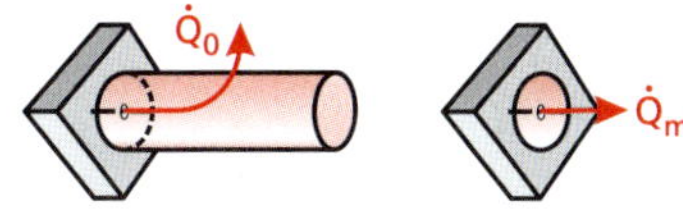

Bild 4.2: *Wärmeströme gemäß Gl.* (4.9).

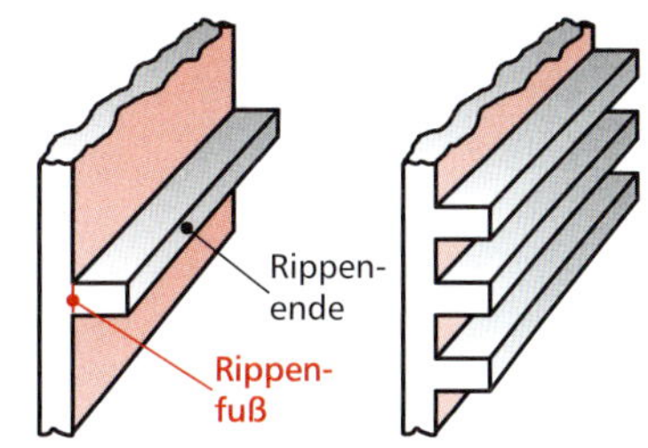

Bild 4.3: *Einzelrippe (links) und Rippenanordnung (rechts).*

4.1.2 Universelle Rippendifferenzialgleichung

Im allgemeinen Fall variiert der Rippenquerschnitt $A(x)$ über der Lauflänge x ($0 \leq x \leq L$). Die lokale Rippenhöhe kann dabei vielfach über die Kontur $k(x)$ beschrieben werden. Gleichzeitig kann sich die wärmeabgebende Rippenoberfläche $A_\mathrm{O}(x)$ infolge der ungleichmäßigen Rippenbreite $b(x)$ auch mit der Länge ändern (Bild 4.4 rechts oben):

$$A(x) = 2 \cdot k(x) \cdot b(x) \tag{4.10}$$

$$A_\mathrm{O}(x) = U(x) \cdot \Delta x = 2 \cdot \Big[b(x) + 2 \cdot k(x)\Big] \cdot \Delta x \tag{4.11}$$

Der Faktor 2 ist erforderlich, da die Rippe jeweils eine obere und untere Hälfte sowie eine Ober- und eine Unterseite besitzt.

Aus einer Energiebilanz am differenziellen Rippenelement Δx (Bild 4.4 rechts oben) folgt für die Übertemperatur der Rippe $\theta(x)$:

$$\frac{\mathrm{d}}{\mathrm{d}x}\left[k(x) \cdot b(x) \cdot \frac{\mathrm{d}\theta}{\mathrm{d}x}\right] - \Big[b(x) + 2 \cdot k(x)\Big] \cdot \frac{\alpha}{\lambda} \cdot \theta = 0 \tag{4.12}$$

Für ausgewählte Geometrien sind analytische Lösungen der universellen Rippendifferenzialgleichung (4.12) möglich (s. Tabn. 4.1 und 4.2).

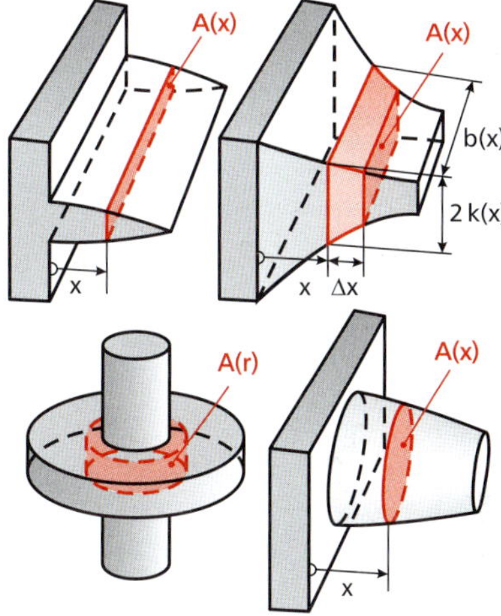

Bild 4.4: *Rippen mit variablem Querschnitt.*

4.1.3 Rechteckrippen

Eine besonders einfache Geometrie mit konstanter Höhe $k(x) = H/2$ und Breite $b(x) = B$ liegt bei Rechteckrippen vor. Wegen $H \ll B$ kann die Wärmeabgabe über die Seitenflächen meist vernachlässigt werden. Mit dem Querschnitt $A = B \cdot H$ und dem wärmeübertragenden Rippenumfang $U \approx 2 \cdot B$ vereinfacht sich die universelle Rippendifferenzialgleichung (4.12) unter Beachtung von μ aus Gl. (4.3) zu:

$$\frac{\mathrm{d}^2\theta(x)}{\mathrm{d}x^2} - \frac{2\,\alpha}{\lambda \cdot H} \cdot \theta(x) = 0 \quad \text{bzw.} \quad \frac{\mathrm{d}^2\theta(x)}{\mathrm{d}x^2} - \mu^2 \cdot \theta(x) = 0 \tag{4.13}$$

Die Lösung von Gl. (4.13) lässt sich mit e-Funktionen oder alternativ mit Hyperbelfunktionen notieren:

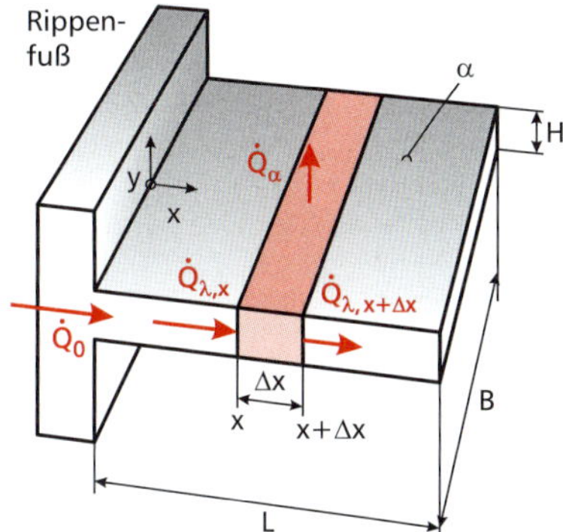

Bild 4.5: *Wärmeleitung und Wärmeübergang an einer Rechteckrippe.*

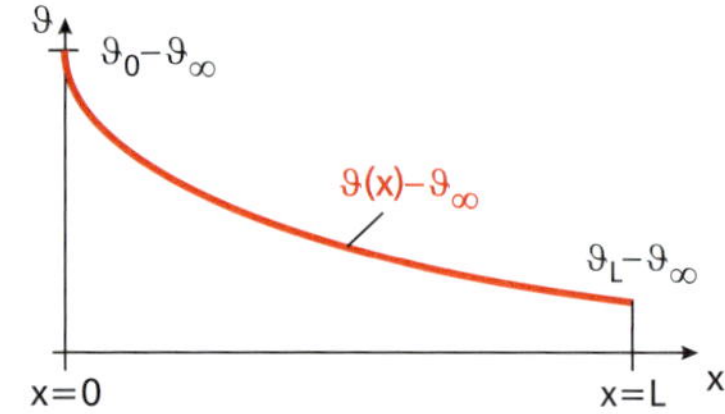

Bild 4.6: *Temperaturverlauf in einer Rechteckrippe.*

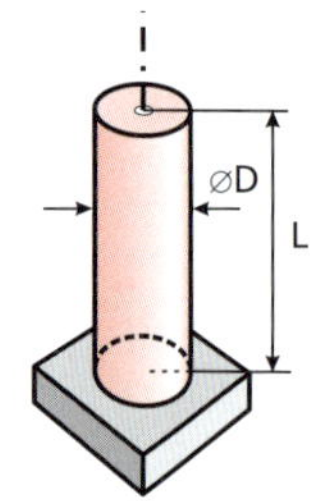

Bild 4.7: *Zylindrische Nadel.*

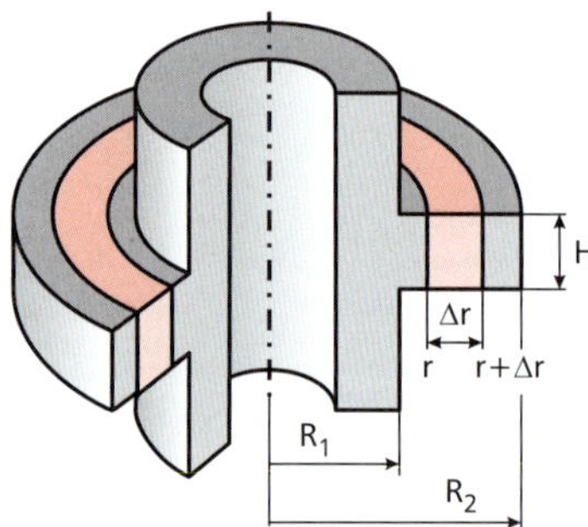

Bild 4.8: *Kreisringrippe mit Rechteckquerschnitt.*

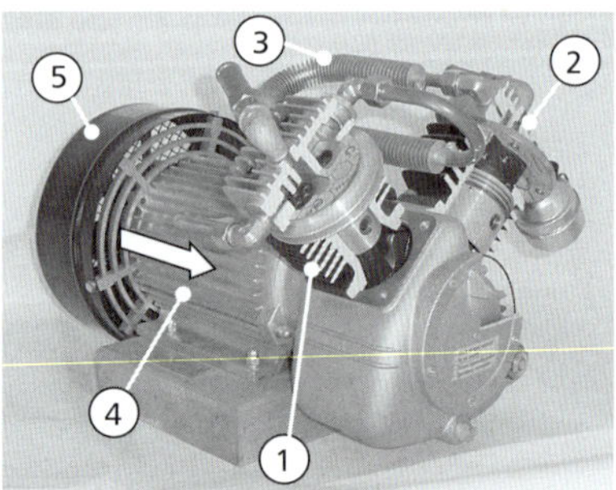

Bild 4.9: *Verschiedene Rippenformen an einem Kolbenverdichter der Fa. Kaeser (①: Kreisringrippen am Zylinder; ②: Rechteckrippen am Zylinderkopf; ③: Kühlrippenwendel am Überströmrohr; Der Lüfter ⑤ bläst die Luft in Pfeilrichtung an den Rechteckrippen ④ des Elektromotorgehäuses entlang).*

$$\theta(x) = C_1^* \cdot \exp(-\mu\, x) + C_2^* \cdot \exp(\mu\, x) = C_1 \cdot \sinh(\mu\, x) + C_2 \cdot \cosh(\mu\, x) \quad (4.14)$$

Die Konstanten C_1 und C_2 bzw. C_1^* und C_2^* ergeben sich aus den jeweiligen Randbedingungen am Rippenfuß ($x = 0$) und am Rippenende ($x = L$), wobei generell gemäß Tab. 4.1 zu unterscheiden sind:

- I a) Kurze Rechteckrippe mit adiabatem Ende
- b) Kurze Rechteckrippe mit Wärmeübergang am Ende
- c) Kurze Rechteckrippe mit konstanter Endtemperatur
- d) Sehr lange Rechteckrippe mit adiabatem Ende

In der Praxis ist das Modell I d) der **sehr langen Rechteckrippe** ohne signifikante Genauigkeitseinbußen für $\tanh(\mathcal{M}) = \tanh(\mu \cdot L) \geq 0{,}99$ bzw. $\mathcal{M} = \mu \cdot L \geq 2{,}65$ als Näherung für den Rippenwirkungsgrad der Rippe mit adiabatem Ende I a) anwendbar. Bei kurzen Rippen ist im Zweifelsfall Modell I a) vorzuziehen, da es bezüglich des Wärmestroms $\dot{Q}_0$ konservative Ergebnisse liefert. Temperaturprofile kurzer Rippen nach I a) können erst ab $M = \mu \cdot L \geq 5$ über die gesamte Länge durch Modell I d) angenähert werden (vgl. Bild 4.12, Beispiel 4.1).

4.1.4 Zylindrische Nadeln

Zylindernadeln (Bild 4.7; in Ziffer VII in Tab. 4.2 als kurze Nadel mit adiabatem Ende) mit Durchmesser D und Länge L weisen wie Rechteckrippen über die gesamte Länge einen konstanten Querschnitt und konstanten Umfang auf. Daher sind die Beziehungen für Rechteckrippen auch für zylindrische Nadeln (und alle anderen Formen mit konstantem Querschnitt) anwendbar, wenn der Rippenparameter μ aus Gl. (4.3) angepasst wird:

$$\mu = \sqrt{\frac{4\,\alpha}{\lambda \cdot D}} \quad (4.15)$$

4.1.5 Kreisringrippen

In der Praxis werden an Rohren oft Kreisringrippen mit Rechteckquerschnitt (Ziffer VI in Tabelle 4.1, Bild 4.8) eingesetzt. Die Energiebilanz am differenziellen Element liefert eine modifizierte Bessel'sche Differenzialgleichung. Die Übertemperatur von Kreisringrippen mit adiabatem Ende beträgt mit den modifizierten Bessel-Funktionen 1. und 2. Art I_0 und K_0 bzw. I_1 und K_1 (vgl. Abschnitt 10.2.2):

$$\theta(r) = \theta_0 \cdot \frac{\mathrm{K}_1(\mu\, R_2) \cdot \mathrm{I}_0(\mu\, r) + \mathrm{I}_1(\mu\, R_2) \cdot \mathrm{K}_0(\mu\, r)}{\mathrm{I}_0(\mu\, R_1) \cdot \mathrm{K}_1(\mu\, R_2) + \mathrm{I}_1(\mu\, R_2) \cdot \mathrm{K}_0(\mu\, R_1)} \quad (4.16)$$

4.1.6 Weitere Formen von Rippen und Nadeln

Kenngrößen weiterer Rippen- und Nadelformen sind in den Tabellen 4.1 und 4.2 zusammengestellt:

- II Dreiecksrippe
- III Trapezrippe
- IV Konkave parabolische Rippe
- V Konvexe parabolische Rippe
- VIII Konische Nadel
- IX Konkave parabolische Nadel
- X Konvexe parabolische Nadel

Tabelle 4.1: *Kenngrößen verschiedener Rippen.*

Geometrie	Normierte Übertemperatur $\Theta(x)=\dfrac{\theta(x)}{\theta_0}$	Rippenwirkungsgrad $\eta_{\text{R}}=\dfrac{\overline{\theta}}{\theta_0}$	Besonderheit
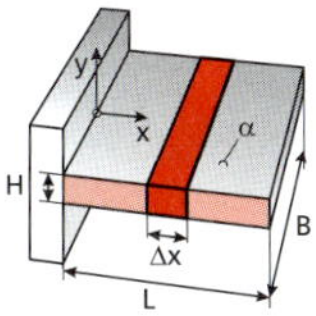	**I Rechteckrippe**		
	a) Kurze Rippe mit adiabatem Ende		
	$\dfrac{\cosh\left[\mu\,(L-x)\right]}{\cosh(\mu\,L)}$	$\dfrac{\tanh(\mu\,L)}{\mu\,L}$	$\left.\dfrac{\mathrm{d}\theta}{\mathrm{d}x}\right\|_{x=L}=0$
	b) Kurze Rippe mit Wärmeübergang (α_{End}) am Ende		
	$\dfrac{\cosh\left[\mu\,(L-x)\right]+\dfrac{Bi}{\mu\,L}\cdot\sinh\left[\mu\,(L-x)\right]}{\cosh(\mu\,L)+\dfrac{Bi}{\mu\,L}\cdot\sinh(\mu\,L)}$	$\dfrac{1}{\mu\cdot\left(L+\dfrac{A}{U}\right)}\cdot\dfrac{\sinh(\mu\,L)+\dfrac{Bi}{\mu\,L}\cdot\cosh(\mu\,L)}{\cosh(\mu\,L)+\dfrac{Bi}{\mu\,L}\cdot\sinh(\mu\,L)}$	$\dot{q}_\alpha(x=L)=\dot{q}_\lambda(x=L)$ $Bi=\dfrac{\alpha_{\text{End}}\cdot L}{\lambda};\ \mu=\sqrt{\dfrac{\alpha\cdot U}{\lambda\cdot A}}$ oft: $\alpha_{\text{End}}=\alpha$
	c) Kurze Rippe mit bekannter Endtemperatur		
	$\dfrac{\theta_{\text{L}}/\theta_0\cdot\sinh(\mu\,x)+\sinh\left[\mu\,(L-x)\right]}{\sinh(\mu\,L)}$	$\dfrac{\cosh(\mu\,L)-\theta_{\text{L}}/\theta_0}{\mu\,L\cdot\sinh(\mu\,L)}$	$\theta(x=L)=\theta_{\text{L}}$
	d) Sehr lange Rippe ($\mathcal{M}=\mu\cdot L\geq 2{,}65$ für η_{R}-Berechnung, $\mathcal{M}=\mu\cdot L\geq 4{,}61$ für θ-Berechnung)		
	$\exp(-\mu\,x)$	$\dfrac{1}{\mu\,L}$	$\theta(x\to\infty)=0$
	II Dreiecksrippe		
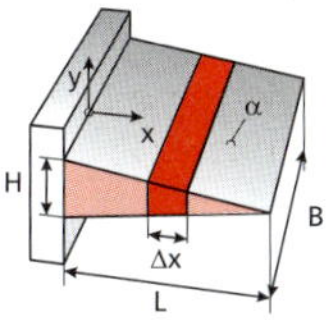	$\dfrac{\mathrm{I}_0\left(2\,\mu\,\sqrt{L\cdot(L-x)}\right)}{\mathrm{I}_0(2\,\mu\,L)}$	$\dfrac{1}{\mu\,L}\cdot\dfrac{\mathrm{I}_1(2\,\mu\,L)}{\mathrm{I}_0(2\,\mu\,L)}$	$\left.\dfrac{\mathrm{d}\theta}{\mathrm{d}x}\right\|_{x=L}=0$
	III Trapezrippe		
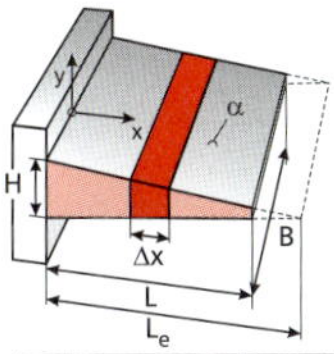	$\dfrac{\mathrm{I}_0(2\mu\widetilde{x})\cdot\mathrm{K}_1(2\mu\widetilde{L})+\mathrm{K}_0(2\mu\widetilde{x})\cdot\mathrm{I}_1(2\mu\widetilde{L})}{\mathrm{I}_0(2\mu L_{\text{e}})\cdot\mathrm{K}_1(2\mu\widetilde{L})+\mathrm{K}_0(2\mu L_{\text{e}})\cdot\mathrm{I}_1(2\mu\widetilde{L})}$	$\dfrac{\mathrm{I}_1(2\mu L_{\text{e}})\cdot\mathrm{K}_1(2\mu\widetilde{L})-\mathrm{K}_1(2\mu L_{\text{e}})\cdot\mathrm{I}_1(2\mu\widetilde{L})}{\mu L\cdot\left[\mathrm{I}_0(2\mu L_{\text{e}})\cdot\mathrm{K}_1(2\mu\widetilde{L})+\mathrm{K}_0(2\mu L_{\text{e}})\cdot\mathrm{I}_1(2\mu\widetilde{L})\right]}$	$\widetilde{L}=\sqrt{L_{\text{e}}\cdot(L_{\text{e}}-L)}$ $\widetilde{x}=\sqrt{L_{\text{e}}\cdot(L_{\text{e}}-x)}$ $\left.\dfrac{\mathrm{d}\theta}{\mathrm{d}x}\right\|_{x=L}=0$
	IV Konkave parabolische Rippe		
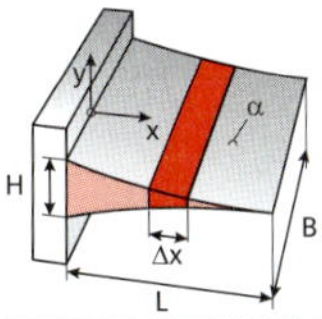	$\left(1-\dfrac{x}{L}\right)^{\dfrac{\sqrt{1+(2\,\mu\,L)^2}-1}{2}}$	$\dfrac{2}{\sqrt{1+(2\,\mu\,L)^2}+1}$	$\left.\dfrac{\mathrm{d}\theta}{\mathrm{d}x}\right\|_{x=L}=0$
	V Konvexe parabolische Rippe		
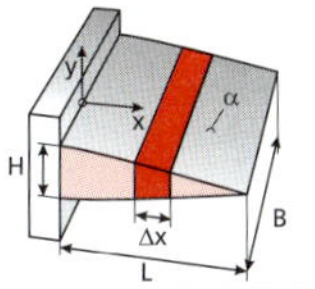	$\left(1-\dfrac{x}{L}\right)^{\frac{1}{4}}\cdot\dfrac{\mathrm{I}_{-\frac{1}{3}}\left(\dfrac{4}{3}\,\mu\,L^{\frac{1}{4}}\cdot(L-x)^{\frac{3}{4}}\right)}{\mathrm{I}_{-\frac{1}{3}}\left(\dfrac{4}{3}\,\mu\,L\right)}$	$\dfrac{\mathrm{I}_{\frac{2}{3}}\left(\dfrac{4}{3}\,\mu\,L\right)}{\mu\,L\cdot\mathrm{I}_{-\frac{1}{3}}\left(\dfrac{4}{3}\,\mu\,L\right)}$	$\left.\dfrac{\mathrm{d}\theta}{\mathrm{d}x}\right\|_{x=L}=0$
	VI Kreisringrippe		
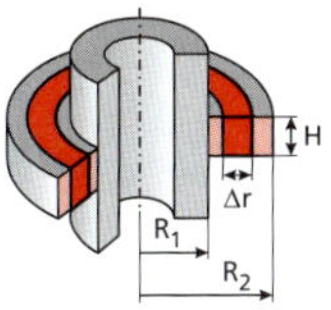	$\dfrac{\mathrm{K}_1(\mu R_2)\cdot\mathrm{I}_0(\mu r)+\mathrm{I}_1(\mu R_2)\cdot\mathrm{K}_0(\mu r)}{\mathrm{I}_0(\mu R_1)\cdot\mathrm{K}_1(\mu R_2)+\mathrm{I}_1(\mu R_2)\cdot\mathrm{K}_0(\mu R_1)}$	$\dfrac{2\,R_1}{\mu\left(R_2^2-R_1^2\right)}\cdot$ $\dfrac{\mathrm{I}_1(\mu R_2)\cdot\mathrm{K}_1(\mu R_1)-\mathrm{K}_1(\mu R_2)\cdot\mathrm{I}_1(\mu R_1)}{\mathrm{I}_0(\mu R_1)\cdot\mathrm{K}_1(\mu R_2)+\mathrm{I}_1(\mu R_2)\cdot\mathrm{K}_0(\mu R_1)}$	$\left.\dfrac{\mathrm{d}\theta}{\mathrm{d}r}\right\|_{r=R_2}=0$ $\mu=\sqrt{\dfrac{2\,\alpha}{H\cdot\lambda}}$

Tabelle 4.2: *Kenngrößen verschiedener Nadeln.*

Geometrie	Normierte Übertemperatur $\Theta(x)=\dfrac{\theta(x)}{\theta_0}$	Rippenwirkungsgrad $\eta_{\mathrm{R}}=\dfrac{\overline{\theta}}{\theta_0}$	Besonderheit
	VII Zylindrische Nadel *)		
	$\dfrac{\cosh\left[\mu\,(L-x)\right]}{\cosh(\mu\,L)}$	$\dfrac{\tanh(\mu\,L)}{\mu\,L}$	$\left.\dfrac{\mathrm{d}\theta}{\mathrm{d}x}\right\|_{x=L}=0$ $\mu=\sqrt{\dfrac{4\,\alpha}{\lambda\cdot D}}$
	VIII Konische Nadel		
	$\sqrt{\dfrac{L}{L-x}}\cdot\dfrac{\mathrm{I}_1\left(2\,\mu\,\sqrt{(L-x)\cdot L}\right)}{\mathrm{I}_1(2\,\mu\,L)}$	$\dfrac{2}{\mu\,L}\cdot\dfrac{\mathrm{I}_2(2\,\mu\,L)}{\mathrm{I}_1(2\,\mu\,L)}$	$\left.\dfrac{\mathrm{d}\theta}{\mathrm{d}x}\right\|_{x=L}=0$ $\mu=\sqrt{\dfrac{4\,\alpha}{\lambda\cdot D}}$
	IX Konkave parabolische Nadel		
	$\left(\dfrac{L-x}{L}\right)^{\frac{\sqrt{9+(2\,\mu\,L)^2}-3}{2}}$	$\dfrac{2}{1+\sqrt{1+\dfrac{2}{9}\,(2\,\mu\,L)^2}}$	$\left.\dfrac{\mathrm{d}\theta}{\mathrm{d}x}\right\|_{x=L}=0$ $\mu=\sqrt{\dfrac{4\,\alpha}{\lambda\cdot D}}$
	X Konvexe parabolische Nadel		
	$\dfrac{\mathrm{I}_0\left(\dfrac{4}{3}\,\mu\,L^{\frac{1}{4}}\cdot(L-x)^{\frac{3}{4}}\right)}{\mathrm{I}_0\left(\dfrac{4}{3}\,\mu\,L\right)}$	$\dfrac{3}{2\,\mu\,L}\cdot\dfrac{\mathrm{I}_1\left(\dfrac{4}{3}\,\mu\,L\right)}{\mathrm{I}_0\left(\dfrac{4}{3}\,\mu\,L\right)}$	$\left.\dfrac{\mathrm{d}\theta}{\mathrm{d}x}\right\|_{x=L}=0$ $\mu=\sqrt{\dfrac{4\,\alpha}{\lambda\cdot D}}$

*) adiabates Ende gemäß Ziffer I a) Tab. 4.1. Die Ziffern I b)–d) Tab. 4.1 sind durch Anpassung von μ auch auf die zylindrische Nadel übertragbar.

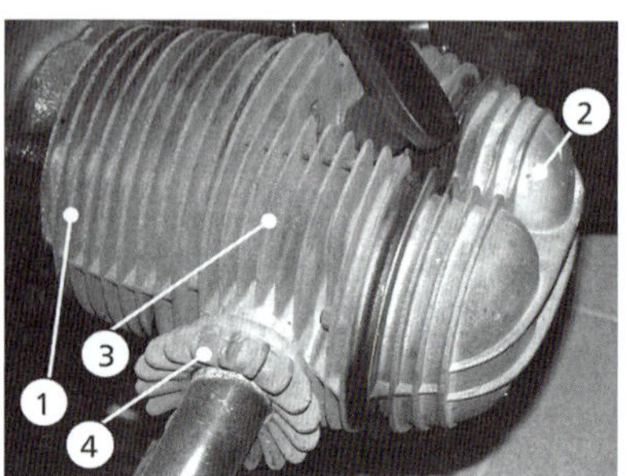

Bild 4.10: *Luftgekühlter Motorradmotor der BMW R75/6 mit verschiedenen Rippen (①: Zylinder; ②: Zylinderkopfdeckel; ③: Zylinderkopf; ④: Überwurfmutter Auspuff).*

Es ist dabei zu beachten, dass der Rippenwiderstand zwischen Fußtemperatur ϑ_0 und Umgebungstemperatur ϑ_∞ aufgespannt ist und die Wärmeleitung in der Rippe und den Wärmeübergang an ihrer Oberfläche bereits beinhaltet.

4.1.7 Optimale Rippen

In der Praxis soll bei Rechteckrippen $0{,}7 < \mathcal{M} = \mu\cdot L < 2$ gelten. In langen Rippen mit $\mathcal{M} > 2$ fällt die Temperatur sehr rasch ab, wodurch ein großer Teil der Rippe infolge zu geringer Übertemperatur nur wenig Wärme überträgt. Bei Werten $\mathcal{M} < 0{,}7$ sind bei Verlängerung der Rippe wesentlich höhere Wärmeströme übertragbar.

Ein Optimum von $\mathcal{M}=\mu\cdot L$ lässt sich bei gegebenem Rippenvolumen aus einem maximalen Wärmestrom $\dot{Q}_0$ am Rippenfuß ableiten:

$$\mathcal{M}_{\mathrm{opt}}=(\mu\cdot L)_{\mathrm{opt}}\approx 1{,}4192 \tag{4.17}$$

Wie E. Schmidt 1926 gezeigt hat, besitzt eine materialbedarfsoptimierte Rippe eine konkave parabelförmige Kontur mit Scheitel am Ende.

4.1.8 Thermischer Widerstand von Rippen und Nadeln

Die Äquivalenz der Rippen-Hauptgleichung (4.6) und der elektrischen Analogie aus Tabelle 1.5 gestattet die Definition eines **Rippenwiderstands** $R_{\mathrm{th,R}}$, wodurch Rippen und Nadeln vorteilhaft in thermische Widerstandsnetzwerke eingebunden werden können:

$$R_{\mathrm{th,R}}=\frac{1}{\eta_{\mathrm{R}}\cdot\alpha\cdot A_{\mathrm{O}}};\qquad [R_{\mathrm{th,R}}]=\frac{\mathrm{K}}{\mathrm{W}} \tag{4.18}$$

4.2 Beispiele

▶ Beispiel 4.1:

Die Differenzialgleichung

$$\frac{d^2\vartheta}{dx^2} - \frac{\alpha \cdot U}{\lambda \cdot A} \cdot \Big[\vartheta(x) - \vartheta_\infty\Big] = 0 \qquad (4.19)$$

beschreibt die Temperatur $\vartheta(x)$ in einer Rippe (Wärmeleitfähigkeit λ, Wärmeübergangskoeffizient α, wärmeabgebender Umfang U, Querschnitt A, Länge L, Umgebungstemperatur ϑ_∞).

(a) Stellen Sie Gl. (4.19) dimensionslos dar und bestimmen Sie ihre allgemeine Lösung.

(b) Zeigen Sie, dass die Übertemperatur $\theta(x) = \vartheta(x) - \vartheta_\infty$ auch darstellbar ist in der Form:

$$\theta(x) = C_3 \cdot \sinh(\gamma\, x) + C_4 \cdot \cosh(\gamma\, x) \qquad (4.20)$$

(c) Bestimmen Sie die speziellen Übertemperaturen in einer Rippe der Länge L mit adiabatem Ende sowie in einer sehr langen Rippe ($L \to \infty$), wenn in beiden Fällen die Temperatur ϑ_0 am Rippenfuß ($x = 0$) bekannt ist.

Bekannte Größen:

Differenzialgleichung der Rippe (dimensionsbehaftet)	
Wärmeleitfähigkeit:	λ
Wärmeübergangskoeffizient:	α
wärmeabgebender Umfang:	U
Rippenquerschnitt:	A
Rippenlänge:	L
Umgebungstemperatur:	ϑ_∞
Temperatur am Rippenfuß:	ϑ_0

Gesuchte Größen:

Differenzialgleichung der Rippe (dimensionslos)	
Rippentemperatur:	$\vartheta(x)$
Übertemperatur der Rippe:	$\theta(x)$

Lösung:

(a) dimensionslose Darstellung und allgemeine Lösung:

Für die dimensionslose Differenzialgleichung werden eine dimensionslose Temperatur Θ und ein dimensionsloser Ort ξ benötigt. Dazu bezieht man die Übertemperatur der Rippe zur Umgebung $\theta(x) = \vartheta - \vartheta_\infty$ auf eine noch geeignet festzulegende Temperaturdifferenz $\Delta\vartheta_{\text{Bezug}}$ und die Längskoordinate x der Rippe auf die Rippenlänge L:

$$\Theta := \frac{\vartheta - \vartheta_\infty}{\Delta\vartheta_{\text{Bezug}}} \qquad (4.21)$$

$$\xi := \frac{x}{L} \qquad (4.22)$$

Auflösen von (4.21) und (4.22) nach den dimensionsbehafteten Variablen liefert:

$$\vartheta = \vartheta_\infty + \Delta\vartheta_{\text{Bezug}} \cdot \Theta \quad \text{bzw.} \quad d\vartheta = \Delta\vartheta_{\text{Bezug}} \cdot d\Theta \qquad (4.23)$$

$$x = \xi \cdot L \quad \text{bzw.} \quad dx = d\xi \cdot L \qquad (4.24)$$

Damit erhält man für die zweite Ableitung der Temperatur nach dem Ort:

$$\frac{d^2\vartheta}{dx^2} = \frac{d^2\left(\vartheta_\infty + \Delta\vartheta_{\text{Bezug}} \cdot \Theta\right)}{d\left(\xi \cdot L\right)^2} = \frac{\Delta\vartheta_{\text{Bezug}}}{L^2} \cdot \frac{d^2\Theta}{d\xi^2} \qquad (4.25)$$

Durch Einsetzen von (4.23) und (4.25) in Gl. (4.19) folgt:

$$\frac{\Delta\vartheta_{\text{Bezug}}}{L^2} \cdot \frac{d^2\Theta}{d\xi^2} - \frac{\alpha \cdot U}{\lambda \cdot A} \cdot \Big[\vartheta_\infty + \Delta\vartheta_{\text{Bezug}} \cdot \Theta - \vartheta_\infty\Big] = 0 \quad \Bigg| \cdot \frac{L^2}{\Delta\vartheta_{\text{Bezug}}}$$

$$\frac{d^2\Theta}{d\xi^2} - \frac{\alpha \cdot U \cdot L^2}{\lambda \cdot A} \cdot \Theta = 0 \qquad (4.26)$$

Bild 4.11: *Gelochte Bremsscheibe als Beispiel für die Erhöhung der wärmeübertragenden Fläche zur Verbesserung der Wärmeabfuhr.*

Multiplikative Konstanten können vor die Differenziale gezogen werden. Additive Konstanten fallen beim Differenzieren weg.

In der normierten Rippendifferenzialgleichung (4.26) kürzt sich die Bezugstemperaturdifferenz $\Delta\vartheta_{\text{Bezug}}$ heraus. Sie kann daher beliebig und günstig gewählt werden, z. B. $\Delta\vartheta_{\text{Bezug}} = 1$ K.

Der Term $\frac{\alpha \cdot U \cdot L^2}{\lambda \cdot A}$ ist dimensionslos, wie es für eine normierte Differenzialgleichung erforderlich ist:

$$\frac{\dfrac{\text{W}}{\text{m}^2\,\text{K}} \cdot \text{m} \cdot \text{m}^2}{\dfrac{\text{W}}{\text{m K}} \cdot \text{m}^2} = \frac{\dfrac{\text{W} \cdot \text{m}}{\text{K}}}{\dfrac{\text{W} \cdot \text{m}}{\text{K}}} = 1$$

(4.27) stellt eine homogene lineare gewöhnliche Differenzialgleichung 2. Ordnung mit konstanten Koeffizienten dar. Sie kann durch Exponentialfunktionsansatz gelöst werden.

Nun zeigt sich der Vorteil, den Term $\frac{\alpha \cdot U \cdot L^2}{\lambda \cdot A}$ als Quadrat definiert zu haben. Hätte man eine (positive) Konstante δ eingeführt, hätte man nun die etwas unhandlichere Form $\beta_{1,2} = \pm\sqrt{\delta}$.

Mithilfe des Rippenparameters μ aus Gl. (4.3) und des dimensionslosen Rippenparameters $\mathcal{M} = \mu \cdot L$ aus Gl. (4.4) folgt:

$$\frac{\mathrm{d}^2\Theta}{\mathrm{d}\xi^2} - \mu^2 \cdot L^2 \cdot \Theta = \frac{\mathrm{d}^2\Theta}{\mathrm{d}\xi^2} - \mathcal{M}^2 \cdot \Theta = 0 \tag{4.27}$$

Der bekannte Exponentialfunktionsansatz für die gesuchte normierte Temperatur $\Theta(\xi) = \exp(\beta \cdot \xi)$ führt mit $\frac{\mathrm{d}^2\Theta(\xi)}{\mathrm{d}\xi^2} = \beta^2 \cdot \exp(\beta \cdot \xi)$ beim Einsetzen in (4.27) auf die charakteristische Gleichung:

$$\beta^2 \cdot \exp(\beta \cdot \xi) - \mathcal{M}^2 \cdot \exp(\beta \cdot \xi) = 0 \quad \Rightarrow$$

$$\beta^2 - \mathcal{M}^2 = 0 \Rightarrow$$

$$\beta_{1,2} = \pm\, \mathcal{M} \tag{4.28}$$

Als Basisfunktionen erhält man nun $\Theta_1(\xi) = \exp(\beta_1 \cdot \xi) = \exp(+\mathcal{M} \cdot \xi)$ sowie $\Theta_2(\xi) = \exp(\beta_2 \cdot \xi) = \exp(-\mathcal{M} \cdot \xi)$. Die allgemeine Lösung von (4.27) folgt als Linearkombination dieser beiden Funktionen:

$$\Theta(\xi) = C_1 \cdot \exp(+\mathcal{M} \cdot \xi) + C_2 \cdot \exp(-\mathcal{M} \cdot \xi) \tag{4.29}$$

(b) Darstellung der allgemeinen Lösung mit Hyperbelfunktionen:

Die dimensionsbehaftete Rippentemperatur $\vartheta(x)$ erhält man aus Gl. (4.29) durch Einsetzen der Definitionen (4.21) und (4.22):

$$\vartheta(x) = \vartheta_\infty + \Delta\vartheta_{\text{Bezug}} \cdot \left[C_1 \cdot \exp\left(+\mathcal{M} \cdot \frac{x}{L}\right) + C_2 \cdot \exp\left(-\mathcal{M} \cdot \frac{x}{L}\right)\right] \tag{4.30}$$

Nach entsprechender Umformung folgt mit dem Rippenparameter $\mu := \frac{\mathcal{M}}{L}$ und den Abkürzungen $C_1^* := \Delta\vartheta_{\text{Bezug}} \cdot C_1$ und $C_2^* := \Delta\vartheta_{\text{Bezug}} \cdot C_2$ für die Übertemperatur $\theta(x)$ der Rippe:

$$\theta(x) = \vartheta(x) - \vartheta_\infty = C_1^* \cdot \exp(\mu\, x) + C_2^* \cdot \exp(-\mu\, x) \tag{4.31}$$

Die Hyperbelfunktionen sind definiert als:

$$\sinh(\delta\, x) := \frac{\exp(\delta\, x) - \exp(-\delta\, x)}{2} \tag{4.33}$$

$$\cosh(\delta\, x) := \frac{\exp(\delta\, x) + \exp(-\delta\, x)}{2} \tag{4.34}$$

Die Hyperbelfunktionen $\sinh(\delta\, x)$ und $\cosh(\delta\, x)$ dürfen nicht mit den trigonometrischen Funktionen $\sin(\delta\, x)$ und $\cos(\delta\, x)$ verwechselt werden!

Setzt man die Definitionen der Hyperbelfunktionen (4.34) in Gl. (4.20) ein, erhält man:

$$\begin{aligned}\theta(x) &= \frac{C_3}{2} \cdot \Big[\exp(\mu\, x) - \exp(-\mu\, x)\Big] + \frac{C_4}{2} \cdot \Big[\exp(\mu\, x) + \exp(-\mu\, x)\Big] \\ &= \frac{C_3 + C_4}{2} \cdot \exp(\mu\, x) + \frac{-C_3 + C_4}{2} \cdot \exp(-\mu\, x)\end{aligned} \tag{4.32}$$

Aus der Gegenüberstellung der Gln. (4.19), (4.31) und (4.32) erkennt man, dass beide Übertemperaturen identisch sind, wenn gilt:

$$C_1^* = \frac{C_3 + C_4}{2} \tag{4.35}$$

$$C_2^* = \frac{-C_3 + C_4}{2} \tag{4.36}$$

$$\mu = \gamma \tag{4.37}$$

Diese Forderung ist widerspruchsfrei zu erfüllen, da es sich um unbestimmte Konstanten handelt, deren Wert aus geeigneten Randbedingungen zu bestimmen ist.

(c) Übertemperatur für eine kurze adiabate und eine sehr lange Rippe:

Am Rippenfuß herrscht bei beiden Rippen (Index k =kurz, l =lang) die bekannte Temperatur ϑ_0 bzw. die Übertemperatur θ_0:

$$\vartheta_{\mathrm{k,l}}(x=0) = \vartheta_0 \qquad \text{bzw.} \qquad \theta_{\mathrm{k,l}}(x=0) = \theta_0 \tag{4.38}$$

Die kurze Rippe weist ein adiabates Ende auf, so dass der Temperaturgradient bei $x=L$ verschwindet:

$$\left.\frac{\mathrm{d}\vartheta_{\mathrm{k}}}{\mathrm{d}x}\right|_{x=L} = 0 \qquad \text{bzw.} \qquad \left.\frac{\mathrm{d}\theta_{\mathrm{k}}}{\mathrm{d}x}\right|_{x=L} = 0 \tag{4.39}$$

Die lange Rippe erreicht am Rippenende die Umgebungstemperatur ϑ_∞ bzw. die Übertemperatur null:

$$\vartheta_{\mathrm{l}}(x=L) = \vartheta_\infty \qquad \text{bzw.} \qquad \theta_{\mathrm{l}}(x=L) = 0 \tag{4.40}$$

Setzt man die Randbedingung am Rippenfuß (4.38) in die allgemeine Lösung der Übertemperatur (Schreibweise mit Exponentialfunktionen) aus Gl. (4.31) ein, folgt:

$$\theta_{\mathrm{k,l}}(x=0) = \theta_0 = C_1^* \cdot \underbrace{\exp(\mu\, 0)}_{1} + C_2^* \cdot \underbrace{\exp(-\mu\, 0)}_{1} \Rightarrow \quad C_1^* + C_2^* = \theta_0 \tag{4.41}$$

Differenziation von Gl. (4.31) liefert für den Gradienten der Übertemperatur:

$$\frac{\mathrm{d}\theta_{\mathrm{k}}}{\mathrm{d}x} = \mu \cdot C_1^* \cdot \exp(\mu\, x) - \mu \cdot C_2^* \cdot \exp(-\mu\, x) \tag{4.42}$$

Durch Einsetzen der Randbedingung am rechten Rand der kurzen Rippe aus Gl. (4.39) sowie Beachtung von Gl. (4.41) erhält man nach algebraischer Umformung für die gesuchten Konstanten:

$$C_1^* = \theta_0 \cdot \frac{\exp(-\mu\, L)}{\exp(\mu\, L) + \exp(-\mu\, L)} \tag{4.43}$$

$$C_2^* = \theta_0 \cdot \frac{\exp(\mu\, L)}{\exp(\mu\, L) + \exp(-\mu\, L)} \tag{4.44}$$

Damit folgt unter Beachtung der Rechenregeln für die Exponentialfunktion die Übertemperatur der kurzen Rippe mit adiabatem Ende:

$$\theta_{\mathrm{k}}(x) = \theta_0 \cdot \frac{\exp\Big[\mu\ (L-x)\Big] + \exp\Big[-\mu\ (L-x)\Big]}{\exp(\mu\, L) + \exp(-\mu\, L)} \tag{4.45}$$

Unter Beachtung der Definition des Kosinus Hyperbolicus (4.34) erhält man in Übereinstimmung mit Tabelle 4.1:

$$\theta_{\mathrm{k}}(x) = \theta_0 \cdot \frac{\cosh\Big[\mu\ (L-x)\Big]}{\cosh(\mu\, L)} \tag{4.46}$$

Durch Einsetzen der Randbedingung am rechten Rand der langen Rippe aus Gl. (4.40) folgt unter Beachtung von Gl. (4.41) nach algebraischer Umformung für die gesuchten Konstanten:

$$C_1^* = 0 \tag{4.57}$$

$$C_2^* = \theta_0 \tag{4.58}$$

Für die Exponentialfunktion gelten die elementaren Rechenregeln:

$$\exp(-a) = \frac{1}{\exp(a)} \tag{4.47}$$

$$\exp(a) \cdot \exp(b) = \exp(a+b) \tag{4.48}$$

$$\frac{\exp(a)}{\exp(b)} = \exp(a-b) \tag{4.49}$$

$$[\exp(a)]^b = \exp(a \cdot b) \tag{4.50}$$

Bei Verwendung von Gl. (4.20) als Ausgangspunkt lässt sich die Konstante C_4 aus der Randbedingung (4.38) sofort ermitteln:

$$\theta_{\mathrm{k}}(x=0) = \theta_0 = C_3 \underbrace{\sinh(\gamma\, 0)}_{0} + C_4 \underbrace{\cosh(\gamma\, 0)}_{1}$$

$$\Rightarrow \quad C_4 = \theta_0 \tag{4.51}$$

Für den Temperaturgradienten folgt unter Beachtung der Differenziationsregeln der Hyperbelfunktionen:

$$\frac{\mathrm{d}\theta_{\mathrm{k}}}{\mathrm{d}x} = \gamma\Big[C_3 \cosh(\gamma x) + C_4 \sinh(\gamma x)\Big] \tag{4.52}$$

Aus Gl. (4.39) erhält man unter Beachtung von Gl. (4.51) damit:

$$0 = \gamma\Big[C_3 \cosh(\gamma L) + C_4 \cdot \sinh(\gamma L)\Big]$$

$$\Rightarrow \quad C_3 = -\theta_0 \cdot \frac{\sinh(\gamma L)}{\cosh(\gamma L)} \tag{4.53}$$

Damit lautet die Übertemperatur der Rippe:

$$\theta_{\mathrm{k}}(x) = \theta_0 \cdot \left[\cosh(\gamma x) - \frac{\sinh(\gamma L)}{\cosh(\gamma L)} \sinh(\gamma x)\right]$$

$$= \theta_0 \frac{\cosh(\gamma L)\cosh(\gamma x) - \sinh(\gamma L)\sinh(\gamma x)}{\cosh(\gamma L)} \tag{4.54}$$

Gl. (4.54) kann mithilfe des Additionstheorems für den Kosinus Hyperbolicus in Gl. (4.46) übergeführt werden:

$$\cosh(a-b) = \cosh(a)\cosh(b) - \sinh(a)\sinh(b) \tag{4.55}$$

$$\theta_{\mathrm{k}}(x) = \theta_0 \cdot \frac{\cosh\big[\gamma\ (L-x)\big]}{\cosh(\gamma\, L)} \tag{4.56}$$

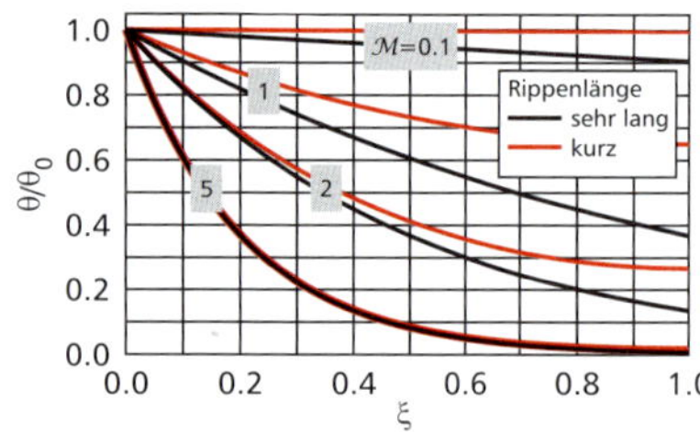

Bild 4.12: *Verlauf der normierten Übertemperatur sehr langer und kurzer Rechteckrippen über der Rippenlänge ξ für verschiedene dimensionslose Rippenparameter $\mathcal{M}$.*

Zusammenfassung und Ausblick:

- Die Temperatur $\vartheta(x)$ in einer Rippe mit konstantem Umfang und Querschnitt gehorcht einer inhomogenen gewöhnlichen Differenzialgleichung 2. Ordnung.
- Diese Dgl. kann mit der Übertemperatur $\theta(x)$ bzw. der normierten Temperatur $\Theta(\xi)$ homogenisiert werden.
- Das Temperaturfeld lässt sich dann als Überlagerung einer Exponentialfunktion mit positivem Argument und einer Exponentialfunktion mit gleich großem negativen Argument oder als Überlagerung zweier entsprechender Hyperbelfunktionen darstellen.
- Bei der Lösung der Rippendifferenzialgleichung treten Hyperbelfunktionen auf, die ihrerseits wieder auf Exponentialfunktionen zurückführbar sind.
- Während für kurze Rippen Hyperbelfunktionen günstiger sind, sind bei sehr langen Rippen Exponentialfunktionen vorteilhafter.

Bekannte Größen:

▷ Prozessor:

Wärmeleistung:	$\dot{Q}_D = 100$ W
Länge:	$L = 5$ cm
Breite:	$B = 5$ cm
zulässige Temperatur:	$\vartheta_{zul} = 90$ °C

▷ Kupfernadeln:

Anzahl:	$n = 10$
Wärmeleitfähigkeit:	$\lambda = 390$ W/(m K)

▷ Luft:

Wärmeübergangskoeffizient:	$\alpha = 100$ W/(m² K)
Temperatur:	$\vartheta_\infty = 40$ °C

Damit erhält man in Übereinstimmung mit Tabelle 4.1 die Übertemperatur der sehr langen Rippe:

$$\theta_l(x) = \theta_0 \cdot \exp(-\mu\, x) \tag{4.59}$$

Auch bei der sehr langen Rippe ist der Ansatz mit Gl. (4.20) möglich. C_4 folgt dann ebenso wie bei der kurzen Rippe aus Gl. (4.51). Die zweite Randbedingung (4.40) führt über die Definition der Hyperbelfunktionen (4.34) auf $C_3 = -\theta_0$ und damit auch auf Gl. (4.59).

Die Ansätze (4.20) und (4.31) führen damit für beide Rippen zum jeweils selben Ergebnis. Allerdings unterscheiden sie sich beträchtlich im Rechenaufwand.

In normierter Form erhält man für die Übertemperaturen der kurzen adiabaten Rippe und der sehr langen Rippe mit konstantem Querschnitt und konstantem Umfang mit der dimensionslosen Ortskoordinate ξ und dem dimensionslosen Rippenparameter $\mathcal{M} = \mu \cdot L$:

$$\theta_k(\xi) = \theta_0 \cdot \frac{\cosh\left[\mathcal{M}(1-\xi)\right]}{\cosh(\mathcal{M})} \tag{4.60}$$

$$\theta_l(\xi) = \theta_0 \cdot \exp\left(-\mathcal{M}\,\xi\right) \tag{4.61}$$

Die Temperaturverläufe sind für $\mathcal{M} = 0{,}1; 1; 2; 5$ in Bild 4.12 für beide Rippen veranschaulicht. Bei sehr langen Rippen tritt mit zunehmendem dimensionslosen Rippenparameter ein immer rascherer Temperaturabfall über der Länge auf, so dass der Teil nahe am Rippenende nur noch wenig Wärme überträgt. Bei kurzen Rippen nimmt die Temperaturabfall über der Länge langsamer ab. Allerdings gleichen sich beide Rippen für kleine und für große Werte von $\mathcal{M}$ an.

◄

► Beispiel 4.2:

Ingenieurin Susi Sorglos soll für die neue Prozessorgeneration „Sahara" (Dissipation $\dot{Q}_D = 100$ W, $L = 5$ cm, $B = 5$ cm, maximale Chiptemperatur $\vartheta_{zul} = 90$ °C) der Sibirius Computer Corporation einen Kühlkörper entwickeln. Sie will $n = 10$ zylindrische Kupfernadeln der Wärmeleitfähigkeit $\lambda = 390$ W/(m K) in eine Kupfergrundplatte lotrecht einbauen. Die Wärme wird durch einen von einem Ventilator erzeugten Luftstrom ($\alpha = 100$ W/(m² K), $\vartheta_\infty = 40$ °C) abgeführt.

(a) Bestimmen Sie den Durchmesser d „sehr langer" Nadeln, wenn in der Kupfergrundplatte kein Temperaturabfall auftritt.

(b) Welche Länge l müsste jede „sehr lange" Nadel aufweisen?

(c) Welchen Wirkungsgrad η und welche Leistungsziffer ϵ_R hätten diese Nadeln?

(d) Wie ändern sich die Ergebnisse von (c), wenn die Nadeln aus baulichen Gründen die Länge $l^* = 5$ cm besitzen und der Wärmefluss über die Stirnflächen vernachlässigt wird?

(e) Welche Wärmeleistung $\dot{Q}_D^*$ ist mit den Nadeln aus (d) übertragbar?

(f) Bestimmen Sie den erforderlichen Durchmesser d^* der Nadeln der Länge l^*, um die Verlustleistung des Prozessors gefahrlos abzuführen.

Lösung:

(a) Durchmesser der „sehr langen" Nadeln:

Die Wärmeleistung des Prozessors $\dot{Q}_\mathrm{D}$ fließt über die Nadeln (Index N) und den dazwischen liegenden unberippten Bereich (Index U) ab:

$$\dot{Q}_\mathrm{D} = \dot{Q}_\mathrm{N} + \dot{Q}_\mathrm{U} \tag{4.62}$$

Der von den Nadeln abgegebene Wärmestrom $\dot{Q}_\mathrm{N}$ ergibt sich aus der Anzahl der Nadeln n und dem Wärmestrom der Einzelnadel $\dot{Q}_\mathrm{E}$:

$$\dot{Q}_\mathrm{N} = n \cdot \dot{Q}_\mathrm{E} \tag{4.63}$$

Der Wärmestrom $\dot{Q}_\mathrm{E}$ der Einzelnadel folgt mithilfe des Wirkungsgrads η_R aus der Rippen-Hauptgleichung (4.6):

$$\dot{Q}_\mathrm{E} = \eta_\mathrm{R} \cdot \alpha \cdot A_\mathrm{O} \cdot (\vartheta_0 - \vartheta_\infty) \tag{4.64}$$

Die Temperatur am Fuß der Nadel darf den zulässigen Wert ϑ_zul nicht überschreiten, so dass im Folgenden der Grenzzustand $\vartheta_0 = \vartheta_\mathrm{zul}$ betrachtet wird. Der Wirkungsgrad einer Einzelnadel kann aus Tabelle 4.2 (S. 124) entnommen werden:

$$\eta_\mathrm{R} = \frac{1}{\mu \cdot l} \tag{4.65}$$

$$\mu = \sqrt{\frac{4\,\alpha}{\lambda \cdot d}} \tag{4.66}$$

Für die wärmeabgebende Mantelfläche A_O der Einzelnadel gilt:

$$A_\mathrm{O} = U \cdot l = d \cdot \pi \cdot l \tag{4.67}$$

Durch Einsetzen der Gln. (4.65)–(4.67) in Gl. (4.63) folgt:

$$\dot{Q}_\mathrm{N} = \frac{n \cdot \pi}{2} \cdot \sqrt{\alpha \cdot \lambda \cdot d^3} \cdot (\vartheta_\mathrm{zul} - \vartheta_\infty) \tag{4.68}$$

Für den Wärmestrom im unberippten Bereich A_U gilt gemäß dem Newton'schen Abkühlungsgesetz (1.13):

$$\dot{Q}_\mathrm{U} = \alpha \cdot A_\mathrm{U} \cdot (\vartheta_\mathrm{zul} - \vartheta_\infty) \tag{4.69}$$

Die nicht mit Nadeln besetzte Fläche A_U ergibt sich als Differenz zwischen der Oberfläche des Prozessors $A = B \cdot L$ und der Querschnittsfläche aller Nadeln $A_\mathrm{N} = n \cdot A_\mathrm{E} = n \cdot \dfrac{d^2 \cdot \pi}{4}$. Damit erhält man:

$$\dot{Q}_\mathrm{U} = \alpha \cdot \left(B \cdot L - \frac{n \cdot \pi}{4} \cdot d^2\right) \cdot (\vartheta_\mathrm{zul} - \vartheta_\infty) \tag{4.70}$$

Aus der stationären Energiebilanz (4.62) an der Oberfläche des Prozessors folgt damit eine nichtlineare Gleichung für den Durchmesser d der Nadeln:

$$\dot{Q}_\mathrm{D} = \left[\frac{n \cdot \pi}{2} \cdot \sqrt{\alpha \cdot \lambda \cdot d^3} + \alpha \cdot \left(B \cdot L - \frac{n \cdot \pi}{4} \cdot d^2\right)\right] \cdot (\vartheta_\mathrm{zul} - \vartheta_\infty) \tag{4.71}$$

Für den Startwert $d_0 = 5$ mm erhält man schließlich:

$$d = 6{,}93\ \mathrm{mm} \tag{4.75}$$

(b) Länge der „sehr langen" Nadeln:

Das Modell der „sehr langen" Nadeln ist anwendbar, wenn gilt:

$$\tanh(\mu \cdot l) \geq 0{,}99 \tag{4.76}$$

Gesuchte Größen:

Nadeln:	
Durchmesser:	d, d^*
Länge:	l, l^*
Wirkungsgrad:	η_R
Leistungsziffer:	ϵ_R
Wärmeleistung:	$\dot{Q}^*_\mathrm{D}$

Die spezifische Wärmeleistung (Wärmestromdichte) des Prozessors ist vergleichsweise hoch:

$$\dot{q}_\mathrm{D} = \frac{\dot{Q}_\mathrm{D}}{A} = \frac{\dot{Q}_\mathrm{D}}{B \cdot L} = 40\,\frac{\mathrm{kW}}{\mathrm{m}^2} = 40\,000\,\frac{\mathrm{W}}{\mathrm{m}^2}$$

Der in Tabelle 4.2 für zylindrische Nadeln angegebene Wert gilt nur für kurze Nadeln mit adiabatem Ende. Für „sehr lange" Nadeln ist der entsprechende Wirkungsgrad einer sehr langen Rechteckrippe zu verwenden, wobei der Rippenparameter gemäß Gl. (4.15) anzupassen ist.

Gl. (4.71) kann beispielsweise mit Newton-Verfahren gelöst werden, indem man die Nullstelle der folgenden Funktion sucht:

$$f(d) = \frac{\dot{Q}_\mathrm{D}}{\vartheta_\mathrm{zul} - \vartheta_\infty} - \frac{n \cdot \pi}{2} \cdot \sqrt{\alpha \cdot \lambda \cdot d^3} - \alpha \cdot B \cdot L + \frac{\alpha \cdot n \cdot \pi}{4} \cdot d^2 \overset{!}{=} 0 \tag{4.72}$$

Die zugehörige Ableitung lautet:

$$f'(d) = -\frac{3\,n \cdot \pi}{4} \cdot \sqrt{\alpha \cdot \lambda \cdot d} + \frac{\alpha \cdot n \cdot \pi}{2} \cdot d \tag{4.73}$$

Ein geeigneter Startwert kann grafisch gefunden werden (vgl. Bild 4.13).

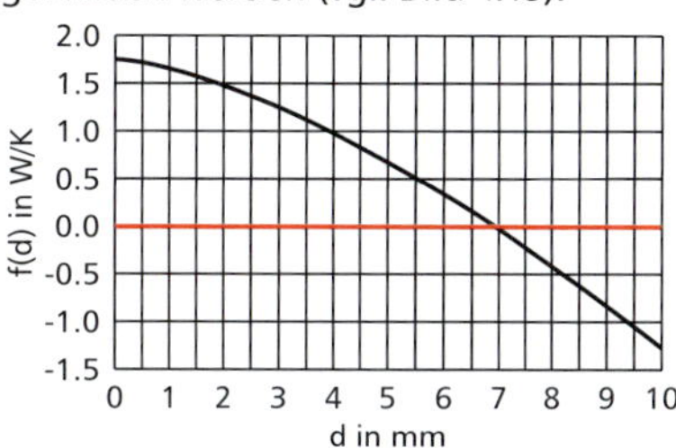

Bild 4.13: *Verlauf der Funktion $f(d)$ über der Nadellänge d.*

Analog zu den Winkelfunktionen gilt für die Hyperbelfunktionen:

$$\tanh(x) = \frac{\sinh(x)}{\cosh(x)} \tag{4.74}$$

Der Area Tangens Hyperbolicus ist seiner Natur nach eine Logarithmusfunktion:

$$\operatorname{artanh}(x)=\frac{1}{2}\cdot\ln\left(\frac{1+x}{1-x}\right)\quad |x|<1 \tag{4.79}$$

Einfacher lässt sich l auch aus der Beziehung $\mu\cdot l=2{,}65$ berechnen:

$$l=\frac{2{,}65}{\mu}=217{,}75\ \text{mm} \tag{4.80}$$

Der Wirkungsgrad der Nadeln liegt mit $\eta_{\text{R}}=0{,}38$ deutlich unterhalb des technisch und wirtschaftlich interessanten Bereichs von $\eta_{\text{R}}>0{,}50\ldots0{,}60$.

Die Leistungsziffer der Einzelnadel liegt weit über dem Grenzwert von 2, d. h. die Wärmeabfuhr vom Prozessor wird deutlich gesteigert.

Wie leicht nachzurechnen ist, liegt die Leistungsziffer der gesamten Anordnung wegen der geringen spezifischen Wärmeabfuhr des Bereichs ohne Nadeln deutlich unter der einer Einzelnadel:

$$\epsilon_{\text{R}}^*=\frac{4\,n\cdot d\cdot\pi+4\,\mu\cdot B\cdot L-\mu\cdot n\cdot d^2\cdot\pi}{4\,\mu\cdot B\cdot L}\quad\Rightarrow$$

$$\epsilon_{\text{R}}^*=8 \tag{4.83}$$

Der Durchmesser der „kurzen" Nadeln ist um ca. 84 % zu erhöhen, um den Verlustwärmestrom des Prozessors vollständig zu übertragen.

Zusammenfassung und Ausblick:

- Neben der mit Rippen/Nadeln versehenen Oberfläche trägt auch der Bereich ohne Rippen/Nadeln zur Wärmeabfuhr mit bei.
- Sehr lange Rippen besitzen meist einen geringen Wirkungsgrad.
- Leistungsziffern können sowohl für die Einzelrippe/Einzelnadel als auch für die gesamte Konfiguration berechnet werden.
- Möglichst hohe Wirkungsgrade und möglichst hohe Leistungsziffern sind konkurrierende Ziele.
- Bei Rippen treten häufig nichtlineare Gleichungen auf, die iterativ gelöst werden müssen.
- Häufig steht bei Kühlkörpern für elektronische Bauteile die Leistungsziffer im Vordergrund und weniger die Materialausnutzung (Wirkungsgrad).

Für den Rippenparameter erhält man mit den Gln. (4.66) und (4.75):

$$\mu=\sqrt{\frac{4\,\alpha}{\lambda\cdot d}}=12{,}17\ \frac{1}{\text{m}} \tag{4.77}$$

Die Länge l der Nadeln ergibt sich durch Umkehrung der Tangens Hyperbolicus aus Gl. (4.76):

$$l\geq\frac{\operatorname{artanh}(0{,}99)}{\mu}=217{,}47\ \text{mm} \tag{4.78}$$

(c) Wirkungsgrad und Leistungsziffer der „sehr langen" Nadeln:

Gemäß Gl. (4.65) gilt für den Wirkungsgrad:

$$\eta_{\text{R}}=\frac{1}{\mu\cdot l}=0{,}38 \tag{4.81}$$

Die Leistungsziffer ϵ_{R} der Einzelnadel folgt aus Gl. (4.9):

$$\epsilon_{\text{R}}=\frac{\dot{Q}_0}{\dot{Q}_{\text{min}}}=\frac{\eta_{\text{R}}\cdot\cancel{\alpha}\cdot A_{\text{O}}\cdot\cancel{\vartheta_0}}{\cancel{\alpha}\cdot A\cdot\cancel{\vartheta_0}}=\frac{\eta_{\text{R}}\cdot A_{\text{O}}}{A}=\frac{d\cdot\cancel{\pi}\cdot\cancel{l}}{\mu\cdot\cancel{l}\cdot d^2\cdot\cancel{\pi}/4}=\frac{4}{\mu\cdot d}=47{,}43 \tag{4.82}$$

(d) Wirkungsgrad und Leistungsziffer der „kurzen" Nadeln:

Die geänderte Länge $l^*=5$ cm der Nadeln führt zur Erhöhung des Wirkungsgrads bei gleichzeitiger Abnahme der Leistungsziffer. Es liegt eine kurze Nadel mit adiabatem Ende gemäß Tabelle 4.2 vor.

$$\eta_{\text{R}}^*=\frac{\tanh(\mu\cdot l^*)}{\mu\cdot l^*}=0{,}89 \tag{4.84}$$

$$\epsilon_{\text{R}}^*=\frac{\eta_{\text{R}}\cdot A_{\text{O}}}{A}=\frac{\tanh(\mu\cdot l^*)\cdot d\cdot\cancel{\pi}\cdot\cancel{l^*}}{\mu\cdot\cancel{l^*}\cdot d^2\cdot\cancel{\pi}/4}=\frac{4\,\tanh(\mu\cdot l^*)}{\mu\cdot d}=25{,}76 \tag{4.85}$$

(e) mit „kurzen" Nadeln übertragbare Wärmeleistung:

Gemäß Gl. (4.62) gilt nun:

$$\dot{Q}_{\text{D}}^*=\dot{Q}_{\text{N}}^*+\dot{Q}_{\text{U}} \tag{4.86}$$

Der von den „kurzen" Nadeln übertragene Wärmestrom $\dot{Q}_{\text{N}}^*$ beträgt:

$$\dot{Q}_{\text{N}}^*=\frac{n\cdot\alpha\cdot d\cdot\pi}{\mu}\cdot\tanh(\mu\cdot l^*)\cdot(\vartheta_{\text{zul}}-\vartheta_\infty)=48{,}58\ \text{W} \tag{4.87}$$

Damit ergibt sich die übertragene Wärmeleistung zu:

$$\dot{Q}_{\text{D}}^*=48{,}58\ \text{W}+10{,}61\ \text{W}=59{,}19\ \text{W} \tag{4.88}$$

(f) erforderlicher Durchmesser bei „kurzen" Nadeln:

Analog zu Gl. (4.62) erhält man eine nichtlineare Gleichung für d^*:

$$\dot{Q}_{\text{D}}=\frac{n\cdot\pi}{2}\cdot\sqrt{\alpha\cdot\lambda\cdot d^{*3}}\cdot\tanh\left(\sqrt{\frac{4\,\alpha}{\lambda\cdot d^*}}\cdot l^*\right)\cdot(\vartheta_{\text{zul}}-\vartheta_\infty)$$
$$+\alpha\cdot\left(B\cdot L-\frac{n\cdot\pi}{4}\cdot d^{*2}\right)\cdot(\vartheta_{\text{zul}}-\vartheta_\infty) \tag{4.89}$$

Für den Startwert $d_0{}^*=10$ mm findet man durch Iteration:

$$d^*=12{,}74\ \text{mm} \tag{4.90}$$

◄

▶ Beispiel 4.3: (Ex)

Ingenieur Isidor Ideenreich hat für einen großen Schmelztiegel von Karlchen Kokille einen zweiteiligen zylindrischen Hebel ($D = 17{,}1$ mm, $L_1 = 40$ cm, $L_2 = 20$ cm) konzipiert. Die beiden Teile des Hebels (Bereich 1 aus Stahl, $\lambda_1 = 52$ W/(m K), Koordinate $0 \leq x_1 \leq L_1$; Bereich 2 aus Edelstahl $\lambda_2 = 13$ W/(m K), Koordinate $0 \leq x_2 \leq L_2$) sind ohne thermischen Widerstand zusammengefügt. Der Hebel weist am Übergang zum Tiegel die Temperatur $\vartheta_0 = 725$ °C auf. Der konstante Gesamtwärmeübergangskoeffizient an der Hebeloberfläche zur Umgebung der Temperatur $\vartheta_\infty = 25$ °C beträgt $\alpha = 8$ W/(m² K). Der Wärmetransport am freien Ende des Hebels ist vernachlässigbar.

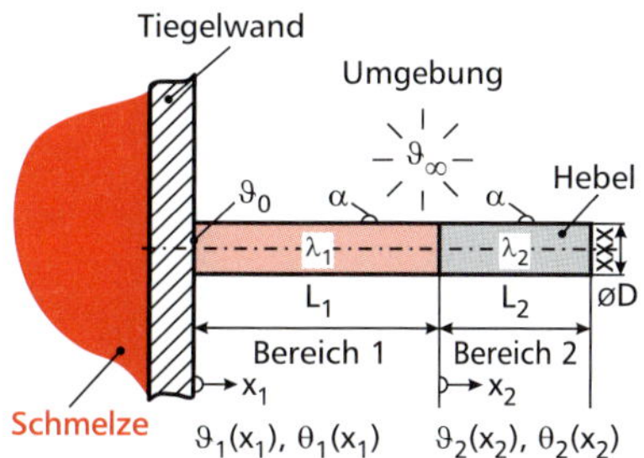

Bild 4.14: *Skizze des zweiteiligen Hebels.*

Bekannte Größen:

▷ zweiteiliger Hebel:

Durchmesser:	$D = 17{,}1$ mm
Längen:	$L_1 = 40$ cm, $L_2 = 20$ cm
Wärmeleitfähigkeit:	$\lambda_1 = 52$ W/(m K), $\lambda_2 = 13$ W/(m K)
Fußtemperatur:	$\vartheta_0 = 725$ °C

▷ Umgebung:

Wärmeübergangskoeffizient:	$\alpha = 8$ W/(m² K)
Temperatur:	$\vartheta_\infty = 25$ °C

Gesuchte Größen:

Übertemperaturen:	$\theta_1(x_1), \theta_2(x_2)$
Temperaturen:	$\vartheta_1(x_1 = L_1)$, $\vartheta_2(x_2 = L_2)$

(a) Leiten Sie aus einer Bilanz eine Gleichung für die Übertemperatur des Hebels $\theta_1(x_1) = \vartheta_1(x_1) - \vartheta_\infty$ im Bereich 1 ab und bestimmen Sie deren allgemeine Lösung.

(b) Geben Sie ohne Herleitung eine Gleichung für die Übertemperatur des Hebels $\theta_2(x_2) = \vartheta_2(x_2) - \vartheta_\infty$ im Bereich 2 an und bestimmen Sie deren allgemeine Lösung.

(c) Formulieren Sie geeignete Bedingungen zur Berechnung der speziellen Lösungen dieser beiden Gleichungen.

(d) Bestimmen Sie alle in den allgemeinen Lösungen auftretenden Konstanten allgemein sowie zahlenmäßig.

(e) Welche Temperatur $\vartheta_1(x_1 = L_1)$ tritt an der Fügestelle des Hebels auf? Wie groß ist die Temperatur $\vartheta_2(x_2 = L_2)$ am Hebelende?

Lösung:

(a) Übertemperatur des Hebels im Bereich 1:

An dem in Bild 4.15 skizzierten infinitesimalen Hebelelement der Dicke Δx_1 wird gemäß Abschnitt 2.1.4 eine stationäre Energiebilanz aufgestellt, da das gesuchte Temperaturfeld $\vartheta_1(x)$ nur vom Ort x_1 abhängt. Im Hebel selbst tritt Wärmeleitung auf, am Umfang liegt ein Wärmeübergang zur Umgebung vor:

$$\frac{\partial U}{\partial t} = 0 = \dot{Q}_{x_1} - \dot{Q}_{x_1+\Delta x_1} - \dot{Q}_\alpha \tag{4.91}$$

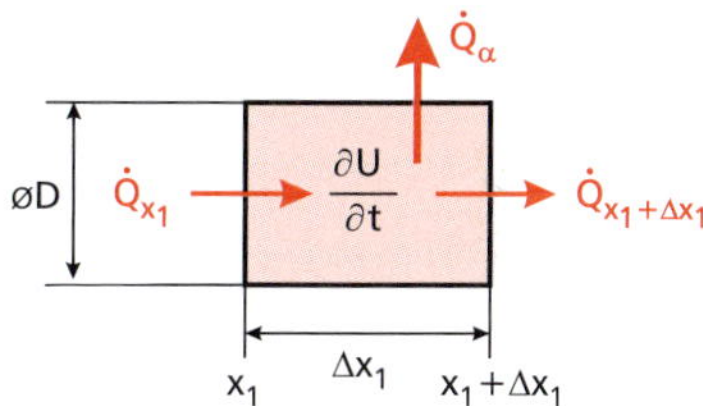

Bild 4.15: *Energiebilanz am infinitesimalen Hebelelement.*

☞ Da der Hebel keine radialen Temperaturunterschiede aufweist ($\vartheta_1 = \vartheta_1(x)$ und $\vartheta_2 = \vartheta_2(x)$), ist keine radiale Untergliederung notwendig. Daher besitzt das infinitesimale Hebelelement gemäß Bild 4.15 den Durchmesser D.

Die Wärmeleitung im Hebel wird über den Fourier'schen Wärmeleitungsansatz (1.11) beschrieben, wobei wegen des eindimensionalen Temperaturfeldes gewöhnliche Differenziale Verwendung finden:

$$\dot{Q}_{x_1} = -\lambda_1 \cdot A_1 \cdot \frac{\partial \vartheta_1}{\partial x_1} = -\lambda_1 \cdot A_1 \cdot \frac{d\vartheta_1}{dx_1} \tag{4.92}$$

Der austretende Wärmestrom infolge von Wärmeleitung wird in eine Taylor-Reihe entwickelt, die nach dem zweiten Term abgebrochen wird:

$$\dot{Q}_{x_1+\Delta x_1} = \dot{Q}_{x_1} + \frac{d\dot{Q}_{x_1}}{dx_1} \cdot \Delta x_1 + \ldots \tag{4.93}$$

$$\dot{Q}_{x_1} - \dot{Q}_{x_1+\Delta x_1} = -\frac{d\dot{Q}_{x_1}}{dx_1} \cdot \Delta x_1 \tag{4.94}$$

Der am Umfang übertragene Wärmestrom ergibt sich aus dem Newton'schen Abkühlungsgesetz (1.13):

$$\dot{Q}_\alpha = \alpha \cdot A_O \cdot (\vartheta_1 - \vartheta_\infty) \tag{4.95}$$

Der Querschnitt des Hebels ist ein Kreis mit dem Durchmesser D, die Umfangsfläche ein Zylindermantel mit der Höhe Δx_1:

$$A_1 = \frac{D^2 \cdot \pi}{4} \tag{4.96}$$

$$A_O = U_1 \cdot \Delta x_1 = D \cdot \pi \cdot \Delta x_1 \tag{4.97}$$

Einsetzen der Gln. (4.92)–(4.97) in die Energiebilanz (4.91) liefert:

$$0 = -\frac{\mathrm{d}}{\mathrm{d}x_1}\left(-\lambda_1 \cdot \frac{D^2 \cdot \pi}{4} \cdot \frac{\mathrm{d}\vartheta_1}{\mathrm{d}x_1}\right) \cdot \Delta x_1 - \alpha \cdot D \cdot \pi \cdot \Delta x_1 \cdot (\vartheta_1 - \vartheta_\infty) \Rightarrow$$

$$0 = \frac{D \cdot \lambda_1}{4} \cdot \frac{\mathrm{d}^2\vartheta_1}{\mathrm{d}x_1^2} - \alpha \cdot (\vartheta_1 - \vartheta_\infty) \qquad \Big| : \left(\frac{D \cdot \lambda_1}{4}\right)$$

$$0 = \frac{\mathrm{d}^2\vartheta_1}{\mathrm{d}x_1^2} - \frac{4\,\alpha}{D \cdot \lambda_1} \cdot (\vartheta_1 - \vartheta_\infty) \tag{4.98}$$

Aufgrund der konstanten Umgebungstemperatur ϑ_∞ gilt:

$$\frac{\mathrm{d}\vartheta_1}{\mathrm{d}x_1} = \frac{\mathrm{d}\vartheta_1 - \vartheta_\infty}{\mathrm{d}x_1} \tag{4.100}$$

Bei variabler Umgebungstemperatur ist diese Vereinfachung nicht möglich.

Da die erste Ableitung des Temperaturfeldes ϑ_1 gleich der ersten Ableitung der Übertemperatur $\theta_1 = \vartheta_1 - \vartheta_\infty$ ist, folgt unter Berücksichtigung des Rippenparameters $\mu_1^2 := \dfrac{4\,\alpha}{D \cdot \lambda_1} = 35{,}99\ \dfrac{1}{\mathrm{m}^2}$ bzw. $\mu_1 = 6\ \dfrac{1}{\mathrm{m}}$ für Bereich 1 aus Gl. (4.98) eine homogene gewöhnliche Differenzialgleichung 2. Ordnung für die Übertemperatur in Bereich 1:

$$\frac{\mathrm{d}^2\theta_1}{\mathrm{d}x_1^2} - \mu_1^2 \cdot \theta_1 = 0 \tag{4.99}$$

Die **modifizierte harmonische Differenzialgleichung**

$$\frac{\mathrm{d}^2 y}{\mathrm{d}x^2} - \delta^2 \cdot y = 0 \tag{4.101}$$

besitzt die allgemeine Lösung:

$$y(x) = C_1 \cdot \sinh(\delta\,x) + C_2 \cdot \cosh(\delta\,x) \tag{4.102}$$

bzw.

$$y(x) = C_1^* \cdot \exp(\delta\,x) + C_2^* \cdot \exp(-\delta\,x) \tag{4.103}$$

Demgegenüber besitzt die harmonische Differenzialgleichung

$$\frac{\mathrm{d}^2 y}{\mathrm{d}x^2} + \delta^2 \cdot y = 0 \tag{4.104}$$

die allgemeine Lösung:

$$y(x) = C_3 \cdot \sin(\delta\,x) + C_4 \cdot \cos(\delta\,x) \tag{4.105}$$

Die homogene Dgl. (4.99) kann mit e-Funktionsansatz gelöst werden:

$$\theta_1(x_1) \overset{!}{=} \exp(\beta\,x_1) \quad \Rightarrow \quad \frac{\mathrm{d}^2\theta_1}{\mathrm{d}x_1^2} = \beta^2 \cdot \exp(\beta\,x_1) \quad \Rightarrow$$

$$\beta^2 \cdot \exp(\beta\,x_1) - \mu_1^2 \cdot \exp(\beta\,x_1) = 0 \quad \Rightarrow$$

$$\left(\beta^2 - \mu_1^2\right) \cdot \exp(\beta\,x_1) = 0 \qquad \Big| : \exp(\beta\,x_1) \neq 0 \quad \Rightarrow$$

$$\beta^2 - \mu_1^2 = 0 \quad \Rightarrow \quad \beta = \pm\mu_1 \quad \Rightarrow$$

$$\theta_1(x_1) = C_1^* \cdot \exp(\mu_1\,x_1) + C_2^* \cdot \exp(-\mu_1\,x_1) \tag{4.106}$$

Wie bereits bei Beispiel 4.1 (b) gezeigt wurde, lässt sich Gl. (4.106) auch mit Hyperbelfunktionen darstellen:

$$\theta_1(x_1) = C_1 \cdot \sinh(\mu_1\,x_1) + C_2 \cdot \cosh(\mu_1\,x_1) \tag{4.107}$$

(b) Übertemperatur des Hebels im Bereich 2:

Durch analoge Überlegungen erhält man die Differenzialgleichung und die allgemeine Lösung für die Übertemperatur im Bereich 2:

$$\frac{\mathrm{d}^2\theta_2}{\mathrm{d}x_2^2} - \mu_2^2 \cdot \theta_2 = 0 \qquad \text{mit} \qquad \mu_2^2 = \frac{4\,\alpha}{D \cdot \lambda_2} = 143{,}95\ \frac{1}{\mathrm{m}^2} \tag{4.108}$$

$$\text{bzw.} \qquad \mu_2 = 12\ \frac{1}{\mathrm{m}}$$

$$\theta_2(x_2) = C_3 \cdot \sinh(\mu_2\,x_2) + C_4 \cdot \cosh(\mu_2\,x_2) \tag{4.109}$$

(c) Bedingungen für die speziellen Lösungen:

Am linken Rand von Bereich 1 ist die Fußtemperatur bekannt:

$$\vartheta_1(x_1\!=\!0) = \vartheta_0 \;\Rightarrow\; \theta(x_1\!=\!0) = \vartheta_0 - \vartheta_\infty := \theta_0 \tag{4.110}$$

Der rechte Rand von Bereich 2 ist adiabat:

$$\left.\frac{\mathrm{d}\vartheta_2}{\mathrm{d}x_2}\right|_{x_2=L_2} = 0 \;\Rightarrow\; \left.\frac{\mathrm{d}\theta_2}{\mathrm{d}x_2}\right|_{x_2=L_2} = 0 \tag{4.111}$$

An der Koppelstelle $x_1 = L_1$ bzw. $x_2 = 0$ müssen gemäß Gl. (1.42) die Temperaturen der beiden Hebelteile übereinstimmen:

$$\vartheta_1(x_1\!=\!L_1) = \vartheta_2(x_2\!=\!0) \;\Rightarrow\; \theta(x_1\!=\!L_1) = \theta_2(x_2\!=\!0) \tag{4.112}$$

Zum anderen müssen gemäß Gl. (1.43) die Wärmestromdichten an der Fügestelle gleich groß sein:

$$\dot{q}_1(x_1\!=\!L_1) = \dot{q}_2(x_2\!=\!0) \;\Rightarrow\; -\lambda_1 \cdot \left.\frac{\mathrm{d}\vartheta_1}{\mathrm{d}x_1}\right|_{x_1=L_1} = -\lambda_2 \cdot \left.\frac{\mathrm{d}\vartheta_2}{\mathrm{d}x_2}\right|_{x_2=0} \;\Rightarrow$$

$$\lambda_1 \cdot \left.\frac{\mathrm{d}\theta_1}{\mathrm{d}x_1}\right|_{x_1=L_1} = \lambda_2 \cdot \left.\frac{\mathrm{d}\theta_2}{\mathrm{d}x_2}\right|_{x_2=0} \tag{4.113}$$

(d) Bestimmung der Konstanten:

Aus Gl. (4.110) folgt C_2 unmittelbar:

$$\theta_0 = C_1 \cdot \underbrace{\sinh(\mu_1\,0)}_{0} + C_2 \cdot \underbrace{\cosh(\mu_2\,0)}_{1} \;\Rightarrow$$

$$C_2 = \theta_0 = \vartheta_0 - \vartheta_\infty = 700\ \mathrm{K} \tag{4.114}$$

Gl. (4.111) führt nach Differenziation der Hyperbelfunktionen auf die Beziehung:

$$\frac{\mathrm{d}\theta_2}{\mathrm{d}x_2} = \mu_2 \cdot C_3 \cdot \cosh(\mu_2\,x_2) + \mu_2 \cdot C_4 \cdot \sinh(\mu_2\,x_2) \;\Rightarrow$$

$$0 = \mu_2 \cdot C_3 \cdot \cosh(\mu_2\,L_2) + \mu_2 \cdot C_4 \cdot \sinh(\mu_2\,L_2) \quad \Big|\; : \mu_2 \;\Rightarrow$$

$$0 = C_3 \cdot \cosh(\mu_2\,L_2) + C_4 \cdot \sinh(\mu_2\,L_2) \;\Rightarrow$$

$$C_3 \cdot \cosh(\mu_2\,L_2) = -C_4 \cdot \sinh(\mu_2\,L_2) \;\Rightarrow$$

$$C_3 = -C_4 \cdot \frac{\sinh(\mu_2\,L_2)}{\cosh(\mu_2\,L_2)} = -C_4 \cdot \tanh(\mu_2\,L_2) \tag{4.115}$$

Aus der Gleichheit der Hebeltemperaturen an der Fügestelle (4.112) erhält man unter Beachtung von Gl. (4.114):

$$C_1 \cdot \sinh(\mu_1\,L_1) + \theta_0 \cdot \cosh(\mu_1\,L_1) = C_3 \cdot \underbrace{\sinh(\mu_2\,0)}_{0} + C_4 \cdot \underbrace{\cosh(\mu_2\,0)}_{1} \;\Rightarrow$$

$$C_4 = C_1 \cdot \sinh(\mu_1\,L_1) + \theta_0 \cdot \cosh(\mu_1\,L_1) \tag{4.117}$$

Gl. (4.113) führt mit Gl. (4.114) auf die folgenden Beziehungen:

$$\frac{\mathrm{d}\theta_1}{\mathrm{d}x_1} = \mu_1 \cdot C_1 \cdot \cosh(\mu_1\,x_1) + \mu_1 \cdot \theta_0 \cdot \sinh(\mu_1\,x_1) \;\Rightarrow$$

☞ Die aus den stationären Energiebilanzen abgeleiteten Differenzialgleichungen (4.99) und (4.108) besitzen die Ordnung 2, so dass in den allgemeinen Lösungen (4.107) und (4.109) jeweils 2 Konstanten auftreten. Da ein örtliches Problem mit zwei Bereichen vorliegt, sind insgesamt 4 Randbedingungen nötig.

☞ Mit den Gln. (4.110)–(4.113) stehen 4 Gleichungen zur Bestimmung der 4 Konstanten C_1, C_2, C_3 und C_4 zur Verfügung.

☞ Der Tangens Hyperbolicus ist analog zum Tangens definiert:

$$\tanh(x) := \frac{\sinh(x)}{\cosh(x)} \tag{4.116}$$

Die Berechnung der Konstanten $C_1 \ldots C_4$ ist aufwändig. Alternativ können die Übertemperaturen in beiden Hebelteilen auch aus den Tabellen 4.1 und 4.2 berechnet werden. Bereich 1 stellt eine kurze Nadel ($\mu_1 \cdot L_1 = 2{,}4 < 2{,}65$) mit vorgegebener (noch unbekannter) Übertemperatur am Ende θ_K, d. h. an der Fügestelle $x_1 = L_1$, dar:

$$\theta_1(x_1) = \frac{\theta_\mathrm{K} \cdot \sinh(\mu_1\, x_1)}{\sinh(\mu_1\, L_1)} + \frac{\theta_0 \cdot \sinh\left[\mu_1\,(L_1 - x_1)\right]}{\sinh(\mu_1\, L_1)} \tag{4.126}$$

In Bereich 2 liegt ebenfalls eine kurze Nadel ($\mu_2 \cdot L_2 = 2{,}4 < 2{,}65$) mit adiabatem Ende und θ_K als Fußtemperatur vor:

$$\theta_2(x_2) = \theta_\mathrm{K} \cdot \frac{\cosh\left[\mu_2\,(L_2 - x_2)\right]}{\cosh(\mu_2\, L_2)} \tag{4.127}$$

In den Gln. (4.126) und (4.127) kommt als einzige Unbekannte die Übertemperatur θ_K an der Koppelstelle vor. Die Randbedingungen (4.110)–(4.112) werden von beiden Gleichungen erfüllt, wie man leicht durch Einsetzen der entsprechenden Werte überprüfen kann. Zur Bestimmung von θ_K verbleibt damit die Randbedingung (4.113). Für die jeweiligen Temperaturgradienten erhält man durch Differenziation:

$$\frac{\mathrm{d}\theta_1}{\mathrm{d}x_1} = \frac{\theta_\mathrm{K} \cdot \cosh(\mu_1\, x_1) \cdot \mu_1}{\sinh(\mu_1\, L_1)} + \frac{\theta_0 \cdot \cosh\left[\mu_1\,(L_1 - x_1)\right] \cdot (-\mu_1)}{\sinh(\mu_1\, L_1)} \tag{4.128}$$

$$\frac{\mathrm{d}\theta_2}{\mathrm{d}x_2} = \theta_\mathrm{K} \cdot \frac{\sinh\left[\mu_2\,(L_2 - x_2)\right] \cdot (-\mu_2)}{\cosh(\mu_2\, L_2)} \tag{4.129}$$

Aus Gl. (4.113) erhält man:

$$\lambda_1 \cdot \mu_1 \cdot \frac{\theta_\mathrm{K} \cdot \cosh(\mu_1\, L_1) - \theta_0}{\sinh(\mu_1\, L_1)} = -\lambda_2 \cdot \mu_2 \cdot \tanh(\mu_2\, L_2) \tag{4.130}$$

Daraus folgt in Übereinstimmung mit den bisherigen Ergebnissen die Übertemperatur an der Fügestelle:

$$\theta_\mathrm{K} = \frac{\theta_0 \cdot \lambda_1 \cdot \mu_1 / \cosh(\mu_1 L_1)}{\lambda_1 \mu_1 + \lambda_2 \mu_2 \cdot \tanh(\mu_1 L_1) \cdot \tanh(\mu_2 L_2)} = 84{,}88\ \mathrm{K} \tag{4.131}$$

$$\lambda_1 \cdot \mu_1 \cdot \left[C_1 \cdot \cosh(\mu_1\, L_1) + \theta_0 \cdot \sinh(\mu_1\, L_1)\right]$$

$$= \lambda_2 \cdot \mu_2 \cdot \left[C_3 \cdot \cancelto{1}{\cosh(\mu_2\, 0)} + C_4 \cdot \cancelto{0}{\sinh(\mu_2\, 0)}\right] \Rightarrow$$

$$C_3 = \frac{\lambda_1 \cdot \mu_1}{\lambda_2 \cdot \mu_2} \cdot \left[C_1 \cdot \cosh(\mu_1\, L_1) + \theta_0 \cdot \sinh(\mu_1\, L_1)\right] \tag{4.118}$$

Gleichsetzen von Gl. (4.115) und (4.118) führt auf eine zweite Gleichung für die Konstante C_4:

$$-C_4 \cdot \tanh(\mu_2\, L_2) = \frac{\lambda_1 \cdot \mu_1}{\lambda_2 \cdot \mu_2} \cdot \left[C_1 \cdot \cosh(\mu_1\, L_1) + \theta_0 \cdot \sinh(\mu_1\, L_1)\right] \Rightarrow$$

$$C_4 = -\frac{\lambda_1 \cdot \mu_1}{\lambda_2 \cdot \mu_2} \cdot \frac{C_1 \cdot \cosh(\mu_1\, L_1) + \theta_0 \cdot \sinh(\mu_1\, L_1)}{\tanh(\mu_2\, L_2)} \tag{4.119}$$

C_4 kann aus den Gln. (4.117) und (4.119) eliminiert werden:

$$C_1 \cdot \sinh(\mu_1\, L_1) + \theta_0 \cdot \cosh(\mu_1\, L_1) = -\frac{\lambda_1 \cdot \mu_1}{\lambda_2 \cdot \mu_2} \cdot \frac{C_1 \cdot \cosh(\mu_1\, L_1) + \theta_0 \cdot \sinh(\mu_1\, L_1)}{\tanh(\mu_2\, L_2)} \quad \Big|\ : \cosh(\mu_1\, L_1)$$

$$C_1 \cdot \tanh(\mu_1\, L_1) + \theta_0 = -\frac{\lambda_1 \cdot \mu_1}{\lambda_2 \cdot \mu_2} \cdot \frac{C_1 + \theta_0 \cdot \tanh(\mu_1\, L_1)}{\tanh(\mu_2\, L_2)} \quad \Big|\ \cdot \left[\tanh(\mu_2\, L_2) \cdot \lambda_2 \cdot \mu_2\right]$$

$$C_1 \cdot \tanh(\mu_1\, L_1) \cdot \tanh(\mu_2\, L_2) \cdot \lambda_2 \cdot \mu_2 + \theta_0 \cdot \tanh(\mu_2\, L_2) \cdot \lambda_2 \cdot \mu_2 = -C_1 \cdot \lambda_1 \cdot \mu_1 - \theta_0 \cdot \tanh(\mu_1\, L_1) \cdot \lambda_1 \cdot \mu_1 \Rightarrow$$

$$C_1 \cdot \left[\lambda_1 \cdot \mu_1 + \tanh(\mu_1\, L_1) \cdot \tanh(\mu_2\, L_2) \cdot \lambda_2 \cdot \mu_2\right] = -\theta_0 \cdot \left[\tanh(\mu_1\, L_1) \cdot \lambda_1 \cdot \mu_1 + \tanh(\mu_2\, L_2) \cdot \lambda_2 \cdot \mu_2\right] \Rightarrow$$

$$C_1 = -\theta_0 \cdot \frac{\tanh(\mu_1\, L_1) \cdot \lambda_1 \cdot \mu_1 + \tanh(\mu_2\, L_2) \cdot \lambda_2 \cdot \mu_2}{\lambda_1 \cdot \mu_1 + \tanh(\mu_1\, L_1) \cdot \tanh(\mu_2\, L_2) \cdot \lambda_2 \cdot \mu_2} = -696{,}09\ \mathrm{K} \tag{4.120}$$

Damit folgt für die verbleibenden Konstanten:

$$C_3 = \frac{\lambda_1 \cdot \mu_1}{\lambda_2 \cdot \mu_2} \cdot \left[C_1 \cdot \cosh(\mu_1\, L_1) + \theta_0 \cdot \sinh(\mu_1\, L_1)\right] = -83{,}55\ \mathrm{K} \tag{4.121}$$

$$C_4 = C_1 \cdot \sinh(\mu_1\, L_1) + \theta_0 \cdot \cosh(\mu_1\, L_1) = 84{,}88\ \mathrm{K} \tag{4.122}$$

(e) Temperaturen an der Fügestelle und am Hebelende:

Für die Übertemperatur an der Fügestelle gilt:

$$\theta_1(x_1 = L_1) = \theta_2(x_2 = 0) = C_3 \cdot \cancelto{0}{\sinh(\mu_2 \cdot 0)} + C_4 \cdot \cancelto{1}{\cosh(\mu_2 \cdot 0)} = C_4 \tag{4.123}$$

Die Temperatur an der Koppelstelle beträgt:

$$\vartheta_1(x_1 = L_1) = \vartheta_2(x_2 = 0) = \theta_2(x_2 = 0) + \vartheta_\infty = C_4 + \vartheta_\infty = 109{,}88\ ^\circ\mathrm{C} \tag{4.124}$$

Die Übertemperatur am Hebelende beträgt:

$$\theta_2(x_2 = L_2) = C_3 \cdot \sinh(\mu_2\, L_2) + C_4 \cdot \cosh(\mu_2\, L_2) \tag{4.125}$$

Damit beträgt die Temperatur am Hebelende:

$$\vartheta_2(x_2=L_2)=\theta_2(x_2=L_2)+\vartheta_\infty=C_3\cdot\sinh(\mu_2\,L_2)+C_4\cdot\cosh(\mu_2\,L_2)+\vartheta_\infty$$

$$\vartheta_2(x_2=L_2)=39{,}97\,°\mathrm{C} \tag{4.132}$$

Wie Bild 4.16 ausweist, tritt an der Fügestelle anhand der unterschiedlichen Wärmeleitfähigkeiten in Bereich 1 und Bereich 2 ein Knick in der Kurve der Übertemperatur auf. Es ist weiterhin zu erkennen, dass in Bereich 1 ein rascher Temperaturabfall auftritt, während die Temperatur in Bereich 2 vergleichsweise langsam abnimmt.

◄

Zusammenfassung und Ausblick:

- Die Temperatur und die Übertemperatur in einer Rippe/Nadel kann aus einer stationären Energiebilanz am infinitesimalen Element berechnet werden.
- Die Energiebilanz führt auf eine gewöhnliche homogene Differenzialgleichung 2. Ordnung, für deren Lösung 2 Randbedingungen notwendig sind.
- Gekoppelte Systeme von Rippen/Nadeln können mit bereichsweisen Koordinaten beschrieben werden.
- In gekoppelten Systemen von Rippen/Nadeln treten an den Fügestellen entsprechende Koppelbedingungen auf.
- Bei gekoppelten Systemen ist die Berechnung der Konstanten in den allgemeinen Lösungen aufwändig. Der Einsatz bereichsweise fertiger Lösungen reduziert die Anzahl der Konstanten und erleichtert die Berechnung.

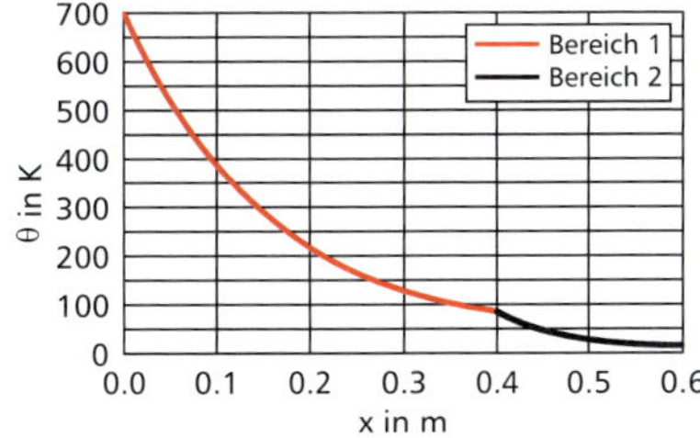

Bild 4.16: *Verlauf der Übertemperatur im Hebel.*

► Beispiel 4.4:

Zwischen zwei Behältern mit den Temperaturen ϑ_1 und ϑ_2 hat Inge N. Jeur einen zylindrischen Stab (Wärmeleitfähigkeit λ, Länge L, Durchmesser D) eingebaut, an dessen Oberfläche der Wärmeübergangskoeffizient α zur Umgebung der Temperatur ϑ_∞ auftritt. Bestimmen Sie das Temperaturfeld $\vartheta(x)$ im Stab.

Bekannte Größen:

▷ Stab:

Durchmesser:	D
Länge:	L
Wärmeleitfähigkeit:	λ
Temperaturen:	$\vartheta(x=0)=\vartheta_1$
	$\vartheta(x=L)=\vartheta_2$

▷ Umgebung:

Temperatur:	ϑ_∞
Wärmeübergangskoeffizient:	α

Gesuchte Größen:

Temperaturfeld:	$\vartheta(x)$

Lösung:

Die Differenzialgleichung für die Übertemperatur

$$\theta(x):=\vartheta(x)-\vartheta_\infty \tag{4.133}$$

im Stab wurde bereits in Gl. (4.99) angegeben:

$$\frac{\mathrm{d}^2\theta}{\mathrm{d}x^2}-\mu^2\cdot\theta=0 \tag{4.134}$$

Die allgemeine Lösung lautet mit $\mu^2=\dfrac{4\,\alpha}{D\cdot\lambda}$ gemäß Gl. (4.107):

$$\theta(x)=C_1\cdot\sinh(\mu\,x)+C_2\cdot\cosh(\mu\,x) \tag{4.135}$$

Die Randbedingungen für die Übertemperatur lauten:

$$\theta(x=0)=\vartheta_1-\vartheta_\infty:=\theta_1 \tag{4.136}$$

$$\theta(x=L)=\vartheta_2-\vartheta_\infty:=\theta_2 \tag{4.137}$$

Die Konstanten C_1 und C_2 lassen sich durch Einsetzen der Randbedingungen (4.136) und (4.137) in Gl. (4.135) berechnen:

$$\theta(x=0)=\theta_1=C_1\cdot\underbrace{\sinh(\mu\,0)}_{0}+C_2\cdot\underbrace{\cosh(\mu\,0)}_{1}\;\Rightarrow\;C_2=\theta_1 \tag{4.138}$$

$$\theta(x=L)=\theta_2=C_1\cdot\sinh(\mu\,L)+\underbrace{C_2}_{\theta_1}\cdot\cosh(\mu\,L)\;\Rightarrow$$

$$C_1=\frac{\theta_2-\theta_1\cdot\cosh(\mu\,L)}{\sinh(\mu\,L)} \tag{4.139}$$

Damit beträgt die Übertemperatur bzw. das Temperaturfeld:

$$\theta(x)=\frac{\theta_2-\theta_1\cdot\cosh(\mu\,L)}{\sinh(\mu\,L)}\cdot\sinh(\mu\,x)+\theta_1\cdot\cosh(\mu\,x) \tag{4.140}$$

$$\vartheta(x)=\vartheta_\infty+\frac{\theta_2-\theta_1\cdot\cosh(\mu\,L)}{\sinh(\mu\,L)}\cdot\sinh(\mu\,x)+\theta_1\cdot\cosh(\mu\,x) \tag{4.141}$$

◄

Bild 4.17: *Pfannengriff als Beispiel für eine Rippe bzw. Nadel.*

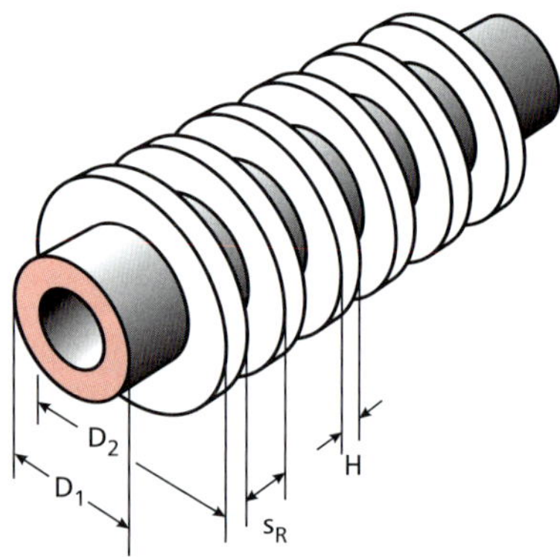

Bild 4.18: *Geometrie des Rohres mit Kreisringrippen.*

Bild 4.19: *Thyristor im TO 220-Gehäuse.*

4.3 Aufgaben zum Selbststudium

► Aufgabe 4.1:

Die Bratpfanne auf dem Ofen von Elvira Eitel besitzt die einheitliche Temperatur $\vartheta_\mathrm{P} = 200$ °C. Der spezifische thermische Kontaktwiderstand zwischen dem zylindrischen Griff ($\lambda = 15$ W/(m K), $L = 30$ cm, $D = 12$ mm) und der Pfanne beträgt $R^*_\mathrm{th,C} = 5 \cdot 10^{-4}$ (m^2 K)/W. Zwischen der Griffoberfläche und der Umgebung ($\vartheta_\infty = 25$ °C) herrscht der Wärmeübergangskoeffizient $\alpha = 30$ W/(m^2 K).

(a) Bestimmen Sie den Wärmeverlust $\dot{Q}$ des Griffs.

(b) Welche Temperatur ϑ_G besitzt der Griff jenseits des Kontaktwiderstandes auf der „kalten Seite"?

► Aufgabe 4.2: Ex

In der Brauerei Gregor Gerstenkorn strömt Nassdampf durch ein Rohr (Außendurchmesser $D_1 = 2{,}8$ cm) mit Kreisringrippen ($\lambda = 175$ W/(m K), Rippenaußendurchmesser $D_2 = 5{,}6$ cm, Dicke $H = 2$ mm, Rippenabstand $s_\mathrm{R} = 3$ mm, $n = 200$ Rippen pro laufendem m). Der Wärmefluss an die Umgebung der Temperatur $\vartheta_\infty = 25$ °C erfolgt mit dem konstanten Wärmeübergangskoeffizienten $\alpha = 70$ W/(m^2 K). Die Rohraußenseitentemperatur beträgt $\vartheta_0 = 125$ °C.

(a) Bestimmen Sie die Wärmeabgabe $\dot{q}_\mathrm{u}$ je m Rohr im unberippten Bereich zwischen den Rippen.

(b) Bestimmen Sie die Wärmeabgabe $\dot{q}_\mathrm{b}$ je m Rohr im berippten Bereich.

(c) Bestimmen Sie den gesamten Wärmefluss $\dot{q}_\mathrm{ges}$ des Rippenrohres.

(d) Wie groß ist die Wärmestromerhöhung $\dot{q}_\mathrm{erh}$ durch die Rippen je m Rohr?

(e) Bestimmen Sie die Leistungsziffer $\epsilon^*{}_\mathrm{R}$.

► Aufgabe 4.3: Ex

Theobald Tüftler will mit seinem Kühlkörpermodell „Igel" eine Wärmeleistung von $\dot{Q} = 4$ W abführen. Dazu sollen n zylindrische Aluminiumnadeln ($\lambda_\mathrm{Al} = 170$ W/(m K), Länge $L = 15$ mm, Durchmesser $D = 5$ mm, Fußtemperatur $\vartheta_\mathrm{F} = 70$ °C) auf eine dünne Grundplatte aufgesetzt werden. Die Nadeln sollen die zugeführte Wärme konvektiv mit dem Wärmeübergangskoeffizienten $\alpha = 40$ W/(m^2 K) an die Umgebungsluft ($\vartheta_\infty = 30$ °C) abgeben.

(a) Wie viele Nadeln sind nötig, wenn der Wärmetransport über die Stirnseiten der Nadeln vernachlässigt wird?

(b) Wie viele Nadeln sind nötig, wenn der Wärmetransport über die Stirnseiten der Nadeln berücksichtigt wird?

(c) Wie würde sich die Situation ändern, wenn Nadeln aus Kupfer mit $\lambda_\mathrm{Cu} = 390$ W/(m K) verwendet werden?

► Aufgabe 4.4:

Leiten Sie die universelle Rippendifferenzialgleichung (4.12) aus einer Bilanz her (Rippenhöhe $2\,k(x)$, Rippenbreite $b(x)$, vgl. Bild 4.4 rechts oben).

► Aufgabe 4.5:

Das Datenblatt der Firma Stark & Strom weist für einen eloxierten Aluminium-Kühlkörper für Thyristoren im TO 220-Gehäuse bei einem Wärmeübergangskoeffizienten von $\alpha = 30$ W/(m^2 K) den thermischen Widerstand $R_\mathrm{th,R} = 16$ K/W aus. Der Kühlkörper enthält $n = 14$ Rechteckrippen ($\lambda = 160$ W/(m K), Dicke $H = 1$ mm, Breite $B = 4$ mm, Länge $L = 15$ mm). Prüfen Sie rechnerisch, ob die Angabe des thermischen Widerstands zutrifft.

► **Aufgabe 4.6:**

Ottwahr B. Trüger soll Kupfer, legiertes Aluminium, Edelstahl und Glas bezüglich ihrer Eignung als Rippenmaterial für Rechteckrippen (Dicke $d = 2$ mm, Breite $B = 5$ mm, Länge $L = 50$ mm) bei $\alpha = 25$ W/(m² K) untersuchen.

(a) Bestimmen Sie die Rippenwirkungsgrade η_{R} der jeweiligen Materialien.

(b) Skizzieren Sie die normierte Übertemperatur $\theta(x)/\theta_0$ über der normierten Rippenlänge $\xi = \frac{x}{L}$.

Die Wärmeleitfähigkeiten der Werkstoffe betragen:

$\lambda_{\mathrm{Cu}} = 390$ W/(m K)
$\lambda_{\mathrm{Al}} = 165$ W/(m K)
$\lambda_{\mathrm{St}} = 15$ W/(m K)
$\lambda_{\mathrm{Gl}} = 1$ W/(m K)

► **Aufgabe 4.7:**

Das Datenblatt des Si-Transistors 2N 3553 weist zwischen Sperrschicht (junction, Index j) und TO-39-Gehäuse den thermischen Widerstand $R_{\mathrm{th,j}} = 25$ K/W und die zulässige Sperrschichttemperatur $\vartheta_{\mathrm{j,max}} = 200$ °C aus. Kurt Z. Schluß will den Transistor mit einem Kühlstern (Bild 4.20) mit $n = 10$ radialen Rippen (Wärmeleitfähigkeit $\lambda = 162{,}5$ W/(m K), Außendurchmesser $D_{\mathrm{a}} = 30$ mm, Innendurchmesser $D_{\mathrm{i}} = 8$ mm, Höhe $H = 6$ mm, Dicke $d = 0{,}5$ mm) montieren. Welche Sperrschichttemperatur ϑ_{j} wird bei $P = 2$ W Verlustleistung, der Umgebungstemperatur $\vartheta_\infty = 35$ °C und dem Wärmeübergangskoeffizienten $\alpha = 15$ W/(m² K) bei alleinigem Wärmefluss über die Rippen erreicht, wenn Rippen und Grundkörper aus demselben Material bestehen?

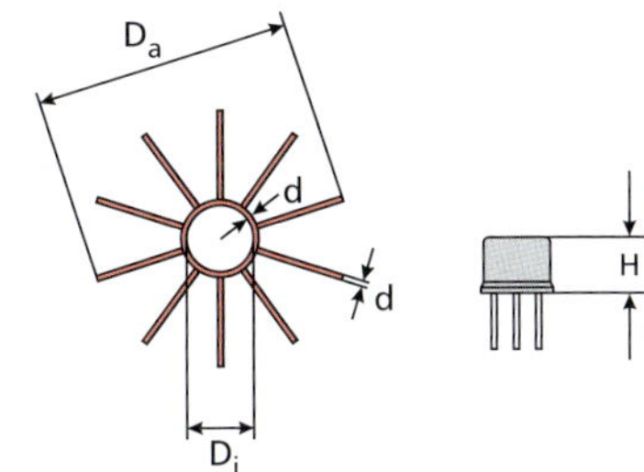

Bild 4.20: *Geometrie des Kühlsterns.*

► **Aufgabe 4.8:**

Hobbybastler Freddie Flamme erwärmt einen Edelstahlstab (Wärmeleitfähigkeit $\lambda = 15$ W/(m K), Durchmesser $D = 6$ mm, Länge $L = 1$ m), den er in einem Abstand von $L_1 = 50$ cm in der Hand hält, an einem Ende mit einem Schweißbrenner auf eine Temperatur von $\vartheta_0 = 800$ °C. Der Wärmeübergangskoeffizient zur Umgebung der Temperatur $\vartheta_\infty = 20$ °C beträgt $\alpha = 10$ W/(m² K).

(a) Bestimmen Sie die Temperatur des Stabes ϑ_1 an der Stelle $x = L_1$.

(b) In welcher Entfernung vom erwärmten Ende beträgt die Temperatur des Stabes $\vartheta_2 = 70$ °C?

(c) Wie ändern sich die Ergebnisse, wenn der Stab aus normalem Stahl mit einer Wärmeleitfähigkeit von $\lambda^* = 50$ W/(m K) besteht?

► **Aufgabe 4.9:**

Die kurze Rechteckrippe (Wärmeleitfähigkeit λ, Fußtemperatur ϑ_0, Länge L, Breite B, Höhe H) in Bild 4.21 besitzt den Wärmeübergangskoeffizienten α an der Rippenoberfläche und am Rippenende.

(a) Leiten Sie ausgehend von der allgemeinen Übertemperatur der Rippe $\theta(x)$ in Gl. (4.14) eine Gleichung für den Rippenwirkungsgrad η_{R} ab.

(b) Bestimmen Sie die mittlere Rippentemperatur $\overline{\vartheta}$ auf zwei verschiedene Weisen und vergleichen Sie die Ergebnisse.

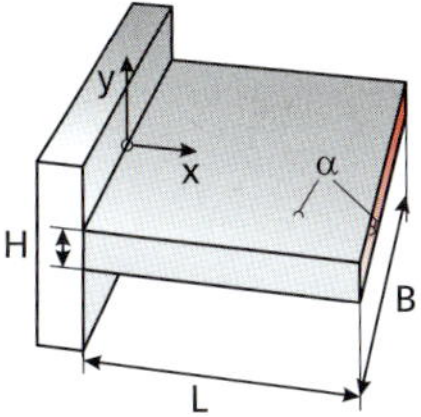

Bild 4.21: *Kurze Rechteckrippe mit Wärmeübergang am Ende.*

► **Aufgabe 4.10:**

An der Kaffeetasse von Hansi Haferlgucker ist ein geschwungener Henkel (Wärmeleitfähigkeit $\lambda = 1{,}5$ W/(m K), Umfang $U = 35$ mm, Länge $L = 120$ mm, Querschnitt $A = 210$ mm²) in idealem thermischen Kontakt angebracht. An der Henkeloberfläche A_{O} herrscht der Gesamtwärmeübergangskoeffizient $\alpha = 8{,}1$ W/(m² K) zur Umgebung der konstanten Temperatur $\vartheta_\infty = 20$ °C. An den Kontaktstellen zur Tasse besitzt der Henkel die Temperatur $\vartheta_0 = 50$ °C. Die Henkeltemperatur $\vartheta(x)$ ist über den Querschnitt A jeweils konstant.

(a) Leiten Sie aus einer geeigneten Bilanz eine Gleichung für die Henkeltemperatur $\vartheta(x)$ ab; die Krümmung ist vernachlässigbar.

(b) Berechnen Sie die normierte Henkelübertemperatur $\Theta(x) := \dfrac{\vartheta(x) - \vartheta_\infty}{\vartheta_0 - \vartheta_\infty}$.

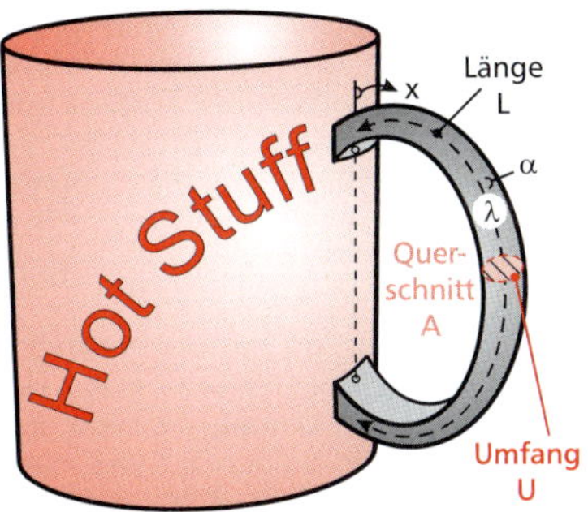

Bild 4.22: *Geometrie des Henkels der Kaffeetasse.*

5 Instationäre Wärmeleitung

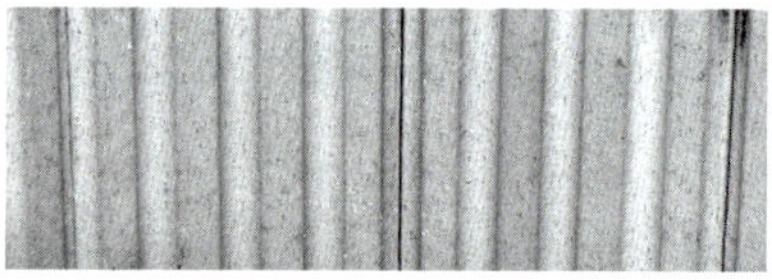

Bild 5.1: *Schamotte im Brennraum eines Kachelofens als wärmespeicherndes Material.*

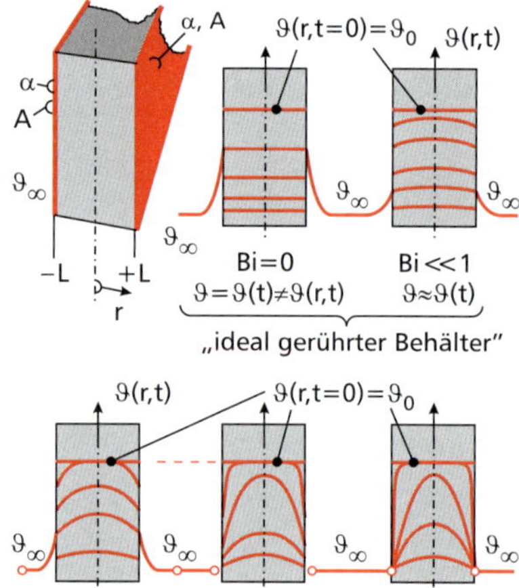

Bild 5.2: *Instationärer Temperaturverlauf $\vartheta = \vartheta(r,t)$ in einer beidseitig symmetrisch durch Konvektion gekühlten Platte (RB 3. Art). Bei sehr kleinen Biot-Zahlen wendet man wegen des geringen Aufwands bevorzugt das Rechenmodell des ideal gerührten Behälters an (obere Bildreihe). Große Biot-Zahlen kennzeichnen stark gekrümmte Temperaturprofile.*

Im Unterschied zur Nußelt-Zahl kennzeichnet λ bei der Biot-Zahl die Wärmeleitfähigkeit des Festkörpers und nicht die des Fluids. Sind mehrere Schichten an der Wärmeübertragung zwischen Körper und Umgebung beteiligt, ist α durch k zu ersetzen.

Bei Wärmetransportvorgängen ohne innere Wärmequellen ist ϑ_∞ mit der jeweiligen Umgebungstemperatur ϑ_U identisch, da ein Körper nach unendlich langer Zeit ohne weitere Wärmezufuhr die Temperatur seiner Umgebung annimmt.

5.1 Grundlagen

Neben den Wärmeflüssen über die Systemgrenze spielt bei der instationären Wärmeleitung auch die Wärmespeicherung im System selbst eine Rolle (Bild 5.1). Um die Lösung der dimensionsbehafteten Grundgleichung der eindimensionalen instationären Wärmeleitung (1.31) zu erleichtern, wird diese durch dimensionslose Kennzahlen in eine dimensionslose Form übergeführt. Je nach Geometrie, Randbedingungen und Kennzahlen ergeben sich unterschiedliche Lösungswege und Lösungen, die teilweise auch als Excel-Programme vorliegen.

5.1.1 Dimensionslose Kennzahlen

▶ **Fourier-Zahl**

Mithilfe der Temperaturleitfähigkeit $a = \lambda / (\varrho \cdot c_\text{p})$ lässt sich mit der **Fourier-Zahl** Fo eine **dimensionslose Zeit** ermitteln:

$$Fo := \frac{a \cdot t}{L^2} \tag{5.1}$$

Die charakteristische Länge L ist problembezogen **geeignet** zu wählen (z.B. halbe Plattendicke bei symmetrischer Platte).

▶ **Biot-Zahl und inverse Biot-Zahl**

Die **Biot-Zahl** Bi ist das Verhältnis des **Wärmeleitwiderstandes** R_λ zum (konvektiven) **Wärmeübergangswiderstand** R_α bei Randbedingung 3. Art an der Körperoberfläche:

$$Bi := \frac{R_\lambda}{R_\alpha} = \frac{\dfrac{L}{\lambda \cdot A}}{\dfrac{1}{\alpha \cdot A}} = \frac{\alpha \cdot L}{\lambda} \qquad \text{sowie} \qquad iBi := \frac{1}{Bi} = \frac{\lambda}{\alpha \cdot L} \tag{5.2}$$

iBi bezeichnet die inverse Biot-Zahl. Gemäß Abschnitt 1.6.2 folgt die Randbedingung 1. Art für den Grenzübergang $\alpha \to \infty$ (d. h. $Bi \to \infty$ und $iBi \to 0$) aus der Randbedingung 3. Art.

▶ **Dimensionslose Ortskoordinate**

Die verallgemeinerte Ortskoordinate r wird durch die charakteristische Länge L in eine **dimensionslose Ortskoordinate** ξ übergeführt:

$$\xi = \frac{r}{L} \tag{5.3}$$

▶ **Normierte Temperatur**

Die **dimensionslose Temperaturdifferenz** bzw. die **normierte Temperatur** Θ wird mit der Anfangstemperatur $\vartheta_0 = \vartheta(r, t = 0)$ und der sich nach unendlich langer Zeit einstellenden Temperatur $\vartheta_\infty = \vartheta(r, t \to \infty)$ definiert. Sie stellt das Verhältnis der Übertemperatur θ zur Zeit t zur anfänglichen Übertemperatur θ_0 dar.

$$\Theta := \frac{\vartheta - \vartheta_\infty}{\vartheta_0 - \vartheta_\infty} = \frac{\theta}{\theta_0} \tag{5.4}$$

Wegen $\Theta(t=0)=1$ und $\Theta(t\to\infty)=0$ **nimmt** die normierte Temperatur Θ mit der Zeit von 1 auf 0 **ab**, wie dies für Abkühlvorgänge auch physikalisch plausibel ist.

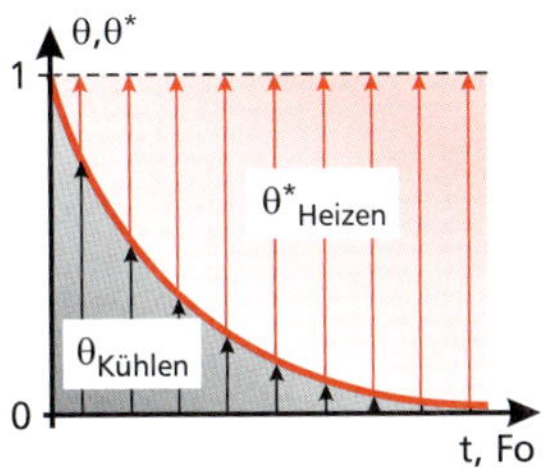

Bild 5.3: *Zeitlicher Verlauf der normierten Temperatur Θ für Kühlen und Θ^* für Heizen.*

Gelegentlich wird auch die normierte Temperaturdifferenz Θ^* benutzt:

$$\Theta^* := 1-\Theta = \frac{(\vartheta_0-\vartheta_\infty)-(\vartheta-\vartheta_\infty)}{\vartheta_0-\vartheta_\infty} = \frac{\vartheta_0-\vartheta}{\vartheta_0-\vartheta_\infty} = \frac{\vartheta-\vartheta_0}{\vartheta_\infty-\vartheta_0} \tag{5.5}$$

Wegen $\Theta^*(t=0)=0$ und $\Theta^*(t\to\infty)=1$ **nimmt** die dimensionslose Temperaturdifferenz Θ^* mit der Zeit von 0 auf 1 **zu**, wie dies für Aufheizvorgänge physikalisch plausibel ist (vgl. Bild 5.3).

☞ Ohne Einschränkung lässt sich aber Θ (anstatt Θ^*) auch bei Aufheizvorgängen verwenden. Θ beschreibt nämlich die abklingende Differenz zwischen aktueller Temperatur und Endtemperatur. Dies gilt in gleicher Weise für Erwärmen und Abkühlen.

5.1.2 Dimensionslose Grundgleichung

Zweckmäßig ist eine dimensionslose Darstellung der Gleichungen. Zwischen den dimensionslosen Größen ξ, Θ, Fo und den dimensionsbehafteten Größen r, ϑ, t bestehen dann die Zusammenhänge:

$$r = \xi\cdot L \tag{5.6}$$

$$\vartheta = \vartheta_\infty + \Theta\cdot(\vartheta_0-\vartheta_\infty) \tag{5.7}$$

$$t = \frac{Fo\cdot L^2}{a} \tag{5.8}$$

☞ Mit $\vartheta_\infty = \text{const.}$ gilt $\partial\vartheta_\infty/\partial Fo = 0$, da die Ableitung, sprich die Änderung $\partial(\vartheta_\infty)$, einer (beliebigen) Konstanten null ist.

Durch Differenzieren erhält man daraus:

$$\mathrm{d}r = L\cdot\mathrm{d}\xi \tag{5.9}$$

$$\mathrm{d}\vartheta = (\vartheta_0-\vartheta_\infty)\cdot\mathrm{d}\Theta \tag{5.10}$$

$$\mathrm{d}t = \frac{L^2}{a}\cdot\mathrm{d}Fo \tag{5.11}$$

Damit lassen sich in der Grundgleichung (1.31) die dimensionsbehafteten Differenzialquotienten in dimensionslose umformen.

$$\frac{\partial\vartheta}{\partial t} = \frac{\partial\left[\vartheta_\infty+\Theta\cdot(\vartheta_0-\vartheta_\infty)\right]}{\partial\left(\frac{Fo\cdot L^2}{a}\right)} = \frac{a\cdot(\vartheta_0-\vartheta_\infty)}{L^2}\cdot\frac{\partial\Theta}{\partial Fo} \tag{5.12}$$

$$\frac{\partial\vartheta}{\partial r} = \frac{\partial\left[\vartheta_\infty+\Theta\cdot(\vartheta_0-\vartheta_\infty)\right]}{\partial(\xi\cdot L)} = \frac{\vartheta_0-\vartheta_\infty}{L}\cdot\frac{\partial\Theta}{\partial\xi} \tag{5.13}$$

$$\frac{\partial^2\vartheta}{\partial r^2} = \frac{\partial}{\partial(\xi\cdot L)}\left[\frac{\vartheta_0-\vartheta_\infty}{L}\cdot\frac{\partial\Theta}{\partial\xi}\right] = \frac{\vartheta_0-\vartheta_\infty}{L^2}\cdot\frac{\partial^2\Theta}{\partial\xi^2} \tag{5.14}$$

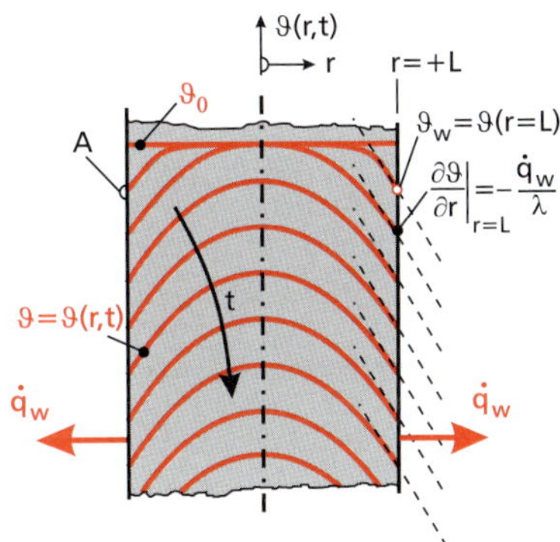

Bild 5.4: *Instationäre Temperaturprofile einer beidseitig unter RB 2. Art gekühlten Platte mit abgeführtem Wärmestrom $\dot{q}_\mathrm{w}$. Wegen der aufgeprägten RB $\dot{q}_\mathrm{w}=\text{const.}$ verliert die Platte laufend Wärme.*

Durch Einsetzen der Gln. (5.12)–(5.14) in Gl. (1.31) folgt die **dimensionslose Grundgleichung** der eindimensionalen instationären Wärmeleitung ohne innere Wärmequellen:

$$\frac{\partial\Theta}{\partial Fo} = \frac{\partial^2\Theta}{\partial\xi^2} + \frac{n}{\xi}\cdot\frac{\partial\Theta}{\partial\xi} \qquad \begin{array}{ll} n=0 & \text{(ebene Platte)}\\ n=1 & \text{(Zylinder)}\\ n=2 & \text{(Kugel)}\end{array} \tag{5.15}$$

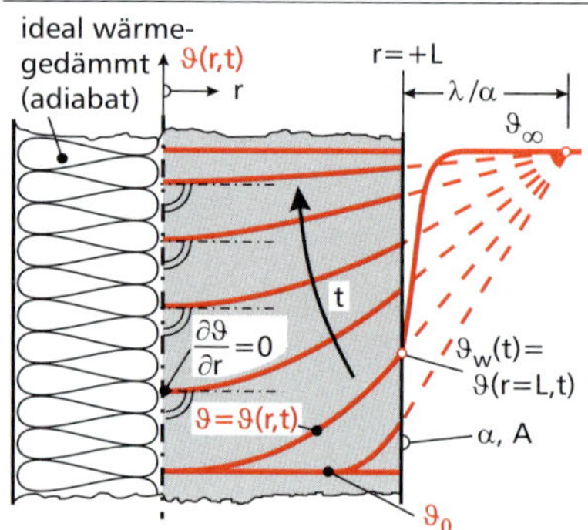

Bild 5.5: *Instationäre Temperaturprofile einer einseitig (links) ideal wärmegedämmten Wand während des Aufheizens von rechts. Die RBn 3. Art lauten:*

$\left.\frac{\partial\vartheta}{\partial r}\right|_{r=0} = 0$ *(links) und*

$\left.\frac{\partial\vartheta}{\partial r}\right|_{r=L} = \frac{\alpha}{\lambda}\cdot(\vartheta_\infty - \vartheta_{\mathrm{w}})$ *(rechts)*

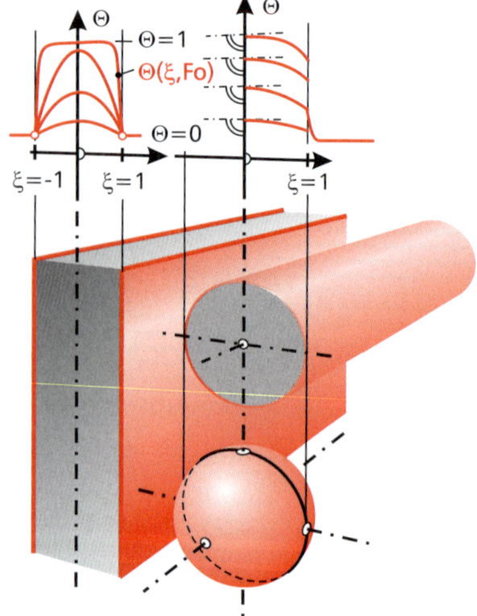

Bild 5.6: *Instationärer normierter Temperaturverlauf $\Theta = \Theta(\xi,Fo)$ in einer symmetrisch, sehr abrupt gekühlten unendlich ausgedehnten Platte (d. h. RB 1. Art) sowie einem unendlich langen Zylinder und einer Kugel mit RBn 3. Art für $Bi=1$.*

☞ Die Lösungen für Platte, Zylinder und Kugel werden im Bereich $0 \leq \xi \leq +1$ ausgewertet und dann oft mittels Symmetrie über der ganzen Körperbreite $-1 \leq \xi \leq +1$ dargestellt (Bild 5.6).
Das Koordinatensystem liegt **immer** im Symmetriezentrum des Temperaturprofils, das nicht mit dem des Körpers identisch sein muss (z. B. bei Vorliegen einer adiabaten Fläche).

5.1.3 Dimensionslose Anfangs- und Randbedingungen

Zur Lösung der partiellen Differenzialgleichung (5.15) sind auch die Anfangs- und Randbedingungen in eine geeignete dimensionslose Form zu bringen.

▶ **Anfangsbedingung**

Bei konstanter Anfangstemperatur ϑ_0 gilt die **Anfangsbedingung**:

$$\vartheta(r,t=0) = \vartheta_0 \quad \Rightarrow \quad \Theta(\xi, Fo=0) = 1 \tag{5.16}$$

Andere Anfangsbedingungen sind mit den in den Gln. (5.6)–(5.8) dargestellten Zusammenhängen entsprechend zu transformieren.

▶ **Randbedingung 2. Art**

Bei der **Randbedingung 2. Art** ist gemäß Abschnitt 1.6.2 der Wärmestrom an der Körperoberfläche vorgegeben:

$$-\lambda\cdot\left.\frac{\partial\vartheta}{\partial r}\right|_{r=L} = \dot{q}_{\mathrm{w}} \quad \Rightarrow \quad \left.\frac{\partial\Theta}{\partial\xi}\right|_{\xi=1} = -\frac{\dot{q}_{\mathrm{w}}\cdot L}{\lambda\cdot(\vartheta_0-\vartheta_\infty)} \tag{5.17}$$

Für den speziellen Fall der **Adiabasie** ($\dot{q}_{\mathrm{w}} = 0$) verschwinden dimensionsbehafteter und dimensionsloser Temperaturgradient an der Körperoberfläche:

$$\left.\frac{\partial\vartheta}{\partial r}\right|_{r=L} = 0 \quad \Rightarrow \quad \left.\frac{\partial\Theta}{\partial\xi}\right|_{\xi=1} = 0 \tag{5.18}$$

Bei symmetrischer Beaufschlagung gilt in der Körpermitte ($r=0$ bzw. $\xi=0$) die **Symmetriebedingung**, da über die Symmetrieachse (bzw. den Symmetriepunkt) keine Wärme fließen kann ($\dot{q}=0$ bzw. horizontale Tangente des Temperaturprofils):

$$\left.\frac{\partial\vartheta}{\partial r}\right|_{r=0} = 0 \quad \Rightarrow \quad \left.\frac{\partial\Theta}{\partial\xi}\right|_{\xi=0} = 0 \tag{5.19}$$

▶ **Randbedingung 3. Art**

Bei **Randbedingung 3. Art** an der Festkörperoberfläche ($r = L$ bzw. $\xi=1$) gilt:

$$-\alpha\cdot\left[\vartheta_\infty - \vartheta(r=L,t)\right] = -\lambda\cdot\left.\frac{\partial\vartheta}{\partial r}\right|_{r=L} \Rightarrow Bi\cdot\Theta(\xi=1,Fo) + \left.\frac{\partial\Theta}{\partial\xi}\right|_{\xi=1} = 0 \tag{5.20}$$

Liegt ein Wärmedurchgang vor, ist der Wärmeübergangskoeffizient α durch den Wärmedurchgangskoeffizienten k zu ersetzen.

▶ **Randbedingung 1. Art**

Gemäß Abschnitt 1.6.2 folgt die **Randbedingung 1. Art** durch den Grenzübergang $\alpha \to \infty$ bzw. $Bi \to \infty$ sowie $iBi \to 0$, wodurch die Wandtemperatur ϑ_{w} gegen die Umgebungstemperatur ϑ_∞ strebt:

$$\vartheta_{\mathrm{w}} = \vartheta(r=L,t) = \vartheta_\infty \tag{5.21}$$

Dividiert man Gl. (5.20) durch Bi und vollzieht den Grenzübergang, so erhält man, wie in Bild 5.6 dargestellt:

$$\Theta(\xi=1, Fo) = 0 \tag{5.22}$$

Dies folgt auch durch unmittelbares Einsetzen von Gl. (5.21) in die Definitionsgleichung (5.4) der normierten Temperatur Θ.

5.1.4 Modelle der instationären Wärmeleitung

Für instationäre Wärmeleitungsvorgänge stehen verschiedene analytische **Grundmodelle** zur Verfügung, deren Anwendbarkeit anhand dimensionsloser Kennzahlen (Fo, Bi) zu verifizieren ist, was oft erst im Nachhinein möglich ist. Vielfach reicht ihre Genauigkeit für ingenieurmäßige Anwendungen aus, zudem erlauben sie eine rasche Überprüfung numerischer Berechnungen auf Plausibilität. Gegenüber numerischen Berechnungen (Finite Elemente, Finite Differenzen, Finite Volumen) sind analytische Modelle für eine Sensitivitätsanalyse zur Untersuchung des Einflusses einzelner Parameter besser geeignet. Die Methode der Finiten Differenzen für stationäre und instationäre Wärmeleitungsprobleme ist z. B. in [25] beschrieben. Eine Darstellung der Methode der Finiten Elemente enthält [26].

Tabelle 5.1: *Grenzwerte der Fourier-Zahlen Fo^* für lange Zeiten für die elementaren Geometrien.*

Geometrie	Grenzwert
Platte ($n=0$)	$Fo^* = 0{,}30$
Zylinder ($n=1$)	$Fo^* = 0{,}25$
Kugel ($n=2$)	$Fo^* = 0{,}20$

In der Literatur wird vielfach nur zwischen „kurzen" und „langen" Zeiten, die sich am Grenzwert Fo^* gemäß Tabelle 5.1 orientieren, unterschieden. Die Anwendung des für sehr kurze Zeiten geeigneten Modell des halbunendlichen Körpers auf kurze Zeiten führt in der Regel zu größeren Abweichungen gegenüber der exakten Lösung, besonders nahe des Zentrums der Körper.

Tabelle 5.2 gibt einen Überblick über wichtige Modelle der instationären Wärmeleitung für konstante Umgebungstemperatur ϑ_∞. Während ideal gerührter Behälter und halbunendlicher Körper auf beliebige Geometrien anwendbar sind, beschränken sich exakte Lösung und Näherungslösung auf die elementaren Körper Platte, (unendlich langer) Zylinder und Kugel mit **symmetrischen** Randbedingungen (Bild 5.6). Die Anwendbarkeit der betreffenden Modelle hängt von der Größe der Biot-Zahl Bi ab sowie von bestimmten Grenzwerten für die normierte Zeit, d. h. für die Fo-Zahlen (vgl. Tabn. 5.1 und 5.2).

Generell stehen hier als Auswahl folgende Modelle der instationären Wärmeleitung ($\vartheta_\infty = \text{const.}$) zur Verfügung, die in den nächsten Abschnitten näher beschrieben werden:

- Ideal gerührter Behälter **(IGB)**
- Erweiterter ideal gerührter Behälter **(EIGB)**
- Halbunendlicher Körper (**HUK**, $\infty/2$-Körper)
- Näherungslösung für große Zeiten **(NGZ)**
- Exakte Lösung mittels Fourier-Reihe **(ELF)**

Bild 5.7: *Thermogramm eines Plattenheizkörpers.*

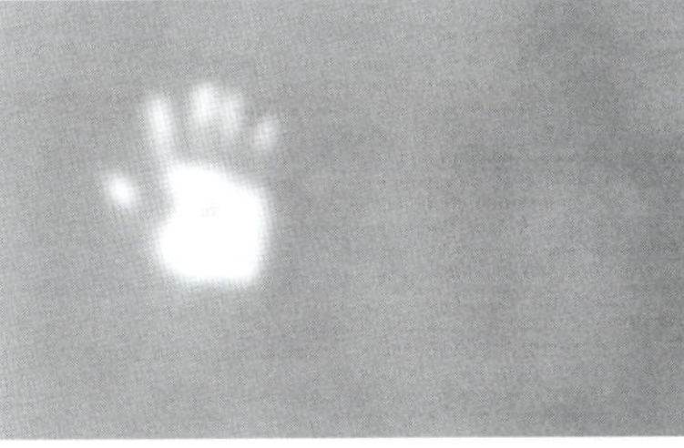

Bild 5.8: *„Thermischer Fingerabdruck" an einer Wand als Beispiel für den halbunendlichen Körper.*

Gemäß Thermogramm in Bild 5.7 bestehen in einem durchströmten Heizkörper unter bestimmten Bedingungen nur relativ geringe Temperaturunterschiede, so dass dieser dann vereinfacht als ideal gerührter Behälter (IGB) modelliert werden kann. Die Temperaturunterschiede hängen von der Spreizung (Temperaturdifferenz zwischen Vor- und Rücklauf) sowie von der Wärmeabgabe des Heizkörpers ab.

Wie Bild 5.8 ausweist, beschränkt sich der Wärmefluss von der wärmeren Handoberfläche in eine kühlere Wand auf den oberflächennahen Bereich, so dass der Handabdruck mittels Thermografie sichtbar gemacht werden kann. Zur Analyse derartiger Vorgänge ist das Modell des halbunendlichen Körpers (HUK) gut geeignet. Weiterhin ist es für sehr kurze Zeiten einsetzbar.

Als Näherungslösung gestattet das erweiterte Modell des ideal gerührten Behälters (EIGB), Wärmeleitungsvorgänge bei kurzen Zeiten zu berechnen. Für hinreichend große Zeiten $Fo > Fo^*$ (vgl. Tabelle 5.1) findet häufig die Näherungslösung für große Zeiten (NGZ) Anwendung, die aus dem 1. Reihenterm der exakten Lösung mittels Fourier-Reihe (ELF) besteht. Vielfach können vorhandene Symmetrien geschickt ausgenutzt werden (Bild 5.9).

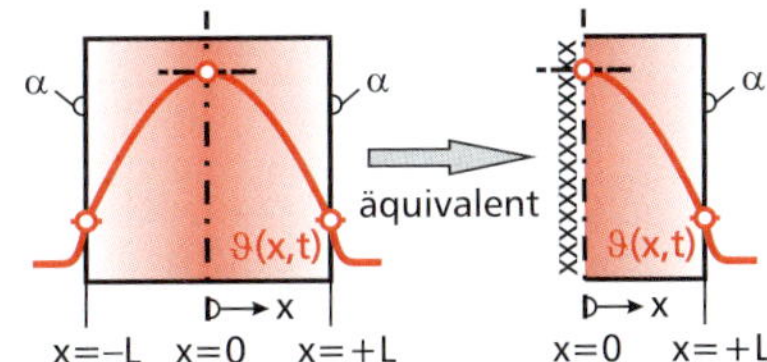

Bild 5.9: *Thermische Äquivalenz zwischen symmetrischer Platte der Dicke $2\,L$ mit beidseitiger RB 3. Art und halbdicker Platte mit adiabatem Rand links und RB 3. Art rechts.*

Tabelle 5.2: *Berechnungsmodelle der eindimensionalen instationären Wärmeleitung (ϑ_∞ = const.) und ihre Anwendungskriterien.*

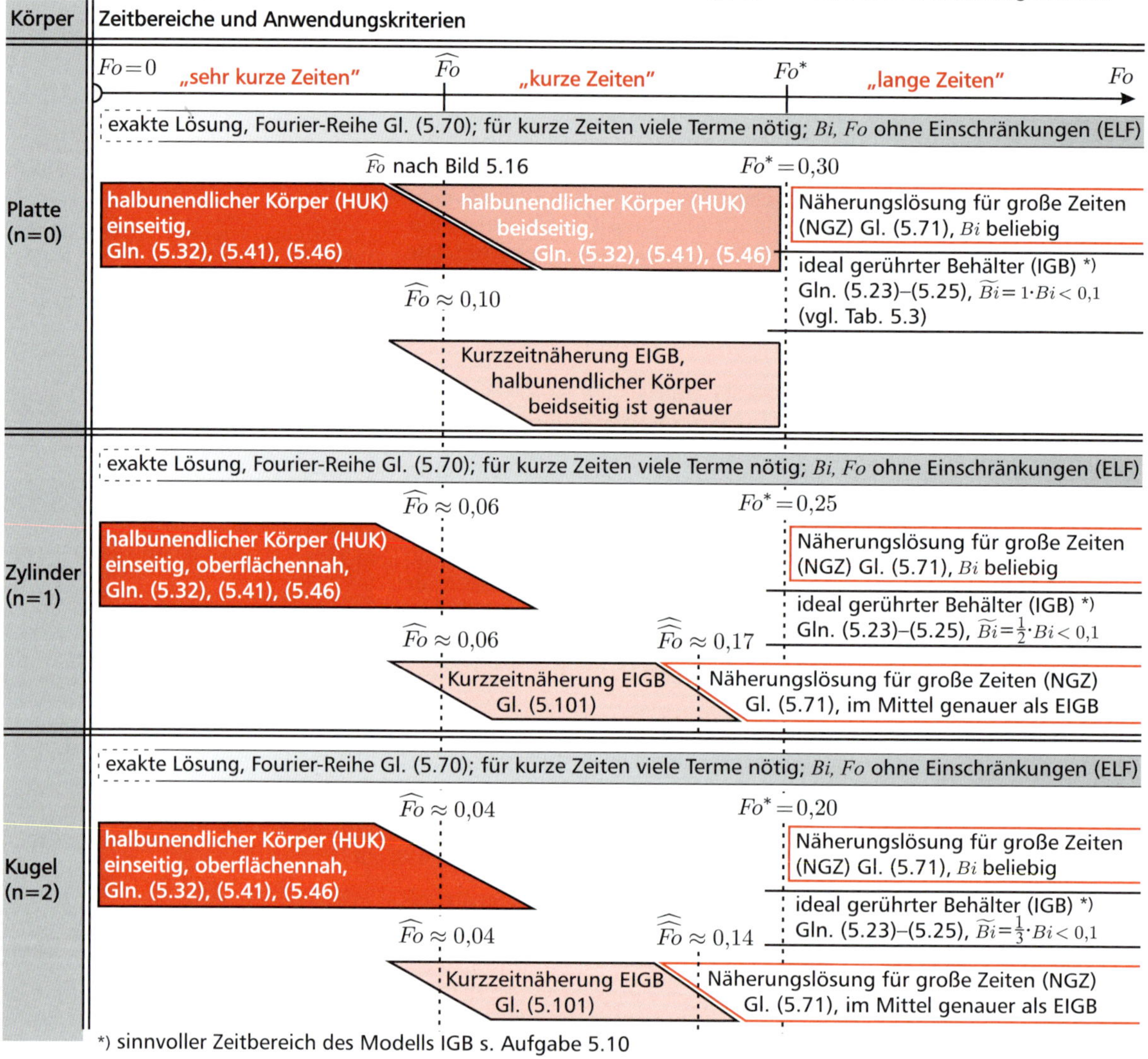

Körper	Zeitbereiche und Anwendungskriterien
	$Fo = 0$ „sehr kurze Zeiten" $\widehat{Fo}$ „kurze Zeiten" Fo^* „lange Zeiten" Fo
Platte (n=0)	exakte Lösung, Fourier-Reihe Gl. (5.70); für kurze Zeiten viele Terme nötig; Bi, Fo ohne Einschränkungen (ELF)
	$\widehat{Fo}$ nach Bild 5.16; $Fo^* = 0{,}30$
	halbunendlicher Körper (HUK) einseitig, Gln. (5.32), (5.41), (5.46)
	halbunendlicher Körper (HUK) beidseitig, Gln. (5.32), (5.41), (5.46)
	Näherungslösung für große Zeiten (NGZ) Gl. (5.71), Bi beliebig
	$\widehat{Fo} \approx 0{,}10$
	ideal gerührter Behälter (IGB) *) Gln. (5.23)–(5.25), $\widetilde{Bi} = 1 \cdot Bi < 0{,}1$ (vgl. Tab. 5.3)
	Kurzzeitnäherung EIGB, halbunendlicher Körper beidseitig ist genauer
Zylinder (n=1)	exakte Lösung, Fourier-Reihe Gl. (5.70); für kurze Zeiten viele Terme nötig; Bi, Fo ohne Einschränkungen (ELF)
	$\widehat{Fo} \approx 0{,}06$; $Fo^* = 0{,}25$
	halbunendlicher Körper (HUK) einseitig, oberflächennah, Gln. (5.32), (5.41), (5.46)
	Näherungslösung für große Zeiten (NGZ) Gl. (5.71), Bi beliebig
	ideal gerührter Behälter (IGB) *) Gln. (5.23)–(5.25), $\widetilde{Bi} = \frac{1}{2} \cdot Bi < 0{,}1$
	$\widehat{Fo} \approx 0{,}06$; $\widehat{\widehat{Fo}} \approx 0{,}17$
	Kurzzeitnäherung EIGB Gl. (5.101)
	Näherungslösung für große Zeiten (NGZ) Gl. (5.71), im Mittel genauer als EIGB
Kugel (n=2)	exakte Lösung, Fourier-Reihe Gl. (5.70); für kurze Zeiten viele Terme nötig; Bi, Fo ohne Einschränkungen (ELF)
	$\widehat{Fo} \approx 0{,}04$; $Fo^* = 0{,}20$
	halbunendlicher Körper (HUK) einseitig, oberflächennah, Gln. (5.32), (5.41), (5.46)
	Näherungslösung für große Zeiten (NGZ) Gl. (5.71), Bi beliebig
	ideal gerührter Behälter (IGB) *) Gln. (5.23)–(5.25), $\widetilde{Bi} = \frac{1}{3} \cdot Bi < 0{,}1$
	$\widehat{Fo} \approx 0{,}04$; $\widehat{\widehat{Fo}} \approx 0{,}14$
	Kurzzeitnäherung EIGB Gl. (5.101)
	Näherungslösung für große Zeiten (NGZ) Gl. (5.71), im Mittel genauer als EIGB

*) sinnvoller Zeitbereich des Modells IGB s. Aufgabe 5.10

n ist der die Geometrie kennzeichnende Parameter aus der Grundgleichung (1.31) bzw. (5.15).

Die in Tabelle 5.1 zusammengestellten Fourier-Zahlen Fo^* beschreiben den Übergang zwischen „kurzen" und „langen" Zeiten, während die in Tabelle 5.2 genannten Werte $\widehat{Fo}$ den Übergang zwischen „sehr kurzen" und „kurzen" Zeiten kennzeichnen. Diese Werte sind **keine strengen** Grenzwerte. Der Übergang ist fließend, wie durch die Symbolik in der Tabelle ausgedrückt.

Bei der Platte werden die „sehr kurzen" und „kurzen" Zeiten durch den halbunendlichen Körper (HUK) sehr gut abgedeckt. Der beidseitige Ansatz eines halbunendlichen Körpers führt hier gegenüber der exakten Lösung (ELF) sogar zu genaueren Temperaturen als der erweiterte ideal gerührte Behälter (EIGB). Beim Zylinder und bei der Kugel ist der halbunendliche Körper (HUK) nur für „sehr kurze" Zeiten anwendbar, für kurze Zeiten versagt er jedoch. Allerdings ist die Kurzzeitnäherung des erweiterten ideal gerührten Behälters (EIGB) nicht bis Fo^*, sondern nur bis zu einem Wert $\widehat{\widehat{Fo}}$ anwendbar. Im Bereich $\widehat{\widehat{Fo}} < Fo \leq Fo^*$ liefert dagegen die Näherungslösung für große Zeiten (NGZ) im Mittel genauere Ergebnisse. Das Modell IGB besitzt keinen streng abgegrenzten Zeitbereich (vgl. Aufgabe 5.10).

5.1.5 Ideal gerührter Behälter

Das Modell des ideal gerührten Behälters (Blockkapazität, lumped capacity) kennzeichnet einen beliebig gestalteten Körper mit wärmeübertragender Oberfläche A, Volumen V, Dichte ϱ, spezifischer Wärmekapazität c_p und Randbedingung 3. Art an der Körperoberfläche (Wärmeübergangskoeffizient α zu einem Fluid der Temperatur ϑ_∞= const.) **mit geringen Temperaturunterschieden im Körper selbst** (Bild 5.10). Aus einer Energiebilanz folgt die Temperatur des ideal gerührten Behälters:

$$\vartheta(t) = \vartheta_\infty + (\vartheta_0 - \vartheta_\infty) \cdot \exp\left(-\frac{t}{\tau_0}\right) \tag{5.24}$$

Mit der dimensionslosen Temperatur Θ gemäß Gl. (5.4) erhält man:

$$\Theta(t) = \exp\left(-\frac{t}{\tau_0}\right) \quad \text{bzw.} \quad \Theta(\widetilde{Fo}) = \exp\left(-\widetilde{Bi} \cdot \widetilde{Fo}\right) \tag{5.25}$$

τ_0 ist die **Zeitkonstante** des jeweiligen Abkühl- bzw. Aufheizvorgangs:

$$\tau_0 := \frac{\varrho \cdot V \cdot c_p}{\alpha \cdot A} = \frac{\varrho \cdot c_p \cdot \widetilde{L}}{\alpha} = \frac{\lambda \cdot \widetilde{L}}{\alpha \cdot a} = \frac{\lambda}{\alpha \cdot \widetilde{L}} \cdot \frac{\widetilde{L}^2}{a \cdot t} \cdot t = \frac{t}{\widetilde{Bi} \cdot \widetilde{Fo}} \tag{5.26}$$

Nach Verstreichen der Zeitkonstante τ_0 ist die normierte Temperatur des Körpers von anfänglich $100\ \%$ auf knapp $37\ \%$ abgesunken (Bild 5.11). Die Zeitkonstante τ_0 besitzt damit eine ähnliche Bedeutung wie die Zeitkonstante beim Laden und Entladen eines Kondensators in der Elektrotechnik. Nach der **Halbwertszeit** $t_{1/2}$ ist die normierte Temperatur auf $50\ \%$ des ursprünglichen Werts abgesunken. Zwischen Halbwertszeit und Zeitkonstante gilt damit der Zusammenhang:

$$t_{1/2} = \ln(2) \cdot \tau_0 = 0{,}693 \cdot \tau_0 \tag{5.27}$$

Die Zeitkonstante τ_0 wird nach Gl. (5.26) auch von der Geometrie des Körpers, genauer vom Verhältnis $\widetilde{L} = V/A$ zwischen Körpervolumen V und wärmeübertragender Oberfläche A bestimmt. So kühlt bei gleichem Halbmesser R eine Kugel rascher ab als ein Zylinder, und dieser wiederum schneller als eine Platte mit Halbmesser R (Dicke $2\,R$). Das Verhältnis von Körpervolumen V zu wärmeübertragender Oberfläche A ist eine für den Abkühl- oder Aufheizvorgang **charakteristische Länge** $\widetilde{L}$, die in den Gln. (5.1) und (5.2) zur Bildung der Fourier- und Biot-Zahl verwendet wird. Für die symmetrische Platte (Dicke $2\,R$) folgt als charakteristische Länge $\widetilde{L} = R$, für den Zylinder (Durchmesser $2\,R$) $\widetilde{L} = R/2$ und für die Kugel (Durchmesser $2\,R$) $\widetilde{L} = R/3$. Je nachdem, ob man den Halbmesser R oder die charakteristische Länge $\widetilde{L} = V/A$ als Bezugslänge L verwendet, resultieren unterschiedliche Werte für die Kennzahlen $Fo = \dfrac{a \cdot t}{L^2}$ und $Bi = \dfrac{\alpha \cdot L}{\lambda}$ nach Gl. (5.1) und (5.2). Daher ist zwischen Fo und $\widetilde{Fo}$ sowie Bi und $\widetilde{Bi}$ klar zu unterscheiden. Es bestehen die Zusammenhänge nach Tab. 5.3, die auch zu Gl. (5.23) führen. Das Modell IGB ist gemäß Tab. 5.2 anwendbar für:

$$\widetilde{Bi} < 0{,}1 \tag{5.28}$$

Dabei nimmt der Modellfehler mit steigender Fourier-Zahl ab.

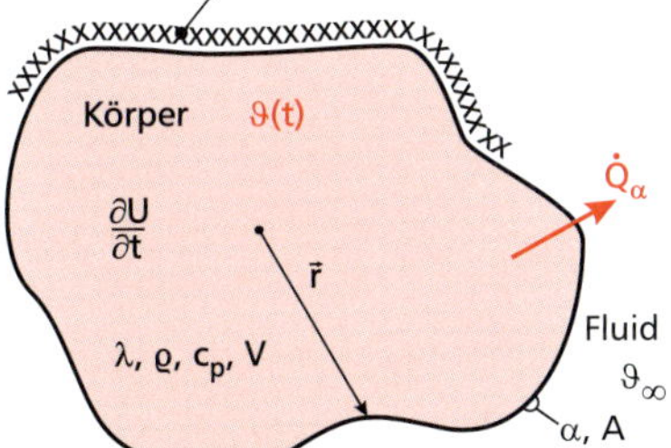

Bild 5.10: *Körper mit geringen inneren Temperaturunterschieden und Wärmeübergang zur Umgebung.*

Der Name „ideal gerührter Behälter" weist auf die fluiddynamische Analogie eines intensiv durchmischten Rührkessels im thermischen Kontakt mit der Umgebung hin. Nach Beispiel 2.1 ist das Modell auch auf Festkörper anwendbar.

Erfolgt der Wärmefluss nur über einen Teil der Oberfläche, ist die wärmeübertragende Oberfläche A geringer als die gesamte Körperoberfläche A^*.

Das Modell ist auch bei Vorliegen eines **Wärmedurchgangs** bei nicht wärmespeichernder Hülle anwendbar, wobei der Wärmeübergangskoeffizient α in der Biot-Zahl durch den Wärmedurchgangskoeffizienten k zu ersetzen ist.

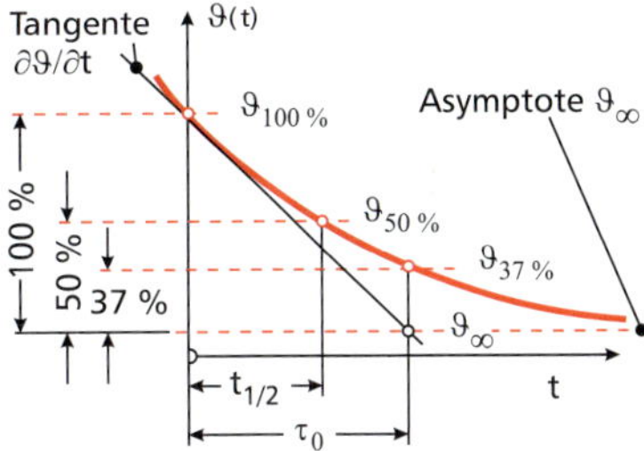

Bild 5.11: *Zeitkonstante τ_0 und Halbwertszeit $t_{1/2}$ der exponentiell abklingenden Temperatur $\vartheta(t)$.*

Zuweilen wird beim ideal gerührten Behälter der Abstand zwischen den maximalen Temperaturen des realen Körpers als charakteristische Länge L benutzt, die der Entfernung Körperoberfläche – Körpermitte (Halbmesser) entspricht. Mit den so gebildeten Kennzahlen Fo und Bi folgt für Platte ($n=0$), Zylinder ($n=1$) und Kugel ($n=2$) als normierte Temperatur :

$$\Theta(Fo) = \exp\left[-(n+1) \cdot Bi \cdot Fo\right] \tag{5.23}$$

Tabelle 5.3: *Umrechnung der mit dem Halbmesser R bzw. mit der charakteristischen Länge $\widetilde{L}$ gebildeten Kennzahlen beim ideal gerührten Behälter (IGB) für unendlich ausgedehnte ebene Platte, unendlich langen Zylinder und Kugel.*

Größe	Definition	Platte ($n=0$)	Zylinder ($n=1$)	Kugel ($n=2$)
charakteristische Länge	$\widetilde{L}=\frac{V}{A}$	$\widetilde{L}=\frac{1}{1}\cdot R$	$\widetilde{L}=\frac{1}{2}\cdot R$	$\widetilde{L}=\frac{1}{3}\cdot R$
Biot-Zahl	$\widetilde{Bi}=\frac{\alpha\cdot\widetilde{L}}{\lambda}$	$\widetilde{Bi}=\frac{1}{1}\cdot Bi$	$\widetilde{Bi}=\frac{1}{2}\cdot Bi$	$\widetilde{Bi}=\frac{1}{3}\cdot Bi$
Zeitkonstante	$\tau_0=\frac{\varrho\cdot V\cdot c_p}{\alpha\cdot A}$	$\tau_0=\frac{1}{1}\cdot\frac{\varrho\cdot c_p\cdot R}{\alpha}$	$\tau_0=\frac{1}{2}\cdot\frac{\varrho\cdot c_p\cdot R}{\alpha}$	$\tau_0=\frac{1}{3}\cdot\frac{\varrho\cdot c_p\cdot R}{\alpha}$
Fourier-Zahl	$\widetilde{Fo}=\frac{a\cdot t}{\widetilde{L}^2}$	$\widetilde{Fo}=1\cdot Fo$	$\widetilde{Fo}=4\cdot Fo$	$\widetilde{Fo}=9\cdot Fo$
dimensionsloses Zeitverhalten	$\frac{t}{\tau_0}=\widetilde{Bi}\cdot\widetilde{Fo}$	$\widetilde{Bi}\cdot\widetilde{Fo}=1\cdot Bi\cdot Fo$	$\widetilde{Bi}\cdot\widetilde{Fo}=2\cdot Bi\cdot Fo$	$\widetilde{Bi}\cdot\widetilde{Fo}=3\cdot Bi\cdot Fo$

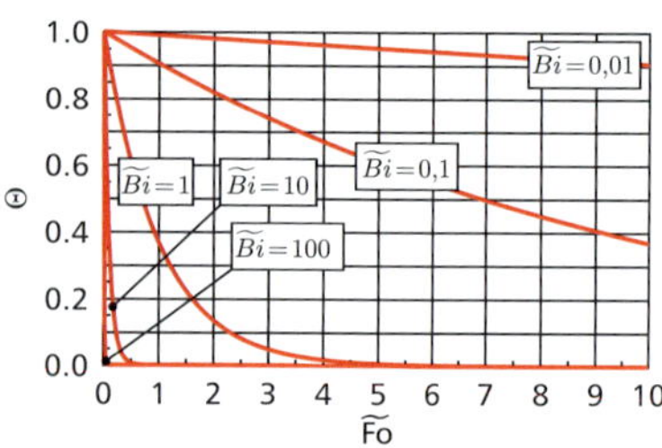

Bild 5.12: *Normierte Temperatur des ideal gerührten Behälters in Abhängigkeit von $\widetilde{Bi}$.*

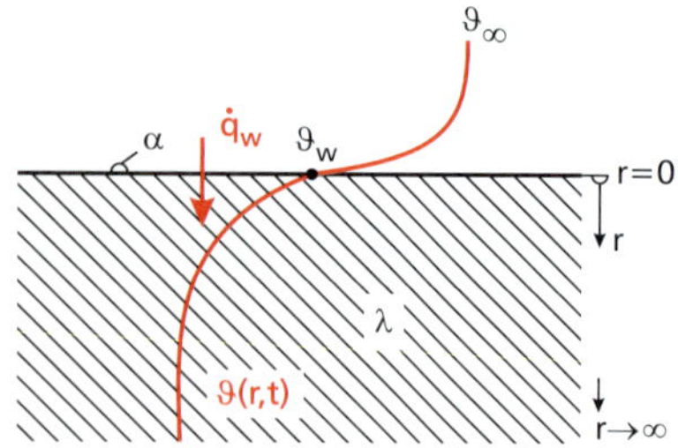

Bild 5.13: *Einseitig ausgedehnter halbunendlicher Körper.*

Im Gegensatz zu den symmetrischen Grundkörpern zählt die Ortskoordinate beim halbunendlichen Körper von der **Körperoberfläche** aus und wird oftmals mit r^* bezeichnet, um den Unterschied zur bereits belegten Ortskoordinate r von der Körpermitte aus zu verdeutlichen (vgl. z. B. Gl. (5.55)). Darauf ist insbesondere dann zu achten, wenn innerhalb einer Berechnung das Modell gewechselt wird (z. B. beim Übergang von sehr kurzen auf lange Zeiten).

Die dimensionslose Orts-Zeit-Koordinate μ ist nicht mit dem Rippenparameter μ zu verwechseln. Mit ihr lässt sich die partielle Wärmeleitungsdifferenzialgleichung auf die gewöhnliche Differenzialgleichung $\Theta''+2\mu\Theta'=0$ reduzieren.

Für $Fo > Fo^*$ und $Bi < 0{,}1$ beträgt der auf die Zentrumsübertemperatur bezogene Temperaturunterschied zwischen Oberfläche und Zentrum des betreffenden Grundkörpers weniger als $5\,\%$, wie aus den Bildern 5.24–5.26 abgelesen werden kann. Für $Bi < 0{,}2$ liegt die Temperaturdifferenz zwischen Körperoberfläche und Mitte immerhin noch unter $10\,\%$. Das in Gl. (5.28) genannte Kriterium ist auch für Fourier-Zahlen $Fo < Fo^*$ einsetzbar.

Wie aus Bild 5.12 zu erkennen ist, verläuft der Temperaturabfall im ideal gerührten Behälter unterschiedlich rasch, je nachdem wie hoch der Wärmeübergang zur Umgebung, d. h. die Biot-Zahl, ist.

5.1.6 Halbunendlicher Körper

Der halbunendliche Körper ist **halbseitig unendlich ausgedehnt** (z. B. Erdboden), so dass sich die Ortskoordinate zwischen 0 (Oberfläche) und ∞ (Körpertiefe) bewegt. Das Modell des halbunendlichen Körpers ist für endlich ausgedehnte Körper als **Näherungslösung für sehr kurze Zeiten** ($Fo \ll Fo^*$) anwendbar. Die spürbaren Temperaturänderungen beschränken sich hierbei auf den oberflächennahen Bereich, während die Temperatur im Kern weitgehend unverändert bleibt. Der halbunendliche Körper ist vereinfachend auch auf gekrümmte Geometrien (Zylinder, Kugel) anwendbar, wenn Krümmungseffekte vernachlässigt werden und schnell ablaufende Temperaturänderungen vorliegen. Die Berechnungsmethode des halbunendlichen Körpers ist von grundsätzlicher Bedeutung, da sie auch theoretisch als Reihenentwicklung speziell für kurze Zeiten hergeleitet werden kann. Ähnliche Reihenansätze existieren für Körper mit gekrümmten Oberflächen (Zylinder, Kugel) [28], sind aber sehr unhandlich und versagen wegen des Faktors $1/r$ nahe der geometrischen Mitte $r \approx 0$ völlig.

Zur Lösung der eindimensionalen instationären Wärmeleitungsdifferenzialgleichung mit der allgemeinen Ortskoordinate r wird eine **dimensionslose Orts-Zeit-Koordinate** (Ähnlichkeitsvariable) μ definiert:

$$\mu := \frac{r}{2\sqrt{a\,t}} \tag{5.29}$$

Zur Zeit $t=0$ sowie im Unendlichen ($r\to\infty$) weist der halbunendliche Körper die Temperatur ϑ_0 auf:

$$\vartheta(r,t=0) = \vartheta(r\to\infty,t) = \vartheta_0 \tag{5.30}$$

Das Temperaturfeld im halbunendlichen Körper hängt maßgeblich von der Art der Randbedingung an der Oberfläche ab.

- **Randbedingung 1. Art**

Bei RB 1. Art an der Oberfläche (bekannte Oberflächentemperatur)

$\vartheta(r=0,t) = \vartheta_w = \text{const.}$ (5.31)

gilt mit dem **Gauß'schen Fehlerintegral** erf (**Error-Function**):

$$\vartheta(r,t) = \vartheta_w + (\vartheta_0 - \vartheta_w) \cdot \text{erf}\,(\mu) \quad (5.32)$$

$$\dot{q}(r,t) = -\lambda \cdot (\vartheta_0 - \vartheta_w) \cdot \frac{\exp(-\mu^2)}{\sqrt{\pi\, a\, t}} \quad (5.33)$$

$$q^*(t) = \frac{Q(t)}{A} = -2\,\lambda \sqrt{\frac{t}{\pi\, a}} \cdot (\vartheta_0 - \vartheta_w) \quad (5.34)$$

- **Randbedingung 2. Art**

Bei bekannter Wärmestromdichte an der Körperoberfläche

$\dot{q}(r=0,t) = \dot{q}_w = \text{const.}$ (5.40)

tritt die **komplementäre Fehlerfunktion** erfc (vgl. Abschnitt 10.1) auf:

$$\vartheta(r,t) = \vartheta_0 + \frac{\dot{q}_w}{\lambda}\left[2\sqrt{\frac{a\,t}{\pi}} \cdot \exp\left(-\mu^2\right) - r \cdot \text{erfc}(\mu)\right] \quad (5.41)$$

$$\dot{q}(r,t) = \dot{q}_w \cdot \text{erfc}(\mu) \quad (5.42)$$

$$q^*(t) = \frac{Q(t)}{A} = \dot{q}_w \cdot t \quad (5.43)$$

- **Randbedingung 3. Art**

Die RB 3. Art koppelt Wandtemperatur und Temperaturgradient:

$$\lambda \cdot \left.\frac{\partial \vartheta}{\partial r}\right|_{r=0} = \alpha \cdot (\vartheta_w - \vartheta_\infty) = \alpha \cdot \left[\vartheta(r=0,t) - \vartheta_\infty\right] \quad (5.44)$$

Unter Berücksichtigung der **dimensionslosen Kenngröße** τ

$$\tau := a\, t \left(\frac{\alpha}{\lambda}\right)^2 \quad (5.45)$$

gilt für das Temperaturfeld und die Wärmestromdichte (Vorzeichen gemäß Bild 5.13) an einer beliebigen Stelle r und der Oberfläche $r=0$:

$$\vartheta(r,t) = \vartheta_\infty + (\vartheta_0 - \vartheta_\infty) \cdot \left[\text{erf}(\mu) + \exp\left(\tau + 2\sqrt{\tau} \cdot \mu\right) \cdot \text{erfc}(\sqrt{\tau} + \mu)\right] \quad (5.46)$$

$$\vartheta_w(t) = \vartheta(r=0,t) = \vartheta_\infty + (\vartheta_0 - \vartheta_\infty) \cdot \exp(\tau) \cdot \text{erfc}(\sqrt{\tau}) \quad (5.47)$$

$$\dot{q}(r,t) = -\alpha \cdot (\vartheta_0 - \vartheta_\infty) \cdot \exp(\tau + 2\sqrt{\tau} \cdot \mu) \cdot \text{erfc}(\sqrt{\tau} + \mu) \quad (5.48)$$

$$\dot{q}_w(t) = \dot{q}(r=0,t) = -\alpha \cdot (\vartheta_0 - \vartheta_\infty) \cdot \exp(\tau) \cdot \text{erfc}(\sqrt{\tau}) \quad (5.49)$$

$$q^*(t) = \frac{Q(t)}{A} = -\frac{\lambda^2}{a \cdot \alpha} \cdot (\vartheta_0 - \vartheta_\infty) \cdot \left[1 - 2\sqrt{\frac{\tau}{\pi}} - \exp(\tau) \cdot \text{erfc}(\sqrt{\tau})\right] \quad (5.50)$$

- **Dimensionslose Darstellung**

Das Temperaturfeld des halbunendlichen Körpers kann bei Beachtung der folgenden Zusammenhänge auch **dimensionslos** notiert werden:

$\tau = Fo \cdot Bi^2$ bzw. $\sqrt{\tau} = \sqrt{Fo} \cdot Bi$ (5.52)

Bei Randbedingung 3. Art gilt beispielsweise:

$$\Theta(\mu, Fo) = \text{erf}(\mu) + \exp\left(Fo \cdot Bi^2 + 2\sqrt{Fo} \cdot Bi \cdot \mu\right) \cdot \text{erfc}\left(\sqrt{Fo} \cdot Bi + \mu\right) \quad (5.53)$$

$$\Theta_w(Fo) = \exp\left(Fo \cdot Bi^2\right) \cdot \text{erfc}\left(\sqrt{Fo} \cdot Bi\right) \quad (5.54)$$

Die flächenbezogene übertragene Wärme q^* (Wärmedichte) ist das Integral der Wärmestromdichte an der Körperoberfläche zwischen $\tau=0$ und $\tau=t$:

$$q^*(t) = \frac{Q(t)}{A} = \int_0^t \dot{q}_W(\tau)\,d\tau = \int_0^t \dot{q}(r=0,\tau)\,d\tau \quad (5.35)$$

Die nach C.F. Gauß benannte Fehlerfunktion $\text{erf}(x)$ ist gemäß Abschnitt 10.1 als Integral definiert:

$$\text{erf}(x) := \frac{2}{\sqrt{\pi}} \cdot \int_0^x \exp(-\xi^2)d\xi \quad (5.36)$$

Fehlerfunktion und die komplementäre Fehlerfunktion ergänzen sich zu eins:

$\text{erfc}(x) := 1 - \text{erf}(x)$ (5.37)

Es gelten die besonderen Werte:

$\text{erf}(0) = 0 \qquad \text{erf}(x \to \infty) = 1$ (5.38)

$\text{erfc}(0) = 1 \qquad \text{erfc}(x \to \infty) = 0$ (5.39)

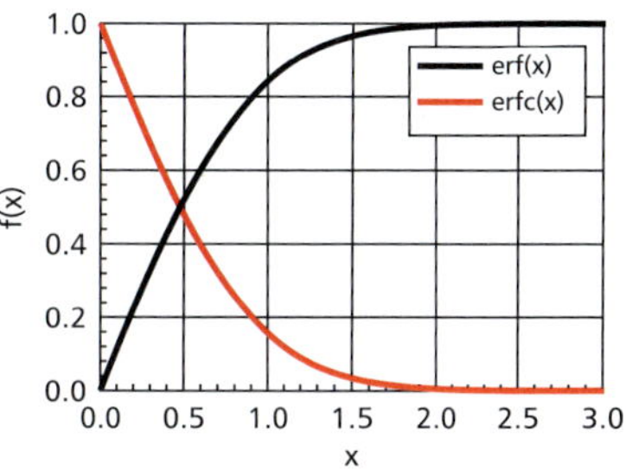

Bild 5.14: *Gauß'sche Fehlerfunktion und komplementäre Fehlerfunktion.*

τ stellt gemäß Gl. (5.52) das Produkt der Fo-Zahl und dem Quadrat der Bi-Zahl dar und ist nicht mit der Zeitkonstante τ_0 des ideal gerührten Behälters zu verwechseln.

Der halbunendliche Körper besitzt von sich aus keine charakteristische Länge L. Im Produkt $Fo \cdot Bi^2$ kürzt sie sich heraus. Gelegentlich wird $Fo \cdot Bi^2$ als Quadrat der modifizierten Biot-Zahl $\widehat{Bi}$ interpretiert, die von der **Diffusionslänge** $\widehat{L} := \sqrt{a \cdot t}$ und damit von der Zeit t abhängt:

$$\widehat{Bi} = \frac{\alpha \cdot \widehat{L}}{\lambda} = \frac{\alpha \cdot \sqrt{a \cdot t}}{\lambda} = \sqrt{\tau} \quad (5.51)$$

Die Diffusionslänge $\widehat{L}$ kennzeichnet die Länge in einem Festkörper, die in der Zeit t von einer Temperaturänderung erfasst wird.

Lösungen für den halbunendlichen Körper mit **periodischen Randbedingungen** finden sich in den Arbeitshilfen III, S. 348 sowie in [24].

Die nachfolgenden Überlegungen werden für die in der Praxis häufig auftretende RB 3. Art abgeleitet. Sie gelten sinngemäß auch bei RB 1. / 2. Art.

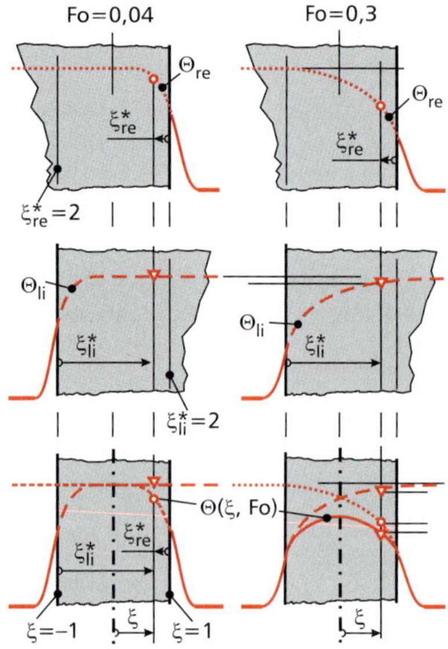

Bild 5.15: *Temperaturprofil in einer Platte (links: Für sehr kleine Zeiten $Fo = 0{,}04$ wird der halbunendliche Körper wegen des noch vernachlässigbaren Einflusses der gegenüberliegenden Wand einseitig angewendet; rechts: Für etwas größere Zeiten bis $Fo \leq 0{,}3$ werden die Temperaturen der an jeder Seite angesetzten halbunendlichen Körper überlagert).*

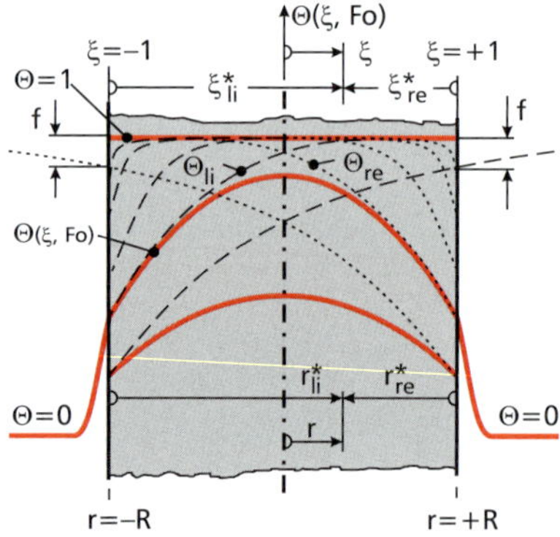

Bild 5.16: *Grenzen der Anwendbarkeit des halbunendlichen Körpers. Für große Fourier-Zahlen $Fo > Fo^* = 0{,}3$ wächst der Fehler, da die Lösung auch für den Abkühlvorgang von Bereichen gilt, die nicht mehr im Plattenvolumen liegen (Bereich f).*

▸ Überlagerung zweier halbunendlicher Körper

Für Fourier-Zahlen bis zum Grenzwert $Fo^* = 0{,}3$ (Langzeitnäherung) erhält man die Temperaturverteilung in der ebenen Platte endlicher Dicke ($L = 2\,R$) durch **Überlagerung** zweier Lösungen für den halbunendlichen Körper, jeweils von „links" bzw. von „rechts" her angesetzt. Dabei entspricht diese Superposition den ersten Gliedern einer Reihe, die als spezielle Kurzzeitnäherung für die exakte Plattenlösung nach Abschnitt 5.1.7 auch theoretisch herleitbar ist. Die Überlagerung ist **nur für die Platte** anwendbar. Spezielle Kurzzeitnäherungen für Zylinder und Kugel werden in Abschnitt 5.1.9 vorgestellt.

Aus der Koordinatentransformation für die linke und rechte Seite

$$r^*_{li} = r + R \qquad \text{und} \qquad r^*_{re} = R - r \tag{5.55}$$

bzw.

$$\mu_{li} = \frac{r^*_{li}}{2\sqrt{a \cdot t}} \qquad \text{und} \qquad \mu_{re} = \frac{r^*_{re}}{2\sqrt{a \cdot t}} \tag{5.56}$$

erhält man bei Randbedingung 3. Art für die überlagerte Temperaturkurve:

$$\begin{aligned}\Theta\left(\mu_{li}, \mu_{re}, \tau\right) &= \Theta_{li} + \Theta_{re} - 1\\ &= \operatorname{erf}\left(\mu_{li}\right) + \exp\left(\tau + 2\sqrt{\tau}\cdot\mu_{li}\right)\cdot\operatorname{erfc}\left(\sqrt{\tau}+\mu_{li}\right)\\ &\quad + \operatorname{erf}\left(\mu_{re}\right) + \exp\left(\tau + 2\sqrt{\tau}\cdot\mu_{re}\right)\cdot\operatorname{erfc}\left(\sqrt{\tau}+\mu_{re}\right) - 1\end{aligned} \tag{5.57}$$

Häufig findet man neben Mischformen auch folgende Schreibweise

$$\xi^*_{li} = \frac{r^*_{li}}{R} = 1 + \xi;\; \xi^*_{re} = \frac{r^*_{re}}{R} = 1 - \xi \;\; \text{bzw.} \;\; \mu_{li} = \frac{\xi^*_{li}}{2\sqrt{Fo}};\; \mu_{re} = \frac{\xi^*_{re}}{2\sqrt{Fo}} \tag{5.58}$$

$$\begin{aligned}&\Theta\left(\xi^*_{li}, \xi^*_{re}, Fo\right) = \Theta_{li} + \Theta_{re} - 1\\ &= \operatorname{erf}\left(\frac{\xi^*_{li}}{2\sqrt{Fo}}\right) + \exp\left(Fo\cdot Bi^2 + Bi\cdot\xi^*_{li}\right)\cdot\operatorname{erfc}\left(\sqrt{Fo}\cdot Bi + \frac{\xi^*_{li}}{2\sqrt{Fo}}\right)\\ &+ \operatorname{erf}\left(\frac{\xi^*_{re}}{2\sqrt{Fo}}\right) + \exp\left(Fo\cdot Bi^2 + Bi\cdot\xi^*_{re}\right)\cdot\operatorname{erfc}\left(\sqrt{Fo}\cdot Bi + \frac{\xi^*_{re}}{2\sqrt{Fo}}\right) - 1\end{aligned} \tag{5.59}$$

mit den Definitionen für die dimensionslosen Kennzahlen der Platte:

$$Fo = \frac{a\cdot t}{R^2};\;\; Bi = \frac{\alpha\cdot R}{\lambda};\;\; Fo\cdot Bi^2 = \tau = a\cdot t\cdot\left(\frac{\alpha}{\lambda}\right)^2;\;\; \mu_{li/re} = \frac{\xi^*_{li/re}}{2\sqrt{Fo}} \tag{5.60}$$

Die beiden unteren Zeilen in den Gln. (5.57) und (5.59) entsprechen jeweils den Temperaturverläufen Θ_{li} und Θ_{re} in Bild 5.15. Für sehr kurze Zeiten $Fo = 0{,}04$ (linke Spalte in Bild 5.15) ist der Einfluss der gegenüberliegenden Wand vernachlässigbar. Die Temperatur $\Theta(\xi, Fo)$ im rechten Plattenfeld (Bild 5.15 links unten) wird durch den Einfluss Θ_{re} der rechten Plattenbegrenzung bestimmt. Die Temperatur der linken Seite Θ_{li} schlägt an dieser Stelle noch nicht durch und kann vernachlässigt werden. Die einseitige Anwendung des halbunendlichen Körpers ist also zulässig.

Für größere Zeiten (rechte Spalte von Bild 5.15, $Fo = 0{,}3$) ergibt sich die Temperatur an der Stelle ξ aus der Überlagerung der Anteile von Θ_{li} und Θ_{re}. Der Einfluss der gegenüberliegenden Wand ist in der

Plattenmitte am größten und schwindet zum Plattenrand hin. Daraus lässt sich eine Zeitgrenze zwischen einseitiger und zweiseitiger Anwendung des halbunendlichen Körpers abschätzen. Fordert man beispielsweise beim Abkühlvorgang für den Einfluss der gegenüberliegenden Wand in der Plattenmitte ($\xi = 0$ bzw. $\xi^*_{\text{re/li}} = 1$), also am Ort des Maximums, einen festen Wert von maximal ein Promille gemäß Gl. (5.46), (5.53) oder (5.59)

$$0{,}001 = 1 - \Theta\left(\xi^*_{\text{li/re}} = 1, Fo\right) = 1 - \operatorname{erf}\left(\frac{1}{2\sqrt{Fo}}\right) + \exp\left(Fo \cdot Bi^2 + Bi\right) \cdot \operatorname{erfc}\left(\sqrt{Fo} \cdot Bi + \frac{1}{2\sqrt{Fo}}\right), \tag{5.61}$$

so ergibt sich nach Bild 5.17 für $\dfrac{1}{Bi} = 1$ oder $Bi = 1$ die Zeit $Fo \approx 0{,}074$.

Bild 5.17 liefert also Obergrenzen der Fourier-Zahl für den Einfluss der gegenüberliegenden Wand. Die einseitige Anwendung des halbunendlichen Körpers, wie üblich beschränkt auf wandnahe Volumenbereiche der Platte, führt folglich zu geringeren Fehlern. Im Zweifelsfall ist die zweite Zeile von Gl. (5.57) bzw. Gl. (5.59) auszuwerten.

Für noch größere Zeiten $Fo > Fo^* = 0{,}3$ versagt das Rechenmodell des zweifach angewandten halbunendlichen Körpers zunehmend, da sich die endlichen Volumenbegrenzungen stärker bemerkbar machen. Die Platte kann nicht mehr als „zweimal halbunendlich" betrachtet werden (Bild 5.16), und es sind dann Lösungen nach Abschnitt 5.1.7 und 5.1.8 zu verwenden.

5.1.7 Exakte Lösung für Platte, Zylinder und Kugel

Das normierte Temperaturfeld $\Theta(\xi, Fo)$ lässt sich bei der instationären Wärmeleitung in den elementaren Geometrien (symmetrische ebene Platte, unendlich langer Zylinder mit adiabaten Stirnseiten, Kugel) mit der dimensionslosen Grundgleichung (5.15) beschreiben, wobei die bekannte Zuordnung gilt:

$n = 0$ Platte

$n = 1$ Zylinder

$n = 2$ Kugel (5.64)

Die normierte Anfangsbedingung lautet für alle drei Grundkörper:

$$\Theta(\xi, Fo = 0) = 1 \tag{5.65}$$

Die Körpermitte stellt das flächen-, linien- oder punktförmige Symmetriezentrum dar, über das keine Wärme fließen kann (RB 2. Art):

$$\left.\frac{\partial \Theta}{\partial \xi}\right|_{\xi = 0} = 0 \tag{5.66}$$

An der Körperoberfläche kann eine Randbedingung 1., 2. oder 3. Art auftreten:

$$\Theta(\xi = 1, Fo) = 0 \quad \text{(1. Art)} \tag{5.67}$$

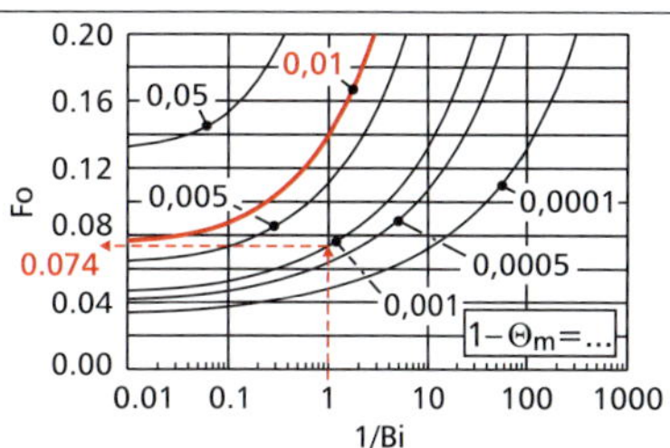

Bild 5.17: *Plattentemperatur bei einseitig angewandtem halbunendlichen Körper mit maximalem Einfluss $1 - \Theta(\xi^* = 1, Fo)$ der gegenüberliegenden Wand auf die Zentrumstemperatur $\Theta(\xi^* = 1, Fo) = \Theta(\xi = 0, Fo)$.*

Der **Wärmeeindringkoeffizient**

$$b = \sqrt{\lambda \cdot \varrho \cdot c_p} \quad \text{in J/(m}^2\,\text{K}\,\text{s}^{0,5}) \tag{5.62}$$

kennzeichnet den von einer Oberflächentemperaturänderung verursachten Wärmestrom. Der ideale thermische Kontakt zweier Körper (Wärmeeindringzahlen b_1, b_2; Temperaturen ϑ_1, ϑ_2) kann als Berührung zweier halbunendlicher Körper modelliert werden. Die zeitunabhängige **Kontakttemperatur** ϑ_C liegt näher an der Temperatur des Körpers mit dem größeren b-Wert:

$$\vartheta_C = \vartheta_1 + (\vartheta_2 - \vartheta_1) \cdot \frac{b_2}{b_1 + b_2} \tag{5.63}$$

Der instationäre Temperaturverlauf zweier halbunendlicher Körper in variablem thermischen Kontakt liegt als Excel-Programm zum Download vor.

Im Unterschied zum halbunendlichen Körper zählt die Ortskoordinate r bzw. ξ bei den symmetrischen Körpern von der **Körpermitte** aus.

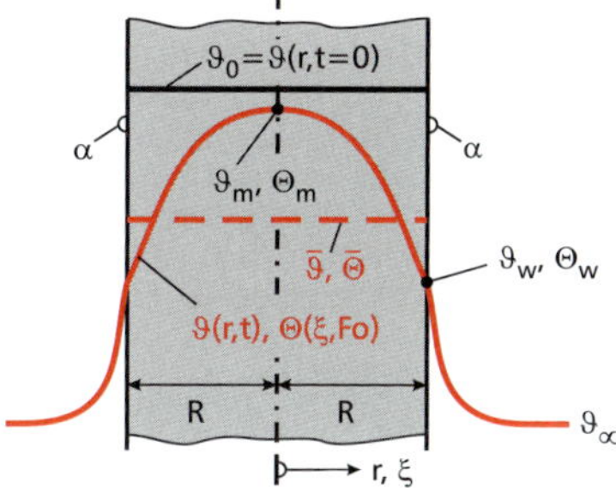

Bild 5.18: *Symmetrische Platte mit RB 3. Art.*

Bei RB 3. Art mit nicht speichernder Hülle ist der Wärmeübergangskoeffizient α durch den Wärmedurchgangskoeffizienten k sowie $Bi = \dfrac{\alpha \cdot L}{\lambda}$ durch $Bi_k = \dfrac{k \cdot L}{\lambda}$ zu ersetzen.

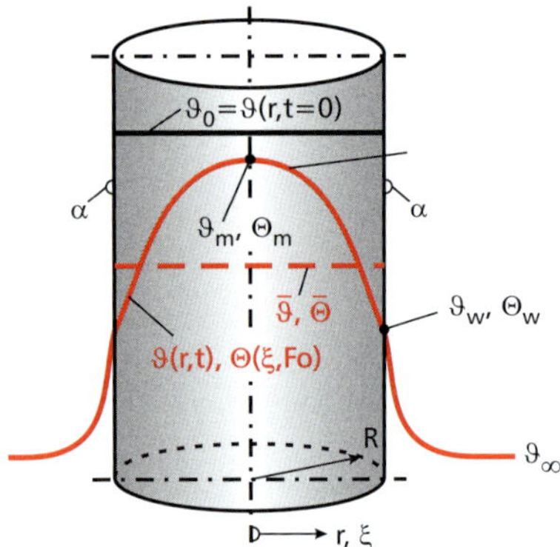

Bild 5.19: *Symmetrischer Zylinder mit RB 3. Art.*

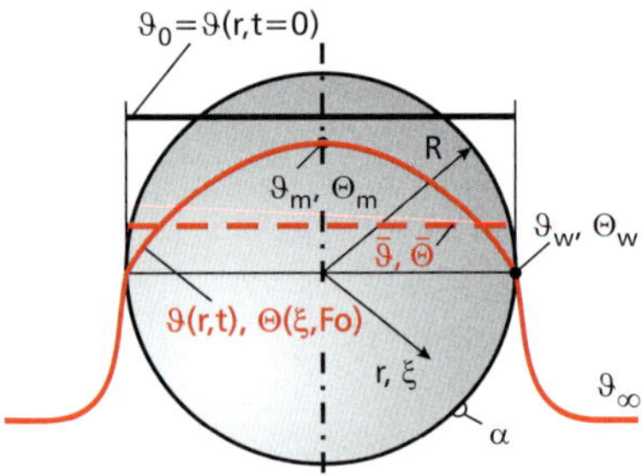

Bild 5.20: *Symmetrische Kugel mit RB 3. Art.*

Aufgrund der vergleichsweise guten Konvergenz der Fourier-Reihe (5.70) infolge der dämpfenden Wirkung der Exponentialfunktion genügen im Allgemeinen wenige Reihenglieder, so dass die Summation nicht bis ins Unendliche erstreckt werden muss. Allerdings eignet sich diese exakte Lösung nicht für die Handrechnung, sondern ist am Computer auszuwerten (z. B. Excel). Für sehr kurze Zeiten $Fo \ll Fo^*$ sind wegen der dann nur mäßigen Konvergenz der Fourier-Reihe (5.70) die Kurzzeitlösungen gemäß Tabelle 5.2 zu bevorzugen.

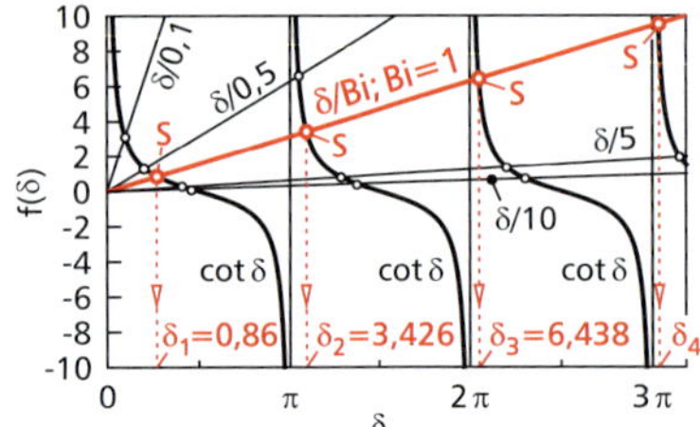

Bild 5.21: *Grafische Eigenwertbestimmung bei der Platte für verschiedene Bi-Zahlen.*

$$-\left.\frac{\partial\Theta}{\partial\xi}\right|_{\xi=1} = \frac{\dot{q}_w \cdot L}{\lambda\cdot(\vartheta_0-\vartheta_\infty)} \quad \text{(2. Art)} \tag{5.68}$$

$$-\left.\frac{\partial\Theta}{\partial\xi}\right|_{\xi=1} = Bi\cdot\Theta(\xi=1,Fo) \quad \text{(3. Art)} \tag{5.69}$$

▸ **Randbedingung 3. Art**

Gl. (5.15) lässt sich unter Berücksichtigung der Anfangsbedingung (5.65) sowie der Randbedingungen (5.66) und (5.69) durch eine **Fourier-Reihe** exakt lösen:

$$\Theta(\xi,Fo) = \sum_{k=1}^{\infty} f_1(\delta_k)\cdot f_2(\delta_k\,\xi)\cdot\exp\left(-\delta_k^2\,Fo\right) \tag{5.70}$$

▸ **Eigenwerte und Lösungsfunktionen**

Die unendlich vielen **Eigenwerte** δ_k (einer je Reihenglied) folgen mithilfe der Randbedingung durch Lösung der jeweiligen nichtlinearen Eigenwertgleichung. Je nach Geometrie (Platte, Zylinder, Kugel) haben die Lösungsfunktionen $f_1(\delta_k)$ und $f_2(\delta_k\xi)$ und die Bestimmungsgleichung für die Eigenwerte unterschiedliche Gestalt.

Tabelle 5.4: *Funktionen f_1 und f_2 sowie Eigenwerte δ_k für Randbedingung 3. Art.*

Geometrie	$f_1(\delta_k)$	$f_2(\delta_k\,\xi)$	Eigenwertgleichung
Platte	$\frac{2\sin(\delta_k)}{\delta_k+\sin(\delta_k)\cdot\cos(\delta_k)}$	$\cos(\delta_k\,\xi)$	$\cot(\delta_k)=\frac{\delta_k}{Bi}$
Zylinder	$\frac{2\,J_1(\delta_k)}{\delta_k\cdot\left[J_0^2(\delta_k)+J_1^2(\delta_k)\right]}$	$J_0(\delta_k\,\xi)$	$J_0(\delta_k)=\frac{\delta_k}{Bi}\cdot J_1(\delta_k)$
Kugel	$2\,\frac{\sin(\delta_k)-\delta_k\cdot\cos(\delta_k)}{\delta_k-\sin(\delta_k)\cdot\cos(\delta_k)}$	$\frac{\sin(\delta_k\,\xi)}{\delta_k\,\xi}$	$\delta_k\cdot\cot(\delta_k)=1-Bi$

Die in der Lösung für den Zylinder auftretenden **Bessel-Funktionen (Zylinderfunktionen)** 1. Art (1. Gattung), 0. Ordnung J_0 und 1. Ordnung J_1 sind in Tabelle 10.3 zusammengestellt.

Die Bilder 5.21–5.23 veranschaulichen die grafische Lösung der nichtlinearen Eigenwertgleichungen für Platte, Zylinder und Kugel bei Randbedingung 3. Art für ausgewählte Biot-Zahlen. Beispielsweise ergeben sich die Eigenwerte für die Platte als Schnitt des Kotangens mit der Ursprungsgeraden mit der Steigung $1/Bi$. Wegen der Periodizität der beteiligten Funktionen resultieren unendlich viele Lösungen für jeden Wert der Biot-Zahl. In der Praxis lassen sich die Eigenwertgleichungen leicht mit einem Verfahren zur Nullstellensuche lösen (z. B. Newton-Verfahren).

▸ **Randbedingung 1. Art**

Die normierte Temperatur $\Theta(\xi,Fo)$ folgt für die Randbedingung 1. Art durch Berechnung der Eigenwerte δ_k für den Grenzübergang $Bi\to\infty$ bzw. $iBi=\dfrac{1}{Bi}\to 0$ aus Gl. (5.70).

Gemäß Tabelle 5.5 sind die Lösungsfunktionen f_1 und f_2 dieselben wie bei Randbedingung 3. Art, lediglich die Eigenwerte sind verschieden, wobei diese für Platte und Kugel analytisch berechenbar sind:

Tabelle 5.5: *Funktionen f_1 und f_2 sowie Eigenwerte δ_k für Randbedingung 1. Art.*

Geometrie	$f_1(\delta_k)$	$f_2(\delta_k\,\xi)$	Eigenwertgleichung
Platte	$\dfrac{2\sin(\delta_k)}{\delta_k+\sin(\delta_k)\cdot\cos(\delta_k)}$	$\cos(\delta_k\,\xi)$	$\cot(\delta_k)=0 \;\Leftrightarrow\; \delta_k=(2\,k-1)\cdot\dfrac{\pi}{2}$
Zylinder	$\dfrac{2\,J_1(\delta_k)}{\delta_k\cdot\left[J_0^2(\delta_k)+J_1^2(\delta_k)\right]}$	$J_0(\delta_k\,\xi)$	$J_0(\delta_k)=0$
Kugel	$2\,\dfrac{\sin(\delta_k)-\delta_k\cdot\cos(\delta_k)}{\delta_k-\sin(\delta_k)\cdot\cos(\delta_k)}$	$\dfrac{\sin(\delta_k\,\xi)}{\delta_k\,\xi}$	$\dfrac{\sin(\delta_k)}{\sin(\delta_k)-\delta_k\cdot\cos(\delta_k)}=0 \;\Leftrightarrow\; \delta_k=k\cdot\pi$

5.1.8 Näherungslösung für große Zeiten

▸ Randbedingung 3. Art

Für hinreichend große Zeiten $Fo > Fo^*$ lässt sich die Temperaturverteilung $\Theta(\xi,Fo)$ von Platte, Zylinder und Kugel durch den **1. Term der Fourier-Reihe** (5.70) approximieren:

$$\Theta(\xi,Fo>Fo^*)\approx f_1(\delta_1)\cdot\exp\left(-\delta_1^2\,Fo\right)\cdot f_2(\delta_1\,\xi) \tag{5.71}$$

Die Lösungsfunktionen $f_1(\delta_1)$ und $f_2(\delta_1\,\xi)$ sind nun für den 1. Eigenwert δ_1 auszuwerten. Die Summation in Gl. (5.70) entfällt. Mithilfe der Konstanten

$$E := \delta_1^2 \tag{5.72}$$

$$C_m := f_1(\delta_1) \tag{5.73}$$

$$C_w := f_1(\delta_1)\cdot f_2(\delta_1) \tag{5.74}$$

$$C_q := f_1(\delta_1)\cdot\int_0^1 f_2(\delta_1\,\xi)\cdot(n+1)\cdot\xi^n\,d\xi \tag{5.75}$$

lassen sich bei RB 3. Art folgende Näherungslösungen unter Beachtung von Gl. (5.64) für die einzelnen Geometrien angeben:

$$\Theta(\xi,Fo)\approx C_m\cdot\exp(-E\cdot Fo)\cdot\cos(\delta_1\,\xi) \quad \text{Platte} \quad (Fo>Fo^*=0{,}30) \tag{5.76}$$

$$\Theta(\xi,Fo)\approx C_m\cdot\exp(-E\cdot Fo)\cdot J_0(\delta_1\,\xi) \quad \text{Zylinder} \quad (Fo>Fo^*=0{,}25) \tag{5.77}$$

$$\Theta(\xi,Fo)\approx C_m\cdot\exp(-E\cdot Fo)\cdot\frac{\sin(\delta_1\,\xi)}{\delta_1\,\xi} \quad \text{Kugel} \quad (Fo>Fo^*=0{,}20) \tag{5.78}$$

Die **Konstanten** δ_1, E, C_m, C_w und C_q **der Näherungslösung für große Zeiten** sind in Tabelle 10.7 für die elementaren Geometrien (Platte, Zylinder, Kugel) in Abhängigkeit der **inversen Biot-Zahl** iBi zusammengestellt. Zwischenwerte können linear interpoliert werden.

▸ Randbedingung 1. Art

Bei Randbedingung 1. Art sind die Eigenwerte für $Bi\to\infty$ $(\alpha\to\infty)$, d.h. $iBi=\dfrac{1}{Bi}\to 0$ zu ermitteln (vgl. Tabelle 10.7 im Anhang). Ansonsten sind die vorstehenden Beziehungen unverändert anwendbar.

▸ Temperaturgradient, Wärmestrom und Wärmestromdichte

Der dimensionslose Temperaturgradient $\dfrac{\partial\Theta}{\partial\xi}$ folgt durch Differenziation aus Gl. (5.71). Für die bei zylindrischen Geometrien auftretenden Bessel-Funktionen ist die Beziehung (10.15) zu beachten.

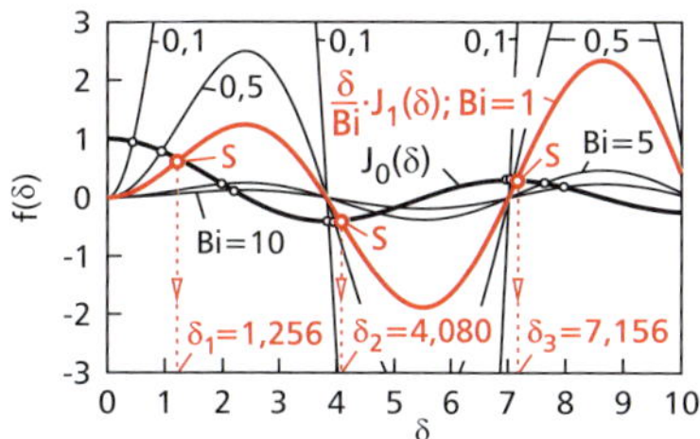

Bild 5.22: *Grafische Eigenwertbestimmung beim Zylinder für verschiedene Bi-Zahlen.*

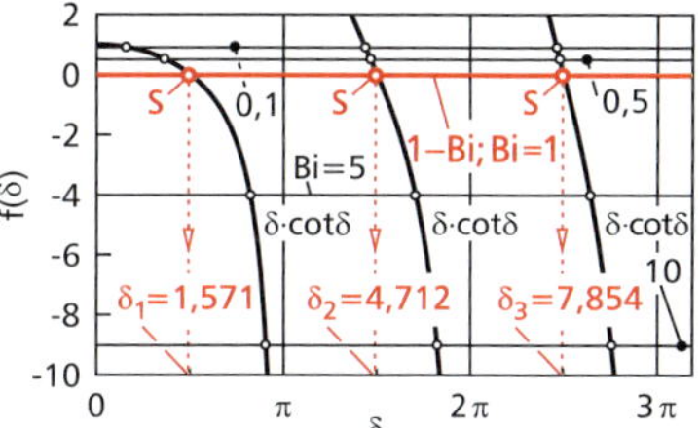

Bild 5.23: *Grafische Eigenwertbestimmung bei der Kugel für verschiedene Bi-Zahlen.*

Näherungslösungen für große Zeiten für die elementaren Grundkörper (Platte, Zylinder, Kugel) mit **Randbedingung 2. Art an der Oberfläche** finden sich in den Arbeitshilfen III, S. 348.

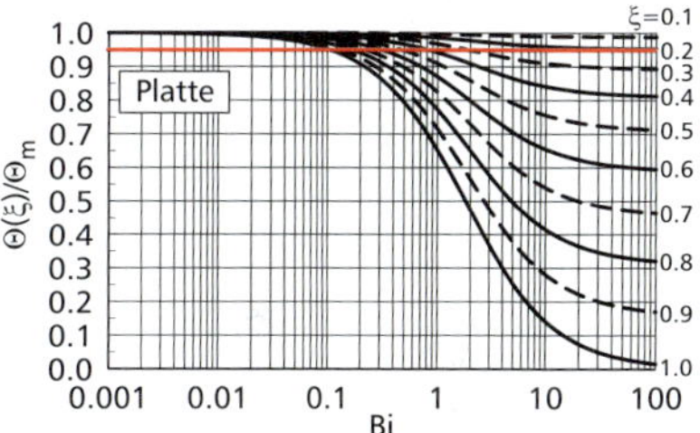

Bild 5.24: *Auf die Zentrumstemperatur bezogene normierte Temperatur der Platte.*

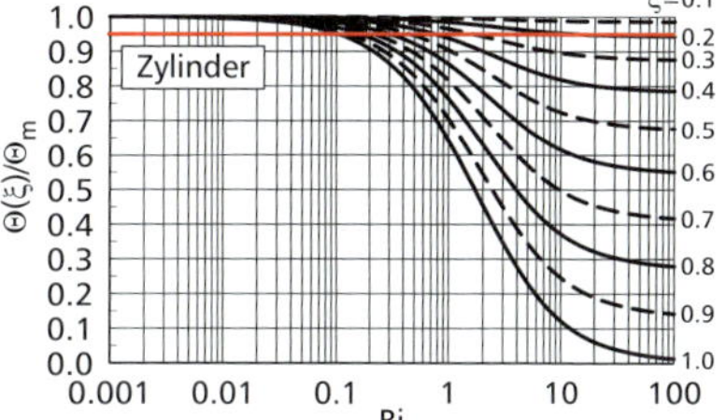

Bild 5.25: *Auf die Zentrumstemperatur bezogene normierte Temperatur des Zylinders.*

Die Bilder 5.24–5.26 (Heisler-Diagramme, 1947) zeigen die auf die Zentrumstemperatur bezogenen normierten Übertemperaturen der 3 Grundkörper für das Modell NGZ ($Fo>Fo^*$) in Abhängigkeit von ξ.

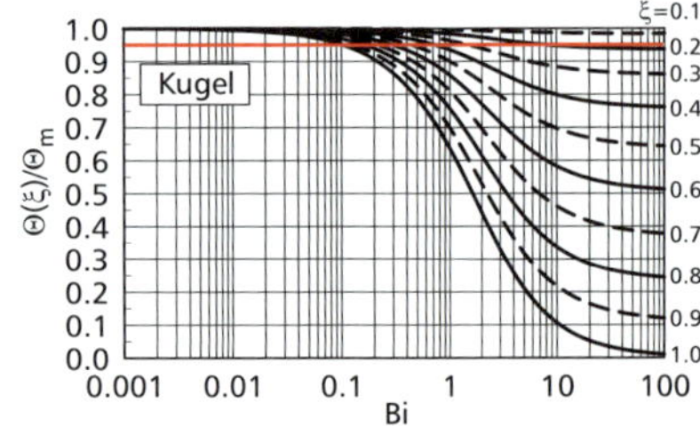

Bild 5.26: *Auf die Zentrumstemperatur bezogene normierte Temperatur der Kugel.*

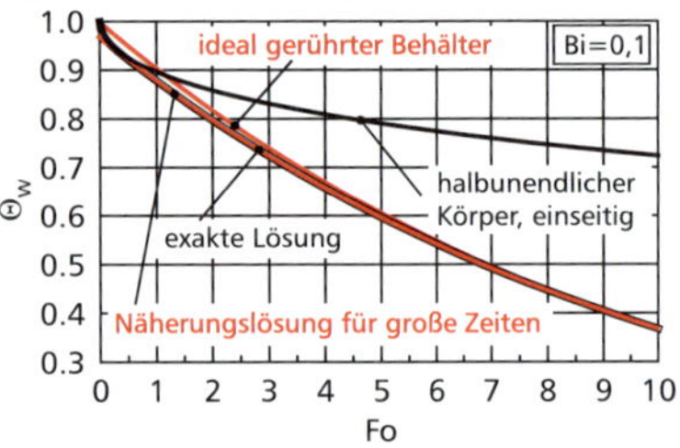

Bild 5.27: *Modellvergleich für* $Bi = 0{,}1$.

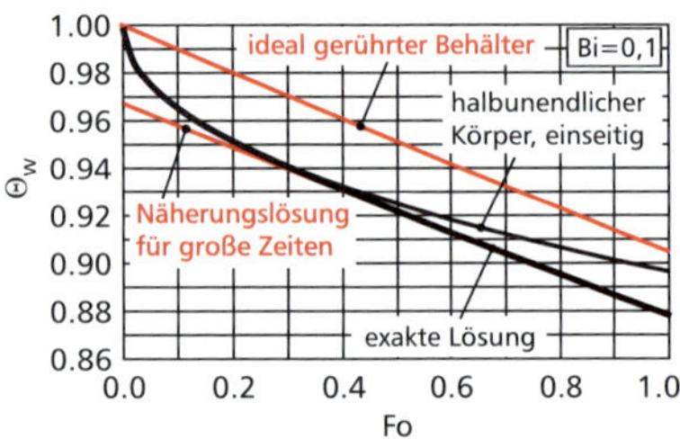

Bild 5.28: *Modellvergleich für* $Bi = 0{,}1$ *und* $Fo < 1$.

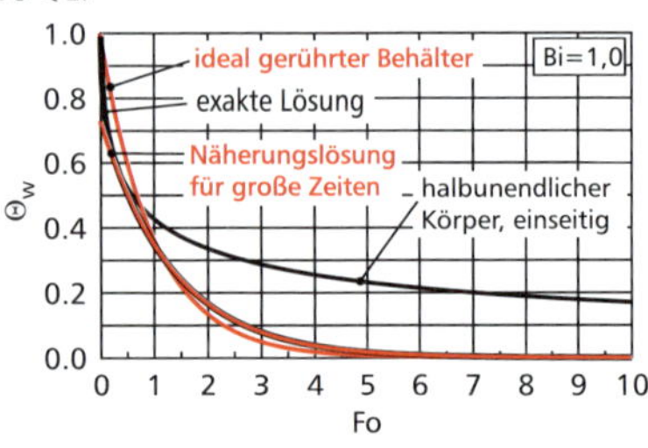

Bild 5.29: *Modellvergleich für* $Bi = 1$.

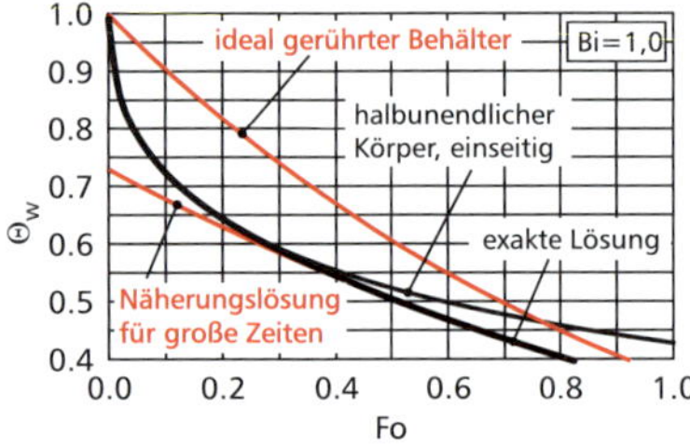

Bild 5.30: *Modellvergleich für* $Bi = 1$ *und* $Fo < 1$.

Mithilfe von Gl. (5.13) lässt sich der dimensionsbehaftete Temperaturgradient $\dfrac{\partial \vartheta}{\partial r}$ ermitteln, der zur Berechnung des übertragenen Wärmestroms $\dot{Q}$ bzw. der übertragenen Wärmestromdichte $\dot{q}$ benötigt wird.

Die Bilder 5.27–5.30 zeigen die einzelnen Modelle der instationären Wärmeleitung für die Wandtemperatur ($\xi = 1$) der ebenen Platte mit Randbedingung 3. Art bei unterschiedlichem Wärmeübergang ($Bi = 0{,}1$ und $Bi = 1$). Die exakte Lösung (mit 20 Reihengliedern) ist dabei als Referenz zu betrachten. Aus den Bildern 5.27 und 5.29 wird deutlich, dass das Modell des einseitig angewendeten halbunendlichen Körpers nur für kurze Zeiten geeignet ist und dass bei größeren Zeiten starke Abweichungen zu den anderen Modellen auftreten. Mit steigender Bi-Zahl treten auch beim Modell des ideal gerührten Behälters zunehmende Unterschiede zur exakten Lösung auf.
Für kurze Zeiten wird aus den Bildern 5.28 und 5.30 anschaulich klar, dass die Näherungslösung mit dem 1. Term der Fourier-Reihe größere Abweichungen zur exakten Lösung und zum einseitig angewendeten halbunendlichen Körper aufweist. Demgegenüber approximiert der einseitige halbunendliche Körper die exakte Lösung für kleine Fo-Zahlen sehr gut. Für die anderen elementaren Geometrien sowie für andere Bi-Zahlen ergeben sich prinzipiell ähnliche Ergebnisse.

Es wurden auch spezielle Kurzzeitreihen für den Zylinder und die Kugel entwickelt [28], die jedoch sehr unhandlich sind und in der Körpermitte ($r = 0$) wegen des Faktors $1/r$ versagen.

▶ spezielle Temperaturen

Für zahlreiche Anwendungen sind gerade auch die

- Temperatur Θ_m (Zentrumstemperatur) in der **Körpermitte** ($\xi = 0$)
- Temperatur Θ_w (Wandtemperatur) am **Körperrand** ($\xi = 1$)
- über den Körper **integral gemittelte Temperatur** $\overline{\Theta}$ (kalorische Mitteltemperatur)

von Interesse, die mit den Konstanten aus den Gln. (5.72)–(5.75) leicht berechenbar sind:

$$\Theta_\mathrm{m}(Fo) \approx C_\mathrm{m} \cdot \exp\left(-E \cdot Fo\right) \tag{5.79}$$

$$\Theta_\mathrm{w}(Fo) \approx C_\mathrm{w} \cdot \exp\left(-E \cdot Fo\right) \tag{5.80}$$

$$\overline{\Theta}(Fo) = \int_{\xi=0}^{1} \Theta\left(\xi, Fo\right) \cdot (n+1) \cdot \xi^n \, d\xi \approx C_\mathrm{q} \cdot \exp\left(-E \cdot Fo\right) \tag{5.81}$$

▶ übertragene Wärme

Die in der Zeit 0 bis t **übertragene Wärme** $Q(t)$ folgt aus:

$$\frac{Q(t)}{Q_\mathrm{max}} = 1 - \overline{\Theta}(Fo) \tag{5.82}$$

Die als Bezugsgröße herangezogene maximal übertragbare Wärme Q_max beträgt:

$$Q_\mathrm{max} = m \cdot c_\mathrm{p} \cdot (\vartheta_0 - \vartheta_\infty) = \varrho \cdot V \cdot c_\mathrm{p} \cdot (\vartheta_0 - \vartheta_\infty) \tag{5.83}$$

5.1.9 Kurzzeitnäherung des erweiterten ideal gerührten Behälters für RB 3. Art

Für kurze Zeiten $Fo < Fo^*$ werden aufgrund der noch schwach ausgeprägten Dämpfung durch die Exponentialfunktion zahlreiche Terme in der exakten Reihenlösung benötigt (Bild 5.31). Deren Auswertung stellt im Allgemeinen mittels Computerprogrammen keine besonderen Schwierigkeiten dar, gestaltet sich aber für überschlägige Berechnungen von Hand mit dem Taschenrechner sehr mühsam. Die in Abschnitt 5.1.6 vorgestellte Näherung nach dem Modell des halbunendlichen Körpers erlaubt es, für sehr kurze Zeiten $Fo < \widehat{Fo} < Fo^*$ die Temperaturen im Volumen sehr nahe der körperbegrenzenden Wand in kompakter Weise und unabhängig von der Geometrie zu berechnen. Für etwas längere Zeiten $\widehat{Fo} < Fo < Fo^*$, also immer noch im Kurzzeitbereich $Fo < Fo^*$, liefert die in Abschnitt 5.1.6 erläuterte Überlagerung zweier halbunendlicher Körper je Seitenwand nur für die Platte brauchbare Ergebnisse. Dabei sind die zeitlichen Grenzen der Anwendung fließend.

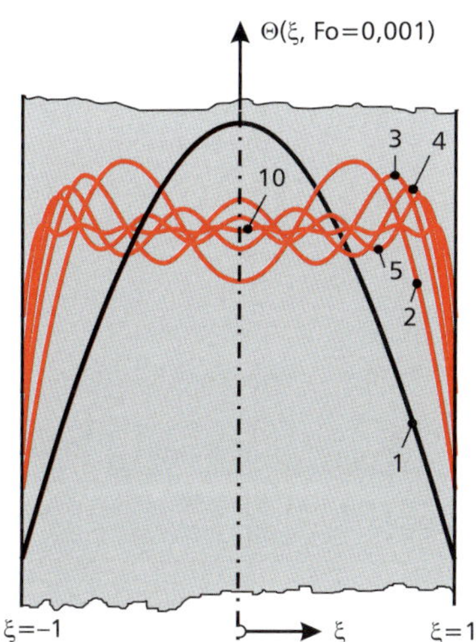

Bild 5.31: *Temperaturverlauf in der ebenen Platte für $Bi = 10$ und sehr kurze Zeiten $Fo = 0{,}001 < Fo^* = 0{,}3$ berechnet mittels Fourier-Reihe. Die Ziffern bezeichnen die Anzahl der berücksichtigten Reihenglieder. Selbst bei 10 Reihengliedern ist für die eigentlich konstante Temperatur im Zentrum eine Wellenlinie erkennbar, deren Ausschläge sich erst ab 14 Termen auf Strichstärke reduzieren. Die Langzeitlösung nur mit dem ersten Reihenglied versagt völlig!*

Wie bereits erwähnt, sind die speziellen Kurzzeit-Reihenentwicklungen für den Zylinder und die Kugel [28] nicht zielführend. Es wurden daher weitere praxisgerechte, halbempirische Näherungsverfahren entwickelt, mit denen die Temperaturen insbesondere an der Wand und im Zentrum auch von gekrümmten Körpern berechnet werden können (z. B. [24], [29]) und die für große Zeiten $Fo > Fo^*$ an die Näherungslösung gemäß Gl. (5.71) möglichst ohne große Abweichungen anschließen, also an den ersten Term der exakten Reihenlösung (5.70).

Im Folgenden wird das Verfahren von A. Campo [29], das eine Erweiterung des Modells des ideal gerührten Behälters darstellt, näher vorgestellt. Der Vorteil dieses Verfahrens ist, dass es nicht nur die Temperaturen an der Wand und in der Mitte liefert, sondern auch die Berechnung des Temperaturfeldes zwischen Wand und Mitte im Zeitintervall $\widetilde{Fo} < Fo < Fo^*$ gestattet. Dabei sind die Zeitgrenzen der Anwendung fließend; die empfohlenen Werte sind in der zusammenfassenden Tabelle 5.8 zu finden.

Die **Grundidee des Modells** ist, den dimensionslosen Temperaturverlauf $\Theta\,(\xi, Fo)$ näherungsweise in drei Schritten zu berechnen:

1. Bestimmung der rein zeitabhängigen kalorischen Mitteltemperatur $\overline{\Theta}(Fo)$ mit dem erweiterten Modell des ideal gerührten Behälters (EIGB)
2. Berechnung der normierten Wandtemperatur $\Theta_{\mathrm{w}}(Fo)$ aus einer Serienschaltung thermischer Widerstände
3. Ansatz eines „geeigneten" Polynoms für die örtliche Temperaturverteilung $\Theta\,(\xi, Fo)$

▸ Berechnung der kalorischen Mitteltemperatur

Im Gegensatz zum ideal gerührten Behälter liegt innerhalb des betrachteten Körpers eine kontinuierliche Temperaturverteilung $\vartheta(r{,}t)$ vor, die dimensionslos als $\Theta\,(\xi, Fo)$ notiert wird (Bild 5.32). Je nach Entfernung Δr zur Wand überwinden beispielsweise beim Abkühlen

Anteile $\Delta\dot{Q}$ des Wärmeflusses einen größeren oder kleineren thermischen Wärmeleitwiderstand $R_{\text{th},\lambda} = \dfrac{\Delta r}{\lambda \cdot A(r)}$ und erst anschließend den konvektiven Wärmeübergangswiderstand $R_\alpha = \dfrac{1}{\alpha \cdot A}$. Während bei der ebenen Platte $A(r) = A = A(r = R) = \text{const.}$ ist, nimmt die wärmedurchflossene Fläche $A(r)$ bei den gekrümmten Geometrien (Zylinder, Kugel) zum Zentrum hin ab, so dass dort $A(r) < A$ gilt.

Ähnlich wie beim konvektiven Wärmeübergang die tatsächliche Temperaturverteilung in der Fluidgrenzschicht pauschal durch den Wärmeübergangskoeffizienten α im Newton'schen Abkühlungsgesetz (1.13) $\dot{Q} = \alpha \cdot A \cdot (\vartheta_\text{w} - \vartheta_\infty)$ berücksichtigt wird, führt man hier für die im Körper abfließende Wärme einen inneren Wärmeübergangskoeffizienten α_i ein:

$$\dot{Q} = \alpha_\text{i} \cdot A \cdot (\overline{\vartheta} - \vartheta_\text{w}) \tag{5.87}$$

Der „innere" Wärmeübergangskoeffizient α_i berücksichtigt bereits die Verteilung der Temperatur, so dass in Gl. (5.87) mit der einheitlichen kalorischen Mitteltemperatur $\overline{\vartheta}$ gerechnet werden kann. In Vorgriff auf Kapitel 6 (Konvektion) berechnet sich α_i aus der dimensionslosen „inneren" Nußelt-Zahl:

$$\alpha_\text{i} = \frac{Nu_\text{i} \cdot \lambda}{R} \tag{5.88}$$

Nach numerischer Anpassung an die exakte Reihenlösung mit den Koeffizienten a und b gemäß Tabelle 5.6 folgt die „innere" Nußelt-Zahl als zeitlicher integraler Mittelwert zu:

$$Nu_\text{i} = \frac{1}{2} \cdot \sqrt{a + \frac{b}{Fo}} \tag{5.89}$$

Mit dem resultierenden, auf die Fläche A bezogenen Wärmedurchgangskoeffizienten k

$$\frac{1}{k} = \frac{1}{\alpha_\text{i}} + \frac{1}{\alpha} \tag{5.90}$$

folgt für den Wärmestrom $\dot{Q}$ durch die Widerstandskette:

$$\dot{Q} = k \cdot A \cdot (\overline{\vartheta} - \vartheta_\infty) = \frac{1}{\dfrac{1}{\alpha_\text{i}} + \dfrac{1}{\alpha}} \cdot A \cdot (\overline{\vartheta} - \vartheta_\infty) \tag{5.91}$$

Eingesetzt in die Lösung (5.24) für den ideal gerührten Behälter ergibt sich für die normierte kalorische Mitteltemperatur $\overline{\Theta}$:

$$\overline{\Theta} = \frac{\overline{\vartheta} - \vartheta_\infty}{\vartheta_0 - \vartheta_\infty} = \exp\left(-\frac{k \cdot A \cdot t}{\varrho \cdot c_\text{p} \cdot V}\right) \tag{5.92}$$

bzw. in Anlehnung an Gl. (5.23) mit dimensionslosen Exponenten:

$$\overline{\Theta} = \exp\left[-(n+1) \cdot Nu_\text{ges} \cdot Fo\right] \tag{5.93}$$

n berücksichtigt die Körperform ($n = 0$: Platte; $n = 1$: Zylinder; $n = 2$: Kugel). Entsprechend der Wärmedurchgangszahl k berechnet sich die dimensionslose Nußelt-Zahl Nu_ges für den Wärmedurchgang aus dem Festkörper in das umgebende Fluid zu:

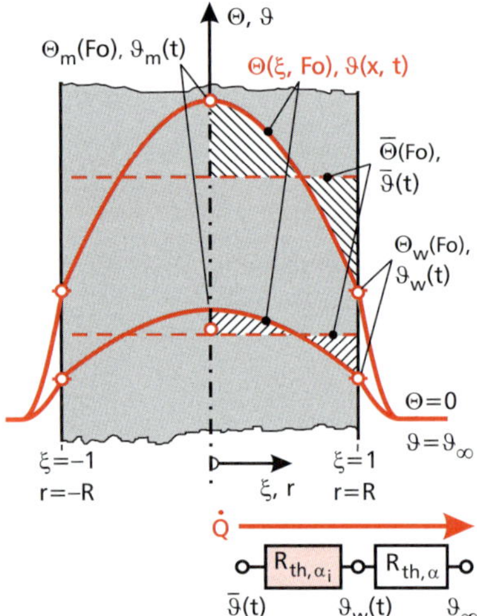

Bild 5.32: *Zeitabhängige dimensionslose bzw. dimensionsbehaftete kalorische Mitteltemperatur $\overline{\Theta}(Fo)$ bzw. $\overline{\vartheta}(t)$ zu zwei verschiedenen Zeiten mit zugeordnetem Widerstandsschaltbild. Die kalorische Mitteltemperatur entspricht dem integralen Mittelwert der Temperatur zwischen $r = 0$ und $r = R$ bzw. $\xi = 0$ und $\xi = 1$, wie an der Gleichheit der schraffierten Flächen zu erkennen.*

λ bezeichnet die Wärmeleitfähigkeit des **Festkörpers**.

Tabelle 5.6: *Konstanten für Gl. (5.89).*

Körper	unendlich ausgedehnte Platte	unendlich langer Zylinder	Kugel
a	25,7392	36,6858	46,2546
b	5,1253	5,1322	5,1387

Die „innere" Nußelt-Zahl

$$Nu_\text{i} = \frac{\alpha_\text{i} \cdot R}{\lambda} \tag{5.84}$$

wird mit dem „inneren" Wärmeübergangskoeffizienten α_i gebildet und unterscheidet sich von der Biot-Zahl

$$Bi = \frac{\alpha \cdot R}{\lambda} \tag{5.85}$$

Diese wird mit dem Wärmeübergangskoeffizienten α zwischen Wand und Fluid ermittelt. Wie in Kapitel 6 noch gezeigt wird, lautet die klassische Definition der Nußelt-Zahl bei der Konvektion mit den Parametern α und λ_Fluid für das umgebende Fluid:

$$Nu_\alpha = Nu = \frac{\alpha \cdot 2R}{\lambda_\text{Fluid}} \tag{5.86}$$

$$Nu_{\text{ges}} = \frac{k \cdot R}{\lambda} = \frac{1}{\dfrac{1}{Nu_{\text{i}}} + \dfrac{2}{Nu_{\alpha}} \cdot \dfrac{\lambda}{\lambda_{\text{Fluid}}}} = \frac{1}{\dfrac{1}{Nu_{\text{i}}} + \dfrac{1}{Bi}} \tag{5.94}$$

Im Gegensatz zur Definition von Nu_{i} in Gl. (5.88) wird bei Korrelationen für den dimensionslosen Wärmeübergangskoeffizienten Nu_{α} häufig der Durchmesser $D = 2\,R$ verwendet. Es gilt somit:

$$Nu_{\alpha} = \frac{\alpha \cdot D}{\lambda_{\text{Fluid}}} = \frac{\alpha \cdot 2\,R}{\lambda_{\text{Fluid}}} \tag{5.95}$$

▶ **Berechnung der Wandtemperatur**

Nach der Berechnung der kalorischen Mitteltemperatur $\overline{\Theta}(Fo)$ bzw. $\overline{\vartheta}(t)$ ergibt sich der Wärmefluss $\dot{Q}(t)$ zu jedem festen Zeitpunkt t bzw. $Fo = \dfrac{a \cdot t}{R^2}$ aus der Reihenschaltung der thermischen Widerstände (vgl. Abschnitt 1.7.4 und Bild 5.33) zu:

$$\dot{Q} = \frac{(\overline{\vartheta} - \vartheta_{\infty}) \cdot A}{\dfrac{1}{\alpha_{\text{i}}} + \dfrac{1}{\alpha}} \tag{5.96}$$

Daraus erhält man für die Wandtemperatur $\vartheta_{\text{w}}(t)$ zwischen den zwei Widerständen die beiden gleichwertigen Lösungen:

$$\vartheta_{\text{w}} = \overline{\vartheta} - \frac{\dot{Q}}{\alpha_{\text{i}} \cdot A} = \overline{\vartheta} - \frac{(\overline{\vartheta} - \vartheta_{\infty}) \cdot \alpha}{\alpha_{\text{i}} + \alpha} \tag{5.97}$$

$$\vartheta_{\text{w}} = \vartheta_{\infty} + \frac{\dot{Q}}{\alpha \cdot A} = \vartheta_{\infty} + \frac{(\overline{\vartheta} - \vartheta_{\infty}) \cdot \alpha_{\text{i}}}{\alpha_{\text{i}} + \alpha} \tag{5.98}$$

Die normierte Wandtemperatur beträgt:

$$\Theta_{\text{w}} = \overline{\Theta} \cdot \frac{\alpha_{\text{i}}}{\alpha_{\text{i}} + \alpha} = \overline{\Theta} \cdot \frac{1}{1 + 2\,\dfrac{\lambda}{\lambda_{\text{Fluid}}} \cdot \dfrac{Nu_{\alpha}}{Nu_{\text{i}}}} \tag{5.99}$$

$$\Theta_{\text{w}} = \overline{\Theta} \cdot \left(1 - \frac{Nu_{\text{ges}}}{Nu_{\text{i}}}\right) = \overline{\Theta} \cdot \frac{Nu_{\text{i}}}{Nu_{\text{i}} + Bi} \tag{5.100}$$

Aus den zwei nun bekannten dimensionslosen Temperaturen $\overline{\Theta}$ und Θ_{w} lässt sich im nächsten Schritt das Temperaturfeld $\Theta\,(\xi, Fo)$ ermitteln.

▶ **Berechnung der Temperaturverteilung**

Auf empirischer Basis wird weiterhin angenommen, die örtliche Temperaturverteilung $\Theta(\xi, Fo = \text{const.})$ lasse sich innerhalb des Zeitintervalls $\widehat{Fo} < Fo < Fo^{*}$ bzw. $\hat{t} < t < t^{*}$ mit einer „für die Praxis hinreichenden Genauigkeit" durch ein Polynom 4. Ordnung mit lauter geradzahligen Exponenten beschreiben:

$$\Theta(\xi) = a_4 \cdot (1 - \xi^4) + a_2 \cdot (1 - \xi^2) + \Theta_{\text{w}} \qquad 0 \le \xi \le 1 \tag{5.101}$$

Die zunächst unbekannten Koeffizienten a_4 und a_2 ergeben sich aus der dimensionslosen Randbedingung 3. Art nach Gl. (5.20)

$$-Bi \cdot \Theta_{\text{w}} = \left.\frac{\partial \Theta}{\partial \xi}\right|_{\xi = 1} \tag{5.102}$$

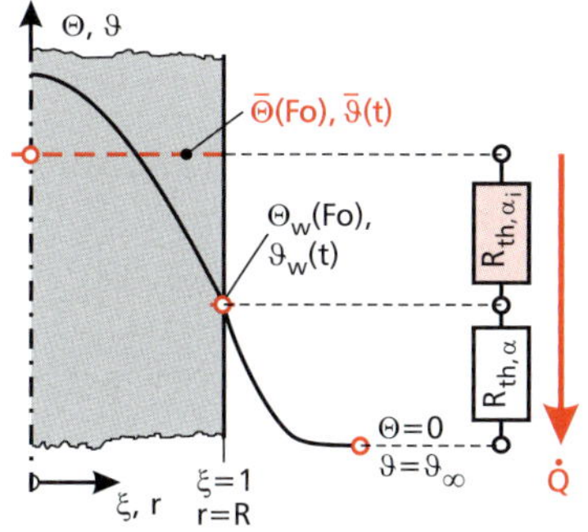

Bild 5.33: *Berechnung der Wandtemperatur $\Theta_{\text{w}}(Fo)$ bzw. $\vartheta_{\text{w}}(t)$ aus der kalorischen Mitteltemperatur $\overline{\Theta}(Fo)$ bzw. $\overline{\vartheta}(t)$ und der Umgebungstemperatur $\Theta = 0$ bzw. ϑ_{∞}.*

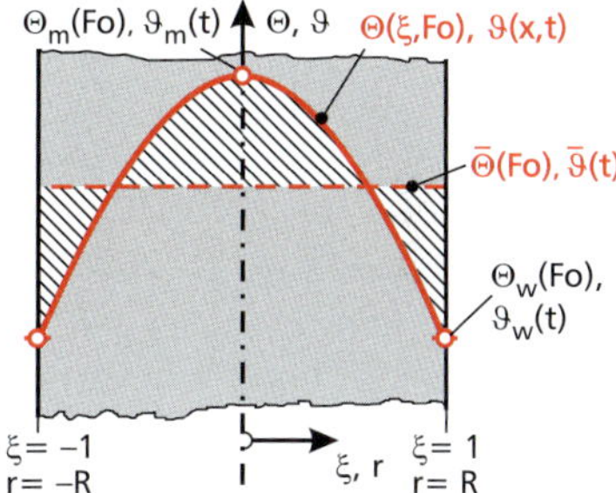

Bild 5.34: *Durch eine Parabel 4. Ordnung approximierte Temperaturverteilung $\Theta(\xi, Fo)$ bzw. $\vartheta(r,t)$ innerhalb des Körpers. Die schraffierten Bereiche kennzeichnen die Mittelwertbedingung für $\overline{\Theta}(Fo)$ bzw. $\overline{\vartheta}(t)$.*

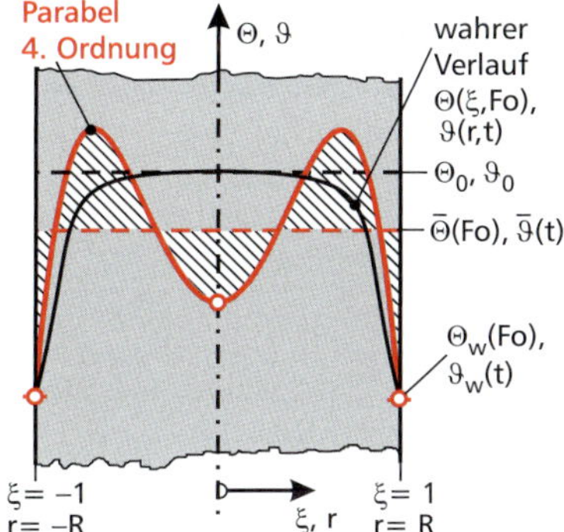

Bild 5.35: *Anwendungsgrenzen der Approximation mittels Parabel 4. Ordnung. Für sehr kurze Fo-Zahlen (steile Flanken) schwingt das Interpolationspolynom über und zeigt bei $\xi = 0$ ein Minimum anstatt eines Maximums. Die Mittelwertbedingung (Schraffur) wird eingehalten.*

Tabelle 5.7: *Berechnungsgang der Temperaturverteilung in einfachen Körpern für kurze Zeiten $Fo < Fo^*$ nach dem erweiterten Modell des ideal gerührten Behälters (EIGB).*

Gegeben: Zeit t
Körper: Halbmesser R
Wärmeleitfähigkeit λ
Dichte ϱ
spezif. Wärmekapazität c_p
Wärmeübergangskoeffizient Wand/Fluid α

Gesucht: Temperaturverteilung $\vartheta(r,t)$

Größe	Gleichung
Temperaturleitfähigkeit	$a=\frac{\lambda}{\varrho\cdot c_p}$ Gl. (1.26)
Fourier-Zahl	$Fo=\frac{a\cdot t}{R^2}$ Gl. (5.1)
Koeffizienten	a, b Tab. 5.6
innere Nußelt-Zahl	$Nu_i=\frac{1}{2}\cdot\sqrt{a+\frac{b}{Fo}}$ Gl. (5.89)
Biot-Zahl	$Bi=\frac{\alpha\cdot R}{\lambda}$ Gl. (5.2)
dimensionslose Wärmedurchgangszahl	$Nu_{ges}=\frac{1}{\frac{1}{Nu_i}+\frac{1}{Bi}}$ Gl. (5.94)
dimensionslose Mitteltemperatur	$\overline{\Theta}=e^{-(n+1)\cdot Nu_{ges}\cdot Fo}$ Gl. (5.93)
dimensionslose Wandtemperatur	$\Theta_w=\overline{\Theta}\cdot\left(1-\frac{Nu_{ges}}{Nu_i}\right)$ Gl. (5.100)
Koeffizienten	a_4 Tab. 5.8, Gl. (5.106) a_2 Tab. 5.8, Gl. (5.107)
Temperaturfeld	$\Theta(\xi,Fo)$ Gl. (5.101)
Mittentemperatur	$\Theta_m=a_4+a_2+\Theta_w$ Gl. (5.109)
dimensionsbehaftetes Temperaturfeld	$\vartheta(r,t)=\vartheta_\infty+(\vartheta_0-\vartheta_\infty)\cdot\Theta(\xi,Fo)$

☞ Die Näherungslösung für große Zeiten, d. h. das erste Glied der Fourier-Reihe (5.70), liefert über weite Biot-Zahlen selbst im Zeitfenster $0{,}14 \lessapprox Fo < Fo^*$ bei der Kugel im örtlichen Mittel genauere Ergebnisse als das EIGB-Modell nach A. Campo [29]. Die Einhaltung der Anwendungsgrenze Fo^* besagt also nur, dass der Fehler bei Verwendung des ersten Reihen-Terms kleiner als eine bestimmte Schranke von weniger als 1 % bleibt.

und der Definition der kalorischen Mitteltemperatur nach Gl. (5.81)

$$\overline{\Theta}=\int_0^1 \Theta(\xi)\cdot(n+1)\cdot\xi^n\,d\xi \tag{5.103}$$

über ein lineares Gleichungssystem mit den aus den vorhergehenden Schritten bekannten Werten für $\overline{\Theta}$ und Θ_w:

$$-Bi\cdot\Theta_w=-4\,a_4-2\,a_2 \tag{5.104}$$

$$\overline{\Theta}=4\,\frac{a_4}{n+5}+2\,\frac{a_2}{n+3}+\Theta_w \tag{5.105}$$

In Abhängigkeit von $n=0,1,2$ ergibt sich die folgende Lösung des Gleichungssystems:

$$a_4=\frac{n+5}{8}\cdot\Big[(n+3)+Bi\Big]\cdot\Theta_w-\frac{(n+3)\cdot(n+5)}{8}\cdot\overline{\Theta} \tag{5.106}$$

$$a_2=\frac{1}{2}\cdot Bi\cdot\Theta_w-2\,a_4=\frac{(n+3)\cdot(n+5)}{4}\cdot\left[\overline{\Theta}-\left(1+\frac{Bi}{n+5}\right)\cdot\Theta_w\right] \tag{5.107}$$

Damit ist zu jedem Zeitpunkt Fo das Temperaturfeld $\Theta(\xi,Fo)$ über Gl. (5.101) berechenbar. Insbesondere für die normierte Temperatur $\Theta_m(Fo)$ in der Mitte ($\xi=0$) ergibt sich allgemein für die drei elementaren Geometrien ($n=0,1,2$):

$$\Theta_m=\frac{n^2+8\,n+15}{8}\cdot\overline{\Theta}-\frac{n^2+8\,n+7+(n+1)\cdot Bi}{8}\cdot\Theta_w \tag{5.108}$$

$$\Theta_m=a_4+a_2+\Theta_w \tag{5.109}$$

Tabelle 5.8 fasst die wesentlichen Schritte für die Berechnung in dimensionsloser Form zusammen.

Tabelle 5.8: *Parameter und Gleichungen für Mittentemperatur und Temperaturfeld.*

Parameter	Platte	Zylinder	Kugel
Geometrieparameter	$n=0$	$n=1$	$n=2$
Konstanten Gl. (5.89) (identisch mit Tab. 5.6)	$a=25{,}7392$ $b=5{,}1253$	$a=36{,}6858$ $b=5{,}1322$	$a=46{,}2546$ $b=5{,}1387$
Koeffizienten für das Temperaturfeld Gl. (5.101)			
Gl. (5.106)	$a_4=-\frac{15}{8}\overline{\Theta}+\frac{5\,(Bi+3)}{8}\Theta_w$	$a_4=-3\overline{\Theta}+\frac{3\,(Bi+4)}{4}\Theta_w$	$a_4=-\frac{35}{8}\overline{\Theta}+\frac{7\,(Bi+5)}{8}\Theta_w$
Gl. (5.107)	$a_2=\frac{15}{4}\overline{\Theta}-\frac{3\,(Bi+5)}{4}\Theta_w$	$a_2=6\overline{\Theta}-(Bi+6)\,\Theta_w$	$a_2=\frac{35}{4}\overline{\Theta}-\frac{5\,(Bi+7)}{4}\Theta_w$
Mittentemperatur $\Theta_m(Fo)=\Theta(\xi=0,Fo)$			
Gl. (5.108)	$\Theta_m=\frac{15}{8}\overline{\Theta}-\frac{Bi+7}{8}\Theta_w$	$\Theta_m=3\overline{\Theta}-\frac{Bi+8}{4}\Theta_w$	$\Theta_m=\frac{35}{8}\overline{\Theta}-\frac{3\,(Bi+9)}{8}\Theta_w$
Anwendungsempfehlungen für die Näherungsmethoden			
HUK einseitig	$0 < Fo \lessapprox 0{,}10$	$0 < Fo \lessapprox 0{,}06$	$0 < Fo \lessapprox 0{,}04$
HUK zweiseitig	$0{,}10 \lessapprox Fo < 0{,}30$	ungeeignet	ungeeignet
EIGB	möglich, aber HUK genauer	$0{,}06 \lessapprox Fo \lessapprox 0{,}17$	$0{,}04 \lessapprox Fo \lessapprox 0{,}14$
NGZ	$0{,}3 \lessapprox Fo$	$0{,}17 \lessapprox Fo$	$0{,}14 \lessapprox Fo$

5.1.10 Produktansatz bei mehrdimensionaler Wärmeleitung

Bei symmetrischer mehrdimensionaler Wärmeleitung lässt sich in vielen Fällen das Temperaturfeld als **Produkt** der Lösungen der jeweiligen eindimensionalen Differenzialgleichungen ermitteln:

$$\Theta(\xi,\eta,t)=\Theta_1(\xi,t)\cdot\Theta_2(\eta,t) \quad \text{zweidimensional} \tag{5.110}$$

$$\Theta(\xi,\eta,\zeta,t)=\Theta_1(\xi,t)\cdot\Theta_2(\eta,t)\cdot\Theta_3(\zeta,t) \quad \text{dreidimensional} \tag{5.111}$$

Beispielsweise ergibt sich die zweidimensionale Temperaturverteilung in einem Zylinder endlicher Länge für hinreichend große Zeiten als Produkt der Lösungen eines unendlich langen Zylinders in radialer ξ-Richtung und einer ebenen Platte in axialer ζ-Richtung (Bild 5.36):

$$\Theta_{\mathrm{2D}}(\xi,\zeta,t) = \Theta_{\mathrm{Z}}(\xi,t)\cdot\Theta_{\mathrm{P}}(\zeta,t) \tag{5.112}$$

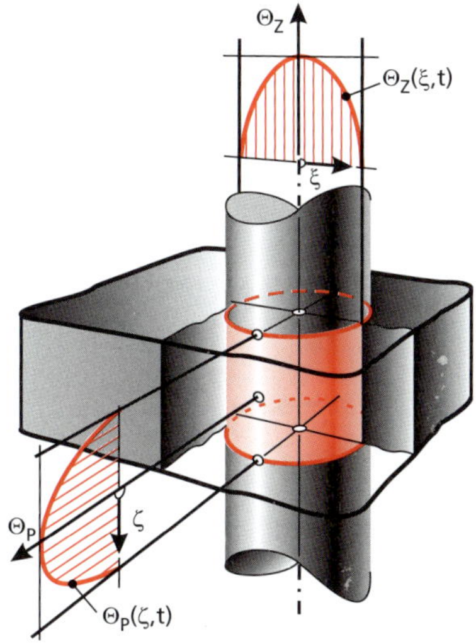

Bild 5.36: *Zweidimensionale Wärmeleitung in einem kurzen Zylinder, bestimmt durch jeweils eindimensionale Temperaturverteilungen Θ_{Z} im unendlich langen Zylinder und Θ_{P} in der ebenen Platte.*

Analog lässt sich das zweidimensionale Temperaturfeld in einem in ζ-Richtung unendlich langen Balken aus der Überlagerung zweier „Plattenlösungen" gewinnen (Bild 5.37).

$$\Theta_{\mathrm{2D}}(\xi,\eta,t) = \Theta_{\mathrm{P1}}(\xi,t)\cdot\Theta_{\mathrm{P2}}(\eta,t) \tag{5.113}$$

Die dreidimensionale Temperaturverteilung in einem Quader ist für hinreichend große Zeiten als Produkt von drei einzelnen „Plattenlösungen" darstellbar:

$$\Theta_{\mathrm{3D}}(\xi,\eta,\zeta,t) = \Theta_{\mathrm{P1}}(\xi,t)\cdot\Theta_{\mathrm{P2}}(\eta,t)\cdot\Theta_{\mathrm{P3}}(\zeta,t) \tag{5.114}$$

Dazu wird die zweidimensionale Temperaturverteilung $\Theta_{\mathrm{2D}}(\xi,\eta,t)$ in einem unendlich langen Balken mit dem eindimensionalen Temperaturfeld in einer endlich ausgedehnten Platte ③ multipliziert, die mit dem Balken Ⓑ den Quader Ⓠ im Schnitt erzeugt (Bild 5.38).

Die dimensionslosen Ortskoordinaten ξ,η,ζ ergeben sich durch Bezug der dimensionsbehafteten Ortskoordinaten x,y,z auf die jeweiligen charakteristischen Längen $L_{\mathrm{x}}, L_{\mathrm{y}}$ und L_{z}:

$$\xi := \frac{x}{L_{\mathrm{x}}} \quad \text{bzw.} \quad \xi_{\mathrm{R}}=\frac{r}{L_{\mathrm{r}}}=\frac{r}{R} \tag{5.115}$$

$$\eta := \frac{y}{L_{\mathrm{y}}} \tag{5.116}$$

$$\zeta := \frac{z}{L_{\mathrm{z}}} \tag{5.117}$$

Im allgemeinen Fall (z. B. bei einem Quader mit unterschiedlich langen Kanten) sind die drei Bezugslängen $L_{\mathrm{x}}, L_{\mathrm{y}}$ und L_{z} verschieden. Hingegen sind sie bei einem symmetrisch beaufschlagten Würfel gleich. Es ist dabei zu beachten, dass sich für eine bestimmte (dimensionsbehaftete) Zeit t **unterschiedliche Fourier-Zahlen** ergeben, wenn die charakteristischen Längen $L_{\mathrm{x}}, L_{\mathrm{y}}$ und L_{z} verschieden sind:

$$Fo_{\mathrm{x}} := \frac{a\cdot t}{L_{\mathrm{x}}^2} \quad \text{bzw.} \quad Fo_{\mathrm{r}} := \frac{a\cdot t}{L_{\mathrm{r}}^2} \tag{5.118}$$

$$Fo_{\mathrm{y}} := \frac{a\cdot t}{L_{\mathrm{y}}^2} \tag{5.119}$$

$$Fo_{\mathrm{z}} := \frac{a\cdot t}{L_{\mathrm{z}}^2} \tag{5.120}$$

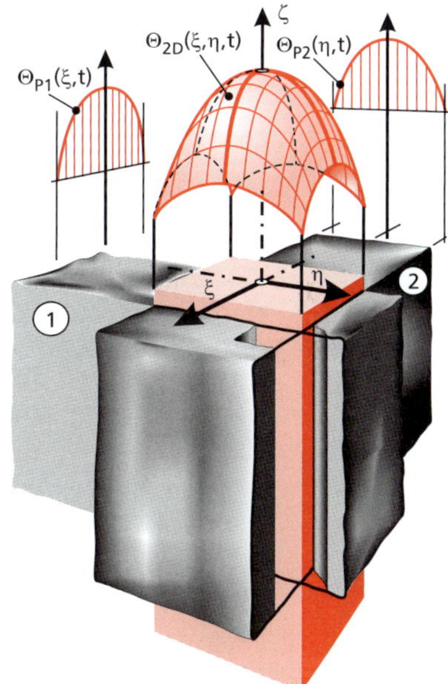

Bild 5.37: *Zweidimensionale Temperaturverteilung $\Theta_{\mathrm{2D}}(\xi,\eta,t)$ in einem unendlich langen Balken als Produkt von zwei jeweils eindimensionalen Temperaturfeldern $\Theta_{\mathrm{P1}}(\xi,t)$ und $\Theta_{\mathrm{P2}}(\eta,t)$ zweier unendlich ausgedehnter Platten ① und ②, die den Balken im Schnitt erzeugen.*

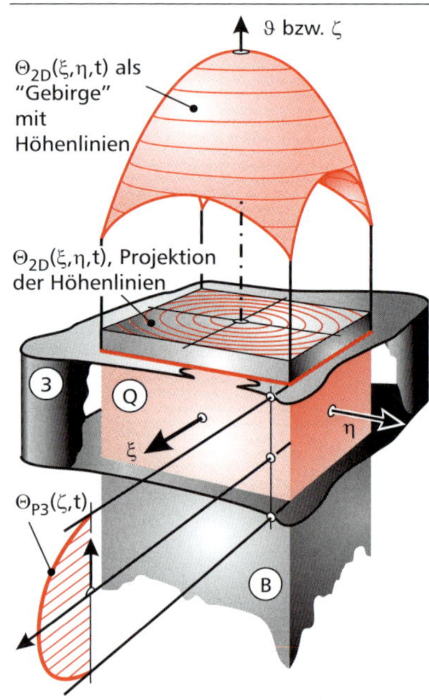

Bild 5.38: *Geometrische Interpretation der dreidimensionalen Temperaturverteilung* $\Theta_{3D}(\xi,\eta,\zeta,t)$ *in einem Quader.*

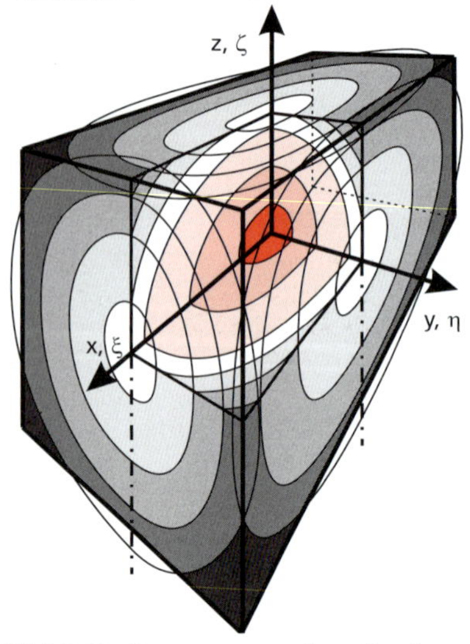

Bild 5.39: *Temperaturverteilung in einem Quader aus der Überlagerung dreier Platten in den drei Koordinatenrichtungen.*

☞ Generell ist man beim Produktansatz nicht auf ein bestimmtes Modell festgelegt, es sind auch Kombinationen möglich (s. Beispiel 5.5). Das Modell IGB scheidet jedoch aus, da es keine lokalen Temperaturunterschiede berücksichtigt.

Bezüglich der Anwendbarkeit der Näherungslösung ist das Kriterium einer hinreichend großen Zeit $Fo > Fo^*$ in jede Koordinatenrichtung getrennt zu prüfen. Liegt in eine oder mehrere Richtungen keine hinreichend große Zeit vor, ist in diese Richtung ein Kurzzeitmodell nach Tabelle 5.2 (z. B. einseitig angewendeter halbunendlicher Körper) in den Produktansatz zu integrieren.

Bei unterschiedlichen charakteristischen Längen L_x, L_y und L_z existieren bei Randbedingung 3. Art auch **unterschiedliche Biot-Zahlen**:

$$Bi_x := \frac{\alpha \cdot L_x}{\lambda} \quad \text{bzw.} \quad Bi_r := \frac{\alpha \cdot L_r}{\lambda} \tag{5.121}$$

$$Bi_y := \frac{\alpha \cdot L_y}{\lambda} \tag{5.122}$$

$$Bi_z := \frac{\alpha \cdot L_z}{\lambda} \tag{5.123}$$

Wie Bild 5.39 ausweist, sind die Isothermen in einem Quader mit jeweils symmetrischen Randbedingungen 3. Art räumlich konzentrische ellipsoidähnliche Schalen, die von den Körperoberflächen in ellipsenähnlichen Kurven geschnitten werden.

Bild 5.40 zeigt die charakteristischen Längen L_x, L_y und L_z für die dreidimensionalen Wärmeleitung in einem Quader (Abmessungen B, T und H) mit Wärmeübergang an den Oberflächen. Das Koordinatensystem liegt vorteilhafterweise in der Quadermitte, so dass die Begrenzungsflächen jeweils durch die halben Abmessungen beschrieben werden:

$$L_x = \frac{T}{2} \tag{5.124}$$

$$L_y = \frac{B}{2} \tag{5.125}$$

$$L_z = \frac{H}{2} \tag{5.126}$$

Ist hingegen eine der Oberflächen adiabat, z. B. die Rückseite $x = -\frac{T}{2}$ bzw. $\xi = -1$, dann stellt die betreffende Fläche eine Symmetrieebene dar, in die das Koordinatensystem zu verschieben ist. Der Quader wird dann quasi auf der anderen Seite mit einem gleich großen Körper symmetrisch fortgesetzt. Allerdings wird dieser fiktive Körper in der Berechnung nicht weiter betrachtet. Durch die Verschiebung des Koordinatensystems in die Rückseite des Quaders ändert sich die charakteristische Länge in x- bzw. ξ-Richtung, während die beiden anderen charakteristischen Längen unverändert bleiben:

$$L_x = T \tag{5.127}$$

$$L_y = \frac{B}{2} \tag{5.128}$$

$$L_z = \frac{H}{2} \tag{5.129}$$

Die jeweiligen Randbedingungen sind daher sorgfältig zu analysieren.

Bild 5.41 zeigt die Temperaturverteilung in einem endlich langen Zylinder (Radius R, Höhe H), wie sie aus dem Produktansatz einer Platte in ζ-Richtung und eines unendlich langen Zylinders in ξ-Richtung mit Randbedingungen 3. Art resultiert. Der Ursprung des Koordinatensystems liegt in der Zylindermitte. Charakteristische Länge in radialer Richtung ist der Radius, Bezugslänge in axialer Richtung die halbe Zylinderhöhe:

$$L_r = R \tag{5.130}$$

$$L_z = \frac{H}{2} \tag{5.131}$$

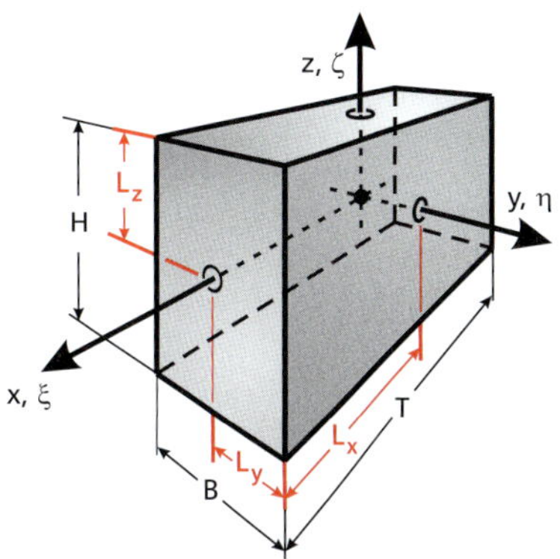

Bild 5.40: *Charakteristische Längen für die Wärmeleitung in einem Quader mit Randbedingung 3. Art an den Oberflächen.*

Aufgrund der Rotationssymmetrie ist in der dreidimensionalen Geometrie des Zylinders das Temperaturfeld $\vartheta(r,z,t)$ mit nur zwei Ortskoordinaten r und z beschreibbar. In Umfangsrichtung φ liegt eine einheitliche Temperatur vor. Die Temperaturverteilung kann deshalb über einem Axialschnitt als Temperaturgebirge (analog zu Bild 1.44) oder als Höhenliniendiagramm (analog zu Bild 1.45) anschaulich dargestellt werden.

Mit einem Produktansatz kann auch der **Wärmegewinn oder Wärmeverlust** einer mehrdimensionalen Konfiguration berechnet werden. Für eine aus den Geometrien 1 und 2 zusammengesetzte **zweidimensionale Konfiguration** gilt für große Zeiten:

$$\left(\frac{Q(t)}{Q_{max}}\right)_{2D} = 1 - \overline{\Theta}_1 \cdot \overline{\Theta}_2 = 1 - C_{q1} \cdot C_{q2} \cdot \exp\left(-E_1 \cdot Fo_1 - E_2 \cdot Fo_2\right) \tag{5.132}$$

Für eine aus den Geometrien 1, 2 und 3 bestehende **dreidimensionale Konfiguration** gilt analog:

$$\left(\frac{Q(t)}{Q_{max}}\right)_{3D} = 1 - \overline{\Theta}_1 \cdot \overline{\Theta}_2 \cdot \overline{\Theta}_3$$
$$= 1 - C_{q1} \cdot C_{q2} \cdot C_{q3} \cdot \exp\left(-E_1 \cdot Fo_1 - E_2 \cdot Fo_2 - E_3 \cdot Fo_3\right) \tag{5.133}$$

Es handelt sich dabei um die in der Zeit von 0 bis t übertragene **Wärme** in J.

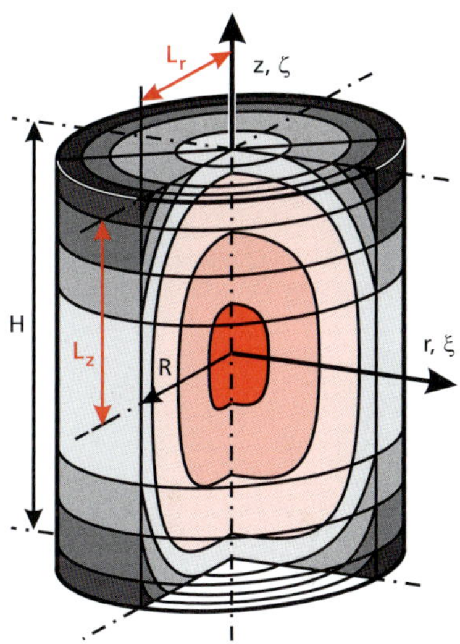

Bild 5.41: *Darstellung der Temperaturverteilung in einem endlich langen Zylinder mit Höhe H und Radius R.*

Den **Wärmestrom** $\dot{Q}$ in W erhält man an den jeweiligen Oberflächen hingegen unter Beachtung des Fourier'schen Wärmeleitungsansatzes (1.11) in Verbindung mit Gl. (5.13), indem man die jeweiligen Ableitungen des Temperaturfeldes bildet. Für das dreidimensionale Temperaturfeld des in Bild 5.40 dargestellten Quaders $\Theta(\xi, \eta, \zeta)$ gilt beispielsweise für die Wärmeströme an den Oberflächen $\xi = 1$, $\eta = 1$ und $\zeta = 1$:

$$\dot{Q}_x\left(x = \frac{T}{2}\right) = -\lambda \cdot A_x \cdot \left.\frac{\partial \vartheta}{\partial x}\right|_{x=T/2} = -\lambda \cdot B \cdot H \cdot \frac{\vartheta_0 - \vartheta_\infty}{T/2} \cdot \left.\frac{\partial \Theta}{\partial \xi}\right|_{\xi=1} \tag{5.134}$$

$$\dot{Q}_y\left(y = \frac{B}{2}\right) = -\lambda \cdot A_y \cdot \left.\frac{\partial \vartheta}{\partial y}\right|_{y=B/2} = -\lambda \cdot T \cdot H \cdot \frac{\vartheta_0 - \vartheta_\infty}{B/2} \cdot \left.\frac{\partial \Theta}{\partial \eta}\right|_{\eta=1} \tag{5.135}$$

$$\dot{Q}_z\left(z = \frac{H}{2}\right) = -\lambda \cdot A_z \cdot \left.\frac{\partial \vartheta}{\partial z}\right|_{z=H/2} = -\lambda \cdot B \cdot T \cdot \frac{\vartheta_0 - \vartheta_\infty}{H/2} \cdot \left.\frac{\partial \Theta}{\partial \zeta}\right|_{\zeta=1} \tag{5.136}$$

5.2 Beispiele

Bekannte Größen:

allgemeine Wärmeleitungsdifferenzialgleichung mit Quellterm in kartesischen Koordinaten (1.25)

Gesuchte Größen:

Gleichung für Temperaturfeld $\vartheta(x,t)$
dimensionslose Differenzialgleichung

Der Grundtyp der Differenzialgleichung (5.137) kommt in der Technik häufig vor. Mit der Konzentration c anstelle der Temperatur ϑ beschreibt sie gemäß dem Fick'schen Diffusionsgesetz z. B. die Kohlenstoffdiffusion in Stahl (ohne Quellterm $\dot{e}_q$). Damit sind die hier behandelten Methoden der instationären Wärmeleitung auf den Massentransport bei instationärer Diffusion übertragbar (Analogie zwischen Wärme- und Stofftransport). Die Temperaturleitfähigkeit a ist dabei durch den Diffusionskoeffizienten $\mathcal{D}$ zu ersetzen.

Im stationären Fall $\frac{\partial}{\partial t} = 0$ wird sie als Poisson'sche Differenzialgleichung bezeichnet. Ohne Quellterm erhält man die Laplace'sche Differenzialgleichung.

▶ Beispiel 5.1:

(a) Leiten Sie aus der allgemeinen Wärmeleitungsdifferenzialgleichung (1.25) mit Quellterm in kartesischen Koordinaten eine Gleichung für das Temperaturfeld $\vartheta(x,t)$ ab.
(b) Stellen Sie diese Gleichung durch Einführung dimensionsloser Variablen für Ort und Zeit sowie Wahl einer geeigneten Bezugstemperatur $\Delta\Theta_{\text{Bezug}}$ und Bezugszeit t_{Bezug} dimensionslos dar.

Lösung:

(a) Gleichung für den Temperaturverlauf:

Das gesuchte eindimensionale instationäre Temperaturfeld hängt nur von der x-Koordinate und der Zeit t ab, d. h. die Ableitungen nach y und z verschwinden $\left(\frac{\partial}{\partial y} = \frac{\partial}{\partial z} = 0\right)$. Aus der allgemeinen Fourier'schen Differenzialgleichung (1.25) folgt daher:

$$\frac{\partial \vartheta}{\partial t} = a \cdot \left[\frac{\partial^2 \vartheta}{\partial x^2} + \underbrace{\frac{\partial^2 \vartheta}{\partial y^2}}_{0} + \underbrace{\frac{\partial^2 \vartheta}{\partial z^2}}_{0}\right] + \frac{\dot{e}_q}{\varrho \cdot c_p} \tag{5.137}$$

Damit erhält man:

$$\frac{\partial \vartheta(x,t)}{\partial t} = a \cdot \frac{\partial^2 \vartheta(x,t)}{\partial x^2} + \frac{\dot{e}_q}{\varrho \cdot c_p} \tag{5.138}$$

(b) dimensionslose Differenzialgleichung:

Aus den normierten Variablen für die Temperatur ϑ, den Ort x und die Zeit t werden die jeweiligen dimensionsbehafteten Größen samt Differenzialen ermittelt:

$$\Theta := \frac{\vartheta - \vartheta_0}{\Delta\vartheta_{\text{Bezug}}} \quad \Rightarrow \quad \vartheta = \vartheta_0 + \Delta\vartheta_{\text{Bezug}} \cdot \Theta \tag{5.139}$$

$$\xi := \frac{x}{L} \quad \Rightarrow \quad x = \xi \cdot L \tag{5.140}$$

$$\tau := \frac{t}{t_{\text{Bezug}}} \quad \Rightarrow \quad t = \tau \cdot t_{\text{Bezug}} \tag{5.141}$$

$$\partial\vartheta = \partial\left(\vartheta_0 + \Delta\vartheta_{\text{Bezug}} \cdot \Theta\right) = \underbrace{\partial\vartheta_0}_{0} + \Delta\vartheta_{\text{Bezug}} \cdot \partial\Theta = \Delta\vartheta_{\text{Bezug}} \cdot \partial\Theta \tag{5.142}$$

$$\partial x = \partial(\xi \cdot L) = L \cdot \partial\xi \tag{5.143}$$

$$\partial t = \partial(\tau \cdot t_{\text{Bezug}}) = t_{\text{Bezug}} \cdot \partial\tau \tag{5.144}$$

Damit lassen sich die Differenziale wie folgt ersetzen:

$$\frac{\partial \vartheta}{\partial t} = \frac{\partial\left[\vartheta_0 + \Delta\vartheta_{\text{Bezug}} \cdot \Theta\right]}{\partial\left[\tau \cdot t_{\text{Bezug}}\right]} = \frac{\Delta\vartheta_{\text{Bezug}}}{t_{\text{Bezug}}} \cdot \frac{\partial\Theta}{\partial\tau} \tag{5.145}$$

$$\frac{\partial^2 \vartheta}{\partial x^2} = \frac{\partial}{\partial x}\left[\frac{\partial \vartheta}{\partial x}\right] = \frac{\partial}{\partial[\xi \cdot L]}\left[\frac{\partial\left[\vartheta_0 + \Delta\vartheta_{\text{Bezug}} \cdot \Theta\right]}{\partial[\xi \cdot L]}\right] = \frac{\Delta\vartheta_{\text{Bezug}}}{L^2} \cdot \frac{\partial^2\Theta}{\partial\xi^2} \tag{5.146}$$

Einsetzen in (5.138) liefert nach Multiplikation mit $\frac{t_{\mathrm{Bezug}}}{\Delta\vartheta_{\mathrm{Bezug}}}$:

$$\frac{\partial\Theta}{\partial\tau} = \frac{a \cdot t_{\mathrm{Bezug}}}{L^2} \cdot \frac{\partial^2\Theta}{\partial\xi^2} + \frac{\dot{e}_{\mathrm{q}} \cdot t_{\mathrm{Bezug}}}{\Delta\vartheta_{\mathrm{Bezug}} \cdot \varrho \cdot c_{\mathrm{p}}} \tag{5.147}$$

Die Bezugszeit t_{Bezug} und die Bezugstemperaturdifferenz $\Delta\vartheta_{\mathrm{Bezug}}$ sind so zu wählen, dass möglichst einfache Terme entstehen:

$$\frac{a \cdot t_{\mathrm{Bezug}}}{L^2} \overset{!}{=} 1 \quad\Rightarrow\quad t_{\mathrm{Bezug}} = \frac{L^2}{a} \tag{5.148}$$

$$\frac{\dot{e}_{\mathrm{q}} \cdot t_{\mathrm{Bezug}}}{\Delta\vartheta_{\mathrm{Bezug}} \cdot \varrho \cdot c_{\mathrm{p}}} \overset{!}{=} 1 \quad\Rightarrow\quad \Delta\vartheta_{\mathrm{Bezug}} = \frac{\dot{e}_{\mathrm{q}} \cdot t_{\mathrm{Bezug}}}{\varrho \cdot c_{\mathrm{p}}} = \frac{\dot{e}_{\mathrm{q}} \cdot L^2}{a \cdot \varrho \cdot c_{\mathrm{p}}} = \frac{\dot{e}_{\mathrm{q}} \cdot L^2}{\lambda} \tag{5.149}$$

Mit $\tau \equiv Fo$ erhält man die normierte Differenzialgleichung:

$$\frac{\partial\Theta}{\partial Fo} = \frac{\partial^2\Theta}{\partial\xi^2} + 1 \tag{5.150}$$

◄

☞ Die dimensionslose Zeit τ entspricht damit der Fo-Zahl:

$$\tau = \frac{t}{L^2/a} = \frac{a \cdot t}{L^2} \equiv Fo \tag{5.151}$$

Zusammenfassung und Ausblick:

- Frei wählbare Bezugsgrößen sind bei der Normierung möglichst vorteilhaft zu bestimmen.
- Die Lösung der inhomogenen partiellen Dgl. (5.150) ist mathematisch aufwändig.

► Beispiel 5.2:

Die zeitliche Abkühlung von Weißwürsten (Masse m, spezifische Wärmekapazität c_{p}, Oberfläche A, Wärmeübergangskoeffizient α zur Umgebung der Temperatur ϑ_∞, Anfangstemperatur $\vartheta_{\mathrm{WW,0}}$) soll analysiert werden. Unter Vernachlässigung lokaler Temperaturunterschiede folgt aus einer globalen Energiebilanz eine Differenzialgleichung für die Temperatur $\vartheta_{\mathrm{WW}}(t)$ der Würste:

$$\frac{\mathrm{d}\vartheta_{\mathrm{WW}}}{\mathrm{d}t} + \frac{\alpha \cdot A}{m \cdot c_{\mathrm{p}}} \cdot \vartheta_{\mathrm{WW}} = \frac{\alpha \cdot A}{m \cdot c_{\mathrm{p}}} \cdot \vartheta_\infty \tag{5.152}$$

(a) Klassifizieren Sie Gleichung (5.152) und berechnen Sie daraus den allgemeinen zeitlichen Temperaturverlauf $\vartheta_{\mathrm{WW}}(t)$.

(b) Transformieren Sie Gleichung (5.152) mithilfe der Übertemperatur der Weißwürste zur Umgebung $\Theta := \vartheta_{\mathrm{WW}} - \vartheta_\infty$ in eine einfachere Gleichung und bestimmen Sie deren Lösung.

(c) Bestimmen Sie die in den Lösungen der Teilaufgaben (a) und (b) vorkommenden Konstanten aus einer geeigneten Bedingung.

Bild 5.42: *Abkühlung von Weißwürsten auf einem Teller.*

Bekannte Größen:

Differenzialgleichung der Abkühlung (5.152)

Gesuchte Größen:

Temperatur:	Temperatur $\vartheta_{\mathrm{WW}}(t)$
Übertemperatur:	$\Theta(t)$

Lösung:

(a) allgemeiner zeitlicher Temperaturverlauf $\vartheta_{\mathrm{WW}}(t)$:

Gl. (5.152) ist eine inhomogene gewöhnliche Differenzialgleichung 1. Ordnung. Die zugehörige homogene Differenzialgleichung lautet:

$$\frac{\mathrm{d}\vartheta_{\mathrm{WW}}}{\mathrm{d}t} + \frac{\alpha \cdot A}{m \cdot c_{\mathrm{p}}} \cdot \vartheta_{\mathrm{WW}} = \frac{\mathrm{d}\vartheta_{\mathrm{WW}}}{\mathrm{d}t} + \beta \cdot \vartheta_{\mathrm{WW}} = 0 \tag{5.153}$$

☞ Die allgemeine Lösung $\vartheta_{\mathrm{inh}}(t)$ einer inhomogenen Differenzialgleichung setzt sich aus der allgemeinen Lösung $\vartheta_{\mathrm{hom}}(t)$ der zugehörigen homogenen Differenzialgleichung und einer partikulären Lösung $\vartheta_{\mathrm{p}}(t)$ der inhomogenen Differenzialgleichung zusammen:

$$\vartheta_{\mathrm{inh}}(t) = \vartheta_{\mathrm{hom}}(t) + \vartheta_{\mathrm{p}}(t) \tag{5.154}$$

Ihre Lösung kann durch Exponentialfunktionsansatz oder Trennung der Variablen bestimmt werden. Aus Gl. (5.153) folgt durch Multiplikation mit ϑ_{WW} und $\mathrm{d}t$:

$$\frac{d\vartheta_{\mathrm{WW}}}{\vartheta_{\mathrm{WW}}} = -\beta \cdot \mathrm{d}t \qquad \Big| \int$$

$$\ln(\vartheta_{\mathrm{WW}}) = -\beta \cdot t + C^* \qquad \Big| \exp(\ldots)$$

Natürlich kann die partikuläre Lösung von Gl. (5.152) auch durch Variation der Konstanten bestimmt werden.

Mittels der Übertemperatur der Weißwürste zur Umgebung $\Theta := \vartheta_{\mathrm{WW}} - \vartheta_\infty$ lässt sich die inhomogene Differenzialgleichung (5.152) in eine homogene Differenzialgleichung (5.160) transformieren (**homogenisieren**), die einfacher zu lösen ist.

Die Konstante $\vartheta_\infty = \text{const.}$ lässt sich vorteilhaft in das Differenzial ziehen:

$$\frac{\mathrm{d}\vartheta_{\mathrm{WW}}}{\mathrm{d}t} = \frac{\mathrm{d}\left(\vartheta_{\mathrm{WW}} - \vartheta_\infty\right)}{\mathrm{d}t} \quad (5.159)$$

Durch Auflösen von Gl. (5.161) nach der gesuchten Temperatur der Weißwürste erhält man dieselbe Lösung wie in Gl. (5.158):

$$\begin{aligned}\vartheta_{\mathrm{WW}}(t) &= \Theta + \vartheta_\infty \\ &= C \cdot \exp\left(-\beta \cdot t\right) + \vartheta_\infty \quad (5.162)\end{aligned}$$

Zusammenfassung und Ausblick:

- Inhomogene Differenzialgleichungen mit konstantem Störterm lassen sich vielfach durch geeignete Differenz- oder Summenvariablen in homogene Differenzialgleichungen umformen, deren Lösung einfacher ist.
- Gegebenenfalls muss der Störterm entsprechend transformiert werden. Bei der Dgl. $\theta' + \beta \cdot \theta = -\gamma$ ist der Störterm γ in $\beta \cdot \gamma^*$ aufzuspalten, um die Summenvariable $\theta + \gamma^*$ verwenden zu können.
- Bei variablem (z. B. zeitabhängigem) Störterm ist diese Methode nicht möglich.

$$\vartheta_{\mathrm{WW}}(t) = \exp\left(-\beta \cdot t + C^*\right) = \exp\left(C^*\right) \cdot \exp\left(-\beta \cdot t\right) \Rightarrow$$

$$\vartheta_{\mathrm{WW,\,hom}}(t) = C \cdot \exp\left(-\beta \cdot t\right) \quad (5.155)$$

Die partikuläre Lösung $\vartheta_{\mathrm{WW,\,p}}$ folgt durch Einsetzen des Störansatzes

$$\vartheta_{\mathrm{WW,\,p}} = C^{**} \Rightarrow \frac{\mathrm{d}\vartheta_{\mathrm{WW,\,p}}}{\mathrm{d}t} = 0 \quad (5.156)$$

in die inhomogene Differenzialgleichung (5.152):

$$0 + \beta \cdot C^{**} = \beta \cdot \vartheta_\infty \Rightarrow \vartheta_{\mathrm{WW,\,p}} = C^{**} = \vartheta_\infty \quad (5.157)$$

Damit lautet der allgemeine zeitliche Temperaturverlauf in den Weißwürsten:

$$\vartheta_{\mathrm{WW}}(t) = C \cdot \exp\left(-\beta \cdot t\right) + \vartheta_\infty \quad (5.158)$$

(b) Transformation mittels Übertemperatur $\Theta(t)$:

Wegen $\mathrm{d}\Theta = \mathrm{d}\left(\vartheta_{\mathrm{WW}} - \vartheta_\infty\right) = \mathrm{d}\vartheta_{\mathrm{WW}}$ folgt aus (5.152) eine homogene Differenzialgleichung:

$$\frac{\mathrm{d}\vartheta_{\mathrm{WW}}}{\mathrm{d}t} + \frac{\alpha \cdot A}{m \cdot c_{\mathrm{p}}} \cdot \vartheta_{\mathrm{WW}} - \frac{\alpha \cdot A}{m \cdot c_{\mathrm{p}}} \cdot \vartheta_\infty = 0 \Rightarrow$$

$$\frac{\mathrm{d}\vartheta_{\mathrm{WW}}}{\mathrm{d}t} + \beta \cdot \left(\vartheta_{\mathrm{WW}} - \vartheta_\infty\right) = 0 \Rightarrow$$

$$\frac{\mathrm{d}\left(\vartheta_{\mathrm{WW}} - \vartheta_\infty\right)}{\mathrm{d}t} + \beta \cdot \left(\vartheta_{\mathrm{WW}} - \vartheta_\infty\right) = 0 \Rightarrow$$

$$\frac{\mathrm{d}\Theta}{\mathrm{d}t} + \beta \cdot \Theta = 0 \quad (5.160)$$

Auch diese homogene Differenzialgleichung lässt sich mittels Trennung der Veränderlichen lösen:

$$\begin{aligned}\frac{d\Theta}{\Theta} &= -\beta \cdot \mathrm{d}t && \Big| \int \\ \ln\left(\Theta\right) &-\beta \cdot t + C^* && \Big| \exp(\ldots) \\ \Theta(t) &= \exp\left(-\beta \cdot t + C^*\right) = \exp\left(C^*\right) \cdot \exp\left(-\beta \cdot t\right) \\ \Theta(t) &= C \cdot \exp\left(-\beta \cdot t\right) && (5.161)\end{aligned}$$

(c) Konstantenbestimmung:

Die Konstante C ist bei beiden Methoden aus der Anfangsbedingung zu bestimmen:

$$\vartheta_{\mathrm{WW}}(t{=}0) = \vartheta_{\mathrm{WW,\,0}} = C \cdot \underbrace{\exp\left(-\beta \cdot 0\right)}_{1} + \vartheta_\infty \Rightarrow C = \vartheta_{\mathrm{WW,\,0}} - \vartheta_\infty$$

Damit erhält man den folgenden Temperaturverlauf in den Würsten:

$$\vartheta_{\mathrm{WW}}(t) = \left(\vartheta_{\mathrm{WW,\,0}} - \vartheta_\infty\right) \cdot \exp\left(-\beta \cdot t\right) + \vartheta_\infty \quad (5.163)$$

◄

► Beispiel 5.3:

In der Firma von Berta Blitzblank sollen Edelstahlteile ($\lambda = 13$ W/(m K), $c_p = 470$ J/(kg K), $\varrho = 8\,200$ kg/m^3, $\vartheta_0 = 20$ °C, Absorptionskoeffizient $a_s = 0{,}5$) mit einem Laser mit kurzzeitig sehr hoher Wärmestromdichte oberflächengehärtet werden (Schockhärtung).
Berater Bernie Bastscho meint, dass kurze Laserpulse $\Delta t_1 = 10^{-4}$ µs mit höherer Leistungsdichte $\dot{q}_{L1} = 10^{15}$ W/m^2 (Methode 1) effektiver sind als längere Pulse mit $\Delta t_2 = 10^{-2}$µs und geringerer Leistungsdichte $\dot{q}_{L2} = 10^{13}$ W/m^2 (Methode 2).

(a) Schlagen Sie ein geeignetes Modell zur Berechnung der Schockhärtung der Edelstahlteile vor und begründen Sie Ihre Wahl.
(b) Berechnen Sie die Temperaturen an der Oberfläche der Edelstahlteile ϑ_{w1} und ϑ_{w2} nach Applikation eines Laserpulses. Bei welcher Methode wird die höhere Oberflächentemperatur erreicht?
(c) Die Eindringtiefe δ ist die Tiefe, in der die relative Temperaturerhöhung im Material $[\vartheta(\delta) - \vartheta_0] / \Delta\vartheta_0$ genau $1\,\%$ beträgt (situationsbezogene Anfangstemperaturdifferenz $\Delta\vartheta_0 = 20$ K). Berechnen Sie die Eindringtiefen δ_1 und δ_2 für beide Methoden und geben Sie an, welche die größere Eindringtiefe besitzt.

Bekannte Größen:

▷ Edelstahlteile:

Wärmeleitfähigkeit:	$\lambda = 13$ W/(m K)
spezifische isobare Wärmekapazität:	$c_p = 470$ J/(kg K)
Dichte:	$\varrho = 8\,200$ kg/m^3
Anfangstemperatur:	$\vartheta_0 = 20$ °C
Anfangstemperaturdifferenz:	$\Delta\vartheta_0 = 20$ K

▷ Laserpulse:

Absorptionskoeffizient:	$a_s = 0{,}5$
Dauer 1:	$\Delta t_1 = 10^{-4}$ µs
Leistungsdichte 1:	$\dot{q}_{L1} = 10^{15}$ W/m^2
Dauer 2:	$\Delta t_2 = 10^{-2}$ µs
Leistungsdichte 2:	$\dot{q}_{L2} = 10^{13}$ W/m^2

Gesuchte Größen:

Oberflächentemperaturen:	ϑ_{W1}, ϑ_{W2}
Eindringtiefen:	δ_1, δ_2

Lösung:

(a) geeignetes thermisches Berechnungsmodell:

Da es sich um kurze Zeiten und oberflächennahe Vorgänge handelt, ist das Modell des halbunendlichen Körpers (HUK) anwendbar. Der Einfluss der gegenüberliegenden Seite spielt dann keine Rolle.

(b) Oberflächentemperaturen nach einem Laserpuls:

Die applizierten Wärmestromdichten $\dot{q}_{w1}$ und $\dot{q}_{w2}$ sind bekannt:

$$\dot{q}_{w1} = a_s \cdot \dot{q}_{L1} = 5 \cdot 10^{14} \text{ W/m}^2 \tag{5.164}$$

$$\dot{q}_{w2} = a_s \cdot \dot{q}_{L2} = 5 \cdot 10^{12} \text{ W/m}^2 \tag{5.165}$$

Für die vorliegende Randbedingung 2. Art beträgt die Temperatur in der Tiefe r zur Zeit t gemäß Gl. (5.41):

$$\vartheta(r,t) = \vartheta_0 + \frac{\dot{q}_w}{\lambda} \left[2\sqrt{\frac{a\,t}{\pi}} \cdot \exp\left(-\mu^2\right) - r \cdot \operatorname{erfc}(\mu) \right] \tag{5.166}$$

An der Oberfläche ist $r = 0$, so dass auch die Ähnlichkeitsvariable μ in Gl. (5.29) auf S. 144 verschwindet:

$$\mu := \frac{r}{2\sqrt{a\,t}} = \frac{0}{2\sqrt{a\,t}} = 0 \tag{5.167}$$

Mit $\operatorname{erfc}(0) = 1$ und $\exp(-0^2) = 1$ folgt die Temperatur an der Körperoberfläche:

$$\vartheta_w(t) = \vartheta(r=0,t) = \vartheta_0 + \frac{\dot{q}_w}{\lambda} \left[2\sqrt{\frac{a\,t}{\pi}} \cdot \underbrace{\exp\left(-\mu^2\right)}_{1} - 0 \cdot \underbrace{\operatorname{erfc}(0)}_{1} \right] \Rightarrow$$

$$\vartheta_w(t) = \vartheta_0 + \frac{\dot{q}_w}{\lambda} \cdot 2\sqrt{\frac{a\,t}{\pi}} \tag{5.168}$$

https://files.hanser.de/Files/Article/ARTK_GCL_9783446461246_0001.zip

Mit der Temperaturleitfähigkeit $a = \lambda/(\varrho \cdot c_p) = 3{,}37 \cdot 10^{-6}$ m²/s, sowie den Zeiten $t_1 = \Delta t_1 = 10^{-10}$ s und $t_2 = \Delta t_2 = 10^{-8}$ s erhält man die folgenden Oberflächentemperaturen:

$$\vartheta_{w1} = \vartheta_{w1}(t_1) = 7{,}97 \cdot 10^5\ °\text{C} \tag{5.169}$$

$$\vartheta_{w2} = \vartheta_{w2}(t_2) = 7{,}97 \cdot 10^4\ °\text{C} \tag{5.170}$$

Bei Methode 1 wird die höhere Oberflächentemperatur erreicht.

(c) Eindringtiefen nach einem Laserpuls:

Aus Gl. (5.166) folgt für die relative Temperaturerhöhung:

$$\frac{\vartheta(\delta,t) - \vartheta_0}{\Delta\vartheta_0} = \frac{\dot{q}_w}{\lambda \cdot \Delta\vartheta_0}\left[2\sqrt{\frac{a\,t}{\pi}} \cdot \exp\left(-\mu^2\right) - \delta \cdot \operatorname{erfc}(\mu)\right] \tag{5.171}$$

Unter Berücksichtigung von Gl. (5.29) ergibt sich die folgende nichtlineare Gleichung für die Eindringtiefe δ:

$$\frac{\vartheta(\delta,t) - \vartheta_0}{\Delta\vartheta_0} = \frac{\dot{q}_w}{\lambda \cdot \Delta\vartheta_0}\left[2\sqrt{\frac{a\,t}{\pi}} \cdot \exp\left(-\frac{\delta^2}{4\,a\,t}\right) - \delta \cdot \operatorname{erfc}\left(\frac{\delta}{2\sqrt{a\,t}}\right)\right] \stackrel{!}{=} 0{,}01 \tag{5.172}$$

Gl. (5.172) stellt ein Schnittstellenproblem dar, das durch Subtraktion von $0{,}01$ in ein Nullstellenproblem übergeführt werden kann:

$$0{,}01 - \frac{\dot{q}_w}{\lambda \cdot \Delta\vartheta_0}\left[2\sqrt{\frac{a\,t}{\pi}} \cdot \exp\left(-\frac{\delta^2}{4\,a\,t}\right) - \delta \cdot \operatorname{erfc}\left(\frac{\delta}{2\sqrt{a\,t}}\right)\right] \stackrel{!}{=} 0 \tag{5.173}$$

Die Ableitung der komplementären Fehlerfunktion beträgt nach Gl. (10.6):

$$\frac{\mathrm{d}}{\mathrm{d}\mu}\left[\operatorname{erf}(\mu)\right] = -\frac{2}{\sqrt{\pi}} \cdot \exp\left(-\mu^2\right) \tag{5.174}$$

Hier ist jedoch nicht nach μ, sondern nach δ zu differenzieren, so dass die Kettenregel zu beachten ist:

$$\begin{aligned}\frac{\mathrm{d}}{\mathrm{d}\delta}\left[\operatorname{erf}(\mu)\right] &= \frac{\mathrm{d}}{\mathrm{d}\mu}\left[\operatorname{erf}(\mu)\right] \cdot \frac{\mathrm{d}\mu}{\mathrm{d}\delta} \\ &= \frac{\mathrm{d}}{\mathrm{d}\mu}\left[\operatorname{erf}(\mu)\right] \cdot \frac{1}{2\sqrt{a\,t}}\end{aligned} \tag{5.175}$$

Die Iterationsvorschrift für das Newton-Verfahren lautet:

$$\delta_{i+1} = \delta_i - \frac{f(\delta_i)}{f'(\delta_i)} \tag{5.176}$$

Bei Methode 2 wird die größere Eindringtiefe erreicht.

Zusammenfassung und Ausblick:

- Oberflächennahe Wärmeleitungsvorgänge sind durch den halbunendlichen Körper (HUK) modellierbar.
- Die auftretende Fehlerfunktion erf und ihr Komplement erfc sind vielfach nur numerisch nach ihren Argumenten auflösbar.

Das Nullstellenproblem (5.173) kann mithilfe des Newton-Verfahrens gelöst werden. Durch Definition der Funktion $f(\delta)$, deren Nullstelle zu suchen ist, und unter Beachtung der Differenziationsregeln für die komplementäre Fehlerfunktion findet man:

$$f(\delta) = 0{,}01 - \frac{\dot{q}_w}{\lambda \cdot \Delta\vartheta_0}\left[2\sqrt{\frac{a\,t}{\pi}} \cdot \exp\left(-\frac{\delta^2}{4\,a\,t}\right) - \delta \cdot \operatorname{erfc}\left(\frac{\delta}{2\sqrt{a\,t}}\right)\right] \stackrel{!}{=} 0 \tag{5.177}$$

$$\begin{aligned}f'(\delta) = \frac{\mathrm{d}f(\delta)}{\mathrm{d}\delta} &= -\frac{\dot{q}_w}{\lambda \cdot \Delta\vartheta_0}\Bigg[2\sqrt{\frac{a\,t}{\pi}} \cdot \exp\left(-\frac{\delta^2}{4\,a\,t}\right) \cdot \left(-\frac{2\,\delta}{4\,a\,t}\right) - \operatorname{erfc}\left(\frac{\delta}{2\sqrt{a\,t}}\right) \\ &\qquad - \delta \cdot \left(-\frac{2}{\sqrt{\pi}}\right) \cdot \exp\left(-\frac{\delta^2}{4\,a\,t}\right) \cdot \left(\frac{1}{2\sqrt{a\,t}}\right)\Bigg] \\ &= \frac{\dot{q}_w}{\lambda \cdot \Delta\vartheta_0}\left[\frac{\delta}{\sqrt{\pi\,a\,t}} \cdot \exp\left(-\frac{\delta^2}{4\,a\,t}\right) + \operatorname{erfc}\left(\frac{\delta}{2\sqrt{a\,t}}\right) - \frac{\delta}{\sqrt{\pi\,a\,t}} \cdot \exp\left(-\frac{\delta^2}{4\,a\,t}\right)\right] \\ &= \frac{\dot{q}_w}{\lambda \cdot \Delta\vartheta_0} \cdot \operatorname{erfc}\left(\frac{\delta}{2\sqrt{a\,t}}\right)\end{aligned} \tag{5.178}$$

Mit den Startwerten $\delta_{1,0} = 0{,}12\ \mu\text{m}$ und $\delta_{2,0} = 1{,}2\ \mu\text{m}$ findet man bereits nach drei Newton-Iterationen:

$$\begin{aligned}&\delta_{1,1} = 0{,}124\ \mu\text{m} &\quad& \delta_{2,1} = 1{,}116\ \mu\text{m} \\ &\delta_{1,2} = 0{,}126\ \mu\text{m} && \delta_{2,2} = 1{,}141\ \mu\text{m} \\ &\delta_{1,3} = 0{,}127\ \mu\text{m} && \delta_{2,1} = 1{,}149\ \mu\text{m}\end{aligned} \tag{5.179}$$

◄

▶ Beispiel 5.4:

Die Welle eines Schneckengetriebes der Fa. Waltraud Waltz wird durch kurzes Abschrecken in Öl oberflächengehärtet und dann in einem Ofen spannungsfrei geglüht. Zum Härten wird der als unendlich langer Zylinder modellierte Körper (Radius $R=25$ mm, Länge $L=20$ cm, spezifische Wärmekapazität $c_\mathrm{p} = 453$ J/(kg K), Wärmeleitfähigkeit $\lambda=40$ W/(m K), Dichte $\varrho=7\,700$ kg/m^3, Anfangstemperatur $\vartheta_0=800$ °C) in das Ölbad der konstanten Temperatur $\vartheta_\mathrm{B} = 25$ °C eingetaucht. Die Welle gibt über ihre Mantelfläche Wärme mit dem konstanten Wärmeübergangskoeffizienten $\alpha_\mathrm{B}=3\,200$ W/(m^2 K) an das Öl ab, der Wärmefluss über die Stirnflächen sei vernachlässigbar.

(a) Geben Sie für die kurzen Eintauchzeiten $t_{\mathrm{H},1} = 2$ s und $t_{\mathrm{H},2} = 7$ s gültige Näherungen für die Temperaturverteilung in der Welle an und weisen Sie deren Anwendbarkeit nach.

(b) Welche Randbedingungen liegen für $t_{\mathrm{H},1}$ und $t_{\mathrm{H},2}$ in der Wellenmitte vor?

(c) Welche Temperaturen treten an der Wellenoberfläche und in der Wellenmitte zu den Zeiten $t_{\mathrm{H},1}$ und $t_{\mathrm{H},2}$ auf?

(d) Prüfen Sie, ob die angestrebte Mindesthärtetiefe des Wälzkörpers von $s_\mathrm{min} = 0{,}5$ mm nach $t_{\mathrm{H},2}$ erreicht wird, wenn dazu an der jeweiligen Stelle die Härtetemperatur $\vartheta_\mathrm{H} = 420$ °C unterschritten werden muss.

Die nach dem Härten aus dem Ölbad entnommene Welle wird vor dem Glühen zwischengelagert, wobei sich die einheitliche Wellentemperatur $\vartheta_{00}=20$ °C einstellt, die zur Unterscheidung von ϑ_0 mit einer doppelten Null indiziert wird. Mit dieser Temperatur wird die Welle in den Glühofen mit der konstanten Umgebungstemperatur $\vartheta_\infty=400$ °C und dem konstanten Wärmeübergangskoeffizienten $\alpha_\infty = 20$ W/(m^2 K) eingebracht.

(e) Leiten Sie aus der allgemeinen instationären Wärmeleitungsdifferenzialgleichung in Operatorenschreibweise eine Differenzialgleichung für die Wellentemperatur $\vartheta(r,t)$ ab und begründen Sie die getroffenen Vereinfachungen.

(f) Normieren Sie diese Differenzialgleichung mithilfe der Variablen

$$\Theta=\frac{\vartheta(r,t)-\vartheta_\infty}{\vartheta_{00}-\vartheta_\infty};\ \xi=\frac{r}{R}\ \text{und}\ Fo=\frac{a\cdot t}{R^2}.$$

(g) Geben Sie die normierten Anfangs- und Randbedingungen an.

(h) Geben Sie die allgemeine Lösung der normierten Differenzialgleichung und die Bestimmungsgleichung für die Eigenwerte an.

(i) Geben Sie eine für große Zeiten gültige Lösung an.

(j) Berechnen Sie die Zeit t_G, die die Welle im Ofen bis zur Erreichen der Glühtemperatur $\vartheta_\mathrm{G}=350$ °C in der Wellenmitte bleiben muss.

(k) Ermitteln Sie den Wärmestrom $\dot{Q}_\mathrm{G}$ zu dieser Zeit an der Wellenoberfläche.

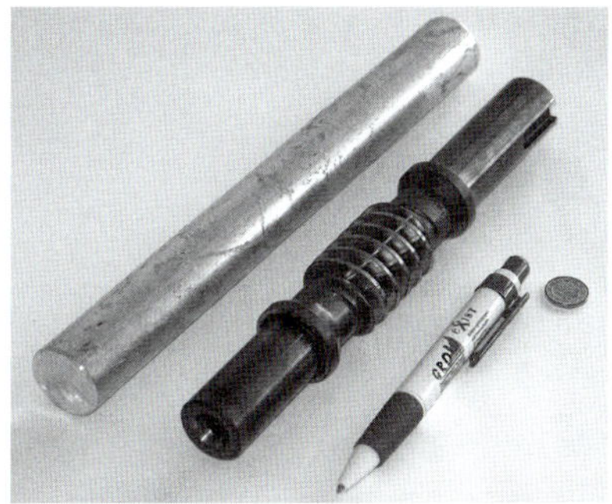

Bild 5.43: *Welle eines Schneckengetriebes ($L=200$ mm, $\overline{D}=50$ mm).*

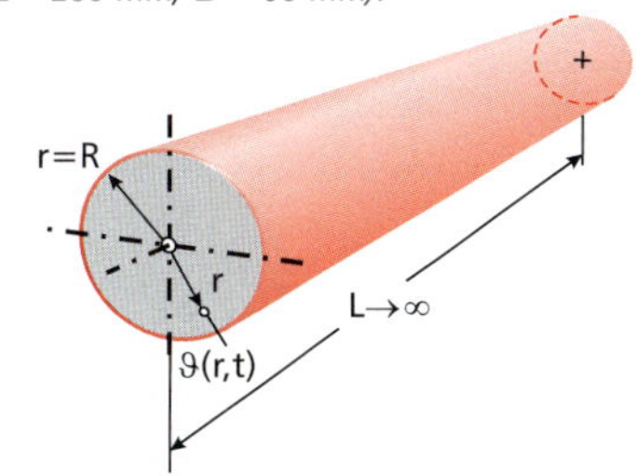

Bild 5.44: *Unendlich langer Zylinder als thermisches Ersatzmodell. Bei der Thermalanalyse muss häufig die Geometrie der Konstruktion vereinfacht werden (Modellbildung). Hier wird die Schneckenwelle unter Vernachlässigung der Konturen und der Stirnflächen als unendlich langer Zylinder ($L \gg R$) betrachtet und die Temperaturverteilung $\vartheta(r)$ als eindimensional und nur in r-Richtung veränderlich modelliert.*

Phase I: Härten

Bekannte Größen:

▷ Welle:

Radius:	$R=25$ mm
Länge:	$L=20$ cm
Wärmeleitfähigkeit:	$\lambda=40$ W/(m K)
spezifische isobare Wärmekapazität:	$c_\mathrm{p}=453$ J/(kg K)
Dichte:	$\varrho=7\,700$ kg/m^3
Anfangstemperatur:	$\vartheta_0=800$ °C

▷ Ölbad:

Temperatur:	$\vartheta_\mathrm{B}=25$ °C
Wärmeübergangskoeffizient:	$\alpha_\mathrm{B}=3\,200$ W/(m^2 K)
Eintauchzeiten:	$t_{\mathrm{H},1}=2$ s; $t_{\mathrm{H},2}=7$ s

Gesuchte Größen:

Kurzzeitlösungen des Temperaturfelds
RBn in der Wellenmitte
Oberflächentemperaturen
Härtetiefe nach $t_{\mathrm{H},2}$

Phase II: Glühen

Bekannte Größen:

▷ Welle:

Anfangstemperatur: $\vartheta_{00} = 20\ °\mathrm{C}$
Glühtemperatur: $\vartheta_G = 350\ °\mathrm{C}$

▷ Glühofen:

Temperatur: $\vartheta_\infty = 400\ °\mathrm{C}$
Wärmeübergangskoeffizient: $\alpha_\infty = 20\ \mathrm{W/(m^2\,K)}$

Gesuchte Größen:

dimensionsbehaftete und dimensionslose Differenzialgleichung für das Temperaturfeld
AB und RBn
allgemeine Lösung des Temperaturfelds
Bestimmungsgleichung der Eigenwerte
Langzeitlösung des Temperaturfelds
Glühdauer
Wärmestrom

Würde man alternativ als Bezugslänge die Diffusionslänge $\widehat{L} = \sqrt{a \cdot t}$ verwenden, dann würde sich **unabhängig von der Zeit** eine konstante Fourier-Zahl von 1 ergeben:

$$\widehat{Fo} = \frac{a \cdot t_H}{\widehat{L}^2} = \frac{a \cdot t_H}{\left(\sqrt{a \cdot t_H}\right)^2} = \frac{a \cdot t_H}{a \cdot t_H} = 1 \quad (5.182)$$

Die Ortskoordinate zählt beim Modell des halbunendlichen Körpers von der Körperoberfläche aus nach innen. Zur Unterscheidung von der von Mitte aus zählenden Koordinate r wird das Symbol r^* verwendet. Es gilt:

$$r = R - r^* \quad \text{bzw.} \quad \xi = 1 - \xi^* \quad (5.183)$$

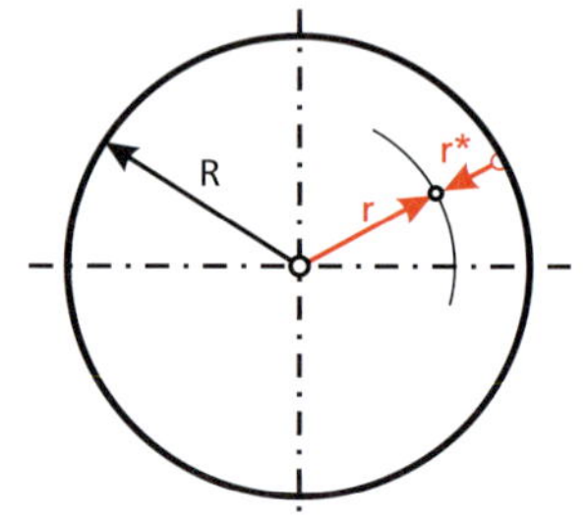

Bild 5.45: *Ortskoordinate r^* für das Modell des halbunendlichen Körpers und „übliche" Koordinate r.*

Die Berechnung des Temperaturfelds wäre auch mit Gl. (5.53) möglich oder mit Gl. (5.59) unter Weglassen von -1 und der Zeile mit ξ^*_{li}.

Lösung:

(a) Kurzzeitlösung:

An der Wellenoberfläche liegt eine Randbedingung 3. Art vor, da Temperatur und Wärmeübergangskoeffizient des Ölbads bekannt sind. Die Temperaturleitfähigkeit beträgt $a = \lambda/(\varrho \cdot c_p) = 1{,}15 \cdot 10^{-5}\ \mathrm{m^2/s}$. Grundsätzlich ist mit der unendlichen Reihe (5.70) der Temperaturverlauf $\vartheta(r,t)$ an jedem Ort zu jeder Zeit berechenbar. Für große Zeiten $Fo > Fo^* = 0{,}25$ ist die Langzeitnäherung mit dem ersten Reihenglied ausreichend. Für kurze Zeiten $Fo < Fo^* = 0{,}25$ sind mehrere Reihenterme zu berücksichtigen oder Kurzzeitnäherungen gemäß Tabelle 5.2 anzuwenden. Bei der analytischen Näherung für kurze Zeiten sind zwei Bereiche zu unterscheiden, die anhand der dimensionslosen Zeit (Fourier-Zahl) abgegrenzt werden können:

$$Fo_1 = \frac{a \cdot t_{H,1}}{R^2} = \frac{1{,}15 \cdot 10^{-5} \cdot 2}{\left(25 \cdot 10^{-3}\right)^2} = 0{,}0368 < \widehat{Fo} = 0{,}06 \quad (5.180)$$

$$Fo_2 = \frac{a \cdot t_{H,2}}{R^2} = \frac{1{,}15 \cdot 10^{-5} \cdot 7}{\left(25 \cdot 10^{-3}\right)^2} = 0{,}1288 < \widehat{\widehat{Fo}} = 0{,}17 \quad (5.181)$$

Für sehr kurze Zeiten ($Fo < \widehat{Fo} = 0{,}06$) ist das einseitig angewendete Modell des halbunendlichen Körpers (HUK) geeignet, das dann die Temperatur in den oberflächennahen Zonen beschreibt, wo die Einflüsse von Krümmung und gegenüberliegender Oberfläche keine Rolle spielen. Für etwas größere Zeiten ($\widehat{Fo} = 0{,}06 < Fo < 0{,}17 = \widehat{\widehat{Fo}}$) ermöglicht das erweiterte Modell des ideal gerührten Behälters (EIGB) die Berechnung der Temperaturverteilung $\vartheta(r,t)$ für die drei Grundkörper (Platte, Zylinder, Kugel).

(b) Randbedingungen in der Wellenmitte:

Die Mitte der Welle spürt wegen der kurzen Zeit kaum etwas von der Temperaturänderung an der Oberfläche, d. h. die Temperatur auf der Zylinderachse ist in erster Näherung gleich der Anfangstemperatur ϑ_0. Damit liegt praktisch eine Randbedingung 1. Art vor (vgl. Bild 5.46):

$$\vartheta(r^* = R,t) = \vartheta(r = 0,t) = \vartheta_0 = 800\ °\mathrm{C} \quad (5.184)$$

Von der Mitte der Welle fließt die Wärme radial nach außen ab, die Temperatur $\vartheta(r^* = R,t) = \vartheta(r = 0,t)$ nimmt ab. Aus Symmetriegründen ist kein Wärmefluss über die Zylinderachse möglich, so dass zusätzlich eine Randbedingung 2. Art vorherrscht (vgl. Bild 5.47):

$$\left.\frac{\mathrm{d}\vartheta}{\mathrm{d}r}\right|_{r^*=R} = \left.\frac{\mathrm{d}\vartheta}{\mathrm{d}r}\right|_{r=0} = 0 \quad (5.185)$$

(c) Temperaturen an der Wellenoberfläche und in der Wellenmitte:

Für sehr kurze Zeiten gilt für das Temperaturfeld in der Tiefe r zur Zeit t gemäß Gl. (5.46):

$$\vartheta(r,t) = \vartheta_B + (\vartheta_0 - \vartheta_B) \cdot \left[\operatorname{erf}(\mu) + \exp\left(\tau + 2\sqrt{\tau} \cdot \mu\right) \cdot \operatorname{erfc}(\sqrt{\tau} + \mu)\right] \quad (5.186)$$

Die dimensionslosen Parameter folgen aus den Gln. (5.29) und (5.45):

$$\mu = \frac{r^*}{2\sqrt{a\,t}} \quad (5.187)$$

$$\tau = a\,t\left(\frac{\alpha}{\lambda}\right)^2 \tag{5.188}$$

Für die Ermittlung der Oberflächentemperatur ist $r^* = 0$ und $\mu = 0$ in Gl. (5.186) zu setzen:

$$\vartheta_\mathrm{w}(t) = \vartheta_\mathrm{B} + (\vartheta_0 - \vartheta_\mathrm{B}) \cdot \left[\underbrace{\mathrm{erf}(0)}_{0} + \exp\left(\tau + 2\sqrt{\tau}\cdot 0\right) \cdot \mathrm{erfc}(\sqrt{\tau} + 0)\right]$$

$$\vartheta_\mathrm{w}(t) = \vartheta_\mathrm{B} + (\vartheta_0 - \vartheta_\mathrm{B}) \cdot \exp(\tau) \cdot \mathrm{erfc}(\sqrt{\tau}) \tag{5.189}$$

Mit $\tau_{\mathrm{H},1} = a \cdot t_{\mathrm{H},1} \cdot \left(\frac{\alpha_\mathrm{B}}{\lambda}\right)^2 = 0{,}1472$ erhält man mit dem Interpolationswert $\mathrm{erfc}\,\sqrt{\tau_{\mathrm{H},1}} = 0{,}587405$ aus Tabelle 10.1 für die Temperatur an der Wellenoberfläche:

$$\vartheta_\mathrm{w}(t = t_{\mathrm{H},1}) = 552{,}43\ ^\circ\mathrm{C} \tag{5.190}$$

Abseits oberflächennaher Zonen liefert der halbunendliche Körper aufgrund der Volumenverkleinerung gerade für Zylinder und Kugel falsche Ergebnisse, insbesondere in der Körpermitte. Für sehr kurze Zeiten spielt dieser Nachteil praktisch keine Rolle, da dann die Körpermitte noch auf ihrer Anfangstemperatur ϑ_0 verharrt.

Dieses Verhalten wird zumindest qualitativ richtig wiedergegeben, wie die folgende Abschätzung für den halben Radius und die Mitte der Welle zeigt:

$$r^* = \frac{R}{2} = 0{,}0125\ \mathrm{m}; \quad \mu = 1{,}303; \quad \vartheta\left(r^* = \frac{R}{2}, t = 2\ \mathrm{s}\right) = 790{,}99\ ^\circ\mathrm{C} \tag{5.191}$$

$$r^* = R = 0{,}025\ \mathrm{m}; \quad \mu = 2{,}606; \quad \vartheta\left(r^* = R, t = 2\ \mathrm{s}\right) = 799{,}99\ ^\circ\mathrm{C} \tag{5.192}$$

Beim halben Radius beträgt die Temperaturänderung $\Delta\vartheta\left(r^* = \frac{R}{2}\right) = 9{,}01$ K. Dies entspricht einer Abkühlung von $1{,}16\ \%$ bezogen auf $\vartheta_0 - \vartheta_\infty = 775$ K. Die Zylindermitte erfährt dagegen praktisch keine Temperaturänderung.

Bei „kurzen" Zeiten $0{,}06 < Fo_2 < 0{,}17$ kommt das erweiterte Modell des ideal gerührten Behälters (EIGB) zum Einsatz, das die „exakte" Lösung im Mittel am besten wiedergibt (Bild 5.47). Mit den Koeffizienten $a = 36{,}6858$ und $b = 5{,}1322$ (Tabelle 5.6, S. 152) erhält man aus Gl. (5.89) für die innere Nußelt-Zahl:

$$Nu_\mathrm{i} = \frac{1}{2} \cdot \sqrt{a + \frac{b}{Fo_2}} = 4{,}374 \tag{5.193}$$

Mit der Biot-Zahl $Bi = \frac{\alpha \cdot R}{\lambda} = \frac{3\,200 \cdot 0{,}025}{40} = 2$ folgt mit Gl. (5.94) die dimensionslose Wärmedurchgangszahl:

$$Nu_\mathrm{ges} = \frac{1}{\frac{1}{Nu_\mathrm{i}} + \frac{1}{Bi}} = 1{,}372 \tag{5.194}$$

Gl. (5.93) liefert mit $n = 1$ für den Zylinder die normierte kalorische Mitteltemperatur:

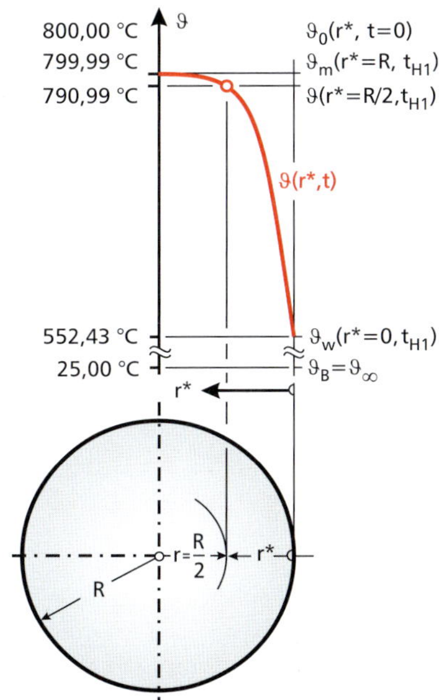

Bild 5.46: *Modell des einseitig angewendeten halbunendlichen Körpers für sehr kurze Zeiten ($Bi = 2$, $t_{\mathrm{H},1} = 2$ s, $Fo_1 = 0{,}0368$).*

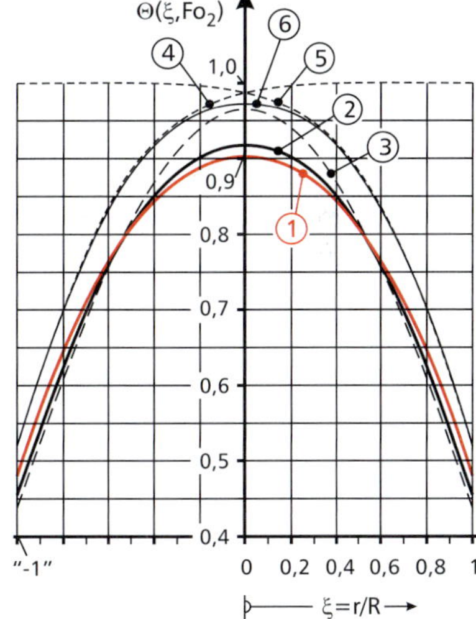

Bild 5.47: *Vergleich der Rechenmodelle für „kurze" Zeiten ($Bi = 2$, $t_{\mathrm{H},2} = 7$ s, $Fo_2 = 0{,}1288$): ① erweitertes Modell des ideal gerührten Behälters (EIGB); ② „exakte" Reihenlösung mit 20 Termen (ELF); ③ Langzeitnäherung mit 1. Term (NGZ); ④, ⑤ einseitiger halbunendlicher Körper (HUK, links bzw. rechts); ⑥ Überlagerung von ④ und ⑤.*

$$\overline{\Theta} = \exp\left[-(n+1)\cdot Nu_{\text{ges}}\cdot Fo_2\right] = 0{,}702 \tag{5.195}$$

Daraus erhält man mit Gl. (5.100) die normierte Wandtemperatur

$$\Theta_{\text{w}} = \overline{\Theta}\cdot\left(1-\frac{Nu_{\text{ges}}}{Nu_{\text{i}}}\right) = 0{,}482 \tag{5.196}$$

und mit

$$\vartheta_{\text{w}} = \vartheta_\infty + \Theta_{\text{w}}\cdot(\vartheta_0-\vartheta_\infty) = 398{,}55\ ^\circ\text{C} \tag{5.197}$$

schließlich die gesuchte dimensionsbehaftete Wandtemperatur. Die Koeffizienten nach Tabelle 5.8 (S. 154)

$$a_4 = -3\cdot\overline{\Theta} + \frac{3\ (Bi+4)}{4}\cdot\Theta_{\text{w}} = 0{,}063 \tag{5.198}$$

$$a_2 = 6\cdot\overline{\Theta} - (Bi+6)\cdot\Theta_{\text{w}} = 0{,}356 \tag{5.199}$$

liefern die Zentrumstemperatur gemäß Gl. (5.109):

$$\Theta_{\text{m}} = a_4 + a_2 + \Theta_{\text{w}} = 0{,}901 \tag{5.200}$$

Sie folgt alternativ auch direkt aus Tabelle 5.8:

$$\Theta_{\text{m}} = 3\cdot\overline{\Theta} - \frac{Bi+8}{4}\cdot\Theta_{\text{w}} = 0{,}901 \tag{5.201}$$

Für die dimensionsbehaftete Temperatur in Zylindermitte erhält man damit:

$$\vartheta_{\text{m}} = \vartheta_\infty + \Theta_{\text{m}}\cdot(\vartheta_0-\vartheta_\infty) = 723{,}28\ ^\circ\text{C} \tag{5.202}$$

(d) Erreichen der Härtetemperatur:

Für die Tiefe $s_{\text{min}} = 0{,}5$ mm erhält man $\xi = \frac{r}{R} = \frac{R-s_{\text{min}}}{R} = 0{,}98$. Daraus berechnet sich nach Gl. (5.101) die normierte Temperatur zu:

$$\Theta(\xi=0{,}98) = a_4\cdot\left(1-\xi^4\right) + a_2\cdot\left(1-\xi^2\right) + \Theta_{\text{w}} = 0{,}501 \tag{5.203}$$

Die dimensionsbehaftete Temperatur beträgt:

$$\vartheta\,(r=R-s_{\text{min}},t_{\text{H},2}) = \vartheta_\infty + \Theta(\xi=0{,}98)\cdot(\vartheta_0-\vartheta_\infty) = 413{,}28\ ^\circ\text{C} \tag{5.204}$$

Die geforderte Temperatur $\vartheta_{\text{H}} = 420\ ^\circ\text{C}$ wird also geringfügig unterschritten.

Im Gegensatz zum halbunendlichen Körper zählt die Ortskoordinate r nun von der Mitte der Welle aus.

(e) Differenzialgleichung für die Wellentemperatur:

In Operatorenschreibweise lautet die allgemeine instationäre Wärmeleitungsdifferenzialgleichung (1.27):

$$\frac{\partial\vartheta}{\partial t} = a\cdot\nabla^2\vartheta + \frac{\dot{e}_{\text{q}}}{\varrho\cdot c_{\text{p}}} \tag{5.207}$$

Das Temperaturfeld in der Welle ist aufgrund des radialen Wärmeflusses eindimensional, der Einfluss der Stirnseiten wird vernachlässigt (Modell des unendlich langen Zylinders). Wärmequellen sind nicht vorhanden, so dass folgende Vereinfachungen zutreffen:

$$\frac{\partial}{\partial\varphi} = \frac{\partial}{\partial z} = 0 \tag{5.205}$$

$$\dot{e}_{\text{q}} = 0 \tag{5.206}$$

Für das Quadrat des Nabla-Operators in Zylinderkoordinaten gilt gemäß Gl. (1.29):

$$\nabla^2\vartheta = \Delta\vartheta = \frac{\partial^2\vartheta}{\partial r^2} + \frac{1}{r}\cdot\frac{\partial\vartheta}{\partial r} + \frac{1}{r^2}\cdot\frac{\partial^2\vartheta}{\partial\varphi^2} + \frac{\partial^2\vartheta}{\partial z^2} \tag{5.208}$$

Mit den getroffenen Vereinfachungen folgt aus Gl. (5.207):

$$\frac{\partial\vartheta}{\partial t} = a\cdot\left[\frac{\partial^2\vartheta}{\partial r^2} + \frac{1}{r}\cdot\frac{\partial\vartheta}{\partial r}\right] \tag{5.209}$$

(f) normierte Differenzialgleichung:

Durch Ersetzen der dimensionsbehafteten Ableitungen in Gl. (5.209) findet man:

$$\frac{\cancel{a}\cdot\cancel{(\vartheta_{00}-\vartheta_\infty)}}{\cancel{R^2}}\cdot\frac{\partial\Theta}{\partial Fo}=\cancel{a}\cdot\left[\frac{\cancel{\vartheta_{00}-\vartheta_\infty}}{\cancel{R^2}}\cdot\frac{\partial^2\Theta}{\partial\xi^2}+\frac{1}{\cancel{R}\cdot\xi}\cdot\frac{\cancel{\vartheta_{00}-\vartheta_\infty}}{\cancel{R}}\cdot\frac{\partial\Theta}{\partial\xi}\right]$$

$$\frac{\partial\Theta}{\partial Fo}=\frac{\partial^2\Theta}{\partial\xi^2}+\frac{1}{\xi}\cdot\frac{\partial\Theta}{\partial\xi} \tag{5.217}$$

(g) normierte Anfangs- und Randbedingungen:

Die normierten Anfangs- und Randbedingungen lassen sich aus den jeweiligen dimensionsbehafteten Bedingungen ableiten (vgl. Bild 5.48):

$$\vartheta(r,t=0)=\vartheta_{00} \quad\Rightarrow\quad \Theta(\xi,Fo=0)=1 \tag{5.218}$$

$$\left.\frac{\partial\vartheta}{\partial r}\right|_{r=0}=0 \quad\Rightarrow\quad \left.\frac{\partial\Theta}{\partial\xi}\right|_{\xi=0}=0 \tag{5.219}$$

$$-\lambda\cdot\left.\frac{\partial\vartheta}{\partial r}\right|_{r=R}=\alpha_\infty\cdot\Big[\vartheta(r=R,t)-\vartheta_\infty\Big] \quad\Rightarrow\quad -\left.\frac{\partial\Theta}{\partial\xi}\right|_{\xi=1}=Bi\cdot\Theta(\xi=1,Fo) \tag{5.220}$$

(h) allgemeine Lösung der normierten Differenzialgleichung:

Die allgemeine Lösung der dimensionslosen Differenzialgleichung (5.217) ist die in Gl. (5.70) dargestellte Fourier-Reihe, wobei die Funktionen $f_1(\delta_\mathrm{k})$ und $f_2(\delta_\mathrm{k}\,\xi)$ aus Tabelle 5.4 zu entnehmen sind:

$$\Theta(\xi,Fo)=\sum_{k=1}^{\infty}f_1\left(\delta_\mathrm{k}\right)\cdot f_2\left(\delta_\mathrm{k}\,\xi\right)\cdot\exp\left(-\delta_\mathrm{k}^2\,Fo\right)$$

$$f_1(\delta_\mathrm{k}=\frac{2\,\mathrm{J}_1\left(\delta_\mathrm{k}\right)}{\delta_\mathrm{k}\cdot\left[\,\mathrm{J}_0^2\left(\delta_\mathrm{k}\right)+\mathrm{J}_1^2\left(\delta_\mathrm{k}\right)\right]}$$

$$f_2\left(\delta_\mathrm{k}\,\xi\right)=\mathrm{J}_0\left(\delta_\mathrm{k}\,\xi\right) \tag{5.221}$$

Die Bestimmungsgleichung für die Eigenwerte folgt ebenfalls aus Tabelle 5.4:

$$\mathrm{J}_0\left(\delta_\mathrm{k}\right)=\frac{\delta_\mathrm{k}}{Bi}\cdot\mathrm{J}_1\left(\delta_\mathrm{k}\right) \tag{5.222}$$

(i) Lösung für große Zeiten:

Für große Zeiten $Fo > Fo^*$ ist gemäß Gl. (5.71) der erste Term der Fourier-Reihe ausreichend:

$$\Theta(\xi,Fo)\approx f_1(\delta_1)\cdot\exp\left(-\delta_1^2 Fo\right)\cdot f_2(\delta_1\xi)=C_\mathrm{m}\cdot\exp\left(-E\,Fo\right)\cdot\mathrm{J}_0(\delta_1\xi) \tag{5.223}$$

(j) Erreichen der Glühtemperatur in Körpermitte:

Die normierte Temperatur in Körpermitte beträgt laut Gl. (5.79):

$$\Theta_\mathrm{m}=C_\mathrm{m}\cdot\exp\left(-E\,Fo\right) \tag{5.224}$$

Die Konstanten C_m und E folgen in Abhängigkeit des Kehrwerts der Bi-Zahl aus Tabelle 10.7. Im vorliegenden Fall gilt:

$$Bi=\frac{\alpha_\infty\cdot R}{\lambda}=0{,}0125 \quad\Rightarrow\quad \frac{1}{Bi}=80 \tag{5.225}$$

☞ Durch Auflösen der dimensionslosen Variablen nach den jeweiligen dimensionsbehafteten Größen erhält man:

$$\Theta=\frac{\vartheta(r,t)-\vartheta_\infty}{\vartheta_{00}-\vartheta_\infty}$$

$$\Rightarrow\ \vartheta(r,t)=\vartheta_\infty+(\vartheta_{00}-\vartheta_\infty)\cdot\Theta \tag{5.210}$$

$$\xi=\frac{r}{R}\ \Rightarrow\ r=R\cdot\xi \tag{5.211}$$

$$Fo=\frac{a\cdot t}{R^2}\ \Rightarrow\ t=\frac{R^2}{a}\cdot Fo \tag{5.212}$$

Damit erhält man für die in Gl. (5.209) vorkommenden Differenziale:

$$\frac{\partial\vartheta}{\partial t}=\frac{a\cdot(\vartheta_{00}-\vartheta_\infty)}{R^2}\cdot\frac{\partial\Theta}{\partial Fo} \tag{5.213}$$

$$\frac{\partial\vartheta}{\partial r}=\frac{\vartheta_{00}-\vartheta_\infty}{R}\cdot\frac{\partial\Theta}{\partial\xi} \tag{5.214}$$

$$\frac{\partial^2\vartheta}{\partial r^2}=\frac{\vartheta_{00}-\vartheta_\infty}{R^2}\cdot\frac{\partial^2\Theta}{\partial\xi^2} \tag{5.215}$$

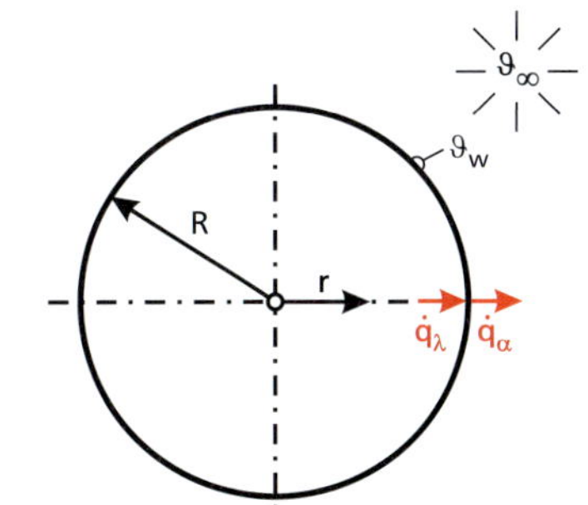

Bild 5.48: *Spezifische Wärmeflüsse an der Wellenoberfläche.*

☞ An der Wellenoberfläche gilt:

$$\dot q_\lambda=-\lambda\cdot\left.\frac{\partial\vartheta}{\partial r}\right|_{\mathrm{r=R}}=-\alpha\cdot(\vartheta-\infty-\vartheta_\mathrm{w})=\dot q_\alpha$$

$$=+\alpha\cdot(\vartheta_\mathrm{w}-\vartheta-\infty)$$

mit $\vartheta_\mathrm{w}=\vartheta(r=R,t)$ (5.216)

Damit findet man aus Tabelle 10.7:

$$C_m = 1{,}0031 \quad \text{und} \quad E = 0{,}024922 \tag{5.226}$$

Die dimensionslose Glühtemperatur beträgt daher:

$$\Theta_\mathrm{G} = \frac{\vartheta_\mathrm{G} - \vartheta_\infty}{\vartheta_{00} - \vartheta_\infty} = 0{,}132 \tag{5.227}$$

Zunächst wird die zur normierten Glühtemperatur Θ_G gehörige Fourier-Zahl bestimmt, aus der dann die dimensionsbehaftete Glühdauer t_G berechnet werden kann:

$$\Theta_\mathrm{G} = C_\mathrm{m} \cdot \exp\left(-E\, Fo_\mathrm{G}\right) \;\Rightarrow\; Fo_\mathrm{G} = -\frac{1}{E} \cdot \ln\left(\frac{\Theta_\mathrm{G}}{C_\mathrm{m}}\right) = 81{,}50 \gg 0{,}25 \;\Rightarrow$$

$$t_\mathrm{G} = \frac{Fo_\mathrm{G} \cdot R^2}{a} = 4\,429{,}57\ \mathrm{s} = 1{,}23\ \mathrm{h} \tag{5.228}$$

(k) Wärmestrom an der Körperoberfläche:

Alternativ kann $\dot{Q}_\mathrm{G}$ auch mithilfe des Newton'schen Abkühlungsgesetzes (1.13) $\dot{Q} = \alpha \cdot A \cdot (\vartheta_\mathrm{w} - \vartheta_\infty)$ bestimmt werden, wobei ϑ_w über Gl. (5.80) zu berechnen ist.

Der Wärmestrom an der Oberfläche der Welle lässt sich mithilfe des Fourier'schen Wärmeleitungsansatzes (1.11) unter Berücksichtigung des Temperaturgradienten aus Gl. (5.214) und der Mantelfläche $A = 2\,\pi \cdot R \cdot L = 0{,}031\ \mathrm{m}^2$ berechnen:

$$\dot{Q}_\mathrm{G} = -\lambda \cdot A \cdot \left.\frac{\partial \vartheta}{\partial r}\right|_{r=R} = -\lambda \cdot 2\,\pi \cdot R \cdot L \cdot \frac{\vartheta_{00} - \vartheta_\infty}{R} \cdot \left.\frac{\partial \Theta}{\partial \xi}\right|_{\xi=1}$$

$$= -\lambda \cdot 2\,\pi \cdot L \cdot (\vartheta_{00} - \vartheta_\infty) \cdot \left.\frac{\partial \Theta}{\partial \xi}\right|_{\xi=1} \tag{5.229}$$

Für die Berechnung der Ableitung der Bessel-Funktion 1. Art 0. Ordnung mit zusammengesetztem Argument gilt unter Beachtung der Kettenregel:

$$\frac{\mathrm{d}}{\mathrm{d}\xi}\left[\mathrm{J}_0(\delta\,\xi)\right] = -\delta \cdot \mathrm{J}_1(\delta\,\xi) \tag{5.231}$$

Zur Berechnung des normierten Temperaturgradienten $\frac{\partial \Theta}{\partial \xi}$ ist die in der dimensionslosen Temperatur Θ in Gl. (5.223) enthaltene Bessel-Funktion J_0 gemäß Beziehung (10.15) zu differenzieren.

$$\frac{\partial \Theta}{\partial \xi} = \frac{\partial}{\partial \xi}\left[C_\mathrm{m} \cdot \exp\left(-E\, Fo\right) \cdot \mathrm{J}_0(\delta_1 \xi)\right] = C_\mathrm{m} \cdot \exp\left(-E\, Fo\right) \cdot \frac{\mathrm{d}\left[\mathrm{J}_0(\delta_1 \xi)\right]}{\mathrm{d}\xi}$$

$$= -\delta_1 \cdot C_\mathrm{m} \cdot \exp\left(-E\, Fo\right) \cdot \mathrm{J}_1(\delta_1 \xi) \tag{5.230}$$

Für den normierten Temperaturgradienten an der Wand $\xi = 1$ zur Zeit Fo_G gilt damit:

$$\left.\frac{\partial \Theta}{\partial \xi}\right|_{\xi=1} = -\delta_1 \cdot C_\mathrm{m} \cdot \exp\left(-E\, Fo_\mathrm{G}\right) \cdot \mathrm{J}_1(\delta_1) \tag{5.232}$$

Der „exakte" Wert von $\mathrm{J}_1 = 0{,}0787$ ergibt einen geringfügig höheren Wärmestrom von $\dot{Q}_\mathrm{G} = -31{,}22$ W. Das negative Vorzeichen, weist darauf hin, dass $\dot{Q}_\mathrm{G}$ entgegen der r-Richtung nach innen gerichtet ist.

Aus Tabelle 10.7 findet man für den 1. Eigenwert $\delta_1 = 0{,}15787$. Dieser Wert ist in Tabelle 10.3 als Argument der Bessel-Funktionen nicht enthalten. Durch lineare Interpolation findet man $\mathrm{J}_1(\delta_1 = 0{,}15787) \approx 0{,}0786$. Mit Gl. (5.229) ergibt sich der gesuchte Wärmestrom zu:

$$\dot{Q}_\mathrm{G} = -31{,}19\ \mathrm{W} \tag{5.233}$$

◄

Zusammenfassung und Ausblick:

- Bei Betrachtung unterschiedlich langer Zeiten kann ein Wechsel des Berechnungsmodells erforderlich sein.
- Es ist ggf. zu prüfen, ob „sehr kurze" oder „kurze" Zeiten vorliegen.
- Die unterschiedliche Laufrichtung der Koordinaten der einzelnen Modelle ist zu beachten.

▶ Beispiel 5.5:

Hausfrau Helga Hausmann legt beim Abtauen ihres Gefrierschranks ein Paket Tiefkühlkost von Kapitän Frosty ($B = 10$ cm, $T = 20$ cm, $H = 10$ cm) mit der Anfangstemperatur $\vartheta_0 = -21$ °C auf einen Gitterrost in der Küche, so dass es allseits von der Luft berührt wird. Die Umgebungstemperatur in der Küche beträgt $\vartheta_\infty = 19$ °C. Zwischen Paket und Raum liegt der Gesamtwärmeübergangskoeffizient $\alpha = 8{,}5$ W/(m² K) vor. Vereinfacht können für die Tiefkühlkost die Stoffwerte von Eis ($\lambda = 2{,}13$ W/(m K), $a = 1{,}25 \cdot 10^{-6}$ m²/s, Schmelztemperatur $\vartheta_\mathrm{E} = 0$ °C) angesetzt werden.

(a) An welchem Punkt des Tiefkühlkostpakets stellt sich die höchste Oberflächentemperatur ein?

(b) Wie lange darf Helga zum Abtauen ihres Gefrierschranks benötigen, wenn das Tiefkühlkostpaket an keiner Stelle auftauen darf?

Bekannte Größen:

▷ Tiefkühlkost:

Breite (x-Richtung):	$B = 10$ cm
Tiefe (y-Richtung):	$T = 20$ cm
Höhe (z-Richtung):	$H = 10$ cm
Anfangstemperatur:	$\vartheta_0 = -21$ °C
Schmelztemperatur:	$\vartheta_\mathrm{E} = 0$ °C
Wärmeleitfähigkeit:	$\lambda = 2{,}13$ W/(m K)
Temperaturleitfähigkeit:	$a = 1{,}25 \cdot 10^{-6}$ m²/s

▷ Küche:

Wärmeübergangskoeffizient:	$\alpha_\mathrm{B} = 8{,}5$ W/(m² K)
Temperatur:	$\vartheta_\infty = 19$ °C

Gesuchte Größen:

Ort mit höchster Oberflächentemperatur
Zeit bis zum Auftauen

Lösung:

(a) Ort mit höchster Oberflächentemperatur:

Der Auftauvorgang beginnt an einer Ecke des Tiefkühlkostpakets, da hier eine dreidimensionale Wärmebrücke mit dem ungünstigsten Oberflächen-Volumen-Verhältnis vorliegt. Im Folgenden wird ausgehend von einem Koordinatensystem im Mittelpunkt des Pakets die vordere obere Ecke betrachtet ($x = B/2$; $y = T/2$; $z = H/2$).

(b) Zeitspanne bis zum Auftauen:

Es liegt dreidimensionale instationäre Wärmeleitung vor, die in kartesischen Koordinaten beschrieben werden kann. Das Koordinatensystem liegt aus Symmetriegründen in Quadermitte. Das von 4 Variablen abhängige Temperaturfeld $\vartheta(x,y,z,t)$ wird durch Multiplikation von drei eindimensionalen Temperaturprofilen mit einem Produktansatz gewonnen. In die jeweilige Koordinatenrichtung liegt eine symmetrische Platte vor. Für die normierte Temperatur gilt gemäß Gl. (5.111):

$$\Theta_\mathrm{3D}(\xi,\eta,\zeta,Fo_\mathrm{x},Fo_\mathrm{y},Fo_\mathrm{z}) = \Theta_\mathrm{P1}(\xi,Fo_\mathrm{x}) \cdot \Theta_\mathrm{P2}(\eta,Fo_\mathrm{y}) \cdot \Theta_\mathrm{P3}(\zeta,Fo_\mathrm{z}) \quad (5.234)$$

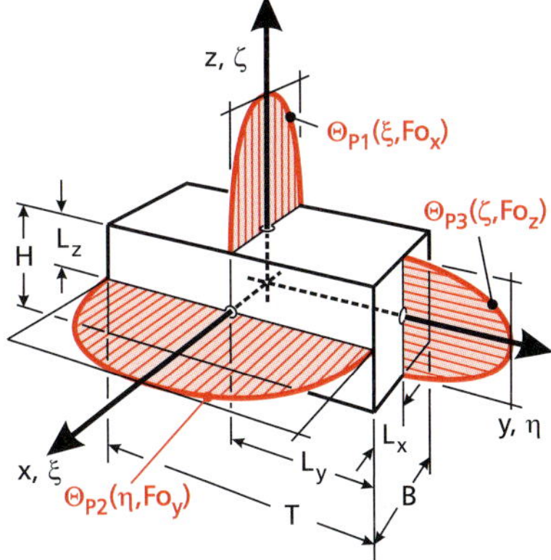

Bild 5.49: Die normierten Temperaturprofile quer zu den Querschnitten der gedachten Platten, die den Quader bilden, werden im Produktansatz miteinander multipliziert.

☞ Beim Aufheizvorgang bezeichnen Werte $\Theta \approx 1$ kalte und Werte $\Theta \approx 0$ warme Stellen (vgl. Abschnitt 5.1.1).

Da die charakteristischen Längen L_x, L_y und L_z im allgemeinen Fall verschieden sein können, existieren in der Regel auch 3 verschiedene Fourier-Zahlen Fo_x, Fo_y, Fo_z, während es nur eine dimensionsbehaftete Zeit t gibt.

☞ Die entsprechenden dimensionslosen Ortskoordinaten lauten:

$$\xi := \frac{x}{X} \quad (5.235)$$

$$\eta := \frac{y}{Y} \quad (5.236)$$

$$\zeta := \frac{z}{Z} \quad (5.237)$$

Wegen der Symmetrie kann kein Wärmefluss über die Körpermitte erfolgen, die charakteristischen Längen sind daher gleichbedeutend mit den halben Quaderabmessungen:

$$L_\mathrm{x} := X = \frac{B}{2} = 0{,}05 \text{ m} \quad (5.238)$$

$$L_\mathrm{y} := Y = \frac{T}{2} = 0{,}10 \text{ m} \quad (5.239)$$

$$L_\mathrm{z} := Z = \frac{H}{2} = 0{,}05 \text{ m} \quad (5.240)$$

Die Biot-Zahlen und deren Kehrwerte betragen:

$$Bi_\mathrm{x} = \frac{\alpha \cdot X}{\lambda} = 0{,}20 \quad \Rightarrow \quad \frac{1}{Bi_\mathrm{x}} = 5{,}0 \quad (5.241)$$

$$Bi_\mathrm{y} = \frac{\alpha \cdot Y}{\lambda} = 0{,}40 \quad \Rightarrow \quad \frac{1}{Bi_\mathrm{y}} = 2{,}5 \quad (5.242)$$

$$Bi_\mathrm{z} = \frac{\alpha \cdot Z}{\lambda} = 0{,}20 \quad \Rightarrow \quad \frac{1}{Bi_\mathrm{z}} = 5{,}0 \quad (5.243)$$

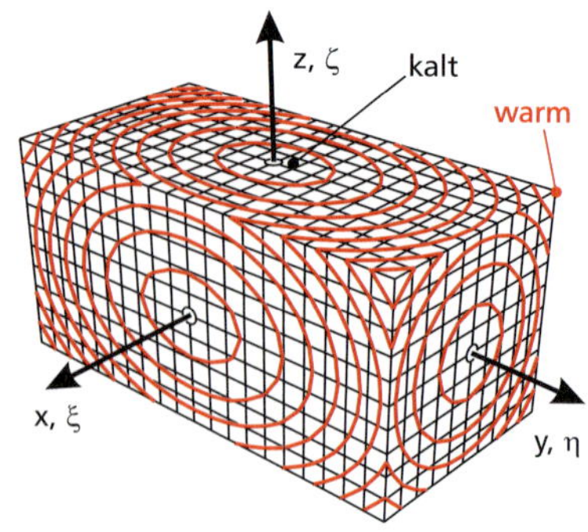

Bild 5.50: *Die Ecken der quaderförmigen Tiefkühlkostpakets werden über drei Flächen erwärmt und weisen die höchste Oberflächentemperatur auf. Die Flächenzentren sind hingegen am kältesten. Die dargestellten Oberflächenisothermen sind die Schnittlinien der isothermen Flächenschar (konzentrische Ellipsoide) innerhalb des Volumens mit den Oberflächen.*

Für die Exponentialfunktion gelten die Rechenregeln:

$$\exp(a) \cdot \exp(b) = \exp(a + b) \quad (5.246)$$

$$[\exp(a)]^2 = \exp(2\,a) \quad (5.247)$$

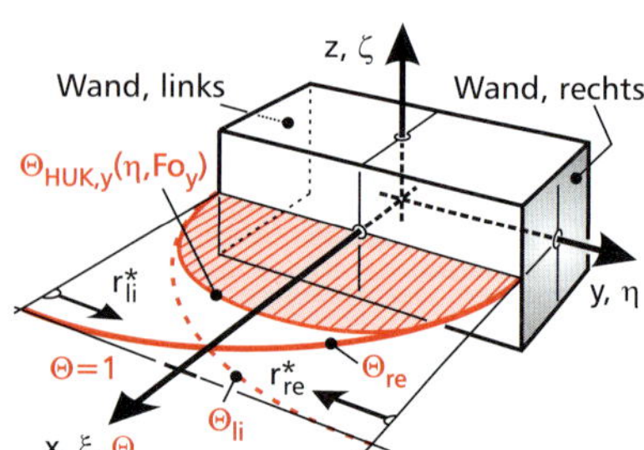

Bild 5.51: *Die Temperaturprofile von zwei halbunendlichen Körpern, die von der linken bzw. von der rechten Wand ausgehen, bilden die symmetrische Temperaturverteilung* $\Theta_{\text{HUK,y}}$ *quer zur „Teilplatte" in* y*-Richtung.*

Für die Konstanten folgt aus Tabelle 10.7:

$E_x = 0{,}18735$; $C_{wx} = 0{,}93600$

$E_y = 0{,}35194$; $C_{wy} = 0{,}87725$

Da der Auftauvorgang an einer Ecke ($\xi = 1$, $\eta = 1$, $\zeta = 1$) beginnt, sind jeweils Wandtemperaturen als Plattenlösungen einzusetzen:

$$\Theta_{\text{krit}} = \frac{\vartheta_E - \vartheta_\infty}{\vartheta_0 - \vartheta_\infty} = 0{,}475 \stackrel{!}{=} \Theta_{wx}(Fo_x) \cdot \Theta_{wy}(Fo_y) \cdot \Theta_{wz}(Fo_z)$$

$$= C_{wx} \cdot \exp(-E_x\, Fo_x) \cdot C_{wy} \cdot \exp(-E_y\, Fo_y) \cdot C_{wz} \cdot \exp(-E_z\, Fo_z) \quad (5.244)$$

Wegen $Bi_x = Bi_z$ gilt auch $C_{wx} = C_{wz}$ und $E_x = E_z$. Unter Beachtung der Rechenregeln für die Exponentialfunktion kann Gl. (5.244) weiter vereinfacht werden:

$$\Theta_{\text{krit}} = C_{wx}^2 \cdot C_{wy} \cdot \exp(-2\, E_x\, Fo_x - E_y\, Fo_y) \quad (5.245)$$

Gl. (5.245) kann unter Bezugnahme auf die Definitionen der jeweiligen Fourier-Zahlen nach der gesuchten Zeit t aufgelöst werden:

$$Fo_x = \frac{a \cdot t}{X^2} \quad (5.248)$$

$$Fo_y = \frac{a \cdot t}{Y^2} \quad (5.249)$$

Es folgt:

$$\Theta_{\text{krit}} = C_{wx}^2 \cdot C_{wy} \cdot \exp\left[\left(-2\,\frac{E_x}{X^2} - \frac{E_y}{Y^2}\right) \cdot a \cdot t\right] \Rightarrow$$

$$\ln\left(\frac{\Theta_{\text{krit}}}{C_{wx}^2 \cdot C_{wy}}\right) = \left(-2\,\frac{E_x}{X^2} - \frac{E_y}{Y^2}\right) \cdot a \cdot t \Rightarrow$$

$$t = \frac{\ln\left(\dfrac{\Theta_{\text{krit}}}{C_{wx}^2 \cdot C_{wy}}\right)}{\left(-2\,\dfrac{E_x}{X^2} - \dfrac{E_y}{Y^2}\right) \cdot a} = 2\,080{,}02\ \text{s} = 34{,}67\ \text{min} \quad (5.250)$$

Erst nach Vorliegen der Zeit t können die Werte der Fo-Zahlen berechnet werden, und die Anwendbarkeit der Näherung für große Zeiten kann überprüft werden:

$$Fo_x = Fo_z = 1{,}04 > Fo^* = 0{,}30 \quad (5.251)$$

$$Fo_y = 0{,}26 < Fo^* = 0{,}30 \quad (5.252)$$

Bei der Anwendung der Langzeitnäherung auch in y-Richtung begeht man also einen gewissen Fehler, da in y-Richtung keine hinreichend lange Zeit im Sinne der Näherung vergangen ist. Korrekterweise müsste man nach Tabelle 5.2 in y-Richtung die normierte Temperatur $\Theta_{\text{HUK,y}}$ des beidseitig angesetzten halbunendlichen Körpers (vgl. Bild 5.51) im Produktansatz verwenden:

$$\Theta_{\text{krit}} = C_{wx}^2 \exp(-2\, E_x\, Fo_x) \cdot \Theta_{\text{HUK,y}} \quad (5.253)$$

Dabei erhält man $\Theta_{\text{HUK,y}}$ in der Notation nach Gl. (5.57) zu:

$$\Theta_{\text{HUK,y}}(\mu_{li}, \mu_{re}, \tau) = \Theta_{li} + \Theta_{re} - 1$$

$$= \text{erf}(\mu_{li}) + \exp\left(\tau + 2\sqrt{\tau} \cdot \mu_{li}\right) \cdot \text{erfc}\left(\sqrt{\tau} + \mu_{li}\right)$$

$$+ \text{erf}(\mu_{re}) + \exp\left(\tau + 2\sqrt{\tau} \cdot \mu_{re}\right) \cdot \text{erfc}\left(\sqrt{\tau} + \mu_{re}\right) - 1 \quad (5.254)$$

Die Beschränkung auf die Ecktemperatur bedeutet für die „Teilplatte" in y-Richtung, dass die Temperatur an einer Plattenwand (z. B. rechts) zu bestimmen ist. Mit der bisher ermittelten Zeit $t = 2\,080{,}02$ s bzw. $\tau = a \cdot t \cdot \left(\frac{\alpha}{\lambda}\right)^2 = 4{,}1405 \cdot 10^{-2}$ nach Gl. (5.45) berechnet man für die Überlagerung die Werte der links- und rechtsseitigen Temperaturkurven getrennt:

$$r_{\mathrm{li}}^* = 2\,L_{\mathrm{y}} = 0{,}2 \text{ m}; \qquad \mu_{\mathrm{li}} = \frac{r_{\mathrm{li}}^*}{2\sqrt{a \cdot t}} = 1{,}9612 \tag{5.255}$$

$$r_{\mathrm{re}}^* = 0; \qquad \mu_{\mathrm{re}} = 0 \tag{5.256}$$

$$\Theta_{\mathrm{li}} = \mathrm{erf}(\mu_{\mathrm{li}}) + \exp\left(\tau + 2\sqrt{\tau} \cdot \mu_{\mathrm{li}}\right) \cdot \mathrm{erfc}\left(\sqrt{\tau} + \mu_{\mathrm{li}}\right) = 0{,}99956 \approx 1 \tag{5.257}$$

$$\Theta_{\mathrm{re}} = \exp(\tau) \cdot \mathrm{erfc}\left(\sqrt{\tau}\right) = \exp\left(Fo_{\mathrm{y}} \cdot Bi_{\mathrm{y}}^2\right) \cdot \mathrm{erfc}\left(\sqrt{Fo_{\mathrm{y}}} \cdot Bi_{\mathrm{y}}\right) = 0{,}8062 \tag{5.258}$$

Eingesetzt in Gl. (5.57) erkennt man, dass der Einfluss der gegenüberliegenden linken Seite auf die Berechnung der rechten Wandtemperatur praktisch vernachlässigbar ist:

$$\Theta_{\mathrm{HUK,y}}(\mu_{\mathrm{li}}, \mu_{\mathrm{re}}, \tau) = \Theta_{\mathrm{li}} + \Theta_{\mathrm{re}} - 1 = 1 + 0{,}8062 - 1 = 0{,}8062 \tag{5.259}$$

Man kann also hier im Produktansatz den halbunendlichen Körper einseitig ansetzen, da nach der Ecktemperatur gefragt ist, die sich aus den Oberflächentemperaturen der „Teilplatten" zusammensetzt.

Um jedoch die Mittentemperatur zu bestimmen, müsste der halbunendliche Körper beidseitig angesetzt werden, da zentrumsnah der Einfluss von beiden Seiten von gleicher Größenordnung und nach Bild 5.17 für $1/Bi_{\mathrm{y}} = 2{,}5$ und $Fo_{\mathrm{y}} = 0{,}26$ auf $1 - \Theta > 0{,}01$ abzuschätzen ist. Die verbesserte Zeit t bis zum Antauen der Ecke ergibt sich somit aus folgender nichtlinearer Gleichung:

$$\Theta_{\mathrm{krit}} = C_{\mathrm{wx}}^2 \exp\left(-2\,E_{\mathrm{x}}\,Fo_{\mathrm{x}}\right) \cdot \exp\left(Fo_{\mathrm{y}} \cdot Bi_{\mathrm{y}}^2\right) \cdot \mathrm{erfc}\left(\sqrt{Fo_{\mathrm{y}}} \cdot Bi_{\mathrm{y}}\right) \tag{5.260}$$

Durch Iteration findet man $t = 2\,110{,}04$ s $= 35{,}17$ min. Die Lösung aus Gl. (5.250) liegt insofern auf der sicheren Seite. ◄

☞ Mit den gerundeten Zahlenwerten $\sqrt{\tau} = 0{,}2035$, $\tau + 2\sqrt{\tau} \cdot \mu_{\mathrm{li}} = 0{,}8395$ und $\sqrt{\tau} + \mu_{\mathrm{li}} = 2{,}165$ findet man durch lineare Interpolation in Tabelle 10.1:

$\mathrm{erf}\,(\mu_{\mathrm{li}}) = 0{,}994429$

$\mathrm{erfc}\,(\sqrt{\tau} + \mu_{\mathrm{li}}) = 0{,}00303218$

Mit $\exp\,(\tau + 2 \cdot \sqrt{\tau} \cdot \mu_{\mathrm{li}}) = 2{,}3152$ erhält man für Θ_{li} den physikalisch nicht plausiblen Wert $1{,}001449 > 1$, da die Interpolation der komplementären Fehlerfunktion für große Argumente relativ ungenau ist.

Bestimmt man hingegen $\mathrm{erfc}\,(\sqrt{\tau} + \mu_{\mathrm{li}})$ mit der Approximation aus Gl. (10.9), dann erhält man den genaueren Wert $0{,}00220915$, mit dem $\Theta_{\mathrm{li}} = 0{,}99954$ in guter Übereinstimmung mit Gl. (5.257) folgt.

Zusammenfassung und Ausblick:

- Die mehrdimensionale instationäre Wärmeleitung kann bei einfachen Geometrien mittels Produktansatz berechnet werden.
- Je nach Größe der charakteristischen Längen können in die einzelnen Koordinatenrichtungen unterschiedliche dimensionslose Kennzahlen auftreten.
- Die gewählten Modelle sind hinsichtlich ihrer Anwendbarkeit zu überprüfen und ggf. im Nachhinein anzupassen.
- Die Verwendung des halbunendlichen Körpers führt im Allgemeinen auf nichtlineare Gleichungen, die numerisch lösbar sind.

► Beispiel 5.6:

Nico Nullcheck arbeitet in den Ferien in einer Ziegelbrennerei. Er soll die nach dem Brennvorgang an der Raumluft ($\alpha = 15$ W/(m² K), $\vartheta_\infty = 20$ °C) allseitig auskühlenden Ziegel (Breite $B = 24$ cm, Tiefe $T = 11{,}5$ cm, Höhe $H = 11{,}5$ cm, $\lambda = 0{,}58$ W/(m K), $\varrho = 1400$ kg/m³, $c_{\mathrm{p}} = 972$ J/(kg K), Anfangstemperatur $\vartheta_0 = 1\,100$ °C) aufstapeln. Vorarbeiter Gregor Großmaul gibt ihm den Rat „Verbrenne Dir aber nicht die Finger!" Mit seinen Schutzhandschuhen kann Nico Ziegel mit einer maximalen Oberflächentemperatur von $\vartheta_{\mathrm{G}} = 50$ °C anfassen.

(a) Geben Sie eine den Abkühlvorgang realitätsnah beschreibende dimensionslose Differenzialgleichung für die Variablen $\xi = \frac{x}{L_{\mathrm{x}}}$, $\eta = \frac{y}{L_{\mathrm{y}}}$, $\zeta = \frac{z}{L_{\mathrm{z}}}$, $\Theta = \frac{\vartheta - \vartheta_\infty}{\vartheta_0 - \vartheta_\infty}$ und geeignete dimensionslose Zeiten sowie die zugehörigen dimensionslose Anfangs- und Randbedingungen an. Wie groß sind die Längen L_{x}, L_{y} und L_{z}?

Bekannte Größen:

▷ Ziegel:

Breite:	$B = 24$ cm
Tiefe:	$T = 11{,}5$ cm
Höhe:	$H = 11{,}5$ cm
Anfangstemperatur:	$\vartheta_0 = 1\,110$ °C
Berührtemperatur:	$\vartheta_{\mathrm{G}} = 50$ °C
Wärmeleitfähigkeit:	$\lambda = 0{,}58$ W/(m K)
Dichte:	$\varrho = 1\,400$ kg/m³
spezifische isobare Wärmekapazität:	$c_{\mathrm{p}} = 972$ J/(kg K)
Auskühldauer:	$t_0 = 1$ h

▷ Umgebung:

Wärmeübergangskoeffizient:	$\alpha_{\mathrm{B}} = 15$ W/(m² K)
Temperatur:	$\vartheta_\infty = 20$ °C

Gesuchte Größen:

dimensionslose Differenzialgleichung mit AB und RBn
charakteristische Längen
Zeit bis zum Berühren
Zentrumstemperatur
kalorische Mitteltemperatur
übertragene Wärme

(b) Nico glaubt, dass er die Ziegel nach einer Auskühldauer von $t_0 = 1$ h berühren kann. Geben Sie die Koordinaten des Ortes auf einem Ziegel an, an dem die maximale Oberflächentemperatur $\vartheta_{\mathrm{max},0}$ herrscht und berechnen Sie diese unter Anwendung eines geeigneten Modells.

(c) Welche Zeit t_1 muss Nico ggf. abwarten, bevor er die Ziegel gefahrlos berühren kann?

(d) Welche Temperatur $\vartheta_{\mathrm{m},1}$ herrscht ggf. nach dieser Zeit im Zentrum eines Ziegels?

(e) Welche mittlere Temperatur $\vartheta_{\mathrm{q},1}$ besitzt der Ziegel zur Zeit t_1?

(f) Welchen Betrag Q_1^* seiner anfänglich gespeicherten Wärme Q_0 hat der Ziegel zur Zeit t_1 abgegeben?

Lösung:

(a) dimensionslose Differenzialgleichung, Anfangs- und Randbedingungen sowie charakteristische Längen:

Beim Entdimensionieren der dimensionsbehafteten mehrdimensionalen Fourier-Gleichung (1.25) treten unterschiedliche charakteristische Längen auf, die mit der gewählten Bezugslänge L zu entsprechenden Längenverhältnissen führen:

$$\frac{\partial \Theta}{\partial Fo} = \left(\frac{L}{L_{\mathrm{x}}}\right)^2 \cdot \frac{\partial^2 \Theta}{\partial \xi^2} + \left(\frac{L}{L_{\mathrm{y}}}\right)^2 \cdot \frac{\partial^2 \Theta}{\partial \eta^2} + \left(\frac{L}{L_{\mathrm{z}}}\right)^2 \cdot \frac{\partial^2 \Theta}{\partial \zeta^2} \tag{5.261}$$

Die zur Normierung verwendete Bezugslänge L ist prinzipiell beliebig wählbar, z. B. $L = 1$ m. Allerdings ist die Wahl einer vorhandenen charakteristischen Systemlänge vorteilhaft, da sich dann die dimensionslose Differenzialgleichung vereinfacht. Für $L = L_{\mathrm{x}}$ erhält man beispielsweise:

$$\frac{\partial \Theta}{\partial Fo_{\mathrm{x}}} = \frac{\partial^2 \Theta}{\partial \xi^2} + \left(\frac{L_{\mathrm{x}}}{L_{\mathrm{y}}}\right)^2 \cdot \frac{\partial^2 \Theta}{\partial \eta^2} + \left(\frac{L_{\mathrm{x}}}{L_{\mathrm{z}}}\right)^2 \cdot \frac{\partial^2 \Theta}{\partial \zeta^2} \tag{5.262}$$

Hingegen ergibt sich für $L = L_{\mathrm{y}}$:

$$\frac{\partial \Theta}{\partial Fo_{\mathrm{y}}} = \left(\frac{L_{\mathrm{y}}}{L_{\mathrm{x}}}\right)^2 \cdot \frac{\partial^2 \Theta}{\partial \xi^2} + \frac{\partial^2 \Theta}{\partial \eta^2} + \left(\frac{L_{\mathrm{y}}}{L_{\mathrm{z}}}\right)^2 \cdot \frac{\partial^2 \Theta}{\partial \zeta^2} \tag{5.263}$$

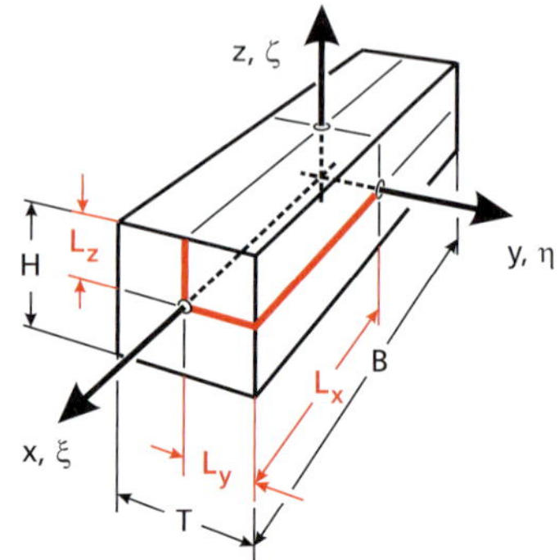

Bild 5.52: *Charakteristische Längen der Ziegelsteine.*

Die dimensionslosen Zeiten werden über die jeweiligen Fourier-Zahlen wiedergegeben:

$$Fo_{\mathrm{x}} = \frac{a \cdot t}{L_{\mathrm{x}}^2} \tag{5.264}$$

$$Fo_{\mathrm{y}} = \frac{a \cdot t}{L_{\mathrm{y}}^2} \tag{5.265}$$

$$Fo_{\mathrm{z}} = \frac{a \cdot t}{L_{\mathrm{z}}^2} \tag{5.266}$$

Die Temperaturleitfähigkeit der Ziegel beträgt $a = \lambda/(\varrho \cdot c_{\mathrm{p}}) = 4{,}26 \cdot 10^{-7}$ m²/s. Die charakteristischen Längen sind wegen der Symmetrie jeweils mit der halben Ziegelabmessung identisch. Das Koordinatensystem liegt in der Ziegelmitte.

$$L_{\mathrm{x}} = \frac{B}{2} = 0{,}12 \text{ m} \tag{5.267}$$

$$L_{\mathrm{y}} = \frac{T}{2} = 0{,}0575 \text{ m} \tag{5.268}$$

$$L_{\mathrm{z}} = \frac{H}{2} = 0{,}0575 \text{ m} \tag{5.269}$$

Die normierte Anfangsbedingung lautet:

$$\Theta(\xi, \eta, \zeta, Fo = 0) = 1 \tag{5.270}$$

In der Ziegelmitte herrscht Symmetrie, weshalb hier keine Wärmeflüsse auftreten können. An den Ziegeloberflächen liegt ein Wärmeübergang vor, der durch die jeweiligen Biot-Zahlen beschrieben wird.

$$\left.\frac{\partial\Theta}{\partial\xi}\right|_{\xi=0} = 0 \tag{5.271}$$

$$\left.\frac{\partial\Theta}{\partial\eta}\right|_{\eta=0} = 0 \tag{5.272}$$

$$\left.\frac{\partial\Theta}{\partial\zeta}\right|_{\zeta=0} = 0 \tag{5.273}$$

$$-\left.\frac{\partial\Theta}{\partial\xi}\right|_{\xi=1} = Bi_{\mathrm{x}}\cdot\Theta(\xi=1, Fo) \tag{5.274}$$

$$-\left.\frac{\partial\Theta}{\partial\eta}\right|_{\eta=1} = Bi_{\mathrm{y}}\cdot\Theta(\eta=1, Fo) \tag{5.275}$$

$$-\left.\frac{\partial\Theta}{\partial\zeta}\right|_{\zeta=1} = Bi_{\mathrm{z}}\cdot\Theta(\zeta=1, Fo) \tag{5.276}$$

Für die Bi-Zahlen und deren Kehrwerte erhält man die folgenden Zahlenwerte, wobei die Kehrwerte vereinfachend auf die in Tabelle 10.7 enthaltenen Werte gerundet wurden:

$$Bi_{\mathrm{x}} = \frac{\alpha\cdot L_{\mathrm{x}}}{\lambda} = 3{,}10 \quad\Rightarrow\quad \frac{1}{Bi_{\mathrm{x}}} = 0{,}32 \approx 0{,}30 \tag{5.277}$$

$$Bi_{\mathrm{y}} = \frac{\alpha\cdot L_{\mathrm{y}}}{\lambda} = 1{,}49 \quad\Rightarrow\quad \frac{1}{Bi_{\mathrm{y}}} = 0{,}67 \approx 0{,}65 \tag{5.278}$$

$$Bi_{\mathrm{z}} = \frac{\alpha\cdot L_{\mathrm{z}}}{\lambda} = 1{,}49 \quad\Rightarrow\quad \frac{1}{Bi_{\mathrm{z}}} = 0{,}67 \approx 0{,}65 \tag{5.279}$$

(b) Ort und Größe der maximalen Oberflächentemperatur:

Die höchste Oberflächentemperatur ist in der Mitte der Langseiten, (Boden- und Deckelfläche, $\xi = 0$, $\eta = 0$, $\zeta = 1$) bzw. in der Mitte der langen Seitenflächen ($\xi = 0, \eta = 1, \zeta = 0$) zu erwarten, da hier der geringste Weg zum Zentrum des Ziegels vorliegt, so dass von innen her relativ viel Wärme nachfließen kann. Für die Mitte von Boden und Deckel sind in ξ- und η-Richtung Mittentemperaturen Θ_{m} im Produktansatz zu verwenden, in ζ-Richtung aber die Wandtemperatur Θ_{w}:

$$\Theta_{\mathrm{3D}}(\xi,\eta,\zeta, Fo_{\mathrm{x}}, Fo_{\mathrm{y}}, Fo_{\mathrm{z}}) = \Theta_{\mathrm{m}}(Fo_{\mathrm{x}})\cdot\Theta_{\mathrm{m}}(Fo_{\mathrm{y}})\cdot\Theta_{\mathrm{w}}(Fo_{\mathrm{z}}) \tag{5.280}$$

Für die gerundeten Werte der inversen Bi-Zahlen ergeben sich aus Tabelle 10.7 die folgenden Konstanten für die Näherungslösung:

$$C_{\mathrm{mx}} = 1{,}2174; \qquad E_{\mathrm{x}} = 1{,}4883 \tag{5.281}$$

$$C_{\mathrm{my}} = 1{,}1559; \qquad E_{\mathrm{y}} = 0{,}99236 \tag{5.282}$$

$$C_{\mathrm{wz}} = 0{,}62824; \qquad E_{\mathrm{z}} = 0{,}99236 \ (= E_{\mathrm{y}}) \tag{5.283}$$

Die zur Auskühldauer t_0 gehörigen Fourier-Zahlen betragen:

$$Fo_{\mathrm{x0}} = \frac{a\cdot t_0}{L_{\mathrm{x}}^2} = 0{,}107 < Fo^* = 0{,}30; \quad \widehat{Fo} = 0{,}10 < Fo_{\mathrm{x0}} < 0{,}30 = Fo^* \tag{5.284}$$

$$Fo_{\mathrm{y0}} = \frac{a\cdot t_0}{L_{\mathrm{y}}^2} = 0{,}464 > Fo^* = 0{,}30 \tag{5.285}$$

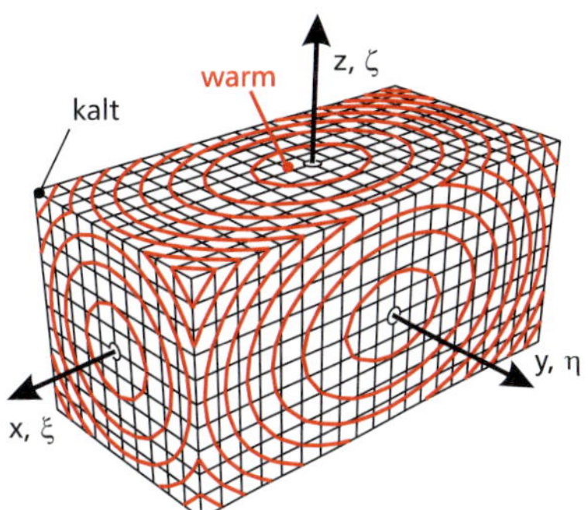

Bild 5.53: *Qualitativer Verlauf der Oberflächentemperatur eines abkühlenden Ziegelsteins. Die Ecken des quaderförmigen Ziegels werden über drei Flächen abgekühlt und weisen die niedrigste Oberflächentemperatur auf. Die Flächenmitten sind am wärmsten, da sie dem thermisch hinterher hinkenden Volumenzentrum am nächsten sind.*

$$Fo_{z0} = \frac{a \cdot t_0}{L_z^2} = 0{,}464 > Fo^* = 0{,}30 \quad (5.286)$$

Hier wäre der Ansatz in der Notation mit ξ^*, Fo und Bi-Zahlen nach Gl. (5.59) u. U. sogar vorteilhafter, da Bi_x, Fo_x und $\xi^*_{li} = \xi^*_{re} = 1$ bereits vorliegen.

Damit kann die Näherungslösung für große Zeiten nur in η- und ζ-Richtung herangezogen werden, in ξ-Richtung ist gemäß Tabelle 5.2 der beidseitig angesetzte halbunendliche Körper anzuwenden. Es gilt dann, z. B. in der Notation von Gl. (5.57), für die normierte Temperatur bei der vorliegenden Randbedingung 3. Art:

$$\begin{aligned}\Theta_{HUK,x}(\mu_{li}, \mu_{re}, \tau) &= \Theta_{li} + \Theta_{re} - 1\\ &= \mathrm{erf}(\mu_{li}) + \exp\left(\tau + 2\sqrt{\tau}\cdot\mu_{li}\right)\cdot \mathrm{erfc}\left(\sqrt{\tau} + \mu_{li}\right)\\ &\quad + \mathrm{erf}(\mu_{re}) + \exp\left(\tau + 2\sqrt{\tau}\cdot\mu_{re}\right)\cdot \mathrm{erfc}\left(\sqrt{\tau} + \mu_{re}\right) - 1\end{aligned} \quad (5.287)$$

Genau auf die Mitte üben beide Begrenzungswände der Teilplatte den gleichen thermischen Einfluss aus. Gl. (5.57) lässt sich also mit

$$\Theta_m = \Theta_{m,li} = \Theta_{m,re} \quad (5.288)$$

und

$$\mu_m = \mu_{m\,re} = \mu_{m\,li} \quad (5.289)$$

hier vereinfachen zu:

$$\Theta_{HUK,x}(\mu_m, \tau) = 2\,\Theta_m - 1 \quad (5.290)$$

Für das einseitig angesetzte HUK-Modell gilt nach Gl. (5.46):

$$\Theta_m = \mathrm{erf}(\mu_m) + \exp\left(\tau + 2\sqrt{\tau}\cdot\mu_m\right)\cdot\, \mathrm{erfc}(\sqrt{\tau} + \mu_m) \quad (5.291)$$

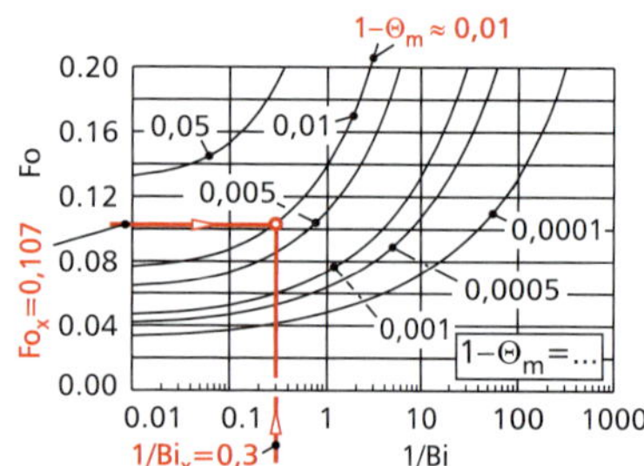

Bild 5.54: *Abkühlrate $1 - \Theta_m$ eines einseitig angewandten halbunendlichen Körpers für $Bi = 3{,}333$ ($1/Bi = 0{,}3$) bei $\xi^* = 1$ (bzw. $\xi = 0$, Plattenmitte).*

Bei nur einseitig angesetztem halbunendlichen Körper würde die normierte Temperatur in der Mitte um den Betrag $1 - \Theta_m = 0{,}01$ zu hoch berechnet, wie Bild 5.54 zeigt.

Für die dimensionslosen Parameter τ_0 und $\mu_{m\,0}$ gilt:

$$\tau_0 = a \cdot t_0 \cdot \left(\frac{\alpha}{\lambda}\right)^2 = 1{,}026 \quad (5.292)$$

$$\mu_{m\,0} = \frac{B/2}{2\sqrt{a\,t_0}} = 1{,}532 \quad (5.293)$$

Ein Fehler in der Bestimmung des Werts der komplementären Fehlerfunktion wird durch den großen Vorfaktor infolge des stark wachsenden Werts der Exponentialfunktion (hier: $62{,}1530$) verstärkt.

Die numerische Auswertung von Gl. (5.291) führt mitunter zu Schwierigkeiten, denn mit den Zahlenwerten für die Mitte

$$\Theta_m = \mathrm{erf}(1{,}532) + \exp(4{,}1296)\cdot\, \mathrm{erfc}(2{,}54) = 0{,}9697 + 62{,}1530 \cdot w \quad (5.294)$$

und dem aus Tabelle 10.1 linear interpolierten und somit ungenauen Wert für die komplementäre Fehlerfunktion $w_{int} = 4{,}74 \cdot 10^{-4}$ ergibt sich:

$$\Theta_m = 0{,}9697 + 0{,}02946 = 0{,}99916 \quad (5.295)$$

Dagegen führt die Verwendung des nächst verfügbaren Tabellenwertes $\mathrm{erfc}(2{,}40) = 0{,}000688514$ auf eine normierte Temperatur von $1{,}012$, was physikalisch unmöglich ist. Ein derartiger Fehler fällt nur auf, wenn die normierte Temperatur des halbunendlichen Körpers einzeln berechnet wird. Wird sie hingegen direkt in den Produktansatz eingebracht, wird der zu große Wert durch die beiden anderen normierten Temperaturen, die kleiner als 1 sind, kompensiert, und der Fehler bleibt unentdeckt.

Der damit berechnete Einfluss der gegenüberliegenden Wand $1 - \Theta_m \approx 0{,}001$ steht im Widerspruch zu Bild 5.54, das einen Wert um $0{,}01$ erwarten lässt.

Selbst für große Argumente der komplementären Fehlerfunktion liefern Taschenrechner oder Tabellenkalkulationsprogramme genauere Werte. Für den einseitig angesetzten halbunendlichen Körper erhält man mit $w = 3{,}28 \cdot 10^{-4}$ in der Mitte den Wert $\Theta_m = 0{,}990$. Damit stimmt der Einfluss der gegenüberliegenden Wand $1 - \Theta_m \approx 0{,}01$ mit Bild 5.54 überein.

Für die Gauß'sche Fehlerfunktion $\mathrm{erf}(x)$ und die komplementäre Fehlerfunktion $\mathrm{erfc}(x)$ werden in Tabellenkalkulationsprogrammen gelegentlich die Bezeichnungen GAUSSFEHLER(x) und GAUSSFKOMPL(x) verwendet.

Die normierte Mittentemperatur der Teilplatte in ξ-Richtung beträgt nach Gl. (5.290):

$$\Theta_{\mathrm{HUK,x}}(\mu_{\mathrm{m}\,0},\tau_0)=2\,\Theta_{\mathrm{m}}-1=2\cdot 0{,}990-1=0{,}98 \qquad (5.296)$$

Eingesetzt in den Produktansatz folgt schließlich für die normierte maximale Temperatur:

$$\begin{aligned}\Theta_{\mathrm{max,0}} &= \Theta_{\mathrm{HUK,x}}(\mu_{\mathrm{m}\,0},\tau_0)\cdot C_{\mathrm{my}}\cdot\exp(-E_{\mathrm{y}}\,Fo_{\mathrm{y}})\cdot C_{\mathrm{wz}}\cdot\exp(-E_{\mathrm{z}}\,Fo_{\mathrm{z}})\\ &=0{,}98\cdot 0{,}289=0{,}283\end{aligned} \qquad (5.297)$$

Die dimensionsbehaftete Temperatur beträgt:

$$\vartheta_{\mathrm{max,0}}=\vartheta_\infty+(\vartheta_0-\vartheta_\infty)\cdot\Theta_{\mathrm{max,0}}=328{,}7\ {}^\circ\mathrm{C} \qquad (5.298)$$

Das Ergebnis aus Gl. (5.298) erhält man für alle Langseiten des Ziegels.

(c) Zeit bis zum gefahrlosen Berühren:

Es wird zunächst angenommen, dass die gesuchte Zeit t_1 eine lange Zeit im Sinne der Näherungslösung ist, was später zu überprüfen ist. In die 3 Koordinatenrichtungen wird dann die Näherungslösung für die Platte angesetzt:

$$\Theta_{\mathrm{3D}}=C_{\mathrm{mx}}\cdot\exp(-E_{\mathrm{x}}\,Fo_{\mathrm{x}})\cdot C_{\mathrm{my}}\cdot\exp(-E_{\mathrm{y}}\,Fo_{\mathrm{y}})\cdot C_{\mathrm{wz}}\cdot\exp(-E_{\mathrm{z}}\,Fo_{\mathrm{z}}) \qquad (5.299)$$

Diese Temperatur muss zur Zeit t_1 gleich der normierten kritischen Temperatur sein:

$$\Theta_{\mathrm{krit}}=\frac{\vartheta_{\mathrm{G}}-\vartheta_\infty}{\vartheta_0-\vartheta_\infty}=0{,}028 \qquad (5.300)$$

Mit $E_{\mathrm{y}}=E_{\mathrm{z}}$ und $Fo_{\mathrm{y}}=Fo_{\mathrm{z}}$ erhält man daraus:

$$\Theta_{\mathrm{krit}}\overset{!}{=}C_{\mathrm{mx}}\cdot\exp(-E_{\mathrm{x}}\,Fo_{\mathrm{x}})\cdot C_{\mathrm{my}}\cdot C_{\mathrm{wz}}\cdot\exp(-2\,E_{\mathrm{y}}\,Fo_{\mathrm{y}})\ \Rightarrow$$

$$\Theta_{\mathrm{krit}}=C_{\mathrm{mx}}\cdot C_{\mathrm{my}}\cdot C_{\mathrm{wz}}\cdot\exp\left[-\left(\frac{E_{\mathrm{x}}}{L_{\mathrm{x}}^2}+2\,\frac{E_{\mathrm{y}}}{L_{\mathrm{y}}^2}\right)\cdot a\cdot t_1\right] \qquad (5.301)$$

Löst man nach t_1 auf, folgt:

$$t=\frac{\ln\left(\dfrac{\Theta_{\mathrm{krit}}}{C_{\mathrm{mx}}\cdot C_{\mathrm{my}}\cdot C_{\mathrm{wz}}}\right)}{-\left(\dfrac{E_{\mathrm{x}}}{L_{\mathrm{x}}^2}+2\,\dfrac{E_{\mathrm{y}}}{L_{\mathrm{y}}^2}\right)\cdot a}=1{,}15\cdot 10^4\ \mathrm{s}=192{,}30\ \mathrm{min}=3{,}21\ \mathrm{h} \qquad (5.302)$$

Wie die Berechnung der zugehörigen Fourier-Zahl zeigt, ist die Näherungslösung nun auch in ξ-Richtung anwendbar:

$$Fo_{\mathrm{x1}}=\frac{a\cdot t_1}{L_{\mathrm{x}}^2}=0{,}342>Fo^*=0{,}30 \qquad (5.303)$$

(d) Temperatur in Ziegelmitte:

Die Temperatur in Ziegelmitte ergibt sich als Produkt der jeweiligen Mittentemperaturen der einzelnen Koordinatenrichtungen.

$$\Theta_{\mathrm{m,1}}=C_{\mathrm{mx}}\cdot\exp(-E_{\mathrm{x}}\,Fo_{\mathrm{x1}})\cdot C_{\mathrm{my}}\cdot\exp(-E_{\mathrm{y}}\,Fo_{\mathrm{y1}})\cdot C_{\mathrm{mz}}\cdot\exp(-E_{\mathrm{z}}\,Fo_{\mathrm{z1}}) \qquad (5.304)$$

Die Fourier-Zahlen betragen:

$$Fo_{\mathrm{y1}}=\frac{a\cdot t_1}{L_{\mathrm{y}}^2}=1{,}487>Fo^*=0{,}30 \qquad (5.305)$$

$$Fo_{\mathrm{y1}}=\frac{a\cdot t_1}{L_{\mathrm{z}}^2}=1{,}487>Fo^*=0{,}30 \qquad (5.306)$$

Mit $C_{\mathrm{mz}}=C_{\mathrm{my}}=1{,}1559$ erhält man eine normierte Zentrumstemperatur von $\Theta_{\mathrm{m,1}}=0{,}051$.

Zusammenfassung und Ausblick:

- Bei der mehrdimensionalen instationären Wärmeleitung erfolgt die Berechnung durch Produktansatz generell in dimensionslosen Variablen, aus denen dann die gewünschten dimensionsbehafteten Größen ermittelt werden können.
- Der Produktansatz ist für Wand-, Zentrums- und kalorische Mitteltemperatur anwendbar.
- Es können jedoch auch Kombinationen von Wand- und Zentrumstemperaturen auftreten, z. B. in der Mitte von Seitenflächen.
- Die ge- bzw. entspeicherte Wärme kann mithilfe der kalorischen Mitteltemperatur berechnet werden.

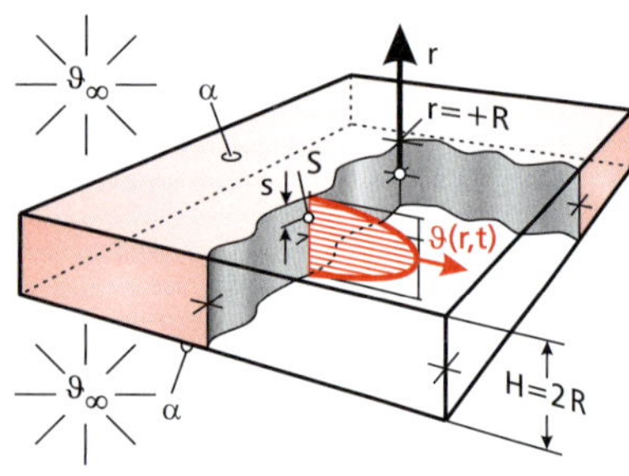

Bild 5.55: *Stahlplatte mit großer flächiger Ausdehnung. Die Temperaturverteilung $\vartheta(r,t)$ wird nur in einer Koordinatenrichtung (1D-Verteilung) betrachtet.*

Bekannte Größen:

▷ Stahlplatten:

Breite:	$B \gg R$
Länge:	$L \gg R$
Höhe:	$H = 247{,}6$ mm
Anfangstemperatur:	$\vartheta_0 = 410$ °C
Wärmeleitfähigkeit:	$\lambda = 26$ W/(m K)
Dichte:	$\varrho = 7\,800$ kg/m³
spezifische isobare Wärmekapazität:	$c_p = 500$ J/(kg K)
Abkühldauer:	$t_3 = 15$ min
	$t_1 = 3$ min
	$t_2 = 8$ min

▷ Bad:

Wärmeübergangskoeffizient:	$\alpha = 350$ W/(m² K)
Temperatur:	$\vartheta_\infty = 20$ °C

Daraus folgt die dimensionsbehaftete Temperatur:

$$\vartheta_{m,1} = \vartheta_\infty + (\vartheta_0 - \vartheta_\infty) \cdot \Theta_{m,1} = 75{,}20\ °C \tag{5.307}$$

(e) kalorische Mitteltemperatur:

Die kalorische Mitteltemperatur eines Ziegels ist das Produkt der jeweiligen kalorischen Mitteltemperaturen der einzelnen Koordinatenrichtungen.

$$\overline{\Theta}_1 = C_{qx} \cdot \exp(-E_x\, Fo_{x1}) \cdot C_{qy} \cdot \exp(-E_y\, Fo_{y1}) \cdot C_{qz} \cdot \exp(-E_z\, Fo_{z1}) \tag{5.308}$$

Aus Tabelle 10.7 sind die folgenden Konstanten zu entnehmen:

$$C_{qx} = 0{,}93716 \qquad C_{qy} = C_{qz} = 0{,}97397 \tag{5.309}$$

Damit folgt $\overline{\Theta}_1 = 0{,}028$. Dies entspricht einer dimensionsbehafteten Temperatur ϑ_{q1} von:

$$\vartheta_{q,1} = \vartheta_\infty + (\vartheta_0 - \vartheta_\infty) \cdot \overline{\Theta}_1 = 50{,}17\ °C \tag{5.310}$$

(f) abgegebene Wärme:

Die in der Zeit t_1 abgegebene Wärme Q_1^* folgt gemäß Gl. (5.82) aus der komplementären kalorischen Mitteltemperatur:

$$Q_1^* = Q_0 \cdot \left(1 - \overline{\Theta}_1\right) \tag{5.311}$$

Die anfänglich gespeicherte Wärme Q_0 beträgt:

$$\begin{aligned} Q_0 &= m \cdot c_p \cdot (\vartheta_0 - \vartheta_\infty) = \varrho \cdot V \cdot c_p \cdot (\vartheta_0 - \vartheta_\infty) \\ &= \varrho \cdot B \cdot T \cdot H \cdot c_p \cdot (\vartheta_0 - \vartheta_\infty) = 4{,}67 \cdot 10^6\ \text{J} \end{aligned} \tag{5.312}$$

Damit erhält man $Q_1^* = 4{,}53 \cdot 10^6$ J und $1 - \frac{Q_1^*}{Q_0} = 2{,}79\ \%$. Die gespeicherte Wärme wurde damit fast vollständig abgegeben. ◄

► Beispiel 5.7: (Ex)

Bei der Fa. Magnet & Steel werden sehr große wärmebehandelte Stahlplatten (Stärke $H = 247{,}6$ mm, Breite $B \gg H$, Länge $L \gg H$, $\lambda = 26$ W/(m K), $c_p = 500$ J/(kg K), $\varrho = 7\,800$ kg/m³) mit der Anfangstemperatur $\vartheta_0 = 400$ °C zur Abkühlung in ein großes Bad der Temperatur $\vartheta_\infty = 20$ °C getaucht, dessen Temperatur durch Umwälzung konstant bleibt (Bild 5.55). Der konstante Wärmeübergangskoeffizient zwischen dem Bad und den Platten beträgt $\alpha = 350$ W/(m² K).

(a) Skizzieren Sie qualitativ die Isothermen $\vartheta(r,t)$ der Stahlplatten für verschiedene Zeiten t.

(b) Skizzieren Sie im Kurzzeitbereich qualitativ die Wandtemperatur $\vartheta_w(t)$ und die Plattenmittentemperatur $\vartheta_m(t)$ über der Zeit.

(c) Notieren Sie die exakte Lösung für das instationäre Temperaturfeld in dimensionsloser Form und schreiben Sie dazu drei Reihenterme mit sämtlichen Hilfsfunktionen untereinander an.

(d) Bestimmen Sie die Eigenwerte zu den beiden ersten Termen.

(e) Berechnen Sie die Wandtemperatur und die Plattenmittentemperatur sowie die Temperatur an der Stelle S mit $s = 4$ cm unter der Oberfläche nach $t_3 = 15$ min. Zeigen Sie anhand der Zahlenwerte für den zweiten Reihenterm, dass die Anwendung der Langzeitnäherung gerechtfertigt ist.

(f) Welche Temperaturen herrschen an den Stellen aus Teilaufgabe (e) nach $t_1 = 3$ min?

(g) Bestimmen Sie die Temperaturen an den Stellen aus Teilaufgabe (e) nach $t_2 = 8$ min.

Lösung:

(a) Skizze der Isothermen zu verschiedenen Zeitpunkten:

Die Platten kühlen von außen her von der Anfangstemperatur ϑ_0 auf die Umgebungstemperatur ϑ_∞ ab, die nach unendlich langer Zeit erreicht wird (Bild 5.56). An der Plattenoberfläche liegt eine Randbedingung 3. Art vor.

(b) Skizze der Wandtemperatur $\vartheta_\mathrm{w}(t)$ und der Plattenmittentemperatur ϑ_m(t):

Die Temperaturverläufe sind in Bild 5.57 dargestellt. Die Näherung für große Zeiten kann im Bereich kurzer Zeiten die Temperaturverläufe nicht richtig wiedergeben.

(c) exakte Lösung:

Die exakte Lösung in Gestalt einer Fourier-Reihe folgt aus Gl. (5.70) sowie Tabelle 5.4:

$$\begin{aligned}\Theta(\xi, Fo) = &\frac{2\sin(\delta_1)}{\delta_1 + \sin(\delta_1)\cdot\cos(\delta_1)}\cdot\cos(\delta_1\,\xi)\cdot\exp\left(-\delta_1^2\cdot Fo\right)\\ &+\frac{2\sin(\delta_2)}{\delta_2 + \sin(\delta_2)\cdot\cos(\delta_2)}\cdot\cos(\delta_2\,\xi)\cdot\exp\left(-\delta_2^2\cdot Fo\right)\\ &+\frac{2\sin(\delta_3)}{\delta_3 + \sin(\delta_3)\cdot\cos(\delta_3)}\cdot\cos(\delta_3\,\xi)\cdot\exp\left(-\delta_3^2\cdot Fo\right)\\ &+\ldots\end{aligned} \tag{5.313}$$

(d) 1. und 2. Eigenwert:

Die Eigenwertgleichung lautet gemäß Tabelle 5.4:

$$\cot(\delta_\mathrm{k}) = \frac{\delta_\mathrm{k}}{Bi} \tag{5.314}$$

Die charakteristische Länge ist die halbe Plattendicke:

$$R = \frac{H}{2} = 0{,}1238 \text{ m} \tag{5.315}$$

Die inverse Biot-Zahl beträgt:

$$\frac{1}{Bi} = \frac{\lambda}{\alpha\cdot R} = 0{,}6; \qquad Bi = 1{,}667 \tag{5.316}$$

Aus Tabelle 10.7 erhält man mit $1/Bi = 0{,}6$ für die Langzeitnäherung der Platte (1. Reihenterm):

$$\delta_1 = 1{,}0211; \quad E = \delta_1^2 = 1{,}0427; \quad C_\mathrm{m} = 1{,}1628; \quad C_\mathrm{w} = 0{,}60748 \tag{5.317}$$

Das Nullstellenproblem für den 2. Eigenwert lautet:

$$f_0(\delta_2) = \cot(\delta_2) - \frac{\delta_2}{Bi} \stackrel{!}{=} 0 \;\Rightarrow\; \cot(\delta_2) = \frac{\delta_2}{Bi} \tag{5.318}$$

Mit dem Startwert $\delta_{2,0} = 4$ findet man beispielsweise mit Newton-Verfahren $\delta_2 = 3{,}57754$ (Bild 5.58).

Gesuchte Größen:

Isothermenverlauf (qualitativ)
Wand- und Mittentemperatur (qualitativ)
exakte Lösung mit drei Reihentermen
die ersten zwei Eigenwerte
Wand- und Mittentemperatur (quantitativ)
Temperatur an der Stelle S

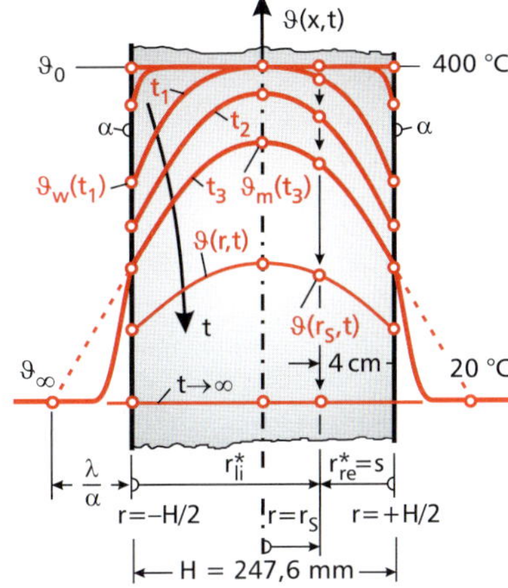

Bild 5.56: *Örtliche Temperaturprofile $\vartheta(r,t=$ const.) der abkühlenden Platte zu verschiedenen Zeitpunkten.*

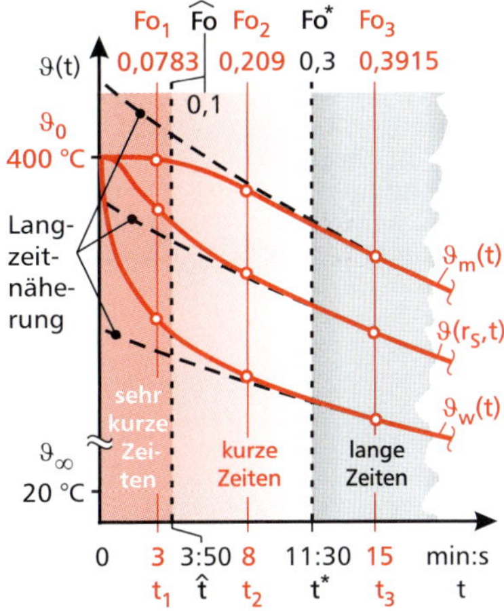

Bild 5.57: *Zeitliche Verläufe der Temperatur $\vartheta(r=$ const.$,t)$ der abkühlenden Platte für verschiedene Orte. Deutlich erkennbar ist, dass die Langzeitnäherung NGZ für sehr kurze bis kurze Zeiten von der exakten Lösung (rot) abweicht.*

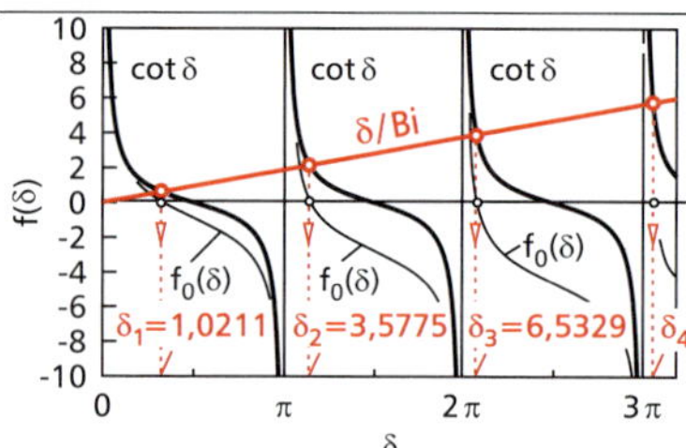

Bild 5.58: *Lösung der Eigenwertgleichung der Platte mit zugehörigem Nullstellenproblem* $f_0(\delta) = \cot(\delta) - \delta/Bi$ *für* $Bi = 1{,}667$.

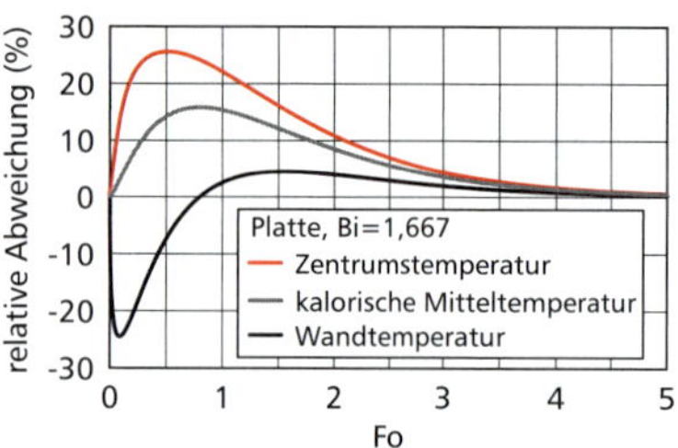

Bild 5.59: *Abweichung zwischen exakter Lösung und IGB* $\vartheta - \vartheta_{\mathrm{IGB}}$ *bezogen auf die anfängliche Übertemperatur* $\vartheta_0 - \vartheta_\infty$.

Gemäß Bild 5.59 würde der ideal gerührte Behälter wegen $Bi = 1{,}667 \gg 0{,}1$ eine sehr hohe Abweichung zur exakten Lösung liefern.

Liegt die Reihenlösung Gl. (5.70) in programmierter Form (Taschenrechner, Excel, OO-Calc, Mathcad, Matlab, Scilab etc.) vor, wird die Anzahl der berücksichtigten Reihenglieder im Hinblick auf die Konvergenz so lange verändert, bis sich das Ergebnis $\Theta(\xi, Fo)$ nicht mehr signifikant ändert.

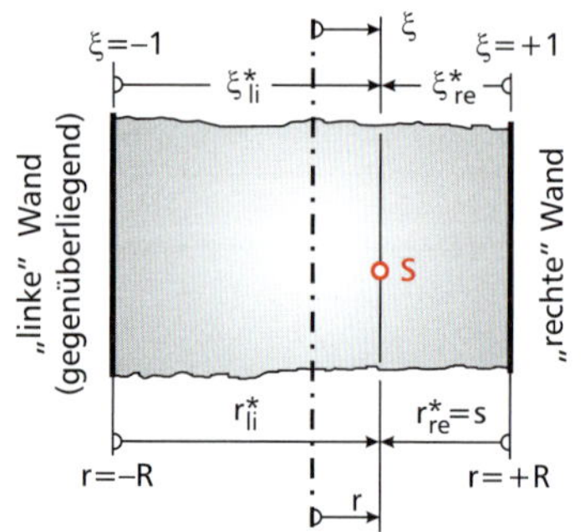

Bild 5.60: *Punkt S im rechten Teil der Platte mit „üblicher" Koordinate r (bzw. ξ) sowie Bezeichnungen für den linken und den rechten halbunendlichen Körper.*

(e) Temperaturen nach der Zeit t_3:

Die Temperaturleitfähigkeit beträgt $a = \lambda/(\varrho \cdot c_\mathrm{p}) = 6{,}7 \cdot 10^{-6}$ m²/s. Daraus ergibt sich:

$$Fo_3 = \frac{a \cdot t_3}{R^2} = 0{,}39348 > Fo^* = 0{,}30 \tag{5.319}$$

Damit ist die Langzeitlösung mit dem 1. Reihenglied anwendbar. Für die Wandtemperatur gilt:

$$\Theta_\mathrm{w} = C_\mathrm{w} \cdot \exp(-E \cdot Fo_3) = 0{,}40388 \tag{5.320}$$

$$\vartheta_\mathrm{w} = \vartheta_\infty + \Theta_\mathrm{w} \cdot (\vartheta_0 - \vartheta_\infty) = 173{,}5\ ^\circ\mathrm{C} \tag{5.321}$$

Für die Temperatur in der Plattenmitte erhält man:

$$\Theta_\mathrm{m} = C_\mathrm{m} \cdot \exp(-E \cdot Fo_3) = 0{,}77309 \tag{5.322}$$

$$\vartheta_\mathrm{m} = \vartheta_\infty + \Theta_\mathrm{m} \cdot (\vartheta_0 - \vartheta_\infty) = 313{,}8\ ^\circ\mathrm{C} \tag{5.323}$$

Die Temperatur im Plattenvolumen am Punkt S folgt aus:

$$r_\mathrm{S} = r\,(s = 4\ \mathrm{cm}) = \frac{H}{2} - s = 0{,}0838\ \mathrm{m}; \quad \xi_\mathrm{S} = \frac{r_\mathrm{S}}{R} = 0{,}6769 \tag{5.324}$$

$$\Theta_\mathrm{S} = C_\mathrm{m} \cdot \cos(\delta_1 \cdot \xi_\mathrm{S}) \cdot \exp(-E \cdot Fo_3) = 0{,}59567 \tag{5.325}$$

$$\vartheta_\mathrm{S} = \vartheta_\infty + \Theta_\mathrm{S} \cdot (\vartheta_0 - \vartheta_\infty) = 246{,}4\ ^\circ\mathrm{C} \tag{5.326}$$

Der Beitrag des zweiten Reihengliedes zur normierten Temperatur am Punkt S beträgt:

$$\Delta\Theta_2(\xi_\mathrm{S}) = \frac{2\sin(\delta_2)}{\delta_2 + \sin(\delta_2)\cdot\cos(\delta_2)} \cdot \cos(\delta_2\,\xi_\mathrm{S}) \cdot \exp\left(-\delta_2^2 \cdot Fo_3\right) = 0{,}00107 \tag{5.327}$$

$$\frac{\Delta\Theta_2(\xi_\mathrm{S})}{\Theta_\mathrm{S}} = 0{,}179\ \% \quad \text{vernachlässigbar} \tag{5.328}$$

(f) Temperaturen nach der Zeit t_1:

$$Fo_1 = \frac{a \cdot t_1}{R^2} = 0{,}0783 < Fo^* = 0{,}30 \tag{5.329}$$

Für die Reihenlösung sind nun mehrere Terme (ca. 8 bis 10) erforderlich.

Als Kurzzeitnäherung werden zunächst die überlagerten Lösungen der halbunendlichen Körper für beide Wandbegrenzungen (links und rechts) nach Gl. (5.57) notiert:

$$\begin{aligned}\Theta(\mu_\mathrm{li}, \mu_\mathrm{re}, \tau) = {} & \mathrm{erf}(\mu_\mathrm{li}) + \exp\left(\tau + 2\sqrt{\tau}\cdot\mu_\mathrm{li}\right)\cdot\mathrm{erfc}\left(\sqrt{\tau} + \mu_\mathrm{li}\right) \\ & + \mathrm{erf}(\mu_\mathrm{re}) + \exp\left(\tau + 2\sqrt{\tau}\cdot\mu_\mathrm{re}\right)\cdot\mathrm{erfc}\left(\sqrt{\tau} + \mu_\mathrm{re}\right) - 1\end{aligned} \tag{5.330}$$

Aus Bild 5.61 ergibt sich der maximale Einfluss der gegenüberliegenden Wand in der Plattenmitte zu $1 - \Theta_\mathrm{m} = 0{,}002$, der in Richtung der rechten Begrenzung noch weiter (exponentiell) abfällt. Der halbunendliche Körper kann also analog Gl. (5.46) ohne großen Fehler nur einseitig angesetzt werden (mit $\mu = \mu_\mathrm{re}$ bzw. $\xi^* = \xi^*_\mathrm{re}$):

$$\Theta(\mu, \tau) = \mathrm{erf}(\mu) + \exp\left(\tau + 2\sqrt{\tau}\cdot\mu\right)\cdot\mathrm{erfc}\left(\sqrt{\tau} + \mu\right) \tag{5.331}$$

Aus dem Abstand zur (rechten) Oberfläche $r^* = r^*_{\mathrm{re}} = s = 0{,}04$ m ergibt sich:

$$\mu = \mu_{\mathrm{re}} = \frac{r^*}{2\sqrt{a \cdot t_1}} = 0{,}57785 \tag{5.332}$$

$$\xi^* = \xi^*_{\mathrm{re}} = \frac{r^*}{R} = 1 - \xi = 0{,}323 \tag{5.333}$$

Mit $\tau = a \cdot t_1 \cdot \left(\frac{\alpha}{\lambda}\right)^2 = Fo_1 \cdot Bi^2 = 0{,}21746$ sowie $\sqrt{\tau} = 0{,}46682$ interpoliert man aus Tabelle 10.1:

$$\mathrm{erf}\,(\mu) = 0{,}58576 \tag{5.334}$$

$$\mathrm{erfc}\,(\sqrt{\tau} + \mu) = 1 - \mathrm{erf}\,(\sqrt{\tau} + \mu) = 0{,}13997 \tag{5.335}$$

Damit erhält man für die Temperatur an der Stelle S:

$$\Theta_{\mathrm{S}} = 0{,}88385 \quad \text{bzw.} \quad \vartheta_{\mathrm{S}} = 355{,}9\ ^\circ\mathrm{C} \tag{5.336}$$

Für die rechte Wand gilt mit $\xi^* = \xi^*_{\mathrm{re}} = 0$ ($\xi = 1$) und Gl. (5.47):

$$\Theta_{\mathrm{w}} = \exp(\tau) \cdot \mathrm{erfc}(\sqrt{\tau}) = 0{,}63387 \quad \text{bzw.} \quad \vartheta_{\mathrm{w}} = 260{,}7\ ^\circ\mathrm{C} \tag{5.337}$$

Für die Plattenmitte ($\xi^* = 1$; $\mu = 1{,}7869$) ergibt sich:

$$\Theta_{\mathrm{m}} = \Theta\,(\mu = 1{,}7869, \tau) = 0{,}99797 \tag{5.338}$$

In der Mitte ist der Einfluss der gegenüberliegenden Wand genau so groß, wie nach dem einseitig angewendeten halbunendlichen Körper berechnet, so dass die beiden Mittentemperaturen des linken und rechten Körpers überlagert werden:

$$\Theta_{\mathrm{m,\,li+re}} = 2 \cdot \Theta_{\mathrm{m}} - 1 = 0{,}99594 \tag{5.339}$$

Dies entspricht der Auswertung von Gl. (5.59) für $\xi^*_{\mathrm{li}} = \xi^*_{\mathrm{re}} = 1$. Die normierte Temperatur in Plattenmitte liegt trotz Überlagerung praktisch bei 1 und verharrt zum Zeitpunkt t_1 mit $\vartheta_{\mathrm{m,\,li+re}} = 399{,}09\ ^\circ\mathrm{C}$ praktisch noch auf der Anfangstemperatur $\vartheta_0 = 400\ ^\circ\mathrm{C}$.

(g) Temperaturen nach der Zeit t_2:

$$Fo_2 = \frac{a \cdot t_2}{R^2} = 0{,}209 < Fo^* = 0{,}30 \tag{5.341}$$

Für die Reihenlösung sind jetzt weniger Terme (ca. 4 bis 5) bis zur Konvergenz erforderlich. Der Einfluss der gegenüberliegenden Wand auf das Ergebnis ist in der Plattenmitte maximal. Er liegt nach Bild 5.61 deutlich über 1 %. Trotz des geringeren Einflusses abseits der Mitte wird der zweiseitig angewendete halbunendliche Körper wieder zur Berechnung der normierten Temperatur herangezogen, wobei dieses Mal die Notation gemäß Gl. (5.59) verwendet wird:

$$\begin{aligned}\Theta\,(\xi^*_{\mathrm{li}}, \xi^*_{\mathrm{re}}, Fo_2) &= \Theta_{\mathrm{li}} + \Theta_{\mathrm{re}} - 1 \\ &= \mathrm{erf}\left(\frac{\xi^*_{\mathrm{li}}}{2\sqrt{Fo_2}}\right) + \exp\left(Fo_2 \cdot Bi^2 + Bi \cdot \xi^*_{\mathrm{li}}\right) \cdot \mathrm{erfc}\left(\sqrt{Fo_2} \cdot Bi + \frac{\xi^*_{\mathrm{li}}}{2\sqrt{Fo_2}}\right) \\ &+ \mathrm{erf}\left(\frac{\xi^*_{\mathrm{re}}}{2\sqrt{Fo_2}}\right) + \exp\left(Fo_2 \cdot Bi^2 + Bi \cdot \xi^*_{\mathrm{re}}\right) \cdot \mathrm{erfc}\left(\sqrt{Fo_2} \cdot Bi + \frac{\xi^*_{\mathrm{re}}}{2\sqrt{Fo_2}}\right) - 1\end{aligned} \tag{5.342}$$

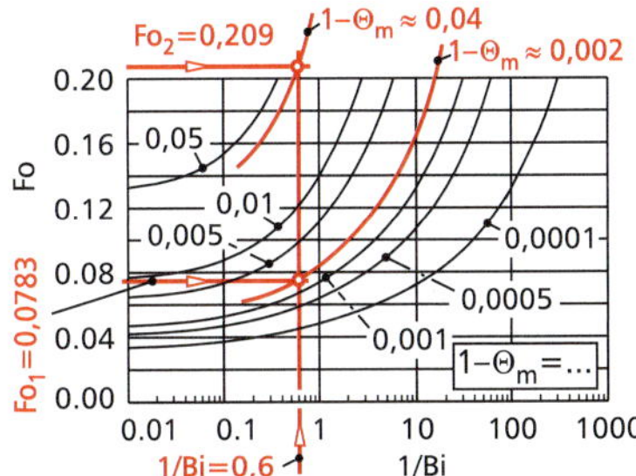

Bild 5.61: *Abkühlrate $1 - \Theta_{\mathrm{m}}$ eines einseitig angewandten halbunendlichen Körpers für $Bi = 1{,}667$ ($1/Bi = 0{,}6$) bei $\xi^* = 1$ (bzw. $\xi = 0$, Plattenmitte).*

Lässt man in Gl. (5.57) einen halbunendlichen Körper weg, entfällt auch der Summand -1. Es bleibt dann Gleichung (5.46) für den einseitig angewendeten halbunendlichen Körper übrig.

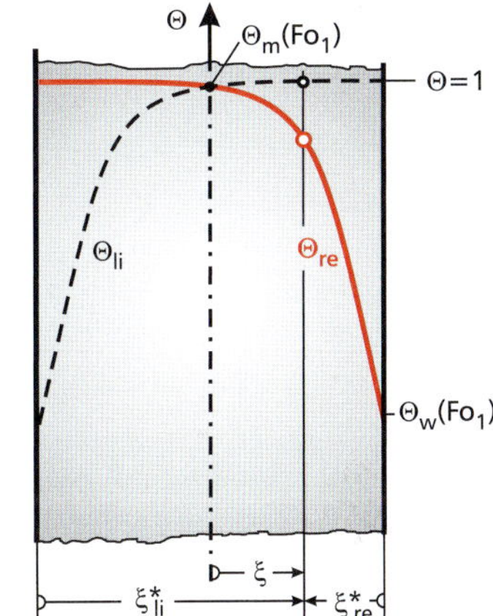

Bild 5.62: *Verlauf der normierten Temperaturen Θ_{li} und Θ_{re} in der Platte nach $t_1 = 180$ s ($Fo_1 = 0{,}0783$, $Bi = 1{,}667$, $1/Bi = 0{,}6$).*

Für sehr kurze Zeiten ist also der Temperaturverlauf in der Platte mit dem einseitig angewendeten halbunendlichen Körper gut beschreibbar. Selbst im Zentrum ist in der Praxis der Fehler durch Vernachlässigung des Einflusses der gegenüberliegenden Wand ohne Bedeutung, da sich dort für sehr kurze Zeiten keine großen Temperaturänderungen einstellen:

$$\vartheta_{\mathrm{m,\,re}} = 399{,}23\ ^\circ\mathrm{C} \approx \vartheta_{\mathrm{m,\,li+re}} = 399{,}09\ ^\circ\mathrm{C} \tag{5.340}$$

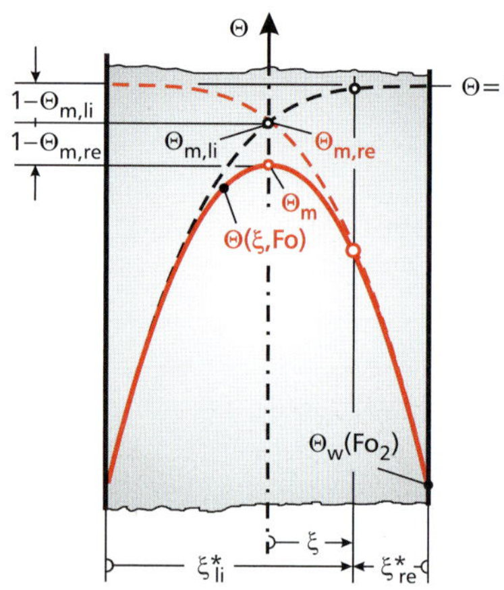

Bild 5.63: *Verlauf der normierten Temperaturen* Θ_{m}, $\Theta_{\mathrm{m,\,li}}$ *und* $\Theta_{\mathrm{m,\,re}}$ *in der Platte nach* $t_2 = 480$ s ($Fo_2 = 0{,}209$, $Bi = 1{,}667$, $1/Bi = 0{,}6$). *Die Zentrumstemperatur* Θ_{m} *des zweiseitig angesetzten halbunendlichen Körpers liegt um* $1 - \Theta_{\mathrm{m,\,li}} = 1 - \Theta_{\mathrm{m,\,re}}$ *unterhalb der Mittentemperatur des einseitig angesetzten. Der Fehler nimmt exponentiell zu den Rändern hin ab und ist selbst in der Mitte für sehr kurze Zeiten vernachlässigbar.*

Der Einfluss $1 - \Theta_{\mathrm{li}}\,(\xi^*_{\mathrm{li}}, Fo_2) \approx 1 - 1 = 0$ ist also im Punkt S schon nahezu null.

Zusammenfassung und Ausblick:

- Bei großen Zeiten wird bereits mit dem ersten Reihenterm der exakten Lösung (5.70) eine gute Konvergenz erzielt, während zu kurzen Zeiten hin immer mehr Reihenglieder erforderlich sind.
- Die Auswertung der exakten Lösung (5.70) stellt mit der heutigen EDV kein Problem dar. Sie ist bei höheren Genauigkeitsanforderungen den Näherungslösungen vorzuziehen.
- Der Temperaturverlauf wird für sehr kurze Zeiten hinreichend genau mit dem Modell des einseitig angewendeten halbunendlichen Körpers beschrieben.
- Aufgrund des Einflusses der beiden Körperbegrenzungen sollte bei kurzen Zeiten der beidseitig angewendete halbunendliche Körper bevorzugt werden.

Mit $\xi^*_{\mathrm{li}} = 1 + \xi_{\mathrm{S}} = 1{,}6769$ und $\xi^*_{\mathrm{re}} = 1 - \xi_{\mathrm{S}} = 0{,}3231$ gewinnt man durch Interpolation der Fehlerfunktion und der komplementären Fehlerfunktion aus Tabelle 10.1 die folgenden Zahlenwerte für den Punkt S:

$$\mu_{\mathrm{li}} = \frac{\xi^*_{\mathrm{li}}}{2\sqrt{Fo_2}} = 1{,}83494; \qquad \mathrm{erf}\,(1{,}83494) = 0{,}99054$$

$$\mu_{\mathrm{re}} = \frac{\xi^*_{\mathrm{re}}}{2\sqrt{Fo_2}} = 0{,}35355; \qquad \mathrm{erf}\,(0{,}35355) = 0{,}38289$$

$$Fo_2 \cdot Bi^2 + Bi \cdot \xi^*_{\mathrm{li}} = 3{,}3748; \qquad \exp\,(3{,}3748) = 29{,}2096$$

$$Fo_2 \cdot Bi^2 + Bi \cdot \xi^*_{\mathrm{re}} = 1{,}1185; \qquad \exp\,(1{,}1185) = 3{,}05978$$

$$\sqrt{Fo_2}\cdot Bi + \frac{\xi^*_{\mathrm{li}}}{2\sqrt{Fo_2}} = 2{,}5965; \qquad \mathrm{erfc}(2{,}5965) = 0{,}00039$$

$$\sqrt{Fo_2}\cdot Bi + \frac{\xi^*_{\mathrm{re}}}{2\sqrt{Fo_2}} = 1{,}1151; \qquad \mathrm{erfc}(1{,}1151) = 0{,}11484$$

$$\Theta_{\mathrm{li}} \approx 1 \qquad \Theta_{\mathrm{re}} = 0{,}734 \tag{5.343}$$

Daraus ergeben sich als Temperaturen im Punkt S:

$$\Theta_{\mathrm{S}} = \Theta_{\mathrm{li}} + \Theta_{\mathrm{re}} - 1 = \Theta_{\mathrm{re}} = 0{,}734 \tag{5.344}$$

$$\vartheta_{\mathrm{S}} = \vartheta_\infty + \Theta_{\mathrm{S}} \cdot (\vartheta_0 - \vartheta_\infty) = 300{,}0\ ^\circ\mathrm{C} \tag{5.345}$$

An der rechten (wie linken) Oberfläche ist der Einfluss der gegenüberliegenden Wand am geringsten, also weit kleiner als in der Mitte (Bild 5.61). Er ist daher schon im Ansatz zu vernachlässigen. Somit ist der halbunendliche Körper einseitig anzusetzen:

$$\Theta_{\mathrm{w}}\,(\xi^*_{\mathrm{re}} = 0) = \exp\left(Fo_2 \cdot Bi^2\right) \cdot \mathrm{erfc}\left(\sqrt{Fo_2}\cdot Bi\right) = 0{,}503 \tag{5.346}$$

$$\vartheta_{\mathrm{w}} = \vartheta_\infty + \Theta_{\mathrm{w}} \cdot (\vartheta_0 - \vartheta_\infty) = 211{,}1\ ^\circ\mathrm{C} \tag{5.347}$$

Das Zentrum erfährt in gleicher Weise den Einfluss der beiden Begrenzungen, so dass für die Zentrumstemperatur sofort angesetzt werden kann:

$$\Theta_{\mathrm{m,\,li+re}} = \Theta_{\mathrm{m,\,li}} + \Theta_{\mathrm{m,\,re}} - 1 = 2 \cdot \Theta\,(\xi^* = 1, Fo_2) - 1 = 0{,}920 \tag{5.348}$$

Der normierten Temperatur des einseitig angewendeten Modells

$$\Theta\,(\xi^* = 1, Fo_2) = \mathrm{erf}\left(\frac{1}{2\sqrt{Fo_2}}\right) + \exp\left(Fo_2 \cdot Bi^2 + Bi\right) \cdot \mathrm{erfc}\left(\sqrt{Fo_2}\cdot Bi + \frac{1}{2\sqrt{Fo_2}}\right) = 0{,}960 \tag{5.349}$$

würde die überhöhte Temperatur $\vartheta_{\mathrm{m,\,re}} = 384{,}8\ ^\circ\mathrm{C}$ entsprechen.

Tatsächlich beträgt die Temperatur in Plattenmitte wegen der Überlagerung der beiden halbunendlichen Körper aber:

$$\vartheta_{\mathrm{m,\,li+re}} = \vartheta_\infty + \Theta_{\mathrm{m,\,li+re}} \cdot (\vartheta_0 - \vartheta_\infty) = 369{,}6\ ^\circ\mathrm{C} \tag{5.350}$$

◀

5.3 Aufgaben zum Selbststudium

▶ Aufgabe 5.1:

Prüfen Sie, ob folgende Funktionen mit (beliebigen) Konstanten A und B die eindimensionale instationäre Wärmeleitungsdifferenzialgleichung lösen:

$$\frac{\partial \vartheta}{\partial t} - a \cdot \frac{\partial^2 \vartheta}{\partial x^2} = 0 \tag{5.351}$$

(a) $\vartheta_1(x,t) = A \cdot x + B$

(b) $\vartheta_2(x,t) = \frac{A}{\sqrt{t}} \cdot \exp\left(-\frac{x^2}{4\,a\,t}\right)$

(c) $\vartheta_3(x,t) = A \cdot \operatorname{erf}\left(\frac{x}{2\sqrt{a\,t}}\right)$

(d) $\vartheta_4(x,t) = A \cdot \exp\left(B^2 \cdot a\,t \pm B \cdot x\right)$

▶ Aufgabe 5.2:

In der Kugellagerfabrik von Eddie Eckig sollen Metallkugeln ($\lambda = 40$ W/(m K), $\varrho = 7\,600$ kg/m^3, $c_p = 474$ J/(kg K), $D = 24$ mm) von der Anfangstemperatur $\vartheta_0 = 620$ °C in einem Luftstrom mit dem Wärmeübergangskoeffizienten $\alpha = 80$ W/(m^2 K) und der Temperatur $\vartheta_\infty = 20$ °C auf die Endtemperatur $\vartheta_E = 50$ °C abgekühlt werden.

(a) Berechnen Sie die dafür notwendige Abkühlzeit t.

(b) Kann die Abkühlzeit halbiert werden, wenn der Wärmeübergangskoeffizient auf $\alpha^* = 160$ W/(m^2 K) verdoppelt wird?

Bild 5.64: *Typen von Wälzlagern (von oben, im Uhrzeigersinn): Pendelrollenlager (aufgeklappt), Nadellager, Kegelrollenlager, Axialkugellager (unten), Pendelkugellager, Kugellager (Mitte).*

▶ Aufgabe 5.3:

Sabine Saftig hat eine Orange (Durchmesser $D = 8$ cm, Anfangstemperatur $\vartheta_0 = 26$ °C) in ihren Kühlschrank mit $\vartheta_\infty = 2$ °C und $\alpha = 50$ W/(m^2 K) gelegt. Da Orangen überwiegend aus Wasser bestehen, können die Stoffwerte von Wasser zugrundegelegt werden ($\lambda = 0{,}5893$ W/(m K), $a = 1{,}409 \cdot 10^{-7}$ m^2/s). Wie lange dauert es, bis die Mitte der Orange eine Temperatur von 4 °C aufweist?

Bild 5.65: *Approximation einer Orange durch eine volumengleiche Kugel.*

▶ Aufgabe 5.4:

Fritze Flitzer will ein superflinkes Thermoelement bauen ($\lambda = 22{,}5$ W/(m K), $c_p = 410$ J/(kg K), $\varrho = 8\,900$ kg/m^3), das in einem Abgasstrom ($\alpha = 250$ W/(m^2 K), $\vartheta_\infty = 200$ °C) die Abgastemperatur in $t = 5$ s mit einer maximalen Abweichung von $p = 1$ % anzeigen kann. Welchen Durchmesser D darf die Kontaktstelle aufweisen, wenn diese als Kugel mit der Anfangstemperatur $\vartheta_0 = 20$ °C idealisiert werden kann und plötzlich der Abgastemperatur ϑ_∞ ausgesetzt wird?

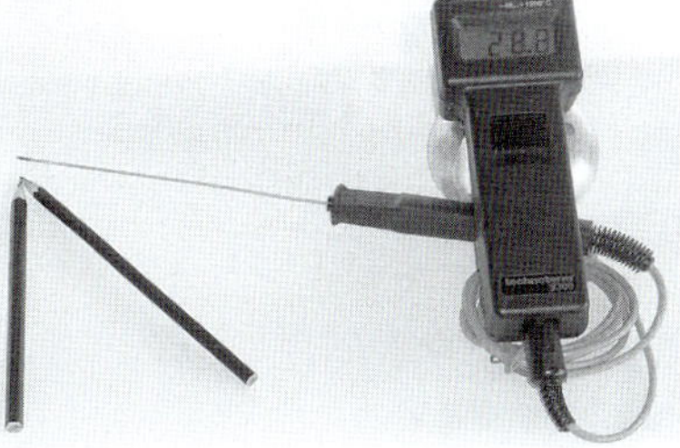

Bild 5.66: *Mantelthermoelement mit Griff und Anzeige. Der Sensor befindet sich in der Spitze der Hohlnadel.*

▶ Aufgabe 5.5: Ex

Im Garten von Gerda Geizig ist eine Wasserleitung 40 cm unter der Erdoberfläche verlegt. Das Erdreich ($\lambda = 2{,}5$ W/(m K), $a = 7{,}75 \cdot 10^{-7}$m^2/s) hat anfänglich eine konstante Temperatur von 5 °C. Durch einen plötzlich einsetzenden heftigen, kalten Wind fällt die Umgebungstemperatur schlagartig auf -20 °C ab. Der Wärmeübergangskoeffizient zwischen Luft und Erdreich beträgt $\alpha = 50$ W/(m^2 K). Friert das Wasserleitungsrohr nach 12 Stunden ein?

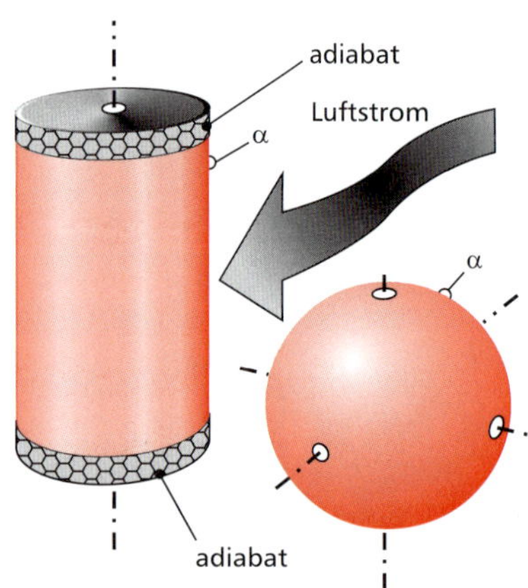

Bild 5.67: *Kugel und stirnseitig adiabater Zylinder.*

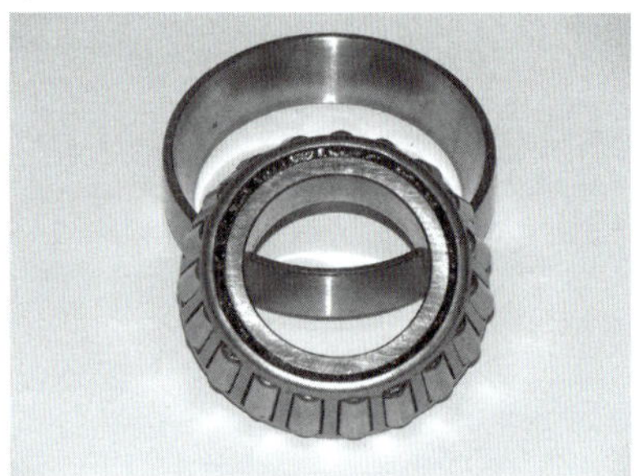

Bild 5.68: *Kegelrollenlager als Beispiel für oberflächengehärtete Wälzkörper.*

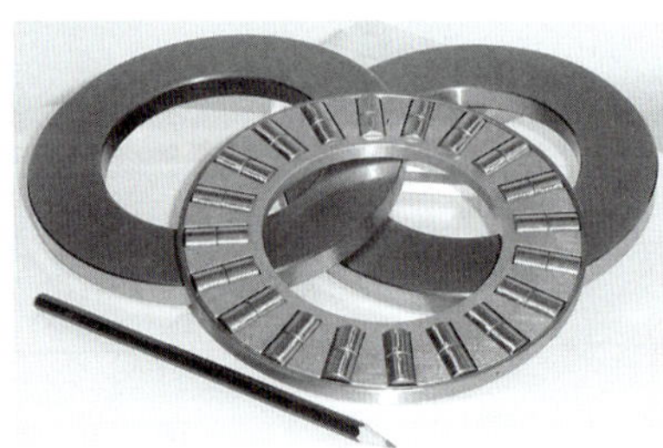

Bild 5.69: *Zylindrische Wälzkörper eines Axiallagers (Lagerdurchmesser $D = 100$ mm; $d = 70$ mm).*

▶ Aufgabe 5.6:

Stirnseitig adiabate Metallzylinder ($\lambda_Z = 22{,}5$ W/(m K), Höhe $H = 25$ cm Durchmesser $D_Z = 8$ cm) sowie Metallkugeln ($\lambda_K = 15$ W/(m K), Durchmesser $D_K = 8$ cm) mit der Dichte $\varrho = 7\,880$ kg/m³, der spezifischen Wärmekapazität $c_p = 476$ J/(kg K) und der Anfangstemperatur $\vartheta_0 = 400$ °C sollen in einem Luftstrom mit $\vartheta_\infty = 20$ °C und $\alpha = 75$ W/(m² K) gekühlt werden.

Vorarbeiter Siegfried Sägezahn klärt Praktikantin Susi Sorglos über die Abkühlzeiten auf: „Die Zylinder kühlen wegen der größeren Oberfläche und der höheren Wärmeleitfähigkeit schneller ab". Susi meint, dass die Kugeln schneller abkühlen. Klärung soll eine wärmetechnische Berechnung bringen.

(a) Nennen Sie prinzipielle Modelle zur Berechnung der Abkühlvorgänge und scheiden Sie ggf. nicht anwendbare Modelle frühzeitig aus.

(b) Geben Sie für die Abkühlvorgänge geeignete dimensionslose Differenzialgleichungen für die Variablen $\xi = \frac{r}{L_Z}$, $\eta = \frac{r}{L_K}$, $\Theta_{Z/K} = \frac{\vartheta_{Z/K} - \vartheta_\infty}{\vartheta_0 - \vartheta_\infty}$, dimensionslose Zeiten, die zugehörigen Anfangs- und Randbedingungen sowie die Längen L_Z und L_K an.

(c) Welche Oberflächentemperaturen $\vartheta_{wZ,1}$ und $\vartheta_{wK,1}$ treten nach $t_1 = 72$ s auf?

(d) Wie hoch sind die Temperaturen $\vartheta_{Zx,1}$ und $\vartheta_{Kx,1}$ in einer Tiefe von $x_1 = 8$ mm unter der Oberfläche zu dieser Zeit?

(e) Können die Körper nach der Zeit $t_2 = 45$ min gefahrlos berührt werden (zulässige Berührtemperatur $\vartheta_G \leq 45$ °C)?

(f) Wie groß sind dann die Temperaturen $\vartheta_{mZ,2}$ und $\vartheta_{mK,2}$ in Körpermitte?

(g) Geben Sie die mittleren Wärmeströme $\bar{\dot{Q}}_Z$ und $\bar{\dot{Q}}_K$ an, die zur Zeit t_2 an die Umgebung abfließen.

(h) Ermitteln Sie die Werte der Temperaturgradienten $\nabla\vartheta_{Z/K}$ in der Körpermitte und an der Körperoberfläche zur Zeit t_2.

▶ Aufgabe 5.7: (Ex)

Ingenieurin Susi Sorglos diskutiert mit Kommissionierer Kuno Kugler über die Zusammensetzung von Wälzkörperchargen für Nadel- und Kugellager, die in einem Ofen spannungsfrei geglüht werden. Susi vertritt die Meinung, dass die Verweilzeiten unterschiedlicher Wälzkörper möglichst gleich sein sollten, während Kuno meint, „Hauptsache, der Ofen ist gut voll und schön warm". Während die Nadellagerwälzkörper (Index N) die Länge $H_N = 50$ mm und den Durchmesser $D_N = 40$ mm aufweisen, können der Charge Kugeln (Index K) mit unterschiedlichem Durchmesser D_K zugesetzt werden. Die Wälzkörper ($\varrho = 7\,800$ kg/m³, $\lambda = 15$ W/(m K), $c_p = 500$ J/(kg K), Anfangstemperatur $\vartheta_0 = 20$ °C) bleiben solange im Ofen, bis ihre Mitte die Glühtemperatur $\vartheta_G = 450$ °C erreicht. Die Ofentemperatur beträgt $\vartheta_\infty = 480$ °C, der Gesamtwärmeübergangskoeffizient $\alpha = 75$ W/(m² K).

(a) Leiten Sie aus der allgemeinen mehrdimensionalen Wärmeleitungsgleichung 2 Gleichungen für die Temperaturfelder ϑ_N und ϑ_K der Wälzkörper ab und begründen Sie kurz die dabei getroffenen Vereinfachungen.

(b) Normieren Sie diese Gleichungen mit geeigneten dimensionslosen Ortskoordinaten und der jeweiligen normierten Temperatur $\Theta_{N/K} = \frac{\vartheta_{N/K} - \vartheta_\infty}{\vartheta_0 - \vartheta_\infty}$ und geben Sie die jeweiligen charakteristischen Längen an.

(c) Wie lauten die dimensionslosen Anfangs- und Randbedingungen?

(d) Geben Sie für eine Handrechnung geeignete Lösungen der dimensionslosen Temperaturen $\Theta_{m,N}$ und $\Theta_{m,K}$ in der Mitte der Wälzkörper an.

(e) Bestimmen Sie die erforderliche Verweilzeit t_G der Nadellagerwälzkörper im Ofen und überprüfen Sie die Anwendbarkeit Ihrer Lösung.

(f) Welchen Durchmesser D_K müsste ein Kugellagerwälzkörper haben, um dieselbe Verweilzeit t_G zu erreichen?

(g) Welche maximalen Temperaturen $\vartheta_{max,N}$ und $\vartheta_{max,K}$ weisen die Wälzkörper nach der Zeit t_G auf? Geben Sie deren Ort an.

(h) Welche Wärmen Q_N und Q_K werden in der Zeit t_G zugeführt?

► Aufgabe 5.8:

Ingenieur Sebastian Spargelzahn soll eine Produktionsanlage zur Sterilisation von Gemüsekonserven auslegen. Die zylindrischen Konserven (Höhe $H = 10$ cm, Durchmesser $D = 10$ cm) werden dazu in eine gesättigte Dampfatmosphäre mit $\vartheta_\infty = 110$ °C und $\alpha = 20\,000$ W/(m^2 K) eingebracht. Die Anfangstemperatur der Konserven beträgt $\vartheta_0 = 25$ °C. Das Gemüse besitzt die konstanten Stoffwerte $\lambda = 0{,}676$ W/(m K), $\varrho = 967$ kg/m^3 und $c_p = 4{,}2$ kJ/(kg K).

Bild 5.70: *Zylindrische Gemüsekonserven aus Blech.*

(a) Leiten Sie aus der allgemeinen mehrdimensionalen Fourier'schen Wärmeleitungsgleichung eine Differenzialgleichung für das Temperaturfeld $\vartheta(r,z,t)$ in den Konserven ab und begründen Sie Ihre Vereinfachungen.

(b) Stellen Sie diese Dgl. mithilfe der dimensionslosen Ortskoordinaten $\xi = \frac{r}{L_r}$ bzw. $\eta = \frac{z}{L_z}$, der normierten Temperatur $\Theta = \frac{\vartheta - \vartheta_\infty}{\vartheta_0 - \vartheta_\infty}$ und einer dimensionslosen Zeit in normierter Form dar. Wie groß sind die charakteristischen Längen L_r und L_z?

(c) Wie lauten die dimensionsbehafteten und die dimensionslosen Anfangs- und Randbedingungen?

(d) Geben Sie eine Näherungslösung für die normierte Temperatur in Konservenmitte Θ_m für große Zeiten an.

(e) Berechnen Sie die minimale Temperatur $\vartheta_{min,1}$, die sich nach der Zeitspanne $t_1 = 75$ min in den Konserven einstellt und prüfen Sie, ob die erforderliche Sterilisationstemperatur $\vartheta_S = 100$ °C erreicht wird.

(f) Nach welcher Zeit t_2 wird die Grenztemperatur ϑ_S überall in der Konserve erreicht?

(g) Welche Wärme Q_2 ist einer Konserve in dieser Zeit zugeführt worden?

(h) Wie hoch ist die mittlere Temperatur $\overline{\vartheta}_2$ nach der Zeit t_2 in der Konserve?

► Aufgabe 5.9:

Justin Time hat einen überirdischen kugelförmigen Wassertank aus Stahlbeton (Wärmeleitfähigkeit $\lambda = 2{,}0$ W/(m K), Innendurchmesser $D_i = 6$ m, Wandstärke $s = 25$ cm) für die Brauerei Gustav Gerstenkorn projektiert, in dem sich Brauchwasser für die Flaschenreinigung (spezifische isobare Wärmekapazität $c_p = 4\,200$ J/(kg K), Dichte $\varrho = 1\,000$ kg/m^3) befindet. Der Wärmeübergangskoeffizient an der Außenseite des Tanks zur Umgebung der konstanten Temperatur $\vartheta_e = -5$ °C beträgt $\alpha_e = 25$ W/(m^2 K). Im Inneren des Tanks herrscht durch Konvektion näherungsweise ein idealer Wärmeübergang vor. Örtliche Temperaturunterschiede im Wasser sind vereinfachend ebenso zu vernachlässigen wie die Wärmespeicherung in der Betonschale.

Bild 5.71: *Kugelförmige Behälter.*

(a) Wie groß ist der auf die innere Tankoberfläche bezogene Wärmedurchgangskoeffizient k_i des Tanks?

(b) Bestimmen Sie die Zeitkonstante τ_0 des Tanks.

(c) Bei Betriebsende am Samstag herrscht die Wassertemperatur $\vartheta_0 = 30$ °C im Tank. Welche Temperatur ϑ_1 liegt nach einer Zeitspanne von $t_1 = 30$ h am Montag bei Schichtbeginn vor?

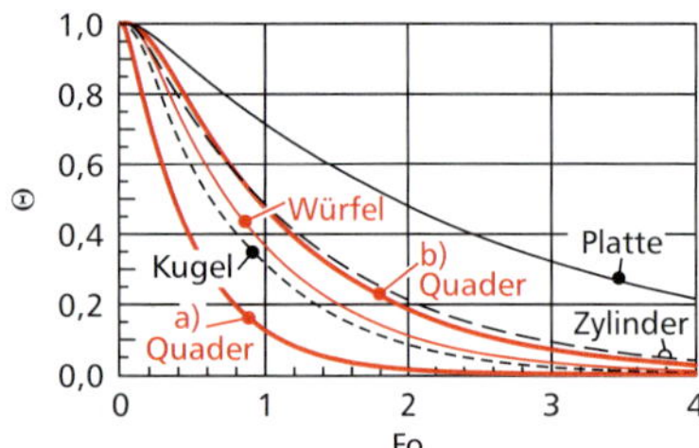

Bild 5.72: *Dimensionsloser Temperaturverlauf in der Mitte einiger Körper mit gleichen charakteristischen Längen für* $Bi_1 = 0{,}462$. *Der Quader aus Aufgabe 5.10 mit dem Seitenverhältnis* $24 : 11{,}5 : 11{,}3$ *kühlt schneller oder langsamer als eine Kugel ab, je nachdem, welches Maß als Bezugslänge für die Kennzahlen verwendet wird.*

a) Bezugsgröße ist 24 cm, *alle anderen Seiten sind kürzer, der Quader kühlt rascher ab.*

b) Bezugsgröße ist $11{,}5$ cm, *eine Seite ist doppelt so groß, die andere etwa gleich groß, der Quader ist thermisch träger.*

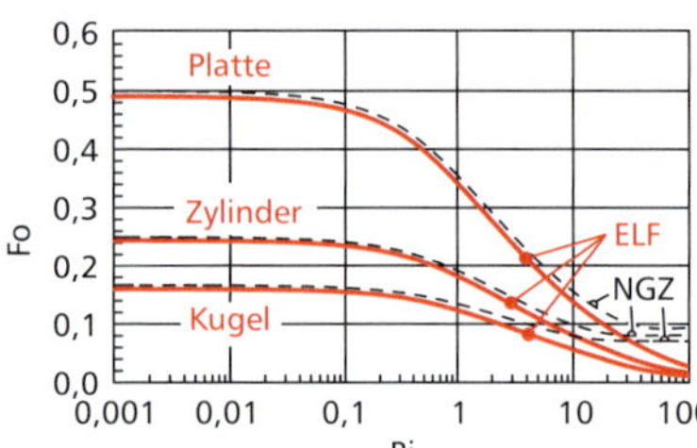

Bild 5.73: *Grenze* Fo_{Grenz} *der Anwendbarkeit des Modells IGB als Funktion der Biot-Zahl* Bi *für Platte, Zylinder und Kugel.*
Für Zeiten $Fo > Fo_{\mathrm{Grenz}}$ *ist die zeitlich angewachsene Temperaturänderung* $|\vartheta_{\mathrm{IGB}} - \vartheta_0|$ *bzw.* $|\Theta_{\mathrm{IGB}} - 1|$ *nach dem Modell IGB größer als der maximale Temperaturunterschied* $|\vartheta_{\mathrm{Wand}} - \vartheta_{\mathrm{Mitte}}|$ *bzw.* $|\Theta_{\mathrm{w}} - \Theta_{\mathrm{m}}|$ *im Körper zum aktuellen Zeitpunkt.*
Die Grenze ist nicht klar definiert, sondern abhängig von einem tolerierbaren Verhältnis

$$\Upsilon = \frac{\vartheta_{\mathrm{Wand}} - \vartheta_{\mathrm{Mitte}}}{\vartheta_{\mathrm{IGB}} - \vartheta_0} = \frac{\Theta_{\mathrm{w}} - \Theta_{\mathrm{m}}}{\Theta_{\mathrm{IGB}} - 1} \qquad (5.352)$$

z. B. mit $0{,}8 \le \Upsilon \le 1{,}2$. *Im Bild wurde* $\Upsilon = 1$ *gewählt, d. h. die maximale örtliche Temperaturdifferenz ist genauso groß wie die zeitliche Temperaturänderung im Modell IGB. Damit gelten die in Tab. 5.2 eingezeichneten, in der Praxis sinnvollen Anwendungsgrenzen für das Modell IGB. Näheres findet sich in der Lösung zu Aufgabe 5.10.*

(d) Welche Wärme Q ist erforderlich, um das Wasser wieder auf die Ausgangstemperatur ϑ_0 zu bringen? Welcher Wärmestrom $\dot{Q}$ wäre nötig, wenn die Aufheizung in $t_2 = 2$ h erfolgen soll? Welchem spezifischen Wärmestrom $\dot{q}$ entspräche dies, falls die Beheizung durch eine Heizfolie an der Behälterinnenseite erfolgt?

(e) Zur Vermeidung einer verstärkten Auskühlung soll an der Behälteraußenseite eine $s_{\mathrm{WD}} = 5$ cm starke Wärmedämmung der Wärmeleitfähigkeit $\lambda = 0{,}04$ W/(m K) angebracht werden. Ermitteln Sie den auf die innere Tankoberfläche bezogenen Wärmedurchgangskoeffizienten k_{i2}.

(f) Welche Temperatur ϑ_2 liegt dann zu Betriebsbeginn vor?

▸ Aufgabe 5.10: (Ex)

Kalksandsteine ($B = 11{,}5$ cm, $H = 11{,}3$ cm, $L = 24$ cm, $c_{\mathrm{p}} = 1\,000$ J/(kg K), $\lambda = 1{,}3$ W/(m K), $\varrho = 2\,200$ kg/m^3) kühlen nach der Dampfhärtung in einem Autoklaven in der Halle von Sandy Silicator von anfänglich $\vartheta_0 = 200$ °C auf einem Rost zur Raumluft (Temperatur $\vartheta_\infty = 15$ °C) ab. An allen Oberflächen liegt der konstante Wärmeübergangskoeffizient $\alpha = 5$ W/(m^2 K) vor.

(a) Bestimmen Sie die charakteristische Länge L_{char} des Abkühlvorgangs.

(b) Schlagen Sie ein für hinreichend große Zeiten geeignetes, einfaches Modell zur Berechnung der Abkühlung der Kalksandsteine vor und weisen Sie dessen Anwendbarkeit nach.

(c) Bestimmen Sie die Zeitkonstante τ_0 des Abkühlvorgangs.

(d) Welche Temperatur ϑ_1 weisen die Kalksandsteine nach $t_1 = 2$ h auf?

(e) Welche Abkühldauer t_2 ist erforderlich, wenn die Grenztemperatur für das gefahrlose Berühren $\vartheta_{\mathrm{G}} = 50$ °C beträgt?

(f) Wie könnte der Abkühlvorgang beschleunigt werden? Ist dann das vorgeschlagene Modell noch anwendbar?

▸ Aufgabe 5.11:

Der quaderförmige Solarspeicher mit adiabatem Boden (Quadrat mit lichter Seitenlänge $B = 1$ m; lichte Höhe $H = 2$ m) von Heidel C. Ment ist vollständig mit Wasser ($c_{\mathrm{p}} = 4\,211$ J/(kg K); $\lambda = 0{,}6752$ W/(m K); $\varrho = 965{,}3$ kg/m^3) der einheitlichen Temperatur $\vartheta_{\mathrm{i0}} = 90$ °C gefüllt. Der innenseitige Wärmeübergangskoeffizient zur Stahlhülle ($\lambda_{\mathrm{St}} = 17$ W/(m K); Dicke $d_{\mathrm{St}} = 8$ mm) beträgt $\alpha_{\mathrm{i}} = 200$ W/(m^2 K). An der Außenseite der Wärmedämmung an Wänden und Deckel ($\lambda_{\mathrm{WD}} = 0{,}031$ W/(m K); Dicke $d_{\mathrm{WD}} = 10$ cm) liegt der Gesamtwärmeübergangswiderstand $R_{\mathrm{se}} = 0{,}08$ m^2 K/W zur Umgebung ($\vartheta_{\mathrm{e}} = 15$ °C) vor.

(a) Berechnen Sie den innenmaßbezogenen Wärmedurchgangskoeffizienten k_0 der Behälterwände und des Behälterdeckels sowie den Wärmeverlust $\dot{Q}_0$ des Speichers bei eindimensionalem Wärmefluss.

(b) Welche Temperatur ϑ_1 erreicht das Wasser nach $t_1 = 12$ h, wenn lokale Temperaturunterschiede im Wasser und die Wärmespeicherfähigkeit der Umhüllung vernachlässigt werden? Überprüfen Sie dabei auch die Anwendbarkeit des gewählten Modells.

Als Alternative zum Speicher aus Teilaufgabe (a) kommt ein volumengleicher zylindrischer Speicher mit gleicher lichter Höhe H und gleicher Wandstärke d_{St} sowie adiabatem Boden zum Einsatz. Die Wärmedämmung von Deckel und Mantel besitzt die Wärmeleitfähigkeit $\lambda^*_{\mathrm{WD}} = 0{,}035$ W/(m K).

(c) Ermitteln Sie mittels Fixpunktiteration unter Verwendung der Exponentialfunktion ausgehend vom Startwert $d^*_0 = d_{\mathrm{WD}}$ die erforderliche Stärke d^* der an Deckel und den Mantel anzubringenden Dämmung, die denselben Wärmeverlust wie bei Teilaufgabe (a) ergibt.

6 Konvektion

6.1 Grundlagen

6.1.1 Arten von Konvektion

Bei der Konvektion ist dem Wärmetransport durch die Bewegung des Fluids ein Massentransport überlagert. Der konvektive Wärmeübergang setzt sich aus der stets vorhandenen Wärmeleitung (Bild 6.1) und dem eigentlichen Wärmetransport durch **freie** (Bild 6.2) oder **erzwungene Konvektion** (Bild 6.3) zusammen. Bei der Überlagerung beider Konvektionsarten spricht man von **Mischkonvektion**.

Bei der freien (natürlichen) Konvektion bewirken Temperaturdifferenzen **Dichteunterschiede**, die eine **Auftriebs- oder Abtriebsströmung** antreiben. So steigt warme Luft an einem Heizkörper auf, während an einer Verglasung im Winter ein Kaltluftabfall erfolgt. Resultierendes Geschwindigkeitsfeld und Temperaturfeld sind gekoppelt.

Demgegenüber besteht bei der erzwungenen Konvektion **keine Koppelung** zwischen Geschwindigkeits- und Temperaturfeld. Das Geschwindigkeitsfeld wird **von außen** (z. B. durch einen Ventilator) **aufgeprägt**. Wie von einer heißen Kartoffel her bekannt ist, kühlt diese schneller ab, wenn sie angeblasen wird, so dass bei der erzwungenen Konvektion im Allgemeinen ein höherer Wärmeübergang erzielt wird.

Bei der **erzwungenen Konvektion** treten im Wesentlichen **umströmte Systeme** (Abschnitte 6.1.4–6.1.7) und **durchströmte Körper** (Abschnitte 6.1.8–6.1.15) auf. Bei der **freien Konvektion** sind **offene Fluidschichten** (Abschnitte 6.1.17–6.1.22) und **geschlossene Fluidschichten** (Abschnitte 6.1.23–6.1.30) zu unterscheiden. Eine Übersicht bietet Tabelle 6.1. Die Mischkonvektion ist vor allem für umströmte Körper (Abschnitt 6.1.31) von Bedeutung. Die für die Konvektion maßgeblichen Vorgänge spielen sich in **Grenzschichten** ab, wie Bild 6.4 exemplarisch für den Fall einer längs angeströmten Platte zeigt.

Zwischen Wand und Fluid tritt kein Temperatursprung auf, so dass die Koppelbedingung der Wärmestromdichten gilt:

$$\dot{q}_\lambda = \dot{q}_\alpha \quad \Rightarrow \quad -\lambda_{\text{Festkörper}} \cdot \frac{\partial \vartheta}{\partial y} = \alpha \cdot (\vartheta_\mathrm{w} - \vartheta_\infty) \tag{6.1}$$

Wärmeleitung im Festkörper — Konvektion und Wärmeleitung im Fluid

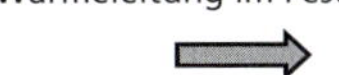

Der Wärmefluss $\dot{q}$ zwischen Festkörper und Fluid kann leicht berechnet werden, wenn der Wärmeübergangskoeffizient α und die Oberflächentemperatur $\vartheta_\mathrm{w} = \vartheta(y=0)$ bekannt sind. Der Wärmeübergangskoeffizient α ist eine sehr komplexe Funktion zahlreicher Parameter, wie z. B. Geometrie, Strömungsart (laminar/turbulent), Strömungsgeschwindigkeit, Temperaturdifferenz, Stoffwerte des Fluids etc. Eine näherungsweise Berechnung von Wärmeübergangskoeffizienten gelingt mit empirischen Korrelationen, die in der Regel eine für technische Anwendungen meist ausreichende Genauigkeit liefern.

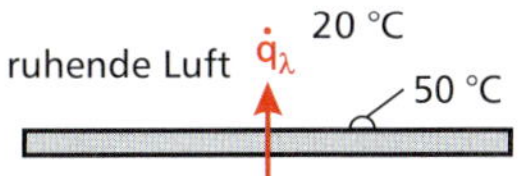

Bild 6.1: *Wärmeleitung in ruhender Luft.*

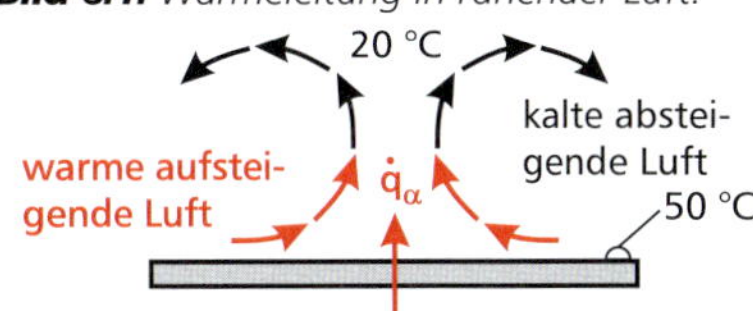

Bild 6.2: *Freie Konvektion an einer horizontalen Heizfläche.*

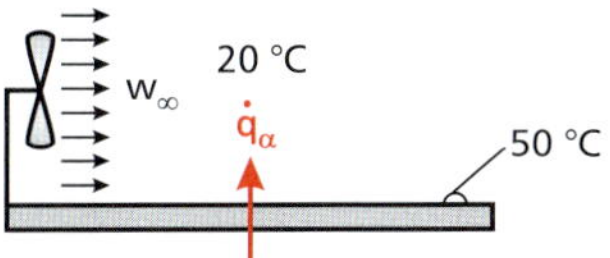

Bild 6.3: *Erzwungene Konvektion an einer horizontalen Heizfläche.*

Tabelle 6.1: *Beispiele für technische Systeme mit Konvektion.*

Systemart	Beispiel
umströmter Körper	Autodach
durchströmter Körper	Auspuffrohr
geschlossene Fluidschicht	Isolierverglasung
offene Fluidschicht	Kamin

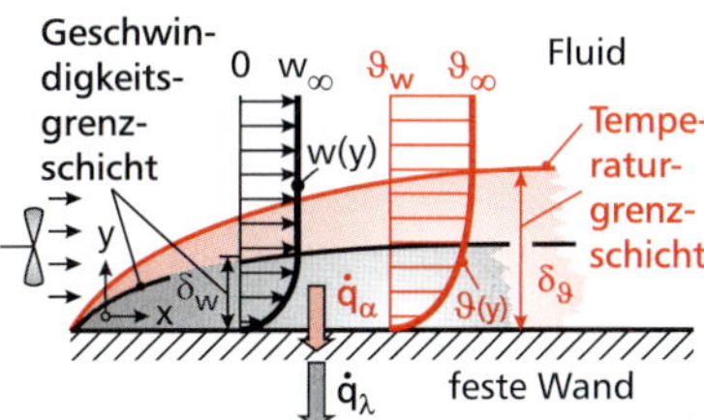

Bild 6.4: *Strömungs- und Temperaturgrenzschicht an einer längs angeströmten Platte.*

Obwohl I. Newton sein Abkühlungsgesetz (1.13) bereits 1701 formulierte, ermöglichte erst die Entdeckung der Grenzschichten an umströmten Körpern 1904 durch L. Prandtl ein vertieftes Verständnis der bei der Konvektion ablaufenden Mechanismen.

Im Folgenden werden die für die Praxis wichtigsten Korrelationen vorgestellt, die stets **mittlere Nußelt-Zahlen und mittlere Wärmeübergangskoeffizienten** wiedergeben. Eine sehr umfassende Zusammenstellung enthält der VDI-Wärmeatlas [24]. Bei der Anwendung sind die jeweiligen Randbedingungen und der entsprechende Gültigkeitsbereich zu beachten.

Wegen der zahlreichen Einflussparameter liefern gemessene Wärmeübergangskoeffizienten ein sehr uneinheitliches Bild, das mittels Ähnlichkeitstheorie geordnet werden kann. Nachdem O. Reynolds (1874, 1883) die Bedeutung der Ähnlichkeitstheorie für den Druckabfall in Rohren erkannt hatte, wandte sie W. Nußelt (1909, 1910, 1915) als Erster erfolgreich auf den Wärmeübergang bei erzwungener und freier Konvektion an. Dimensionslose Kennzahlen folgen durch Normierung der Differenzialgleichungen des jeweiligen Vorgangs oder durch Anwendung des Π-Theorems von E. Buckingham (1914).

Die Stoffwerte in Tab. 6.2 gelten bei **Bezugstemperatur**. Je nach Systemart ist sie die Mitteltemperatur von:

- Wand und Fluid (umströmt)
- Fluidein- und -austritt (durchströmt)

6.1.2 Ähnlichkeitstheorie und dimensionslose Kennzahlen

Analog zur geometrischen Ähnlichkeit (ähnliche Dreiecke, Strahlensatz) sind gleichartige physikalische Vorgänge **ähnlich**, wenn sie durch geeignete Änderung der Maßstäbe für die beteiligten gemessenen Größen ineinander überführbar sind. Sie werden dann durch dieselben dimensionslosen Differenzialgleichungen beschrieben und besitzen dieselben Werte **dimensionsloser Kennzahlen**. Beispielsweise ist die Strömung in Rohren unterschiedlichen Durchmessers bei übereinstimmenden Reynolds-Zahlen Re_1 und Re_2 strömungstechnisch ähnlich. Bei gleichen dimensionslosen Kennzahlen ist auch der Wärmeübergang in ähnlichen Geometrien unterschiedlicher Größe gleich. Damit sind experimentell ermittelte Wärmeübergangskoeffizienten über entsprechende **Korrelationen** auch auf andere als die Versuchsparameter übertragbar (z. B. von der verkleinerten Modellgeometrie auf reale Größenverhältnisse). Bei Wärmetransportvorgängen sind nach bedeutenden Pionieren der Wärmeübertragung und Fluidmechanik benannte **dimensionslose Kennzahlen** gebräuchlich:

Tabelle 6.2: *Übersicht über wichtige dimensionslose Kennzahlen der Wärmeübertragung (L: charakteristische Länge).*

Name	Definition		Bedeutung	Anwendung
Biot-Zahl	$Bi := \frac{\alpha \cdot L}{\lambda_{\text{Festkörper}}}$	(6.2)	$\frac{\text{thermischer Widerstand durch Leitung}}{\text{thermischer Widerstand durch Konvektion}}$	Wärmeleitung, ideal gerührter Behälter
Fourier-Zahl	$Fo := \frac{a \cdot t}{L^2}$	(6.3)	$\frac{\text{Wärmetransport durch Leitung}}{\text{thermisch gespeicherte Energie}}$	dimensionslose Zeit
Nußelt-Zahl	$Nu := \frac{\alpha \cdot L}{\lambda_{\text{Fluid}}} = \frac{L}{\delta_\vartheta}$	(6.4)	$\frac{\text{Wärmestrom infolge Konvektion}}{\text{Wärmestrom infolge Leitung}} = \frac{\dot{q}_\alpha}{\dot{q}_\lambda}$	dimensionsloser Wärmeübergangskoeffizient
	Nu setzt die charakteristische Länge L eines Körpers in Relation zur thermischen Grenzschichtdicke δ_ϑ. Nu ist gleichzeitig der dimensionslose Temperaturgradient an der Wand und gibt an, wie viel mal das Temperaturprofil infolge Konvektion steiler ist als das der reinen Wärmeleitung im Fluid.			
Prandtl-Zahl	$Pr := \frac{\nu}{a} = \frac{\eta \cdot c_p}{\lambda} \sim \left(\frac{\delta_w}{\delta_\vartheta}\right)^n$	(6.5)	$\frac{\text{Impulstransport infolge Reibung}}{\text{Wärmetransport infolge Leitung}}$	Stoffkennzahl
	$\eta = \nu \cdot \varrho$	(6.6)	η: dynamische Viskosität in $\mathrm{N\,s/m^2 = Pa\,s}$ ν: kinematische Viskosität in $\mathrm{m^2/s}$ n: stoffabhängiger Exponent (–)	Öl: $Pr \approx 1\,000$ Wasser: $Pr \approx 7$ Luft: $Pr \approx 0{,}7$ Quecksilber: $Pr \approx 0{,}03$
	Im laminaren Fall sind für $Pr = 1$ die thermische und hydrodynamische Grenzschicht der längs angeströmten ebenen Platte gleich dick ($\delta_\vartheta = \delta_w$).			
Grashof-Zahl	$Gr := \frac{g \cdot \beta_p \cdot \lvert\vartheta_W - \vartheta_\infty\rvert \cdot L^3}{\nu^2}$	(6.7)	$\frac{\text{Auftriebskräfte}}{\text{Zähigkeitskräfte}}$ β_p: isobarer Ausdehnungskoeffizient in $1/\mathrm{K}$	freie Konvektion
Rayleigh-Zahl	$Ra := Gr \cdot Pr$	(6.8)	abgeleitete Kennzahl	freie Konvektion
Reynolds-Zahl	$Re := \frac{w \cdot L}{\nu}$	(6.9)	$\frac{\text{Trägheitskräfte}}{\text{Zähigkeitskräfte}}$ Strömungsart (laminar/turbulent)	erzwungene Konvektion
Péclet-Zahl	$Pe := Re \cdot Pr = \frac{w \cdot L}{a}$	(6.10)	$\frac{\text{Wärmetransport durch Konvektion}}{\text{Wärmetransport durch Leitung}}$	erzwungene Konvektion
Graetz-Zahl	$Gz := Pe \cdot \frac{D}{L} = Re \cdot Pr \cdot \frac{D}{L}$	(6.11)	abgeleitete Kennzahl	erzwungene Konvektion

- freie Konvektion:

$$Nu = Nu(Gr, Pr) \text{ bzw. } Nu = Nu(Ra, Pr) \tag{6.12}$$

- erzwungene Konvektion:

$$Nu = Nu(Re, Pr) \text{ bzw. } Nu = Nu(Pe, Pr) \tag{6.13}$$

Der gesuchte Wärmeübergangskoeffizient α ergibt sich allgemein mit der charakteristischen Systemabmessung L mithilfe der Nußelt-Zahl:

$$\alpha = \frac{Nu \cdot \lambda_{\text{Fluid}}}{L} \tag{6.14}$$

6.1.3 Erzwungene Konvektion

Bei der erzwungenen Konvektion erfolgt von außen eine Anströmung oder Durchströmung. Der Grundwert der Nußelt-Zahl Nu_0 wird ggf. nach Gl. (6.19) oder (6.42) noch temperatur- bzw. längenkorrigiert.

6.1.4 Längs angeströmte ebene Platte und Kreisscheibe

Hier schlägt die anfänglich laminare Strömungsgrenzschicht ab einem kritischen Wert x_{krit} in eine turbulente Strömungsgrenzschicht unter Ausbildung eines Übergangsbereiches um (Bild 6.5). Im turbulent überströmten Bereich bildet sich eine laminare Unterschicht aus. Die **kritische Reynolds-Zahl** für den Umschlag laminar-turbulent beträgt je nach Ausbildung der Plattenvorderkante $Re_{\text{krit}} \approx 10^5 \div 3 \cdot 10^6$.

Für die erzwungene Konvektion an der längs angeströmten Platte gelten je nach Prandtl-Zahl ($0{,}6 < Pr < 2\,000$) im laminaren (Pohlhausen 1921; Krouzhiline 1936) bzw. turbulenten Fall (Petukhov und Popov 1963) folgende Korrelationen (gestrichelte Linien in Bild 6.6):

$$Nu_{\text{lam}} = 0{,}664 \cdot Re^{\frac{1}{2}} \cdot Pr^{\frac{1}{3}} \qquad Re < 10^5 \tag{6.15}$$

$$Nu_{\text{turb}} = \frac{0{,}037 \cdot Re^{0{,}8} \cdot Pr}{1 + 2{,}443 \cdot Re^{-0{,}1} \cdot \left(Pr^{\frac{2}{3}} - 1\right)} \qquad 5 \cdot 10^5 < Re < 10^7 \quad \text{mit } Re = w_\infty \cdot L/\nu \tag{6.16}$$

Nach Gnielinski (1975) lassen sich die Messwerte durch eine Mittelkurve über einen großen Reynolds-Zahlenbereich wiedergeben, der auch den Übergangsbereich abdeckt (durchgezogene Kurven in Bild 6.6):

$$Nu_0 = \sqrt{Nu_{\text{lam}}^2 + Nu_{\text{turb}}^2} \qquad 10^1 < Re < 10^7 \tag{6.17}$$

Ist durch die berechnete Re-Zahl die Lage des laminar bzw. turbulent dominierten Bereichs klar erkennbar (vgl. Bild 6.6), kann mit hinreichender Genauigkeit nur mit Nu_{lam} bzw. Nu_{turb} gerechnet werden. Die für den Wärmeübergangskoeffizienten maßgebliche Nu-Zahl ergibt sich generell aus dem Grundwert Nu_0 und dem Korrekturfaktor K_{T} für die Temperaturabhängigkeit der Stoffwerte:

$$Nu = Nu_0 \cdot K_{\text{T}} \tag{6.19}$$

Ein längs angeströmter **Kreiszylinder** (z. B. Rohr) kann vereinfacht als längs angeströmte Platte behandelt werden. Für eine senkrecht zur Achse angeströmte **Kreisscheibe** gilt (Kobus und Wedekind, 1995):

$$Nu_{\text{D}} = 0{,}356 \cdot Re_{\text{D}}^{0{,}6} \cdot Pr^{\frac{1}{3}} \qquad 900 \leq Re_{\text{D}} \leq 30\,000 \tag{6.23}$$

6.1.5 Quer und schräg angeströmte Zylinder und Profile

Nach Gnielinski (1975) gilt für quer angeströmte Kreis- und Profilzylinder unabhängig von der räumlichen Orientierung für $0{,}6 < Pr < 1\,000$:

$$Nu_0 = 0{,}3 + \sqrt{Nu_{\text{lam}}^2 + Nu_{\text{turb}}^2} \qquad 10^1 < Re_{\text{L}} < 10^7 \tag{6.24}$$

Nu_{lam} und Nu_{turb} folgen aus den Gln. (6.15) und (6.16), wobei als charakteristische Länge die **Überströmlänge** L gemäß Bild 6.7 einzusetzen ist. Der Minimalwert $Nu_{\text{min}} = 0{,}3$ ist darauf zurückzuführen, dass sich infolge der stets endlichen Länge des quer angeströmten Zylinders auch bei ruhendem Fluid ein minimaler Wärmefluss einstellt.

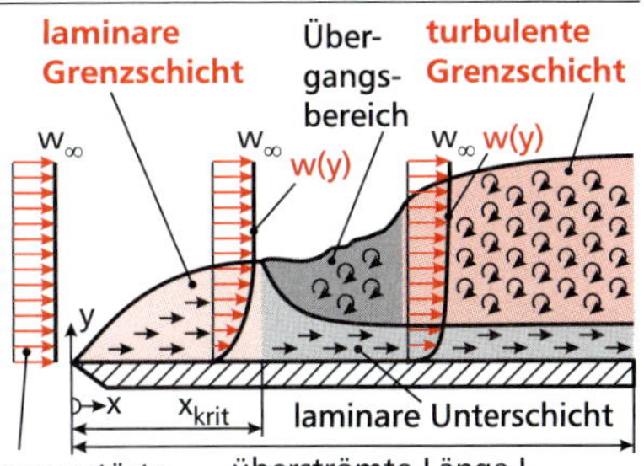

Bild 6.5: *Entwicklung der Strömungsgrenzschicht an einer längs angeströmten Platte.*

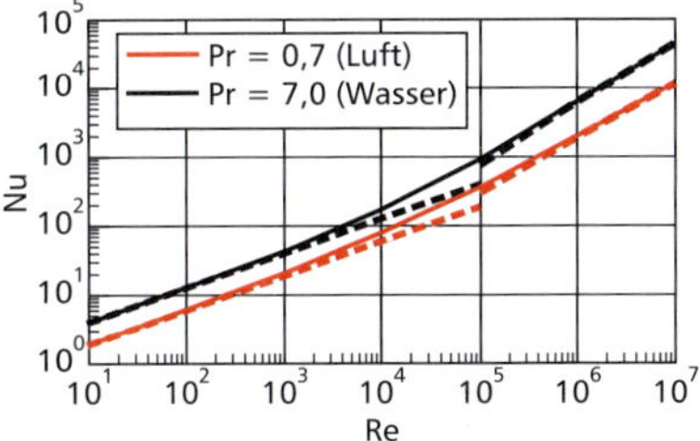

Bild 6.6: *Nußelt-Zahl der längs angeströmten Platte als Funktion der Reynolds-Zahl.*

Die Reynolds-Zahl ist mit der angeströmten Plattenlänge L und der Anströmgeschwindigkeit w_∞ zu bilden:

$$Re = Re_{\text{L}} = \frac{w_\infty \cdot L}{\nu} \tag{6.18}$$

Für **Flüssigkeiten** gilt laut Žukauskas und Ambrazyavichyus (1961):

$$K_{\text{T}} = \left(\frac{Pr_{\text{m}}}{Pr_{\text{w}}}\right)^{0{,}25} \tag{6.20}$$

Bei **Gasen** gilt nach Churchill und Brier (1955) mit $T_0 = 273{,}15$ K:

$$K_{\text{T}} = \left(\frac{T_{\text{m}}}{T_{\text{w}}}\right)^{0{,}12} = \left(\frac{\vartheta_{\text{m}} + T_0}{\vartheta_{\text{w}} + T_0}\right)^{0{,}12} \tag{6.21}$$

Mit m indizierte Größen sind beim Mittelwert aus Wand- und Fluidtemperatur $\vartheta_{\text{m}} = 0{,}5 \cdot (\vartheta_{\text{w}} + \vartheta_\infty)$ zu bestimmen. Mit w bezeichnete Größen beziehen sich auf die Wandtemperatur ϑ_{w}.

Bei **Vernachlässigung der Temperaturabhängigkeit** der Stoffwerte gilt:

$$K_{\text{T}} = 1 \tag{6.22}$$

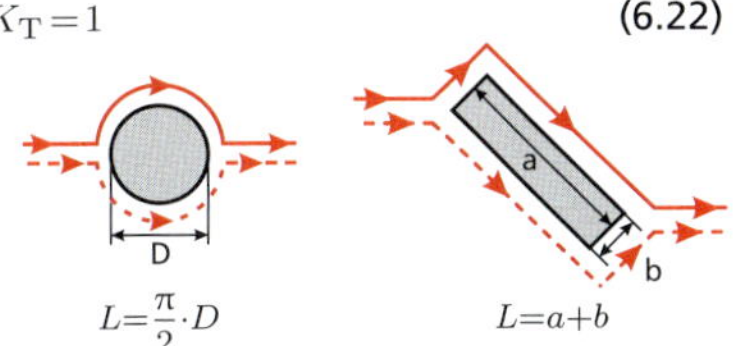

Bild 6.7: *Beispiele für die Berechnung der Überströmlänge.*

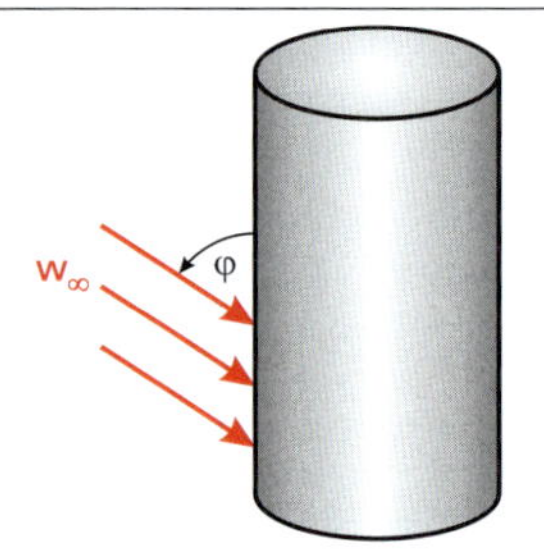

Bild 6.8: *Schräg angeströmter Kreiszylinder.*

Tabelle 6.3: *Konstante C_Z für schräg angeströmte Zylinder nach Gl. (6.25).*

φ	90°	80°	70°	60°	50°	40°	30°	20°
C_Z	1,0	1,0	0,99	0,95	0,86	0,75	0,63	0,50

Tabelle 6.4: *Konstanten C und m sowie äquivalenter Durchmesser für quer angeströmte Profile nach Gl. (6.26).*

Form	Re_D	C	m
Quadrat			
w, D	$5 \cdot 10^3 \div 10^5$	0,102	0,675
w, D	$5 \cdot 10^3 \div 10^5$	0,246	0,588
Sechseck			
w, D	$5 \cdot 10^3 \div 1{,}95 \cdot 10^4$	0,160	0,638
	$1{,}95 \cdot 10^4 \div 10^5$	0,0385	0,782
w, D	$5 \cdot 10^3 \div 10^5$	0,153	0,638
Dünne Platte			
w, D	$4 \cdot 10^3 \div 1{,}5 \cdot 10^4$	0,228	0,731

Tabelle 6.5: *Strömungsarten bei der Rohr- und Kanalströmung.*

Strömungsart	Reynolds-Zahl
laminar	$Re \leq 2\,320$
Übergangsbereich	$2\,320 < Re < 10^4$
turbulent	$10^4 \leq Re$

Tabelle 6.6: *Verlauf der Nußelt-Zahl bei laminarer Rohr- und Kanalströmung.*

Es gilt: $\alpha_{\text{Rohr, innen}} = Nu \cdot \lambda_{\text{Fluid}} / D$

Art	Abhängigkeit
ausgebildete Strömung	$Nu =$ const.
thermischer Einlauf	$Nu = Nu\,(Gz)$
hydrodynamischer und thermischer Einlauf	$Nu = Nu\,(Gz, Pr)$

Bei **Schräganströmung eines Kreis- oder Profilzylinders** (Bild 6.8) gilt nach Vornehm (1936) mit der Nußelt-Zahl $Nu_\perp$ des quer angeströmten Zylinders und der Konstante C_Z aus Tab. 6.3:

$$Nu_\varphi = C_Z \cdot Nu_\perp \tag{6.25}$$

6.1.6 Quer angeströmte Profile

In der Praxis kommen auch besondere nichtkreisförmige Querschnitte (z. B. Stäbe, Profildrähte) zum Einsatz. Nach M. Jakob (1949) gilt mit der Konstante C und dem äquivalenten Durchmesser D aus Tab. 6.4:

$$Nu_D = C \cdot {Re_D}^m \cdot Pr^{\frac{1}{3}} \tag{6.26}$$

Gegenüber Gl. (6.24) ergeben sich zum Teil deutliche Abweichungen.

6.1.7 Umströmte Kugel

Für eine überströmte Kugel wird von Gnielinski (1975) folgende Korrelation für $0{,}6 < Pr < 1\,000$ mitgeteilt:

$$Nu_0 = 2 + \sqrt{{Nu_{\text{lam}}}^2 + {Nu_{\text{turb}}}^2} \qquad 1 < Re < 10^6 \tag{6.27}$$

Nu_{lam} und Nu_{turb} sind aus den Gln. (6.15) und (6.16) mit dem Kugeldurchmesser D als charakteristischer Länge L zu ermitteln.

6.1.8 Einlaufproblematik bei der Rohr- und Kanalströmung

Bei laminarer Strömung bewegt sich das Fluid ohne Vermischung quer zur Fließrichtung auf parallelen Stromfäden, zwischen denen bei unterschiedlicher Geschwindigkeit nur Zähigkeitskräfte wirken. Ab einer bestimmten Geschwindigkeit treten zusätzlich Querbewegungen auf, die zu einer vollkommen ungeordneten turbulenten Strömung führen. Reynolds (1883, 1894) bestimmte experimentell die Bedingungen für den Umschlag von laminarer in turbulente Rohrströmung:

$$Re_{\text{krit}} = \frac{w_{\text{krit}} \cdot D}{\nu} = 2\,320 \approx 2\,300 \tag{6.28}$$

Unterhalb $Re_{\text{krit}} = 2\,320$ ist die Rohrströmung stets laminar, turbulente Strömung liegt sicher ab $Re \geq 10\,000$ vor (Tab. 6.5). Im Übergangsbereich $2\,320 < Re < 10\,000$ beeinflussen die Art der Zuströmung und die Form des Einlaufs die Strömungsart. Die laminare Strömung ist hier instabil, bereits kleine Störungen bewirken einen turbulenten Umschlag. Bei der Rohr- und Kanalströmung ist die Reynolds-Zahl mit dem Durchmesser D bzw. dem hydraulischen Durchmesser D_H zu bilden:

$$Re = Re_D = \frac{w \cdot D}{\nu} \quad \text{(Rohr)} \quad \text{bzw.} \quad Re = Re_{D_H} = \frac{w \cdot D_H}{\nu} \quad \text{(Kanal)} \tag{6.29}$$

Beim Einströmen des Fluids in ein Rohr oder einen Kanal bilden sich Geschwindigkeitsprofil (Poiseuille-Parabel) und Temperaturprofil vom Zustand außerhalb erst allmählich aus (Einlaufbereich). Die Wandreibung bremst das Fluid in Wandnähe ab, was eine stromabwärts anwachsende Grenzschicht bewirkt. Aus Kontinuitätsgründen wird die Kernströmung beschleunigt. Der Einlauf ist abgeschlossen, wenn die Grenzschicht asymptotisch bis zur Rohr-/Kanalachse angewachsen ist. Je nachdem, ob Geschwindigkeits- oder Temperaturfeld betrachtet wird, spricht man vom **hydrodynamischen (hydraulischen)** oder vom **thermischen Einlauf**. An den Einlaufbereich schließt sich die **vollständig ausgebildete** Rohr- bzw. Kanalströmung an.

Im Bereich der hydrodynamischen Einlauflänge $x \leq L_{\text{hyd}}$ bildet sich das Strömungsprofil aus. L_{hyd} ist erreicht, wenn die Geschwindigkeit auf der Achse 99 % der Geschwindigkeit des voll entwickelten Geschwindigkeitsprofils beträgt (Bild 6.9).

Bei der **Laminarströmung** in Kreisrohren gilt für die **hydrodynamische Einlauflänge** nach Untersuchungen von Stephan (1959):

$$L_{\text{hyd}} = \left(0{,}056 \cdot Re + \frac{0{,}60}{1 + 0{,}035 \cdot Re}\right) \cdot D \qquad (6.30)$$

Die thermische Einlauflänge L_{th} ist die beheizte (oder gekühlte) Rohr-/Kanallänge, innerhalb derer die lokale Nußelt-Zahl bis auf das $1{,}05$fache der Nußelt-Zahl Nu_∞ der voll entwickelten Strömung abgesunken ist (Bild 6.10). Ferner wird unterschieden, ob im betrachteten Bereich die Wandtemperatur konstant bleibt ($\vartheta_{\text{w}} = \text{const.}$) oder der zu- bzw. abgeführte Wärmestrom ($\dot{q}_{\text{w}} = \text{const.}$).

Bei gleichzeitigem thermischen und hydrodynamischen Einlauf gilt für die **thermische Einlauflänge** bei **laminarer Strömung**:

$$L_{\text{th}} = 0{,}037 \cdot Re \cdot Pr \cdot D \qquad Pr = 0{,}7 \qquad \vartheta_{\text{w}} = \text{const.} \qquad (6.31)$$

$$L_{\text{th}} = 0{,}0335 \cdot Re \cdot Pr \cdot D \qquad Pr \to \infty$$

$$L_{\text{th}} = 0{,}053 \cdot Re \cdot Pr \cdot D \qquad Pr = 0{,}7 \qquad \dot{q}_{\text{w}} = \text{const.} \qquad (6.32)$$

$$L_{\text{th}} = 0{,}043 \cdot Re \cdot Pr \cdot D \qquad Pr \to \infty$$

Turbulente Strömungen sind aufgrund des vorhandenen Queraustausches schon nach kurzer Strecke hydrodynamisch ausgebildet (Kays und Crawford, 1980):

$$10 \cdot D \leq L_{\text{hyd}} \leq 60 \cdot D \qquad (6.33)$$

In der Praxis ist es vielfach ausreichend, turbulente Strömungen nach $L_{\text{hyd}} = L_{\text{th}} \approx 10 \cdot D$ als hydrodynamisch ausgebildet zu betrachten.

6.1.9 Vollständig ausgebildete laminare Rohrströmung

Thermisch und hydrodynamisch vollständig ausgebildete Strömung tritt vor allem bei langen Rohren auf. Für Kreisrohre gilt:

$$Nu = Nu_\infty = 3{,}6568 \qquad \vartheta_{\text{w}} = \text{const.} \qquad (6.34)$$

$$Nu = Nu_\infty = \frac{48}{11} \approx 4{,}3636 \qquad \dot{q}_{\text{w}} = \text{const.} \qquad (6.35)$$

6.1.10 Thermischer Einlauf bei laminarer Rohrströmung

Gnielinski (1989) teilt für den thermischen Einlauf bei hydrodynamisch ausgebildeter Rohrströmung Gleichungen mit erweitertem Gültigkeitsbereich ($0 < Gz < \infty$) mit:

$$Nu_0 = \left[49{,}371 + \left(1{,}615 \cdot Gz^{\frac{1}{3}} - 0{,}7\right)^3\right]^{\frac{1}{3}} \qquad \vartheta_{\text{w}} = \text{const.} \qquad (6.36)$$

$$Nu_0 = \left[83{,}326 + \left(1{,}953 \cdot Gz^{\frac{1}{3}} - 0{,}6\right)^3\right]^{\frac{1}{3}} \qquad \dot{q}_{\text{w}} = \text{const.} \qquad (6.37)$$

Die Graetz-Zahl Gz ist gemäß Gl. (6.11) zu bilden, wobei für die Reynolds-Zahl Re der Rohrdurchmesser D zu verwenden ist.

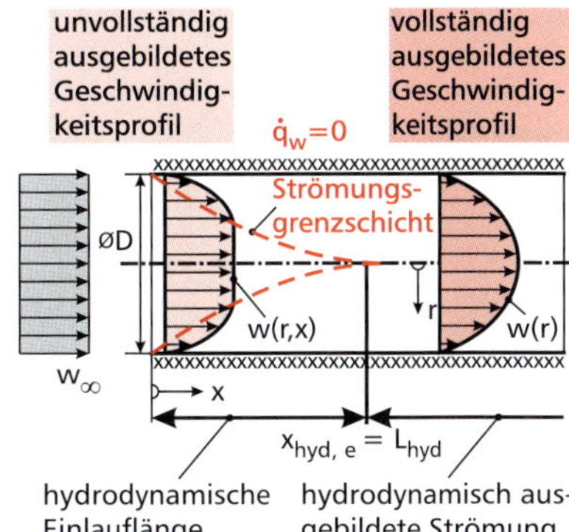

Bild 6.9: *Hydrodynamischer Einlauf.*

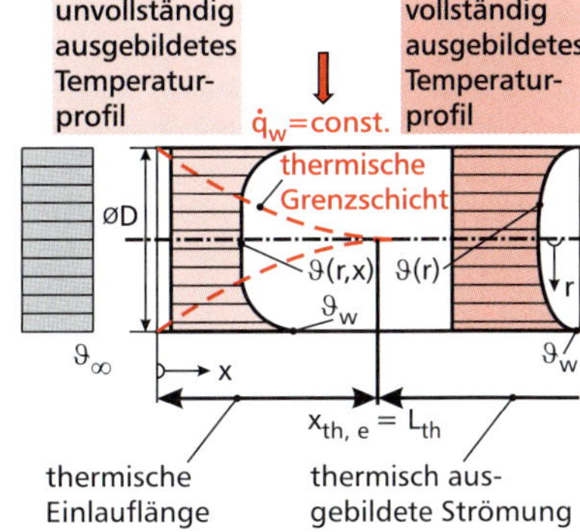

Bild 6.10: *Thermischer Einlauf.*

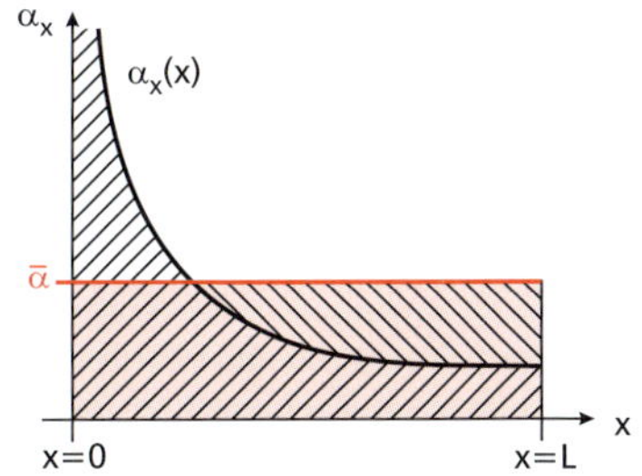

Bild 6.11: *Lokaler Wärmeübergangskoeffizient α_{x} und mittlerer Wärmeübergangskoeffizient $\overline{\alpha}$ über der Lauflänge x.*

Der thermische Einlauf bei hydrodynamisch ausgebildeter Strömung mit konstanter Wandtemperatur $\vartheta_{\text{w}} = \text{const.}$ wurde von L. Graetz (1883, 1885) und W. Nußelt (1910) untersucht (Graetz-Nußelt-Problem). Dabei wird vorausgesetzt, dass das vollständig ausgebildete Geschwindigkeitsprofil bereits am Eintritt vorliegt, was der Fall ist, wenn die Beheizung bzw. Kühlung des Fluids erst im Abstand $L \geq L_{\text{hyd}}$ nach dem Eintritt erfolgt. Näherungsweise ist dies für $L_{\text{hyd}} \ll L_{\text{th}}$ gegeben.

Bild 6.12: *Hydrodynamischer und thermischer Rohreinlauf sind vorstellbar als Grenzschichtentwicklungen $\delta_\mathrm{w}(x)$ und $\delta_\mathrm{T}(x)$ an einer aufgewickelten ebenen Platte.*

6.1.11 Hydrodynamischer und thermischer Einlauf bei laminarer Rohrströmung

Ist weder das Geschwindigkeits- noch das Temperaturprofil vollständig ausgebildet (vgl. Bild 6.12), lässt sich bei konstanter Wandtemperatur ($\vartheta_\mathrm{w} = \mathrm{const.}$) eine von Martin (1990) vorgeschlagene Korrelation für die mittlere Nußelt-Zahl anwenden ($0 < Gz < \infty$):

$$Nu_0 = \left[49{,}371 + \left(1{,}615 \cdot Gz^{\frac{1}{3}} - 0{,}7\right)^3 + \left(\frac{2}{1 + 22 \cdot Pr}\right)^{\frac{1}{2}} \cdot Gz^{\frac{3}{2}}\right]^{\frac{1}{3}} \quad (6.38)$$

Bei konstanter Wandwärmestromdichte ($\dot{q}_\mathrm{w} = \mathrm{const.}$) wird nach Spang (1996) folgende Gleichung für die mittlere Nußelt-Zahl angegeben ($0 < Gz < \infty$):

$$Nu_0 = \left[83{,}326 + \left(1{,}953 \cdot Gz^{\frac{1}{3}} - 0{,}6\right)^3 + \left(\frac{0{,}622}{Pr}\right)^{\frac{1}{2}} \cdot Gz^{\frac{3}{2}}\right]^{\frac{1}{3}} \quad (6.39)$$

6.1.12 Vollständig ausgebildete turbulente Rohrströmung

Vollständig ausgebildete turbulente Strömung liegt für $Re > 10^4$ vor, wobei sich zwischen konstanter Wandtemperatur und konstanter Wandwärmestromdichte kaum Unterschiede ergeben. Die mittlere Nußelt-Zahl ist aus einer von Petukhov und Kirillov (1958) stammenden Gleichung für $0{,}6 \le Pr \le 1\,000$ und $D/L \le 1$ berechenbar:

$$Nu_0 = \frac{\frac{\zeta}{8} \cdot Re \cdot Pr}{1 + 12{,}7 \cdot \sqrt{\frac{\zeta}{8}} \cdot \left(Pr^{\frac{2}{3}} - 1\right)} \qquad 10^4 < Re < 10^6 \quad (6.40)$$

$$\zeta = (1{,}8 \cdot \log Re - 1{,}64)^{-2} \quad (6.41)$$

In Gl. (6.41) bezeichnet $\log$ den Zehnerlogarithmus (dekadischen Logarithmus).

Die jeweilige Nußelt-Zahl Nu erhält man aus dem Grundwert Nu_0 durch Multiplikation mit der Längenkorrektur K_L und der Temperaturkorrektur K_T:

$$Nu = Nu_0 \cdot K_\mathrm{L} \cdot K_\mathrm{T} \quad (6.42)$$

In relativ kurzen Rohren kann sich keine voll entwickelte turbulente Strömung ausbilden. Durch die höheren Nußelt-Zahlen im Einlaufbereich ist deshalb in kurzen Rohren mit einem verbesserten Wärmeübergang gegenüber langen Rohren zu rechnen. Diesem Einfluss trägt der von Hausen (1943) vorgeschlagene Korrekturterm K_L Rechnung, der für lange Rohre ($L \gg D$) den Wert 1 annimmt:

$$K_\mathrm{L} = 1 + \left(\frac{D}{L}\right)^{\frac{2}{3}} \quad (6.43)$$

Der Korrekturfaktor K_T für die Temperaturabhängigkeit der Stoffwerte beträgt bei **Flüssigkeiten**:

$$K_\mathrm{T} = \left(\frac{\eta_\mathrm{m}}{\eta_\mathrm{w}}\right)^{0{,}11} \approx \left(\frac{Pr_\mathrm{m}}{Pr_\mathrm{w}}\right)^{0{,}11} \qquad \text{Heizfall} \quad (6.44)$$

$$K_\mathrm{T} = \left(\frac{\eta_\mathrm{m}}{\eta_\mathrm{w}}\right)^{0{,}25} \approx \left(\frac{Pr_\mathrm{m}}{Pr_\mathrm{w}}\right)^{0{,}25} \qquad \text{Kühlfall} \quad (6.45)$$

Bei **Gasen** wird wegen der schwachen Temperaturabhängigkeit der Prandtl-Zahl das Verhältnis der absoluten Temperaturen verwendet:

$$K_{\mathrm{T}}=\left(\frac{T_{\mathrm{m}}}{T_{\mathrm{w}}}\right)^n \quad n=0{,}45 \quad (\text{Heizfall; } 1>T/T_{\mathrm{w}}>0{,}5) \tag{6.46}$$

$$n=0 \quad (\text{Kühlfall; } T/T_{\mathrm{w}}>1) \tag{6.47}$$

Als **Bezugstemperatur für die Stoffwerte,** z. B. $\eta_{\mathrm{m}}=\eta(\vartheta_{\mathrm{m}})$, dient die mittlere Fluidtemperatur zwischen Ein- und Austritt:

$$\vartheta_{\mathrm{m}}=\frac{\vartheta_0+\vartheta_{\mathrm{L}}}{2} \tag{6.48}$$

Allerdings ist die Temperatur ϑ_{L} am Rohrende ($x=L$) unbekannt, so dass eine iterative Vorgehensweise notwendig ist:

- ϑ_{m} schätzen
- ϑ_{L} berechnen
- verbesserter Wert für $\vartheta_{\mathrm{m}}=\frac{\vartheta_0+\vartheta_{\mathrm{L}}}{2}$
- ggf. nochmalige Berechnung von ϑ_{L}

6.1.13 Ausgebildete Rohrströmung im Übergangsbereich

Mit der von Gnielinski (1995) vorgeschlagenen Interpolationsgleichung lassen sich Nußelt-Zahlen im Übergangsbereich $2\,300<Re<10^4$ gut wiedergeben:

$$Nu_0=(1-\gamma)\cdot Nu_{0,\,\mathrm{lam}}\,(Re=2\,300)+\gamma\cdot Nu_{0,\,\mathrm{turb}}\left(Re=10^4\right) \tag{6.49}$$

$$\gamma=\frac{Re-2\,300}{10^4-2\,300} \tag{6.50}$$

$Nu_{0,\,\mathrm{lam}}\,(Re=2\,300)$ ist dabei die Nußelt-Zahl, die sich für die jeweilige Randbedingung (konstante Wandtemperatur oder konstante Wandwärmestromdichte) aus (6.38) oder (6.39) für $Re=2\,300$ ergibt. $Nu_{0,\,\mathrm{turb}}\left(Re=10^4\right)$ folgt aus Gl. (6.40) für $Re=10^4$.

6.1.14 Nichtkreisförmige Querschnitte

Bei nichtkreisförmigen Rohren ist der Durchmesser D durch den **hydraulischen Durchmesser** (gleichwertigen Durchmesser) D_{H} bei der Berechnung der Reynolds- und der Nußelt-Zahl in den für das Kreisrohr angegebenen Korrelationen zu ersetzen (vgl. Tabelle 6.7):

$$D_{\mathrm{H}}=\frac{4\cdot A}{U}=\frac{4\times\text{durchströmte Fläche}}{\text{benetzter Umfang}} \tag{6.51}$$

Bei Querschnitten, die durch reguläre Polygone berandet werden, ist der hydraulische Durchmesser gleich dem Durchmesser des in den Querschnitt einbeschriebenen Kreises.

Tabelle 6.7: *Hydraulischer Durchmesser D_{H} verschiedener Kanalquerschnitte.*

Querschnitt	D_{H}
Kreis (Durchmesser D)	D
Kreisring (Durchmesser D_{a}, D_{i})	$D_{\mathrm{a}}-D_{\mathrm{i}}$
Quadrat (Seitenlänge a)	a
Rechteck (Seitenlängen a, b)	$\frac{2\,a\cdot b}{a+b}$
gleichseitiges Dreieck (Seitenlänge a)	$\frac{a}{\sqrt{3}}$

6.1.15 Fluidtemperaturänderung in Strömungsrichtung

Die Fluidtemperatur im Rohr/Kanal ändert sich im Unterschied zu umströmten Körpern nicht nur in radialer Richtung, sondern auch axial in Strömungsrichtung. Dabei sind grundsätzlich die Fälle einer konstanten Wandwärmestromdichte ($\dot{q}_{\mathrm{w}}=$ const.) und einer konstanten Wandtemperatur ($\vartheta_{\mathrm{w}}=$const.) zu unterscheiden (Bild 6.13).

Aus einer stationären Energiebilanz am differenziellen Fluidelement im Kreisrohr erhält man folgende Differenzialgleichung für die Änderung der Fluidtemperatur ϑ_{F}:

$$-\mathrm{d}\vartheta_{\mathrm{F}}=-\frac{\alpha\cdot D\cdot\pi}{\dot{m}\cdot c_{\mathrm{p}}}\cdot(\vartheta_{\mathrm{w}}-\vartheta_{\mathrm{F}})\cdot\mathrm{d}x \tag{6.52}$$

Bei konstanter Wandwärmestromdichte $\dot{q}_{\mathrm{w}}=$const. erhält man daraus:

$$\mathrm{d}\vartheta_{\mathrm{F}}=\frac{\dot{q}_{\mathrm{w}}\cdot D\cdot\pi}{\dot{m}\cdot c_{\mathrm{p}}}\,\mathrm{d}x \tag{6.53}$$

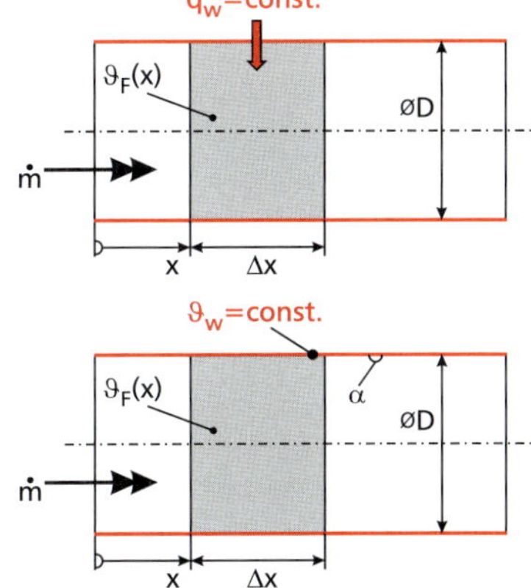

Bild 6.13: *Kreisrohr mit konstanter Wandwärmestromdichte (oben) sowie konstanter Wandtemperatur (unten).*

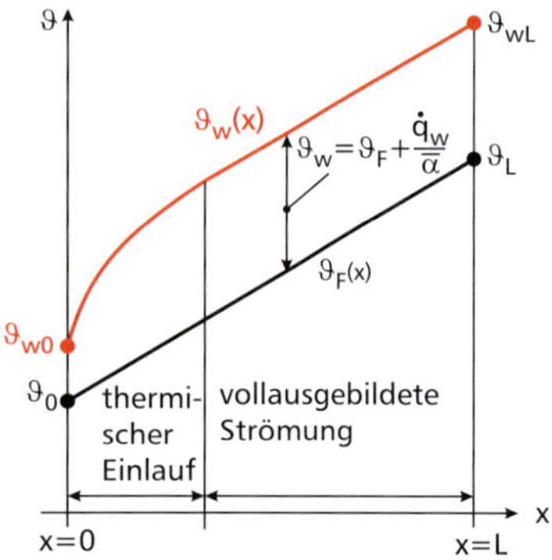

Bild 6.14: *Temperaturverlauf in einem Rohr bei konstanter Wandwärmestromdichte* $\dot{q}_\mathrm{w}$.

Die **spezifische (längenbezogene) Anzahl der Übertragungseinheiten** κ besitzt die Dimension $1/\mathrm{m}$.

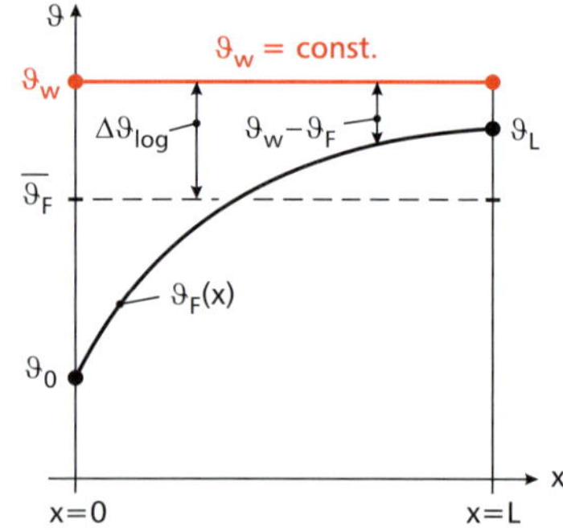

Bild 6.15: *Verlauf der Fluidtemperatur* $\vartheta_\mathrm{F}(x)$ *in einem Rohr bei konstanter Wandtemperatur* ϑ_W.

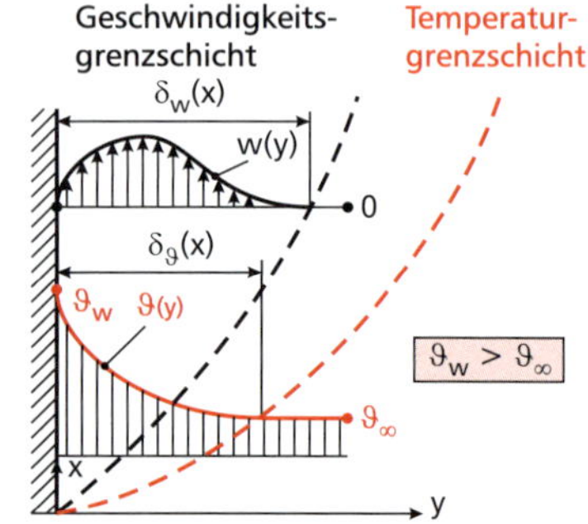

Bild 6.16: *Auftriebsgrenzschichten an einer beheizten vertikalen Wand bei* $Pr < 1$.

Laut 11. Auflage des VDI-Wärmeatlas [24] ist als Bezugstemperatur ϑ_B für die Stoffwerte grundsätzlich die Wandtemperatur ϑ_w, die Fluidtemperatur ϑ_∞ (vgl. [5], [14], [17]) oder die Filmtemperatur ϑ_m nach Gl. (6.60) verwendbar.

Durch Trennung der Variablen ist eine direkte Integration von 0 bis x möglich. Die dabei auftretende Integrationskonstante folgt aus der Eintrittstemperatur des Fluids bei $x=0$:

$$\vartheta_\mathrm{F}(x=0)=\vartheta_0 \tag{6.54}$$

Damit folgt für die Änderung der Fluidtemperatur in Strömungsrichtung bei **konstantem Wandwärmestrom** (Bild 6.14):

$$\vartheta_\mathrm{F}(x)=\vartheta_0+\frac{\dot{q}_\mathrm{w}\cdot D\cdot\pi}{\dot{m}\cdot c_\mathrm{p}}\cdot x \tag{6.55}$$

Für $\dot{q}_\mathrm{w}>0$ (Heizfall) ergibt sich ein **linearer Temperaturanstieg** im Rohr/Kanal, für $\dot{q}_\mathrm{w}<0$ (Kühlfall) ein **linearer Temperaturabfall**.

Gl. (6.52) kann für **konstante Wandtemperatur** $\vartheta_\mathrm{w}=\mathrm{const.}$ logarithmisch integriert werden (Bild 6.15), wenn man für $-\mathrm{d}\vartheta_\mathrm{F}$ das Differenzial $\mathrm{d}\,(\vartheta_\mathrm{w}-\vartheta_\mathrm{F})$ einführt. Im Ergebnis erhält man:

$$\begin{aligned}\vartheta_\mathrm{F}(x)&=\vartheta_\mathrm{w}+(\vartheta_0-\vartheta_\mathrm{w})\cdot\exp\left(-\frac{\alpha\cdot D\cdot\pi}{\dot{m}\cdot c_\mathrm{p}}\cdot x\right)\\&=\vartheta_\mathrm{w}+(\vartheta_0-\vartheta_\mathrm{w})\cdot\exp\left(-\kappa\cdot x\right)\end{aligned} \tag{6.56}$$

Der dimensionslose Ausdruck $\kappa\cdot x$ wird als **Anzahl der Übertragungseinheiten** ($NTU=$number of transfer units) bezeichnet. Er ist ein Maß für die Effizienz eines wärmeübertragenden Systems. Für $NTU>5$ sind die Unterschiede zwischen der Austrittstemperatur des Fluids $\vartheta_\mathrm{L}=\vartheta(x=L)$ und der Wandtemperatur ϑ_w verschwindend gering.

Der übertragene Wärmestrom folgt einerseits als Enthalpiedifferenz des aus- und eintretenden Massenstroms $\dot{m}$ und andererseits als Wärmefluss über die Umfangsfläche $A_\mathrm{U}=D\cdot\pi\cdot L$ des Rohres:

$$\dot{Q}=\dot{m}\cdot c_\mathrm{p}\cdot(\vartheta_\mathrm{L}-\vartheta_0)=\alpha\cdot A_\mathrm{U}\cdot(\vartheta_\mathrm{w}-\overline{\vartheta_\mathrm{F}})=\alpha\cdot A_\mathrm{U}\cdot\Delta\vartheta_\mathrm{log} \tag{6.57}$$

Gl. (6.57) ist damit auch geeignet, um die Austrittstemperatur ϑ_L am Rohrende zu bestimmen. $\Delta\vartheta_\mathrm{log}$ ist die **logarithmisch gemittelte** Temperaturdifferenz:

$$\Delta\vartheta_\mathrm{log}:=\frac{(\vartheta_\mathrm{w}-\vartheta_\mathrm{L})-(\vartheta_\mathrm{w}-\vartheta_0)}{\ln\left(\dfrac{\vartheta_\mathrm{w}-\vartheta_\mathrm{L}}{\vartheta_\mathrm{w}-\vartheta_0}\right)}=\frac{\vartheta_0-\vartheta_\mathrm{L}}{\ln\left(\dfrac{\vartheta_\mathrm{w}-\vartheta_\mathrm{L}}{\vartheta_\mathrm{w}-\vartheta_0}\right)} \tag{6.58}$$

6.1.16 Freie Konvektion

Bei der freien (natürlichen) Konvektion führen Temperaturdifferenzen zu **Dichteunterschieden**, die eine **Auftriebs-** (Bild 6.16) oder Abtriebsströmung (Bild 6.17) antreiben. Bei idealen Gasen ergibt sich der **isobare Ausdehnungskoeffizient** β_p als Kehrwert der absoluten Temperatur. Bei realen Gasen ergeben sich Abweichungen (vgl. Tab. 10.9).

$$\beta_\mathrm{p}=-\frac{1}{\varrho}\cdot\left(\frac{\partial\varrho}{\partial T}\right)\bigg|_\mathrm{p}=\frac{1}{v}\cdot\left(\frac{\partial v}{\partial T}\right)\bigg|_\mathrm{p}=\frac{1}{T_\mathrm{m}}=\frac{1}{\vartheta_\mathrm{m}+T_0} \tag{6.59}$$

Als Bezugstemperatur für die Ermittlung der Stoffwerte wird in der Literatur (z. B. [1], [9], [15]–[3], [18]) vielfach der arithmetische Mittelwert zwischen Wand- und Fluidtemperatur (mittlere Grenzschichttemperatur, Filmtemperatur) verwendet:

$$\vartheta_\mathrm{B}=\vartheta_\mathrm{m}=\frac{\vartheta_\mathrm{w}+\vartheta_\infty}{2} \tag{6.60}$$

6.1.17 Vertikale ebene Platte

Die für die freie Konvektion an einer ebenen Platte von Churchill und Chu (1975) angegebene Korrelation deckt den **gesamten Strömungsbereich** von laminar bis turbulent ab (Gr, Ra nach Tabelle 6.2):

$$Nu = \left[0{,}825 + 0{,}387 \cdot [Ra \cdot f_1(Pr)]^{\frac{1}{6}}\right]^2 \qquad 10^{-1} < Ra < 10^{12} \qquad (6.61)$$

$$f_1(Pr) = \left[1 + \left(\frac{0{,}492}{Pr}\right)^{\frac{9}{16}}\right]^{-\frac{16}{9}} \qquad 0{,}001 < Pr < \infty \qquad (6.62)$$

Als Anströmlänge L ist bei der Berechnung der Grashof- bzw. Rayleigh- sowie Nußelt-Zahl die Höhe H der vertikalen Flächen einzusetzen.

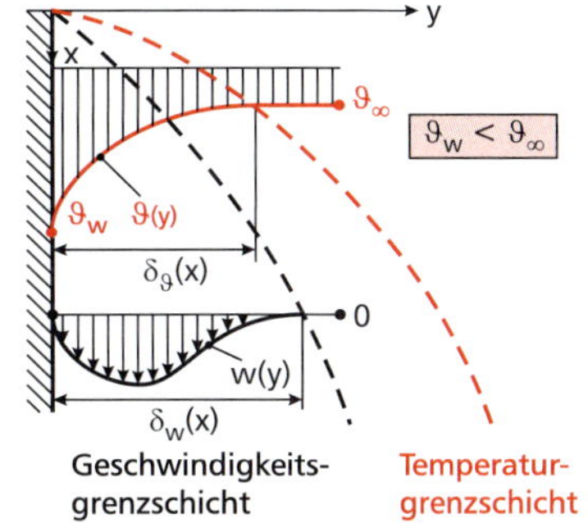

Bild 6.17: *Abtriebsgrenzschichten an einer gekühlten vertikalen Wand für $Pr < 1$.*

6.1.18 Vertikaler Zylinder

Für die freie Konvektion an der Mantelfläche eines vertikalen Zylinders (Bild 6.18) gilt nach Fujii und Uehara (1970):

$$Nu_Z = Nu_P + 0{,}435 \cdot \frac{H}{D} \qquad (6.63)$$

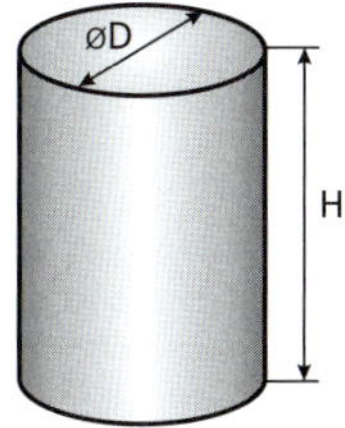

Bild 6.18: *Vertikaler Zylinder.*

Ein senkrechter Zylinder kann nach Sparrow und Gregg (1956) mit Nu_P aus Gl. (6.61) im Bereich $0{,}71 < Pr < 1$ vereinfacht auch als vertikale Platte behandelt werden, wenn gilt:

$$D \geq 35 \cdot H \cdot Gr^{-\frac{1}{4}} \qquad (6.64)$$

Zur Berechnung der Nußelt-Zahl Nu_P wird eine zur Zylinderlänge L gleich große Plattenhöhe H angesetzt.

6.1.19 Geneigte ebene Platte

Heizen des Fluids an der Oberseite bzw. Kühlen des Fluids an der Unterseite einer geneigten ebenen Platte bewirkt eine Wärmeabgabe nach oben mit der Folge einer abgelösten Grenzschicht (Bild 6.19). Demgegenüber führt Heizen an der Unterseite bzw. Kühlen an der Oberseite einer geneigten Platte zu einer Wärmeabgabe nach unten und einer anliegenden Grenzschicht (Bild 6.20).

Bei **Wärmeabgabe nach unten** gilt (Vliet 1969; Fujii und Imura 1972) ist in der Korrelation für die vertikale ebene Platte in Gl. (6.61) Ra durch Ra_γ zu ersetzen:

$$Ra_\gamma = Ra \cdot \cos\gamma \qquad (6.65)$$

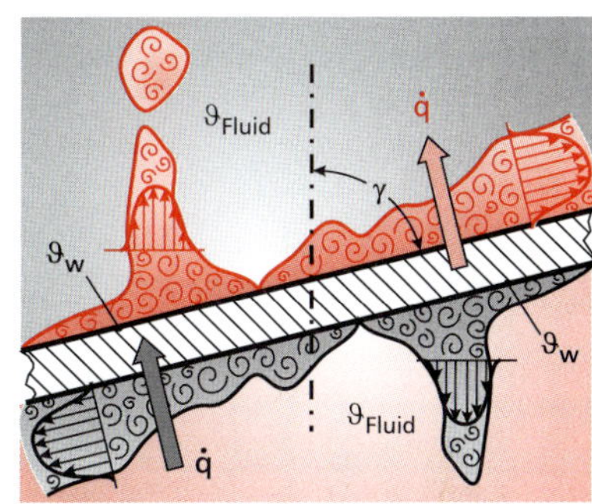

Bild 6.19: *Instabile Grenzschichten bei freier Konvektion an schräger Platte (oben: $\vartheta_w > \vartheta_{Fluid}$, **Heizen** des Fluids; unten: $\vartheta_w < \vartheta_{Fluid}$, **Kühlen** des Fluids).*

Im turbulenten Fall tritt bei **Wärmeabgabe nach oben** wegen der Grenzschichtablösung der turbulente Umschlag bereits bei geringeren kritischen Rayleigh-Zahlen auf als bei senkrechten Flächen. Nach Fujii und Imura (1975) ist hierfür die für Wasser ($Pr = 7$) abgeleitete Beziehung anwendbar:

$$Nu = 0{,}56 \cdot (Ra_{krit} \cdot \cos\gamma)^{\frac{1}{4}} + 0{,}13 \cdot \left(Ra^{\frac{1}{3}} - Ra_{krit}{}^{\frac{1}{3}}\right) \qquad (6.66)$$

$$Ra_{krit} = 10^{\,8{,}9 - 0{,}00178 \cdot \gamma^{1{,}82}} \qquad (6.67)$$

Der Neigungswinkel γ ist dabei in Grad einzusetzen.

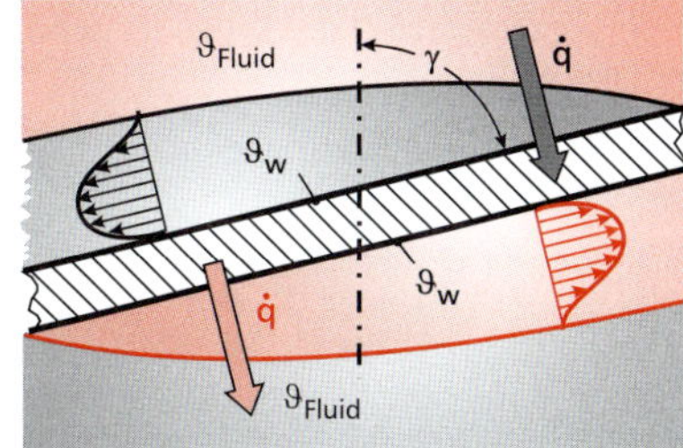

Bild 6.20: *Stabile Grenzschichten bei freier Konvektion an schräger Platte (oben: $\vartheta_w < \vartheta_{Fluid}$, **Kühlen** des Fluids; unten: $\vartheta_w > \vartheta_{Fluid}$, **Heizen** des Fluids).*

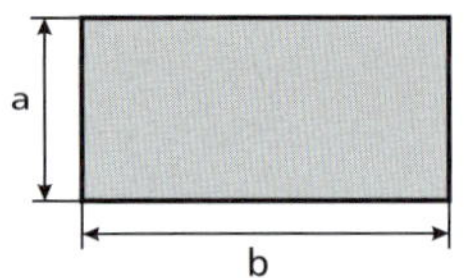

Bild 6.21: *Horizontale Rechteckfläche.*

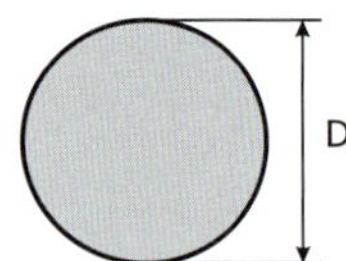

Bild 6.22: *Horizontale Kreisscheibe.*

Die Gln. (6.70) und (6.71) sind nur bedingt geeignet, wenn die Nachströmbedingungen von denen einer unendlich ausgedehnten Fläche stark abweichen (z. B. Fußbodenheizung in einem Raum), da die Raumströmung dann auch maßgeblich vom Impuls- und Wärmetransport an den übrigen Umschließungsflächen mitbestimmt wird.

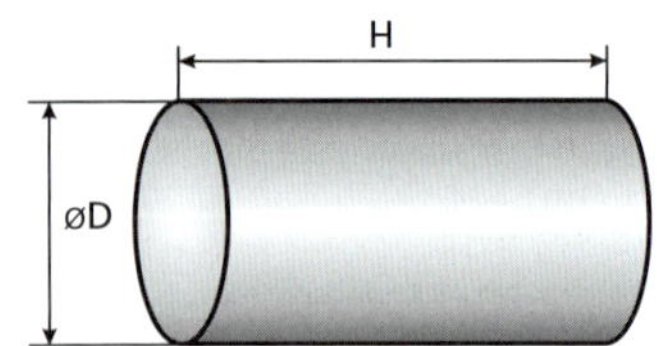

Bild 6.23: *Geometrie des horizontalen (unendlich langen) Zylinders ($H \gg D$).*

Es existieren auch Korrelationen, die anstelle der Anströmlänge L mit dem Durchmesser D des Zylinders gebildet werden.

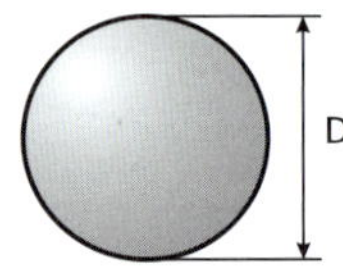

Bild 6.24: *Sphärische Geometrie.*

In Gl. (6.77) ist als charakteristische Länge L der Kugeldurchmesser D einzusetzen.

6.1.20 Horizontale ebene Platte und Kreisscheibe

Wie bei den geneigten Flächen sind auch hier die Fälle Wärmeabgabe nach oben und Wärmeabgabe nach unten zu unterscheiden. Die charakteristische Anströmlänge L wird aus dem Verhältnis von Oberfläche A zu Umfang U der Platte berechnet:

$$L=\frac{A}{U}=\frac{a\cdot b}{2\cdot(a+b)} \quad \text{Rechteckflächen (Bild 6.21)} \tag{6.68}$$

$$L=\frac{A}{U}=\frac{D}{4} \quad \text{Kreisscheiben (Bild 6.22)} \tag{6.69}$$

Nach Churchill (1982) gilt bei **Wärmeabgabe auf der Oberseite** bzw. **Wärmeaufnahme an der Unterseite** (vgl. Bild 6.19):

$$Nu=0{,}766\cdot[Ra\cdot f_2(Pr)]^{\frac{1}{5}} \quad \text{laminar} \quad Ra\cdot f_2(Pr)\lessapprox 7\cdot 10^4 \tag{6.70}$$

$$Nu=0{,}15\cdot[Ra\cdot f_2(Pr)]^{\frac{1}{3}} \quad \text{turbulent} \quad Ra\cdot f_2(Pr)\gtrapprox 7\cdot 10^4 \tag{6.71}$$

$$f_2(Pr)=\left[1+\left(\frac{0{,}322}{Pr}\right)^{\frac{11}{20}}\right]^{-\frac{20}{11}} \quad 0<Pr<\infty \tag{6.72}$$

Bei **Wärmeabgabe an der Unterseite** bzw. **Wärmeaufnahme an der Oberseite** (vgl. Bild 6.20) gilt nach Churchill (1983):

$$Nu=0{,}6\cdot[Ra\cdot f_1(Pr)]^{\frac{1}{5}} \quad \text{laminar} \quad 10^3<Ra\cdot f_1(Pr)<10^{10} \tag{6.73}$$

$f_1(Pr)$ ist nach Gl. (6.62) zu ermitteln.

6.1.21 Horizontaler Zylinder

Nach Churchill und Chu (1975) gilt für die freie Konvektion an einem waagrechten Zylinder (Bild 6.23) :

$$Nu=\left[0{,}752+0{,}387\cdot[Ra\cdot f_3(Pr)]^{\frac{1}{6}}\right]^2 \quad 3{,}9\cdot 10^{-5}<Ra<3{,}9\cdot 10^{12} \tag{6.74}$$

$$f_3(Pr)=\left[1+\left(\frac{0{,}559}{Pr}\right)^{\frac{9}{16}}\right]^{-\frac{16}{9}} \quad 0<Pr<\infty \tag{6.75}$$

Die Anströmlänge L zur Berechnung von Nu und Ra beträgt:

$$L=\frac{\pi}{2}\cdot D \tag{6.76}$$

6.1.22 Kugel

Für die freie Konvektion an einer sphärischen Geometrie (Bild 6.24) gilt nach Churchill (1983):

$$Nu=2+0{,}589\cdot Ra^{\frac{1}{4}}\cdot f_4(Pr) \quad Ra<10^{11} \tag{6.77}$$

$$f_4(Pr)=\left[1+\left(\frac{0{,}469}{Pr}\right)^{\frac{9}{16}}\right]^{-\frac{4}{9}} \quad 0{,}7\le Pr<\infty \tag{6.78}$$

Für kleine Temperaturdifferenzen $\Delta\vartheta$ ($Ra\to 0$) bzw. kleine Kugeldurchmesser D strebt $Nu\to 2$, was den Grenzwert der Wärmeleitung darstellt.

6.1.23 Freie Konvektion in geschlossenen Fluidschichten

Die Wärmeübertragung in geschlossenen Fluidschichten findet durch **Leitung und Konvektion** statt und ist beispielsweise bei horizontalen, vertikalen und geneigten ebenen Schichten von Bedeutung. Der Strahlungseinfluss ist in den Korrelationen nicht enthalten und ist ggf. separat zu ermitteln. Die jeweilige Geometrie wird durch die **charakteristische Spaltweite** s beschrieben (vgl. Bild 6.25), mit der auch die Kennzahlen Gr_s, Ra_s und Nu_s zu bilden sind:

$$s = d \tag{6.79}$$

Für $Ra_s < 10^3$ dominiert die Wärmeleitung. Der Wärmefluss wird dann durch den Wärmestrom infolge Wärmeleitung (Index λ) erfasst (vgl. Abschnitt 3.1.1). Bei gleichzeitigem Auftreten von Wärmeleitung und Konvektion (Index α) wird der Wärmestrom mithilfe des Wärmeübergangskoeffizienten α berechnet:

$$\dot{Q}_\lambda = \frac{\lambda}{d} \cdot A \cdot (\vartheta_1 - \vartheta_2) \tag{6.80}$$

$$\dot{Q}_{\lambda+\alpha} = \alpha \cdot A \cdot (\vartheta_1 - \vartheta_2) \tag{6.81}$$

Die Nußelt-Zahl Nu_s lässt sich auch als Verhältnis der scheinbaren Wärmeleitfähigkeit λ_s zur Wärmeleitfähigkeit des (ruhenden) Fluids λ interpretieren:

$$Nu_s = \frac{\lambda_s}{\lambda} \tag{6.82}$$

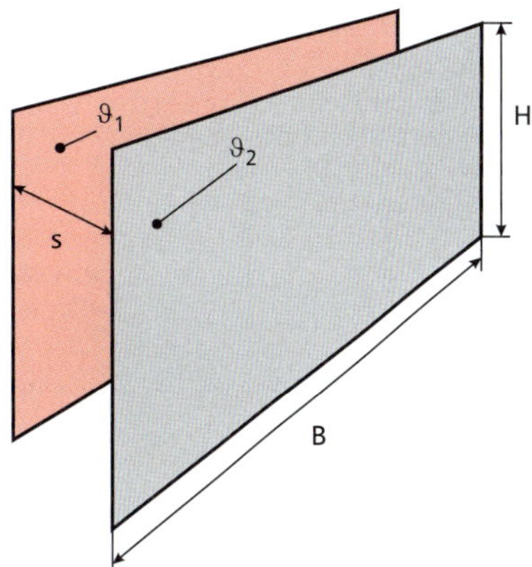

Bild 6.25: *Ebener Spalt der Spaltweite s.*

Die Erhöhung des Wärmestroms in Spalten infolge von Konvektion wird vielfach auch durch die **scheinbare Wärmeleitfähigkeit** λ_s nach Beckmann (1931) erfasst. Sie ist eine äquivalente Wärmeleitfähigkeit für das gleichzeitige Auftreten von Leitung und Konvektion im Spalt und gibt an, um wie viel der Wärmeübergang durch die Konvektion gegenüber der reinen Wärmeleitung erhöht ist. λ_s entspricht damit der Wärmeleitfähigkeit einer fiktiven Festkörperschicht, durch die dieselbe Wärmestromdichte fließt wie durch die betrachtete Fluidschicht mit Konvektion. Der Einfluss der **Wärmestrahlung** ist in der scheinbaren Wärmeleitfähigkeit **nicht enthalten** und ist separat zu erfassen. Da die Wärmeleitung stets vorhanden ist, gilt $\lambda_s \geq \lambda$.

6.1.24 Horizontale ebene Schichten

Der Wärmestrom durch Konvektion in ausgedehnten waagrechten ebenen Schichten $\left(\frac{L}{s} \gg 1\right)$ ist infolge der instabilen Dichteschichtung stets von unten nach oben gerichtet (Beheizung von unten bzw. Kühlung von oben). Ein Wärmestrom von oben nach unten (Beheizung von oben bzw. Kühlung von unten) ist durch Konvektion nicht möglich, da eine stabile Dichteschichtung vorliegt. In diesem Fall findet der Wärmetransport nur durch Wärmeleitung statt.

Als charakteristische Länge findet die Dicke s der Fluidschicht Verwendung (Bild 6.26). Das Einsetzen der Konvektion ist vom Erreichen der **kritischen Rayleigh-Zahl** abhängig:

$$Ra_{\text{krit}} = 1\,708 \tag{6.83}$$

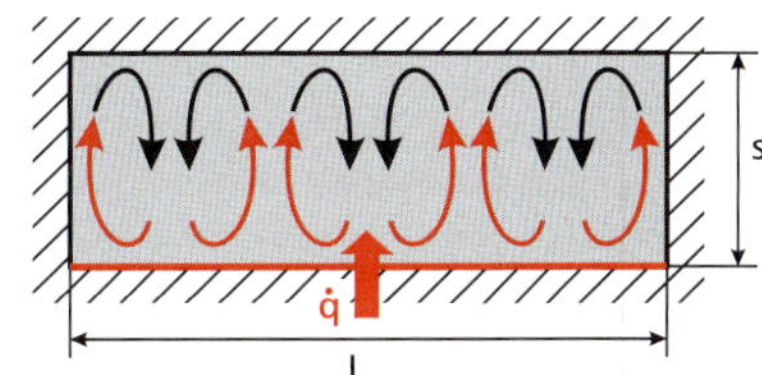

Bild 6.26: *Konvektiver Wärmefluss in einer ausgedehnten ebenen Fluidschicht.*

Unterhalb der kritischen Rayleigh-Zahl findet auch bei nach oben gerichtetem Wärmestrom der Wärmetransport nur durch reine Leitung statt, da die Auftriebskräfte kleiner sind als die Zähigkeitskräfte, wodurch keine Strömung entsteht. Oberhalb der kritischen Rayleigh-Zahl tritt eine Zirkulationsströmung in der Fluidschicht mit hexagonalen Zellen (Rayleigh-Bénard-Zellen, H. Bénard, 1900, Bild 6.27) auf.

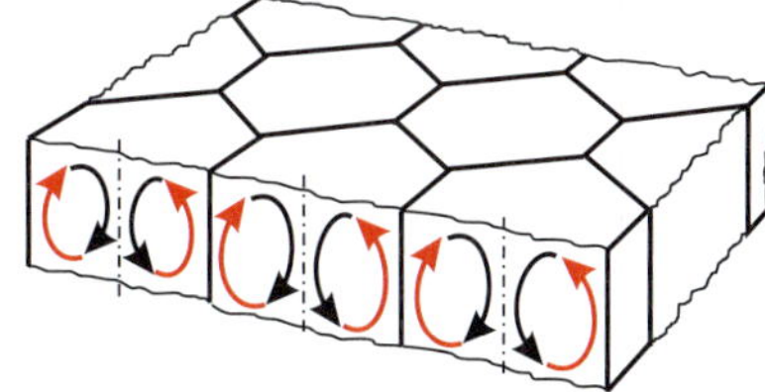
Bild 6.27: *Rayleigh-Bénard-Zellen in einer ebenen Fluidschicht.*

Für Gase ($Pr \approx 0{,}7; Ra_s < 10^8$) ist eine Beziehung von Hollands, Unny, Raithby und Konicek (1976) für den gesamten Bereich der Rayleigh-Zahlen verfügbar, die auch für Flüssigkeiten mit moderaten Prandtl-Zahlen ($1 < Pr < 10; Ra_s < 10^5$) anwendbar ist:

Die Funktion $\max[a,b]$ bezeichnet das Maximum von a und b. Im vorliegenden Fall wird damit sichergestellt, dass keine negativen Größen auftreten.

$$Nu_s = 1 + 1{,}44 \cdot \max\left[\left(1 - \frac{1\,708}{Ra_s}\right), 0\right] + \max\left[\left(\frac{Ra_s^{\frac{1}{3}}}{18} - 1\right), 0\right] \qquad (6.84)$$

6.1.25 Geneigte ebene Schichten

Der Wärmeübergang in geneigten ebenen Fluidschichten (Bild 6.28) hängt neben dem Seitenverhältnis $\frac{H}{s}$ auch vom Neigungswinkel γ gegenüber der Horizontalen ab. Für **große Seitenverhältnisse** $\left(\frac{H}{s} \geq 12\right)$ ist eine von Hollands, Unny, Raithby und Konicek (1976) aufgestellte Korrelation in einem weiten Bereich von Neigungswinkeln ($0 \leq \gamma \leq 70°$) anwendbar:

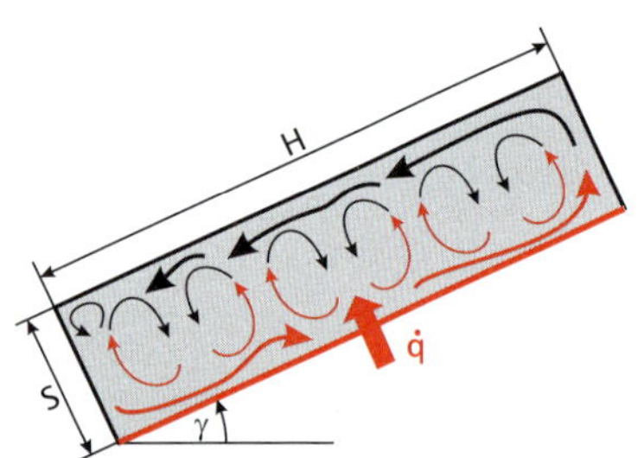

Bild 6.28: *Wärmefluss in einer geneigten von unten beheizten ebenen Fluidschicht.*

$$Nu_s = 1 + 1{,}44 \cdot \max\left[\left(1 - \frac{1\,708}{Ra_s \cdot \cos\gamma}\right), 0\right] \cdot \left(1 - \frac{1\,708 \cdot \left[\sin(1{,}8\,\gamma)\right]^{1{,}6}}{Ra_s \cdot \cos\gamma}\right)$$

$$+ \max\left[\left(\frac{\left[Ra_s \cdot \cos\gamma\right]^{\frac{1}{3}}}{18} - 1\right), 0\right] \qquad Ra_s < 10^5 \qquad (6.85)$$

Für $\gamma = 0°$ ist Gl. (6.85) mit Gl. (6.84) identisch.

Für **kleinere Seitenverhältnisse** $\left(\frac{H}{s} < 12\right)$ und Neigungen $0 < \gamma \leq \gamma^*$ unterhalb eines Grenzwertes γ^* gemäß Tabelle 6.8 gilt nach Catton (1978):

Tabelle 6.8: *Kritischer Neigungswinkel γ^* nach Gl. (6.86) als Funktion des Seitenverhältnisses H/s.*

$\frac{H}{s}$	1	3	6	12	> 12
γ^*	25°	53°	60°	67°	70°

$$Nu_s = Nu_{s,\,H} \cdot \left(\frac{Nu_{s,\,V}}{Nu_{s,\,H}}\right)^{\frac{\gamma}{\gamma^*}} \cdot \left(\sin\gamma^*\right)^{\frac{\gamma}{4\gamma^*}} \qquad (6.86)$$

$Nu_{s,\,H} = Nu_s\,(\gamma = 0°)$ nach Gl. (6.84)

$Nu_{s,\,V} = Nu_s\,(\gamma = 90°)$ nach Gl. (6.89)

Für **überkritische Neigungen γ^* bis zur Senkrechten** ($\gamma^* \leq \gamma \leq 90°$) und beliebige Seitenverhältnisse gilt nach Ayyaswamy und Catton (1973):

$$Nu_s = Nu_{s,\,V} \cdot (\sin\gamma)^{\frac{1}{4}} \qquad (6.87)$$

Für **größere Neigungen** ($90° < \gamma < 180°$) und beliebige Seitenverhältnisse schlagen Arnold, Catton und Edwards (1975) vor:

$$Nu_s = 1 + (Nu_{s,\,V} - 1) \cdot \sin\gamma \qquad (6.88)$$

6.1.26 Vertikale ebene Schichten

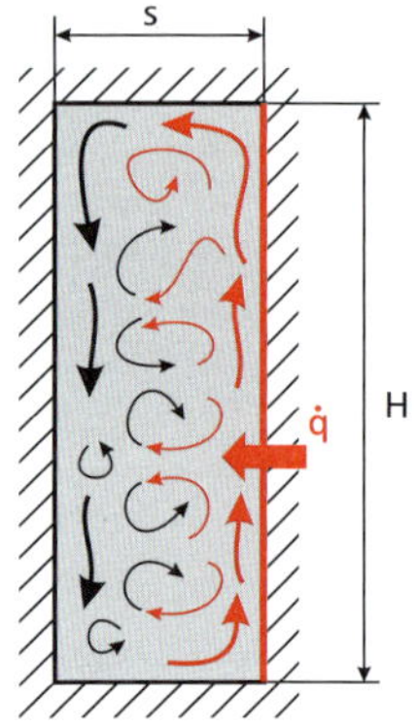

Bild 6.29: *Wärmefluss in einer vertikalen ebenen Fluidschicht.*

Im Unterschied zu horizontalen ebenen Schichten, bei denen die Strömung erst bei Erreichen der kritischen Rayleigh-Zahl einsetzt, tritt bei vertikalen ebenen Schichten (Bild 6.29) praktisch bei jeder endlichen Rayleigh-Zahl eine Strömung auf. Jedoch sind die dabei auftretenden Geschwindigkeiten sehr klein und parallel zu den vertikalen Begrenzungen gerichtet, so dass sie nur sehr wenig zum Wärmeübergang beitragen. Das damit verbundene Regime der Wärmeleitung ($Nu_s = 1$) herrscht bis etwa $Ra_s \lesssim 10^3$ vor.

Elsherbiny, Raithby und Hollands (1982) teilen für Seitenverhältnisse $\left(5 < \frac{H}{s} < 40\right)$ folgende Korrelationen für vertikale Fluidschichten mit konstanten Temperaturen der vertikalen Begrenzungen mit:

$$Nu_s = \max\left[Nu_\lambda, Nu_{lam}, Nu_{turb}\right] \qquad Ra_s \cdot \left(\frac{H}{s}\right)^3 < 1{,}5 \cdot 10^{10} \tag{6.89}$$

$$Nu_\lambda = \left[1 + \left(\frac{0{,}104 \cdot Ra_s^{0{,}293}}{1 + \left(\frac{6\,310}{Ra_s}\right)^{1{,}36}}\right)^3\right]^{\frac{1}{3}} \tag{6.90}$$

$$Nu_{lam} = 0{,}242 \cdot Ra_s^{0{,}273} \cdot \left(\frac{H}{s}\right)^{-0{,}273} \tag{6.91}$$

$$Nu_{turb} = 0{,}0605 \cdot Ra_s^{\frac{1}{3}} \tag{6.92}$$

Bei sehr hohen Seitenverhältnissen $\left(\frac{H}{s} \gtrapprox 40\right)$ der Fluidschicht wird das Wärmeleitungsregime instabil und geht nach einem turbulenten Übergangsbereich schließlich in eine vollständig turbulente Strömung über. Für Seitenverhältnisse $\frac{H}{s} \lessapprox 40$ wird vor Erreichen der Instabilität ein Zwischenzustand mit laminarer Strömung erreicht, der dann nach turbulent umschlägt. Nu_λ kennzeichnet die Nußelt-Zahl im Bereich des Wärmeleitungsregimes und der turbulenten Übergangsströmung. Nu_{lam} kennzeichnet das laminare, Nu_{turb} das turbulente Strömungsregime.

Für **größere Seitenverhältnisse** $\left(40 < \frac{H}{s} < 110\right)$ geben Shewen, Hollands und Raithby (1996) folgende Beziehung an:

$$Nu_s = \left[1 + \left(\frac{0{,}0665 \cdot Ra_s^{\frac{1}{3}}}{1 + \left(\frac{9\,000}{Ra_s}\right)^{1{,}4}}\right)^2\right]^{\frac{1}{2}} \qquad Pr \approx 0{,}7 \qquad Ra_s < 10^6 \tag{6.93}$$

Für **kleine Seitenverhältnisse** $\left(2 < \frac{H}{s} < 10\right)$ ist nach Perkovsky und Polevikov (1977) sowie Catton (1978) folgende Korrelation anwendbar:

$$Nu_s = 0{,}22 \cdot \left(\frac{Pr}{0{,}2 + Pr} \cdot Ra_s\right)^{0{,}28} \cdot \left(\frac{H}{s}\right)^{-\frac{1}{4}} \qquad Pr < 10^5, \quad 10^3 < Ra_s < 10^{10} \tag{6.94}$$

Für **sehr kleine Seitenverhältnisse** $\left(1 < \frac{H}{s} < 2\right)$ gilt:

$$Nu_s = 0{,}18 \cdot \left(\frac{Pr}{0{,}2 + Pr} \cdot Ra_s\right)^{0{,}29} \qquad 10^{-3} < Pr < 10^5 \qquad \frac{Ra_s \cdot Pr}{0{,}2 + Pr} > 10^3 \tag{6.95}$$

6.1.27 Freie Konvektion in offenen Fluidschichten

In offenen Fluidschichten (z. B. Kanälen) ist im Gegensatz zu geschlossen Schichten eine Zu- und Abströmung des Fluids infolge der Auftriebswirkung möglich, wie dies aus der Schachtwirkung eines Kamins bekannt ist.

Von technischer Bedeutung sind vor allem:

- senkrechte Kanäle
- geneigte Kanäle
- parallele vertikale Platten

6.1.28 Senkrechte Kanäle

Der im Kanal übertragende Wärmestrom $\dot{Q}$ wird auf die wärmeübertragende Fläche A und die Differenz zwischen Wandtemperatur ϑ_w und Fluideintrittstemperatur ϑ_E bezogen:

$$\dot{Q} = \alpha \cdot A \cdot (\vartheta_w - \vartheta_E) \tag{6.96}$$

In beheizten senkrechten Kanälen strömt das Fluid infolge von Auftriebskräften zum Kanaleintritt und durch den Kanal hindurch.

Gemäß Tabelle 6.9 sind bezüglich der Wärmeübertragung folgende **Grundszenarien vertikaler Kanäle** zu unterscheiden:

Tabelle 6.9: *Arten vertikaler Kanäle hinsichtlich der freien Konvektion.*

Kanalart	einseitig beheizter Rechteckkanal	beidseitig beheizter Rechteckkanal	beheiztes Rohr
	ϑ_A, $\dot{q}$, H, ϑ_E, B, d	ϑ_A, $\dot{q}$, $\dot{q}$, H, ϑ_E, B, d	ϑ_A, H, $\dot{q}$, ϑ_E, ØD
charakteristische Länge	$s = d$	$s = \frac{d}{2}$	$s = R = \frac{D}{2}$
wärmeübertragende Fläche	$A = B \cdot H$	$A = 2 \cdot B \cdot H$	$A = \pi \cdot D \cdot H$
Querschnittsfläche	$A_\perp = B \cdot d$	$A_\perp = B \cdot d$	$A_\perp = \pi \cdot \frac{D^2}{4}$

Nach Klan (1976) gilt mit den Konstanten aus Tabelle 6.10 für die mittlere Nußelt-Zahl:

Tabelle 6.10: *Konstanten C_1 und C_2 der Gln. (6.97)–(6.99).*

Kanalart	C_1	C_2
einseitig beheizter Kanal	$\frac{1}{12}$	0,61
beidseitig beheizter Kanal	$\frac{1}{3}$	0,69
beheiztes Rohr	$\frac{1}{16}$	0,52

$$Nu = C_1 \cdot Ra_s \cdot \frac{s}{H} \qquad Gr_s \cdot \frac{s}{H} < 1 \tag{6.97}$$

$$Nu = C_2 \cdot \left(Ra_s \cdot \frac{s}{H}\right)^{\frac{1}{4}} \qquad Gr_s \cdot \frac{s}{H} \geq 1 \tag{6.98}$$

Im gesamten Bereich $Gr_s \cdot \frac{s}{H}$ gilt näherungsweise:

$$Nu = \left\{ \frac{1}{\left(C_1 \cdot Ra_s \cdot \frac{s}{H}\right)^{\frac{3}{2}}} + \frac{1}{\left[C_2 \cdot \left(Ra_s \cdot \frac{s}{H}\right)^{\frac{1}{4}}\right]^{\frac{3}{2}}} \right\}^{-\frac{2}{3}} \tag{6.99}$$

6.1.29 Geneigte Kanäle

Nach Azevedo und Sparrow (1985) gilt für Kanäle mit einer Neigung bis zu 45° gegen die Vertikale (Neigungswinkel γ) bei Beheizung von oben, unten bzw. oben und unten gleichzeitig:

$$Nu = 0{,}673 \cdot \left(Ra_s \cdot \frac{s}{H} \cdot \cos\gamma\right)^{\frac{1}{4}} \qquad 2 \cdot 10^2 < Ra_s \cdot \frac{s}{H} < 2 \cdot 10^5 \tag{6.100}$$

$$0{,}0437 < \frac{s}{H} < 0{,}109$$

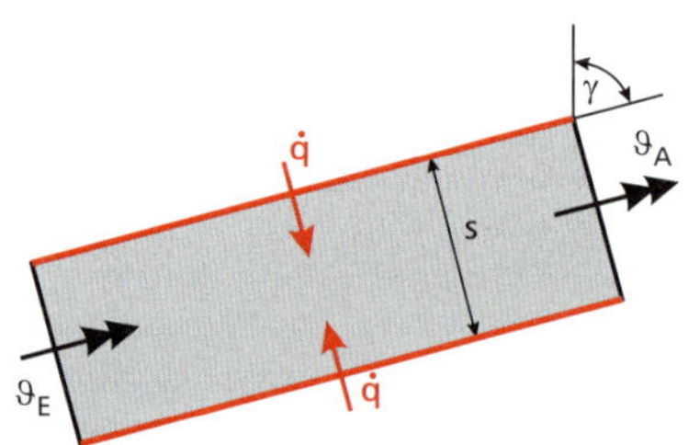

Bild 6.30: *Wärmefluss in einem beidseits beheizten geneigten Kanal.*

6.1.30 Parallele vertikale Platten

In der Praxis treten vielfach Strömungskanäle aus zwei parallelen Platten (z. B. Kühlrippen) auf. Bar-Cohen und Rohsenow (1984) teilen für Platten der Höhe H im Abstand s in Abhängigkeit der jeweiligen Randbedingung (Tabelle 6.11) folgende Korrelation mit:

$$Nu_s = \left\{ \frac{C_1}{\left(Ra_s \cdot \dfrac{s}{H}\right)^2} + \frac{C_2}{\left(Ra_s \cdot \dfrac{s}{H}\right)^{\frac{1}{2}}} \right\}^{-\frac{1}{2}} \qquad (6.101)$$

Tabelle 6.11: *Konstanten C_1 und C_2 der Gl. (6.101) sowie optimaler Abstand s_{opt} für maximalen Wärmeübergang.*

Bedingung	C_1	C_2	s_{opt}
ϑ_1 ϑ_2	576	2,87	$2{,}71 \left(\dfrac{Ra_s}{s^3 \cdot H}\right)^{-\frac{1}{4}}$
$\dot{q}_1$ $\dot{q}_2$	48	2,51	$2{,}12 \left(\dfrac{Ra_s^*}{s^4 \cdot H}\right)^{-\frac{1}{5}}$
ϑ_1	144	2,87	$2{,}15 \left(\dfrac{Ra_s}{s^3 \cdot H}\right)^{-\frac{1}{4}}$
$\dot{q}_1$	24	2,51	$1{,}69 \left(\dfrac{Ra_s^*}{s^4 \cdot H}\right)^{-\frac{1}{5}}$

Im Falle konstanter Wärmestromdichte (Randbedingung 2. Art) ist in Gl. (6.101) die modifizierte Rayleigh-Zahl Ra_s^* zu verwenden, die mithilfe der jeweiligen Wärmestromdichte $\dot{q}$ zu bilden ist:

$$Ra_s^* = \frac{g \cdot \beta_p \cdot \dot{q} \cdot s^4}{\lambda \cdot a \cdot \nu} \qquad (6.102)$$

6.1.31 Mischkonvektion an umströmten Körpern

Im Falle der Mischkonvektion trägt sowohl die freie Konvektion als auch die erzwungene Konvektion zum Wärmeübergang bei. Bei Überwiegen einer Konvektionsart kann der Wärmeübergang durch deren Wärmeübergangskoeffizienten alleine hinreichend genau beschrieben werden, während im Übergangsbereich beide Mechanismen zu berücksichtigen sind (vgl. Bild 6.31).

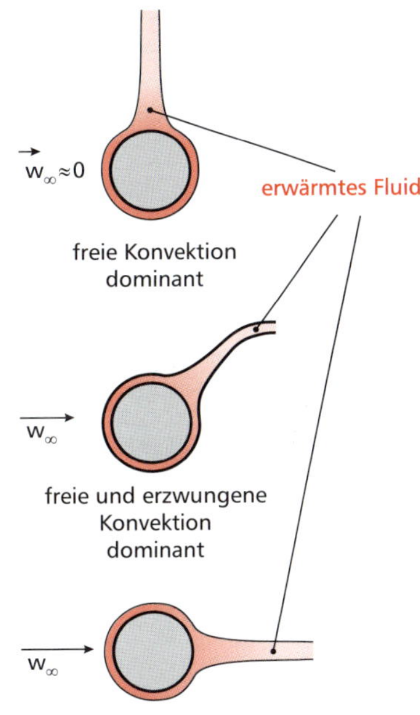

Bild 6.31: *Überlagerung von freier und erzwungener Konvektion.*

Vereinfacht ist von folgenden Relationen auszugehen:

$\dfrac{Gr}{Re^2} \ll 1$ erzwungene Konvektion dominant

$\dfrac{Gr}{Re^2} \gg 1$ freie Konvektion dominant

$\dfrac{Gr}{Re^2} \approx 1$ freie und erzwungene Konvektion dominant (Mischkonvektion)

Für den Wärmeübergang bei Mischkonvektion gilt:

$$Nu_{Misch} = Nu(Re, Gr, Pr) \qquad (6.103)$$

Es ist **gleichgerichtete** und **entgegengerichtete Mischkonvektion** zu unterscheiden (Bilder 6.32 und 6.33). γ ist der Winkel zwischen Strömungsrichtung und Auftriebskraft. Nach Experimenten von Churchill (1977) gilt folgender Komponentenansatz im Bereich $0{,}1 \leq Pr \leq 100$:

$$Nu_{Misch} = \left(Nu_{erzw}{}^3 \pm Nu_{frei}{}^3\right)^{\frac{1}{3}} \qquad (6.104)$$

„+" gleichgerichtet
„−" entgegengerichtet

Für die entgegengerichtete Mischkonvektion ist der Gültigkeitsbereich auf $\dfrac{Nu_{frei}}{Nu_{erzw}} < 0{,}8$ zu beschränken. Meist sind die vorhandenen Korrelationen allerdings nur für gleichgerichtete Mischkonvektion abgesichert.

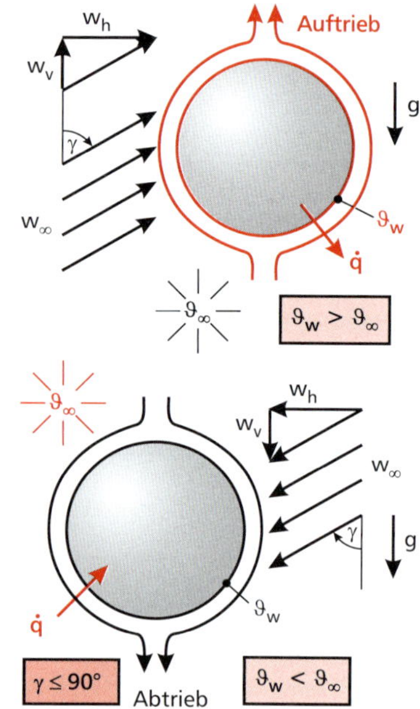

Bild 6.32: *Beispiele für gleichgerichtete Mischkonvektion (Anströmwinkel $\gamma \leq 90°$).*

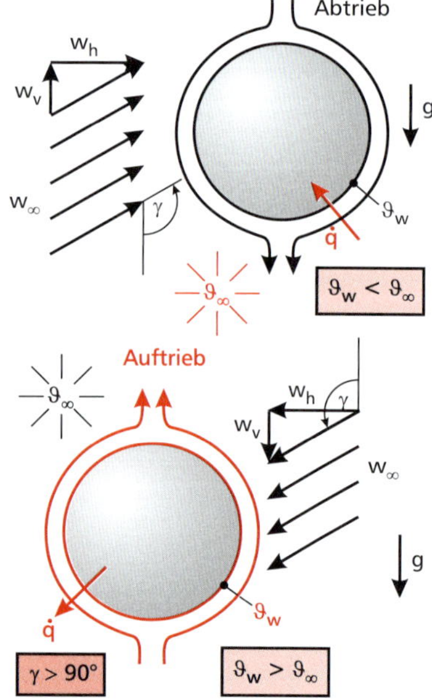

Bild 6.33: *Beispiele für entgegengerichtete Mischkonvektion (Anströmwinkel $\gamma > 90°$).*

Ausschlaggebend für die Klassifikation der Mischkonvektion ist, ob die Vertikalkomponente w_v der Anströmgeschwindigkeit w_∞ dem Auf- bzw. Abtrieb gleich- oder entgegengerichtet ist (Bilder 6.32 und 6.33). Der Grenzfall $\gamma = 90°$ wird dabei der gleichgerichteten Mischkonvektion zugeordnet, da die erzwungene Konvektion zum Ablösen der Grenzschicht der freien Konvektion beiträgt.

Für die einzelnen elementaren Geometrien erfolgt die Berechnung des Wärmeübergangs infolge Mischkonvektion nach den in Tabelle 6.12 zusammengestellten Beziehungen.

Tabelle 6.12: *Übersicht über notwendige Gleichungen für die Mischkonvektion an den elementaren Geometrien.*

Geometrie	$Nu_{\text{erzw, lam}}$	$Nu_{\text{erzw, turb}}$	Nu_{erzw}	Nu_{frei}
vertikale Platte	Gl. (6.15)	Gl. (6.16)	Gl. (6.17)	Gl. (6.61)
horizontale Platte	Gl. (6.15)	Gl. (6.16)	Gl. (6.17)	Gl. (6.70), Gl. (6.71), Gl. (6.73)
vertikaler Zylinder	Gl. (6.15)	Gl. (6.16)	Gl. (6.17)	Gl. (6.63)
horizontaler Zylinder	Gl. (6.15) $L = \frac{\pi}{2} \cdot D$	Gl. (6.16) $L = \frac{\pi}{2} \cdot D$	Gl. (6.24) $L = \frac{\pi}{2} \cdot D$	Gl. (6.74) $L = \frac{\pi}{2} \cdot D$
Kugel	Gl. (6.15) $L = D$	Gl. (6.16) $L = D$	Gl. (6.27) $L = D$	Gl. (6.77) $L = D$

Die konkrete Vorgehensweise sei an der ebenen Platte erläutert. Gemäß Gl. (6.104) sind die Nußelt-Zahlen für die freie und die erzwungene Konvektion zu berechnen.

Für die freie Konvektion gelten je nach Plattenneigung die Beziehungen aus den Abschnitten 6.1.17, 6.1.19 und 6.1.20. Für die freie Konvektion an der vertikalen Platte gilt beispielsweise:

$$Nu_{\text{frei}} = \left[0{,}825 + 0{,}387 \cdot [Ra \cdot f_1(Pr)]^{\frac{1}{6}}\right]^2 \qquad 10^{-1} < Ra < 10^{12} \tag{6.105}$$

$$f_1(Pr) = \left[1 + \left(\frac{0{,}492}{Pr}\right)^{\frac{9}{16}}\right]^{-\frac{16}{9}} \qquad 0{,}001 < Pr < \infty \tag{6.106}$$

Für die erzwungene Konvektion gilt unabhängig von der Neigung der Platte nach Gnielinski (1975):

$$Nu_{\text{erzw}} = \sqrt{Nu^2_{\text{erzw, lam}} + Nu^2_{\text{erzw, turb}}} \qquad 10 < Re < 10^7 \quad 0{,}6 < Pr < 2\,000 \tag{6.107}$$

$$Nu_{\text{erzw, lam}} = 0{,}664 \cdot Re^{\frac{1}{2}} \cdot Pr^{\frac{1}{3}} \tag{6.108}$$

$$Nu_{\text{erzw, turb}} = \frac{0{,}037 \cdot Re^{0{,}8} \cdot Pr}{1 + 2{,}443 \cdot Re^{-0{,}1} \cdot \left(Pr^{\frac{2}{3}} - 1\right)} \tag{6.109}$$

Die Gleichungen gelten für **überströmte** Platten. Bei **umströmten** Platten ist der Wärmeübergang auf beiden Seiten zu berücksichtigen.

6.2 Beispiele

► Beispiel 6.1:

Andrea S. Kreuz misst an ihrem Hitzdrahtanemometer (Drahtdurchmesser $D = 1$ mm, Drahtlänge $L = 12$ cm) bei einer anliegenden Spannung von $U = 230$ V einen elektrischen Strom von $I = 35$ mA. Der Draht wird von Luft mit $\vartheta_L = 0$ °C quer angeströmt, wobei er die Temperatur $\vartheta_D = 400$ °C annimmt. Durch den feinen Goldüberzug des Drahtes ist die Strahlung vernachlässigbar. Ermitteln Sie für den stationären Fall

(a) den abgegebenen Wärmestrom;

(b) den Wärmeübergangskoeffizienten;

(c) die Bezugstemperatur und die Stoffwerte der Luft;

(d) die Nußelt-Zahl und die Reynolds-Zahl;

(e) die Anströmgeschwindigkeit des Drahtes.

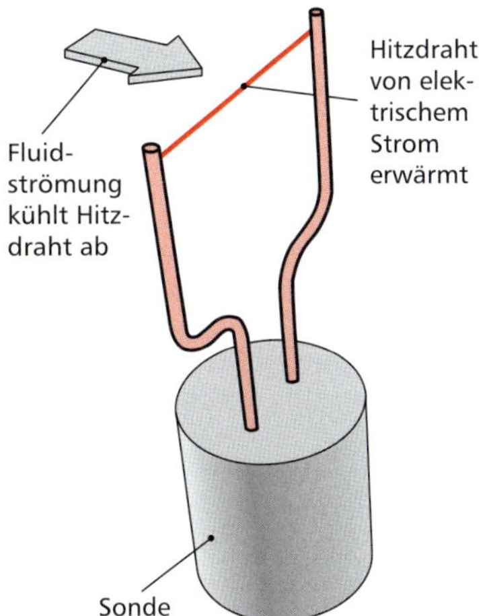

Bild 6.34: *Funktionsprinzip eines Hitzdrahtanemometers.*

Bekannte Größen:	
▷ Draht:	
Durchmesser:	$D = 1 \cdot 10^{-3}$ m
Länge:	$L = 12 \cdot 10^{-2}$ m
Spannung:	$U = 230$ V
Strom:	$I = 35 \cdot 10^{-3}$ A
Temperatur:	$\vartheta_D = 400$ °C
▷ Luft:	
Temperatur:	$\vartheta_L = 0$ °C
Gesuchte Größen:	
konvektiver Wärmestrom:	$\dot{Q}_K$
Wärmeübergangskoeffizient:	α_K
Bezugstemperatur der Luft:	ϑ_B
Stoffwerte der Luft:	λ, ν, a, Pr
Kennzahlen:	Nu, Re
Luftgeschwindigkeit:	w

Lösung:

(a) abgegebener Wärmestrom:

Im stationären Zustand gibt der Draht die elektrisch zugeführte Leistung durch Konvektion und Strahlung (die hier vernachlässigbar ist) an seiner Oberfläche wieder ab. Die stationäre Energiebilanz liefert:

$$P_{el} - \dot{Q}_K = 0 \;\Rightarrow\; U \cdot I - \dot{Q}_K = 0 \;\Rightarrow\; \dot{Q}_K = U \cdot I = 8{,}05 \text{ W} \tag{6.110}$$

(b) konvektiver Wärmeübergangskoeffizient:

Der konvektive Wärmeübergangskoeffizient ergibt sich mithilfe des Newton'schen Abkühlungsgesetzes (1.13):

$$\dot{Q}_K = \alpha_K \cdot A \cdot (\vartheta_D - \vartheta_L) \tag{6.111}$$

Die wärmeabgebende Oberfläche ist eine Zylindermantelfläche:

$$A = D \cdot \pi \cdot L = 3{,}77 \cdot 10^{-4} \text{ m}^2 \tag{6.112}$$

Damit beträgt der konvektive Wärmeübergangskoeffizient:

$$\alpha_K = \frac{\dot{Q}_K}{A \cdot (\vartheta_D - \vartheta_L)} = 53{,}38 \text{ W/(m}^2\text{ K)} \tag{6.113}$$

(c) Bezugstemperatur und Stoffwerte der Luft:

Die Bezugstemperatur ϑ_B ergibt sich als Mittelwert zwischen Lufttemperatur und Wandtemperatur der Festkörperoberfläche:

$$\vartheta_B = 0{,}5 \cdot (\vartheta_L + \vartheta_D) = 200 \text{ °C} \tag{6.114}$$

In Tabelle 10.9 findet man bei der Bezugstemperatur ϑ_B für die Stoffwerte von Luft bei Umgebungsdruck:

$$\lambda = 37{,}95 \cdot 10^{-3} \text{ W/(m K)}; \quad \nu = 354{,}7 \cdot 10^{-7} \text{ m}^2\text{/s};$$

$$Pr = 0{,}7051 \tag{6.115}$$

Die kinematische Viskosität ν lässt sich auch aus der dynamischen Viskosität η und der Dichte ϱ berechnen:

$$\nu = \frac{\eta}{\varrho} \tag{6.116}$$

Für die Temperaturleitfähigkeit a gilt:

$$a = \frac{\lambda}{\varrho \cdot c_p} \tag{6.117}$$

Die Prandtl-Zahl folgt auch aus:

$$Pr = \frac{\nu}{a} \tag{6.118}$$

Stoffwerte aus unterschiedlichen Quellen weisen in der Regel leicht voneinander abweichende Zahlenwerte auf, was zu unterschiedlichen Berechnungsergebnissen führt.

(d) Nußelt- und Reynolds-Zahl:

Gemäß Gl. (6.4) beträgt die Nußelt-Zahl:

$$Nu = \frac{\alpha_K \cdot L_D}{\lambda} \tag{6.119}$$

Zusammenfassung und Ausblick:

- Der Wärmeübergangskoeffizient infolge von Konvektion kann aus einer stationären Energiebilanz am Draht bestimmt werden.
- Die Stoffwerte sind stets bei Bezugstemperatur zu ermitteln, die bei umströmten Körpern dem Mittelwert aus Wand- und Fluidtemperatur entspricht.
- Die Korrelationen der Nußelt-Zahlen sind empirische Beziehungen, die in der Regel nicht direkt nach den beteiligten Kennzahlen aufgelöst werden können.
- Die Temperaturabhängigkeit der Stoffwerte spielt bei Gasen im Allgemeinen nur bei großen Temperaturunterschieden eine Rolle. Im vorliegenden Beispiel beträgt $K_\mathrm{T} = 0{,}959$. Bei Vernachlässigung der Temperaturabhängigkeit der Stoffwerte hätte sich eine Geschwindigkeit von $w^* = 0{,}23$ m/s ergeben.
- Aufgrund des geringen Drahtdurchmessers ergibt sich eine laminare Umströmung. Der Hauptbeitrag zum Grundwert der Nußelt-Zahl Nu_0 stammt daher von Nu_lam, während der Beitrag von Nu_turb praktisch vernachlässigt werden kann. Damit erhält man eine Beziehung, die ohne Iteration nach Re auflösbar ist. Aus $Re^{**} = 11{,}57$ würde sich eine Geschwindigkeit von ebenfalls $w^{**} = 0{,}26$ m/s ergeben.
- Die freie Konvektion ist im vorliegenden Fall vernachlässigbar, da $Gr/Re^2 = 0{,}05 \ll 1$ ist.

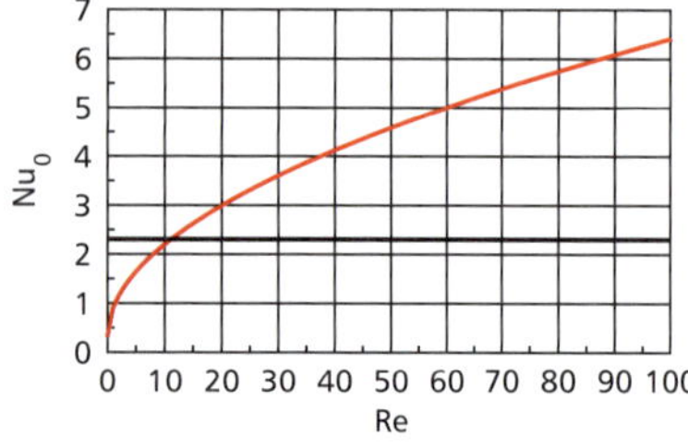

Bild 6.35: *Verlauf der Nußelt-Zahl Nu_0 über der Reynolds-Zahl Re.*

L_D ist dabei die Überströmlänge des Drahtes gemäß Bild 6.7:

$$L_\mathrm{D} = \frac{D \cdot \pi}{2} = 1{,}57 \cdot 10^{-3}\ \mathrm{m} \tag{6.120}$$

Mit den bekannten Größen erhält man für die Nußelt-Zahl:

$$Nu = 2{,}21 \tag{6.121}$$

Der Hitzdraht ist ein quer angeströmter Zylinder, weshalb sich die Nußelt-Zahl nach Gl. (6.13) als Funktion der Reynolds-Zahl und der Prandtl-Zahl ermitteln lässt. Unter Berücksichtigung der Korrektur für die Temperaturabhängigkeit der Stoffwerte gemäß Gl. (6.21) gilt für den Grundwert Nu_0:

$$Nu_0 = \frac{Nu}{K_\mathrm{T}} = \frac{Nu}{\left(\dfrac{T_\mathrm{m}}{T_\mathrm{D}}\right)^{0,12}} = \frac{Nu}{\left(\dfrac{\vartheta_\mathrm{B} + T_0}{\vartheta_\mathrm{D} + T_0}\right)^{0,12}} = \frac{2{,}21}{\left(\dfrac{200 + 273{,}15}{400 + 273{,}15}\right)^{0,12}} = 2{,}31 \tag{6.122}$$

Nach Gl. (6.24) gilt für den Grundwert der resultierenden Nußelt-Zahl bei beliebiger Reynolds-Zahl:

$$Nu_0 = 0{,}3 + \sqrt{Nu_\mathrm{lam}^2 + Nu_\mathrm{turb}^2} \tag{6.123}$$

Für die Nußelt-Zahlen im laminaren und im turbulenten Fall gelten die Gln. (6.15) und (6.16), wobei als charakteristische Länge die Überströmlänge L_D bei der Bildung der Kennzahlen heranzuziehen ist:

$$Nu_\mathrm{lam} = 0{,}664 \cdot Re^{\frac{1}{2}} \cdot Pr^{\frac{1}{3}} \tag{6.124}$$

$$Nu_\mathrm{turb} = \frac{0{,}037 \cdot Re^{0,8} \cdot Pr}{1 + 2{,}443 \cdot Re^{-0,1} \cdot \left(Pr^{\frac{2}{3}} - 1\right)} \tag{6.125}$$

Durch Einsetzen der Gln. (6.124) und (6.125) in die Gl. (6.123) erhält man eine nichtlineare Gleichung in der Form $Nu_0 = Nu_0(Re)$, die mithilfe des Newton-Verfahrens nach der gesuchten Reynolds-Zahl aufgelöst werden kann. Einfacher ist es allerdings, durch geeignete Umformung eine implizite Gleichung aufzustellen, aus der Re iterativ berechnet werden kann:

$$Re = \frac{[Nu_0 - 0{,}3]^2 - [Nu_\mathrm{turb}(Re)]^2}{0{,}664^2 \cdot Pr^{\frac{2}{3}}} \tag{6.126}$$

Mit einem Startwert von $Re_0 = 100$ erhält man bereits nach 3 Iterationen $Re = 11{,}30$.

(e) Strömungsgeschwindigkeit der Luft:

Die Anströmgeschwindigkeit w folgt aus der Definition der Reynolds-Zahl aus Gl. (6.9):

$$Re = \frac{w \cdot L_\mathrm{D}}{\nu} \quad \Rightarrow \quad w = \frac{Re \cdot \nu}{L_\mathrm{D}} = 0{,}26\ \mathrm{m/s} \tag{6.127}$$

◄

▶ Beispiel 6.2:

Im Formel 1-Motor von Benny Brummvieh strömt warmes Motorenöl ($\lambda = 0{,}14$ W/(m K), $\eta = 190 \cdot 10^{-4}$ Pa s, $c_p = 2\,200$ J/(kg K), $\varrho = 840$ kg/m³) mit einem Massenstrom von $\dot{m} = 0{,}008$ kg/s zur Kühlung durch die Leitung eines Ölkühlers (Innendurchmesser $D = 10$ mm, Länge $L = 1{,}75$ m), der durch den Fahrtwind eine konstante Oberflächentemperatur von $\vartheta_w = 25$ °C aufweist. Die kinematische Viskosität des Öls bei Wandtemperatur beträgt $\nu_w = 570 \cdot 10^{-6}$ m²/s, die Dichte $\varrho_w = 883$ kg/m³.

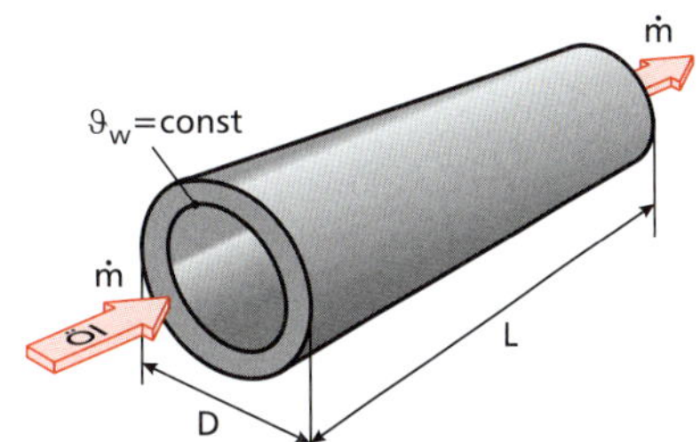

Bild 6.36: *Ausschnitt aus der Rohrleitung des Ölkühlers.*

(a) Berechnen Sie die Austrittstemperatur des Öls, das mit $\vartheta_0 = 105$ °C in das Rohr eintritt.

Hinweis: Bei laminarer Rohrströmung beträgt der Exponent zur Berücksichtigung variabler Stoffwerte $n = 0{,}11$.

(b) Welchen Wärmestrom $\dot{Q}$ gibt das Öl beim Durchströmen des Rohres ab?

(c) Welche Wärme Q wird ihm dabei entzogen?

Bekannte Größen:

▷ Motorenöl:

Wärmeleitfähigkeit:	$\lambda = 0{,}14$ W/(m K)
dynamische Viskosität:	$\eta = 190 \cdot 10^{-4}$ Pa s
kinematische Viskosität:	$\nu_w = 570 \cdot 10^{-6}$ m/s²
Dichte:	$\varrho = 840$ kg/m³
	$\varrho_w = 883$ kg/m³
spezifische Wärmekapazität:	$c_p = 2\,200$ J/(kg K)
Massenstrom:	$\dot{m} = 0{,}008$ kg/s
Eintrittstemperatur:	$\vartheta_0 = 105$ °C

▷ Rohr:

Durchmesser:	$D = 10 \cdot 10^{-3}$ m
Länge:	$L = 1{,}75$ m
Temperatur:	$\vartheta_w = 25$ °C

Gesuchte Größen:

Austrittstemperatur:	ϑ_L
Wärmestrom:	$\dot{Q}$
übertragene Wärme:	Q

Lösung:

(a) Austrittstemperatur des Öls:

Es ist zu prüfen, ob eine laminare oder turbulente Rohrströmung vorliegt, wozu die Reynolds-Zahl benötigt wird. Zunächst werden die fehlenden Stoffwerte bei Bezugstemperatur berechnet:

$$a = \frac{\lambda}{\varrho \cdot c_p} = 75{,}76 \cdot 10^{-9} \text{ m}^2/\text{s} \tag{6.128}$$

$$\nu = \frac{\eta}{\varrho} = 22{,}62 \cdot 10^{-6} \text{ m}^2/\text{s} \tag{6.129}$$

$$Pr = \frac{\nu}{a} = 298{,}57 \tag{6.130}$$

Der Rohrquerschnitt beträgt:

$$A = \frac{D^2 \cdot \pi}{4} = 7{,}85 \cdot 10^{-5} \text{ m}^2 \tag{6.131}$$

Für die Berechnung der Reynolds-Zahl ist die Strömungsgeschwindigkeit w erforderlich, die aus dem Massenstrom $\dot{m}$ ermittelt werden kann:

$$\dot{m} = \varrho \cdot w \cdot A \quad \Rightarrow \quad w = \frac{\dot{m}}{\varrho \cdot A} = 0{,}12 \text{ m/s} \tag{6.132}$$

Mit der Definition der Reynolds-Zahl aus Gl. (6.9) folgt:

$$Re = \frac{w \cdot D}{\nu} = 53{,}05 \tag{6.133}$$

Da $Re < Re_{krit} = 2\,320$, liegt laminare Strömung im Kühlerrohr vor. Als nächstes ist zu prüfen, ob der hydrodynamische und der thermische Einlauf abgeschlossen sind. Für die Länge des hydrodynamischen Einlaufs erhält man mit Gl. (6.30):

$$L_{hyd} = \left(0{,}056 \cdot Re + \frac{0{,}60}{1 + 0{,}035 \cdot Re}\right) \cdot D = 3{,}18 \text{ cm} \tag{6.134}$$

Da $L_{\text{hyd}} \ll L$ ist, kann der hydrodynamische Einlauf als abgeschlossen betrachtet werden. Die thermische Einlauflänge folgt für konstante Wandtemperatur aus Gl. (6.31):

$$L_{\text{th}} = 0{,}0335 \cdot Re \cdot Pr \cdot D = 5{,}31\ \text{m} \tag{6.135}$$

Die thermische Einlauflänge entspricht mehr als der 3fachen Rohrlänge, d. h. es ist davon auszugehen, dass der thermische Einlauf noch nicht abgeschlossen ist. Es liegt also eine hydrodynamisch ausgebildete Laminarströmung bei gleichzeitigem Einlauf vor (Graetz-Nußelt-Problem). Aus Gl. (6.11) folgt die Graetz-Zahl zu:

$$Gz = Re \cdot Pr \cdot \frac{D}{L} = 91{,}51 \tag{6.136}$$

Den Grundwert der Nußelt-Zahl erhält man aus Gl. (6.36) zu:

$$Nu_0 = \left[49{,}371 + \left(1{,}615 \cdot Gz^{\frac{1}{3}} - 0{,}7\right)^3\right]^{\frac{1}{3}} = 6{,}91 \tag{6.137}$$

Für den Korrekturfaktor für die Temperaturabhängigkeit der Stoffwerte gilt gemäß Angabe ein Exponent von $n = 0{,}11$:

$$K_{\text{T}} = \left(\frac{\eta_{\text{m}}}{\eta_{\text{w}}}\right)^{0{,}11} \tag{6.138}$$

Die dynamische Viskosität beträgt bei Wandtemperatur:

$$\eta_{\text{w}} = \nu_{\text{w}} \cdot \varrho_{\text{w}} = 0{,}503\ \text{Pa s} \tag{6.139}$$

Damit folgt $K_{\text{T}} = 0{,}697$. Für die resultierende Nußelt-Zahl erhält man mit Gl. (6.19):

$$Nu = Nu_0 \cdot K_{\text{T}} = 4{,}82 \tag{6.140}$$

Aus der Definitionsgleichung der Nußelt-Zahl (6.4) folgt der mittlere Wärmeübergangskoeffizient im Rohr:

$$\alpha = \frac{Nu \cdot \lambda}{D} = 67{,}48\ \text{W}/(\text{m}^2\,\text{K}) \tag{6.141}$$

Gemäß Gl. (6.56) ergibt sich in einem Rohr bei konstanter Wandtemperatur und konstantem Wärmeübergangskoeffizienten ein exponentieller Temperaturverlauf mit der Lauflänge x:

$$\vartheta(x) = \vartheta_{\text{w}} + (\vartheta_0 - \vartheta_{\text{w}}) \cdot \exp\left(-\frac{\alpha \cdot D \cdot \pi}{\dot{m} \cdot c_{\text{p}}} \cdot x\right) \tag{6.142}$$

Für $x = L$ erhält man:

$$\vartheta_{\text{L}} = \vartheta(x = L) = \vartheta_{\text{w}} + (\vartheta_0 - \vartheta_{\text{w}}) \cdot \exp\left(-\frac{\alpha \cdot D \cdot \pi}{\dot{m} \cdot c_{\text{p}}} \cdot L\right) = 89{,}80\ °\text{C} \tag{6.143}$$

(b) übertragener Wärmestrom:

Der übertragene Wärmestrom $\dot{Q}$ folgt aus einer globalen Energiebilanz am Öl als Differenz von Austritts- und Eintrittsenthalpie:

$$\dot{Q} = \dot{H}_{\text{L}} - \dot{H}_0 = \dot{m} \cdot c_{\text{p}} \cdot (\vartheta_{\text{L}} - \vartheta_0) = -267{,}52\ \text{W} \tag{6.144}$$

Alternativ kann der Wärmestrom auch über die mittlere Fluidtemperatur $\overline{\vartheta}$ ermittelt werden:

$$\overline{\vartheta} = \frac{1}{L} \cdot \int_0^L \vartheta(x)\,\text{d}x \tag{6.145}$$

Der übertragene Wärmestrom $\dot{Q}$ folgt dann aus dem Newton'schen Abkühlungsgesetz (1.13):

$$\dot{Q} = \alpha \cdot A_{\text{U}} \cdot \left(\overline{\vartheta} - \vartheta_{\text{w}}\right) \tag{6.146}$$

(c) übertragene Wärme:

Zur Berechnung der übertragenen Wärme wird die Durchströmzeit t des Öls benötigt, die sich aus der einfachen Überlegung ergibt, dass das Öl in der Zeit t das Rohr mit der Geschwindigkeit w durchströmt:

$$t = \frac{L}{w} = 14{,}58\ \text{s} \tag{6.147}$$

Die übertragene Wärme folgt dann aus:

$$Q = \dot{Q} \cdot t = -3{,}90\ \text{kJ} \tag{6.148}$$

◄

► Beispiel 6.3:

Das von Prudhoe Bay nach Valdez führende Trans-Alaska-Pipeline-System (TAPS) besteht aus Stahlrohren ($\lambda_S = 50$ W/(m K), Innendurchmesser $D_i = 1{,}22$ m, Wandstärke $s_S = 1{,}2$ cm), die mit Dämmstoff ($\lambda_{WD} = 0{,}075$ W/(m K), Dicke $s_{WD} = 9$ cm) und einem Aluminiummantel ($\lambda_{Al} = 160$ W/(m K), Dicke $s_{Al} = 3$ mm) verkleidet sind. Die Pipeline wird von Rohöl ($\varrho = 887$ kg/m^3, $c_p = 2\,100$ J/(kg K), $\lambda = 0{,}14$ W/(m K), $\eta = 68 \cdot 10^{-3}$ Pa s, $\eta_w = 72 \cdot 10^{-3}$ Pa s, $\dot{m} = 800$ kg/s) durchströmt. Die Pipeline der Länge L ist oberhalb des Erdbodens aufgeständert und wird vom Wind ($w_L = 6$ m/s, $Pr_L = 0{,}7258$, $\lambda_L = 21{,}04 \cdot 10^{-3}$ W/(m K), $\nu_L = 10{,}95 \cdot 10^{-6}$ m^2/s) quer angeströmt.

(a) Wie groß ist der Wärmeübergangskoeffizient α_i in der Pipeline?

(b) Wie groß ist der Wärmeübergangskoeffizient α_e an der Außenseite der Pipeline?

(c) Bestimmen Sie den auf die Innenfläche der Pipeline bezogenen Wärmedurchgangskoeffizienten k_i.

Bild 6.37: *Verlauf des Trans-Alaska-Pipeline-Systems (Länge $1\,285$ km, ⌀ $1{,}22$ m).*

Bekannte Größen:

▷ Pipeline:

Durchmesser:	$D_i = 1{,}22$ m
Wandstärke:	$s_S = 1{,}2 \cdot 10^{-2}$ m
Länge:	$L \gg D_i$
Wärmeleitfähigkeit:	$\lambda_S = 50$ W/(m K)

▷ Dämmstoff:

Stärke:	$s_{WD} = 9 \cdot 10^{-2}$ m
Wärmeleitfähigkeit:	$\lambda_{WD} = 0{,}075$ W/(m K)

▷ Aluminiummantel:

Stärke:	$s_{Al} = 3 \cdot 10^{-3}$ m
Wärmeleitfähigkeit:	$\lambda_{Al} = 160$ W/(m K)

▷ Rohöl:

Dichte:	$\varrho = 887$ kg/m^3
spezifische Wärmekapazität:	$c_p = 2\,100$ J/(kg K)
Wärmeleitfähigkeit:	$\lambda = 0{,}14$ W/(m K)
dynamische Viskosität:	$\eta = 68 \cdot 10^{-3}$ Pa s
	$\eta_w = 72 \cdot 10^{-3}$ Pa s
Massenstrom:	$\dot{m} = 800$ kg/s

▷ Luft:

Geschwindigkeit:	$w_L = 6$ m/s
Prandtl-Zahl:	$Pr_L = 0{,}7258$
Wärmeleitfähigkeit:	$\lambda_L = 0{,}02104$ W/(m K)
kinematische Viskosität:	$\nu_L = 10{,}95 \cdot 10^{-6}$ m^2/s

Gesuchte Größen:

Wärmeübergangskoeffizient innen:	α_i
Wärmeübergangskoeffizient außen:	α_e
Wärmedurchgangskoeffizient:	k_i

Lösung:

(a) Wärmeübergangskoeffizient innen:

Die Strömungsgeschwindigkeit im Rohr folgt mit dem Rohrquerschnitt $A = \frac{D_i^2 \cdot \pi}{4} = 1{,}17$ m^2 aus dem Massenstrom:

$$\dot{m} = \varrho \cdot w \cdot A \quad \Rightarrow \quad w = \frac{\dot{m}}{\varrho \cdot A} = 0{,}77\ \text{m/s} \tag{6.149}$$

Die kinematische Zähigkeit des Rohöls beträgt:

$$\nu = \frac{\eta}{\varrho} = 7{,}67 \cdot 10^{-5}\ \text{m}^2/\text{s}$$

Mit der Definition der Reynolds-Zahl aus Gl. (6.9) erhält man:

$$Re = \frac{w \cdot D_i}{\nu} = 12\,248 > Re_{krit} = 2\,320 \tag{6.150}$$

Die vorliegende turbulente Rohrströmung kann nach Gl. (6.40) berechnet werden. Mit der Temperaturleitfähigkeit $a = \frac{\lambda}{\varrho \cdot c_p}$ folgt:

$$Pr = \frac{\nu}{a} = \frac{\nu \cdot \varrho \cdot c_p}{\lambda} = \frac{\eta \cdot c_p}{\lambda} = 1\,020 \tag{6.151}$$

$$\zeta = (1{,}8 \cdot \log Re - 1{,}64)^{-2} = 0{,}0306 \tag{6.152}$$

$$Nu_0 = \frac{\frac{\zeta}{8} \cdot Re \cdot Pr}{1 + 12{,}7 \cdot \sqrt{\frac{\zeta}{8}} \cdot \left(Pr^{\frac{2}{3}} - 1\right)} = 598{,}79 \tag{6.153}$$

☞ Durch $Pr > 1\,000$ wird der Gültigkeitsbereich von Gl. (6.40) knapp überschritten.

☞ Der Längenkorrekturfaktor K_L gemäß Gl. (6.43) ist 1, da die Pipeline ein sehr langes Rohr darstellt.

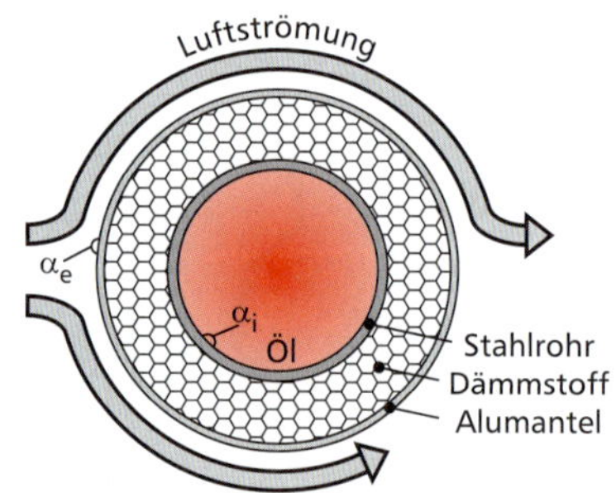

Bild 6.38: *Aufbau des gedämmten und vom Wind quer angeströmten Pipelinerohres.*

Der Korrekturfaktor K_T für die Temperaturabhängigkeit der Stoffwerte folgt aus Gl. (6.45), da sich das Öl im Rohr abkühlt.

$$K_T = \left(\frac{\eta}{\eta_w}\right)^{0,25} = 0{,}986 \tag{6.154}$$

Damit folgen die Nußelt-Zahl und der Wärmeübergangskoeffizient im Rohr zu:

$$Nu = Nu_0 \cdot K_L \cdot K_T = 590{,}40 \tag{6.155}$$

$$\alpha_i = \frac{Nu \cdot \lambda}{D_i} = 67{,}75 \text{ W/(m}^2\text{ K)} \tag{6.156}$$

(b) Wärmeübergangskoeffizient außen:

An der Außenseite liegt ein quer angeströmter Zylinder vor, dessen Außendurchmesser sich wie folgt berechnet:

$$D_a = D_i + 2 \cdot s_S + 2 \cdot s_{WD} + 2 \cdot s_{Al} = 1{,}43 \text{ m} \tag{6.157}$$

Die Reynolds-Zahl der Anströmung beträgt gemäß Gl. (6.9) mit der Überströmlänge L_a gemäß Bild 6.7:

$$L_a = \frac{D_a \cdot \pi}{2} = 2{,}25 \text{ m} \tag{6.158}$$

$$Re_a = \frac{w_L \cdot L_a}{\nu_L} = 1\,232\,877 \tag{6.159}$$

Der Grundwert der resultierenden Nußelt-Zahl lässt sich aus Gl. (6.24) berechnen:

$$Nu_0 = 0{,}3 + \sqrt{Nu_{lam}^2 + Nu_{turb}^2} \tag{6.160}$$

Die Nußelt-Zahlen im laminaren und im turbulenten Fall folgen mit der Überströmlänge L_a aus den Gln. (6.15) und (6.16):

$$Nu_{lam} = 0{,}664 \cdot Re_L^{\frac{1}{2}} \cdot Pr_L^{\frac{1}{3}} = 662{,}57 \tag{6.161}$$

$$Nu_{turb} = \frac{0{,}037 \cdot Re_L^{0,8} \cdot Pr_L}{1 + 2{,}443 \cdot Re_L^{-0,1} \cdot \left(Pr_L^{\frac{2}{3}} - 1\right)} = 2\,453{,}09 \tag{6.162}$$

$$Nu_L \approx Nu_0 = 2\,541{,}29 \tag{6.163}$$

Für den außenseitigen Wärmeübergangskoeffizienten folgt damit:

$$\alpha_e = \frac{Nu_L \cdot \lambda_L}{L_a} = 23{,}76 \text{ W/(m}^2\text{ K)} \tag{6.164}$$

Aufgrund der Dämmung der Pipeline ist ein vergleichsweise geringer Temperaturunterschied zwischen Aluminiummantel und Umgebungsluft zu erwarten, weshalb vereinfacht konstante Stoffwerte für die Luft ohne Temperaturkorrektur ($K_{T,a} = 1$) verwendet werden können.

Der Wärmedurchgangskoeffizient der Pipeline ist unabhängig von der Rohrlänge L, weshalb diese im Folgenden bei der Ermittlung der thermischen Widerstände als Parameter mitgeführt und nicht zahlenwertmäßig eingesetzt wird.

(c) Wärmedurchgangskoeffizient der Pipeline:

Hinsichtlich des Wärmedurchgangs liegt eine Serienschaltung des inneren Wärmeübergangswiderstandes $R_{th,\alpha i}$, der Wärmeleitwiderstände $R_{th,\lambda,S}$ im Stahl, $R_{th,\lambda,WD}$ in der Wärmedämmung sowie $R_{th,\lambda,Al}$ in der Aluverkleidung sowie des äußeren Wärmeübergangswiderstandes $R_{th,\alpha e}$ vor, wobei der maßgebliche Widerstand in der Dämmschicht zu erwarten ist. Die innere bzw. äußere Mantelfläche des Pipelineabschnitts beträgt:

$$A_i = D_i \cdot \pi \cdot L \tag{6.165}$$

$$A_a = D_a \cdot \pi \cdot L \tag{6.166}$$

Für die thermischen Widerstände infolge Wärmeübergangs gilt in Abhängigkeit der Rohrlänge L gemäß Gl. (1.52):

$$R_{\text{th},\alpha\,\text{i}} = \frac{1}{\alpha_\text{i} \cdot A_\text{i}} = \frac{1}{\alpha_\text{i} \cdot D_\text{i} \cdot \pi \cdot L} = 3{,}85 \cdot 10^{-3}\ (\text{K m})/\text{W} \cdot \frac{1}{L} \quad (6.167)$$

$$R_{\text{th},\alpha\,\text{e}} = \frac{1}{\alpha_\text{e} \cdot A_\text{a}} = \frac{1}{\alpha_\text{e} \cdot D_\text{a} \cdot \pi \cdot L} = 9{,}37 \cdot 10^{-3}\ (\text{K m})/\text{W} \cdot \frac{1}{L} \quad (6.168)$$

Mithilfe von Gl. (3.5) lassen sich die thermischen Widerstände infolge Wärmeleitung bestimmen:

$$R_{\text{th},\lambda,\text{S}} = \frac{\ln\left(\frac{D_\text{S}}{D_\text{i}}\right)}{2\,\pi \cdot L \cdot \lambda_\text{S}} = 6{,}20 \cdot 10^{-5}\ (\text{K m})/\text{W} \cdot \frac{1}{L} \quad (6.169)$$

$$R_{\text{th},\lambda,\text{WD}} = \frac{\ln\left(\frac{D_\text{WD}}{D_\text{S}}\right)}{2\,\pi \cdot L \cdot \lambda_\text{WD}} = 2{,}87 \cdot 10^{-1}\ (\text{K m})/\text{W} \cdot \frac{1}{L} \quad (6.170)$$

$$R_{\text{th},\lambda,\text{Al}} = \frac{\ln\left(\frac{D_\text{a}}{D_\text{WD}}\right)}{2\,\pi \cdot L \cdot \lambda_\text{Al}} = 4{,}18 \cdot 10^{-6}\ (\text{K m})/\text{W} \cdot \frac{1}{L} \quad (6.171)$$

Der thermische Widerstand infolge Wärmedurchgangs $R_{\text{th,ges}}$ ergibt sich als Summe der Einzelwiderstände:

$$R_{\text{th,ges}} = R_{\text{th},\alpha_\text{i}} + R_{\text{th},\lambda,\text{S}} + R_{\text{th},\lambda,\text{WD}} + R_{\text{th},\lambda,\text{Al}} + R_{\text{th},\alpha_\text{e}} \quad (6.172)$$

$$R_{\text{th,ges}} = \frac{1}{\pi \cdot L} \cdot \left[\frac{1}{\alpha_\text{i} \cdot D_\text{i}} + \frac{\ln\left(\frac{D_\text{S}}{D_\text{i}}\right)}{2\,\lambda_\text{S}} + \frac{\ln\left(\frac{D_\text{WD}}{D_\text{S}}\right)}{2\,\lambda_\text{WD}} + \frac{\ln\left(\frac{D_\text{a}}{D_\text{WD}}\right)}{2\,\lambda_\text{Al}} + \frac{1}{\alpha_\text{e} \cdot D_\text{a}}\right]$$

Das Produkt aus Wärmedurchgangskoeffizient k_i und Bezugsfläche A_i ist der Kehrwert des Wärmedurchgangswiderstandes:

$$k_\text{i} \cdot A_\text{i} = \frac{1}{R_{\text{th,ges}}} \quad \Rightarrow \quad k_\text{i} = \frac{1}{D_\text{i} \cdot \pi \cdot L} \cdot \frac{1}{R_{\text{th,ges}}} \quad \Rightarrow$$

$$k_\text{i} = \frac{1}{D_\text{i} \cdot \cancel{\pi} \cdot \cancel{L}} \cdot \frac{\cancel{\pi} \cdot \cancel{L}}{\frac{1}{\alpha_\text{i} \cdot D_\text{i}} + \frac{\ln\left(\frac{D_\text{S}}{D_\text{i}}\right)}{2\,\lambda_\text{S}} + \frac{\ln\left(\frac{D_\text{WD}}{D_\text{S}}\right)}{2\,\lambda_\text{WD}} + \frac{\ln\left(\frac{D_\text{a}}{D_\text{WD}}\right)}{2\,\lambda_\text{Al}} + \frac{1}{\alpha_\text{e} \cdot D_\text{a}}} \quad \Rightarrow$$

$$k_\text{i} = \frac{1}{\frac{1}{\alpha_\text{i}} + \frac{D_\text{i}}{2} \cdot \left(\frac{\ln\left(\frac{D_\text{S}}{D_\text{i}}\right)}{\lambda_\text{S}} + \frac{\ln\left(\frac{D_\text{WD}}{D_\text{S}}\right)}{\lambda_\text{WD}} + \frac{\ln\left(\frac{D_\text{a}}{D_\text{WD}}\right)}{\lambda_\text{Al}}\right) + \frac{1}{\alpha_\text{e}} \cdot \frac{D_\text{i}}{D_\text{a}}}$$

$$k_\text{i} = 0{,}87\ \text{W}/(\text{m}^2\,\text{K}) \quad (6.173)$$

◀

Die Durchmesser betragen:

$D_\text{S} = D_\text{i} + 2\,s_\text{S} = 1{,}244$ m
$D_\text{WD} = D_\text{S} + 2\,s_\text{WD} = 1{,}424$ m
$D_\text{a} = D_\text{Al} = D_\text{WD} + 2\,s_\text{Al} = 1{,}430$ m

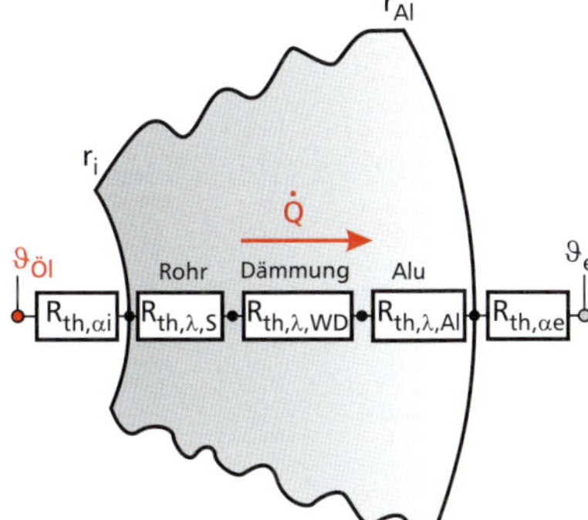

Bild 6.39: *Reihenschaltung der thermischen Widerstände durch die Rohrwandung der Pipeline.*

Zusammenfassung und Ausblick:

- Bei der Rohrströmung ist mittels Reynolds-Zahl zu prüfen, ob eine laminare oder turbulente Strömung oder eine Strömung im Übergangsbereich vorliegt.
- Bei nichtkreisförmigen Strömungsquerschnitten ist der hydraulische Durchmesser zu ermitteln.
- Bei langen Rohren beträgt der Korrekturfaktor für die Einlauflänge $K_\text{L} = 1$.
- Der thermische Gesamtwiderstand gedämmter Rohrleitungen wird maßgeblich vom Wärmedurchlasswiderstand der Dämmschicht bestimmt.
- Für den Wärmedurchgangskoeffizienten ist die Rohrlänge unerheblich, da sie sich herauskürzt.
- Zusätzlich zum konvektiven Wärmeübergang an der Rohraußenseite wäre auch noch der Wärmetransport durch Strahlung zu berücksichtigen (Gesamtwärmeübergang).

Bekannte Größen:

▷ Platte:

Breite:	$B = 1$ m
Tiefe:	$T = 0{,}5$ m
Emissionsgrad:	$\varepsilon \to 0$
Temperatur:	$\vartheta_w = 60$ °C

▷ Umgebungsluft:

Temperatur:	$\vartheta_\infty = 20$ °C

Gesuchte Größen:

Wärmestrom:	$\dot{Q}_a \ldots \dot{Q}_d$

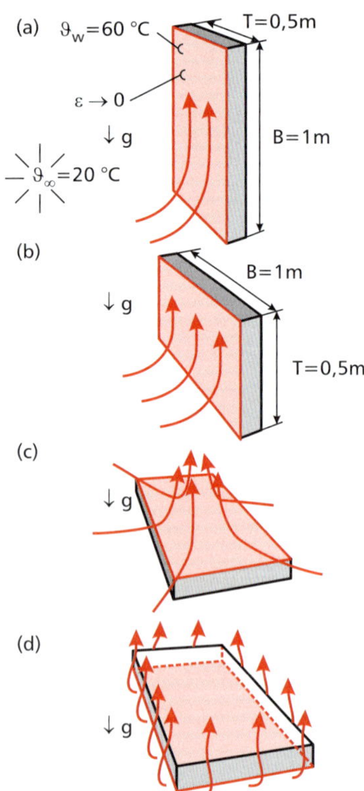

Bild 6.40: *Einbauvarianten der Heizplatte.*

☞ Alternativ kann der isobare Ausdehnungskoeffizient β_p bei Annahme eines idealen Gases auch berechnet werden als:

$$\beta_p = \frac{1}{T_B} = \frac{1}{\vartheta_\infty + T_0} = 3{,}411 \cdot 10^{-3}\ 1/\text{K}$$

☞ Mit einer Rayleigh-Zahl von $Ra_a = 3{,}21 \cdot 10^9$ wird der Gültigkeitsbereich $10^{-1} < Ra_a < 10^{12}$ von Gl. (6.61) eingehalten. $Pr = 0{,}7122$ liegt ebenfalls im erforderlichen Bereich $0{,}001 < Pr < \infty$.

▶ Beispiel 6.4:

Monteur Heini Heizer soll eine rückseitig ideal wärmegedämmte hochglanzpolierte Heizplatte (Breite $B = 1$ m, Tiefe $T = 0{,}5$ m, $\varepsilon \to 0$) mit einer Oberflächentemperatur von $\vartheta_w = 60$ °C in einem Raum mit einer Lufttemperatur von $\vartheta_\infty = 20$ °C einbauen. Es besteht die Möglichkeit, die Heizplatte wie folgt zu montieren:

(a) vertikal hochkant (Höhe B)

(b) vertikal quer (Höhe T)

(c) horizontal mit der Heizfläche nach oben

(d) horizontal mit der Heizfläche nach unten

Bestimmen Sie jeweils die übertragbare Heizleistung $\dot{Q}_a, \dot{Q}_b, \dot{Q}_c, \dot{Q}_d$.

Lösung:

(a) vertikaler Einbau hochkant:

Zunächst sind die Stoffwerte der Luft bei der Bezugstemperatur ϑ_B zu ermitteln, die sich als Mittelwert aus der Oberflächentemperatur ϑ_w und der Umgebungstemperatur ϑ_∞ ergibt:

$$\vartheta_B = \frac{\vartheta_w + \vartheta_\infty}{2} = 40\ °\text{C} \tag{6.174}$$

In Tabelle 10.9 findet man bei $\vartheta_B = 40$ °C bzw. $\vartheta_\infty = 20$ °C:

$$\beta_p(\vartheta_\infty) = 3{,}421 \cdot 10^{-3}\ 1/\text{K}; \qquad \lambda = 27{,}16 \cdot 10^{-3}\ \text{W/(m K)}$$
$$\nu = 17{,}26 \cdot 10^{-6}\ \text{m}^2/\text{s}; \qquad Pr = 0{,}7122 \tag{6.175}$$

Die Fläche der Heizplatte beträgt:

$$A = B \cdot T = 0{,}5\ \text{m}^2$$

Die wirksame Temperaturdifferenz ergibt sich als:

$$\Delta\vartheta = \vartheta_w - \vartheta_\infty = 40\ \text{K} \tag{6.176}$$

Es liegt freie Konvektion an einer vertikalen Platte der Höhe $H_a = B$ vor. Die resultierende Rayleigh-Zahl folgt aus den Gln. (6.7) und (6.8):

$$Gr_a = \frac{g \cdot \beta_p \cdot \Delta\vartheta \cdot H_a^3}{\nu^2} = 4{,}51 \cdot 10^9 \tag{6.177}$$

$$Ra_a = Gr_a \cdot Pr = 3{,}21 \cdot 10^9 \tag{6.178}$$

Der Wärmeübergang kann nach den Gln. (6.61) und (6.62) berechnet werden, wobei als maßgebliche Höhe $H_a = B$ einzusetzen ist:

$$f_1(Pr) = \left[1 + \left(\frac{0{,}492}{Pr}\right)^{\frac{9}{16}}\right]^{-\frac{16}{9}} = 0{,}348 \tag{6.179}$$

$$Nu_a = \left[0{,}825 + 0{,}387 \cdot [Ra_a \cdot f_1(Pr)]^{\frac{1}{6}}\right]^2 = 176{,}68 \tag{6.180}$$

Damit ergibt sich der Wärmeübergangskoeffizient α_e und der Wärmestrom $\dot{Q}_a$ zu:

$$\alpha_e = \frac{Nu_a \cdot \lambda}{H_a} = 4{,}80\ \text{W/(m}^2\,\text{K)} \tag{6.181}$$

$$\dot{Q}_a = \alpha_e \cdot A \cdot \Delta\vartheta = 96\ \text{W} \tag{6.182}$$

(b) vertikaler Einbau quer:

Die Berechnung ist wie in Teilaufgabe (a) durchzuführen, mit dem Unterschied, dass nun $H_\mathrm{b} = T$ ist. Es ergeben sich folgende Werte:

$$Gr_\mathrm{b} = 5{,}63 \cdot 10^8; \qquad Ra_\mathrm{b} = 4{,}01 \cdot 10^8 \tag{6.183}$$

$$Nu_\mathrm{b} = 92{,}91; \qquad \alpha_\mathrm{b} = 5{,}05\ \mathrm{W/(m^2\,K)} \tag{6.184}$$

$$\dot{Q}_\mathrm{b} = 101\ \mathrm{W} \tag{6.185}$$

(c) horizontaler Einbau mit Wärmefluss nach oben:

Es liegt nun freie Konvektion an einer horizontalen Fläche mit Wärmeabgabe an der Oberseite vor, so dass der Wärmeübergang nach den Gln. (6.70) und (6.71) zu berechnen ist. Zunächst ist die charakteristische Anströmlänge L gemäß Gl. (6.68) zu ermitteln:

$$L = \frac{A}{U} = \frac{B \cdot T}{2 \cdot (B + T)} = 0{,}167\ \mathrm{m} \tag{6.186}$$

Für die Grashof- und Rayleigh-Zahl gilt nun:

$$Gr_\mathrm{c} = \frac{g \cdot \beta_\mathrm{p} \cdot \Delta\vartheta \cdot L^3}{\nu^2} = 2{,}10 \cdot 10^7 \tag{6.187}$$

$$Ra_\mathrm{c} = Gr_\mathrm{c} \cdot Pr = 1{,}50 \cdot 10^7 \tag{6.188}$$

Die stoffwertabhängige Korrekturfunktion $f_2(Pr)$ lautet:

$$f_2(Pr) = \left[1 + \left(\frac{0{,}322}{Pr}\right)^{\frac{11}{20}}\right]^{-\frac{20}{11}} = 0{,}404 \tag{6.189}$$

Wegen $Ra_\mathrm{c} \cdot f_2(Pr) = 6{,}06 \cdot 10^6 > 7 \cdot 10^4$ ist die Strömung turbulent, weshalb die Nußelt-Zahl nach Gl. (6.71) zu berechnen ist:

$$Nu_\mathrm{c} = 0{,}15 \cdot [Ra_\mathrm{c} \cdot f_2(Pr)]^{\frac{1}{3}} = 27{,}35 \tag{6.190}$$

Der Wärmeübergangskoeffizient α_c und der Wärmestrom $\dot{Q}_\mathrm{c}$ folgt aus:

$$\alpha_\mathrm{c} = \frac{Nu_\mathrm{c} \cdot \lambda}{L} = 4{,}44\ \mathrm{W/(m^2\,K)} \tag{6.191}$$

$$\dot{Q}_\mathrm{c} = \alpha_\mathrm{c} \cdot A \cdot \Delta\vartheta = 89\ \mathrm{W} \tag{6.192}$$

(d) horizontaler Einbau mit Wärmefluss nach unten:

Der Wärmeübergang ist nun nach Gl. (6.73) zu berechnen, wobei die Korrekturfunktion $f_1(Pr)$ aus Gl. (6.62) zu ermitteln ist. Da die Geometrie und die Temperaturen unverändert sind, gilt:

$$Ra_\mathrm{d} = Ra_\mathrm{c} = 1{,}50 \cdot 10^7 \tag{6.193}$$

Damit folgt für die Nußelt-Zahl, den Wärmeübergangskoeffizienten und den Wärmestrom:

$$Nu_\mathrm{d} = 0{,}6 \cdot [Ra_\mathrm{d} \cdot f_1(Pr)]^{\frac{1}{5}} = 13{,}23 \tag{6.194}$$

$$\alpha_\mathrm{d} = \frac{Nu_\mathrm{d} \cdot \lambda}{L} = 2{,}15\ \mathrm{W/(m^2\,K)} \tag{6.195}$$

$$\dot{Q}_\mathrm{d} = \alpha_\mathrm{d} \cdot A \cdot \Delta\vartheta = 43\ \mathrm{W} \tag{6.196}$$

◄

Zusammenfassung und Ausblick:

- Bei der freien Konvektion hat die Einbaurichtung einer Heiz- oder Kühlfläche maßgeblichen Einfluss.
- Schmale hohe Heiz- und Kühlflächen sind dabei ungünstiger als breite niedrige Flächen. Dies ist darauf zurückzuführen, dass an hohen Heizflächen aufgrund der größeren Lauflänge dickere Grenzschichten auftreten, die zu einer Verminderung des Wärmeübergangs führen.
- Der Einbau der Heizfläche als Deckenheizung führt erwartungsgemäß zu dem geringsten Wärmestrom, da sich hier die Grenzschicht entgegen der Richtung des natürlichen Auftriebs nicht ablösen kann. Die Bodenheizung weist wegen der ablösenden Grenzschicht eine größere Heizleistung auf.
- Bei Kühlflächen ist demgegenüber eine Kühldecke wirkungsvoller als eine Bodenkühlung.
- Bei horizontalen Heiz- und Kühlflächen ist die charakteristische Anströmlänge als Verhältnis von Oberfläche und Umfang der Fläche zu berücksichtigen.
- Bei der Anwendung der Modelle ist darauf zu achten, dass die angenommene Strömung nicht behindert wird, z. B. durch Wände, Möbel etc.

☞ Mit $Ra_\mathrm{d} \cdot f_1(Pr) = 5{,}20 \cdot 10^6$ wird der Gültigkeitsbereich $10^3 < Ra_\mathrm{d} \cdot f_1(Pr) < 10^{10}$ von Gl. (6.73) eingehalten.

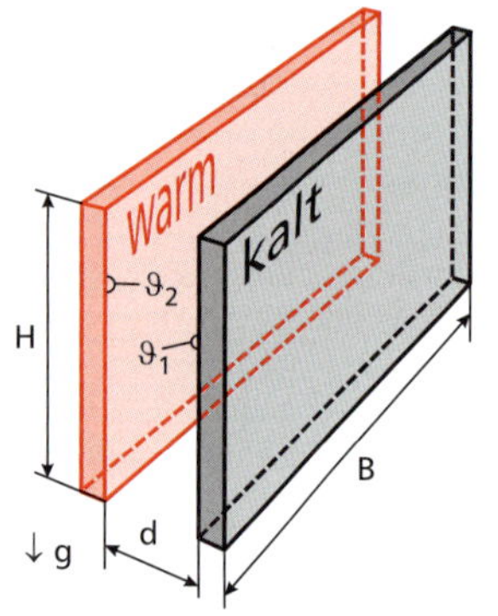

Bild 6.41: *Schema der Isolierverglasung.*

Bekannte Größen:

▷ Verglasung:

Breite:	$B = 0{,}75$ m
Höhe:	$H = 1{,}5$ m
Scheibenabstand:	$d_0 = 16 \cdot 10^{-3}$ m
	$d_1 = 12 \cdot 10^{-3}$ m
	$d_2 = 20 \cdot 10^{-3}$ m
Temperaturen:	$\vartheta_1 = 3$ °C
	$\vartheta_2 = 12$ °C

Gesuchte Größen:

Nußelt-Zahl:	Nu_s
scheinbare Wärmeleitfähigkeit:	λ_s

☞ Durch lineare Interpolation folgt der isobare Ausdehnungskoeffizient aus Tabelle 10.9 zu $\beta_p^* = 3{,}576 \cdot 10^{-3}$ 1/K. Die Abweichung erklärt sich daraus, dass die Zahlenwerte in Tabelle 10.9 auf einer Realgasgleichung beruhen und die Beziehung $\beta_p = \frac{1}{T_B}$ nur für ideales Gas gilt.

► Beispiel 6.5: Ex

Peter Silie soll die Verluste infolge Wärmeleitung und Konvektion im Scheibenzwischenraum einer luftgefüllten, unbeschichteten Isolierverglasung (Höhe $H = 1{,}5$ m, Breite $B = 0{,}75$ m, Scheibenabstand $d_0 = 16$ mm) mit einem einfachen stationären Modell untersuchen. Die Scheibentemperaturen im Luftzwischenraum sind aus einer Vorbetrachtung seiner Schwester Ute N. Silie mit $\vartheta_1 = 3$ °C und $\vartheta_2 = 12$ °C abgeschätzt worden.

(a) Bestimmen Sie die Nußelt-Zahl Nu_s im Scheibenzwischenraum.

(b) Bestimmen Sie in Relation zur Wärmeleitfähigkeit einer ruhenden Luftschicht die scheinbare Wärmeleitfähigkeit λ_s des Luftzwischenraums der Isolierverglasung.

(c) Wie ändert sich der Wärmetransport im Luftzwischenraum, wenn der Scheibenabstand auf $d_1 = 12$ mm verringert bzw. auf $d_2 = 20$ mm vergrößert wird?

(d) Wie verändert sich der Wärmetransport infolge Leitung und Konvektion, wenn die Scheiben mit dem Abstand d_2 „hochkant" eingebaut, d. h. wenn H und B vertauscht werden?

Lösung:

(a) Nußelt-Zahl des Luftzwischenraums:

Zunächst sind die Stoffwerte für die Bezugstemperatur im Luftzwischenraum $\vartheta_B = 0{,}5 \cdot (\vartheta_1 + \vartheta_2) = 7{,}5$ °C zu ermitteln. Durch lineare Interpolation findet man aus Tabelle 10.9:

$$\lambda = 24{,}75 \cdot 10^{-3}\ \text{W/(m K)}; \qquad \eta = 17{,}62 \cdot 10^{-6}\ \text{Pa s} \tag{6.197}$$

$$\varrho = 1{,}241\ \text{kg/m}^3; \qquad c_p = 1\,006{,}8\ \text{J/(kg K)} \tag{6.198}$$

Damit erhält man:

$$a = \frac{\lambda}{\varrho \cdot c_p} = 19{,}81 \cdot 10^{-6}\ \text{m}^2/\text{s} \tag{6.199}$$

$$\nu = \frac{\eta}{\varrho} = 14{,}20 \cdot 10^{-6}\ \text{m}^2/\text{s} \tag{6.200}$$

$$Pr = \frac{\nu}{a} = 0{,}7168 \tag{6.201}$$

$$\beta_p = \frac{1}{T_B} = \frac{1}{\vartheta_B + T_0} = 3{,}563 \cdot 10^{-3}\ 1/\text{K} \tag{6.202}$$

Die charakteristische Spaltweite beträgt $s = d_0$. Sie wird zur Bildung der Grashof-Zahl Gr_s gemäß Gl. (6.7) herangezogen. Der Temperaturunterschied zwischen den Scheiben beträgt:

$$\Delta\vartheta = \vartheta_2 - \vartheta_1 = 9\ \text{K} \tag{6.203}$$

Damit folgt für die maßgeblichen Kennzahlen der freien Konvektion:

$$Gr_s = \frac{g \cdot \beta_p \cdot \Delta\vartheta \cdot s^3}{\nu^2} = 6{,}39 \cdot 10^3 \tag{6.204}$$

$$Ra_s = Gr_s \cdot Pr = 4{,}58 \cdot 10^3 \tag{6.205}$$

Die Wärmeübertragung in einer geschlossen vertikalen Fluidschicht hängt maßgeblich vom Größenverhältnis $\frac{H}{s} = 93{,}75$ ab. Gemäß Gl. (6.93) gilt für $40 < \frac{H}{s} < 110$:

$$Nu_\mathrm{s} = \left[1 + \left(\frac{0{,}0665 \cdot Ra_\mathrm{s}^{\frac{1}{3}}}{1 + \left(\frac{9\,000}{Ra_\mathrm{s}}\right)^{1{,}4}}\right)^2\right]^{\frac{1}{2}} = 1{,}047 \tag{6.206}$$

(b) scheinbare Wärmeleitfähigkeit im Luftzwischenraum:

Die im Scheibenzwischenraum auftretenden vertikalen Auf- und Abtriebsgrenzschichten (Bild 6.42) verstärken den Wärmedurchgang. Gemäß Gl. (6.82) gilt für die scheinbare Wärmeleitfähigkeit im Spalt:

$$Nu_\mathrm{s} = \frac{\lambda_\mathrm{s}}{\lambda} \quad\Rightarrow\quad \lambda_\mathrm{s} = Nu_\mathrm{s} \cdot \lambda = 0{,}026\ \mathrm{W/(m\ K)} \tag{6.207}$$

(c) veränderter Scheibenabstand:

Mit den veränderten Scheibenabständen d_1 und d_2 ergeben sich die folgenden dimensionslosen Kennzahlen:

$$Gr_\mathrm{s1} = 2{,}70 \cdot 10^3; \qquad Gr_\mathrm{s2} = 1{,}25 \cdot 10^4 \tag{6.208}$$

$$Ra_\mathrm{s1} = 1{,}94 \cdot 10^3; \qquad Ra_\mathrm{s2} = 8{,}96 \cdot 10^3 \tag{6.209}$$

$$Nu_\mathrm{s1} = 1{,}004; \qquad Nu_\mathrm{s2} = 1{,}214 \tag{6.210}$$

(d) Einbau hochkant:

Der Einbau der Scheiben hochkant hat zur Folge, dass H und B vertauscht werden. Als maßgebliche Höhe ist nun $H_\mathrm{d} = B$ heranzuziehen, wodurch gilt:

$$\frac{H_\mathrm{d}}{d_2} = 37{,}5 \tag{6.211}$$

Damit ist Gl. (6.89) anzuwenden:

$$Nu_\lambda = \left[1 + \left(\frac{0{,}104 \cdot Ra_\mathrm{s2}^{0{,}293}}{1 + \left(\frac{6\,310}{Ra_\mathrm{s2}}\right)^{1{,}36}}\right)^3\right]^{\frac{1}{3}} = 1{,}214 \tag{6.212}$$

$$Nu_\mathrm{lam} = 0{,}242 \cdot Ra_\mathrm{s2}^{0{,}273} \cdot \left(\frac{H_d}{d_2}\right)^{-0{,}273} = 1{,}079 \tag{6.213}$$

$$Nu_\mathrm{turb} = 0{,}0605 \cdot Ra_\mathrm{s2}^{\frac{1}{3}} = 1{,}257 \tag{6.214}$$

$$Nu_\mathrm{s2}^{*} = \max\left[Nu_\lambda, Nu_\mathrm{lam}, Nu_\mathrm{turb}\right] = 1{,}257 \tag{6.215}$$

Durch die geänderte Einbausituation resultiert ein um 3,5 % höherer Wärmeübergang im Scheibenzwischenraum.

◄

☞ Die Gültigkeitsbedingungen von Gl. (6.93) sind mit $Ra_\mathrm{s} < 10^6$ und $Pr \approx 0{,}7$ erfüllt.

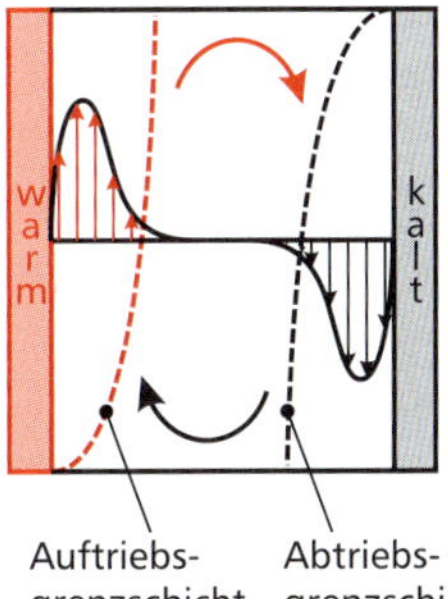

Bild 6.42: *Auf- und Abtriebsgrenzschicht im Scheibenzwischenraum.*

☞ Mit $\frac{H}{s} = \frac{H}{d_1} = 125$ wird der Gültigkeitsbereich von Gl. (6.93) überschritten.

☞ Bei von $d_0 = 16$ mm auf $d_1 = 12$ mm reduziertem Scheibenabstand steigt der Wärmetransport infolge Wärmeleitung und Konvektion um $\frac{Nu_\mathrm{s1}}{d_1} \cdot \frac{d_0}{Nu_\mathrm{s}} - 1 = \frac{1{,}004}{12} \cdot \frac{16}{1{,}047} - 1 \approx +27{,}9\ \%$. Bei auf $d_2 = 20$ mm vergrößertem Luftzwischenraum sinkt der Wärmefluss um $1 - \frac{Nu_\mathrm{s2}}{d_2} \cdot \frac{d_0}{Nu_\mathrm{s}} = 1 - \frac{1{,}214}{20} \cdot \frac{16}{1{,}047} \approx -7{,}2\ \%$.

☞ Der genannte Gültigkeitsbereich von Gl. (6.89) $Ra_\mathrm{s2} \cdot \left(\frac{H}{s}\right)^3 < 1{,}5 \cdot 10^{10}$ wird mit $Ra_\mathrm{s2} \cdot \left(\frac{H_d}{d_2}\right)^3 = 4{,}73 \cdot 10^8$ eingehalten.

Zusammenfassung und Ausblick:

- Es existiert bei Mehrfachverglasungen ein optimaler Scheibenabstand, bei dem der Wärmetransport infolge von Wärmeleitung und Konvektion minimal ist.
- Neben dem Abstand der Scheiben spielt auch die Gasfüllung eine entscheidende Rolle. Heute werden üblicherweise Edelgase (Ar, Kr und Xe) verwendet.
- Mit zunehmender Scheibenhöhe nimmt der Wärmetransport ab, so dass hohe Scheiben günstiger sind als niedrige.

Bekannte Größen:

▷ Rohr:

Durchmesser:	$D = 0{,}1$ m
Temperatur:	$\vartheta_R = 40$ °C

▷ Luft:

Temperatur:	$\vartheta_L = 20$ °C
Wärmeleitfähigkeit:	$\lambda = 0{,}02643$ W/(m K)
kinematische Viskosität:	$\nu = 16{,}30 \cdot 10^{-6}$ m²/s
Prandtl-Zahl:	$Pr = 0{,}7134$
isobarer Ausdehnungskoeffizient:	$\beta_p = 3{,}307 \cdot 10^{-3}$ 1/K
Geschwindigkeit:	$w_0 = 0{,}25$ m/s
	$w_1 = 5{,}00$ m/s

▷ Wasser:

Temperatur:	$\vartheta_W = 20$ °C
Wärmeleitfähigkeit:	$\lambda_W = 0{,}6155$ W/(m K)
kinematische Viskosität:	$\nu_W = 0{,}801 \cdot 10^{-6}$ m²/s
Prandtl-Zahl:	$Pr_W = 5{,}41$
isobarer Ausdehnungskoeffizient:	$\beta_{p,W} = 3{,}05 \cdot 10^{-4}$ 1/K
Geschwindigkeit:	$w_2 = 0{,}10$ m/s

Gesuchte Größen:

Nußelt-Zahlen:	Nu_{frei}, Nu_{erzw}
Wärmeübergangskoeffizienten:	α, α_1, α_2

Die Stoffwerte der das Rohr umgebenden Luft sind bei der Bezugstemperatur $\vartheta_B = \frac{\vartheta_R + \vartheta_L}{2} = 30$ °C zu ermitteln (vgl. Tabelle 10.9).

Die vorherrschende Rayleigh-Zahl $Ra = 6{,}74 \cdot 10^6$ liegt im Gültigkeitsbereich von Gl. (6.74) $3{,}9 \cdot 10^{-5} < Ra < 3{,}9 \cdot 10^{12}$.

▶ Beispiel 6.6:

Auf dem Werksgelände von Franziska Fabrikans verläuft ein horizontales Rohr mit dem Außendurchmesser $D = 100$ mm und der Oberflächentemperatur $\vartheta_R = 40$ °C frei aufgeständert über dem Erdboden. Die Eigenschaften der umgebenden Luft ($\vartheta_L = 20$ °C, $Pr = 0{,}7134$, $\lambda = 26{,}43 \cdot 10^{-3}$ W/(m K), $\nu = 16{,}30 \cdot 10^{-6}$ m²/s, $\beta_p = 3{,}307 \cdot 10^{-3}$ 1/K) sind bekannt. Das Rohr wird von leichtem Wind mit $w_0 = 0{,}25$ m/s quer angeströmt.

(a) Bestimmen Sie die Nußelt-Zahlen Nu_{frei} und Nu_{erzw} aufgrund freier und erzwungener Konvektion.

(b) Bestimmen Sie den resultierenden Wärmeübergangskoeffizienten α am Rohr.

(c) Wie ändern sich die Verhältnisse, wenn das Rohr plötzlich mit starkem Wind der Stärke $w_1 = 5$ m/s angeströmt wird?

(d) Welcher Wärmeübergang würde auftreten, wenn das Rohr in einem großen Wasserbecken ($\vartheta_W = 20$ °C, $\lambda_W = 615{,}5 \cdot 10^{-3}$ W/(m K), $\nu_W = 0{,}801 \cdot 10^{-6}$ m²/s, $Pr_W = 5{,}41$, $\beta_{p,W} = 0{,}305 \cdot 10^{-3}$ 1/K) mit $w_2 = 0{,}1$ m/s quer angeströmt würde?

Lösung:

(a) Nußelt-Zahlen der freien und der erzwungenen Konvektion:

Als charakteristische Länge ist die Überströmlänge gemäß Bild 6.7 heranzuziehen:

$$L = \frac{D \cdot \pi}{2} = 0{,}157 \text{ m} \tag{6.216}$$

Die maßgeblichen Kennzahlen der freien Konvektion lauten mit der Temperaturdifferenz $\Delta\vartheta = \vartheta_R - \vartheta_L = 20$ K und den Gln. (6.7) und (6.8):

$$Gr = \frac{g \cdot \beta_p \cdot \Delta\vartheta \cdot L^3}{\nu^2} = 9{,}45 \cdot 10^6 \tag{6.217}$$

$$Ra = Gr \cdot Pr = 6{,}74 \cdot 10^6 \tag{6.218}$$

Aus Gl. (6.74) erhält man:

$$f_3(Pr) = \left[1 + \left(\frac{0{,}559}{Pr}\right)^{\frac{9}{16}}\right]^{-\frac{16}{9}} = 0{,}328 \tag{6.219}$$

$$Nu_{frei} = \left[0{,}752 + 0{,}387 \cdot [Ra \cdot f_3(Pr)]^{\frac{1}{6}}\right]^2 = 26{,}72 \tag{6.220}$$

Zur Berechnung des Wärmeübergangs infolge der Windanströmung ist zunächst die Reynolds-Zahl aus Gl. (6.9) zu ermitteln:

$$Re_0 = \frac{w_0 \cdot L}{\nu} = 2{,}41 \cdot 10^3 \tag{6.221}$$

Die Ermittlung der Nußelt-Zahl der erzwungenen Konvektion erfolgt gemäß Gl. (6.24) in Verbindung mit Gl. (6.15) und (6.16):

$$Nu_{lam,0} = 0{,}664 \cdot Re_0^{\frac{1}{2}} \cdot Pr^{\frac{1}{3}} = 29{,}13 \tag{6.222}$$

$$Nu_{\text{turb},0} = \frac{0{,}037 \cdot Re_0^{0,8} \cdot Pr}{1 + 2{,}443 \cdot Re_0^{-0,1} \cdot \left(Pr^{\frac{2}{3}} - 1\right)} = 17{,}32 \tag{6.223}$$

$$Nu_{\text{erzw},0} = 0{,}3 + \sqrt{Nu_{\text{lam},0}{}^2 + Nu_{\text{turb},0}{}^2} = 34{,}19 \tag{6.224}$$

(b) resultierender Wärmeübergangskoeffizient:

Wegen $\frac{Gr}{Re_0{}^2} = 1{,}63 \approx 1$ sind freie und erzwungene Konvektion von ähnlicher Größenordnung. Sie sind gleichgerichtet vgl. Bild 6.31). Die resultierende Nußelt-Zahl folgt aus Gl. (6.104):

$$Nu_{\text{Misch},0} = \left(Nu_{\text{erzw},0}{}^3 + Nu_{\text{frei}}{}^3\right)^{\frac{1}{3}} = 38{,}94 \tag{6.225}$$

Der resultierende Wärmeübergangskoeffizient beträgt nach Gl. (6.4):

$$\alpha_0 = \frac{Nu_{\text{Misch},0} \cdot \lambda}{L} = 6{,}56\ \text{W}/(\text{m}^2\,\text{K}) \tag{6.226}$$

(c) Wärmeübergangskoeffizient bei starkem Wind:

Durch die Änderung der Windgeschwindigkeit nimmt die Stärke der erzwungenen Konvektion zu, während die Stärke der freien Konvektion unverändert bleibt.

$$Re_1 = \frac{w_1 \cdot L}{\nu} = 4{,}82 \cdot 10^4 \tag{6.227}$$

$$Nu_{\text{lam},1} = 0{,}664 \cdot Re_1^{\frac{1}{2}} \cdot Pr^{\frac{1}{3}} = 130{,}26 \tag{6.228}$$

$$Nu_{\text{turb},1} = \frac{0{,}037 \cdot Re_1^{0,8} \cdot Pr}{1 + 2{,}443 \cdot Re_1^{-0,1} \cdot \left(Pr^{\frac{2}{3}} - 1\right)} = 176{,}85 \tag{6.229}$$

$$Nu_{\text{erzw},1} = 0{,}3 + \sqrt{Nu_{\text{lam},1}{}^2 + Nu_{\text{turb},1}{}^2} = 219{,}94 \tag{6.230}$$

$$Nu_{\text{Misch},1} = \left(Nu_{\text{erzw},1}{}^3 + Nu_{\text{frei}}{}^3\right)^{\frac{1}{3}} = 220{,}07 \tag{6.231}$$

Damit folgt für den veränderten Wärmeübergangskoeffizienten:

$$\alpha_1 = \frac{Nu_{\text{Misch},1} \cdot \lambda}{L} = 37{,}05\ \text{W}/(\text{m}^2\,\text{K}) \tag{6.232}$$

(d) Wärmeübergang im Wasser:

Bei dem im Wasser verlegten Rohr ändert sich sowohl die freie als auch die erzwungene Konvektion, da andere Stoffwerte und eine andere Anströmgeschwindigkeit vorliegen. Ansonsten ist der Berechnungsgang unverändert ($\Delta\vartheta = \vartheta_{\text{R}} - \vartheta_{\text{L}} = 20$ K):

$$Gr_{\text{W}} = \frac{g \cdot \beta_{\text{p,W}} \cdot \Delta\vartheta \cdot L^3}{\nu_{\text{W}}^2} = 3{,}61 \cdot 10^8 \tag{6.233}$$

$$Ra_{\text{W}} = Gr_{\text{W}} \cdot Pr_{\text{W}} = 1{,}95 \cdot 10^9 \tag{6.234}$$

$$f_3(Pr_{\text{W}}) = \left[1 + \left(\frac{0{,}559}{Pr_{\text{W}}}\right)^{\frac{9}{16}}\right]^{-\frac{16}{9}} = 0{,}646 \tag{6.235}$$

☞ Das Kriterium $\frac{Gr}{Re^2} \approx 1$ ist dahingehend zu interpretieren, dass Gr und Re^2 von ähnlicher Größenordnung sind, wobei es dafür keine strengen Grenzen gibt. In der Praxis kann die Mischkonvektion vielfach im Bereich $0{,}2 < \frac{Gr}{Re^2} < 5$ berücksichtigt werden.

☞ Da das Rohr quer angeströmt wird, liegt der Grenzfall eines Anströmwinkels $\gamma = 90°$ vor. Gemäß S. 200 wird dieser Fall der gleichgerichteten Mischkonvektion zugeordnet.

☞ Die Nußelt-Zahl der Mischkonvektion ist praktisch gleich der Nußelt-Zahl der erzwungenen Konvektion, da wegen $\frac{Gr}{Re_1{}^2} = 4{,}07 \cdot 10^{-3} \ll 1$ die erzwungene Konvektion gegenüber der freien Konvektion dominiert.

Zusammenfassung und Ausblick:

- Bei der Mischkonvektion überlagern sich freie und erzwungene Konvektion in ihrer Wirkung, falls $\frac{Gr}{Re^2} \approx 1$ ist.
- In Wasser ist gegenüber Luft ein höherer Wärmeübergang möglich, weshalb sich Wasser als Wärmeübertragungsmedium besser eignet als Luft.

Freie und erzwungene Konvektion überlagern sich im Wasser, da wegen $\frac{Gr_W}{Re_2^2} = 0{,}94 \approx 1$ beide Konvektionsformen maßgebend sind.

$$Nu_{frei,\,W} = \left[0{,}752 + 0{,}387 \cdot \left[Ra_W \cdot f_3(Pr_W)\right]^{\frac{1}{6}}\right]^2 = 181{,}44 \tag{6.236}$$

$$Re_2 = \frac{w_2 \cdot L}{\nu} = 1{,}96 \cdot 10^4 \tag{6.237}$$

$$Nu_{lam,\,2} = 0{,}664 \cdot Re_2^{\frac{1}{2}} \cdot Pr_W^{\frac{1}{3}} = 163{,}19 \tag{6.238}$$

$$Nu_{turb,\,2} = \frac{0{,}037 \cdot Re_2^{0{,}8} \cdot Pr_W}{1 + 2{,}443 \cdot Re_2^{-0{,}1} \cdot \left(Pr_W^{\frac{2}{3}} - 1\right)} = 187{,}88 \tag{6.239}$$

$$Nu_{erzw,\,2} = 0{,}3 + \sqrt{{Nu_{lam,\,2}}^2 + {Nu_{turb,\,2}}^2} = 249{,}16 \tag{6.240}$$

$$Nu_{Misch,\,2} = \left({Nu_{erzw,\,2}}^3 + {Nu_{frei,\,2}}^3\right)^{\frac{1}{3}} = 277{,}81 \tag{6.241}$$

Der resultierende Wärmeübergangskoeffizient beträgt damit:

$$\alpha_2 = \frac{Nu_{Misch,\,2} \cdot \lambda_W}{L} = 1\,089{,}12\ \text{W/(m}^2\,\text{K)} \tag{6.242}$$

◄

6.3 Aufgaben zum Selbststudium

► Aufgabe 6.1:

Trucker Didi Diesel fährt mit seinem Kühlgut-LKW (Breite $B = 3$ m, Länge $L = 9$ m) mit $w = 90$ km/h über die Autobahn. Wie groß ist der konvektive Wärmeübergangskoeffizient α des LKW-Dachs, wenn die Bezugstemperatur für die Stoffwerte der Luft $\vartheta_B = 30$ °C beträgt?

► Aufgabe 6.2:

Die Glasscheibe vor dem Kaminfeuer von Willy Warmduscher (Breite $B = 1$ m, Höhe $H = 0{,}75$ m) hat die Oberflächentemperatur $\vartheta_G = 237$ °C. Die Temperatur der Raumluft beträgt $\vartheta_L = 23$ °C.

Berechnen Sie den konvektiven Wärmestrom $\dot{Q}_K$ vom Glas an die Raumluft.

► Aufgabe 6.3:

Ein ungedämmter rechteckiger Lüftungskanal aus Metall (vgl. Bild 6.43, Breite $B = 30$ cm, Höhe $H = 20$ cm, Länge $L = 10$ m) wird vom Luftvolumenstrom $\dot{V} = 540$ m³/h durchströmt. Die Kanaloberfläche weist die mittlere Temperatur $\vartheta_w = 40$ °C auf. Die Luft tritt mit $\vartheta_0 = 60$ °C in den Kanal ein. Die Bezugstemperatur für die Stoffwerte wird mit $\vartheta_B = 50$ °C abgeschätzt.

(a) Ermitteln Sie die Austrittstemperatur ϑ_L der Luft aus dem Kanal.

(b) Welche Rückwirkungen hat das Ergebnis von Teilaufgabe (a) auf ϑ_B?

(c) Ermitteln Sie den Wärmeverlust $\dot{Q}$ des ungedämmten Lüftungskanals.

Bild 6.43: *Von der Decke abgehängter Lüftungskanal mit Rechteckquerschnitt.*

► Aufgabe 6.4: Ex

Ein in einer Höhe von $H = 2$ m über dem Boden auf Stützen verlegtes Rohr (Außendurchmesser $D_a = 300$ mm) in der Klinik von Dr. med. Wurst wird von Wind (Lufttemperatur $\vartheta_L = 18$ °C) mit $w = 27$ km/h quer angeblasen. Die Oberflächentemperatur des Rohres beträgt $\vartheta_R = 22$ °C.

Berechnen Sie den mittleren Wärmeübergangskoeffizienten α und den Wärmestrom $\dot{Q}_L$ pro m Rohr.

► Aufgabe 6.5: Ex

Nico Nullcheck will sich mit seinem Freund Freddie Flaschbier am Abend ein Champions League Spiel ansehen und hat dazu im Getränkemarkt Sankt Florian einige Dosen Bier ($D = 67{,}5$ mm, $H = 140$ mm, $c_\mathrm{p} = 4\,192$ J/(kg K), $m = 0{,}5$ kg) besorgt. Leider hat er die Dosen im in der Sonne geparkten Auto vergessen, so dass diese nun die Temperatur $\vartheta_0 = 30$ °C aufweisen.

Nico schlägt vor, die Dosen stehend in der Luft ($\vartheta_\mathrm{L} = -10$ °C) im Gefrierfach seines Kühlschranks abzukühlen, um die bevorzugte Trinktemperatur von $\vartheta_\mathrm{T} = 10$ °C zu erreichen.

Freddie meint, dass es besser wäre, die Dosen in eine große, mit Eiswürfel und Wasser gefüllte Wanne ($\beta_\mathrm{p,W} = 0{,}087 \cdot 10^{-3}$ 1/K, $\vartheta_\mathrm{W} = 0$ °C) zu legen. Im Gefrierfach erfolgt der Wärmeübergang an der Deckel- und der Mantelfläche der Dose, während die Bodenfläche als adiabat zu betrachten ist. Im Wasserbad findet der Wärmeübergang allseitig statt, wobei der Wärmeübergangskoeffizient der Mantelfläche zugrunde gelegt werden kann. Als Bezugstemperatur der Stoffwerte dient vereinfacht der Mittelwert der Dosentemperatur in der Abkühlzeit.

Bild 6.44: *Zylindrische Getränkedosen.*

(a) Berechnen Sie die Wärmeübergangskoeffizienten α_M und α_D am Mantel und am Deckel einer Dose im Gefrierfach.

(b) Berechnen Sie den im Wasserbad an einer Dose auftretenden Wärmeübergangskoeffizienten α_W.

(c) Berechnen Sie die Abkühlzeiten t_G und t_W einer Bierdose im Gefrierfach und im Wasserbad unter der Voraussetzung, dass im Bier selbst infolge von Konvektion keine Temperaturunterschiede auftreten.

► Aufgabe 6.6: Ex

Vom Heizungskeller von Gerda Geizig führt ein offenes Rohr eines stillgelegten Kamins ($D = 100$ mm, $H = 6$ m) senkrecht nach oben zum Dachboden. Durch die das Rohr umgebenden beheizten Räume weist das Rohr eine über die Höhe konstante Temperatur von $\vartheta_\mathrm{R} = 15$ °C auf. Die Luft im Heizungskeller besitzt im Winter die Temperatur $\vartheta_\mathrm{K} = 5$ °C. Gerda hat die Befürchtung, dass das Rohr ihre Wohnung zu stark auskühlt und beauftragt Sie, den Wärmeverlust zu berechnen.

(a) Berechnen Sie den im Rohr auftretenden Wärmeübergangskoeffizienten α.

(b) Welcher Wärmestrom $\dot{Q}$ wird vom Rohr an die durchströmende Kellerluft übertragen?

Bild 6.45: *Offenes Kaminrohr.*

► Aufgabe 6.7:

Die Rechteckrippen (Wärmeleitfähigkeit $\lambda_\mathrm{R} = 106{,}6$ W/(m K), Dicke $t = 4$ mm, Abstand $s = 15$ mm, Höhe $H = 75$ mm, Breite $B = 46$ mm) des im Gitarrenverstärker von Sebastian Schlurzkuss vertikal eingebauten Kühlkörpers (Breite $L = 80$ mm) weisen mit guter Näherung die einheitliche Oberflächentemperatur $\vartheta_\mathrm{W} = 40$ °C bei einer Umgebungstemperatur von $\vartheta_\infty = 30$ °C auf.

(a) Berechnen Sie den konvektiven Wärmeübergangskoeffizienten α_s im von zwei isothermen Rippen gebildeten Luftspalt.

(b) Berechnen Sie den konvektiven Wärmeübergangskoeffizienten α_a an der Außenseite der ersten und letzten isothermen Rippe.

(c) Wie ändert sich der Wärmeübergangskoeffizient α_s^* für die inneren Rippen, wenn die Rippenfußtemperatur $\vartheta_0 = 40$ °C beträgt und das Temperaturprofil der Rippen berücksichtigt wird?

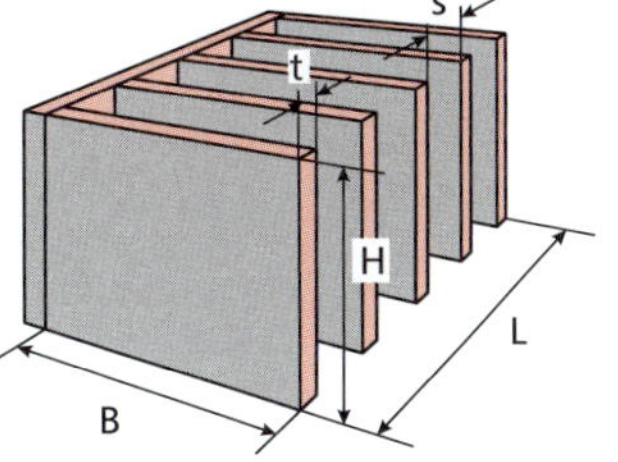

Bild 6.46: *Geometrie des Kühlkörpers.*

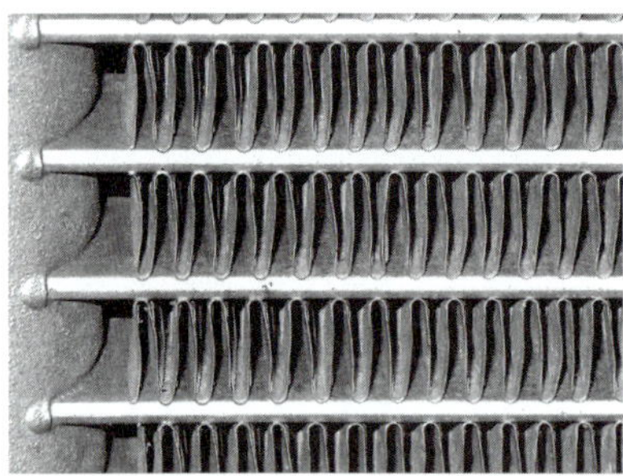

Bild 7.1: *Filigrane Lamellenstruktur eines Autokühlers.*

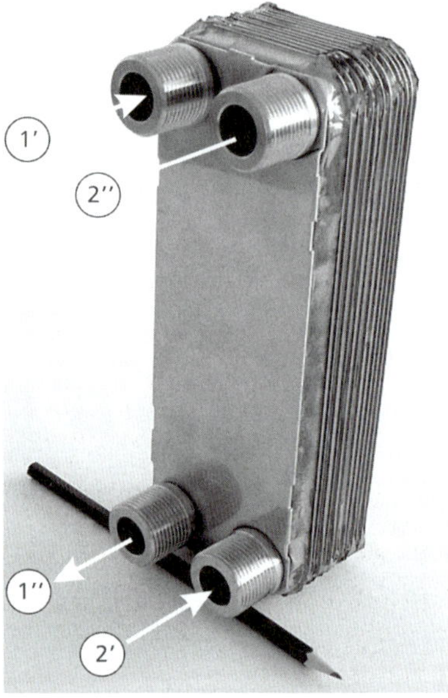

Bild 7.2: *Kompakt-Wärmeübertrager aus gepressten Blechplatten in montiertem Zustand mit Anschlüssen für Fluid 1 und 2.*

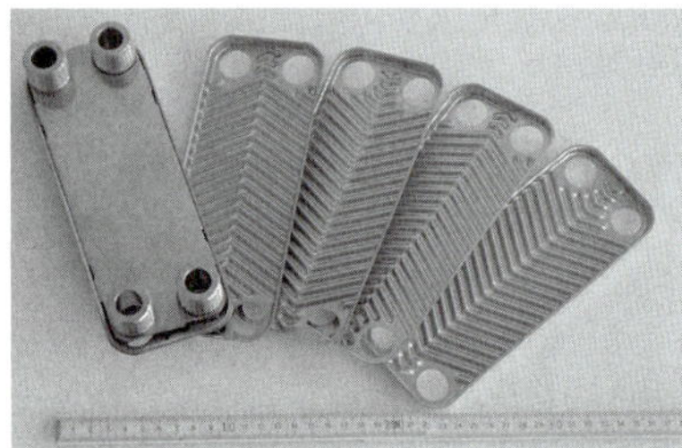

Bild 7.3: *Das Fischgrätmuster zweier aufeinander folgender Blechplatten verläuft senkrecht zueinander.*

7 Wärmeübertrager

7.1 Grundlagen

7.1.1 Begriffe und Nomenklatur

Unter einem **Wärmeübertrager** wird im Folgenden ein kalorischer Apparat verstanden, bei dem Wärme zwischen zwei Arbeitsmedien, die nicht in unmittelbarem thermischen Kontakt miteinander stehen, sondern durch eine feste Wand getrennt sind (z. B. Autokühler), übertragen wird. Daneben existieren auch Geräte mit direkter Wärmeübertragung (z. B. Nasskühltürme) auf die hier nicht eingegangen wird. Als Arbeitsfluide kommen meist Flüssigkeiten oder Gase zum Einsatz, in besonderen Fällen auch verdampfende Flüssigkeiten oder kondensierende Dämpfe.

Der Wärmedurchgang durch die Trennwand wird durch den Wärmedurchgangskoeffizienten k zwischen den beiden Medien beschrieben (vgl. Abschnitt 1.7.3). Insbesondere bei Wärmeübertragern mit Luft als Arbeitsmedium kommen zur Steigerung des Wärmeübergangs an der Trennwand Rippen und Lamellen zum Einsatz (Bild 7.1). Der Wärmewirkungsgrad eines Wärmeübertragers hängt maßgeblich von der Stromführung der beiden Medien ab.

Wärme fließt dabei stets vom wärmeabgebenden Medium (in der Regel mit 1 indiziert) zum wärmeaufnehmenden Medium (in der Regel mit 2 indiziert; Merkregel: „Fluid **z**wei = Wärme**z**ufluss"). Der Eintritt in den Wärmeübertrager wird mit dem **Index** ′ (1-Strich), der Austritt mit ″ (2-Strich) gekennzeichnet. ϑ_1' kennzeichnet also die Eintrittstemperatur von Fluid 1, ϑ_2'' die Austrittstemperatur von Fluid 2. In der Literatur finden sich auch andere Bezeichnungen, was bei Verwendung der entsprechenden Beziehungen zu beachten ist.

Grundsätzliche Aufgaben sind die **Dimensionierung** (Auslegung) und **Nachrechnung von Wärmeübertragern**. Bei der Auslegung gilt es, bei bekannten Stoffströmen und Temperaturen die Übertragungsfähigkeit zu ermitteln, während beim Nachrechnen die Austrittstemperaturen der Medien und der übertragene Wärmestrom bestimmt wird.

In der Praxis hat sich für Wärmeübertrager der thermodynamisch unzutreffende Begriff **„Wärmetauscher"** bzw. **„Wärmeaustauscher"** eingebürgert, der mit "heat exchanger" (HX) auch international üblich ist. Ein Wärmeaustausch zwischen den beiden Arbeitsmedien liegt allerdings nicht vor. Vielmehr erfolgt nach dem 2. Hauptsatz der Thermodynamik ein in eine Richtung verlaufender Wärmetransport vom Medium höherer Temperatur zum Medium niedrigerer Temperatur. Der Begriff „Wärmeaustausch" würde dagegen implizieren, dass Wärme in beide Richtungen ausgetauscht wird. Bei gleichen Wärmekapazitätsströmen der beiden Medien wäre bei idealen Verhältnissen ein vollständiger „Temperaturaustausch" möglich, d. h. das wärmere Medium würde sich am Austritt auf die Eintrittstemperatur des kühleren Mediums abkühlen, während sich das wärmeaufnehmende Medium am Austritt auf die Eintrittstemperatur des wärmeabgebenden Mediums erwärmen würde. Im Folgenden wird daher nach einem Vorschlag von E. Schmidt der Begriff **„Wärmeübertrager"** verwendet.

7.1.2 Bauformen von Wärmeübertragern

Im allgemeinen Fall **ändern** sich durch die thermische Koppelung der Medien **beide Fluidtemperaturen mit zunehmender Lauflänge**. Eine besonders einfache Bauart von Wärmeübertragern ergibt sich, wenn ein Medium eine **konstante Temperatur** aufweist. Dies kann infolge sehr großer Wärmekapazität (z. B. Wärmeabgabe eines durchströmten Rohres an die Umgebung) oder infolge Phasenübergang (z. B. Verdampfer in einem Kühlschrank) der Fall sein. Die Berechnung vereinfacht sich in diesen Fällen, da sich nur eine Fluidtemperatur ändert.
In der Praxis lassen sich u. a. folgende Bauformen unterscheiden:

- Rohrbündel-Wärmeübertrager (Bild 7.4)
- Platten-Wärmeübertrager (Bild 7.5)
- Spiral-Wärmeübertrager
- Rotations-Wärmeübertrager
- Schlangen-Wärmeübertrager

Weiter ist zwischen **Rekuperatoren** und **Regeneratoren** zu unterscheiden. Rekuperatoren werden gleichzeitig von zwei durch eine feste Wand getrennten Fluiden stationär durchströmt, d. h. es erfolgt ein kontinuierlicher Wärmeaustausch. Demgegenüber enthalten Regeneratoren eine für Gase durchlässige Formmasse (z. B. Formsteine mit Kanälen, Schüttung aus Steinen oder Metall). Sie werden diskontinuierlich, d. h. im zeitlichen Wechsel, von den Gasen durchströmt. Zusätzlich ist beim Regenerator meist auch noch ein Stoffaustausch möglich (z. B. Feuchteaustausch in Klimaanlagen).

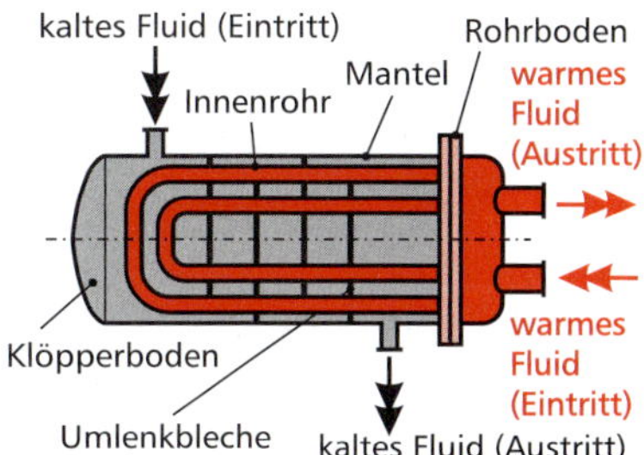

Bild 7.4: *Rohrbündel-Wärmeübertrager im Schnitt.*

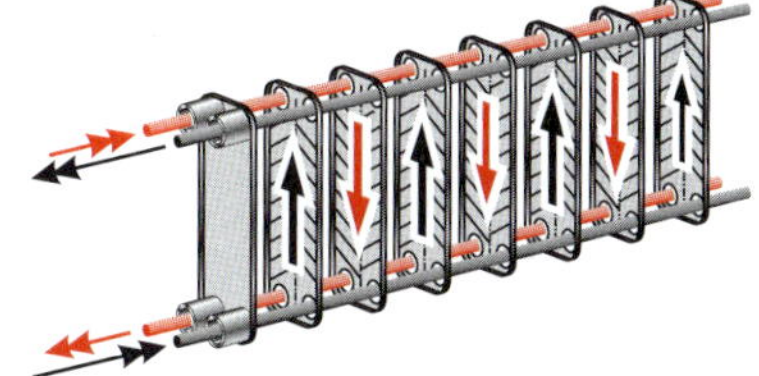

Bild 7.5: *Platten-Wärmeübertrager.*

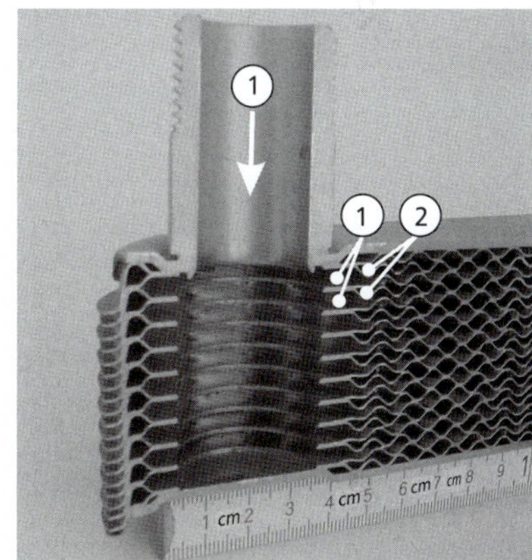

Bild 7.6: *Innerer Aufbau eines Kompakt-Platten-Wärmeübertragers mit Anschlussstutzen für Fluid 1.*

7.1.3 Einseitig konstante Fluidtemperatur

Betrachtet wird zunächst der Wärmedurchgang von einem innen strömenden Medium der Temperatur ϑ_i durch eine feste Wand an ein äußeres Medium der **konstanten Temperatur** $\vartheta_\mathrm{e} = \text{const}$ (vgl. Bild 6.15), was sowohl bei siedenden Medien in Verdampfern als auch bei kondensierenden Fluiden in Kondensatoren erfüllt ist. In Platten-Wärmeübertragern liegen ebene (Bild 7.7), in Rohr-Wärmeübertragern gekrümmte Trennflächen (Bild 7.8) vor.

Der Wärmedurchgang durch die jeweilige Trennfläche wird durch den Wärmedurchgangskoeffizienten k oder den längenbezogenen Wärmedurchgangskoeffizienten k^* beschrieben:

$$k = \frac{1}{\dfrac{1}{\alpha_\mathrm{i}} + \dfrac{s}{\lambda} + \dfrac{1}{\alpha_\mathrm{e}}} \quad \text{und} \quad k^* = k \cdot B \qquad \text{Platte} \tag{7.1}$$

$$k = \frac{1}{\dfrac{1}{\alpha_\mathrm{i}} + \dfrac{r_\mathrm{i}}{\lambda} \cdot \ln\left(\dfrac{r_\mathrm{e}}{r_\mathrm{i}}\right) + \dfrac{r_\mathrm{i}}{r_\mathrm{e} \cdot \alpha_\mathrm{e}}} \quad \text{und} \quad k^* = k \cdot 2\pi \cdot r_\mathrm{i} \qquad \text{Rohr} \tag{7.2}$$

Aus der Energiebilanz am infinitesimalen Element quer zur Trennwand folgt nach Einführen der Temperaturdifferenz zwischen den beiden Medien $\theta = \vartheta_\mathrm{i}(x) - \vartheta_\mathrm{e}$ und Integration der zugehörigen Differenzialgleichung mit der Randbedingung am Fluideintritt $\vartheta_\mathrm{i}(x=0) = \vartheta_\mathrm{i0}$ eine **exponentielle Temperaturabnahme** des strömenden Mediums:

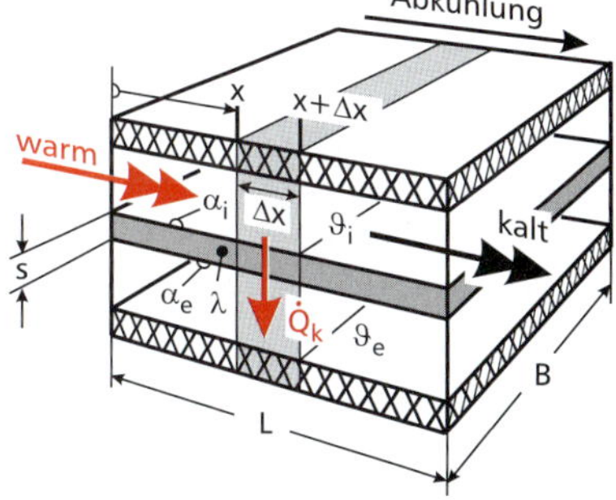

Bild 7.7: *Wärmedurchgang durch ebene Wand an Fluid konstanter Temperatur.*

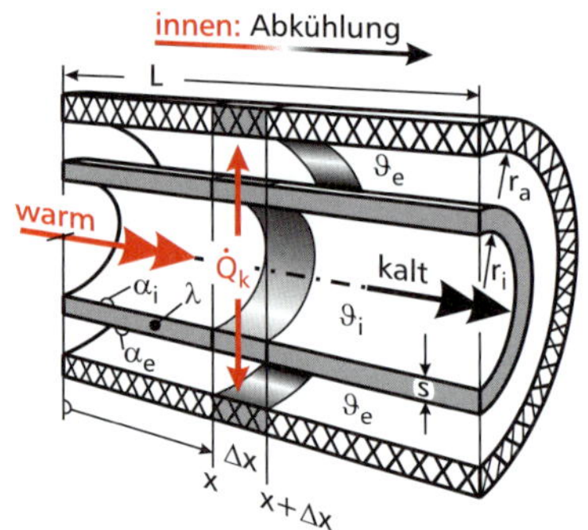

Bild 7.8: *Wärmedurchgang durch Rohrwand an Fluid konstanter Temperatur.*

Gl. (7.4) ist analog zu Gl. (6.56) aufgebaut, die den Temperaturabfall in einem Rohr mit konstanter Wandtemperatur beschreibt.

Alternativ zu Gl. (7.6) kann der im infinitesimalen Element fließende Wärmestrom $\frac{\dot{Q}_k}{\Delta x}$ über die Länge L integriert werden:

$$\dot{Q} = \int_0^L \frac{\dot{Q}_k}{\Delta x}\,dx = \int_0^L k^* \cdot [\vartheta_i(x) - \vartheta_e]\,dx \tag{7.7}$$

$\Delta\vartheta_{log}$ ist die logarithmisch gemittelte Temperaturdifferenz analog Gl. (6.58). Sie ergibt sich durch Integration der örtlichen Temperaturdifferenz $\vartheta_1 - \vartheta_2$ über die gesamte wärmeübertragende Fläche A des Wärmeübertragers:

$$\Delta\vartheta_{log} = \frac{1}{A} \cdot \int_{(A)} (\vartheta_1 - \vartheta_2)\,dA \tag{7.9}$$

Je nach Fließrichtung der Medien (Gleichstrom=GS, Gegenstrom=GG) resultieren unterschiedliche logarithmisch gemittelte Temperaturdifferenzen:

$$\Delta\vartheta_{log,GS} = \frac{\vartheta_1' - \vartheta_2' - (\vartheta_1'' - \vartheta_2'')}{\ln\left(\frac{\vartheta_1' - \vartheta_2'}{\vartheta_1'' - \vartheta_2''}\right)} \tag{7.12}$$

$$\Delta\vartheta_{log,GG} = \frac{\vartheta_1'' - \vartheta_2' - (\vartheta_1' - \vartheta_2'')}{\ln\left(\frac{\vartheta_1'' - \vartheta_2'}{\vartheta_1' - \vartheta_2''}\right)} \tag{7.13}$$

Im Sonderfall gleich großer Wärmekapazitätsströme $\dot{W}_1 = \dot{W}_2$ tritt beim Gegenströmer eine konstante Temperaturdifferenz zwischen beiden Medien über den gesamten Wärmeübertrager auf:

$$\Delta\vartheta_{log,GG} = \vartheta_1'' - \vartheta_2' = \vartheta_1' - \vartheta_2'' \tag{7.14}$$

$$\theta(x) = \left(\vartheta_{i0} - \vartheta_e\right) \cdot \exp\left(-\frac{k^* \cdot x}{\dot{m} \cdot c_p}\right) = \theta_0 \cdot \exp\left(-\frac{k^* \cdot x}{\dot{m} \cdot c_p}\right) \tag{7.3}$$

Die Austrittstemperatur des Mediums bei $x = L$ beträgt:

$$\vartheta_{iL} = \vartheta_e + \left(\vartheta_{i0} - \vartheta_e\right) \cdot \exp\left(-\frac{k^* \cdot L}{\dot{m} \cdot c_p}\right) \tag{7.4}$$

Mit dem Wärmekapazitätsstrom des Fluids $\dot{W} = \dot{m} \cdot c_p$ und der **Anzahl der Übertragungseinheiten** $NTU = \frac{k^* \cdot L}{\dot{W}}$ gilt auch:

$$\vartheta_{iL} = \vartheta_e + \left(\vartheta_{i0} - \vartheta_e\right) \cdot \exp(-NTU) \tag{7.5}$$

Der insgesamt übertragene Wärmestrom $\dot{Q}$ beträgt:

$$\dot{Q} = \dot{m} \cdot c_p \cdot \left(\vartheta_{iL} - \vartheta_{i0}\right) = \dot{m} \cdot c_p \cdot \left(\theta_L - \theta_0\right) \tag{7.6}$$

7.1.4 Beidseitige Temperaturänderung

Verändern beide Fluide ihre Temperatur, so sind zur Beschreibung von Wärmeübertragern verschiedene **dimensionslose Kennzahlen** üblich:

- **Dimensionslose mittlere Temperaturdifferenz** Θ $(0 \leq \Theta \leq 1)$:

$$\Theta = \frac{\Delta\vartheta_{log}}{\vartheta_1' - \vartheta_2'} = \frac{\text{logarithmisch gemittelte Temperaturdifferenz}}{\text{Differenz der Eintrittstemperaturen}} \tag{7.8}$$

Im Unterschied zur normierten mittleren Temperaturdifferenz aus Gl. (7.8) stellt $\Delta\vartheta_{log}$ aus Gl. (7.9) eine dimensionsbehaftete mittlere Temperaturdifferenz dar, die in K angegeben wird.
Weitere dimensionsbehaftete Temperaturdifferenzen können am Anfang des Wärmeübertragers bei $x = 0$ (Index 0) und am Ende des Wärmeübertragers $x = L$ (Index L) gebildet werden:

$$\begin{aligned} \Delta\vartheta_0 &= \vartheta_1(x=0) - \vartheta_2(x=0) \\ \Delta\vartheta_L &= \vartheta_1(x=L) - \vartheta_2(x=L) \end{aligned} \tag{7.10}$$

Die **logarithmisch gemittelte Temperaturdifferenz** $\Delta\vartheta_{log}$ lässt sich damit wie folgt berechnen:

$$\Delta\vartheta_{log} = \frac{\Delta\vartheta_0 - \Delta\vartheta_L}{\ln\left(\frac{\Delta\vartheta_0}{\Delta\vartheta_L}\right)} \tag{7.11}$$

Bei Heizkörpern wird sie z. B. als Temperaturdifferenz $\Delta\vartheta$ verwendet:

$$\Delta\vartheta := \frac{\vartheta_{Vorlauf} - \vartheta_{Rücklauf}}{\ln\left[(\vartheta_{Vorlauf} - \vartheta_{Luft})/(\vartheta_{Rücklauf} - \vartheta_{Luft})\right]}$$

- **Betriebscharakteristiken (dimensionslose Temperaturänderungen der Stoffströme 1 und 2):**

$$P_1 = \frac{\vartheta_1' - \vartheta_1''}{\vartheta_1' - \vartheta_2'} \qquad 0 \leq P_1 \leq 1 \tag{7.15}$$

$$P_2 = \frac{\vartheta_2'' - \vartheta_2'}{\vartheta_1' - \vartheta_2'} \qquad 0 \leq P_2 \leq 1$$

► **Anzahl der Übertragungseinheiten der Stoffströme 1 und 2 (Übertragungszahl, Number of Transfer Units):**

$$NTU_1 = \frac{k \cdot A}{\dot{W}_1}$$
$$NTU_2 = \frac{k \cdot A}{\dot{W}_2} \quad (7.16)$$

Die **Wärmekapazitätsströme** (Wasserwerte) $\dot{W}_1$ und $\dot{W}_2$ ergeben sich aus den jeweiligen Massenströmen und mittleren spezifischen Wärmekapazitäten:

$$\dot{W}_1 = \dot{m}_1 \cdot \overline{c}_{p1} \quad (7.17)$$
$$\dot{W}_2 = \dot{m}_2 \cdot \overline{c}_{p2}$$

► **Wärmekapazitätsstromverhältnisse (Wasserwertverhältnisse):**

$$R_1 = \frac{\dot{W}_1}{\dot{W}_2} = \frac{1}{R_2} \qquad 0 \le R_1 < \infty \quad (7.19)$$
$$R_2 = \frac{\dot{W}_2}{\dot{W}_1} = \frac{1}{R_1} \qquad 0 \le R_2 < \infty$$

7.1.5 Wärmeübertrager-Hauptgleichung

Der zwischen den Medien übertragene Wärmestrom $\dot{Q}$ folgt mit der mittleren Temperaturdifferenz aus der Wärmeübertrager-Hauptgleichung, wobei die Ermittlung der mittleren Temperaturdifferenz in einfacheren Fällen aus Gleichungen und ansonsten aus Diagrammen [24] erfolgen kann:

$$\dot{Q} = k \cdot A \cdot \Delta\vartheta_{\log} = k \cdot A \cdot \Theta \cdot (\vartheta_1' - \vartheta_2') = \dot{W}_1 \cdot (\vartheta_1' - \vartheta_1'') = \dot{W}_2 \cdot (\vartheta_2'' - \vartheta_2') \quad (7.22)$$

k ist der über die gesamte Wärmeübertragerfläche gemittelte Wärmedurchgangskoeffizient. Das Produkt

$$K := k \cdot A \quad (7.23)$$

wird als **Übertragungsfähigkeit** bezeichnet. Der Wärmedurchgangskoeffizient k kann damit als flächenbezogene (spezifische) Übertragungsfähigkeit interpretiert werden.

7.1.6 Gleichstrom-Wärmeübertrager

Beim **Gleichstrom-Wärmeübertrager** strömen beide Fluide in **dieselbe Richtung** und treten an derselben Stelle in den Wärmeübertrager ein (Temperaturen ϑ_1' und ϑ_2' in Bild 7.9). Die Temperaturdifferenz der beiden Fluide ist bei $x = 0$ bekannt.

$$\Delta\vartheta_0 = \vartheta_1' - \vartheta_2' \quad (7.24)$$

Für die Temperaturdifferenz der beiden Medien gilt mit dem Umfang U in Abhängigkeit von der Lauflänge x:

$$\Delta\vartheta(x) = (\vartheta_1 - \vartheta_2)_x = \Delta\vartheta_0 \cdot \exp\left[-\left(\frac{1}{\dot{m}_1 \cdot \overline{c}_{p1}} + \frac{1}{\dot{m}_2 \cdot \overline{c}_{p2}}\right) \cdot k \cdot U \cdot x\right] \quad (7.25)$$

In der Literatur wird die auf den kleineren Wärmekapazitätsstrom $\min(\dot{W}_1, \dot{W}_2)$ bezogene Anzahl der Übertragungseinheiten zum Teil als Übertragungsfähigkeit des Wärmeübertragers bezeichnet, was zu Verwechslungen mit der Übertragungsfähigkeit $K := k{\cdot}A$ führen kann.

Die mittlere spezifische Wärmekapazität $\overline{c}_{pj}$ folgt aus:

$$\overline{c}_{pj} = \frac{h_j' - h_j''}{\vartheta_j' - \vartheta_j''} \qquad (j = 1{,}2) \quad (7.18)$$

Zwischen den dargestellten dimensionslosen Kennzahlen gelten die Zusammenhänge:

$$\frac{P_1}{P_2} = \frac{NTU_1}{NTU_2} = \frac{1}{R_1} = R_2 \quad (7.20)$$
$$\Theta = \frac{P_1}{NTU_1} = \frac{P_2}{NTU_2} \quad (7.21)$$

Durch die Einführung der dimensionslosen Kennzahlen wird die Anzahl der Parameter soweit reduziert, dass sich das Betriebsverhalten in Diagrammen darstellen lässt (vgl. VDI-Wärmeatlas [24]).

Im Allgemeinen werden bei Wärmeübertragern folgende **vereinfachende Annahmen** getroffen:

- Der Wärmeübertrager wird stationär betrieben.
- Er ist gegenüber der Umgebung adiabat. Kinetische und potentielle Energien werden vernachlässigt. Die Enthalpieänderung der Stoffströme resultiert nur aus dem übertragenen Wärmestrom.
- Wärmeleitung in den Fluiden und deren Vermischung in Strömungsrichtung bleiben unberücksichtigt.
- Der Wärmedurchgangskoeffizient der Übertragungsfläche ist konstant.
- Tritt im Wärmeübertrager keine Phasenänderung der Fluide auf, sind die spezifischen Wärmekapazitäten und die Wärmekapazitätsströme konstant.
- Bei Phasenänderung von Reinstoffen unter konstantem Druck bleibt deren Temperatur konstant, der zugehörige Wärmekapazitätsstrom wird unendlich.

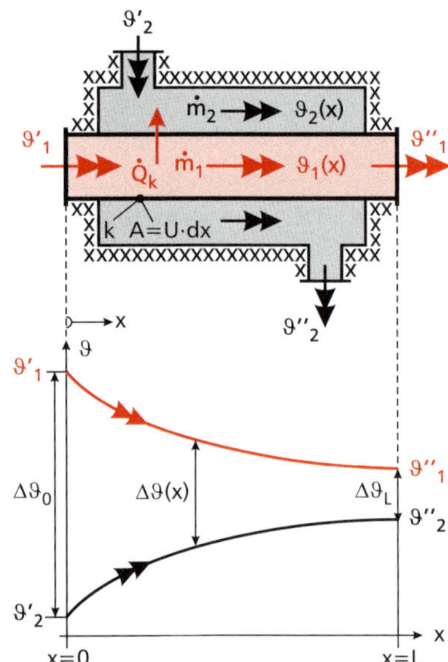

Bild 7.9: *Fluidströme (oben) und Temperaturverlauf (unten) in einem Gleichstrom-Wärmeübertrager.*

Der übertragene Wärmestrom $\dot{Q}$ folgt aus einer globalen Enthalpiebilanz an den Medien:

$$\dot{Q} = \dot{m}_1 \cdot \bar{c}_{p1} \cdot \left(\vartheta_1' - \vartheta_1''\right) = -\dot{m}_2 \cdot \bar{c}_{p2} \cdot \left(\vartheta_2' - \vartheta_2''\right) = k \cdot A \cdot \Delta\vartheta_{\text{log,GS}} \tag{7.26}$$

Mit den dimensionslosen Kenngrößen aus Gl. (7.15)–(7.19) gilt für den Gleichstrom-Wärmeübertrager in verschiedenen Umstellungen:

$$NTU_j = -\frac{\ln\left[1 - P_j \cdot (1 + R_j)\right]}{1 + R_j} \qquad (j = 1,2) \tag{7.27}$$

$$P_j = \frac{1 - \exp\left[-NTU_j \cdot (1 + R_j)\right]}{1 + R_j} \qquad (j = 1,2) \tag{7.28}$$

$$\Theta = -\frac{P_1 + P_2}{\ln\left[1 - (P_1 + P_2)\right]} \tag{7.29}$$

Die dimensionsbehafteten Temperaturdifferenzen betragen:

$$\begin{aligned} \Delta\vartheta_0 &= \vartheta_1' - \vartheta_2' \\ \Delta\vartheta_L &= \vartheta_1'' - \vartheta_2'' \end{aligned} \tag{7.30}$$

Die logarithmisch gemittelte Temperaturdifferenz folgt aus Gl. (7.12).

Der Gleichstrom-Wärmeübertrager besitzt bezüglich der thermischen Leistung eine **sehr ungünstige Stromführung**. Bei gleichen Betriebscharakteristiken und gleichen Wärmekapazitätsströmen benötigt ein Gleichstrom-Wärmeübertrager gegenüber anderen Bauarten stets eine größere Übertragungsfähigkeit $K = k \cdot A$.

Um beim Gleichstrom-Wärmeübertrager eine bestimmte Temperaturänderung P_j zu realisieren, ist gemäß Gl. (7.27) ein positives Argument des Logarithmus erforderlich, was auf folgende Bedingung führt:

$$P_j < \frac{1}{1 + R_j} \qquad (j = 1,2) \tag{7.31}$$

Selbst bei beliebig großer Übertragungsfähigkeit $K \to \infty$ sind größere dimensionslose Temperaturänderungen mit einem Gleichstrom-Wärmeübertrager **nicht** möglich. Beim Gegenstrom-Wärmeübertrager besteht diese Beschränkung grundsätzlich nicht. Hier sind prinzipiell beliebige dimensionslose Temperaturänderungen erreichbar. Damit sind beliebige Wärmeströme übertragbar, wenn die Übertragungsfähigkeit hinreichend groß bemessen wird.

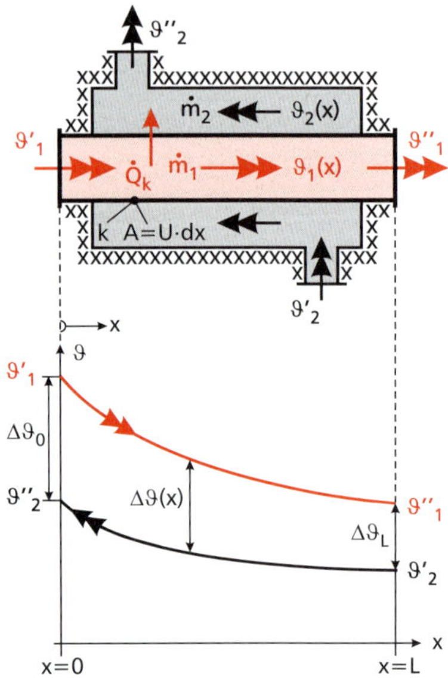

Bild 7.10: *Fluidströme (oben) und Temperaturverlauf (unten) in einem Gegenstrom-Wärmeübertrager.*

7.1.7 Gegenstrom-Wärmeübertrager

Die beiden Medien strömen nun gegenläufig. Die Eintrittsstelle von Fluid 1 fällt mit der Austrittsstelle von Fluid 2 zusammen (Temperaturen ϑ_1' und ϑ_2'' in Bild 7.10). Gegenüber dem Gleichstrom-Wärmeübertrager sind die Temperaturdifferenzen $\Delta\vartheta_0$ und $\Delta\vartheta_L$ bei $x = 0$ und $x = L$ nun **anders** definiert (Bild 7.10):

$$\begin{aligned} \Delta\vartheta_0 &= \vartheta_1' - \vartheta_2'' \\ \Delta\vartheta_L &= \vartheta_1'' - \vartheta_2' \end{aligned} \tag{7.32}$$

Die logarithmisch gemittelte Temperaturdifferenz folgt aus Gl. (7.13).

Für die Temperaturdifferenz der beiden Medien gilt in Abhängigkeit der Lauflänge x:

$$\Delta\vartheta(x)=(\vartheta_1-\vartheta_2)_x=\Delta\vartheta_0\cdot\exp\left[-\left(\frac{1}{\dot{m}_1\cdot\bar{c}_{p1}}-\frac{1}{\dot{m}_2\cdot\bar{c}_{p2}}\right)\cdot k\cdot U\cdot x\right] \quad (7.33)$$

Gegenüber Gl. (7.25) tritt nun zwischen den Kehrwerten der Wärmekapazitätsströme ein **Minuszeichen** auf.
Der übertragene Wärmestrom $\dot{Q}$ folgt ebenfalls aus einer globalen Enthalpiebilanz an den Medien, kann aber andererseits auch mithilfe der mittleren Temperaturdifferenz $\Delta\vartheta_{\log,GG}$ ermittelt werden.

$$\dot{Q}=\dot{m}_1\cdot\bar{c}_{p1}\cdot(\vartheta_1'-\vartheta_1'')=-\dot{m}_2\cdot\bar{c}_{p2}\cdot(\vartheta_2'-\vartheta_2'')=k\cdot A\cdot\Delta\vartheta_{\log,GG} \quad (7.34)$$

Hinsichtlich der dimensionslosen Kenngrößen ist der Fall ungleicher Wärmekapazitätsströme $R_1\neq 1$ vom Fall gleicher Wärmekapazitätsströme $R_1=1$ zu unterscheiden. Für $R_1\neq 1$ gilt:

$$NTU_j=\frac{1}{1-R_j}\cdot\ln\left(\frac{1-P_j\cdot R_j}{1-P_j}\right) \quad (j=1{,}2) \quad (7.35)$$

$$P_j=\frac{1-\exp[NTU_j\cdot(R_j-1)]}{1-R_j\cdot\exp[NTU_j\cdot(R_j-1)]} \quad (j=1{,}2) \quad (7.36)$$

$$\Theta=\frac{P_1-P_2}{\ln\left[\frac{1-P_2}{1-P_1}\right]} \quad (7.37)$$

Für $R_1=1$ erübrigt sich die Indizierung:

$$NTU=\frac{P}{1-P} \quad (7.38)$$

$$P=\frac{NTU}{1+NTU} \quad (7.39)$$

$$\Theta=1-P \quad (7.40)$$

Bei gegebenen NTU-Werten liefert der Gegenstrom-Wärmeübertrager gegenüber dem Gleichstrom-Wärmeübertrager die größeren Werte von P. Andererseits benötigt der Gegenströmer bei vorgegebener Betriebscharakteristik die kleinsten Übertragungszahlen.

7.1.8 Kreuzstrom-Wärmeübertrager

In Kreuzstrom-Wärmeübertragern strömen die Fluide 1 und 2 senkrecht zueinander (z. B. Autokühler, Heizregister einer Klimaanlage). Hinsichtlich der Stromführung sind zu unterscheiden:

- reiner Kreuzstrom (beide Ströme unvermischt)
- einseitig quervermischter Kreuzstrom (Rohrstrom unvermischt)
- beidseits quervermischter Kreuzstrom (beide Ströme quervermischt)

Für die Betriebscharakteristik des **unvermischten Kreuzstroms** wurde bereits 1930 von W. Nußelt eine Lösung in Form von Potenzreihen mitgeteilt:

$$P_j=\frac{1}{R_j\cdot NTU_j}\cdot\sum_{m=0}^{\infty}\left\{\left[1-\exp(-NTU_j)\cdot\sum_{k=0}^{m}\frac{1}{k!}\cdot NTU_j^k\right]\cdot\left[1-\exp(-R_j\cdot NTU_j)\cdot\sum_{k=0}^{m}\frac{1}{k!}\cdot(R_j\cdot NTU_j)^k\right]\right\} \quad (j=1{,}2) \quad (7.41)$$

Bild 7.11: *Kondensator eines Kühlkreislaufs mit dem Kältemittel R 134a ausgeführt als Kreuzstrom-Wärmeübertrager mit Ventilatoren zur Verstärkung der Wärmeabgabe an die Raumluft.*

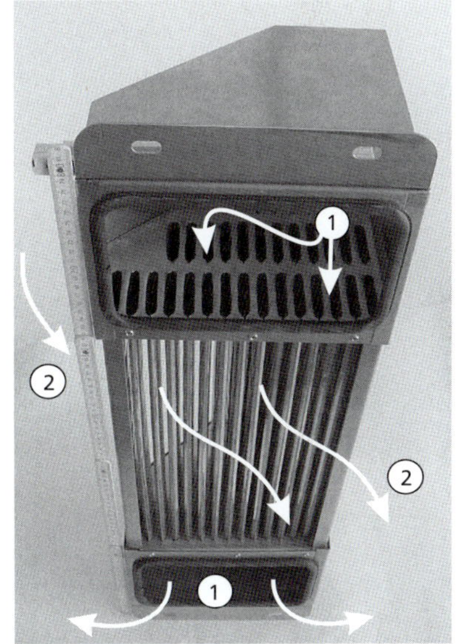

Bild 7.12: *Kreuzstrom-Luft-Luft-Wärmeübertrager (Fa. Südluft) zur Wärmerückgewinnung in Großküchen. Die frische Zuluft ① wird im Rohrbündel mit ovalen Querschnitten, gefertigt aus dünnen Blechen, erwärmt und tritt unten aus der Sammelkammer aus. Im Kreuzstrom streicht die Abluft ② aus der Küche zwischen den Rohren hindurch. Große wärmeübertragende Flächen und geringe Wandstärken ermöglichen eine kompakte Bauweise.*

Fluid 1: unvermischt
Fluid 2: unvermischt

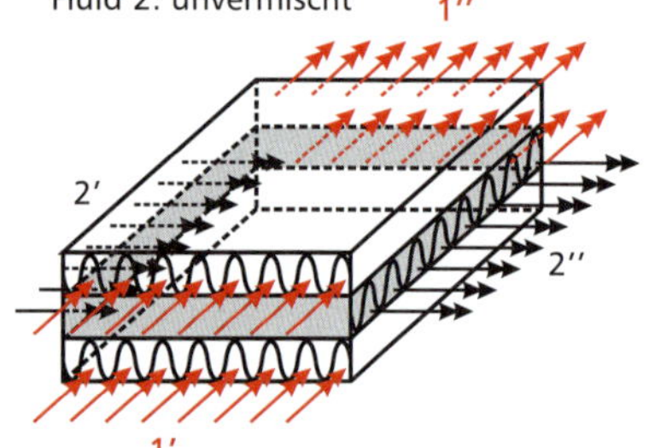

(a) Kompakt-Wärmeübertrager

Fluid 1: unvermischt
Fluid 2: quervermischt

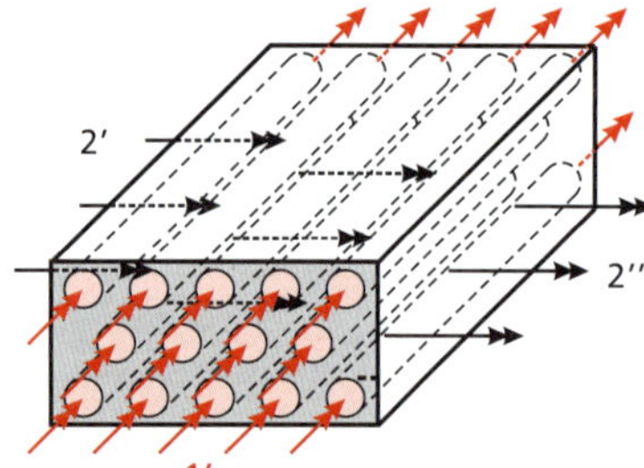

(b) Glattrohrbündel-Wärmeübertrager

Fluid 1: quervermischt
Fluid 2: quervermischt
1''
2'
2''
1'

(c) Platten-Wärmeübertrager

Bild 7.13: *Beispiele für reinen Kreuzstrom (a), einseitig vermischten Kreuzstrom (b) und beidseitig vermischten Kreuzstrom (c).*

☞ Der vielfach für den Austauschgrad ϵ synonym verwendete Begriff „Wirkungsgrad" erweckt den Eindruck einer umfassenden Kenngröße von Wärmeübertragern. Dies trifft aber tatsächlich nicht zu, da auch noch Strömungsverluste in Form eines Druckabfalls auftreten. Der Austauschgrad beschreibt lediglich die thermischen Verhältnisse, so dass „Wärmewirkungsgrad" oder „thermischer Wirkungsgrad" zutreffender ist. Gelegentlich wird auch vom „Gütegrad" des Wärmeübertragers gesprochen.

Gl. (7.41) ist nicht explizit nach der Anzahl der Übertragungseinheiten auflösbar, was die Berechnung erschwert. In der Praxis wird vielfach folgende Näherungsgleichung für das Fluid j mit dem geringeren Wärmekapazitätsstrom verwendet, die nur für $R_\mathrm{j}=1$ exakt ist:

$$P_\mathrm{j}=1-\exp\left\{\frac{1}{R_\mathrm{j}}\cdot NTU_\mathrm{j}^{0{,}22}\cdot\left[\exp\left(-R_\mathrm{j}\cdot NTU_\mathrm{j}^{0{,}78}\right)-1\right]\right\} \quad \begin{matrix}(j=1 \text{ für } R_1\leq 1)\\(j=2 \text{ für } R_1>1)\end{matrix} \tag{7.42}$$

Für die Betriebscharakteristik des **einseitig vermischten Kreuzstroms** gilt, wobei der Index 1 den Fluidstrom im Rohr kennzeichnet:

$$P_1=1-\exp\left\{\frac{1}{R_1}\cdot\left[\exp\left(-R_1\cdot NTU_1\right)-1\right]\right\}$$
$$P_2=R_1\cdot P_1 \tag{7.43}$$

Für die Anzahl der Übertragungseinheiten erhält man:

$$NTU_1=-\frac{1}{R_1}\cdot\ln\left[1+R_1\cdot\ln\left(1-P_1\right)\right]$$
$$NTU_2=R_1\cdot NTU_1 \tag{7.44}$$

Für den **beidseitig quervermischten Kreuzstrom** gilt:

$$\frac{1}{P_\mathrm{j}}=\frac{1}{1-\exp(-NTU_\mathrm{j})}+\frac{R_\mathrm{j}}{1-\exp(-R_\mathrm{j}\cdot NTU_\mathrm{j})}-\frac{1}{NTU_\mathrm{j}} \quad (j=1{,}2) \tag{7.45}$$

Auch Gl. (7.45) ist nicht explizit nach NTU auflösbar.

7.1.9 Wärmewirkungsgrade von Wärmeübertragern

Ein idealer Wärmeübertrager würde infinitesimale Temperaturunterschiede zwischen den beiden Fluiden aufweisen, so dass die Austrittstemperatur des wärmeaufnehmenden Fluids gleich der Eintrittstemperatur des wärmeabgebenden Fluids und umgekehrt wäre:

$$\vartheta_1'=\vartheta_2''$$
$$\vartheta_2'=\vartheta_1'' \tag{7.46}$$

Mithilfe der Wärmeübertrager-Hauptgleichung (7.22) folgt, dass dies nur für $\dot{W}_1=\dot{W}_2$ möglich wäre. Für $\dot{W}_1<\dot{W}_2$ erfährt das wärmeabgebende Fluid die größere Temperaturänderung und würde sich auf ϑ_2' abkühlen. Für $\dot{W}_1>\dot{W}_2$ ist die Temperaturänderung im wärmeaufnehmenden Fluid größer. Dieses würde sich am Austritt auf ϑ_1' erwärmen. Damit ergibt sich der maximale Wärmestrom zu:

$$\dot{Q}_\mathrm{max}=\min\left[\dot{W}_1,\dot{W}_2\right]\cdot(\vartheta_1'-\vartheta_2')=\dot{W}_\mathrm{min}\cdot(\vartheta_1'-\vartheta_2') \tag{7.47}$$

Der **Wärmewirkungsgrad (Austauschgrad)** ϵ eines Wärmeübertragers ist das Verhältnis des übertragenen Wärmestroms $\dot{Q}$ zum maximal möglichen Wärmestrom $\dot{Q}_\mathrm{max}$. Mit den Gln. (7.15) und (7.22) folgt:

$$\epsilon=\frac{\dot{Q}}{\dot{Q}_\mathrm{max}}=\frac{\dot{W}_1\cdot(\vartheta_1'-\vartheta_1'')}{\dot{W}_\mathrm{min}\cdot(\vartheta_1'-\vartheta_2')}=\frac{\dot{W}_1\cdot P_1}{\dot{W}_\mathrm{min}}=\frac{\dot{W}_2\cdot(\vartheta_2''-\vartheta_2')}{\dot{W}_\mathrm{min}\cdot(\vartheta_1'-\vartheta_2')}=\frac{\dot{W}_2\cdot P_2}{\dot{W}_\mathrm{min}} \tag{7.48}$$

Falls $\dot{W}_1<\dot{W}_2$, ist $\dfrac{\dot{W}_1}{\dot{W}_\mathrm{min}}=1$. Anderenfalls ist $\dfrac{\dot{W}_2}{\dot{W}_\mathrm{min}}=1$. Damit erhält man für den Austauschgrad:

$$\epsilon = \begin{cases} P_1 & \text{für} \quad \dot{W}_1 < \dot{W}_2 \\ P_2 & \text{für} \quad \dot{W}_1 > \dot{W}_2 \end{cases} \tag{7.49}$$

Der Wärmewirkungsgrad eines Wärmeübertragers ist damit gleich der dimensionslosen Temperaturänderung des Fluids mit dem geringeren Wärmekapazitätsstrom. Bild 7.14 zeigt die Austauschgrade für verschiedene Stromführungen in Abhängigkeit der normierten mittleren Temperaturdifferenz. Der Gegenstrom-Wärmeübertrager weist den höchsten Wärmewirkungsgrad auf, während der Gleichstrom-Wärmeübertrager den geringsten Austauschgrad besitzt. Sehr wirkungsvoll ist auch der reine Kreuzstrom-Wärmeübertrager.

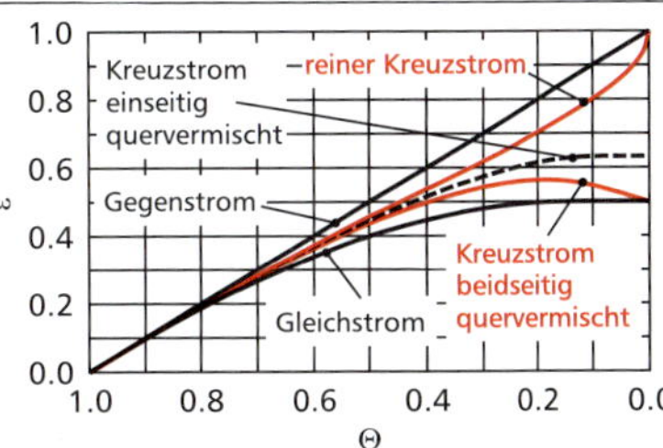

Bild 7.14: *Vergleich des Wärmewirkungsgrads verschiedener Wärmeübertrager.*

Tabelle 7.1: *Konstanten von Gl. (7.51).*

Stromführung	A	B	C	D
reiner Gleichstrom	0,671	2,11	0,534	0,500
reiner Kreuzstrom	0,433	1,60	0,267	0,500
einseitig vermischter Kreuzstrom	0,234	1,91	0,597	0,668
beidseitig quervermischter Kreuzstrom	0,251	2,06	0,677	0,500

☞ Für die dimensionslose Temperaturänderung des Stoffstroms 1 gilt:

$$P_1 = \frac{1 - \exp\left[F \cdot NTU_1 \cdot (R_1 - 1)\right]}{1 - R_1 \cdot \exp\left[F \cdot NTU_1 \cdot (R_1 - 1)\right]} \quad \text{für} \quad R_1 \neq 1$$

$$P_1 = \frac{F \cdot NTU_1}{1 + F \cdot NTU_1} = \frac{F \cdot NTU}{1 + F \cdot NTU} \quad \text{für} \quad R_1 = 1 \tag{7.52}$$

7.1.10 Korrekturfaktor

Der Korrekturfaktor F ist die dimensionslose mittlere Temperaturdifferenz Θ bezogen auf die dimensionslose mittlere Temperaturdifferenz Θ_{GG} des Gegenstrom-Wärmeübertragers (Index GG):

$$F := \frac{\Theta}{\Theta_{GG}} = \frac{NTU_{j,GG}}{NTU_j} \qquad j = 1,2 \qquad \text{mit} \quad \Theta = \frac{\Delta\vartheta_{\log}}{\vartheta_1' - \vartheta_2'} \tag{7.50}$$

Der Referenz-Gegenstrom-Wärmeübertrager erreicht dabei dieselben dimensionslosen Temperaturänderungen P_1 und P_2 wie die betrachtete Stromführung mit Θ und NTU_j. Bei reinem Gegenstrom ist $F = 1$. Spang und Roetzel (1995) geben für F bei symmetrischen Stromführungen ohne Längsvermischung folgende Näherungsgleichung an:

$$F = \frac{1}{\left(1 + A \cdot R_1^{D \cdot B} \cdot NTU_1^B\right)^C} \tag{7.51}$$

7.1.11 Wärmeübertrager mit Phasenübergang

Ist ein Arbeitsmedium ein verdampfendes oder kondensierendes Fluid, wird die für den Phasenübergang benötigte bzw. dabei freigesetzte Verdampfungsenthalpie h_{fg} vom anderen Medium geliefert bzw. aufgenommen. Dabei bleibt die Temperatur des verdampfenden bzw. kondensierenden Fluids konstant. Für einen Wärmeübertrager mit Verdampfung ist ϑ_2 konstant ($P_2 = 0$), was einem unendlichen Wärmekapazitätsstrom $\dot{W}_2$ bzw. $R_1 = 0$ entspricht. Unabhängig von der Bauart bzw. der Stromführung gelten dann die Zusammenhänge:

$$P_1 = 1 - \exp\left(-NTU_1\right) \tag{7.53}$$

$$NTU_1 = -\ln\left(1 - P_1\right) \tag{7.54}$$

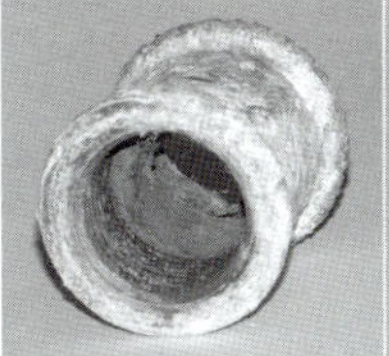
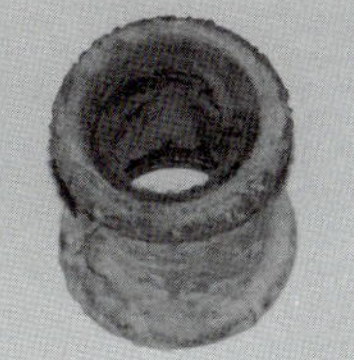

Bild 7.15: *Beispiele für Ablagerungen in einer Rohrmuffe.*

7.1.12 Ablagerungen (Fouling)

Im Betrieb von Wärmeübertragern kommt es zu Ablagerungen (Fouling) an den Trennwänden (z. B. Oxidschichten, Ablagerungen aus den Fluiden, Sand, Schlamm, Rost, Kalk, Algen, Muscheln etc.), die den Wärmedurchgang herabsetzen und so den Wirkungsgrad des Wärmeübertragers vermindern. Rechnerisch kann diesem Umstand durch den spezifischen Verschmutzungswiderstand R_f Rechnung getragen werden (Tab. 7.2), der den Wärmedurchgangskoeffizienten k verringert.

Tabelle 7.2: *Anhaltswerte von Verschmutzungswiderständen in Wärmeübertragern.*

Fluid	R_f in $10^{-3} \cdot (m^2\,K)/W$
Seewasser	$0{,}1 \div 0{,}5$
Flusswasser	$0{,}2 \div 1{,}0$
Abgase	1,8
Heizöl	0,9
Transformatorenöl	0,2
Speiseöl	0,5
Benzin	0,2
Kältemittel	0,2
Wasserdampf	$0{,}1 \div 0{,}2$
Druckluft	0,35
Destilliertes Wasser	0,1

7.2 Beispiele

▶ Beispiel 7.1:

Bauer Moritz Molke will Kuhmilch ($c_{p1} = 3{,}94$ kJ/(kg K), $\dot{m}_1 = 1$ kg/s) von der Temperatur $\vartheta_1' = 38$ °C auf die Temperatur $\vartheta_1'' = 8$ °C abkühlen. In einem im Gegenstrom betriebenen Wärmeübertrager steht ihm dazu Kühlwasser ($c_{p2} = 4{,}18$ kJ/(kg K), $\dot{m}_2 = 1{,}5$ kg/s) der Temperatur $\vartheta_2' = 4$ °C zur Verfügung.

(a) Welcher Wärmestrom $\dot{Q}$ wird der Milch dabei entzogen?

(b) Mit welcher Temperatur ϑ_2'' tritt das Kühlwasser aus dem Wärmeübertrager aus?

(c) Wie groß ist die logarithmisch gemittelte Temperaturdifferenz $\Delta\vartheta_{\log}$?

(d) Welche Übertragungsfähigkeit K des Wärmeübertragers ist dazu erforderlich?

Bekannte Größen:

▷ Milch:

Eintrittstemperatur: $\vartheta_1' = 38$ °C
Austrittstemperatur: $\vartheta_1'' = 8$ °C
Massenstrom: $\dot{m}_1 = 1$ kg/s
spezifische Wärmekapazität: $c_{p1} = 3{,}94 \cdot 10^3$ J/(kg K)

▷ Kühlwasser:

Eintrittstemperatur: $\vartheta_2' = 4$ °C
Massenstrom: $\dot{m}_2 = 1{,}5$ kg/s
spezifische Wärmekapazität: $c_{p2} = 4{,}18 \cdot 10^3$ J/(kg K)

Gesuchte Größen:

Wärmestrom: $\dot{Q}$
Austrittstemperatur Kühlwasser: ϑ_2''
logarithmische gemittelte Temperaturdifferenz: $\Delta\vartheta_{\log}$
Übertragungsfähigkeit: K

Lösung:

(a) übertragener Wärmestrom:

Der übertragene Wärmestrom lässt sich mithilfe der Wärmeübertrager-Hauptgleichung (7.22) berechnen, da die Ein- und Austrittstemperatur der Milch (Fluid 1) bekannt ist:

$$\dot{Q} = \dot{W}_1 \cdot (\vartheta_1' - \vartheta_1'') \tag{7.55}$$

Der Wärmekapazitätsstrom der Milch ergibt sich dazu aus Gl. (7.17):

$$\dot{W}_1 = \dot{m}_1 \cdot c_{p1} = 3\,940 \text{ W/K} \tag{7.56}$$

Damit beträgt der übertragene Wärmestrom:

$$\dot{Q} = 3\,940 \text{ W/K} \cdot (38\text{ °C} - 8\text{ °C}) = 118\,200 \text{ W} = 118{,}2 \text{ kW} \tag{7.57}$$

Bei Vertauschen der Indizes (1 für die Milch und 2 für das Kühlwasser) würde sich ein negativer Wärmestrom $\dot{Q}$ und auch eine negative logarithmisch gemittelte Temperaturdifferenz $\Delta\vartheta_{\log}$ ergeben.

(b) Austrittstemperatur des Kühlwassers:

Die Austrittstemperatur ϑ_2'' des Kühlwassers lässt sich ebenfalls über die Wärmeübertrager-Hauptgleichung (7.22) in Verbindung mit dem Wärmekapazitätsstrom $\dot{W}_2$ des Kühlwassers berechnen:

$$\dot{W}_2 = \dot{m}_2 \cdot c_{p2} = 6\,270 \text{ W/K} \tag{7.58}$$

$$\dot{Q} = \dot{W}_2 \cdot (\vartheta_2'' - \vartheta_2') \quad \Rightarrow \quad \vartheta_2'' = \vartheta_2' + \frac{\dot{Q}}{\dot{W}_2} = 4\text{ °C} + \frac{118\,200 \text{ W}}{6\,270 \text{ W/K}} = 22{,}85 \text{ °C} \tag{7.59}$$

(c) logarithmisch gemittelte Temperaturdifferenz:

Bei der Ermittlung der logarithmisch gemittelten ist zu beachten, dass es sich um einen Gegenstrom-Wärmeübertrager handelt. Daher ist Gl. (7.13) auszuwerten:

Anschaulich stellt die logarithmisch gemittelte Temperaturdifferenz $\Delta\vartheta_{\log}$ den mittleren Temperaturunterschied zwischen Milch und Kühlwasser dar.

$$\Delta\vartheta_{\log} = \frac{\vartheta_1'' - \vartheta_2' - (\vartheta_1' - \vartheta_2'')}{\ln\left(\dfrac{\vartheta_1'' - \vartheta_2'}{\vartheta_1' - \vartheta_2''}\right)} = \frac{(8\text{ °C} - 4\text{ °C}) - (38\text{ °C} - 22{,}85\text{ °C})}{\ln\left(\dfrac{8\text{ °C} - 4\text{ °C}}{38\text{ °C} - 22{,}85\text{ °C}}\right)}$$
$$= \frac{4\text{ K} - 15{,}15\text{ K}}{\ln\left(\dfrac{4\text{ K}}{15{,}15\text{ K}}\right)} = \frac{-11{,}15\text{ K}}{\ln(0{,}264)} = 8{,}37\text{ K} \tag{7.60}$$

Der Zähler in Gl. (7.60) ist negativ, allerdings liefert auch der natürliche Logarithmus im Nenner einen negativen Wert, da er von einem Zahlenwert kleiner 1 berechnet wird.

(d) Übertragungsfähigkeit:

Die erforderliche Übertragungsfähigkeit des Wärmeübertragers K kann ebenfalls über die Wärmeübertrager-Hauptgleichung (7.22) in Verbindung mit der logarithmisch gemittelten Temperaturdifferenz $\Delta\vartheta_{\log}$ ermittelt werden:

$$\dot{Q}=k\cdot A\cdot\Delta\vartheta_{\log} \quad\Rightarrow\quad K=k\cdot A=\frac{\dot{Q}}{\Delta\vartheta_{\log}}=\frac{118\,200\,\mathrm{W}}{8{,}37\,\mathrm{K}}=1{,}41\cdot10^4\,\mathrm{W/K} \qquad (7.61)$$

◄

Zusammenfassung und Ausblick:

- Eine universelle Berechnung von Wärmeübertragern ist vorteilhaft mit der Wärmeübertrager-Hauptgleichung (7.22) möglich.

► Beispiel 7.2:

In den Kellerräumen von Anja Assel ist eine ungedämmte Wasserleitung DN 20 aus Stahl (Innendurchmesser $D_\mathrm{i}=21{,}6$ mm, Wandstärke $s=2{,}65$ mm, Wärmeleitfähigkeit $\lambda=50$ W/(m K), Länge $L=8$ m) horizontal verlegt. Das mit einer Geschwindigkeit von $w=2$ m/s fließende Kaltwasser (Dichte $\varrho_\mathrm{W}=999{,}9$ kg/m^3, spezifische Wärmekapazität $c_\mathrm{pW}=4\,196$ J/(kg K), Wärmeleitfähigkeit $\lambda_\mathrm{W}=576{,}2\cdot10^{-3}$ W/(m K), kinematische Viskosität $\nu_\mathrm{W}=1{,}385\cdot10^{-6}$ m^2/s, $Pr_\mathrm{W}=10{,}09$) tritt mit einer Temperatur von $\vartheta_0=8$ °C in die Wasserleitung ein. Der Wärmeübergangskoeffizient an der Rohraußenseite zur konstanten Kellertemperatur $\vartheta_\infty=15$ °C beträgt $\alpha_\mathrm{e}=12{,}5$ W/(m^2 K).

(a) Wie groß ist der an der Rohrinnenseite auftretende Wärmeübergangskoeffizient α_i?

(b) Wie groß ist der auf die innere Rohroberfläche bezogene Wärmedurchgangskoeffizient k_i?

(c) Leiten Sie aus einer Energiebilanz am infinitesimalen Fluidelement eine Gleichung für den Temperaturverlauf des Wassers im Rohr her und ermitteln Sie die allgemeine Lösung $\vartheta_\mathrm{W}(x)$.

(d) Welche Temperatur ϑ_L hat das Wasser am Ende des Rohrs angenommen?

Bekannte Größen:

▷ Rohr:

Innendurchmesser:	$D_\mathrm{i}=21{,}6\cdot10^{-3}$ m
Wandstärke:	$s=2{,}65\cdot10^{-3}$ m
Länge:	$L=8$ m
Wärmeleitfähigkeit:	$\lambda=50$ W/(m K)

▷ Kaltwasser:

Eintrittstemperatur:	$\vartheta_0=8$ °C
Geschwindigkeit:	$w=2$ m/s
Dichte:	$\varrho_\mathrm{W}=999{,}9$ kg/m^3
kinematische Viskosität:	$\nu_\mathrm{W}=1{,}385\cdot10^{-6}$ m^2/s
Wärmeleitfähigkeit:	$\lambda_\mathrm{W}=0{,}5762$ W/(m K)
spezifische Wärmekapazität:	$c_\mathrm{pW}=4\,196$ J/(kg K)
Prandtl-Zahl:	$Pr_\mathrm{W}=10{,}09$

▷ Keller:

Temperatur:	$\vartheta_\infty=15$ °C
Wärmeübergangskoeffizient:	$\alpha_\mathrm{e}=12{,}5$W/(m^2 K)

Gesuchte Größen:

Wärmeübergangskoeffizient innen:	α_i
Wärmedurchgangskoeffizient:	k_i
Temperaturverlauf im Rohr:	$\vartheta_\mathrm{W}(x)$
Temperatur am Rohrende:	ϑ_L

Lösung:

(a) wasserseitiger Wärmeübergangskoeffizient:

Es liegt erzwungene Konvektion im Rohr vor, so dass zunächst die Reynolds-Zahl und dann die Nußelt-Zahl zu ermitteln ist, um daraus den gesuchten Wärmeübergangskoeffizient zu berechnen. Gemäß Gl. (6.9) gilt:

$$Re=\frac{w\cdot D_\mathrm{i}}{\nu_\mathrm{W}}=3{,}12\cdot10^4>2\,320 \quad\Rightarrow\quad \text{turbulent} \qquad (7.62)$$

Für die turbulente Rohrströmung folgt aus den Gln. (6.40) und (6.43):

$$\zeta=(1{,}8\cdot\log Re-1{,}64)^{-2}=0{,}024$$

$$K_\mathrm{L}=1+\left(\frac{D_i}{L}\right)^{\frac{2}{3}}=1{,}019$$

$$Nu=Nu_0\cdot K_\mathrm{L}=\frac{\frac{\zeta}{8}\cdot Re\cdot Pr_\mathrm{W}}{1+12{,}7\cdot\sqrt{\frac{\zeta}{8}}\cdot\left(Pr_\mathrm{W}^{\frac{2}{3}}-1\right)}\cdot K_\mathrm{L}=270{,}90 \qquad (7.63)$$

☞ Auf die Korrektur der Temperaturabhängigkeit wird aufgrund der geringen Temperaturunterschiede verzichtet ($K_\mathrm{T}=1$).

Wegen $\alpha_\mathrm{i} \gg \alpha_\mathrm{e}$ ist zu erwarten, dass der wasserseitige Wärmeübergang nur wenig zum Wärmedurchgangswiderstand beiträgt.

Auch der Wärmeleitwiderstand des Stahlrohrs leistet einen vergleichsweise geringen Beitrag zum thermischen Gesamtwiderstand. Der auf die äußere Rohroberfläche $A_\mathrm{e} = D_\mathrm{e} \cdot \pi \cdot L = 0{,}68\ \mathrm{m}^2$ bezogene Wärmedurchgangskoeffizient k_e liegt mit $12{,}46\ \mathrm{W/(m^2\,K)}$ nur wenig unter dem äußeren Wärmeübergangskoeffizienten, der den Wärmedurchgang dominiert.

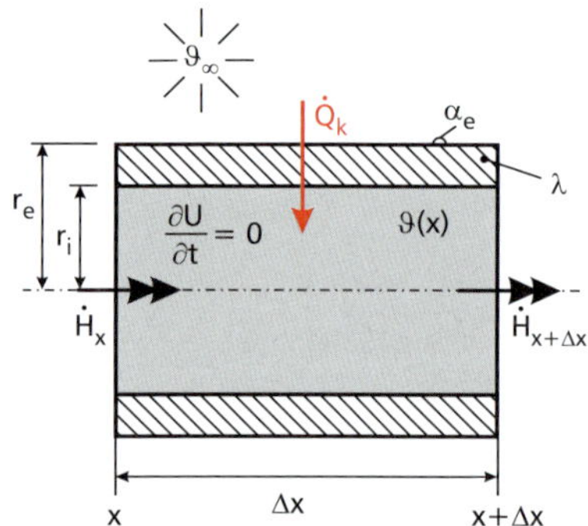

Bild 7.16: *Energiebilanz am infinitesimalen Fluidelement.*

Die Längswärmeleitung im Fluid wird vernachlässigt, da gilt:

$Nu \ll (Re \cdot Pr_\mathrm{W})^2$

Ebenso bleibt die Längswärmeleitung in der Rohrwand außer Acht.

Da die Kellertemperatur ϑ_∞ konstant ist, gilt:

$$\frac{\mathrm{d}\theta(x)}{\mathrm{d}x} = \frac{\mathrm{d}\left[\vartheta_\infty - \vartheta(x)\right]}{\mathrm{d}x} = -\frac{\mathrm{d}\vartheta(x)}{\mathrm{d}x} \qquad (7.71)$$

Aus Gl. (6.4) folgt der gesuchte Wärmeübergangskoeffizient zu:

$$\alpha_\mathrm{i} = \frac{Nu \cdot \lambda_\mathrm{W}}{D_\mathrm{i}} = 7\,226{,}51\ \mathrm{W/(m^2\,K)} \qquad (7.64)$$

(b) auf die Rohrinnenfläche bezogener Wärmedurchgangskoeffizient:

Der auf die innere Rohroberfläche $A_\mathrm{i} = D_\mathrm{i} \cdot \pi \cdot L = 0{,}54\ \mathrm{m}^2$ bezogene Wärmedurchgangskoeffizient k_i kann mit $r_\mathrm{i} = D_\mathrm{i}/2 = 10{,}8\ \mathrm{mm}$ und $r_\mathrm{e} = r_\mathrm{i} + s = 13{,}45\ \mathrm{mm}$ aus Gl. (7.2) berechnet werden:

$$k_\mathrm{i} = \frac{1}{\dfrac{1}{\alpha_\mathrm{i}} + \dfrac{r_\mathrm{i}}{\lambda} \cdot \ln\left(\dfrac{r_\mathrm{e}}{r_\mathrm{i}}\right) + \dfrac{r_\mathrm{i}}{r_\mathrm{e} \cdot \alpha_\mathrm{e}}} = 15{,}52\ \mathrm{W/(m^2\,K)} \qquad (7.65)$$

(c) Temperaturverlauf im Rohr:

Zur Formulierung der Energiebilanz wird ein infinitesimales Fluidelement der Länge Δx aus dem Rohr herausgeschnitten. Da die Wassertemperatur nur von der Lauflänge x, aber nicht vom Radius r abhängt, besitzt das Kontrollvolumen den Radius r_i. Weiterhin wird eine stationäre Durchströmung des Rohres betrachtet, so dass keine Änderung der inneren Energie $\dfrac{\partial U}{\partial t} = 0$ auftritt. In das Kontrollvolumen tritt an der Stelle x der Enthalpiestrom $\dot{H}_\mathrm{x}$ ein, während bei $x + \Delta x$ der Enthalpiestrom $\dot{H}_{\mathrm{x}+\Delta\mathrm{x}}$ austritt. Am Umfang des Elements erfolgt aus der Umgebung die Wärmezufuhr $\dot{Q}_\mathrm{k}$ infolge des Wärmedurchgangs. Damit lässt sich die Energiebilanz wie folgt formulieren:

$$\frac{\partial U}{\partial t} = 0 = \dot{H}_\mathrm{x} - \dot{H}_{\mathrm{x}+\Delta\mathrm{x}} + \dot{Q}_\mathrm{k} \qquad (7.66)$$

Für den eintretenden Enthalpiestrom gilt:

$$\dot{H}_\mathrm{x} = \dot{m}_\mathrm{W} \cdot c_\mathrm{pW} \cdot \vartheta(x) \qquad (7.67)$$

Der austretende Enthalpiestrom folgt mithilfe einer Taylor-Reihe, die nach dem zweiten Glied abgebrochen wird:

$$\dot{H}_{\mathrm{x}+\Delta\mathrm{x}} \approx \dot{H}_\mathrm{x} + \frac{\mathrm{d}\dot{H}_\mathrm{x}}{\mathrm{d}x} \cdot \Delta x \qquad (7.68)$$

Für die Wärmetransmission an der Umfangsfläche ΔA_U erhält man:

$$\dot{Q}_\mathrm{k} = k \cdot \Delta A_\mathrm{U} \cdot \left[\vartheta_\infty - \vartheta(x)\right] = k \cdot 2\,\pi \cdot r_\mathrm{i} \cdot \Delta x \cdot \left[\vartheta_\infty - \vartheta(x)\right] \qquad (7.69)$$

Einsetzen der Gln. (7.67)–(7.69) in die Energiebilanz (7.66) liefert:

$$-\frac{\mathrm{d}\dot{H}_\mathrm{x}}{\mathrm{d}x} \cdot \cancel{\Delta x} + k \cdot 2\,\pi \cdot r_\mathrm{i} \cdot \cancel{\Delta x} \cdot \left[\vartheta_\infty - \vartheta(x)\right] = 0 \quad \Rightarrow$$

$$-\frac{\mathrm{d}}{\mathrm{d}x}\left(\dot{m}_\mathrm{W} \cdot c_\mathrm{pW} \cdot \vartheta(x)\right) + k \cdot 2\,\pi \cdot r_\mathrm{i} \cdot \left[\vartheta_\infty - \vartheta(x)\right] = 0 \quad \Rightarrow$$

$$-\dot{m}_\mathrm{W} \cdot c_\mathrm{pW} \cdot \frac{\mathrm{d}\vartheta(x)}{\mathrm{d}x} + k \cdot 2\,\pi \cdot r_\mathrm{i} \cdot \left[\vartheta_\infty - \vartheta(x)\right] = 0 \quad \Rightarrow$$

$$-\frac{\mathrm{d}\vartheta(x)}{\mathrm{d}x} + \frac{k \cdot 2\,\pi \cdot r_\mathrm{i}}{\dot{m}_\mathrm{W} \cdot c_\mathrm{pW}} \cdot \left[\vartheta_\infty - \vartheta(x)\right] = 0 \qquad (7.70)$$

Gl. (7.70) ist eine inhomogene gewöhnliche Differenzialgleichung 1. Ordnung, die mithilfe der Übertemperatur $\theta(x) := \vartheta_\infty - \vartheta(x)$ homogenisiert werden kann:

$$-\left(-\frac{\mathrm{d}\theta(x)}{\mathrm{d}x}\right)+\frac{k\cdot 2\pi\cdot r_\mathrm{i}}{\dot{m}_\mathrm{W}\cdot c_\mathrm{pW}}\cdot\theta(x)=0 \quad\Rightarrow\quad \frac{\mathrm{d}\theta(x)}{\mathrm{d}x}+\kappa\cdot\theta(x)=0 \qquad (7.72)$$

Die spezifische Anzahl der Übertragungseinheiten κ beträgt:

$$\dot{m}_\mathrm{W}=\varrho_\mathrm{W}\cdot w\cdot A=\varrho_\mathrm{W}\cdot w\cdot\frac{D_\mathrm{i}^2\cdot\pi}{4}=0{,}73\ \mathrm{kg/s}$$

$$\kappa=\frac{k\cdot 2\pi\cdot r_\mathrm{i}}{\dot{m}_\mathrm{W}\cdot c_\mathrm{pW}}=3{,}44\cdot 10^{-4}\ \mathrm{m}^{-1} \qquad (7.73)$$

Der Exponentialfunktionsansatz

$$\theta(x)=C\cdot\exp(\gamma\cdot x) \qquad (7.74)$$

führt mit

$$\frac{\mathrm{d}\theta(x)}{\mathrm{d}x}=\gamma\cdot C\cdot\exp(\gamma\cdot x) \qquad (7.75)$$

durch Einsetzen in Gl. (7.72) auf die charakteristische Gleichung:

$$\gamma\cdot C\cdot\exp(\gamma\cdot x)+\kappa\cdot C\cdot\exp(\gamma\cdot x)=0 \quad\Rightarrow$$
$$(\gamma+\kappa)\cdot C\cdot\exp(\gamma\cdot x)=0 \quad\Rightarrow$$
$$\gamma=-\kappa \qquad (7.76)$$

Damit lautet die allgemeine Lösung der Übertemperatur:

$$\theta(x)=C\cdot\exp\left(-\kappa\cdot x\right) \qquad (7.77)$$

Für den allgemeinen Temperaturverlauf im Wasserrohr erhält man damit:

$$\vartheta(x)=\vartheta_\infty-\theta(x)=\vartheta_\infty-C\cdot\exp\left(-\kappa\cdot x\right) \qquad (7.78)$$

Die Konstante C lässt sich mithilfe der Randbedingung bei $x=0$, d. h. der bekannten Wassereintrittstemperatur ϑ_0, bestimmen:

$$\vartheta(x=0)=\vartheta_0=\vartheta_\infty-C\cdot\underbrace{\exp(-\kappa\cdot 0)}_{1} \quad\Rightarrow\quad C=\vartheta_\infty-\vartheta_0 \qquad (7.79)$$

Damit lautet der Temperaturverlauf in der Kaltwasserleitung:

$$\vartheta(x)=\vartheta_\infty-(\vartheta_\infty-\vartheta_0)\cdot\exp\left(-\kappa\cdot x\right) \qquad (7.80)$$

(d) Temperatur am Rohrende:

Die Wassertemperatur am Rohrende erhält man durch Einsetzen von $x=L$ in Gl. (7.80):

$$\vartheta_\mathrm{L}=\vartheta(x=L)=\vartheta_\infty-(\vartheta_\infty-\vartheta_0)\cdot\exp\left(-\kappa\cdot L\right)$$
$$=15\ ^\circ\mathrm{C}-(15\ ^\circ\mathrm{C}-8\ ^\circ\mathrm{C})\cdot\exp\left(-3{,}44\cdot 10^{-4}\ \mathrm{m}^{-1}\cdot 8\ \mathrm{m}\right)=8{,}02\ ^\circ\mathrm{C} \qquad (7.81)$$

◄

► Beispiel 7.3:

Leiten Sie anhand geeigneter Energiebilanzen an den Arbeitsfluiden 1 und 2 eine Gleichung für die Temperaturverläufe $\vartheta_1(x)$ und $\vartheta_2(x)$ in einem nach außen hin adiabaten, stationär durchströmten Gleichstrom-Wärmeübertrager der Übertragungsfähigkeit $K=k\cdot A$ und der Länge L für den allgemeinen Fall unterschiedlicher Wärmekapazitätsströme $\dot{W}_1$ und $\dot{W}_2$ ab. Als Parameter sollen dabei nur die Ein- und Austrittstemperaturen der Fluide $\vartheta_1', \vartheta_2'$ und $\vartheta_1'', \vartheta_2''$ sowie die jeweilige Anzahl der Übertragungseinheiten NTU_1 und NTU_2 auftreten.

Gl. (7.72) ist eine homogene Differenzialgleichung 1. Ordnung, die durch Trennung der Variablen oder Exponentialfunktionsansatz lösbar ist.

Die Definition der „Untertemperatur“ $\theta^*:=\vartheta(x)-\vartheta_\infty$ hätte auf denselben Temperaturverlauf wie in Gl. (7.80) geführt.

Das Produkt $\kappa\cdot x$ bezeichnet laut Abschnitt 6.1.15 die Anzahl der Übertragungseinheiten NTU. Gl. (7.80) stimmt damit mit Gl. (7.3) bzw. Gl. (7.4) überein. Im vorliegenden Fall der Wärmezufuhr von außen beschreibt Gl. (7.80) eine exponentielle Temperaturzunahme im Fluid.

Zusammenfassung und Ausblick:

- Es tritt nur eine sehr schwache Temperaturerhöhung im Kaltwasser auf, so dass eine Wärmedämmung der Rohrleitung (aus diesem Grunde) nicht erforderlich ist.
- Die praktisch vernachlässigbare Temperaturzunahme im Fluid resultiert aus dem sehr großen Wärmekapazitätsstrom des Wassers $\dot{W}_\mathrm{W}=\dot{m}_\mathrm{W}\cdot c_\mathrm{pW}=3\,063{,}08\ \mathrm{W/K}$, was auch aus dem sehr niedrigen Wert der Anzahl der Übertragungseinheiten $NTU=\kappa\cdot L=2{,}75\cdot 10^{-3}$ anschaulich klar wird.
- Wasser ist daher sehr gut als Wärmeträgermedium geeignet.

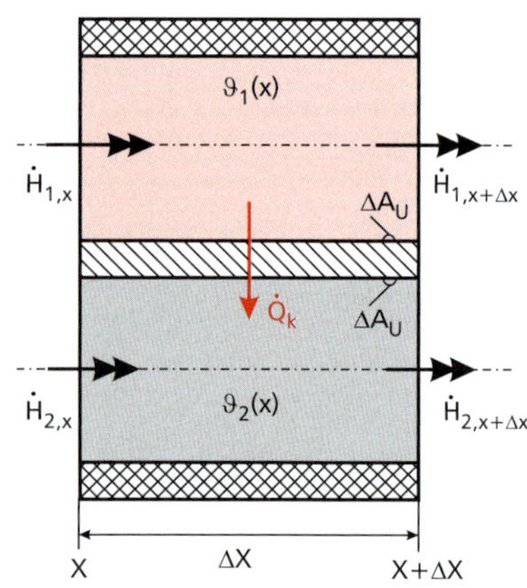

Bild 7.17: *Energiebilanzen an den infinitesimalen Fluidelementen eines Gleichstrom-Wärmeübertragers.*

Lösung:

Die Energiebilanz ist jeweils für Fluid 1 und Fluid 2 getrennt aufzustellen. In die jeweiligen Kontrollvolumina strömt Enthalpie an der Stelle x zu und an der Stelle $x+\Delta x$ wieder ab. Durch den Wärmedurchgang über die Trennfläche wird in dem nach außen adiabaten Wärmeübertrager der Fluid 1 entzogene Wärmestrom $\dot{Q}_\mathrm{k}$ Fluid 2 zugeführt.

Für Fluid 1 lautet die stationäre Energiebilanz am Kontrollvolumen infinitesimaler Breite Δx (vgl. Abschnitt 2.1.4):

$$\dot{H}_{1,\mathrm{x}} - \dot{H}_{1,\mathrm{x}+\Delta\mathrm{x}} - \dot{Q}_\mathrm{k} = 0 \tag{7.82}$$

Aus einer nach dem zweiten Glied abgebrochenen Taylor-Reihe erhält man für die Differenz aus eintretendem und austretendem Enthalpiestrom:

$$\dot{H}_{1,\mathrm{x}} - \dot{H}_{1,\mathrm{x}+\Delta\mathrm{x}} \approx -\frac{\mathrm{d}\dot{H}_{1,\mathrm{x}}}{\mathrm{d}x} \cdot \Delta x = -\dot{W}_1 \cdot \frac{\mathrm{d}\vartheta_1(x)}{\mathrm{d}x} \cdot \Delta x \tag{7.83}$$

Für die Wärmetransmission über die Trennfläche $\Delta A_\mathrm{U} = U \cdot \Delta x$ folgt:

$$\dot{Q}_\mathrm{k} = k \cdot \Delta A_\mathrm{U} \cdot \left[\vartheta_1(x) - \vartheta_2(x)\right] = k \cdot U \cdot \Delta x \cdot \left[\vartheta_1(x) - \vartheta_2(x)\right] \tag{7.84}$$

Einsetzen der Gln. (7.83) und (7.84) in die Energiebilanz (7.82) liefert nach Kürzen von Δx:

$$-\dot{W}_1 \cdot \frac{\mathrm{d}\vartheta_1(x)}{\mathrm{d}x} - k \cdot U \cdot \left[\vartheta_1(x) - \vartheta_2(x)\right] = 0 \quad \Rightarrow$$

$$-\frac{\mathrm{d}\vartheta_1(x)}{\mathrm{d}x} - \frac{k \cdot U}{\dot{W}_1} \cdot \left[\vartheta_1(x) - \vartheta_2(x)\right] = 0 \tag{7.85}$$

Mit der Definition der **spezifischen Anzahl der Übertragungseinheiten**

$$\kappa_1 := \frac{k \cdot U}{\dot{W}_1} \tag{7.86}$$

folgt eine Differenzialgleichung für $\vartheta_1(x)$, die allerdings mit der Temperatur von Fluid 2 gekoppelt und für sich nicht lösbar ist:

$$-\frac{\mathrm{d}\vartheta_1(x)}{\mathrm{d}x} - \kappa_1 \cdot \left[\vartheta_1(x) - \vartheta_2(x)\right] = 0 \tag{7.87}$$

Für Fluid 2 lautet die stationäre Energiebilanz:

$$\dot{H}_{2,\mathrm{x}} - \dot{H}_{2,\mathrm{x}+\Delta\mathrm{x}} + \dot{Q}_\mathrm{k} = 0 \tag{7.88}$$

Im Unterschied zu Gl. (7.82) tritt in Gl. (7.88) der Wärmestrom $\dot{Q}_\mathrm{k}$ mit einem Pluszeichen in der Bilanz auf, da er dem Kontrollvolumen zugeführt wird.

Für die Differenz zwischen eintretendem und austretendem Enthalpiestrom erhält man analog zu Gl. (7.89):

$$\dot{H}_{2,\mathrm{x}} - \dot{H}_{2,\mathrm{x}+\Delta\mathrm{x}} \approx -\frac{\mathrm{d}\dot{H}_{2,\mathrm{x}}}{\mathrm{d}x} \cdot \Delta x = -\dot{W}_2 \cdot \frac{\mathrm{d}\vartheta_2(x)}{\mathrm{d}x} \cdot \Delta x \tag{7.89}$$

Einsetzen der Gln. (7.84) und (7.89) in die Energiebilanz (7.88) liefert nach Kürzen von Δx:

$$-\dot{W}_2 \cdot \frac{\mathrm{d}\vartheta_2(x)}{\mathrm{d}x} + k \cdot U \cdot \left[\vartheta_1(x) - \vartheta_2(x)\right] = 0 \quad \Rightarrow$$

$$-\frac{\mathrm{d}\vartheta_2(x)}{\mathrm{d}x} + \frac{k \cdot U}{\dot{W}_2} \cdot \left[\vartheta_1(x) - \vartheta_2(x)\right] = 0 \tag{7.90}$$

Auch hier empfiehlt sich die Einführung der spezifischen Anzahl der Übertragungseinheiten κ_2:

$$\kappa_2 := \frac{k \cdot U}{\dot{W}_2} \tag{7.91}$$

Damit vereinfacht sich Gl. (7.90) wie folgt:

$$-\frac{\mathrm{d}\vartheta_2(x)}{\mathrm{d}x} + \kappa_2 \cdot \Big[\vartheta_1(x) - \vartheta_2(x)\Big] = 0 \tag{7.92}$$

Gl. (7.92) kann ebenfalls nicht alleine gelöst werden, da sie mit der unbekannten Fluidtemperatur ϑ_1 gekoppelt ist. Allerdings lässt sich durch Differenzbildung zwischen den Gln. (7.87) und (7.92) eine neue Differenzialgleichung für die Differenztemperatur

$$\Theta(x) := \vartheta_1(x) - \vartheta_2(x) \tag{7.93}$$

gewinnen:

$$-\frac{\mathrm{d}\vartheta_1(x)}{\mathrm{d}x} - \kappa_1 \cdot \Big[\vartheta_1(x) - \vartheta_2(x)\Big] + \frac{\mathrm{d}\vartheta_2(x)}{\mathrm{d}x} - \kappa_2 \cdot \Big[\vartheta_1(x) - \vartheta_2(x)\Big] = 0 \quad \Rightarrow$$

$$-\frac{\mathrm{d}\vartheta_1(x)}{\mathrm{d}x} + \frac{\mathrm{d}\vartheta_2(x)}{\mathrm{d}x} - (\kappa_1 + \kappa_2) \cdot \Big[\vartheta_1(x) - \vartheta_2(x)\Big] = 0 \tag{7.94}$$

Damit erhält man eine Differenzialgleichung 1. Ordnung für die Differenztemperatur $\Theta(x)$:

$$-\frac{\mathrm{d}\big[\vartheta_1(x) - \vartheta_2(x)\big]}{\mathrm{d}x} - (\kappa_1 + \kappa_2) \cdot \Big[\vartheta_1(x) - \vartheta_2(x)\Big] = 0 \quad \Big| \cdot (-1) \quad \Rightarrow$$

$$\frac{\mathrm{d}\Theta(x)}{\mathrm{d}x} + (\kappa_1 + \kappa_2) \cdot \Theta(x) = 0 \tag{7.96}$$

Gl. (7.96) kann durch Trennung der Variablen oder Exponentialfunktionsansatz

$$\Theta(x) = C_1 \cdot \exp(\beta \cdot x) \quad \Rightarrow \quad \frac{\mathrm{d}\Theta(x)}{\mathrm{d}x} = \beta \cdot C_1 \cdot \exp(\beta \cdot x) \tag{7.97}$$

gelöst werden:

$$\beta \cdot C_1 \cdot \exp(\beta \cdot x) + (\kappa_1 + \kappa_2) \cdot C_1 \cdot \exp(\beta \cdot x) = 0 \quad \Rightarrow$$

$$\beta + (\kappa_1 + \kappa_2) = 0 \quad \Rightarrow \quad \beta = -(\kappa_1 + \kappa_2) \tag{7.98}$$

Somit folgt der allgemeine Verlauf der Differenztemperatur:

$$\Theta(x) = C_1 \cdot \exp\Big[-(\kappa_1 + \kappa_2) \cdot x\Big] \tag{7.99}$$

Die Konstante C_1 folgt aus den beiden Randbedingungen bei $x = 0$:

$$\vartheta_1(x=0) = \vartheta_1' \qquad \text{und} \qquad \vartheta_2(x=0) = \vartheta_2' \quad \Rightarrow$$

$$\Theta(x=0) = \vartheta_1(x=0) - \vartheta_2(x=0) = \vartheta_1' - \vartheta_2' \tag{7.100}$$

$$\Theta(x=0) = \vartheta_1' - \vartheta_2' = C_1 \cdot \cancelto{1}{\exp\Big[-(\kappa_1 + \kappa_2) \cdot 0\Big]} \quad \Rightarrow \quad C_1 = \vartheta_1' - \vartheta_2' \tag{7.101}$$

Die Differenztemperatur des Gleichstrom-Wärmeübertragers beträgt:

$$\Theta(x) = \big(\vartheta_1' - \vartheta_2'\big) \cdot \exp\Big[-(\kappa_1 + \kappa_2) \cdot x\Big] \tag{7.102}$$

Durch Einsetzen von Gl. (7.102) in Gl. (7.87) lässt sich die Koppelung zwischen den Fluidtemperaturen eliminieren und eine Differenzialgleichung für $\vartheta_1(x)$ gewinnen:

☞ Die Gln. (7.87) und (7.92) bilden ein System von zwei gewöhnlichen Differenzialgleichungen für die beiden unbekannten Temperaturen $\vartheta_1(x)$ und $\vartheta_2(x)$. Zur Lösung existieren unterschiedliche Methoden.
Zweckmäßig ist häufig, zunächst auf die absoluten Temperaturverläufe $\vartheta_1(x)$ und $\vartheta_2(x)$ zu verzichten und stattdessen die lokale Temperaturdifferenz $\Delta\vartheta(x) := \vartheta_1(x) - \vartheta_2(x)$ zu verwenden. Zur Vermeidung leicht missverständlicher Ausdrücke der Form $\mathrm{d}\Delta\vartheta(x)/\mathrm{d}x$ in Gl. (7.96) ist es vorteilhaft, die Differenztemperatur mit der Variable $\Theta(x)$ zu bezeichnen. Kennt man den Verlauf von $\Theta(x)$, so lassen sich aus den Randbedingungen $\vartheta_1(x=0)$ und/oder $\vartheta_2(x=0)$ bzw. $\vartheta_1(x=L)$ und/oder $\vartheta_2(x=L)$ die gesuchten Temperaturverläufe ermitteln.

☞ Wegen der Additivität von Differenzialen gilt:

$$-\frac{\mathrm{d}\vartheta_1(x)}{\mathrm{d}x} + \frac{\mathrm{d}\vartheta_2(x)}{\mathrm{d}x} = -\frac{\mathrm{d}\big[\vartheta_1(x) - \vartheta_2(x)\big]}{\mathrm{d}x} = -\frac{\mathrm{d}\Theta(x)}{\mathrm{d}x} \tag{7.95}$$

$$-\frac{\mathrm{d}\vartheta_1(x)}{\mathrm{d}x} - \kappa_1 \cdot (\vartheta_1' - \vartheta_2') \cdot \exp\left[-(\kappa_1+\kappa_2)\cdot x\right] = 0 \quad \Rightarrow$$

$$\mathrm{d}\vartheta_1(x) = -\kappa_1 \cdot (\vartheta_1' - \vartheta_2') \cdot \exp\left[-(\kappa_1+\kappa_2)\cdot x\right] \cdot \mathrm{d}x \qquad \Big| \int \quad \Rightarrow$$

$$\vartheta_1(x) = \frac{-\kappa_1}{-(\kappa_1+\kappa_2)} \cdot (\vartheta_1' - \vartheta_2') \cdot \exp\left[-(\kappa_1+\kappa_2)\cdot x\right] + C_2 \quad \Rightarrow$$

$$\vartheta_1(x) = \frac{\kappa_1}{\kappa_1+\kappa_2} \cdot (\vartheta_1' - \vartheta_2') \cdot \exp\left[-(\kappa_1+\kappa_2)\cdot x\right] + C_2 \tag{7.103}$$

Es wäre auch möglich, die Randbedingung bei $x = L$ einzusetzen:

$$\vartheta(x=L) = \vartheta_1'' \tag{7.105}$$

Dies würde auf eine kompliziertere Form der Konstanten führen.

Die Konstante C_2 folgt aus der Randbedingung (7.100):

$$\vartheta_1(x=0) = \vartheta_1' = \frac{\kappa_1}{\kappa_1+\kappa_2} \cdot (\vartheta_1' - \vartheta_2') \cdot \exp\left[-(\kappa_1+\kappa_2)\cdot 0\right] + C_2 \quad \Rightarrow$$

(the exponential term is struck through and marked → 1)

$$C_2 = \vartheta_1' - \frac{\kappa_1}{\kappa_1+\kappa_2} \cdot (\vartheta_1' - \vartheta_2') \tag{7.104}$$

Damit folgt für den Temperaturverlauf im Fluid 1 bei einem Gleichstrom-Wärmeübertrager:

$$\vartheta_1(x) = \vartheta_1' + \frac{\kappa_1}{\kappa_1+\kappa_2} \cdot (\vartheta_1' - \vartheta_2') \cdot \left\{ \exp\left[-(\kappa_1+\kappa_2)\cdot x\right] - 1 \right\} \tag{7.106}$$

Der Temperaturverlauf im Fluid 2 lässt sich mithilfe der Definition der Differenztemperatur aus Gl. (7.93) bestimmen:

$$\begin{aligned}
\vartheta_2(x) &= \vartheta_1(x) - \Theta(x) = \vartheta_1' + \frac{\kappa_1}{\kappa_1+\kappa_2} \cdot (\vartheta_1' - \vartheta_2') \cdot \left\{ \exp\left[-(\kappa_1+\kappa_2)\cdot x\right] - 1 \right\} \\
&\quad - (\vartheta_1' - \vartheta_2') \cdot \exp\left[-(\kappa_1+\kappa_2)\cdot x\right] \\
&= \vartheta_1' - \frac{\kappa_1}{\kappa_1+\kappa_2} \cdot (\vartheta_1' - \vartheta_2') + \left[\frac{\kappa_1}{\kappa_1+\kappa_2} - 1\right] \cdot (\vartheta_1' - \vartheta_2') \cdot \exp\left[-(\kappa_1+\kappa_2)\cdot x\right] \\
&= \frac{\vartheta_1'\cdot\kappa_1 + \vartheta_1'\cdot\kappa_2 - \vartheta_1'\cdot\kappa_1 + \vartheta_2'\cdot\kappa_1}{\kappa_1+\kappa_2} \\
&\quad + \frac{\kappa_1 - \kappa_1 - \kappa_2}{\kappa_1+\kappa_2} \cdot (\vartheta_1' - \vartheta_2') \cdot \exp\left[-(\kappa_1+\kappa_2)\cdot x\right] \\
&= \frac{\vartheta_1'\cdot\kappa_2 - \vartheta_2'\cdot\kappa_2 + \vartheta_2'\cdot\kappa_2 + \vartheta_2'\cdot\kappa_1}{\kappa_1+\kappa_2} - \frac{\kappa_2\cdot(\vartheta_1' - \vartheta_2')}{\kappa_1+\kappa_2} \cdot \exp\left[-(\kappa_1+\kappa_2)\cdot x\right] \\
&= \frac{\kappa_2\cdot(\vartheta_1' - \vartheta_2') + \vartheta_2'\cdot(\kappa_1+\kappa_2)}{\kappa_1+\kappa_2} - \frac{\kappa_2\cdot(\vartheta_1' - \vartheta_2')}{\kappa_1+\kappa_2} \cdot \exp\left[-(\kappa_1+\kappa_2)\cdot x\right] \\
&= \vartheta_2' + \frac{\kappa_2\cdot(\vartheta_1' - \vartheta_2')}{\kappa_1+\kappa_2} - \frac{\kappa_2\cdot(\vartheta_1' - \vartheta_2')}{\kappa_1+\kappa_2} \cdot \exp\left[-(\kappa_1+\kappa_2)\cdot x\right] \quad \Rightarrow
\end{aligned}$$

(the terms $\vartheta_1'\cdot\kappa_1$, $-\vartheta_1'\cdot\kappa_1$ and $\kappa_1 - \kappa_1$ are struck through)

Die Gln. (7.106) und (7.107) besitzen einen ähnlichen Aufbau.

$$\vartheta_2(x) = \vartheta_2' - \frac{\kappa_2}{\kappa_1+\kappa_2} \cdot (\vartheta_1' - \vartheta_2') \cdot \left\{ \exp\left[-(\kappa_1+\kappa_2)\cdot x\right] - 1 \right\} \tag{7.107}$$

Die Terme $\frac{\kappa_1}{\kappa_1+\kappa_2}$ und $\frac{\kappa_2}{\kappa_1+\kappa_2}$ in den Gln. (7.106) und (7.107) können noch geeignet umgeformt werden:

$$\frac{\kappa_1}{\kappa_1+\kappa_2} = \frac{\frac{k\cdot U}{\dot{W}_1}}{\frac{k\cdot U}{\dot{W}_1} + \frac{k\cdot U}{\dot{W}_2}} = \frac{\frac{1}{\dot{W}_1}}{\frac{1}{\dot{W}_1} + \frac{1}{\dot{W}_2}} \cdot \frac{\dot{W}_1\cdot\dot{W}_2}{\dot{W}_1\cdot\dot{W}_2} = \frac{\dot{W}_2}{\dot{W}_1+\dot{W}_2} \tag{7.108}$$

$$\frac{\kappa_2}{\kappa_1+\kappa_2}=\frac{\dfrac{k\cdot U}{\dot W_2}}{\dfrac{k\cdot U}{\dot W_1}+\dfrac{k\cdot U}{\dot W_2}}=\frac{\dfrac{1}{\dot W_2}}{\dfrac{1}{\dot W_1}+\dfrac{1}{\dot W_2}}\cdot\frac{\dot W_1\cdot\dot W_2}{\dot W_1\cdot\dot W_2}=\frac{\dot W_1}{\dot W_1+\dot W_2} \tag{7.109}$$

Andererseits gilt:

$$\frac{\kappa_1}{\kappa_1+\kappa_2}=\frac{NTU_1}{NTU_1+NTU_2} \tag{7.110}$$

$$\frac{\kappa_2}{\kappa_1+\kappa_2}=\frac{NTU_2}{NTU_1+NTU_2} \tag{7.111}$$

Der Ausdruck $(\kappa_1+\kappa_2)\cdot x$ kann mithilfe der Länge L des Wärmeübertragers auf die Summe der Anzahl der Übertragungseinheiten zurückgeführt werden.

$$(\kappa_1+\kappa_2)\cdot x=(\kappa_1+\kappa_2)\cdot L\cdot\frac{x}{L}=(NTU_1+NTU_2)\cdot\frac{x}{L} \tag{7.112}$$

Der Ausdruck $\xi=\frac{x}{L}$ stellt die dimensionslose Ortskoordinate des Wärmeübertragers dar. $\xi=0$ ist dabei gleichwertig mit $x=0$, während $\xi=1$ der Stelle $x=L$ entspricht.

Damit lassen sich die Temperaturverläufe der Fluide in einem Gleichstrom-Wärmeübertrager auch schreiben als:

$$\vartheta_1(x)=\vartheta_1'+\frac{NTU_1\cdot(\vartheta_1'-\vartheta_2')}{NTU_1+NTU_2}\cdot\left\{\exp\left[-(NTU_1+NTU_2)\cdot\frac{x}{L}\right]-1\right\} \tag{7.113}$$

$$\vartheta_2(x)=\vartheta_2'-\frac{NTU_2\cdot(\vartheta_1'-\vartheta_2')}{NTU_1+NTU_2}\cdot\left\{\exp\left[-(NTU_1+NTU_2)\cdot\frac{x}{L}\right]-1\right\} \tag{7.114}$$

Alternativ gelten die Darstellungen:

$$\vartheta_1(x)=\vartheta_1'+\frac{\dot W_2\cdot(\vartheta_1'-\vartheta_2')}{\dot W_1+\dot W_2}\cdot\left\{\exp\left[-(NTU_1+NTU_2)\cdot\frac{x}{L}\right]-1\right\} \tag{7.115}$$

$$\vartheta_2(x)=\vartheta_2'-\frac{\dot W_1\cdot(\vartheta_1'-\vartheta_2')}{\dot W_1+\dot W_2}\cdot\left\{\exp\left[-(NTU_1+NTU_2)\cdot\frac{x}{L}\right]-1\right\} \tag{7.116}$$

Für den speziellen Fall **gleicher Wärmekapazitätsströme** $\dot W_1=\dot W_2=\dot W$ ist auch die Anzahl der Übertragungseinheiten der Fluide gleich $NTU_1=NTU_2=NTU$. Damit ergeben sich vereinfachte Gleichungen für die Temperaturverläufe:

$$\vartheta_1(x)=\vartheta_1'+\frac{(\vartheta_1'-\vartheta_2')}{2}\cdot\left\{\exp\left[-2\,NTU\cdot\frac{x}{L}\right]-1\right\} \tag{7.117}$$

$$\vartheta_2(x)=\vartheta_2'-\frac{(\vartheta_1'-\vartheta_2')}{2}\cdot\left\{\exp\left[-2\,NTU\cdot\frac{x}{L}\right]-1\right\} \tag{7.118}$$

◄

Zusammenfassung und Ausblick:

- Die Temperaturverläufe der Fluide in einem Gleichstrom-Wärmeübertrager lassen sich aus den Energiebilanzen an infinitesimalen Fluidelementen berechnen.
- Die auftretenden Differenzialgleichungen sind miteinander gekoppelt und sind durch Einführung der Differenztemperatur Θ zwischen den Fluiden lösbar.
- In den Temperaturverläufen treten Exponentialfunktionen auf.
- Mit den Gln. (7.106) und (7.107) bzw. den Gln. (7.113)–(7.116) lassen sich auch die Austrittstemperaturen der jeweiligen Fluide berechnen.
- Im Spezialfall gleicher Wärmekapazitätsströme vereinfachen sich die Gleichungen entsprechend.

Bekannte Größen:

▷ Geothermalwasser:

Eintrittstemperatur: $\vartheta_1' = 170$ °C
Massenstrom: $\dot{m}_1 = 2{,}2$ kg/s
spezifische Wärmekapazität: $c_{p1} = 4\,310$ J/(kg K)

▷ Brauchwasser:

Eintrittstemperatur: $\vartheta_2' = 20$ °C
Austrittstemperatur: $\vartheta_2'' = 80$ °C
Massenstrom: $\dot{m}_2 = 1{,}5$ kg/s
spezifische Wärmekapazität: $c_{p2} = 4\,180$ J/(kg K)

▷ Innenrohr:

Innendurchmesser: $D_i = 15 \cdot 10^{-3}$ m
Wandstärke: $s = 2{,}5 \cdot 10^{-3}$ m
Wärmeleitfähigkeit: $\lambda = 15$ W/(m K)

Wärmeübergangskoeffizient innen: $\alpha_i = 900$ W/(m² K)
Wärmeübergangskoeffizient außen: $\alpha_e = 1\,350$ W/(m² K)

Gesuchte Größen:

übertragener Wärmestrom: $\dot{Q}$
Austrittstemperatur: ϑ_1''
Übertragungsfähigkeit: K
Wärmedurchgangskoeffizient: k_i, k_i^*
erforderliche Rohrlänge: L, L^*

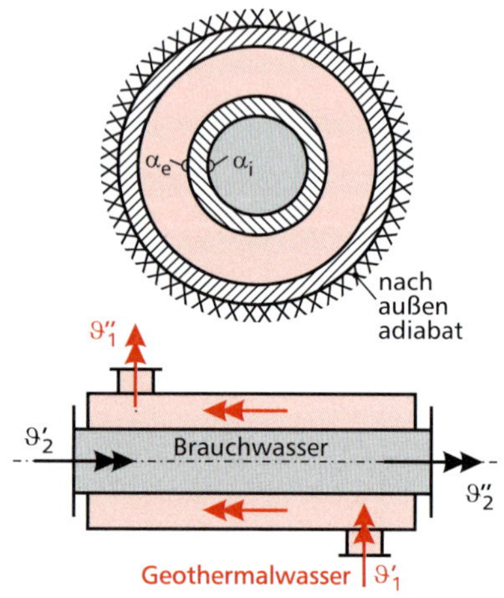

Bild 7.18: *Aufbau des Doppelrohr-Gegenstrom-Wärmeübertragers.*

▸ Beispiel 7.4:

Ingenieur Isidor Ideenreich soll einen im Gegenstrom betriebenen Doppelrohr-Wärmeübertrager für Island auslegen. In dem Wärmeübertrager aus zwei konzentrischen Rohren soll der Brauchwassermassenstrom $\dot{m}_2 = 1{,}5$ kg/s mit der spezifischen Wärmekapazität $c_{p2} = 4{,}18$ kJ/(kg K) von der Eintrittstemperatur $\vartheta_2' = 20$ °C auf die Austrittstemperatur $\vartheta_2'' = 80$ °C erwärmt werden, wozu Geothermalwasser mit einer Temperatur von $\vartheta_1' = 170$ °C (spezifische Wärmekapazität $c_{p1} = 4{,}31$ kJ/(kg K), Massenstrom $\dot{m}_1 = 2{,}2$ kg/s) zur Verfügung steht. Der Wärmeübergangskoeffizient am Innenrohr des Wärmeübertragers (Wärmeleitfähigkeit $\lambda = 15$ W/(m K), Innendurchmesser $D_i = 15$ mm, Wandstärke $s = 2{,}5$ mm) beträgt $\alpha_i = 900$ W/(m² K). An der Rohraußenseite tritt der konstante Wärmeübergangskoeffizient $\alpha_e = 1\,350$ W/(m² K) auf.

(a) Bestimmen Sie den übertragenen Wärmestrom $\dot{Q}$ und die Austrittstemperatur ϑ_1'' des Geothermalwassers.

(b) Bestimmen Sie die erforderliche Übertragungsfähigkeit K des Wärmeübertragers.

(c) Bestimmen Sie den auf die Innenfläche bezogenen Wärmedurchgangskoeffizienten k_i.

(d) Welche Rohrlänge L ist erforderlich?

(e) Durch Ablagerungen (Fouling) bildet sich im Betrieb an der Innenseite der Rohre der zusätzliche Wärmeübergangswiderstand $R_{f,i} = 0{,}0004$ (m² K)/W aus. An der Rohraußenseite tritt der Foulingwiderstand $R_{f,a} = 0{,}0001$ (m² K)/W auf. Wie groß ist der dadurch veränderte Wärmedurchgangskoeffizient k_i^*?

(f) Welche Auswirkung hat dies auf die erforderliche Rohrlänge L^*?

Lösung:

(a) übertragener Wärmestrom und Austrittstemperatur des Geothermalwassers:

Der übertragene Wärmestrom $\dot{Q}$ lässt sich am einfachsten aus der Wärmeübertrager-Hauptgleichung (7.22) unter Verwendung des Wärmekapazitätsstroms $\dot{W}_2$ des Brauchwassers nach Gl. (7.17) berechnen:

$$\dot{W}_2 = \dot{m}_2 \cdot c_{p2} = 6\,270 \text{ W/K} \tag{7.119}$$

$$\dot{Q} = \dot{W}_2 \cdot (\vartheta_2'' - \vartheta_2') = 376{,}20 \text{ kW} \tag{7.120}$$

Mit dem Wärmekapazitätsstrom $\dot{W}_1$ und Umformung von Gl. (7.22) erhält man:

$$\dot{W}_1 = \dot{m}_1 \cdot c_{p1} = 9\,482 \text{ W/K} \tag{7.121}$$

$$\vartheta_1'' = \vartheta_1' - \frac{\dot{Q}}{\dot{W}_1} = 130{,}32 \text{ °C} \tag{7.122}$$

(b) erforderliche Übertragungsfähigkeit:

Die notwendige Übertragungsfähigkeit $K = k \cdot A$ folgt ebenfalls aus der Wärmeübertrager-Hauptgleichung (7.22), wobei die logarithmisch gemittelte Temperaturdifferenz für den Gegenströmer nach Gl. (7.13) zu berechnen ist:

$$\Delta\vartheta_{\log} = \frac{\vartheta_1'' - \vartheta_2' - (\vartheta_1' - \vartheta_2'')}{\ln\left(\dfrac{\vartheta_1'' - \vartheta_2'}{\vartheta_1' - \vartheta_2''}\right)} = 99{,}82\ \text{K} \quad (7.123)$$

$$K = k \cdot A = \frac{\dot{Q}}{\Delta\vartheta_{\log}} = 3{,}77\ \text{kW/K} \quad (7.124)$$

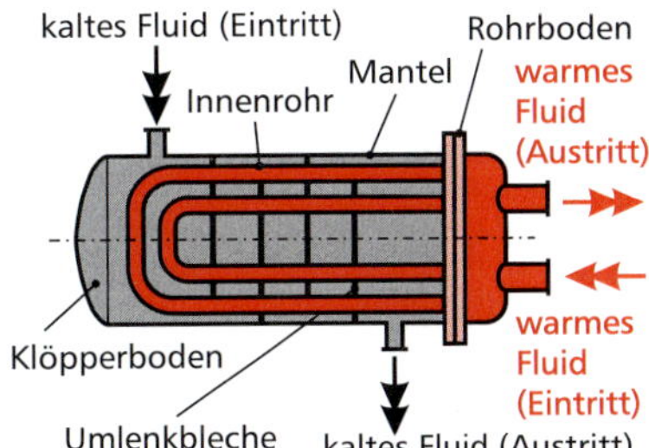

Bild 7.4: *Rohrbündel-Wärmeübertrager im Schnitt.*

(c) auf die Innenoberfläche bezogener Wärmedurchgangskoeffizient:

Der Außendurchmesser des Innenrohres beträgt:

$$D_e = D_i + 2\,s = 20\ \text{mm} \quad (7.125)$$

Unter Berücksichtigung der jeweiligen Radien $r_i = \frac{D_i}{2} = 7{,}5$ mm und $r_e = \frac{D_e}{2} = 10$ mm erhält man den gesuchten Wärmedurchgangskoeffizienten aus Gl. (7.2):

$$k_i = \frac{1}{\dfrac{1}{\alpha_i} + \dfrac{r_i}{\lambda} \cdot \ln\left(\dfrac{r_e}{r_i}\right) + \dfrac{r_i}{r_e \cdot \alpha_e}} = 552{,}33\ \text{W/(m}^2\,\text{K)} \quad (7.126)$$

Der vorliegende Wärmedurchgangswiderstand des inneren Rohres $R_T = 1{,}81 \cdot 10^{-3}$ (m² K)/W entfällt zu $61{,}37\ \%$ auf den Wärmeübergangswiderstand $R_{\alpha\,i} = 1{,}11 \cdot 10^{-3}$ (m² K)/W auf der Rohrinnenseite, zu $7{,}94\ \%$ auf den Wärmeleitwiderstand des Rohres $R_\lambda = 1{,}44 \cdot 10^{-4}$ (m² K)/W und zu $30{,}69\ \%$ auf den Wärmeübergangswiderstand $R_{\alpha\,e} = 5{,}56 \cdot 10^{-4}$ (m² K)/W auf der Rohraußenseite.

(d) erforderliche Rohrlänge:

Mit der inneren Rohroberfläche

$$A = \pi \cdot D_i \cdot L \quad (7.127)$$

und der Übertragungsfähigkeit $K = k \cdot A$ folgt die erforderliche Rohrlänge aus:

$$L = \frac{k \cdot A}{k_i \cdot \pi \cdot D_i} = \frac{K}{k_i \cdot \pi \cdot D_i} = 144{,}84\ \text{m} \quad (7.128)$$

Der hohe Wert der benötigten Rohrlänge zeigt anschaulich, warum bei Wärmeübertragern in der Praxis eine Parallelschaltung der Rohre zur Anwendung kommt.

(e) Wärmedurchgangskoeffizient bei Fouling:

Durch die Ablagerungen an der Innen- und Außenseite des Innenrohres sind nun zusätzlich die spezifischen Widerstände $R_{f,i}$ und $R_{f,e}$ zu berücksichtigen, was zu einem veränderten Wärmeübergangskoeffizienten führt:

$$k_i^* = \frac{1}{\dfrac{1}{\alpha_i} + R_{f,i} + \dfrac{r_i}{\lambda} \cdot \ln\left(\dfrac{r_e}{r_i}\right) + R_{f,e} + \dfrac{r_i}{r_e \cdot \alpha_e}} = 437{,}54\ \text{W/(m}^2\,\text{K)} \quad (7.129)$$

Aufgrund der vorhandenen Ablagerungen steigt der Wärmedurchgangswiderstand des Wärmeübertragers von $R_T = 1{,}81 \cdot 10^{-3}$ (m²K)/W um $\delta R_T = 26{,}52\ \%$ auf $R_T^* = 2{,}29 \cdot 10^{-3}$ (m² K)/W.

(f) veränderte Rohrlänge:

Für die nun erforderliche Rohrlänge gilt:

$$L^* = \frac{k \cdot A}{k_i^* \cdot \pi \cdot D_i} = 182{,}84\ \text{m} \quad (7.130)$$

Da $\frac{1}{k_i^*} = R_T^*$ ist, ist die Rohrlänge direkt proportional zu R_T^* und erhöht sich ebenfalls um $26{,}52\ \%$. Rundungsbedingt erhält man aus $\delta L = \frac{L^* - L}{L} = 26{,}20\ \%$ einen leicht abweichenden Wert. ◄

Zusammenfassung und Ausblick:

- Durch den Wärmefluss beeinträchtigende Ablagerungen (Fouling) können sich ungünstige Betriebszustände eines Wärmeübertragers ergeben.
- Um kompakte Abmessungen von Wärmeübertragern zu erhalten, werden in der Praxis die einzelnen Rohre bzw. Kanäle parallel angeordnet (vgl. Rohrbündel-Wärmeübertrager in Bild 7.4).

Bekannte Größen:

s. Beispiel 7.4

Gesuchte Größen:

maximal übertragbarer Wärmestrom:	$\dot{Q}_{\max}$
Wärmewirkungsgrad:	ϵ
Betriebscharakteristik:	P_2
Anzahl der Übertragungseinheiten:	NTU_2
erforderliche Rohrlänge:	L

▸ Beispiel 7.5:

Bei dem Doppelrohr-Wärmeübertrager aus Beispiel 7.4 soll nun eine alternative Berechnung mit dimensionslosen Kennzahlen ohne Verwendung der logarithmisch gemittelten Temperaturdifferenz durchgeführt werden.

(a) Geben Sie den maximal möglichen Wärmestrom $\dot{Q}_{\max}$ an.

(b) Berechnen Sie den Wärmewirkungsgrad (Austauschgrad) ϵ des Doppelrohr-Wärmeübertragers und vergleichen Sie ihn mit der Betriebscharakteristik P_2 auf der Brauchwasserseite.

(c) Wie groß ist die Anzahl der Übertragungseinheiten NTU_2 auf der Brauchwasserseite?

(d) Bestimmen Sie damit die erforderliche Länge L des Wärmeübertragers.

Lösung:

(a) maximal übertragbarer Wärmestrom:

Die Wärmekapazitätsströme sind bereits aus Beispiel 7.4 bekannt:

$$\dot{W}_1 = \dot{m}_1 \cdot c_{p1} = 9\,482 \text{ W/K} \tag{7.131}$$

$$\dot{W}_2 = \dot{m}_2 \cdot c_{p2} = 6\,270 \text{ W/K} \tag{7.132}$$

Damit ist $\dot{W}_{\min} = \dot{W}_2$. Der maximal übertragbare Wärmestrom $\dot{Q}_{\max}$ folgt aus Gl. (7.47):

$$\dot{Q}_{\max} = \dot{W}_{\min} \cdot (\vartheta_1' - \vartheta_2') = 940{,}50 \text{ kW} \tag{7.133}$$

(b) Wärmewirkungsgrad und Betriebscharakteristik auf der Brauchwasserseite:

Der Wärmewirkungsgrad ϵ ist gemäß Gl. (7.48) das Verhältnis des übertragenen Wärmestroms zum maximalen Wärmestrom:

$$\epsilon = \frac{\dot{Q}}{\dot{Q}_{\max}} = 0{,}40 = 40 \text{ \%} \tag{7.134}$$

Wie bereits in Abschnitt 7.1.9 ausgeführt, ist der Wärmewirkungsgrad eines Wärmeübertragers gleich der dimensionslosen Temperaturänderung des Fluids mit dem geringeren Wärmekapazitätsstrom.

Die Betriebscharakteristik P_2 folgt aus Gl. (7.15):

$$P_2 = \frac{\vartheta_2'' - \vartheta_2'}{\vartheta_1' - \vartheta_2'} = 0{,}40 = 40 \text{ \%} \tag{7.135}$$

Der Austauschgrad und die Betriebscharakteristik P_2 sind gleich groß.

(c) Anzahl der Übertragungseinheiten auf der Brauchwasserseite:

Da die beiden Wärmekapazitätsströme unterschiedlich groß sind, ist $R_2 = \frac{\dot{W}_2}{\dot{W}_1} = 0{,}6613 \neq 1$. Die Anzahl der Übertragungseinheiten NTU_2 ist daher aus Gl. (7.35) zu berechnen:

$$NTU_2 = \frac{1}{1 - R_2} \cdot \ln\left(\frac{1 - P_2 \cdot R_2}{1 - P_2}\right) = 0{,}6011 \tag{7.136}$$

(d) erforderliche Länge:

Aus der Definitionsgleichung (7.16) der Anzahl der Übertragungseinheiten folgt:

$$NTU_2 = \frac{k_i \cdot A_i}{\dot{W}_2} = \frac{k \cdot \pi \cdot D_i \cdot L}{\dot{W}_2} \quad \Rightarrow \quad L = \frac{NTU_2 \cdot \dot{W}_2}{k_i \cdot \pi \cdot D_i} = 144{,}80 \text{ m} \tag{7.137}$$

◂

Zusammenfassung und Ausblick:

- Die Berechnung eines Wärmeübertragers mit dimensionslosen Kennzahlen führt (bis auf kleine rundungsbedingte Abweichungen) auf dieselben Ergebnisse wie die Berechnung mit der logarithmisch gemittelten Temperaturdifferenz.

▶ Beispiel 7.6:

In der Früchtefabrik von Sabine Saftig wird frisch gepresster Apfelsaft ($c_{p2} = 4\,000$ J/(kg K), $\dot{m}_2 = 1\,800$ kg/h, $\vartheta_2' = 10$ °C, $\vartheta_2'' = 80$ °C) durch Erwärmung in einem Gegenstrom-Platten-Wärmeübertrager ($\alpha_i = 450$ W/(m² K), $\alpha_e = 20\,000$ W/(m² K), $\lambda = 15$ W/(m K), $s = 2$ mm) pasteurisiert. Der als Fluid 1 in den Wärmeübertrager eintretende Sattdampf ($\vartheta_1' = 100$ °C, $h_{fg} = 2\,257{,}5$ kJ/kg) ist am Austritt gerade vollständig kondensiert.

(a) Welche Wärmeübertragungsfläche A ist erforderlich?

(b) Wie groß ist die logarithmisch gemittelte Temperaturdifferenz $\Delta\vartheta_{\log}$?

(c) Welcher Wärmestrom $\dot{Q}$ wird übertragen?

(d) Welcher Dampfmassenstrom $\dot{m}_1$ wird benötigt?

Bekannte Größen:

▷ Sattdampf:

Eintrittstemperatur: $\vartheta_1' = 100$ °C
Austrittstemperatur: $\vartheta_1'' = 100$ °C
spezifische Verdampfungsenthalpie: $h_{fg} = 2\,257{,}5 \cdot 10^3$ J/kg

▷ Apfelsaft:

Eintrittstemperatur: $\vartheta_2' = 10$ °C
Austrittstemperatur: $\vartheta_2'' = 80$ °C
Massenstrom: $\dot{m}_2 = 0{,}5$ kg/s
spezifische Wärmekapazität: $c_{p2} = 4\,000$ J/(kg K)

▷ Trennplatte:

Wandstärke: $s = 2 \cdot 10^{-3}$ m
Wärmeleitfähigkeit: $\lambda = 15$ W/(m K)
Wärmeübergangskoeffizient innen: $\alpha_i = 450$ W/(m² K)
Wärmeübergangskoeffizient außen: $\alpha_e = 20\,000$ W/(m² K)

Gesuchte Größen:

Wärmeübertragungsfläche: A
logarithmisch gemittelte Temperaturdifferenz: $\Delta\vartheta_{\log}$
übertragener Wärmestrom: $\dot{Q}$
Dampfmassenstrom: $\dot{m}_1$

Lösung:

(a) Wärmeübertragungsfläche:

Zunächst ist der Wärmedurchgangskoeffizient k gemäß Gl. (7.1) zu ermitteln:

$$k = \frac{1}{\dfrac{1}{\alpha_i} + \dfrac{s}{\lambda} + \dfrac{1}{\alpha_e}} = 415{,}70 \text{ W/(m}^2\text{ K)} \quad (7.138)$$

Die Betriebscharakteristik P_2 beträgt gemäß Gl. (7.15):

$$P_2 = \frac{\vartheta_2'' - \vartheta_2'}{\vartheta_1' - \vartheta_2'} = 0{,}78 \quad (7.139)$$

Die Anzahl der Übertragungseinheiten erhält man aus Gl. (7.54):

$$NTU_2 = -\ln(1 - P_2) = 1{,}51 \quad (7.140)$$

Mit dem Wärmekapazitätsstrom des Apfelsaftes

$$\dot{W}_2 = \dot{m}_2 \cdot c_{p2} = 2\,000 \text{ W/K} \quad (7.141)$$

und der Definition der Anzahl der Übertragungseinheiten gemäß Gl. (7.16) folgt die Übertragungsfähigkeit zu:

$$K = k \cdot A = NTU_2 \cdot \dot{W}_2 = 3\,020 \text{ W/K} \quad (7.142)$$

Daraus lässt sich die erforderliche Wärmeübertragerfläche berechnen:

$$A = \frac{K}{k} = 7{,}26 \text{ m}^2 \quad (7.143)$$

(b) logarithmisch gemittelte Temperaturdifferenz:

Durch die Kondensation des Wasserdampfes bleibt die Temperatur im Fluid 1 konstant:

$$\vartheta_1'' = \vartheta_1' = 100 \text{ °C} \quad (7.144)$$

Für die logarithmisch gemittelte Temperaturdifferenz des Gegenstrom-Wärmeübertragers folgt aus Gl. (7.13) mit Gl. (7.144):

$$\Delta\vartheta_{\log} = \frac{\vartheta_1'' - \vartheta_2' - (\vartheta_1' - \vartheta_2'')}{\ln\left(\dfrac{\vartheta_1'' - \vartheta_2'}{\vartheta_1' - \vartheta_2''}\right)} = \frac{\vartheta_2'' - \vartheta_2'}{\ln\left(\dfrac{\vartheta_1' - \vartheta_2'}{\vartheta_1' - \vartheta_2''}\right)} = 46{,}54 \text{ K} \quad (7.145)$$

(c) übertragener Wärmestrom:

Der zwischen Sattdampf und Apfelsaft übertragene Wärmestrom $\dot{Q}$ kann aus der Wärmeübertrager-Hauptgleichung (7.22) berechnet werden:

$$\dot{Q}=\dot{W}_2 \cdot (\vartheta_2''-\vartheta_2')=140 \text{ kW} \tag{7.146}$$

Alternativ ist auch die Berechnung des Wärmestroms mithilfe der Übertragungsfähigkeit und der logarithmisch gemittelten Temperaturdifferenz gemäß Gl. (7.22) möglich:

$$\dot{Q}=k \cdot A \cdot \Delta\vartheta_{\log}=140 \text{ kW} \tag{7.147}$$

(d) erforderlicher Dampfmassenstrom:

Der übertragene Wärmestrom $\dot{Q}$ wird auf der Dampfseite durch Kondensation bereitgestellt:

$$\dot{Q}=\dot{m}_1 \cdot h_{\text{fg}} \quad \Rightarrow \quad \dot{m}_1=\frac{\dot{Q}}{h_{\text{fg}}}=0{,}062 \text{ kg/s} \tag{7.148}$$

◄

Zusammenfassung und Ausblick:

- Bei Wärmeübertragern mit Phasenübergang liegt auf einer Seite eine konstante Temperatur vor.

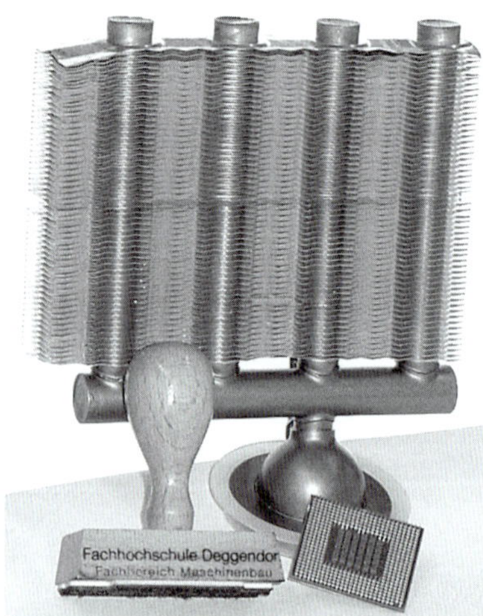

Bild 7.19: *Wärmeübertrager (Flüssigkeit/Luft) zur nachträglichen Montage an Computern (z. B. zur CPU-Kühlung).*

7.3 Aufgaben zum Selbststudium

► Aufgabe 7.1: (Ex)

Der Prototyp eines Wärmeübertragers weist den Wärmedurchgangskoeffizienten $k=50$ W/(m² K) und die wärmeübertragende Fläche $A=12{,}5$ m² auf. Das wärmeabgebende Fluid tritt mit der Temperatur $\vartheta_1'=100$ °C und dem Wärmekapazitätsstrom $\dot{W}_1=125$ W/K in den Wärmeübertrager ein. Das wärmeaufnehmende Fluid besitzt eine Eintrittstemperatur von $\vartheta_2'=10$ °C und einen Wärmekapazitätsstrom von $\dot{W}_2=250$ W/K.

(a) Ermitteln Sie die Austrittstemperaturen ϑ_1'' und ϑ_2'' der Arbeitsmedien, wenn der Wärmeübertrager als Gegenströmer ausgeführt wird.

(b) Welche Austrittstemperaturen ϑ_1'' und ϑ_2'' der Fluide würden bei einem Gleichstrom-Wärmeübertrager auftreten?

(c) Bestimmen Sie die übertragenen Wärmeströme $\dot{Q}_{\text{GG}}$ und $\dot{Q}_{\text{GS}}$.

► Aufgabe 7.2:

In der Fabrik von Sara Sauerbrei soll ein Arbeitsfluid 1 ($c_{\text{p1}}=3\,600$ J/(kg K), $\dot{m}_1=1{,}75$ kg/s) in einem Gleichstrom-Wärmeübertrager mit einem Wärmedurchgangskoeffizienten von $k=1\,500$ W/(m² K) von der Temperatur $\vartheta_1'=75$ °C auf die Temperatur $\vartheta_1''=45$ °C abgekühlt werden. Als Kühlfluid 2 steht Wasser mit ($c_{\text{p2}}=4\,167$ J/(kg K), $\dot{m}_2=2{,}4$ kg/s) mit einer Temperatur $\vartheta_2'=15$ °C zur Verfügung.

(a) Welche Wärmeübertragerfläche A wird hierzu benötigt?

(b) Mit welcher Temperatur ϑ_2'' tritt das Kühlwasser aus dem Wärmeübertrager aus?

► Aufgabe 7.3:

Leiten Sie anhand von geeigneten Energiebilanzen an den Arbeitsfluiden 1 und 2 eine Gleichung für die Temperaturverläufe $\vartheta_1(x)$ und $\vartheta_2(x)$ in einem nach außen hin adiabaten, stationär durchströmten Gegenstrom-Wärmeübertrager der Übertragungsfähigkeit $K=k \cdot A$ und Länge L für den allgemeinen Fall unterschiedlicher Wärmekapazitätsströme $\dot{W}_1$ und $\dot{W}_2$ ab. Als Parameter sollen dabei lediglich die Ein- und Austrittstemperaturen der Fluide $\vartheta_1', \vartheta_2'$ und $\vartheta_1'', \vartheta_2''$ sowie die jeweilige Anzahl der Übertragungseinheiten NTU_1 und NTU_2 auftreten.

▶ Aufgabe 7.4:

Aus dem Rauchgas in der Destillerie von Frieda Feurig ($c_{p1} = 1\,050$ J/(kg K), $\dot{m}_1 = 360$ kg/h) der Temperatur $\vartheta_1' = 300$ °C soll Wärme auf Brauchwasser ($c_{p2} = 4\,193$ J/(kg K), $\dot{m}_2 = 90{,}15$ kg/h) übertragen werden, um dieses von $\vartheta_2' = 10$ °C auf $\vartheta_2'' = 140$ °C zu erwärmen.

(a) Welche Wärmeübertragerfläche A_{GS} ist dazu in einem Gleichstrom-Wärmeübertrager mit $k = 20$ W/(m² K) nötig?

(b) Mit welcher Temperatur $\vartheta''_{1,GS}$ tritt das Rauchgas aus dem Wärmeübertrager aus?

(c) Welche Übertragungsfläche A_{GG} wäre dazu in einem Gegenstrom-Wärmeübertrager mit $k = 20$ W/(m² K) erforderlich?

(d) Wie hoch wäre die Austrittstemperatur $\vartheta''_{1,GG}$ beim Gegenstrom-Wärmeübertrager?

▶ Aufgabe 7.5:

In VDI 2071 wurde der Wirkungsgrad der Wärmerückgewinnung (WRG) in raumlufttechnischen Anlagen über die Rückwärmzahl Φ beschrieben:

$$\Phi = \frac{\vartheta_{22} - \vartheta_{21}}{\vartheta_{11} - \vartheta_{21}} \tag{7.149}$$

Der erste Index kennzeichnet dabei die Luftart (1: Fortluft, FO; 2: Außenluft, AU), der zweite den Eintritt bzw. Austritt in die Wärmerückgewinnung (1: Eintritt; 2: Austritt). Im Winterbetrieb einer Zu- und Abluftanlage mit einem Zuluftmassenstrom von $\dot{m} = 1$ kg/s, einer spezifischen Wärmekapazität von $c_p = 1\,006$ J/(kg K) und einer Zulufttemperatur von $\vartheta_{ZU} = 24$ °C beträgt die Außenlufttemperatur $\vartheta_{21} = -12$ °C, die Fortlufttemperatur $\vartheta_{11} = 22$ °C und die Rückwärmzahl $\Phi = 0{,}6$.

(a) Welche Temperatur ϑ_{22} besitzt die Außenluft nach der WRG?

(b) Mit welcher Temperatur ϑ_{12} tritt die Fortluft aus der nach außen adiabaten WRG aus?

(c) Wie hoch ist der Wärmewirkungsgrad ϵ der WRG?

(d) Welche Wärmeleistung $\Delta\dot{Q}^*$ wird beim Winterbetrieb im Heizregister der Lüftungsanlage eingespart? Wie hoch ist die relative Einsparung $\Delta\dot{Q}^*_{rel}$?

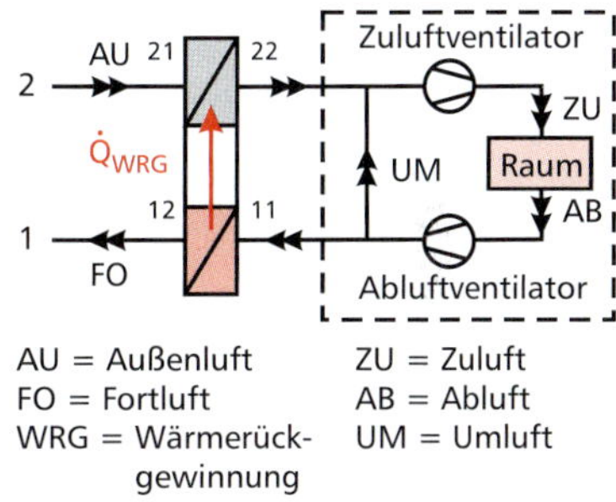

AU = Außenluft
FO = Fortluft
WRG = Wärmerückgewinnung
ZU = Zuluft
AB = Abluft
UM = Umluft

Bild 7.20: *Schema einer Wärmerückgewinnung bei einer raumlufttechnischen Anlage.*

☞ Gegenwärtig werden für die in Bild 7.20 notierten Luftbezeichnungen nach DIN EN 16798-3 folgende Akronyme verwendet:

Außenluft = ODA (outdoor air)
Zuluft = SUP (supply air)
Fortluft = EHA (exhaust air)
Abluft = ETA (extract air)
Umluft = RCA (recirculation air)

sowie zusätzlich

Raumluft = IDA (indoor air)
Mischluft = MIA (mixed air)

▶ Aufgabe 7.6:

In einem Gegenstrom-Wärmeübertrager der Firma Contrafluid soll Brauchwasser ($c_{p2} = 4\,180$ J/(kg K), $\dot{m}_2 = 5$ kg/s) von der Temperatur $\vartheta_2' = 10$ °C auf die Temperatur $\vartheta_2'' = 40$ °C erwärmt werden. Als wärmeabgebendes Fluid steht Heizwasser ($c_{p1} = 4\,180$ J/(kg K), $\dot{m}_1 = 5$ kg/s) der Temperatur $\vartheta_1' = 50$ °C zur Verfügung.

(a) Welchen Wärmewirkungsgrad ϵ_{GG} besitzt der Wärmeübertrager im Gegenstrom?

(b) Mit welcher Temperatur ϑ_1'' tritt das Heizwasser aus dem Wärmeübertrager aus?

(c) Welche Übertragungsfähigkeit K weist der Wärmeübertrager auf?

(d) Willi Wuselig hat den Wärmeübertrager aus Unachtsamkeit im Gleichstrom angeschlossen. Welcher Wärmewirkungsgrad ϵ_{GS} liegt nun vor, wenn man von einer gleich bleibenden Übertragungsfähigkeit K ausgeht?

(e) Welche Brauchwassertemperatur $\vartheta''_{2,GS}$ wird jetzt erreicht?

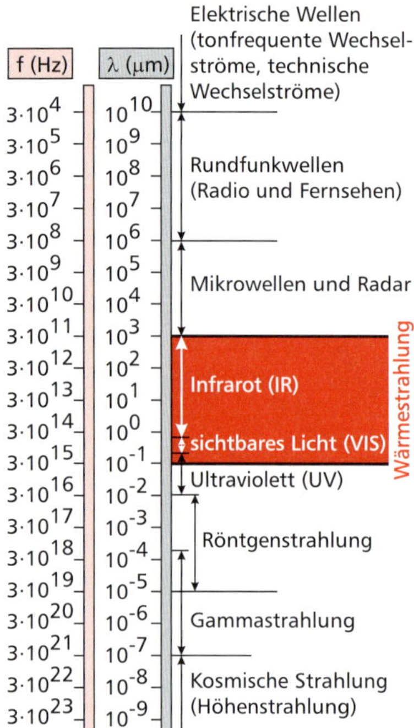

Bild 8.1: *Frequenzen und Wellenlängen elektromagnetischer Wellen.*

Die Wellenlänge λ darf nicht mit der Wärmeleitfähigkeit λ verwechselt werden. Die Wellenlänge λ wird in Mikrometer ($1\ \mu\text{m} = 10^{-6}$ m) oder Nanometer ($1\ \text{nm} = 10^{-9}$ m) angegeben.

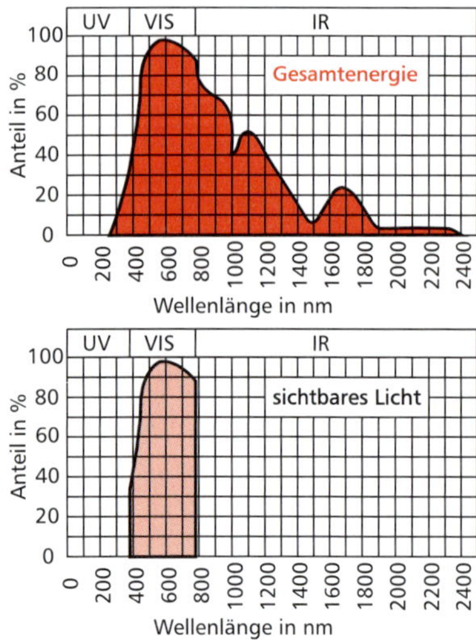

Bild 8.2: *Strahlungsanteile im Spektrum der solaren Strahlung.*

8 Wärmestrahlung

8.1 Grundlagen

8.1.1 Wellenlängenbereiche der Strahlung

Wärmestrahlung (thermische Strahlung) kennzeichnet einen Energietransport durch elektromagnetische Wellen, für den kein materieller Träger notwendig ist und der deshalb auch im Vakuum auftritt. Im Unterschied zur Wärmeleitung und Konvektion kann Wärmestrahlung zwischen zwei Körpern auch dann auftreten, wenn das dazwischenliegende Medium kälter ist als die beiden Körper. Beispielsweise emittiert der Strahlungsheizkörper am Glühweinstand durch die kalte Luft Infrarotstrahlung, die auf der Haut als Wärme empfunden wird. Das Medium zwischen beiden Körpern kann am Strahlungsaustausch teilnehmen (z. B. Verbrennungsgase, wie H_2O, CO_2; Aerosole, wie Staub, Ruß; Flüssigkeitströpfchen) oder den Strahlungsaustausch nicht beeinträchtigen (z. B. Weltall, kurze Distanzen in der Atmosphäre, Luft).

Strahlung zeigt sowohl **Wellennatur** (z. B. Interferenz) als auch **Teilchennatur** (z. B. photoelektrischer Effekt). Kennzeichnend für Wellen ist ihre **Frequenz** f und ihre **Wellenlänge** λ, die über die Wellenausbreitungsgeschwindigkeit c zueinander indirekt proportional sind:

$$\lambda = \frac{c}{f} \tag{8.1}$$

Elektromagnetische Wellen breiten sich mit Lichtgeschwindigkeit aus ($c = 299\,792\,458$ m/s im Vakuum, $c \approx 299\,705\,543$ m/s in Luft). Der Energieinhalt elektromagnetischer Strahlung ist indirekt proportional zu ihrer Wellenlänge, d. h. kurzwellige Strahlung (z. B. γ-Strahlung, Röntgenstrahlung) ist **energiereicher** als langwellige (z. B. Radiowellen, Funkwellen). Auch wenn alle elektromagnetischen Wellen dieselben Eigenschaften besitzen, verhalten sich Wellen verschiedener Wellenlängen unterschiedlich. Laut Bild 8.1 reichen die Wellenlängen von weniger als 10^{-10} μm bei kosmischer Strahlung (Höhenstrahlung) bis über 10^{10} μm bei elektrischen Wellen (Hertz'sche Wellen).

Die einzelnen Arten elektromagnetischer Strahlung werden durch unterschiedliche Mechanismen erzeugt. Während γ-Strahlung durch nukleare Reaktionen entsteht, stammen Röntgenstrahlen aus der Bombardierung von Metallen mit energiereichen Elektronen. Mikrowellen werden durch spezielle Elektronenröhren, Radiowellen durch Wechselströme in elektrischen Leitern erzeugt. **Wärmestrahlung** wird von allen Körpern mit Temperaturen über 0 K ($-273{,}15$ °C) durch Energieübergänge zwischen Atomen und Molekülen emittiert.

Lichtquellen (z. B. Sonne, Glühbirne) emittieren Strahlung auch im **sichtbaren Wellenlängenbereich**. Die von der Sonne emittierte Strahlung bewegt sich zwischen 280 nm und $3\,000$ nm, wobei fast die Hälfte davon Licht ist. Körper strahlen bei Raumtemperatur im **Infrarotbereich** (780 nm $\div$ $1\,000\,000$ nm), erst bei Temperaturen oberhalb 800 K geben sie merklich sichtbare Strahlung ab. Beispielsweise muss der Wolframglühfaden in einer Glühbirne im Betrieb auf Temperaturen über $2\,000$ K aufgeheizt werden.

Die im Wellenlängenbereich von $100\ \mu m \div 100\,000\ \mu m$ liegenden Mikrowellen sind besonders im Bereich des Kochens (Mikrowellenherd) anwendbar, da sie von Metallen reflektiert, von Glas und Kunststoffen transmittiert und von Nahrungsmitteln (vor allem Wasser) absorbiert werden. Die in Mikrowellenstrahlung transferierte elektrische Energie wird dabei in innere Energie der Moleküle umgewandelt, was sich als Temperaturerhöhung bemerkbar macht.

Im Bereich der Wärmestrahlung (thermische Strahlung) sind vor allem die Bereiche

- Ultraviolettstrahlung (UV)
- sichtbares Licht (VIS)
- Infrarotstrahlung (IR)

von Interesse, die in Tabelle 8.1 noch näher aufgegliedert sind. Die menschlichen Sehzellen sind im Bereich des sichtbaren Lichts empfindlich, wobei eine ausgeprägte Empfindlichkeit bei etwa 560 nm (grün) vorliegt. Dagegen wird Ultraviolett-Strahlung vom menschlichen Auge nicht mehr wahrgenommen, während beispielsweise die Augen von Insekten UV-empfindlich sind.

Tabelle 8.1: *Wellenlängen der Wärmestrahlung und Farbbande des sichtbaren Lichts.*

Name	Wellenlänge
Ultraviolett (UV, $1\ \text{nm} \div 380\ \text{nm}$)	
extrem (XUV)	$1\ \text{nm} < \lambda \leq 50\ \text{nm}$
stark	$50\ \text{nm} < \lambda \leq 200\ \text{nm}$
schwach	$200\ \text{nm} < \lambda \leq 380\ \text{nm}$
UV-C (fernes UV)	$100\ \text{nm} < \lambda \leq 280\ \text{nm}$
UV-B (mittleres UV)	$280\ \text{nm} < \lambda \leq 315\ \text{nm}$
UV-A (nahes UV)	$315\ \text{nm} < \lambda \leq 380\ \text{nm}$
sichtbares Licht (VIS, $380\ \text{nm} \div 780\ \text{nm}$)	
violett	$380\ \text{nm} < \lambda \leq 420\ \text{nm}$
blau	$420\ \text{nm} < \lambda \leq 490\ \text{nm}$
grün	$490\ \text{nm} < \lambda \leq 575\ \text{nm}$
gelb	$575\ \text{nm} < \lambda \leq 585\ \text{nm}$
orange	$585\ \text{nm} < \lambda \leq 650\ \text{nm}$
rot	$650\ \text{nm} < \lambda \leq 780\ \text{nm}$
Infrarot (IR, $780\ \text{nm} \div 1\,000\,000\ \text{nm}$)	
IR-A	$780\ \text{nm} < \lambda \leq 1\,400\ \text{nm}$
IR-B	$1\,400\ \text{nm} < \lambda \leq 3\,000\ \text{nm}$
IR-C	$3\,000\ \text{nm} < \lambda \leq 1\,000\ \mu\text{m}$
nahe (NIR)	$780\ \text{nm} < \lambda \leq 1\,400\ \text{nm}$
kurzwellig (SWIR)	$1\,400\ \text{nm} < \lambda \leq 3\,000\ \text{nm}$
mittelwellig (MWIR)	$3\,000\ \text{nm} < \lambda \leq 8\,000\ \text{nm}$
langwellig (LWIR)	$8\,000\ \text{nm} < \lambda \leq 15\,000\ \text{nm}$
fern (FIR)	$15\,000\ \text{nm} < \lambda \leq 1\,000\ \mu\text{m}$

8.1.2 Modell des schwarzen Körpers

Die von einem schwarzen Körper (Strahler) der Temperatur T (in K) pro Zeit- und Flächeneinheit emittierte Strahlungsenergie E_S in W/m² wurde von J. Stefan (1879) experimentell bestimmt und von L. Boltzmann (1884) theoretisch bestätigt:

$$E_S(T) = \sigma \cdot T^4 \quad \text{mit} \quad \sigma = 5{,}67 \cdot 10^{-8}\ \text{W}/(\text{m}^2\,\text{K}^4) \tag{8.2}$$

Das **Stefan-Boltzmann'sche Gesetz** (8.2) gibt die Gesamtstrahlungsleistungsdichte an, die ein schwarzer Körper in Summe über alle Wellenlängen emittiert. Für die **spektrale** (wellenlängenabhängige) Strahlungsleistungsdichte gilt das **Planck'sche Strahlungsgesetz** (1901), das die abgestrahlte Leistungsdichte $E_{S,\lambda}$ in $\text{W}/(\text{m}^2\ \mu\text{m})$ als Funktion der absoluten Temperatur T und der Wellenlänge λ wiedergibt:

$$E_{S,\lambda}(T) = \frac{C_1}{\lambda^5 \cdot \left[\exp\left(\frac{C_2}{\lambda \cdot T}\right) - 1\right]} \quad \text{mit} \quad C_1 = 3{,}741 \cdot 10^8\ (\text{W}\ \mu\text{m}^4)/\text{m}^2, \quad C_2 = 1{,}439 \cdot 10^4\ \mu\text{m K} \tag{8.3}$$

Die maximale Emission tritt für alle Wellenlängen und Temperaturen nach dem **Wien'schen Verschiebungsgesetz** auf bei:

$$\lambda_{\max} \cdot T = 2\,897{,}8\ \mu\text{m K} \quad \text{bzw.} \quad \lambda_{\max} = \frac{2\,897{,}8\ \mu\text{m K}}{T} \tag{8.4}$$

Gl. (8.4) wurde von W. Wien (1893) mithilfe der klassischen Thermodynamik abgeleitet. Sie folgt auch durch Differentiation von Gl. (8.3) nach der Wellenlänge λ bei konstanter absoluter Temperatur T.

Gemäß Gl. (8.3) ist die spektrale Emissionsleistungsdichte eines schwarzen Körpers eine Funktion der Wellenlänge. Bei einer bestimmten Temperatur ist zunächst ein Anstieg der spezifischen Emission mit der Wellenlänge feststellbar und nach Erreichen eines Maximums (Bild 8.3) ein Abfall.

☞ Der **schwarze Körper** ist ein strahlungsphysikalisches Modell realer Körper. Als idealer diffuser Strahler absorbiert er alle auftreffende Strahlung unabhängig von Wellenlänge und Richtung (keine Reflexion) und emittiert sie wieder gleichmäßig in alle Richtungen.

☞ Ein schwarzer Strahler ist nicht „schwarz", er kann verschiedene Farben haben, z. B. rot- oder weißglühend bei höheren Temperaturen.

Die Emission der Wärmestrahlung ist proportional zur 4. Potenz der absoluten Temperatur T, wodurch sich beim Wärmeübergang durch Strahlung eine nichtlineare Beziehung ergibt.

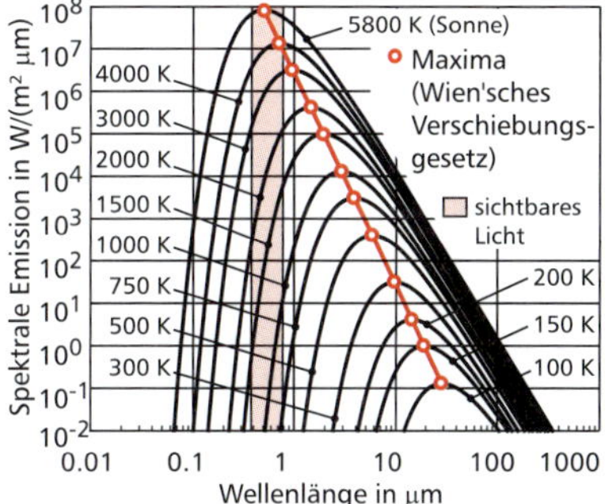

Bild 8.3: *Spektrale Emission $E_{S,\lambda}(T)$ des schwarzen Körpers.*

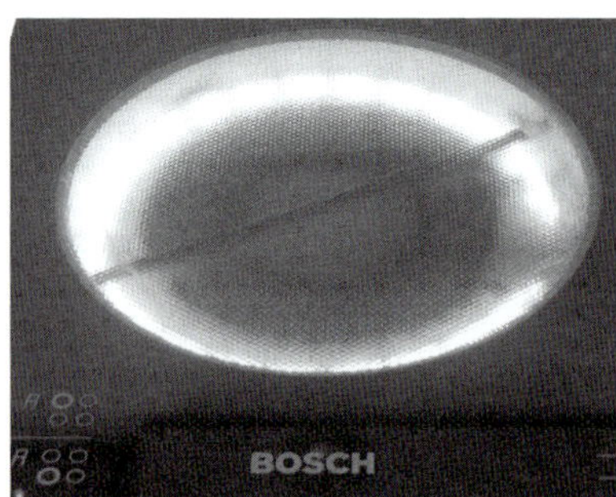

Bild 8.4: *Glühende Herdplatte in einem Keramik-Kochfeld.*

Bild 8.5: *Thermogramm eines Autos.*

► **Beispiel:** ◄

Ein elektrischer Widerstandsheizer gibt bereits kurz nach dem Einschalten Wärme ab, die mit der Hand spürbar ist, aber wegen der Emission im Infrarotbereich unsichtbar ist. Bei einer Temperatur von $1\,000$ K glüht der Heizer dunkelrot, da er einen merklichen Betrag von etwa $1\,\text{W}/(\text{m}^2\,\mu\text{m})$ sichtbarer roter Strahlung abgibt. Bei höheren Temperaturen wird der Heizer hellrot, bis er bei Temperaturen über $1\,500$ K im gesamten sichtbaren Bereich abstrahlt und weiß glüht.

☞ Für den schwarzen Körper wird mit dem Integral über die emittierte spektrale Leistungsdichte $E_{S,\,\lambda}(T)$ nach Bild 8.6 bei einem konstanten Temperaturwert T (links) die Strahlungsfunktion $f_\lambda(T)$ (rechts) nach Gl. (8.7) definiert.

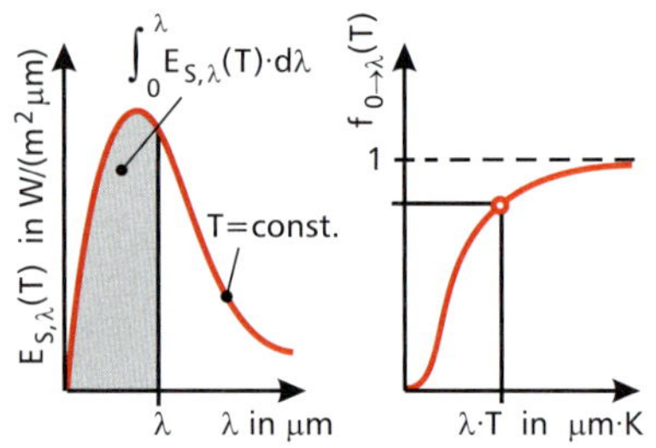

Bild 8.6: *Strahlungsfunktion des schwarzen Körpers.*

Bei jeder Wellenlänge steigt die emittierte Leistungsdichte mit der Temperatur an. Mit höherer Temperatur verschieben sich die Kurven nach links, d. h. ein zunehmender Strahlungsanteil wird bei kleineren Wellenlängen emittiert. Die von der Sonne (schwarzer Körper mit ca. $5\,780$ K) emittierte Strahlung erreicht ihr Maximum im Bereich des sichtbaren Lichts. Oberflächen mit Temperaturen unterhalb 800 K senden ihre Strahlung überwiegend als Infrarot aus und sind für das menschliche Auge nur sichtbar, wenn sie Licht von einer anderen Quelle (Sonne, Lampe etc.) reflektieren. Die für den Menschen unsichtbare Infrarot-Strahlung kann mit einer Infrarotkamera detektiert und visualisiert werden (Thermografie).

Die **Farbe** eines Körpers ist nicht auf die Emission von Strahlung, die überwiegend als Infrarot stattfindet (außer bei Temperaturen über $1\,000$ K), zurückzuführen, sondern auf die Reflexions- und Absorptionseigenschaften der betreffenden Oberfläche. Oberflächen, die alle auftreffende Strahlung reflektieren, erscheinen dem menschlichen Auge weiß, während Oberflächen, die die auftreffende Strahlung absorbieren, schwarz aussehen. Eine Oberfläche, die die Farben gelb, grün und blau absorbiert, reflektiert nur noch rot und sieht daher rot aus. Blätter besitzen eine grüne Farbe, da das in ihren Zellen enthaltene Chlorophyll grün reflektiert und alle anderen Farben absorbiert.

Während die hohe Temperatur einer glühenden Herdplatte durch das menschliche Auge visuell leicht wahrnehmbar ist (Bild 8.4), kann durch das bloße Hinsehen nicht entschieden werden, ob beispielsweise der Motor und die Bremsscheiben eines Autos betriebswarm sind, da die entsprechenden Emissionen im nicht sichtbaren Wellenlängenbereich liegen. Diese Emissionen können allerdings mithilfe einer Wärmebildkamera für das menschliche Auge sichtbar gemacht werden, wie dies in Bild 8.5 exemplarisch gezeigt ist. Jedoch liefert das dargestellte Thermogramm keine Information über die Höhe der jeweiligen Temperaturen, da keine Temperaturskala beigefügt ist.

8.1.3 Strahlungsfunktion des schwarzen Körpers

Die Integration der spektralen emittierten Leistungsdichte des schwarzen Körpers $E_{S,\lambda}(T)$ nach dem Planck'schen Strahlungsgesetz (8.3) ergibt die Leistungsdichte $E_S(T)$ des schwarzen Körpers nach dem Stefan-Boltzmann'schen Strahlungsgesetz (8.2):

$$E_S(T) = \int\limits_{\lambda=0}^{\lambda=\infty} E_{S,\,\lambda}(T)\,d\lambda = \sigma \cdot T^4 \tag{8.5}$$

Anschaulich stellt $E_S(T)$ die Fläche unter der spektralen Leistungsdichte $E_{S,\lambda}(T)$ dar. Wird die Integration nicht bis nach Unendlich, sondern nur bis zur Wellenlänge λ durchgeführt, ergibt sich ein Integral, dessen Wert von der oberen Integrationsgrenze λ abhängt.

$$E_{S,\,0\to\lambda}(T) = \int\limits_0^\lambda E_{S,\,\lambda}(\lambda,T)\,d\lambda \tag{8.6}$$

Das Integral besitzt keine geschlossene Lösung und muss numerisch berechnet werden.

Mit der **Strahlungsfunktion des schwarzen Körpers** f_λ wird eine dimensionslose Größe eingeführt, die den Anteil der im Wellenlängenbereich zwischen 0 und λ emittierten Strahlungsleistung an der Gesamtemission $E_S(T)$ des schwarzen Körpers aus Gl. (8.2) angibt:

$$f_\lambda(T)=\frac{\int_0^\lambda E_{S,\lambda}(\lambda,T)\,\mathrm{d}\lambda}{E_S(T)}=\frac{\int_0^\lambda E_{S,\lambda}(\lambda,T)\,d\lambda}{\sigma\cdot T^4} \qquad (8.7)$$

Daraus ergibt sich der Anteil der im Wellenlängenband zwischen λ_1 und λ_2 emittierten Strahlung durch Aufspaltung der Integrale zu:

$$f_{\lambda_1\to\lambda_2}(T)=f_{\lambda_2}(T)-f_{\lambda_1}(T) \qquad (8.8)$$

8.1.4 Strahlungsintensität und emittierte Strahlung

Eine ebene Oberfläche strahlt in alle Richtungen in den darüber liegenden Halbraum, wobei die Emission im Allgemeinen richtungsabhängig ist. Der Raumwinkel $\mathrm{d}\omega$ in Steradiant (sr) eines von einem Flächenelement $\mathrm{d}A$ ausgehenden Strahls ist die von ihm aus einer Kugel mit Radius r senkrecht zum Strahl herausgeschnitten Fläche $\mathrm{d}A_\mathrm{n}$ bezogen auf das Quadrat des Radius r (vgl. Bild 8.7). Dabei ist es unerheblich, ob das Flächenelement $\mathrm{d}A$ geradlinig (z. B. quadratisch) oder krummlinig berandet ist.

$$\mathrm{d}\omega=\frac{\mathrm{d}A_\mathrm{n}}{r^2}=\frac{r\cdot\sin\psi\,\mathrm{d}\varphi\cdot r\;\mathrm{d}\psi}{r^2}=\sin\psi\,\mathrm{d}\psi\,\mathrm{d}\varphi \qquad (8.9)$$

Die **Intensität der emittierten Strahlung** $I_\mathrm{e}(\psi,\varphi)$ (Index e=emitted) in W/(m² sr) ergibt sich unter Verwendung von Kugelkoordinaten (vgl. Bild 1.19) mit dem differenziellen Raumwinkel $\mathrm{d}\omega$, dem Zenitwinkel ψ und dem Azimutwinkel (Umfangswinkel, Azimut) φ:

$$I_\mathrm{e}(\psi,\varphi,T)=\frac{\mathrm{d}\dot{Q}_\mathrm{e}}{\mathrm{d}A\cdot\cos\psi\cdot\mathrm{d}\omega}=\frac{\mathrm{d}\dot{Q}_\mathrm{e}}{\mathrm{d}A\cdot\cos\psi\cdot\sin\psi\cdot\mathrm{d}\psi\cdot\mathrm{d}\varphi} \qquad (8.10)$$

$\mathrm{d}\dot{Q}_\mathrm{e}$ gibt die vom Flächenelement $\mathrm{d}A$ abgestrahlte differenzielle Strahlungsenergie in W an. $\mathrm{d}A\cdot\cos\psi$ ist die Projektion von $\mathrm{d}A$ in Strahlungsrichtung. Die differenzielle Strahlungsdichte $\mathrm{d}E$ beträgt:

$$\mathrm{d}E=\frac{\mathrm{d}\dot{Q}_\mathrm{e}}{\mathrm{d}A}=I_\mathrm{e}(\psi,\varphi,T)\cdot\cos\psi\cdot\sin\psi\cdot\mathrm{d}\psi\cdot\mathrm{d}\varphi \qquad (8.11)$$

Die **emittierte Strahlung** E in W/m² folgt als Integral über den oberen Halbraum (oH) der betreffenden Oberfläche:

$$E(T)=\int_{(\mathrm{oH})} dE=\int_{\varphi=0}^{\varphi=2\pi}\left(\int_{\psi=0}^{\psi=\pi/2} I_\mathrm{e}(\psi,\varphi,T)\cdot\cos\psi\cdot\sin\psi\,\mathrm{d}\psi\right)\mathrm{d}\varphi \qquad (8.12)$$

Viele technische Oberflächen strahlen **diffus**, d. h. die Strahlungsintensität $I_\mathrm{e}(\psi,\varphi,T)=I_\mathrm{e}(T)=\mathrm{const.}$ ist richtungsunabhängig. Mit dem Integral $\int_{\varphi=0}^{\varphi=2\pi}\left(\int_{\psi=0}^{\psi=\pi/2}\cos\psi\cdot\sin\psi\,d\psi\right)d\varphi=\pi$ ergibt sich für die Emission E in W/m² einer diffus strahlenden Fläche:

Tabelle 8.2: *Strahlungsfunktion $f_\lambda(T)$ des schwarzen Körpers.*

$\lambda\cdot T$ (µm K)	$f_\lambda(T)$	$\lambda\cdot T$ (µm K)	$f_\lambda(T)$
200	0,000000	6 200	0,754140
400	0,000000	6 400	0,769234
600	0,000000	6 600	0,783199
800	0,000016	6 800	0,796129
1 000	0,000321	7 000	0,808109
1 200	0,002134	7 200	0,819217
1 400	0,007790	7 400	0,829527
1 600	0,019718	7 600	0,839102
1 800	0,039341	7 800	0,848005
2 000	0,066728	8 000	0,856288
2 200	0,100888	8 500	0,874608
2 400	0,140256	9 000	0,890029
2 600	0,183120	9 500	0,903085
2 800	0,227897	10 000	0,914199
2 898	0,250108	10 500	0,923710
3 000	0,273232	11 000	0,931890
3 200	0,318102	11 500	0,939959
3 400	0,361735	12 000	0,945098
3 600	0,403607	13 000	0,955139
3 800	0,443382	14 000	0,962898
4 000	0,480877	15 000	0,969981
4 200	0,516014	16 000	0,973814
4 400	0,548796	18 000	0,980860
4 600	0,579280	20 000	0,985602
4 800	0,607559	25 000	0,992215
5 000	0,633747	30 000	0,995340
5 200	0,658970	40 000	0,997967
5 400	0,680360	50 000	0,998953
5 600	0,701046	75 000	0,999713
5 800	0,720158	100 000	0,999905
6 000	0,737818	∞	1

Der obere Halbraum (Halbkugel) besitzt einen Raumwinkel von 2π.

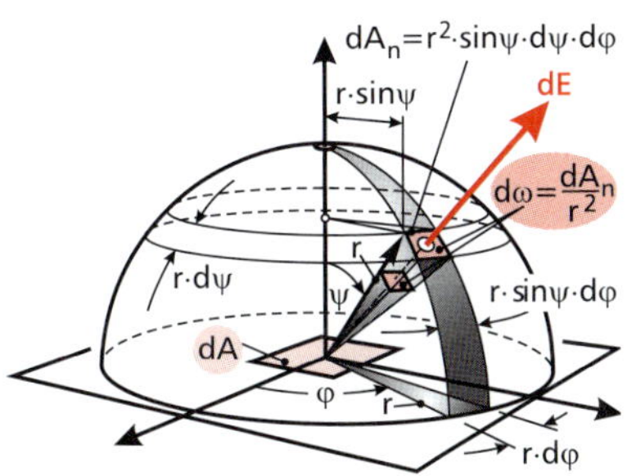

Bild 8.7: *Raumwinkel $\mathrm{d}\omega$ und vom Flächenelement $\mathrm{d}A$ emittierte Strahlung $\mathrm{d}E$.*

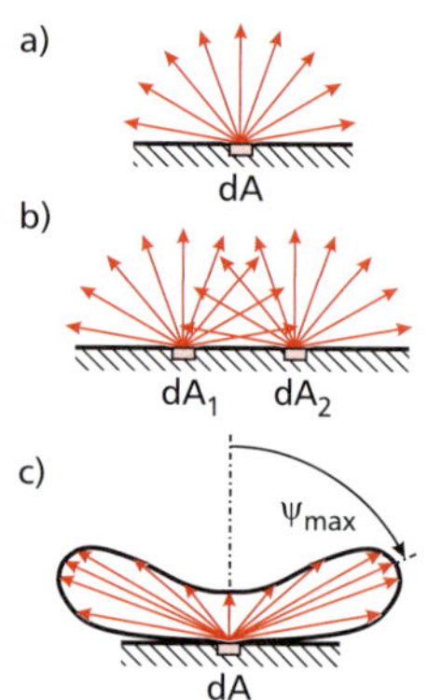

Bild 8.8: *Von Flächenelementen ausgehende ungerichtete diffuse und gerichtete Emissionen.*

Bild 8.9: *Moderne Glasfassade eines Kaufhauses.*

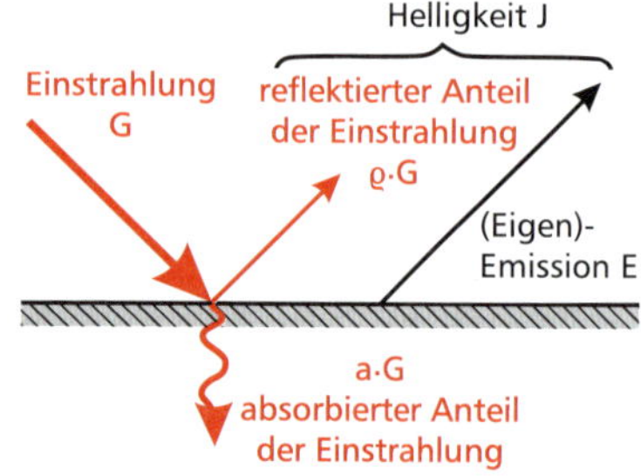

Bild 8.10: *Helligkeit einer nicht transparenten (opaken) Oberfläche infolge Eigenemission und Reflexion auftreffender Strahlung.*

$$E(T) = \pi \cdot I_e(T) \tag{8.13}$$

Für die Emission $E_S(T)$ in W/m² des Rechenmodells schwarzer Körper in den Halbraum gilt analog:

$$E_S(T) = \pi \cdot I_{e,S}(T) = \sigma \cdot T^4 \tag{8.14}$$

Damit beträgt die Strahlungsintensität $I_{e,S}$ des schwarzen Körpers, wobei die Einheit W/(m² sr) meist zu W/m² vereinfacht wird:

$$I_{e,S}(T) = \frac{\sigma \cdot T^4}{\pi} \tag{8.15}$$

Das Modell der diffus strahlenden Oberfläche kann in der Praxis häufig als Idealisierung angewendet werden. Bild 8.8 a) zeigt die von einem differenziellen Flächenelement $\mathrm{d}A$ in alle Raumrichtungen ausgehende schwarze Emission. Bei mehreren Flächenelementen überlagern sich die Emissionen entsprechend, wie in Bild 8.8 b) dargestellt. Allerdings existieren auch Oberflächen mit gerichteten Emissionen, wie Bild 8.8 c) für eine aus Messungen ermittelte Intensitätsverteilung mit Vorzugsrichtung bei $\psi = \psi_{\max}$ ausweist.

8.1.5 Auftreffende Strahlung

Die auf eine ebene Fläche **auftreffende Strahlung** G in W/m² ergibt sich durch Integration über die Intensität I_i (Index i=incident) der Einstrahlung über den oberen Halbraum:

$$G = \int_{(oH)} \mathrm{d}G = \int_{\varphi=0}^{\varphi=2\pi} \left(\int_{\psi=0}^{\psi=\pi/2} I_i(\psi,\varphi) \cdot \cos\psi \cdot \sin\psi \, \mathrm{d}\psi \right) \mathrm{d}\varphi \tag{8.16}$$

Bei diffus auftreffender Strahlung ($I_i(\psi,\varphi) = \text{const.}$) gilt:

$$G = \pi \cdot I_i \tag{8.17}$$

8.1.6 Helligkeit

Oberflächen emittieren aufgrund ihrer Temperatur selbst Strahlung und reflektieren die auftreffende Strahlung zu einem gewissen Prozentsatz, so dass die die Oberfläche verlassende Strahlung aus einem emittierten und einem reflektierten Anteil (Reflexionsgrad ϱ) besteht. Die vor der Oberfläche herrschende Gesamtstrahlung wird als **Helligkeit** J (radiosity) in W/m² bezeichnet:

$$J = E + \varrho \cdot G \tag{8.18}$$

Für die Helligkeit J einer ebenen Oberfläche gilt mit der Summe der Intensitäten der emittierten und der reflektierten Strahlung I_{e+r}:

$$J(T) = \int_{(oH)} \mathrm{d}J = \int_{\varphi=0}^{\varphi=2\pi} \left(\int_{\psi=0}^{\psi=\pi/2} I_{e+r}(\psi,\varphi,T) \cdot \cos\psi \cdot \sin\psi \, \mathrm{d}\psi \right) \mathrm{d}\varphi \tag{8.19}$$

Für diffus strahlende und reflektierende Oberflächen mit $I_{e+r}(T) =$ const. gilt:

$$J(T) = \pi \cdot I_{e+r}(T) \tag{8.20}$$

Für einen schwarzen Körper ist die Helligkeit J_S gleich der emittierten Strahlung E_S, da dieser die auftreffende Strahlung vollständig absorbiert und nichts mehr reflektiert:

$$J_S(T) = E_S(T) = \sigma \cdot T^4 \tag{8.21}$$

Bild 8.11 zeigt die Helligkeiten J_{li} und J_{re} an den Oberflächen eines transparenten Körpers bei von links auftreffender Einstrahlung G infolge von Reflexion $\varrho \cdot G$, Eigenemission $E(T) = \varepsilon \cdot \sigma \cdot T^4$, Absorption $a \cdot G$ und Transmission $\tau \cdot G$. Bei zusätzlicher Einstrahlung von rechts würde sich auf der rechten Seite ein Helligkeitsanteil infolge von Reflexion, auf der linken Seite infolge von Transmission sowie auf beiden Seiten infolge von Emission dieser absorbierten Strahlung ergeben.

Beim schwarzen Körper wird die auftreffende Strahlung G vollständig absorbiert und in innere Energie umgewandelt, wodurch die Temperatur bis zu einem stationären Wert ansteigt, so dass die temperaturabhängige Eigenemission E_S gleich der einfallenden Strahlung ist:

$$J_S = E_S + \underbrace{\varrho}_{0} \cdot G = E_S \tag{8.22}$$

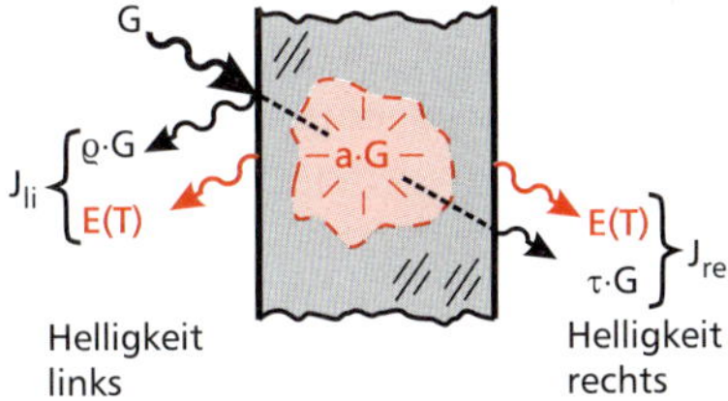

Bild 8.11: *Helligkeiten auf beiden Seiten eines transparenten Körpers bei einseitig auftreffender Strahlung.*

8.1.7 Spektrale Kenngrößen

Die bisher betrachteten **integralen** strahlungsphysikalischen Größen ergeben sich durch Integration der jeweiligen **spektralen** (wellenlängenabhängigen) Größen über alle Wellenlängen. Diese Größen sind alle zusätzlich noch temperaturabhängig, was aber in den Gleichungen nicht notiert, sondern stillschweigend vorausgesetzt wird. So gilt z. B. allgemein, d. h. für nicht schwarze Körper:

$$I_{\lambda,e}(\lambda,\psi,\varphi) = \frac{d\dot{Q}_e}{dA \cdot \cos\psi \cdot d\omega \cdot d\lambda} \quad \text{spektrale Intensität} \tag{8.23}$$

$$E_\lambda = \int_{\varphi=0}^{\varphi=2\pi} \left(\int_{\psi=0}^{\psi=\pi/2} I_{\lambda,e}(\lambda,\psi,\varphi) \cdot \cos\psi \cdot \sin\psi \, d\psi \right) d\varphi \quad \text{spektrale Emission} \tag{8.24}$$

$$E = \int_0^\infty E_\lambda \, d\lambda \quad \text{Emission} \tag{8.25}$$

$$I_e = \int_0^\infty I_{\lambda,e}(\lambda,\psi,\varphi) \, d\lambda \quad \text{Intensität der Emission} \tag{8.26}$$

Spektrale Kenngrößen sind also von der Wellenlänge λ, vom Azimutwinkel φ, vom Zenitwinkel ψ und von der Temperatur T abhängig. Je nach Integrationsreihenfolge ergeben sich unterschiedliche Größen, die für allgemeine Oberflächen als Gleichungen angegeben werden oder durch Messungen ermittelt werden müssen. Für das Modell des schwarzen Körpers sind diese Integrationen analytisch ausführbar.

Nach M. Planck gilt für die spektrale Strahlungsintensität des schwarzen Körpers $I_{S,\lambda}(\lambda, T)$ Gl. (8.3). Die spektrale Emission eines schwarzen Körpers beträgt damit:

$$E_{S,\lambda}(\lambda, T) = \pi \cdot I_{S,\lambda}(\lambda, T) \tag{8.27}$$

Die Emission eines Körpers folgt durch Integration von dessen Strahlungsintensität über den oberen Halbraum. Tabelle 8.3 zeigt die verschiedenen Integrationsstufen der temperaturabhängigen spektralen Intensität für eine graue (technische) und eine schwarze (ideale) Oberfläche. Der schwarze Körper ist dabei als mathematisches Modell einer diffus strahlenden Oberfläche zu verstehen, das eine geschlossene Integration ermöglicht, bei dem die Integration über die obere Hemisphäre durch eine Multiplikation mit π zu ersetzen ist. Prinzipiell kann zunächst die örtliche Integration über die obere Hemisphäre und dann die Integration über die Wellenlänge ausgeführt werden oder umgekehrt. In beiden Fällen erhält man dasselbe Ergebnis für die temperaturabhängige Emission.

Bild 8.12: *Lampen als Emitter von sichtbarem Licht und Infrarot-Strahlung.*

Tabelle 8.3: *Übersicht über die Integrationsreihenfolge spektraler Kenngrößen.*

Berechnungsgang	grauer Strahler	schwarzer Strahler	
Ausgangspunkt			
spektrale Intensität in $\mathrm{W/(m^2\,\mu m\,sr)}$ (sr wird häufig weggelassen)	$I_{\lambda,\mathrm{e}}(\lambda,\psi,\varphi,T)$	$I_{\lambda,\mathrm{e}}(\lambda,\psi,\varphi,T)=\dfrac{E_{\mathrm{S},\lambda}(\lambda,T)}{\pi}$	
Integrationsweg 1			
Schritt 1: Integration über die obere Hemisphäre (oH) liefert die spektrale Emission $E_\lambda(\lambda,T)$ in $\mathrm{W/(m^2\,\mu m)}$	$E_\lambda(\lambda,T)=\int\int_{(\mathrm{oH})} I_{\lambda,\mathrm{e}}(\lambda,\psi,\varphi,T)\cos\psi\,\sin\psi\,\mathrm{d}\psi\,\mathrm{d}\varphi$	$E_{\mathrm{S},\lambda}(\lambda,T)=I_{\mathrm{S},\lambda,\mathrm{e}}(\lambda,\psi,\varphi,T)\cdot\pi$ $=\dfrac{C_1}{\lambda^5\cdot\left[\exp\left(\dfrac{C_2}{\lambda\cdot T}\right)-1\right]}$	Gl. (8.3)
Schritt 2: Integration über die Wellenlänge λ liefert die Emission E in $\mathrm{W/m^2}$	$E(T)=\int_{(\lambda)} E_\lambda(\lambda,T)\,\mathrm{d}\lambda$	$E_\mathrm{S}(T)=\int_{(\lambda)} E_{\mathrm{S},\lambda}(\lambda,T)\,\mathrm{d}\lambda=\sigma\cdot T^4$	Gl. (8.5)
Integrationsweg 2			
Schritt 1: Integration über die Wellenlänge λ liefert die Intensität der Emission I_e in $\mathrm{W/m^2}$	$I_\mathrm{e}(\lambda,\psi,\varphi,T)=\int_{(\lambda)} I_{\lambda,\mathrm{e}}(\lambda,\varphi,\psi,T)\,\mathrm{d}\lambda$	$I_{\mathrm{S},\mathrm{e}}(\lambda,\psi,\varphi,T)=\dfrac{\sigma\cdot T^4}{\pi}$	Gl. (8.15)
Schritt 2: Integration über die obere Hemisphäre (oH) liefert die Emission E in $\mathrm{W/m^2}$	$E(T)=\int\int_{(\mathrm{oH})} I_\mathrm{e}(\lambda,\psi,\varphi,T)\cdot\cos\psi\,\sin\psi\,\mathrm{d}\psi\,\mathrm{d}\varphi$	$E_\mathrm{S}(T)=I_{\mathrm{S},\mathrm{e}}(\lambda,\psi,\varphi,T)\cdot\pi=\sigma\cdot T^4$	Gl. (8.14)
Ergebnis			
integrale temperaturabhängige Emission in $\mathrm{W/m^2}$	$E(T)$	$E_\mathrm{S}(T)=\sigma\cdot T^4$	Gl. (8.2)

Für die in den Abschnitten 8.1.8 und 8.1.9 behandelten Strahlungskenngrößen gelten analoge Zusammenhänge für die spektralen und integralen Werte.

Emissionsgrad ε:	$\varepsilon(\lambda,\psi,\varphi,T)\rightarrow\varepsilon_\lambda(\lambda,T)$	bzw. $\varepsilon(\psi,\varphi,T)\rightarrow\varepsilon(T)$
Absorptionsgrad a:	$a(\lambda,\psi,\varphi,T)\rightarrow a_\lambda(\lambda,T)$	bzw. $a(\psi,\varphi,T)\rightarrow a(T)$
Reflexionsgrad ϱ:	$\varrho(\lambda,\psi,\varphi,T)\rightarrow\varrho_\lambda(\lambda,T)$	bzw. $\varrho(\psi,\varphi,T)\rightarrow\varrho(T)$
Transmissionsgrad τ:	$\tau(\lambda,\psi,\varphi,T)\rightarrow\tau_\lambda(\lambda,T)$	bzw. $\tau(\psi,\varphi,T)\rightarrow\tau(T)$

8.1.8 Emissionsgrad

Der **Emissionsgrad** (die Emissivität, das Emissionsverhältnis) ε kennzeichnet das Verhältnis der bei einer bestimmten Temperatur T von einer Oberfläche emittierten Strahlung $E(T)$ zur Strahlung $E_\mathrm{S}(T)$, die von einem schwarzen Körper gleicher Temperatur ausgesandt wird:

$$\varepsilon(T)=\frac{E(T)}{E_\mathrm{S}(T)}=\frac{\int_0^\infty \varepsilon_\lambda(\lambda,T)\cdot E_{\mathrm{S},\lambda}(\lambda,T)\,\mathrm{d}\lambda}{\sigma\cdot T^4}\qquad 0\le\varepsilon(T)\le\varepsilon_\mathrm{S}(T)=1 \tag{8.28}$$

Der Emissionsgrad ist damit ein Maß, wie nahe eine Oberfläche dem schwarzen Körper kommt und wird in Werten zwischen 0 und 1 oder in $\%$ angegeben.

Der Emissionsgrad realer Oberflächen ist nicht konstant, er hängt neben der Temperatur T auch von der Wellenlänge λ und der Richtung der emittierten Strahlung (Zenitwinkel ψ und Azimutwinkel φ) ab. Der spektrale richtungsabhängige Emissionsgrad beträgt:

Allgemein gilt:

Körper	Emissionsgrad
schwarzer Strahler	$\varepsilon_\psi=\varepsilon_\lambda=1$
diffuser Strahler	$\varepsilon_\psi=$ const.
grauer Strahler	$\varepsilon_\lambda=$ const. <1
diffuser grauer Strahler	$\varepsilon_\psi=\varepsilon_\lambda=$ const. <1
realer Strahler (selektiv)	$\varepsilon_\psi\neq$ const.
	$\varepsilon_\lambda\neq$ const.

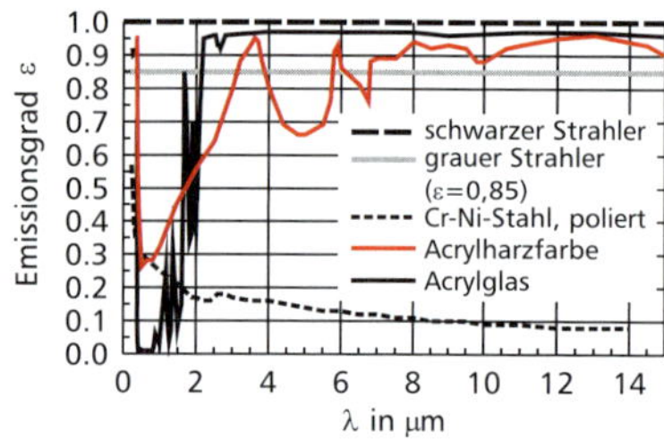

Bild 8.13: *Spektrale Emissionsgrade verschiedener Materialien (nach [31]; schwarzer und grauer Strahler als Referenz).*

$$\varepsilon_{\lambda,\psi}(\lambda,\psi,\varphi,T)=\frac{I_{e,\lambda}(\lambda,\psi,\varphi,T)}{I_{S,\lambda}(\lambda,T)} \tag{8.29}$$

Die Indizes λ und ψ kennzeichnen spektrale (wellenlängenabhängige) und richtungsabhängige Größen. Die Strahlungsintensität $I_{S,\lambda}$ des schwarzen Körpers ist diffus und damit richtungsunabhängig.

Der gesamte (integrale) richtungsabhängige Emissionsgrad beträgt:

$$\varepsilon_{\psi}(\psi,\varphi,T)=\frac{I_e(\psi,\varphi,T)}{I_S(T)} \tag{8.30}$$

In der Praxis werden spektrale und integrale Emissionsgrade vielfach für den **oberen Halbraum** angegeben:

$$\varepsilon_{\lambda}(\lambda,T)=\frac{E_\lambda(\lambda,T)}{E_{S,\lambda}(\lambda,T)} \quad \text{bzw.} \quad \varepsilon(T)=\frac{E(T)}{E_S(T)} \tag{8.31}$$

Da der spektrale Emissionsgrad in der Regel eine komplexe Funktion der Wellenlänge λ ist, kann die Integration in Gl. (8.28) nur numerisch ausgeführt werden. Für praktische Berechnungen ist es vielfach ausreichend, das Spektrum in eine ausreichende Zahl von Wellenlängenbanden mit jeweils konstantem Emissionsgrad einzuteilen (Bild 8.14), z. B.:

$$\varepsilon_\lambda = \begin{cases} \varepsilon_1 = \text{const.} & 0 \le \lambda \le \lambda_1 \\ \varepsilon_2 = \text{const.} & \lambda_1 \le \lambda \le \lambda_2 \\ \varepsilon_3 = \text{const.} & \lambda_2 \le \lambda < \infty \end{cases} \tag{8.32}$$

Aus Gl. (8.28) folgt damit:

$$\varepsilon(T)=\frac{\varepsilon_1\cdot\int\limits_0^{\lambda_1} E_{S,\lambda}(\lambda,T)\,d\lambda}{E_S(T)}+\frac{\varepsilon_2\cdot\int\limits_{\lambda_1}^{\lambda_2} E_{S,\lambda}(\lambda,T)\,d\lambda}{E_S(T)}+\frac{\varepsilon_3\cdot\int\limits_{\lambda_2}^{\infty} E_{S,\lambda}(\lambda,T)\,d\lambda}{E_S(T)}$$

$$=\varepsilon_1\cdot f_{0\to\lambda_1}(T)+\varepsilon_2\cdot f_{\lambda_1\to\lambda_2}(T)+\varepsilon_3\cdot f_{\lambda_2\to\infty}(T) \tag{8.33}$$

Die Integration kann daher relativ einfach mithilfe der Strahlungsfunktion des schwarzen Körpers ausgeführt werden.

8.1.9 Absorption, Reflexion und Transmission

Die Summe aus reflektierter, transmittierter und absorbierter Strahlung ergibt gemäß dem 1. Hauptsatz der Thermodynamik die auftreffende Strahlung G:

$$G_{ref}+G_{trans}+G_{abs}=G \tag{8.34}$$

Bei **opaken** (strahlungsundurchlässigen) Oberflächen ist $G_{trans}=0$.

Für die praktische Berechnung werden die folgenden **Strahlungskoeffizienten** mit Wertebereichen zwischen 0 und 1 definiert:

$$a := \frac{\text{absorbierte Strahlung}}{\text{auftreffende Strahlung}}=\frac{G_{abs}}{G} \quad \text{Absorptionskoeffizient} \tag{8.35}$$

$$\varrho := \frac{\text{reflektierte Strahlung}}{\text{auftreffende Strahlung}}=\frac{G_{ref}}{G} \quad \text{Reflexionskoeffizient} \tag{8.36}$$

$$\tau := \frac{\text{transmittierte Strahlung}}{\text{auftreffende Strahlung}}=\frac{G_{trans}}{G} \quad \text{Transmissionskoeffizient} \tag{8.37}$$

Bei mehrschichtigen Körpern ist alleine der Emissionsgrad der jeweils obersten Schicht für die Strahlung von Bedeutung.

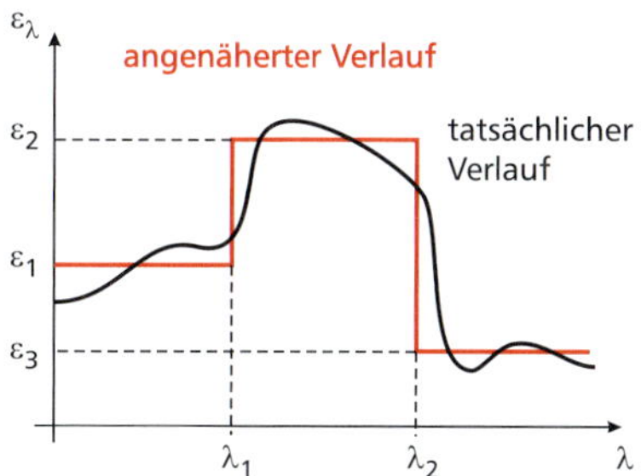

Bild 8.14: *Approximation des spektralen Emissionsgrads mittels Treppenfunktion.*

Bild 8.15: *Lochblech als außenliegender Sonnenschutz an einem Hallendach.*

$f_{\lambda_1\to\lambda_2}(T)=f_{\lambda_2}(T)-f_{\lambda_1}(T)$ mit $f_\lambda(T)$ aus Tab 8.2

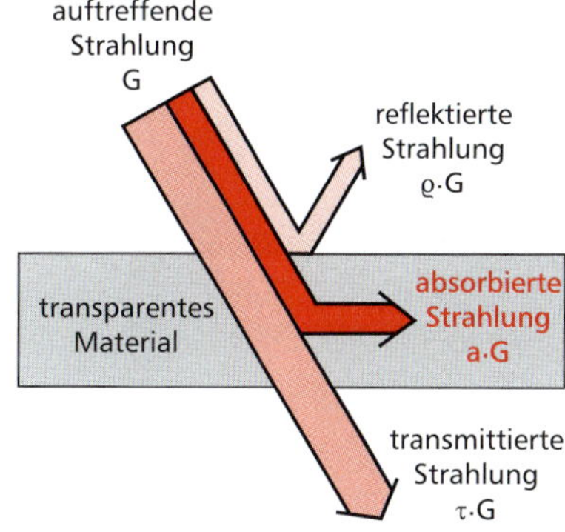

Bild 8.16: *Zusammenhang zwischen auftreffender, reflektierter, transmittierter und absorbierter Strahlung an einer transparenten Oberfläche (vgl. auch Bild 8.10).*

Anstatt Absorptionskoeffizient, Reflexionskoeffizient und Transmissionskoeffizient sind auch die Begriffe Absorptionsgrad, Reflexionsgrad und Transmissionsgrad üblich.

Der Absorptionskoeffizient a ist von der Temperaturleitfähigkeit a zu unterscheiden. In der Literatur wird gelegentlich das Symbol α für den Absorptionskoeffizienten verwendet, was zu Verwechslungen mit dem Wärmeübergangskoeffizienten α führen kann, weshalb diese Bezeichnungsweise hier nicht verwendet wird. Die Verwechslungsgefahr mit der Temperaturleitfähigkeit ist entsprechend geringer.

Bild 8.17: *Reflexionen an einer Structural-Glazing-Fassade eines Hochhauses.*

Division von Gl. (8.34) durch G liefert:

$\varrho+\tau+a=1$	transparente Oberflächen	(8.38)
$\varrho+a=1$	opake Oberflächen $(\tau=0)$	(8.39)

Diese Beziehungen gelten für die über den Halbraum gemittelten Koeffizienten, die aus den Spektralwerten durch Integration über alle Wellenlängen λ folgen:

$$a=\frac{\int\limits_0^\infty a_\lambda\cdot G_\lambda\,\mathrm{d}\lambda}{\int\limits_0^\infty G_\lambda\,\mathrm{d}\lambda};\qquad \varrho=\frac{\int\limits_0^\infty \varrho_\lambda\cdot G_\lambda\,\mathrm{d}\lambda}{\int\limits_0^\infty G_\lambda\,d\lambda};\qquad \tau=\frac{\int\limits_0^\infty \tau_\lambda\cdot G_\lambda\,\mathrm{d}\lambda}{\int\limits_0^\infty G_\lambda\,\mathrm{d}\lambda} \tag{8.40}$$

Die spektralen richtungsabhängigen und die spektralen hemisphärischen Strahlungskoeffizienten sind wie folgt definiert (vgl. auch Tabelle 8.3):

$$\begin{aligned}
a_{\lambda,\psi}(\lambda,\psi,\varphi) &:= \frac{I_{\mathrm{abs},\lambda}(\lambda,\psi,\varphi)}{I_{\mathrm{i},\lambda}(\lambda,\psi,\varphi)}\\
\varrho_{\lambda,\psi}(\lambda,\psi,\varphi) &:= \frac{I_{\mathrm{ref},\lambda}(\lambda,\psi,\varphi)}{I_{\mathrm{i},\lambda}(\lambda,\psi,\varphi)}\\
\tau_{\lambda,\psi}(\lambda,\psi,\varphi) &:= \frac{I_{\mathrm{trans},\lambda}(\lambda,\psi,\varphi)}{I_{\mathrm{i},\lambda}(\lambda,\psi,\varphi)}
\end{aligned} \tag{8.41}$$

$$\begin{aligned}
a_\lambda(\lambda) &:= \frac{G_{\mathrm{abs},\lambda}(\lambda)}{G_\lambda(\lambda)}\\
\varrho_\lambda(\lambda) &:= \frac{G_{\mathrm{ref},\lambda}(\lambda)}{G_\lambda(\lambda)}\\
\tau_\lambda(\lambda) &:= \frac{G_{\mathrm{trans},\lambda}(\lambda)}{G_\lambda(\lambda)}
\end{aligned} \tag{8.42}$$

Bei glatten und polierten Oberflächen treten überwiegend direkte Reflexionen auf, raue Oberflächen reflektieren primär diffus. Eine Oberfläche ist dann als glatt zu bezeichnen, wenn die Oberflächenrauigkeit kleiner ist als die Wellenlänge der auftreffenden Strahlung. Im Unterschied zum Emissionsgrad hängt der Absorptionskoeffizient praktisch nicht von der Oberflächentemperatur ab, sondern von der **Temperatur der Strahlungsquelle**.

8.1.10 Graue und selektive Strahler

Das Planck'sche Strahlungsgesetz (8.3) gibt in Abhängigkeit der Wellenlänge λ und der Temperatur T eine **Obergrenze** für die von einem Körper abgestrahlte Leistungsdichte an. Höhere Emissionen sind weder bei einzelnen Wellenlängen noch für über einen Bereich von Wellenlängen gebildete Mittelwerte möglich. Wie bereits dargelegt, stellt der schwarze Körper eine Idealisierung dar.

Bei realen Oberflächen treten in der Regel aufgrund eines nicht verschwindenden Reflexionsgrads niedrigere Emissionen auf als bei einem schwarzen Körper gleicher Temperatur. Für die Praxis sind insbesondere

- graue Strahler
- selektive (reale) Strahler

von Bedeutung. Wie aus Bild 8.18 zu erkennen ist, besitzt der **graue Körper** eine ähnliche spektrale Emission wie der schwarze Körper, die sich durch Multiplikation der Emissionskurve des schwarzen Körpers mit dem über alle Wellenlängen konstanten Emissionsgrad $\varepsilon < 1$ ergibt. Sowohl das Stefan-Boltzmann'sche Gesetz (8.2) als auch das Planck'sche Strahlungsgesetz (8.3) sind unter Berücksichtigung des Emissionsgrads ε für graue Strahler gültig. Weiterhin fallen die Maxima der Emission mit denen des schwarzen Strahlers zusammen, so dass sie ebenfalls über das Wien'sche Verschiebungsgesetz (8.4) berechnet werden können. In der Praxis können mit guter Näherung alle elektrischen Nichtleiter und Halbleiter als graue Körper idealisiert werden.

Demgegenüber weisen elektrische Leiter (Metalle, Metalloxide) sowie Gase und Dämpfe eine stark ungleichförmige spektrale Emission auf, die nicht mehr mit dem Modell des grauen Strahlers beschrieben werden kann. Die spektrale Emission eines realen Strahlers ist in Bild 8.18 oben farbig dargestellt. Die Strahlungskurve kann nicht mehr durch Skalierung mit dem Emissionsgrad ε mit der des schwarzen Körpers zur Deckung gebracht werden. Neben der dargestellten ungleichmäßigen Emissionsverteilung kann bei realen Strahlern (Bild 8.18 unten) in einigen Wellenlängenbereichen die Emission des schwarzen Körpers erreicht werden, während in anderen Bereichen überhaupt keine Emission erfolgt. Dieses Verhalten ist insbesondere bei Gasen und Dämpfen ausgeprägt. In Verbindung mit der skizzierten Emission in Linien und Banden spricht man von **selektiven Strahlern**.

Bild 8.19 oben zeigt die spektrale Emission eines schwarzen, eines selektiven Strahlers und eines äquivalenten grauen Strahlers bei $T = 600$ K. Im unteren Diagramm sind die jeweiligen Emissionsgrade aufgetragen. Mit Gl. (8.28) lässt sich ein äquivalenter mittlerer Emissionsgrad $\bar{\varepsilon}$ berechnen, mit dem sich vereinfachend die Emission des äquivalenten grauen Strahlers ergibt:

$$\bar{\varepsilon}(T=600\text{ K}) = \frac{\int_0^\infty \varepsilon_\lambda(\lambda, T=600\text{ K}) \cdot E_{S,\lambda}(\lambda, T=600\text{ K})\, d\lambda}{\sigma \cdot (T=600\text{ K})^4} = 0{,}47$$

$$E(T) = \bar{\varepsilon} \cdot E_S(T) = \bar{\varepsilon} \cdot \sigma \cdot T^4 \tag{8.43}$$

In der Praxis ist die Selektivität beispielsweise bei neutralen Sonnenschutzverglasungen ein gefragtes Qualitätsmerkmal. Zur Erzielung einer möglichst hohen Tageslichtausbeute soll im Bereich des sichtbaren Lichts ein hoher Transmissionsgrad vorherrschen, während zur Begrenzung der sommerlichen Raumerwärmung im Infrarotbereich eine geringe Durchlässigkeit gewünscht ist. Hierzu werden im Scheibenzwischenraum der Verglasungen spezielle selektive Beschichtungen aufgebracht, die gleichzeitig einen geringen Emissionsgrad besitzen.

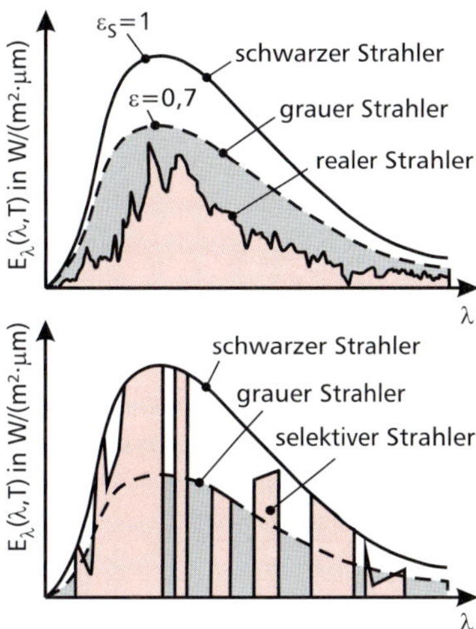

Bild 8.18: *Spektrale Emission eines schwarzen, grauen und realen Strahlers.*

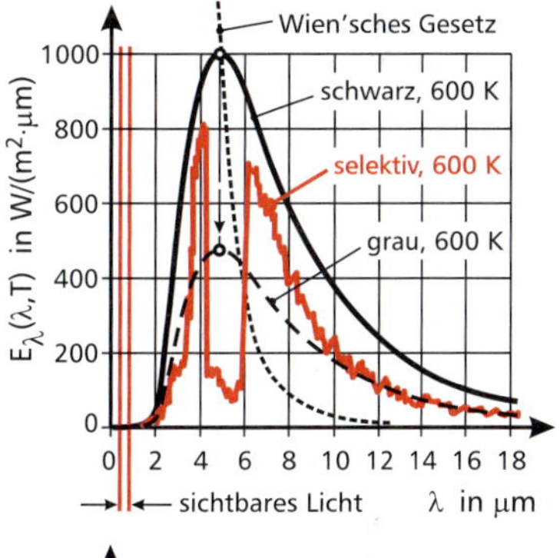

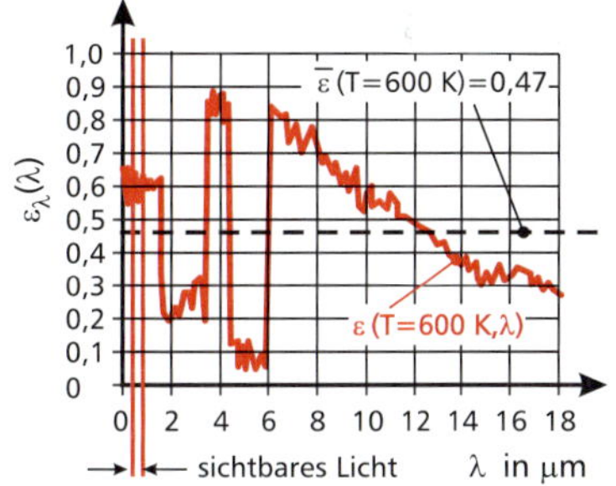

Bild 8.19: *Spektrale Emission eines realen Strahlers sowie äquivalenter grauer Strahler.*

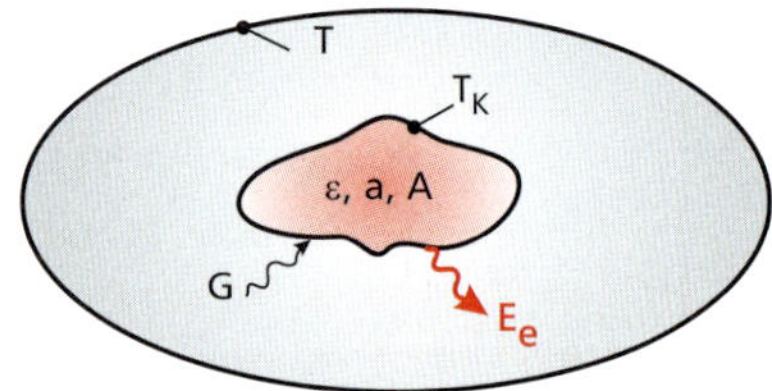

Bild 8.20: *Kleiner Körper in schwarzem Hohlraum.*

Tabelle 8.4: *Solarer Absorptionskoeffizient a_{sol} und Emissionsvermögen ε verschiedener Stoffe bei Raumtemperatur.*

Oberfläche	Beschaffenheit	a_{sol}	ε
Aluminium	poliert	0,09	0,03
	aufgedampft	0,09	0,03
	oxidiert, eloxiert	0,14	0,84
	Folie	0,15	0,05
	verwittert	0,54	0,20
Kupfer	poliert	0,18	0,03
	angelaufen	0,65	0,75
	schwarz oxidiert	0,91	0,16
Nickel	galvanischer Überzug	0,22	0,03
	Solarabsorberschicht	0,85	0,05
Edelstahl	poliert	0,37	0,16
	matt	0,50	0,21
	blau	0,89	0,20
Eisen	poliert	0,45	0,16
	verschmutzt	0,92	0,85
	verzinkt (neu)	0,38	0,66
	verzinkt (verschmutzt)	0,94	0,89
	verrostet	0,90	0,83
Teflon		0,12	0,85
Beton		0,60	0,88
Marmor	weiß	0,46	0,95
Ziegel	rot	0,63	0,93
Asphalt		0,90	0,90
Lack	schwarz	0,97	0,97
	weiß	0,14	0,93
Emaille		0,38	0,90
Holz		0,35	0,91
Gummi		0,65	0,88
Dachpappe		0,82	0,91
Fliesen	grau	0,46	0,90
	weiß	0,18	0,90
Papier	schwarz	0,94	0,92
	weiß	0,36	0,92
Schamotte		0,10	0,91
Schiefer		0,90	0,90
Putz	hell	0,30	0,91
	dunkel	0,60	0,91
Schnee		0,28	0,97
	frisch	0,13	0,82
Wasser		0,98	0,90
Zink	Solarabsorberschicht	0,89	0,14
menschl. Haut	kaukasisch	0,62	0,97

8.1.11 Kirchhoff'sches Gesetz

Zwischen Absorptionsgrad und Emissionsgrad eines Körpers besteht, wenn sich die Temperatur von Sender und Empfänger der Strahlung **nicht allzu sehr** voneinander unterscheiden, der als **Kirchhoff'sches Strahlungsgesetz** (G. Kirchhoff, 1860) bekannte Zusammenhang:

$\varepsilon(T) = a(T)$ diffuse graue und schwarze Strahler (8.44)

$\varepsilon_\lambda(T) = a_\lambda(T)$ alle diffusen Strahler (8.45)

Ein guter Strahlungsabsorber ist damit auch ein guter Emitter. Der integrale Zusammenhang (8.44) gilt **nur für diffuse graue und schwarze Strahler**, bei denen der Absorptionsgrad a und der Emissionsgrad ε unabhängig von der Wellenlänge sind. Beispielsweise kann ein realer opaker Strahler in einem bestimmten Wellenlängenbereich I ($\lambda_1 < \lambda \leq \lambda_2$) einen hohen Absorptionsgrad und einen geringen Reflexionsgrad besitzen, während er in einem Wellenlängenbereich II ($\lambda_2 < \lambda < \lambda_3$) einen geringen Absorptionsgrad und einen hohen Reflexionsgrad aufweist. Bei überwiegend im Intervall I auftreffender Strahlung würde ein hoher integraler Absorptionskoeffizient resultieren. Demgegenüber würde für auftreffende Strahlung aus dem Bereich II ein niedriger Absorptionsgrad vorliegen. Im Unterschied hierzu ist allerdings der Emissionsgrad des Strahlers als Oberflächeneigenschaft unabhängig von der auftreffenden Strahlung, so dass Gl. (8.44) nur für graue und schwarze Strahler zutrifft. Demgegenüber gilt der spektrale Zusammenhang (8.45) für alle diffus strahlenden Oberflächen.

Betrachtet man einen kleinen Körper in einem großen isothermen Hohlraum der Temperatur T (Bild 8.20), der einen schwarzen Körper bildet (vgl. Abschnitt 8.1.2), so trifft die vom Hohlraum emittierte Strahlung $G = E_S(T) = \sigma \cdot T^4$ auf den kleinen Körper auf. Von der emittierten Strahlung wird $G_{abs} = a \cdot G = a \cdot \sigma \cdot T^4$ von dem kleinen Körper absorbiert. Der kleine Körper emittiert die Strahlung $E_e = \varepsilon \cdot \sigma \cdot T_K^4$. Im **thermischen Gleichgewicht** gilt $G_{abs} \cdot A = E_e \cdot A$ und $T = T_K$. Daraus folgt $a \cdot \sigma \cdot T^4 \cdot A = \varepsilon \cdot \sigma \cdot T^4 \cdot A$ und schließlich das Kirchhoff'sche Gesetz $\varepsilon(T) = a(T)$ aus Gl. (8.44).

Vom Absorptionskoeffizienten a für den gesamten Wellenlängenbereich ist der **Absorptionskoeffizient für solare Strahlung** a_{sol} in einem begrenzten Wellenlängenbereich zu unterscheiden. Tabelle 8.4 zeigt das solare Absorptionsvermögen a_{sol} und den Emissionsgrad ε verschiedener Stoffe. Aus den Zahlenwerten wird anschaulich klar, warum sich beispielsweise schwarzer Lack durch solare Bestrahlung wesentlich stärker aufheizt als weißer Lack. Für die langwellige Emission im Infrarotbereich besitzen beide Farben etwa dasselbe Emissionsvermögen, d. h. ein schwarz gestrichener Heizkörper strahlt nur unwesentlich mehr Wärme ab als ein weißer. Im sichtbaren Bereich hängt das solare Absorptionsvermögen von Wasseroberflächen stark vom Höhenwinkel der Sonne ($0°$: Sonne steht am Horizont; $90°$: Sonne steht im Zenit) ab. Während bei Winkeln über $50°$ ein hoher Absorptionsgrad von $a_{sol} = 0{,}98$ erreicht wird, sinkt das Absorptionsvermögen bei $1°$ auf $a_{sol} = 0{,}10$ ab, der Rest wird reflektiert.

Die Sonne kann als schwarzer Körper mit $T_{sol} = 5\,762$ K approximiert werden, was zur näherungsweisen Berechnung des solaren Absorptionskoeffizienten a_{sol} genutzt werden kann:

$$a_{\text{sol}}(T) = \frac{\int_0^\infty a_\lambda(\lambda, T) \cdot E_{\text{S},\lambda}(\lambda, T_{\text{sol}})\, \text{d}\lambda}{\int_0^\infty E_{\text{S},\lambda}(\lambda, T_{\text{sol}})\, \text{d}\lambda} \quad (8.46)$$

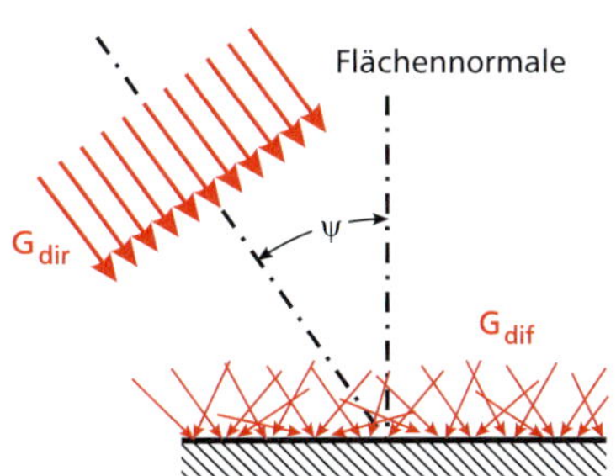

Bild 8.21: *Gerichtete direkte Einstrahlung G_{dir} und ungerichtete diffuse Einstrahlung G_{dif} an einer Oberfläche.*

Die **solare Strahlung** erfährt in der Erdatmosphäre beträchtliche Interaktionen (Absorption, Reflexion und Streuung). Durch die in alle Richtungen gleichmäßige Streuung erscheint der Himmel blau. Bei Sonnenauf- und -untergang müssen die Sonnenstrahlen einen größeren Weg durch die Atmosphäre zurücklegen als mittags, so dass violett und blau stärker gestreut werden. Damit besteht das Licht, das die Erdoberfläche erreicht, überwiegend aus rot, orange und gelb. Die gesamte solare Einstrahlung, die die Erdatmosphäre erreicht, wird als **Solarkonstante** $G_{\text{sol}} = 1\,373$ W/m^2 bezeichnet.

Die auf die Erdoberfläche auftreffende solare Strahlung besteht aus einem **direkten** und einem **diffusen** Anteil. Der direkte Strahlungsanteil G_{dir} tritt ohne Streuung und Absorption durch die Atmosphäre. Der gestreute Anteil erreicht gleichmäßig aus allen Richtungen als diffuse Strahlung G_{dif} die Erdoberfläche. Auf eine horizontale Fläche trifft die **Gesamtstrahlung** G_{sol} (direkte und diffuse Strahlung) auf:

$$G_{\text{sol}} = G_{\text{dir}} \cdot \cos\psi + G_{\text{dif}} \quad (8.47)$$

ψ ist dabei der Winkel zwischen der direkten Strahlung und der Normalen der horizontalen Oberfläche (Bild 8.21).

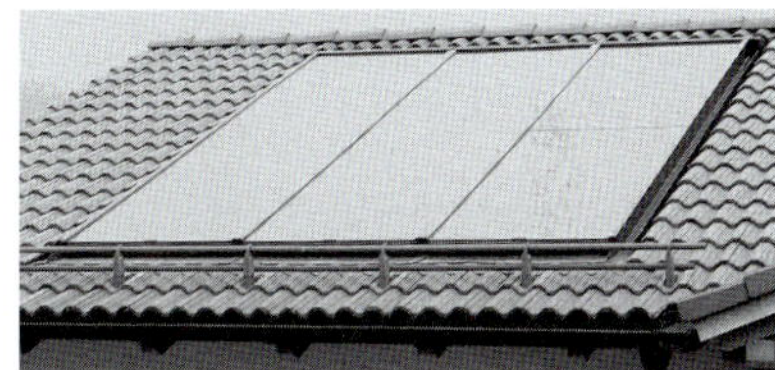

Bild 8.22: *Auf direkte Solarstrahlung ausgerichtetes Kollektorfeld in einem Hausdach.*

8.1.12 Helligkeit grauer opaker Oberflächen

Für eine graue und opake Oberfläche i gilt unter Beachtung des Kirchhoff'schen Gesetzes (8.44):

$$a_{\text{i}} + \varrho_{\text{i}} = 1 \quad \text{bzw.} \quad \varepsilon_{\text{i}} + \varrho_{\text{i}} = 1 \quad (8.48)$$

Damit beträgt die **Helligkeit vor einer grauen und opaken Oberfläche**:

$$J_{\text{i}} = \varepsilon_{\text{i}} \cdot E_{\text{S,i}} + \varrho_{\text{i}} \cdot G_{\text{i}} = \varepsilon_{\text{i}} \cdot E_{\text{S,i}} + (1 - \varepsilon_{\text{i}}) \cdot G_{\text{i}} \quad (8.49)$$

$E_{\text{S,i}} = \sigma \cdot T_{\text{i}}^4$ ist die Emission eines schwarzen Körpers derselben Temperatur.

Ein schwarzer Körper reflektiert die auftreffende Strahlung nicht, daher gilt für die **Helligkeit vor einem schwarzen Körper** i:

$$J_{\text{S,i}} = E_{\text{S,i}} = \sigma \cdot T_{\text{i}}^4 \quad (8.50)$$

8.1.13 Oberflächenwiderstand für Strahlung

Eine Oberfläche verliert Energie durch Emission von Strahlung und gewinnt Energie durch Absorption der von anderen Oberflächen emittierten auftreffenden Strahlung. Der Netto-Strahlungswärmestrom $\dot{Q}_{\text{i}}$ ausgehend von der Oberfläche i (Fläche A_{i}) ergibt sich im stationären Zustand als Differenz zwischen der die Oberfläche verlassenden Strahlung J_{i} und der auf die Oberfläche auftreffenden Strahlung G_{i}:

$$\dot{Q}_{\text{i}} = -A_{\text{i}} \cdot (G_{\text{i}} - J_{\text{i}}) = A_{\text{i}} \cdot (J_{\text{i}} - G_{\text{i}}) \quad (8.51)$$

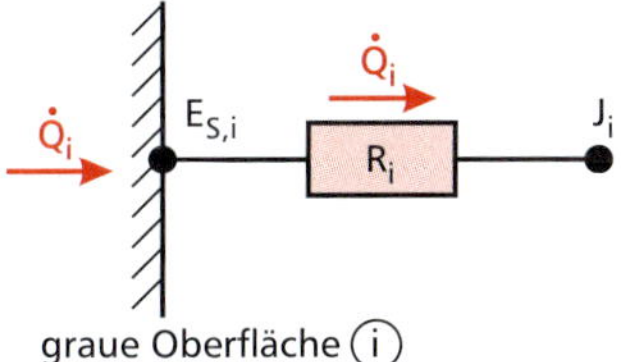

Bild 8.23: *Strahlungswiderstand einer grauen Oberfläche.*

Aus Gl. (8.49) lässt sich die auftreffende Strahlung berechnen:

$$G_{\text{i}} = \frac{J_{\text{i}} - \varepsilon_{\text{i}} \cdot E_{\text{S,i}}}{1 - \varepsilon_{\text{i}}} \quad (8.52)$$

Bei einem schwarzen Körper ist der Oberflächenwiderstand null, da $\varepsilon_i = 1$ und $E_{S,i} = J_i$ ist.

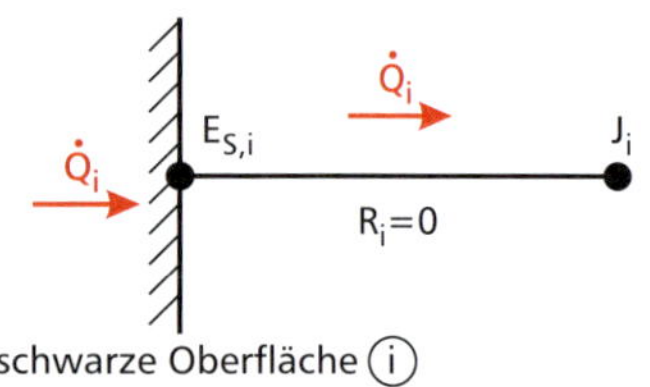

Bild 8.24: *Fehlender Strahlungswiderstand an einer schwarzen Oberfläche.*

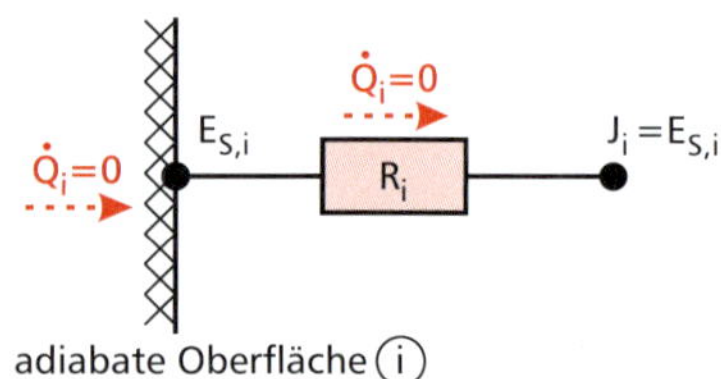

Bild 8.25: *Strahlungswiderstand an einer rückstrahlenden Oberfläche.*

Thermische Widerstände R_{th} (in K/W) und spezifische thermische Widerstände R_{th} (in m^2 K/W) einerseits und Strahlungswiderstände (in $1/\text{m}^2$) andererseits können in thermischen Schaltbildern aufgrund ihrer inkompatiblen Dimensionen nicht miteinander verknüpft werden.

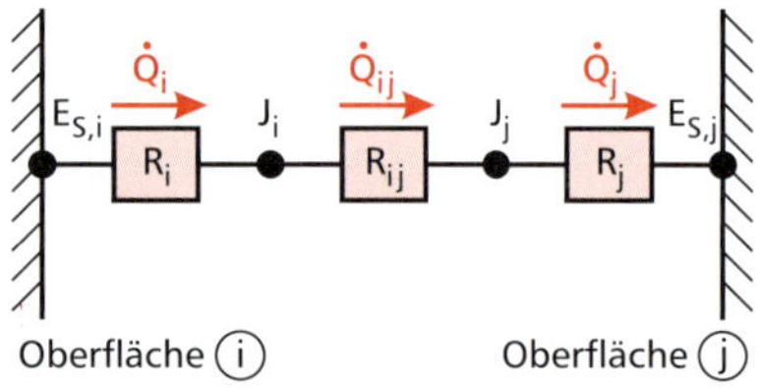

Bild 8.26: *Oberflächenwiderstände und Raumwiderstand infolge von Strahlung zwischen zwei Körperoberflächen i und j.*

Durch Einsetzen in Gl. (8.51) erhält man für den Netto-Strahlungswärmestrom $\dot{Q}_i$:

$$\dot{Q}_i = A_i \cdot \left(J_i - \frac{J_i - \varepsilon_i \cdot E_{S,i}}{1-\varepsilon_i} \right) = \frac{A_i \cdot \varepsilon_i}{1-\varepsilon_i} \cdot (E_{S,i} - J_i) \tag{8.53}$$

Analog zum Ohm'schen Gesetz der Elektrotechnik (vgl. Abschnitt 1.7) $I = \frac{U}{R}$ lässt sich der Netto-Wärmestrom $\dot{Q}_i$ als Quotient zwischen der treibenden Potentialdifferenz $E_{S,i} - J_i$ und dem **Oberflächenwiderstand für Strahlung** R_i auffassen:

$$\dot{Q}_i = \frac{E_{S,i} - J_i}{R_i} \quad \text{mit} \quad R_i = \frac{1-\varepsilon_i}{\varepsilon_i \cdot A_i} \tag{8.54}$$

Die Richtung des Netto-Wärmestroms $\dot{Q}_i$ hängt von der Größe der Helligkeit J_i und der Emission $E_{S,i}$ ab. Für $E_{S,i} > J_i$ ist der Wärmestrom von der Fläche weg gerichtet (Energieverlust), für $E_{S,i} < J_i$ zur Fläche hin (Energiegewinn).

Oberflächen, deren **Rückseite ideal wärmegedämmt** ist, sind adiabat, d. h. der Netto-Wärmestrom $\dot{Q}_i$ ist null. Derartige Oberflächen strahlen alle auftreffende Strahlung zurück und lenken den auftreffenden Wärmestrom quasi nur um. Für rückstrahlende Oberflächen gilt somit:

$$\dot{Q}_i = 0 \quad \Leftrightarrow \quad J_i = E_{S,i} = \sigma \cdot T_i^4 \tag{8.55}$$

Bei Mehrkörpersystemen bleiben **rückstrahlende Oberflächen und ihr Widerstand wärmestrommäßig daher unberücksichtigt**. Die Helligkeiten vor diesen Flächen sind jedoch zu beachten (vgl. Bild 8.76). Bei schwarzer rückstrahlender Oberfläche ist $R_i = 0$, ansonsten ist $R_i \neq 0$.

8.1.14 Raumwiderstand zweier strahlender Oberflächen

Der Netto-Wärmestrom zwischen zwei grauen und opaken Oberflächen i und j mit der Einstrahlzahl φ_{ij} (vgl. Abschnitt 8.1.20) beträgt:

$$\dot{Q}_{i\to j} = A_i \cdot J_i \cdot \varphi_{ij} - A_j \cdot J_j \cdot \varphi_{ji} \tag{8.56}$$

Durch Ausnutzung der Reziprozitätsbeziehung

$$A_i \cdot \varphi_{ij} = A_j \cdot \varphi_{ji} \tag{8.57}$$

folgt:

$$\dot{Q}_{i\to j} = A_i \cdot \varphi_{ij} \cdot (J_i - J_j) \tag{8.58}$$

Analog zum Ohm'schen Gesetz der Elektrotechnik lässt sich auch der Wärmestrom $\dot{Q}_{i\to j}$ zwischen den Oberflächen i und j als Quotient zwischen treibender Potentialdifferenz $J_i - J_j$ und dem **Raumwiderstand für Strahlung** R_{ij} interpretieren:

$$\dot{Q}_{i\to j} = \frac{J_i - J_j}{R_{ij}} \quad \text{mit} \quad R_{ij} = \frac{1}{A_i \cdot \varphi_{ij}} \tag{8.59}$$

Mit den Oberflächen- und Raumwiderständen für Strahlung zwischen den Oberflächen i und j lässt sich das in Bild 8.26 skizzierte Ersatzschaltbild angeben.

Im stationären Fall gilt:

$$\dot{Q}_{\mathrm{i}} = \dot{Q}_{\mathrm{i}\to\mathrm{j}} = \dot{Q}_{\mathrm{j}} \tag{8.60}$$

8.1.15 Helligkeitsverfahren für Wärmestrahlungsprobleme

Im allgemeinen Fall stehen N Oberflächen ($i = 1 \dots N$) miteinander im Strahlungsaustausch, wobei in der Regel die Temperatur T_{i} der Oberfläche i oder ihr Netto-Wärmestrom $\dot{Q}_{\mathrm{i}}$ bekannt ist. Von dem von der Oberfläche i ausgehenden Oberflächenwiderstand R_{i} zweigen damit $N-1$ Raumwiderstände R_{ij} ($j = 1 \dots N, j \neq i$) ab. Die stationäre Energiebilanz am Verzweigungspunkt liefert:

$$\dot{Q}_{\mathrm{i}} = \sum_{j=1}^{N} \dot{Q}_{\mathrm{i}\to\mathrm{j}} \tag{8.61}$$

Mit Gl. (8.54) und (8.59) folgt:

$$\frac{E_{\mathrm{S,i}} - J_{\mathrm{i}}}{R_{\mathrm{i}}} = \sum_{j=1}^{N} \frac{J_{\mathrm{i}} - J_{\mathrm{j}}}{R_{\mathrm{ij}}} \tag{8.62}$$

$$\frac{E_{\mathrm{S,i}} - J_{\mathrm{i}}}{\dfrac{1-\varepsilon_{\mathrm{i}}}{\varepsilon_{\mathrm{i}} \cdot A_{\mathrm{i}}}} = \sum_{j=1}^{N} \frac{J_{\mathrm{i}} - J_{\mathrm{j}}}{\dfrac{1}{A_{\mathrm{i}} \cdot \varphi_{\mathrm{ij}}}} \tag{8.63}$$

$$(E_{\mathrm{S,i}} - J_{\mathrm{i}}) \cdot \frac{\varepsilon_{\mathrm{i}} \cdot A_{\mathrm{i}}}{1-\varepsilon_{\mathrm{i}}} = \sum_{j=1}^{N} (J_{\mathrm{i}} - J_{\mathrm{j}}) \cdot A_{\mathrm{i}} \cdot \varphi_{\mathrm{ij}} \tag{8.64}$$

Aus Gl. (8.64) lassen sich je nach bekannter Oberflächentemperatur T_{i} oder bekanntem Netto-Wärmestrom $\dot{Q}_{\mathrm{i}}$ Gleichungen gewinnen, bei denen die bekannten Größen auf der rechten und die unbekannten Helligkeiten auf der linken Seite stehen:

- Bei gegebener Oberflächentemperatur T_{i} gilt die Beziehung:

$$J_{\mathrm{i}} + \frac{1-\varepsilon_{\mathrm{i}}}{\varepsilon_{\mathrm{i}}} \cdot \sum_{\mathrm{j}=1}^{\mathrm{N}} \varphi_{\mathrm{ij}} \cdot (J_{\mathrm{i}} - J_{\mathrm{j}}) = \sigma \cdot T_{\mathrm{i}}^4 \; (= E_{\mathrm{S,i}}) \tag{8.65}$$

- Bei gegebenem Netto-Wärmestrom $\dot{Q}_{\mathrm{i}}$ erhält man:

$$A_{\mathrm{i}} \cdot \sum_{\mathrm{j}=1}^{\mathrm{N}} \varphi_{\mathrm{ij}} \cdot (J_{\mathrm{i}} - J_{\mathrm{j}}) = \dot{Q}_{\mathrm{i}} \tag{8.66}$$

Auf diese Weise lassen sich insgesamt N Gleichungen für N unbekannte Helligkeiten J_{i} ($i = 1 \dots N$) ableiten, die mit einem Algorithmus für lineare Gleichungssysteme (z. B. Gauß-Algorithmus) lösbar sind. Aus den Helligkeiten J_{i} können die Wärmeströme $\dot{Q}_{\mathrm{i}}$ und anschließend die Oberflächentemperaturen T_{i} bzw. ϑ_{i} bestimmt werden.

Die generelle Vorgehensweise zum Aufstellen des linearen Gleichungssystems für die Helligkeiten soll an einem Beispiel illustriert werden. Wie aus Bild 8.27 zu erkennen ist, müssen nicht alle Oberflächen eines Systems miteinander im Strahlungsaustausch stehen. So findet zwischen den Flächen i und m kein Wärmefluss statt, da sie keine direkte Sichtverbindung haben ($\varphi_{\mathrm{i}\to\mathrm{m}} = 0$). Die jeweiligen Helligkeiten der Oberflächen resultieren aus der Reflexion der auftreffenden Strahlung und der Eigenemission (Bild 8.28).

Der wesentliche Vorteil des dargestellten Konzepts mit Oberflächen- und Raumwiderständen für Strahlung besteht darin, dass komplexe Mehrkörpersysteme mit den aus der Elektrotechnik bekannten Netzwerkmethoden analysiert werden können. Gegenüber der direkten nichtlinearen Formulierung mit Temperaturen führt das verwendete Helligkeitsverfahren stets auf **lineare Gleichungen** für die Helligkeiten, der am Strahlungsaustausch beteiligten Oberflächen.

Konkave Flächen stehen im Strahlungsaustausch mit sich selbst und besitzen eine **Eigeneinstrahlzahl** φ_{ii}. Der resultierende Widerstand R_{ii} wird allerdings im Netzplan nicht gezeichnet, da auf beiden Seiten die Helligkeit J_{i} anliegt und deshalb kein Wärmestrom $\dot{Q}_{\mathrm{i}\to\mathrm{i}}$ fließt.

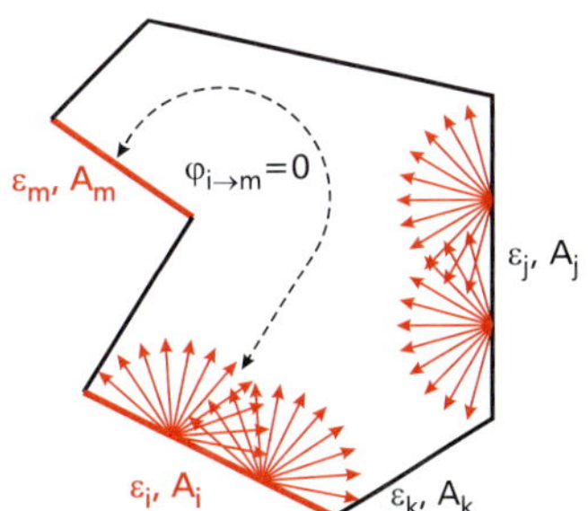

Bild 8.27: *Diffuser Strahlungsaustausch in einem geschlossen Hohlraum aus mehreren Oberflächen.*

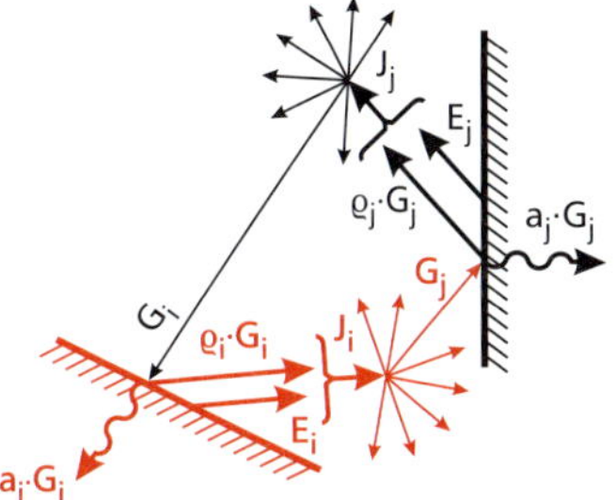

Bild 8.28: *Helligkeiten J_{i} und J_{j} der Oberflächen A_{i} und A_{j} aufgrund von einfallenden Strahlungsanteilen G_{i} und G_{j} sowie Eigenemissionen E_{i} und E_{j}.*

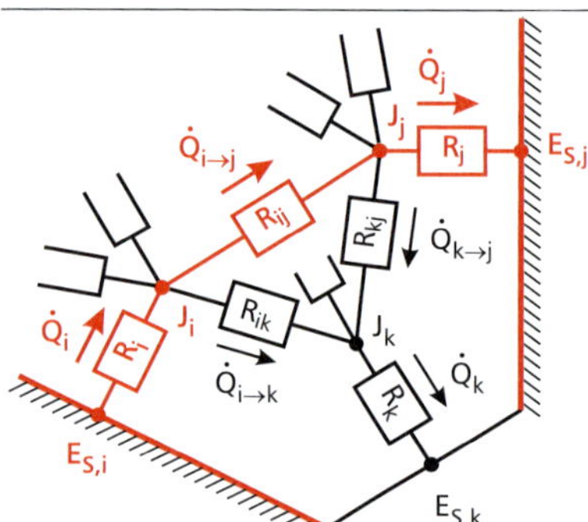

Bild 8.29: *Netzwerkausschnitt für die Oberflächen A_i, A_j und A_k mit Oberflächenwiderständen R_i, R_j und R_k sowie Raumwiderständen $R_\text{i\,j}$, $R_\text{i\,k}$ und $R_\text{k\,j}$.*

Raumwiderstände infolge nichtverschwindender Eigeneinstrahlzahlen sowie Raumwiderstände zwischen Oberflächen gleicher Temperatur werden üblicherweise in den Schaltbildern nicht dargestellt, da der damit verbundene Netto-Strahlungswärmestrom null ist.

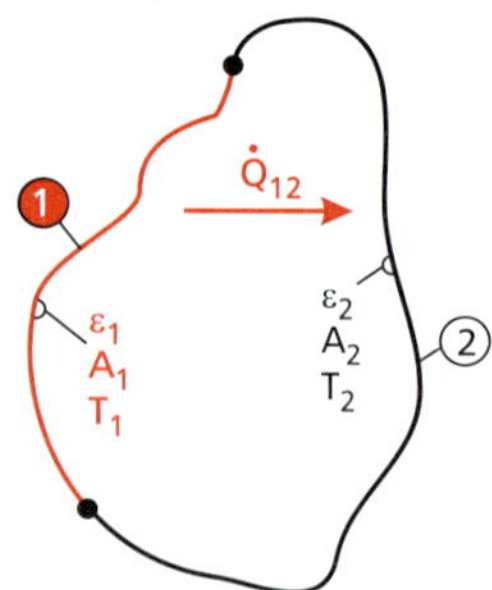

Bild 8.30: *Strahlungswärmestrom zwischen zwei Körperoberflächen 1 und 2.*

Wegen der Gln. (8.69) und (8.70) gilt auch für die Strahlungskonstante der Anordnung eine **Reziprozitätsbeziehung**:

$$\sigma_{1\,2} \cdot A_1 = \sigma_{2\,1} \cdot A_2 \tag{8.72}$$

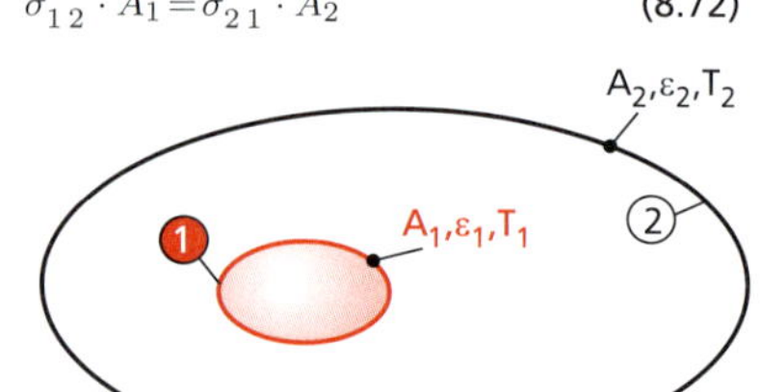

Bild 8.31: *Von größerem Körper 2 umschlossener kleiner, nicht konkaver Körper 1 mit $\varphi_{1\,2} = 1$.*

Nach Identifikation der maßgeblichen Helligkeiten kann das Netzwerk der Oberflächen- und Raumwiderstände skizziert werden, das einen wesentlichen Schritt zur Lösung des Wärmestrahlungsproblems darstellt.

In einem weiteren Schritt sind die Strahlungswiderstände bereitzustellen. Dabei ist die Gleichheit der Raumwiderstände zwischen zwei Oberflächen i und j zu beachten:

$$R_\text{i\,j} = \frac{1}{A_\text{i} \cdot \varphi_{ij}} = R_\text{j\,i} = \frac{1}{A_\text{j} \cdot \varphi_{ji}} \tag{8.67}$$

Für die Oberflächenwiderstände werden der jeweilige Emissionsgrad ε_i und die zugehörige Oberfläche A_i benötigt, z. B.

$$R_\text{i} = \frac{1 - \varepsilon_\text{i}}{\varepsilon_\text{i} \cdot A_\text{i}} \tag{8.68}$$

Die jeweiligen Gleichungen für die gesuchten Helligkeiten folgen durch Ausnutzung der elektrischen Analogie an den betreffenden Widerständen. Die Pfeile für die Wärmeströme werden in der Skizze des Netzwerks festgelegt. Ein negativer Wert im Rechenergebnis bedeutet dann eine Wärmestromrichtung entgegen der Annahme.

8.1.16 Wärmestrahlung zwischen zwei Oberflächen

Für den Wärmestrom $\dot{Q}_{1\,2}$ zwischen zwei grauen und opaken Oberflächen 1 und 2 gilt gemäß Gl. (1.20):

$$\dot{Q}_{1\,2} = -\dot{Q}_{2\,1} = \frac{E_{\text{S},1} - E_{\text{S},2}}{R_1 + R_{1\,2} + R_2} = \frac{\sigma \cdot (T_1^4 - T_2^4)}{\dfrac{1-\varepsilon_1}{\varepsilon_1 \cdot A_1} + \dfrac{1}{A_1 \cdot \varphi_{1\,2}} + \dfrac{1-\varepsilon_2}{\varepsilon_2 \cdot A_2}} \tag{8.69}$$

Mit dem Stefan-Boltzmann'schen Gesetz (1.18) gilt auch:

$$\dot{Q}_{1\,2} = \sigma_{1\,2} \cdot A_1 \cdot (T_1^4 - T_2^4) \tag{8.70}$$

Daraus ergibt sich die **Strahlungskonstante der Anordnung** $\sigma_{1\,2}$ zwischen den beiden Oberflächen 1 und 2:

$$\sigma_{1\,2} = \frac{1}{\dfrac{1-\varepsilon_1}{\varepsilon_1} + \dfrac{1}{\varphi_{1\,2}} + \dfrac{1-\varepsilon_2}{\varepsilon_2} \cdot \dfrac{A_1}{A_2}} \cdot \sigma \tag{8.71}$$

Zu ihrer Berechnung ist die **Einstrahlzahl** $\varphi_{1\,2}$ zu bestimmen, die angibt, welcher Teil vom Körper 1 ausgehenden Strahlung auf Körper 2 trifft. Auf die Berechnung von Einstrahlzahlen wird in Abschnitt 8.1.20 noch im Detail eingegangen. Für die folgenden vier Grundfälle gilt $\varphi_{1\,2} = 1$, d. h. Körper 1 „sieht" nur Körper 2. In den Gln. (8.73)–(8.83) ist daher die Indizierung unbedingt zu beachten.

- **kleiner Körper 1 vollständig umschlossen von größerem Körper 2:**

$$A_1 \ll A_2 \quad \Rightarrow \quad \frac{A_1}{A_2} \to 0$$

$$\dot{Q}_{1\,2} = A_1 \cdot \varepsilon_1 \cdot \sigma \cdot (T_1^4 - T_2^4) \tag{8.73}$$

Die Strahlungskonstante der Anordnung beträgt:

$$\sigma_{1\,2} = \varepsilon_1 \cdot \sigma \tag{8.74}$$

- **unendlich große parallele Platten:**

$$A_1 = A_2 = A \tag{8.75}$$

$$\dot{Q}_{1\,2} = \frac{A \cdot \sigma \cdot (T_1^4 - T_2^4)}{\dfrac{1}{\varepsilon_1} + \dfrac{1}{\varepsilon_2} - 1} \tag{8.76}$$

$$\sigma_{1\,2} = \frac{\sigma}{\dfrac{1}{\varepsilon_1} + \dfrac{1}{\varepsilon_2} - 1} \tag{8.77}$$

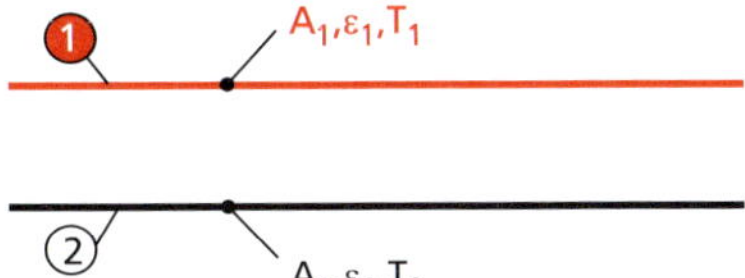

Bild 8.32: *Strahlung zwischen unendlich großen parallelen Oberflächen mit* $\varphi_{1\,2} = 1$.

- **unendlich lange konzentrische Zylinder:**

$$\frac{A_1}{A_2} = \frac{2\,\pi \cdot R_1}{2\,\pi \cdot R_2} = \frac{R_1}{R_2} = \frac{D_1}{D_2} \tag{8.78}$$

$$\dot{Q}_{1\,2} = \frac{A_1 \cdot \sigma \cdot (T_1^4 - T_2^4)}{\dfrac{1}{\varepsilon_1} + \dfrac{1 - \varepsilon_2}{\varepsilon_2} \cdot \left(\dfrac{R_1}{R_2}\right)} \tag{8.79}$$

$$\sigma_{1\,2} = \frac{\sigma}{\dfrac{1}{\varepsilon_1} + \dfrac{1 - \varepsilon_2}{\varepsilon_2} \cdot \left(\dfrac{R_1}{R_2}\right)} = \frac{\sigma}{\dfrac{1}{\varepsilon_1} + \dfrac{1 - \varepsilon_2}{\varepsilon_2} \cdot \left(\dfrac{D_1}{D_2}\right)} \tag{8.80}$$

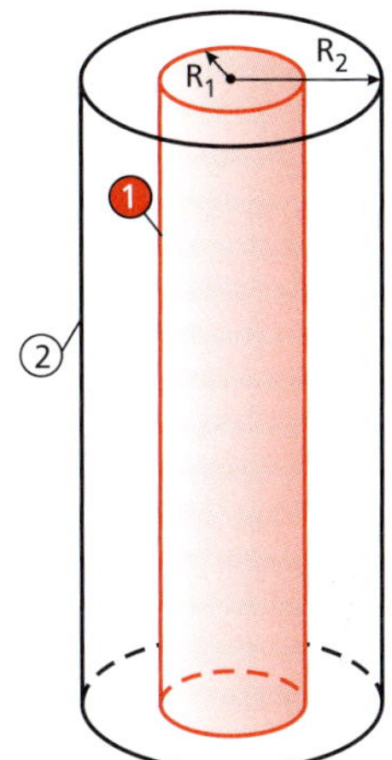

Bild 8.33: *Strahlung zwischen unendlich langen konzentrischen zylindrischen Oberflächen mit* $\varphi_{1\,2} = 1$.

- **konzentrische Kugeln:**

$$\frac{A_1}{A_2} = \frac{4\,\pi \cdot R_1^2}{4\,\pi \cdot R_2^2} = \left(\frac{R_1}{R_2}\right)^2 = \left(\frac{D_1}{D_2}\right)^2 \tag{8.81}$$

$$\dot{Q}_{1\,2} = \frac{A_1 \cdot \sigma \cdot (T_1^4 - T_2^4)}{\dfrac{1}{\varepsilon_1} + \dfrac{1 - \varepsilon_2}{\varepsilon_2} \cdot \left(\dfrac{R_1}{R_2}\right)^2} \tag{8.82}$$

$$\sigma_{1\,2} = \frac{\sigma}{\dfrac{1}{\varepsilon_1} + \dfrac{1 - \varepsilon_2}{\varepsilon_2} \cdot \left(\dfrac{R_1}{R_2}\right)^2} = \frac{\sigma}{\dfrac{1}{\varepsilon_1} + \dfrac{1 - \varepsilon_2}{\varepsilon_2} \cdot \left(\dfrac{D_1}{D_2}\right)^2} \tag{8.83}$$

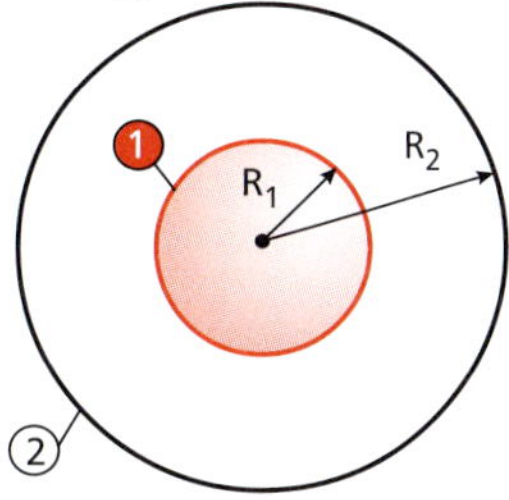

Bild 8.34: *Strahlung zwischen konzentrischen sphärischen Oberflächen mit* $\varphi_{1\,2} = 1$.

8.1.17 Wärmestrahlung zwischen drei Oberflächen

Für den Strahlungsaustausch zwischen drei grauen opaken Oberflächen gilt das Ersatzschaltbild aus Bild 8.36. Nach der aus der Elektrotechnik bekannten **Kirchhoff'schen Knotenregel** muss die Summe der Ströme (der Netto-Wärmeströme) an jedem Knotenpunkt null sein. Damit ergeben sich unter Beachtung von Gl. (8.67) folgende Beziehungen:

$$\frac{E_{S,1} - J_1}{R_1} + \frac{J_2 - J_1}{R_{1\,2}} + \frac{J_3 - J_1}{R_{1\,3}} = 0 \tag{8.84}$$

$$\frac{J_1 - J_2}{R_{1\,2}} + \frac{E_{S,2} - J_2}{R_2} + \frac{J_3 - J_2}{R_{2\,3}} = 0 \tag{8.85}$$

$$\frac{J_1 - J_3}{R_{1\,3}} + \frac{J_2 - J_3}{R_{2\,3}} + \frac{E_{S,3} - J_3}{R_3} = 0 \tag{8.86}$$

Dieses lineare Gleichungssystem kann in den folgenden Fällen **vereinfacht** werden:

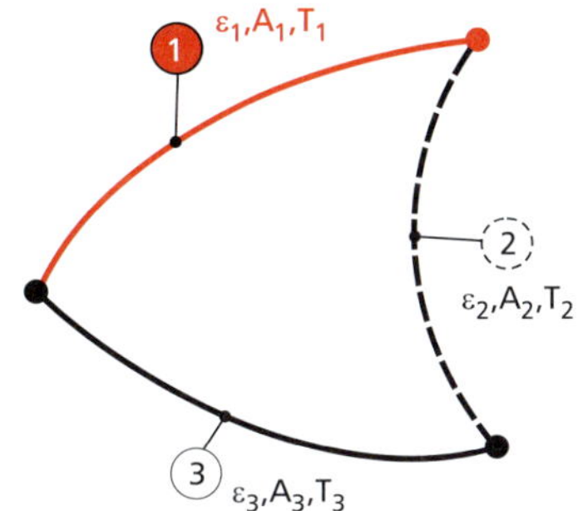

Bild 8.35: *Strahlungsaustausch zwischen drei Oberflächen.*

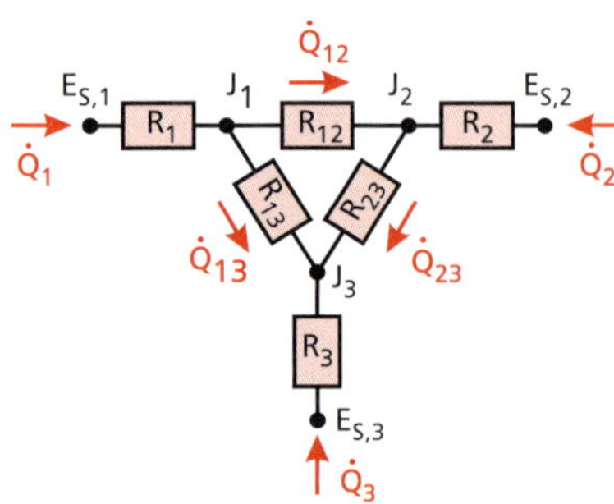

Bild 8.36: *Thermisches Ersatzschaltbild für die Strahlung zwischen drei Oberflächen.*

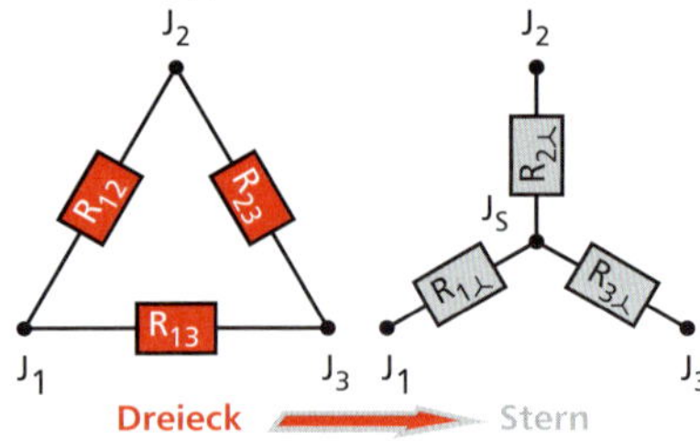

Bild 8.37: *Dreieck-Stern-Transformation.*

Die **Strahlungssternwiderstände** $R_{1\curlywedge}$, $R_{2\curlywedge}$ und $R_{3\curlywedge}$ sind der Quotient des Produkts der am Knoten anliegenden Dreieckswiderstände und der Summe aller Dreieckswiderstände (Maschenumlaufwiderstand):

$$R_{1\curlywedge} = \frac{R_{1\,2} \cdot R_{1\,3}}{R_{1\,2} + R_{2\,3} + R_{1\,3}}$$

$$R_{2\curlywedge} = \frac{R_{1\,2} \cdot R_{2\,3}}{R_{1\,2} + R_{2\,3} + R_{1\,3}}$$

$$R_{3\curlywedge} = \frac{R_{1\,3} \cdot R_{2\,3}}{R_{1\,2} + R_{2\,3} + R_{1\,3}} \qquad (8.90)$$

Sie können mit den in Serie liegenden Oberflächenwiderständen R_1, R_2 und R_3 zusammengefasst werden. Aus der Sternpunkthelligkeit J_S als Hilfsgröße folgen dann die übrigen Helligkeiten sowie Wärmeströme und Temperaturen.

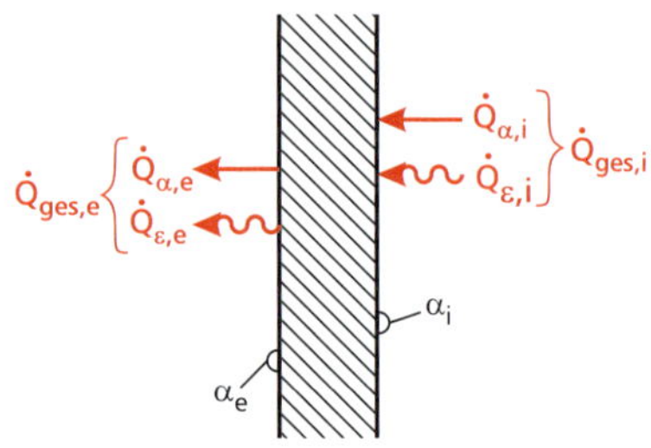

Bild 8.38: *Beispiel für den Gesamtwärmeübergang an einer Wand.*

- Eine Oberfläche ist ein **schwarzer Körper**:

$$J_i = E_{S,i} = \sigma \cdot T_i^4 \qquad (8.87)$$

- Eine Oberfläche ist **adiabat** (rückstrahlend):

$$\dot{Q}_i = 0 \qquad (8.88)$$

$$J_i = E_{S,i} = \sigma \cdot T_i^4 \qquad (8.89)$$

Falls anstelle der Temperatur T_i der **Netto-Wärmestrom** $\dot{Q}_i$ an einer Oberfläche i **bekannt** ist, sollte der Term $\frac{E_{S,i} - J_i}{R_i}$ durch $\dot{Q}_i$ ersetzt und auf die rechte Seite der jeweiligen Gleichung gebracht werden.
Eine Vereinfachung des Schaltbilds 8.36 gelingt auch durch Transformation des Dreiecks aus den 3 Raumwiderständen in einen Stern nach Bild 8.37 und Gl. (8.90) (**Dreieck-Stern-Transformation** nach Kennelly).

8.1.18 Wärmeübergangskoeffizient für Strahlung

Analog zum Newton'schen Abkühlungsgesetz (8.91) kann im Stefan-Boltzmann'schen Gesetz (8.92) durch Linearisierung der Temperaturdifferenz $T_1^4 - T_2^4$ ein **Wärmeübergangskoeffizient für Strahlung** (radiativer Wärmeübergangskoeffizient) eingeführt werden (vgl. Abschnitt 1.4.4):

$$\dot{Q}_\alpha = \alpha_K \cdot A \cdot (T_1 - T_2) \qquad (8.91)$$

$$\dot{Q}_{\varepsilon 1\,2} = \sigma_{1\,2} \cdot A_1 \cdot \left(T_1^4 - T_2^4\right) \overset{!}{=} \alpha_{Str} \cdot A_1 \cdot (T_1 - T_2) \qquad (8.92)$$

Mit der binomischen Formel

$$T_1^4 - T_2^4 = (T_1 - T_2) \cdot (T_1 + T_2) \cdot \left(T_1^2 + T_2^2\right) \qquad (8.93)$$

folgt der Wärmeübergangskoeffizient für Strahlung:

$$\alpha_{Str} = \sigma_{1\,2} \cdot (T_1 + T_2) \cdot \left(T_1^2 + T_2^2\right) \qquad (8.94)$$

T_1 und T_2 sind die absoluten Temperaturen der jeweiligen Körperoberflächen. In die Strahlungskonstante der Anordnung $\sigma_{1\,2}$ geht die Einstrahlzahl $\varphi_{1\,2}$ (vgl. Abschnitt 8.1.20) zwischen beiden Körpern ein.

Vielfach sind der zwischen zwei Flächen 1 und 2 übertragene Netto-Strahlungswärmestrom $\dot{Q}_{\varepsilon 1\,2}$ und der konvektive Wärmestrom $\dot{Q}_\alpha$ an die Umgebungsluft (Temperatur ϑ_∞) parallel gerichtet und addieren sich daher ($A = A_1$):

$$\dot{Q}_{ges} = \dot{Q}_{\varepsilon 1\,2} + \dot{Q}_\alpha = \alpha_{Str} \cdot A_1 \cdot (\vartheta_1 - \vartheta_2) + \alpha_K \cdot A_1 \cdot (\vartheta_1 - \vartheta_\infty) \qquad (8.95)$$

Für geringe Temperaturunterschiede zwischen der Oberfläche A_2 und der Umgebung $\vartheta_\infty \approx \vartheta_2$ erhält man die Vereinfachung:

$$\begin{aligned}\dot{Q}_{ges} &\approx \alpha_{Str} \cdot A_1 \cdot (\vartheta_1 - \vartheta_\infty) + \alpha_K \cdot A_1 \cdot (\vartheta_1 - \vartheta_\infty) \\ &= (\alpha_{Str} + \alpha_K) \cdot A_1 \cdot (\vartheta_1 - \vartheta_\infty)\end{aligned} \qquad (8.96)$$

Es ist dann zweckmäßig, den **Gesamtwärmeübergangskoeffizienten** $\alpha_{ges} = \alpha$ einzuführen:

$$\alpha_{ges} = \alpha = \alpha_{Str} + \alpha_K \qquad (8.97)$$

Damit besteht eine einfache Möglichkeit, die kombinierte Wirkung von Strahlung und Konvektion gemeinsam zu erfassen:

$$\dot{Q}_{ges} = \alpha \cdot A_1 \cdot (\vartheta_1 - \vartheta_\infty) \qquad (8.98)$$

8.1.19 Strahlungsaustauschkoeffizient

Aus rechentechnischen Gründen (zur Vermeidung großer Zahlen) ist auch folgende Schreibweise des Stefan-Boltzmann'schen Strahlungsgesetzes (8.92) üblich:

$$\dot{Q}_{\varepsilon 1\,2}=\sigma_{1\,2}\cdot A_1\cdot\left(T_1^4-T_2^4\right)=C_{1\,2}\cdot A_1\cdot\left[\left(\frac{T_1}{100}\right)^4-\left(\frac{T_2}{100}\right)^4\right] \quad (8.99)$$

$C_{1\,2}$ ist der resultierende **Strahlungsaustauschkoeffizient** (Strahlungsfaktor):

$$C_{1\,2}=100^4\cdot\sigma_{1\,2}=10^8\cdot\sigma_{1\,2} \quad (8.100)$$

Wegen der Proportionalität von $\sigma_{1\,2}$ zur Stefan-Boltzmann-Konstante σ ist der resultierende Strahlungsaustauschkoeffizient $C_{1\,2}$ proportional zum Strahlungskoeffizienten des schwarzen Körpers $C_S=100^4\cdot\sigma=10^8\cdot\sigma=5{,}67\ \mathrm{W/(m^2\,K^4)}$. Der Strahlungsaustauschkoeffizient $C_{1\,2}$ folgt aus den jeweiligen Beziehungen für die Strahlungskonstante der Anordnung $\sigma_{1\,2}$, wenn man die Stefan-Boltzmann-Konstante σ durch den Strahlungsaustauschkoeffizienten des schwarzen Körpers C_S ersetzt.

8.1.20 Einstrahlzahlen

Der Strahlungswärmestrom zwischen zwei Oberflächen hängt ab von:

- der Orientierung der Flächen relativ zueinander
- der Größe der Flächen
- der Temperatur der Flächen
- den strahlungsphysikalischen Eigenschaften der Flächen

So wird beispielsweise eine auf dem Rücken liegende Person beim Sonnenbaden stärker bestrahlt als eine stehende Person.

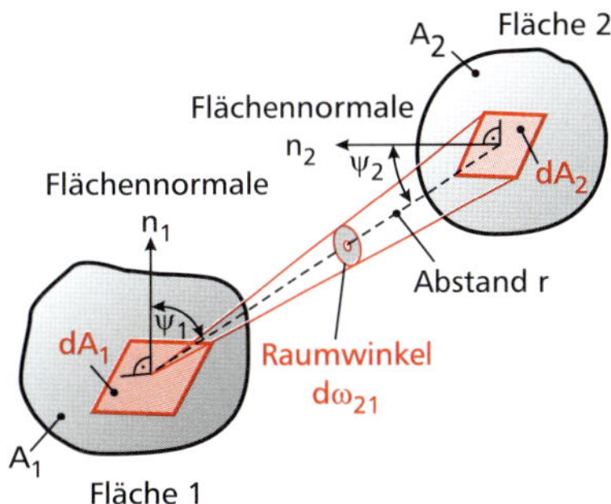

Bild 8.39: *Geometrische Veranschaulichung der Einstrahlzahl zwischen zwei Flächen.*

Im Folgenden wird statt der ausführlicheren Schreibweise $\varphi_{i\to j}$ die kürzere Schreibweise $\varphi_{i\,j}$ in Anlehnung an die Indizierung von Matrixelementen bevorzugt.

Die Einstrahlzahl $\varphi_{i\,j}$ stellt den Anteil der von der Fläche i ausgehenden Strahlung dar, der die Fläche j direkt trifft. Umgekehrt stellt die Einstrahlzahl $\varphi_{j\,i}$ die von der Fläche j ausgehende Strahlung dar, die direkt auf die Fläche i trifft. Dabei wird davon ausgegangen, dass die beteiligten Flächen diffuse Strahler sind und nur diffuse Reflexionen auftreten.

Die Schreibweise d^2 zeigt an, dass es sich um eine Größe zwischen zwei differenziellen Elementen handelt.

8.1.21 Einstrahlzahlen zwischen zwei Flächen

Die Orientierung zweier Flächen A_1 und A_2 zueinander wird durch die **Einstrahlzahl** $\varphi_{1\to 2}=\varphi_{1\,2}$ (Winkelverhältnis, Sichtfaktor, view factor, shape factor, configuration factor) erfasst. Die Einstrahlzahl $\varphi_{1\,2}$ ist als **reine Geometriegröße** unabhängig von den Oberflächeneigenschaften und den Temperaturen der beiden Flächen.

An zwei beliebig zueinander orientierten Flächen A_1 und A_2 im Abstand r werden zwei differenzielle Flächenelemente $\mathrm{d}A_1$ und $\mathrm{d}A_2$ betrachtet, deren Flächennormalen die Winkel ψ_1 und ψ_2 mit der Verbindungslinie der Flächenelemente einschließen (Bild 8.39). $\mathrm{d}A_2$ erscheint von $\mathrm{d}A_1$ gesehen unter dem Raumwinkel $\mathrm{d}\omega_{2\,1}$. Die Fläche A_1 emittiert und reflektiert Strahlung diffus in alle Richtungen mit der konstanten Intensität I_1. In Richtung ψ_1 verlässt dabei $I_1\cdot\cos\psi_1\cdot\mathrm{d}A_1$ die Fläche $\mathrm{d}A_1$. Der Raumwinkel $\mathrm{d}\omega_{2\,1}$ gibt den Anteil an, der davon auf die Fläche $\mathrm{d}A_2$ trifft. Damit beträgt die von der Fläche $\mathrm{d}A_1$ auf die Fläche $\mathrm{d}A_2$ auftreffende differenzielle Wärmestromdichte $\mathrm{d}^2\dot{Q}_{\mathrm{dA_1\to dA_2}}$:

$$\mathrm{d}^2\dot{Q}_{\mathrm{dA_1\to dA_2}}=I_1\cdot\cos\psi_1\cdot\mathrm{d}A_1\cdot\mathrm{d}\omega_{2\,1} \quad (8.101)$$

Für den differenziellen Raumwinkel $\mathrm{d}\omega$ einer differenziellen Fläche $\mathrm{d}A$, die von einem Punkt im Abstand r betrachtet wird, gilt:

$$\mathrm{d}\omega=\frac{\mathrm{d}A_\mathrm{n}}{r^2}=\frac{\mathrm{d}A\cdot\cos\psi}{r^2} \quad (8.102)$$

ψ ist der Winkel zwischen der Flächennormale und der Blickrichtung. Für den Halbraum (Hemisphäre) beträgt der Raumwinkel $\omega = 2\,\pi$. Mit $\mathrm{d}\omega_{2\,1} = \dfrac{\mathrm{d}A_2 \cdot \cos\psi_2}{r^2}$ folgt:

$$\mathrm{d}^2\dot{Q}_{\mathrm{dA_1 \to dA_2}} = I_1 \cdot \cos\psi_1 \cdot \mathrm{d}A_1 \cdot \frac{\mathrm{d}A_2 \cdot \cos\psi_2}{r^2} \tag{8.103}$$

Andererseits beträgt die gesamte die Fläche $\mathrm{d}A_1$ verlassende Strahlung:

$$\mathrm{d}\dot{Q}_{\mathrm{dA_1}} = \pi \cdot I_1 \cdot \mathrm{d}A_1 \tag{8.104}$$

Die **differenzielle Einstrahlzahl** $\mathrm{d}\varphi_{\mathrm{d}A_1 \to \mathrm{d}A_2}$ ist der Anteil der Strahlung, der die Fläche $\mathrm{d}A_1$ verlässt und auf die Fläche $\mathrm{d}A_2$ direkt auftrifft:

$$\begin{aligned}\mathrm{d}\varphi_{\mathrm{d}A_1 \to \mathrm{d}A_2} &= \frac{\mathrm{d}^2\dot{Q}_{\mathrm{dA_1 \to dA_2}}}{\mathrm{d}\dot{Q}_{\mathrm{dA_1}}} = \frac{I_1 \cdot \cos\psi_1 \cdot \mathrm{d}A_1 \cdot \mathrm{d}A_2 \cdot \cos\psi_2}{r^2 \cdot \pi \cdot I_1 \cdot \mathrm{d}A_1} \\ &= \frac{\cos\psi_1 \cdot \cos\psi_2}{r^2 \cdot \pi} \cdot \mathrm{d}A_2\end{aligned} \tag{8.105}$$

Die Einstrahlzahl $\varphi_{\mathrm{d}A_1 \to A_2}$ zwischen der differenziellen Fläche $\mathrm{d}A_1$ und der endlichen Fläche A_2 ergibt sich durch Integration von $\mathrm{d}\varphi_{\mathrm{d}A_1 \to \mathrm{d}A_2}$ über die Fläche A_2 als Summe der auf die Flächenelemente $\mathrm{d}A_2$ auftreffenden Strahlungsanteile:

$$\varphi_{\mathrm{d}A_1 \to A_2} = \iint\limits_{A_2} \mathrm{d}\varphi_{\mathrm{d}A_1 \to \mathrm{d}A_2} = \iint\limits_{A_2} \frac{\cos\psi_1 \cdot \cos\psi_2}{r^2 \cdot \pi} \cdot \mathrm{d}A_2 \tag{8.106}$$

Andererseits ergibt sich die Strahlung, die die Fläche $\mathrm{d}A_2$ trifft, durch Integration der das Flächenelement $\mathrm{d}A_1$ verlassenden Strahlungsanteile über die Fläche A_1:

$$\mathrm{d}\dot{Q}_{\mathrm{A_1 \to dA_2}} = \iint\limits_{A_1} \mathrm{d}^2\dot{Q}_{\mathrm{dA_1 \to dA_2}} = \iint\limits_{A_1} \frac{I_1 \cdot \cos\psi_1 \cdot \cos\psi_2 \cdot \mathrm{d}A_2}{r^2} \cdot \mathrm{d}A_1 \tag{8.107}$$

Durch Integration dieser Strahlung über die Fläche A_2 erhält man den Anteil, der von A_1 ausgeht und A_2 trifft:

$$\dot{Q}_{\mathrm{A_1 \to A_2}} = \iint\limits_{A_2} \mathrm{d}\dot{Q}_{\mathrm{A_1 \to dA_2}} = \iint\limits_{A_2} \left(\iint\limits_{A_1} \frac{I_1 \cdot \cos\psi_1 \cdot \cos\psi_2}{r^2} \cdot \mathrm{d}A_1 \right) \cdot \mathrm{d}A_2 \tag{8.108}$$

Die Einstrahlzahl $\varphi_{1\,2}$ ergibt sich als Verhältnis der Strahlung $\dot{Q}_{\mathrm{A_1 \to A_2}}$ zur gesamten von A_1 ausgehenden Strahlung $\dot{Q}_{A_1} = \pi \cdot I_1 \cdot A_1$:

$$\varphi_{1\,2} = \frac{\dot{Q}_{\mathrm{A_1 \to A_2}}}{\dot{Q}_{A_1}} = \frac{\displaystyle\iint\limits_{A_2} \left(\iint\limits_{A_1} \frac{\cancel{I_1} \cdot \cos\psi_1 \cdot \cos\psi_2}{r^2} \cdot \mathrm{d}A_1 \right) \cdot \mathrm{d}A_2}{\pi \cdot \cancel{I_1} \cdot A_1} \tag{8.109}$$

$$\varphi_{1\,2} = \frac{1}{A_1} \cdot \iint\limits_{A_2} \left(\iint\limits_{A_1} \frac{\cos\psi_1 \cdot \cos\psi_2}{\pi \cdot r^2} \cdot \mathrm{d}A_1 \right) \cdot \mathrm{d}A_2 \tag{8.110}$$

In analoger Weise erhält man für die Einstrahlzahl φ_{21}:

$$\varphi_{21} = \frac{1}{A_2} \cdot \iint\limits_{A_2} \left(\iint\limits_{A_1} \frac{\cos\psi_1 \cdot \cos\psi_2}{\pi \cdot r^2} \cdot \mathrm{d}A_1 \right) \cdot \mathrm{d}A_2 \qquad (8.111)$$

Die dabei auftretenden Integrale sind auch für einfache Geometrien komplex und schwierig zu lösen. Durch Vergleich von Gl. (8.110) und Gl. (8.111) folgt die **Reziprozitätsbeziehung**, die die Berechnung einer Einstrahlzahl aus der Kenntnis einer anderen erlaubt:

$$\varphi_{12} \cdot A_1 = \varphi_{21} \cdot A_2 \qquad (8.112)$$

8.1.22 Eigeneinstrahlzahlen

Für $i = j$ ergibt sich die Einstrahlzahl φ_{ii} als der Strahlungsanteil, der die Fläche i verlässt und direkt auf sie selbst auftrifft. Die Einstrahlzahl einer Fläche zu sich selbst (**Eigeneinstrahlzahl**) ist null, wenn sich die Fläche selbst nicht „sieht" (ebene bzw. konvexe Fläche, Bild 8.40 oben bzw. Mitte). Anderenfalls (konkave Fläche, Bild 8.40 unten) ist sie ungleich null. Generell liegt jede Einstrahlzahl zwischen 0 und 1:

$$0 \le \varphi_{ij} \le 1 \qquad (8.113)$$

Der Grenzwert $\varphi_{ij} = 0$ bedeutet, dass es keine direkte Sichtverbindung zwischen den Flächen i und j gibt und die von der Fläche i ausgehende Strahlung die Fläche j nicht treffen kann. Der andere Grenzwert $\varphi_{ij} = 1$ besagt, dass die Fläche j die Fläche i komplett umschließt, so dass alle von i ausgehende Strahlung auf j trifft.

8.1.23 Einstrahlzahlen-Algebra

Für die Berechnungen mit Einstrahlzahlen lässt sich eine entsprechende Algebra formulieren, wodurch die Berechnungen wesentlich vereinfacht werden können.

- **Reziprozitätsbeziehung:**

Die Reziprozitätsbeziehung aus Gl. (8.112) gilt allgemein:

$$\varphi_{ij} \cdot A_i = \varphi_{ji} \cdot A_j \qquad (8.114)$$

Zwei Einstrahlzahlen φ_{ij} und φ_{ji} sind damit nur bei Gleichheit der entsprechenden Flächen gleich:

$$\varphi_{ij} = \varphi_{ji} \quad \text{wenn} \quad A_i = A_j$$
$$\varphi_{ij} \neq \varphi_{ji} \quad \text{wenn} \quad A_i \neq A_j \qquad (8.115)$$

- **Summationsbedingung:**

Aus Gründen der Energieerhaltung muss in einem Hohlraum mit N Umschließungsflächen die von jeder Fläche i ausgehende Strahlung auf die den Hohlraum umschließenden Flächen treffen. Damit muss die Summe der Einstrahlzahlen von der Fläche i zu jeder Fläche j des Hohlraums einschließlich sich selbst 1 ergeben, d. h. die Summe jeder einzelnen Zeile der Einstrahlzahlen-Matrix Φ in Gl. (8.118) ist 1:

$$\sum_{j=1}^{N} \varphi_{ij} = 1 \qquad (8.117)$$

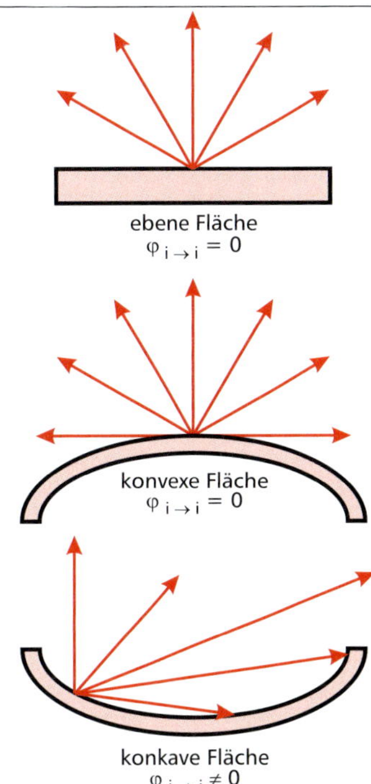

Bild 8.40: *Eigeneinstrahlzahl einer ebenen, konvexen und einer konkaven Fläche.*

Raumwiderstände R_{ii} infolge Eigeneinstrahlung müssen bei homogener Oberflächentemperatur nicht berücksichtigt werden, da wegen der Temperaturgleichheit kein Wärmestrom fließt.

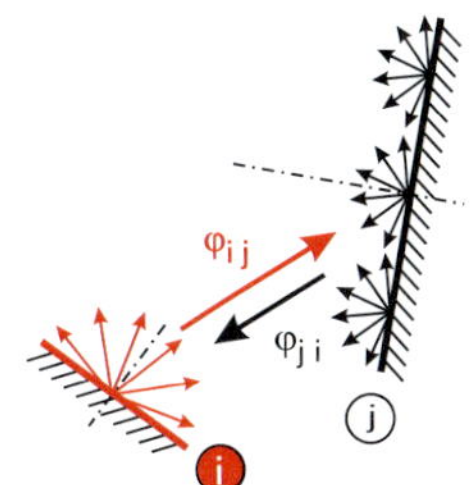

Bild 8.41: *Veranschaulichung der Reziprozitätsbeziehung für zwei Flächen i und j.*

Die Reziprozitätsbeziehung (8.114) kann gezielt zur Bestimmung der Einstrahlzahl φ_{ji} benutzt werden, wenn die Ermittlung der Einstrahlzahl φ_{ij} einfacher ist:

$$\varphi_{ji} = \frac{A_i}{A_j} \cdot \varphi_{ij} \qquad (8.116)$$

Die Einstrahlzahlen φ_{ij} eines Hohlraums mit N Oberflächen können übersichtlich in einer Einstrahlzahlen-Matrix Φ zusammengestellt werden:

$$\Phi = \begin{bmatrix} \varphi_{11} & \varphi_{12} & \cdots & \varphi_{1N} \\ \varphi_{21} & \varphi_{22} & \cdots & \varphi_{2N} \\ \cdots & \cdots & \cdots & \cdots \\ \varphi_{N1} & \varphi_{N2} & \cdots & \varphi_{NN} \end{bmatrix} \quad (8.118)$$

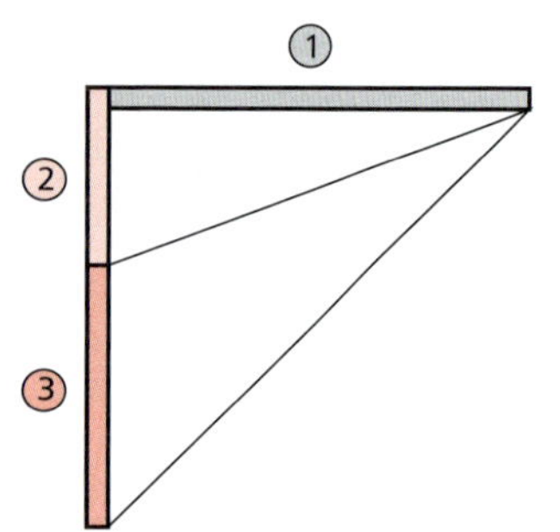

Bild 8.42: *Anwendung des Superpositionsprinzips bei drei Flächen.*

Fazit:

Die Superpositionsregel gilt direkt nur für die emittierte Strahlung, nicht für die einfallende Strahlung:

$\varphi_{1,\,2+3} = \varphi_{1\,2} + \varphi_{1\,3}$

ist richtig, während

$\varphi_{2+3,\,1} = \varphi_{2\,1} + \varphi_{3\,1}$

falsch ist.

Die Summationsbedingung (8.117) kann auf jede Fläche i des Hohlraums angewendet werden, so dass hieraus N Gleichungen für die N^2 Einstrahlzahlen resultieren. Aus der Reziprozitätsbeziehung (8.114) ergeben sich $\frac{1}{2} N \cdot (N-1)$ weitere Beziehungen. Damit verbleiben $N^2 - N - \frac{1}{2} N \cdot (N-1) = \frac{1}{2} N \cdot (N-1)$ Einstrahlzahlen, die direkt zu ermitteln sind.

► **Superposition von Einstrahlzahlen:**

Vielfach ist eine Einstrahlzahl für eine bestimmte Geometriekonfiguration nicht direkt verfügbar. Dann ist es hilfreich, die jeweilige Geometrie als Summe oder Differenz von Geometrien mit bekannten Einstrahlzahlen aufzufassen. Mithilfe der Superpositionsregel lässt sich die Einstrahlzahl $\varphi_{\mathrm{i\,j}}$ einer Fläche A_i zu einer Fläche A_j als Summe der Einstrahlzahlen $\varphi_{\mathrm{i\,k}}$ zu den Teilflächen A_k der Fläche A_j ermitteln (Bild 8.42).

Die von der Fläche A_1 ausgehende Strahlung trifft auf die kombinierte Fläche A_{2+3} auf und ist gleich der Summe der auf die Einzelflächen A_2 und A_3 auftreffenden Strahlung. Oft lässt sich $\varphi_{1\,3}$ nur schwer ermitteln, während die Einstrahlzahl $\varphi_{1,\,2+3}$ leichter zu ermitteln ist. Mit der Superpositionsregel gilt dann:

$$\varphi_{1,\,2+3} = \varphi_{1\,2} + \varphi_{1\,3} \quad (8.119)$$

Damit folgt:

$$\varphi_{1\,3} = \varphi_{1,\,2+3} - \varphi_{1\,2} \quad (8.120)$$

Zur Bestimmung der Einstrahlzahl $\varphi_{2+3,\,1}$ wird Gl. (8.119) zunächst mit der Fläche A_1 multipliziert:

$$\varphi_{1,\,2+3} \cdot A_1 = \varphi_{1\,2} \cdot A_1 + \varphi_{1\,3} \cdot A_1 \quad (8.121)$$

Aus der Reziprozitätsbeziehung (8.114) erhält man:

$$\varphi_{2+3,\,1} \cdot (A_2 + A_3) = \varphi_{1,\,2+3} \cdot A_1 = \varphi_{1\,2} \cdot A_1 + \varphi_{1\,3} \cdot A_1 \quad (8.122)$$

$$= \varphi_{2\,1} \cdot A_2 + \varphi_{3\,1} \cdot A_3 \quad (8.123)$$

Damit folgt schließlich:

$$\varphi_{2+3,\,1} = \frac{\varphi_{2\,1} \cdot A_2 + \varphi_{3\,1} \cdot A_3}{A_2 + A_3} \quad (8.124)$$

Allgemein gelten die Beziehungen:

$$\varphi_{\mathrm{i\,j}} = \sum_{\mathrm{k}=1}^{m} \varphi_{\mathrm{i\,k}} \quad (8.125)$$

$$\varphi_{\mathrm{j\,i}} = \frac{\sum_{\mathrm{k}=1}^{m} A_\mathrm{k} \cdot \varphi_{\mathrm{k\,i}}}{\sum_{\mathrm{k}=1}^{m} A_\mathrm{k}} \quad (8.126)$$

► **Ausnutzung von Symmetrien:**

Die Bestimmung von Einstrahlzahlen kann weiter vereinfacht werden, wenn entsprechende Symmetrien in der Konfiguration vorhanden sind. Gleichgroße Flächen, die in Bezug auf eine andere Fläche symmetrisch orientiert sind, erhalten auch gleichgroße Strahlungsanteile ausgehend von dieser Fläche.

Zwei oder mehr Flächen, die zu einer dritten Fläche symmetrisch sind, besitzen gegenüber dieser Fläche identische Einstrahlzahlen.

Aus Symmetriegründen gilt in Bild 8.43:

$$\varphi_{12} = \varphi_{13} \quad (8.127)$$

Unter Beachtung der Reziprozitätsbeziehung (8.114) gilt auch:

$$\varphi_{1\to2} \cdot A_1 = \varphi_{2\to1} \cdot A_2$$
$$\varphi_{1\to3} \cdot A_1 = \varphi_{3\to1} \cdot A_3 \quad (8.128)$$

Wegen $A_2 = A_3$ folgt daraus auch:

$$\varphi_{2\to1} = \varphi_{3\to1} \quad (8.129)$$

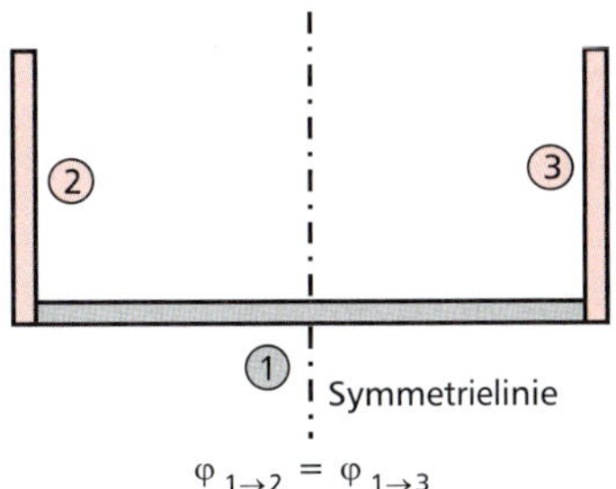

Bild 8.43: *Einstrahlzahlen bei symmetrischer Konfiguration.*

Generell ist es bei der Berechnung von Einstrahlzahlen oft hilfreich, geschickt gewählte imaginäre Hilfsflächen einzuführen (s. z. B. Aufgabe 8.7).

8.1.24 Methode der gekreuzten Fäden

Von H.C. Hottel wurde in den 50er Jahren die einfach anzuwendende Methode der gekreuzten Fäden (crossed-strings method) zur Berechnung von Einstrahlzahlen **zweidimensionaler Konfigurationen** unendlicher Länge entwickelt. Die Anwendung ist keineswegs auf ebene Geometrien beschränkt, sie ist auch auf konkave, konvexe oder Geometrien mit unregelmäßiger Gestalt anwendbar.

Die Endpunkte der beiden Flächen (hier: A, B, C, D) werden durch gedachte Fäden (Gummibänder) verbunden, wie in Bild 8.44 an einem Beispiel dargestellt.

Die Einstrahlzahl φ_{12} zwischen den Flächen 1 und 2 berechnet sich mit der Methode der gekreuzten Fäden folgendermaßen:

$$\varphi_{12} = \frac{\sum_g \text{gekreuzte Fäden} - \sum_u \text{ungekreuzte Fäden}}{2 \cdot \text{Fäden auf der Fläche 1}} \quad (8.130)$$

Im vorliegenden Fall erhält man:

$$\varphi_{12} = \frac{(L_5 + L_6) - (L_3 + L_4)}{2 \cdot \overset{\frown}{CD}} \quad (8.131)$$

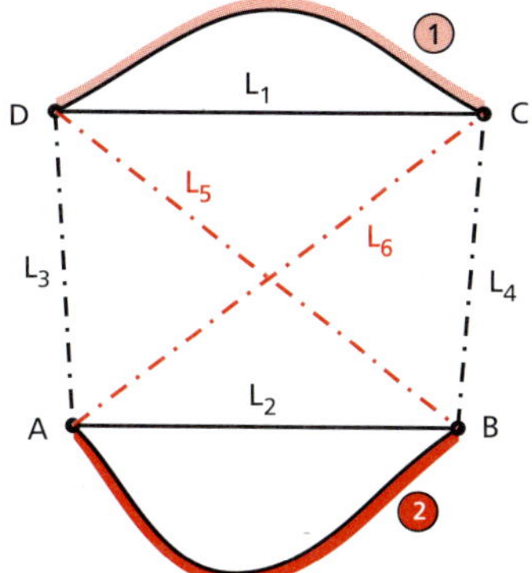

Bild 8.44: *Beispiel für die Anwendung der Methode der gekreuzten Fäden.*

Wichtig ist, dass nicht die direkte Verbindung L_1 der Punkte C und D $\overline{CD}$ als Länge der Fäden auf Fläche 1 verwendet wird, sondern die entsprechende Bogenlänge $\overset{\frown}{CD}$.

Die entsprechenden Längen lassen sich vielfach durch elementare geometrische Beziehungen ermitteln. Die Methode der gekreuzten Fäden ist sogar anwendbar, wenn sich die beiden Flächen in einem gemeinsamen Punkt berühren (z. B. in einem Dreieck). Der gemeinsame Punkt kann dann als imaginärer Faden mit der Länge 0 behandelt werden. Weiterhin lässt sich die Methode auch bei Flächen anwenden, die teilweise durch andere Flächen verschattet sind, wobei die gespannten Fäden die Hindernisse in entsprechenden Punkten berühren.

8.1.25 Einstrahlzahlen einfacher Konfigurationen

Im Folgenden sind Einstrahlzahlen φ_{12} einfacher geometrischer Konfigurationen mit zwei Flächen 1 und 2 zusammengestellt. Bei der Anwendung der Gleichungen ist darauf zu achten, welche der beiden Flächen den Index 1 und welche den Index 2 besitzt. Des Weiteren ist zu beachten, ob es sich um eine Geometrie endlicher Länge handelt, oder ob diese als „unendlich" lang einzustufen ist. Excel-Programme für einige Anordnungen erlauben Parametervariationen.

Einstrahlzahlen praktisch auszurechnen, ist bisweilen mühsam und fehleranfällig. Für einige der folgenden Konfigurationen und darüber hinaus stehen Excel-Auswertungen zum Download zur Verfügung.

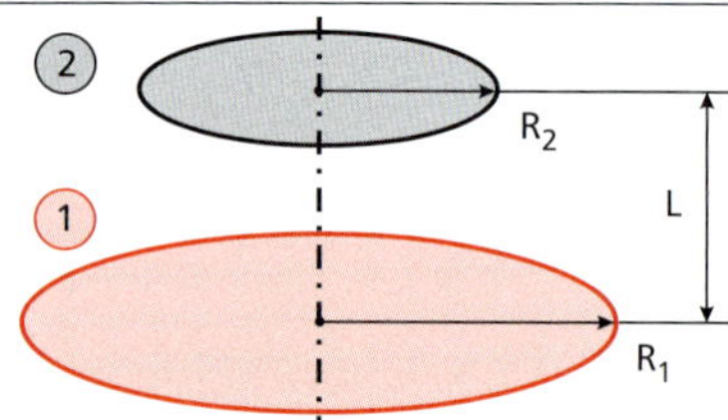

Bild 8.45: Strahlung zwischen koaxialen parallelen Scheiben.

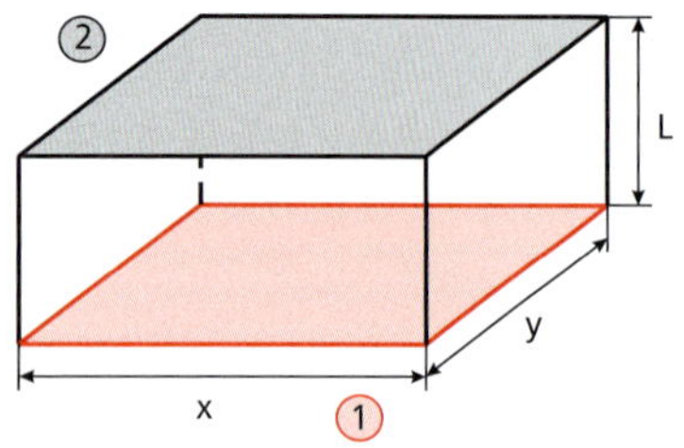

Bild 8.46: Strahlung zwischen gegenüberliegenden parallelen Rechtecken.

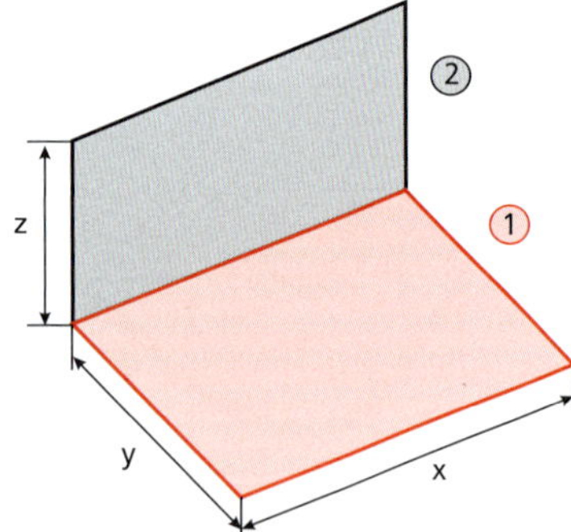

Bild 8.47: Strahlung zwischen senkrechten Rechtecken mit gemeinsamer Kante.

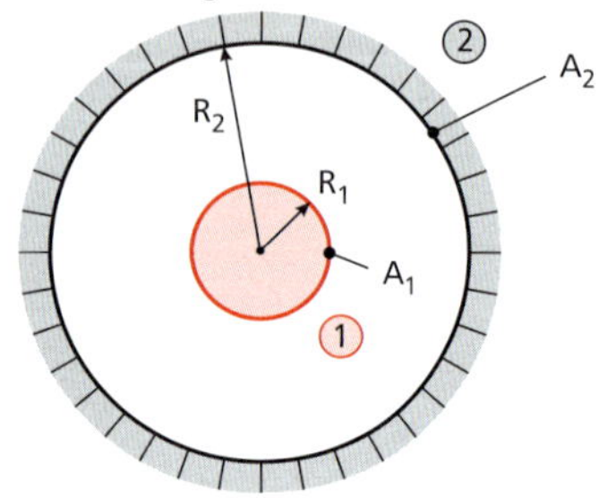

Bild 8.48: Strahlung zwischen zwei sehr langen konzentrischen Zylindern.

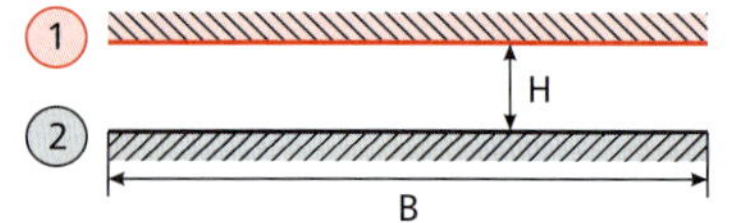

Bild 8.49: Strahlung zwischen zwei sehr langen gleichbreiten parallelen Platten.

▶ **Koaxiale parallele Scheiben:** Ex

$$\xi_1 = \frac{R_1}{L}; \qquad \xi_2 = \frac{R_2}{L}; \qquad \eta = \frac{\xi_1^2 + \xi_2^2 + 1}{\xi_1^2}$$

$$\varphi_{12} = \frac{1}{2} \cdot \left\{ \eta - \sqrt{\eta^2 - 4\left(\frac{\xi_2}{\xi_1}\right)^2} \right\} \tag{8.132}$$

▶ **Gegenüberliegende parallele Rechtecke endlicher Größe:** Ex

$$\xi = \frac{x}{L}; \qquad \eta = \frac{y}{L}$$

$$\varphi_{12} = \frac{2}{\pi \cdot \xi \cdot \eta} \cdot \left\{ \frac{1}{2} \cdot \ln\left(\frac{(1+\xi^2)\cdot(1+\eta^2)}{1+\xi^2+\eta^2}\right) - \xi \cdot \arctan(\xi) \right.$$
$$+ \xi \cdot \sqrt{1+\eta^2} \cdot \arctan\left(\frac{\xi}{\sqrt{1+\eta^2}}\right) - \eta \cdot \arctan(\eta)$$
$$\left. + \eta \cdot \sqrt{1+\xi^2} \cdot \arctan\left(\frac{\eta}{\sqrt{1+\xi^2}}\right) \right\} \tag{8.133}$$

▶ **Senkrechte Rechtecke mit gemeinsamer Kante:** Ex

$$\xi = \frac{y}{x}; \qquad \eta = \frac{z}{x}$$

$$\varphi_{12} = \frac{1}{\pi \cdot \xi} \cdot \left\{ \xi \cdot \arctan\left(\frac{1}{\xi}\right) + \eta \cdot \arctan\left(\frac{1}{\eta}\right) \right.$$
$$- \sqrt{\xi^2+\eta^2} \cdot \arctan\left(\frac{1}{\sqrt{\xi^2+\eta^2}}\right) + \frac{1}{4} \cdot \ln\left(\frac{(1+\xi^2)\cdot(1+\eta^2)}{1+\xi^2+\eta^2}\right)$$
$$\left. + \frac{\xi^2}{4} \cdot \ln\left(\frac{\xi^2 \cdot (1+\xi^2+\eta^2)}{(1+\xi^2)\cdot(\xi^2+\eta^2)}\right) + \frac{\eta^2}{4} \cdot \ln\left(\frac{\eta^2 \cdot (1+\xi^2+\eta^2)}{(1+\eta^2)\cdot(\xi^2+\eta^2)}\right) \right\} \tag{8.134}$$

▶ **Sehr lange konzentrische Zylinder:**

$$\varphi_{12} = 1$$

$$\varphi_{21} = \frac{A_1}{A_2} = \frac{2\pi \cdot R_1}{2\pi \cdot R_2} = \frac{R_1}{R_2}$$

$$\varphi_{22} = 1 - \varphi_{21} = 1 - \frac{A_1}{A_2} = 1 - \frac{R_1}{R_2} \tag{8.135}$$

▶ **Sehr lange parallele Platten gleicher Breite:**

$$\varphi_{12} = \varphi_{21} = \sqrt{1 + \left(\frac{H}{B}\right)^2} - \frac{H}{B} \tag{8.136}$$

▸ **Sehr lange senkrecht stehende Platten:**

$$\varphi_{12} = \frac{1}{2} \cdot \left\{ 1 + \frac{H}{B} - \sqrt{1 + \left(\frac{H}{B}\right)^2} \right\} \tag{8.137}$$

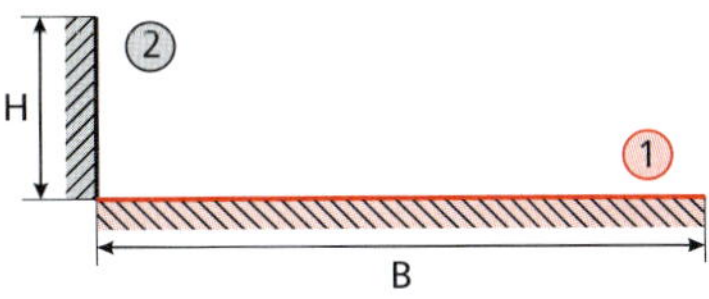

Bild 8.50: *Strahlung zwischen zwei sehr langen senkrechten Platten.*

▸ **Sehr lange symmetrische parallele Platten:**

$$\varphi_{12} = \frac{\sqrt{\left(\frac{B_1}{H} + \frac{B_2}{H}\right)^2 + 4} - \sqrt{\left(\frac{B_2}{H} - \frac{B_1}{H}\right)^2 + 4}}{2 \cdot \frac{B_1}{H}} \tag{8.138}$$

Für $B_1 = B_2 = B$ ergibt sich daraus Gl. (8.136).

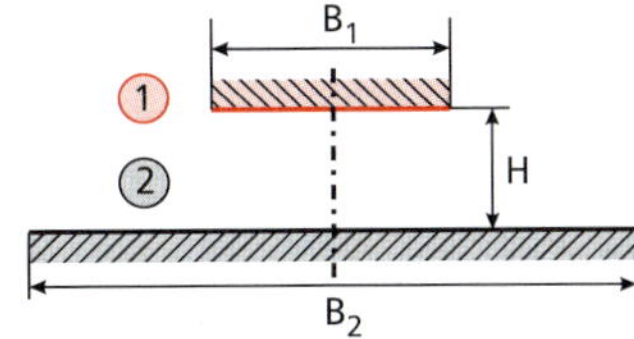

Bild 8.51: *Strahlung zwischen zwei sehr langen symmetrischen parallelen Platten.*

▸ **Sehr lange geneigte Platten gleicher Breite:**

$$\varphi_{12} = \varphi_{21} = 1 - \sin\left(\frac{\alpha}{2}\right) \tag{8.139}$$

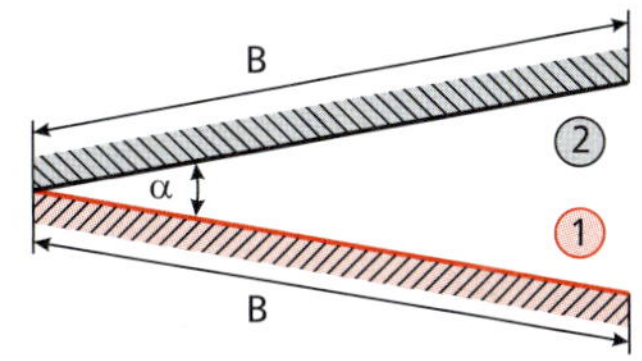

Bild 8.52: *Strahlung zwischen zwei sehr langen gleichbreiten geneigten Platten.*

▸ **Sehr langer Kanal mit drei Seiten:**

$$\varphi_{12} = \frac{B_1 + B_2 - B_3}{2\,B_1}$$

$$\varphi_{13} = 1 - \varphi_{12} = \frac{B_1 - B_2 + B_3}{2\,B_1} \tag{8.140}$$

Für den Spezialfall eines gleichseitigen Querschnitts ($B_1 = B_2 = B_3 = B$) ergibt sich:

$$\varphi_{12} = \frac{1}{2}$$

$$\varphi_{13} = \frac{1}{2} \tag{8.141}$$

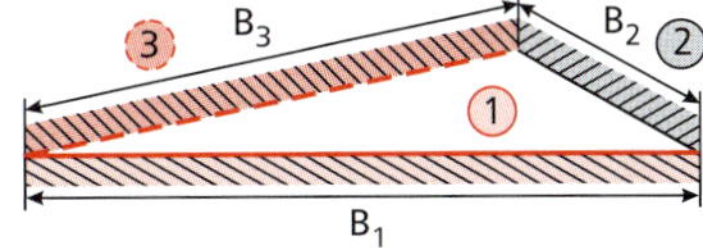

Bild 8.53: *Strahlung in einem langen Kanal mit drei Seiten.*

▸ **Sehr langer Zylinder parallel zu unendlich ausgedehnter Platte:**

$$\varphi_{12} = \frac{1}{2} \tag{8.142}$$

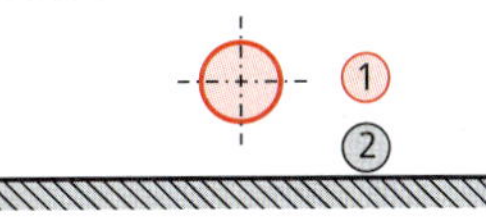

Bild 8.54: *Sehr langer Zylinder über sehr langer Platte unendlicher Breite.*

▸ **Sehr langer Zylinder parallel zu sehr langer Platte endlicher Breite:**

$$\varphi_{12} = \frac{R}{B - A} \cdot \left[\arctan\left(\frac{B}{H}\right) - \arctan\left(\frac{A}{H}\right)\right] \tag{8.143}$$

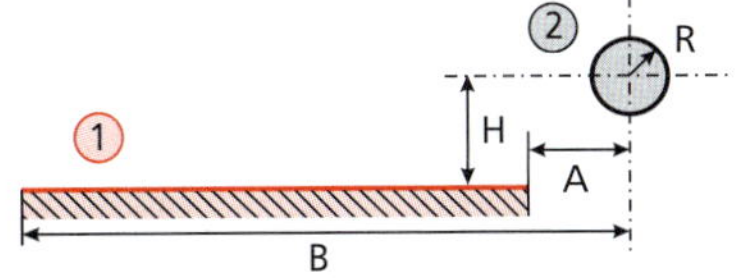

Bild 8.55: *Sehr langer Zylinder über sehr langer Platte endlicher Breite.*

▸ **Sehr lange parallele Zylinder gleichen Durchmessers:**

$$\xi = 1 + \frac{L}{D} = 1 + \frac{L}{2\,R}$$

$$\varphi_{12} = \frac{1}{\pi} \cdot \left[\sqrt{\xi^2 - 1} + \arcsin\left(\frac{1}{\xi}\right) - \xi\right] \tag{8.144}$$

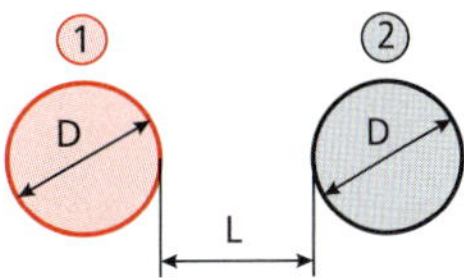

Bild 8.56: *Parallele sehr lange Zylinder gleichen Durchmessers.*

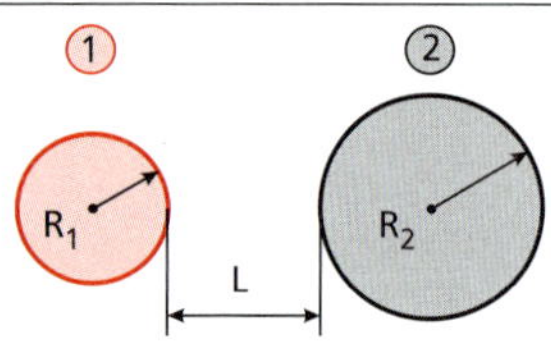

Bild 8.57: *Parallele sehr lange Zylinder verschiedenen Durchmessers.*

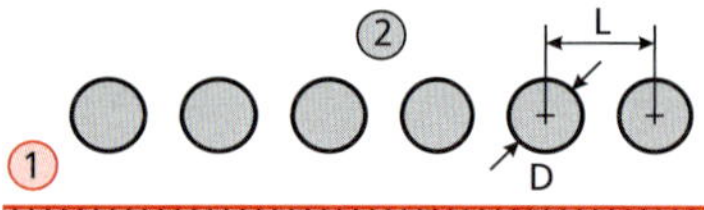

Bild 8.58: *Strahlung zwischen sehr langen Zylindern und unendlich breiter Platte.*

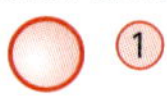

Bild 8.59: *Strahlung zwischen Kugel und unendlich ausgedehnter Platte.*

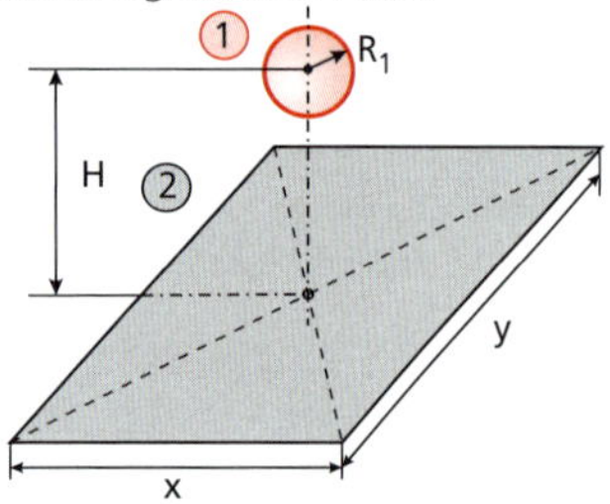

Bild 8.60: *Strahlung zwischen Kugel und endlich ausgedehnter Platte.*

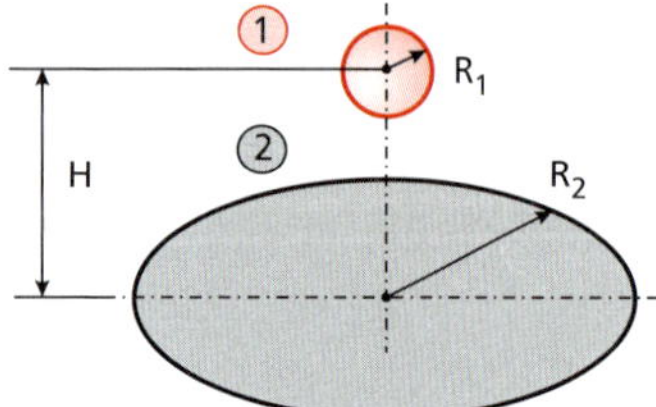

Bild 8.61: *Strahlung zwischen Kugel und koaxialer Kreisscheibe.*

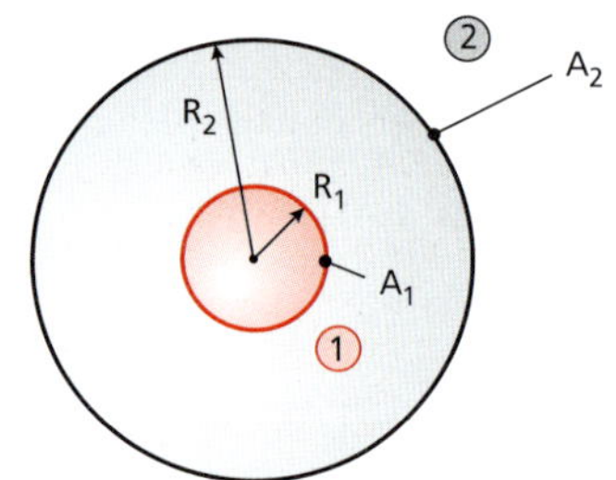

Bild 8.62: *Strahlung zwischen konzentrischen Kugeln.*

▶ **Sehr lange parallele Zylinder verschiedenen Durchmessers:**

$$\xi=\frac{R_2}{R_1}=\frac{D_2}{D_1}; \qquad \beta=\frac{L}{R_1}=\frac{2\,L}{D_1}; \qquad \eta=1+\xi+\beta$$

$$\varphi_{1\,2}=\frac{1}{2\,\pi}\cdot\left\{\pi+\sqrt{\eta^2-(\xi+1)^2}-\sqrt{\eta^2-(\xi-1)^2}\right.$$
$$\left.+(\xi-1)\cdot\arccos\left(\frac{\xi-1}{\eta}\right)-(\xi+1)\cdot\arccos\left(\frac{\xi+1}{\eta}\right)\right\} \tag{8.145}$$

▶ **Reihe sehr langer Zylinder und unendlich ausgedehnte Platte:**

$$\varphi_{1\,2}=1-\sqrt{1-\left(\frac{D}{L}\right)^2}+\frac{D}{L}\cdot\arctan\left(\sqrt{\left(\frac{L}{D}\right)^2-1}\right) \tag{8.146}$$

▶ **Kugel nahe unendlich ausgedehnter Platte:**

$$\varphi_{1\,2}=\frac{1}{2} \tag{8.147}$$

▶ **Kugel symmetrisch zu Rechteck endlicher Größe:**

$$\xi=\frac{x}{2\,H}; \qquad y=\frac{y}{2\,H}$$

$$\varphi_{1\,2}=\frac{1}{2\,\pi}\left\{\arcsin\left[\frac{2\,\xi^2-(1-\xi^2)\cdot(\xi^2+\eta^2)}{(1+\xi^2)\cdot(\xi^2+\eta^2)}\right]\right.$$
$$\left.+\arcsin\left[\frac{2\,\eta^2-(1-\eta^2)\cdot(\xi^2+\eta^2)}{(1+\eta^2)\cdot(\xi^2+\eta^2)}\right]\right\} \tag{8.148}$$

▶ **Kugel koaxial zu Kreisscheibe:**

$$\xi=\frac{R_2}{H}$$

$$\varphi_{1\,2}=\frac{1}{2}\cdot\left(1-\frac{1}{\sqrt{1+\xi^2}}\right) \tag{8.149}$$

▶ **Konzentrische Kugeln:**

$$\varphi_{1\,2}=1$$

$$\varphi_{2\,1}=\frac{A_1}{A_2}=\frac{4\,\pi\cdot R_1^2}{4\,\pi\cdot R_2^2}=\left(\frac{R_1}{R_2}\right)^2$$

$$\varphi_{2\,2}=1-\varphi_{2\,1}=1-\frac{A_1}{A_2}=1-\left(\frac{R_1}{R_2}\right)^2 \tag{8.150}$$

► **Konzentrische Zylinder endlicher Länge:** Ex

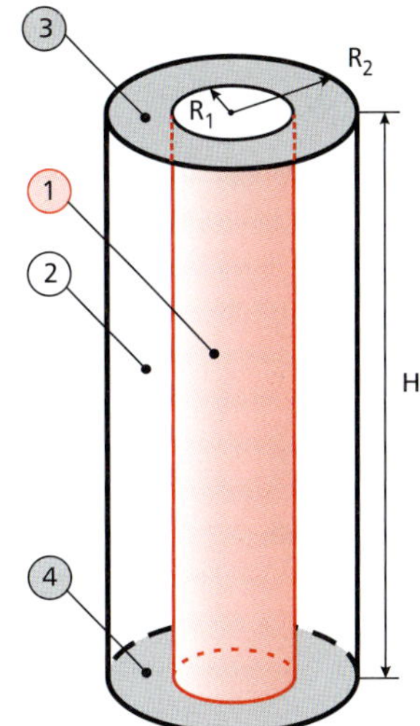

Bild 8.63: *Strahlung zwischen zwei konzentrischen Zylindern endlicher Länge mit Boden- und Deckelfläche.*

$$\xi = \frac{R_2}{R_1}; \qquad \eta = \frac{H}{R_1}$$

$$\alpha = \eta^2 + \xi^2 - 1; \qquad \beta = \eta^2 - \xi^2 + 1$$

$$\varphi_{21} = \frac{1}{\xi} - \frac{1}{\pi\xi} \cdot \left\{ \arccos\left(\frac{\beta}{\alpha}\right) - \frac{1}{2\eta} \cdot \left[\sqrt{(\alpha+2)^2 - 4\xi^2} \cdot \arccos\left(\frac{\beta}{\xi \cdot \alpha}\right) + \beta \cdot \arcsin\left(\frac{1}{\xi}\right) - \frac{\pi\alpha}{2} \right] \right\} \tag{8.151}$$

$$\varphi_{22} = 1 - \frac{1}{\xi} + \frac{2}{\pi\xi} \cdot \arctan\left(\frac{2\sqrt{\xi^2-1}}{\eta}\right) - \frac{\eta}{2\pi\xi} \cdot \left\{ \sqrt{1 + \frac{4\xi^2}{\eta^2}} \cdot \arcsin\left(1 - \frac{2\eta^2}{\xi^2 \cdot (4\xi^2 + \eta^2 - 4)}\right) - \arcsin\left(1 - \frac{2}{\xi^2}\right) + \frac{\pi\left(\sqrt{4\xi^2 + \eta^2} - \eta\right)}{2\eta} \right\} \tag{8.152}$$

$$\varphi_{23} = \varphi_{24} = \frac{1}{2}\left(1 - \varphi_{21} - \varphi_{22}\right) \tag{8.153}$$

► **Reguläres Tetraeder:**

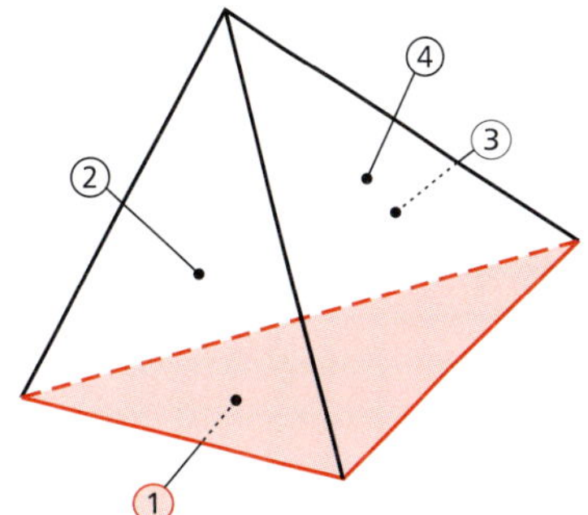

Bild 8.64: *Reguläres Tetraeder.*

$$\varphi_{12} = \varphi_{13} = \varphi_{14} = \frac{1}{3} \tag{8.154}$$

8.1.26 Strahlungsschutzschirme

Der Wärmetransport zwischen zwei Oberflächen infolge von Strahlung kann wesentlich reduziert werden, indem zwischen beide Körper ein dünnes, hochreflektierendes Material als **Strahlungsschutzschirm** eingebracht wird. Im Folgenden werden allgemeingültige Beziehungen für die Anordnung von Strahlungsschutzschirmen abgeleitet.

► **Strahlungsschutzschirm zwischen parallelen Platten:** Betrachtet man zwei große parallele Platten mit der Fläche $A = A_1 = A_2$, den Temperaturen T_1 und T_2 und den Emissionsgraden ε_1 und ε_2, so beträgt der Wärmestrom zwischen den Platten gemäß Gl. (8.76):

$$\dot{Q}_{12} = \dot{Q}_{12,\,\text{ohne Schirm}} = \frac{A \cdot \sigma \cdot \left(T_1^4 - T_2^4\right)}{\dfrac{1}{\varepsilon_1} + \dfrac{1}{\varepsilon_2} - 1} \tag{8.155}$$

Bringt man einen dünnen Strahlungsschutzschirm mit der Fläche $A_3 = A$, Emissionsgrad $\varepsilon_{3,1}$ auf der der Fläche 1 zugewandten Seite und Emissionsgrad $\varepsilon_{3,2}$ auf der der Fläche 2 zugewandten Seite zwischen die Körper 1 und 2, resultiert durch den Schirm ein zusätzlicher Widerstand für den Strahlungswärmetransport.

☞ Je geringer der Emissionsgrad des Strahlungsschutzschirmes, desto größer ist sein Widerstand für Strahlung und desto höher ist die Reduktion des Wärmestroms. In der Tieftemperaturtechnik (Kryogenik) kommen zur Wärmedämmung mehrere Strahlungsschutzschirme hintereinander zur Anwendung.

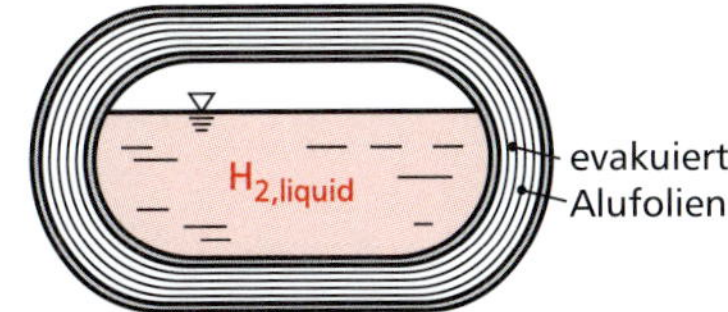

Bild 8.65: *Schnitt durch einen Kfz-Tank für flüssigen Wasserstoff.*

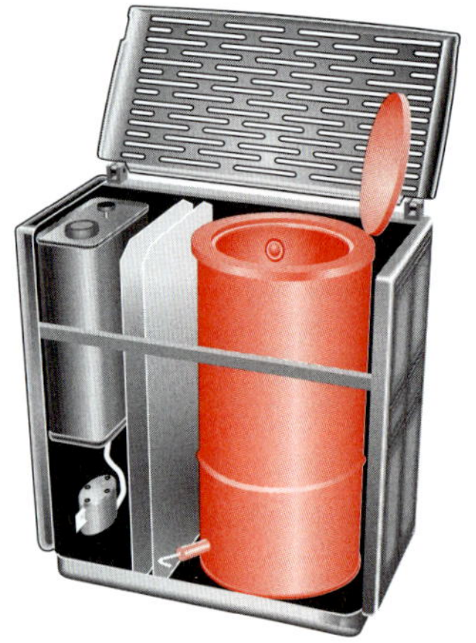

Bild 8.66: *Ölofen mit zwei Strahlungsschutzblechen zwischen heißem Brennertopf (rot, Deckel geöffnet) und kühlem Heizöltank (links).*

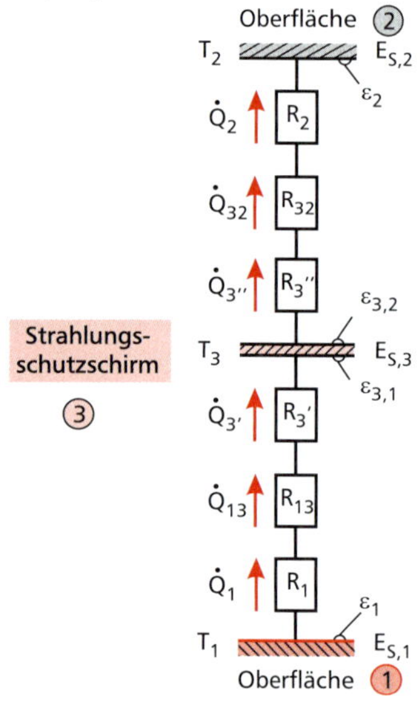

Bild 8.67: *Strahlungsschutzschirm zwischen zwei parallelen Flächen.*

Für den besonderen Fall $\varepsilon_1 = \varepsilon_2 = \varepsilon_{31} = \varepsilon_{32} = \varepsilon$ ist eine Reduzierung des Wärmestroms auf die Hälfte möglich:

$$\frac{\dot{Q}_{12,\,\text{mit Schirm}}}{\dot{Q}_{12,\,\text{ohne Schirm}}} = \frac{\frac{1}{\varepsilon}+\frac{1}{\varepsilon}-1}{\left(\frac{1}{\varepsilon}+\frac{1}{\varepsilon}-1\right)+\left(\frac{1}{\varepsilon}+\frac{1}{\varepsilon}-1\right)} = \frac{\frac{2}{\varepsilon}-1}{2\cdot\left(\frac{2}{\varepsilon}-1\right)} = \frac{1}{2} \tag{8.165}$$

Gemäß Abschnitt 8.1.16 tritt zwischen 2 grauen Oberflächen je ein Oberflächenwiderstand für Strahlung sowie ein Raumwiderstand für Strahlung auf. Die maßgeblichen Widerstände betragen:

$$R_1 = \frac{1-\varepsilon_1}{\varepsilon_1 \cdot A_1} \tag{8.156}$$

$$R_{13} = \frac{1}{A_1 \cdot \varphi_{13}} \tag{8.157}$$

$$R_3' = \frac{1-\varepsilon_{3,1}}{\varepsilon_{3,1} \cdot A_3} \tag{8.158}$$

$$R_3'' = \frac{1-\varepsilon_{3,2}}{\varepsilon_{3,2} \cdot A_3} \tag{8.159}$$

$$R_{32} = \frac{1}{A_3 \cdot \varphi_{32}} \tag{8.160}$$

$$R_2 = \frac{1-\varepsilon_2}{\varepsilon_2 \cdot A_2} \tag{8.161}$$

Laut Bild 8.67 liegen diese Widerstände in Serie und können zu einem resultierenden Gesamtwiderstand zusammengefasst werden:

$$\begin{aligned} R_{\varepsilon,\,\text{ges}} &= R_1 + R_{13} + R_3' + R_3'' + R_{32} + R_2 \\ &= \frac{1-\varepsilon_1}{\varepsilon_1 \cdot A_1} + \frac{1}{A_1 \cdot \varphi_{13}} + \frac{1-\varepsilon_{3,1}}{\varepsilon_{3,1}\cdot A_3} + \frac{1-\varepsilon_{3,2}}{\varepsilon_{3,2}\cdot A_3} + \frac{1}{A_3\cdot\varphi_{32}} + \frac{1-\varepsilon_2}{\varepsilon_2\cdot A_2} \end{aligned} \tag{8.162}$$

Mit $\varphi_{13} = \varphi_{32} = 1$ und $A_1 = A_2 = A_3$ folgt für den Gesamtwiderstand zwischen den Körpern 1 und 2 nach algebraischer Umformung:

$$\begin{aligned} R_{\varepsilon,\,\text{ges}} &= \frac{1}{A} \cdot \left(\frac{1}{\varepsilon_1} + \frac{1}{\varepsilon_{3,1}} + \frac{1}{\varepsilon_{3,2}} + \frac{1}{\varepsilon_2} - 2\right) \\ &= \frac{1}{A} \cdot \left[\left(\frac{1}{\varepsilon_1} + \frac{1}{\varepsilon_2} - 1\right) + \left(\frac{1}{\epsilon_{3,1}} + \frac{1}{\varepsilon_{3,2}} - 1\right)\right] \end{aligned} \tag{8.163}$$

Nach Gl. (8.69) gilt für den Strahlungswärmestrom zwischen den Oberflächen 1 und 2 mit dazwischen liegendem Schirm:

$$\begin{aligned} \dot{Q}_{12,\,\text{mit Schirm}} &= \frac{E_{S,1} - E_{S,2}}{R_{\varepsilon,\,\text{ges}}} = \frac{\sigma \cdot (T_1^4 - T_2^4)}{R_{\varepsilon,\,\text{ges}}} \\ &= \frac{A \cdot \sigma \cdot (T_1^4 - T_2^4)}{\left(\frac{1}{\varepsilon_1} + \frac{1}{\varepsilon_2} - 1\right) + \left(\frac{1}{\varepsilon_{3,1}} + \frac{1}{\varepsilon_{3,2}} - 1\right)} \end{aligned} \tag{8.164}$$

Setzt man die Gln. (8.164) und (8.155) zueinander ins Verhältnis, folgt für die relative Reduktion des Wärmestroms durch den Strahlungsschutzschirm:

$$\frac{\dot{Q}_{12,\,\text{mit Schirm}}}{\dot{Q}_{12,\,\text{ohne Schirm}}} = \frac{\frac{1}{\varepsilon_1} + \frac{1}{\varepsilon_2} - 1}{\left(\frac{1}{\varepsilon_1} + \frac{1}{\varepsilon_2} - 1\right) + \left(\frac{1}{\varepsilon_{3,1}} + \frac{1}{\varepsilon_{3,2}} - 1\right)} \tag{8.166}$$

Die **Temperatur des Strahlungsschutzschirmes** T_3 lässt sich aus der Gleichheit der Wärmeströme zwischen Körper 1 und Schirm $\dot{Q}_{1\,3}$ und zwischen Schirm und Körper 2 $\dot{Q}_{3\,2}$ berechnen:

$$\dot{Q}_{1\,3} = \dot{Q}_{3\,2} \quad \Rightarrow \quad \frac{\sigma \cdot \left(T_1^4 - T_3^4\right)}{R_{\varepsilon,\,1\,3}} = \frac{\sigma \cdot \left(T_3^4 - T_2^4\right)}{R_{\varepsilon,\,3\,2}} \quad \Rightarrow$$

$$\frac{\sigma \cdot \left(T_1^4 - T_3^4\right)}{R_1 + R_{1\,3} + R_3'} = \frac{\sigma \cdot \left(T_3^4 - T_2^4\right)}{R_3'' + R_{3\,2} + R_2} \quad \Rightarrow$$

$$T_3 = \sqrt[4]{\frac{T_1^4 \cdot \left(R_3'' + R_{3\,2} + R_2\right) + T_2^4 \cdot \left(R_1 + R_{1\,3} + R_3'\right)}{R_1 + R_{1\,3} + R_3' + R_3'' + R_{3\,2} + R_2}} \tag{8.167}$$

Die jeweiligen Widerstände für Strahlung folgen dabei aus den Gln. (8.156)–(8.161).

► **Mehrere Strahlungsschutzschirme zwischen parallelen Platten:**
Für den allgemeinen Fall von n Strahlungsschutzschirmen zwischen zwei ebenen Platten ergibt sich in analoger Weise:

$$\dot{Q}_{1\,2,\,\text{mit n Schirmen}} = \frac{A \cdot \sigma \cdot \left(T_1^4 - T_2^4\right)}{\left(\frac{1}{\varepsilon_1} + \frac{1}{\varepsilon_2} - 1\right) + \left(\frac{1}{\varepsilon_{3,1}} + \frac{1}{\varepsilon_{3,2}} - 1\right) + \ldots + \left(\frac{1}{\varepsilon_{n,1}} + \frac{1}{\varepsilon_{n,2}} - 1\right)} \tag{8.168}$$

Die relative Reduktion des Wärmestroms mit n Strahlungsschutzschirmen beträgt:

$$\frac{\dot{Q}_{1\,2,\,\text{mit n Schirmen}}}{\dot{Q}_{1\,2,\,\text{ohne Schirm}}} = \frac{\frac{1}{\varepsilon_1} + \frac{1}{\varepsilon_2} - 1}{\left(\frac{1}{\varepsilon_1} + \frac{1}{\varepsilon_2} - 1\right) + \left(\frac{1}{\varepsilon_{3,1}} + \frac{1}{\varepsilon_{3,2}} - 1\right) + \ldots + \left(\frac{1}{\varepsilon_{n,1}} + \frac{1}{\varepsilon_{n,2}} - 1\right)} \tag{8.169}$$

Für den Sonderfall $\varepsilon_1 = \varepsilon_2 = \varepsilon_{31} = \varepsilon_{3\,2} = \ldots = \varepsilon_{n2} = \varepsilon$ ergibt sich:

$$\frac{\dot{Q}_{1\,2,\,\text{mit n Schirmen}}}{\dot{Q}_{1\,2,\,\text{ohne Schirm}}} = \frac{1}{n+1} \tag{8.170}$$

► **Strahlungsschutzschirme zwischen Zylinderschalen:**
Im Unterschied zum ebenen Fall sind die Flächen der Strahlungsschutzschirme nicht konstant. Für den Fall, dass n Strahlungsschutzschirme mit dem Emissionsgrad ε_{S} und der Fläche $A_{\text{S,\,i}}$ $(i = 1, \ldots, n)$ zwischen zwei zylindrischen Körpern mit den Flächen A_1 und A_2 und den Temperaturen T_1 und T_2 angeordnet sind, folgt für den durch die Schirme reduzierten Wärmestrom:

$$\dot{Q}_{1\,2,\,\text{mit n Schirmen}} = \frac{A_1 \cdot \sigma \cdot \left(T_1^4 - T_2^4\right)}{\frac{1}{\varepsilon_1} + \frac{A_1}{A_2} \cdot \left(\frac{1}{\varepsilon_2} - 1\right) + \left(\frac{2}{\varepsilon_{\text{S}}} - 1\right) \cdot \sum_{i=1}^{n} \frac{A_1}{A_{\text{S,\,i}}}} \tag{8.171}$$

► **Strahlungsschutzschirme zwischen Kugelschalen:**
Gl. (8.171) ist auch anwendbar, wenn n Strahlungsschutzschirme mit dem Emissionsgrad ε_{S} und der Fläche $A_{\text{S,\,i}}$ $(i = 1, \ldots, n)$ zwischen zwei sphärischen Körpern mit den Flächen A_1 und A_2 und den Temperaturen T_1 und T_2 angeordnet sind. Für die Oberfläche der jeweiligen Sphäre i ist dann $A_{\text{i}} = 4\,\pi \cdot R_{\text{i}}^2$ einzusetzen.

8.2 Beispiele

▶ Beispiel 8.1:

Das Autodach von Hubert Holzmann strahlt mit der Temperatur ϑ_D und dem Emissionsgrad $\varepsilon = 0{,}9$ in den klaren kalten Nachthimmel der Temperatur $\vartheta_H = -30$ °C ab. Der Wärmeübergangskoeffizient zwischen Autodach und Umgebungsluft ($\vartheta_\infty = 5$ °C) infolge von Konvektion beträgt $\alpha_K = 12$ W/(m² K).

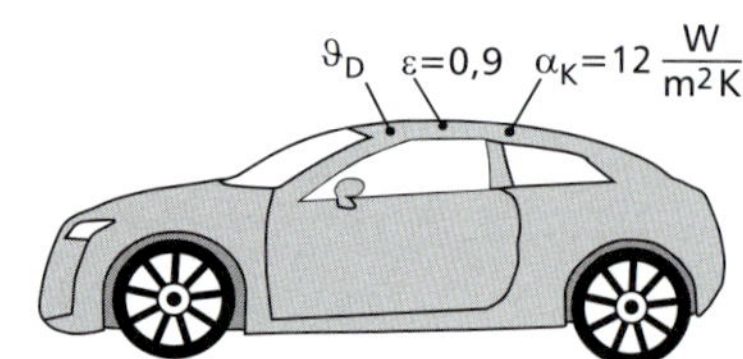

Bild 8.68: *Himmelsabstrahlung eines Autodachs.*

Bekannte Größen:

▷ Autodach:
Emissionsgrad: $\varepsilon = 0{,}9$

▷ Nachthimmel:
Temperatur: $\vartheta_H = -30$ °C

▷ Umgebungsluft:
Temperatur: $\vartheta_\infty = 5$ °C
konvektiver Wärmeübergangskoeffizient: $\alpha_K = 12$ W/(m² K)

Gesuchte Größen:

Temperatur Autodach: ϑ_D
Prüfung, ob Reifbildung auftritt
Wärmeübergangskoeffizient für Strahlung: α_{Str}
Wärmestromdichte Autodach: $\dot{q}_D$

☞ Alternativ kann die Bilanz auch mit den Wärmeströmen $\dot{Q}_\alpha$ und $\dot{Q}_\varepsilon$ formuliert werden. Die unbekannte Fläche des Autodachs A_D kürzt sich dann heraus.

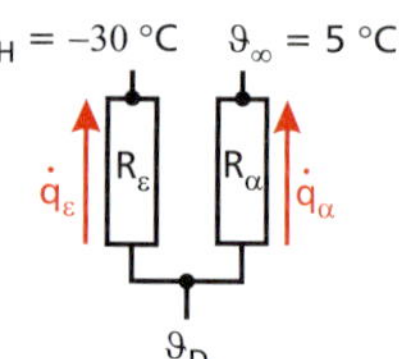

Bild 8.69: *Thermisches Schaltbild des Autodachs.*

(a) Bilanzieren Sie die maßgeblichen Wärmeströme am Autodach unter Vernachlässigung von Speichereffekten und eines Wärmeflusses ins Innere des Autos.

(b) Berechnen Sie die Temperatur des Autodachs ϑ_D ausgehend vom Startwert $\vartheta_{D0} = \vartheta_\infty$.

(c) Prüfen Sie, ob sich auf dem Autodach Reif bildet.

(d) Wie hoch ist der Wärmeübergangskoeffizient α_{Str} für Strahlung?

(e) Berechnen Sie den spezifischen Wärmeverlust $\dot{q}_D$ des Autodachs.

Lösung:

(a) Energiebilanz am Autodach:

Da Speichereffekte vernachlässigt werden können, ist eine stationäre Energiebilanz aufzustellen. Das Autodach strahlt in den kalten Nachthimmel ab. Gleichzeitig tritt ein konvektiver Wärmestrom zur Umgebungsluft auf. Da die wärmeübertragende Fläche für beide Transportmechanismen gleich groß sind, kann anstelle von Wärmeströmen mit Wärmestromdichten gearbeitet werden:

$$\frac{\partial u_D}{\partial t} = 0 = -\dot{q}_\alpha - \dot{q}_\varepsilon \tag{8.172}$$

Für den in der Energiebilanz (8.172) vom Dach zur Umgebungsluft angesetzten spezifischen konvektiven Wärmestrom $\dot{q}_\alpha$ folgt mit dem Newton'schen Abkühlungsgesetz (1.13):

$$\dot{q}_\alpha = \alpha_K \cdot (\vartheta_D - \vartheta_\infty) \tag{8.173}$$

Für den spezifischen Strahlungswärmestrom $\dot{q}_\varepsilon$ gilt das Stefan-Boltzmann'sche Gesetz (8.70) entsprechend:

$$\dot{q}_\varepsilon = \sigma_{1\,2} \cdot (T_D^4 - T_H^4) \tag{8.174}$$

Die absoluten Temperaturen betragen:

$$T_D = \vartheta_D + T_0 \tag{8.175}$$

$$T_H = \vartheta_H + T_0 = -30\ \text{°C} + 273{,}15\ \text{K} = 243{,}15\ \text{K} \tag{8.176}$$

Das Autodach kann als kleiner Körper betrachtet werden, der gegen den sehr großen Himmel strahlt. Aufgrund der waagrechten Lage steht das Autodach nur mit dem Himmel im Strahlungsaustausch, d. h. $\varphi_{D\to H} = 1$.

Daher kann die Strahlungskonstante der Anordnung $\sigma_{1\,2}$ aus Gl. (8.74) berechnet werden:

$$\sigma_{1\,2} = \varepsilon \cdot \sigma = 0{,}9 \cdot 5{,}67 \cdot 10^{-8}\ \text{W/(m}^2\,\text{K}^4) = 5{,}10 \cdot 10^{-8}\ \text{W/(m}^2\,\text{K}^4) \tag{8.177}$$

Durch Einsetzen in die Energiebilanz (8.172) erhält man:

$$0=\alpha_K\cdot(\vartheta_D-\vartheta_\infty)+\sigma_{1\,2}\cdot\left[(\vartheta_D+T_0)^4-T_H^4\right] \qquad (8.178)$$

(b) Berechnung der Temperatur des Autodachs:

Gl. (8.178) ist eine nichtlineare Gleichung, aus der die gesuchte Dachtemperatur nur iterativ berechnet werden kann. Ein geeignetes Lösungsverfahren ist beispielsweise das Newton-Verfahren. Dazu ist Gl. (8.178) als Funktion $f(\vartheta_D)$ zu interpretieren, deren Nullstelle gesucht wird:

$$f(\vartheta_D)=\alpha_K\cdot(\vartheta_D-\vartheta_\infty)+\sigma_{1\,2}\cdot\left[(\vartheta_D+T_0)^4-T_H^4\right] \qquad (8.179)$$

$$f'(\vartheta_D)=\frac{\mathrm{d}f}{\mathrm{d}\vartheta_D}=\alpha_K+4\,\sigma_{1\,2}\cdot(\vartheta_D+T_0)^3 \qquad (8.180)$$

Die Iterationsvorschrift für das Newton-Verfahren lautet:

$$\vartheta_{D,n}=\vartheta_{D,n-1}-\frac{f(\vartheta_{D,n-1})}{f'(\vartheta_{D,n-1})} \qquad n=1{,}2{,}3\ldots \qquad (8.181)$$

Das Newton-Verfahren konvergiert bereits nach wenigen Iterationsschritten:

$$\vartheta_{D,1}=-2{,}749\ ^\circ\mathrm{C}$$
$$\vartheta_{D,2}=-2{,}836\ ^\circ\mathrm{C} \qquad (8.182)$$

(c) Überprüfung der Reifbildung:

Da sich das Autodach unter $0\ ^\circ$C abkühlt, tritt Reifbildung auf.

(d) Wärmeübergangskoeffizient für Strahlung:

Gemäß Gl. (8.94) beträgt der Wärmeübergangskoeffizient für Strahlung mit $T_D=270{,}314$ K:

$$\alpha_{Str}=\sigma_{1\,2}\cdot(T_D+T_H)\cdot(T_D^2+T_H^2)=3{,}46\ \mathrm{W/(m^2\,K)} \qquad (8.183)$$

(e) Wärmestromdichte des Autodachs:

Die Wärmestromdichte des Autodachs erhält man aus Gl. (8.173):

$$\dot{q}_\alpha=\alpha_K\cdot(\vartheta_D-\vartheta_\infty)=-94{,}03\ \mathrm{W/m^2} \qquad (8.184)$$

Aus Gl. (8.174) folgt derselbe Wert nur mit anderem Vorzeichen:

$$\dot{q}_\varepsilon=\sigma_{1\,2}\cdot(T_D^4-T_H^4)=94{,}03\ \mathrm{W/m^2} \qquad (8.185)$$

Dies ist auch plausibel, da beide Wärmeströme gegenläufige Richtungen besitzen. $\dot{q}_\alpha$ wurde in der Energiebilanz (8.172) entsprechend der Skizze vom Dach zur Luft angesetzt. Da das Dach allerdings kälter ist als die Umgebungsluft, fließt der Wärmestrom von der Luft zum Dach. Der spezifische Netto-Strahlungswärmestrom hat dagegen ein positives Vorzeichen, da er vom Dach zum Himmel fließt. ◄

Zusammenfassung und Ausblick:

- Energiebilanzen mit Strahlungswärmeströmen führen auf nichtlineare Gleichungen, die iterativ gelöst werden müssen.
- Eine Linearisierung des Strahlungswärmestroms sowie die Berechnung eines Wärmeübergangskoeffizienten für Strahlung ist im vorliegenden Fall nicht möglich, da sich Himmels- und Umgebungslufttemperatur zahlenwertmäßig stark unterscheiden.
- Der Wärmefluss infolge von Konvektion und infolge von Strahlung sind daher separat zu erfassen.

► Beispiel 8.2:

In der Lagerhalle von Sigi Stapler zeigt ein Thermometer ($\varepsilon=0{,}87$) ohne Strahlungsschutz eine Temperatur von $\vartheta_T=12\ ^\circ$C an. Die Temperatur der Umschließungsflächen beträgt $\vartheta_H=10\ ^\circ$C, der Wärmeübergangskoeffizient zwischen Thermometer und Luft $\alpha=3{,}7\ \mathrm{W/(m^2\,K)}$.

(a) Wie hoch ist die tatsächliche Lufttemperatur ϑ_L in der Halle?

(b) Welche Temperatur ϑ_T^* zeigt das Thermometer an, wenn der Glaskolben ($D_T=6$ mm) mit einem dünnen Röllchen Aluminiumfolie ($\varepsilon_F=0{,}05$, $D_F=12$ mm, $L_T=L_F\gg D_F$) strahlungsgeschützt wird?

Bekannte Größen:

▷ Lagerhalle:

Temperatur:	$\vartheta_H=10\ ^\circ$C

▷ Thermometer:

Emissionsgrad:	$\varepsilon=0{,}87$
Temperatur:	$\vartheta_T=12\ ^\circ$C
Durchmesser:	$D_T=6$ mm
konvektiver Wärmeübergangskoeffizient:	$\alpha=3{,}7\ \mathrm{W/(m^2\,K)}$

▷ Aluminiumfolie:

Durchmesser:	$D_F=12$ mm
Emissionsgrad:	$\varepsilon_F=0{,}05$

Gesuchte Größen:

Lufttemperatur:	ϑ_L
Thermometertemperatur:	ϑ_T^*

In Gl. (8.186) bezeichnet $u_\mathrm{T} = \dfrac{U_\mathrm{T}}{A_\mathrm{O}}$ die auf die Thermometeroberfläche A_O bezogene innere Energie.

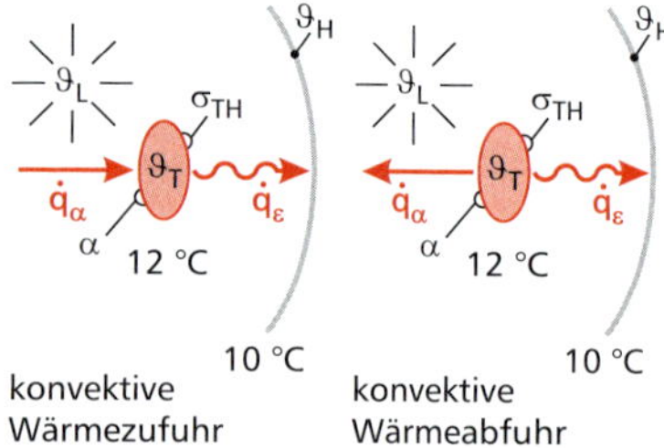

Bild 8.70: *Unterschiedliche Richtung der konvektiven Wärmestromdichtepfeile.*

Da das Thermometer gegenüber den Umschließungsflächen eine höhere Temperatur anzeigt, muss die Hallenluft wärmer sein als das Thermometer. Dies wird bei der Richtung der konvektiven Wärmestromdichte berücksichtigt, die in Gl. (8.186) als Zufluss wirkt (Bild 8.70 links). Wird alternativ ein konvektiver Wärmeabfluss betrachtet (Bild 8.70 rechts), folgt die in Gl. (8.187) notierte Bilanz, die nach Ausmultiplizieren zum selben Ergebnis führt wie Gl. (8.186):

$$\frac{\partial u_\mathrm{T}}{\partial t} = 0 = -\dot{q}_\alpha - \dot{q}_\varepsilon \quad (8.187)$$
$$\Rightarrow \quad -\alpha \cdot (\vartheta_\mathrm{T} - \vartheta_\mathrm{L}) - \sigma_{\mathrm{T\,H}} \cdot \left(T_\mathrm{T}^4 - T_\mathrm{H}^4\right) = 0$$

Hinweise zur Vorzeichenwahl geben die Randspalten auf der zweiten vorderen Umschlagseite und S. 30, Ziffer 6.

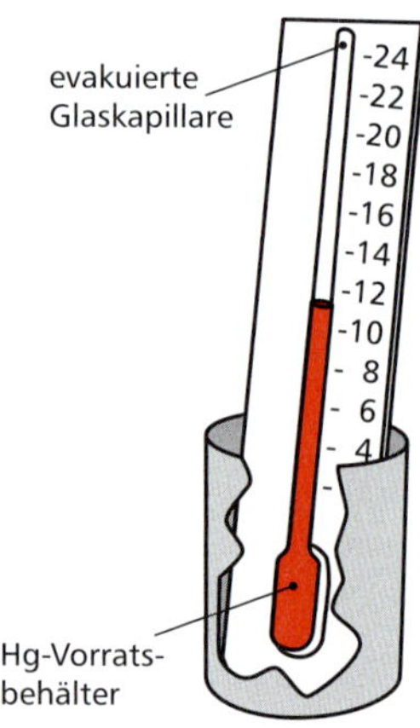

Bild 8.71: *Prinzip eines strahlungsgeschützten Quecksilberthermometers: Das sich bei Erwärmung ausdehnende Quecksilber steigt in der Kapillaren hoch. Der zylindrische Aluschirm (aufgebrochen) schützt den Vorratsbehälter (Hauptvolumen) vor Strahlung.*

Lösung:

(a) Lufttemperatur in der Halle:

Aus einer stationären Energiebilanz am Thermometer folgt die Gleichheit des konvektiv von der Hallenluft dem Thermometer zugeführten Wärmestroms $\dot{q}_\alpha$ und des Netto-Strahlungswärmestroms $\dot{q}_\varepsilon$ an die Umschließungsflächen der Halle. Wegen der gleichbleibenden Fläche werden spezifische Wärmeströme verwendet. Die konvektiv übertragene Wärmestromdichte folgt aus dem Newton'schen Abkühlungsgesetz (1.13), der spezifische Strahlungswärmestrom aus dem Stefan-Boltzmann'schen Strahlungsgesetz (8.70):

$$\frac{\partial u_\mathrm{T}}{\partial t} = 0 = \dot{q}_\alpha - \dot{q}_\varepsilon \quad \Rightarrow \quad \alpha \cdot (\vartheta_\mathrm{L} - \vartheta_\mathrm{T}) - \sigma_{\mathrm{T\,H}} \cdot (T_\mathrm{T}^4 - T_\mathrm{H}^4) = 0 \quad (8.186)$$

Das Thermometer ist ein kleiner Körper in der sehr großen Halle, daher gilt Gl. (8.74) für die Strahlungskonstante der Anordnung $\sigma_{\mathrm{T\,H}}$:

$$\sigma_{\mathrm{T\,H}} = \varepsilon \cdot \sigma = 0{,}87 \cdot 5{,}67 \cdot 10^{-8}\ \mathrm{W/(m^2\,K^4)} = 4{,}93 \cdot 10^{-8}\ \mathrm{W/(m^2\,K^4)} \quad (8.188)$$

Für die absolute Temperatur des Thermometers und der Umschließungsflächen der Halle gilt:

$$T_\mathrm{T} = \vartheta_\mathrm{T} + T_0 = 12\ ^\circ\mathrm{C} + 273{,}15\ \mathrm{K} = 285{,}15\ \mathrm{K} \quad (8.189)$$
$$T_\mathrm{H} = \vartheta_\mathrm{H} + T_0 = 10\ ^\circ\mathrm{C} + 273{,}15\ \mathrm{K} = 283{,}15\ \mathrm{K} \quad (8.190)$$

Die Energiebilanz am Thermometer (8.188) kann direkt nach der gesuchten Hallenlufttemperatur aufgelöst werden:

$$\vartheta_\mathrm{L} = \vartheta_\mathrm{T} + \frac{\sigma_{\mathrm{T\,H}}}{\alpha} \cdot (T_\mathrm{T}^4 - T_\mathrm{H}^4) = 14{,}45\ ^\circ\mathrm{C} \quad (8.191)$$

(b) Thermometertemperatur mit Aluminiummantel:

Der Strahlungsaustausch zwischen dem Glaskolben des Thermometers und den Hallenumschließungsflächen wird durch den als Strahlungsschutzschirm wirkenden Mantel aus Aluminiumfolie vermindert. Es ist jeweils eine stationäre Energiebilanz am Thermometer (T) und am Aluminiummantel (F) zu formulieren. Für das Thermometer erhält man:

$$\frac{\partial u_\mathrm{T}^*}{\partial t} = 0 = \dot{q}_{\alpha,\mathrm{T}} - \dot{q}_{\varepsilon,\mathrm{T}} \quad \Rightarrow \quad \alpha \cdot (\vartheta_\mathrm{L} - \vartheta_\mathrm{T}^*) - \sigma_{\mathrm{T\,F}} \cdot \left(T_\mathrm{T}^{*4} - T_\mathrm{F}^4\right) = 0 \quad (8.192)$$

Am Aluminiummantel tritt der konvektive Wärmeübergang nun an beiden Seiten auf, so dass der Faktor 2 zu berücksichtigen ist. Ferner besitzt der Glaskolben des Thermometers eine andere wärmeabgebende Oberfläche als der Aluminiummantel:

$$A_\mathrm{T} = D_\mathrm{T} \cdot \pi \cdot L_\mathrm{T} \quad (8.193)$$
$$A_\mathrm{F} = D_\mathrm{F} \cdot \pi \cdot L_\mathrm{F} \quad (8.194)$$

Die Energiebilanz am Strahlungsschutzschirm ist daher mit Wärmeströmen und nicht mit Wärmestromdichten zu formulieren:

$$\frac{\partial U_\mathrm{F}}{\partial t} = 0 = \dot{Q}_{\alpha,\mathrm{F}} + \dot{Q}_{\varepsilon,\mathrm{T}} - \dot{Q}_{\varepsilon,\mathrm{H}} \quad \Rightarrow$$
$$2\,\alpha \cdot A_\mathrm{F} \cdot (\vartheta_\mathrm{L} - \vartheta_\mathrm{F}) + \sigma_{\mathrm{T\,F}} \cdot A_\mathrm{T} \cdot \left(T_\mathrm{T}^{*4} - T_\mathrm{F}^4\right) - \sigma_{\mathrm{F\,H}} \cdot A_\mathrm{F} \cdot \left(T_\mathrm{F}^4 - T_\mathrm{H}^4\right) = 0 \quad (8.195)$$

Division durch A_T und Kürzen durch $L_\mathrm{T} = L_\mathrm{F} = L$ liefert:

$$2\,\alpha \cdot \frac{D_\mathrm{F}}{D_\mathrm{T}} \cdot (\vartheta_\mathrm{L} - \vartheta_\mathrm{F}) + \sigma_{\mathrm{T\,F}} \cdot \left(T_\mathrm{T}^{*4} - T_\mathrm{F}^4\right) - \sigma_{\mathrm{F\,H}} \cdot \frac{D_\mathrm{F}}{D_\mathrm{T}} \cdot \left(T_\mathrm{F}^4 - T_\mathrm{H}^4\right) = 0 \quad (8.196)$$

Die Gln. (8.192) und (8.196) stellen ein nichtlineares Gleichungssystem für die unbekannten Temperaturen ϑ_T^* und ϑ_F dar. Als Lösungsmethode kann auch hier das Newton'sche Iterationsverfahren, allerdings in mehrdimensionaler Form, verwendet werden.

Im vorliegenden Fall besteht der Lösungsvektor $\vec{x}$ aus den beiden Komponenten $x_1 = \vartheta_T^*$ und $x_2 = \vartheta_F$. Die Ordnung des nichtlinearen Gleichungssystems ist $n=2$. Der Funktionsvektor $\vec{f}(\vec{x})$ besteht aus den Gln. (8.192) und (8.196). Die Jacobi-Matrix ist eine (2×2)-Matrix:

$$\mathbf{J}(\vec{x}) = \begin{bmatrix} \dfrac{\partial f_1}{\partial \vartheta_T^*} & \dfrac{\partial f_1}{\partial \vartheta_F} \\ \dfrac{\partial f_2}{\partial \vartheta_T^*} & \dfrac{\partial f_2}{\partial \vartheta_F} \end{bmatrix} \tag{8.201}$$

Für die inverse Jacobi-Matrix gilt:

$$\mathbf{J}(\vec{x})^{-1} = \frac{1}{\dfrac{\partial f_1}{\partial \vartheta_T^*} \cdot \dfrac{\partial f_2}{\partial \vartheta_F} - \dfrac{\partial f_1}{\partial \vartheta_F} \cdot \dfrac{\partial f_2}{\partial \vartheta_T^*}} \cdot \begin{bmatrix} \dfrac{\partial f_1}{\partial \vartheta_T^*} & \dfrac{\partial f_2}{\partial \vartheta_T^*} \\ \dfrac{\partial f_1}{\partial \vartheta_F} & \dfrac{\partial f_2}{\partial \vartheta_F} \end{bmatrix} \tag{8.202}$$

Die partiellen Ableitungen erhält man durch Differenziation der Gln. (8.192) und (8.196):

$$\frac{\partial f_1}{\partial \vartheta_T^*} = -\alpha - 4\,\sigma_{TF} \cdot (\vartheta_T^* + T_0)^3 \tag{8.203}$$

$$\frac{\partial f_1}{\partial \vartheta_F} = 4\,\sigma_{TF} \cdot (\vartheta_F + T_0)^3 \tag{8.204}$$

$$\frac{\partial f_2}{\partial \vartheta_T^*} = 4\,\sigma_{TF} \cdot (\vartheta_T^* + T_0)^3 \tag{8.205}$$

$$\frac{\partial f_2}{\partial \vartheta_F} = -4\,\sigma_{TF} \cdot (\vartheta_F + T_0)^3 - 2\,\alpha \cdot \frac{D_F}{D_T} - 4\,\sigma_{FH} \cdot \frac{D_F}{D_T} \cdot (\vartheta_F + T_0)^3 \tag{8.206}$$

Als Startvektor für die Iteration kann z. B. der Mittelwert zwischen Hallenluft- und Umschließungsflächentemperatur gewählt werden:

$$\vec{x}^{(0)} = \begin{bmatrix} \dfrac{\vartheta_L + \vartheta_H}{2} \\ \dfrac{\vartheta_L + \vartheta_H}{2} \end{bmatrix} = \begin{bmatrix} 12{,}22 \\ 12{,}22 \end{bmatrix} \,°\mathrm{C} \tag{8.207}$$

Die Iteration konvergiert sehr gut. Bereits im ersten Iterationsschritt erhält man das Ergebnis:

$$\vec{x}^{(1)} = \begin{bmatrix} 14{,}43 \\ 14{,}30 \end{bmatrix} \,°\mathrm{C} \tag{8.208}$$

Damit wird die Lufttemperatur mit $\vartheta_T^* = 14{,}43$ °C praktisch richtig angezeigt. Hätte man anstelle der Aluminiumfolie normales Papier ($\varepsilon_P = 0{,}89$) verwendet, hätte man eine um fast 1 K niedrigere Temperatur von $\vartheta_T^{**} = 13{,}59$ °C gemessen. Bei Vernachlässigung der Konvektion an der Aluminiumfolie lässt sich die Temperatur ϑ_F des Aluminiummantels eliminieren, so dass man eine nichtlineare Gleichung für die Thermometertemperatur erhält, die ebenfalls mittels Newton-Verfahren lösbar ist. Im Ergebnis erhält man $\vartheta_T^{**} = 14{,}16$ °C.

◄

Ein nichtlineares Gleichungssystem für die Variablen $x_1, x_2, \ldots, x_n$ lässt sich allgemein in impliziter Form schreiben als:

$$\begin{aligned} f_1(x_1, x_2, \ldots, x_n) &= 0 \\ f_2(x_1, x_2, \ldots, x_n) &= 0 \\ \vdots \quad & \quad \vdots \\ f_n(x_1, x_2, \ldots, x_n) &= 0 \end{aligned} \tag{8.197}$$

In vektorieller Form erhält man mit dem n-dimensionalen Lösungsvektor $\vec{x} = (x_1, x_2, \ldots, x_n)^T$:

$$\vec{f}(\vec{x}) = \vec{0} \tag{8.198}$$

Mit der Jacobi-Matrix (Funktionalmatrix) $\mathbf{J}(\vec{x})$

$$\mathbf{J}(\vec{x}) = \begin{bmatrix} \dfrac{\partial f_1}{\partial x_1} & \dfrac{\partial f_1}{\partial x_2} & \cdots & \dfrac{\partial f_1}{\partial x_n} \\ \dfrac{\partial f_2}{\partial x_1} & \dfrac{\partial f_2}{\partial x_2} & \cdots & \dfrac{\partial f_2}{\partial x_n} \\ \vdots & \vdots & \vdots & \vdots \\ \dfrac{\partial f_n}{\partial x_1} & \dfrac{\partial f_n}{\partial x_2} & \cdots & \dfrac{\partial f_n}{\partial x_n} \end{bmatrix} \tag{8.199}$$

lautet die Vorschrift für den $(r+1)$-ten Iterationsschritt:

$$\vec{x}^{(r+1)} = \vec{x}^{(r)} - \mathbf{J}\left(\vec{x}^{(r)}\right)^{-1} \cdot \vec{f}\left(\vec{x}^{(r)}\right) \tag{8.200}$$

Dabei bezeichnet $\mathbf{J}\left(\vec{x}^{(r)}\right)^{-1}$ die inverse Jacobi-Matrix beim (r)-ten Iterationsschritt. Ausgehend von einem Startvektor $\vec{x}^{(0)}$ kann man eine verbesserte Lösung $\vec{x}^{(1)}$ berechnen, daraus nochmals eine verbesserte Lösung $\vec{x}^{(2)}$ u.s.w.

Zusammenfassung und Ausblick:

- Das beschriebene mehrdimensionale Newton-Verfahren kann zur Lösung nichtlinearer Gleichungssysteme verwendet werden.
- Bei Vernachlässigung der Konvektion lässt sich die Temperatur eines Strahlungsschutzschirmes aus den Energiebilanzen eliminieren.
- Um den Messfehler (Thermometerfehler zweiter Art) klein zu halten, sollte die Thermometeroberfläche einen geringen Emissionsgrad aufweisen. Hochwertige Glasthermometer sind daher verspiegelt.
- Andererseits sollte ein möglichst guter Wärmeübergang zwischen Thermometer und Fluid angestrebt werden.

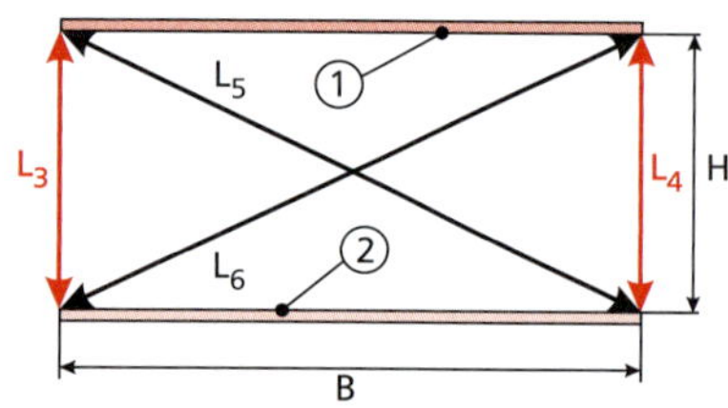

Bild 8.72: *Plattenkonfiguration mit gekreuzten (schwarz) und ungekreuzten Fäden (rot).*

Bekannte Größen:

Breite:	B
Höhe:	H
Länge:	$L \to \infty$

Gesuchte Größen:

Einstrahlzahl:	φ_{12}

Zusammenfassung und Ausblick:

- Einstrahlzahlen von zweidimensionalen Konfigurationen lassen sich vielfach sehr bequem mit der Methode der gekreuzten Fäden ohne Lösung komplexer Integrale berechnen.

► Beispiel 8.3:

Für zwei sehr lange parallele Platten 1 und 2 mit der Breite B und dem Abstand H gemäß Bild 8.72 soll die Einstrahlzahl φ_{12} mithilfe der Methode der gekreuzten Fäden bestimmt werden.

Lösung:

Die benötigten Fäden sind in Bild 8.72 eingezeichnet. Die Längen L_1 und $L_3 \div L_6$ berechnen sich aus den bekannten Maßen wie folgt:

$$L_1 = B \tag{8.209}$$

$$L_3 = L_4 = H \tag{8.210}$$

$$L_5 = L_6 = \sqrt{B^2 + H^2} \tag{8.211}$$

Aus Gl. (8.130) erhält man in Übereinstimmung mit Gl. (8.136):

$$\varphi_{12} = \frac{\sum\limits_{g} \text{gekreuzte Fäden} - \sum\limits_{u} \text{ungekreuzte Fäden}}{2 \cdot \text{Fäden auf der Fläche 1}}$$

$$= \frac{(L_5 + L_6) - (L_3 + L_4)}{2 \cdot L_1} = \frac{\left(\sqrt{B^2 + H^2} + \sqrt{B^2 + H^2}\right) - (H + H)}{2 \cdot B}$$

$$= \frac{2\sqrt{B^2 + H^2} - 2\,H}{2 \cdot B} = \frac{\sqrt{B^2 + H^2} - H}{B} = \frac{B \cdot \sqrt{1 + \left(\frac{H}{B}\right)^2} - H}{B}$$

$$= \sqrt{1 + \left(\frac{H}{B}\right)^2} - \frac{H}{B} \tag{8.212}$$

◄

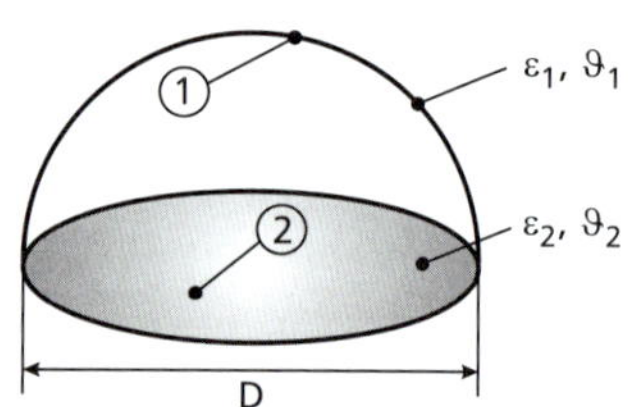

Bild 8.73: *Geometrie des Brennofens.*

Bekannte Größen:

▷ Abdeckung ①:

Emissionsgrad:	$\varepsilon_1 = 0{,}6$
Temperatur:	$\vartheta_1 = 120\ °\mathrm{C}$

▷ Boden ②:

Emissionsgrad:	$\varepsilon_2 = 0{,}8$
Temperatur:	$\vartheta_2 = 900\ °\mathrm{C}$
Durchmesser:	$D = 2\ \mathrm{m}$

Gesuchte Größen:

Einstrahlzahlen:	$\varphi_{12}, \varphi_{21}$
Helligkeiten:	J_1, J_2
Wärmestrom:	$\dot{Q}_{21}$

► Beispiel 8.4:

Ingenieur Bernie Bastscho soll einen industriellen Brennofen bestehend aus einer halbkugelförmigen Abdeckung ① und einem kreisförmigen Boden ② mit einem Durchmesser von $D = 2$ m bemessen (vgl. Bild 8.73). Die Abdeckung weist den Emissionsgrad $\varepsilon_1 = 0{,}6$ und die Temperatur $\vartheta_1 = 120\ °\mathrm{C}$ auf. Der Boden besitzt den Emissionsgrad $\varepsilon_2 = 0{,}8$ und die Temperatur $\vartheta_2 = 900\ °\mathrm{C}$.

(a) Zeichnen Sie ein geeignetes Schaltbild, aus dem alle wirksamen thermischen Widerstände zwischen Abdeckung und Boden hervorgehen und bezeichnen Sie die maßgeblichen Kenngrößen geeignet.

Hinweis: Wärmetransportvorgänge außerhalb des Ofens bleiben unberücksichtigt.

(b) Berechnen Sie die Einstrahlzahl φ_{21} zwischen Boden und Abdeckung sowie die Einstrahlzahl φ_{12} zwischen Abdeckung und Boden.

(c) Leiten Sie anhand des thermischen Schaltbilds zwei geeignete Gleichungen für die Helligkeiten J_1 und J_2 ab und berechnen Sie diese.

(d) Welchen Wärmestrom $\dot{Q}_{21}$ gibt der Boden an die Abdeckung ab?

Lösung:

(a) thermisches Schaltbild:

Es liegt ein Zwei-Körper-Problem vor. An der Abdeckung tritt der Oberflächenwiderstand R_1, am Boden der Oberflächenwiderstand R_2 auf. Beide Körper sind über den Raumwiderstand R_{12} gekoppelt.

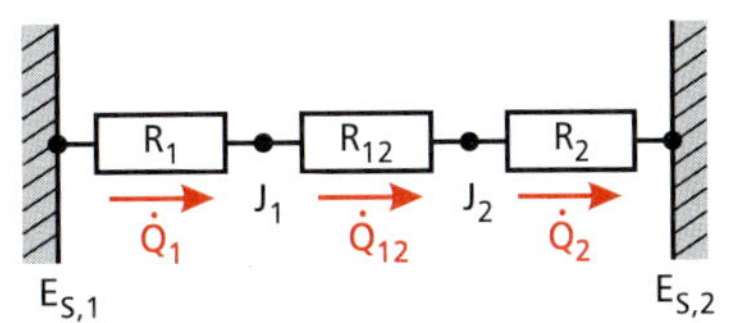

Bild 8.74: *Thermisches Schaltbild des Brennofens.*

(b) Einstrahlzahlen:

Der Boden besitzt als ebene Fläche die Eigeneinstrahlzahl null:

$$\varphi_{22} = 0 \tag{8.213}$$

Aus der Summationsbedingung (8.117) folgt:

$$\varphi_{21} + \varphi_{22} = 1 \;\Rightarrow\; \varphi_{21} = 1 - \varphi_{22} = 1 - 0 = 1 \tag{8.214}$$

Aus der Reziprozitätsbeziehung (8.114) lässt sich die Einstrahlzahl φ_{12} berechnen:

$$\varphi_{12} \cdot A_1 = \varphi_{21} \cdot A_2 \;\Rightarrow\; \varphi_{12} = \varphi_{21} \cdot \frac{A_2}{A_1} \tag{8.215}$$

Die Bodenfläche ist eine Kreisfläche, die Abdeckung eine Halbkugelfläche mit dem Durchmesser D:

$$A_2 = \frac{D^2 \cdot \pi}{4} = 3{,}14\ \text{m}^2 \tag{8.216}$$

$$A_1 = \frac{1}{2} \cdot D^2 \cdot \pi = 6{,}28\ \text{m}^2 \tag{8.217}$$

Für das Flächenverhältnis folgt damit:

$$\frac{A_2}{A_1} = \frac{\dfrac{\cancel{D^2} \cdot \pi}{4}}{\dfrac{\cancel{D^2} \cdot \pi}{2}} = \frac{1}{4 \cdot \dfrac{1}{2}} = \frac{1}{2} \tag{8.218}$$

Damit beträgt die Einstrahlzahl φ_{12}:

$$\varphi_{12} = 1 \cdot \frac{1}{2} = 0{,}5 \tag{8.219}$$

Auch für Fläche ① gilt die Summationsbedingung (8.117):

$$\varphi_{11} + \varphi_{12} = 1 \;\Rightarrow\; \varphi_{11} = 1 - \varphi_{12} = 1 - 0{,}5 = 0{,}5 \tag{8.220}$$

☞ Die Einstrahlzahlen φ_{ij} können übersichtlich in einer Einstrahlzahlen-Matrix $\mathbf{\Phi}$ zusammengestellt werden:

$$\mathbf{\Phi} = \begin{bmatrix} 0{,}5 & 0{,}5 \\ 1 & 0 \end{bmatrix} \tag{8.221}$$

(c) Berechnung der Helligkeiten:

An den jeweiligen Oberflächen ist das den Wärmestrom treibende Potenzial die Differenz zwischen der Emission des schwarzen Körpers und der Helligkeit. Beim Raumwiderstand zwischen den beiden Oberflächen sind es die jeweiligen Helligkeiten:

☞ Die elektrische Analogie lautet:

$$\text{Strom} = \frac{\text{treibendes Potenzial}}{\text{Widerstand}} \tag{8.222}$$

$$\dot{Q}_1 = \frac{E_{S,1} - J_1}{R_1} \tag{8.223}$$

$$\dot{Q}_{12} = \frac{J_1 - J_2}{R_{12}} \tag{8.224}$$

$$\dot{Q}_2 = \frac{J_2 - E_{S,2}}{R_2} \tag{8.225}$$

Insgesamt liegt eine Serienschaltung der beteiligten Widerstände vor (Bild 8.74).

Daher gilt weiter:

$$\dot{Q}_1 = \dot{Q}_{1\,2} = \dot{Q}_2 = \dot{Q} \tag{8.226}$$

$$\dot{Q} = \frac{E_{S,1} - E_{S,2}}{R_{ges}} \tag{8.227}$$

Der Gesamtwiderstand R_{ges} beträgt:

$$R_{ges} = R_1 + R_{1\,2} + R_2 \tag{8.228}$$

Mit (8.229) und (8.230) liegen zwei Gleichungen für die zwei unbekannten Helligkeiten J_1 und J_2 vor, die z. B. mit dem Eliminationsverfahren gelöst werden können.

Gleichsetzen von (8.223) und (8.224) bzw. (8.224) und (8.225) liefert zwei Gleichungen für die gesuchten Helligkeiten J_1 und J_2:

$$R_{1\,2} \cdot (E_{S,1} - J_1) = R_1 \cdot (J_1 - J_2) \tag{8.229}$$

$$R_2 \cdot (J_1 - J_2) = R_{1\,2} \cdot (J_2 - E_{S,2}) \tag{8.230}$$

Die Emissionen der jeweiligen schwarzen Körper sind dabei bekannt ($\sigma = 5{,}67 \cdot 10^{-8}$ W/(m^2 K^4), $T_0 = 273{,}15$ K):

$$E_{S,1} = \sigma \cdot T_1^4 = \sigma \cdot (\vartheta_1 + T_0)^4 = 1\,354{,}62 \text{ W/m}^2 \tag{8.231}$$

$$E_{S,2} = \sigma \cdot T_2^4 = \sigma \cdot (\vartheta_2 + T_0)^4 = 107\,398{,}26 \text{ W/m}^2 \tag{8.232}$$

Die Strahlungswiderstände betragen:

$$R_1 = \frac{1 - \varepsilon_1}{\varepsilon_1 \cdot A_1} = 0{,}106 \text{ m}^{-2} \tag{8.233}$$

$$R_{1\,2} = \frac{1}{\varphi_{1\,2} \cdot A_1} = 0{,}318 \text{ m}^{-2} \tag{8.234}$$

$$R_2 = \frac{1 - \varepsilon_2}{\varepsilon_2 \cdot A_2} = 0{,}080 \text{ m}^{-2} \tag{8.235}$$

Gl. (8.229) lässt sich nach J_2 auflösen:

$$J_2 = J_1 \cdot \frac{R_{1\,2} + R_1}{R_1} - \frac{R_{1\,2}}{R_1} \cdot E_{S,1} \tag{8.236}$$

Einsetzen in Gl. (8.230) liefert nach entsprechender algebraischer Umformung:

$$J_1 = \frac{(R_{1\,2} + R_2) \cdot E_{S,1} + R_1 \cdot E_{S,2}}{R_1 + R_{1\,2} + R_2} = 23{,}68 \text{ kW/m}^2 \tag{8.237}$$

Mit Gl. (8.236) erhält man sofort:

$$J_2 = 90{,}65 \text{ kW/m}^2 \tag{8.238}$$

(d) Wärmestrom zwischen Boden und Abdeckung:

Es gilt:

$$\dot{Q}_{1\,2} = \frac{J_1 - J_2}{R_{1\,2}} = -\dot{Q}_{2\,1} \quad \Rightarrow \quad \dot{Q}_{2\,1} = \frac{J_2 - J_1}{R_{1\,2}} = 210{,}61 \text{ kW} \tag{8.239}$$

Alternativ kann $\dot{Q}_{2\,1}$ auch mit dem Gesamtwiderstand $R_{ges} = 0{,}504$ m^{-2} aus Gl. (8.228) mit rundungsbedingter Abweichung ermittelt werden:

$$\dot{Q}_{2\,1} = \frac{E_{S,2} - E_{S,1}}{R_{ges}} = 210{,}40 \text{ kW} \tag{8.240}$$

◀

Zusammenfassung und Ausblick:

- Die elektrische Analogie ist auch bei der Berechnung von Wärmestrahlungsvorgängen ein wertvolles Instrument.
- Das thermische Schaltbild gibt Aufschluss über die Koppelungen der Oberflächen und die resultierenden Wärmeströme. Es empfiehlt sich, die bekannten und die unbekannten Größen im Schaltbild farbig entsprechend zu kennzeichnen.
- Bei einem Strahlungsproblem mit zwei Körpern treten 3 Strahlungswiderstände in Serie auf.
- Bei einem Zwei-Körper-Strahlungsproblem kommen weiter 2 Helligkeiten vor, die aus einem linearen (2×2)-Gleichungssystem leicht berechnet werden können.

▶ Beispiel 8.5:

Erfinder Eduard Ehklar hat einen Ofen zum Pulverbeschichten von Aluminiumteilen entwickelt (Bild 8.75). Die zu beschichtenden Teile werden in den kreisringförmigen Rost ② (Durchmesser $D_{2a} = 1{,}5$ m, $D_{2i} = 1{,}0$ m, $\varepsilon_2 = 0{,}9$) eingehängt. Die Wärmezufuhr erfolgt durch Strahlung über die scheibenförmige Heizfläche ① (Durchmesser $D_1 = 0{,}5$ m, Abstand zum Rost $L = 1$ m, $\varepsilon_1 = 0{,}7$). Rost und Heizfläche sind von der sehr gut wärmegedämmten Abdeckung ③ umgeben (Breite/Tiefe $B = 2$ m, Höhe $H = 1{,}5$ m, $\varepsilon_3 = 0{,}8$). Die Temperatur der Heizfläche beträgt $\vartheta_1 = 200$ °C, die Helligkeit des Rostes $J_2 = 2\,041{,}60$ W/m². Wärmeübertragungsvorgänge infolge von Konvektion bleiben im Folgenden außer Acht. Die Dicke d von Rost und Heizfläche ist gering, so dass Strahlungseffekte an den Seitenflächen vernachlässigbar sind.

(a) Skizzieren Sie das vollständige thermische Schaltbild der Konfiguration mit den notwendigen Bezeichnungen!

(b) Berechnen Sie sämtliche Einstrahlzahlen φ_{ij} $(i,j = 1\ldots3)$ der Konfiguration für den leeren Rost mit offener Lochfläche.

(c) Welchen Wärmestrom $\dot{Q}_1$ gibt die Heizfläche ab?

(d) Berechnen Sie die Temperatur ϑ_2 des Rostes sowie die Temperatur ϑ_3 der Abdeckung.

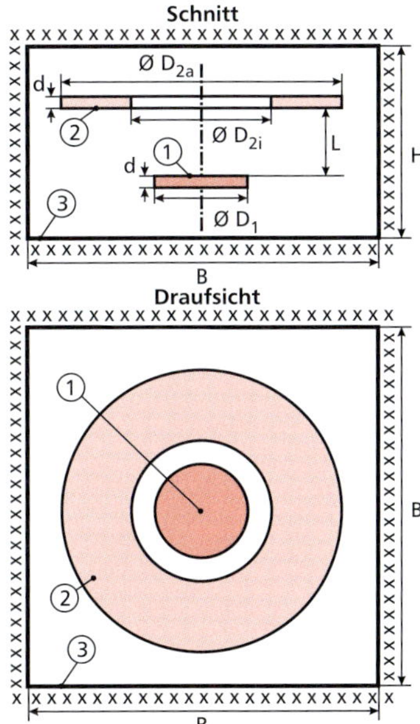

Bild 8.75: Geometrie des Ofens.

Bekannte Größen:

▷ Heizfläche ①:	
Durchmesser:	$D_1 = 0{,}5$ m
Abstand zum Rost:	$L = 1$ m
Emissionsgrad:	$\varepsilon_1 = 0{,}7$
Temperatur:	$\vartheta_1 = 200$ °C
▷ Rost ②:	
Innendurchmesser:	$D_{2,i} = 1$ m
Außendurchmesser:	$D_{2,a} = 1{,}5$ m
Emissionsgrad:	$\varepsilon_2 = 0{,}9$
Helligkeit:	$J_2 = 2\,041{,}60$ W/m²
▷ Abdeckung ③:	
Breite/Tiefe:	$B = 2$ m
Höhe:	$H = 1{,}5$ m
Emissionsgrad:	$\varepsilon_3 = 0{,}8$

Gesuchte Größen:

Einstrahlzahlen:	φ_{12}, φ_{21}
Wärmestrom:	$\dot{Q}_1$
Temperaturen:	ϑ_2, ϑ_3

Lösung:

(a) thermisches Schaltbild:

Es handelt sich um ein Strahlungsproblem mit 3 Körpern, so dass jeweils 3 Oberflächenwiderstände und 3 Raumwiderstände auftreten. Da Fläche ① die Flächen ② und ③ sieht, gehen die Raumwiderstände R_{12} und R_{13} von einem gemeinsamen Verzweigungspunkt aus. Gleiches gilt für die Flächen ② und ③. Die 3 Raumwiderstände bilden daher eine „Dreieckschaltung", wie sie aus der Elektrotechnik bekannt ist. An den Verzweigungspunkten schließen dann die Oberflächenwiderstände an. Da die Abdeckung sehr gut wärmegedämmt ist, kann sie als rückstrahlende Oberfläche behandelt werden, deren Oberflächenwiderstand nicht berücksichtigt werden zu braucht, da durch ihn kein Wärmestrom fließt. Damit gilt $\dot{Q}_3 = 0$ und $J_3 = E_{S,3}$.

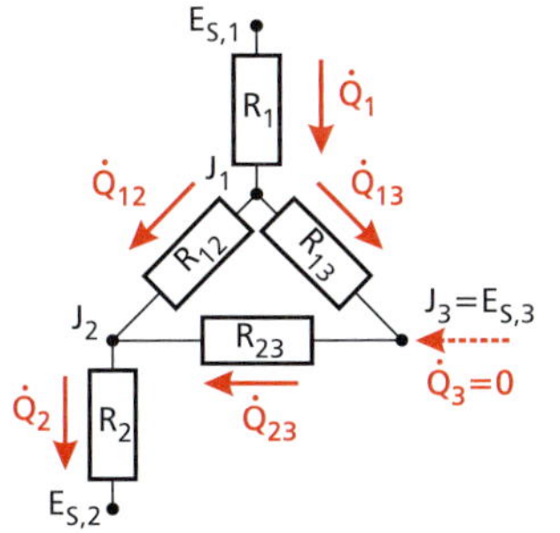

Bild 8.76: Thermisches Schaltbild.

(b) Einstrahlzahlen:

Für die Einstrahlzahl der Konfiguration Kreisscheibe–Kreisring steht keine geeignete Beziehung zur Verfügung, weshalb auf die vorhandenen elementaren Konfigurationen aus Abschnitt 8.1.20 zurückzugreifen ist. Der Rost ② teilt sich in die Lochfläche $A_{2,i}$ und die eigentliche Rostfläche $A_{2,a} = A_2$ auf, die sich zur Gesamtfläche $A_{2,i+2,a}$ ergänzen:

$$A_{2,i+2,a} = A_{2,i} + A_{2,a} \tag{8.241}$$

Die Flächen ② und ① sind koaxiale Scheiben, deren Einstrahlzahl φ_{12} sich aus Gl. (8.132) mit den Radien $\widetilde{R}_1$ und $\widetilde{R}_{2,a}$ bestimmen lässt:

$$\xi_1 = \frac{\widetilde{R}_1}{L} = \frac{0{,}25 \text{ m}}{1 \text{ m}} = 0{,}25 \tag{8.242}$$

$$\xi_{2,a} = \frac{\widetilde{R}_{2,a}}{L} = \frac{0{,}75 \text{ m}}{1 \text{ m}} = 0{,}75 \tag{8.243}$$

$$\eta_{2,a} = \frac{\xi_1^2 + \xi_{2,a}^2 + 1}{\xi_1^2} = \frac{0{,}25^2 + 0{,}75^2 + 1}{0{,}25^2} = 26 \tag{8.244}$$

$$\varphi_{1\,2,i+2,a} = \frac{1}{2} \cdot \left\{ \eta_{2,a} - \sqrt{\eta_{2,a}^2 - 4\left(\frac{\xi_{2,a}}{\xi_1}\right)^2} \right\} = 0{,}351 \tag{8.245}$$

Für die Einstrahlzahl zwischen Heizfläche und Lochfläche gilt mit dem Radius $\widetilde{R}_{2,i}$ analog:

$$\xi_{2,i} = \frac{\widetilde{R}_{2,i}}{L} = \frac{0{,}50\text{ m}}{1\text{ m}} = 0{,}50 \tag{8.246}$$

$$\eta_{2,i} = \frac{\xi_1^2 + \xi_{2,i}^2 + 1}{\xi_1^2} = \frac{0{,}25^2 + 0{,}50^2 + 1}{0{,}25^2} = 21 \tag{8.247}$$

$$\varphi_{1\,2,i} = \frac{1}{2} \cdot \left\{ \eta_{2,i} - \sqrt{\eta_{2,i}^2 - 4\left(\frac{\xi_{2,i}}{\xi_1}\right)^2} \right\} = 0{,}192 \tag{8.248}$$

Mit der Superpositionsregel (8.119) gilt:

$$\varphi_{1\,2,i+2,a} = \varphi_{1\,2,i} + \varphi_{1\,2,a} = \varphi_{1\,2,i} + \varphi_{1\,2} \quad \Rightarrow$$
$$\varphi_{1\,2} = \varphi_{1\,2,i+2,a} - \varphi_{1\,2,i} = 0{,}351 - 0{,}192 = 0{,}159 \tag{8.249}$$

Die Heizfläche ① sieht sich als ebene Fläche nicht selbst:

$$\varphi_{1\,1} = 0 \tag{8.250}$$

Die noch fehlende Einstrahlzahl $\varphi_{1\,3}$ kann mithilfe der Summationsbedingung (8.117) berechnet werden:

$$\varphi_{1\,1} + \varphi_{1\,2} + \varphi_{1\,3} = 1 \quad \Rightarrow \quad \varphi_{1\,3} = 1 - \varphi_{1\,1} - \varphi_{1\,2} \quad \Rightarrow$$
$$\varphi_{1\,3} = 1 - 0 - 0{,}159 = 0{,}841 \tag{8.251}$$

Weitere Einstrahlzahlen ergeben sich aus der Reziprozitätsbeziehung (8.114), wobei zunächst die Oberflächen der jeweiligen Körper bereitzustellen sind. Dabei ist zu beachten, dass sowohl die Heizfläche ① als auch der Rost ② eine Ober- und Unterseite besitzen:

$$A_1 = 2 \cdot \frac{D_1^2 \cdot \pi}{4} = \frac{D_1^2 \cdot \pi}{2} = 0{,}39\text{ m}^2 \tag{8.252}$$

$$A_{2,i} = 2 \cdot \frac{D_{2,i}^2 \cdot \pi}{4} = \frac{D_{2,i}^2 \cdot \pi}{2} = 1{,}57\text{ m}^2 \tag{8.253}$$

$$A_{2,a} = 2 \cdot \left(\frac{D_{2,a}^2 \cdot \pi}{4} - \frac{D_{2,i}^2 \cdot \pi}{4} \right) = \frac{\pi}{2} \cdot \left(D_{2,a}^2 - D_{2,i}^2\right) = 1{,}96\text{ m}^2 \tag{8.254}$$

$$A_{2,i+2,a} = A_{2,i} + A_{2,a} = 3{,}53\text{ m}^2 \tag{8.255}$$

$$A_3 = 4 \cdot B \cdot H + 2 \cdot B^2 = 20\text{ m}^2 \tag{8.256}$$

Für die Abdeckung ③ gilt:

$$\varphi_{3\,1} \cdot A_3 = \varphi_{1\,3} \cdot A_1 \quad \Rightarrow \quad \varphi_{3\,1} = \varphi_{1\,3} \cdot \frac{A_1}{A_3} = 0{,}016 \tag{8.257}$$

Für den Rost ② gilt mit $A_2 = A_{2a}$:

$$\varphi_{2\,1} \cdot A_{2,a} = \varphi_{1\,2} \cdot A_1 \quad \Rightarrow \quad \varphi_{2\,1} = \varphi_{1\,2} \cdot \frac{A_1}{A_{2,a}} = 0{,}032 \tag{8.258}$$

Der Rost besitzt als ebene Fläche keine Eigeneinstrahlzahl:

$$\varphi_{22}=0 \tag{8.259}$$

Mithilfe der Summationsbedingung (8.117) kann daher die Einstrahlzahl zwischen Rost und Abdeckung berechnet werden:

$$\varphi_{21}+\varphi_{22}+\varphi_{23}=1 \;\Rightarrow\; \varphi_{23}=1-\varphi_{21}-\varphi_{22} \;\Rightarrow$$
$$\varphi_{23}=1-0{,}032-0=0{,}968 \tag{8.260}$$

Aus der Reziprozitätsbeziehung (8.114) folgt φ_{32}:

$$\varphi_{32}\cdot A_3=\varphi_{23}\cdot A_2 \;\Rightarrow\; \varphi_{32}=\varphi_{23}\cdot\frac{A_2}{A_3}=0{,}095 \tag{8.261}$$

Die Einstrahlzahl der Abdeckung zu sich selbst φ_{33} erhält man schließlich über die Summationsbedingung (8.117)

$$\varphi_{31}+\varphi_{32}+\varphi_{33}=1 \;\Rightarrow\; \varphi_{33}=1-\varphi_{31}-\varphi_{32} \;\Rightarrow$$
$$\varphi_{33}=1-0{,}016-0{,}095=0{,}889 \tag{8.262}$$

Die Einstrahlzahlen werden zur Kontrolle in der Einstrahlzahlen-Matrix Φ zusammengestellt:

$$\Phi=\left[\begin{array}{ccc|c} 0 & 0{,}159 & 0{,}841 & 1 \\ 0{,}032 & 0 & 0{,}968 & 1 \\ 0{,}016 & 0{,}095 & 0{,}889 & 1 \end{array}\right] \tag{8.263}$$

Als zu empfehlende Kontrolle müssen die Zeilensummen der Einstrahlzahlen-Matrix jeweils des Wert 1 ergeben, wie es der Summationsbedingung (8.117) entspricht.

(c) Wärmestrom der Heizfläche:

Der von der Heizfläche ① abgestrahlte Wärmestrom $\dot{Q}_1$ kann mit dem Helligkeitsverfahren ermittelt werden. Dazu werden vorab die jeweiligen Oberflächen- und Raumwiderstände für Strahlung berechnet:

$$R_1=\frac{1-\varepsilon_1}{\varepsilon_1\cdot A_1}=1{,}10\ \text{m}^{-2} \tag{8.264}$$

$$R_2=\frac{1-\varepsilon_2}{\varepsilon_2\cdot A_2}=5{,}67\cdot10^{-2}\ \text{m}^{-2} \tag{8.265}$$

$$R_{12}=\frac{1}{\varphi_{12}\cdot A_1}=16{,}13\ \text{m}^{-2} \tag{8.266}$$

$$R_{13}=\frac{1}{\varphi_{13}\cdot A_1}=3{,}05\ \text{m}^{-2} \tag{8.267}$$

$$R_{23}=\frac{1}{\varphi_{23}\cdot A_2}=0{,}53\ \text{m}^{-2} \tag{8.268}$$

Zur weiteren Berechnung sind die einzelnen Widerstände geeignet zusammenzufassen. Wie anhand des thermischen Schaltbilds leicht festzustellen ist, liegen die Widerstände R_{13} und R_{23} in Reihe, so dass nach dem Gesetz der Serienschaltung der resultierende Widerstand R_{13+23} berechnet werden kann:

$$R_{13+23}=R_{13}+R_{23}=3{,}58\ \text{m}^{-2} \tag{8.269}$$

Der Ersatzwiderstand R_{13+23} liegt seinerseits wieder parallel zum Widerstand R_{12} und kann mit diesem entsprechend dem Gesetz der Parallelschaltung zusammengefasst werden:

$$R_{13+23\,\|\,12}=\left(\frac{1}{R_{13+23}}+\frac{1}{R_{12}}\right)^{-1}=2{,}93\ \text{m}^{-2} \tag{8.270}$$

Der Widerstand $R_{13+23\,\|\,12}$ liegt in Serie mit dem Widerstand R_1 und kann mit diesem zum Gesamtwiderstand R_{ges} zusammengefasst werden:

$$R_{\text{ges}}=R_{13+23\,\|\,12}+R_1=4{,}03\ \text{m}^{-2} \tag{8.271}$$

An diesem resultierenden Gesamtwiderstand R_{ges} liegt der Potenzialunterschied $E_{\text{S},1} - J_2$ an, weswegen aufgrund der elektrischen Analogie folgender Zusammenhang gilt:

$$\dot{Q}_1 = \frac{E_{\text{S},1} - J_2}{R_{\text{ges}}} \tag{8.272}$$

Mit Gl. (8.2), $T_1 = \vartheta_1 + T_0 = 473{,}15$ K und der Stefan-Boltzmann-Konstante $\sigma = 5{,}67 \cdot 10^{-8}$ W/(m² K⁴) erhält man für die Emission des schwarzen Körpers:

$$E_{\text{S},1} = \sigma \cdot T_1^4 = 2\,841{,}70 \text{ W/m}^2 \tag{8.273}$$

Daraus folgt der von der Heizfläche abgestrahlte Wärmestrom zu:

$$\dot{Q}_1 = \frac{2\,841{,}70 \text{ W/m}^2 - 2\,041{,}60 \text{ W/m}^2}{4{,}03 \text{ m}^{-2}} = 198{,}54 \text{ W} \tag{8.274}$$

Zusammenfassung und Ausblick:

- Einstrahlzahlen, die nicht direkt berechnet werden können, sind mithilfe der Reziprozitätsbeziehung (8.114), der Summationsbedingung (8.117) und der Superpositionsregel (8.119) auf bereits bekannte Einstrahlzahlen zurückzuführen.
- Die Summationsbedingung aus Gl. (8.117) kann zur Ergebniskontrolle bei der Einstrahlzahlen-Matrix herangezogen werden. Für jede Zeile i muss gelten:

  $$\sum_{j=1}^{n} \varphi_{\text{ij}} = 1$$
- Das thermische Schaltbild ist ein zentrales Hilfsmittel zur Berechnung des Strahlungsaustausches in Mehrkörpersystemen.
- Bei einem Strahlungsproblem mit drei Körpern tritt eine Dreieckschaltung der drei Raumwiderstände auf, in deren Koppelpunkten jeweils ein Oberflächenwiderstand anliegt.
- Bei einem Drei-Körper-Strahlungsproblem liegen drei Helligkeiten vor, die im allgemeinen Fall aus einem linearen (3×3)-Gleichungssystem berechnet werden können.
- Für den Fall, dass eine der drei Oberflächen rückstrahlend ist, vereinfacht sich das Gleichungssystem und kann von Hand gelöst werden.

(d) Temperaturen des Rostes und der Abdeckung:

Der Wärmestrom $\dot{Q}_1$ fließt auch durch den Oberflächenwiderstand R_2, weswegen gilt:

$$\dot{Q}_2 = \dot{Q}_1 \tag{8.275}$$

Mithilfe der elektrischen Analogie lässt sich die Emission des schwarzen Körpers des Rostes ② ermitteln:

$$\dot{Q}_2 = \frac{J_2 - E_{\text{S},2}}{R_2} \quad \Rightarrow \quad E_{\text{S},2} = J_2 - \dot{Q}_2 \cdot R_2 = 2\,030{,}34 \text{ W/m}^2 \tag{8.276}$$

Mit Gl. (8.2) folgt die absolute Temperatur des Rostes T_2:

$$E_{\text{S},2} = \sigma \cdot T_2^4 \quad \Rightarrow \quad T_2 = \sqrt[4]{\frac{E_{\text{S},2}}{\sigma}} = 435{,}01 \text{ K} \tag{8.277}$$

Damit beträgt die Celsius-Temperatur des Rostes:

$$\vartheta_2 = T_2 - T_0 = 435{,}01 \text{ K} - 273{,}15 \text{ K} = 161{,}86\ °\text{C} \tag{8.278}$$

Um die Temperatur ϑ_3 zu bestimmen, muss die Helligkeit J_3 bekannt sein. Hierzu werden die Wärmeströme $\dot{Q}_{1\,2}$ und $\dot{Q}_{1\,3}$ benötigt, die ebenfalls wieder mithilfe der elektrischen Analogie gewonnen werden können:

$$\dot{Q}_1 = \frac{E_{\text{S},1} - J_1}{R_1} \quad \Rightarrow \quad J_1 = E_{\text{S},1} - \dot{Q}_1 \cdot R_1 = 2\,623{,}31 \text{ W/m}^2 \tag{8.279}$$

$$\dot{Q}_{1\,2} = \frac{J_1 - J_2}{R_{1\,2}} = 36{,}06 \text{ W} \tag{8.280}$$

$$\dot{Q}_1 = \dot{Q}_{1\,2} + \dot{Q}_{1\,3} \quad \Rightarrow \quad \dot{Q}_{1\,3} = \dot{Q}_1 - \dot{Q}_{1\,2} = 162{,}48 \text{ W} \tag{8.281}$$

$$\dot{Q}_{1\,3} = \frac{J_1 - J_3}{R_{1\,3}} \quad \Rightarrow \quad J_3 = J_1 - \dot{Q}_{1\,3} \cdot R_{1,3} = 2\,127{,}75 \text{ W/m}^2 \tag{8.282}$$

$$J_3 = E_{\text{S},3} = \sigma \cdot T_3^4 \quad \Rightarrow \quad T_3 = \sqrt[4]{\frac{J_3}{\sigma}} = 440{,}13 \text{ K} \tag{8.283}$$

$$\vartheta_3 = T_3 - T_0 = 440{,}13 \text{ K} - 273{,}15 \text{ K} = 166{,}98\ °\text{C} \tag{8.284}$$

◄

▶ Beispiel 8.6:

Das Büro von Otto Ordentlich (Fassadenbreite $L=8$ m, Tiefe $B=4{,}5$ m, Höhe $H=2{,}5$ m weist eine Fußbodenheizung ① mit der Oberflächentemperatur $\vartheta_1 = 26$ °C auf. Die raumseitige Temperatur der Fassade ② beträgt $\vartheta_2 = 16$ °C, die der restlichen Umschließungsflächen ③ $\vartheta_3 = 19$ °C. Der Boden weist einen Emissionsgrad von $\varepsilon_1 = 0{,}91$, die Fassade von $\varepsilon_2 = 0{,}84$ und die restlichen Oberflächen von $\varepsilon_3 = 0{,}88$ auf. Welchen spezifischen Wärmestrom $\dot{q}_1$ strahlt der Fußboden ① ab?

Lösung:

Es handelt sich um drei Körperoberflächen, die miteinander im Strahlungsaustausch stehen. Zunächst einmal sind die Einstrahlzahlen φ_{ij} zu berechnen und dann anhand der elektrischen Analogie drei Gleichungen für die unbekannten Helligkeiten J_i aufzustellen. Aus den berechneten Helligkeiten kann dann der gesuchte Wärmestrom ermittelt werden.

Die Oberflächen der Körper betragen:

$$A_1 = B \cdot L = 36 \text{ m}^2 \tag{8.285}$$

$$A_2 = L \cdot H = 20 \text{ m}^2 \tag{8.286}$$

$$A_3 = L \cdot H + B \cdot L + 2 \cdot B \cdot H = 78{,}5 \text{ m}^2 \tag{8.287}$$

Die Fassade ② steht auf dem Fußboden ① senkrecht. Die Einstrahlzahl φ_{12} kann daher aus Beziehung (8.134) berechnet werden:

$$\xi = \frac{B}{L} = \frac{4{,}5 \text{ m}}{8 \text{ m}} = 0{,}563; \qquad \eta = \frac{H}{L} = \frac{2{,}5 \text{ m}}{8 \text{ m}} = 0{,}313 \tag{8.288}$$

$$\begin{aligned}\varphi_{12} = \frac{1}{\pi \cdot \xi} \cdot \Bigg\{ &\xi \cdot \arctan\left(\frac{1}{\xi}\right) + \eta \cdot \arctan\left(\frac{1}{\eta}\right) \\ &- \sqrt{\xi^2+\eta^2} \cdot \arctan\left(\frac{1}{\sqrt{\xi^2+\eta^2}}\right) + \frac{1}{4} \cdot \ln\left(\frac{(1+\xi^2)\cdot(1+\eta^2)}{1+\xi^2+\eta^2}\right) \\ &+ \frac{\xi^2}{4} \cdot \ln\left(\frac{\xi^2 \cdot (1+\xi^2+\eta^2)}{(1+\xi^2)\cdot(\xi^2+\eta^2)}\right) + \frac{\eta^2}{4} \cdot \ln\left(\frac{\eta^2 \cdot (1+\xi^2+\eta^2)}{(1+\eta^2)\cdot(\xi^2+\eta^2)}\right) \Bigg\} \\ = 0{,}175 \end{aligned} \tag{8.289}$$

Der Fußboden besitzt als ebene Fläche keine Eigeneinstrahlzahl:

$$\varphi_{11} = 0 \tag{8.290}$$

Die Einstrahlzahl φ_{13} zwischen Fußboden und den restlichen Umschließungsflächen folgt mithilfe der Summationsbedingung (8.117):

$$\varphi_{11} + \varphi_{12} + \varphi_{13} = 1 \;\Rightarrow\; \varphi_{13} = 1 - \varphi_{11} - \varphi_{12} = 0{,}825 \tag{8.291}$$

Auch für die Fassade ② gilt:

$$\varphi_{22} = 0 \tag{8.292}$$

Mit der Reziprozitätsbeziehung (8.114) folgt:

$$\varphi_{21} \cdot A_2 = \varphi_{12} \cdot A_1 \;\Rightarrow\; \varphi_{21} = \varphi_{12} \cdot \frac{A_1}{A_2} = 0{,}315 \tag{8.293}$$

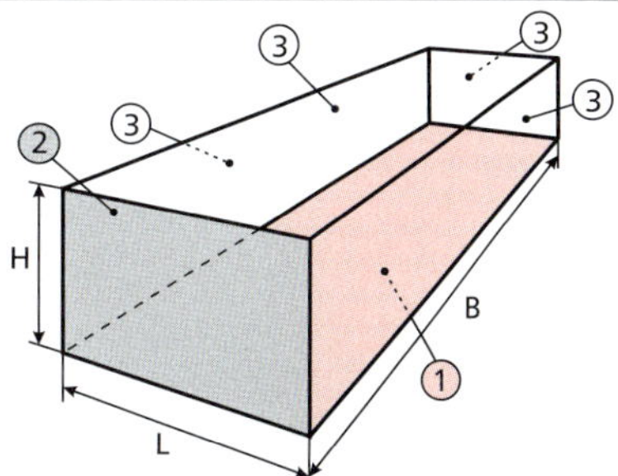

Bild 8.77: *Geometrie des Büros.*

☞ Die 6 Oberflächen stehen über 15 Raumwiderstände (z. B. R_{21}) und 6 Oberflächenwiderstände (z. B. R_1) im Strahlungsaustausch (Bild 8.78). Treibende Potenzialdifferenzen sind:

(a) Helligkeitsunterschiede über die Raumwiderstände, z. B.

$$\dot{Q}_{45} = \frac{J_4 - J_5}{R_{45}} \text{ mit } R_{45} = \frac{1}{A_4 \cdot \varphi_{45}}$$

(b) Unterschiede zwischen der Emission des schwarzen Körpers und der Helligkeit über die Oberflächenwiderstände, z. B.

$$\dot{Q}_5 = \frac{E_{S,5} - J_5}{R_5} \text{ mit } R_5 = \frac{1 - \varepsilon_5}{\varepsilon_5 \cdot A_5}$$

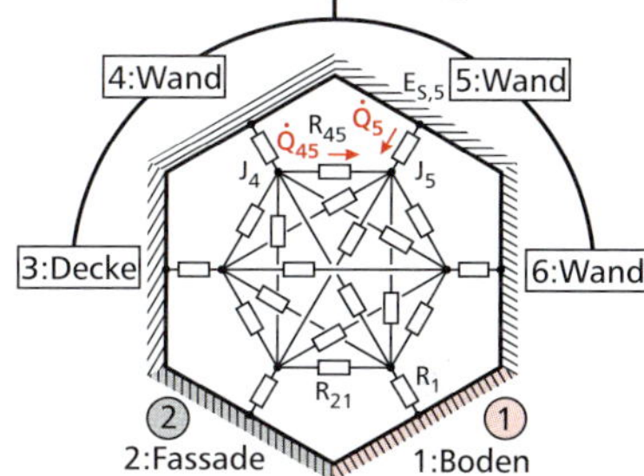

Bild 8.78: *Vollständiges Ersatzschaltbild.*

☞ Das Zusammenfassen von Decke, Seitenwänden und Rückwand zu einer isothermen Ersatzfläche ③ vereinfacht das Netzwerk signifikant (Bild 8.79).

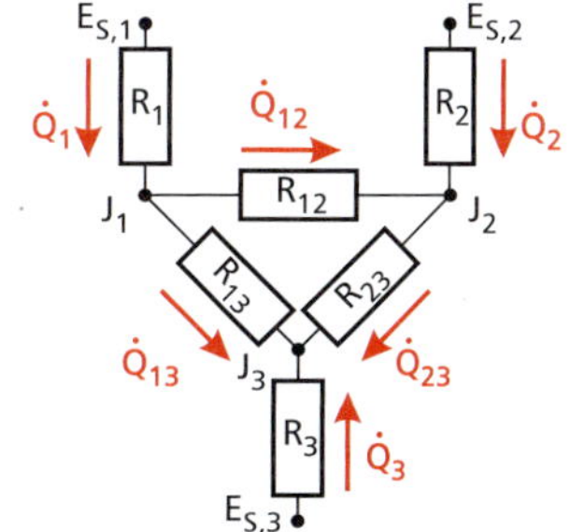

Bild 8.79: *Vereinfachtes Ersatzschaltbild.*

Ersatzfläche ③ ist nicht mehr eben, „sieht sich also selbst". Die Eigeneinstrahlzahl φ_{33} ist daher ungleich Null.

Die Einstrahlzahlen-Matrix $\mathbf{\Phi}^*$ der nicht vereinfachten Konfiguration hätte $6 \times 6 = 36$ Einträge, wobei die Hauptdiagonalelemente sämtlich verschwinden würden, da sich die ebenen Teilflächen nicht selbst sehen:

$$\mathbf{\Phi}^* = \left[\begin{array}{cccccc|c} \varphi_{11} & \varphi_{12} & \varphi_{13} & \varphi_{14} & \varphi_{15} & \varphi_{16} & 1 \\ \varphi_{21} & \varphi_{22} & \varphi_{23} & \varphi_{24} & \varphi_{25} & \varphi_{26} & 1 \\ \varphi_{31} & \varphi_{32} & \varphi_{33} & \varphi_{34} & \varphi_{35} & \varphi_{36} & 1 \\ \varphi_{41} & \varphi_{42} & \varphi_{43} & \varphi_{44} & \varphi_{45} & \varphi_{46} & 1 \\ \varphi_{51} & \varphi_{52} & \varphi_{53} & \varphi_{54} & \varphi_{55} & \varphi_{56} & 1 \\ \varphi_{61} & \varphi_{62} & \varphi_{63} & \varphi_{64} & \varphi_{65} & \varphi_{66} & 1 \end{array}\right]$$

mit

$$\varphi_{11} = \varphi_{22} = \varphi_{33} = \varphi_{44} = \varphi_{55} = \varphi_{66} = 0 \tag{8.298}$$

Durch das Zusammenfassen der als isotherm angenommenen Flächen A_3 bis A_6 zur Ersatzfläche ③ vereinfacht sich auch die Einstrahlzahlen-Matrix $\mathbf{\Phi}$ erheblich. Sie ist dann eine (3×3)-Matrix mit 9 Elementen und lautet:

$$\mathbf{\Phi} = \left[\begin{array}{ccc|c} 0 & 0{,}175 & 0{,}825 & 1 \\ 0{,}315 & 0 & 0{,}685 & 1 \\ 0{,}378 & 0{,}175 & 0{,}447 & 1 \end{array}\right] \tag{8.299}$$

Die hinter dem vertikalen Trennstrich angegebenen Zeilensummen können wieder als Prüfkriterium für die Richtigkeit der Berechnung der Einstrahlzahlen dienen.

Aus der Summationsbedingung (8.117) erhält man die Einstrahlzahl φ_{23} zwischen Fassade und den restlichen Umschließungsflächen:

$$\varphi_{21} + \varphi_{22} + \varphi_{23} = 1 \quad \Rightarrow \quad \varphi_{23} = 1 - \varphi_{22} - \varphi_{21} = 0{,}685 \tag{8.294}$$

Die Einstrahlzahlen φ_{31} und φ_{32} gewinnt man aus der Reziprozitätsbeziehung (8.114), und die Eigeneinstrahlzahl φ_{33} folgt aus der Summationsbedingung (8.117):

$$\varphi_{31} \cdot A_3 = \varphi_{13} \cdot A_1 \quad \Rightarrow \quad \varphi_{31} = \varphi_{13} \cdot \frac{A_1}{A_3} = 0{,}378 \tag{8.295}$$

$$\varphi_{32} \cdot A_3 = \varphi_{23} \cdot A_2 \quad \Rightarrow \quad \varphi_{32} = \varphi_{23} \cdot \frac{A_2}{A_3} = 0{,}175 \tag{8.296}$$

$$\varphi_{31} + \varphi_{32} + \varphi_{33} = 1 \quad \Rightarrow \quad \varphi_{33} = 1 - \varphi_{31} - \varphi_{32} = 0{,}447 \tag{8.297}$$

Da sämtliche Oberflächentemperaturen und Emissionen der jeweiligen schwarzen Körper bekannt sind, ist Gl. (8.65) zur Aufstellung des Gleichungssystems für die Helligkeiten $J_1 \ldots J_3$ heranzuziehen:

$$J_1 + \frac{1-\varepsilon_1}{\varepsilon_1} \cdot \Big[\varphi_{12} \cdot (J_1 - J_2) + \varphi_{13} \cdot (J_1 - J_3)\Big] = E_{\mathrm{S},1} \tag{8.300}$$

$$J_2 + \frac{1-\varepsilon_2}{\varepsilon_2} \cdot \Big[\varphi_{21} \cdot (J_2 - J_1) + \varphi_{23} \cdot (J_2 - J_3)\Big] = E_{\mathrm{S},2} \tag{8.301}$$

$$J_3 + \frac{1-\varepsilon_3}{\varepsilon_3} \cdot \Big[\varphi_{31} \cdot (J_3 - J_1) + \varphi_{32} \cdot (J_3 - J_2)\Big] = E_{\mathrm{S},3} \tag{8.302}$$

Multiplikation der i-ten Gleichung mit ε_i und entsprechende Umordnung nach den Helligkeiten J_j führt auf:

$$\Big[\varepsilon_1 + (1-\varepsilon_1)(\varphi_{12}+\varphi_{13})\Big] J_1 - (1-\varepsilon_1)\,\varphi_{12}\,J_2 - (1-\varepsilon_1)\,\varphi_{13}\,J_3 = \varepsilon_1 E_{\mathrm{S},1} \tag{8.303}$$

$$-(1-\varepsilon_2)\,\varphi_{21}\,J_1 + \Big[\varepsilon_2 + (1-\varepsilon_2)(\varphi_{21}+\varphi_{23})\Big] J_2 - (1-\varepsilon_2)\,\varphi_{23}\,J_3 = \varepsilon_2 E_{\mathrm{S},2} \tag{8.304}$$

$$-(1-\varepsilon_3)\,\varphi_{31}\,J_1 - (1-\varepsilon_3)\,\varphi_{32}\,J_2 + \Big[\varepsilon_3 + (1-\varepsilon_3)(\varphi_{31}+\varphi_{32})\Big] J_3 = \varepsilon_3 E_{\mathrm{S},3} \tag{8.305}$$

Der Faktor bei J_1 in Gl. (8.303) kann mithilfe der Summationsbedingung (8.117) für ① vereinfacht werden:

$$\varphi_{11} + \varphi_{12} + \varphi_{13} = 1 \quad \Rightarrow \quad \varphi_{11} = 1 - \varphi_{12} - \varphi_{13} \quad \Rightarrow \quad 1 - \varphi_{11} = \varphi_{12} + \varphi_{13}$$

$$\Big[\varepsilon_1 + (1-\varepsilon_1) \cdot (\varphi_{12}+\varphi_{13})\Big] = \varepsilon_1 \cdot (1 - \varphi_{12} - \varphi_{13}) + (\varphi_{12} + \varphi_{13})$$

$$= \varepsilon_1 \cdot \varphi_{11} + (1 - \varphi_{11}) = 1 - (1-\varepsilon_1) \cdot \varphi_{11} \tag{8.306}$$

Analoge Beziehungen gelten auch für die Faktoren bei J_2 in Gl. (8.304) und J_3 in Gl. (8.305):

$$\Big[\varepsilon_2 + (1-\varepsilon_2) \cdot (\varphi_{21}+\varphi_{23})\Big] = 1 - (1-\varepsilon_2) \cdot \varphi_{22} \tag{8.307}$$

$$\Big[\varepsilon_3 + (1-\varepsilon_3) \cdot (\varphi_{31}+\varphi_{32})\Big] = 1 - (1-\varepsilon_3) \cdot \varphi_{33} \tag{8.308}$$

Damit vereinfachen sich die Gln. (8.303)–(8.305) folgendermaßen:

$$\Big[1 - (1-\varepsilon_1)\,\varphi_{11}\Big] \cdot J_1 - (1-\varepsilon_1)\,\varphi_{12} \cdot J_2 - (1-\varepsilon_1)\,\varphi_{13} \cdot J_3 = \varepsilon_1 E_{\mathrm{S},1} \tag{8.309}$$

$$-(1-\varepsilon_2)\,\varphi_{21} \cdot J_1 + \Big[1 - (1-\varepsilon_2)\,\varphi_{22}\Big] \cdot J_2 - (1-\varepsilon_2)\,\varphi_{23} \cdot J_3 = \varepsilon_2 E_{\mathrm{S},2} \tag{8.310}$$

$$-(1-\varepsilon_3)\,\varphi_{31} \cdot J_1 - (1-\varepsilon_3)\,\varphi_{32} \cdot J_2 + \Big[1 - (1-\varepsilon_3)\,\varphi_{33}\Big] \cdot J_3 = \varepsilon_3 E_{\mathrm{S},3} \tag{8.311}$$

Das lineare Gleichungssystem (8.309)–(8.311) lässt sich mit der Koeffizienten-Matrix $\mathbf{A}$, dem Lösungsvektor $\vec{J}$ und der rechten Seite $\vec{b}$ kompakter schreiben:

$$\mathbf{A}\cdot\vec{J}=\vec{b} \tag{8.312}$$

$$\mathbf{A}=\begin{bmatrix} 1-(1-\varepsilon_1)\,\varphi_{11} & -(1-\varepsilon_1)\,\varphi_{12} & -(1-\varepsilon_1)\,\varphi_{13} \\ -(1-\varepsilon_2)\,\varphi_{21} & 1-(1-\varepsilon_2)\,\varphi_{22} & -(1-\varepsilon_2)\,\varphi_{23} \\ -(1-\varepsilon_3)\,\varphi_{31} & -(1-\varepsilon_3)\,\varphi_{32} & 1-(1-\varepsilon_3)\,\varphi_{33} \end{bmatrix} \tag{8.313}$$

$$\vec{J}=\begin{bmatrix} J_1 \\ J_2 \\ J_3 \end{bmatrix};\qquad \vec{b}=\begin{bmatrix} \varepsilon_1\,E_{S,1} \\ \varepsilon_2\,E_{S,2} \\ \varepsilon_3\,E_{S,3} \end{bmatrix} \tag{8.314}$$

Mit den Temperaturen

$$T_1=\vartheta_1+T_0=26\ ^\circ\text{C}+273{,}15\ \text{K}=299{,}15\ \text{K} \tag{8.315}$$

$$T_2=\vartheta_2+T_0=16\ ^\circ\text{C}+273{,}15\ \text{K}=289{,}15\ \text{K} \tag{8.316}$$

$$T_3=\vartheta_3+T_0=19\ ^\circ\text{C}+273{,}15\ \text{K}=292{,}15\ \text{K} \tag{8.317}$$

erhält man folgende konkreten Zahlenwerte:

$$\mathbf{A}=\begin{bmatrix} 1{,}000 & -0{,}016 & -0{,}074 \\ -0{,}050 & 1{,}000 & -0{,}110 \\ -0{,}045 & -0{,}021 & 0{,}946 \end{bmatrix} \tag{8.318}$$

$$\vec{b}=\begin{bmatrix} 413{,}22 \\ 332{,}93 \\ 363{,}49 \end{bmatrix}\ \text{W/m}^2 \tag{8.319}$$

Das lineare Gleichungssystem (8.312) kann beispielsweise mit dem Gauß'schen Algorithmus oder einem anderen geeigneten Verfahren gelöst werden. Im Ergebnis erhält man für die Helligkeiten:

$$\vec{J}=\begin{bmatrix} 450{,}31 \\ 401{,}05 \\ 414{,}56 \end{bmatrix}\ \text{W/m}^2 \tag{8.320}$$

Aus dem thermischen Ersatzschaltbild 8.79 folgt, dass der vom Fußboden abgestrahlte Wärmestrom $\dot{Q}_1$ sich in die Wärmeströme $\dot{Q}_{12}$ und $\dot{Q}_{13}$ aufteilt. Diese berechnen sich entsprechend der elektrischen Analogie mit den jeweiligen Helligkeiten:

$$\dot{Q}_{12}=\frac{J_1-J_2}{R_{12}}=(J_1-J_2)\cdot\varphi_{12}\cdot A_1 \tag{8.321}$$

$$\dot{Q}_{13}=\frac{J_1-J_3}{R_{13}}=(J_1-J_3)\cdot\varphi_{13}\cdot A_1 \tag{8.322}$$

Für die gesuchte Wärmestromdichte $\dot{q}_1$ folgt damit:

$$\begin{aligned}\dot{q}_1&=\frac{\dot{Q}_1}{A_1}=\frac{\dot{Q}_{12}+\dot{Q}_{13}}{A_1}=(J_1-J_2)\cdot\varphi_{12}+(J_1-J_3)\cdot\varphi_{13}=\\&=J_1\cdot(\varphi_{12}+\varphi_{13})-J_2\cdot\varphi_{12}-J_3\cdot\varphi_{13}=J_1\cdot(1-\cancelto{0}{\varphi_{11}})-J_2\cdot\varphi_{12}-J_3\cdot\varphi_{13}\\&=J_1-J_2\cdot\varphi_{12}-J_3\cdot\varphi_{13}=38{,}12\ \text{W/m}^2\end{aligned} \tag{8.323}$$

◄

Zusammenfassung und Ausblick:

- Die bei der Berechnung des Strahlungsaustausches in Mehrkörpersystemen mit N Körpern auftretenden N Helligkeiten können aus einem linearen $(N\times N)$-Gleichungssystem berechnet werden.
- Das Gleichungssystem lässt sich in Matrizenschreibweise übersichtlich darstellen.
- Die Koeffizienten der jeweiligen Helligkeiten können anhand von Gl. (8.313) gewonnen werden.
- Die Emissionen der am Strahlungsaustausch beteiligten Oberflächen gehen gemäss Gl. (8.314) in die rechte Seite des Gleichungssystems ein.
- Das lineare (3×3)-Gleichungssystem der vereinfachten Konfiguration kann z. B. mit dem Gauß'schen Algorithmus gelöst werden.
- Das (6×6)-Gleichungssystem aus der ursprünglichen Konfiguration lässt sich komfortabel mit den in gängigen Tabellenkalkulationsprogrammen zur Verfügung stehenden Matrix-Funktionen lösen.

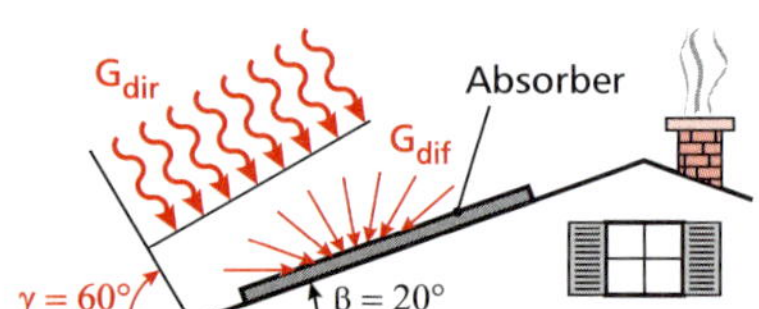

Bild 8.80: *In das Steildach integrierter Absorber mit direkt und diffus auftreffender Solarstrahlung.*

Bekannte Größen:

▷ Absorber:

Neigungswinkel:	$\beta=20°$
spektrale Absorption:	$a(\lambda\leq 2\ \mu\text{m})=a_1=0{,}90$
	$a(\lambda> 2\ \mu\text{m})=a_2=0{,}05$
Temperatur:	$\vartheta_A=100\ °\text{C}$

▷ Sonne:

Höhenwinkel:	$\gamma=60°$
direkte Strahlung:	$G_{dir}=883\ \text{W/m}^2$
diffuse Strahlung:	$G_{dif}=129\ \text{W/m}^2$
Temperatur:	$T_S=5\,762\ \text{K}$

▷ Umgebungsluft:

Temperatur:	$\vartheta_\infty=30\ °\text{C}$
Wärmeübergangskoeffizient:	$\alpha=5{,}6\ \text{W/(m}^2\,\text{K)}$

▷ Himmel:

effektive Temperatur:	$\vartheta_H=-10\ °\text{C}$
Einstrahlzahl:	$\varphi_H=\dfrac{1+\cos(\beta)}{2}$

Gesuchte Größen:

solarer Absorptionskoeffizient:	a_{sol}
Emissionsgrad:	ε
auftreffende Gesamtstrahlung:	G_{ges}
spezifische Nutzwärme:	$\dot{q}_N$
thermische Effizienz:	η

▶ Beispiel 8.7:

Der Absorber auf dem Dach von Herbert Hagelkorn ist an der Unterseite sehr gut wärmegedämmt und weist einen Neigungswinkel von $\beta=20°$ gegen die Horizontale sowie für Wellenlängen bis $\lambda\leq 2\ \mu\text{m}$ einen Absorptionsgrad von $a(\lambda)=a_1=0{,}90$ auf. Für höhere Wellenlängen beträgt der Absorptionsgrad konstant $a(\lambda)=a_2=0{,}05$. An einem windstillen Sommertag (Höhenwinkel der Sonne $\gamma=60°$, direkt auftreffende Strahlung $G_{dir}=883$ W/m², diffus auftreffende Strahlung $G_{dif}=129$ W/m², Luft- und Umgebungstemperatur $\vartheta_\infty=30$ °C, effektive Himmelstemperatur $\vartheta_H=-10$ °C) besitzt der Absorber die Oberflächentemperatur $\vartheta_A=100$ °C und einen konstanten Wärmeübergangskoeffizienten zur Umgebungsluft von $\alpha=5{,}6$ W/(m² K). Die Sonnenstrahlung weist die spektrale Strahlungsverteilung eines schwarzen Körpers mit $T_S=5\,762$ K auf. Die Einstrahlzahl zum Himmel φ_H einer Fläche mit dem Neigungswinkel β beträgt $\dfrac{1+\cos(\beta)}{2}$.

(a) Bestimmen Sie den Absorptionskoeffizienten a_{sol} des Absorbers.

(b) Wie hoch ist der Emissionsgrad ε des Absorbers?

(c) Wie hoch ist die auf die Absorberplatte auftreffende Gesamtstrahlung G_{ges}?

(d) Berechnen Sie die spezifische Nutzwärme $\dot{q}_N$ des Absorbers.

(e) Wie hoch ist die thermische Effizienz η des Absorbers?

Lösung:

(a) integraler Absorptionskoeffizient:

Da die spektrale Einstrahlung $G_\lambda(\lambda)$ proportional zur Emission eines schwarzen Körpers mit $T=T_S$ ist, gilt nach Gl. (8.28) und Gl. (8.40):

$$a_{sol}=\frac{\int\limits_0^\infty a(\lambda)\cdot G_\lambda(\lambda)\,d\lambda}{\int\limits_0^\infty G_\lambda(\lambda)\,d\lambda}=\frac{\int\limits_0^\infty a(\lambda)\cdot E_{S,\lambda}(\lambda,T_S)\,d\lambda}{\int\limits_0^\infty E_{S,\lambda}(\lambda,T_S)\,d\lambda}=\frac{\int\limits_0^\infty a(\lambda)\cdot E_{S,\lambda}(\lambda,T_S)\,d\lambda}{E_S(\lambda,T_S)}$$

$$=\frac{\int\limits_0^{2\,\mu\text{m}} a(\lambda)\cdot E_{S,\lambda}(\lambda,T_S)\,d\lambda+\int\limits_{2\,\mu\text{m}}^\infty a(\lambda)\cdot E_{S,\lambda}(\lambda,T_S)\,d\lambda}{E_S(\lambda,T_S)} \tag{8.324}$$

Da die spektrale Absorption in den Wellenlängenintervallen $[0;2\,\mu\text{m}]$ und $[2\,\mu\text{m};\infty[$ konstant ist, können die entsprechenden Terme a_1 bzw. a_2 vor die Integrale gezogen werden:

$$a_{sol}=\frac{a_1\cdot\int\limits_0^{2\,\mu\text{m}} E_{S,\lambda}(\lambda,T_S)\,d\lambda+a_2\cdot\int\limits_{2\,\mu\text{m}}^\infty E_{S,\lambda}(\lambda,T_S)\,d\lambda}{E_S(\lambda,T_S)} \tag{8.325}$$

Die Integrale in Gl. (8.325) stellen die jeweiligen Strahlungsfunktionen des schwarzen Körpers dar:

$$\frac{\int\limits_0^{2\,\mu\mathrm{m}} E_{\mathrm{S},\lambda}(\lambda, T_\mathrm{S})\,\mathrm{d}\lambda}{E_\mathrm{S}(\lambda, T_\mathrm{S})} = f_{0\to 2\,\mu\mathrm{m}}(T_\mathrm{S}) \tag{8.326}$$

$$\frac{\int\limits_{2\,\mu\mathrm{m}}^{\infty} E_{\mathrm{S},\lambda}(\lambda, T_\mathrm{S})\,\mathrm{d}\lambda}{E_\mathrm{S}(\lambda, T_\mathrm{S})} = f_{2\,\mu\mathrm{m}\to\infty}(T_\mathrm{S}) \tag{8.327}$$

Mit $\lambda_1 \cdot T_\mathrm{S} = 2\,\mu\mathrm{m} \cdot 5\,762\,\mathrm{K} = 11\,524\,\mathrm{K}\,\mu\mathrm{m} \approx 11\,500\,\mathrm{K}\,\mu\mathrm{m}$ folgt aus Tabelle 8.2:

$$f_{0\to 2\,\mu\mathrm{m}}(T_\mathrm{S}) = 0{,}939959 \quad \text{und} \quad f_{0\to\infty}(T_\mathrm{S}) = 1 \tag{8.328}$$

$$f_{2\,\mu\mathrm{m}\to\infty}(T_\mathrm{S}) = f_{0\to\infty}(T_\mathrm{S}) - f_{0\to 2\,\mu\mathrm{m}}(T_\mathrm{S}) = 1 - 0{,}939959 = 0{,}060041 \tag{8.329}$$

Damit beträgt der integrale Absorptionskoeffizient a_sol:

$$\begin{aligned} a_\mathrm{sol} &= a_1 \cdot f_{0\to 2\,\mu\mathrm{m}}(T_\mathrm{S}) + a_2 \cdot f_{2\,\mu\mathrm{m}\to\infty}(T_\mathrm{S}) \\ &= 0{,}90 \cdot 0{,}939959 + 0{,}05 \cdot 0{,}060041 = 0{,}85 \end{aligned} \tag{8.330}$$

(b) Emissionsgrad:

Für den Emissionsgrad ε gilt analog zu Teilaufgabe (a) mit der Temperatur $T_\mathrm{A} = \vartheta_\mathrm{A} + T_0 = 373{,}15$ K des Absorbers:

$$\varepsilon = \frac{\int\limits_0^\infty \varepsilon(\lambda) \cdot E_{\mathrm{S},\lambda}(\lambda, T_\mathrm{A})\,\mathrm{d}\lambda}{\int\limits_0^\infty E_{\mathrm{S},\lambda}(\lambda, T_\mathrm{A})\,\mathrm{d}\lambda} = \frac{\int\limits_0^\infty \varepsilon(\lambda) \cdot E_{\mathrm{S},\lambda}(\lambda, T_\mathrm{A})\,\mathrm{d}\lambda}{E_\mathrm{S}(\lambda, T_\mathrm{A})} \tag{8.331}$$

Eine diffus strahlende Oberfläche kann als grauer Strahler angenähert werden, d. h. es gilt das Kirchhoff'sche Gesetz (8.45):

$$\varepsilon(\lambda) = a(\lambda) \tag{8.332}$$

$$\varepsilon = \frac{\int\limits_0^{2\,\mu\mathrm{m}} a(\lambda) \cdot E_{\mathrm{S},\lambda}(\lambda, T_\mathrm{A})\,\mathrm{d}\lambda + \int\limits_{2\,\mu\mathrm{m}}^\infty a(\lambda) \cdot E_{\mathrm{S},\lambda}(\lambda, T_\mathrm{S})\,\mathrm{d}\lambda}{E_\mathrm{S}(\lambda, T_\mathrm{A})} \tag{8.333}$$

Die konstanten Koeffizienten können wieder vor die Integrale, die die jeweiligen Strahlungsfunktionen des schwarzen Körpers bei $T = T_\mathrm{A}$ darstellen, gezogen werden:

$$\begin{aligned} \varepsilon &= \frac{a_1 \cdot \int\limits_0^{2\,\mu\mathrm{m}} E_{\mathrm{S},\lambda}(\lambda, T_\mathrm{A})\,\mathrm{d}\lambda + a_2 \cdot \int\limits_{2\,\mu\mathrm{m}}^\infty E_{\mathrm{S},\lambda}(\lambda, T_\mathrm{A})\,\mathrm{d}\lambda}{E_\mathrm{S}(\lambda, T_\mathrm{A})} \\ &= a_1 \cdot f_{0\to 2\,\mu\mathrm{m}}(T_\mathrm{A}) + a_2 \cdot f_{2\,\mu\mathrm{m}\to\infty}(T_\mathrm{A}) \end{aligned} \tag{8.334}$$

Mit $\lambda_1 \cdot T_\mathrm{A} = 2\,\mu\mathrm{m} \cdot 373{,}15\,\mathrm{K} = 746{,}3\,\mathrm{K}\,\mu\mathrm{m}$ folgt durch lineare Interpolation aus Tabelle 8.2:

$$f_{0\to 2\,\mu\mathrm{m}}(T_\mathrm{A}) = 0{,}000012 \quad \text{und} \quad f_{0\to\infty}(T_\mathrm{A}) = 1 \tag{8.335}$$

$$f_{2\,\mu\mathrm{m}\to\infty}(T_\mathrm{A}) = f_{0\to\infty}(T_\mathrm{A}) - f_{0\to 2\,\mu\mathrm{m}}(T_\mathrm{A}) = 1 - 0{,}000012 = 0{,}999988 \tag{8.336}$$

Damit erhält man für den Emissionsgrad des Absorbers:

$$\begin{aligned} \varepsilon &= a_1 \cdot f_{0\to 2\,\mu\mathrm{m}}(T_\mathrm{A}) + a_2 \cdot f_{2\,\mu\mathrm{m}\to\infty}(T_\mathrm{A}) \\ &= 0{,}90 \cdot 0{,}000012 + 0{,}05 \cdot 0{,}999988 = 0{,}05 \end{aligned} \tag{8.337}$$

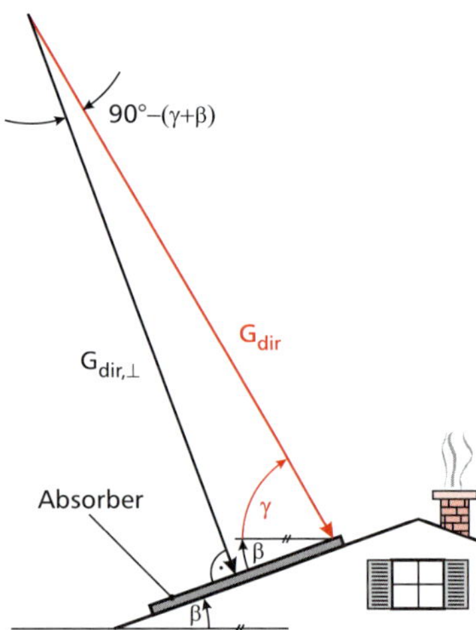

Bild 8.81: *Auftreffende Strahlung.*

Zusammenfassung und Ausblick:

- Mithilfe der Strahlungsfunktion des schwarzen Körpers können aus spektralen Strahlungskenngrößen integrale Kennwerte berechnet werden, wobei das jeweilige Temperaturniveau zu beachten ist.
- Die auf eine Fläche auftreffende Solarstrahlung setzt sich aus einem direkten und einem diffusen Strahlungsanteil zusammen, wobei der Direktanteil vom Winkel zwischen Flächennormale und Sonnenrichtung abhängt.
- Als primäre Verluste treten bei Solarabsorbern Wärmeabflüsse infolge von Konvektion und Strahlung auf.
- Der Strahlungsverlust wird in der Praxis mit selektiven Beschichtungen (hohe solare Absorption, geringe langwellige Emission) reduziert.
- Der Konvektionsverlust an die Umgebungsluft wird durch Einhausen der Absorberplatte mit einer vorgesetzten, möglichst hochtransparenten Glasscheibe vermindert, wobei ein sogenannter Solarkollektor entsteht.
- Der Wirkungsgrad eines Solarabsorbers nimmt mit zunehmender Absorbertemperatur ab, da die Verluste entsprechend ansteigen.

(c) auftreffende Gesamtstrahlung:

Die auftreffende Gesamtstrahlung G_{ges} setzt sich aus einem direkten und einem diffusen Strahlungsanteil zusammen. Dabei ist bei der Direktstrahlung der senkrecht auf den Absorber auftreffende Anteil maßgeblich, der sich mit dem Differenzwinkel $90° - \gamma - \beta$ durch entsprechende Projektion ergibt (Bild 8.81):

$$G_{\text{dir},\perp} = G_{\text{dir}} \cdot \cos(90° - \gamma - \beta) = 883\ \text{W/m}^2 \cdot \cos(10°) = 869{,}59\ \text{W/m}^2 \quad (8.338)$$

Damit beträgt die auftreffende Gesamtstrahlung:

$$G_{\text{ges}} = G_{\text{dir},\perp} + G_{\text{dif}} = 869{,}59\ \text{W/m}^2 + 129\ \text{W/m}^2 = 998{,}59\ \text{W/m}^2 \quad (8.339)$$

(d) aus dem Absorber abführbare spezifische Nutzwärme:

Die nutzbare spezifische Wärme $\dot{q}_{\text{N}}$ folgt aus einer stationären Energiebilanz am Absorber als Differenz zwischen der absorbierten solaren Strahlungsdichte G_{abs}, der konvektiv an die Umgebungsluft abgegebenen Wärmestromdichte $\dot{q}_\alpha$ und den in die Umgebung und den Himmel abgestrahlten Netto-Strahlungswärmestromdichten $\dot{q}_{\varepsilon,\text{U}}$ und $\dot{q}_{\varepsilon,\text{H}}$:

$$G_{\text{abs}} - \dot{q}_\alpha - \dot{q}_{\varepsilon,\text{U}} - \dot{q}_{\varepsilon,\text{H}} - \dot{q}_{\text{N}} = 0 \quad (8.340)$$

Die absorbierte Strahlungsdichte ergibt sich mit aus dem Absorptionskoeffizienten und der auftreffenden Strahlung:

$$G_{\text{abs}} = a_{\text{sol}} \cdot G_{\text{ges}} = 848{,}80\ \text{W/m}^2 \quad (8.341)$$

Für den konvektiv abgegebenen spezifischen Wärmestrom gilt das Newton'sche Abkühlungsgesetz (1.13):

$$\dot{q}_\alpha = \alpha \cdot (\vartheta_{\text{A}} - \vartheta_\infty) = 392\ \text{W/m}^2 \quad (8.342)$$

Die Einstrahlzahlen des Absorbers zum Himmel und zur Umgebung betragen:

$$\varphi_{\text{H}} = \frac{1 + \cos(\beta)}{2} = 0{,}97 \quad (8.343)$$

$$\varphi_{\text{U}} = 1 - \varphi_{\text{H}} = 0{,}03 \quad (8.344)$$

Für die abgestrahlten Wärmestromdichten gilt nach dem Stefan-Boltzmann'schen Strahlungsgesetz (1.18) unter Berücksichtigung der Einstrahlverhältnisse ($A_{\text{A}}/A_{\text{U}} \to 0$; $A_{\text{A}}/A_{\text{H}} \to 0$) laut Gl. (8.71):

$$\dot{q}_{\varepsilon,\text{U}} = \frac{\sigma}{\dfrac{1-\varepsilon}{\varepsilon} + \dfrac{1}{\varphi_{\text{U}}}} \cdot \left(T_{\text{A}}^4 - T_\infty^4\right) = 11{,}86\ \text{W/m}^2 \quad (8.345)$$

$$\dot{q}_{\varepsilon,\text{H}} = \frac{\sigma}{\dfrac{1-\varepsilon}{\varepsilon} + \dfrac{1}{\varphi_{\text{H}}}} \cdot \left(T_{\text{A}}^4 - T_{\text{H}}^4\right) = 41{,}31\ \text{W/m}^2 \quad (8.346)$$

Damit ergibt sich als spezifische Nutzwärme:

$$\dot{q}_{\text{N}} = G_{\text{abs}} - \dot{q}_\alpha - \dot{q}_{\varepsilon,\text{U}} - \dot{q}_{\varepsilon,\text{H}} = 403{,}64\ \text{W/m}^2 \quad (8.347)$$

(e) thermische Effizienz des Absorbers:

Die thermische Effizienz stellt das Verhältnis von Nutzwärme und Strahlungsangebot dar:

$$\eta = \frac{\dot{q}_{\text{N}}}{G_{\text{ges}}} = 40{,}42\ \% \quad (8.348)$$

◄

8.3 Aufgaben zum Selbststudium

► Aufgabe 8.1: (Ex)

Das Schlafzimmer von Sigi Schnarchzapfen ($L = 3$ m, $B = 5$ m, $H = 2{,}5$ m) wird von einer Deckenheizung ($\varepsilon_D = 0{,}8$, $\vartheta_D = 50$ °C) beheizt. Die übrigen Raumumschließungsflächen weisen die Temperatur $\vartheta_R = 20$ °C und den Emissionsgrad $\varepsilon_R = 0{,}9$ auf.

(a) Zeichnen Sie das thermische Ersatzschaltbild für die Strahlung zwischen der Decke und den übrigen Raumumschließungsflächen mit den entsprechenden Widerständen und Strahlungskenngrößen.

(b) Wie groß ist die Einstrahlzahl $\varphi_{D\,R}$ zwischen der Decke und den übrigen Umschließungsflächen?

(c) Bestimmen Sie die thermischen Widerstände allgemein und zahlenmäßig.

(d) Wie groß sind die Emissionen $E_{S,D}$ der Decke und $E_{S,R}$ der übrigen Raumumschließungsflächen?

(e) Welcher Wärmestrom $\dot{Q}_{D\,R}$ fließt infolge von Strahlung von der Decke zu den übrigen Umschließungsflächen?

(f) Wie groß sind die Helligkeiten J_D und J_R von Decke und Umschließungsflächen?

(g) Bestimmen Sie die auf die Decke und die Raumumschließungsflächen auftreffende Strahlung G_D und G_R.

► Aufgabe 8.2:

Hobbybastler Heini Heizer will die in Bild 8.82 dargestellte Heizvorrichtung mit scheibenförmiger Heizlampe (L) und nach unten und seitlich adiabatem Pizzateller (P) zum Warmhalten von Pizzas nach deren Zubereitung zum Patent anmelden. Patentingenieurin Susi Sorglos ist hinsichtlich der Funktionsweise skeptisch und verlangt eine wärmetechnische Analyse der Vorrichtung.

Aus dem Patentantrag liegen folgende Daten der Heizvorrichtung vor:
$D_P = 30$ cm; $D_L = 48$ cm; $H = 30$ cm; $\vartheta_P = 40$ °C; $\vartheta_L = 200$ °C; $\vartheta_\infty = 20$ °C

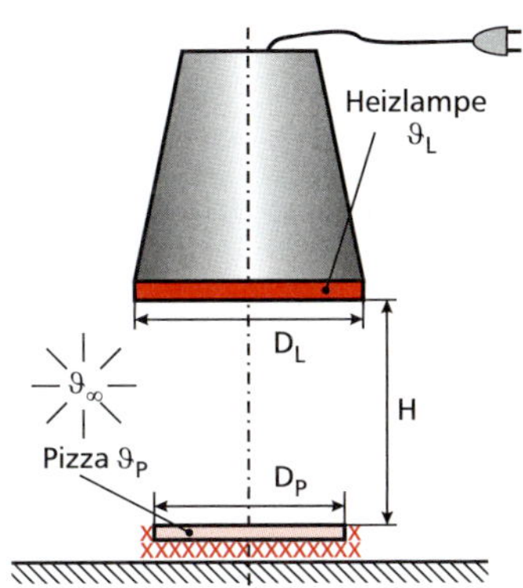

Bild 8.82: *Skizze der Warmhaltevorrichtung.*

(a) Bestimmen Sie die Einstrahlzahl $\varphi_{L\,P}$ zwischen Heizlampe und Pizzateller sowie die Einstrahlzahl $\varphi_{P\,L}$ zwischen Pizzateller und Heizlampe.

(b) Berechnen Sie den zwischen Heizlampe und Pizza durch Strahlung übertragenen Wärmestrom $\dot{Q}^*_{L\,P}$ im günstigsten Fall.

(c) Susis Lieblingspizza weist einen Emissionsgrad von $\varepsilon_P = 0{,}7$ auf. Welcher radiative Wärmestrom $\dot{Q}_{L\,P}$ stellt sich bei einem Emissionsgrad der Heizlampe von $\varepsilon_L = 0{,}9$ nun zwischen Heizlampe und Pizza ein?

(d) Bestimmen Sie die Wärmeübergangskoeffizienten $\alpha_{Str,P}$ und $\alpha_{Str,\infty}$ in Bezug auf die von der Heizlampe abstrahlten Wärmeströme $\dot{Q}_{L\,P}$ zur Pizza und $\dot{Q}_{L\,\infty}$ in die Umgebung.

(e) Berechnen Sie den Wärmestrom $\dot{Q}_\alpha$, den die Pizza konvektiv an die Umgebungsluft der Temperatur ϑ_∞ abgibt. Bewerten Sie das Ergebnis Ihrer Berechnung im Hinblick auf die Funktionsweise der Vorrichtung, wenn der Emissionsgrad der Umgebung $\varepsilon_\infty = 0{,}9$ beträgt.

(f) Welche Temperatur ϑ^*_L muss die Heizlampe aufweisen, damit die Soll-Temperatur ϑ_P der Pizza erreicht wird?

Bild 8.83: *Beispiel für Strahlungsheizung: Heizstrahler unter einem Zeltdach.*

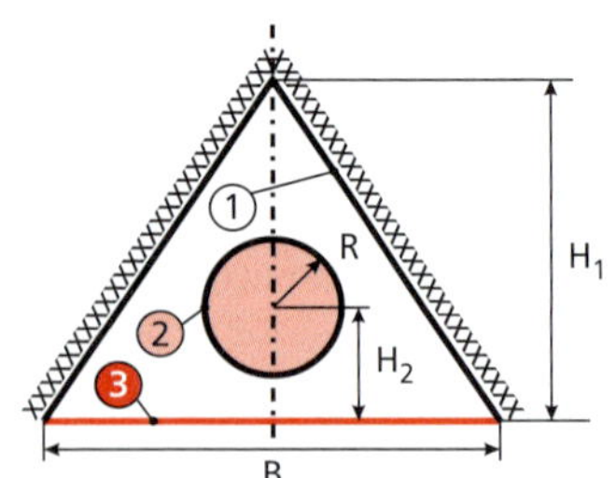

Bild 8.84: *Geometrie des Heizstrahlers.*

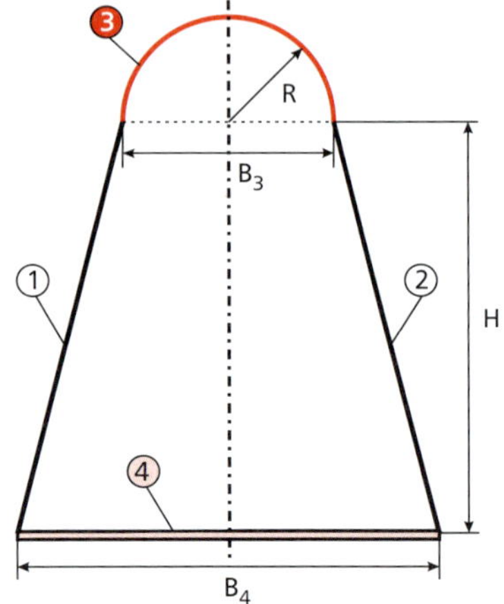

Bild 8.85: *Geometrie der Trockenanlage.*

► Aufgabe 8.3:

Das Wohnzimmer von Willi Wühlmaus ($L = 3{,}75$ m, $B = 5$ m, $H = 2{,}5$ m) wird von einer Fußbodenheizung ($\varepsilon_{\mathrm{F}} = 0{,}9$) mit der Oberflächentemperatur $\vartheta_{\mathrm{F}} = 27$ °C beheizt. Die schlecht wärmegedämmte Decke weist eine Oberflächentemperatur von $\vartheta_{\mathrm{D}} = 15$ °C und einen Emissionsgrad von $\varepsilon_{\mathrm{D}} = 0{,}75$ auf, während die Wände aufgrund ihrer guten Wärmedämmung als rückstrahlende Oberflächen angenähert werden können.

(a) Zeichnen Sie das thermische Ersatzschaltbild für den Wärmetransport durch Strahlung vom Fußboden zu den übrigen Raumumschließungsflächen mit den jeweiligen Widerständen und Strahlungskenngrößen.

(b) Wie groß sind die Einstrahlzahlen $\varphi_{\mathrm{F\,D}}$ zwischen Fußboden und Decke und $\varphi_{\mathrm{F\,R}}$ zwischen Fußboden und den übrigen Umschließungsflächen?

(c) Bestimmen Sie die maßgeblichen Strahlungswiderstände.

(d) Fassen Sie den zwischen Fußboden und Decke wirksamen Widerstand zu einem resultierenden Gesamtwiderstand R_{ges} zusammen.

(e) Wie groß sind die Emissionen $E_{\mathrm{S,F}}$ und $E_{\mathrm{S,D}}$ von Fußboden und Decke?

(f) Welcher Wärmestrom $\dot{Q}_{\mathrm{F\,D}}$ fließt aufgrund von Strahlung vom Fußboden zur Decke?

► Aufgabe 8.4:

Der in Bild 8.84 skizzierte Infrarot-Strahler (Wärmeleistung $\dot{Q}_2 = 1\,800$ W) im Bierzelt von Bartholomäus Bierdimpfl bestehend aus

① rückseitig ideal wärmegedämmtem Reflektor ($H_1 = 150$ mm, $\varepsilon_1 = 0{,}50$)

② zylindrischem Heizelement ($R = 30$ mm, $H_2 = 50$ mm, $\varepsilon_2 = 0{,}85$)

③ Durchtrittsfläche zur Umgebung ($B = 200$ mm, $\varepsilon_3 = 0{,}9$)

wird von Ingenieur Hansi Hautscho zur Deckenheizung einer sehr langen Industriehalle ($L_{\mathrm{Strahler}} = L_{\mathrm{Halle}} = L = 50$ m, Umgebungstemperatur $\vartheta_\infty = 25$ °C) entworfen. Effekte an den Stirnflächen des Strahlers sind zu vernachlässigen.

(a) Berechnen Sie alle Einstrahlzahlen $\varphi_{\mathrm{i\,j}}$ $(i{,}j = 1 \ldots 3)$ der Konfiguration.

Hinweis: Die Durchtrittsfläche A_3 zur Umgebung ist dabei geeignet zu unterteilen.

(b) Berechnen Sie ausgehend von einem thermischen Schaltbild die Temperaturen des Heizelements ϑ_2 und des Reflektors ϑ_1 im stationären Fall.

Hinweis: Die Durchtrittsfläche A_3 ist dabei wie eine graue Oberfläche mit den Eigenschaften der Umgebung anzusehen.

► Aufgabe 8.5:

Eine von Ingenieur Isidor Ideenreich entworfene industrielle Trockenanlage (Höhe $H = 3$ m, Länge $L = 50$ m) besteht gemäß Bild 8.85 aus einer linksseitigen Abdeckung ①, einer rechtsseitigen Abdeckung ②, einer halbzylindrischen Haube ③ (Radius $R = B_3/2 = 1$ m, $\varepsilon_3 = 0{,}2$) und einer Heizfläche ④ (Breite $B_4 = 4$ m, $\varepsilon_4 = 0{,}9$, Heizleistung $\dot{Q}_4 = 2\,000$ W, $\vartheta_4 = 150$ °C). Die Abdeckungen sind rückseitig ideal wärmegedämmt.

(a) Berechnen Sie sämtliche Einstrahlzahlen $\varphi_{\mathrm{i\,j}}$ $(i{,}j = 1 \ldots 4)$ der Konfiguration unter Einführung eventueller Hilfsflächen.

(b) Zeichnen Sie das vollständige thermische Schaltbild der Konfiguration.

(c) Vereinfachen Sie das thermische Schaltbild soweit wie möglich.

(d) Berechnen Sie die Temperatur der Haube ϑ_3 sowie die Temperaturen der Abdeckungen ϑ_1 und ϑ_2 im stationären Fall.

▶ Aufgabe 8.6:

In der Versuchsapparatur von Timotheus Testtiger werden die in Bild 8.86 skizzierten konzentrischen Hohlkugeln mit den Radien R_1 und R_2 eingesetzt.

(a) Bestimmen Sie alle Einstrahlzahlen der Konfiguration.

(b) Welche Grenzwerte resultieren bei sehr kleiner innerer Kugel ($R_1 \to 0$)?

(c) Welche Grenzwerte folgen bei sehr großer äußerer Kugel ($R_2 \to \infty$)?

(d) Die Außenkugel besitzt die Temperatur $\vartheta_2 = 20$ °C, den Emissionsgrad $\varepsilon_2 = 0{,}2$ sowie den Radius $R_2 = 20$ cm. Welcher Strahlungswärmestrom $\dot{Q}_{1\,2}$ fließt zwischen den Kugeln, wenn die Innenkugel die Temperatur $\vartheta_1 = 50$ °C, den Radius $R_1 = 10$ cm und den Emissionsgrad $\varepsilon_1 = 0{,}9$ aufweist?

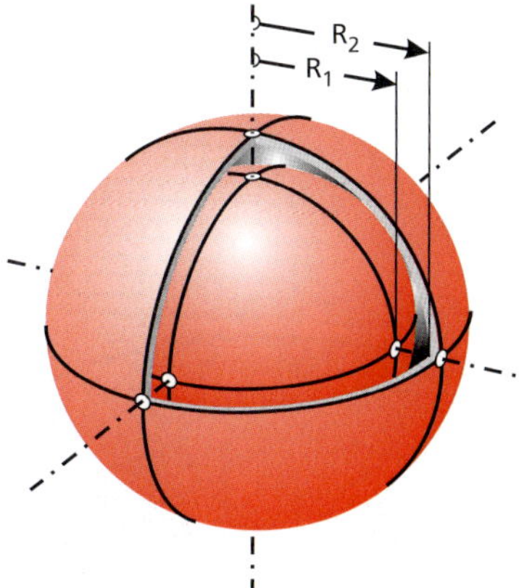

Bild 8.86: *Geometrie der Hohlkugeln.*

▶ Aufgabe 8.7:

Eine rückseitig ideal wärmegedämmte Heizfläche besitzt die Form einer offenen Halbkugel (Oberflächentemperatur $\vartheta_{\mathrm{H}} = 500$ °C, Emissionsverhältnis $\varepsilon_{\mathrm{H}} = 0{,}45$, Radius $R_{\mathrm{H}} = 30$ cm, vgl. Bild 8.87). Die Heizfläche steht im Strahlungsfeld mit einer sehr großen Umgebung der Temperatur $\vartheta_\infty = 25$ °C.

(a) Ermitteln Sie die Einstrahlzahl $\varphi_{\mathrm{H}\,\infty}$ zwischen Kalotte und Umgebung.

(b) Welcher Netto-Strahlungswärmestrom $\dot{Q}$ fließt zwischen Heizfläche und Umgebung?

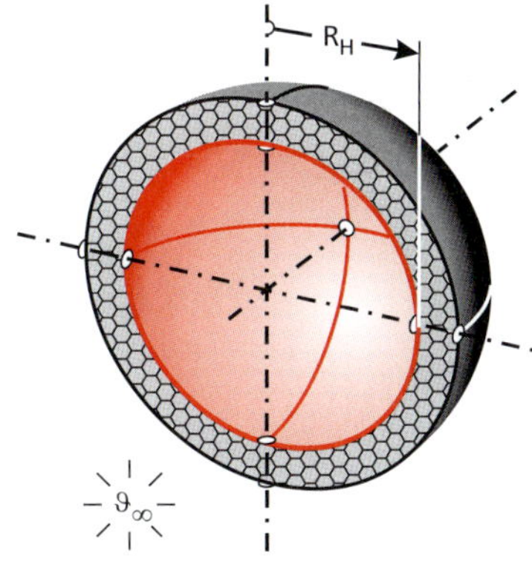

Bild 8.87: *Halbkugelförmige Heizfläche.*

▶ Aufgabe 8.8: Ex

Die Blanketvillage Blackhawks sollen ein neues Eishockey-Stadion erhalten. Die rechteckige Eisfläche ② (Breite $b = 30$ m, Länge $\ell = 60$ m, Temperatur $\vartheta_2 = -5$ °C, $\varepsilon_2 = 0{,}95$) ist mittig in die Bodenfläche des Stadions ③ (Breite $B = 50$ m, Länge $L = 100$ m, $\varepsilon_3 = 0{,}90$) integriert. Das Hallendach ① (Temperatur $\vartheta_1 = 8$ °C, $\varepsilon_1 = 0{,}50$) weist dieselbe Fläche auf wie der Hallenboden inkl. Eisfläche. Die Halle besitzt eine lichte Höhe von $H = 6$ m.

Die Helligkeit unter dem Hallendach beträgt $J_1 = 336$ W/m^2. Die Umschließungsflächen der Halle ④ sind als adiabat zu betrachten. Von den Hallenwänden fließt ein Wärmestrom von $\dot{Q}_{42} = 3\,002$ W an die Eisfläche. In einer vorbereitenden Analyse hat Rainer Zufall bereits die Einstrahlzahl zwischen Dach ① und Eisfläche ② mit $\varphi_{1\,2} = 0{,}343$ ermittelt.

(a) Berechnen Sie alle noch fehlenden Einstrahlzahlen $\varphi_{\mathrm{i\,j}}$ $(i,j = 1\ldots4)$ und stellen Sie diese in einer Einstrahlzahlen-Matrix zusammen.

(b) Zeichnen Sie das vollständige thermische Schaltbild der Konfiguration und geben Sie die maßgeblichen Widerstände allgemein und zahlenmäßig an.

(c) Welcher Strahlungswärmestrom $\dot{Q}_{1\,2}$ fließt stationär vom Dach ① an die Eisfläche ②? Welcher Wärmestrom $\dot{Q}_2$ ist von der Eisfläche abzuführen?

(d) Berechnen Sie die stationären Temperaturen der Wände ϑ_4 und des Bodens ϑ_3.

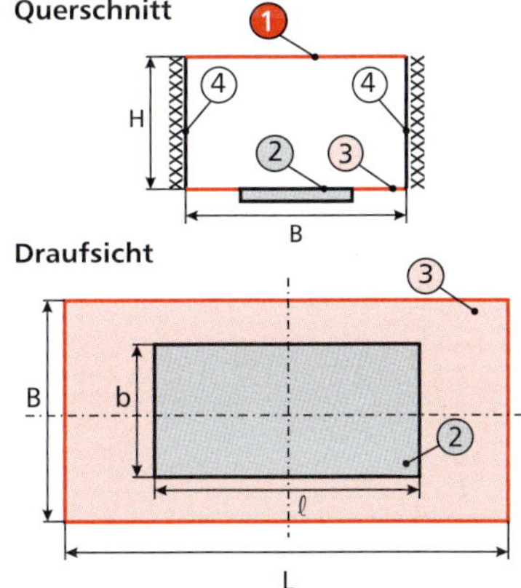

Bild 8.88: *Geometrie der Eishockey-Arena.*

▶ Aufgabe 8.9:

Berechnen Sie die Einstrahlzahl $\varphi_{\mathrm{R}\,\infty}$ zwischen den Rippenoberflächen, die den Luftspalt in Bild 6.46 von Aufgabe 6.7 bilden, und der außerhalb des Spalts liegenden Umgebung.

9 Aufgaben aus verschiedenen Themengebieten

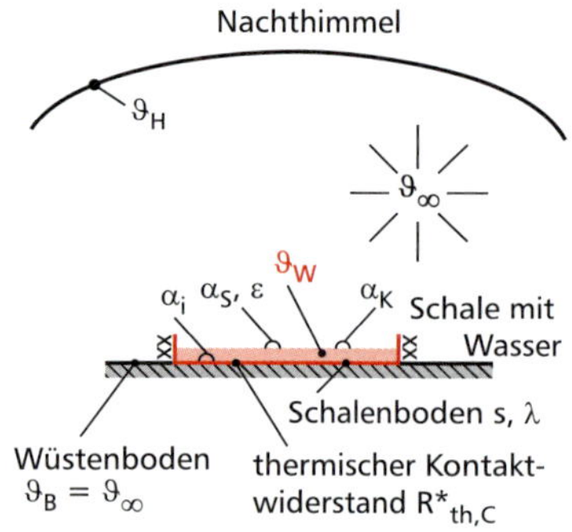

Bild 9.1: *Auf dem Wüstenboden abgestellte Schale mit Wasser.*

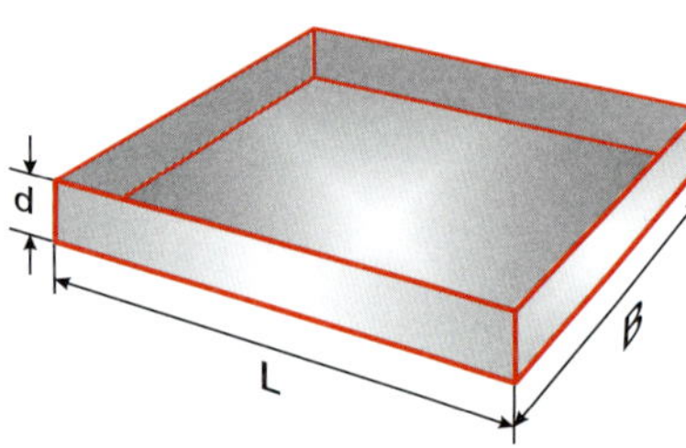

Bild 9.2: *Geometrie der Schale.*

► Aufgabe 9.1:

Maschinenbaustudent Tim Titan hat mit seinem Freund Justus Justitius gewettet, dass es in der Sahara nachts möglich ist, Eis zu erzeugen, indem man Wasser in einem Gefäß bei klarem Nachthimmel unter die Umgebungstemperatur abkühlt. Als Jurastudent verlangt Justus einen Beweis, den Tim in Form einer wärmetechnischen Nachrechnung des folgenden Modellversuchs liefert.

Nachts wird eine mit Wasser ($\vartheta_\mathrm{W} = 6$ °C, $c_\mathrm{p} = 4\,200$ J/(kg K), $\varrho = 1\,000$ kg/m^3) aus Tims Thermosflasche gefüllte flache Schale mit rechteckiger Grundfläche (lichte Maße: Länge $L = 0{,}2$ m, Breite $B = 0{,}1$ m, Tiefe $d = 0{,}01$ m, Wärmeleitfähigkeit $\lambda = 0{,}25$ W/(m K), Wandstärke $s = 2$ mm) bei einer Umgebungstemperatur von $\vartheta_\infty = 10$ °C auf den Wüstenboden gestellt, der ebenfalls die Temperatur ϑ_∞ aufweist.

Die freie Wasseroberfläche strahlt mit dem Emissionsgrad $\varepsilon = 0{,}9$ in den kalten klaren Nachthimmel ($\vartheta_\mathrm{H} = -60$ °C) ab. Der Wärmezufluss aus der windstillen Umgebungsluft und vom Boden her wirkt der Abkühlung des Wassers entgegen. Der Wärmetransport über die Seitenflächen der Schale ist vernachlässigbar. Die Stoffwerte der Luft bei Bezugstemperatur betragen $\nu_\mathrm{L} = 14{,}24 \cdot 10^{-6}$ m^2/s, $\lambda_\mathrm{L} = 24{,}79 \cdot 10^{-3}$ W/(m K), $Pr_\mathrm{L} = 0{,}7166$.

(a) Skizzieren Sie alle zwischen Wasser, Boden, Umgebung und Nachthimmel vorkommenden thermischen Widerstände mit den jeweils anliegenden Temperaturen und den auftretenden Wärmeströmen in einem thermischen Schaltbild.

(b) Berechnen Sie den Wärmeübergangskoeffizienten zwischen Wasseroberfläche und Wüstenluft α_K.

(c) Welcher Wärmestrom $\dot{Q}_\mathrm{K}$ wird von der Luft an das Wasser übertragen?

(d) Welcher Wärmestrom $\dot{Q}_\mathrm{B}$ fließt dem Wasser vom Boden zu, wenn zwischen Schaleninnenseite und Wasser ein Wärmeübergangskoeffizient von $\alpha_\mathrm{i} = 20$ W/(m^2 K) und an der Schalenaußenseite ein Kontaktwiderstand zum Sandboden von $R^*_\mathrm{th,\,C} = 0{,}01$ (m^2 K)/W auftritt?

(e) Welcher Wärmestrom $\dot{Q}_\mathrm{S}$ wird von der Wasseroberfläche an den Himmel abgegeben?

(f) Wie groß ist der Wärmeübergangskoeffizient für Strahlung α_S?

(g) Weisen Sie anhand einer Energiebilanz nach, dass sich die Wasseroberfläche tatsächlich abkühlt. Ist damit sichergestellt, dass schließlich Gefriertemperatur erreicht wird?

(h) Nennen Sie eine Maßnahme, durch die die Abkühlung beschleunigt werden könnte.

(i) Nach welcher Zeit t_0 ist das Wasser auf Gefriertemperatur $\vartheta_\mathrm{F} = 0$ °C abgekühlt, wenn im Wasser selbst keine lokalen Temperaturunterschiede auftreten und der Wärmeübergangskoeffizient für Strahlung während des Abkühlvorgangs konstant bleibt?

▶ Aufgabe 9.2:

Die skizzierte Wärmeschutzisolierverglasung mit dem Wärmedurchgangskoeffizienten $k_V = 1{,}1$ W/(m² K) ist im Wohnzimmer von Lisa Luftikus ($\vartheta_i = 20$ °C) zur Außenumgebung ($\vartheta_e = -10$ °C) hin eingebaut.

Die beiden Glasscheiben (Dicke $s_1 = s_2 = 4$ mm, Abstand $s_z = 16$ mm, $\lambda_1 = \lambda_2 = 1{,}0$ W/(m K), $\varepsilon_1 = 0{,}87$, $\varepsilon_2 = 0{,}04$) sind über einen edelgasgefüllten Zwischenraum (Index z) verbunden. Zwischen Raum und innerer Scheibenoberfläche tritt der Gesamtwärmeübergangskoeffizient $\alpha_i = 7{,}69$ W/(m² K), zwischen äußerer Scheibenoberfläche und Umgebung der Gesamtwärmeübergangskoeffizient $\alpha_e = 25$ W/(m² K) auf.

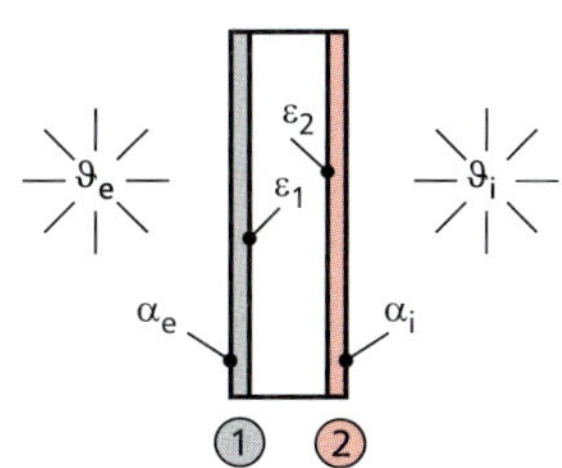

Bild 9.3: *Skizze der Wärmeschutzisolierverglasung.*

(a) Stellen Sie die zwischen Raumluft und Außenluft auftretenden thermischen Widerstände mit den jeweiligen Oberflächentemperaturen $\vartheta_{2i}, \vartheta_{2z}, \vartheta_{1z}$ und ϑ_{1e} unter Berücksichtigung der auftretenden Wärmetransportmechanismen in einem Ersatzschaltbild dar.

(b) Geben Sie die einzelnen Widerstände allgemein und zahlenmäßig an.

(c) Berechnen Sie die Scheibenoberflächentemperaturen $\vartheta_{2i}, \vartheta_{2z}, \vartheta_{1z}$ und ϑ_{1e}.

(d) Welche Wärmestromdichte $\dot{q}_\varepsilon$ fließt zwischen den Scheiben aufgrund von Strahlung?

(e) Wie groß ist die Wärmestromdichte $\dot{q}_\alpha$ durch Konvektion im Scheibenzwischenraum?

(f) Wie groß ist die scheinbare Wärmeleitfähigkeit λ_S des Scheibenzwischenraums?

(g) Berechnen Sie den konvektiven Wärmeübergangskoeffizienten α_K im Scheibenzwischenraum, wenn sich darin Krypton mit einer Wärmeleitfähigkeit von $\lambda = 0{,}87 \cdot 10^{-2}$ W/(m K) befindet.

(h) Wie wirkt sich eine zusätzliche low-e-Beschichtung auf der Innenseite der Außenscheibe ($\varepsilon_1^* = 0{,}04$) auf den Wärmedurchgangskoeffizienten der Verglasung k_V^* aus, wenn näherungsweise von unveränderten Scheibentemperaturen ausgegangen werden kann?

▶ Aufgabe 9.3:

Die Gartenmauer von Hansi Harke (Dicke L, Wärmeleitfähigkeit λ, solarer Absorptionskoeffizient a_{sol}) wird auf der einen Seite von der Sonne mit der Strahlungsdichte G_{sol} beschienen (Bild 9.4). Sie gibt Wärme mit dem Gesamtwärmeübergangskoeffizienten α an die Umgebung der Temperatur ϑ_∞ ab.

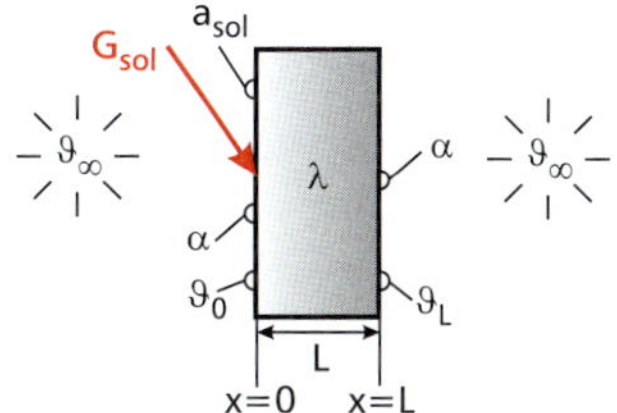

Bild 9.4: *Besonnte Gartenmauer im Schnitt.*

(a) Leiten Sie aus geeigneten Energiebilanzen zwei Beziehungen für die Oberflächentemperaturen $\vartheta_0 = \vartheta(x = 0)$ und $\vartheta_L = \vartheta(x = L)$ an der besonnten und der unbesonnten Seite der Mauer im stationären Fall ab.

(b) Ermitteln Sie den Temperaturverlauf $\vartheta(x)$ in der Mauer im stationären Fall.

(c) Stellen Sie eine weitere Gleichung für die Oberflächentemperatur ϑ_0 an der besonnten Seite auf.

(d) Berechnen Sie die Temperaturen ϑ_0 und ϑ_L für die Parameter:
$a_{sol} = 0{,}6$; $G_{sol} = 750$ W/m²; $\lambda = 2{,}4$ W/(m K); $L = 0{,}3$ m; $\alpha = 12$ W/(m² K); $\vartheta_\infty = 25$ °C

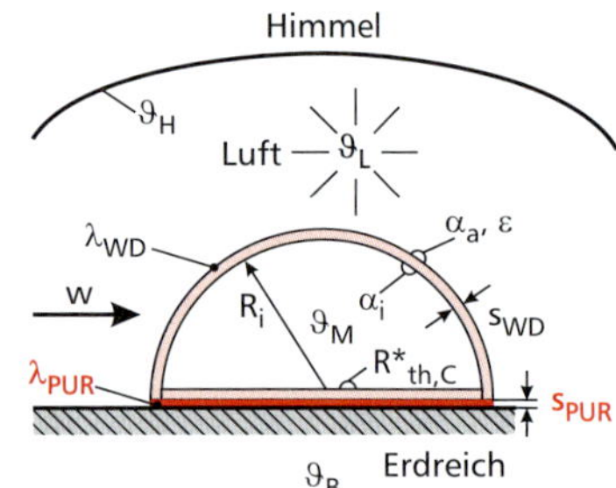

Bild 9.5: *Skizze des Schlafsacks.*

▶ Aufgabe 9.4:

Ingenieur Isidor Ideenreich will einen hochgebirgstauglichen Schlafsack (Halbzylinder mit Innenradius $R_\mathrm{i} = 0{,}20$ m, Dämmschichtdicke $s_\mathrm{WD} = 3$ cm, $\lambda_\mathrm{WD} = 0{,}03$ W/(m K), Länge $L = 1{,}8$ m) mit metallischer Beschichtung ($\varepsilon = 0{,}05$) an der luftzugewandten Außenseite auf den Markt bringen. Der Schlafsack wird von Seitenwind mit $w = 5$ m/s angeströmt. Die Lufttemperatur beträgt $\vartheta_\mathrm{L} = -20$ °C, die Himmelstemperatur $\vartheta_\mathrm{H} = -40$ °C, die Körperoberflächentemperatur des Schlafsackinsassen $\vartheta_\mathrm{M} = 32$ °C. Die dem Boden zugewandte Seite des Schlafsacks kann vereinfacht als ebene Schicht (Dicke s_WD, Wärmeleitfähigkeit λ_WD) betrachtet werden. Der Schlafsack liegt auf einer Matte aus PUR-Schaum ($\lambda_\mathrm{PUR} = 0{,}035$ W/(m K), $s_\mathrm{PUR} = 2$ cm) am Boden der Temperatur $\vartheta_\mathrm{B} = -5$ °C auf. Zwischen Schlafsackinsasse und Schlafsackunterseite ist der thermische Kontaktwiderstand $R^*_\mathrm{th,\,C} = 1 \cdot 10^{-3}$ (m² K)/W wirksam. Zwischen Schlafsackinsasse und Schlafsackoberseite tritt der Wärmeübergangskoeffizient $\alpha_\mathrm{i} = 3$ W/(m² K) auf. Die Stoffwerte der Umgebungsluft bei der Bezugstemperatur ϑ_B sind bekannt ($\varrho_\mathrm{L} = 1{,}377$ kg/m³, $c_\mathrm{pL} = 1\,007$ J/(kg K), $\lambda_\mathrm{L} = 22{,}63 \cdot 10^{-3}$ W/(m K), $\nu_\mathrm{L} = 11{,}78 \cdot 10^{-6}$ m²/s).

(a) Skizzieren Sie das thermische Schaltbild der vorliegenden Konfiguration mit den jeweiligen thermischen Widerständen, Wärmeströmen und Temperaturen.

(b) Bestimmen Sie den Wärmeübergangskoeffizienten infolge von Konvektion α_e an der Schlafsackaußenseite für die Bezugstemperatur ϑ_B.

(c) Welcher Wärmestrom $\dot{Q}_\mathrm{K}$ fließt bei Vernachlässigung der Strahlung konvektiv an die Außenluft?

(d) Welche Oberflächentemperatur ϑ_se würde sich dabei an der luftberührten Außenseite des Schlafsacks einstellen?

(e) Bestimmen Sie den Wärmeübergangskoeffizienten infolge von Wärmestrahlung α_S an der Außenseite des Schlafsacks unter der vereinfachenden Annahme, dass an der Außenseite des Schlafsacks die in Teilaufgabe (d) berechnete Temperatur ϑ_se vorliegt.

(f) Bestimmen Sie den abgestrahlten Wärmestrom $\dot{Q}_\mathrm{S}$.

(g) Welcher Wärmestrom $\dot{Q}_\mathrm{B}$ fließt vom Schlafsackinsassen in den Boden?

(h) Können die Wärmeverluste durch die Wärmeproduktion des Schlafsackinsassen von $\dot{Q}_\mathrm{i} = 70$ W gedeckt werden?

(i) Wie ändern sich die Verhältnisse quantitativ, wenn die Beschichtung an der Schlafsackaußenseite aus Kostengründen entfällt ($\varepsilon_\mathrm{u} = 0{,}9$, Temperatur der Außenseite $\vartheta_\mathrm{se,u} \approx \vartheta_\mathrm{L}$)?

Bild 9.6: *Geöffnetes Gehäuse eines Chips.*

☞ Nichtlineare Gleichungen können mit dem Newton-Verfahren vorteilhaft gelöst werden. Dabei kann vom Startwert $D^*_0 = 10$ mm ausgegangen werden.

▶ Aufgabe 9.5: Ex

Hobbybastler Ludwig Lötbacke lötet zur Verbesserung des Wärmeflusses auf einen Siliziumchip eine zylindrische Nadel aus Kupfer ($\lambda = 390$ W/(m K), Länge $L = 100$ mm, Durchmesser $D = 12$ mm), die $\dot{Q} = 15$ W an die Umgebung der Temperatur $\vartheta_\infty = 25$ °C dissipiert. Die Nadel wird durch einen Luftstrom bei $p = 1$ bar mit $w = 5$ m/s quer angeströmt. Effekte aufgrund von Strahlung und die Temperaturabhängigkeit der Stoffwerte können vernachlässigt werden. Die zulässige Oberflächentemperatur des Chips beträgt $\vartheta_\mathrm{zul} = 75$ °C.

(a) Bestimmen Sie den konvektiven Wärmeübergangskoeffizienten α zwischen Nadel und Umgebungsluft für die Bezugstemperatur $\vartheta_\mathrm{B} = 50$ °C.

(b) Prüfen Sie, ob die zulässige Oberflächentemperatur eingehalten wird.

(c) Welcher Durchmesser D^* wäre bei unverändertem Wärmeübergangskoeffizienten α gemäß Teilaufgabe (a) ggf. notwendig, um die Oberflächentemperatur des Chips auf den zulässigen Grenzwert zu verringern?

► Aufgabe 9.6:

Susi Sorglos und ihre Kommilitonen übernachten in der Arktis in einem halbkugelförmigen Iglu (Außenradius $R_a = 2{,}5$ m). Die Igluwand besteht zum größten Teil aus Schnee (Wandstärke $s = 50$ cm, Wärmeleitfähigkeit $\lambda_S = 0{,}6$ W/(m K), Emissionsgrad $\varepsilon = 0{,}98$). An der Innenseite des Iglus ist infolge Wärmezufuhr eine 2 cm dicke Schicht zu Eis der Wärmeleitfähigkeit $\lambda_E = 2{,}2$ W/(m K) gefroren. Der Wärmeabfluss an der Außenseite des Iglus erfolgt durch Konvektion an die Außenluft (Temperatur $\vartheta_e = -30$ °C) und Strahlung an die Umgebung (Gegenstrahlungstemperatur ϑ_{GS}). Das Iglu wird an seiner Außenseite von Wind mit der Geschwindigkeit $w = 4$ m/s angeströmt. Die Oberflächentemperatur an der Außenseite des Iglus beträgt $\vartheta_{se} = -28$ °C, die Oberflächentemperatur an der Innenseite $\vartheta_{si} = 0$ °C. Die konstanten Stoffwerte der Außenluft $Pr = 0{,}7236$, $\nu = 109{,}5 \cdot 10^{-7}$ m²/s und $\lambda = 15{,}7 \cdot 10^{-3}$ W/(m K) sind bekannt. An der Innenfläche A_i des Iglus ist der Gesamtwärmeübergangskoeffizient $\alpha_i = 5$ W/(m² K) wirksam.

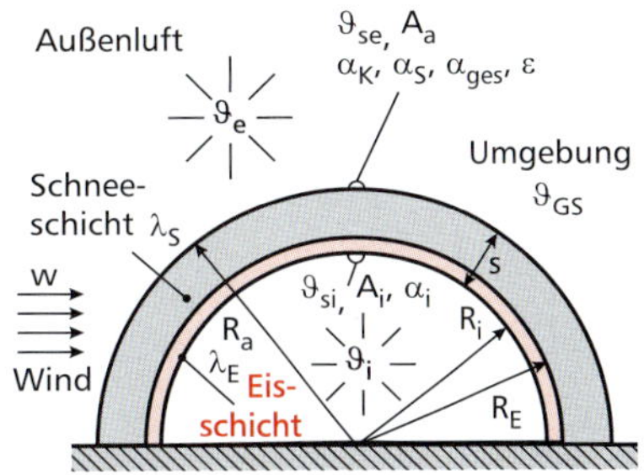

Bild 9.7: *Skizze des Iglus.*

(a) Skizzieren Sie den Wärmedurchgang durch die Wand des Iglus in einem geeigneten Ersatzschaltbild unter Angabe der jeweils maßgeblichen Temperaturen, Wärmeströme und Widerstände.

(b) Bestimmen Sie mithilfe des thermischen Widerstandes $R_{th,\lambda}$ der Igluwand den auf den Außenradius R_a bezogenen Wärmedurchlasskoeffizienten Λ_a.

(c) Wie groß ist der Wärmestrom $\dot{Q}$ durch die Igluwand?

(d) Ermitteln Sie den Wärmeübergangskoeffizienten α_K infolge von Konvektion an der Außenseite des Iglus.

(e) Ermitteln Sie mithilfe des Wärmestroms infolge von Strahlung die Gegenstrahlungstemperatur ϑ_{GS} der Umgebung.

(f) Ermitteln Sie mithilfe des resultierenden Gesamtwärmeübergangskoeffizienten α_{ges} an der Außenseite des Iglus den Wärmeübergangskoeffizienten α_S infolge von Strahlung zwischen Iglu und Umgebung.

(g) Wie groß ist die Lufttemperatur ϑ_i im Iglu?

► Aufgabe 9.7:

Die Deckfläche des Transformators ($L = 10$ cm, $B = 6$ cm, $H = 5$ cm) von Modelleisenbahner Edi Eisenherz soll einen Kühlkörper ($\lambda = 235$ W/(m K), Grundfläche $L \cdot B$) mit $n = 7$ Rechteckrippen (Höhe $h = 5$ mm, Dicke $d = 2$ mm, Länge $\ell = L = 10$ cm) erhalten. Dieser soll die Leistung $\dot{Q}_K = 20$ W an den parallel zu den Rippen von einem Ventilator zugeführten Luftstrom der Temperatur $\vartheta_\infty = 25$ °C abgeben. Die Temperatur am Kühlkörperfuß und die der unberippten Oberfläche soll $\vartheta_0 = 60$ °C nicht übersteigen. Die Rippen und die Kühlkörpergrundfläche sind vereinfachend als isotherm zu betrachten. Strahlungseffekte bleiben im Folgenden unberücksichtigt.

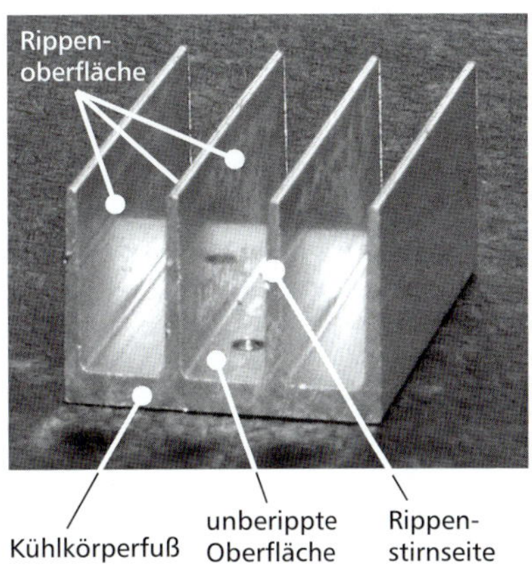

Bild 9.8: *Beispiel eines Kühlkörpers mit 4 Rechteckrippen.*

(a) Wie groß sind die Rippenoberfläche A_R (inkl. Stirnseiten), die unberippte Fläche zwischen den Rippen A_U (ohne Stirnseiten des Rippenfußes) und die gesamte wärmeabgebende Fläche A_K des Kühlkörpers?

(b) Welcher minimale Wärmeübergangskoeffizient α_{min} ist für das Erreichen der Temperatur ϑ_0 des Kühlkörpers notwendig?

(c) Welche minimale Luftgeschwindigkeit w_{min} ist dazu erforderlich? Gehen Sie zunächst von laminarer Strömung aus.

(d) Prüfen Sie mithilfe der mittleren Rippentemperatur $\overline{\vartheta}$ und des Wärmeübergangskoeffizienten aus (b) die Annahme isothermer Rippen.

(e) Welcher Wärmestrom $\dot{Q}_K^*$ tritt bei Ausfall des Ventilators auf? Wie groß ist dann die mittlere Temperatur des Kühlkörpers $\overline{\vartheta}^*$?

Bild 9.9: *Beispiel für ein Mehrschichtverbundrohr.*

► Aufgabe 9.8: 

In der Versuchsapparatur von Erfinder Isidor Ideenreich wird ein Kreisrohr aus Metall ($D_\mathrm{i} = 25$ mm, $D_\mathrm{a} = 30$ mm, $L = 150$ m) mit Wasser ($\dot{m} = 1{,}2$ kg/s, $c_\mathrm{p} = 4\,181$ J/(kg K), $\varrho = 998{,}2$ kg/m^3) durchströmt. Die Temperatur des Wassers am Rohreintritt beträgt $\vartheta_0 = 8$ °C, die Temperatur der Umgebungsluft $\vartheta_\infty = 36$ °C. Der Wärmeübergangswiderstand zwischen Wasser und Rohr sowie der Wärmeleitwiderstand des Stahls sind vernachlässigbar. Der Wärmeübergangskoeffizient zwischen Rohr und Luft beträgt $\alpha_\mathrm{e} = 30$ W/(m^2 K).

(a) Zeichnen Sie das Schaltbild der thermischen Widerstände.

Berechnen Sie

(b) den thermischen Gesamtwiderstand $R_\mathrm{th,ges}$, den auf die Außenfläche bezogenen Wärmedurchgangskoeffizienten k und die Anzahl der Übertragungseinheiten NTU;

(c) die Temperatur ϑ_L, mit der das Wasser am Ende das Rohr verlässt;

(d) den entlang des Rohres zugeführten Wärmestrom $\dot{Q}$.

► Aufgabe 9.9:

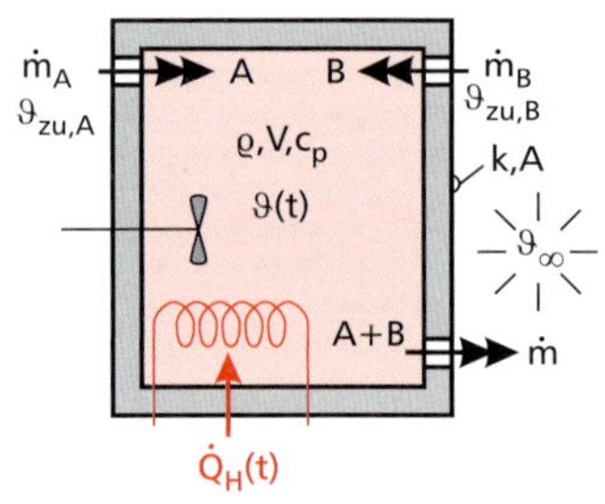

Bild 9.10: *Systemskizze des Rührkessels.*

In der Werkshalle der Quirin Quirlig GmbH werden in einem zur Umgebung ($\vartheta_\infty = 20$ °C) wärmegedämmten Rührkessel (Wärmedurchgangskoeffizient $k = 0{,}75$ W/(m^2 K), Oberfläche $A = 1$ m^2, Volumen $V = 100$ ℓ) die Stoffströme A ($\dot{m}_\mathrm{A} = 0{,}25$ kg/s, $\varrho_\mathrm{A} = 1\,000$ kg/m^3, $c_\mathrm{p,A} = 4\,180$ J/(kg K), $\vartheta_\mathrm{zu,A} = 60$ °C) und B ($\dot{m}_\mathrm{B} = 0{,}15$ kg/s, $\varrho_\mathrm{B} = 800$ kg/m^3, $c_\mathrm{p,B} = 2\,500$ J/(kg K), $\vartheta_\mathrm{zu,B} = 40$ °C) ideal gemischt. Dissipationseffekte des Rührwerks sowie Speichereffekte in der Wärmedämmung der Kessels und der Kesselwandung sind vernachlässigbar. Die Leistung der integrierten Heizung beträgt:

$$\dot{Q}_\mathrm{H}(t) = \dot{Q}_0 \cdot [1 - \exp(-\Omega\, t)] \quad \text{mit} \quad \dot{Q}_0 = 10 \text{ kW; } \Omega = 0{,}01 \text{ Hz} \tag{9.1}$$

Für die Wärmekapazität der Mischung gilt:

$$c_\mathrm{p} = \frac{\dot{m}_\mathrm{A} \cdot c_\mathrm{p,A} + \dot{m}_\mathrm{B} \cdot c_\mathrm{p,B}}{\dot{m}_\mathrm{A} + \dot{m}_\mathrm{B}} \tag{9.2}$$

Der stationär durchströmte Rührkessel ist anfänglich vollständig gefüllt. Dabei beträgt die Anfangstemperatur der Mischung:

$$\vartheta(t=0) = \vartheta_0 = 20 \text{ °C} \tag{9.3}$$

(a) Berechnen Sie anhand einer Massenbilanz am Rührkessel den abfließenden Gemischmassenstrom $\dot{m}$ sowie die Massen m_A und m_B im Kessel.

(b) Leiten Sie aus einer Energiebilanz unter Verwendung geeigneter Abkürzungen eine Gleichung für die zeitliche Änderung der Gemischtemperatur $\vartheta(t)$ her.

(c) Berechnen Sie daraus den Verlauf der Gemischtemperatur $\vartheta(t)$.

(d) Welche Gemischtemperatur ϑ^* stellt sich nach sehr langer Zeit im Rührkessel ein?

(e) Berechnen Sie die anfängliche zeitliche Temperaturänderung des Gemisches ($t = 0$).

(f) Skizzieren Sie den Verlauf der Gemischtemperatur $\vartheta(t)$ in einem Diagramm.

(g) Wie groß ist die Anzahl der Übertragungseinheiten NTU?

(h) Ingenieurin Susi Sorglos ist der Meinung, dass die Wärmedämmung des Kessels keinen großen Einfluss auf den Temperaturverlauf des Gemisches hat. Prüfen Sie, ob Susi Recht hat, wenn für den ungedämmten Kessel ein Wärmedurchgangskoeffizient von $k_\mathrm{u} = 10$ W/(m^2 K) zu erwarten ist.

▶ Aufgabe 9.10:

Ingenieurin Susi Sorglos soll den Prototyp einer Folienheizung (konstante Wärmequellendichte $\dot{e}_\mathrm{q} = 15$ kW/m³) für die Heckscheibe (einheitliche Temperatur, $\alpha_\mathrm{i} = 6$ W/(m² K), $\lambda = 1$ W/(m K), $\varrho = 2\,500$ kg/m³, $c_\mathrm{p} = 800$ J/(kg K), $d = 5$ mm, Fläche A) im Sportwagen von Roland Raser überprüfen. Die Eisschicht ($\lambda_\mathrm{E} = 2{,}2$ W/(m K), $d_\mathrm{E} = 2$ mm, Gesamtwärmeübergangskoeffizient $\alpha_\mathrm{e} = 30$ W/(m² K) zur konstanten Umgebungstemperatur $\vartheta_\infty = -10$ °C, Speichereffekte vernachlässigbar) an der Außenseite der Scheibe soll durch die Scheibenheizung abgeschmolzen werden. Durch das Einschalten der Innenraumheizung zeigt die Temperatur im Fahrzeuginneren den Verlauf:

$$\vartheta_\mathrm{i}(t) = \vartheta_1 - (\vartheta_1 - \vartheta_0) \cdot \exp\left(-\frac{t}{\tau}\right) \quad \text{mit } \vartheta_0 = 0\ \text{°C};\ \vartheta_1 = 25\ \text{°C};\ \tau = 300\ \text{s} \tag{9.4}$$

(a) Leiten Sie aus einer Energiebilanz unter Einführung geeigneter Abkürzungen eine Beziehung für die zeitliche Änderung der Scheibentemperatur $\vartheta_\mathrm{S}(t)$ her und bestimmen Sie daraus den Verlauf der Scheibentemperatur $\vartheta_\mathrm{S}(t)$ für $\vartheta_\mathrm{S}(t=0) = \vartheta_0 = 0$ °C.

(b) Welche Temperatur ϑ_S^* stellt sich nach langer Zeit in der Scheibe ein? Ist es möglich, mit dem Prototyp der Folienheizung die Eisschicht abzuschmelzen?

(c) Zu welcher Zeit t_1 tritt die minimale Scheibentemperatur $\vartheta_\mathrm{S,min}$ auf? Wie hoch ist diese?

(d) Skizzieren Sie die Scheibentemperatur $\vartheta_\mathrm{S}(t)$ in einem Diagramm.

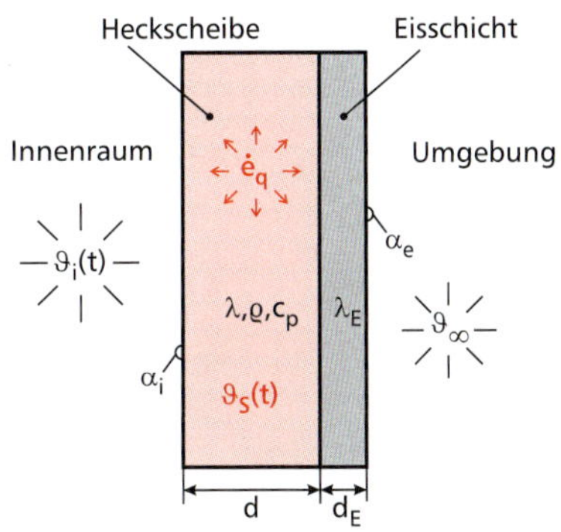

Bild 9.11: *Skizze der vereisten Heckscheibe.*

▶ Aufgabe 9.11:

Die Firma ThermoStar GmbH plant die Herstellung zylindrischer Thermosflaschen aus Edelstahl (Radien $r_1 = 25$ mm, $r_2 = 25{,}5$ mm, $r_3 = 45{,}5$ mm, $r_4 = 46$ mm, Höhe $H = 25$ cm, $\lambda_\mathrm{S} = 15$ W/(m K), $\varepsilon_\mathrm{S} = 0{,}9$, $\vartheta_\mathrm{i} = 60$ °C, $\vartheta_\mathrm{e} = -10$ °C, $\alpha_\mathrm{i} = 10$ W/(m² K), $\alpha_\mathrm{e} = 25$ W/(m² K), Boden und Deckel adiabat). Ingenieurin Thea Moskanne will im evakuierten Zwischenraum ein dünnes Trennblech mit low-e-Beschichtung (Radius $r_\mathrm{B} = 35{,}5$ mm, $\varepsilon_\mathrm{B} = 0{,}05$, einheitliche Temperatur im Blech) anbringen (Variante 1). Geschäftsführerin Gerda Geizig will aus Kostengründen auf Blech und Evakuierung verzichten und den Zwischenraum mit PUR-Schaum der Wärmeleitfähigkeit $\lambda_\mathrm{PUR} = 0{,}02$ W/(m K) füllen (Variante 2).

(a) Wie groß ist der Verlustwärmestrom $\dot{Q}_2$ bei Variante 2? Wie groß ist der auf die Außenfläche A_a bezogene Wärmedurchgangskoeffizient k_2?

(b) Skizzieren Sie das vollständige thermische Schaltbild von Variante 1!

(c) Berechnen Sie die Strahlungskonstante $\sigma_{2\,\mathrm{B}}$ zwischen Innenflasche und Trennblech und $\sigma_{\mathrm{B}\,3}$ zwischen Trennblech und Außenmantel, wenn die genannten Flächen als „sehr lange" angenommen werden.

(d) Ermitteln Sie allgemein die Temperatur ϑ_B des Trennblechs in Abhängigkeit der außenseitigen Temperatur der Innenflasche T_2 und der innenseitigen Temperatur des Außenmantels T_3.

(e) Leiten Sie eine Beziehung für den Wärmestrom $\dot{Q}_{2\,3}$ zwischen Innenflasche und Außenmantel in Abhängigkeit von T_2 und T_3 ab.

(f) Ermitteln Sie den thermischen Widerstand $R_{\mathrm{th},2\,3}$ unter der Annahme $\vartheta_2 = \vartheta_\mathrm{i}$ und $\vartheta_3 = \vartheta_\mathrm{e}$. (Für die übrige Berechnung ist von $\vartheta_2 \neq \vartheta_\mathrm{i}$ und $\vartheta_3 \neq \vartheta_\mathrm{e}$ auszugehen.)

(g) Welcher Verlustwärmestrom $\dot{Q}_1$ tritt bei Variante 1 bei ansonsten unveränderten thermischen Widerständen auf?

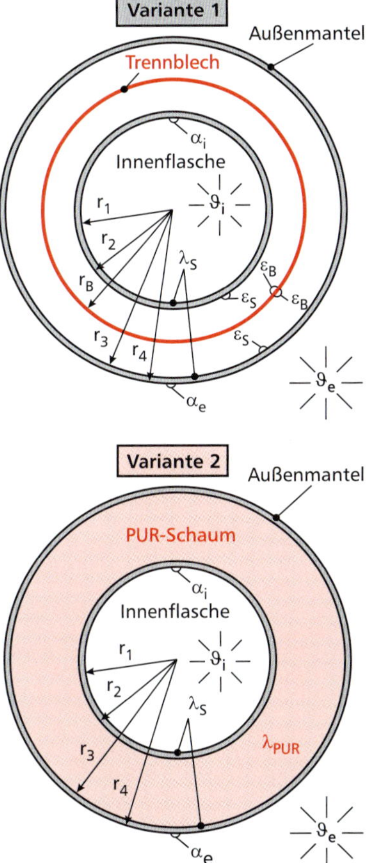

Bild 9.12: *Varianten der Thermosflasche.*

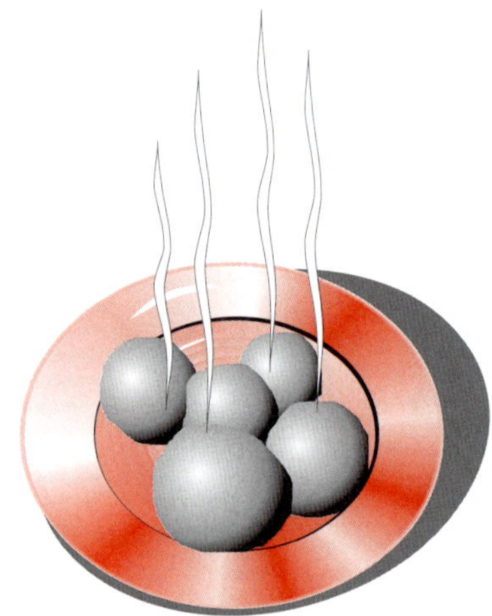

Bild 9.13: *An der Raumluft abkühlende Knödel.*

► Aufgabe 9.12: Ex

Die Deggendorfer Knödelexpertin Paula Pfannenstiel schwört auf die Zubereitung ihrer Knödel ($D = 8$ cm, $\lambda_{\mathrm{K}} = 0{,}82$ W/(m K), $c_{\mathrm{pK}} = 3{,}35$ kJ/(kg K), $\varrho_{\mathrm{K}} = 675$ kg/m^3) in siedendem Wasser ($\vartheta_{\mathrm{W}} = 100$ °C, $\lambda_{\mathrm{W}} = 0{,}679$ W/(m K), $c_{\mathrm{pW}} = 4{,}22$ kJ/(kg K), $\varrho_{\mathrm{W}} = 959$ kg/m^3), wo diese von der Anfangstemperatur $\vartheta_0 = 15$ °C bis zur Gartemperatur ($\vartheta_{\mathrm{G}} = 80$ °C) erhitzt werden (Phase I). Anschließend werden sie an der Raumluft ($\vartheta_{\mathrm{L}} = 20$ °C; Stoffwerte bei Bezugstemperatur $\lambda_{\mathrm{L}} = 28{,}38 \cdot 10^{-3}$ W/(m K), $Pr_{\mathrm{L}} = 0{,}7103$, $\nu_{\mathrm{L}} = 189{,}7 \cdot 10^{-7}$ m^2/s, $\beta_{\mathrm{pL}} = 3{,}036 \cdot 10^{-3}$ K^{-1}) bis zur Serviertemperatur ($\vartheta_{\mathrm{S}} = 65$ °C) abgekühlt (Phase II). Vertriebsingenieurin Erna Emsig möchte Paula das neueste Modell eines Heißluftherdes verkaufen und behauptet, dass man damit die Knödel schneller zubereiten kann. Die Knödel werden dabei im Heißluftstrom ($\vartheta_{\mathrm{H}} = 150$ °C; lineare Interpolation: $\lambda_{\mathrm{H}} = 34{,}735 \cdot 10^{-3}$ W/(m K), $c_{\mathrm{pH}} = 1\,017{,}5$ J/(kg K), $\varrho_{\mathrm{H}} = 0{,}82305$ kg/m^3, $\nu_{\mathrm{H}} = 292{,}65 \cdot 10^{-7}$m^2/s) mit der Geschwindigkeit $w = 4$ m/s angeströmt und ebenfalls bis zur Gartemperatur erwärmt. Anschließend wird das Gebläse des Herdes auf Umluftbetrieb geschaltet, wodurch die Knödel mit Umlufttemperatur ($\vartheta_{\mathrm{U}} = 30$ °C) gekühlt werden. Vereinfachend tritt dabei derselbe Wärmeübergangskoeffizient α_{H} wie beim Erhitzen auf.

► Phase I: Erhitzen bis zur Gartemperatur

(a) Leiten Sie aus der allgemeinen Fourier'schen Wärmeleitungsdifferenzialgleichung eine Differenzialgleichung für die Knödeltemperatur ϑ ab. Begründen Sie kurz die getroffenen Vereinfachungen.

(b) Normieren Sie diese Gleichung mit der dimensionslosen Ortskoordinate $\xi = \frac{r}{X}$ und der dimensionslosen Temperatur $\Theta = \frac{\vartheta - \vartheta_\infty}{\vartheta_0 - \vartheta_\infty}$ und geben Sie die charakteristische Länge X sowie die dimensionslosen Anfangs- und Randbedingungen an.

(c) Geben Sie die allgemeine Lösung der dimensionslosen Differenzialgleichung, eine Bestimmungsgleichung für die Eigenwerte sowie eine für längere Zeiten gültige Näherungslösung für die Knödeltemperatur ϑ an. Ab welcher Zeit t_1 ist diese Lösung anwendbar?

(d) Nach welcher Zeit t_{G1} wird beim Erhitzen im Wasserbad die Gartemperatur ϑ_{G} in der Knödelmitte erreicht? Wie groß ist dann die kalorische Mitteltemperatur $\overline{\vartheta}_1$?

(e) Wie groß ist der Wärmeübergangskoeffizient α_{H} zwischen Knödel und Heißluft bei temperaturunabhängigen Stoffwerten?

(f) Welche Zeit t_{G2} vergeht beim Erhitzen im Heißluftherd, bis die Knödel gar sind? Wie groß ist nun die kalorische Mitteltemperatur $\overline{\vartheta}_2$?

(g) Wie hoch sind jeweils die Temperaturen ϑ_{w1} und ϑ_{w2} an der Knödeloberfläche nach Erreichen der entsprechenden Garzeit?

(h) Welche Wärmestromdichte $\dot{q}_2$ stellt sich an der Knödeloberfläche im Heißluftherd zur Garzeit t_{G2} ein?

► Phase II: Abkühlen bis zur Serviertemperatur

Im folgenden vereinfachten Modell bleiben örtliche Temperaturunterschiede der Knödel sowie Effekte infolge Wärmestrahlung unberücksichtigt.

(i) Welcher Wärmeübergangskoeffizient α_{L} tritt bei Abkühlung der Knödel an der Raumluft auf?

(j) Nach welcher Zeit t_{A1} sind die Knödel an der Raumluft bis zur Serviertemperatur ϑ_{S} abgekühlt?

(k) Welche Abkühlzeit t_{A2} benötigen die Knödel im Umluftherd?

(l) Bei welchem Zubereitungsverfahren können die Knödel früher serviert werden?

► Aufgabe 9.13:

Studentin Frieda Frostig lässt bei der Glühweinparty der Maschinenbaustudenten ihre zylindrische Tasse (Außendurchmesser $D_a = 80$ mm, Innendurchmesser $D_i = 75$ mm, Höhe $H = 100$ mm, Wärmeleitfähigkeit $\lambda_T = 1{,}5$ W/(m K), Emissionsgrad $\varepsilon_T = 0{,}9$) randvoll mit Glühwein (spezifische Wärmekapazität $c_{pG} = 4\,075$ J/(kg K), Dichte $\varrho_G = 945$ kg/m^3, Anfangstemperatur $\vartheta_0 = 80$ °C) füllen und deckt sie zur Verhinderung der Verdunstung essentieller Glühweinbestandteile mit einem passenden Deckel ab. Da die Glühweintemperatur über der von ihr bevorzugten Trinktemperatur $\vartheta_T = 40$ °C liegt, stellt sie die Tasse zur Abkühlung in der kalten Umgebung (Temperatur $\vartheta_\infty = -10$ °C) auf einen Styroporklotz, den ihr Bauingenieurstudent Bodo Bagger als Sitzplatz überlassen hat. Wegen der offensichtlich langsamen Abkühlung erwägt sie, die Tasse stehen und sich zwischenzeitlich in der Heizungstechnikvorlesung erwärmen zu lassen.

Vereinfachend kann angenommen werden, dass der Glühwein in der Tasse aufgrund von Durchmischungsvorgängen stets auf einheitlicher Temperatur ist und die Wärmeabfuhr an die Umgebung durch freie Konvektion und Strahlung über die Mantelfläche und den Deckel der Tasse erfolgt. Hinsichtlich der zeitlich veränderlichen Oberflächentemperatur der Tasse ist für die Berechnung der konstanten Wärmeübergangskoeffizienten eine mittlere Oberflächentemperatur $\overline{\vartheta_w} = 60$ °C zugrunde zu legen. Ferner weist der Deckel dieselbe Wärmeübergangszahl auf wie die Mantelfläche. Die Wärmekapazität des Tassenmaterials ist zu vernachlässigen. An der Tasseninnenseite liegt ein idealer Wärmeübergang vor.

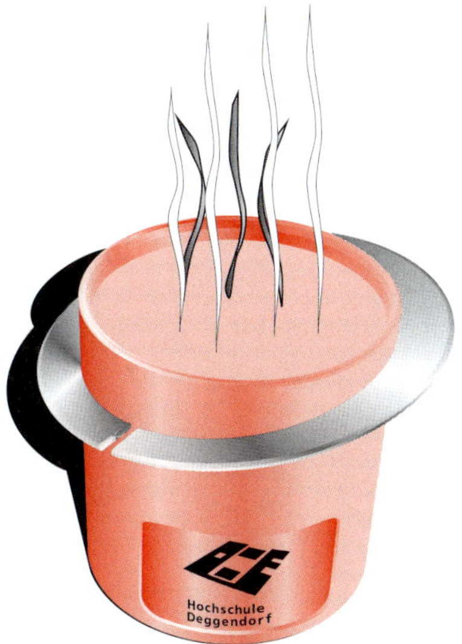

Bild 9.14: *Glühweintasse im Deggendorfer Hightech-Kunststoff-Design mit „Saturnring“ und Ablaufspalt für überschwappenden Glühwein (mit freundlicher Genehmigung von Prof. S. Götze, Technische Hochschule Deggendorf).*

(a) Ermitteln Sie den konvektiven Wärmeübergangskoeffizienten α_K an der Mantelfläche der Tasse.

(b) Ermitteln Sie den radiativen Wärmeübergangskoeffizienten α_S zwischen Tasse und Umgebung.

(c) Bestimmen Sie den an der Tassenoberfläche wirksamen Gesamtwärmeübergangskoeffizienten α_{ges}.

(d) Wie groß ist der auf die wärmeabgebende Tassenoberfläche bezogene Wärmedurchgangskoeffizient k_T zwischen Glühwein und Umgebung?

Hinweis: Parallelschaltungen thermischer Widerstände sind entsprechend zu berücksichtigen.

(e) Welche Zeit t_T vergeht, bis sich der Glühwein auf die Trinktemperatur ϑ_T abgekühlt hat?

(f) Welche Temperatur ϑ_{GV} weist der Glühwein nach dem Besuch der Heizungstechnikvorlesung ($t_V = 90$ min) auf?

► Aufgabe 9.14:

Trucker Didi Diesel fährt seinen Kühlgut-LKW (Breite $B = 3$ m, Länge $L = 9$ m) mit $w = 90$ km/h über die Autobahn. Das Dach des LKWs (Breite B, Länge L, $\varepsilon = 0{,}6$, $a_{sol} = 0{,}4$) ist aus 3 Schichten (Duraluminium $\lambda_1 = \lambda_3 = 150$ W/(m K), $d_1 = d_3 = 3$ mm; Polyurethan $\lambda_2 = 0{,}025$ W/(m K), $d_2 = 75$ mm) sandwichartig aufgebaut. Die unterseitige Oberflächentemperatur des Daches wird durch das Kühlaggregat des Laderaums auf $\vartheta_{si} = -10$ °C gehalten. Die Temperatur der Umgebungsluft beträgt $\vartheta_\infty = 30$ °C, die Himmelstemperatur $\vartheta_H = 10$ °C. Auf das Dach trifft die solare Gesamtstrahlung $G_{ges} = 750$ W/m^2 auf. An der Oberseite des Daches herrscht im stationären Zustand die Temperatur ϑ_D.

Bild 9.15: *Quaderförmiger LKW-Aufbau.*

(a) Skizzieren und formulieren Sie die Energiebilanz am LKW-Dach mit allen maßgeblichen Wärmeströmen und Temperaturen.

(b) Berechnen Sie den Wärmeübergangskoeffizienten α_1 am LKW-Dach infolge von Konvektion unter der vereinfachenden Annahme $\vartheta_D \approx \vartheta_\infty$.

(c) Berechnen Sie die oberseitige Temperatur ϑ_{D} des Daches. Auftretende nichtlineare Gleichungen können mit dem Newton-Verfahren, ausgehend vom Startwert $\vartheta_{\text{D0}} = \vartheta_\infty$ gelöst werden.

(d) Wie hoch ist die spezifische Kühllast $\dot{q}_{\text{D}}$ durch das LKW-Dach?

Von Durst und Hunger geplagt kehrt Didi endlich in der Raststätte „Heavy Fuel" ein und parkt seinen LKW in der ruhenden Umgebungsluft.

(e) Berechnen Sie die sich nun einstellende oberseitige Temperatur ϑ_{D}^* des Daches. Auftretende nichtlineare Gleichungen können mit dem Newton-Verfahren, ausgehend vom Startwert $\vartheta_{\text{D0}}^* = 50\ ^\circ\text{C}$, gelöst werden. Dieser Startwert ist auch für eventuell erforderliche Wärmeübergangsberechnungen heranzuziehen.

(f) Welche spezifische Kühllast $\dot{q}_{\text{D}}^*$ tritt nun durch das LKW-Dach auf?

► Aufgabe 9.15:

Biologin Zwanette Zweizeller benötigt für Versuche in ihrer Freilandanlage Wasser (Stoffwerte bei Bezugstemperatur $\nu_{\text{W}} = 0{,}895 \cdot 10^{-6}\ \text{m}^2/\text{s}$; $\lambda_{\text{W}} = 607{,}0 \cdot 10^{-3}\ \text{W}/(\text{m K})$; $\beta_{\text{pW}} = 0{,}2562 \cdot 10^{-3}\ 1/\text{K}$; $Pr_{\text{W}} = 6{,}15$) der konstanten Temperatur $\vartheta_{\text{W}} = 25\ ^\circ\text{C}$. Thea Moskanne hat ihr dazu einen zylindrischen Stahltank (Wärmeleitfähigkeit $\lambda_{\text{T}} = 15\ \text{W}/(\text{m K})$, Wandstärke $d_{\text{T}} = 10\ \text{mm}$) geliefert. Über den wärmegedämmten Tankboden (Wärmeleitfähigkeit $\lambda_{\text{W,B}} = 0{,}045\ \text{W}/(\text{m K})$, Dämmstärke $d_{\text{W,B}} = 100\ \text{mm}$, Außenradius $R_{\text{e}} = 2{,}6\ \text{m}$) fließt Wärme ins Erdreich (Wärmeleitfähigkeit $\lambda_{\text{E}} = 2{,}0\ \text{W}/(\text{m K})$, Temperatur $\vartheta_{\text{E}} = 8\ ^\circ\text{C}$ in großer Entfernung) ab. Der auf den Außenradius des Tanks bezogene Formfaktor zwischen Tankboden und Erdreich beträgt $S_\ell = 4$. Die wärmegedämmte Mantel- und Deckelfläche des Tanks (Emissionsgrad $\varepsilon_{\text{W}} = 0{,}9$, Wärmeleitfähigkeit $\lambda_{\text{W,M}} = \lambda_{\text{W,D}} = 0{,}040\ \text{W}/(\text{m K})$, Dämmstärke $d_{\text{W,M}} = d_{\text{W,D}} = 90\ \text{mm}$; Außenhöhe $H_{\text{e}} = 1\ \text{m}$) werden von Seitenwind der Stärke $w = 2\ \text{m/s}$ angeströmt (Stoffwerte der Luft bei Bezugstemperatur $\nu_{\text{L}} = 144{,}5 \cdot 10^{-7}\ \text{m}^2/\text{s}$; $\lambda_{\text{L}} = 24{,}96 \cdot 10^{-3}\ \text{W}/(\text{m K})$; $Pr_{\text{L}} = 0{,}7163$). An der Innenseite der Mantelfläche herrscht der Wärmeübergangskoeffizient $\alpha_{\text{i,M}} = 100\ \text{W}/(\text{m}^2\,\text{K})$. Thermische Widerstände im Tank werden innenmaßbezogen erfasst, alle übrigen mit Außenmaßen. Die Luft- und die Umgebungstemperatur betragen $\vartheta_{\text{L}} = \vartheta_{\text{U}} = 10\ ^\circ\text{C}$.

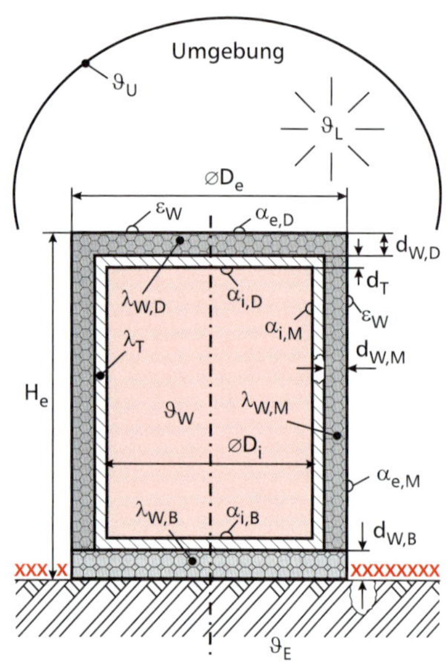

Bild 9.16: *Geometrie des Wassertanks.*

(a) Stellen Sie die zwischen Wasser, Erdreich, Luft und Umgebung auftretenden thermischen Widerstände mit den jeweiligen Temperaturen als Blockschaltbild dar. Welche Randbedingungen treten dabei auf?

(b) Ermitteln Sie den maßgeblichen Wärmeleitwiderstand zum Erdreich.

(c) Berechnen Sie die außenseitigen Wärmeübergangskoeffizienten $\alpha_{\text{e,M}}$ und $\alpha_{\text{e,D}}$ an der Mantel- und Deckelfläche des Tanks infolge von erzwungener Konvektion.

(d) Ermitteln Sie ausgehend vom Startwert einer Untertemperatur von $0{,}2$ K den tankseitigen Wärmeübergangskoeffizienten $\alpha_{\text{i,B}}$ am Boden.

(e) Welcher Wärmestrom $\dot{Q}_{\text{B}}$ fließt durch den Tankboden an das Erdreich?

(f) Ermitteln Sie ausgehend vom Startwert einer tankseitigen Untertemperatur von $0{,}1$ K und einer außenseitigen Übertemperatur von $0{,}7$ K den Wärmeübergangskoeffizienten $\alpha_{\text{i,D}}$ der Deckelfläche.

(g) Welchen Wärmestrom $\dot{Q}_{\text{D}}$ verliert der Tank durch die Deckelfläche?

(h) Bestimmen Sie den Wärmestrom $\dot{Q}_{\text{M}}$ durch die Tankmantelfläche ausgehend vom Startwert einer außenseitigen Übertemperatur von $0{,}7$ K.

(i) Welche Heizleistung $\dot{Q}_{\text{H}}$ ist dem Tank zuzuführen?

► Aufgabe 9.16:

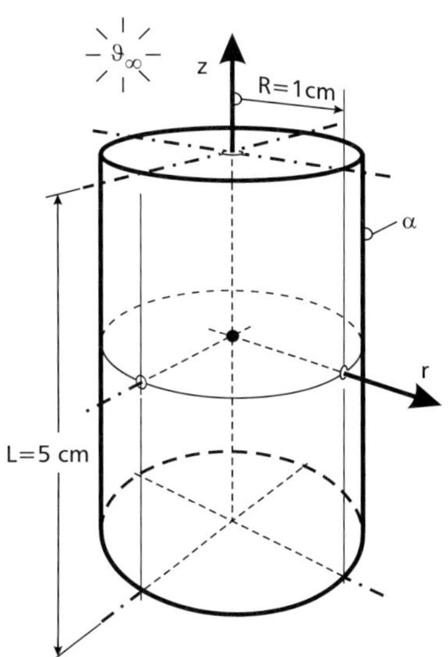

Bild 9.17: *Krokettengeometrie.*

Die Chefköche des Feinschmeckerrestaurants „Le Gourmet" Fridolin Fritteur und Sigi Saftlos sind wegen des Frittierens von Kroketten in einen heftigen Streit geraten. Fridolin meint, dass er die zylindrischen Kroketten (Radius $R = 1$ cm, Länge $L = 5$ cm, $\vartheta_0 = -5$ °C, $\lambda = 0{,}80$ W/(m K), $c_\mathrm{p} = 3{,}35$ kJ/(kg K), $\varrho = 650$ kg/m^3) am schnellsten zubereiten kann, wenn er sie solange in heißes Fett ($\vartheta_{\infty,\mathrm{F}} = 300$ °C, $\alpha_\mathrm{F} = 80$ W/(m^2 K), $\lambda_\mathrm{F} = 0{,}40$ W/(m K), $c_\mathrm{pF} = 2{,}80$ kJ/(kg K), $\varrho_\mathrm{F} = 600$ kg/m^3) taucht, bis ihre Mitte die Gartemperatur $\vartheta_\mathrm{m} = 75$ °C aufweist. Danach lässt er sie an der Raumluft ($\vartheta_{\infty,\mathrm{R}} = 20$ °C) mit dem Wärmeübergangskoeffizienten $\alpha_\mathrm{L} = 7{,}6$ W/(m^2 K) bis zur Serviertemperatur $\vartheta_\mathrm{S} = 70$ °C abkühlen. Sigi ist davon überzeugt, dass bei Fridolins Methode durch den Kontakt mit dem heißen Fett an der Oberfläche die Grenztemperatur $\vartheta_\mathrm{G} = 150$ °C überschritten wird, wodurch die Krokettenoberfläche verkohlt. Er schlägt daher vor, die Kroketten bis zum Erreichen der Gartemperatur ϑ_m in Krokettenmitte in siedendes Wasser ($\vartheta_{\infty,\mathrm{W}} = 100$ °C, $\alpha_\mathrm{W} \to \infty$, $\lambda_\mathrm{W} = 0{,}679$ W/(m K), $c_\mathrm{pW} = 4{,}22$ kJ/(kg K), $\varrho_\mathrm{W} = 959$ kg/m^3) zu tauchen und dann an der Raumluft bis zur Serviertemperatur abzukühlen. Das Garen erfolge dabei praktisch genauso schnell, aber wesentlich schonender. Der anschließende Abkühlvorgang verlaufe wesentlich schneller als nach Fridolins Methode. Die knusprige Kruste schützt die Kroketten im siedenden Wasser vor dem Aufweichen. Der Wärmefluss über die Stirnseiten ist vereinfachend zu vernachlässigen.

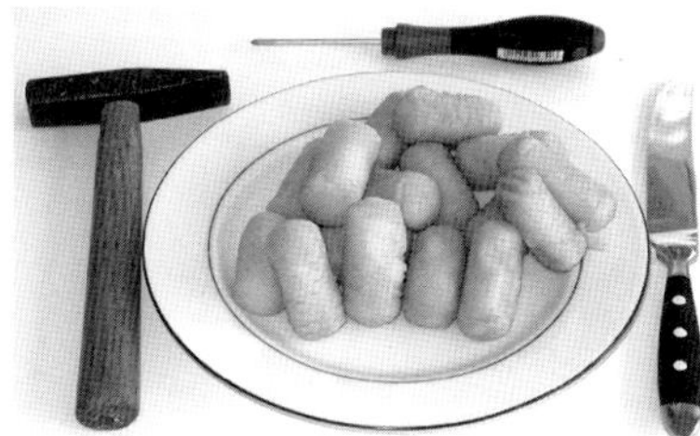

Bild 9.18: *Kroketten als Spezialität im „Le Gourmet".*

► Phase I: „Erhitzen bis zur Gartemperatur"

(a) Leiten Sie aus der allgemeinen mehrdimensionalen Fourier'schen Wärmeleitungsdifferenzialgleichung mit Quellterm eine dimensionsbehaftete Differenzialgleichung für den Temperaturverlauf in der Krokette ab. Begründen Sie die getroffenen Vereinfachungen stichpunktartig.

(b) Normieren Sie diese Gleichung mit der dimensionslosen Ortskoordinate $\xi = \dfrac{r}{R}$ und der dimensionslosen Temperatur $\Theta = \dfrac{\vartheta - \vartheta_\infty}{\vartheta_0 - \vartheta_\infty}$. Wie lauten die dimensionslosen Anfangs- und Randbedingungen? Geben Sie die allgemeine Lösung der dimensionslosen Differenzialgleichung sowie eine Bestimmungsgleichung für die Eigenwerte an.

(c) Nach welcher (hinreichend großen) Zeit t_F wird in der Mitte einer Krokette im heißen Fett die Gartemperatur $\vartheta_\mathrm{m} = 75$ °C erreicht? Weisen Sie die Anwendbarkeit der benutzten Lösung nach.

(d) Welche Temperatur $\vartheta_\mathrm{w,F}$ tritt nach dieser Zeit an der Krokettenoberfläche auf? Interpretieren Sie dies. Welche mittlere Temperatur $\overline{\vartheta}_\mathrm{K,F}$ tritt dabei in der Krokette auf?

(e) Nach welcher Zeit t_W wird in der Mitte einer Krokette im siedenden Wasser die Gartemperatur $\vartheta_\mathrm{m} = 75$ °C erreicht? Prüfen Sie auch hier die Anwendbarkeit der benutzten Lösungsmethode.

(f) Welche mittlere Temperatur $\overline{\vartheta}_\mathrm{K,W}$ wird nun in der Krokette erreicht?

► Phase II: „Abkühlen an der Raumluft bis zur Serviertemperatur"

Für die Analyse des Abkühlvorgangs kann vereinfachend von einer örtlich einheitlichen Temperatur in der Krokette (Anfangstemperaturen $\overline{\vartheta}_\mathrm{K,F}$ bzw. $\overline{\vartheta}_\mathrm{K,W}$) sowie einer alleinigen Wärmeabgabe über die Mantelfläche ausgegangen werden.

(g) Prüfen Sie die Anwendbarkeit einer geeigneten Lösungsmethode für den Abkühlvorgang und bestimmen Sie die Zeitkonstante τ_0 der Abkühlung. Was sagt diese aus?

(h) Nach welcher Abkühlzeit $t_\mathrm{A,Fri}$ kann Fridolin die Kroketten servieren, nach welcher Zeit $t_\mathrm{A,Sig}$ kann Sigi dies tun?

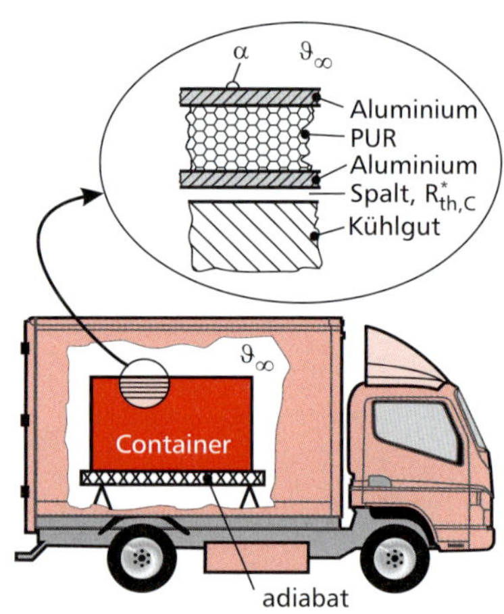

Bild 9.19: *Container im Laderaum des Kühlgut-LKWs.*

▶ Aufgabe 9.17:

Trucker Didi Diesel transportiert im seinem Kühlgut-LKW einen randvoll mit Tiefkühlkost der Fridolin Frostig GmbH & Co KG ($\lambda = 2{,}13$ W/(m K), $a = 1{,}25 \cdot 10^{-6}$ m²/s) gefüllten quaderförmigen Container. Der Boden des LKWs, auf dem der Container steht, ist sehr gut wärmegedämmt, so dass ein Wärmefluss nur an den Seitenflächen und der Deckelfläche des Containers auftritt. Der Behälter weist allseitig eine Umhüllung aus 3 Schichten (Duraluminium $\lambda_1 = \lambda_3 = 165$ W/(m K), $d_1 = d_3 = 3$ mm; Polyurethan (PUR) $\lambda_2 = 0{,}030$ W/(m K), $d_2 = 34$ mm) auf. Der thermische Kontakt zwischen dem dicht gestapelten Kühlgut und den Containerinnenseiten wird durch den spezifischen thermischen Kontaktwiderstand $R^*_{\text{th,C}} = 0{,}5 \cdot 10^{-4}$ (m² K)/W erfasst. An der Außenseite des Containers tritt der Gesamtwärmeübergangskoeffizient $\alpha = 8{,}6$ W/(m² K) zum Laderaum auf. Die Außenseite des Containers besitzt die Breite $B^* = 1\,145$ mm, die Tiefe $T^* = 899$ mm und die Höhe $H^* = 1\,410$ mm. Infolge eines Totalausfalls des Kühlaggregats herrscht im Laderaum die konstante Temperatur $\vartheta_\infty = 18$ °C, wodurch sich der Containerinhalt von seiner anfänglichen Temperatur $\vartheta_0 = -12$ °C allmählich erwärmt. Speichereffekte in der Sandwich-Konstruktion sind zu vernachlässigen.

(a) Geben Sie ohne Herleitung eine die Erwärmung des Kühlguts beschreibende dimensionslose Differenzialgleichung für die Variablen $\xi = \dfrac{x}{L_\text{x}}$, $\eta = \dfrac{y}{L_\text{y}}$, $\zeta = \dfrac{z}{L_\text{z}}$, $\Theta = \dfrac{\vartheta - \vartheta_\infty}{\vartheta_0 - \vartheta_\infty}$ und geeignete dimensionslose Zeiten sowie die zugehörigen normierten Anfangs- und Randbedingungen an.

(b) Wie groß sind die Längen L_x, L_y und L_z im vorliegenden Fall?

(c) Geben Sie ein Modell zur Berechnung der Oberflächentemperaturen des Containerinhalts nach hinreichend langen Zeiten an. An welcher Stelle und nach welcher Zeit t_1 würde demzufolge der Inhalt des Containers zu tauen beginnen (Grenztemperatur $\vartheta_\text{G} = 0$ °C)?

(d) Überprüfen Sie die Anwendbarkeit des Modells aus Teilaufgabe (c) und modifizieren Sie es ggf. geeignet.

(e) Berechnen Sie ggf. mit dem verbesserten Modell aus Teilaufgabe (d) eine neue Zeitspanne t_2, nach der der Containerinhalt zu tauen beginnt. Auftretende nichtlineare Gleichungen können dabei in einem Schritt mittels Newton-Verfahren mit dem Startwert t_1 gelöst werden.

(f) Welche mittlere Temperatur $\overline{\vartheta}_3$ würde der Inhalt des Containers nach $t_3 = 5$ d aufweisen, wenn der Einfluss eventuell auftretender Phasenänderungsvorgänge auf das Temperaturfeld unberücksichtigt bleibt?

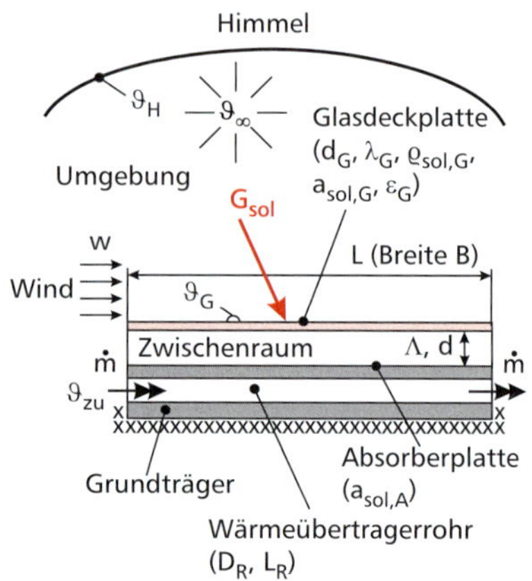

Bild 9.20: *Systemskizze des Kollektors.*

▶ Aufgabe 9.18:

Der auf dem Flachdach von Hans-Dieter Horizontal waagrecht montierte thermische Solarkollektor (Länge $L = 1$ m, Breite $B = 1$ m) wird bei der Lufttemperatur $\vartheta_\infty = 8$ °C und der Himmelstemperatur $\vartheta_\text{H} = 0$ °C von Wind mit $w = 2{,}5$ m/s längs angeströmt. Der Kollektor besteht aus einem ideal wärmegedämmten Grundträger, in den eine Absorberplatte ($a_{\text{sol,A}} = 0{,}90$) mit Wärmeübertragerrohr (Durchmesser $D_\text{R} = 12$ mm, $L_\text{R} = 15$ m) integriert ist, sowie einer im Abstand von $d = 12$ mm angebrachten parallelen transparenten Deckplatte aus Glas ($d_\text{G} = 6$ mm, $\lambda_\text{G} = 0{,}8$ W/(m K), $\varrho_{\text{sol,G}} = 0{,}04$, $a_{\text{sol,G}} = 0{,}16$, $\varepsilon_\text{G} = 0{,}84$). Auf die Deckplatte mit der oberseitigen Temperatur $\vartheta_\text{G} = 9{,}55$ °C trifft die Diffusstrahlung $G_\text{sol} = 250$ W/m² auf. Die Absorberplatte mit der einheitlichen Temperatur ϑ_A überträgt Wärme an den durch das Rohr strömenden Wassermassenstrom ($\dot{m} = 5$ g/s, $\vartheta_\text{zu} = 10$ °C, $c_\text{pW} = 4\,192$ J/(kg K), $\lambda_\text{W} = 0{,}58$ W/(m K), $\eta_\text{W} = 1\,306 \cdot 10^{-6}$ Pa s, $Pr_\text{W} = 9{,}44$).

Der luftgefüllte, hermetisch abgeschlossene Zwischenraum zwischen Absorberplatte und Unterseite der Deckplatte weist den Wärmedurchlasskoeffizienten $\Lambda = 2{,}52$ W/(m^2 K) auf. Die Stoffwerte der Luft betragen bei Bezugstemperatur $\nu = 143{,}10 \cdot 10^{-7}$ m^2/s, $\lambda = 24{,}85 \cdot 10^{-3}$ W/(m K), $Pr = 0{,}7165$. Die freie Konvektion an der Oberseite der Deckplatte kann ebenso vernachlässigt werden wie der thermische Widerstand zwischen Absorberplatte und Wärmeübertragerrohr.

Gemäß Hinweis auf S. 26 wird der Begriff „Wärmedurchlass", der in der Regel dem Mechanismus der Wärmeleitung vorbehalten ist, bei Zwischenräumen auch für konvektiven und radiativen Wärmetransport verwendet.

(a) Stellen Sie den Kollektor mit allen maßgeblichen thermischen Widerständen, Temperaturen und Wärmeströmen in einem Schaltbild dar.
(b) Wie groß ist der Wärmeübergangskoeffizient α_{K} an der Kollektoroberseite infolge von Konvektion?
(c) Welcher Wärmestrom $\dot{Q}_{\mathrm{K,L}}$ fließt von der Deckplatte an die Luft?
(d) Wie groß ist die Abstrahlung $\dot{Q}_{\varepsilon,\mathrm{H}}$ des Kollektors in den Himmel?
(e) Bestimmen Sie den Wärmedurchgangskoeffizienten k^* zwischen Deckplatte und Absorberplatte.
(f) Wie groß ist der zwischen Deckplatte und der Absorberplatte übertragene Wärmestrom $\dot{Q}_{\mathrm{k}}$?
(g) Welcher Nutzwärmestrom $\dot{Q}_{\mathrm{N}}$ wird im Kollektor übertragen?
(h) Bestimmen Sie die Temperatur ϑ_{A} der Absorberplatte unter Beachtung der Einlaufproblematik im Wärmeübertragerrohr.
(i) Bestimmen Sie den Emissionsgrad ε_{A} der Absorberplatte.
(j) Bestimmen Sie den thermischen Wirkungsgrad η des Kollektors. Bei welcher Temperatur der Deckplatte ϑ^*_{G} wird kein Nutzwärmestrom $\dot{Q}_{\mathrm{N}}$ mehr erzielt, weil keine Temperaturerhöhung mehr im Wasser auftritt?

Der Wärmedurchgangskoeffizient umfasst die gesamte Anordnung eines mehrschichtigen Körpers zwischen zwei Fluiden. Wird nur ein Teil dieser Schichten betrachtet, wie in Teilaufgabe (e) der Teil zwischen Glasplatte und Absorber, indiziert man solche „unvollständigen" k-Werte häufig mit einem zusätzlichen Stern (k-Stern-Werte).

► Aufgabe 9.19:

Trucker Didi Diesel stellt im Urlaubsstau auf dem Bayerwald-Highway eine zylindrische Dose Mineralnaja Woda ($D = 6$ cm, $V = 0{,}33$ ℓ, $c_{\mathrm{p}} = 4\,200$ J/(kg K), $\varrho = 1\,000$ kg/m^3) in seinen elektrischen Getränkekühler. Die Dose ist an Mantel- und Deckelfläche mit $s = 2$ cm PUR-Schaum der Wärmeleitfähigkeit $\lambda = 0{,}030$ W/(m K) umgeben, der zum Innenraum des LKWs (Temperatur $\vartheta_\infty = 25$ °C = const.) den Wärmeübergangskoeffizienten $\alpha_e = 12$ W/(m^2 K) besitzt. Das Getränk weist keine Temperaturunterschiede auf und besitzt einen idealen Wärmeübergang zur Dose, die passgenau in einer Metallaufnahme mit integriertem Peltier-Element steht ($R^*_{\mathrm{th,C}} = 0$ (m^2 K)/W). Die entzogene Wärme $\dot{Q}_{\mathrm{K}}$ fließt infolge der dem Bordnetz entnommenen elektrischen Leistung an einen Kühlkörper, der näherungsweise die Temperatur ϑ_∞ besitzt. Ähnlich wie bei einer Wärmepumpe tritt der Kühleffekt auch bei Getränketemperaturen unterhalb der Umgebungstemperatur auf. Speichereffekte treten nur im Getränk auf. Der Kühlwärmestrom $\dot{Q}_{\mathrm{K}}$ hängt vom Temperaturunterschied $\Theta(t) = \vartheta(t) - \vartheta_\infty$ zwischen Getränk und Umgebung ab. Die maximale Kühlleistung von $\dot{Q}_{\max} = 40$ W (Wärmepumpleistung) steht bei $\Theta = 0$ zur Verfügung. Die maximale Temperaturdifferenz $\Theta_{\max} = -80$ K tritt bei verschwindender Kühlleistung auf. Die Kennlinie des Peltier-Elements lautet:

$$\dot{Q}_{\mathrm{K}}(\vartheta) = a - b \cdot (\vartheta - \vartheta_\infty) \tag{9.5}$$

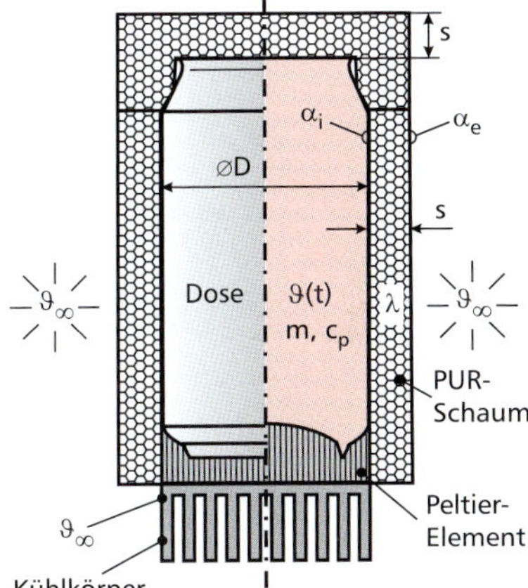

Bild 9.21: *Skizze des Getränkekühlers.*

(a) Stellen Sie die maßgeblichen Wärmeströme und die Temperaturen in einer geeigneten Skizze dar.
(b) Bestimmen Sie unter Beachtung der einzelnen Geometrien den resultierenden Wärmedurchgangskoeffizienten k_{res} der Dose, der den Wärmedurchgang mit der wärmeübertragenden Fläche A beschreibt.
(c) Ermitteln Sie die Parameter a und b des Peltier-Elements.
(d) Leiten Sie ausgehend von einer Energiebilanz eine Differenzialgleichung für die Differenztemperatur $\Theta(t) = \vartheta(t) - \vartheta_\infty$ des Getränks zur Umgebung ab und bestimmen Sie deren allgemeine Lösung.

(e) Die Dose lag auf dem Beifahrersitz in der prallen Sonne und weist eine Anfangstemperatur von $\vartheta_0 = 45\ °\text{C}$ auf. Wie lange dauert es, bis die Dose die gewünschte Trinktemperatur von $\vartheta_\text{T} = 12\ °\text{C}$ erreicht hat?

(f) Aufgrund der fehlenden Regelung kann die Getränketemperatur auch unter die Trinktemperatur fallen. Welche Temperatur ϑ^* wäre theoretisch erzielbar? Ist sie auch praktisch erreichbar?

(g) Gerade als die Trinktemperatur erreicht wird, löst sich der Stau auf. Didi schaltet die Kühlung ab, lässt die Dose im Kühler und fährt weiter. Welche Temperatur ϑ^{**} weist die Dose auf, als er sie nach einer Fahrzeit von $t^* = 5$ h nach Abschalten der Kühlung aus dem Kühler nimmt? Skizzieren Sie den Temperaturverlauf in der Kühlphase sowie nach dem Abschalten in einem geeigneten Diagramm.

► Aufgabe 9.20:

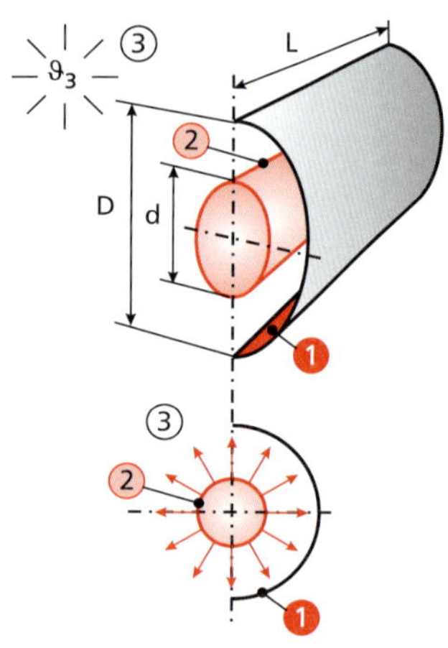

Bild 9.22: *Systemskizze des Entengrills.*

Semestersprecher Sebastian Schnatterer hat für die große Semesterabschlussparty einen elektrisch beheizten Grill für mehrere Enten am Spieß konstruiert. Die nach außen hin sehr gut wärmegedämmte halbzylinderförmige Heizrinne ① ($\varepsilon_1 = 0{,}6$, $D = 0{,}6$ m, $L = 2$ m) bestrahlt den als Zylinder modellierten Entenspieß ② ($\varepsilon_2 = 0{,}9$, $\vartheta_2 = 205\ °\text{C}$, $\dot{Q}_2 = 2\,200$ W, $d = 0{,}2$ m, $L = 2$ m). Beide Oberflächen strahlen gleichzeitig auch in die Umgebung ③ ($\varepsilon_3 = 1$, $\vartheta_3 = 10\ °\text{C}$) ab. Wegen $L \gg D$ kann vereinfachend von unendlich langen Zylindern ausgegangen werden.

Für die Eigeneinstrahlzahl der Heizrinne gilt:

$$\varphi_{11} = 1 - \frac{2}{\pi} \cdot \left[\sqrt{1 - \left(\frac{d}{D}\right)^2} + \frac{d}{D} \cdot \arcsin\left(\frac{d}{D}\right)\right] \tag{9.6}$$

(a) Welcher Anteil der von der Fläche ② ausgehenden Strahlung trifft auf die Heizrinne ①, welcher auf die Umgebung ③? Berechnen Sie die Einstrahlzahlen φ_{21}, φ_{23} und φ_{12}.

(b) Bestimmen Sie die Einstrahlzahl φ_{13}.

(c) Zeichnen Sie das thermische Ersatzschaltbild der Konfiguration mit den jeweiligen Wärmeströmen.

(d) Bestimmen Sie ausgehend von den Strahlungswiderständen die auftretenden Helligkeiten $J_1 \ldots J_3$ und Wärmeströme $\dot{Q}_1 \ldots \dot{Q}_3$ sowie die Temperatur ϑ_1 der Heizrinne.

(e) Bestimmen Sie den konvektiven Wärmestrom $\dot{Q}_\text{K}$ von den Enten an die Umgebungsluft der Temperatur $\vartheta_\text{L} = 15\ °\text{C}$.

(f) Welcher Netto-Wärmestrom $\dot{Q}_2^*$ ist an den Enten zum Garen wirksam?

► Aufgabe 9.21:

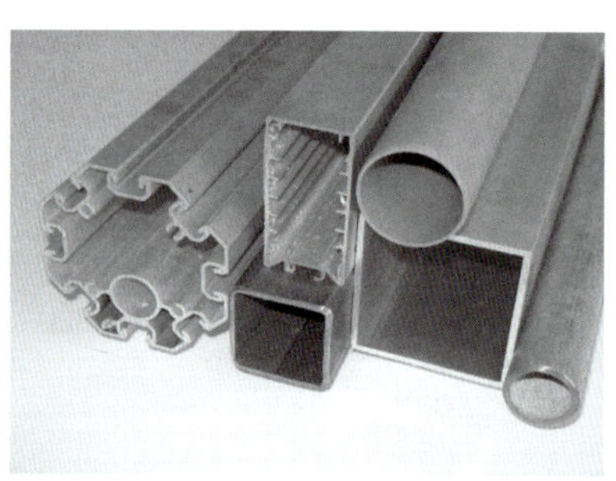

Bild 9.23: *Kreis- und Vierkantrohre neben Aluminiumhohlprofilen.*

Im Labor von H. B. Fertig wird ein Kreisrohr (Innendurchmesser D, Länge L, auf die innere Rohrmantelfläche bezogener Wärmedurchgangskoeffizient k zur Umgebung der Temperatur ϑ_∞) vom Fluid Isidorium (Massenstrom $\dot{m}$, spezifische isobare Wärmekapazität c_p, Eintrittstemperatur ϑ_0, Austrittstemperatur am Rohrende ϑ_L) durchströmt.

(a) Berechnen Sie aus einer geeigneten Bilanz die mittlere Systemtemperatur $\overline{\vartheta}$ des Fluids ohne Längswärmeleitung in Rohrwand und Fluid.

(b) Berechnen Sie den Temperaturverlauf $\vartheta(x)$ im Rohr aus einer geeigneten Bilanz.

(c) Berechnen Sie aus Teilaufgabe (b) die mittlere Fluidtemperatur $\overline{\vartheta}$ im Rohr durch integrale Mittelung und vergleichen Sie das Ergebnis mit dem von Teilaufgabe (a).

► Aufgabe 9.22:

Bartholomäus Bierdimpfl sitzt in einem schattigen Hortus Cervisiae in einem erdbebensicheren Gebiet (Umgebungstemperatur $\vartheta_\infty = 32$ °C) vor einer Maß Bier[1] (Volumen $V = 1$ ℓ, spezifische Wärmekapazität $c_p = 4{,}066$ kJ/(kg K), Dichte $\varrho = 1\,029{,}9$ kg/m^3, Anfangstemperatur $\vartheta_0 = 12$ °C), die ihm Kellnerin Kathi Knödelberger in einem irdenen zylindrischen Krug (Wärmeleitfähigkeit $\lambda_K = 1{,}25$ W/(m K), Wärmeübergangskoeffizient innen $\alpha_i = 80$ W/(m^2 K), Wärmeübergangskoeffizient außen am Mantel $\alpha_M = 20$ W/(m^2 K); Innendurchmesser $D_i = 80$ mm, Wandstärke $d_K = 12{,}5$ mm, Wärmekapazität vernachlässigbar) serviert und mit einem Bierfilzl (oberseitiger Wärmeübergangskoeffizient $\alpha_F = 12{,}5$ W/(m^2 K), Wärmeleitfähigkeit $\lambda_F = 0{,}125$ W/(m K), Dicke $d_F = 5$ mm) abgedeckt hat. Zwischen Bierfilzl und Bier herrscht der Wärmedurchlasswiderstand $R_L = 0{,}15$ m^{2}K/W. Der Boden des Kruges wird vereinfacht als adiabat betrachtet, Einflüsse des Maßkrughenkels werden vernachlässigt. Durch Konvektion ist das Bier stets auf einheitlicher Temperatur ϑ.

Bild 9.24: *Starkbier wird traditionell aus irdenen Krügen (sog. Keferlohern) getrunken. Unten: Historische Bierfilzl als adiabate Unterlage, oben: Bierfilzl (Bierdeckel) in heutiger Ausführung.*

(a) Skizzieren Sie das System und leiten Sie aus einer Bilanz eine Gleichung für die zeitliche Änderung der Bier-Übertemperatur $\frac{d\theta}{dt} = \frac{d(\vartheta - \vartheta_\infty)}{dt}$ ab.

(b) Bestimmen Sie die Zeitkonstante τ_0 des Vorgangs.

(c) Berechnen Sie den zeitlichen Verlauf der Biertemperatur $\vartheta(t)$.

(d) Welche Temperatur ϑ_1 hat das Bier nach $t_1 = 1$ h angenommen?

(e) Nach welcher Zeit t_2 hat sich das Bier auf $\vartheta_2 = 20$ °C erwärmt?

► Aufgabe 9.23:

Der von Isidor Ideenreich entwickelte Prototyp eines thermischen Speichers besteht aus einer Schüttung dicht gepackter Aluminiumkugeln ($D = 75$ mm, $\lambda = 240$ W/(m K), $c_p = 950$ J/(kg K), $\varrho = 2\,700$ kg/m^3, $\vartheta_0 = 25$ °C), auf die Wärme von einem vorbei streichenden Gasstrom ($\vartheta_G = 300$ °C) mit dem effektiven Wärmeübergangskoeffizienten $\alpha = 75$ W/(m^2 K) übertragen wird.

(a) Wie lange dauert es, bis eine Metallkugel bei freier Anströmung 90 % der maximal möglichen Wärme aufgenommen hat?

(b) Welche Temperatur ϑ_M herrscht dann in der Mitte der Kugel?

(c) Wie ändern sich die Verhältnisse für Kupferkugeln ($\lambda_{Cu} = 390$ W/(m K), $c_{p,Cu} = 450$ J/(kg K), $\varrho_{Cu} = 8\,900$ kg/m^3)?

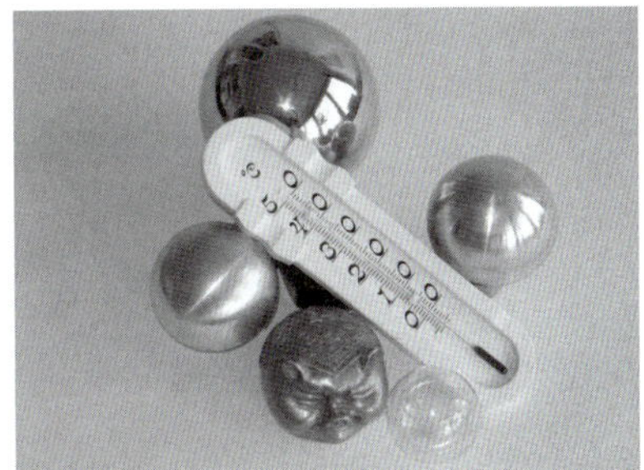

Bild 9.25: *Thermalanalyse an kugelförmigen Körpern.*

► Aufgabe 9.24: (Ex)

Trucker Didi Diesel ist mit seinem LKW (Dach: Breite $B = 3$ m, Länge $L = 10$ m, Emissionsgrad $\varepsilon_D = 0{,}85$) mit einer Geschwindigkeit von $w = 80$ km/h als Weihnachtstrucker nach Rumänien unterwegs. Die Umgebungsluft besitzt die Temperatur $\vartheta_\infty = 5$ °C, die Himmelstemperatur beträgt $\vartheta_H = -20$ °C.

(a) Wie groß ist der konvektive Wärmeübergangskoeffizient α_K des Dachs unter der Annahme $\vartheta_D \approx \vartheta_\infty$ für die Ermittlung der Stoffwerte.

(b) Leiten Sie aus einer Energiebilanz am Dach des Trucks eine Gleichung für die Oberflächentemperatur ab.

(c) Berechnen Sie die Dachtemperatur ϑ_D. Tritt Eis- bzw. Reifbildung am Dach auf?

(d) Wie groß ist der Wärmeübergangskoeffizient für Strahlung α_{Str}?

Bild 9.26: *Abmessungen von Didis Truck.*

[1] Herrn Dipl.-Braumeister F. Stolz danken wir für die Stoffwerte von Bier.

(e) In Rumänien angekommen, stellt Didi seinen LKW ab und lädt aus. Prüfen Sie durch erneute Berechnung der Dachtemperatur, ob das Dach nun vereist bzw. bereift ($\nu = 130{,}93 \cdot 10^{-7}$ m²/s, $\lambda = 23{,}81 \cdot 10^{-3}$ W/(m K), $Pr = 0{,}7187$, $\beta_p = 3{,}887 \cdot 10^{-3}$ 1/K, Schätzwert: $\Delta\vartheta = 19{,}7$ K).

► Aufgabe 9.25:

Bild 9.27: *Zylindrische Soffittenglühlampe.*

Die in Bild 9.27 dargestellte Soffittenglühlampe wird im Wohnmobil von Tanja Tramper mit einer Spannung von $U = 12$ V betrieben. Sie besitzt einen Glühfaden aus Wolfram (Länge $L_1 = 20$ mm, Durchmesser $D_1 = 0{,}025$ mm, spezifische Wärmekapazität $c_{p1} = 130$ J/(kg K), Dichte $\varrho_1 = 19{,}25$ kg/dm³, Emissionsgrad $\varepsilon_1 = 0{,}35$, Schmelztemperatur $\vartheta_S = 3\,422$ °C).

Der koaxial im umgebenden Glaszylinder (Durchmesser $D_2 = 11$ mm, Länge $L_2 = 20$ mm, Temperatur $\vartheta_2 = 30$ °C, Emissionsgrad $\varepsilon_2 = 0{,}9$) gespannte Glühfaden gibt an diesen Wärme durch Strahlung ab. Strahlungseffekte an den Stirnseiten der Lampe bleiben im Folgenden ebenso unberücksichtigt wie der Wärmetransport infolge von Konvektion.

Der elektrische Widerstand R_{el} des Glühfadens mit den Temperaturkoeffizienten $\alpha_{20} = 4{,}82 \cdot 10^{-3}$ K⁻¹ und $\beta_{20} = 1{,}0 \cdot 10^{-6}$ K⁻² nimmt bei steigender Temperatur ϑ wie folgt zu:

$$R_{el}(\vartheta) = R_{20} \cdot \left[1 + \alpha_{20} \cdot (\vartheta - \vartheta_{20}) + \beta_{20} \cdot (\vartheta - \vartheta_{20})^2\right] \quad (9.7)$$

Der elektrische Leitwiderstand R_{20} bei $\vartheta_{20} = 20$ °C hängt von der spezifischen elektrischen Leitfähigkeit $\sigma_{20} = 18{,}2 \cdot 10^6$ S/m, der Leiterlänge L und dem Leiterquerschnitt A ab:

$$R_{20} = \frac{L}{\sigma_{20} \cdot A} \quad (9.8)$$

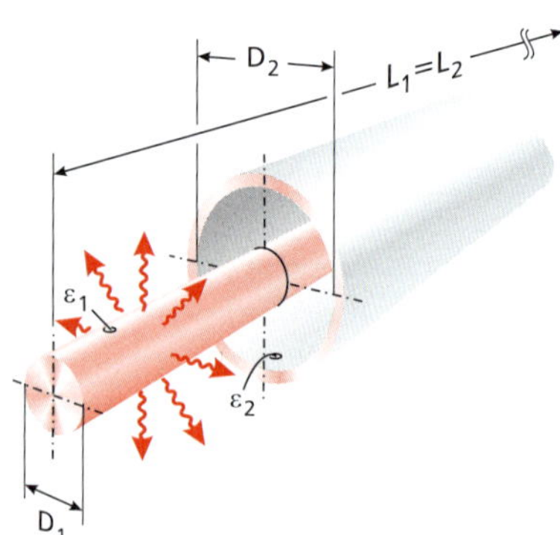

Bild 9.28: *Geometrie der zylindrischen Soffittenglühlampe.*

(a) Formulieren Sie eine allgemeine Gleichung, aus der der zwischen Glühfaden und Glaszylinder übertragene Netto-Wärmestrom $\dot{Q}_{12}$ berechnet werden kann.

(b) Prüfen Sie durch Anwendung eines einfacheren Strahlungsmodells, inwiefern der Emissionsgrad ε_2 des Glaszylinders für den Strahlungsaustausch eine Rolle spielt und nehmen Sie zu eventuell auftretenden Abweichungen Stellung.

(c) Leiten Sie aus einer geeigneten Energiebilanz eine Gleichung (∗) für die zeitliche Änderung der Glühfadentemperatur $\frac{d\vartheta_1}{dt}$ ab!

(d) Geben Sie eine Gleichung (∗∗) an, aus der die sich nach langer Zeit einstellende Glühfadentemperatur ϑ_1 berechnet werden kann.

(e) Berechnen Sie mit 2 Iterationsschritten die sich nach langer Zeit einstellende Glühfadentemperatur $\vartheta_{1,2}$ mit einem geeigneten Verfahren, ausgehend von dem Startwert $\vartheta_1^{(0)} = 2\,500$ °C.

(f) Welche elektrische Leistung P_{el} nimmt die Glühlampe in diesem Zustand auf?

(g) Berechnen Sie die zeitliche Änderung der Glühfadentemperatur im Einschaltzeitpunkt der Lampe ($\vartheta_{1,0} = \vartheta_{2,0} = \vartheta_{20} = 20$ °C) ohne kapazitive und induktive Effekte aus dem elektrischen Stromfluss.

(h) Welche Temperatur ϑ_1^* würde der Glühfaden nach $t = 50$ ms erreichen, wenn die mittlere zeitliche Temperaturänderung 2 % des in Teilaufgabe (g) ermittelten Wertes beträgt? Bewerten Sie das Risiko, dass der Glühfaden beim Einschalten durchschmilzt (Schmelztemperatur $\vartheta_S = 3\,422$ °C).

▶ Aufgabe 9.26:

Das von Susi Sorglos entworfene Bügeleisen „Iron Maiden" besitzt eine metallene Sohlplatte ($\lambda = 48$ W/(m K), $d = 12$ mm, $A = 300$ cm^2), deren Innenseite sich in idealem thermischem Kontakt mit einem sehr dünnen elektrischen Widerstandsheizer ($d_\mathrm{H} \to 0$, $P_\mathrm{el} = 1\,200$ W) befindet. Die Außenseite der Platte steht über den Gesamtwärmeübergangskoeffizienten $\alpha_\mathrm{e} = 80$ W/(m^2 K) mit der Umgebung ($\vartheta_\mathrm{e} = 20$ °C) in Verbindung. Die rückseitige Dämmung ($\lambda_\mathrm{D} = 0{,}25$ W/(m K), $d_\mathrm{D} = 20$ mm) besitzt den Gesamtwärmeübergangskoeffizienten $\alpha_\mathrm{i} = 20$ W/(m^2 K) zum Bügeleiseninneren (Temperatur $\vartheta_\mathrm{i} = 30$ °C).

(a) Skizzieren Sie das vollständige thermische Schaltbild des Bügeleisens und geben Sie die jeweils wirkenden Wärmetransportmechanismen an.

(b) Bestimmen Sie die Temperatur ϑ_H des Heizers.

(c) Wie hoch ist die Temperatur ϑ_se der Sohlplatte?

(d) Welcher Anteil f_i der Heizleistung fließt ins Bügeleiseninnere ab?

(e) Leiten Sie mithilfe der Ergebnisse der Teilaufgaben (b) und (c) eine Gleichung für die direkte Berechnung der Sohlplattentemperatur ϑ_se ohne Kenntnis der Heizertemperatur ϑ_H ab.

(f) Das um 40 € billigere Modell „Cheap Trick" besitzt keine rückseitige Dämmung. Bestimmen Sie die erforderliche Heizleistung P^*_el, um die Sohlplattentemperatur ϑ_se des Modells „Iron Maiden" zu erreichen.

(g) Welche Amortisationsdauer t_A besitzt das Modell „Iron Maiden" bei einem Strompreis von $p_\mathrm{el} = 0{,}18$ €/kWh und 220 h/a Bügeldauer?

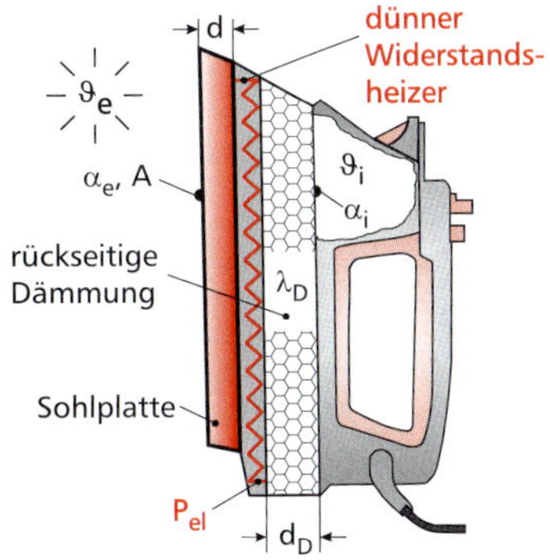

Bild 9.29: *Bügeleisenmodell „Iron Maiden".*

▶ Aufgabe 9.27:

Beim Glühweinverkauf der CoME-Studenten (Club of Mechanical Engineers) wird der voll gefüllte zylindrische Aluminiumtopf von Konstanze Konsumenta (Außendurchmesser $D_\mathrm{a} = 37$ cm, $V_\mathrm{G} = 33$ ℓ) eingesetzt. Über die Mantelfläche ($\lambda = 165$ W/(m K), Dicke $d = 5$ mm) fließt mit dem außenseitigen Gesamtwärmeübergangskoeffizienten $\alpha_\mathrm{e} = 20$ W/(m^2 K) Wärme vom Glühwein ($c_\mathrm{pG} = 4\,072$ J/(kg K), $\varrho_\mathrm{G} = 948$ kg/m^3) an die Umgebung (Temperatur $\vartheta_\infty = -5$ °C). Der Wärmefluss über Boden und Deckel ist wegen entsprechender Dämmschichten vernachlässigbar. Durch Konvektion liegt im Glühwein (Anfangstemperatur $\vartheta_0 = 75$ °C) eine intensive Durchmischung vor. Der Wärmeübergangswiderstand an der Topfinnenseite beträgt $R_\mathrm{si} = 0{,}008$ m^2 K/W.

Bild 9.30: *Equipment zum Glühweinverkauf durch CoME e.V.: Glühweinkessel, Zahnrad und einige Trinkgläser.*

(a) Berechnen Sie den auf die äußere Topfmantelfläche bezogenen Wärmedurchgangskoeffizienten k_a.

(b) Wie groß ist der auf die innere Topfmantelfläche bezogene Wärmedurchgangskoeffizient k_i?

(c) Ernst Haft meint, dass der Krümmungseinfluss auf den Wärmedurchgangskoeffizienten vernachlässigt und die Mantelfläche des Topfes als eben behandelt werden kann. Berechnen Sie den prozentualen Fehler seines Modells gegenüber dem Ergebnis aus Teilaufgabe (a) bei sonst unveränderten Parametern.

(d) Leiten Sie aus einer geeigneten Bilanz bei Vernachlässigung der Wärmekapazität des Topfes eine Gleichung für die zeitliche Änderung der Glühweintemperatur ϑ_G ab.

(e) Berechnen Sie die Zeitkonstante τ_0 des Abkühlvorgangs.

(f) Berechnen Sie mit dem Ergebnis aus Teilaufgabe (d) die Glühweintemperatur $\vartheta_\mathrm{G}(t)$. Welche Temperatur ϑ_G1 wird nach $t_1 = 2$ h erreicht?

(g) Nach welcher Zeit t_2 hat sich der Glühwein auf $\vartheta_\mathrm{G2} = 60$ °C abgekühlt?

(h) Welche Temperatur ϑ^*_1 stellt sich im Glühwein nach $t_1 = 2$ h ein, wenn der Topf am Mantel mit einer 8 mm starken Wärmedämmung der Wärmeleitfähigkeitsgruppe 040 ($\lambda_\mathrm{WD} = 0{,}04$ W/(m K)) versehen wird?

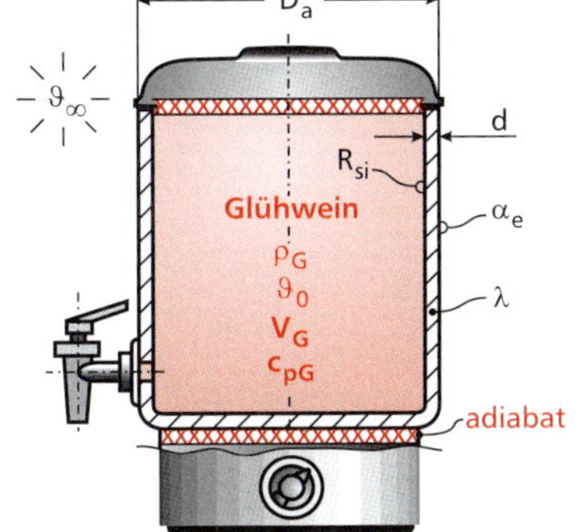

Bild 9.31: *Schnitt durch den Glühweintopf.*

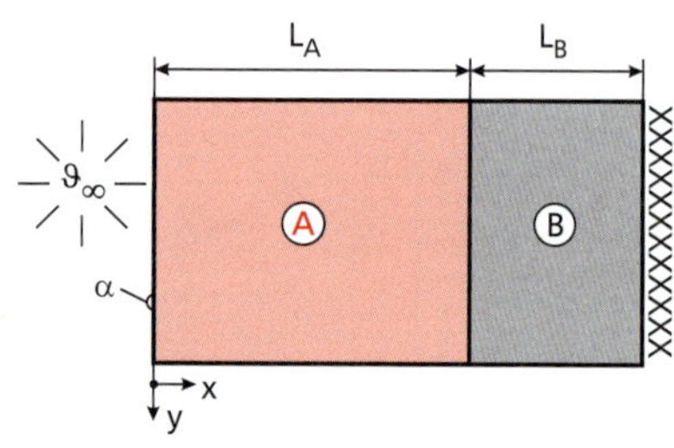

Bild 9.32: *Platten A und B im Fluxkondensator mit inneren Wärmequellen.*

▶ Aufgabe 9.28:

Smarty Mc Spy hat im Fluxkondensator von Spock Brauns Zeitmaschine zwei Platten A und B (Wärmeleitfähigkeiten $\lambda_A = 0{,}6$ W/(m K), $\lambda_B = 1{,}2$ W/(m K), Dicken $L_A = 0{,}4$ m, $L_B = 0{,}2$ m, innere Wärmequellendichten $\dot{e}_{q,A} = 180$ W/m^3, $\dot{e}_{q,B} = 432$ W/m^3) in idealem thermischem Kontakt zueinander eingebaut. Während auf der linken Seite von Platte A ($x = 0$) der Gesamtwärmeübergangskoeffizient $\alpha = 40$ W/(m^2 K) zur Umgebung der Temperatur $\vartheta_\infty = 20$ °C auftritt, ist die rechte Seite von Platte B ideal wärmegedämmt (Bild 9.32). In y-Richtung treten in den Platten keine Temperaturunterschiede und kein Wärmefluss auf.

(a) Leiten Sie aus einer Energiebilanz unter Einführung geeigneter Konstanten eine Beziehung für den allgemeinen Verlauf der Plattentemperatur $\vartheta_A(x)$ ab.

(b) Geben Sie anhand des Ergebnisses von Teilaufgabe (a) eine analoge Gleichung für die Plattentemperatur $\vartheta_B(x)$ an.

(c) Formulieren Sie geeignete Randbedingungen zur Bestimmung der speziellen Temperaturverläufe.

(d) Bestimmen Sie die Konstanten in den Temperaturverläufen allgemein und zahlenmäßig.

(e) Bestimmen Sie den Ort x_{max} der maximalen Plattentemperatur ϑ_{max} und geben Sie deren Wert an.

(f) Wie groß ist die Wärmestromdichte $\dot{q}^*$ an der Koppelstelle der Platten?

(g) Welche Temperatur ϑ^* herrscht an der Berührstelle beider Platten?

(h) Wie hoch ist die linke Oberflächentemperatur von Platte A?

(i) Skizzieren Sie den Temperaturverlauf der Platten in einem Diagramm.

▶ Aufgabe 9.29:

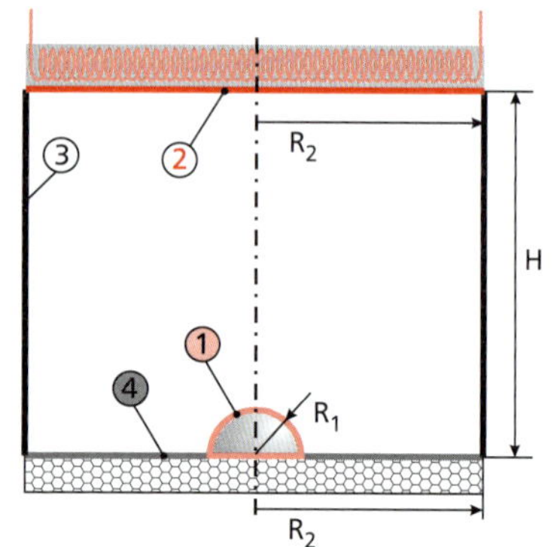

Bild 9.33: *Mobiler zylindrischer Brotbackautomat.*

Entwicklungsingenieur Berthold Brotschelm hat den in Bild 9.33 dargestellten mobilen Brotbackautomaten entwickelt, der aus einem zylindrischen Mantel ③ (Radius $R_2 = 50$ cm, Höhe $H = 40$ cm) besteht. Das halbkugelförmige Backgut ① (Radius $R_1 = 10$ cm) wird in die Mitte des kreisförmigen Bodens ④ (Radius R_2) eingebracht und von der ebenfalls kreisförmigen Heizfläche ② (Radius R_2) erwärmt.

Für die Einstrahlzahl $\varphi_{4\,1}$ zwischen der Bodenfläche ④ und dem Backgut ① gilt mit

$$\xi = \frac{R_2}{R_1} \tag{9.9}$$

und

$$\eta = \sqrt{\xi^2 - 1} \tag{9.10}$$

$$\varphi_{4\,1} = \frac{1}{\pi \cdot \eta^2} \cdot \left[-\frac{\pi}{2} - \eta + \xi^2 \cdot \arctan\left(\frac{1}{\eta}\right) + 2\arctan\eta \right] \tag{9.11}$$

(a) Berechnen Sie die Oberflächen A_k ($k = 1, \ldots, 4$) der am Strahlungsaustausch beteiligten Körper.

(b) Berechnen Sie alle Einstrahlzahlen des Backguts $\varphi_{1\,k}$ ($k = 1, \ldots, 4$).

(c) Ermitteln Sie alle Einstrahlzahlen der Heizfläche $\varphi_{2\,k}$ ($k = 1, \ldots, 4$).

(d) Berechnen Sie die noch fehlenden Einstrahlzahlen und stellen Sie diese in einer Einstrahlzahlenmatrix zusammen.

▶ Aufgabe 9.30:

Praktikant Peter Pfiffikus schlägt zur Beheizung der Industriehalle von Willy Werkel anstelle eines unberippten Rohres (Variante A, $\lambda = 165$ W/(m K), $D_\mathrm{i} = 50$ mm, $s = 3$ mm) eine verbesserte Variante B mit extrudierten Rechteckrippen ($\lambda = 165$ W/(m K), $H = 25$ mm, $t = 2$ mm) vor (Bild 9.34). Das Rohr der Länge $L = 5$ m wird von einem inkompressiblen wärmeabgebenden Fluid ($\overline{\vartheta}_\mathrm{i} = 150$ °C, $c_\mathrm{p,i} = 4\,310$ J/(kg K), $\lambda_\mathrm{i} = 682{,}4 \cdot 10^{-3}$ W/(m K), $v_\mathrm{i} = 1{,}0901$ dm^3/kg, $\eta_\mathrm{i} = 182{,}7 \cdot 10^{-6}$ Pa s) mit $\dot{m}_\mathrm{i} = 0{,}36$ kg/s durchströmt. An der Rohraußenseite bzw. Rippenoberfläche herrscht der konstante Gesamtwärmeübergangskoeffizient $\alpha_\mathrm{e} = 40$ W/(m^2 K) zur Umgebung der konstanten Temperatur $\vartheta_\mathrm{e} = 20$ °C.

(a) Skizzieren Sie die vollständigen thermischen Schaltbilder zwischen Fluid und Umgebung für beide Varianten.

Hinweis: Bei Variante B ist davon auszugehen, dass die Temperaturen ϑ_F am Rippenfuß und die Temperatur ϑ_se an der Rohraußenseite verschieden sind und ein radialer Wärmefluss in der Rohrwand auftritt.

(b) Welcher Wärmeübergangskoeffizient α_i tritt zwischen Fluid und Rohr auf?

(c) Welchen Wärmedurchlasswiderstand $R_{\mathrm{th},\lambda,\mathrm{A}}$ weist das unberippte Rohr auf?

(d) Welcher Wärmestrom $\dot{Q}_\mathrm{A}$ fließt vom unberippten Rohr zur Umgebung?

(e) Berechnen Sie den Wirkungsgrad η_R einer Rippe.

(f) Geben Sie ausgehend vom thermischen Widerstand einer Rippe $R_\mathrm{th,R}$ den thermischen Widerstand von n Rippen $R_\mathrm{th,R,n}$ an.

(g) Leiten Sie aus dem thermischen Schaltbild von Variante B eine Gleichung (∗) für den Wärmefluss $\dot{Q}_\mathrm{B}$ zwischen Fluid und Umgebung als Funktion der Rippenanzahl n ab.

(h) Wie kann bei bekanntem Wärmestrom $\dot{Q}_\mathrm{B}$ daraus die erforderliche Rippenanzahl n berechnet werden?

Hinweis: Die Berechnung selbst ist nicht durchzuführen.

(i) Leiten Sie durch entsprechende Vereinfachungen von Gl. (∗) eine Beziehung (∗∗) ab, aus der die Rippenanzahl n bei bekanntem Wärmestrom $\dot{Q}_\mathrm{B}$ direkt berechenbar ist. Begründen Sie dabei getroffene Vereinfachungen stichpunktartig.

(j) Wie viele Rippen n^{**} sind für eine Leistungsziffer der Anordnung $\epsilon_\mathrm{R}^{**} = 4$ nach der vereinfachten Gl. (∗∗) notwendig?

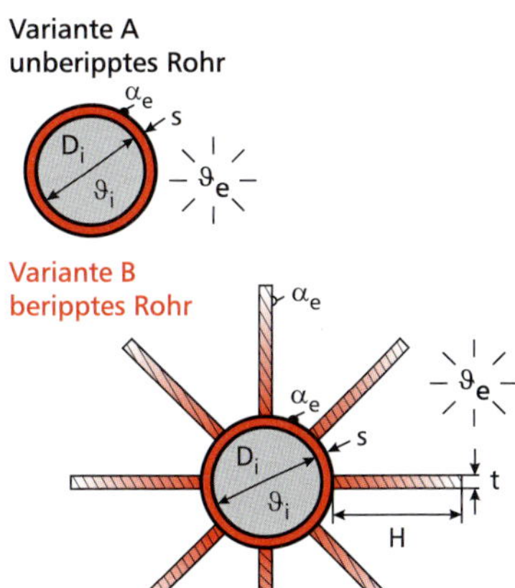

Bild 9.34: *Unberipptes Rohr (oben) und beripptes Rohr (unten).*

▶ Aufgabe 9.31:

Ein flüssigkeitsgefüllter Behälter in der Werkshalle von Willi Werkel fasst $5\,000$ ℓ. Die Wärmeübergangskoeffizienten betragen $\alpha_\mathrm{i} = 100$ W/(m^2 K) an der Innenseite und $\alpha_\mathrm{e} = 25$ W/(m^2 K) an der Außenseite des Tanks. Die Behälterwand besteht aus $d = 10$ mm starkem Stahlblech der Wärmeleitfähigkeit $\lambda = 50$ W/(m K). Der Tank soll außen mit einer $d_\mathrm{WD} = 10$ cm starken Schicht der Wärmeleitfähigkeit $\lambda_\mathrm{WD} = 0{,}040$ W/(m K) gedämmt werden.
Es stehen drei Behälterformen zur Verfügung (vgl. Bild 9.35):

(a) quadratischer Zylinder ($D_\mathrm{i} = H$)

(b) langer Zylinder ($D_\mathrm{i} = 0{,}2 \cdot H$)

(c) Kugel ($D_\mathrm{i} = 2 \cdot R_\mathrm{i}$)

Welcher Behälter hat bei gleicher Temperaturdifferenz $\Delta\vartheta$ zwischen innen und außen und freier Aufständerung den größten Wärmeverlust? Bestimmen Sie hierzu den jeweils resultierenden thermischen Leitwert L_th, wenn der Wärmeverlust über die Aufständerung vernachlässigt wird.

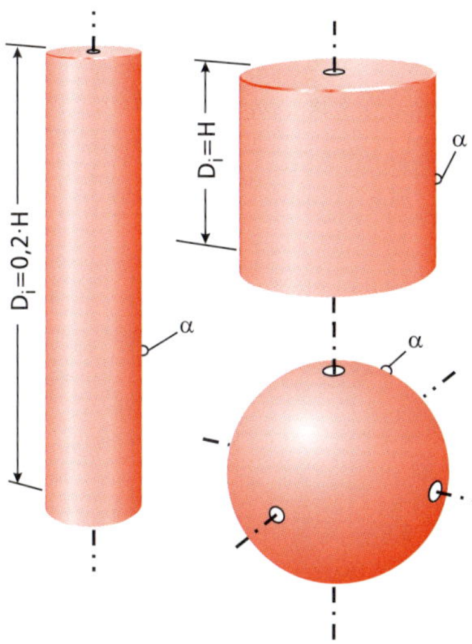

Bild 9.35: *Verschiedene Tankformen gleichen Inhalts: „Quadratischer" Zylinder, langer Zylinder und Kugel.*

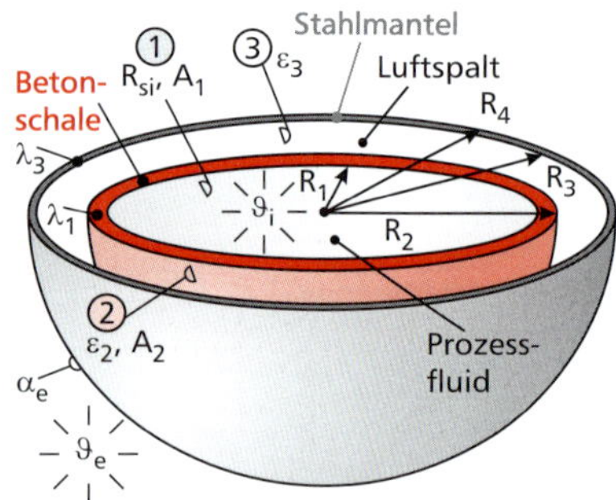

Bild 9.36: *Halbschnitt durch den mehrschaligen Kugeltank.*

▶ Aufgabe 9.32:

In der Fabrikhalle von H. B. Fertig befindet sich ein mit einem Prozessfluid ($R_{\mathrm{si}} = 5 \cdot 10^{-3}$ m² K/W, $\vartheta_{\mathrm{i}} = 75$ °C) gefüllter mehrschichtiger kugelförmiger Tank ($R_1 = 3{,}25$ m, $\lambda_1 = 2{,}3$ W/(m K), $R_2 = 3{,}55$ m, $\varepsilon_2 = 0{,}9$, $R_3 = 3{,}70$ m, $R_4 = 3{,}705$ m, $\lambda_3 = 17{,}1$ W/(m K), $\varepsilon_3 = 0{,}5$; vgl. Bild 9.36). Er steht über den Gesamtwärmeübergangskoeffizienten $\alpha_{\mathrm{e}} = 15$ W/(m² K) mit der Umgebung ($\vartheta_{\mathrm{e}} = 15$ °C) im thermischen Kontakt. Der Luftspalt zwischen den Oberflächen ② und ③ besitzt den thermischen Widerstand infolge von Konvektion und Strahlung $R^*_{\mathrm{th},2} = 0{,}229$ m² K/W (bezogen auf die Oberfläche A_2). Der Wärmefluss über die Aufständerung des Tanks ist vernachlässigbar.

(a) Skizzieren Sie das vollständige thermische Schaltbild des Tanks und geben Sie die jeweils wirkenden Wärmetransportmechanismen an.

(b) Berechnen Sie den auf die innere Tankoberfläche A_1 bezogenen Wärmedurchgangskoeffizienten k_1.

(c) Wie hoch ist der Wärmeverlust $\dot{Q}_0$ des Tanks?

(d) Berechnen Sie die Oberflächen- und Schichttemperaturen $\vartheta_{\mathrm{si}}, \vartheta_{1\,2}, \vartheta_{2\,3}$ und ϑ_{se}. Ist ein gefahrloses Berühren der Tankaußenseite möglich, wenn die zulässige Oberflächentemperatur $\vartheta_{\mathrm{zul}} = 40$ °C beträgt?

(e) Ermitteln Sie den Wärmeübergangskoeffizienten α_{K} durch Konvektion zwischen den Oberflächen ② und ③ bezogen auf die Oberfläche A_2.

(f) Zur Reduktion der Wärmeverluste wird der Luftspalt vollständig mit dem Dämmstoff Vermiculit der Wärmeleitfähigkeit $\lambda_2 = 0{,}070$ W/(m K) gefüllt. Welcher Wärmestrom $\dot{Q}$ tritt nun auf?

(g) Welche Amortisationsdauer t_{A} ergibt sich für die Wärmedämmung, wenn das Fluid im Tank zur Erreichung der Temperatur ϑ_{i} in der Betriebszeit $t_{\mathrm{B}} = 2\,500$ h/a elektrisch beheizt wird ($p_{\mathrm{el}} = 0{,}06$ €/kWh) und für die Dämmung ein spezifischer Preis von 275 €/m³ zu veranschlagen ist?

▶ Aufgabe 9.33:

An der Außenseite des Kühlschranks (Oberfläche $A = 3$ m²) von Katharina Kalteis tritt im Sommer bei einer Raumluft- und Umgebungstemperatur von $\vartheta_{\mathrm{e}} = 25$ °C Tauwasser auf, da dort die Taupunkttemperatur der Raumluft von $\vartheta_{\mathrm{TP}} = 20$ °C unterschritten wird. Im Kühlschrankinneren herrscht die konstante Temperatur $\vartheta_{\mathrm{i}} = 5$ °C. An der Innen- und Außenseite der dreischichtigen Kühlschrankwand treten die Gesamtwärmeübergangskoeffizienten $\alpha_{\mathrm{i}} = 5$ W/(m² K) und $\alpha_{\mathrm{e}} = 8$ W/(m² K) auf.

Die Kühlschrankwand weist folgenden Schichtaufbau auf:

Nr. i	Schicht	d_{j} in mm	λ_{j} in W/(m K)
1	Stahlblech	1	50
2	PU-Schaum	3	0,05
3	Stahlblech	1	50

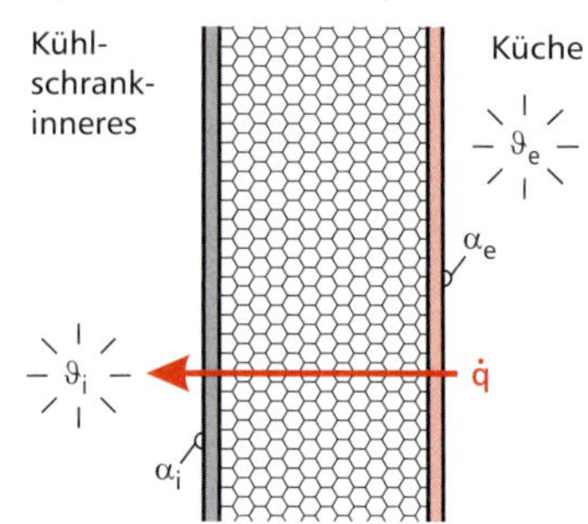

Bild 9.37: *Schnitt durch die Kühlschrankwand.*

(a) Skizzieren Sie das thermische Schaltbild der Kühlschrankwand und geben Sie die jeweils wirkenden Wärmetransportmechanismen an.

(b) Wie groß ist der spezifische Wärmestrom $\dot{q}$ durch die Kühlschrankwand?

(c) Berechnen Sie die äußere Oberflächentemperatur ϑ_{se} der Kühlschrankwand und beurteilen Sie damit die Tauwasserbildung.

(d) Wie dick ist eine Dämmung der Wärmeleitfähigkeit $\lambda_2^* = 0{,}035$ W/(m K) auszuführen, um eine außenseitige Oberflächentemperatur ϑ_{se} in Höhe des Taupunkts ϑ_{TP} zu erreichen?

(e) Welche Betriebskosten B_1 muss Katharina in einem Jahr mit dem Wandaufbau aus Teilaufgabe (d) bezahlen, wenn die mittlere Raumtemperatur $\overline{\vartheta}_{\mathrm{e}} = 21$ °C beträgt und sich die Energiekosten auf $p_{\mathrm{E}} = 0{,}30$ €/kWh belaufen?

(f) Das Modell „Icy Lady" mit einer Dämmstärke von $d_2^{**} = 35$ mm bei $\lambda_2^{**} = \lambda_2^*$ weist pro m² Oberfläche um $p_{\mathrm{D}} = 50$ €/m² höhere Investitionskosten auf. Nach welcher Zeitspanne t_{A} haben sich diese Mehrkosten amortisiert?

▶ Aufgabe 9.34:

Die Außenwand im Bungalow von Heinrich Heißsporn weist von außen nach innen folgenden Schichtaufbau auf:

Nr. j	Schicht	d_j in cm	λ_j in W/(m K)
1	Außenputz	1,0	1,0
2	Mineralfaser (WLG 035)	10	0,035
3	Hochlochziegel	24	0,33
4	Innenputz	2,0	0,70

In den Innenputz ist als Wandheizung mittig ein Kapillarrohrgitter (Innendurchmesser $D_i = 3{,}4$ mm, Wandstärke $s_R = 0{,}5$ mm, Rohrabstand $a = 10$ mm) integriert (Bild 9.38). Der Gesamtwärmeübergangswiderstand beträgt an der Raumseite $R_{si} = 0{,}13$ m² K/W, an der Außenseite $R_{se} = 0{,}04$ m² K/W.

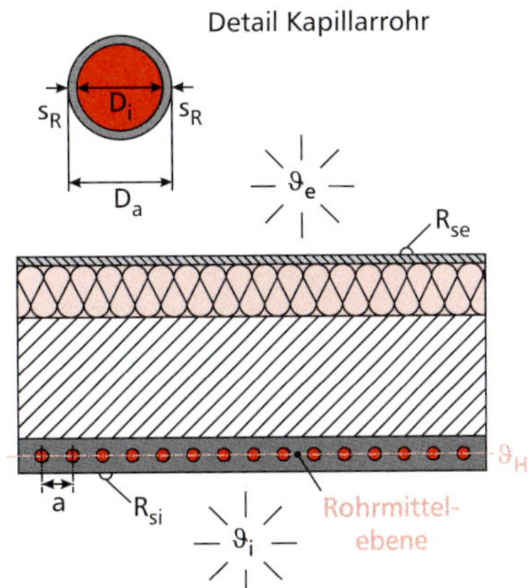

Bild 9.38: *Aufbau der Außenwand mit eingeputztem Heizregister.*

(a) Berechnen Sie den Wärmedurchgangskoeffizienten k der Wand, wenn das Heizregister nicht in Betrieb ist und daher unberücksichtigt bleibt.

(b) Skizzieren Sie das thermische Schaltbild der Wand, wenn das Heizregister in Betrieb ist und in seiner Wirkung vereinfacht durch die Temperatur ϑ_H in der Rohrmittelebene beschrieben werden kann.

(c) Bei einer Umgebungs- und Außenlufttemperatur von $\vartheta_e = -10$ °C und einer Raumlufttemperatur von $\vartheta_i = 22$ °C überträgt das Heizregister einen flächenbezogenen Wärmestrom von $\dot{q}_H = 50$ W/m². Ermitteln Sie die Temperatur ϑ_H in der Rohrmittelebene.

(d) Wie groß ist der konvektive Wärmeübergangskoeffizient α_K an der Außenseite der Wand im Heizbetrieb, wenn diese den Emissionsgrad $\varepsilon = 0{,}9$ besitzt?

▶ Aufgabe 9.35:

In der Versuchsapparatur von Freddie Forscher wird ein nach außen sehr gut wärmegedämmtes Kreisrohr (Durchmesser D, Länge L) von einem Fluid (Massenstrom $\dot{m}$, Eintrittstemperatur $\vartheta_{F,0}$ bei $x = 0$, spezifische Wärmekapazität c_p) turbulent durchströmt (Bild 9.39). Das Rohr wird an seiner gesamten inneren Mantelfläche mit der Wärmestromdichte $\dot{q}_w(x) = \dot{q}_0 \cdot \sin^2\left(\frac{\pi \cdot x}{L}\right)$ elektrisch beheizt, wobei $\dot{q}_0 = \text{const.}$ ist. Zwischen innerer Rohroberfläche und Fluid tritt dabei der konstante Wärmeübergangskoeffizient α auf.

(a) Leiten Sie aus einer geeigneten Energiebilanz eine Beziehung für die örtliche Änderung der Fluidtemperatur ϑ_F im Rohr ab.

(b) Berechnen Sie den Temperaturverlauf $\vartheta_F(x)$ im Rohr.

(c) Bestimmen Sie die Austrittstemperatur $\vartheta_{F,L}$ des Fluids.

(d) Welcher Wärmestrom $\dot{Q}$ wird dem Fluid im Rohr zugeführt?

(e) Ermitteln Sie den Verlauf der Temperatur $\vartheta_R(x)$ der inneren Rohrwand.

(f) Bestimmen Sie den dimensionslosen Ort $\xi_{max} = \frac{x_{max}}{L}$ der maximalen Wandtemperatur $\vartheta_{R,max}$.

Hinweis: Scheiden Sie Randextrema entsprechend aus!

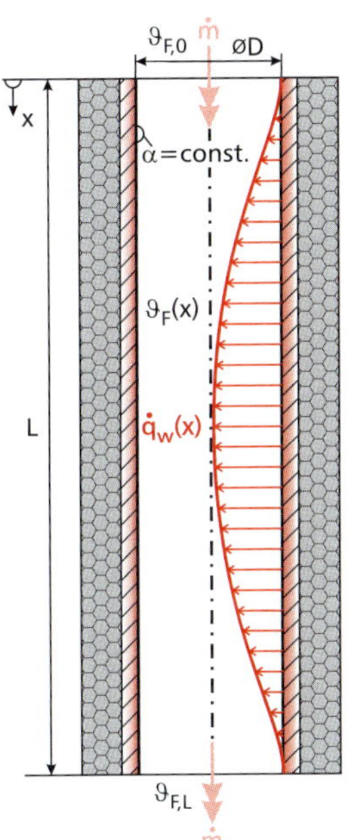

Bild 9.39: *Am inneren Umfang beheiztes fluiddurchströmtes Kreisrohr.*

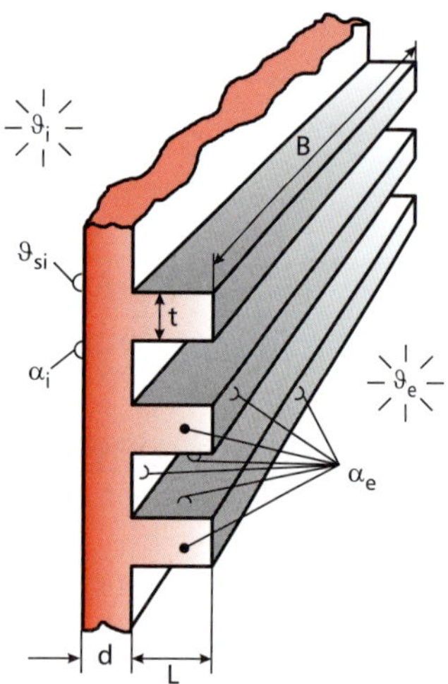

Bild 9.40: *Behälter mit Rechteckrippen.*

▸ Aufgabe 9.36:

Eine $H = 0{,}4$ m hohe und $B = 2$ m breite ebene Wand eines Behälters (Wärmeleitfähigkeit $\lambda = 15$ W/(m K), Wandstärke d) ist von Entwicklungsingenieur Edi Eisenherz zur besseren Wärmeabfuhr mit $N = 50$ Rechteckrippen (Wärmeleitfähigkeit $\lambda = 15$ W/(m K), Breite $B = 2$ m, Länge $L = 25$ mm, Dicke $t = 5$ mm) versehen worden (Bild 9.40). Im unberippten Teil der Wand (freie Grundfläche zwischen den Rippen) sowie an der Ober- und Unterseite der Rippen, an deren Seitenflächen und deren Stirnfläche herrscht der konstante Gesamtwärmeübergangskoeffizient $\alpha_e = 70$ W/(m^2 K) zur Umgebung der Temperatur $\vartheta_e = 30$ °C vor. Der Behälter wird mit einem Fluid der Temperatur $\vartheta_i = 78$ °C durchströmt, wobei sich der Wärmeübergangskoeffizient $\alpha_i = 250$ W/(m^2 K) und die Oberflächentemperatur $\vartheta_{si} = 52$ °C einstellen.

(a) Skizzieren Sie das vollständige thermische Schaltbild zwischen Fluid und Umgebung.

Hinweis: Aufgrund von Querwärmeleitung ist davon auszugehen, dass die Temperatur ϑ_F am Rippenfuß und die Temperatur ϑ_{se} im unberippten Bereich gleich groß sind.

(b) Berechnen Sie den Wärmestrom $\dot{Q}_i$, der dem Fluid entzogen wird.

(c) Bestimmen Sie den Wirkungsgrad η_R einer Rippe.

(d) Berechnen Sie die thermischen Leitwerte $L_{th,u}$ und $L_{th,b}$ im unberippten und im berippten Bereich (Rippenaufstandsfläche) des Behälters.

(e) Berechnen Sie die Temperatur ϑ_F am Rippenfuß.

(f) Ermitteln Sie die Wandstärke d des Behälters.

▸ Aufgabe 9.37:

Ingenieur Isidor Ideenreich hat eine Trockenanlage für Beschichtungen an Reflektoren konzipiert (Bild 9.41), in die die sehr dünnen Reflektoren (halbkugelförmige Innenseite ①, halbkugelförmige Außenseite ②, Durchmesser $D = 50$ cm, Emissionsgrad $\varepsilon_2 = 0{,}5$) eingehängt werden können. Zur Fixierung der Beschichtung muss eine Temperatur an der Innenseite von $\vartheta_1 = 120$ °C erreicht werden. Das nach außen hin sehr gut wärmegedämmte quaderförmige Gehäuse der Anlage ③ (Breite $B = 2$ m, Höhe $H = 1{,}5$ m, Tiefe $L = 1$ m, Emissionsgrad $\varepsilon_3 = 0{,}87$) wird durch Zufuhr des Wärmestroms $\dot{Q}_3$ beheizt. Der spektrale Emissionsgrad der Reflektorinnenseite ① lässt sich anhand von Messdaten abschnittsweise approximieren:

$$\varepsilon_1(\lambda) = \begin{cases} \varepsilon_1^* = 0{,}24 & \text{für} \quad 0 \leq \lambda \leq \lambda_1 = 20{,}35\ \mu\text{m} \\ \varepsilon_2^* = 0{,}62 & \text{für} \quad \lambda_1 = 20{,}35\ \mu\text{m} \leq \lambda \leq \lambda_2 = 38{,}15\ \mu\text{m} \\ \varepsilon_3^* = 0{,}18 & \text{für} \quad \lambda_2 = 38{,}15\ \mu\text{m} \leq \lambda \leq \lambda_3 = 63{,}59\ \mu\text{m} \\ \varepsilon_4^* = 0 & \text{für} \quad \lambda \geq \lambda_3 = 63{,}59\ \mu\text{m} \end{cases} \tag{9.12}$$

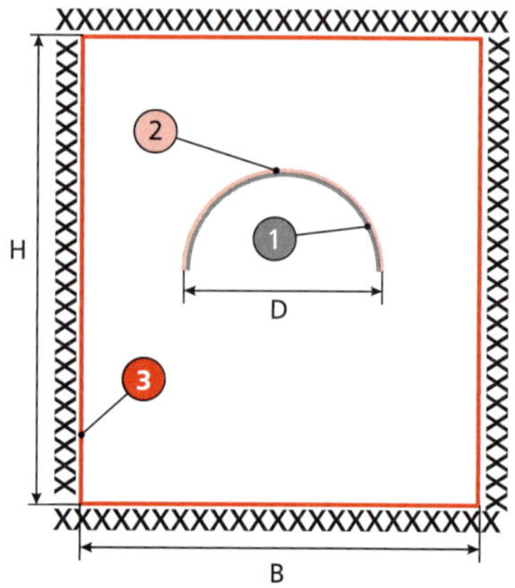

Bild 9.41: *Schnitt durch die Trockenanlage.*

(a) Berechnen Sie die Oberflächen A_k ($k = 1, \ldots, 3$) der am Strahlungsaustausch beteiligten Körper.

(b) Berechnen Sie alle Einstrahlzahlen $\varphi_{j,k}$ ($j,k = 1, \ldots, 3$) der Konfiguration und stellen Sie diese in der Einstrahlzahlenmatrix $\mathbf{\Phi}$ zusammen.

(c) Berechnen Sie den resultierenden integralen Emissionsgrad ε_1 der Reflektorinnenseite.

(d) Zeichnen Sie das vollständige thermische Schaltbild der Trockenanlage.

(e) Bestimmen Sie die maßgeblichen Strahlungswiderstände.

(f) Berechnen Sie die Temperatur ϑ_3 des Gehäuses, wenn im betrachteten Zeitpunkt der Wärmestrom $\dot{Q}_3 = 100$ W fließt.

▸ Aufgabe 9.38:

Dieter Durstig behauptet, dass er mit seinem „Rapid Beverage Cooling" Getränkedosen ($V = 0{,}33\ \ell$, $D = 66$ mm, $H = 115{,}2$ mm, $c_\mathrm{p} = 4\,179$ J/(kg K), $\varrho = 997$ kg/m^3) in weniger als 1 Minute von der Anfangstemperatur $\vartheta_0 = 40$ °C auf eine Trinktemperatur von $\vartheta_\mathrm{T} = 10$ °C abkühlen kann. Die erwärmte Getränkedose wird dazu in einem im Eiswasser ($\vartheta_\infty = 0$ °C, Stoffwerte bei Bezugstemperatur $\lambda_\mathrm{W} = 0{,}58$ W/(m K), $\nu_\mathrm{W} = 1{,}307 \cdot 10^{-6}$ m^2/s, $Pr_\mathrm{W} = 9{,}44$) mit der Winkelgeschwindigkeit $\omega = 2\pi \cdot n$ ($n = 120$ 1/min) rotierenden Bügelhalter waagrecht und mittig befestigt. Aufgrund der geringen Blechstärke von $s = 0{,}08$ mm ist der Wärmedurchlasswiderstand des Dosenmaterials vernachlässigbar. Durch die Rotation kann vereinfachend von einer gleichmäßigen Getränketemperatur und demselben Wärmeübergang an der Außen- und Innenseite der Dose ausgegangen werden. Als maßgebliche Anströmgeschwindigkeit $\overline{w}$ der Dose kann stark vereinfacht die Bahngeschwindigkeit auf halber Höhe zwischen Drehpunkt und Deckel angesetzt werden. An Deckel und Boden der Dose ist vereinfachend derselbe Wärmeübergangskoeffizient α wirksam wie an der Mantelfläche.

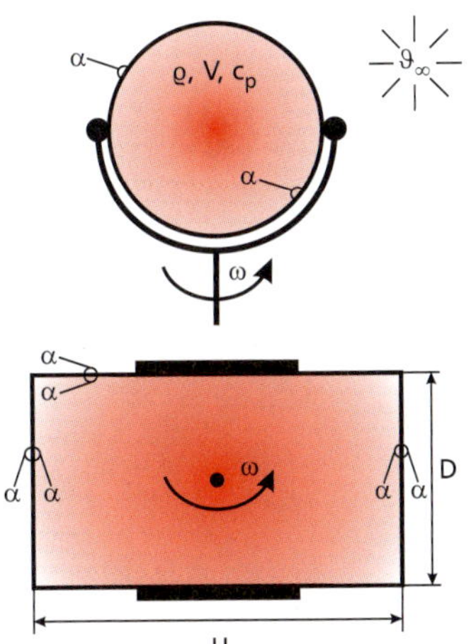

Bild 9.42: *Gabelförmiger Halter mit Getränkedose.*

(a) Ermitteln Sie die mittlere Anströmgeschwindigkeit $\overline{w}$, wenn beim Radius r für die Bahngeschwindigkeit $w(r) = \omega \cdot r$ gilt, und berechnen Sie den Wärmeübergangskoeffizienten α zwischen Dose und Wasser.

(b) Leiten Sie aus einer geeigneten Energiebilanz eine Gleichung ($*$) für die zeitliche Änderung der Getränketemperatur ϑ ab.

(c) Bestimmen Sie den Verlauf der Getränketemperatur $\vartheta(t)$ durch Lösung von ($*$).

(d) Nach welcher Zeit t_T hat das Getränk die gewünschte Trinktemperatur ϑ_T erreicht?

▸ Aufgabe 9.39:

Im Fluxkondensator von Spock Brauns Zeitmaschine ist eine quadratische ebene Metallgrundplatte ($\lambda = 50$ W/(m K), Seitenlänge $B = L = 10$ cm, Dicke $d = 1$ cm) eingebaut, der an der Unterseite der Wärmestrom $\dot{Q} = 200$ W aufgeprägt wird, während an der Oberseite der Gesamtwärmeübergangskoeffizient $\alpha = 50$ W/(m^2 K) zur Umgebung der Temperatur $\vartheta_\infty = 20$ °C auftritt. Um die Platte zu kühlen, klebt Smarty McSpy $n = 25$ quadratische Metallstäbe ($\lambda = 50$ W/(m K), Seitenlänge $b = \ell = 1$ cm, Höhe $h = 10$ cm) auf (Bild 9.43). Die dünne Klebstoffschicht aus „Super Flue" besitzt den thermischen Widerstand $R^*_\mathrm{th,K} = 0{,}006$ m^2 K/W. Bei den aufgeklebten Stäben tritt sowohl am gesamten Umfang als auch an der Spitze ein Gesamtwärmeübergangskoeffizient von $\alpha = 50$ W/(m^2 K) auf.

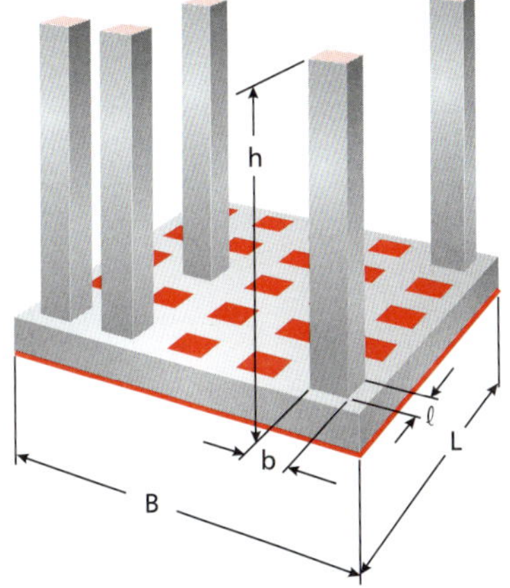

Bild 9.43: *Geometrie der Metallgrundplatte und der quadratischen Metallstäbe als Kühlrippen.*

(a) Skizzieren Sie das vollständige thermische Schaltbild der unberippten Platte (Variante A) und berechnen Sie die maßgeblichen thermischen Widerstände.

(b) Welche Oberflächentemperaturen $\vartheta_{0,\mathrm{A}}$ und $\vartheta_{1,\mathrm{A}}$ herrschen dabei auf der „warmen" und der „kalten" Seite der unberippten Platte?

(c) Skizzieren Sie das vollständige thermische Schaltbild der berippten Platte (Variante B) für den Fall, dass ein eindimensionaler Wärmefluss durch die Platte auftritt, und berechnen Sie die maßgeblichen thermischen Widerstände.

(d) Welche Oberflächentemperaturen $\vartheta_{0,\mathrm{B}}$ und $\vartheta_{1,\mathrm{B}}$ herrschen dabei auf der „warmen" und der „kalten" Seite der berippten Platte?

(e) Welche Temperaturen $\vartheta_{K,1}$ und $\vartheta_{K,2}$ treten dabei an der Klebstoffschicht auf? Wird die in Bezug auf die Stabilität der Klebeverbindung maximal zulässige Temperatur von $\vartheta^*_K = 300$ °C überschritten?

(f) Berechnen Sie die Temperatur ϑ_S an der Spitze der Stäbe.

(g) Berechnen Sie die flächenbezogenen Wärmeströme $\dot{q}_b$ durch die Stäbe und $\dot{q}_u$ an der Plattenoberfläche. Vergleichen Sie die Zahlenwerte mit der Wärmestromdichte $\dot{q}_A$ von Variante A und nehmen Sie aus wärmetechnischer Sicht dazu Stellung!

(h) Berechnen Sie die Leistungsziffer ϵ_S eines Stabes sowie die Leistungsziffer ϵ^*_S der gesamten Anordnung.

(i) Pfiff Penner behauptet, dass aufgrund der hohen Wärmeleitfähigkeit in der Platte ein zweidimensionaler Wärmefluss auftritt, der dazu führt, dass unter der Klebstoffschicht und an der Oberfläche der Platte dieselbe Temperatur $\vartheta_{1,C}$ vorliegt (Variante C). Skizzieren Sie das vollständige thermische Schaltbild der berippten Platte für diesen Fall und geben Sie die maßgeblichen thermischen Widerstände an.

(j) Welche Temperatur $\vartheta_{1,C}$ würde sich bei Variante C einstellen?

▶ Aufgabe 9.40:

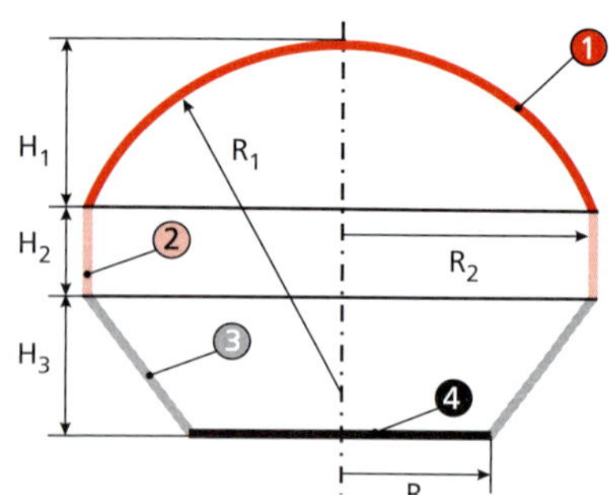

Bild 9.44: *Schnitt durch die rotationssymmetrische Arena „Thunderdome".*

Die rotationssymmetrische Arena „Thunderdome" (Bild 9.44) besteht aus dem kalottenförmigen Kuppeldach ① (Grundkreisradius $R_2 = 50$ m, Höhe $H_1 = 25$ m, $\varepsilon_1 = 0{,}6$), den senkrechten Wänden ② (Höhe $H_2 = 10$ m, $\varepsilon_2 = 0{,}7$), den konisch verlaufenden Tribünen ③ (Höhe $H_3 = 12{,}5$ m, $\varepsilon_3 = 0{,}9$) und dem kreisförmigen Boden ④ (Radius $R_4 = 25$ m, $\varepsilon_4(\lambda \leq 24{,}15\ \mu\text{m}) = 0{,}88$, $\varepsilon_4(24{,}15\ \mu\text{m} \leq \lambda \leq 35{,}22\ \mu\text{m}) = 0{,}76$, $\varepsilon_4(\lambda \geq 35{,}22\ \mu\text{m}) = 0$, $\vartheta_4 = 25$ °C). Der Wärmestrom vom Kuppeldach ① in die Arena beträgt $\dot{Q}_1 = 900$ kW, wobei $149{,}86$ kW vom Dach an den Boden fließen. Unter der Kuppel herrscht die Helligkeit $J_1 = 562{,}42$ W/m².

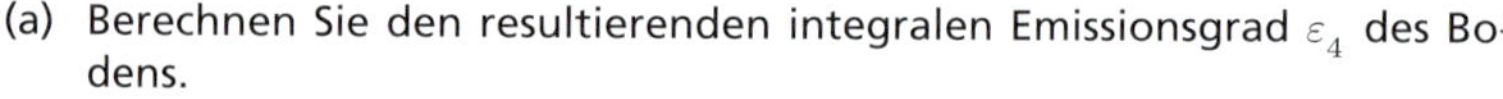

(a) Berechnen Sie den resultierenden integralen Emissionsgrad ε_4 des Bodens.

(b) Stellen Sie die Konfiguration hinsichtlich des Strahlungswärmeaustausches in einem geeigneten vollständigen thermischen Schaltbild dar.

(c) Berechnen Sie unter Einführung geeigneter Hilfsflächen alle Einstrahlzahlen φ_{jk} $(j,k = 1,\ldots,4)$ und stellen Sie diese in der Einstrahlzahlenmatrix $\boldsymbol{\Phi}$ zusammen.

Hinweis 1: Die Mantelfläche einer Kugelkalotte mit Grundkreisradius r und Höhe h beträgt $A = \pi \cdot (r^2 + h^2)$.

Hinweis 2: Die Mantelfläche eines Kegelstumpfes mit den Radien r_1 und r_2 sowie der Mantellinie s beträgt $A = \pi \cdot s \cdot (r_1 + r_2)$.

(d) Ermitteln Sie alle maßgeblichen Strahlungswiderstände allgemein sowie zahlenmäßig.

(e) Berechnen Sie die Temperatur ϑ_1 des Kuppeldachs.

(f) Berechnen Sie die Helligkeit J_4 des Bodens und den flächenbezogenen Wärmestrom $\dot{q}_4$, der durch ihn abfließt.

(g) Berechnen Sie die Temperatur ϑ_3 der Tribünen.

► Aufgabe 9.41:

In die in Bild 9.45 dargestellte Außenwand (Einheitshöhe $H = 1$ m) aus Leichtbeton (Breite $L_a = L_c = 2$ m) im Haus von Lisa Leichtfuß ist eine Stahlbetonstütze (Breite $L_b = 20$ cm) integriert, die außenseitig wärmegedämmt ist. Die Wand weist von innen nach außen folgende Schichten auf:

Nr. j	Schicht	d_j in cm	λ_j in W/(m K)
1	Innenputz	1,5	0,70
2	Leichtbeton	25	0,20
3	Stahlbeton	20	2,00
4	Wärmedämmung	5,0	0,04
5	Außenputz	2,5	1,00

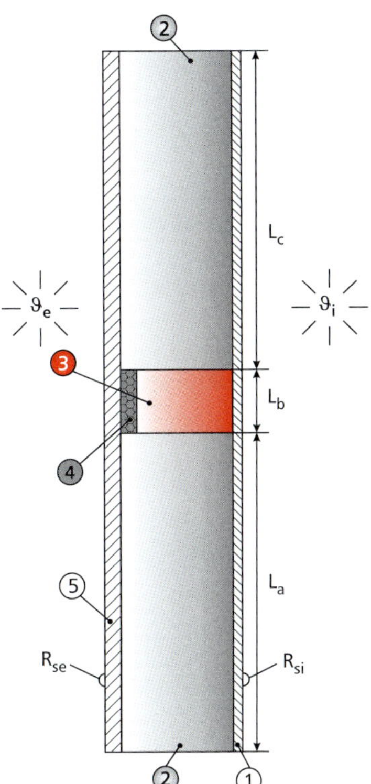

Bild 9.45: *Horizontalschnitt durch die Leichtbetonwand mit Stahlbetonstütze.*

Der Gesamtwärmeübergangswiderstand an der Innenseite der Wand beträgt $R_{si} = 0{,}13$ m² K/W, an der Außenseite der Wand $R_{se} = 0{,}04$ m² K/W. Bei einer Raumtemperatur von $\vartheta_i = 20$ °C herrscht außen die Temperatur $\vartheta_e = -15$ °C.

(a) Zeichen Sie das vollständige thermische Schaltbild der Konfiguration unter der vereinfachenden Annahme, dass in den homogenen Schichten 1 und 5 ideale Querwärmeleitung und in den übrigen Schichten nur ein nach außen gerichteter eindimensionaler Wärmefluss auftritt.

(b) Bestimmen Sie den thermischen Gesamtwiderstand $R_{th,ges}$ der Konfiguration.

(c) Bestimmen Sie den Wärmedurchgangswiderstand R_T sowie den Wärmedurchgangskoeffizienten k der Außenwand.

(d) Welcher absolute und welcher spezifische Wärmeverlust tritt bei den genannten Temperaturen auf?

(e) Berechnen Sie die innenseitige und die außenseitige Oberflächentemperatur ϑ_{si} und ϑ_{se}.

(f) Berechnen Sie die Temperatur ϑ_1 unter dem Innenputz sowie die Temperatur ϑ_5 unter dem Außenputz.

(g) Berechnen Sie die Temperatur ϑ_4, die hinter der Stahlbetonstütze auftritt.

Arthur Argwohn behauptet, dass die Annahme einer idealen Querwärmeleitung in den homogenen Schichten unzulässig sei, da diese endliche Wärmeleitfähigkeiten besitzen. Er schlägt ein modifiziertes Modell vor, bei dem die Querwärmeleitung vernachlässigt und in den Schichten ein eindimensionaler Wärmefluss zugrunde gelegt wird, während an der Wandinnen- und -außenseite einheitliche Oberflächentemperaturen berücksichtigt werden.

(h) Zeichnen Sie ein vollständiges thermisches Schaltbild des modifizierten Modells.

(i) Ermitteln Sie daraus einen modifizierten Wärmedurchgangskoeffizienten k^* und geben Sie die prozentuale Abweichung in Bezug auf den Wärmedurchgangskoeffizienten k aus Teilaufgabe (c).

(j) DIN 4108/2 fordert für Außenwände einen Mindestwärmedurchlasswiderstand von $R_{min} = 1{,}2$ m² K/W. Prüfen Sie mithilfe des modifizierten thermischen Schaltbilds, ob dieser Wert im Bereich der Stahlbetonstütze eingehalten wird.

(k) Welche Wärmeleitfähigkeit λ_4^* müsste die Dämmschicht ggf. besitzen, um die Anforderung an den Mindestwärmeschutz zu erfüllen?

(l) Welche Dämmschichtdicke d_4^* wäre bei in gleichem Maße verminderter Dicke der Stahlbetonstütze erforderlich, um im Stützenbereich denselben Wärmedurchlasswiderstand zu erreichen wie im Bereich des Leichtbetons?

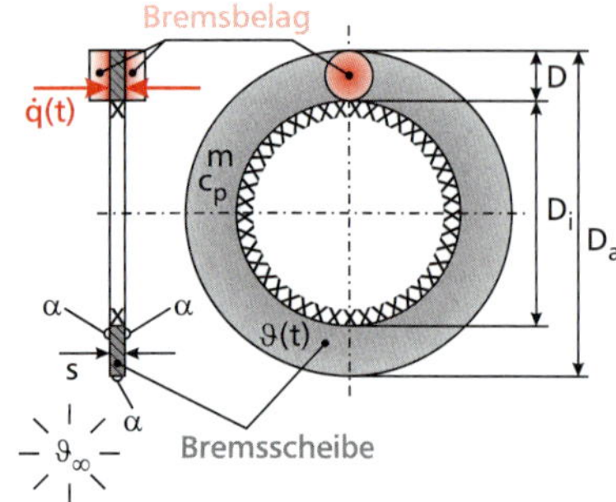

Bild 9.46: *Wärmezufuhr infolge Reibung an einer Bremsscheibe eines Motorrads.*

► Aufgabe 9.42:

Im Folgenden soll die Temperaturentwicklung in der Bremsscheibe (Bild 9.46, Dichte $\varrho = 7\,850$ kg/m^3, spezifische Wärmekapazität $c_p = 464$ J/(kg K), Innendurchmesser $D_i = 140$ mm, Außendurchmesser $D_a = 260$ mm, Dicke $s = 6$ mm) des Motorrads von Susi Sorglos mit einem idealisierten Modell bei einer Passabfahrt analysiert werden. Während des Bremsvorgangs (Dauer $t_B = 2{,}5$ s) wird der Bremsscheibe durch die kreisrunden Bremsbeläge (Durchmesser $D = 60$ mm, Fläche A_B) infolge von Reibung die Wärmestromdichte $\dot{q}_B(t) = \dot{q}_0 \cdot [1 - (t/t_B)^2]$ ($\dot{q}_0 = 1\,760$ W/cm^2) zugeführt, die zum Teil wieder über die freie Oberfläche A_α (Vorder-, Rückseite und äußerer Scheibenumfang) durch Konvektion mit dem mittleren Wärmeübergangskoeffizienten $\alpha = 62$ W/(m^2 K) an die Umgebungsluft (Temperatur $\vartheta_\infty = 20$ °C) abgegeben wird.

(a) Leiten Sie aus einer Energiebilanz eine Beziehung ab, anhand derer der Temperaturverlauf $\vartheta(t)$ der Bremsscheibe berechnet werden kann.

(b) Stellen Sie diese Gleichung mithilfe der dimensionslosen Temperatur $\Theta := \dfrac{\vartheta - \vartheta_\infty}{\Delta\vartheta_{\text{Bezug}}}$, der normierten Zeit $\tau := \dfrac{t}{t_B}$ und einer geeigneten Konstanten γ in dimensionsloser Form dar. Wählen Sie dabei die Bezugstemperaturdifferenz $\Delta\vartheta_{\text{Bezug}}$ geschickt.

(c) Berechnen Sie die allgemeine Lösung $\Theta_{\text{allg}}(\tau)$.

(d) Ermitteln Sie die spezielle Lösung $\Theta(\tau)$ aus der Bedingung $\vartheta(t=0) = \vartheta_\infty$.

(e) Nach welcher Zeit τ_0 tritt die maximale Temperatur $\Theta_{\max}$ auf?

(f) Wie hoch ist die Temperatur ϑ_B am Ende des Bremsintervalls t_B, wie hoch die Maximaltemperatur $\vartheta_{\max}$?

► Aufgabe 9.43:

Die in Ständerbauweise errichtete Außenwand im Haus von Rita Riegel besitzt von innen nach außen folgenden Aufbau:

Nr. j	Schicht	d_j cm	λ_j W/(m K)
1	Spanplatte V 20	1,9	0,14
2a	Holzständer (Flächenanteil $f_a = 12{,}5$ %)	16,0	0,13
2b	Mineralfaserdämmung (WLG 040)	12,0	0,04
3b	Luftschicht (ruhend, $R_{3b} = 0{,}18$ m^2 K/W)	4,0	
4	Spanplatte V 100	1,9	0,14
5	Luftschicht (ruhend, $R_5 = 0{,}18$ m^2 K/W)	5,0	
6	Klinkervormauerung	11,5	0,96

An den Wandoberflächen treten die Gesamtwärmeübergangswiderstände $R_{si} = 0{,}13$ m^2 K/W und $R_{se} = 0{,}04$ m^2 K/W auf.

(a) Zeichnen Sie das vollständige thermische Schaltbild der Außenwand für den Fall eines auch im Bereich der Wärmeübergangswiderstände **eindimensionalen** Wärmeflusses nach außen.

(b) Berechnen Sie den Wärmedurchgangswiderstand R'_T der Konstruktion bei eindimensionalem Wärmefluss (**fehlende** Querwärmeleitung).

(c) Berechnen Sie den Wärmedurchgangswiderstand R''_T der Konstruktion für den Fall **idealer** Querwärmeleitung.

DIN EN ISO 6946 trägt dem zweidimensionalen Wärmefluss in der Wand dadurch Rechnung, dass die Wärmedurchgangswiderstände der Teilaufgaben (b) und (c) linear gemittelt werden.

(d) Berechnen Sie den resultierenden Wärmedurchgangswiderstand nach DIN EN ISO 6946 und geben Sie den zugehörigen Wärmedurchgangskoeffizienten k der Wand an.

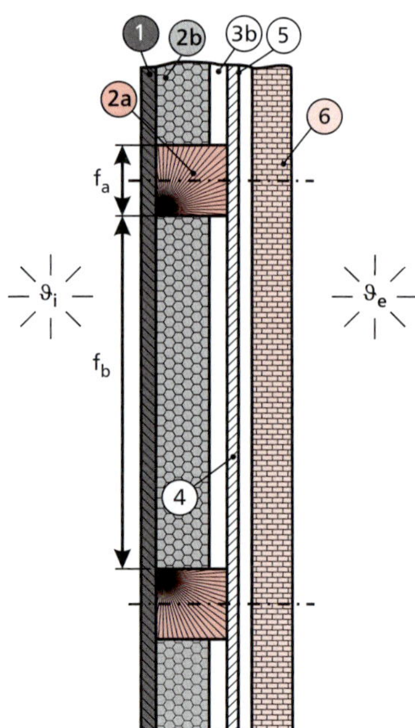

Bild 9.47: *Horizontalschnitt durch die Ständerwand.*

▸ Aufgabe 9.44:

Der quadratische Hochleistungschip „Tantum Speed" der Kantenlänge $B = 10$ mm ist mit dem spezifischen Kontaktwiderstand $R^*_{\text{th, C}} = 2 \cdot 10^{-4}$ m² K/W auf einem Board der Wärmeleitfähigkeit $\lambda_\text{B} = 0{,}3$ W/(m K) und der Dicke $d_\text{B} = 4{,}5$ mm montiert. Die Chipoberseite steht mit einer dielektrischen Kühlflüssigkeit (Temperatur $\vartheta_\text{F} = 20$ °C) mit dem Wärmeübergangskoeffizienten $\alpha_\text{K} = 800$ W/(m² K) in thermischem Kontakt. An der Unterseite des Boards herrscht der Gesamtwärmeübergangskoeffizient $\alpha_\text{B} = 35$ W/(m² K) zur Umgebung der Temperatur $\vartheta_\infty = 25$ °C vor. Der Chip, dessen thermischer Widerstand vernachlässigbar ist, besitzt die Wärmeproduktion $\dot{q}_\text{Chip} = 40$ kW/m².

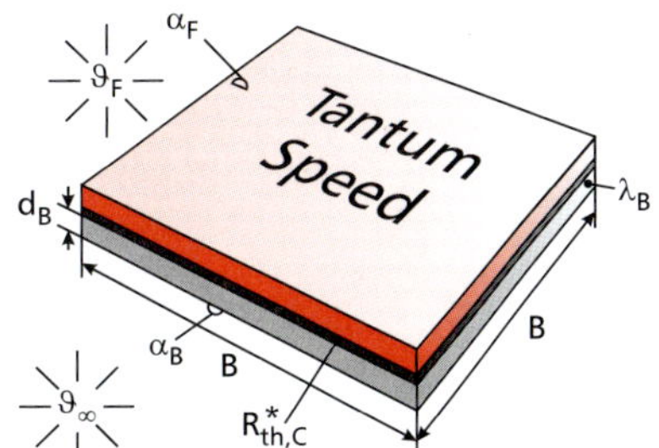

Bild 9.48: *Aufbau des Hochleistungschips „Tantum Speed" mit beidseitigem Wärmeübergang.*

(a) Zeichen Sie das vollständige thermische Schaltbild der Konfiguration und geben Sie die jeweiligen thermischen Widerstände allgemein und zahlenmäßig an.

(b) Bestimmen Sie die Chiptemperatur ϑ_Chip.

(c) Bestimmen Sie die relativen Anteile der vom Chip dissipierten Leistung, die über das Board bzw. das Fluid abgeführt werden.

(d) Bestimmen Sie die maximal mögliche Chipleistung $P_\text{Chip,max}$, wenn die maximal zulässige Chiptemperatur $\vartheta_\text{Chip,max} = 85$ °C beträgt. Wie ändern sich dabei der durch das Board und der direkt an die Kühlflüssigkeit abgeführte spezifische Wärmestrom?

(e) Aus Kostengründen muss auf die Flüssigkeitskühlung verzichtet werden. Wie groß ist die maximale Chipleistung $P_\text{Chip,max,L}$, wenn die Flüssigkeitskühlung durch eine Luftkühlung mit gleichbleibender Kühlmitteltemperatur, aber einem reduzierten Wärmeübergangskoeffizienten von $\alpha_\text{L} = 80$ W/(m² K) ersetzt wird?

(f) Isidor Ideenreich schlägt statt des konventionellen Boardmaterials FR4 (flame retardant) gesintertes Aluminiumnitrid (AlN) mit einer Wärmeleitfähigkeit von $\tilde{\lambda}_\text{B} = 200$ W/(m K) vor. Welche maximale Chipleistung $P^*_\text{Chip,max}$ ist nun mit der Luftkühlung übertragbar?

(g) Isidors Kollege Silli Kon vertritt die Meinung, dass „das teuere Aluminiumnitrid nichts bringt" und es besser ist, den Chip mit Wärmeleitpaste zu montieren. Nehmen Sie zu diesem Vorschlag aus wärmetechnischer Sicht Stellung, wenn der thermische Kontaktwiderstand durch die Wärmeleitpaste auf $0{,}1 \cdot R^*_{\text{th, C}} = 2 \cdot 10^{-5}$ m² K/W reduziert werden kann.

▸ Aufgabe 9.45:

Die Energieeinsparverordnung (EnEV) 2016 schreibt für Wärmeverteilungsleitungen mit einem Innendurchmesser bis 22 mm zur Begrenzung der Wärmeverluste eine Dämmstärke von $s_\text{WD} = 20$ mm der Wärmeleitfähigkeitsgruppe (WLG) 035 mit $\lambda_\text{WD} = 0{,}035$ W/(m K) vor. Architekt Udo Unsicher betrachtet die in der Tabelle dargestellten Rohre näher. An der Rohrinnenseite tritt der Wärmeübergangskoeffizient $\alpha_\text{i} = 300$ W/(m² K) auf, an der Außenseite der Dämmung herrscht der Wärmeübergangswiderstand $R_\text{se} = 0{,}08$ m² K/W.

(a) Berechnen Sie die auf den Innendurchmesser D_i bezogenen Wärmedurchgangskoeffizienten k_i der Rohrleitungen.

(b) Wie groß ist der auf den Außendurchmesser der gedämmten Rohre D_e bezogene Wärmedurchgangskoeffizient k_e?

(c) Heizungsbauer Rolf Röhrich schlägt zur Platzersparnis Dämmschalen aus PUR mit einer niedrigeren Wärmeleitfähigkeit von $\lambda^*_\text{WD} = 0{,}026$ W/(m K) vor. Im Sinne der EnEV sind Dämmmaßnahmen als gleichwertig einzustufen, wenn derselbe Wärmeverlust auftritt. Welche Dämmstärken $s^*_\text{WD,j}$ ($j = 1 \dots 4$) sind bei den einzelnen Rohren erforderlich?

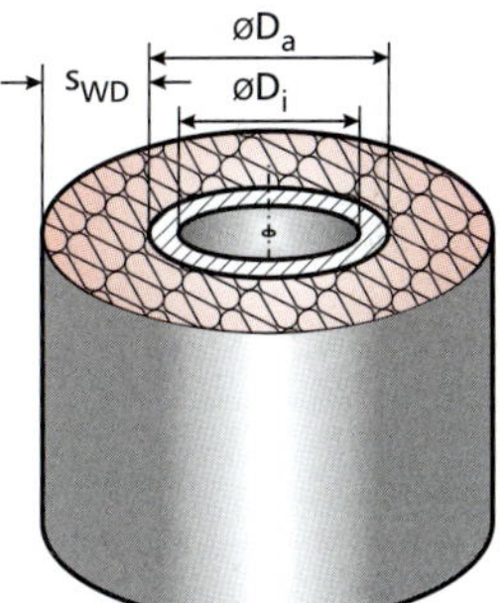

Bild 9.49: *Gedämmtes Rohr im Schnitt.*

☞ Außen- und Innendurchmesser D_a und D_i sowie Wärmeleitfähigkeit λ verschiedener Rohre mit Nenndurchmesser DN 15:

Nr. j	Werkstoff	D_a mm	D_i mm	λ W/(m K)
1	Stahl	21,3	16,7	50,0
2	Kupfer	18,0	16,0	380
3	PEX	20,0	16,0	0,41
4	Edelstahl	18,0	16,0	15,0

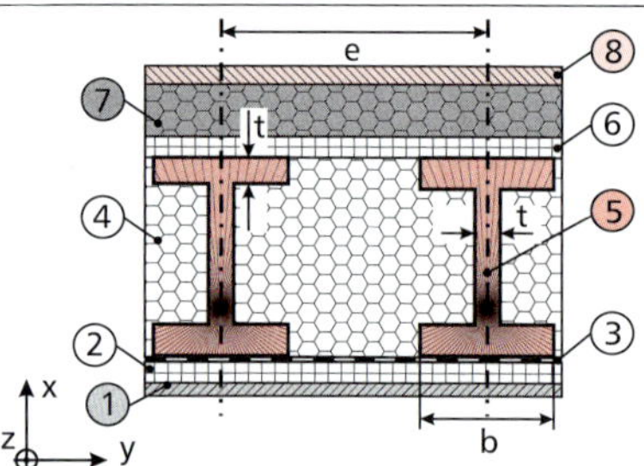

Bild 9.50: *Horizontalschnitt der Wand.*

Aufbau (innen nach außen):

Nr. j	Schicht	λ_j W/(mK)	d_j cm
1	Kalkgipsputz	0,70	1,5
2	Holzfaserplatte MDF 20	0,14	1,5
3	PE-Folie	0,50	0,02
4	Dämmschicht I	0,04	18/30
5	Doppel-T-Träger Achsmaß $e = 66$ cm Breite $b = 16$ cm Stegdicke $t = 6$ cm Steghöhe $t = 6$ cm	0,13	30
6	Holzfaserplatte MDF 100	0,14	1,5
7	Dämmschicht II	λ_7	2,0
8	Kunstharzputz	0,70	1,0

▸ Aufgabe 9.46:

Architektin Lisa Luftikus hat für das Passivhaus von Theo Träge eine Außenwand entworfen (Bild 9.50), wobei für den Wärmedurchgangskoeffizienten $k_{\mathrm{erf}} \leq 0{,}15$ W/(m² K) zu erfüllen ist. An der Wandaußenseite tritt infolge Winds der Gesamtwärmeübergangskoeffizient $\alpha_e = 25$ W/(m² K) auf. Der raumseitige Gesamtwärmeübergangswiderstand beträgt $R_{si} = 0{,}13$ m² K/W.

Es wird ein eindimensionaler Wärmefluss in x-Richtung durch die Wand von innen nach außen betrachtet, d. h. die Querwärmeleitung in y-Richtung bleibt in den inhomogenen Schichten außer Acht, während in den homogenen Schichten eine gleichmäßige Temperaturverteilung berücksichtigt wird. In vertikaler z-Richtung wird die Einheitshöhe $H = 1$ m zugrunde gelegt.
Die Wand besitzt achsweise denselben Aufbau, so dass die Analyse auf einen Abschnitt der Achsbreite e beschränkt wird, der in Unterabschnitte (a, b etc.) unterteilt wird. Jeweils gleiche Unterabschnitte werden zusammengefasst.

(a) Zeichnen Sie unter Beachtung des eindimensionalen Wärmeflusses das vollständige thermische Schaltbild der Wand.
(b) Berechnen Sie die maßgeblichen thermischen Widerstände.
(c) Berechnen Sie den zur Erfüllung des Kriterium der Passivhaustauglichkeit erforderlichen thermischen Widerstand $R_{\mathrm{th},7}$.
(d) Welche Wärmeleitfähigkeit $\lambda_{7,\max}$ darf Schicht 7 höchstens besitzen?
(e) Bestimmen Sie für $R_{\mathrm{th},7}$ aus (c) den spezifischen Wärmeverlust der Wand bei $\vartheta_i = 20$ °C im Raum und $\vartheta_e = -10$ °C außen.
(f) Wie hoch ist für $R_{\mathrm{th},7}$ und die genannten Temperaturen die Temperatur ϑ_7 an der Innenseite der Dämmschicht II?
(g) Berechnen Sie die relativen Anteile der Wärmeströme am Gesamtwärmestrom in den jeweiligen Unterabschnitten der Schichten 4 und 5.

Die Außenwand weist 3 Schichten und die Gesamtwärmeübergangswiderstände $R_{si} = 0{,}13$ m² K/W und $R_{se} = 0{,}04$ m² K/W auf:

Nr. j	Schicht	d_j mm	λ_j W/(m K)
1	Innenputz	15	0,70
2	Hochlochziegel	365	0,58
3	Außenputz	25	1,00

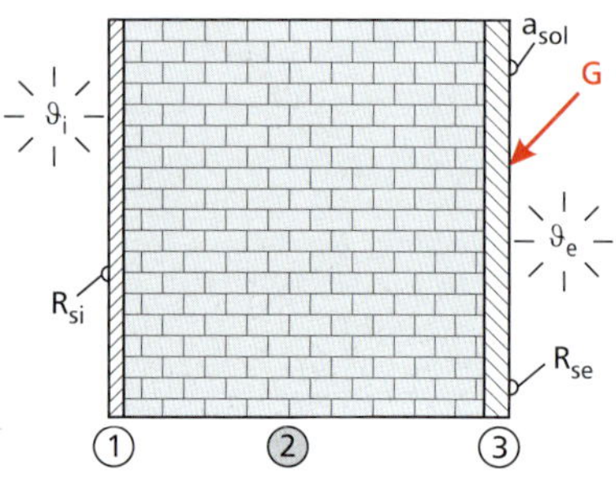

Bild 9.51: *Außenwand des Wohnzimmers.*

▸ Aufgabe 9.47:

Auf die Außenwand (Bild 9.51, solarer Absorptionskoeffizient $a_{sol} = 0{,}5$) des Wohnzimmers (Innentemperatur $\vartheta_i = 20$ °C, Außentemperatur $\vartheta_e = -10$ °C) von Hansi Hopperl trifft außen stationär die solare Strahlung $G = 500$ W/m² auf.

(a) Welche Solarstrahlung G_{abs} wird außen absorbiert?
(b) Tragen Sie in einem thermischen Schaltbild der Wand zunächst den Wärmefluss ohne solare Absorption ein.
(c) Berechnen Sie den Wärmedurchlass- und Wärmedurchgangswiderstand sowie den spezifischen Wärmeverlust der unbesonnten Wand.

Infolge solarer Absorption überlagert sich der Wärmestromdichte $\dot{q}$ der nach außen fließende Anteil $\dot{q}_{a,e}$ und der nach innen gerichtete Anteil $\dot{q}_{a,i}$.

(d) Stellen Sie mithilfe der absorbierten Strahlung G_{abs} eine Beziehung $(*)$ zwischen $\dot{q}_{a,e}$ und $\dot{q}_{a,i}$ auf.
(e) Tragen Sie die zusätzlichen Wärmeflüsse in das Schaltbild aus (b) ein und formulieren Sie mittels elektrischer Analogie die Beziehungen $(**)$ und $(***)$ für die Netto-Wärmeflüsse nach innen und außen.
(f) Berechnen Sie mithilfe von $(*)$–$(***)$ den nach außen fließenden Anteil der absorbierten solaren Strahlung $\dot{q}_{a,e}$.
(g) Wie groß ist der nach innen fließende Anteil der absorbierten solaren Strahlung $\dot{q}_{a,i}$?
(h) Welche Temperatur ϑ_{se} besitzt die Wand an der Außenseite?
(i) Bestimmen Sie den effektiven Wärmedurchgangskoeffizienten k^* der Außenwand infolge der solaren Absorption und vergleichen Sie ihn mit dem klassischen k-Wert infolge von Transmission.

▶ Aufgabe 9.48:

Die Vorrichtung in Bild 9.52 dient zur thermischen Behandlung von austenitischen Stahldrähten[2]. Durch das beheizte Graphitrohr (Länge L, Durchmesser $D = 40$ mm, innere Oberflächentemperatur $\vartheta_{\mathrm{R}} = 700$ °C, Emissionsgrad $\varepsilon_{\mathrm{R}} = 0{,}9$) wird der Stahldraht (Durchmesser $d = 5$ mm, Dichte $\varrho = 7\,900$ kg/m³, spezifische Wärmekapazität $c_{\mathrm{p}} = 500$ J/(kg K), Emissionsgrad $\varepsilon_{\mathrm{D}} = 0{,}45$, Eintrittstemperatur $\vartheta_0 = 20$ °C) mit der Geschwindigkeit $w = 1$ m/min konzentrisch hindurchgezogen und dabei erwärmt.

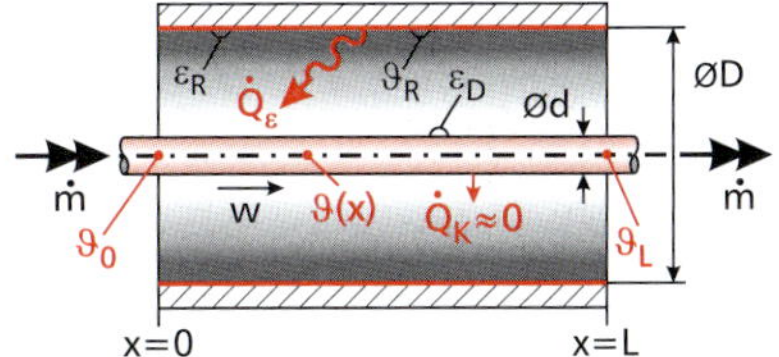

Bild 9.52: *Schnitt durch das Graphitheizrohr zur Temperierung von Stahldrähten.*

(a) Leiten Sie aus einer geeigneten Bilanz eine Gleichung für die örtliche Temperaturänderung des Drahtes $\frac{\mathrm{d}\vartheta(x)}{\mathrm{d}x}$ ab, wenn der Wärmeübergang durch Konvektion und die Längswärmeleitung vernachlässigt werden.

(b) Ermitteln Sie daraus die implizite Gleichung der Drahttemperatur $\vartheta(x)$.
Hinweis: Zur Lösung kann das folgende Integral verwendet werden:

$$\int \frac{\mathrm{d}x}{a^4 - x^4} = \frac{1}{4\,a^3} \cdot \ln\left|\frac{a+x}{a-x}\right| + \frac{1}{2\,a^3} \cdot \arctan\left(\frac{x}{a}\right) + C$$

(c) Welche Länge L des Rohres ist für eine Drahtaustrittstemperatur von $\vartheta_{\mathrm{L}} = 680$ °C erforderlich?

(d) Skizzieren Sie den Temperaturverlauf $\vartheta(x)$ des Drahtes.

(e) Aufgrund der vergleichsweise hohen Wärmeleitfähigkeit des Drahtes von $\lambda = 15$ W/(m K) äußert Zacharias Zweifler Bedenken, dass die Vernachlässigung der Längswärmeleitung im Draht unzulässig sei. Modifizieren Sie die Gleichung aus (a) in Bezug auf Längswärmeleitungseffekte im Draht. Welche Schwierigkeit ist damit verbunden?

(f) Führen Sie die Differenzialgleichung 2. Ordnung aus (e) in ein System von 2 Differenzialgleichungen 1. Ordnung über und lösen Sie diese für die zusätzliche Bedingung $\left.\frac{\mathrm{d}\vartheta}{\mathrm{d}x}\right|_{x=0} = 0$ mit einem geeigneten numerischen Verfahren (z. B. Euler-Cauchy, Runge-Kutta). Vergleichen Sie die Ergebnisse mit dem Temperaturprofil aus (b) und bewerten Sie den Einfluss der Längswärmeleitung.

▶ Aufgabe 9.49:

An der Decke in der Tiefgarage von Heini Höher[3] ist neben einer Vorlauf- eine Rücklaufleitung mit dem Nenndurchmesser DN 40 ($\lambda = 50$ W/(m K), $D_{\mathrm{a}} = 48{,}3$ mm, $D_{\mathrm{i}} = 43{,}1$ mm) unter beheizten Räumen verlegt, die beide mit $s_{\mathrm{WD}} = 40$ mm dicken Mineralfaserschalen der Wärmeleitfähigkeit $\lambda_{\mathrm{WD}} = 0{,}035$ W/(m K) gedämmt sind (Bild 9.53). Für eine noch weitergehende Energieeinsparung soll auf die bestehenden Dämmschalen eine weitere Wärmedämmung aufgebracht werden (Bild 9.54), wobei zwischen den Rohren noch Platz für jeweils 30 mm Dämmstoff ist, so dass eine Gesamtdämmstärke je Rohrleitung von 70 mm erreichbar ist.
Energieberater Edi Erbsenzähler behauptet, dass diese Dämmstärke nicht ausreicht, um den Anforderungen der Energieeinsparverordnung 2016 zu genügen, die für an die Außenluft grenzende Wärmeverteilungsleitungen mit Innendurchmessern von 35 – 100 mm eine Stärke in Höhe des zweifachen Innendurchmessers, d. h. 80 mm, fordert. Er schlägt vor, die Leitungen zu versetzen, um ausreichend Platz für die zusätzliche Dämmschicht zu erhalten.

Bild 9.53: *Mit Mineralfaserschalen gedämmte Heizungsleitungen aus Stahl.*

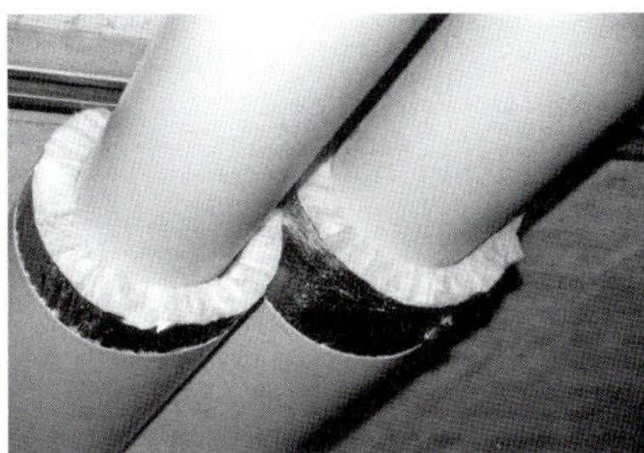

Bild 9.54: *Nochmalige Dämmung der Heizungsleitungen.*

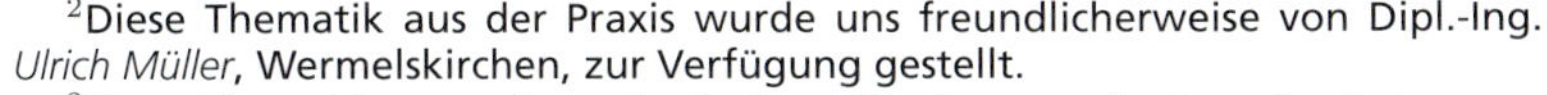

[2]Diese Thematik aus der Praxis wurde uns freundlicherweise von Dipl.-Ing. *Ulrich Müller*, Wermelskirchen, zur Verfügung gestellt.
[3]Diese Thematik stammt aus der Sachverständigenpraxis eines der Autoren.

Bauphysikerin Lara Lautlos vertritt die Meinung, dass die Tiefgaragenluft in der Heizperiode stets wärmer als die Außenluft ist und zudem ein geringerer Wärmeübergangskoeffizient an den Rohrleitungen auftritt als bei Rohren im Außenraum. Nach DIN EN ISO 6946 ist in der Tiefgarage ein außenseitiger Wärmeübergangswiderstand von $R^*_{\text{se}} = 0{,}17\ \text{m}^2\,\text{K/W}$ und außen von $R_{\text{se}} = 0{,}04\ \text{m}^2\,\text{K/W}$ anzusetzen. Dem verringerten Wärmeverlust aus den beheizten Räumen ($\vartheta_{\text{b}} = 20\ °\text{C}$) über die Tiefgarage der Temperatur ϑ_{u} nach außen (Temperatur ϑ_{e}) wird durch den **Temperatur-Korrekturfaktor** $F_{\text{xi}} = (\vartheta_{\text{b}} - \vartheta_{\text{u}}) \,/\, (\vartheta_{\text{b}} - \vartheta_{\text{e}}) = 0{,}6$ nach DIN V 4108-6 Rechnung getragen.

(a) Berechnen Sie den auf die Rohrinnenfläche bezogenen Wärmedurchgangskoeffizienten $k_{\text{e,i}}$ eines in der Außenluft verlegten Rohres, dessen Dämmung die Energieeinsparverordnung erfüllt.

(b) Wie groß ist der auf den Rohrinnendurchmesser bezogene Wärmedurchgangskoeffizient $k_{\text{TG,i}}$ eines in der Tiefgarage verlegten Rohres mit der maximal möglichen Dämmstärke $s^*_{\text{WD}} = 70\ \text{mm}$?

(c) Welche Temperatur ϑ_{u} stellt sich in der Tiefgarage in Abhängigkeit der Außentemperatur ϑ_{e} ein? Wie hoch ist diese bei $\vartheta_{\text{e}} = -5\ °\text{C}$?

(d) Leiten Sie eine Gleichung für das Verhältnis f des spezifischen Wärmeverlustes eines in der Tiefgarage verlegten Rohres zum spezifischen Wärmeverlust eines im Außenraum verlegten Rohres in Abhängigkeit der Außentemperatur ϑ_{e} und der Wassertemperatur ϑ_{i} im Rohr ab.

(e) Skizzieren Sie für $-30\ °\text{C} \leq \vartheta_{\text{e}} \leq 10\ °\text{C}$ das Wärmeverlustverhältnis f einer Vor- ($\vartheta_{\text{VL}} = 55\ °\text{C}$) und einer Rücklaufleitung ($\vartheta_{\text{RL}} = 45\ °\text{C}$) und prüfen Sie, ob die Rohre in der Tiefgarage eine im Sinne der Energieeinsparverordnung gleichwertige Begrenzung der Wärmeabgabe aufweisen.

► Aufgabe 9.50: Ex

Ein neuer Baustoff ($\lambda = 0{,}57\ \text{W/(m K)}$, $c_{\text{p}} = 830\ \text{J/(kg K)}$, $\varrho = 1\,300\ \text{kg/m}^3$) wird im Labor von Nora Novosty thermisch untersucht. Dazu wird der Probequader in Bild 9.55 (Gesamtabmessungen in x-Richtung $\ell = 134\ \text{mm}$, in y-Richtung $b = 168\ \text{mm}$ und in z-Richtung $h = 224\ \text{mm}$) mit Anfangstemperatur $\vartheta_0 = 20\ °\text{C}$ in einem Ofen bei $\vartheta_\infty = 1\,200\ °\text{C}$ Lufttemperatur und einem allseitigen Wärmeübergangskoeffizienten von $\alpha = 17\ \text{W/(m}^2\,\text{K)}$ erhitzt.

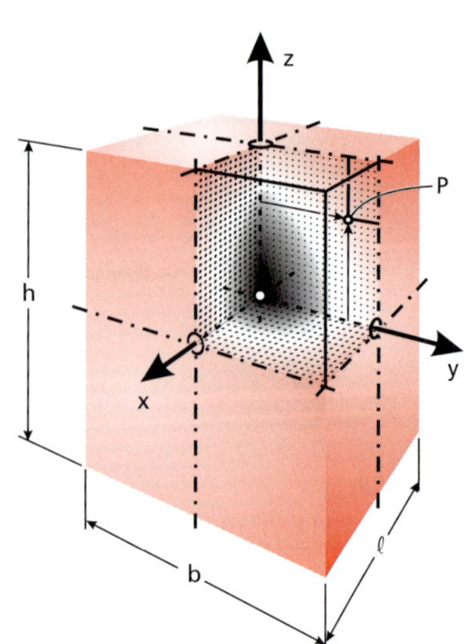

Bild 9.55: *Geometrie des quaderförmigen Probekörpers (vgl. auch Bild 5.39).*

(a) Skizzieren Sie qualitativ die Isothermen eines Axialschnitts für $0 \leq t < \infty$.

(b) Skizzieren Sie qualitativ die Isothermen eines Axialschnitts bei RB 1. Art auf der gesamten Oberfläche des Quaders.

(c) Für die RB 1. Art müssten welche Bedingungen gelten hinsichtlich
(α) des Wärmeübergangskoeffizienten? (β) der inversen Biot-Zahl $1/Bi$?
(γ) der Temperatur der Oberflächen? (δ) der Temperatur der Kanten?

(d) Skizzieren Sie qualitativ den Temperaturverlauf über der Zeit für Volumenzentrum, Ecke und allgemeinen Volumenpunkt.

(e) Notieren Sie die dimensionslosen Koordinaten (ξ; η; ζ) folgender Punkte:
(α) Ecke (β) Mitte der Kante $\parallel$ zur x-Achse
(γ) Mitte der Kante $\parallel$ zur y-Achse (δ) Mitte der Kante $\parallel$ zur z-Achse
(ϵ) Volumenzentrum (ζ) Mitte der Fläche $\perp$ zur x-Achse
(η) Mitte der Fläche $\perp$ zur y-Achse (θ) Mitte der Fläche $\perp$ zur z-Achse

(f) Notieren Sie die exakte Lösung für das dimensionslose instationäre Temperaturfeld mit allen Hilfsfunktionen und Bestimmungsgleichungen.

(g) Geben Sie einen geeigneten Startwert für den $2.$ Eigenwert in ξ-Richtung an (Skizze!).

(h) Wann erreicht die Zentrumstemperatur $950\ °\text{C}$? Ist Ihr Rechenverfahren geeignet? Welche Dauer liefert das Modell IGB? Warum?

(i) An welchen Punkten der Oberfläche tritt nach $t_1 = 7\,049$ s die niedrigste Temperatur auf (Begründung!) und wie hoch ist diese? Wie hoch liegt die Eckentemperatur?

(j) Welcher Teil der maximal zuführbaren Wärme steckt bei t_1 im Quader?

(k) Formulieren Sie den Produktansatz der dimensionslosen Temperatur für sehr kurze Zeiten und oberflächennahe Volumenpunkte

(α) innerhalb der Ecken (β) unterhalb der Kantenmitten

(γ) unterhalb der Flächenmitten.

(δ) Fertigen Sie geeignete Skizzen an! Wie groß ist die Temperatur nach $t_2 = 18{,}48$ s im Punkt P ($x = 0$ mm; $y = 83$ mm; $z = 111$ mm)?

▶ Aufgabe 9.51:

Im Windkanal von Alexis Aeolos (Bild 9.56) wird die Lufttemperatur vom Ansaugzustand $\vartheta_a = 20$ °C auf $\vartheta_\infty = 380$ °C (Umgebungsdruck) in der Messstrecke (Höhe $H = 200$ mm, Breite $B = 400$ mm) durch den Wärmeübertrager WÜ eingestellt. In der Messstrecke wird eine vertikal eingebaute, mit Blech ummantelte Vierkantprobe (Bild 9.57 links, $b = 40$ mm) der Anfangstemperatur $\vartheta_0 = 20$ °C mit $w = 20$ m/s umströmt, dessen instationäre Erwärmung berechnet werden soll. Alternativ ist ein vertikaler, in gleicher Weise ummantelter Zylinder (Bild 9.57 rechts, $d = 40$ mm) zu analysieren.

(a) Welche Dichte hat die Luft in der Messstrecke? Welcher Wärmestrom $\dot{Q}$ wird der Luft zugeführt?

(b) Bestimmen Sie den Wärmeübergangskoeffizienten α_e außen am Probekörpermantel. Vereinfacht ist mit konstanter Luftgeschwindigkeit w in der Messstrecke zu rechnen (keine Geschwindigkeitserhöhung durch Verdrängung zwischen Probekörper und Windkanalwand).

(c) Berechnen Sie den Wärmedurchgangskoeffizienten k (k-Wert) zwischen Windkanalluftstrom und Probekörper für die Anfangstemperaturspreizung. Der senkrechte Spalt der Spaltweite $s = 2$ mm zwischen Mantel und Probekörper ist mit Helium gefüllt. Der Blechmantel besitzt die Dicke $s_1 = 0{,}6$ mm und die Wärmeleitfähigkeit $\lambda_1 = 15$ W/(m K).

(d) Welche Geschwindigkeit w ist zu wählen, dass sich bei sonst unveränderten Größen am Vierkant und am Zylinder ein Wärmedurchgangskoeffizient von $k = 40$ W/(m² K) einstellt?

(e) Skizzieren Sie für die eigentlichen Probekörper aus Glas (ohne Mantel, „unendlich" lang, Sonderschmelze mit $\lambda = 0{,}68$ W/(m K), Dichte $\varrho = 2\,890$ kg/m³, spezifische Wärmekapazität $c_p = 0{,}68$ kJ/(kg K), Anfangstemperatur $\vartheta_0 = 20$ °C) qualitativ den zeitlichen Verlauf von Volumenmittentemperatur $\vartheta_m(t)$, Wandtemperatur $\vartheta_{wM}(t)$ in der Mitte der Seitenflächen und Kantentemperatur $\vartheta_K(t)$.

(f) Skizzieren Sie für eine feste Zeit t die Temperatur über dem Querschnitt.

(g) Das Zentrum des Vierkants erreicht $80\ \%$ seiner maximalen Temperaturerhöhung nach t_1. Wie hoch ist dann die Zentrumstemperatur $\vartheta_m(t_1)$? Wie groß ist t_1? Zeigen Sie die Gültigkeit Ihres Rechenmodells!

(h) Die Zentrumstemperatur des Zylinderprobekörpers (gleicher Durchmesser d, gleiche thermische Kopplung k) erreicht in dieser Zeit t_1 bereits $83{,}21\ \%$. Warum ist der Zylinder schneller?

(i) Berechnen Sie zur Zeit t_1 die Temperaturen von Kante und Flächenmitte des Vierkants sowie an der Zylinderoberfläche.

(j) Wie hoch liegen die Wandtemperaturen nach $t_2 = 1$ min beim Vierkant an den Kanten und in der Mitte der Seitenflächen und beim Zylinder an der Oberfläche?

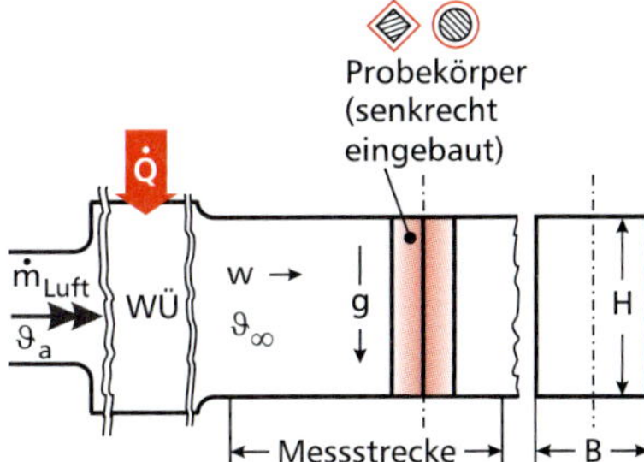

Bild 9.56: *Windkanal mit Messstrecke und Probekörper (wahlweise Vierkant oder Zylinder; nicht maßstäblich).*

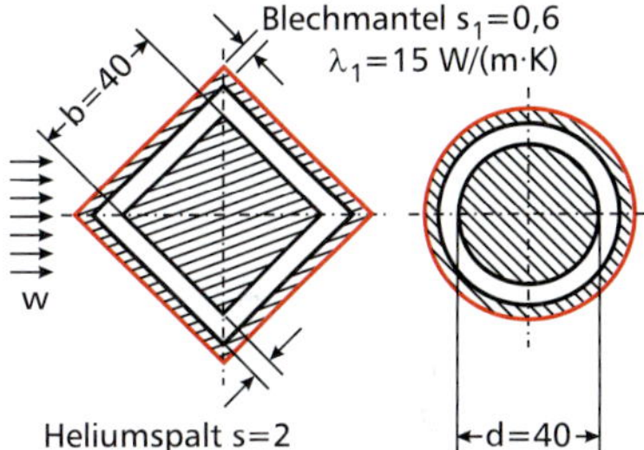

Bild 9.57: *Blechummantelte Probekörper (innen, alle Maße in mm): Quadratischer Vierkant (links) und Zylinder (rechts) in der Draufsicht.*

☞ Stoffwerte für Helium bei der Bezugstemperatur ϑ_B:

$\lambda_{He} = 0{,}14$ W/(m K);

$\nu_{He} = 104{,}2 \cdot 10^{-6}$ m²/s;

$Pr_{He} = 0{,}67$

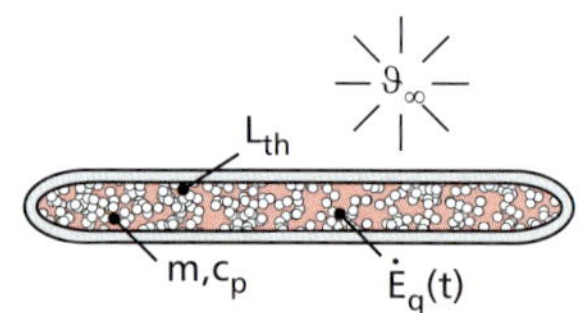

Bild 9.58: *Schnitt durch den Handwärmer.*

▶ Aufgabe 9.52:

Chemikerin Carla Caloria hat einen Handwärmer (Masse $m = 25$ g, spezifische Wärmekapazität $c_p = 1\,000$ J/(kg K), Temperatur ϑ) entwickelt. Die bei Luftzufuhr darin ablaufende exotherme Oxidation von Eisen wird durch die zeitvariable Volumenquelle $\dot{E}_q(t) = \dot{E}_{q,0} \cdot \exp(-t/\tau)$ ($\dot{E}_{q,0} = 6$ W, $\tau = 2{,}5$ h) modelliert. Das Innere des anfangs Umgebungstemperatur aufweisenden Handwärmers ist mit der Umgebung (Temperatur $\vartheta_\infty = 5$ °C = const.) über die Hülle durch den thermischen Leitwert $L_{th} = 0{,}125$ W/K gekoppelt.

(a) Leiten Sie eine Gleichung für die zeitliche Änderung der Handwärmertemperatur ab und berechnen Sie deren zeitlichen Verlauf $\vartheta(t)$.

(b) Nach welcher Zeit t_1 wird die maximale Temperatur ϑ_{max} im Handwärmer erreicht? Wie hoch ist diese?

(c) Wie groß ist die anfängliche zeitliche Änderungsrate der Handwärmertemperatur?

(d) Skizzieren Sie den zeitlichen Verlauf der Handwärmertemperatur.

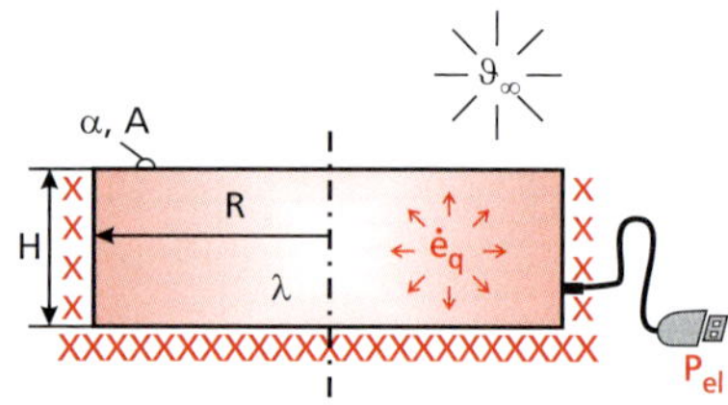

Bild 9.59: *Schnitt durch die zylindrische USB-Wärmeplatte.*

▶ Aufgabe 9.53:

Prof. H. B. Fertig hat bei Händler Earnie E. Lägdro die seitlich ($r = R$) und unten ($z = 0$) sehr gut wärmegedämmte zylindrische USB-Wärmeplatte „Hot as hell" (Oberfläche $A = 4 \cdot 10^{-3}$ m², Höhe $H = 12{,}5$ mm, Wärmeleitfähigkeit $\lambda = 2{,}5$ W/(m K), Wärmeübergangskoeffizient $\alpha = 12{,}5$ W/(m² K) an der Oberseite ($z = H$) zur Umgebungstemperatur $\vartheta_\infty = 20$ °C) gekauft, um der Abkühlung seines Lieblingsgetränks zu begegnen. Beim Betrieb an seinem Laptop wirkt die am USB 2.0-Anschluss ($U = 5$ V, $I = 500$ mA) zugeführte elektrische Leistung P_{el} in der Platte als konstante Wärmequellendichte $\dot{e}_q$.

(a) Berechnen Sie die Parameter P_{el} und $\dot{e}_q$ der Platte.

(b) Berechnen Sie die allgemeine Temperatur $\vartheta_{allg}(z)$ der USB-Wärmeplatte.

(c) Welche Oberflächentemperatur ϑ_{si} besitzt die Platte im Betrieb? Wie groß ist die Temperatur ϑ_0 an der Unterseite der Platte ($z = 0$)?

(d) Berechnen Sie die mittlere Temperatur $\overline{\vartheta}$ in der Heizplatte.

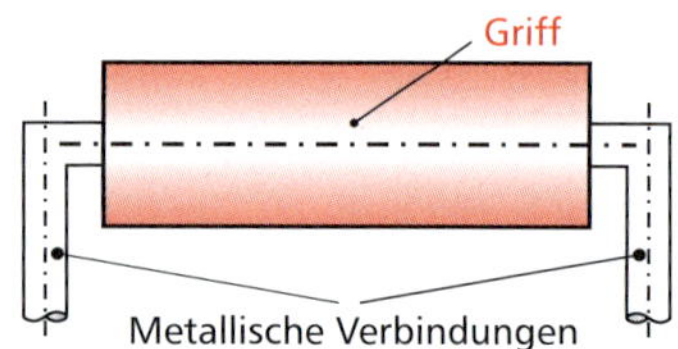

Bild 9.60: *Zylindrischer Griff der Glättkelle.*

▶ Aufgabe 9.54:

Bodenleger Bodo Bratzenberger hat sich von Isidor Ideenreich in den zylindrischen Griff (Bild 9.60, $\lambda = 0{,}15$ W/(m K), $D = 4$ cm, $L = 20$ cm) seiner Glättkelle eine elektrische Heizung einbauen lassen, die im Griffvolumen die konstante Wärmequellendichte $\dot{e}_q = 19{,}985$ kW/m³ erzeugt. Der homogene Griff mit ausschließlich axialen Temperaturunterschieden in x-Richtung weist zur Umgebung der konstanten Temperatur ϑ_∞ den Gesamtwärmeübergangskoeffizienten $\alpha = 15$ W/m² K auf. Die metallischen Verbindungen der Griffenden zur Kelle sind nicht Teil des Griffes und bleiben außer Acht.

(a) Stellen Sie das System „Griff" mit den maßgeblichen Parametern in einer geeigneten Skizze dar und benennen Sie dafür ein bekanntes wärmetechnisches Modell, das geeignet zu modifizieren ist.

(b) Leiten Sie eine Gleichung für die Übertemperatur $\theta(x) = \vartheta(x) - \vartheta_\infty$ des Griffs ab und bestimmen Sie diese allgemein.

(c) Geben Sie das Übertemperaturfeld $\theta(x)$ für eine Übertemperatur der Griffenden von $\theta_0 = 5$ K an.

(d) Berechnen Sie die mittlere Übertemperatur $\overline{\theta}$ des Griffs.

(e) Berechnen Sie die maximale Übertemperatur θ_{max} im Griff.

(f) Bestimmen Sie den Wärmefluss $\dot{Q}_E$ an den Griffenden.

(g) Berechnen Sie mithilfe einer Bilanz die elektrische Leistung P_{el} zur Erzeugung der Wärmequellendichte $\dot{e}_q$ im Griff.

► Aufgabe 9.55:

An der Grundplatte (Höhe $H = 100$ mm, Länge $L = 120$ mm) des Verstärkers von Ben Ebelt sind $n = 12$ Rechteckrippen (Wärmeleitfähigkeit $\lambda = 200$ W/(m K), Dicke $t = 2{,}5$ mm, Breite $B = 33$ mm) angebracht. Die Schmalseiten der Rippen (Kreuzschraffur in Bild 9.61) sind adiabat, während an den beiden vertikalen Rippenoberflächen und der Grundplatte der konstante Gesamtwärmeübergangskoeffizient $\alpha = 36$ W/(m² K) zur Umgebung der konstanten Temperatur $\vartheta_\infty = 25$ °C auftritt. Am Rippenfuß sowie an der Grundplatte herrscht die einheitliche Temperatur $\vartheta_0 = 65$ °C.

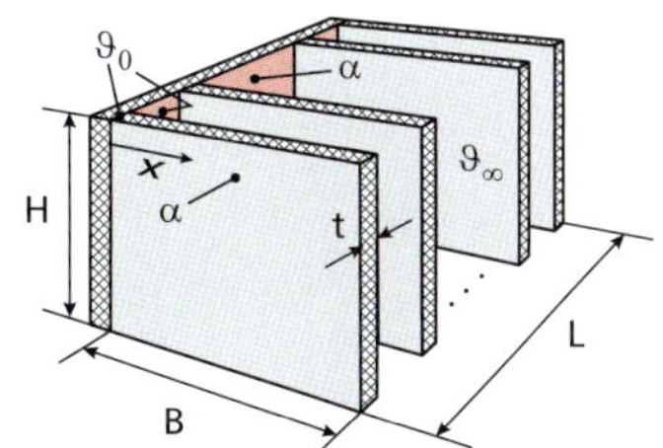

Bild 9.61: *Verstärkergrundplatte mit Rechteckrippen.*

(a) Leiten Sie aus einer geeigneten Bilanz eine Gleichung (♣) für die Rippentemperatur $\vartheta(x)$ ab.

(b) Inge N. Jeur stellt Ihnen für die weitere Berechnung den allgemeinen Verlauf der Übertemperatur $\theta(x) = C_1 \cdot \sinh(C_3\,x) + C_2 \cdot \cosh(C_4\,x)$ zur Verfügung. Bestimmen Sie in nachvollziehbarer Weise die Konstanten $C_1 \dots C_4$ sowie den Verlauf der Rippentemperatur $\vartheta(x)$.

(c) Berechnen Sie die mittlere Temperatur $\overline{\vartheta}$ der Rippen.

(d) Berechnen Sie den von allen Rippen abgegebenen Wärmestrom $\dot{Q}_\mathrm{R}$.

(e) Berechnen Sie den im unberippten Bereich der Grundplatte abgegebenen Wärmestrom $\dot{Q}_\mathrm{u}$.

(f) Um welchen Faktor ist der insgesamt abgeführte Wärmestrom $\dot{Q}_\mathrm{ges}$ höher als bei einer Grundplatte ohne Rippen?

► Aufgabe 9.56:

Versuchsingenieurin Vera Vergeßlich hat ein zylindrisches Becherglas (Wärmeleitfähigkeit $\lambda = 1{,}2$ W/(m K), Innendurchmesser $D_\mathrm{i} = 93$ mm, Außendurchmesser $D_\mathrm{e} = 95$ mm, lichte Höhe $H_\mathrm{i} = 179$ mm, Gesamthöhe $H_\mathrm{e} = 181$ mm) auf einer eingeschalteten Heizplatte ($\vartheta_\mathrm{H} = 172$ °C) stehen lassen (Bild 9.62). Zwischen Glasboden (Dicke $s = 2$ mm) und Heizplatte tritt der spezifische Kontaktwiderstand $R^*_\mathrm{th,C} = 5{,}75 \cdot 10^{-5}$ m² K/W auf. An der Innen- und Außenseite des Becherglases sowie am Boden erfolgt ein Gesamtwärmeübergang mit $\alpha = 8$ W/(m² K) zur Umgebung der konstanten Temperatur $\vartheta_\infty = 25$ °C. Effekte aus Ankopplung der zylindrischen Wand an den Glasboden werden vernachlässigt.

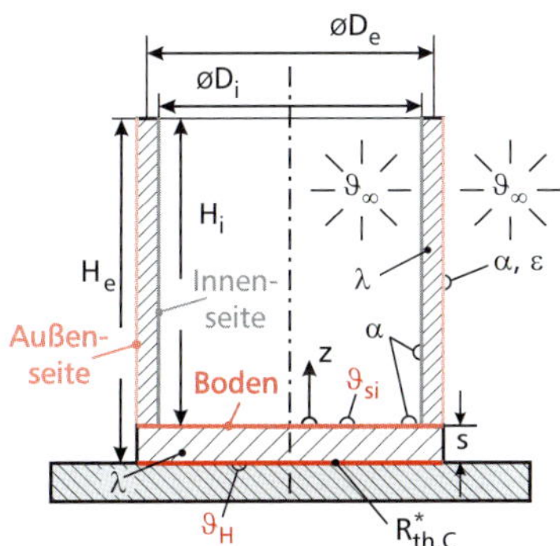

Bild 9.62: *Becherglas auf Heizplatte.*

(a) Berechnen Sie ausgehend von einem thermischen Schaltbild die Temperatur ϑ_si an der Innenseite des Bodens des Glases.

(b) Leiten Sie aus einer geeigneten Bilanz eine Gleichung (∗) für den axialen Temperaturgradienten $\dfrac{\mathrm{d}\vartheta(z)}{\mathrm{d}z}$ in der Wand des Glases für den Fall ab, dass in dieser keine radialen Temperaturunterschiede auftreten.

(c) Bestimmen Sie aus (∗) den Temperaturverlauf $\vartheta(z)$ in der Glaswand mithilfe von Hyperbelfunktionen, wenn am Wandfuß $z = 0$ die Bodentemperatur ϑ_si herrscht und der obere Glasrand $z = H_\mathrm{i}$ adiabat ist.

(d) Welche Temperatur $\vartheta_\mathrm{H\,i}$ tritt am oberen Glasrand $z = H_\mathrm{i}$ auf?

(e) Berechnen Sie die mittlere Temperatur $\overline{\vartheta}$ der Glaswand. Kann Vera das Glas auf halber Höhe anfassen, wenn der Grenzwert der Berührtemperatur $\vartheta_\mathrm{G} = 40$ °C beträgt?

(f) Welcher Wärmestrom $\dot{Q}_{\varepsilon,\mathrm{e}}$ fließt von der äußeren Becherglasmantelfläche $A_\mathrm{e} = D_\mathrm{e} \cdot \pi \cdot H_\mathrm{i}$ durch Strahlung zur Umgebung, wenn der Emissionsgrad an der Außenseite des Becherglases $\varepsilon = 0{,}81$ beträgt?

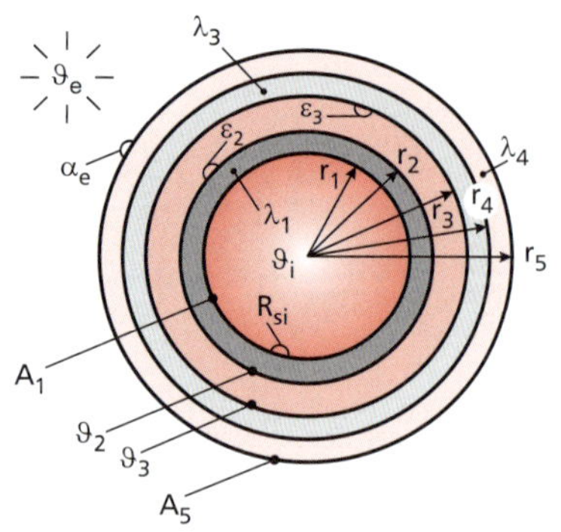

Bild 9.63: *Schnitt durch die „Isolierkanne" MySphere.*

► Aufgabe 9.57:

Designerin Thea Moskanné hat die „Isolierkanne" MySphere konzipiert. Die kugelförmige Innenflasche besteht aus Glas ($\lambda_1 = 1{,}0$ W/(m K), Innenradius $r_1 = 61$ mm, Wanddicke $s_1 = 4$ mm, $\epsilon_2 = 0{,}12$). Der daran anschließende 8 mm dicke Kugelspalt zur Außenflasche ist vollständig evakuiert. Die Außenflasche ($\lambda_3 = 1{,}0$ W/(m K), Innenradius r_3, Wanddicke $s_3 = 4$ mm, $\epsilon_3 = 0{,}9$) weist einen idealen thermischen Kontakt zum Kunststoffmantel ($\lambda_4 = 0{,}2$ W/(m K), Innenradius r_4, Wanddicke $s_4 = 3$ mm) auf. An der Außenseite des Kunststoffmantels tritt der konstante Gesamtwärmeübergangskoeffizient $\alpha_e = 15$ W/(m^2 K) zur Umgebung auf. Zwischen Getränk und Innenflasche herrscht der Wärmeübergangswiderstand $R_{si} = 4 \cdot 10^{-3}$ m^{2}K/W vor.

(a) Zeichnen Sie das vollständige thermische Schaltbild der Kanne.

(b) Berechnen Sie den auf die innere Kannenoberfläche A_1 bezogenen Wärmedurchgangskoeffizienten k_1 der Kanne, wenn die Oberflächentemperaturen im Spalt $\vartheta_2 = 94{,}38$ °C und $\vartheta_3 = 24{,}03$ °C betragen.

(c) Welcher Wärmedurchgangskoeffizient k_5 liegt bezüglich der äußeren Kannenoberfläche A_5 vor?

(d) Berechnen Sie den thermischen Leitwert vom Getränk zur Umgebung.

Controllerin Paula Penny-Fuchsa schlägt aus Kostengründen vor, auf die Evakuierung des Spalts zu verzichten. Ingenieur Erkan Alles hat berechnet, dass im luftgefüllten Spalt zwischen den Oberflächen der konvektive Wärmeübergangskoeffizient $\alpha_K = 4{,}06$ W/(m^2 K) bezogen auf r_2 wirksam ist und sich der thermische Widerstand infolge von Strahlung auf $\widetilde{R}_{th,\varepsilon} = 18{,}05$ K/W reduziert.

(e) Berechnen Sie den auf die innere Kannenoberfläche A_1 bezogenen Wärmedurchgangskoeffizienten $\widetilde{k}_1$ der Kanne mit luftgefülltem Spalt.

(f) Wie groß ist die relative Änderung $\delta\dot{Q}$ des Wärmestroms zur Umgebung der Kanne mit luftgefülltem gegenüber der Kanne mit evakuiertem Spalt?

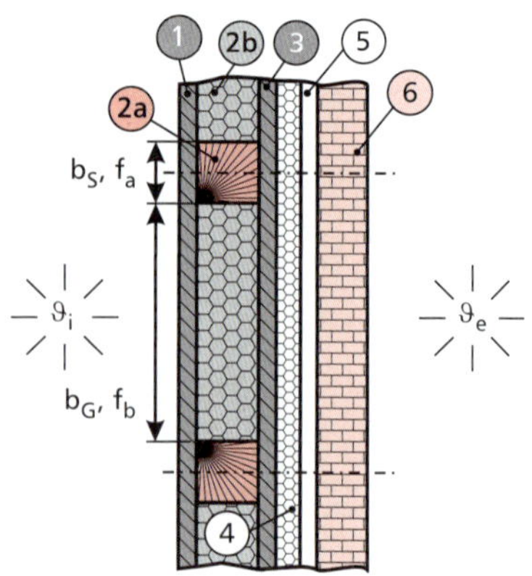

Bild 9.64: *Horizontalschnitt des verbesserten Wandaufbaus.*

Wandaufbau (innen → außen):

Nr. j	Schicht	λ_j W/(m K)	d_j mm
1	Spanplatte	0,14	19
2a	Holzständer (Breite $b_S = 12$ cm)	0,13	160
2b	Wärmedämmung (Breite $b_G = 88$ cm)	0,035	160
3	Spanplatte	0,14	19
4	Wärmedämmung	0,040	40
5	Luftschicht	$R = 0{,}18$ m^{2}K/W	
6	Vormauerziegel	0,39	115

► Aufgabe 9.58:

In dem in Passau (Normaußentemperatur $\vartheta_{e,N} = -14$ °C) zu bauenden Wohnhaus (Raumtemperatur $\vartheta_i = 20$ °C) von Willy Weißnix besitzen die Außenwände die Fläche $A = 224$ m^2 und in der Grundversion den Wärmedurchgangskoeffizienten $k_1 = 0{,}23$ W/(m^2 K). Architektin Bianca Blind empfiehlt aus Gründen der Wirtschaftlichkeit den verbesserten Wandaufbau in Bild 9.64. Das Gebäude wird mit einer Holzheizung (Nutzungsgrad $\eta_{ges} = 0{,}80$, Heizwert Buchenholz $H_u = 2\,100$ kWh/m^3, Preis frei Haus $p_B = 90$ €/m^3) betrieben, die $b_{VH} = 2\,195$ Vollbenutzungsstunden im Jahr aufweist. Die spezifischen Mehrkosten des verbesserten Wandaufbaus betragen $\not{k}_i = 8$ €/m^2, die Nutzungsdauer ist mit $T_N = 50$ a zu veranschlagen.

(a) Berechnen Sie den Wärmedurchgangskoeffizienten k_2 des verbesserten Aufbaus nach DIN EN ISO 6946 ($R_{si} = 0{,}13$ m^2 K/W, $R_{se} = 0{,}04$ m^2 K/W).
Hinweis: Nach DIN EN ISO 6946 erfolgt eine arithmetische Mittelung des Wärmedurchgangswiderstands R'_T bei fehlender Querwärmeleitung und des Wärmedurchgangswiderstands R''_T bei idealer Querwärmeleitung (vgl. Aufgabe 9.43).

(b) Berechnen Sie die mit dem verbesserten Wandaufbau erzielbare jährliche Brennstoffersparnis ΔB.

(c) Bewerten Sie die Wirtschaftlichkeit des verbesserten Wandaufbaus anhand des Erntefaktors EF.

(d) Bewerten Sie die Wirtschaftlichkeit des verbesserten Wandaufbaus anhand des Preis-Leistungs-Verhältnisses PLV.

▶ Aufgabe 9.59:

In der Werkstatt ($\vartheta_\infty = 25$ °C) von Kurt Schluss treibt ein in das Gehäuse $\mathcal{G}$ integrierter Elektromotor die Pumpe $\mathcal{P}$ an, indem er $\eta = 90\,\%$ der zugeführten elektrischen Leistung $P_{\mathrm{el}} = 25$ kW als mechanische Leistung P_{mech} an die Welle $\mathcal{W}$ abgibt, die diese verlustlos an die Pumpe überträgt. Die durch das Gehäuse geführte Welle ($\lambda_{\mathrm{W}} = 50\,\mathrm{W/(m\,K)}$, $\alpha_{\mathrm{W}} = 40\,\mathrm{W/(m^2\,K)}$, $D = 50$ mm, $L = 500$ mm) besitzt motorseitig die einheitliche Gehäusetemperatur ϑ_{G} und pumpenseitig die konstante Temperatur ϑ_∞. Das Gehäuse ($\alpha_{\mathrm{G}} = 12{,}5$ W/(m² K), $A_{\mathrm{G}} = 2$ m²) ist über eine elastische Platte ($\lambda_{\mathrm{B}} = 0{,}5$ W/(m K), $d_{\mathrm{B}} = 50$ mm, $A_{\mathrm{B}} = 0{,}5$ m²) mit dem Werkstattboden ($\vartheta_{\mathrm{B}} = \vartheta_\infty$) thermisch gekoppelt.

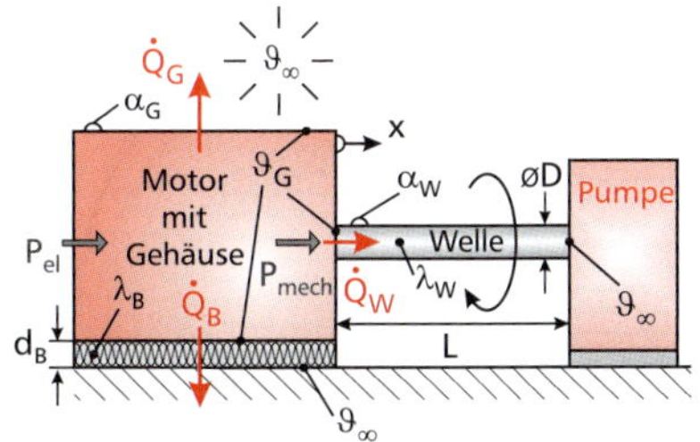

Bild 9.65: *Skizze des Antriebsaggregats.*

(a) Leiten Sie eine Gleichung (♡) ab, aus der der axiale Verlauf der Wellentemperatur $\vartheta_{\mathrm{W}}(x)$ berechnet werden kann.
(b) Berechnen Sie aus (♡) die Wellentemperatur $\vartheta_{\mathrm{W}}(x)$ als Funktion der Gehäusetemperatur ϑ_{G} durch Zurückführen auf eine Ihnen bekannte Differenzialgleichung und Verwendung von deren Lösung.
(c) Bestimmen Sie mithilfe des Ergebnisses aus (b) den in die Welle eintretenden Wärmestrom $\dot{Q}_{\mathrm{W}}$ in Abhängigkeit der Gehäusetemperatur ϑ_{G}.
(d) Berechnen Sie den Wärmedurchlasskoeffizienten der Platte und notieren Sie damit den in den Boden fließenden Wärmestrom $\dot{Q}_{\mathrm{B}}$.
(e) Berechnen Sie die Temperatur ϑ_{G} aus einer geeigneten Gleichung (♠).
(f) Berechnen Sie die Wärmeströme $\dot{Q}_{\mathrm{W}}$, $\dot{Q}_{\mathrm{B}}$ und $\dot{Q}_{\mathrm{G}}$.
(g) Welche Temperatur ϑ_{W1} besitzt die Welle bei $x_1 = 100$ mm?

▶ Aufgabe 9.60:

Damal Drucka hat den Transformator in Bild 9.66 ($B = 57$ mm, $L = 69$ mm, $H = 27$ mm, $m = 450$ g, $c_{\mathrm{p}} = 400$ J/(kg K), $\lambda = 100$ W/(m K), $P_{\mathrm{el}} = 18$ VA, $\eta = 75$ %) mit seiner Unterseite auf einem sehr gut wärmegedämmten Board montiert. Der Gesamtwärmeübergangskoeffizient zur Umgebung der Temperatur $\vartheta_\infty = 20$ °C beträgt an den restlichen Flächen einheitlich $\alpha = 10$ W/(m² K).

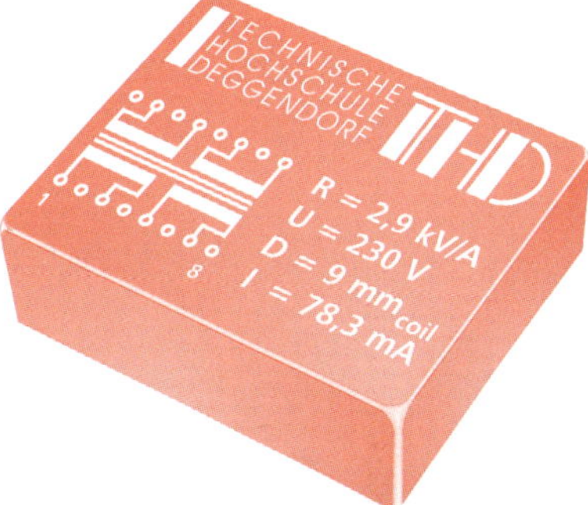

Bild 9.66: *Printtransformator.*

(a) Berechnen Sie die im Inneren des Transformators dissipierte Leistung P_{D}.
(b) Ermitteln Sie die einheitliche Temperatur $\widetilde{\vartheta}_{\mathrm{T}}$, die sich im Transformator nach sehr langer Zeit einstellt.
(c) Leiten Sie aus einer Bilanz eine Gleichung zur Berechnung der zeitlichen Temperaturentwicklung $\vartheta_{\mathrm{T}}(t)$ des Transformators ab.
(d) Ermitteln Sie den Temperaturverlauf $\vartheta_{\mathrm{T}}(t)$, für den Fall, dass sich der Transformator beim Einschalten im thermischen Gleichgewicht mit der Umgebung befand und der Wärmeübergangskoeffizient konstant ist.
(e) Welchem bekannten Modell entspricht die bei Teilaufgabe (c) aufgestellte Bilanz? Weisen Sie dessen Anwendbarkeit nach!
(f) Welche Zeit t^* vergeht, bis der Transformator eine Temperatur ϑ_{T}^* erreicht hat, die 5 K unter der Temperatur $\widetilde{\vartheta}_{\mathrm{T}}$ liegt?

▶ Aufgabe 9.61:

Die Temperaturamplitude A_{K} im unterirdischen Weinkeller von Sandy Sherry in schluffigem Boden mit $\lambda = 2$ W/(m K) und $\varrho \cdot c_{\mathrm{p}} = 2$ MJ/(m³ K) klingt im Jahresgang $T = 8\,760$ h auf 5 % des Werts an der Erdoberfläche (RB 1. Art) ab.

Bild 9.67: *Blick in den Weinkeller von Sandy Sherry.*

(a) Berechnen Sie den Dämpfungsfaktor Υ und die Tiefe x_{K} des Weinkellers.
(b) Welche Phasenverschiebung φ_{K} tritt im Weinkeller auf?
(c) Wie groß sind Amplitudendämpfung und Phasenverschiebung im Keller von Walter W. Einberger in der Tiefe $x_0 = 3$ m?

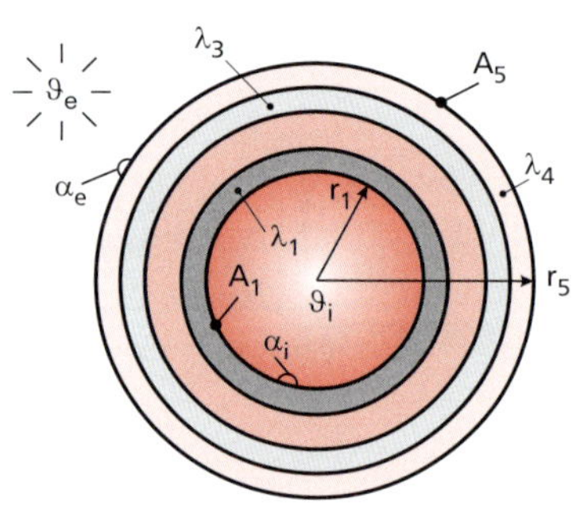

Bild 9.68: *Isolierkanne „MySphere" im Schnitt.*

► Aufgabe 9.62:

Thea Moskanné will ihre kugelförmige Designer-Kanne „MySphere" (Innenradius $r_1 = 61$ mm, Außenradius $r_5 = 80$ mm) nach DIN EN 12546-1 testen lassen, um die Klassifikation „Isolierkanne" zu erhalten. Dazu darf sich in die Kanne eingefülltes heißes Wasser (Wärmeleitfähigkeit $\lambda_{\rm W} = 668{,}4 \cdot 10^{-3}$ W/(m K), spezifische Wärmekapazität $c_{\rm pW} = 4\,195$ J/(kg K), Dichte $\varrho_{\rm W} = 973{,}3$ kg/m^3) von $\vartheta_{\rm i,0} = 95$ °C bei der Raumtemperatur $\vartheta_{\rm e} = 20$ °C nach $t_1 = 6$ h auf höchstens $\vartheta_{\rm i,1} = 75$ °C abkühlen. Analysen ergaben den thermischen Widerstand $R_{\rm th,ges} = 20$ K/W zwischen Getränk und Umgebung.

(a) Berechnen Sie den thermischen Leitwert zwischen Getränk und Umgebung sowie den auf die Innenfläche A_1 bezogenen Wärmedurchgangskoeffizienten k_1.

(b) Schlagen Sie ein geeignetes Modell für die Wasserabkühlung vor und weisen Sie dessen Anwendbarkeit rechnerisch nach.

(c) Welche Zeitkonstante $\tau_{0,\rm erf}$ muss eine Kanne besitzen, um das Testkriterium nach DIN EN 12456-1 zu erfüllen? Welche Zeitkonstante $\tau_{0,\rm MS}$ (in h) besitzt das Modell MySphere?

(d) Welche normierte mittlere Temperatur Θ_1 und welche mittlere Temperatur ϑ_1 weist das Wasser in MySphere nach der Zeit t_1 im DIN-Test auf? Besteht die Kanne den Test?

(e) Konkurrent Girgl Gläznbene behauptet, dass in seiner geometrisch baugleichen Kanne „SoaBlodan" sich das Wasser unter DIN-Bedingungen in $t_2 = 12$ h nur auf $\vartheta_2 = 60$ °C abkühlt. Welchen Wärmedurchgangskoeffizienten k_1^* besitzt sein Modell? Wie ist es thermisch in Relation zu „MySphere" einzustufen?

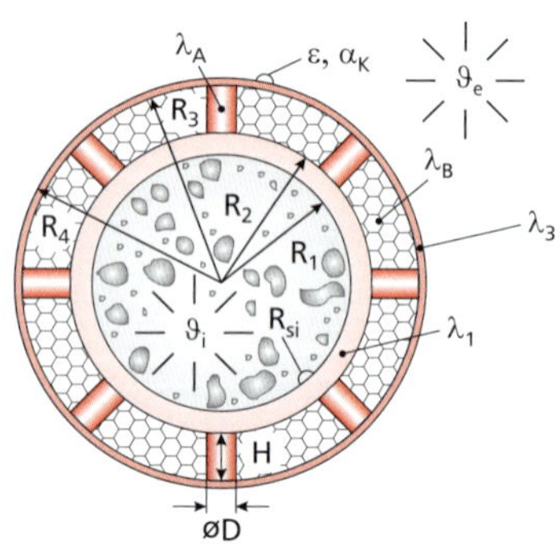

Bild 9.69: *Sphärischer Stahltank mit Eisbrei (Ice Slurry).*

► Aufgabe 9.63:

Der sphärische Stahltank (Wärmeleitfähigkeit $\lambda_1 = 15$ W/(m K), Innenradius $R_1 = 5$ m, Wandstärke $s_1 = 15$ mm) der Brauerei Manni Mantscher enthält Eisbrei (spezifische Schmelzwärme $r_{\rm s} = 333{,}5$ kJ/kg, Temperatur $\vartheta_{\rm i} = 0$ °C). Der Wärmeübergangswiderstand zwischen Behälterwand und Eisbrei beträgt $R_{\rm si} = 0{,}01$ m^2 K/W. Die Außenschale (Emissionsgrad $\varepsilon = 0{,}75$, Wärmeleitfähigkeit $\lambda_3 = 25$ W/(m K), konvektiver Wärmeübergangskoeffizient $\alpha_{\rm K} = 10$ W/(m^2 K), Radius $R_4 = 5{,}15$ m, Wandstärke $s_3 = 10$ mm) ist mit $n = 100$ zylindrischen Abstandhaltern mit rein axialem Wärmefluss (Wärmeleitfähigkeit $\lambda_{\rm A} = 15$ W/(m K), Durchmesser $D = 20$ mm) der Länge H an der Tankaußenseite befestigt. Der vollständig mit Dämmstoff der Wärmeleitfähigkeit $\lambda_{\rm B} = 0{,}04$ W/(m K) gefüllte Zwischenraum zwischen Tank und Außenschale weist radialen Wärmefluss auf. Die Luft- und die Umgebungstemperatur betragen $\vartheta_{\rm e} = 25$ °C. Vereinfachend wird der Wärmetransport über die Aufständerung des Tanks vernachlässigt. An der Innenseite der Außenschale herrscht die einheitliche Temperatur ϑ_3.

(a) Fassen Sie die parallelen Abstandhalter zusammen und zeichnen Sie das vollständige thermische Schaltbild der Konfiguration.

(b) Leiten Sie daraus eine Gleichung (♡) ab, aus der die außenseitige Tanktemperatur $\vartheta_{\rm se}$ iterativ berechnet werden kann.

(c) Berechnen Sie $\vartheta_{\rm se}$ ausgehend vom Startwert $\vartheta_{\rm se}^0 = \vartheta_{\rm e}$ mit einer Genauigkeit von $0{,}01$ °C.

(d) Wie groß ist der Wärmefluss $\dot{Q}$ in den Tank? Welchen Anteil hat daran die Wärmestrahlung an der Außenseite?

(e) Welche Eismasse $m_{\rm E}$ schmilzt während eines Tages?

(f) Berechnen Sie den auf den Innenradius bezogenen Wärmedurchgangskoeffizienten des Tanks.

► Aufgabe 9.64:

Als Antrieb für die „Heart of Cold" dient in einem sphärischen Stahltank (Außenradius $r_2 = 0{,}4$ m, thermischer Leitwert $L_{\text{th},2} = 3600$ W/K) gespeicherter flüssiger Sauerstoff LOX (Liquid Oxygen, Temperatur $\vartheta_{\text{LOX}} = -183{,}09$ °C, spezifische Verdampfungswärme $h_{\text{fg}} = 213{,}177$ kJ/kg). Um den über eine kleine Öffnung zur Umgebung (Temperatur $\vartheta_e = 25$ °C) verdampfenden LOX-Massenstrom auf $\dot{m} = 0{,}5$ kg/d zu begrenzen, soll der Tank an seiner Außenseite mit MLI (Multilayer Insulation) mit der effektiven Wärmeleitfähigkeit $\lambda_{\text{MLI}} = 15$ μW/(m K) gedämmt werden. Der Gesamtwärmeübergangswiderstand an der Außenseite der MLI beträgt $R_{\text{se}} = 0{,}08$ m² K/W. An der Tankinnenseite liegt Randbedingung 1. Art vor.

(a) Skizzieren Sie das vollständige thermische Schaltbild der Konfiguration.

(b) Welcher Wärmestrom $\dot{Q}$ wird der Umgebung entzogen, um den LOX-Massenstrom $\dot{m}$ zu verdampfen?

(c) Welchen thermischen Widerstand muss die Konfiguration aufweisen, um den Grenzwert für den LOX-Massenstrom $\dot{m}$ einzuhalten?

(d) Stellen Sie unter Einführung geeigneter Abkürzungen für konstante Terme eine Gleichung (∗) auf, aus der die erforderliche Dicke d der MLI iterativ möglichst einfach berechnet werden kann.

(e) Berechnen Sie ausgehend vom Startwert $d_0 = 5$ mm die erforderliche Dämmstärke d mithilfe von (∗).

(f) Berechnen Sie den auf den Innenradius $r_1 = 0{,}395$ m bezogenen Wärmedurchgangskoeffizienten des Tanks für die Dämmstärke d_0.

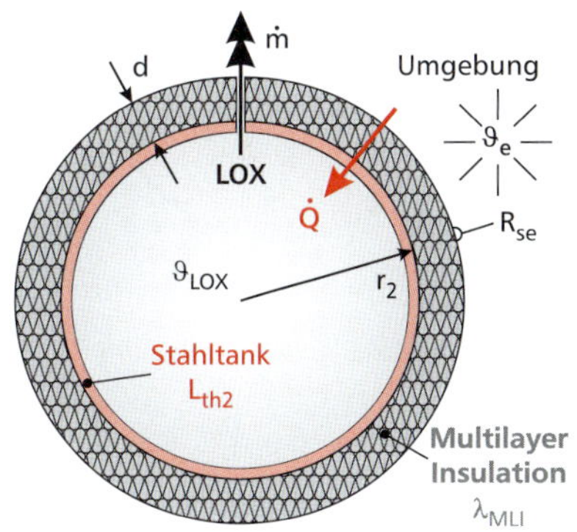

Bild 9.70: *Sphärischer Tank für flüssigen Sauerstoff.*

► Aufgabe 9.65:

Susi Sorglos und Bernie Bastscho genießen ihre Freizeit in den Bergen in einer zylindrischen Fass-Sauna (Innendurchmesser $D_i = 2{,}30$ m, Länge $L = 3{,}20$ m, Bild 9.71) aus Nordmannfichtenholz mit $\lambda_1 = \lambda_2 = \lambda_3 = 0{,}13$ W/(m K). Die untere Fasshälfte (Boden ①, Innenfläche $A_{1,i} = 11{,}56$ m², Außenfläche $A_{1,e} = 11{,}88$ m², Außendurchmesser $D_1 = 2{,}364$ m) befindet sich vollständig im Schnee ($\vartheta_S = -10$ °C, Kontaktwiderstand $R^*_{\text{th,C}} = 10^{-4}$ m²K/W). Die obere Hälfte (Dach ②, Innenfläche $A_{2,i} = A_{1,i}$, Außenfläche $A_{2,e} = 11{,}98$ m², Außendurchmesser $D_2 = 2{,}384$ m) grenzt ebenso wie die kreisförmige Front- und Rückwand (③, Dicke $d_3 = 32$ mm) an die Außenluft ($R_{\text{se}} = 0{,}035$ m² K/W, $\vartheta_e = -20$ °C). Die raumseitigen Wärmeübergangswiderstände an Boden, Dach, Wänden und Fenstern folgen vereinfacht aus DIN EN ISO 6946. Die Fenster (④, $A_4 = 1{,}31$ m²) in Front- und Rückwand bestehen aus Einfachglas mit $R_{\lambda 4} = 0{,}008$ m² K/W. Mit einem Holzofen (maximale Wärmeleistung $\dot{Q}_{\max} = 16$ kW) beheizen beide die Sauna auf $\vartheta_i = 90$ °C.

(a) Skizzieren Sie das vollständige thermische Schaltbild der Fass-Sauna.

(b) Berechnen Sie die thermischen Widerstände R_{th1} des Bodens, R_{th2} des Daches, R_{th3} der Front- und Rückwand sowie R_{th4} der Fenster.

(c) Berechnen Sie die Wärmeströme $\dot{Q}_1$ durch den Boden, $\dot{Q}_2$ durch das Dach, $\dot{Q}_3$ durch die Wände und $\dot{Q}_4$ durch die Fenster. Kann der Holzofen den Wärmebedarf bei einem Luftvolumen der Sauna von $V = 13{,}30$ m³ decken, wenn für den Betrieb ein Luftwechsel $n = 0{,}5$ h⁻¹ mit Außenluft nötig ist?

(d) Wie groß ist der thermische Leitwert L_{th} der Sauna bezogen auf die Temperaturdifferenz zur Außenluft (ohne Lüftungswärmeverlust)? Bestimmen Sie den mittleren Wärmedurchgangskoeffizienten der Sauna bezogen auf die wärmeabgebende Innenoberfläche.

(e) Welche Temperatur ϑ_{se2} herrscht an der Außenseite des Daches?

Bild 9.71: *Fass-Sauna im Gebirge.*

☞ Vereinfachter Ansatz von raumseitigen Wärmeübergangswiderständen nach DIN EN ISO 6946:

Wärmestrom	aufwärts	waagrecht	abwärts
Bauteile	Dach	Wände, Fenster	Boden
R_{si} (m²K/W)	0,10	0,13	0,17

Volumetrische Wärmekapazität der Luft: $\varrho_L \cdot c_{pL} = 0{,}34$ Wh/(m³ K)

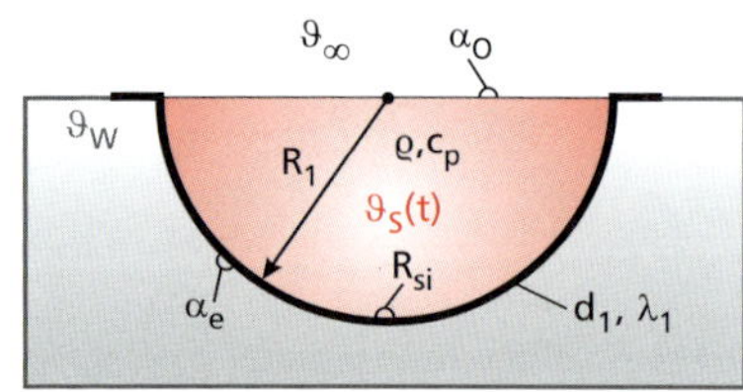

Bild 9.72: *Suppenkessel „Super Suppa".*

▸ Aufgabe 9.66:

Der hemisphärische Edelstahl-Suppenkessel „Super Suppa" ($\lambda_1 = 13$ W/(m K), Innenradius $R_1 = 200$ mm, Wandstärke $d_1 = 2$ mm,) der Rosa Rost GmbH grenzt außenseitig an ein Wasserbad mit $\vartheta_W = 75$ °C und $\alpha_e = 800$ W/(m² K). Der randvoll mit Gulaschsuppe ($c_p = 4\,059$ J/(kg K), $\varrho = 951$ kg/m³) gefüllte Kessel besitzt den Übergangswiderstand $R_{si} = 2 \cdot 10^{-3}$ m² K/W zur Suppe. Der thermische Leitwert zwischen Suppenoberfläche und Umgebung ($\vartheta_\infty = 10$ °C) beträgt $L_{th,O} = 3{,}14$ W/K. Durch Umrühren befindet sich die Suppe stets auf einheitlicher Temperatur.

(a) Berechnen Sie den Wärmeübergangskoeffizienten α_O zwischen der Oberfläche der Suppe und der Umgebung sowie den auf den Innenradius R_1 bezogenen Wärmedurchgangskoeffizienten k_i zum Wasserbad.

(b) Leiten Sie aus einer geeigneten Bilanz eine Gleichung (♡) für die zeitliche Änderung der Suppentemperatur $\vartheta_S(t)$ her.

(c) Welchen Temperaturverlauf $\vartheta_S(t)$ besitzt die mit ϑ_0 eingefüllte Suppe?

(d) Welche Suppentemperatur ϑ_{S1} stellt sich nach sehr langer Zeit ein? Skizzieren Sie die möglichen Verläufe der Suppentemperatur $\vartheta_S(t)$.

(e) Konkurrentin Emma Enamel behauptet, dass ihr volumengleiches Modell eMail aus unlegiertem Stahl ($\lambda_2 = 50$ W/(m K), $d_2 = 2$ mm) mit beidseitiger Emaillierung ($\lambda_E = 0{,}6$ W/(m K), $d_E = 2$ mm) wegen der größeren Wanddicke von 6 mm ein besseres Warmhaltevermögen besitzt. Prüfen Sie diese Behauptung bei ansonsten unveränderten Bedingungen anhand der stationären Suppentemperatur ϑ_{S2}.

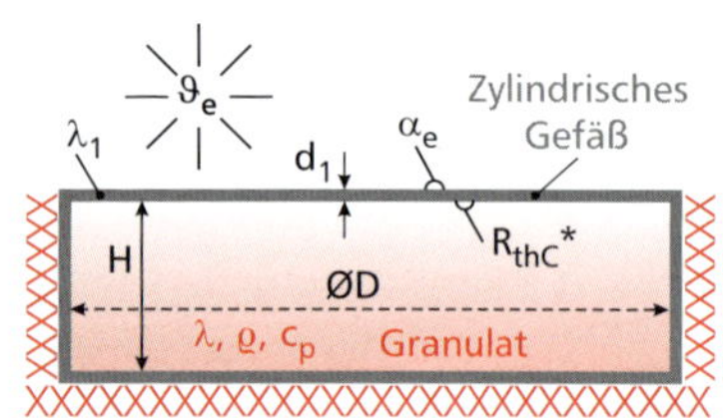

Bild 9.73: *Schnitt durch den Fußwärmer „SuperWarmFooter".*

▸ Aufgabe 9.67:

Da an der Ois-Easy-University Studenten oft kalte Füße in den Prüfungen bekommen und erkranken, hat die Gustav Gesundbrunnen GmbH den Fußwärmer „SuperWarmFooter" (SWF) entwickelt. In einem zylindrischen Gefäß (Boden- und Mantelfläche adiabat, $\lambda_1 = 15$ W/(m K), $D = 300$ mm, $H = 100$ mm, $d_1 = 3$ mm) befindet sich das Granulat „Vui Bresal" ($\lambda_G = 2{,}433$ W/(m K), $c_{pG} = 1\,000$ J/(kg K), $\varrho_G = 973{,}2$ kg/m³). Am Deckel herrscht oberseitig der Wärmeübergangskoeffizient $\alpha_e = 12{,}5$ W/(m² K) zur Umgebung, unterseitig tritt der Kontaktwiderstand $R^*_{th,c} = 2 \cdot 10^{-3}$ m² K/W zum Granulat auf.

(a) Berechnen Sie den Wärmedurchgangskoeffizienten k des Gefäßdeckels.

(b) Im folgenden gilt $k = 12{,}165$ W/(m² K). Prüfen Sie rechnerisch, ob lokale Temperaturunterschiede im Granulat vernachlässigt werden können.

(c) Teststudent Hansi Hasenfuß setzt den kalten Fuß ($b_F = 1\,000$ J/(m² K s^{0,5}), $\vartheta_F = 10$ °C) auf den warmen SWF-Deckel ($\vartheta_D = 40$ °C). Welche Temperatur ϑ_B fühlt er bei der Berührung, wenn vereinfacht nur die wärmetechnischen Eigenschaften des Granulats berücksichtigt werden und die Wärmespeicherfähigkeit des Gefäßes außer Acht bleibt?

Prof. Samuel Sandler von der konkurrierenden Ned-Easy-University bezweifelt die Funktionsfähigkeit des SWF und testet einen auf die einheitliche Temperatur $\vartheta_0 = 40$ °C gebrachten Prototyp in seinem Labor ($\vartheta_e = 20$ °C).

(d) Welche Temperatur ϑ_1 herrscht unter dem Deckel im Granulat nach $t_1 = 1$ min, wenn der SWF im Labor über den Deckel frei abkühlt?

(e) Wie groß ist der Wärmefluss $\dot{Q}_1$ über die Deckelfläche?

(f) Welche Temperatur ϑ_2 herrscht unter dem Deckel bei der weiter erfolgenden Abkühlung nach $t_2 = 1$ h?

(g) Wie groß ist die Temperatur $\vartheta_{B,2}$ im Granulat direkt über dem Boden zur Zeit t_2?

(h) Zu welcher Zeit t_3 beträgt die mittlere Granulattemperatur $\overline{\vartheta}_G = 30$ °C?

▶ Aufgabe 9.68:

Ingenieur S. Ferator hat eine sphärische Versuchszelle (Innenradius $r_{\mathrm{i}} = 0{,}1$ m; Außenradius $r_{\mathrm{e}} = 0{,}105$ m; spezifische Wärmekapazität $c_{\mathrm{S}} = 450$ J/(kg K); Wärmeleitfähigkeit $\lambda_{\mathrm{S}} = 50$ W/(m K); Dichte $\varrho_{\mathrm{S}} = 7\,800$ kg/m^3) aus Stahl in ein nach außen ideal wärmegedämmtes Fluidbad (Masse $m_{\mathrm{F}} = 8$ kg; spezifische Wärmekapazität $c_{\mathrm{F}} = 4\,193$ J/(kg K); Wärmeleitfähigkeit $\lambda = 0{,}6668$ W/(m K); kinematische Viskosität $\nu = 3{,}88 \cdot 10^{-7}$ m^2/s; isobarer Ausdehnungskoeffizient $\beta_{\mathrm{p}} = 6{,}13 \cdot 10^{-4}$ 1/K; $Pr = 2{,}38$) eingebracht. Eine chemische Reaktion hält den Inhalt der Zelle auf der konstanten Temperatur $\vartheta_{\mathrm{i}} = 95$ °C bei einem Wärmeübergangskoeffizienten $\alpha_{\mathrm{i}} = 100$ W/(m^2 K). Anfangs weisen Stahlmantel und Fluid die Temperatur $\vartheta_0 = 25$ °C auf.

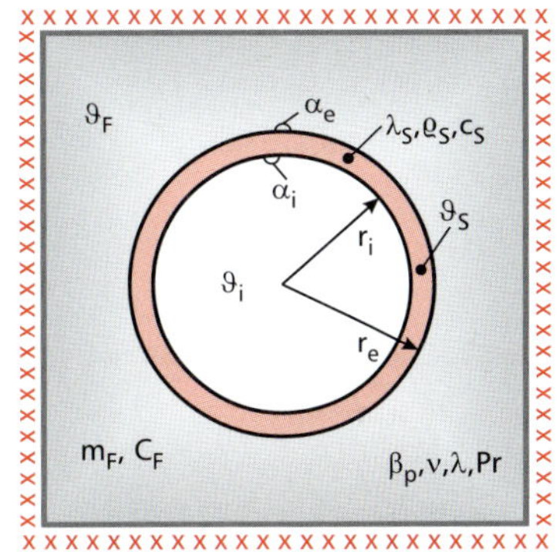

Bild 9.74: *Schnitt durch die sphärische Versuchszelle.*

(a) Berechnen Sie den Wärmeübergangskoeffizienten α_{e} an der Außenseite der Versuchszelle, wenn die Stoffwerte des Fluids bei Bezugstemperatur vorliegen, der Temperaturunterschied zwischen Zelle und Fluid mit $\Delta\vartheta = 4$ K abgeschätzt wurde und die Fluidbadbegrenzungen und die Zellenaufhängung keinen Einfluss auf die Strömung ausüben.

(b) Im folgenden gilt $\alpha_{\mathrm{e}} = 400$ W/(m^2 K). Berechnen Sie den auf den Innenradius r_{i} bezogenen Wärmedurchgangskoeffizienten k_{i} der Versuchszelle auf möglichst einfache Weise.

(c) Nach Meinung von Erkan Ois sind lokale Temperaturunterschiede im Stahlmantel der Versuchszelle vernachlässigbar. Zeigen Sie rechnerisch die Richtigkeit dieser Annahme durch getrennte Betrachtung der Wärmeübergänge an der Versuchszelle.

Im folgenden ist davon auszugehen, dass weder im Stahlmantel der Versuchszelle noch im Fluid lokale Temperaturunterschiede vorliegen.

(d) Leiten Sie unter Einführen passender Abkürzungen für konstante Größen aus geeigneten Bilanzen eine Gleichung (♡) für die zeitliche Änderung der Stahlmanteltemperatur ϑ_{S} sowie eine Gleichung (♡♡) für die zeitliche Änderung der Fluidtemperatur ϑ_{F} ab.

(e) Berechnen Sie den allgemeinen zeitlichen Verlauf der Temperatur des Stahlmantels der Versuchszelle $\vartheta_{\mathrm{S}}(t)$.

(f) Welche Temperatur ϑ_{S}^* erreicht der Stahlmantel nach sehr langer Zeit? Skizzieren Sie den Temperaturverlauf $\vartheta_{\mathrm{S}}(t)$ qualitativ.

(g) Berechnen Sie den zeitlichen Verlauf der Fluidtemperatur $\vartheta_{\mathrm{F}}(t)$ sowie alle auftretenden Konstanten.

(h) Assistent Ian Isy meint, dass die Wärmespeicherung im Stahlmantel vernachlässigbar ist und die thermische Analyse einfacher durchgeführt werden kann. Modifizieren Sie unter dieser Annahme die Bilanzen aus Teilaufgabe (d) geeignet und ermitteln Sie mithilfe eines bekannten Modells daraus einen geänderten Verlauf $\vartheta_{\mathrm{F}}^*(t)$ der Fluidtemperatur.

(i) Wie groß ist der Temperaturunterschied $\vartheta_{\mathrm{F1}}^* - \vartheta_{\mathrm{F1}}$ nach $t_1 = 1$ h?

▶ Aufgabe 9.69:

Betrachtet wird eine Außenwand (Bild 9.75) im Wohnhaus von Klara Fall mit $A = 20$ m^2, $R_{\mathrm{si}} = 0{,}13$ m^{2}K/W und $\alpha_{\mathrm{e}} = 25$ W/(m^2 K). An einem Wintertag beträgt die Außentemperatur $\vartheta_{\mathrm{e}} = -10$ °C, die Innentemperatur $\vartheta_{\mathrm{i}} = 20$ °C.

(a) Berechnen Sie den spezifischen Wärmeverlust der Wand mit spezifischen Widerständen.

(b) Berechnen Sie alle Oberflächen- und Schichtgrenztemperaturen.

(c) Lösen Sie die Teilaufgaben (a) und (b) unter Verwendung thermischer Widerstände.

(d) Wie ändern sich die Ergebnisse von (a) und (b), wenn die Holzwolleleichtbau-Platte zwischen Stahlbeton und Gipsputz angebracht wird?

☞ Wandaufbau (von außen nach innen):

Nr. j	Schicht	λ_{j} W/(m K)	d_{j} mm
1	Außenputz	1,00	20
2	Holzwolleleichtbau-Platte	0,075	50
3	Stahlbeton	2,00	160
4	Gipsputz	0,51	15

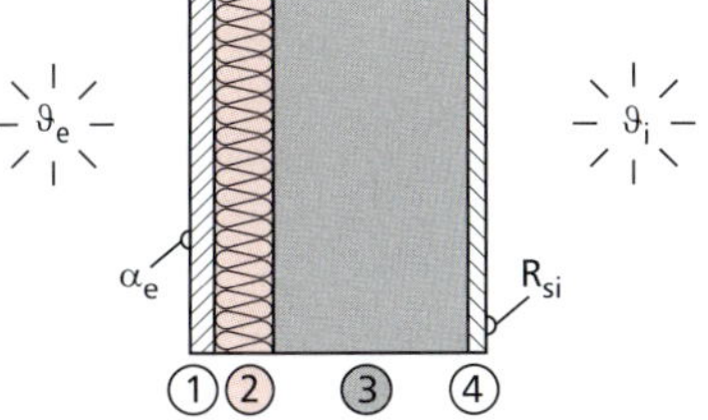

Bild 9.75: *Außenwand mit 4 Schichten.*

Bild 9.76: *„Smiley Water Tower".*

▶ Aufgabe 9.70:

Der vollständig mit Wasser (Volumen $V = 200$ m³; Temperatur ϑ_i; spezifische Wärmekapazität $c_p = 4\,183$ J/(kg K); Dichte $\varrho = 998{,}7$ kg/m³) gefüllte „Smiley Water Tower" (Wärmeleitfähigkeit $\lambda = 40$ W/(m K); Wandstärke $s = 10$ mm) von Letschn Bene besteht gemäß Bild 9.76 aus dem halbkugelförmigen Boden **B** (Innendurchmesser $D = 5{,}60$ m), dem zylindrischen Mittelstück **M** (Innendurchmesser $D = 5{,}60$ m; lichte Höhe $H = D$) und dem kegelförmigen Deckel **D**. Zwischen Wasser und innerer Tankoberfläche tritt der Wärmeübergangswiderstand $R_{si} = 5 \cdot 10^{-3}$ m² K/W auf. Der Wärmeübergangskoeffizient an der äußeren Oberfläche zur zeitlich veränderlichen Außentemperatur $\vartheta_e(t) = A - B \cdot \cos\left(\pi \cdot \frac{t - 4\text{ h}}{12\text{ h}}\right)$ ($A = 20$ °C; $B = 7$ °C) beträgt $\alpha_e = 12{,}5$ W/(m² K). Durch Konvektion befindet sich das Wasser im Tank stets auf einheitlicher Temperatur. Der Wärmefluss über die Aufständerung sowie der Einfluss solarer Strahlung bleiben vereinfachend außer Acht.

(a) Berechnen Sie die auf den Innendurchmesser D des Tanks bezogenen Wärmedurchgangskoeffizienten k_B des halbkugelförmigen Bodens und k_M des zylindrischen Mittelstücks.

Durch einsetzenden Wind erhöht sich der außenseitige Wärmeübergang, so dass im Folgenden **für den gesamten Tank** ein thermischer Leitwert zwischen Wasser und Umgebung von $L_{th} = 3\,200$ W/K zu berücksichtigen ist.

(b) Leiten Sie aus einer geeigneten Bilanz eine Gleichung für die zeitliche Temperaturänderung $\frac{d\vartheta_i}{dt}$ des Wassers im Tank ab.

(c) Berechnen Sie die Zeitkonstante τ_0.

(d) Berechnen Sie den zeitlichen Verlauf der Wassertemperatur $\vartheta_i(t)$ unter Berücksichtigung der Bedingung $\vartheta_i(t = 0) = \vartheta_0 = 16{,}5$ °C.

(e) Formulieren Sie das Nullstellenproblem zur Ermittlung der maximalen Wassertemperatur $\vartheta_{i,max}$ im Tagesverlauf ($0 \leq t \leq 24$ h) und bestimmen Sie ausgehend vom Startwert $t_0 = 23$ h den Zeitpunkt t^* mit 2 Iterationen.

▶ Aufgabe 9.71:

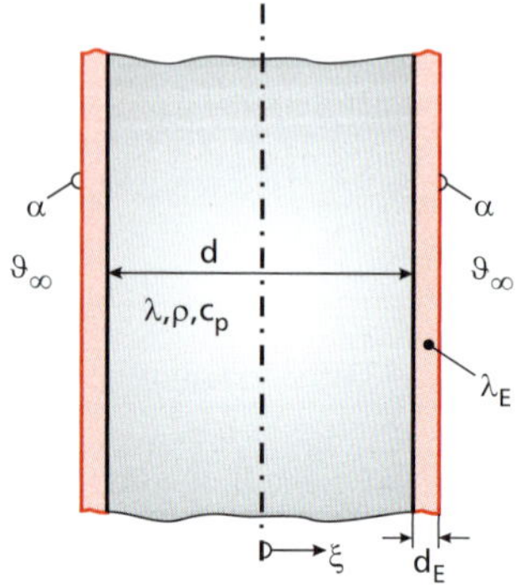

Bild 9.77: *Emaillierte Stahlplatten.*

Die von der Max E. Mailler GmbH & Co. KG produzierten Stahlplatten „EMS" ($\lambda = 12{,}5$ W/(m K); $\varrho = 8230$ kg/m³; $c_p = 446{,}7$ J/(kg K); $d = 25$ mm) mit nicht wärmespeichernder Emailledeckschicht ($\lambda_E = 0{,}6$ W/(m K); $d_E = 2{,}4$ mm) werden in einem Luftstrom ($\alpha = 250$ W/(m² K); $\vartheta_\infty = 275$ °C) von der Temperatur $\vartheta_0 = 25$ °C beginnend erwärmt (vgl. Bild 9.77).

(a) Berechnen Sie den Wärmedurchgangskoeffizienten k zwischen Stahlplattenoberfläche und Luftstrom.

(b) Geben Sie die exakte Lösung $\vartheta(\xi,t)$ des Temperaturfelds in den Platten mit allen erforderlichen Gleichungen an.

(c) Berechnen Sie die Temperatur $\vartheta_{m1}(t_1 = 30\text{ s})$ in der Plattenmitte und weisen Sie die Anwendbarkeit Ihres Modells nach.

(d) Wie groß ist die Temperatur $\vartheta_{w1}(t_1)$ an der Plattenoberfläche?

(e) Welche Temperatur $\vartheta_{q1}(t_1)$ besitzen die Platten im Mittel?

(f) Wie groß wäre die Plattentemperatur $\vartheta^*_{m1}(t_1)$ bei Vernachlässigung von Temperaturunterschieden in den Platten?

(g) Welche Zeit t_2 vergeht, bis die Plattenmitte die Temperatur $\vartheta_2 = 200$ °C aufweist?

(h) Welche Temperatur ϑ^*_2 herrscht zur Zeit t_2 in der Tiefe $d_2 = 2{,}5$ mm unter der Plattenoberfläche?

► Aufgabe 9.72: (Ex)

Auf einem sehr gut wärmegedämmten Förderband (Bild 9.78) werden Edelstahlquader (Wärmeleitfähigkeit λ, Dichte ϱ, spezifische Wärmekapazität c_{p}, Anfangstemperatur ϑ_0) durch einen Heißluftstrom (Geschwindigkeit w, Temperatur ϑ_∞) und einen absenkbaren Heizstempel taktweise für kurze Zeit erwärmt. Dabei drückt der Heizstempel (Kupfer: λ_{Cu}, ϱ_{Cu}, $c_{\mathrm{p,Cu}}$, Anfangstemperatur $\vartheta_{0,\mathrm{Cu}}$) von oben auf die Deckfläche des jeweiligen Edelstahlquaders und der Heißluftstrom wird eingeschaltet.

(a) Berechnen Sie die Kontakttemperatur zwischen Heizstempel und Edelstahlquader. Rechnen Sie weiter mit $260\ °\mathrm{C}$.

(b) Berechnen Sie den Wärmeübergangskoeffizienten α und den Wärmedurchgangskoeffizienten k an den Seitenflächen des Edelstahlquaders, der auf zwei Flächen lackiert ist (Schichtdicke s_{Lack}, λ_{Lack}, Bild 9.80). Rechnen Sie weiter mit $\alpha = 160\ \mathrm{W/(m^2\,K)}$ und $k = 128\ \mathrm{W/(m^2\,K)}$.

(c) Skizzieren Sie ein 3D-Bild des Edelstahlquaders mit seinem Koordinatensystem und kennzeichnen Sie die Randbedingungen sowie die thermischen Kopplungen an den Flächen.

(d) Die Wärmebehandlung des Edelstahlquaders beginnt. Wie hoch steigt die Temperatur nach $64\ \mathrm{s}$ in einem Punkt der oberen Volumenecke, der von den Oberflächen jeweils $6{,}4\ \mathrm{mm}$ entfernt liegt? Speichereffekte der Lackschicht seien vernachlässigbar. Den Einsatz des Modells „Halbunendlicher Körper beidseitig angewendet" lehnt Ihr Chef ab.

(e) Berechnen Sie die mittlere Temperatur $\overline{\vartheta}$ des Edelstahlquaders. Wie könnte man die schwierige Integration ingenieurmäßig umgehen? Rechnen Sie weiter mit $\overline{\vartheta} = 110\ °\mathrm{C}$.

(f) Welche Wärme ist in den Quader eingetreten und welchen Anteil der maximal übertragbaren Wärme macht sie aus?

(g) Skizzieren Sie die zeitlichen Verläufe der Temperaturen in den Flächenmitten von Grundfläche und Deckfläche.

(h) Diskutieren Sie die Anwendbarkeit der verwendeten Rechenmodelle.

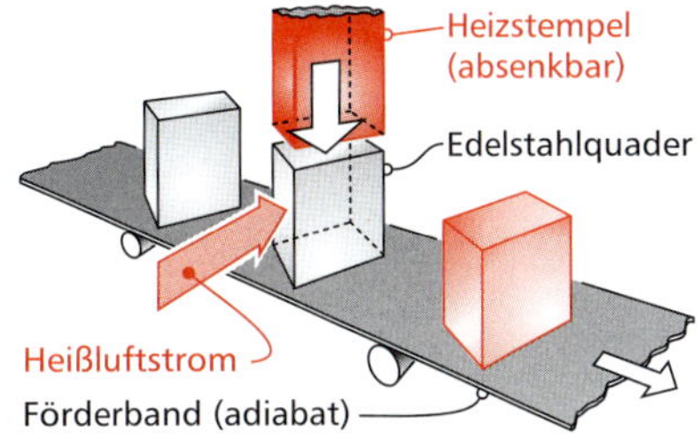

Bild 9.78: *Adiabates Förderband mit Edelstahlquadern.*

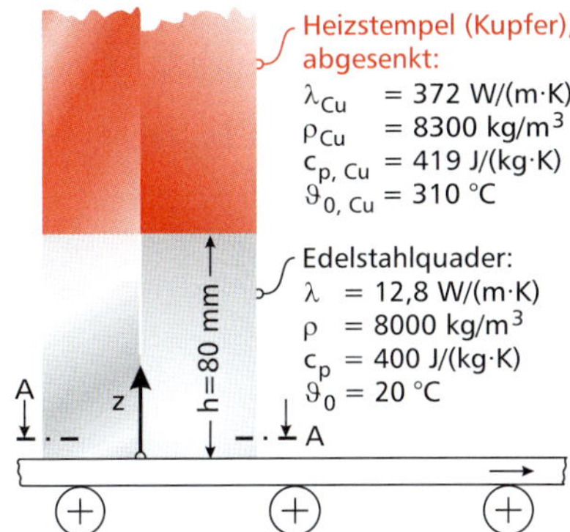

Bild 9.79: *Aufriss eines Edelstahlquaders.*

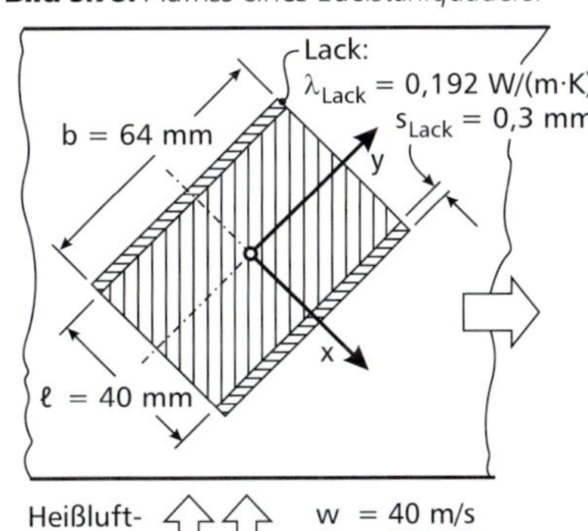

Bild 9.80: *Schnitt A–A durch einen Edelstahlquader.*

► Aufgabe 9.73:

Lug Shystalker sucht Schutz in einer halbzylindrischen Höhle (Länge $L = 5\ \mathrm{m}$; Außenradius $R_{\mathrm{a}} = 2{,}5\ \mathrm{m}$; Wanddicke $s = 50\ \mathrm{cm}$; vgl. Bild 9.81) aus Schnee ($\lambda_{\mathrm{S}} = 0{,}6\ \mathrm{W/(m\,K)}$; $\varepsilon = 0{,}98$) und Eis ($\lambda_{\mathrm{E}} = 2{,}2\ \mathrm{W/(m\,K)}$; Dicke $s_{\mathrm{E}} = 2\ \mathrm{cm}$). An der Außenseite tritt erzwungene Konvektion zur Außenluft (Wärmeübergangskoeffizient $\alpha_{\mathrm{K}} = 10\ \mathrm{W/(m^2\,K)}$, Temperatur $\vartheta_{\mathrm{e}} = -30\ °\mathrm{C}$) und Strahlung zur Umgebung (Gegenstrahlungstemperatur ϑ_{GS}) bei den Oberflächentemperaturen $\vartheta_{\mathrm{se}} = -28\ °\mathrm{C}$ und $\vartheta_{\mathrm{si}} = 0\ °\mathrm{C}$ auf. An der Innenoberfläche A_{i} wirkt der Gesamtwärmeübergangskoeffizient $\alpha_{\mathrm{i}} = 5\ \mathrm{W/(m^2\,K)}$.

(a) Skizzieren Sie den Wärmefluss durch die Höhlenwand in einem geeigneten thermischen Schaltbild.

(b) Bestimmen Sie mit dem Wärmeleitwiderstand $R_{\mathrm{th},\lambda}$ der Wand den auf den Außenradius R_{a} bezogenen Wärmedurchlasskoeffizienten Λ_{a}.

(c) Wie groß ist der Wärmestrom $\dot{Q}$ durch die Höhlenwand?

(d) Ermitteln Sie mithilfe des Wärmestroms infolge von Strahlung die Gegenstrahlungstemperatur ϑ_{GS} der Umgebung.

(e) Ermitteln Sie aus dem auf die Außenlufttemperatur bezogenen Gesamtwärmeübergangskoeffizienten α_{ges} an der Höhlenaußenseite den Wärmeübergangskoeffizienten α_{S} infolge von Strahlung mit demselben Temperaturbezug.

(f) Wie groß ist die Lufttemperatur ϑ_{i} in der Höhle?

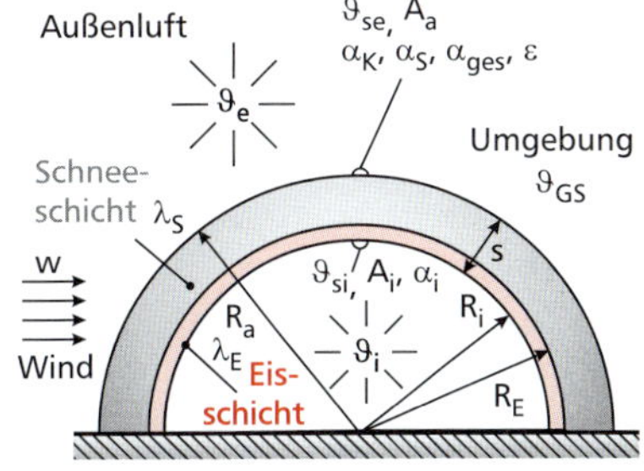

Bild 9.81: *Schnitt durch die halbzylindrische Eishöhle.*

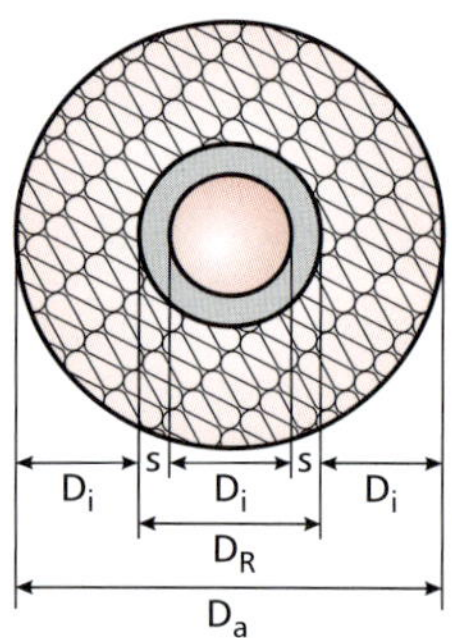

Bild 9.82: *Geometrie des EnEV-konform gedämmten Stahlrohrs.*

► Aufgabe 9.74:

Ein Heizungsrohr (Wärmeleitfähigkeit $\lambda_\mathrm{R} = 50$ W/(m K); Außendurchmesser $D_\mathrm{R} = 88{,}9$ mm; Wandstärke $s = 4$ mm) nach DIN EN 10255 im Haus von Erni Eisberg ist gemäß EnEV 2016 wärmegedämmt. Die Dicke der Wärmedämmung der WLG 035 mit $\lambda_\mathrm{WD} = 0{,}035$ W/(m K) ist dabei gleich dem lichten Rohrdurchmesser D_i (Bild 9.82). Zum Heizwasser ($\vartheta_\mathrm{W} = 50$ °C) tritt der Wärmeübergangskoeffizient $\alpha_\mathrm{i} = 680$ W/(m² K) auf. Die Temperatur der Umgebungsluft und der Umschließungsflächen beträgt $\vartheta_\infty = 15$ °C. Fritz Frostfrei hat die Temperaturdifferenz zwischen Dämmung ($\varepsilon = 0{,}9$) und Umgebung mit $\Delta\vartheta = 1{,}35$ K abgeschätzt und stellt für den konvektiven Wärmeübergangskoeffizienten die vereinfachte Gleichung $\alpha_\mathrm{K} = 1{,}711\ \mathrm{W/(m^2\ K^{1{,}25})} \cdot \sqrt[4]{\Delta\vartheta}$ zur Verfügung.

(a) Welchen Außendurchmesser D_a besitzt das gedämmte Rohr?

(b) Berechnen Sie den Gesamtwärmeübergangskoeffizienten α_ges an der Außenseite der Dämmschicht.

(c) Berechnen Sie den auf die Rohrinnenseite bezogenen Wärmedurchgangskoeffizienten k_i des Rohres.

(d) Welcher spezifische Wärmeverlust tritt je laufendem Meter Rohr auf?

(e) Berechnen Sie den auf die Rohraußenfläche bezogenen Wärmedurchgangskoeffizienten k_a des Rohres.

(f) Prüfen Sie rechnerisch, ob die von Fritz geschätzte Außentemperatur des gedämmten Rohres zutrifft.

(g) Berechnen Sie die prozentuale Änderung δk von k_i, wenn die Dämmung außenseitig mit einer dünnen Aluminiumfolie ($\varepsilon_\mathrm{F} = 0{,}05$) kaschiert wird und die Außentemperatur des gedämmten Rohres sowie der konvektive Anteil am Wärmeübergang unverändert bleiben.

(h) Installateur Ralf Röhrich will einen Dämmstoff mit $\lambda^*_\mathrm{WD} = 0{,}045$ W/(m K) (WLG 045) verwenden. Stellen Sie eine Gleichung auf, aus der der resultierende Außendurchmesser D^*_a des EnEV-konform gedämmten Rohres mittels Exponentialfunktion berechnet werden kann und ermitteln Sie die erforderliche Dämmstärke $s_\mathrm{WD,erf}$ für den Startwert $D^*_\mathrm{a,0} = 300$ mm.

► Aufgabe 9.75:

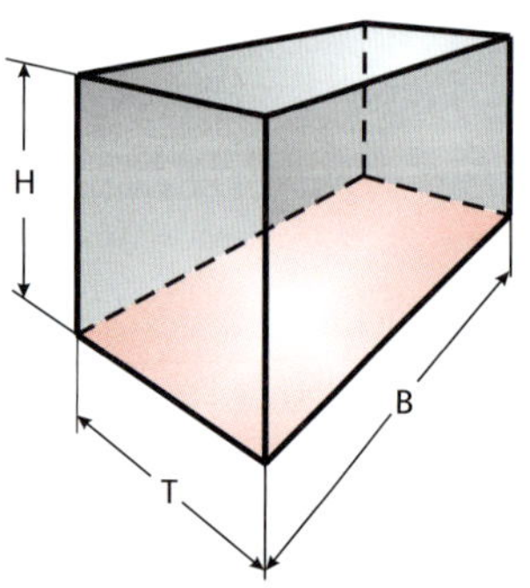

Bild 9.83: *Geometrie des Appartements.*

Frieda Frostigs Appartement (Höhe $H = 2{,}5$ m; Breite $B = 5$ m; Tiefe $T = 4$ m) ist mit einer Fußbodenheizung (Oberflächentemperatur $\vartheta_\mathrm{B} = 29$ °C, $\varepsilon_\mathrm{B} = 0{,}91$) ausgestattet. Die Decke besitzt die Oberflächentemperatur $\vartheta_\mathrm{D} = 20\mathrm{d}$ und den Emissionsgrad $\varepsilon_\mathrm{D} = 0{,}84$. Die beiden Seitenwände und die Vorder- und die Rückwand weisen die Temperatur $\vartheta_\mathrm{S} = \vartheta_\mathrm{V(R)} = 18$ °C und den Emissionsgrad $\varepsilon_\mathrm{S} = \varepsilon_\mathrm{V(R)} = 0{,}85$ auf. Die Raumlufttemperatur liegt bei $\vartheta_\mathrm{L} = 20$ °C.

(a) Berechnen Sie die Einstrahlzahl $\varphi_\mathrm{B\,D}$ sowie die Strahlungskonstante der Anordnung $\sigma_\mathrm{B\,D}$ zwischen Boden und Decke.

(b) Berechnen Sie den radiativen Wärmeübergangskoeffizienten $\alpha_\mathrm{Str,B\,D}$ und den Wärmestrom $\dot{Q}_\mathrm{B,\,D}$ vom Boden zur Decke infolge Strahlung.

(c) Berechnen Sie den Näherungswert $\sigma^*_\mathrm{B\,D} = \varphi_\mathrm{B\,D} \cdot \varepsilon_\mathrm{B} \cdot \varepsilon_\mathrm{D} \cdot \sigma$ der Strahlungskonstante der Anordnung zwischen Boden und Decke und geben Sie die prozentuale Abweichung zu Teilaufgabe (a) an.

(d) Berechnen Sie die durch Strahlung vom Boden an eine Seitenwand sowie an die Vorder- bzw. Rückwand übertragenen Wärmeströme $\dot{Q}_\mathrm{B,\,S}$ bzw. $\dot{Q}_\mathrm{B,\,V(R)}$.

(e) Karl Kulator behauptet, dass der von der Fußbodenheizung an die Umschließungsflächen und die Raumluft übertragene flächenbezogene Wärmestrom 100 W/m² nicht überschreitet. Prüfen Sie rechnerisch unter Verwendung der Gleichung von Glück, ob Karl Recht hat.

☞ Der konvektive Wärmeübergangskoeffizient zwischen Boden und Raumluft beträgt nach Glück [11]:

$$\alpha_\mathrm{K} = 2\,\frac{\mathrm{W}}{\mathrm{m^2\,K}} \cdot \left(\frac{\vartheta_\mathrm{B} - \vartheta_\mathrm{L}}{1\ \mathrm{K}}\right)^{0{,}31}$$

► Aufgabe 9.76:

Ein zylindrischer Stahlbolzen ($\lambda = 50$ W/(m K), $D = 20$ mm, $L = 250$ mm) ist im Heiß-O-Mat von Nora Namenlos zwischen zwei Wänden so eingebaut, dass ihm die Temperaturen $\vartheta_0 = 85$ °C und $\vartheta_\mathrm{L} = 35$ °C aufgeprägt werden (Bild 9.84). Der Bolzen wird mit Luft der Geschwindigkeit $w = 2{,}5$ m/s und der Temperatur $\vartheta_\infty = 20$ °C bei Umgebungsdruck quer angeströmt.

(a) Ermitteln Sie ausgehend von einem geeigneten Schätzwert der Bezugstemperatur für die Stoffwerte den konvektiven Wärmeübergangskoeffizienten α an der Oberfläche des Bolzens.

(b) Leiten Sie aus einer geeigneten Bilanz eine Gleichung für den Verlauf $\vartheta(x)$ der Bolzentemperatur ab und berechnen Sie diese.

(c) Berechnen Sie mithilfe des Ergebnisses von Teilaufgabe (b) die mittlere Bolzentemperatur $\overline{\vartheta}$.

(d) Welche Auswirkungen hat $\overline{\vartheta}$ auf den Wärmeübergangskoeffizienten α? Welche Maßnahme wäre ggf. erforderlich?

(e) Bin B. Trübt behauptet, dass der Bolzen als Nadel behandelt und die mittlere Bolzentemperatur $\overline{\vartheta}$ über den Nadelwirkungsgrad berechnet werden kann. Überprüfen Sie diese Aussage und nehmen Sie zu eventuellen Abweichungen kritisch Stellung.

(f) Bestimmen Sie den Ort x^* der niedrigsten Bolzentemperatur ϑ_min und geben Sie deren Wert an.

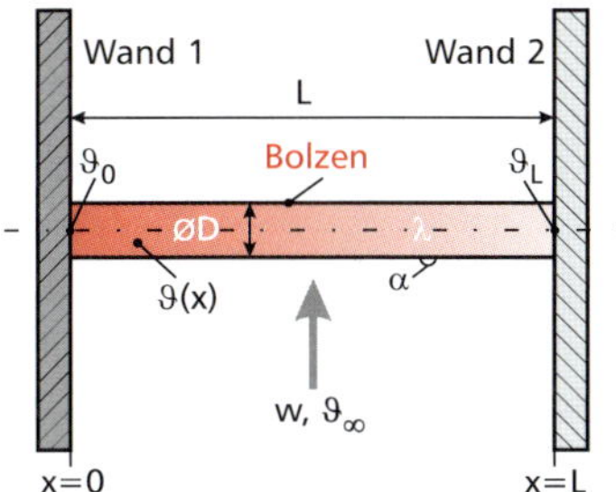

Bild 9.84: *Quer angeströmter zylindrischer Bolzen.*

► Aufgabe 9.77:

In der Praxis kommen keilförmige Dämmschichten als Gefälledämmungen nach Bild 9.85 zur Anwendung, um beispielsweise bei Flachdächern das für die Entwässerung erforderliche Gefälle zu erreichen. Für den Wärmedurchgangskoeffizienten k der dargestellten keilförmigen Dämmschicht der variablen Dicke $d(x,y)$, der Breite B, der Länge L und der Wärmeleitfähigkeit λ gilt mit den bekannten Wärmeübergangswiderständen R_si und R_se sowie dem Wärmeleitwiderstand R_0 der Basislage:

$$k = \frac{1}{A} \cdot \iint\limits_{(A)} \frac{1}{R_\mathrm{si} + R_0 + \dfrac{d(x,y)}{\lambda} + R_\mathrm{se}} \cdot \mathrm{d}A \qquad (\heartsuit)$$

(a) Ermitteln Sie den k-Wert in Abhängigkeit des Wärmeleitwiderstandes $R_2 = \dfrac{d_2}{\lambda}$.

(b) Berechnen Sie für $R_\mathrm{si} = 0{,}10$ m² K/W und $R_\mathrm{se} = 0{,}04$ m² K/W nach Gl. (♡) den Wärmedurchgangskoeffizienten k des Flachdachs (Breite $B = 8$ m, Länge $L = 10$ m) im Bungalow von Sebastian Steilzahn , wenn die Schichten 3 und 7 wärmetechnisch vernachlässigt werden.

(c) Dachdecker Dieter Dichtl behauptet, dass der Wärmedurchgangskoeffizient des Flachdachs mit einer konstanten mittleren Dämmstärke von $\overline{d_6} = 100$ mm einfacher berechnet werden kann. Welcher Wert k^* resultiert damit? Nehmen Sie zu eventuell auftretenden Abweichungen kritisch Stellung.

(d) Berechnen Sie den spezifischen Transmissionswärmeverlust $H_\mathrm{T} = k \cdot A$ des Daches, wie er im Rahmen einer Berechnung nach der Energieeinsparverordnung anzusetzen ist.

(e) Prüfen Sie, ob der Mindestwärmedurchlasswiderstand $R_\mathrm{min} = 1{,}2$ m² K/W nach DIN 4108-2 vom Flachdach eingehalten wird.

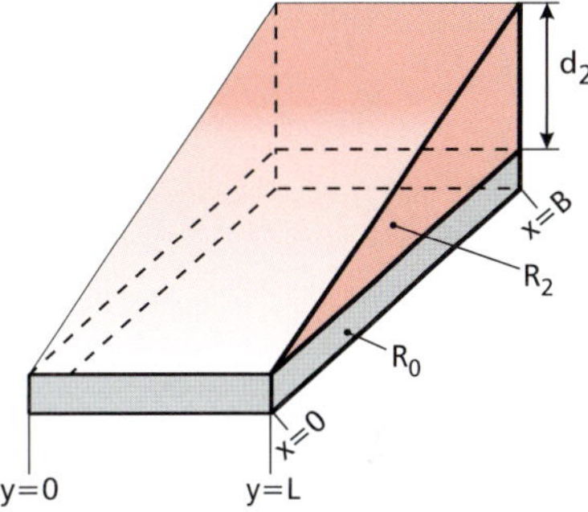

Bild 9.85: *Keilförmige Dämmschicht.*

☞ Aufbau des Flachdachs:

Nr. j	Schicht	λ_j W/(m K)	d_j mm
1	Gipsputz	0,40	15
2	Stahlbeton	2,50	160
3	Dampfbremse	0,17	0,2
4	EPS-Dämmplatten	0,04	140
5	Bitumenbahnen	0,23	10
6	XPS-Gefälle-dämmung	0,04	0 – 200
7	Kiesschicht	2,00	50

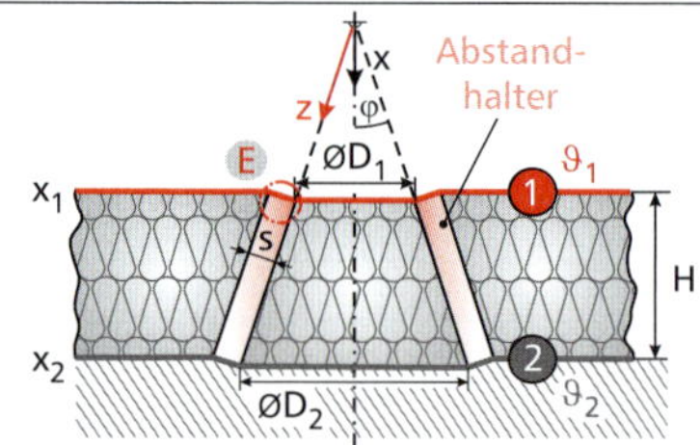

Bild 9.86: *Skizze der Ölwanne mit Abstandhaltern.*

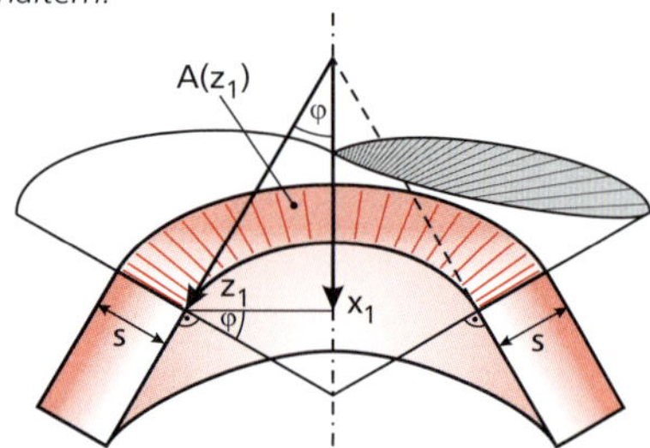

Bild 9.87: *Einzelheit E: Herstellung der Aufnahmefläche $A(z_1)$ als Kegelstumpfmantelfläche durch Kegelsenkung.*

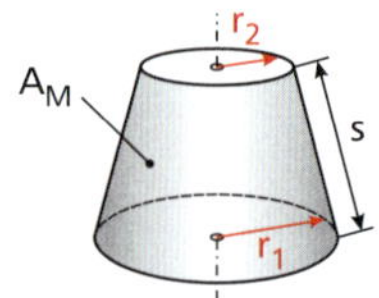

Bild 9.88: *Kegel(stumpf)mantelfläche: $A_{\mathrm{M}} = \pi \cdot s \cdot (r_1 + r_2)$.*

▸ Aufgabe 9.78:

Die Ölwanne ① ($\vartheta_1 = 80$ °C) einer Honmaschine in der Werkshalle der Conrad Cone & Co. KG ist durch konische Abstandhalter ($\lambda = 50$ W/(m K); $D_2 = 100$ mm; $D_1 = 60$ mm; $s = 5$ mm) mit Innendurchmesser $D(x) = k \cdot x$ ($k = 4/5$) vom Hallenboden ② ($\vartheta_2 = 20$ °C) getrennt (Bild 9.86). Innen- und außenseitig sind die Abstandhalter sehr gut wärmegedämmt. Zur Zentrierung der Honmaschine sind die Stirnflächen Kegelstumpfmantelflächen (Bild 9.87).

(a) Berechnen Sie die Axialkoordinaten x_1 und x_2 zu den Innendurchmessern D_1 und D_2 sowie die Höhe H der Abstandhalter.

(b) Stellen Sie einen Zusammenhang zwischen Axialkoordinate x und Mantelkoordinate z über den Winkel φ her und notieren Sie den Querschnitt der Abstandhalter $A(z)$ mit den Parametern k, s und $\cos\varphi$.

(c) Walburga Woasois behauptet, dass der Wärmefluss durch die Abstandhalter sehr gut durch einen Hohlzylinder gleicher Wandstärke mit Innendurchmesser $D_{\mathrm{HZ}} = 0{,}5 \cdot (D_1 + D_2)$ und Höhe H beschrieben werden kann. Wie groß ist der Wärmefluss $\dot{Q}_{\mathrm{HZ}}$ durch diesen Hohlzylinder?

(d) Walburga meint auch, dass die Einbaurichtung (wie in Bild 9.86 gezeichnet oder „auf dem Kopf stehend") für den Wärmefluss durch die Abstandhalter unerheblich sei. Nehmen Sie dazu wärmetechnisch kritisch Stellung.

(e) Leiten Sie aus einer geeigneten Bilanz eine Gleichung (⋆) für den Temperaturgradienten $\frac{\mathrm{d}\vartheta}{\mathrm{d}z}$ in den Abstandhaltern in z-Richtung (!) ab.

(f) Berechnen Sie die Temperaturverteilung $\vartheta(z)$ in den Abstandhaltern.

(g) Wie groß sind die Temperaturgradienten $\frac{\mathrm{d}\vartheta}{\mathrm{d}z}$ an den Stellen z_1 und z_2? Welcher Wärmestrom $\dot{Q}$ fließt durch die Abstandhalter?

(h) Berechnen Sie den thermischen Widerstand R_{th} sowie den thermischen Leitwert L_{th} der Abstandhalter.

(i) Wie groß ist die prozentuale relative Abweichung $\delta\dot{Q}_{\mathrm{HZ}}$ des Wärmestroms $\dot{Q}$ zum Wärmestrom $\dot{Q}_{\mathrm{HZ}}$?

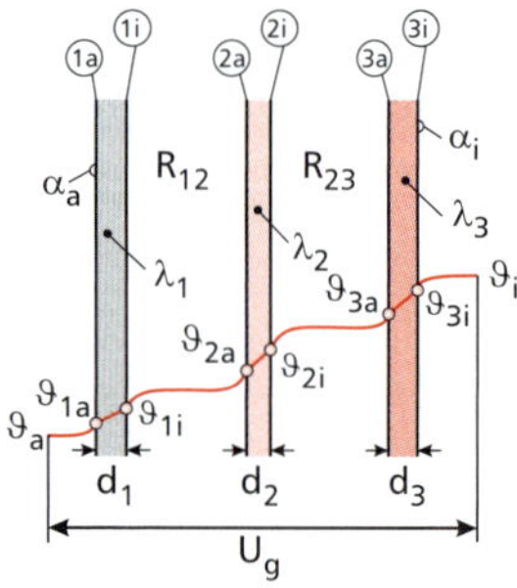

Bild 9.89: *Schnitt durch die Dreifach-Wärmeschutzisolierverglasung.*

☞ Folgende Daten sind bekannt:

$\vartheta_{\mathrm{i}} = 20$ °C; $\vartheta_{\mathrm{a}} = -15$ °C; $U_{\mathrm{g}} = 0{,}5$ W/(m² K);
$\alpha_{\mathrm{i}} = \frac{1}{0{,}13}$ W/(m² K); $\alpha_{\mathrm{a}} = 25$ W/(m² K);
$\lambda_1 = \lambda_2 = \lambda_3 = 0{,}8$ W/(m K);
$d_1 = d_3 = 6$ mm; $d_2 = 4$ mm

▸ Aufgabe 9.79:

Die Oberflächentemperaturen $\vartheta_{1\mathrm{a}}, \vartheta_{1\mathrm{i}}, \vartheta_{2\mathrm{a}}, \vartheta_{2\mathrm{i}}, \vartheta_{3\mathrm{a}}, \vartheta_{3\mathrm{i}}$ im Aufbau der Dreifach-Wärmeschutzisolierverglasung von Dagmar D. Oppelt aus Bild 9.89 mit dem Wärmedurchgangskoeffizienten $k = U_{\mathrm{g}}$ sollen berechnet werden.

(a) Zeichnen Sie das vollständige thermische Schaltbild des Scheibenaufbaus.

(b) Ermitteln Sie zunächst die Wärmedurchlasswiderstände der Scheiben 1, 2 und 3 sowie die Wärmeübergangswiderstände an der Innen- und Außenseite der Verglasung.

(c) Berechnen Sie mithilfe der Ergebnisse aus Teilaufgabe (b) die Wärmedurchlasswiderstände der gleich aufgebauten Scheibenzwischenräume 12 und 23.

(d) Stellen Sie an den Scheibenoberflächen 1a, 1i, 2a, 2i, 3a und 3i jeweils eine Gleichung auf, in der die jeweilige Oberflächentemperatur und entsprechende Nachbartemperaturen vorkommen.

(e) Stellen Sie das Gleichungssystem für die Oberflächentemperaturen in Matrizenschreibweise als $\mathbf{A} \cdot \vec{\vartheta} = \vec{b}$ dar.

(f) Nennen Sie eine Methode, mit der das Gleichungssystem aus Teilaufgabe (e) gelöst werden kann und berechnen Sie die unbekannten Oberflächentemperaturen.

► Aufgabe 9.80:

Flüssige Güter werden auf der Schiene mit Kesselwagen der Firma Overloop B.V. transportiert, deren Behälter als zylindrische Tanks (Innendurchmesser $D_\mathrm{i} = 2{,}05$ m; Länge $L_\mathrm{i} = 15{,}15$ m; Bild 9.90) modelliert werden können. Der Mantel der Wärmeleitfähigkeit $\lambda_1 = 13$ W/(m K) besitzt die Dicke $s_1 = 15$ mm. An seiner Außenseite befinden sich im Ringspalt $n = 50$ zylindrische Abstandhalter (Mantelfläche adiabat, $d = 20$ mm; $\lambda = 13$ W/(m K); $s_\mathrm{S} = 20$ cm) im idealen thermischen Kontakt zum Außenmantel ($\lambda_2 = 50$ W/(m K); $s_2 = 10$ mm. Der Wärmeübergangskoeffizient an der Innenseite beträgt $\alpha_\mathrm{i} = 100$ W/(m^2 K), der äußere Wärmeübergangswiderstand $R_\mathrm{se} = 0{,}04$ m^2 K/W. Zwischen den Seitenflächen ($\lambda_3 = 13$ W/(m K), $s_3 = 20$ mm) und dem Blechmantel ist eine $s_\mathrm{D} = 20$ cm dicke Dämmschicht mit $\lambda_\mathrm{D} = 0{,}05$ W/(m K) integriert. Die Fluidtemperatur beträgt $\vartheta_\mathrm{i} = 60$ °C, die Außentemperatur $\vartheta_\mathrm{e} = -10$ °C.

(a) Berechnen Sie den auf die Innenfläche $A_\mathrm{S,i}$ bezogenen Wärmedurchgangskoeffizienten k_S der Seitenflächen.

(b) Zeichnen Sie das vollständige thermische Schaltbild des Wagenmantels und notieren Sie die jeweils wirkenden Wärmetransportmechanismen.

(c) Bestimmen Sie unter Vernachlässigung des Einflusses der Abstandhalter und der Seitenflächen den auf die Tankmantelinnenfläche $A_\mathrm{M,i}$ bezogenen Wärmedurchgangskoeffizienten k_M des Wagenmantels für einen konvektiven Wärmeübergangskoeffizienten von $\alpha_\mathrm{K} = 1{,}54$ W/(m^2 K) im Spalt, Emissionsgraden $\epsilon_1 = 0{,}4$ und $\epsilon_2 = 0{,}9$ sowie geschätzten Spaltoberflächentemperaturen von $\vartheta_1^* = 55$ °C und $\vartheta_2^* = 0$ °C.

(d) Berechnen Sie die Oberflächentemperaturen im Spalt mit einer Genauigkeit von $0{,}01$ °C.

(e) Wir groß ist die prozentuale Energieeinsparung f insgesamt, wenn der Ringspalt unter Belassung der Abstandshalter vollständig mit Dämmstoff der Wärmeleitfähigkeit λ_D gefüllt wird.

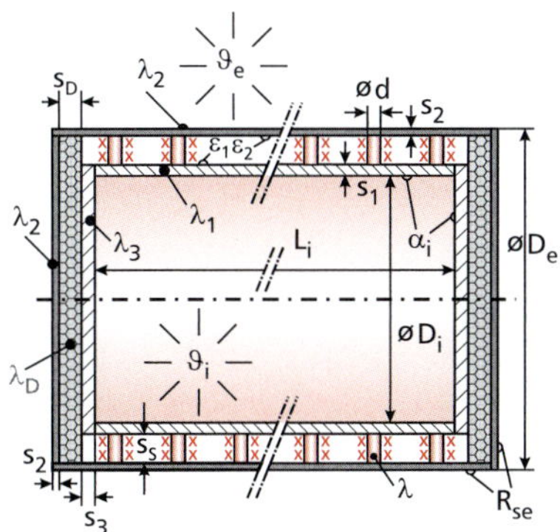

Bild 9.90: *Schnitt durch den Kesselwagentank.*

► Aufgabe 9.81:

Zur Kühlung elektronischer Bauelemente soll Detlef D. Bakel einen Aluminium-Kühlkörper mit 12 Rechteckrippen (Breite B, Länge L, Dicke H, adiabates Ende, Bild 9.91) auslegen. Dazu soll er die Rippenbreite B so bestimmen, dass je Rippe der Wärmestrom $\dot{Q}_0 = 2{,}5$ W übertragen werden kann.

(a) Leiten Sie eine Gleichung (♡) zur Bestimmung der Rippenbreite B ab.

(b) Berechnen Sie die Rippenbreite B mithilfe eines geeigneten Verfahrens.

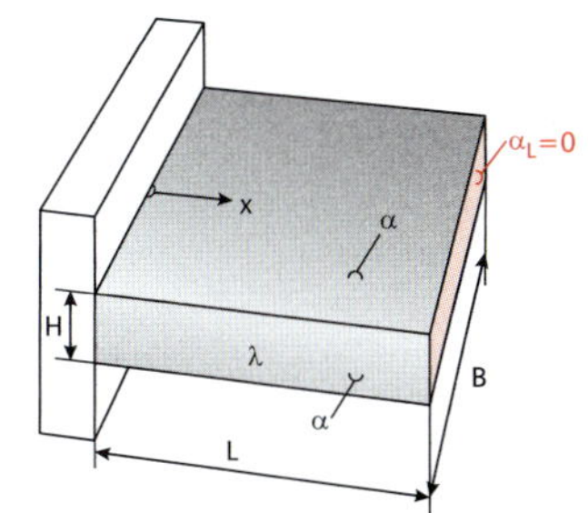

Bild 9.91: *Geometrie der Rechteckrippen.*

☞ Betrachtete Bedingungen:

$\alpha = 12{,}5$ W/(m^2 K); $\lambda = 164$ W/(m K);
$\vartheta_0 = 85$ °C; $\vartheta_\infty = 25$ °C;
$h = 5$ mm; $L = 52$ mm

► Aufgabe 9.82: Ⓔⓧ

Für das Büro von Triangulator Dr. Eihäck in Bild 9.92 (①: Boden; ②: Fassade; ③: restliche Umschließungsflächen) sollen die Wärmeströme $\dot{Q}_1$, $\dot{Q}_2$ und $\dot{Q}_3$ mittels Helligkeitsverfahren berechnet werden.

(a) Berechnen Sie die Einstrahlzahlen φ_{ij} $(i{,}j = 1\ldots3)$ und stellen Sie die zugehörige Einstrahlzahlenmatrix Φ auf.

(b) Zeichnen Sie das thermische Schaltbild des Büros.

(c) Berechnen Sie die Oberflächenwiderstände R_1, R_2 und R_3 sowie die Raumwiderstände R_{12}, R_{13} und R_{23}.

(d) Berechnen Sie durch Dreieck-Stern-Transformation die Strahlungssternwiderstände $R_{1\curlywedge}$, $R_{2\curlywedge}$ und $R_{3\curlywedge}$ und vereinfachen Sie das Schaltbild durch Zusammenfassen von Widerständen geeignet.

(e) Berechnen Sie aus der Helligkeit J_S am Sternpunkt die Helligkeiten J_1, J_2 und J_3.

(f) Ermitteln Sie die gesuchten Wärmeströme $\dot{Q}_1$, $\dot{Q}_2$ und $\dot{Q}_3$ im Büro.

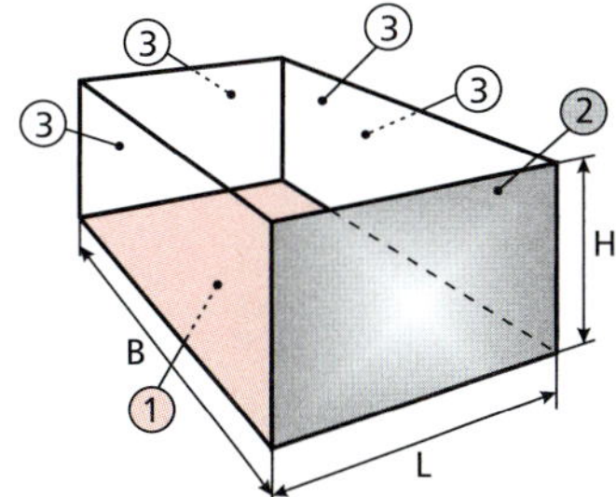

Bild 9.92: *Geometrie des Büros.*

☞ Folgende Daten sind bekannt:

$B = 5$ m; $L = 6$ m; $H = 3$ m;
$\vartheta_1 = 27$ °C; $\vartheta_2 = 15$ °C; $\vartheta_3 = 20$ °C;
$A_1 = 30$ m^2; $A_2 = 18$ m^2; $A_3 = 78$ m^2;
$\varepsilon_1 = 0{,}90$; $\varepsilon_2 = 0{,}86$; $\varepsilon_3 = 0{,}88$

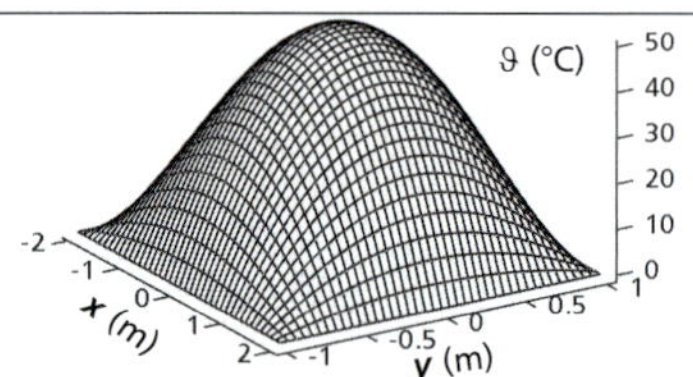

Bild 9.93: *Temperaturfeld („Temperaturgebirge") als Höhe über der Blechtafel zur Zeit* $t=0$ *dargestellt (vgl. Bild 1.44).*

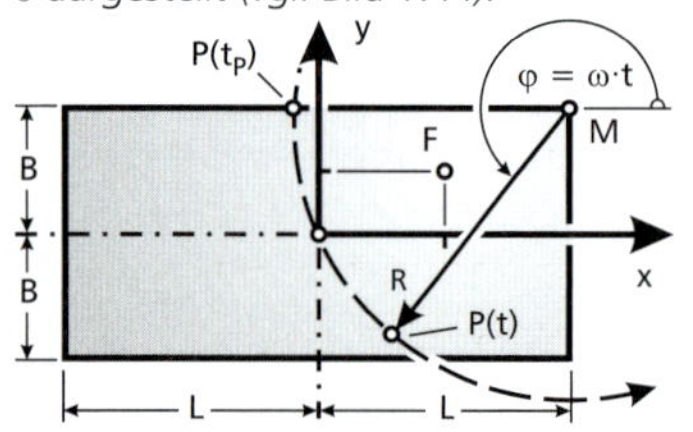

Bild 9.94: *Bahnkurve des Sensors* P.

Zahlenwerte:
$B=1$ m; $L=2$ m; $\vartheta_0=50\ °C$; $\vartheta_\infty=0\ °C$; $\tau=3\,600$ s; $\omega=90°/(60\ s)$; $t_P=\tau/30$

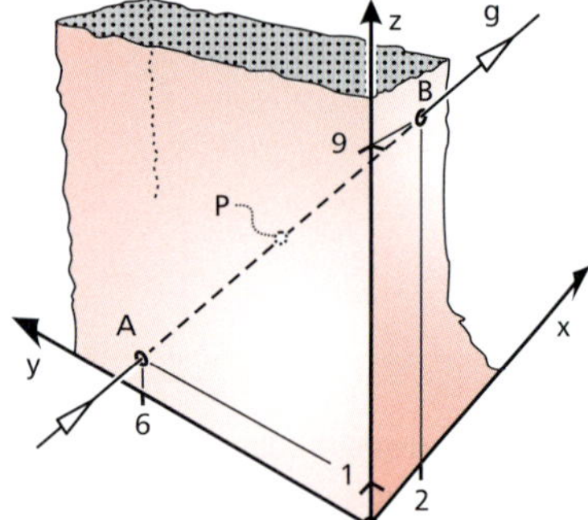

Bild 9.95: *Ausgeschnittene untere Ecke eines Quaders (Längen in cm); Punkt* P *mittig zwischen* A *und* B.

Zahlenwerte:
$a=10^{-6}\ \frac{m^2}{s}$; $t_1=625$ s; $\vartheta_0=50\ °C$;
$\vartheta_\infty=0\ °C$ Oberflächentemperatur;
$w_0=10\ \frac{cm}{5\,s}$; $w_A=1\ \frac{cm}{s}$; $\omega=\pi\ s^{-1}$

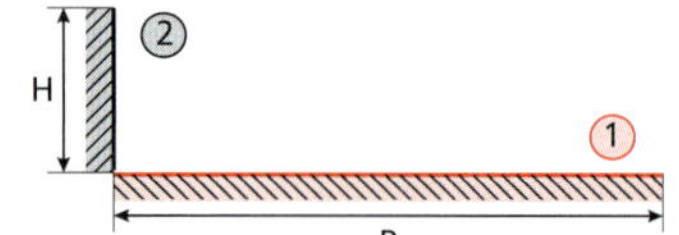

Bild 9.96: *Orthogonale sehr lange Platten.*

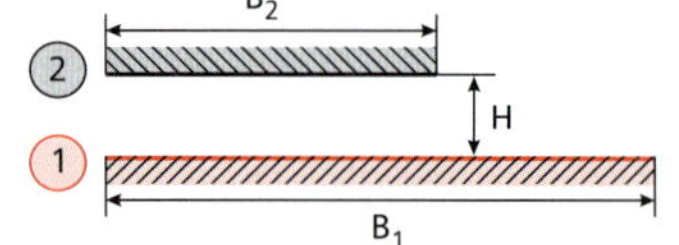

Bild 9.97: *Parallele sehr lange Platten.*

► Aufgabe 9.83: Ex

Über einer rechteckigen Blechtafel ($2 \cdot L \times 2 \cdot B$) mit dem zweidimensionalen, instationären ($0 \leq t \leq \tau$) Temperaturfeld (vgl. stationäres Beispiel 1.5)

$$\vartheta(x,y,t) = (\vartheta_0 - \vartheta_\infty) \cdot \left(\frac{t}{\tau} - 1\right)^2 \cdot \left[1 - \left(\frac{x}{L}\right)^2\right] \cdot \left[1 - \left(\frac{y}{B}\right)^2\right] + \vartheta_\infty$$

bewegt sich um den Mittelpunkt $M(L;B)$ ein Strahlungstemperatursensor $P(t)$ (Pyrometer) auf der Kreisbahn (Bild 9.94) in Parameterform

$$x_P(t) = L + R \cdot \cos(\omega t); \qquad y_P(t) = B + R \cdot \sin(\omega t)$$

mit Radius $R = \sqrt{L^2 + B^2}$ und der Winkelgeschwindigkeit ω.

Berechnen Sie

(a) die analytische Gleichung der Kreisbahn (parameterfrei);

(b) für den Sensor P die Geschwindigkeitskomponenten und die Bahngeschwindigkeit als Funktion des Parameters t und alternativ als Funktion der Ortskoordinaten x und y;

(c) die vom Sensor P gemessene Temperaturänderung für $t=t_P$;

(d) die Temperaturänderung in F für $t=\tau/2$ im Laborsystem.

Rechnen Sie zuerst allgemein und dann mit Zahlen, wo möglich!

► Aufgabe 9.84: Ex

Das instationäre Temperaturfeld ϑ im Volumen einer Quaderecke (Bild 9.95) ist für „sehr kurze Zeiten" gegeben durch

$$\vartheta(x,y,z,t) = (\vartheta_0 - \vartheta_\infty) \cdot \mathrm{erf}(\mu_x) \cdot \mathrm{erf}(\mu_y) \cdot \mathrm{erf}(\mu_z) + \vartheta_\infty$$

mit $\mu_x = \frac{x}{2\sqrt{a \cdot t}}$, $\mu_y = \frac{y}{2\sqrt{a \cdot t}}$, $\mu_z = \frac{z}{2\sqrt{a \cdot t}}$.

Berechnen Sie für die Abkühlung allgemein und mit Werten:

(a) die Gleichung der Geraden g durch die Punkte A und B;

(b) Temperatur und Gradienten von ϑ im Punkt P zur Zeit t_1;

(c) die Ableitung von ϑ in Richtung der Geraden g in P zur Zeit t_1;

(d) den Zeitpunkt T_P, zu dem eine entlang der Geraden g mit der Geschwindigkeit $w(t) = w_0 + w_A \cdot \sin(\omega \cdot t)$ bewegte Sonde erstmals P erreicht;

(e) Wert und Änderung von ϑ zur Zeit T_P im Punkt P, wenn die Sonde dort feststeht und wenn sie durch P fährt.

(f) Skizzieren Sie die Geschwindigkeit $w(t)$, den Weg $s(t)$ ab A der Sonde und die gemessene Temperatur $\vartheta(t)$ untereinander.

► Aufgabe 9.85:

Zeigen Sie ohne Integration, dass für die Einstrahlzahl φ_{12} der in Bild 9.96 skizzierten sehr langen senkrechten Platten Gl. (8.137) gilt.

► Aufgabe 9.86:

(a) Berechnen Sie die Einstrahlzahl φ_{12} der in Bild 9.97 dargestellten sehr langen parallelen Platten unterschiedlicher Breite in Abhängigkeit der Parameter B_1, B_2 und H.

(b) Welche Beziehung ergibt sich für den Spezialfall $B_1 = B_2 = B$?

10 Anhang

10.1 Gauß'sche Fehlerfunktion

Die **Gauß'sche Fehlerfunktion** $\mathrm{erf}(\mu)$ ist als Integral definiert (Bild 10.1):

$$\mathrm{erf}(\mu) := \frac{2}{\sqrt{\pi}} \cdot \int_0^{\mu} \exp(-\xi^2)\,\mathrm{d}\xi \qquad (10.1)$$

Das in der Fehlerfunktion (10.1) auftretende Integral lässt sich nicht analytisch auswerten. Mit der bekannten Reihenentwicklung der Exponentialfunktion ist jedoch eine gliedweise Integration möglich. Zudem existieren Näherungsgleichungen (s. Randspalte unten).

Für die **komplementäre Fehlerfunktion** $\mathrm{erfc}(\mu)$ gilt:

$$\mathrm{erfc}(\mu) := 1 - \mathrm{erf}(\mu) \qquad (10.2)$$

Tabelle 10.1: *Ex Zahlenwerte der Fehlerfunktion* erf *und der komplementären Fehlerfunktion* erfc.

μ	$\mathrm{erf}(\mu)$	$\mathrm{erfc}(\mu)$	μ	$\mathrm{erf}(\mu)$	$\mathrm{erfc}(\mu)$	μ	$\mathrm{erf}(\mu)$	$\mathrm{erfc}(\mu)$
0,00	0,0000000	1,000000	0,74	0,704678	0,295322	1,48	0,963654	0,0363459
0,02	0,0225646	0,977435	0,76	0,717537	0,282463	1,50	0,966105	0,0338949
0,04	0,0451111	0,954889	0,78	0,730010	0,269990	1,52	0,968413	0,0315865
0,06	0,0676216	0,932378	0,80	0,742101	0,257899	1,54	0,970586	0,0294143
0,08	0,0900781	0,909922	0,82	0,753811	0,246189	1,56	0,972628	0,0273719
0,10	0,112463	0,887537	0,84	0,765143	0,234857	1,58	0,974547	0,0254530
0,12	0,134758	0,865242	0,86	0,776100	0,223900	1,60	0,976348	0,0236516
0,14	0,156947	0,843053	0,88	0,786687	0,213313	1,62	0,978038	0,0219619
0,16	0,179012	0,820988	0,90	0,796908	0,203092	1,64	0,979622	0,0203782
0,18	0,200936	0,799064	0,92	0,806768	0,193232	1,66	0,981105	0,0188951
0,20	0,222703	0,777297	0,94	0,816271	0,183729	1,68	0,982493	0,0175072
0,22	0,244296	0,755704	0,96	0,825424	0,174576	1,70	0,983790	0,0162095
0,24	0,265700	0,734300	0,98	0,834232	0,165768	1,72	0,985003	0,0149972
0,26	0,286900	0,713100	1,00	0,842701	0,157299	1,74	0,986135	0,0138654
0,28	0,307880	0,692120	1,02	0,850838	0,149162	1,76	0,987190	0,0128097
0,30	0,328627	0,671373	1,04	0,858650	0,141350	1,78	0,988174	0,0118258
0,32	0,349126	0,650874	1,06	0,866144	0,133856	1,80	0,989091	0,0109095
0,34	0,369365	0,630635	1,08	0,873326	0,126674	1,82	0,989943	0,0100568
0,36	0,389330	0,610670	1,10	0,880205	0,119795	1,84	0,990736	0,00926405
0,38	0,409009	0,590991	1,12	0,886788	0,113212	1,86	0,991472	0,00852751
0,40	0,428392	0,571608	1,14	0,893082	0,106918	1,88	0,992156	0,00784378
0,42	0,447468	0,552532	1,16	0,899096	0,100904	1,90	0,992790	0,00720957
0,44	0,466225	0,533775	1,18	0,904837	0,0951626	1,92	0,993378	0,00662177
0,46	0,484655	0,515345	1,20	0,910314	0,0896860	1,94	0,993923	0,00607743
0,48	0,502750	0,497250	1,22	0,915534	0,0844661	1,96	0,994426	0,00557372
0,50	0,520500	0,479500	1,24	0,920505	0,0794948	1,98	0,994892	0,0051080
0,52	0,537899	0,462101	1,26	0,925236	0,0747641	2,00	0,995322	0,00467773
0,54	0,554939	0,445061	1,28	0,929734	0,0702658	2,10	0,997021	0,00297947
0,56	0,571616	0,428384	1,30	0,934008	0,0659921	2,20	0,998137	0,00186285
0,58	0,587923	0,412077	1,32	0,938065	0,0619348	2,30	0,998857	0,00114318
0,60	0,603856	0,396144	1,34	0,941914	0,0580863	2,40	0,999311	0,000688514
0,62	0,619411	0,380589	1,36	0,945561	0,0544386	2,50	0,999593	0,000406952
0,64	0,634586	0,365414	1,38	0,949016	0,0509840	2,60	0,999764	$2{,}36034\cdot10^{-4}$
0,66	0,649377	0,350623	1,40	0,952285	0,0477149	2,80	0,999925	$7{,}50132\cdot10^{-5}$
0,68	0,663782	0,336218	1,42	0,955376	0,0446238	3,00	0,999978	$2{,}20905\cdot10^{-5}$
0,70	0,677801	0,322199	1,44	0,958297	0,0417034	3,20	0,999994	$6{,}02576\cdot10^{-6}$
0,72	0,691433	0,308567	1,46	0,961054	0,0389465	3,60	1,000000	$3{,}55863\cdot10^{-7}$

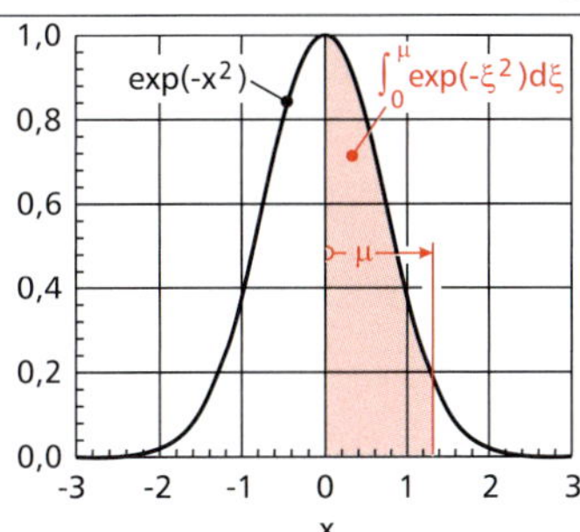

Bild 10.1: *Das Integral der Gauß'schen Glockenkurve mit variabler oberer Grenze* μ *führt zur Gauß'schen Fehlerfunktion* erf(μ).

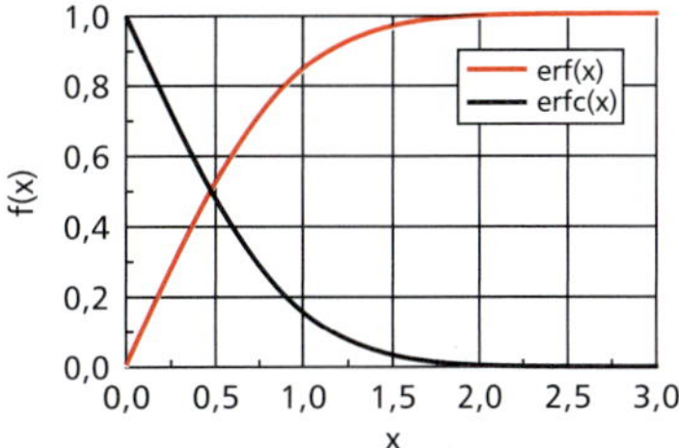

Bild 10.2: *Gauß'sche Fehlerfunktion* $\mathrm{erf}(x)$ *und komplementäre Fehlerfunktion* $\mathrm{erfc}(x)$.

Wegen der Gleichheit der Integrationsgrenzen gilt:

$$\mathrm{erf}(0) = 0 \qquad (10.3)$$

$$\mathrm{erfc}(0) = 1 \qquad (10.4)$$

Für die Fehlerfunktion und ihr Komplement (Bild 10.2) gelten die **Differenziationsregeln**:

$$\frac{\mathrm{d}\,\mathrm{erf}(\mu)}{\mathrm{d}\mu} = \frac{2}{\sqrt{\pi}} \cdot e^{-\mu^2} \qquad (10.5)$$

$$\frac{\mathrm{d}\,\mathrm{erfc}(\mu)}{\mathrm{d}\mu} = -\frac{\mathrm{d}\,\mathrm{erf}(\mu)}{\mathrm{d}\mu} = -\frac{2}{\sqrt{\pi}} \cdot e^{-\mu^2} \qquad (10.6)$$

Ferner gelten die **Integrale**:

$$\mathrm{ierf}(x) := \int_0^x \mathrm{erf}(\mu)\,\mathrm{d}\mu = x\cdot\mathrm{erf}(x) + \frac{e^{-x^2}-1}{\sqrt{\pi}} \qquad (10.7)$$

$$\mathrm{ierfc}(x) := \int_x^\infty \mathrm{erfc}(\mu)\,\mathrm{d}\mu = \frac{e^{-x^2}}{\sqrt{\pi}} - x\cdot\mathrm{erfc}(x) \qquad (10.8)$$

Approximationen (Hastings, 1955):

$$\mathrm{erf}(x) \approx 1 - \left(a_1\cdot\xi + a_2\cdot\xi^2 + a_3\cdot\xi^3\right)\cdot e^{-x^2}$$

$$\mathrm{erfc}(x) \approx \left(a_1\cdot\xi + a_2\cdot\xi^2 + a_3\cdot\xi^3\right)\cdot e^{-x^2} \qquad (10.9)$$

mit $a_1 = 0{,}3480242$; $a_2 = -0{,}0958798$; $a_3 = 0{,}7478556$; $b = 0{,}47047$

und $\xi = \frac{1}{1+b\cdot x}$; max. Fehler: $2{,}5\cdot10^{-5}$

Tabelle 10.2: Arten von Bessel-Funktionen.

Bessel-Funktionen	
1. Art, n-ter Ordnung	$\mathrm{J_n}(x)$
2. Art, n-ter Ordnung	$\mathrm{Y_n}(x)$
Modifizierte Bessel-Funktionen	
1. Art, n-ter Ordnung	$\mathrm{I_n}(x)$
2. Art, n-ter Ordnung	$\mathrm{K_n}(x)$

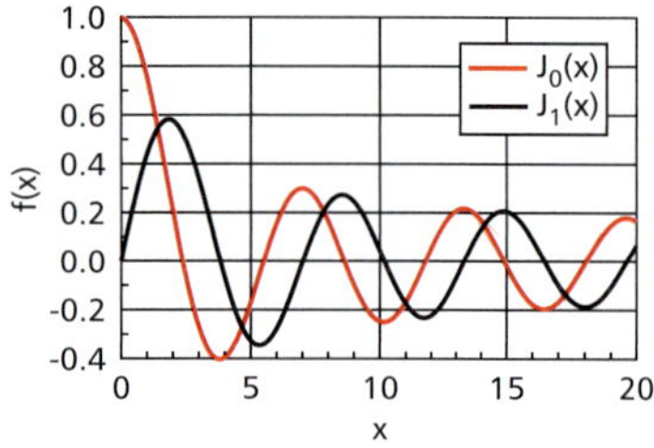

Bild 10.3: Bessel-Funktionen 1. Art, 0. Ordnung $\mathrm{J_0}(x)$ und 1. Ordnung $\mathrm{J_1}(x)$.

An der Stelle Null gilt:

$$\mathrm{J_0}(0) = 1 \quad (10.13)$$

$$\mathrm{J_1}(0) = 0 \quad (10.14)$$

Es gilt folgende **Rekursion**:

$$\mathrm{J_{n-1}}(x) + \mathrm{J_{n+1}}(x) = \frac{2n}{x} \cdot \mathrm{J_n}(x) \quad (10.18)$$

$$\mathrm{J_{n-1}}(x) - \mathrm{J_{n+1}}(x) = 2\,\mathrm{J'_n}(x) \quad (10.19)$$

$$\mathrm{J_1}(x) + \mathrm{J_{-1}}(x) = 0 \quad (10.20)$$

10.2 Bessel-Funktionen

Die nach F. W. Bessel benannten Funktionen treten bei der Lösung von Problemen in Zylinderkoordinaten auf.

10.2.1 Bessel-Funktionen 1. Art

Die transzendenten **Bessel-Funktionen (Zylinderfunktionen)** n-ter Ordnung, 1. Art (1. Gattung) $\mathrm{J_n}(x)$ und 2. Art (2. Gattung) $\mathrm{Y_n}(x)$ sind Lösungen der Bessel'schen Differenzialgleichung:

$$\frac{\mathrm{d}^2\Theta}{\mathrm{d}\xi^2} + \frac{1}{\xi} \cdot \frac{\mathrm{d}\Theta}{\mathrm{d}\xi} + \left(1 - \frac{n^2}{\xi^2}\right) \cdot \Theta = 0 \quad (10.10)$$

$$\Theta(\xi) = C_1 \cdot \mathrm{J_n}(\xi) + C_2 \cdot \mathrm{Y_n}(\xi) \qquad C_1, C_2 = \text{const.} \quad (10.11)$$

Die **Bessel-Funktionen 1. Art** können durch **Reihenentwicklung** berechnet werden:

$$\mathrm{J_n}(x) = \sum_{k=0}^{\infty} \frac{(-1)^k \cdot \left(\frac{x}{2}\right)^{2k+n}}{k! \cdot (k+n)!} \quad (10.12)$$

$$\mathrm{J_0}(x) = \sum_{k=0}^{\infty} \frac{(-1)^k \cdot \left(\frac{x}{2}\right)^{2k}}{(k!)^2} = 1 - \frac{\left(\frac{x}{2}\right)^2}{(1!)^2} + \frac{\left(\frac{x}{2}\right)^4}{(2!)^2} - \frac{\left(\frac{x}{2}\right)^6}{(3!)^2} \pm \ldots$$

$$\mathrm{J_1}(x) = \sum_{k=0}^{\infty} \frac{(-1)^k \cdot \left(\frac{x}{2}\right)^{2k+1}}{k! \cdot (k+1)!} = \frac{x}{2} \cdot \left[1 - \frac{\left(\frac{x}{2}\right)^2}{1! \cdot 2!} + \frac{\left(\frac{x}{2}\right)^4}{2! \cdot 3!} - \frac{\left(\frac{x}{2}\right)^6}{3! \cdot 4!} \pm \ldots\right]$$

Für die **Ableitungen** der Bessel-Funktionen 1. Art gilt:

$$\mathrm{J'_n}(x) = \mathrm{J_{n-1}}(x) - \frac{n}{x} \cdot \mathrm{J_n}(x) = -\,\mathrm{J_{n+1}}(x) + \frac{n}{x} \cdot \mathrm{J_n}(x) = \frac{1}{2}\left[\mathrm{J_{n-1}}(x) - \mathrm{J_{n+1}}(x)\right] \quad (10.15)$$

$$\mathrm{J'_0}(x) = -\,\mathrm{J_1}(x) \quad (10.16)$$

$$\mathrm{J'_1}(x) = \mathrm{J_0}(x) - \frac{1}{x} \cdot \mathrm{J_1}(x) = -\,\mathrm{J_2}(x) + \frac{1}{x} \cdot \mathrm{J_1}(x) = \frac{1}{2}\left[\mathrm{J_0}(x) - \mathrm{J_2}(x)\right] \quad (10.17)$$

10.2.2 Modifizierte Bessel-Funktionen 1. und 2. Art

Die **modifizierten Bessel-Funktionen (Bessel-Funktionen des imaginären Arguments)** n-ter Ordnung, 1. Art (1. Gattung) $\mathrm{I_n}$ und 2. Art (2. Gattung) $\mathrm{K_n}$ (MacDonald'sche Funktionen) sind Lösungen der modifizierten Bessel'schen Differenzialgleichung. Gegenüber der Bessel'schen Differenzialgleichung (10.10) tritt hier beim letzten Term ein Minuszeichen auf:

$$\frac{\mathrm{d}^2\Theta}{\mathrm{d}\xi^2} + \frac{1}{\xi} \cdot \frac{\mathrm{d}\Theta}{\mathrm{d}\xi} - \left(1 + \frac{n^2}{\xi^2}\right) \cdot \Theta = 0 \quad (10.21)$$

$$\Theta(\xi) = C_1 \cdot \mathrm{I_n}(\xi) + C_2 \cdot \mathrm{K_n}(\xi) \qquad C_1, C_2 = \text{const.} \quad (10.22)$$

Die **modifizierten Bessel-Funktionen 1. Art** können ebenfalls durch Reihenentwicklung berechnet werden:

$$\mathrm{I_n}(x) = \sum_{k=0}^{\infty} \frac{\left(\frac{x}{2}\right)^{2k+n}}{k! \cdot \Gamma(k+n+1)} \tag{10.23}$$

$$\mathrm{I_0}(x) = \sum_{k=0}^{\infty} \frac{\left(\frac{x}{2}\right)^{2k}}{(k!)^2} = 1 + \frac{\left(\frac{x}{2}\right)^2}{(1!)^2} + \frac{\left(\frac{x}{2}\right)^4}{(2!)^2} + \frac{\left(\frac{x}{2}\right)^6}{(3!)^2} + \ldots$$

$$\mathrm{I_1}(x) = \sum_{k=0}^{\infty} \frac{\left(\frac{x}{2}\right)^{2k+1}}{k! \cdot (k+1)!} = \frac{x}{2} \cdot \left[1 + \frac{\left(\frac{x}{2}\right)^2}{1! \cdot 2!} + \frac{\left(\frac{x}{2}\right)^4}{2! \cdot 3!} + \frac{\left(\frac{x}{2}\right)^6}{3! \cdot 4!} + \ldots\right]$$

Γ bezeichnet dabei die **Gammafunktion** (Euler'sches Integral) gemäß Gl. (10.24).

$$\Gamma(x) := \int_0^{\infty} t^{x-1} \cdot \exp(-t)\ \mathrm{d}t \quad (x > 0) \tag{10.24}$$

$$\Gamma(n+1) = n! \qquad \text{für } n \in \mathbb{N} \tag{10.25}$$

$$\Gamma(x+1) = x \cdot \Gamma(x) \qquad \text{für } x \notin \mathbb{N} \tag{10.26}$$

An der Stelle Null gilt:

$$\mathrm{I_0}(0) = 1 \tag{10.27}$$

$$\mathrm{I_1}(0) = 0 \tag{10.28}$$

Für die **Ableitungen** der modifizierten Bessel-Funktionen 1. Art gilt:

$$\mathrm{I'_n}(x) = \mathrm{I_{n-1}}(x) - \frac{n}{x} \cdot \mathrm{I_n}(x) = \mathrm{I_{n+1}}(x) + \frac{n}{x} \cdot \mathrm{I_n}(x) = \frac{1}{2}\left[\mathrm{I_{n-1}}(x) + \mathrm{I_{n+1}}(x)\right] \tag{10.29}$$

$$\mathrm{I'_0}(x) = \mathrm{I_1}(x) \tag{10.30}$$

$$\mathrm{I'_1}(x) = \mathrm{I_0}(x) - \frac{1}{x} \cdot \mathrm{I_1}(x) = \mathrm{I_2}(x) + \frac{1}{x} \cdot \mathrm{I_1}(x) = \frac{1}{2}\left[\mathrm{I_0}(x) + \mathrm{I_2}(x)\right] \tag{10.31}$$

$$\frac{\mathrm{d}}{\mathrm{d}x}\left[x^n \cdot I_\mathrm{n}(x)\right] = x^n \cdot I_\mathrm{n-1}(x) \tag{10.32}$$

$$\frac{\mathrm{d}}{\mathrm{d}x}\left[x^{-n} \cdot I_\mathrm{n}(x)\right] = x^{-n} \cdot I_\mathrm{n+1}(x) \tag{10.33}$$

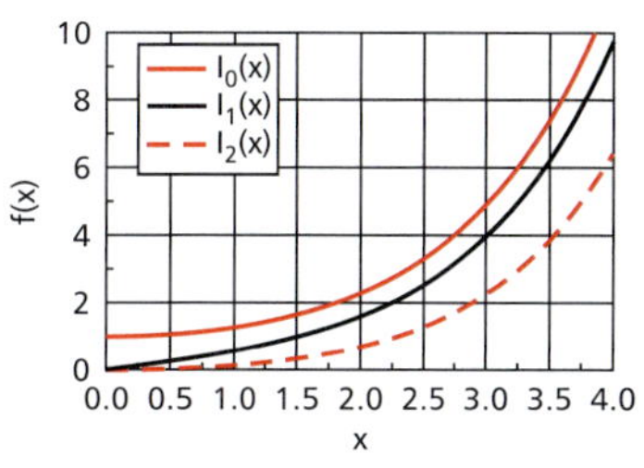

Bild 10.4: *Modifizierte Bessel-Funktionen 1. Art, 0. Ordnung* $\mathrm{I_0}(x)$*, 1. Ordnung* $\mathrm{I_1}(x)$ *und 2. Ordnung* $\mathrm{I_2}(x)$*.*

Die **modifizierten Bessel-Funktionen 2. Art** folgen aus den modifizierten Bessel-Funktionen 1. Art:

$$\mathrm{K_n}(x) = \frac{\pi}{2\ \sin(\mathrm{n} \cdot \pi)} \cdot \left[I_\mathrm{-n}(x) + I_\mathrm{n}(x)\right] \qquad \text{für } n \notin \mathbb{N} \tag{10.34}$$

$$\mathrm{K_n}(x) = \lim_{m \to n} \frac{\pi}{2\ \sin(\mathrm{m} \cdot \pi)} \cdot \left[I_\mathrm{-m}(x) + I_\mathrm{m}(x)\right] \qquad \text{für } n \in \mathbb{N}$$

Für sehr kleine Argumente ($x \to 0$) streben die modifizierten Bessel-Funktionen 2. Art nach Unendlich und für große Argumente ($x \to \infty$) nach Null:

$$\mathrm{K_n}(x \to 0) \to \infty \tag{10.35}$$

$$\mathrm{K_n}(x \to \infty) \to 0 \tag{10.36}$$

Für die **Ableitungen** der modifizierten Bessel-Funktionen 2. Art gilt:

$$\mathrm{K'_n}(x) = -\,\mathrm{K_{n-1}}(x) - \frac{n}{x} \cdot \mathrm{K_n}(x) = -\,\mathrm{K_{n+1}}(x) + \frac{n}{x} \cdot \mathrm{K_n}(x)$$

$$= -\frac{1}{2}\left[\mathrm{K_{n-1}}(x) + \mathrm{K_{n+1}}(x)\right] \tag{10.37}$$

$$\mathrm{K'_0}(x) = -\,\mathrm{K_1}(x) \tag{10.38}$$

$$\mathrm{K'_1}(x) = -\,\mathrm{I_0}(x) - \frac{1}{x} \cdot \mathrm{K_1}(x) = -\,\mathrm{K_2}(x) + \frac{1}{x} \cdot \mathrm{K_1}(x)$$

$$= -\frac{1}{2}\left[\mathrm{K_0}(x) + \mathrm{K_2}(x)\right] \tag{10.39}$$

$$\frac{\mathrm{d}}{\mathrm{d}x}\left[x^n \cdot K_\mathrm{n}(x)\right] = -x^n \cdot K_\mathrm{n-1}(x) \tag{10.40}$$

$$\frac{\mathrm{d}}{\mathrm{d}x}\left[x^{-n} \cdot K_\mathrm{n}(x)\right] = -x^{-n} \cdot K_\mathrm{n+1}(x) \tag{10.41}$$

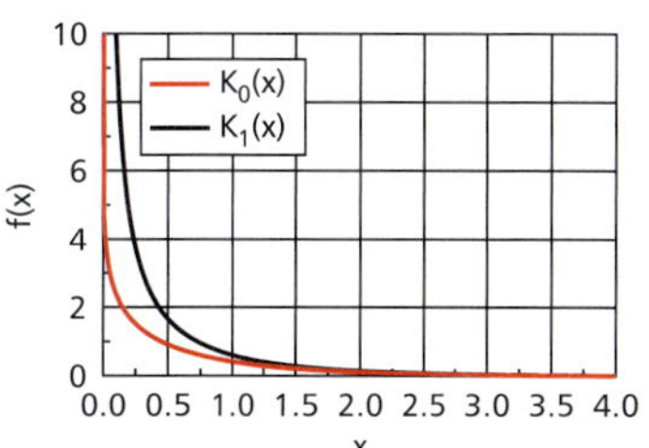

Bild 10.5: *Modifizierte Bessel-Funktionen 2. Art, 0. Ordnung* $\mathrm{K_0}(x)$ *und 1. Ordnung* $K_1(x)$*.*

10.2.3 Zahlentafeln der Bessel-Funktionen

Tabelle 10.3 enthält Zahlenwerte der Bessel-Funktionen 1. Art, 0. und 1. Ordnung.

Tabelle 10.3: *Zahlenwerte der Bessel-Funktionen 1. Art, 0. und 1. Ordnung.*

x	$J_0(x)$	$J_1(x)$	x	$J_0(x)$	$J_1(x)$	x	$J_0(x)$	$J_1(x)$	x	$J_0(x)$	$J_1(x)$
0,0	1,0000	0,0000	4,0	−0,3971	−0,06604	8,0	0,1717	0,2346	12,0	0,04769	−0,2234
0,1	0,9975	0,04994	4,1	−0,3887	−0,1033	8,1	0,1475	0,2476	12,1	0,06967	−0,2157
0,2	0,9900	0,09950	4,2	−0,3766	−0,1386	8,2	0,1222	0,2580	12,2	0,09077	−0,2060
0,3	0,9776	0,1483	4,3	−0,3610	−0,1719	8,3	0,09601	0,2657	12,3	0,1108	−0,1943
0,4	0,9604	0,1960	4,4	−0,3423	−0,2028	8,4	0,06916	0,2708	12,4	0,1296	−0,1807
0,5	0,9385	0,2423	4,5	−0,3205	−0,2311	8,5	0,04194	0,2731	12,5	0,1469	−0,1655
0,6	0,9120	0,2867	4,6	−0,2961	−0,2566	8,6	0,01462	0,2728	12,6	0,1626	−0,1487
0,7	0,8812	0,3290	4,7	−0,2693	−0,2791	8,7	−0,01252	0,2697	12,7	0,1766	−0,1307
0,8	0,8463	0,3688	4,8	−0,2404	−0,2985	8,8	−0,03923	0,2641	12,8	0,1887	−0,1114
0,9	0,8075	0,4059	4,9	−0,2097	−0,3147	8,9	−0,06525	0,2559	12,9	0,1988	−0,09125
1,0	0,7652	0,4401	5,0	−0,1776	−0,3276	9,0	−0,09033	0,2453	13,0	0,2069	−0,07032
1,1	0,7196	0,4709	5,1	−0,1443	−0,3371	9,1	−0,1142	0,2324	13,1	0,2129	−0,04885
1,2	0,6711	0,4983	5,2	−0,1103	−0,3432	9,2	−0,1367	0,2174	13,2	0,2167	−0,02707
1,3	0,6201	0,5220	5,3	−0,0758	−0,3460	9,3	−0,1577	0,2004	13,3	0,2183	−0,005177
1,4	0,5669	0,5419	5,4	−0,04121	−0,3453	9,4	−0,1768	0,1816	13,4	0,2177	0,01660
1,5	0,5118	0,5579	5,5	−0,006844	−0,3414	9,5	−0,1939	0,1613	13,5	0,2150	0,03805
1,6	0,4554	0,5699	5,6	0,02697	−0,3343	9,6	−0,2090	0,1395	13,6	0,2101	0,05896
1,7	0,3980	0,5778	5,7	0,05992	−0,3241	9,7	−0,2218	0,1166	13,7	0,2032	0,07914
1,8	0,3400	0,5815	5,8	0,0917	−0,3110	9,8	−0,2323	0,09284	13,8	0,1943	0,09839
1,9	0,2818	0,5812	5,9	0,1220	−0,2951	9,9	−0,2403	0,06837	13,9	0,1836	0,1165
2,0	0,2239	0,5767	6,0	0,1506	−0,2767	10,0	−0,2459	0,04347	14,0	0,1711	0,1334
2,1	0,1666	0,5683	6,1	0,1773	−0,2559	10,1	−0,2490	0,01840	14,1	0,1570	0,1488
2,2	0,1104	0,5560	6,2	0,2017	−0,2329	10,2	−0,2496	−0,006616	14,2	0,1414	0,1626
2,3	0,05554	0,5399	6,3	0,2238	−0,2081	10,3	−0,2477	−0,03132	14,3	0,1245	0,1747
2,4	0,002508	0,5202	6,4	0,2433	−0,1816	10,4	−0,2434	−0,05547	14,4	0,1065	0,1850
2,5	−0,04838	0,4971	6,5	0,2601	−0,1538	10,5	−0,2366	−0,07885	14,5	0,08754	0,1934
2,6	−0,0968	0,4708	6,6	0,2740	−0,1250	10,6	−0,2276	−0,1012	14,6	0,06786	0,1999
2,7	−0,1424	0,4416	6,7	0,2851	−0,09534	10,7	−0,2164	−0,1224	14,7	0,04764	0,2043
2,8	−0,1850	0,4097	6,8	0,2931	−0,06522	10,8	−0,2032	−0,1422	14,8	0,02708	0,2066
2,9	−0,2243	0,3754	6,9	0,2981	−0,03490	10,9	−0,1881	−0,1603	14,9	0,006392	0,2069
3,0	−0,2601	0,3391	7,0	0,3001	−0,004683	11,0	−0,1712	−0,1768	15,0	−0,01422	0,2051
3,1	−0,2921	0,3009	7,1	0,2991	0,02515	11,1	−0,1528	−0,1913	15,5	−0,1092	0,1672
3,2	−0,3202	0,2613	7,2	0,2951	0,05433	11,2	−0,1330	−0,2039	16,0	−0,1749	0,09040
3,3	−0,3443	0,2207	7,3	0,2882	0,08257	11,3	−0,1121	−0,2143	16,5	−0,1964	−0,005764
3,4	−0,3643	0,1792	7,4	0,2786	0,1096	11,4	−0,09021	−0,2225	17,0	−0,1699	−0,09767
3,5	−0,3801	0,1374	7,5	0,2663	0,1352	11,5	−0,06765	−0,2284	17,5	−0,1031	−0,1634
3,6	−0,3918	0,09547	7,6	0,2516	0,1592	11,6	−0,04462	−0,2320	18,0	−0,01336	−0,1880
3,7	−0,3992	0,05383	7,7	0,2346	0,1813	11,7	−0,02133	−0,2333	18,5	0,07716	−0,1666
3,8	−0,4026	0,01282	7,8	0,2154	0,2014	11,8	0,001967	−0,2323	19,0	0,1466	−0,1057
3,9	−0,4018	−0,02724	7,9	0,1944	0,2192	11,9	0,02505	−0,2290	19,5	0,1789	−0,02088

Tabelle 10.4 enthält Zahlenwerte der modifizierten Bessel-Funktionen 1. Art, 0., 1. und 2. Ordnung.

Tabelle 10.4: *Zahlenwerte der modifizierten Bessel-Funktionen 1. Art, 0., 1. und 2. Ordnung.*

x	$I_0(x)$	$I_1(x)$	$I_2(x)$	x	$I_0(x)$	$I_1(x)$	$I_2(x)$	x	$I_0(x)$	$I_1(x)$	$I_2(x)$
0,0	1,0000	0,00000	0,00000	3,4	6,7848	5,6701	3,4495	6,8	140,14	129,38	102,08
0,1	1,0025	0,050063	0,001251	3,5	7,3782	6,2058	3,8320	6,9	153,70	142,08	112,52
0,2	1,0100	0,10050	0,0050167	3,6	8,0277	6,7927	4,2540	7,0	168,59	156,04	124,01
0,3	1,0226	0,15169	0,011335	3,7	8,7386	7,4357	4,7193	7,1	184,95	171,38	136,68
0,4	1,0404	0,20403	0,020268	3,8	9,5169	8,1404	5,2325	7,2	202,92	188,25	150,63
0,5	1,0635	0,25789	0,031906	3,9	10,369	8,9128	5,7983	7,3	222,66	206,79	166,00
0,6	1,0920	0,31370	0,046365	4,0	11,302	9,7595	6,4222	7,4	244,34	227,17	182,94
0,7	1,1263	0,37188	0,063790	4,1	12,324	10,688	7,1100	7,5	268,16	249,58	201,61
0,8	1,1665	0,43286	0,084353	4,2	13,442	11,706	7,8684	7,6	294,33	274,22	222,17
0,9	1,2130	0,49713	0,10826	4,3	14,668	12,822	8,7043	7,7	323,09	301,31	244,82
1,0	1,2661	0,56516	0,13575	4,4	16,010	14,046	9,6258	7,8	354,68	331,10	269,79
1,1	1,3262	0,63749	0,16709	4,5	17,481	15,389	10,642	7,9	389,41	363,85	297,29
1,2	1,3937	0,71468	0,20260	4,6	19,093	16,863	11,761	8,0	427,56	399,87	327,60
1,3	1,4693	0,79733	0,24262	4,7	20,858	18,479	12,995	8,1	469,50	439,48	360,99
1,4	1,5534	0,88609	0,28755	4,8	22,794	20,253	14,355	8,2	515,59	483,05	397,78
1,5	1,6467	0,98167	0,33783	4,9	24,915	22,199	15,854	8,3	566,26	530,96	438,31
1,6	1,7500	1,0848	0,39397	5,0	27,240	24,336	17,506	8,4	621,94	583,66	482,98
1,7	1,8640	1,1963	0,45650	5,1	29,789	26,680	19,326	8,5	683,16	641,62	532,19
1,8	1,9896	1,3172	0,52604	5,2	32,584	29,254	21,332	8,6	750,46	705,38	586,42
1,9	2,1277	1,4482	0,60327	5,3	35,648	32,080	23,542	8,7	824,45	775,51	646,17
2,0	2,2796	1,5906	0,68895	5,4	39,009	35,182	25,978	8,8	905,80	852,66	712,01
2,1	2,4463	1,7455	0,78390	5,5	42,695	38,588	28,663	8,9	995,24	937,54	784,56
2,2	2,6291	1,9141	0,88906	5,6	46,738	42,328	31,620	9,0	1 093,6	1 030,9	864,50
2,3	2,8296	2,0978	1,0054	5,7	51,173	46,436	34,879	9,1	1 201,7	1 133,6	952,58
2,4	3,0493	2,2981	1,1342	5,8	56,038	50,946	38,470	9,2	1 320,7	1 246,7	1 049,6
2,5	3,2898	2,5167	1,2765	5,9	61,377	55,900	42,427	9,3	1 451,4	1 371,0	1 156,6
2,6	3,5533	2,7554	1,4337	6,0	67,234	61,342	46,787	9,4	1 595,3	1 507,9	1 274,5
2,7	3,8417	3,0161	1,6075	6,1	73,663	67,319	51,591	9,5	1 753,5	1 658,5	1 404,3
2,8	4,1573	3,3011	1,7994	6,2	80,718	73,886	56,884	9,6	1 927,5	1 824,1	1 547,4
2,9	4,5027	3,6126	2,0113	6,3	88,462	81,100	62,716	9,7	2 118,9	2 006,5	1 705,2
3,0	4,8808	3,9534	2,2452	6,4	96,962	89,026	69,141	9,8	2 329,4	2 207,1	1 878,9
3,1	5,2945	4,3262	2,5034	6,5	106,29	97,735	76,221	9,9	2 561,0	2 428,0	2 070,5
3,2	5,7472	4,7343	2,7883	6,6	116,54	107,30	84,021	10,0	2 815,7	2 671,0	2 281,5
3,3	6,2426	5,1810	3,1027	6,7	127,79	117,82	92,615	10,1	3 096,0	2 938,5	2 514,1

Die modifizierten Bessel-Funktionen 2. Art, 0. und 1. Ordnung sind in Tabelle 10.5 zusammengestellt.

Tabelle 10.5: *Zahlenwerte der modifizierten Bessel-Funktionen 2. Art, 0. und 1. Ordnung.*

x	$K_0(x)$	$K_1(x)$	x	$K_0(x)$	$K_1(x)$	x	$K_0(x)$	$K_1(x)$
0,0	∞	∞	3,3	0,024611	0,028117	6,7	0,00058570	0,00062798
0,05	3,1142	19,910	3,4	0,021958	0,024999	6,8	0,00052618	0,00056362
0,1	2,4271	9,8538	3,5	0,019599	0,022239	6,9	0,00047275	0,00050592
0,2	1,7527	4,7760	3,6	0,017500	0,019795	7,0	0,00042480	0,00045418
0,3	1,3725	3,0560	3,7	0,015631	0,017628	7,1	0,00038174	0,00040779
0,4	1,1145	2,1844	3,8	0,013966	0,015706	7,2	0,00034308	0,00036617
0,5	0,92442	1,6564	3,9	0,012482	0,013999	7,3	0,00030836	0,00032884
0,6	0,77752	1,3028	4,0	0,011160	0,012483	7,4	0,00027718	0,00029535
0,7	0,66052	1,0503	4,1	0,0099800	0,011136	7,5	0,00024918	0,00026530
0,8	0,56535	0,86178	4,2	0,0089275	0,0099382	7,6	0,00022402	0,00023833
0,9	0,48673	0,71653	4,3	0,0079880	0,0088722	7,7	0,00020142	0,00021412
1,0	0,42102	0,60191	4,4	0,0071491	0,0079233	7,8	0,00018111	0,00019239
1,1	0,36560	0,50976	4,5	0,0063999	0,0070781	7,9	0,00016287	0,00017288
1,2	0,31851	0,43459	4,6	0,0057304	0,0063250	8,0	0,00014647	0,00015537
1,3	0,27825	0,37255	4,7	0,0051321	0,0056538	8,1	0,00013173	0,00013964
1,4	0,24366	0,32084	4,8	0,0045972	0,0050552	8,2	0,00011849	0,00012552
1,5	0,21381	0,27739	4,9	0,0041189	0,0045212	8,3	0,00010658	0,00011283
1,6	0,18795	0,24063	5,0	0,0036911	0,0040446	8,4	$9{,}5880 \cdot 10^{-5}$	0,00010143
1,7	0,16550	0,20936	5,1	0,0033083	0,0036192	8,5	$8{,}6258 \cdot 10^{-5}$	$9{,}1197 \cdot 10^{-5}$
1,8	0,14593	0,18262	5,2	0,0029657	0,0032393	8,6	$7{,}7606 \cdot 10^{-5}$	$8{,}2000 \cdot 10^{-5}$
1,9	0,12885	0,15966	5,3	0,0026591	0,0028999	8,7	$6{,}9827 \cdot 10^{-5}$	$7{,}3736 \cdot 10^{-5}$
2,0	0,11389	0,13987	5,4	0,0023846	0,0025966	8,8	$6{,}2831 \cdot 10^{-5}$	$6{,}6309 \cdot 10^{-5}$
2,1	0,10078	0,12275	5,5	0,0021387	0,0023256	8,9	$5{,}6540 \cdot 10^{-5}$	$5{,}9635 \cdot 10^{-5}$
2,2	0,089269	0,10790	5,6	0,0019185	0,0020832	9,0	$5{,}0881 \cdot 10^{-5}$	$5{,}3637 \cdot 10^{-5}$
2,3	0,079140	0,094982	5,7	0,0017212	0,0018665	9,1	$4{,}5792 \cdot 10^{-5}$	$4{,}8245 \cdot 10^{-5}$
2,4	0,070217	0,083725	5,8	0,0015444	0,0016726	9,2	$4{,}1214 \cdot 10^{-5}$	$4{,}3399 \cdot 10^{-5}$
2,5	0,062348	0,073891	5,9	0,0013860	0,0014992	9,3	$3{,}7096 \cdot 10^{-5}$	$3{,}9042 \cdot 10^{-5}$
2,6	0,055398	0,065284	6,0	0,0012440	0,0013439	9,4	$3{,}3391 \cdot 10^{-5}$	$3{,}5124 \cdot 10^{-5}$
2,7	0,049255	0,057738	6,1	0,0011167	0,0012050	9,5	$3{,}0058 \cdot 10^{-5}$	$3{,}1602 \cdot 10^{-5}$
2,8	0,043820	0,051113	6,2	0,0010025	0,0010805	9,6	$2{,}7059 \cdot 10^{-5}$	$2{,}8435 \cdot 10^{-5}$
2,9	0,039006	0,045286	6,3	0,00090014	0,00096911	9,7	$2{,}4360 \cdot 10^{-5}$	$2{,}5587 \cdot 10^{-5}$
3,0	0,034740	0,040156	6,4	0,00080831	0,00086931	9,8	$2{,}1932 \cdot 10^{-5}$	$2{,}3025 \cdot 10^{-5}$
3,1	0,030955	0,035634	6,5	0,00072593	0,00077989	9,9	$1{,}9747 \cdot 10^{-5}$	$2{,}0721 \cdot 10^{-5}$
3,2	0,027595	0,031643	6,6	0,00065202	0,00069978	10,0	$1{,}7780 \cdot 10^{-5}$	$1{,}8649 \cdot 10^{-5}$

Die modifizierten Bessel-Funktionen 1. Art $\mathrm{I}_{-\frac{1}{3}}(x)$ und $\mathrm{I}_{\frac{2}{3}}(x)$ sind in Tabelle10.6 zusammengestellt:

Tabelle 10.6: *Zahlenwerte der modifizierten Bessel-Funktionen 1. Art* $\mathrm{I}_{-\frac{1}{3}}(x)$ *und* $\mathrm{I}_{\frac{2}{3}}(x)$.

x	$\mathrm{I}_{-\frac{1}{3}}(x)$	$\mathrm{I}_{\frac{2}{3}}(x)$	x	$\mathrm{I}_{-\frac{1}{3}}(x)$	$\mathrm{I}_{\frac{2}{3}}(x)$	x	$\mathrm{I}_{-\frac{1}{3}}(x)$	$\mathrm{I}_{\frac{2}{3}}(x)$
0,0	∞	0,00000	3,4	6,6548	6,2529	6,8	138,89	135,24
0,1	2,0121	0,15057	3,5	7,2409	6,8210	6,9	152,36	148,41
0,2	1,6150	0,24009	3,6	7,8827	7,4429	7,0	167,15	162,89
0,3	1,4371	0,31696	3,7	8,5854	8,1237	7,1	183,39	178,79
0,4	1,3395	0,38800	3,8	9,3548	8,8692	7,2	201,23	196,26
0,5	1,2843	0,45628	3,9	10,197	9,6856	7,3	220,83	215,45
0,6	1,2561	0,52368	4,0	11,120	10,580	7,4	242,37	236,55
0,7	1,2476	0,59152	4,1	12,131	11,560	7,5	266,03	259,73
0,8	1,2546	0,66086	4,2	13,238	12,633	7,6	292,02	285,21
0,9	1,2747	0,73259	4,3	14,450	13,809	7,7	320,59	313,21
1,0	1,3064	0,80752	4,4	15,779	15,098	7,8	351,98	343,99
1,1	1,3489	0,88644	4,5	17,235	16,511	7,9	386,48	377,82
1,2	1,4018	0,97010	4,6	18,830	18,060	8,0	424,39	415,01
1,3	1,4650	1,0593	4,7	20,579	19,759	8,1	466,06	455,90
1,4	1,5386	1,1547	4,8	22,495	21,621	8,2	511,86	500,85
1,5	1,6228	1,2573	4,9	24,596	23,663	8,3	562,21	550,27
1,6	1,7181	1,3678	5,0	26,900	25,902	8,4	617,56	604,61
1,7	1,8250	1,4872	5,1	29,425	28,359	8,5	678,41	664,36
1,8	1,9442	1,6165	5,2	32,194	31,053	8,6	745,31	730,06
1,9	2,0766	1,7567	5,3	35,231	34,010	8,7	818,86	802,31
2,0	2,2230	1,9089	5,4	38,562	37,253	8,8	899,73	881,77
2,1	2,3847	2,0745	5,5	42,216	40,812	8,9	988,65	969,15
2,2	2,5627	2,2546	5,6	46,224	44,718	9,0	1 086,4	1 065,3
2,3	2,7584	2,4509	5,7	50,621	49,004	9,1	1 194,0	1 171,0
2,4	2,9734	2,6648	5,8	55,446	53,709	9,2	1 312,2	1 287,2
2,5	3,2094	2,8981	5,9	60,740	58,873	9,3	1 442,3	1 415,1
2,6	3,4681	3,1528	6,0	66,550	64,542	9,4	1 585,3	1 555,8
2,7	3,7517	3,4308	6,1	72,927	70,766	9,5	1 742,6	1 710,6
2,8	4,0624	3,7345	6,2	79,926	77,600	9,6	1 915,7	1 880,8
2,9	4,4027	4,0663	6,3	87,609	85,104	9,7	2 106,1	2 068,1
3,0	4,7754	4,4290	6,4	96,043	93,344	9,8	2 315,5	2 274,2
3,1	5,1835	4,8256	6,5	105,30	102,39	9,9	2 545,8	2 500,9
3,2	5,6302	5,2593	6,6	115,47	112,33	10,0	2 799,2	2 750,4
3,3	6,1193	5,7337	6,7	126,63	123,25	10,1	3 078,0	3 024,9

10.3 Näherungslösung der eindimensionalen instationären Wärmeleitung

Wärmeübergang:

Biot-Zahl $Bi = \frac{\alpha \cdot L_{\text{char}}}{\lambda}$

inverse Biot-Zahl $iBi = \frac{1}{Bi} = \frac{\lambda}{\alpha \cdot L_{\text{char}}}$

Wärmedurchgang:

Biot-Zahl $Bi = Bi_{\text{k}} = \frac{k \cdot L_{\text{char}}}{\lambda}$

inverse Biot-Zahl $iBi = \frac{1}{Bi} = \frac{\lambda}{k \cdot L_{\text{char}}}$

Tabelle 10.7: *Eigenwerte und Konstanten der Näherungslösung für große Zeiten für Randbedingung 1. Art ($iBi = 0$) und 3. Art ($iBi > 0$).*

Art des Körpers	$iBi = 1/Bi$	δ_1	$E = \delta_1^2$	C_{m}	C_{w}	C_{q}
Platte ($Fo^* = 0{,}30$)	**0,00**	**1,5708**	**2,4674**	**1,2732**	**0,000000**	**0,81057**
	0,01	1,5552	2,4188	1,2731	0,019797	0,81848
	0,02	1,5400	2,3716	1,2727	0,039179	0,82600
	0,03	1,5251	2,3259	1,2720	0,058134	0,83316
	0,04	1,5105	2,2815	1,2710	0,076654	0,83997
	0,05	1,4961	2,2384	1,2699	0,094733	0,84644
	0,06	1,4821	2,1966	1,2686	0,11237	0,85259
	0,07	1,4684	2,1561	1,2671	0,12956	0,85844
	0,08	1,4549	2,1168	1,2655	0,14631	0,86400
	0,09	1,4418	2,0787	1,2638	0,16263	0,86928
	0,10	1,4289	2,0417	1,2620	0,17851	0,87431
	0,15	1,3684	1,8724	1,2516	0,25165	0,89600
	0,20	1,3138	1,7262	1,2402	0,31520	0,91300
	0,25	1,2646	1,5992	1,2287	0,37038	0,92643
	0,30	1,2200	1,4883	1,2174	0,41843	0,93716
	0,35	1,1793	1,3908	1,2067	0,46041	0,94581
	0,40	1,1422	1,3047	1,1966	0,49728	0,95288
	0,45	1,1082	1,2281	1,1872	0,52982	0,95870
	0,50	1,0769	1,1597	1,1785	0,55869	0,96354
	0,55	1,0479	1,0982	1,1703	0,58442	0,96760
	0,60	1,0211	1,0427	1,1628	0,60748	0,97103
	0,65	0,99617	0,99236	1,1559	0,62824	0,97397
	0,70	0,97291	0,94656	1,1494	0,64701	0,97648
	0,75	0,95116	0,90470	1,1434	0,66404	0,97866
	0,80	0,93076	0,86631	1,1379	0,67957	0,98055
	0,85	0,91158	0,83098	1,1327	0,69377	0,98221
	0,90	0,89352	0,79838	1,1279	0,70680	0,98366
	0,95	0,87647	0,76819	1,1234	0,71880	0,98495
	1,00	0,86033	0,74017	1,1191	0,72988	0,98609
	1,50	0,73601	0,54170	1,0884	0,80670	0,99280
	2,00	0,65327	0,42676	1,0701	0,84979	0,99562
	2,50	0,59324	0,35194	1,0580	0,87725	0,99706
	3,00	0,54716	0,29938	1,0495	0,89626	0,99789
	3,50	0,51036	0,26047	1,0431	0,91019	0,99842
	4,00	0,48009	0,23049	1,0382	0,92083	0,99877
	4,50	0,45464	0,20670	1,0343	0,92921	0,99901
	5,00	0,43284	0,18735	1,0311	0,93600	0,99919
	5,50	0,41390	0,17131	1,0284	0,94160	0,99933
	6,00	0,39725	0,15781	1,0262	0,94630	0,99943
	6,50	0,38245	0,14627	1,0243	0,95030	0,99951
	7,00	0,36920	0,13631	1,0227	0,95374	0,99958
	7,50	0,35723	0,12761	1,0212	0,95674	0,99963
	8,00	0,34635	0,11996	1,0199	0,95938	0,99967
	8,50	0,33641	0,11317	1,0188	0,96171	0,99971
	9,00	0,32728	0,10712	1,0178	0,96379	0,99974

Tabelle 10.7: *Eigenwerte und Konstanten der Näherungslösung für große Zeiten für Randbedingung 1. Art ($iBi = 0$) und 3. Art ($iBi > 0$) (Fortsetzung).*

Art des Körpers	$iBi = 1/Bi$	δ_1	$E = \delta_1^2$	C_m	C_w	C_q
Platte ($Fo^* = 0{,}30$)	9,50	0,31886	0,10167	1,0169	0,96565	0,99977
	10	0,31105	0,096754	1,0161	0,96733	0,99979
	15	0,25536	0,065211	1,0109	0,97807	0,99990
	20	0,22176	0,049178	1,0082	0,98350	0,99995
	25	0,19868	0,039472	1,0066	0,98677	0,99997
	30	0,18157	0,032966	1,0055	0,98896	0,99998
	35	0,16823	0,028301	1,0047	0,99053	0,99998
	40	0,15746	0,024793	1,0041	0,99171	0,99999
	45	0,14852	0,022059	1,0037	0,99263	0,99999
	50	0,14095	0,019867	1,0033	0,99336	0,99999
	55	0,13443	0,018072	1,0030	0,99396	0,99999
	60	0,12874	0,016574	1,0028	0,99446	0,99999
	65	0,12372	0,015306	1,0026	0,99489	0,99999
	70	0,11924	0,014218	1,0024	0,99525	1,00000
	75	0,11521	0,013274	1,0022	0,99557	1,00000
	80	0,11157	0,012448	1,0021	0,99584	1,00000
	85	0,10825	0,011719	1,0020	0,99609	1,00000
	90	0,10521	0,011070	1,0018	0,99630	1,00000
	95	0,10242	0,010489	1,0017	0,99650	1,00000
	100	0,099834	0,0099668	1,0017	0,99667	1,00000
	200	0,070652	0,0049917	1,0008	0,99834	1,00000
	300	0,057703	0,0033296	1,0006	0,99889	1,00000
	400	0,049979	0,0024979	1,0004	0,99917	1,00000
	500	0,044706	0,0019987	1,0003	0,99933	1,00000
	1 000	0,031618	0,00099967	1,0002	0,99967	1,00000
Zylinder ($Fo^* = 0{,}25$)	**0,00**	**2,4048**	**5,7832**	**1,6020**	**0,000000**	**0,69166**
	0,01	2,3809	5,6687	1,6015	0,019989	0,70523
	0,02	2,3572	5,5566	1,6002	0,039911	0,71827
	0,03	2,3339	5,4469	1,5981	0,059707	0,73077
	0,04	2,3108	5,3398	1,5954	0,079322	0,74275
	0,05	2,2880	5,2352	1,5919	0,098708	0,75419
	0,06	2,2656	5,1331	1,5880	0,11782	0,76512
	0,07	2,2436	5,0336	1,5835	0,13663	0,77554
	0,08	2,2218	4,9366	1,5786	0,15510	0,78546
	0,09	2,2005	4,8421	1,5733	0,17321	0,79490
	0,10	2,1795	4,7502	1,5677	0,19093	0,80388
	0,15	2,0801	4,3268	1,5364	0,27339	0,84245
	0,20	1,9898	3,9594	1,5029	0,34531	0,87214
	0,25	1,9081	3,6408	1,4698	0,40732	0,89501
	0,30	1,8341	3,3639	1,4386	0,46056	0,91276
	0,35	1,7670	3,1223	1,4098	0,50633	0,92666
	0,40	1,7060	2,9105	1,3836	0,54582	0,93767
	0,45	1,6504	2,7238	1,3598	0,58006	0,94650
	0,50	1,5994	2,5582	1,3384	0,60992	0,95366
	0,55	1,5527	2,4107	1,3190	0,63611	0,95952
	0,60	1,5095	2,2786	1,3015	0,65923	0,96437
	0,65	1,4696	2,1597	1,2856	0,67975	0,96842
	0,70	1,4326	2,0522	1,2712	0,69805	0,97184

Wärmeübergang:

Biot-Zahl $Bi = \dfrac{\alpha \cdot L_{\text{char}}}{\lambda}$

inverse Biot-Zahl $iBi = \dfrac{1}{Bi} = \dfrac{\lambda}{\alpha \cdot L_{\text{char}}}$

Wärmedurchgang:

Biot-Zahl $Bi = Bi_{\text{k}} = \dfrac{k \cdot L_{\text{char}}}{\lambda}$

inverse Biot-Zahl $iBi = \dfrac{1}{Bi} = \dfrac{\lambda}{k \cdot L_{\text{char}}}$

Wärmeübergang:

Biot-Zahl $Bi = \frac{\alpha \cdot L_{\text{char}}}{\lambda}$

inverse Biot-Zahl $iBi = \frac{1}{Bi} = \frac{\lambda}{\alpha \cdot L_{\text{char}}}$

Wärmedurchgang:

Biot-Zahl $Bi = Bi_{\text{k}} = \frac{k \cdot L_{\text{char}}}{\lambda}$

inverse Biot-Zahl $iBi = \frac{1}{Bi} = \frac{\lambda}{k \cdot L_{\text{char}}}$

Tabelle 10.7: *Eigenwerte und Konstanten der Näherungslösung für große Zeiten für Randbedingung 1. Art ($iBi=0$) und 3. Art ($iBi > 0$) (Fortsetzung).*

Art des Körpers	$iBi=1/Bi$	δ_1	$E=\delta_1^2$	C_{m}	C_{w}	C_{q}
Zylinder ($\mathbf{Fo^*=0{,}25}$)	0,75	1,3981	1,9546	1,2581	0,71447	0,97474
	0,80	1,3659	1,8656	1,2461	0,72926	0,97723
	0,85	1,3357	1,7842	1,2351	0,74265	0,97937
	0,90	1,3075	1,7095	1,2250	0,75482	0,98123
	0,95	1,2809	1,6406	1,2157	0,76593	0,98285
	1,00	1,2558	1,5770	1,2071	0,77610	0,98428
	1,50	1,0652	1,1346	1,1475	0,84439	0,99228
	2,00	0,94077	0,88505	1,1143	0,88102	0,99545
	2,50	0,85158	0,72519	1,0931	0,90377	0,99700
	3,00	0,78366	0,61413	1,0786	0,91924	0,99788
	3,50	0,72974	0,53252	1,0679	0,93044	0,99842
	4,00	0,68559	0,47003	1,0598	0,93891	0,99878
	4,50	0,64858	0,42065	1,0535	0,94555	0,99903
	5,00	0,61697	0,38066	1,0483	0,95089	0,99921
	5,50	0,58958	0,34760	1,0441	0,95528	0,99934
	6,00	0,56553	0,31983	1,0405	0,95895	0,99945
	6,50	0,54420	0,29616	1,0375	0,96206	0,99953
	7,00	0,52512	0,27575	1,0349	0,96473	0,99959
	7,50	0,50791	0,25797	1,0326	0,96705	0,99964
	8,00	0,49229	0,24235	1,0306	0,96909	0,99968
	8,50	0,47803	0,22851	1,0288	0,97089	0,99972
	9,00	0,46493	0,21616	1,0273	0,97249	0,99975
	9,50	0,45286	0,20508	1,0258	0,97392	0,99978
	10	0,44168	0,19508	1,0246	0,97522	0,99980
	15	0,36213	0,13114	1,0165	0,98343	0,99991
	20	0,31426	0,09876	1,0124	0,98755	0,99995
	25	0,28143	0,079205	1,0099	0,99003	0,99997
	30	0,25713	0,066114	1,0083	0,99169	0,99998
	35	0,23819	0,056737	1,0071	0,99287	0,99998
	40	0,22291	0,049689	1,0062	0,99376	0,99999
	45	0,21023	0,044198	1,0055	0,99445	0,99999
	50	0,19950	0,039801	1,0050	0,99501	0,99999
	55	0,19026	0,036199	1,0045	0,99546	0,99999
	60	0,18219	0,033195	1,0042	0,99584	0,99999
	65	0,17507	0,030651	1,0038	0,99616	1,00000
	70	0,16873	0,028470	1,0036	0,99643	1,00000
	75	0,16303	0,026578	1,0033	0,99667	1,00000
	80	0,15787	0,024922	1,0031	0,99688	1,00000
	85	0,15317	0,023460	1,0029	0,99706	1,00000
	90	0,14886	0,022161	1,0028	0,99722	1,00000
	95	0,14490	0,020997	1,0026	0,99737	1,00000
	100	0,14124	0,019950	1,0025	0,99750	1,00000
	200	0,099938	0,0099875	1,0012	0,99875	1,00000
	300	0,081616	0,0066611	1,0008	0,99917	1,00000
	400	0,070689	0,0049969	1,0006	0,99938	1,00000
	500	0,063230	0,0039980	1,0005	0,99950	1,00000
	1 000	0,044716	0,0019995	1,0002	0,99975	1,00000

Tabelle 10.7: Ⓔ Eigenwerte und Konstanten der Näherungslösung für große Zeiten für Randbedingung 1. Art ($iBi=0$) und 3. Art ($iBi>0$) (Fortsetzung).

Art des Körpers	$iBi=1/Bi$	δ_1	$E=\delta_1^2$	C_m	C_w	C_q
Kugel (Fo* = 0,20)	**0,00**	**3,1416**	**9,8696**	**2,0000**	**0,000000**	**0,60793**
	0,01	3,1102	9,6733	1,9990	0,020182	0,62592
	0,02	3,0788	9,4793	1,9962	0,040659	0,64339
	0,03	3,0476	9,2880	1,9917	0,061327	0,66029
	0,04	3,0166	9,0996	1,9856	0,082088	0,67658
	0,05	2,9857	8,9145	1,9781	0,10285	0,69224
	0,06	2,9552	8,7329	1,9694	0,12353	0,70725
	0,07	2,9249	8,5550	1,9596	0,14404	0,72161
	0,08	2,8950	8,3809	1,9488	0,16433	0,73530
	0,09	2,8654	8,2107	1,9372	0,18433	0,74833
	0,10	2,8363	8,0446	1,9249	0,20399	0,76072
	0,15	2,6973	7,2756	1,8573	0,29595	0,81353
	0,20	2,5704	6,6071	1,7870	0,37584	0,85326
	0,25	2,4556	6,0302	1,7202	0,44370	0,88296
	0,30	2,3522	5,5327	1,6594	0,50086	0,90526
	0,35	2,2589	5,1026	1,6054	0,54899	0,92220
	0,40	2,1746	4,7290	1,5578	0,58969	0,93523
	0,45	2,0982	4,4026	1,5160	0,62433	0,94539
	0,50	2,0288	4,1159	1,4793	0,65404	0,95344
	0,55	1,9653	3,8624	1,4469	0,67970	0,95989
	0,60	1,9071	3,6370	1,4183	0,70203	0,96513
	0,65	1,8535	3,4355	1,3928	0,72161	0,96943
	0,70	1,8040	3,2545	1,3701	0,73889	0,97300
	0,75	1,7582	3,0911	1,3497	0,75424	0,97600
	0,80	1,7155	2,9430	1,3313	0,76794	0,97853
	0,85	1,6757	2,8080	1,3147	0,78024	0,98069
	0,90	1,6385	2,6847	1,2996	0,79135	0,98254
	0,95	1,6036	2,5716	1,2858	0,80141	0,98414
	1,00	1,5708	2,4674	1,2732	0,81057	0,98553
	1,50	1,3242	1,7535	1,1890	0,87074	0,99315
	2,00	1,1656	1,3585	1,1441	0,90209	0,99603
	2,50	1,0528	1,1084	1,1164	0,92126	0,99742
	3,00	0,9674	0,93587	1,0975	0,93417	0,99819
	3,50	0,89987	0,80976	1,0839	0,94345	0,99866
	4,00	0,84473	0,71357	1,0737	0,95044	0,99897
	4,50	0,79862	0,63779	1,0656	0,95590	0,99918
	5,00	0,75931	0,57655	1,0592	0,96027	0,99933
	5,50	0,72528	0,52603	1,0539	0,96386	0,99945
	6,00	0,69545	0,48365	1,0494	0,96685	0,99953
	6,50	0,66902	0,44759	1,0457	0,96939	0,99960
	7,00	0,64539	0,41653	1,0424	0,97156	0,99966
	7,50	0,62410	0,38950	1,0396	0,97345	0,99970
	8,00	0,60478	0,36576	1,0372	0,97510	0,99974
	8,50	0,58715	0,34475	1,0350	0,97656	0,99977
	9,00	0,57098	0,32602	1,0331	0,97786	0,99979
	9,50	0,55608	0,30922	1,0314	0,97902	0,99981
	10	0,54228	0,29407	1,0298	0,98006	0,99983
	15	0,44425	0,19735	1,0199	0,98669	0,99992

Wärmeübergang:

Biot-Zahl $Bi = \dfrac{\alpha \cdot L_{\text{char}}}{\lambda}$

inverse Biot-Zahl $iBi = \dfrac{1}{Bi} = \dfrac{\lambda}{\alpha \cdot L_{\text{char}}}$

Wärmedurchgang:

Biot-Zahl $Bi = Bi_{\text{k}} = \dfrac{k \cdot L_{\text{char}}}{\lambda}$

inverse Biot-Zahl $iBi = \dfrac{1}{Bi} = \dfrac{\lambda}{k \cdot L_{\text{char}}}$

Wärmeübergang:

Biot-Zahl $Bi = \frac{\alpha \cdot L_{\mathrm{char}}}{\lambda}$

inverse Biot-Zahl $iBi = \frac{1}{Bi} = \frac{\lambda}{\alpha \cdot L_{\mathrm{char}}}$

Wärmedurchgang:

Biot-Zahl $Bi = Bi_{\mathrm{k}} = \frac{k \cdot L_{\mathrm{char}}}{\lambda}$

inverse Biot-Zahl $iBi = \frac{1}{Bi} = \frac{\lambda}{k \cdot L_{\mathrm{char}}}$

Tabelle 10.7: *Eigenwerte und Konstanten der Näherungslösung für große Zeiten für Randbedingung 1. Art ($iBi=0$) und 3. Art ($iBi > 0$) (Fortsetzung).*

Art des Körpers	$iBi=1/Bi$	δ_1	$E=\delta_1^2$	C_{m}	C_{w}	C_{q}
Kugel ($\mathbf{Fo^*=0{,}20}$)	20	0,38537	0,14851	1,0150	0,99001	0,99996
	25	0,34503	0,11904	1,0120	0,99201	0,99997
	30	0,31518	0,099336	1,0100	0,99334	0,99998
	35	0,29194	0,085226	1,0086	0,99429	0,99999
	40	0,27318	0,074626	1,0075	0,99500	0,99999
	45	0,25763	0,066371	1,0067	0,99556	0,99999
	50	0,24446	0,059761	1,0060	0,99600	0,99999
	55	0,23313	0,054348	1,0054	0,99637	0,99999
	60	0,22323	0,049834	1,0050	0,99667	1,00000
	65	0,21450	0,046012	1,0046	0,99692	1,00000
	70	0,20672	0,042735	1,0043	0,99714	1,00000
	75	0,19973	0,039893	1,0040	0,99733	1,00000
	80	0,19341	0,037406	1,0037	0,99750	1,00000
	85	0,18765	0,035211	1,0035	0,99765	1,00000
	90	0,18237	0,033259	1,0033	0,99778	1,00000
	95	0,17752	0,031513	1,0032	0,99790	1,00000
	100	0,17303	0,029940	1,0030	0,99800	1,00000
	200	0,12241	0,014985	1,0015	0,99900	1,00000
	300	0,099967	0,0099933	1,0010	0,99933	1,00000
	400	0,086581	0,0074963	1,0007	0,99950	1,00000
	500	0,077444	0,0059976	1,0006	0,99960	1,00000
	1 000	0,054767	0,0029994	1,0003	0,99980	1,00000

Tabelle 10.8: *Die ersten sechs Eigenwerte für die elementaren Geometrien.*

$iBi=1/Bi$	δ_1	δ_2	δ_3	δ_4	δ_5	δ_6
Platte $\cot(\delta_{\mathrm{k}})=\delta_{\mathrm{k}}/Bi$						
0	1,570796	4,712389	7,853982	10,995574	14,137167	17,278760
0,1	1,428870	4,305801	7,228110	10,200263	13,214186	16,259361
1,0	0,860334	3,425618	6,437298	9,529334	12,645287	15,771285
10	0,311053	3,173097	6,299059	9,435376	12,574323	15,714327
100	0,0998336	3,144773	6,284776	9,425839	12,567166	15,708600
1 000	0,0316175	3,141911	6,283344	9,424884	12,566450	15,708027
Zylinder $J_0(\delta_{\mathrm{k}})=\delta_{\mathrm{k}}/Bi \cdot J_1(\delta_{\mathrm{k}})$						
0	2,404826	5,520078	8,653727	11,791534	14,930918	18,071064
0,1	2,179497	5,033212	7,956883	10,936330	13,958030	17,009878
1,0	1,255784	4,079478	7,155799	10,270985	13,398397	16,531159
10	0,441682	3,857710	7,029825	10,183293	13,331195	16,476700
100	0,141245	3,834315	7,017012	10,174451	13,324442	16,471237
1 000	0,0447158	3,831967	7,015729	10,173566	13,323767	16,470691
Kugel $\delta_{\mathrm{k}} \cdot \cot(\delta_{\mathrm{k}})=1-Bi$						
0	3,141593	6,283185	9,424778	12,566371	15,707963	18,849556
0,1	2,836300	5,717249	8,658705	11,653208	14,686937	17,748069
1,0	1,570796	4,712389	7,853982	10,995574	14,137167	17,278760
10	0,542281	4,515660	7,738196	10,913292	14,073303	17,226562
100	0,173032	4,495635	7,726546	10,905039	14,066905	17,221336
1 000	0,0547693	4,493632	7,725381	10,904213	14,066265	17,220813

10.4 Stoffwerte

Tabelle 10.9: *Stoffwerte von Luft bei $p = 1$ bar [24].*

ϑ	ϱ	c_p	λ	ν	β_p	η	a	Pr
°C	kg/m^3	kJ/(kg K)	10^{-3} W/(m K)	10^{-7} m^2/s	10^{-3} 1/K	10^{-6} Pa s	10^{-7} m^2/s	1
−200	5,106	1,186	6,886	9,786	17,24	4,997	11,37	0,8606
−180	3,851	1,071	8,775	17,20	11,83	6,623	21,27	0,8086
−160	3,126	1,036	10,64	25,80	9,293	7,994	32,86	0,7784
−140	2,639	1,021	12,47	35,22	7,726	9,294	45,81	0,7617
−120	2,287	1,014	14,26	46,14	6,657	10,55	61,50	0,7502
−100	2,019	1,011	16,02	58,29	5,852	11,77	78,51	0,7423
−80	1,807	1,009	17,74	71,59	5,227	12,94	97,30	0,7357
−60	1,636	1,007	19,41	85,98	4,725	14,07	117,8	0,7301
−40	1,495	1,007	21,04	101,4	4,313	15,16	139,7	0,7258
−30	1,433	1,007	21,84	109,5	4,133	15,70	151,3	0,7236
−20	1,377	1,007	22,63	117,8	3,968	16,22	163,3	0,7215
−10	1,324	1,006	23,41	126,4	3,815	16,74	175,7	0,7196
0	1,275	1,006	24,18	135,2	3,674	17,24	188,3	0,7179
10	1,230	1,007	24,94	144,2	3,543	17,74	201,4	0,7163
20	1,188	1,007	25,69	153,5	3,421	18,24	214,7	0,7148
30	1,149	1,007	26,43	163,0	3,307	18,72	228,4	0,7134
40	1,112	1,007	27,16	172,6	3,200	19,20	242,4	0,7122
60	1,045	1,009	28,60	192,7	3,007	20,14	271,3	0,7100
80	0,9859	1,010	30,01	213,5	2,836	21,05	301,4	0,7083
100	0,9329	1,012	31,39	235,1	2,683	21,94	332,6	0,7070
120	0,8854	1,014	32,75	257,5	2,546	22,80	364,8	0,7060
140	0,8425	1,016	34,08	280,7	2,422	23,65	398,0	0,7054
160	0,8036	1,019	35,39	304,6	2,310	24,48	432,1	0,7050
180	0,7681	1,022	36,68	329,3	2,208	25,29	467,1	0,7049
200	0,7356	1,026	37,95	354,7	2,115	26,09	503,0	0,7051
250	0,6653	1,035	41,06	421,1	1,912	28,02	596,2	0,7063
300	0,6072	1,046	44,09	491,8	1,745	29,86	694,3	0,7083
350	0,5585	1,057	47,05	566,5	1,605	31,64	796,8	0,7109
400	0,5170	1,069	49,96	645,1	1,486	33,35	903,8	0,7137
450	0,4813	1,081	52,82	727,4	1,383	35,01	1 015	0,7166
500	0,4502	1,093	55,64	813,5	1,293	36,62	1 131	0,7194
550	0,4228	1,105	58,41	903,1	1,215	38,19	1 251	0,7221
600	0,3986	1,116	61,14	996,3	1,145	39,71	1 375	0,7247
650	0,3770	1,126	63,83	1 093	1,083	40,20	1 503	0,7271
700	0,3576	1,137	66,46	1 193	1,027	42,66	1 635	0,7295
750	0,3402	1,146	69,03	1 296	0,9772	44,08	1 771	0,7318
800	0,3243	1,155	71,54	1 402	0,9317	45,48	1 910	0,7342
850	0,3099	1,163	73,98	1 512	0,8902	46,85	2 052	0,7368
900	0,2967	1,171	76,33	1 624	0,8523	48,19	2 197	0,7395
1 000	0,2734	1,185	80,77	1 859	0,7853	50,82	2 492	0,7458

Tabelle 10.10: *Stoffwerte von Wasser bei $p = 1$ bar (Werte unter 0 °C gelten für unterkühltes Wasser) [30], [32].*

ϑ	ϱ	c_p	λ	ν	β_p	η	a	Pr
°C	kg/m^3	kJ/(kg K)	10^{-3} W/(m K)	10^{-6} m^2/s	10^{-3} 1/K	10^{-6} Pa s	10^{-6} m^2/s	1
−30	983,8	4,817	495,6	8,804	−1,4497	8 661	0,1046	84,18
−25	989,6	4,561	511,5	6,025	−0,9663	5 962	0,1133	53,17
−20	993,6	4,418	523,1	4,391	−0,6576	4 363	0,1192	36,85
−15	996,3	4,332	532,9	3,351	−0,4453	3 339	0,1235	27,14
−10	998,1	4,277	542,3	2,650	−0,2887	2 645	0,1270	20,86
−9	998,4	4,269	544,2	2,538	−0,2620	2 534	0,1277	19,88
−8	998,7	4,261	546,0	2,432	−0,2365	2 429	0,1283	18,96
−7	998,9	4,254	547,9	2,334	−0,2121	2 331	0,1289	18,10
−6	999,1	4,248	549,7	2,242	−0,1889	2 240	0,1295	17,31
−5	999,3	4,242	551,6	2,155	−0,1665	2 154	0,1301	16,56
−4	999,4	4,236	553,5	2,074	−0,1451	2 073	0,1307	15,86
−3	999,6	4,231	555,4	1,997	−0,1245	1 996	0,1313	15,21
−2	999,7	4,227	557,3	1,925	−0,1047	1 924	0,1319	14,60
−1	999,8	4,222	559,1	1,857	−0,0856	1 856	0,1325	14,02
0	999,8	4,218	561,0	1,793	−0,0672	1 792	0,1330	13,48
1	999,9	4,215	562,9	1,732	−0,0494	1 732	0,1336	12,96
2	999,9	4,211	564,8	1,674	−0,0322	1 674	0,1341	12,48
3	1 000,0	4,208	566,7	1,620	−0,0156	1 620	0,1347	12,03
4	1 000,0	4,205	568,6	1,568	0,0005	1 568	0,1352	11,60
5	1 000,0	4,203	570,5	1,519	0,0162	1 519	0,1358	11,19
6	999,9	4,200	572,4	1,472	0,0313	1 472	0,1363	10,80
7	999,9	4,198	574,3	1,428	0,0461	1 428	0,1368	10,43
8	999,9	4,196	576,2	1,385	0,0604	1 385	0,1373	10,09
9	999,8	4,194	578,1	1,345	0,0743	1 345	0,1379	9,76
10	999,7	4,192	580,0	1,307	0,0879	1 306	0,1384	9,44
15	999,1	4,185	589,3	1,139	0,1507	1 138	0,1409	8,08
20	998,2	4,181	598,4	1,004	0,2067	1 002	0,1434	7,00
25	997,0	4,179	607,2	0,893	0,2572	890,5	0,1457	6,13
30	995,7	4,177	615,5	0,801	0,3034	797,7	0,1480	5,41
35	994,0	4,177	623,3	0,724	0,3459	719,6	0,1501	4,82
40	992,2	4,177	630,6	0,658	0,3855	653,3	0,1521	4,33
45	990,2	4,178	637,3	0,602	0,4226	596,3	0,1540	3,91
50	988,0	4,180	643,6	0,554	0,4578	547,1	0,1558	3,55
55	985,7	4,182	649,2	0,512	0,4912	504,2	0,1575	3,25
60	983,2	4,184	654,4	0,475	0,5232	466,6	0,1591	2,98
65	980,6	4,187	659,0	0,442	0,5541	433,4	0,1605	2,75
70	977,8	4,190	663,1	0,413	0,5840	404,1	0,1619	2,55
75	974,8	4,193	666,8	0,388	0,6130	377,9	0,1631	2,38
80	971,8	4,197	670,0	0,365	0,6414	354,5	0,1643	2,22
85	968,6	4,201	672,8	0,344	0,6693	333,5	0,1653	2,08
90	965,3	4,206	675,2	0,326	0,6967	314,5	0,1663	1,96
95	961,9	4,211	677,3	0,309	0,7238	297,4	0,1672	1,85
99,63	958,7	4,217	678,9	0,295	0,7487	283,0	0,1680	1,76

Literatur

[1] *Baehr, H. D.; Stephan, K.:* Wärme- und Stoffübertragung. 10. Aufl. Berlin: Springer Vieweg, 2019.

[2] *Bergman, T. L.; Lavine A. S.; Incropera, F. P.; Dewitt, D.P.:* Introduction to Heat Transfer. 6th ed. Hoboken, NJ: Wiley, 2011.

[3] *Bergman, T. L.; Lavine A. S.:* Fundamentals of Heat and Mass Transfer. 8th ed. Hoboken, NJ: Wiley, 2017.

[4] *Bird, B. R.; Stewart, W. E.; Lightfoot, E. N.:* Transport Phenomena. revised 2nd ed. New York: Wiley, 2007.

[5] *Böckh von, P.; Wetzel, T.:* Wärmeübertragung – Grundlagen und Praxis. 7., aktualis. u. überarb. Aufl. Berlin: Springer Vieweg, 2017.

[6] *Cammerer, W. F.:* Wärme- und Kälteschutz im Bauwesen und in der Industrie. 5., völlig neu bearb. u. erw. Aufl. Berlin: Springer, 1995.

[7] *Çengel, Y. A.; Ghajar A. J.:* Heat and Mass Transfer – Fundamentals and Applications. Boston: McGraw Hill, 5th ed., 2014.

[8] *Çengel, Y. A.:* Introduction to Thermodynamics and Heat Transfer. New York: McGraw Hill, 2nd ed., 2008.

[9] *Cerbe, G.; Wilhelms, G.:* Technische Thermodynamik. 17., überarb. Aufl. München: Hanser, 2013.

[10] *Elsner, N.; Fischer, S.; Huhn, J.:* Grundlagen der technischen Thermodynamik. Bd. 2: Wärmeübertragung. 8., grundlegend überarb. u. erg. Aufl. Berlin: Akademie-Verlag, 1993.

[11] *Glück, B.:* Wärmeübertragung – Wärmeabgabe von Raumheizflächen und Rohren. 2. Aufl. Berlin: Verlag für Bauwesen, 1990.

[12] *Grigull, U.; Sandner, H.:* Wärmeleitung. 2. Aufl. Berlin: Springer, 1990.

[13] *Gröber, H.; Erk, S.; Grigull, U.:* Die Grundgesetze der Wärmeübertragung. 3. Neudr. 3. Aufl. Berlin: Springer, 1988.

[14] *Herwig, H.; Moschallski, A.:* Wärmeübertragung. 4., überarb. u. erw. Aufl. Wiesbaden: Springer Vieweg, 2019.

[15] *Holman, J. P.:* Heat Transfer. 10th ed. Boston: McGraw Hill, 2009.

[16] *Kaviany, M.:* Principles of Heat Transfer. New York: Wiley, 2002.

[17] *Kretzschmar, H.-J.; Kraft, I.:* Kleine Formelsammlung Technische Thermodynamik. 5., aktualis. Aufl. München: Hanser, 2016.

[18] *Langeheinecke, K. et al.:* Thermodynamik für Ingenieure. 10., überarb. Aufl. Wiesbaden: Springer Vieweg, 2017.

[19] *Merker, G. P.:* Konvektive Wärmeübertragung. Berlin: Springer, 1987.

[20] *Polifke, W.; Kopitz, J.:* Wärmeübertragung – Grundlagen, analytische und numerische Methoden. 2. aktualis. Aufl. München: Pearson, 2009.

[21] *Siegel, R.; Howell, J. R.; Lohrengel, J.:* Wärmeübertragung durch Strahlung. Berlin: Springer, Bd. 1, 1988; Bd. 2, 1991; Bd. 3, 1993.

[22] *Wagner, W.:* Wärmeübertragung – Grundlagen. 7. überarb. u. erw. Aufl. Würzburg: Vogel, 2011.

[23] *Wilhelms, G.:* Übungsaufgaben Technische Thermodynamik. 5., aktualis. Aufl. München: Hanser, 2014.

[24] *Verein Deutscher Ingenieure:* Wärmeatlas – Berechnungsblätter für den Wärmeübergang. 8. Aufl., Düsseldorf: VDI-Verlag, 1997 (derzeit 11. Aufl., 2013).

[25] *Marek, R.; Götz, W.:* Numerische Lösung von partiellen Differentialgleichungen mit Finiten Differenzen. Buchloe: Moreno, 1995.

[26] *Stoffel, A.:* Finite Elemente und Wärmeleitung. Weinheim: VCH Verlagsgesellschaft, 1992.

[27] *Stephan, K.; Mayinger, F.:* Thermodynamik. Bd. 1. 15. Aufl. Berlin: Springer, 1998.

[28] *Tautz, H.:* Wärmeleitung und Temperaturausgleich. Weinheim: Verlag Chemie, 1971.

[29] *Campo, A.:* Algebraic Evaluation of Temperatures and Heat Transfer Rates in Simple Bodies with a 1-D Composite Lumped Model. Its Connection to the Heisler/Gröber Charts. International Journal of Mechanical Engineering Education, vol. 27, no. 3, pp. 257-271, 1999.

[30] *Grigull, U.; Straub, J.; Schiebener, P.:* Steam Tables in SI-Units – Wasserdampftafeln. 3rd enlarged ed. Berlin: Springer, 1990.

[31] *Blanke, W.:* Thermophysikalische Stoffgrößen. Berlin: Springer, 1989.

[32] *Sato, H.:* An Equation of State for the Thermodynamic Properties of Water in the Liquid Phase including the Metastable State. Proc. 11th ICPWS, Pichal M.; Šifner O. (eds.). New York: Hemisphere Publ. Corp., pp. 48-55, 1990.

Gesamtwärmeübergangskoeffizient für Strahlung und Konvektion

Zusammenfassen der Wärmeübergangskoeffizienten für Konvektion und Strahlung:

$$\alpha = \alpha_{\text{ges}} = \alpha_S + \alpha_K$$

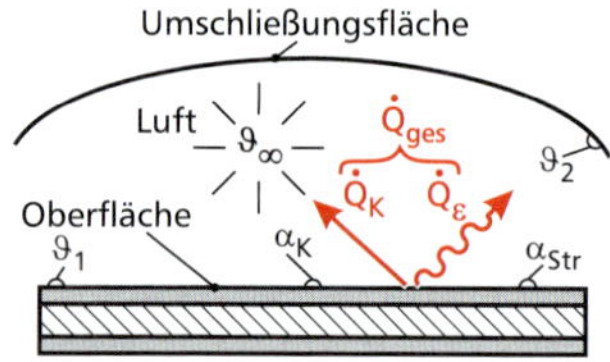

Voraussetzungen:
- Konvektion und Strahlung parallel gerichtet
- Lufttemperatur ungefähr gleich Umschließungsflächentemperatur

Wärmedurchgang (Wärmetransmission) von Fluid zu Fluid

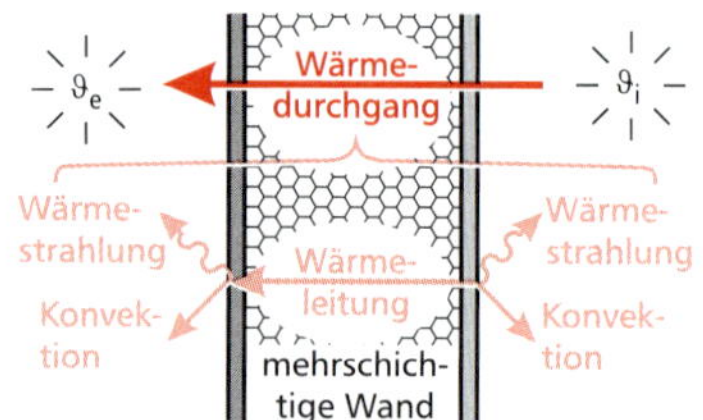

- Zusammenfassen der Mechanismen Wärmeleitung, Strahlung und Konvektion zum Wärmedurchgang
- vorteilhaft, wenn die Fluidtemperaturen bekannt sind

Ziel von Energiebilanzen: quantitative Erfassung von Energieflüssen über die Systemgrenze sowie der Änderung der im System gespeicherten Energie zur Ermittlung des Verlaufs der Systemtemperatur

Energiebilanzen liefern Informationen zu thermischen Größen, wie $\vartheta, \dot{Q}, \dot{q}, \dot{H}, h$, während **Massenbilanzen** Aussagen zu $\dot{m}, m, \dot{V}, V$ etc. gestatten.

Bei differenziellen Bilanzen werden die austretenden Quantitätsströme als **Taylor-Reihe** der eintretenden dargestellt, z. B. $\dot{Q}_{x+\Delta x} \approx \dot{Q}_x + \frac{d\dot{Q}_x}{dx} \cdot \Delta x$.

Übersicht über die Wärmetransportmechanismen

Art	**Wärmeleitung**	**Konvektion**	**Wärmestrahlung**
Mechanismus	intermolekularer Energietransport infolge atomarer und molekularer Wechselwirkungen	massegebundener Energietransport in einem Fluid durch makroskopische Teilchenbewegung	nichtstoffgebundener Energietransport infolge elektromagnetischer Wellen (Sender-Empfänger-Prinzip)
Auftreten	in Festkörpern (untergeordnet in Fluiden)	zwischen Wand (w) und Fluid (∞)	zwischen zwei Oberflächen 1 und 2
Analogie zu Brand	Eimerkette	mit Eimer laufende Person	Feuerwehrschlauch
Grundgesetz	Wärmeleitungsansatz von Fourier $\dot{Q}_\lambda(\vec{x}) = -\lambda \cdot A(\vec{x}) \cdot \mathbf{grad}\,\vartheta$	Abkühlungsgesetz von Newton $\dot{Q}_\alpha = \alpha_K \cdot A \cdot (\vartheta_w - \vartheta_\infty)$	Strahlungsgesetz von Stefan und Boltzmann $\dot{Q}_\epsilon = \sigma_{1\,2} \cdot A_1 \cdot (T_1^4 - T_2^4)$
Transportkoeffizient	Wärmeleitfähigkeit (Stoffeigenschaft) λ in $\frac{\text{W}}{\text{m K}}$	(konvektiver) Wärmeübergangskoeffizient α_K in $\frac{\text{W}}{\text{m}^2\text{ K}}$	Strahlungskonstante der Anordnung $\sigma_{1\,2}$ in $\frac{\text{W}}{\text{m}^2\text{ K}^4}$
Besonderheiten	– Temperaturgradient $\mathbf{grad}\,\vartheta = \nabla\vartheta$	– linear (1. Potenz)	– nichtlinear (4. Potenz)
	– Minuszeichen: positiver Wärmestrom fließt in Richtung abnehmender Temperatur (2. HS)	– Koppelbedingung an der Oberfläche: $\dot{Q}_\lambda = \dot{Q}_\alpha$ $\dot{q}_\lambda = \dot{q}_\alpha$	– absolute Temperatur T statt Celsius-Temperatur ϑ und Netto-Wärmestrom (Sender-Empfänger)
	– eindimensional: $\frac{\partial\vartheta}{\partial x} = \frac{d\vartheta}{dx}$ Steigung der Temperaturkurve	– freie Konvektion: Auf- bzw. Abtriebsströmungen durch Dichteunterschiede (warmes Fluid steigt auf)	– Wärmeübergangskoeffizient für Strahlung: $\alpha_S = \sigma_{1\,2} \cdot (T_1 + T_2) \cdot (T_1^2 + T_2^2)$
	– Gradient darstellbar als $\frac{d\vartheta}{dx} = \frac{\vartheta_2 - \vartheta_1}{x_2 - x_1}$ (Steigungsdreieck)	– erzwungene Konvektion: mechanisch erzeugte Strömung durch externe Druckdifferenz (Ventilator)	– linearisierte Form (analog Konvektion): $\dot{Q}_\epsilon = \alpha_S \cdot A_1 \cdot (\vartheta_1 - \vartheta_2)$ $\dot{Q}_\epsilon = \alpha_S \cdot A_1 \cdot (T_1 - T_2)$

Hinweise zu Energiebilanzen

Speicherung = Zufluss – Abfluss + Quellen (Wortform der Bilanzgleichung)

Globale Bilanzen	**Differenzielle Bilanzen**
Endliches Kontrollvolumen V	Infinitesimales Kontrollvolumen ΔV Kontrolle: ΔV muss sich herauskürzen
Instationäre Systeme	
Differenzialgleichung für die zeitliche Änderung der mittleren Systemtemperatur $\vartheta = \overline{\vartheta}(t)$, mit der das Systemverhalten beschreibbar ist	Differenzialgleichung für die zeitliche Temperaturänderung im System unter Berücksichtigung örtlicher Temperaturunterschiede $\vartheta = \vartheta(\vec{x},t)$
Stationäre Systeme	
Energiefluss durch ein System (z. B. Fluidaustrittstemperatur)	Differenzialgleichung für die örtliche Temperaturänderung im System

Übersicht über die Elektrische Analogie

Grundlage der Analogie	
Elektrotechnik $I = \frac{U_1 - U_2}{R_{el}}$	Wärmeübertragung, Bauphysik $\dot{Q} = \frac{\vartheta_1 - \vartheta_2}{R_{th}}$ bzw. $\dot{q} = \frac{\vartheta_1 - \vartheta_2}{R^*_{th}}$
Verbale Formulierung (Wortform)	
Wirkung $= \frac{\text{Ursache}}{\text{Widerstand}}$ = Leitwert × Ursache bzw. Strom $= \frac{\text{treibendes Gefälle}}{\text{Kopplung}}$	
Widerstände	
thermischer Widerstand (absoluter Widerstand) $R_{th} = \frac{\vartheta_1 - \vartheta_2}{\dot{Q}} = \frac{R^*_{th}}{A}$ in $\frac{\text{K}}{\text{W}}$ Verwendung bei $\dot{q} \neq$ const. (gekrümmte u. inhomogene ebene Geometrien)	**spezifischer thermischer Widerstand** (flächenbezogener Widerstand) $R^*_{th} = \frac{\vartheta_1 - \vartheta_2}{\dot{q}} = R_{th} \cdot A$ in $\frac{\text{m}^2\,\text{K}}{\text{W}}$ Verwendung bei $\dot{q}$=const. (homogene ebene Geometrien)
Leitwerte und Koeffizienten	
thermischer Leitwert $L_{th} = \frac{1}{R_{th}}$	spezifischer therm. Leitwert (Koeffizient) $L^*_{th} = \frac{1}{R^*_{th}}$
Spezielle Widerstände und Koeffizienten	
Wärmeübergang $\alpha = \frac{1}{R_\alpha} = \frac{1}{R_s}$	Wärmedurchlass $\Lambda = \frac{1}{R_\lambda} = \frac{1}{R}$
Wärmedurchgang $k \equiv U = \frac{1}{R_T}$	Rippenwiderstand $R_{th,R} = \frac{1}{\eta_R \cdot \alpha \cdot A_O}$
zweidimensionale Wärmeleitung $R_{th,\lambda 2D} = \frac{1}{\lambda \cdot S} = \frac{1}{\lambda \cdot S_\ell \cdot L}$	

Thermische Widerstände der elementaren Geometrien

Platte (Dicke d, Breite B, Länge L)	**Zylinder(schale)** (Radien $r_1, r_2 > r_1$, Länge L)	**Kugel(schale)** (Radien $r_1, r_2 > r_1$)
Wärmedurchlass (Wärmeleitung) in Festkörperschicht		
$R_\lambda = \frac{d}{\lambda}$	$R_\lambda = \frac{r_B}{\lambda} \cdot \ln\left(\frac{r_2}{r_1}\right)$	$R_\lambda = \frac{r_B^2}{\lambda} \cdot \left(\frac{1}{r_1} - \frac{1}{r_2}\right)$
$R_{th,\lambda} = \frac{d}{\lambda \cdot B \cdot L}$	$R_{th,\lambda} = \frac{1}{2\pi \cdot \lambda \cdot L} \cdot \ln\left(\frac{r_2}{r_1}\right)$	$R_{th,\lambda} = \frac{1}{4\pi \cdot \lambda} \cdot \left(\frac{1}{r_1} - \frac{1}{r_2}\right)$
Innerer oder äußerer Wärmeübergang (bei Zylinder und Kugel am Radius r_w)		
$R_\alpha = \frac{1}{\alpha}$	$R_\alpha = \frac{1}{\alpha} \cdot \frac{r_B}{r_w}$	$R_\alpha = \frac{1}{\alpha} \cdot \left(\frac{r_B}{r_w}\right)^2$
$R_{th,\alpha} = \frac{1}{\alpha \cdot B \cdot L}$	$R_{th,\alpha} = \frac{1}{2\pi \cdot L \cdot r_w \cdot \alpha}$	$R_{th,\alpha} = \frac{1}{4\pi \cdot r_w^2 \cdot \alpha}$
Wärmedurchgang (Transmission) von Fluid über mehrschichtigen Körper zu Fluid		
$R_T = R_{\alpha i} + \sum_j R_{\lambda,j} + R_{\alpha e}$	$R_{T,B} = R_{\alpha i,B} + \sum_j R_{\lambda,j,B} + R_{\alpha e,B}$	
$R_T = \frac{1}{\alpha_i} + \sum_j \frac{d_j}{\lambda_j} + \frac{1}{\alpha_e}$	$R_{T,B} = \frac{1}{\alpha_i} \cdot \frac{r_B}{r_i} + \sum_j \frac{r_B}{\lambda_j} \cdot \ln\left(\frac{r_{j+1}}{r_j}\right) + \frac{1}{\alpha_e} \cdot \frac{r_B}{r_e}$	$R_{T,B} = \frac{1}{\alpha_i} \cdot \left(\frac{r_B}{r_i}\right)^2 + \sum_j \frac{r_B^2}{\lambda_j} \cdot \left(\frac{1}{r_j} - \frac{1}{r_{j+1}}\right) + \frac{1}{\alpha_e} \cdot \left(\frac{r_B}{r_e}\right)^2$
$R_{th,ges} = R_{th,\alpha i} + \sum_j R_{th,\lambda,j} + R_{th,\alpha e}$		
$R_{th,ges} = \frac{1}{\alpha_i \cdot B \cdot L} + \sum_j \frac{d_j}{\lambda_j \cdot B \cdot L} + \frac{1}{\alpha_e \cdot B \cdot L}$	$R_{th,ges} = \frac{1}{2\pi \cdot L \cdot r_i \cdot \alpha_i} + \sum_j \frac{1}{2\pi \cdot L \cdot \lambda_j} \cdot \ln\left(\frac{r_{j+1}}{r_j}\right) + \frac{1}{2\pi \cdot L \cdot r_e \cdot \alpha_e}$	$R_{th,ges} = \frac{1}{4\pi \cdot r_i^2 \cdot \alpha_i} + \sum_j \frac{1}{4\pi \cdot \lambda_j} \cdot \left(\frac{1}{r_j} - \frac{1}{r_{j+1}}\right) + \frac{1}{4\pi \cdot r_e^2 \cdot \alpha_e}$

„3/4-Regel“:

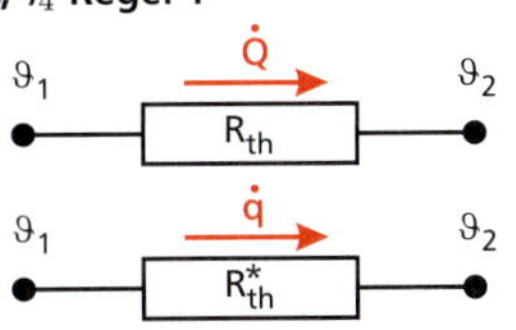

Ein thermischer bzw. spezifischer thermischer Widerstand verknüpft stets vier Größen. Aus **drei** bekannten Größen an einem thermischen Widerstand bzw. an einem spezifischen thermischen Widerstand ist die **vierte** Größe berechenbar.

Beim Umrechnen spezifischer thermischer Widerstände R^*_{th} in thermische Widerstände R_{th} und umgekehrt ist A die **senkrecht vom Wärmestrom durchflossene Fläche**, d. h. bei Zylinderschalen ist daher die Mantelfläche $A_M = D \cdot \pi \cdot L = 2\,R \cdot \pi \cdot L$ und nicht die Querschnittsfläche $A_Q = \frac{D^2 \cdot \pi}{4} = R^2 \cdot \pi$ zu verwenden.

R_λ, R_α und R_T sind verkürzte Notationen für **spezifische thermische Widerstände** (hellrote Zeilen in der Tabelle) in m² K/W, während $R_{th,\lambda}$, $R_{th,\alpha}$ und $R_{th,ges}$ **thermische Widerstände** in K/W bezeichnen (vgl. Tab. S. 350).

Wegen der Abhängigkeit der wärmedurchflossenen Fläche $A = A(r)$ vom Radius r erfordern die spezifischen thermischen Widerstände und der Wärmedurchgangskoeffizient k bei den gekrümmten Geometrien eine Bezugsfläche A_B bzw. einen Bezugsradius r_B.

Merkhilfen:
Wärmedurch**l**ass ↔ Wärme**l**eitung
Wärmedurch**g**ang ↔ **g**esamtes System

„Wärmedurchlass“ wird auch für Konvektion und Strahlung durch Zwischenräume benutzt.

In nebenstehender Tabelle repräsentiert „Platte“ generell eine ebene Geometrie mit konstanter wärmedurchflossener Fläche A. Beispielsweise ist ein zylindrischer Stab bei axialem Wärmefluss eine Platte, bei radialem Wärmefluss hingegen ein Zylinder (vgl. S. 350).

Der Index B bezeichnet bei den gekrümmten Geometrien den frei wählbaren Bezugsradius r_B.

In den nebenstehenden Gleichungen kann der Radius r durch den halben Durchmesser $\frac{d}{2}$ ersetzt werden.

Bei Schalen der Wandstärke s (z. B. Rohre) gilt zwischen Durchmesser d und Radius r der Zusammenhang: $d = r + 2\,s$

Definitionen

Normierte Temperatur $\Theta = \dfrac{\vartheta - \vartheta_\infty}{\vartheta_0 - \vartheta_\infty}$

Celsius-Temperatur $\vartheta = \vartheta_\infty + \Theta \cdot (\vartheta_0 - \vartheta_\infty)$

Dimensionslose Kennzahlen

$\xi = \dfrac{x}{L_{\text{char}}}$ $\quad Fo = \dfrac{a \cdot t}{L_{\text{char}}^2}$ $\quad iBi = \dfrac{1}{Bi}$

$Bi = \dfrac{\alpha \cdot L_{\text{char}}}{\lambda}$ bzw. $Bi = Bi_k = \dfrac{k \cdot L_{\text{char}}}{\lambda}$

Tabelle AH.1: *Konstanten für periodische RB 1. und 3. Art beim HUK.*

Kenngröße	RB 3. Art	RB 1. Art
$\widehat{A}(\eta, Bi_\delta)$	$\dfrac{\exp(-\eta)}{\sqrt{1 + 2/Bi_\delta + 2/Bi_\delta^2}}$	$\exp(-\eta)$
$\varphi(\eta, Bi_\delta)$	$-\eta - \arctan\left(\dfrac{1}{1 + Bi_\delta}\right)$	$-\eta$

Besondere normierte Temperaturen

- Temperatur $\Theta(\xi, Fo)$ am Ort ξ zur Zeit Fo
- Zentrums- / Mittentemperatur Θ_m
- Oberflächen- / Wandtemperatur Θ_w
- Kalorische Mitteltemperatur $\overline{\Theta}$
- Quasistationäre Endtemperatur $\widetilde{\Theta}(\xi, Fo)$

Tabelle AH.2: *Quasistationäre Endtemperaturen für RB 2. Art.*

Geometrie	$\dfrac{\widetilde{\Theta}(\xi,Fo)}{Bi^*}$	$\dfrac{\widetilde{\Theta}_m(Fo)}{Bi^*}$
Platte	$Fo + \dfrac{3\xi^2 - 1}{6}$	$Fo - \dfrac{1}{6}$
Zylinder	$2\,Fo + \dfrac{2\xi^2 - 1}{4}$	$2\,Fo - \dfrac{1}{4}$
Kugel	$3\,Fo + \dfrac{5\xi^2 - 3}{10}$	$3\,Fo - \dfrac{3}{10}$
Geometrie	$\dfrac{\widetilde{\Theta}_w(Fo)}{Bi^*}$	$\dfrac{\widetilde{\Theta}_q(Fo)}{Bi^*}$
Platte	$Fo + \dfrac{1}{3}$	Fo
Zylinder	$2\,Fo + \dfrac{1}{4}$	$2\,Fo - \dfrac{1}{12}$
Kugel	$3\,Fo + \dfrac{1}{5}$	$3\,Fo - \dfrac{2}{15}$

Tabelle AH.3: *Funktionen f_1 und f_2 für RB 2. Art bei NGZ.*

Geometrie	$f_1(\delta_1)$	$f_2(\delta_1)$
Platte	$-\dfrac{2}{\delta_1^2}$	s. Tab. 5.4
Zylinder	$\dfrac{2}{\delta_1^2 \cdot \mathrm{J}_0(\delta_1)}$	s. Tab. 5.4
Kugel	$\dfrac{2}{\delta_1 \cdot \sin(\delta_1)}$	s. Tab. 5.4

Tabelle AH.4: *Eigenwerte und Konstanten für RB 2. Art bei NGZ.*

Geometrie	δ_1	$E = \delta_1^2$	C_m	C_w	C_q
Platte	3,1416	9,8696	−0,2026	0,2026	0
Zylinder	3,8317	14,682	−0,3382	0,1362	0
Kugel	4,4934	20,191	−0,4560	0,0991	0

Eindimensionale instationäre Wärmeleitung

Anwendbarkeit der Modelle, Modellauswahl sowie Zeitbereiche s. Tab. 5.2, S. 142

Ideal gerührter Behälter (IGB)

Celsius-Temperatur

$\vartheta(t)$ Gl. (5.24)

Normierte Temperatur

$\Theta(t)$ Gl. (5.25)

Zeitkonstante bei ...

$\tau_0 = \dfrac{\varrho \cdot V \cdot c_p}{\alpha \cdot A} = \dfrac{\varrho \cdot c_p \cdot \widetilde{L}}{\alpha}$ Wärmeübergang an Oberfläche Gl. (5.26)

$\tau_0 = \dfrac{\varrho \cdot V \cdot c_p}{k \cdot A} = \dfrac{\varrho \cdot c_p \cdot \widetilde{L}}{k}$ Wärmedurchgang nicht speichernde Hülle

Halbunendlicher Körper (HUK)

RB 1. Art

$\vartheta(r,t)$ Gl. (5.32)

RB 2. Art

$\vartheta(r,t)$ Gl. (5.41)

RB 3. Art

$\vartheta(r,t)$ Gl. (5.46)

Dimensionslose Kenngröße bei ...

$\tau = a\,t\left(\dfrac{\alpha}{\lambda}\right)^2$ Wärmeübergang an Oberfläche Gl. (5.45)

$\tau = a\,t\left(\dfrac{k}{\lambda}\right)^2$ Wärmedurchgang nicht speichernde Hülle

Periodische RB mit Periodendauer T $\quad \vartheta_\infty(t) = \overline{\vartheta}_\infty + \left(\widehat{\vartheta}_\infty - \overline{\vartheta}_\infty\right) \cdot \sin\left(2\pi \dfrac{t}{T}\right)$

$\delta = \sqrt{\dfrac{a\,T}{\pi}}$ Periodische Eindringtiefe

$Bi_\delta = \dfrac{\alpha \cdot \delta}{\lambda}$ Modifizierte Biot-Zahl (HUK)

$\eta = \dfrac{r}{\delta} = \sqrt{\dfrac{\pi}{a\,T}} \cdot r$ Dimensionslose Ortskoordinate

$\vartheta(\eta,t) = \ldots\ldots\ldots\ldots\ \overline{\vartheta}_\infty + \left(\widehat{\vartheta}_\infty - \overline{\vartheta}_\infty\right) \cdot \widehat{A}(\eta, Bi_\delta) \cdot \sin\left(2\pi \dfrac{t}{T} + \varphi(\eta, Bi_\delta)\right)$

Überlagerung zweier HUK

$\Theta(\mu_{li}, \mu_{re}, \tau)$ Gl. (5.57)

Näherungslösung für große Zeiten (NGZ)

RB 1. Art $(iBi = 0)$

$\Theta_m(Fo)$, $\Theta_w(Fo)$, $\overline{\Theta}(Fo)$ Gln. (5.79)–(5.81)

RB 2. Art $\dot{q}(\xi = 0) = \dot{q}_w$

$Bi^* = \dfrac{\dot{q}_w \cdot L}{\lambda \cdot (\vartheta_0 - \vartheta_\infty)}$ Modifizierte Biot-Zahl (NGZ)

$\Theta(\xi, Fo) = \ldots\ldots\ldots\ 1 + \widetilde{\Theta}(\xi, Fo) - Bi^* \cdot f_1(\delta_1) \cdot f_2(\delta_1\,\xi) \cdot \exp(-E\,Fo)$

$\Theta_m(Fo) = \ldots\ldots\ldots\ 1 + \widetilde{\Theta}_m(Fo) - Bi^* \cdot C_m \cdot \exp(-E \cdot Fo)$

$\Theta_w(Fo) = \ldots\ldots\ldots\ 1 + \widetilde{\Theta}_w(Fo) - Bi^* \cdot C_w \cdot \exp(-E \cdot Fo)$

$\overline{\Theta}(Fo) = \ldots\ldots\ldots\ 1 + \widetilde{\Theta}_q(Fo) - Bi^* \cdot C_q \cdot \exp(-E \cdot Fo) = 1 + \widetilde{\Theta}_q(Fo)$

RB 3. Art $(iBi > 0)$

$\Theta_m(Fo)$, $\Theta_w(Fo)$, $\overline{\Theta}(Fo)$ Gln. (5.79)–(5.81)

Exakte Lösung mittels Fourier-Reihe (ELF)

Normierte Temperatur

$\Theta(\xi, Fo)$ Gl. (5.70)

Erweiterter ideal gerührter Behälter (EIGB)

Normierte Temperatur

$\Theta(\xi)$ Gl. (5.101)

Mehrdimensionale instationäre Wärmeleitung

Tabelle AH.5: *Kombination der 1D-Modelle Platte (Θ_P), Zylinder (Θ_Z) und halbunendlicher Körper (Θ_{HUK}) im Produktansatz zur Beschreibung räumlicher Temperaturfelder*

Geometrische Situation	Dimension	Bezeichnung	Produktansatz
	1	Volumen unter Oberfläche	$\Theta = \Theta_{HUK}$
	1	Unendlich ausgedehnte Platte	$\Theta = \Theta_P$
	1	Unendlich langer Zylinder	$\Theta = \Theta_Z$
	2	Gerade Kante	$\Theta = \Theta_{HUK} \cdot \Theta_{HUK}$
	2	Kante Zylinder	$\Theta = \Theta_{HUK} \cdot \Theta_{HUK}$
	2	Stirnseite Platte	$\Theta = \Theta_P \cdot \Theta_{HUK}$
	2	Stirnseite Zylinder	$\Theta = \Theta_Z \cdot \Theta_{HUK}$
	2	Unendlich langer Balken	$\Theta = \Theta_P \cdot \Theta_P$
	2	Endlich langer Zylinder	$\Theta = \Theta_Z \cdot \Theta_P$
	3	Quader	$\Theta = \Theta_P \cdot \Theta_P \cdot \Theta_P$
	3	Stirnseite Balken	$\Theta = \Theta_P \cdot \Theta_P \cdot \Theta_{HUK}$
	3	Ecke große Platte	$\Theta = \Theta_P \cdot \Theta_{HUK} \cdot \Theta_{HUK}$
	3	Volumenecke	$\Theta = \Theta_{HUK} \cdot \Theta_{HUK} \cdot \Theta_{HUK}$

Dimensionslose Ortskoordinaten

$\xi = \frac{x}{L_x}$ bzw. $\xi_R = \frac{r}{L_r} = \frac{r}{R}$

$\eta = \frac{y}{L_y}$ und $\zeta = \frac{z}{L_z}$

Fourier-Zahlen

$Fo_x = \frac{a \cdot t}{L_x^2}$ bzw. $Fo_r = \frac{a \cdot t}{L_r^2}$

$Fo_y = \frac{a \cdot t}{L_y^2}$ und $Fo_z = \frac{a \cdot t}{L_z^2}$

Biot-Zahlen

$Bi_x = \frac{\alpha \cdot L_x}{\lambda}$ bzw. $Bi_r = \frac{\alpha \cdot L_r}{\lambda}$

$Bi_y = \frac{\alpha \cdot L_y}{\lambda}$ und $Bi_z = \frac{\alpha \cdot L_z}{\lambda}$

Produktansatz

$\Theta(\xi,\eta,t) = \Theta_1(\xi,t) \cdot \Theta_2(\eta,t)$ 2-dim.

$\Theta(\xi,\eta,\zeta,t) = \Theta_1(\xi,t) \cdot \Theta_2(\eta,t) \cdot \Theta_3(\zeta,t)$ 3-dim.

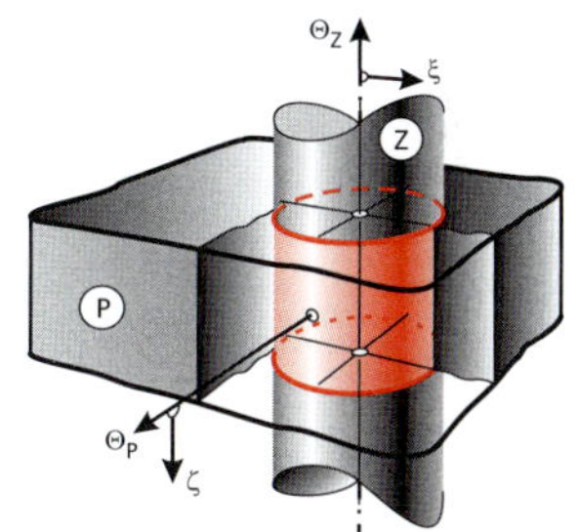

Bild AH.1: *Kurzer Zylinder als Schnitt unendlich langer Zylinder mit Platte.*

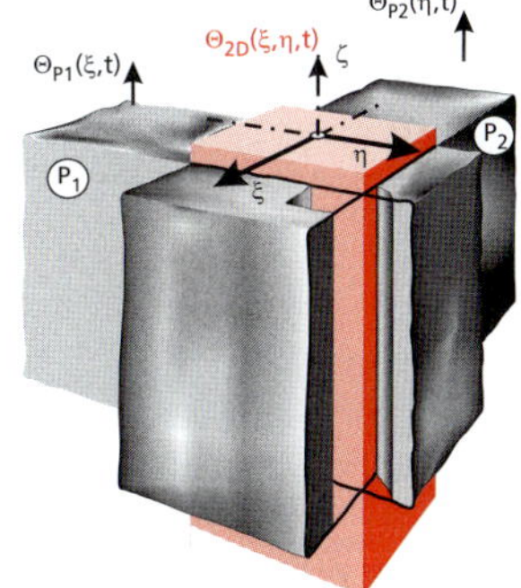

Bild AH.2: *Endlich langer Balken als Schnitt zweier Platten.*

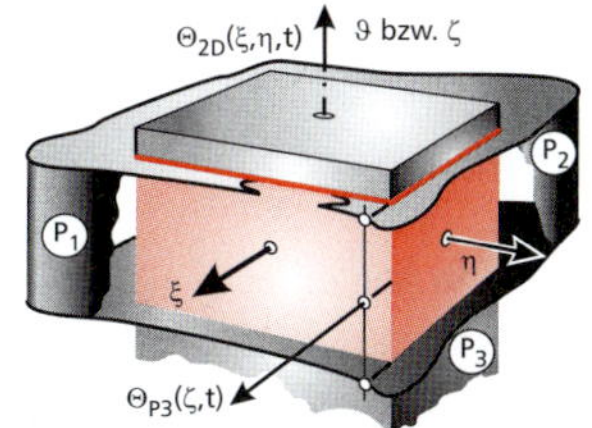

Bild AH.3: *Quader als Schnitt dreier Platten.*

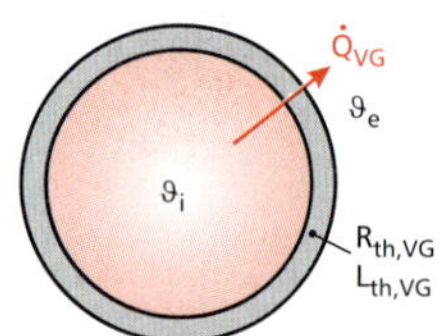

Bild AH.4: *Wärmedurchgang Vollgeometrie.*

$\Delta\vartheta = \vartheta_i - \vartheta_e$; Bezugsfläche A_{VG}

$$\dot{Q}_{VG} = \frac{\Delta\vartheta}{R_{th,VG}} = \frac{\Delta\vartheta}{R_{T,B}} \cdot A_{VG} = L_{th,VG} \cdot \Delta\vartheta = k_B \cdot A_{B,VG} \cdot \Delta\vartheta$$

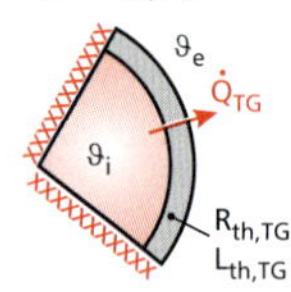

Bild AH.5: *Wärmedurchgang Teilgeometrie.*

$\Delta\vartheta = \vartheta_i - \vartheta_e$; Bezugsfläche A_{TG}

$$\dot{Q}_{TG} = \frac{\Delta\vartheta}{R_{th,TG}} = \frac{\Delta\vartheta}{R_{T,B}} \cdot A_{TG} = L_{th,TG} \cdot \Delta\vartheta = k_B \cdot A_{B,TG} \cdot \Delta\vartheta$$

Flächenfaktor $f = \frac{A_{TG}}{A_{VG}}$ (z. B. Halbkugel $f = \frac{1}{2}$)

☞ „Halbe Fläche – doppelter Widerstand“

$$R_{th,TG} = \frac{R_{th,VG}}{f}; \qquad L_{th,TG} = f \cdot L_{th,VG}$$

☞ Spezifische Größen bleiben gleich!

$$k_{B,VG} = k_{B,TG} = k_B; \; R_{T,B,VG} = R_{T,B,TG} = R_{T,B}$$

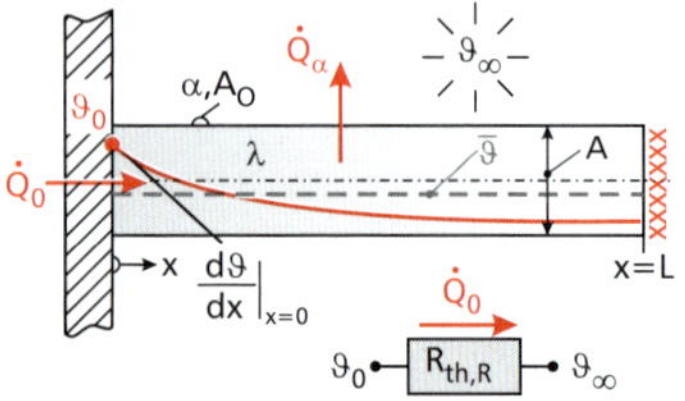

Bild AH.6: *Wärmestromberechnung bei Rippen und Nadeln mit adiabatem Ende.*

1. Rippen-Hauptgleichung:

$$\dot{Q}_0 = \eta_R \cdot \dot{Q}_{ideal} = \eta_R \cdot \alpha \cdot A_O \cdot (\vartheta_0 - \vartheta_\infty)$$

2. Fourier'scher Wärmeleitungsansatz:

$$\dot{Q}_0 = \dot{Q}_\lambda = -\lambda \cdot A \cdot \left.\frac{d\vartheta}{dx}\right|_{x=0} \qquad \text{(Differenzieren)}$$

3. Newton'sches Abkühlungsgesetz:

$$\dot{Q}_0 = \dot{Q}_\alpha = \alpha \cdot A_O \cdot (\bar{\vartheta} - \vartheta_\infty)$$

$$\bar{\vartheta} = \frac{1}{L}\int_0^L \vartheta(x)\,dx \qquad \text{(Integrieren)}$$

4. Elektrische Analogie:

$$\dot{Q}_0 = \frac{\vartheta_0 - \vartheta_\infty}{R_{th,R}} \qquad \text{Wirkung} = \frac{\text{Ursache}}{\text{Widerstand}}$$

$$R_{th,R} = \frac{1}{\eta_R \cdot \alpha \cdot A_O} \qquad \text{(Rippenwiderstand)}$$

Spezifische und thermische Widerstände

Spezifischer thermischer Widerstand (Sternwiderstand, m^2K/W) – allgemein	Spezifischer thermischer Widerstand – speziell	Thermischer Widerstand (K/W)	Mechanismus
$R^*_{th,\lambda} = R_\lambda$	R	$R_{th,\lambda}$	Wärmeleitung
$R^*_{th,\alpha} = R_\alpha$	R_s	$R_{th,\alpha}$	Wärmeübergang
$R^*_{th,\alpha,i} = R_{\alpha,i}$	R_{si}	$R_{th,\alpha,i}$	Wärmeübergang innen
$R^*_{th,\alpha,e} = R_{\alpha,e}$	R_{se}	$R_{th,\alpha,e}$	Wärmeübergang außen
$R^*_{th,ges}$	R_T	$R_{th,ges}$	Wärmedurchgang
$R^*_{th,\epsilon} = R_\epsilon$		$R_{th,\epsilon}$	Wärmestrahlung
$R^*_{th,C}$		$R_{th,C}$	Thermischer Kontakt

Paketanalogie

ebene homogene Geometrie

$\dot{q} = \text{const.}$

ebene und gekrümmte Geometrien

$\dot{Q} = \text{const.}$

☞ Ein Paket auswählen und dabei bleiben!

Eindimensionale stationäre thermische Modelle

Beispiele

„Platte“ (axiale Wärmeleitung)

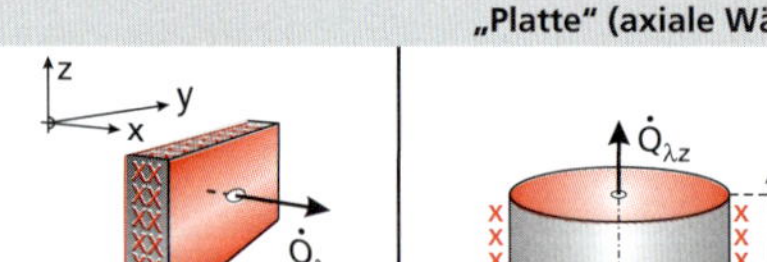

Quader mit 2 adiabaten Seiten

Zylinder mit adiabater Mantelfläche

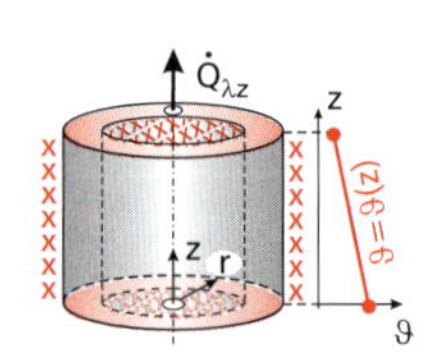

Hohlzylinder (Rohr) mit 2 adiabaten Mantelflächen

„Rippe / Nadel“ (axiale Wärmeleitung mit Wärmeübergang an der Oberfläche)

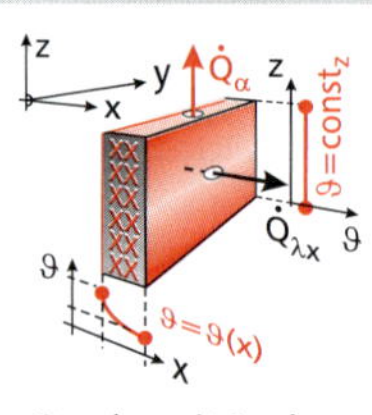

Quader mit 1 oder 2 diabaten Seite(n)

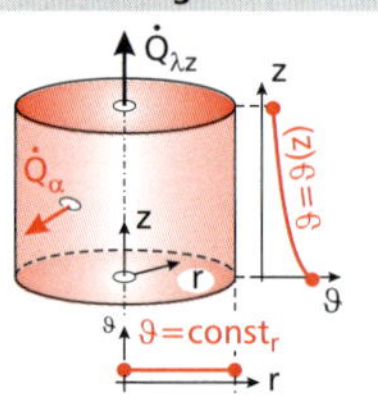

Zylinder mit diabater Mantelfläche

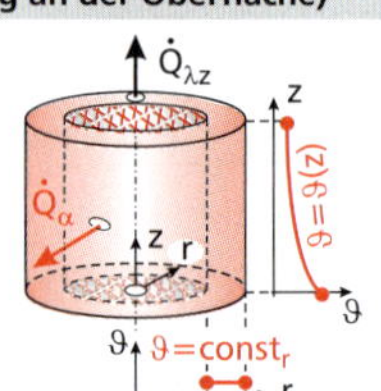

Hohlzylinder (Rohr) mit 1 oder 2 diabaten Mantelfläche(n)

„Zylinder“ (radiale Wärmeleitung)

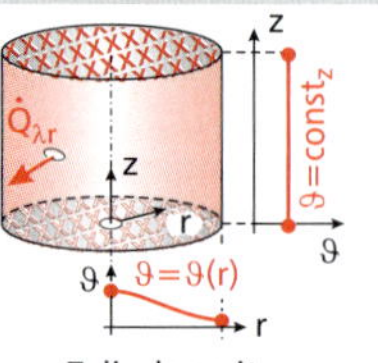

Zylinder mit adiabatem Boden und Deckel

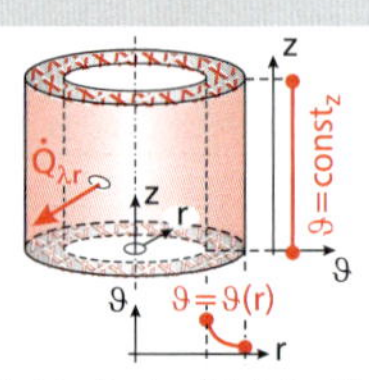

Hohlzylinder (Rohr) mit adiabatem Boden und Deckel

Elementare ebene und räumliche Geometrien

Tabelle AH.6: *Wichtige Größen planimetrischer Grundfiguren.*

Figur	Umfang U	Fläche A
Kreis	$2\,\pi\,R = \pi\,D$	$\pi\,R^2 = \pi\,D^2/4$
Rechteck	$2\,(L+B)$	$L \cdot B$

Tabelle AH.7: *Wichtige Größen stereometrischer Grundkörper.*

Körper	Querschnitt A	Oberfläche A_O	Mantelfläche A_M	Volumen V
Zylinder	$\pi\,R^2 = \pi\,D^2/4$	$2\,\pi\,R\,(R+H) = \pi\,D\,(D/2+H)$	$2\,\pi\,R \cdot H = \pi\,D \cdot H$	$\pi\,R^2 \cdot H = \pi\,D^2/4 \cdot H$
Kugel	$\pi\,R^2 = \pi\,D^2/4$	$4\,\pi\,R^2 = \pi\,D^2$	—	${}^4/_3\,\pi\,R^3 = {}^1/_6\,\pi\,D^3$
Quader	$L \cdot B$	$2\,(L \cdot B + L \cdot H + B \cdot H)$	—	$L \cdot B \cdot H$

Lösung nichtlinearer Gleichungen

Newton-Raphson-Verfahren (bzw. kurz Newton-Verfahren)

Nullstellenproblem: $f(\xi) \stackrel{!}{=} 0$ bzw. $HH(x) \stackrel{!}{=} 0$

Startwert $x_n \rightsquigarrow$ verbesserter Wert: $x_{n+1} = x_n - \dfrac{f\,(x_n)}{f'\,(x_n)}$

Abbruch mit Schranke ϵ: $|f\,(x_{n+1})| < \epsilon$ oder $|x_{n+1} - x_n| < \epsilon$

Fixpunktiteration

Umformen von $f(\xi) \stackrel{!}{=} 0$ auf Fixpunktform: $x \stackrel{!}{=} F(x)$ mit $|F'(x)| < 1$

Lösung von Differenzialgleichungen

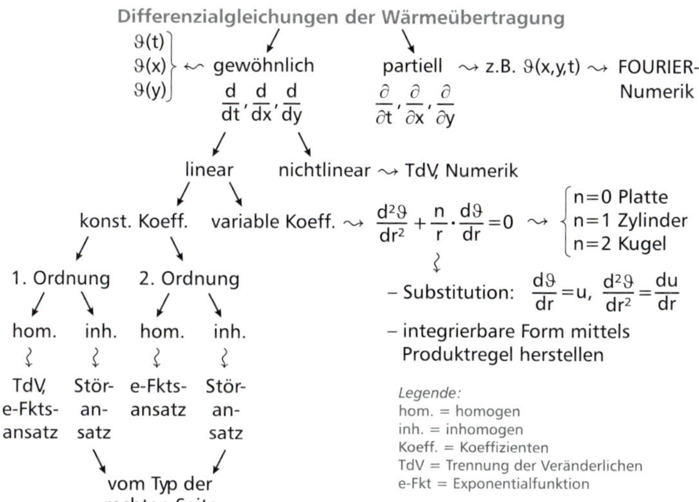

Tabelle AH.8: *Störansätze für inhomogene Differenzialgleichungen.*

Störfunktion $b(\xi)$ (rechte Seite)	Ansatz für $\vartheta_p(\xi)$
konstant	$\vartheta_p = C_0$
linear	$\vartheta_p = C_1 \cdot \xi + C_0$
quadratisch	$\vartheta_p = C_2 \cdot \xi^2 + C_1 \cdot \xi + C_0$
Polynom n-ten Grades	$\vartheta_p = C_n \cdot \xi^n + C_{n-1} \cdot \xi^{n-1} + \ldots + C_1 \cdot \xi + C_0$
$A \cdot \sin(\omega\,\xi)$	$\vartheta_p = C_1 \cdot \sin(\omega\,\xi) + C_2 \cdot \cos(\omega\,\xi)$
$B \cdot \cos(\omega\,\xi)$	$\vartheta_p = C_1 \cdot \sin(\omega\,\xi) + C_2 \cdot \cos(\omega\,\xi)$
$A \cdot \sin(\omega\,\xi) + B \cdot \cos(\omega\,\xi)$	$\vartheta_p = C_1 \cdot \sin(\omega\,\xi) + C_2 \cdot \cos(\omega\,\xi)$
$A \cdot e^{b\,\xi}$	$\vartheta_p = \begin{cases} C \cdot e^{b\,\xi} & b \neq k \\ C \cdot \xi \cdot e^{b\,\xi} & b = k \quad \text{Resonanzfall}^{1)} \end{cases}$

1) Die Lösung k der charakteristischen Gl. der hom. Dgl. ist Exponent b der Störfunktion.

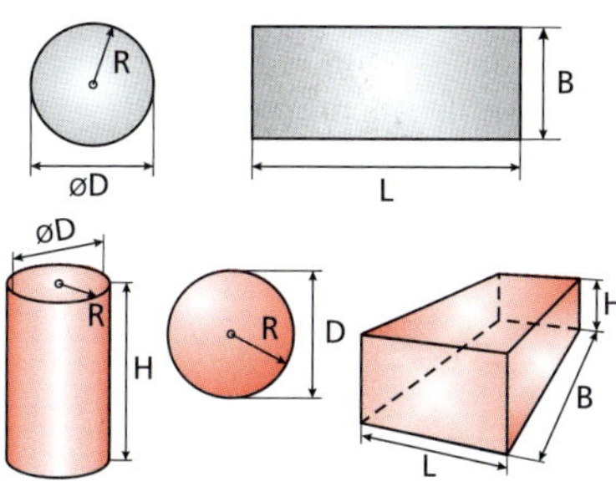

Bild AH.7: *Abmessungen der elementaren Geometrien.*

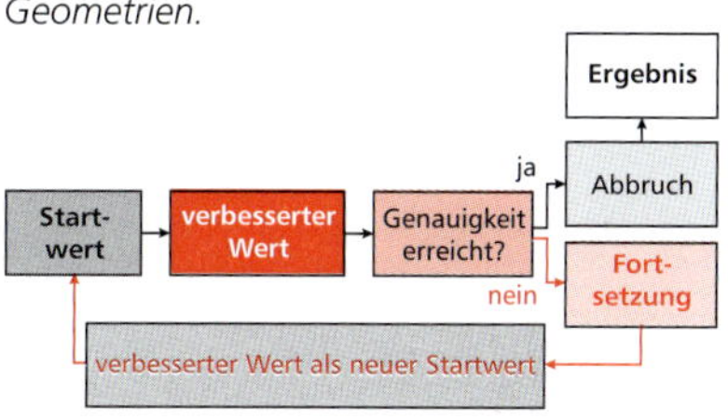

Bild AH.8: *Prinzipieller Ablauf einer iterativen Berechnung.*

Schnittpunktproblem $g(x) = h(x)$ in äquivalentes **Nullstellenproblem** $f(x) = g(x) - h(x) = 0$ umformen!

Exponentialfunktionsansatz

$$\vartheta(\xi) = \exp(\beta\,\xi)$$

$$\frac{d\vartheta(\xi)}{d\xi} = \beta \cdot \exp(\beta\,\xi)$$

$$\frac{d^2\vartheta(\xi)}{d\xi^2} = \beta^2 \cdot \exp(\beta\,\xi)$$

Superposition bei linearer Dgl.

Die allgemeine Lösung der inhomogenen Dgl. $\vartheta_{inh}(\xi)$ ergibt sich aus der allgemeinen Lösung der zugehörigen homogenen Dgl. $\vartheta_{hom}(\xi)$ und einer partikulären Lösung der inhomogenen Dgl. $\vartheta_p(\xi)$:

$$\vartheta_{inh}(\xi) = \vartheta_{hom}(\xi) + \vartheta_p(\xi)$$

Integraler Mittelwert einer Funktion $y = f(x)$ im Intervall $[a;\,b]$

$$\overline{y} = \frac{1}{b-a} \cdot \int_a^b f(x)\,dx$$

Wirtschaftlichkeit von Wärmedämmmaßnahmen

Zur Bewertung der Wirtschaftlichkeit werden die erforderlichen Investitions(mehr)kosten für die Wärmedämmung den erwartbaren Betriebskosteneinsparungen gegenübergestellt.

Im Gegensatz zum gemessenen tatsächlichen **Energieverbrauch** ist der **Energiebedarf** eine unter vorgegebenen Bedingungen berechnete Größe.

Wärmetechnische Kenngrößen

Jahresbrennstoffbedarf/-verbrauch

$$B_{\mathrm{Ha}} = \frac{\text{Jahresheizwärmeverbrauch/-bedarf}}{\text{spez. Heizwert} \times \text{Jahresnutzungsgrad Heizungsanlage}} = \frac{Q_{\mathrm{Ha}}}{H_{\mathrm{u}} \cdot \eta_{\mathrm{ges}}}$$

$[B_{\mathrm{Ha}}] = \frac{\mathrm{BE}}{\mathrm{a}}$ (BE: Brennstoffeinheiten)

Jahresbrennstoffkosten

$$K_{\mathrm{B}} = \text{Jahresheizwärmeverbrauch/-bedarf} \times \text{spez. Brennstoffpreis} = B_{\mathrm{Ha}} \cdot p_{\mathrm{B}}$$

$[K_{\mathrm{B}}] = \frac{€}{\mathrm{a}}$

Vollbenutzungsstunden

$$b_{\mathrm{VH}} = \frac{\text{Jahresheizwärmeverbrauch/-bedarf}}{\text{Norm-Wärmeleistung}} = \frac{Q_{\mathrm{Ha}}}{\dot{Q}_{\mathrm{N}}}$$

$[b_{\mathrm{VH}}] = \frac{\mathrm{h}}{\mathrm{a}}$

Statische Verfahren

Statische Methoden lassen als pragmatische Vergleichsverfahren Preisänderungen außer Acht und stellen somit einfach anzuwendende Instrumente für Wirtschaftlichkeitsuntersuchungen dar.

1 kWh = 3600 kJ; 1 kJ = 0,278 kWh

Erntefaktor (Rücklaufzeit, Amortisationsdauer)

$$EF = t_{\mathrm{a}} = \frac{\text{Investitions(mehr)kosten}}{\text{jährliche monetäre Energieeinsparung}} = \frac{K_{\mathrm{i}}}{ES_{\mathrm{a}}}$$

$[EF] = \frac{€}{€/\mathrm{a}} = \mathrm{a}$

wirtschaftlich: $EF < T_{\mathrm{N}}$

Preis-Leistungs-Verhältnis

$$PLV = \frac{\text{Investitions(mehr)kosten}}{\text{jährliche Energieeinsparung} \times \text{Nutzungsdauer}} = \frac{K_{\mathrm{i}}}{E_{\mathrm{a}} \cdot T_{\mathrm{N}}}$$

$[PLV] = \frac{€}{\mathrm{kWh/a} \cdot \mathrm{a}} = \frac{€}{\mathrm{kWh}}$

wirtschaftlich: $PLV < EP$

Das Preis-Leistungs-Verhältnis entspricht einem fiktiven Energiepreis für die durch die betrachtete Maßnahme eingesparte Energie.

Energiepreis (mittel-/langfristig zu erwarten)

$$EP = \frac{\text{spez. Brennstoffpreis}}{\text{Heizwert} \times \text{Jahresnutzungsgrad Heizungsanlage}} = \frac{p_{\mathrm{B}}}{H_{\mathrm{u}} \cdot \eta_{\mathrm{ges}}}$$

$[EP] = \frac{€}{\mathrm{kWh}}$

Dynamische Verfahren

Dynamische Verfahren der Wirtschaftlichkeitsanalyse (vgl. VDI 2067 und VDI 6025) berücksichtigen die unterschiedlichen Zeitpunkte von Wertbewegungen durch Auf- und Abzinsen mit einem Kalkulationszinssatz und beziehen auch Preisänderungen mit ein. Für detaillierte Betrachtungen sind sie deshalb zu empfehlen, z. B. als

- Kapitalwertmethode
- Annuitätsmethode
- Zinsfußmethode.

Index

F

G

T

U

V

W

Z

Wichtige Gleichungen der Wärmeübertragung

	Gleichung für x	$[x]$	Gleichung für x	$[x]$
Fourier'scher Wärmeleitungsansatz	$\dot{Q}_\lambda = -\lambda \cdot A \cdot \frac{\partial \vartheta}{\partial x}$	W	$\dot{q}_\lambda = -\lambda \cdot \frac{\partial \vartheta}{\partial x}$	$\frac{\mathrm{W}}{\mathrm{m}^2}$
Newton'sches Abkühlungsgesetz	$\dot{Q}_\alpha = \alpha_\mathrm{K} \cdot A \cdot (\vartheta_\mathrm{w} - \vartheta_\infty)$	W	$\dot{q}_\alpha = \alpha_\mathrm{K} \cdot (\vartheta_\mathrm{w} - \vartheta_\infty)$	$\frac{\mathrm{W}}{\mathrm{m}^2}$
Stefan-Boltzmann'sches Strahlungsgesetz	$\dot{Q}_\epsilon = \sigma_{1\,2} \cdot A_1 \cdot (T_1^4 - T_2^4)$	W	$\dot{q}_\epsilon = \sigma_{1\,2} \cdot (T_1^4 - T_2^4)$	$\frac{\mathrm{W}}{\mathrm{m}^2}$
allgemeine Fourier'sche Wärmeleitungsdifferenzialgleichung	$\frac{\partial \vartheta}{\partial t} = a \cdot \Delta\vartheta + \frac{\dot{e}_\mathrm{q}}{\varrho \cdot c_\mathrm{p}}$	$\frac{\mathrm{K}}{\mathrm{s}}$		
eindimensionale instationäre Wärmeleitung ohne Quellen	$\frac{\partial \vartheta}{\partial t} = a \cdot \left(\frac{\partial^2 \vartheta}{\partial r^2} + \frac{n}{r} \cdot \frac{\partial \vartheta}{\partial r} \right)$	$\frac{\mathrm{K}}{\mathrm{s}}$	$n = 0$ (ebene Platte) $n = 1$ (Zylinder) $n = 2$ (Kugel)	
thermische Widerstände und spezifische thermische Widerstände	$R_\mathrm{th} = \frac{\vartheta_1 - \vartheta_2}{\dot{Q}} = \frac{1}{L_\mathrm{th}}$	$\frac{\mathrm{K}}{\mathrm{W}}$	$R^*_\mathrm{th} = \frac{\vartheta_1 - \vartheta_2}{\dot{q}} = R_\mathrm{th} \cdot A$	$\frac{\mathrm{m}^2\,\mathrm{K}}{\mathrm{W}}$
Wärmedurchlasswiderstand und -koeffizient einer ebenen Schicht	$R_{\mathrm{th},\lambda} = \frac{L}{\lambda \cdot A}$	$\frac{\mathrm{K}}{\mathrm{W}}$	$R^*_{\mathrm{th},\lambda} = R = R_\lambda = \frac{L}{\lambda} = \frac{1}{\Lambda}$	$\frac{\mathrm{m}^2\,\mathrm{K}}{\mathrm{W}}$
Wärmedurchlasswiderstand einer Zylinderschale	$R_{\mathrm{th},\lambda} = \frac{\ln\left(\frac{r_2}{r_1}\right)}{2\,\pi \cdot L \cdot \lambda}$	$\frac{\mathrm{K}}{\mathrm{W}}$	$R^*_{\mathrm{th},\lambda} = \frac{r_1 \cdot \ln\left(\frac{r_2}{r_1}\right)}{\lambda}$	$\frac{\mathrm{m}^2\,\mathrm{K}}{\mathrm{W}}$
Wärmedurchlasswiderstand einer Kugelschale	$R_{\mathrm{th},\lambda} = \frac{1}{4\,\pi \cdot \lambda} \cdot \left(\frac{1}{r_1} - \frac{1}{r_2} \right)$	$\frac{\mathrm{K}}{\mathrm{W}}$	$R^*_{\mathrm{th},\lambda} = \frac{r_1}{\lambda} \cdot \left(1 - \frac{r_1}{r_2}\right)$	$\frac{\mathrm{m}^2\,\mathrm{K}}{\mathrm{W}}$
Wärmeübergangswiderstand und Wärmeübergangskoeffizient	$R_{\mathrm{th},\alpha} = \frac{1}{\alpha \cdot A}$	$\frac{\mathrm{K}}{\mathrm{W}}$	$R^*_{\mathrm{th},\alpha} = R_\alpha = \frac{1}{\alpha}$	$\frac{\mathrm{m}^2\,\mathrm{K}}{\mathrm{W}}$
Wärmedurchgangswiderstand, spezifischer Wärmedurchgangswiderstand und Wärmedurchgangskoeffizient	$R_\mathrm{th,T} = R_{\mathrm{th},\alpha\,\mathrm{i}} + \sum_{\mathrm{j}=1}^{\mathrm{n}} R_{\mathrm{th},\lambda,\mathrm{j}} + R_{\mathrm{th},\alpha\,\mathrm{e}}$			$\frac{\mathrm{K}}{\mathrm{W}}$
	$R_\mathrm{T} = R_{\alpha\,\mathrm{i}} + \sum_{\mathrm{j}=1}^{\mathrm{n}} R_{\lambda,\mathrm{j}} + R_{\alpha\,\mathrm{e}}$	$\frac{\mathrm{m}^2\,\mathrm{K}}{\mathrm{W}}$	$k = \frac{1}{R_\mathrm{th,T} \cdot A} = \frac{1}{R_\mathrm{T}}$	$\frac{\mathrm{W}}{\mathrm{m}^2\,\mathrm{K}}$
serielle und parallele thermische Widerstände	$R_\mathrm{th,\,ges,ser} = \sum_{\mathrm{j}=1}^{\mathrm{n}} R_\mathrm{th,\,j}$	$\frac{\mathrm{K}}{\mathrm{W}}$	$\frac{1}{R_\mathrm{th,\,ges,par}} = \sum_{\mathrm{j}=1}^{\mathrm{n}} \frac{1}{R_\mathrm{th,\,j}}$	$\frac{\mathrm{W}}{\mathrm{K}}$
Rippenparameter und thermischer Rippenwiderstand	$\mu = \sqrt{\frac{\alpha \cdot U}{\lambda \cdot A}}$	$\frac{1}{\mathrm{m}}$	$R_\mathrm{th,R} = \frac{1}{\eta_\mathrm{R} \cdot \alpha \cdot A_\mathrm{O}}$	$\frac{\mathrm{K}}{\mathrm{W}}$
Wirkungsgrad, Leistungsziffer von Rippen und Rippen-Hauptgleichung	$\eta_\mathrm{R} = \frac{\dot{Q}_0}{\dot{Q}_\mathrm{ideal}}$; $\epsilon_\mathrm{R} = \frac{\dot{Q}_0}{\dot{Q}_\mathrm{min}}$	1	$\dot{Q}_0 = \eta_\mathrm{R} \cdot \alpha \cdot A_\mathrm{O} \cdot (\vartheta_0 - \vartheta_\infty)$	W
normierte Wärmeleitungsdifferenzialgleichung	$\frac{\partial \Theta}{\partial Fo} = \frac{\partial^2 \Theta}{\partial \xi^2} + \frac{n}{\xi} \cdot \frac{\partial \Theta}{\partial \xi}$	1	$\Theta = \frac{\vartheta - \vartheta_\infty}{\vartheta_0 - \vartheta_\infty}$; $\xi = \frac{r}{L}$; $Fo = \frac{a \cdot t}{L^2}$	1
ideal gerührter Behälter (IGB) mit Wärmeübergang (RB 3. Art) bei Wärmedurchgang $\alpha \rightsquigarrow k$	$\Theta(\widetilde{Fo}) = \exp\left(-\widetilde{Bi} \cdot \widetilde{Fo}\right)$	1	$\widetilde{L} = \frac{V}{A}$; $\widetilde{Bi} = \frac{\alpha \cdot \widetilde{L}}{\lambda}$; $\widetilde{Fo} = \frac{a \cdot t}{\widetilde{L}^2}$	m; 1; 1
	$\Theta(t) = \exp\left(-\frac{t}{\tau_0}\right)$	1	$\tau_0 = \frac{\varrho \cdot c_\mathrm{p} \cdot V}{\alpha \cdot A} = \frac{\varrho \cdot c_\mathrm{p} \cdot \widetilde{L}}{\alpha}$	s
halbunendlicher Körper (HUK) bei RB 3. Art	$\mu = \frac{r}{2\,\sqrt{a\,t}}$	1	$\tau = Fo \cdot Bi^2 = a\,t \left(\frac{\alpha}{\lambda}\right)^2$	1
	$\Theta(\mu, \tau) = \mathrm{erf}(\mu) + \exp\left(\tau + 2\,\sqrt{\tau} \cdot \mu\right) \cdot \mathrm{erfc}\left(\sqrt{\tau} + \mu\right)$			1
	$\Theta(\mu, Fo, Bi) = \mathrm{erf}(\mu) + \exp\left(Fo \cdot Bi^2 + 2\,\sqrt{Fo} \cdot Bi \cdot \mu\right) \cdot \mathrm{erfc}\left(\sqrt{Fo} \cdot Bi + \mu\right)$			1
Näherungslösung für große Zeiten (NGZ) bei RB 3. und 1. Art	$\Theta(\xi, Fo) \approx f_1\,(\delta_1) \cdot \exp\left(-\delta_1^2\,Fo\right) \cdot f_2\,(\delta_1\,\xi)$			1
Zentrums- und Wandtemperatur	$\Theta_\mathrm{m}(Fo) \approx C_\mathrm{m} \cdot \exp\,(-E \cdot Fo)$	1	$\Theta_\mathrm{w}(Fo) \approx C_\mathrm{w} \cdot \exp\,(-E \cdot Fo)$	1
kalorische Mitteltemperatur und übertragene Wärme	$\overline{\Theta}(Fo) \approx C_\mathrm{q} \cdot \exp\,(-E \cdot Fo)$	1	$Q(t) = Q_\mathrm{max} \cdot \left[1 - \overline{\Theta}(Fo)\right]$	1
Wärmeeindringkoeffizient und Kontakttemperatur	$b = \sqrt{\lambda \cdot \varrho \cdot c_\mathrm{p}}$	$\frac{\mathrm{J}}{\mathrm{m}^2\mathrm{K}\mathrm{s}^{0,5}}$	$\vartheta_\mathrm{C} = \vartheta_1 + (\vartheta_2 - \vartheta_1) \cdot \frac{b_2}{b_1 + b_2}$	°C